ASIA EDITION TENTH EDITION

DESIGN AND ANALYSIS OF EXPERIMENTS

DOUGLAS C. MONTGOMERY

제10판

실험설계와 분석

김현중 옮김

WILEY 자유아카데미

저자 서문

독자에게

『Design and Analysis of Experiments』는 실험의 설계와 분석을 소개하는 교과서로, 저자가 40년 넘게 Arizona State University, the University of Washington, 그리고 Georgia Institute of Technology에서 강의한 학부 수준의 실험설계 과목의 내용을 담고 있다. 또한 저자가 학술연구를 포함한 기술 상용화와 제품 구현 등 과학과 공학 분야에서 공학, 통계 상담 시 사용한 실제 경험들에서 유용하게 사용된 방법들도 소개하고 있다.

이 책은 통계학의 기초과목을 이미 수강한 학생들을 대상으로 기술되었다. 선행하는 기초과목은 기술통계, 표본분포, 평균과 분산에 대한 신뢰구간 및 가설검정에 대한 기본적인 개념들을 포함한다고 가정하였으며 10, 11, 12장에서는 행렬대수에 대한 기초지식 또한 필요로 한다.

내용상 높은 수준의 선행지식을 요구하지 않기 때문에 이 책을 공학, 물리, 화학, 통계, 수학 등의 관련 분야 학부생들을 대상으로 하는 통계적 실험설계의 교재로 사용할 수 있다. 저자는 상당 기간 공대의 1년 차 대학원생을 대상으로 하는 실험설계 과목에서 이 교재를 사용해왔으며, 이 과목을 수강하는 수강생들의 전공은 공과대학 전체 학과, 물리학, 화학, 수학, 생물학, 통계학 등이었다. 또한 이 책은 실험의 통계적 계획과 분석에 관한 많은 예제를 수록하고 있어, 산업현장의 다양한 분야의 전문가들을 위한 특강 교재로도 활용되었다. 이러한 예제들은 실제 상황에 적용된 사례들을 기반으로 하고, 공학과 과학계의 다양한 분야에서 적용된 것들이다. 이런 의미에서 이 책은 다양한 학문 분야의 실험자에게 유용할 수 있는 이론서이자, 실용성까지 가미된 교재라 말할 수 있다.

교재에 관하여

10판에서는 처음으로 전자문서(e-text) 형식으로 출판되었다. 또한 media와 약간의 상호작용을 추가하여, 보조자료 및 데이터 등을 쉽게 얻을 수 있도록 하였다. 내용 면에서는 전판에서 다룬 설계와 분석 내용을 모두 담고 있다. 추가적으로 이번 판에서는 컴퓨터 사용에 더 많은 강조점을 두었다.

Design–Expert, JMP, Minitab 소프트웨어

지난 몇 년 동안, 설계 및 분석 단계에서 실험자들이 사용할 수 있는 많은 훌륭한 소프트웨어 제품들이 개발되었다. 이 책은 이 중 Design-Expert, JMP, Minitab 소프트웨어의 결과물을 담고 있다. JMP와 Minitab은 일반적인 통계분석을 위해 널리 사용되는 소프트웨어 패키지로, 고정효과 및 랜덤효과(혼합모형을 포함한)에 대한 분석을 할 수 있다. 반면 Design-Expert는 실험설계에만 국한되어 개발된 소프트웨어이다. 위 세 가지 통계패키지는 설계를 구성하고 평가하며, 상당히 많은 분석방법을 구현할 수 있다. 만약 이 책으로 강의를 한다면, 실제 컴퓨터 통계 소프트웨어도 함께 사용하여 강의하기를 부탁드린다.

경험적인 모형

저자는 실험 그 자체와 실험 결과를 통해 추가로 분석할 수 있는 모형의 연관성에 대해서 항상 주목하였다. 공학자들(또는 물리학자, 화학자, 그리고 넓게는 생활 과학자까지)은 처음으로 학문적인 지식을 쌓아갈 때 물리적 메커니즘과 그 기저에 깔린 메커니즘 모형들을 배우게 되고, 전문적인 커리어를 쌓으면서 이러한 모형을 알맞게 변형하는 일을 하게 될 것이다. 통계적으로 잘 설계된 실험들은 공학자가 조사하는 시스템의 경험적 모형을 올바르게 세울 수 있도록 한다. 이러한 경험적 모형은 또한 (아마도 반응 곡면이나 등고선 그림, 혹은 수학적으로) 다른 공학 모형처럼 변형된다. 학생들을 수년간 가르치면서, 이러한 관점이 공학계에서 통계적으로 설계된 실험을 열정적으로 다루게 하는 데 굉장히 효과적이라는 것을 발견하였다. 그러므로 실험에 대한 경험적 모형이라는 개념과 반응표면들을 책의 앞 장에서 지속적으로 다루면서 강조하도록 하였다.

요인설계

최근에 출판된 9판에서는 요인설계와 부분요인설계(5~9장)에 대한 내용을 확장하여 책의 내용을 독자와 강의자의 관점에서 보다 효과적으로 내용이 소개되도록 하였다. 또한 경험적 모형에 더 많은 강조점을 두었다. 10판은 부분요인설계 후속실험, 비정형 및 비직교 실험, 상대적으로 작고 효과적인 실험의 해상도 IV와 V 설계 등의 내용도 담고 있다. 비정형 부분요인은 전통적인 16개 시행의 최소 축약 부분요인설계의 대안으로 사용되며, 이러한 실험의 분석 방법도 설명하고 있다.

실험설계

이 책에서는 공학자와 과학자들이 제품 구성과 개발 및 공정 개발과 보완의 도구로서 실험설계의 중요성을 강조하고 있다. 또한 환경적 요인 및 변동성을 야기하는 다른 요인들에 영향을 덜 받는 제품을 개발하는 데 쓰이는 실험설계법 등을 설명하였다. 저자는 제품의

초기 개발단계에서 통계적 실험설계를 활용한다면 개발 비용 및 시간을 현저히 감소하고 더 좋은 품질뿐만 아니라 안정성이 더욱 우수한 제품을 생산할 수 있다고 믿는다.

이 책은 한 과목에서 다룰 수 있는 분량보다 더 많은 분량을 포함하고 있기 때문에, 강의자가 강의의 주제에 따라 각 강좌에서 다루는 내용을 조정하거나 몇 주제를 더욱 심도 있게 다룰 수 있다. 각 장의 연습문제는 계산 문제부터, 개념을 강화하기 위한 문제, 기본 이론을 확장하거나 설명하는 문제 등 다양한 범위의 문제를 다루고 있다.

과목 구성 제안

저자는 요인설계 및 부분요인설계에 중점을 두고 과목을 구성하고 있다. 따라서 저자는 대개 1장, 2장(간략하게), 3장 대부분, 4장(불완전블록설계는 제외, 라틴정방설계는 간단하게)을 다루고 나서, 5장부터 8장까지 내용인 2수준 요인설계 및 부분요인설계에 대해서 자세히 강의하고 있다. 과목의 마지막 부분에서는 반응표면분석(10장)과, 지분설계와 분할설계(11장)에 대해서 강의한다. 저자는 항상 실험의 설계와 수행 및 분석을 하는 팀프로젝트를 강의에 포함하는데, 왜냐하면 이러한 방식이 산업현장에서 실험이 시행되는 방식이기 때문이다. 학생들에게는 프로젝트의 결과를 구두로 발표하고, 보고서로 제출하도록 하고 있다.

보조자료

10판에서는 장별로 보조자료도 제작하였다. 보조자료는 이 책에서 자세히 다루지 않은 부분에 대해 상세히 설명하고 있다. 책에서는 포함되어 있지 않지만, 일부 학생들과 현업 종사자들에게 소개할 필요가 있는 내용에 대해서도 보조자료에서 설명하고 있다. 일부 주제는 이 책에서 다루는 것보다 더 높은 수학적 수준을 요구한다. 다양한 수준의 학생들에게 강의해야 하는 교수들에게는 보조자료가 도움이 될 수 있으며, 한 단계 높은 수준의 실험설계 과목을 강의해야 하는 분들에게도 도움이 될 것이다.

강의용 보조자료

강의자를 위한 보조학습 도구들은 www.wiley.com/go/global/montgomery에서 제공하고 있다. 이 사이트는 이 책을 효과적으로 사용하기 위한 여러 가지 변화와 추천사항에 대한 정보를 공유하고자 만들어졌다. 위에서 언급한 보조자료뿐만 아니라 예제와 연습문제에 필요한 데이터 파일들, 강의계획표, Arizona State University에서 개설된 과목에서 발표되었던 학생 프로젝트 중 대표적 프로젝트 등을 제공하고 있다.

강의용 자료

본 교재의 강의용 자료는 다음과 같다.

1. 교재 연습문제에 대한 풀이집
2. 위에서 언급된 보조자료
3. 파워포인트 강의 슬라이드
4. 강의 슬라이드에 쉽게 포함할 수 있는 교재의 그림 파일
5. 교재의 예제와 연습문제에 사용된 데이터 세트
6. 샘플 강의 계획서
7. 학생용 프로젝트 샘플

강의용 사이트는 교수만을 위한 사이트로서 비밀번호로 보호하고 있기에, www.wiley.com/go/global/montgomery의 Instructor Companion Site에 접속해서 비밀번호를 등록하여야 사용할 수 있다.

감사의 글

저자는 전판의 책들을 사용하였고 많은 수정의견을 주었던 학생들과 교수들, 그리고 동료들에게 감사를 표하고자 한다. Dr. Raymond H. Myers, Dr. G. Geoffrey Vining, Dr. Brad Jones, Dr. Christine Anderson-Cook, Dr. Connie M. Borror, Dr. Scott Kowalski, Dr. Dennis Lin, Dr. John Ramberg, Dr. Joseph Pignatiello, Dr. Lloyd S. Nelson, Dr. Andre Khuri, Dr. Peter Nelson, Dr. John A. Cornell, Dr. Saeed Maghsoodlo, Dr. Don Holcomb, Dr. George C. Runger, Dr. Bert Keats, Dr. Dwayne Rollier, Dr. Norman Hubele, Dr. Murat Kulahci, Dr. Cynthia Lowry, Dr. Russel G. Heikes, Dr. Harrison M. Wadsworth, Dr. William W. Hines, Dr. Arvind Shah, Dr. Hane Ammons, Dr. Dianne Schaub, Mr. Mark Anderson, Mr. Pat Whitcomb, Dr. Pat Spagon, Dr. William DuMouche 등은 책을 집필하는 데 많은 공헌을 해주었다. 더불어 저자의 전·현직 학과장인 Dr. Gary Hogg과 Dr. Ron Askin은 학문적으로 자극이 되는 작업 환경을 제공해주었다.

저자와 함께 일했던 현장 전문자들의 공헌도 매우 지대하다. 공헌해 주신 모든 분들을 언급하는 것은 불가능하겠지만, 몇몇 중요한 공헌자를 언급하자면, Mindspeed Corporation의 Dr. Dan McCarville, George Group의 Dr. Lisa Custer, Intel의 De. Richard Post, Boeing Company의 Mr. Tom Bingham, Mr. Dick Vaughn, Dr. Julian Anserson, Mr. Richard Alkire, Mr. Chase Neilson, Alcoa의 Mr. Mike Goza, Mr. Don Walton, Ms. Karen Madison, Mr. Jeff Stevens, Mr. Bob Kohm, IBM의 Dr. Jay Gardiner, Mr. John Butora, Mr. Dana Lesher,

Mr. Lolly Marwah, Mr. Leon Mason, IBM and Sematech의 Dr. PaulTobias, The Coca-Cola Company의 Ms. Elizabeth A. Peck, Signetics의 Dr. Sadri Khalessi, Mr. Franz Wagner, Monsanto Chemicals의 Mr. Robert V. Baxley, Precision Castparts Corporation의 Mr. Harry Peterson-Nedry, Dr. Russel Boyles, Allied-Signal Aerospace의 Mr. Bill New, Mr. Randy Schmid, The John Fluke Manufacturing Company의 Mr. John, M. Fluke, Jr., Georgia-Pacific의 Mr. Larry Newton, Mr. Kip Howlett, BBN Software Products Corporation의 Dr. Ernesto Ramos 등이다.

저작권이 있는 내용의 사용을 허가해 준 E. S. Pearson 교수, *Biometrika*, John Wiley & Sons, Prentice Hall, The American Statistical Association, The Institute of Mathematical Statistics, Biometrics 등에도 감사의 말을 전한다. Dr. Lias Custer와 Dr. Dan McCorville은 강의용 보조자료인 연습문제 풀이집을 훌륭하게 준비해주었다. 또한 Dr. Cheryl Jennings와 Dr. Sarah Streett는 교정에 매우 효과적인 도움을 주었다. 마지막으로 저자의 공학통계와 실험설계에 관련한 연구에 대해 보조를 아끼지 않은 NASA, Office of Naval Research, National Science Foundation, Arizona State University에 있는 Quality and Reliability Engineering 산학연 센터, IBM Corporation 등에 감사드린다.

Douglas C. Montgomery
Arizona주 Tempe에서

역자 서문

통계학에서 실험설계(실험계획법)는 가장 현장성 있는 주제로서, 많은 산업현장에서 적용 가능한 실험설계 및 분석 방법들을 다루는 중요한 통계학 분야이다. 실험설계에 대한 많은 교재가 개발되었지만, 아마도 Douglas C. Montgomery의 『Design and Analysis of Experiments』는 전 세계적으로 실험설계 교과서로 가장 많이 채택하는 책일 것이다.

Douglas C. Montgomery의 『Design and Analysis of Experiments』는 실험설계를 어렵지 않게 기술하면서도 적정한 수준의 난이도는 유지하고 있다. 특히 저자의 산업계 컨설팅 경험에서 나오는 예제와 데이터를 활용하여 실험설계를 소개함으로써, 그 분석 방법의 당면성과 필요성을 피부로 느끼게 하고 있다. 1976년에 Wiley에서 첫 판이 나온 이후에 2020년 출판된 10판에 이르기까지, 오랜 기간 동안 실험설계를 대표하는 교과서로 자리를 잡아 왔다. 따라서 역자는 이 책을 번역하여 한국의 통계학 전공자들에게 더 쉽게 실험설계를 학습할 수 있도록 기회를 제공하는 것이 의미 있는 일이라고 판단하였다.

본 역서는 원서에 있는 총 15개 Chapter 중에서 Chapter 9, 12, 13, 15를 제외하고 강의 및 학습빈도가 가장 높은 11개의 Chapter를 대상으로 하여, 한 학기용 실험설계 과목에 맞는 내용을 갖추었다. 기초통계학을 마친 학생들을 대상으로 하는 강의에서는 1장과 2장은 생략하고, 11장(원서 Chapter 14)을 더 자세히 다룰 수도 있을 것이다. 그리고 회귀분석은 별도의 과목으로 강의하는 경우가 대부분이므로 10장(원서 Chapter 11)은 경우에 따라 생략이 가능하다.

좋은 책을 위해 최선을 다했지만 부족한 부분이 있을 수 있다. 이 점은 양해를 바라며 출간 후에라도 수정사항이 있을 경우에는 자유아카데미 홈페이지(www.freeaca.com) 자료실에 제공할 예정이다.

본 역서는 많은 분들의 도움으로 출판되었음을 밝히고자 한다. 특히 연세대학교 통계데이터사이언스학과 대학원의 곽승우, 소리나, 이다은, 이창환, 장희석, 하정랑의 노고는 이루 헤아릴 수 없을 것이다. 이 지면을 빌어 그들에게 감사의 말씀을 드린다. 마지막으로, 본 역서의 출판을 위해 많은 노고를 아끼지 않으신 자유아카데미의 모든 분들과, 역자로부터 실험설계를 수강하며 많은 피드백과 제언을 주었던 연세대학교 응용통계학과 재학생 및 졸업생들에게 감사의 마음을 전하고자 한다.

2021년 7월
김현중

차례

9장 회귀모형 적합

10장 반응표면 방법론

11장 지분설계와 분할설계

1장 | 서론 Introduction

이번 장의 학습 목표

1. 실험설계의 목적과 정보를 찾아가는 과정의 역할에 대해 배운다.
2. 다양한 실험설계전략에 대해 배운다(experimentation).
3. 실험의 설계 및 분석에 요구되는 통계학의 역할과 방법론을 이해한다.
4. 요인의 주 영향(main effect)과 요인 간의 교호작용에 대한 개념을 이해한다.
5. 요인실험(factorial experiments)이 무엇인지 이해한다.
6. 실험을 설계하고 시행하는 실제적인 가이드라인을 이해한다.

1.1 실험설계의 전략

어떤 시스템이나 공정을 관찰하는 것은 그 공정을 배우는 중요한 부분이자 그 시스템이나 공정이 어떻게 작용하는지 이해하고 학습하는 데 필수적인 부분이다. 뉴욕 양키즈의 위대한 포수인 Yogi Berra는 "... 당신은 보기만해도 많은 것을 **관찰**할 수 있다."고 하였다. 그러나 어떤 투입 요인을 바꿨을 때 공정에 발생하는 변화를 이해하기 위해서는 보기만 하는 것으로는 부족하며, 실제로 요인을 바꿔보아야 한다. 즉, 시스템 안의 인과관계를 정말로 이해하기 위해서는 일부러 입력변수들을 바꾸고 입력변수가 달라짐에 따라 시스템 출력에서 어떤 변화가 일어나는지 관찰해야 한다는 의미이다. 다시 말해, **실험**을 수행할 필요가 있다는 것이다. 관찰은 무엇이 시스템을 돌아가게 하는지에 대한 이론이나 가설로는 이어질 수 있어도, 그 이론이 정말로 맞는지를 증명하기 위해서는 위에서 설명한 것과 같은 실험이 필요하다.

연구자들은 대개 특정 시스템이나 공정에 대한 새 이론을 발견하기 위해서 또는 이전의 경험과 이론이 맞는지 확인하기 위해서 거의 모든 조사 분야에 대해서 실험을 수행한다. 각각의 실험을 **수행**하는 것은 곧 하나의 **검정**(test)이다. 정리하자면, **실험**은 의도적으로 시스템이나 공정의 입력 변수에 변화를 줘서 결과에 영향을 미칠 수 있는 변화를 관찰하거나 혹은 그 이유를 관찰 또는 확인할 수 있게 해 주는 검정이나 실행의 연속이라고 정의할 수 있다. 우리는 어떤 입력 변수를 결과물에서 관측된 변화의 원인으로 결정하기를 원할 수도 있고, 중요한 입력 변수와 결과변수를 연관 지을 모형을 개발하고 해당 공정이나 시스템의 개선을 위해서 이 모형을 이용하거나, 다른 의사결정을 위해서 사용할 수도 있다.

이 책은 공학과 과학의 실험에 초점을 두고 올바르고 객관적인 결론을 얻을 수 있도록 실험을 설계하여 수행하는 것과 결과자료를 분석하는 것에 관한 내용을 다루었다. 실험은 **기술 상용화**와 더불어, 새 상품 설계와 구현 및 생산과정 개발과 공정의 개선으로 구성된 **제품 실현**의 과정에서 중요한 역할을 한다. 대다수의 경우에 이러한 과정의 목표는 **튼튼한 공정**, 즉 외부의 변동에 최소한의 영향을 받는 공정을 만드는 것이다. 또한 마케팅, 서비스 운영, 일반적인 사업운영 등과 같이 상품 개발이 목적이 아닌 제조업 이외의 분야에서도 실험설계는 다양하게 적용된다. 실험을 설계하는 것은 **혁신**을 위한 기술의 핵심요소이다. **급진적인 혁신** 또는 **점진적인 혁신** 둘 다 실험설계를 알맞게 적용한다면 효과적인 이익을 얻을 수 있다.

실험의 한 예로 금속공학 기술자가 알루미늄 합금에 영향을 미치는 기름 응축과 소금물 응축, 두 개의 제련 과정에 대해 관심이 있다고 하자. 여기서 **실험자**(기술자)의 목표는 어떤 특정 합금에 대해 최고 경도를 만드는 응축 용액을 확인하는 것이다. 기술자는 각 응고 매체에 다수의 합금 시료 또는 시험 사편을 투여하고 응고 후 시료의 경도를 측정한다. 각 제련과정에서 처리된 표본의 평균 경도에 따라 최적의 방법을 결정한다고 하자.

이 간단한 실험에서도 고려해야 할 다양한 질문들이 떠오른다.

1. 이 두 용액이 잠재적인 관심(최고 경도를 결정짓는)에 부합하는 유일한 선택지가 맞는가?
2. 경도에 영향을 미칠 수도 있는 다른 요인이 존재하거나 혹은 실험 중에 통제되어야 할(응고 매체의 온도와 같은) 요인이 있는가?
3. 각각의 용액에서 몇 개의 표본(사편)을 실험해야 하는가?
4. 실험의 표본이 각 용액에 할당되는 것은 어떻게 결정되는가, 그리고 어떤 순서에 따라서 자료를 수집해야 하는가?
5. 어떤 분석법을 사용해야 하는가?
6. 제련 과정이 다른 두 표본의 평균 경도의 차이가 어느 정도 있어야 그 차이를 유의미하게 볼 것인가?

이러한 모든 질문은(이 밖의 다른 것도 존재할 것이지만) 실험이 수행되기 전에 만족스럽게 답변이 되어야 할 것이다.

실험은 **과학적**(또는 **공학적**) **방법**의 매우 핵심적인 부분이다. 비로소 실험을 통해서야 어떤 과학적 현상을 확실하게 이해하고 이를 적용해 수학적인 모델을 포함한 유용한 결과들을 개발할 수 있다. 이러한 물리적인 방법을 직접 따르는 현상의 모형을 일반적으로 **기계론적인 모형**이라고 한다. 간단한 예제로는 전기회로에 흐르는 전류에 대한 익숙한 식인 옴의 법칙 $E = IR$을 들 수 있다. 그러나 과학과 공학의 대부분의 문제들은 작동하는 시스템의 **관찰**과, 이것이 어떻게 작동하는지 밝히기 위한 실험을 요구한다. 잘 설계된 실험은 시스템 성능의 모형으로 이어진다. 이러한 실험을 통해 결정된 모형을 **경험적 모형**이라고 한다. 이 책을 통해 실험설계의 결과를 연구 중인 시스템의 경험적 모형으로 바꾸는 기술들을 공부할 것이다. 이러한 경험적 모형을 과학자나 공학자가 기계론적 모형처럼 취급하여 사용할 수 있다.

실험에서 얻은 결과와 결론은 자료가 수집된 방법에 크게 의존하기 때문에 잘 설계된 실험이 중요하다. 이를 설명하기 위해 앞에서 말한 금속공학 기술자가 표본을 얻을 때, 기름에서 한 번 가열한 것과 소금물에서 두 번 가열한 것을 사용하였다고 하자. 평균 경도를 비교할 때, 기술자는 관찰된 평균의 차이에서 응축 용액으로 인해 발생한 것과 고유한 가열 횟수 차이로 발생한 것의 비중을 파악할 수 없다[1]. 따라서 자료 수집의 방법이 실험으로부터 얻은 결과에 부정적으로 영향을 끼칠 수 있다.

일반적으로 실험은 시스템이나 공정의 성능을 연구하기 위해서 실시한다. 공정과 시스템은 그림 1.1에 있는 모형으로 설명할 수 있다. 흔히 이 과정을 운영, 기계, 방법, 사람, 혹은 입력변수로 생각할 수 있는 다른 자원들(일반적으로 물질)의 조합이 하나 또는 그 이상

1 이 경우 가열 횟수와 응축 용액이 교락되었다고 말할 수 있다. 즉, 이 두 요인의 영향을 분리해서 볼 수 없다는 것이다.

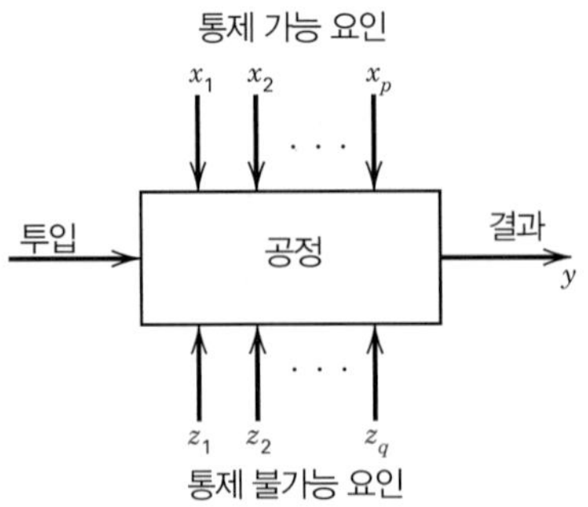

그림 1.1
공정 혹은 시스템의 일반적인 모델

의 관찰할 수 있는 **반응변수**로의 완성으로 시각화할 수 있다. 공정의 변수 일부와 물질의 특성 $x_1, x_2, ..., x_p$는 **통제 가능**한 반면에 환경변수나 물질변수 같은 다른 변수 $z_1, z_2, ..., z_q$은 설령 실험의 목적을 위해서 조절이 가능할지라도 통제가 불가능하다. 실험의 목표에서는 다음과 같은 논의가 포함될 수 있다.

1. 반응변수 y에 대해서 가장 큰 영향력을 가진 변수를 결정
2. 반응변수 y가 원하는 명목상의 값과 비슷한 수치가 될 수 있도록 하는 영향력 있는 x를 어디까지 설정할지 결정
3. y 값의 변동성이 작아지게 하는 영향력 있는 x를 어디까지 설정할 것인지 결정
4. 통제 불가능한 변수들의 효과가 최소가 되게 하는 영향력 있는 x를 어디까지 설정할 것인지 결정

앞의 논의에서 볼 수 있듯이 실험은 여러 변수가 연관되어 있는 경우가 많다. 일반적으로 **실험자**의 목적은 이러한 요인들이 시스템의 반응값에 미치는 영향을 확인하는 것이다. 실험에 대한 계획과 수행에 대한 일반적인 접근법을 **실험전략**이라고 한다. 실험자는 여러 전략을 사용할 수 있다. 아주 간단한 예제를 통해 전략의 일부를 살펴보자.

나는 정말 골프를 좋아한다. 그러나 골프 연습을 자주 할 수 없어서 점수를 낮출(역주: 한 홀에 공을 넣기까지 시도한 횟수가 작을수록 더 좋은 것이다) 더 간단한 방법을 항상 찾고 있다. 내가 중요하다고 생각하거나 내 골프 점수에 영향을 미칠 수 있는 요인 중 일부는 다음과 같다.

1. 사용한 드라이버의 종류(오버사이즈 드라이버 또는 일반 크기)
2. 사용한 골프공의 종류(발라타 또는 쓰리피스)
3. 골프 클럽을 들고 걸어서 이동할지 혹은 카트를 이용할지
4. 치는 중에 물 혹은 "다른 음료"(역주: 술 등)을 마시는지
5. 골프를 치는 시간이 아침인지 혹은 오후인지
6. 골프를 칠 때 온도가 시원했는지 혹은 더웠는지
7. 골프화 스파이크의 종류(금속 재질인지 부드러운 재질인지)

8. 바람이 부는 날에 골프를 하였는지 아니면 잔잔한 날에 하였는지

이외에도 다양한 요인들을 고려할 수 있지만, 위의 내용이 주된 관심사 중의 하나라고 가정하자. 게다가 경기를 치른 오랜 경험에 근거해서 나는 5~8번 요인을 무시할 수 있다고 결정하였다. 즉, 이 요인들의 효과가 매우 미미하므로 중요하지 않다고 판단하였다. 기술자, 과학자, 사업 분석가들은 실제 실험에서 이렇게 고려해야 되는 요인들의 일부에 대해서 비슷한 결정을 내려야만 한다.

나의 골프 점수에 대해 1~4번의 요인이 미치는 영향을 실험을 통해 알아본다고 하자. 실험하는 동안 최대 8라운드까지의 골프 경기가 있다고 할 때, 가능한 한 접근법으로, 여러 요인을 임의로 조합하고 시험하여 어떤 결과가 발생하는지 볼 수 있다. 예를 들어 오버사이즈 드라이버, 발라타 공, 골프 카트, 그리고 물을 마신 경우의 조합이 선택되었다고 가정하고, 그 결과 87타를 기록하였다고 하자. 하지만 라운드를 진행하는 중에 큰 드라이버로 다루기 힘든(긴 것이 항상 골프에서 좋은 것은 아니다) 여러 번의 샷이 발생하였고, 결과적으로 나머지 조건들은 이전과 같은 수준으로 유지한 채로 나머지 라운드에서는 일반적인 크기의 드라이버로 경기를 진행하였다. 이러한 접근법은 현재 시험 결과에 기초해 다음 검사에서 1개나 2개(혹은 그 이상)의 요인들을 바꿔가며 거의 무한정 지속할 수 있다. **최적 추측 접근법**이라고 하는 실험의 전략은 기술자나 과학자가 실전에 자주 사용한다. 이 방법은 때때로 꽤 괜찮게 작동하기도 하는데, 실험자들이 가진 방대한 이론적 혹은 기술적 지식과 실제 경험 등이 뒷받침되기 때문이다. 최적 추측 접근법은 적어도 2개의 단점을 가지고 있다. 첫째, 초기 최적의 추측이 원하는 결과를 만들어 내지 못한 경우, 실험자들은 '맞는' 조합에 대해서 추측해야 하는데 이 과정이 성공의 보장 없이 매우 길게 지속될 수 있다. 둘째, 초기 최적 추측이 받아들일 만한 결과를 얻었다고 하면, 이제 실험자는 그 결과가 **최적**의 결과라는 보장이 없으면서도 실험을 멈추고 싶은 유혹에 빠지게 된다.

실제로 널리 사용되는 실험의 다른 전략은 **한 번에 한 요인을 실험하는**(one-factor-at-a-time: OFAT) 접근법이다. OFAT 방법은 각 요인에 대한 시작점을 선택하거나 수준의 **기준치**를 선택한 후에 다른 요인들은 기준치 수준으로 유지하고 선택한 요인을 정한 범위 안에서 바꾸며 확인하는 방법이다. 모든 검사를 수행하면, 반응변수가 다른 요인들이 일정할 때 한 요인의 변화에 어떻게 영향을 받는지를 보여 주는 일련의 그래프를 그릴 수 있다. 그림 1.2는 기저치 대비 오버사이즈 드라이버, 발라타 공을 사용하고, 걸어서 이동하며, 물을 마신 것에 대한 변화 그래프이다. 해석은 굉장히 단순하게 할 수 있다. 예를 들어 이동 그래프의 기울기가 음인 것으로 보아, 걷기보다 카트를 타고 이동하는 방법이 점수를 향상시키리라고 결론지을 수 있다. OFAT 그래프를 이용하면 일반 드라이버를 사용하고, 카트를 타는 것과, 물을 마시는 것의 최적의 조합을 찾을 수 있다. 그래프에 따르면 공의 종류는 중요하지 않은 것으로 나타났다.

OFAT 전략의 가장 큰 단점은 이 요인들 사이에 있을 수 있는 **교호작용**을 전혀 고려하지 않는다는 점이다. 교호작용은 동일한 요인이 다른 요인의 수준이 바뀐 경우 반응값에 대해

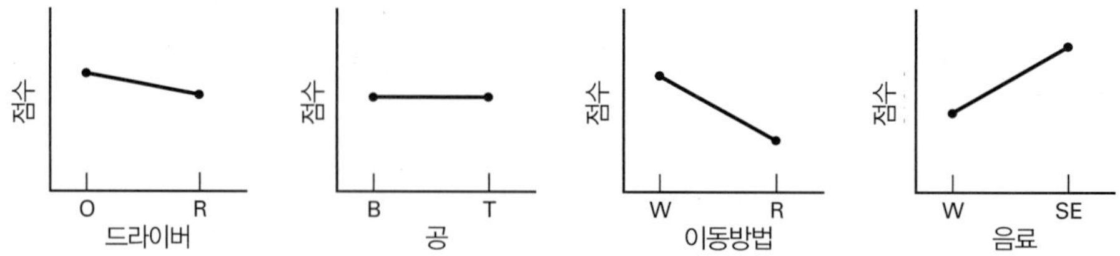

그림 1.2
골프 실험의 한 번에 한 요인을 실험한 결과

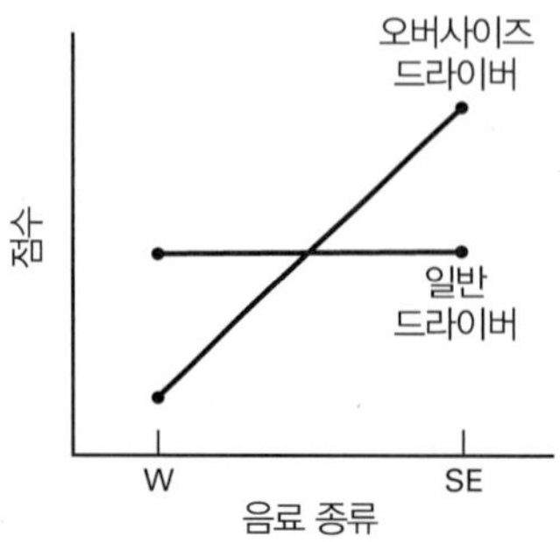

그림 1.3
골프 예제에서 드라이버 종류와 음료 종류의 교호작용

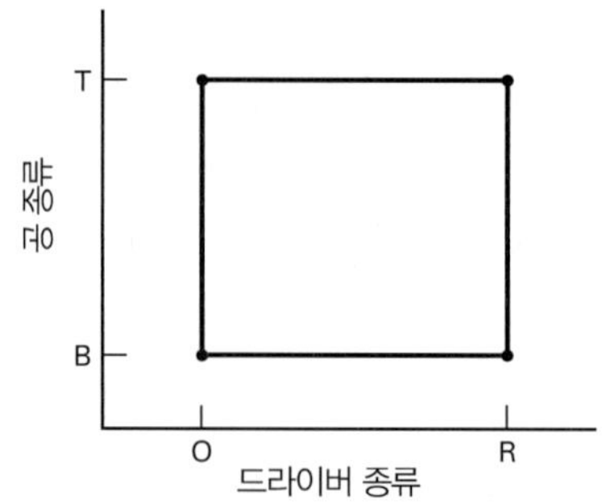

그림 1.4
드라이버 종류와 공 종류를 활용한 2요인 요인실험

같은 영향을 끼치지 않는 것이다. 그림 1.3에서 골프 실험에 대한 드라이버와 음료 종류 사이의 교호작용을 볼 수 있다. 만약 일반 드라이버를 사용한다면, 마시는 음료의 종류는 점수에 거의 영향이 없다. 그러나 오버사이즈 드라이브를 사용한다면, 맥주 대신에 물을 마신 경우에 훨씬 좋은 점수를 얻을 수 있다. 요인들 사이에 교호작용은 매우 일반적이다. 교호작용이 발생하는 경우에 한 번에 한 요인실험 전략을 사용하는 것은 좋지 않다. 많은 사람들이 이러한 단점을 고려하지 않아서 OFAT는 실제로 빈번히 사용되고 있다(많은 사람들이 실질적으로 이 전략이 과학적 방법에 관련이 있거나 "논리적인" 기술원칙이라고 생각한다). 한 번에 한 요인실험은 실험설계를 위한 통계적 접근법에 근거한 다른 방법들에 비해서 항상 비효율적이다. 이 부분은 5장에서 더 자세히 논의할 것이다.

여러 가지 요인들을 다루는 올바른 접근법은 **요인실험**을 수행하는 것이다. 이 방법은 한 번에 하나의 요인이 변하는 것이 아니라 요인들이 **함께** 변할 때의 실험 전략이다. 요인실험의 개념은 매우 중요하며 기본적인 요인실험과 여러 가지 변형 및 특별한 경우에 대해 설명하기 위해 나중에 여러 장에서 논의할 것이다.

요인실험을 어떻게 진행하는지 묘사하기 위해 골프 실험에서 공의 종류와 드라이버의 종류, 두 요인에만 관심이 있다고 하자. 그림 1.4는 골프 점수에 대한 두 요인의 결합 영향을 연구하는 2요인 요인실험을 보여준다. 요인실험의 두 요인이 모두 2수준을 가지고 있고, 요인과 수준의 모든 조합이 실험설계에 사용됨을 생각하고 있어야 한다. 기하학적으로 4번의 수행이 각각 하나의 사각형의 꼭짓점에 위치한다. 이러한 요인실험의 특별한 종류를 **2요인 2수준 배치법**(각각 2개의 수준을 가진 2개의 요인)이라고 한다. 이러한 요인들을 조사하기 위해서 8라운드의 골프를 칠 것이므로, 그림 1.4에 나타난 각각의 조합을 2라운드씩

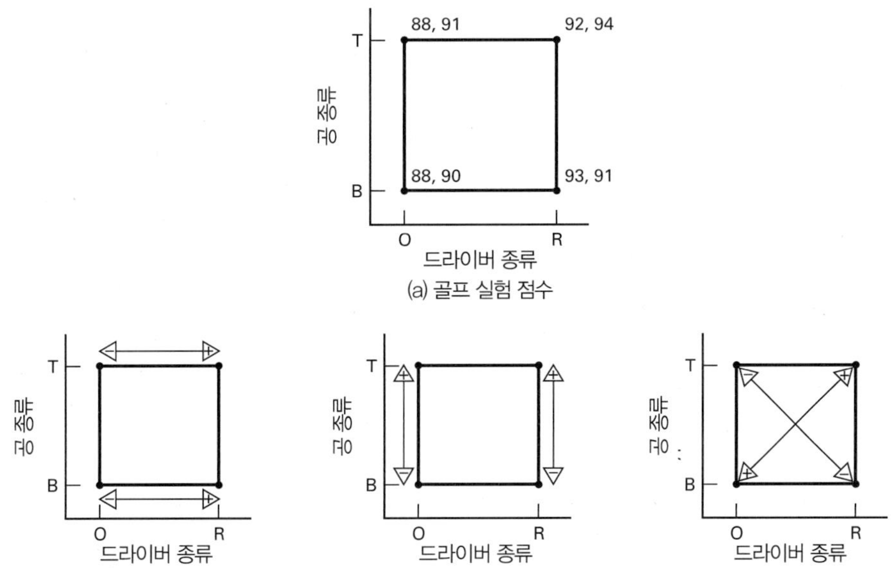

(a) 골프 실험 점수

(b) 드라이버 효과에 따른 점수의 비교

(c) 공의 효과에 따른 점수 비교

(d) 공과 드라이버 간 교호작용 효과의 비교

그림 1.5
그림 1.4의 골프 실험 점수와 요인효과의 계산

치는 것이 합리적인 계획이 될 것이다. 이 계획대로라면 이 설계를 2번 **반복**한다고 말할 수 있다. 이러한 실험설계는 실험자가 각 요인의 개별적인 영향(또는 주효과)을 조사하는 것을 가능하게 하고 요인들이 교호작용을 하는지 판단할 수 있도록 한다.

그림 1.5a는 그림 1.4의 요인실험을 수행한 결과를 보여준다. 4개의 실험 조합에 따라 진행한 골프의 라운드로부터 얻은 점수들을 사각형 꼭짓점에 적어놓았다. 일반 드라이버를 사용한 4번의 라운드와 오버사이즈 드라이버를 사용한 4번의 라운드가 있다. 사각형의 오른쪽과 왼쪽의 평균적인 점수의 차이를 찾으면 오버사이즈 드라이버에서 일반 드라이버로 바꾸는 것에 대한 영향력의 측정치를 얻을 수 있다(그림 1.5b 참고).

$$\begin{aligned}\text{드라이버의 영향} &= \frac{92+94+93+91}{4} - \frac{88+91+88+90}{4} \\ &= 3.25\end{aligned}$$

즉, 평균적으로 오버사이즈가 아닌 일반 드라이버를 사용하는 것이 각 라운드당 3.25회의 타를 증가시킨다. 이와 비슷하게 사각형 위 4개의 평균점수와 아래 4개의 평균점수 차이는 사용된 공 종류의 영향력을 보여준다(그림 1.5c 참고).

$$\begin{aligned}\text{공의 영향} &= \frac{88+91+92+94}{4} - \frac{88+90+93+91}{4} \\ &= 0.75\end{aligned}$$

마지막으로 공 종류와 드라이버 종류 간 교호작용의 측정치는 오른쪽에서 왼쪽으로 가는 대각선의 평균에서 왼쪽에서 오른쪽으로 가는 대각선의 평균을 빼는 것으로 얻을 수 있다(그림 1.5d 참고). 결과적으로 다음과 같다.

$$\text{공-드라이버 교호작용 영향} = \frac{92 + 94 + 88 + 90}{4} - \frac{88 + 91 + 93 + 91}{4} = 0.25$$

이러한 요인실험의 결과는 드라이버 효과가 공의 효과나 교호작용보다 크다는 것을 의미한다. 통계적 검정으로 이러한 효과들 중 어떤 것이라도 그 크기가 0이 아닌지 판단할 수 있다. 사실 검정을 실시하면 드라이버의 영향은 확실히 0과 다르지만, 다른 요인들은 그렇지 않다고 도출된다. 따라서 이 실험은 항상 오버사이즈 드라이버로 골프를 쳐야 한다는 결론을 확인하게 해 준 것이다.

요인실험의 가장 중요한 특징 중 하나는 이 단순한 예에서 분명히 나타난다. 즉, 요인실험이 실험자료를 가장 효율적으로 사용하는 방법인 것이다. 이 실험은 8개의 관찰로 이루어졌고 모든 8개의 관찰이 드라이버, 공, 교호작용을 계산하는 데에 사용되었음을 확인할 수 있는데, 자료의 이런 효율적인 사용은 다른 전략에서는 불가능하다. 이것이 요인실험의 중요하고 유용한 특징인 셈이다.

위의 요인실험에서 요인을 3개로 확장할 수 있다. 드라이버의 종류, 공의 종류, 마신 음료수가 골프 점수에 미치는 영향을 알고 싶다면, 모든 세 요인이 2개 수준을 가지고 있다는 가정하에서, 요인실험 디자인을 그림 1.6처럼 만들 수 있다. 여기에 세 요인의 2개 수준을 각각 고려하면 8개의 실험 조합이 있고 이를 정육면체의 각 꼭짓점으로 나타낼 수 있다. 이것이 **3요인 2수준 배치법**의 예이다. 오직 8라운드의 골프만 치기를 원했으므로, 그림 1.6에 있는 정육면체의 8개의 꼭짓점의 요인 조합 하나를 매번 라운드마다 실험할 것이다. 그러나 만약 이것을 그림 1.4에 있는 2요인 2수준 배치법과 비교하면, 3요인 2수준 배치법도 요인에 대해서 같은 정보를 제공함을 알 수 있다. 가령 그림 1.4의 2요인설계에 있는 각각의 실험 수행이 두 번씩 반복된 것으로 가정하면, 두 시험 모두 일반 드라이버에 대한 시험 4번, 오버사이즈 드라이버에 대한 시험 4번을 수행하는 것과 같다.

그림 1.7은 모든 4개의 요인들[드라이버, 공, 음료와 이동방법(걷기 또는 카트 타기)]을 **4요인 2수준 배치법**으로 어떻게 조사할 수 있는지 보여 준다. 다른 요인설계에서처럼 요인들의 수준의 모든 가능한 조합이 사용된다. 4개의 모든 요인들이 2개의 수준이 있기 때문에 이 실험의 설계는 여전히 마찬가지로 기하적으로 정육면체로 표현될 수 있다(좀 더 정확하게는 하이퍼큐브).

일반적으로 각기 2개의 수준을 가진 k개의 요인이 있다면, 요인설계는 2^k의 실험 횟수가 필요할 것이다. 예를 들면 그림 1.7에서 실험은 16회가 필요하다. 분명히 관심 있는 요인의 수가 증가한다면 필요한 실험의 횟수도 급격하게 증가한다. 예를 들어 모든 요인이 2개의

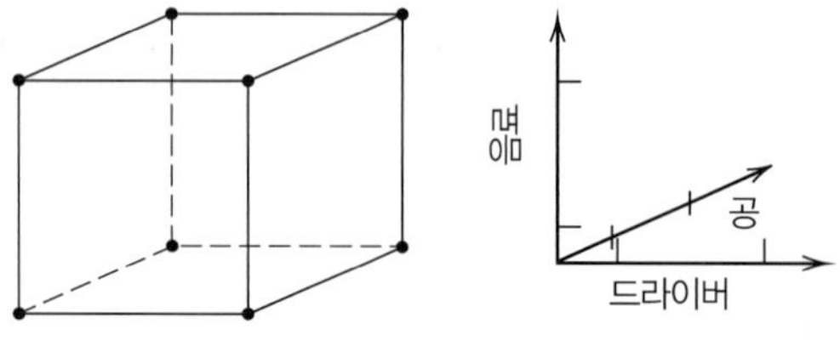

그림 1.6
드라이버 종류, 공 종류, 음료 종류를 포함한 3요인 요인실험

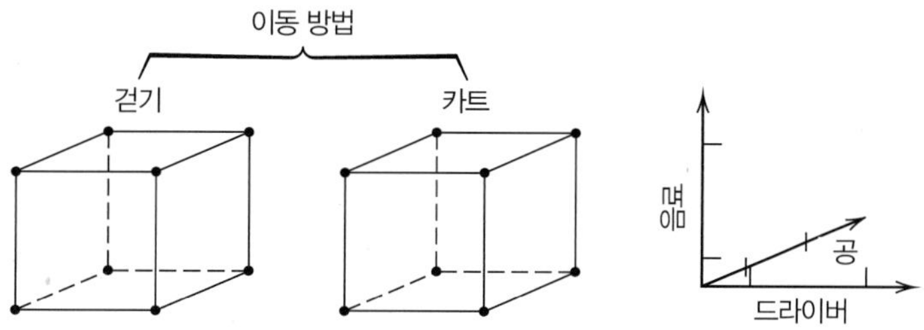

그림 1.7
드라이버 종류, 공 종류, 음료 종류, 이동방법을 포함한 4요인 요인실험

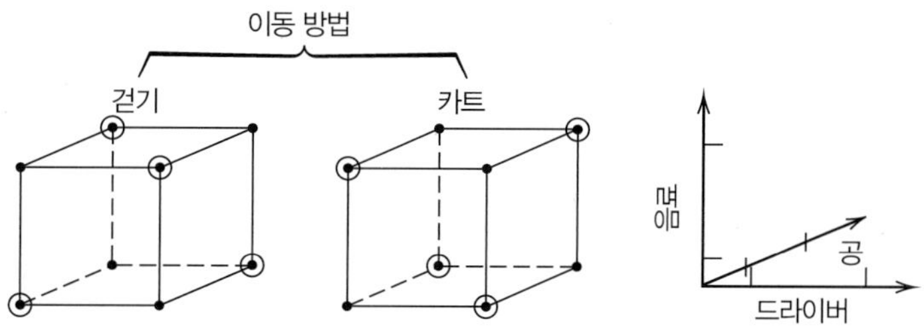

그림 1.8
드라이버 종류, 공 종류, 음료 종류, 이동방법을 포함한 4요인 부분요인실험

수준을 가진 10요인실험은 1024회의 실험이 필요하다. 이런 경우는 시간과 자원의 측면에서 실험이 불가능하다. 골프 실험에서 플레이어는 8라운드의 경기만을 진행할 수 있기 때문에 그림 1.7의 실험은 너무 많다고 말할 수 있다.

다행히도 4개, 5개 혹은 그 이상의 요인이 있다면, 대개 요인의 수준에 대해서 모든 가능한 조합에 대해 실험을 수행할 필요가 없다. **부분요인실험**(fractional factorial experiment)은 사용된 조합의 일부만 사용하는 기본적인 요인설계의 변형된 방법이다. 그림 1.8은 네 개의 요인으로 골프실험을 할 경우의 부분요인설계이다. 이 실험설계는 요인실험을 사용할 때 필요한 16회보다 적은 8회의 수행만을 요구하기 때문에 **절반**(one-half fraction)이라 부른다. 만약 8라운드의 골프만 칠 수 있다면 이 방법이 4요인의 모든 것을 연구하는 훌륭한 실험설계가 될 것이다. 요인들이 어떻게 교호작용하는가에 대한 정보의 일부와 함께 4개 요인의 주효과에 대해 좋은 정보를 제공할 것이다.

부분요인설계는 산업 연구와 개발, 공정의 개선에서 널리 사용되고 있다. 이러한 설계에 대해서는 8장에서 살펴보겠다.

1.2 실험설계의 몇 가지 대표적인 응용

실험계획법(experimental design method), 즉 실험설계는 많은 분야에서 널리 응용되고 있다. 앞서 말하였듯이, 실험을 과학적 과정의 일부분으로 보거나 시스템이나 공정이 어떻게 작동하는지 배우는 방법의 하나로 볼 수도 있다. 보편적으로 한 공정에 대해서 여러 가설을 세우면, 그 공정에서 자료를 만들어서 실험을 시행하고, 실험을 통해 알게 된 정보로 새로운 생각을 하고, 그 생각이 또 다른 실험으로 이어지는 일련의 과정을 통해서 학습할 수 있다.

실험설계는 과학이나 공학 분야에서 제품을 실현화하는 과정의 혁신을 이끄는 아주 중요한 도구이다. 이러한 활동들의 중요한 구성요소는 새로운 제조공정 설계와 개발, 그리고 공정 관리에 있다. 초기 공정 개발에서 실험설계 기술의 응용은 다음의 4가지로 나타난다.

1. 공정 성과의 개선
2. 명목상의 값 또는 목표하는 요구사항들에 더 가까워지거나 변동을 줄임
3. 개발 시간의 감소
4. 전체 비용의 감소

실험설계는 새로운 생산물들이 개발되고 기존의 것들이 개선되는 **공학적 설계**(engineering design)에서도 근본적으로 중요하다. 공학적 설계에서 실험설계의 일부를 응용하는 것은 다음을 포함한다.

1. 기본 설계 수치들의 평가와 비교
2. 대체 물질에 대한 평가
3. 방대하게 바뀌는 조건하에서도 제품이 잘 작동할 수 있도록 하는, 즉 환경에 **영향을 덜 받는**(robust) 제품을 만들기 위한 설계 모수의 선택
4. 제품 기능에 영향을 미치는 핵심 모수의 결정
5. 새로운 제품을 생산해내는 것

제품 생산의 과정에서 실험설계를 이용하면 제조가 쉬울 뿐만 아니라 작업현장의 수행능력이나 신뢰성이 향상되고, 생산비용을 낮추며, 제품 설계나 개발의 시간을 줄일 수 있다. 실험설계는 마케팅, 시장조사, 금융거래와 사업운영과 같은 광범위한 분야에도 다양하게 적용할 수 있다. 이에 대한 직접적인 몇 가지 예시들을 소개한다.

예제 1.1 공정 특징화

회로기판을 인쇄하는 제조공정에서 사용되는 플로우 솔더(Flow Solder)라는 기계가 있다. 이 기계는 흐르는 액체 안에 있는 기판을 닦고 예열을 한 후, 컨베이어 벨트를 따라서 녹은 용제를 지나 움직인다. 이 땜질 과정은 보드 위에서 납으로 연결되는 전자기기의 연결을 만든다.

공정은 현재 1% 수준 내외의 불량률을 가지고 있다. 즉, 기판 위의 1% 정도가 불량이기에 수동으로 재조정하는 것이 필요하다. 그러나 인쇄된 회로기판 위에 2000개가 넘는 납땜을 해야 하는데 1% 수준의 결점이라고 하여도 재작업이 필요한 땜질이 너무 많아진다. 따라서 책임이 있는 공정 기술자는 어떤 기계의 변수가 납땜의 결점이 발생하는 데 영향을 미치는지, 그리고 결점을 줄이기 위해서 변수를 어떻게 조정해야 하는지 결정하기 위해 실험설계를 이용하고자 한다. 플로우 솔더 기계에서 조절할 수 있는 변수로는 다음과 같은 것들이 있다.

1. 납땜 온도
2. 예열 온도
3. 운반 속도
4. 용제의 종류
5. 용제의 비중
6. 솔더 웨이브의 깊이
7. 운반 각도

이처럼 조절 가능한 요인들 외에도, 일상적인 제조 과정에서는 조절이 어렵지만 실험을 위해서는 조절이 가능한 요인들이 있다. 그런 요인들은 다음과 같은 요인이 있다.

1. 인쇄된 회로기판의 두께
2. 기판 위에 사용된 구성요소의 종류
3. 기판 위의 요소들의 배치
4. 운영자
5. 생산율

이런 경우에 기술자들이 원하는 것은 플로우 솔더 기계의 **특성화**라고 할 수 있다. 즉, 어떤 요인(조절 가능한 것과 그렇지 않은 것)이 인쇄된 회로 기판의 결점의 발생에 영향을 주는지 판단하고자 하는 것이다. 이를 위해서 그들은 요인의 효과 정도나 방향을 추정할 수 있는 실험을 설계할 수 있다. 다시 말해서 각 요인이 바뀔 때마다 반응변수(단위당 얼마나 불량이 생기는지)가 얼마나 변하는지, 요인이 같이 변할 때 개별로 조정을 하는 것보다 얼마나 다른 결과를 가지고 오는지를 보는 것이다. 즉, 각 요인의 교호작용이 있는지를 살펴보는 것이다. 가끔 이러한 실험을 **선별실험**(screening experiment)이라고 부른다. 흔히 선별이나 특성화 실험은 그림 1.8에 나온 골프 예제처럼 부분요인 설계를 따른다.

선별이나 특성화 실험으로부터 얻는 정보는 중요 공정의 요인을 확인하거나 차후 공정에서 단위당 불량 수를 줄이기 위해 사용될 수 있다. 이 실험은 높은 불량률이나 공정과정에서의 실수를 줄이기 위해서 어떤 요인이 일반적으로 제조하는 과정에서 더 깊은 주의를 가지고 조정되어야 하는지 알려준다. 또한, 공정 자체에 대한 관리도뿐만 아니라, 개별 혹은 하나 이상의 **공정변수**(용제 온도와 같은)에 대한 관리도를 만드는 데 실험 결과를 사용할 수도 있다. 시간이 흐르면서 공정이 충분히 개선된다면, 공정 관리 계획이 결과 관리표를 관리하는 것 대신 공정 요인 변수들을 제어하는 데 기초할 수도 있을 것이다.

예제 1.2 공정 최적화

특성화 실험에서 보고자 하는 건 대개 어떤 공정의 변수가 결과에 영향을 미치는지 판단하는 것이다. 논리적으로 따라올 수 있는 다음 과정은 최선의 성과로 이어질 수 있도록 해당 주요 요인들의 범위를 결정하는 것이다. 예를 들어 결과가 수익이라면 수익이 최대가 되는 범위를 찾는 것이고, 반면에 결과가 특정 제품 차원의 변동성이면 변동성이 최소가 되는 요인들의 범위를 찾아야 할 것이다.

우리가 화학 공정의 수익률 개선에 관심이 있다고 가정해 보자. 우리는 특성화 실험의 결과를 통해 산출량에 영향을 미치는 가장 중요한 두 요인이 공정 시 온도와 반응시간이라는 점을 알고 있다. 공정은 현재 화씨 145도와 반응시간 2.1시간으로 운영되고 있고 수익률은 80% 정도이다. 그림 1.9는 위에서 말한 시간-온도의 범위를 보여준다.

이 그래프에 나타난 **등고선**(contours)은 같은 수익률을 선으로 연결한 것이다. 등고선을 보면 60, 70, 80, 90, 95 퍼센트의 수익률을 확인할 수 있다. 이 등고선은 앞서 언급한 수익률에 영향을 미치는 시간-온도 영역을 단면적으로 영사한 것이다. 이런 표면을 **반응표면**(response surface)이라고 부른다. 그림 1.9에 있는 반응표면은 보통 공정에서 일하는 사람들에게는 알려지지 않았기에 실험을 통해 시간과 온도에 한해서 어떻게 수익률을 최적화할 것인지 알아야 한다.

최적점을 찾기 위해 시간과 온도가 한 번에 변화하는 실험, 즉 요인실험이 필요하다. 시간과 온도에 대한 초기 실험의 결과는 2개의 수준으로 진행되었고 그 결과가 그림 1.9에 나타나 있다. 네 개의 꼭짓점에서 관찰한 반응값은 수익률 증가를 위해서는 일반적으로 높은 온도와 짧은 시간의 방향으로 가야 한다는 것을 의미한다. 이 방향을 고려한 추가 실험을 수행하고 이를 통해 최고 수익률의 범위가 무엇인지를 알 수 있다.

최적점의 범위를 알게 되면 보통 두 번째 실험을 수행하게 된다. 이 두 번째 실험의 목표는 공정의 경험 모델을 만들고 시간과 온도의 조건을 최적화하는 더욱 정확한 추정치를 얻는 것이다. 이런 최적화 과정의 방법론을 **반응표면법**(response surface methodology)이라고 부르고, 10장에서 더욱 자세하게 알아볼 것이다. 그림 1.9에 나타난 두 번째 디자인은 공정 최적화 연구에서 매우 중요한 실험계획 중 하나인 **중심복합설계**(central composite design)이다.

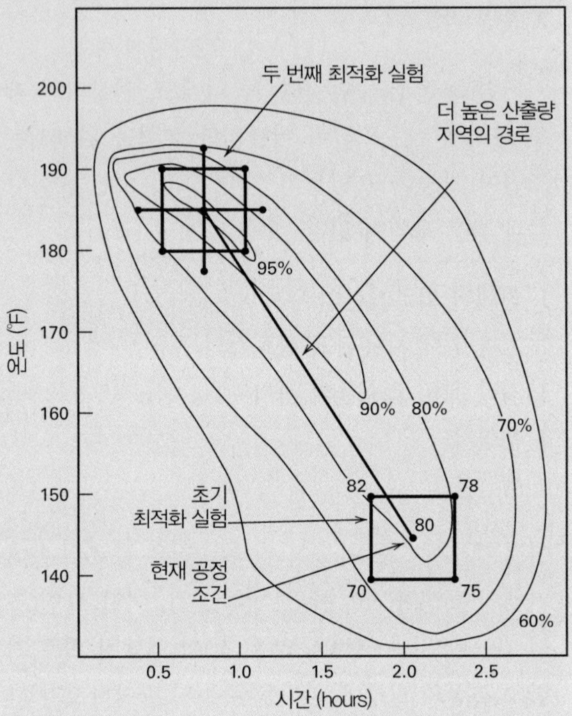

그림 1.9
공정 최적화 실험을 설명하는, 반응시간과 반응온도에 대한 함수로써 산출량의 등고선도

예제 1.3 제품 설계1

생명 의료 공학자가 약을 정맥에 주입하는 새로운 펌프를 개발하고 있다. 이 펌프는 정해진 시간 동안 일정한 복용량을 전달해야 한다. 여기서 요인의 개수와 설계 모수를 설정해야 한다. 실린더의 길이나 직경, 실린더와 플런저의 사이의 적합도, 플런저의 길이, 펌프와 환자의 혈액 안에 주입되는 바늘을 연결하는 튜브벽의 굵기나 직경, 실린더와 튜브 소재, 이 시스템이 돌아가기 위한 고정 압력 등이 있을 수 있다. 이 중 몇 개의 설계 모수는 요인들이 적절한 범위 안에서 변화하는 초기 프로토타입을 만들어서 알 수 있다. 그 후 실험을 설계하여 이 프로토타입을 검사하면서 어떤 설계

모수가 펌프 성능에 가장 영향력이 있는지 알아낼 수 있다. 이 정보를 분석하면 공학자는 약을 일정하고 안전하게 주입할 수 있는 설계를 할 수 있을 것이다.

예제 1.4 제품 설계2

공학자가 비행기 엔진을 설계하고 있다고 하자. 이 엔진은 40,000피트에서 마하 0.8의 속도로 운항할 수 있게 하는 상업 터보팬 엔진이다. 설계변수로는 입구 유량, 팬 압력율, 전체 압력, 고정출력 온도나 다른 많은 요인이 있다. 결과 반응변수는 특정 연료의 소모와 엔진 추진력이다. 이 시스템을 설계할 때, 설계 과정 초기에 시제품이나 실제 시험 용품을 제작하는 작업은 상당히 어려울 수 있다. 그래서 공학자들은 엔진의 주요 실험 모수에 집중하고 엔진 성능을 최적하기 위해 교체해야 할 것을 **컴퓨터 모델**을 통해 알 수 있다. 엔진 컴퓨터 모델로 계획된 실험을 통해 가장 중요한 모수와 그 최적값을 알아낼 수 있다.

설계자들은 작업할 때 컴퓨터 모델을 자주 사용한다. 구조, 기계 설계의 다양한 부분을 조사하는 정해진 모델이나, 전자 회로 기판 설계를 위한 전기 회로 모의시험, 공장이나 기업 수준의 일정 관리나 능률 관리, 혹은 공급 과정 관리, 복잡한 화학 공장을 위한 컴퓨터 모델들이 그 예시이다. 통계적으로 설계된 실험들은 실제 물리적 시스템에 가능한 한 쉽고 성공적으로 적용될 수 있으며, 이를 통해 개발에 걸리는 시간을 줄이고 더 나은 설계를 할 수 있다.

예제 1.5 제품 실현

생화학자가 특정 질병의 유무를 알아내는 진단 제품을 만들고 있다. 이 제품은 생물학적 물질과 화학 시약, 사람의 혈액으로 진단을 내리는 다른 물질로 이루어져 있다. 이런 경우에 사용하는 실험이 **혼합 실험**(mixture experiment)이다. 왜냐하면 100% 완전한 혼합물(질량, 무게, 몰비율의 측면에서)을 구성하는데 다양한 재료가 섞여져 있기 때문이다. 그리고 제품에 들어있는 각각의 혼합률의 함수가 반응변수가 된다. 혼합 실험은 10장에서 공부할 반응표면 실험의 특별한 경우이다. 이 실험방법은 생물학적 제품, 제약, 식음료, 페인트 및 도료, 세제나 비누 같은 일상소모품, 개인용품이나 다른 다양한 제품 설계에 매우 유용하다.

예제 1.6 웹페이지 디자인

오늘날의 많은 사업이 월드 와이드 웹(World Wide Web, www)을 통해 이뤄지고 있다. 따라서 사업의 웹페이지를 디자인하는 작업은 잠재적인 경제적 영향이 매우 크다. 웹페이지가 다음의 요소들로 이뤄져 있다고 가정하자. (1) 포토플래쉬 이미지(photoflash image), (2) 메인 제목, (3) 부제목, (4) 주요 글, (5) 우측 메인 사진, (6) 배경 이미지 디자인, (7) 꼬리말. 클릭률에 영향을 주는 요인, 즉 전체 방문자 대비 사이트 방문자의 수를 알고자 한다. 중요한 요인의 적절한 선택은 최적의 웹페이지 디자인으로 이어질 수 있다. 포토플래쉬에는 4개의 옵션이, 메인 제목에는 8개의 옵션이, 부제목은 6개의 옵션이, 주요 글은 5개, 메인 이미지는 4개, 배경 디자인은 3개, 꼬릿말은 7개의 옵션이 있다고 가정하자. 요인설계를 사용한다면, 각 요인과 수준에 대한 모든 가능한 조합을 사용해야 하므로 총 $4 \times 8 \times 6 \times 5 \times 4 \times 3 \times 7 = 80{,}640$개의 웹페이지가 필요하다. 한눈에 봐도 이렇게 많은 조합을 디자인하고 검정하는 것은 가능하지 않으므로 완전요인실험은 고려대상이 아니다. 그러나 가능한 적은 웹페이지 디자인을 가지고 부분요인설계를 하는 것은 아마도 성공적일 것이다. 이 실험은 각 요인이 다른 개수의 수준을 가지고 있는 부분요인설계를 해야 한다. 이런 디자인을 구성하는 방법은 9장에서 배울 것이다.

1.3 기본 원칙

예제 1.1부터 1.6에서 나타난 것과 같은 실험을 가장 효율적으로 수행하려면 실험을 계획할 때 과학적으로 접근해야만 한다. **통계적 실험설계**(statistical design of experiments)는 적절한 자료를 수집하고 통계적 방법으로 분석하여 유효하고 객관적인 결론이 되도록 실험을 설계하는 절차를 의미한다. 자료로부터 의미 있는 결론을 끌어내고 싶다면 실험설계에 대한 통계적 접근법은 필수적이다. 실험을 수행할 때 오류가 일어날 확률이 많을 때는, 통계적 방법이 유일하게 **객관적인** 방법론이 될 수 있다. 따라서 어떤 실험이든 실험설계와 자료의 통계적 분석이라는 두 가지 측면이 있다. 이 두 주제는 분석 방법이 직접적으로 실험설계 자체에 의존하기 때문에 밀접하게 관련이 있다. 두 주제 모두 이 책에서 살펴볼 것이다.

실험설계의 세 가지 기본 원칙은 **랜덤화**(randomization), **반복**(replication), **블록화**(blocking)이다. 간혹 **요인 원칙**(factorial principle)을 이 세 가지 원칙에 추가하기도 한다. 랜덤배정은 실험설계에서 통계적 방법을 사용하는 근본적 바탕이 된다. 랜덤화를 통해 실험물질의 배정과 개별적인 실험 수행의 순서가 랜덤하게 결정될 수 있다. 통계 방법론에서는 관찰(혹은 오류)이 독립적으로 분포하는 확률변수여야 하는데, 랜덤화를 통해서 이 가정을 유효하게 충족할 수 있다. 실험에서 적절히 랜덤화를 시행한다면, 존재할 수 있는 외부적 요인의 영향을 "평균적으로 같게 만드는 것(averaging out)" 또한 가능하다. 예를 들어 제련 실험에서 표본이 다소 다른 두께를 가지고 있고, 각 용액의 효과가 표본의 두께에 영향을 받는다고 가정하자. 기름 용액에 사용된 모든 표본이 소금물 용액에 사용한 표본들보다 두껍다면 실험 결과에 구조적인 편의를 일으키는 것이다. 이러한 편의는 한쪽의 담금에 핸디캡을 주는 것으로, 결과적으로 실험의 결과를 유효하지 않게 한다. 제련 용액에 임의로 표본을 배정하는 것은 이러한 문제를 줄일 수 있다.

컴퓨터 소프트웨어 프로그램은 실험자가 실험설계를 구성하고 선택할 때 널리 사용된다. 이러한 프로그램들은 실험설계의 수행 순서를 랜덤하게 결정한다. 이런 랜덤한 순서는 난수 생성기를 통해 만들어진다. 이렇게 컴퓨터 프로그램을 사용하더라도, 실험에 사용하기 위해 실험 재료의 단위(위에서 언급한 경도 예시의 표본과 같은 것들), 연산자, 게이지나 측정 장치 등을 할당해야 하는 경우가 있다.

가끔 실험자들은 실험의 한 부분에서 랜덤화가 어려운 상황을 맞닥뜨리게 된다. 예를 들어 화학 공정에서 온도는 다른 요인처럼 요인의 수준을 변경하는 것이 쉽지 않다. 이와 같은 실험에는 시간과 비용이 증가하므로 **완전히 랜덤화**(complete randomization)를 하기는 어려울 것이다.

반복(replication)이란 각 요인의 조합을 독립적으로 **반복 수행**(repeat run)하는 것을 의미한다. 1.1절 금속공학의 예제에서 반복을 수행할 만한 것은 기름 용액에서 표본을 다루는 것과 소금물 용액에서 표본을 다루는 것에서 할 수 있다. 따라서 만약 각 담금질에서 5개의 표본을 쓴다면, 다섯 번의 **반복결과**(replicates)를 얻는다. 10개의 관찰값 각각은 임의의 순서로 수행되어야 한다. 반복에는 두 가지 중요한 성질이 있다. 첫째, 실험자가 실험의 오류 추정치를 얻을 수 있게 한다. 이 추정치는 자료에서 관측된 차이가 진짜 통계적 차이인지를 결정하는 측정의 기본 단위가 된다. 둘째, 실험에서 표본평균($\bar{y}$)이 실험의 한 요인수준의 평균적인 반응변수를 추정하는 데에 쓰인다면, 반복은 실험자가 이 변수에 대해서 더 정확한 추정치를 얻을 수 있게 한다. 예를 들어 σ^2이 개별 관측치의 분산이고 n번의 반복이 있다면, 표본평균의 분산은 다음 식이 된다.

$$\sigma_{\bar{y}}^2 = \frac{\sigma^2}{n}$$

이것의 실질적인 의미는 만약 $n=1$번 반복하고, $y_1=145$(기름 용액)와 $y_2=147$(소금물 용액)의 관찰값을 얻었다고 하면, 응고 매체의 영향에 대한 만족스러운 추론을 얻는 것이 불가능할 수도 있다는 것이다. 즉, 관측된 차이는 실험 수행에서의 오류일 수 있다는 것인데, 요약하면 반복 없이는 2개의 관측치가 서로 다른 이유를 알 수 없다는 것이다. 다른 한편으로, n이 충분히 크고 실험의 오류가 충분히 작으면서 표본평균이 ($\bar{y}_1 < \bar{y}_2$)라는 것을 관측하였다면, 소금물 용액이 기름 용액보다 특정 알루미늄 합금에서 더 높은 경도를 보인다는 결론을 내리는 것이 충분히 안전할 수 있다.

흔히 실험이 랜덤화되어 있을 때, 2개(혹은 그 이상)의 연속적인 수행은 동일한 일부 요인에서 같은 수준을 갖게 될 것이다. 예를 들어 실험에서 압력, 온도, 시간 3개의 요인을 가지고 있다면, 실험이 임의로 수행될 때 다음의 결과를 얻을 수 있다.

수행 번호	압력(psi)	온도(℃)	시간(분)
i	30	100	30
$i+1$	30	125	45
$i+2$	40	125	45

i차 수행과 $i+1$차 수행 사이에 압력의 수준이 동일한 것과 $i+1$차 수행과 $i+2$차 수행 사이에 온도와 시간이 동일하다는 것에 주목하자. 진짜 반복값을 얻기 위해서 실험자는 i차 수행과 $i+1$차 수행 사이에 중간의 환경으로 "압력손잡이를 돌렸다가", $i+1$차 수행 때는 압력을 30평방인치당 파운드(psi)로 다시 설정해야 한다. 온도와 시간도 $i+2$차 수행의 설계를 세팅하기 전에 $i+1$과 $i+2$ 중간의 수준으로 두었다가 세팅해야 한다. 이때의 실험오차로 열과 요인수준을 유지하는 것에서의 변동성이 있을 수 있다.

반복(replication)과 **반복된 측정**(repeated measurements) 사이에는 중요한 차이가 있다. 예를 들어 실리콘 웨이퍼(silicon wafer)가 단일 웨이퍼 플라즈마 에칭(etching) 공정에서 에칭이 되고, 이 웨이퍼에 대해서 임계치수(critical dimensions; CD)가 세 번 측정되었다고 가정하자. 이 측정값들은 반복치가 아니다. 반복 측정의 형식은 따르고 있으나 이 경우에서는 세 번의 반복측성에서의 관찰된 변동성이 측정 시스템이나 게이지의 내부 변동성을 직접적으로 반영할 수 있고, 아마 CD의 변동성은 웨이퍼 다른 장소에서 측정되었기 때문에 나타나는 변동성을 반영할 것이다. 다른 예로 반도체 생산에서 실험의 일부로서 4개의 웨이퍼가 특정한 가스의 유량과 시간에 산화로(oxidation furnace) 안에서 동시에 만들어졌다고 하자. 그리고 각각의 웨이퍼에 대한 산화물의 두께를 측정하였다고 하자. 이때도, 4개의 와이퍼에 대한 측정은 반복치가 아니라 반복 측정이다. 이 경우 값들은 웨이퍼와 특정 용해로 내 다른 변동성 소스 간의 차이를 반영할 수 있다. 반복은 **수행들 사이**의 (잠재적인) 변동요인을 반영한다.

블록화(blocking)는 관심이 있는 요인들 사이의 비교의 정확도를 개선하는 데 사용되는 설계 기법이다. 대개 블록화는 실험의 반응값에 영향을 끼칠 수 있지만, 직접적인 관심을 갖지 않는 요인인 장애요인(nuisance factors)으로부터 발생하는 변동성을 제거하거나 줄이기 위해서 사용된다. 가령 화학 공정의 실험이 요구하는 모든 실험의 수행을 위해서 2회 실험 분량의 원재료를 필요로 할 수 있다. 그러나 공급업자들 간의 변동성 때문에 필요한 원재료 간의 차이가 있을 수 있다. 만약 배치가 우리가 관심 있어 하는 효과가 아니라면 원재료의 배치를 장애요인으로 생각할 수 있다. 일반적으로 하나의 블록은 상대적으로 동일한 실험 조건의 집합이다. 화학 공정에서 각 원재료의 배치가 하나의 블록을 형성한다. 배치 간의 변동의 차이에 비해서 한 배치 내의 변동은 작다고 생각할 수 있기 때문이다. 전형적으로, 이 예와 같이 장애요인의 각 수준이 한 블록이 된다. 그러면 실험자는 관측치들을 통계적 설계에서 각각 블록 그룹으로 분류한다. 이 블록에 대한 내용은 4장, 5장, 7장, 8장, 10장을 포함한 이 책의 여러 군데에서 자세히 공부할 것이다. 블록의 원리에 대한 간단한 예제는 2.5.1절에서 볼 수 있다.

실험설계의 세 가지 기본 원칙, 랜덤화, 반복, 블록화는 모든 실험의 일부가 된다. 이에 대해 이 책의 전반에 걸쳐 반복적으로 강조하고 살펴볼 것이다.

1.4 실험설계를 위한 가이드라인

실험의 설계와 분석에서 통계적인 접근법을 이용하기 위해서는 실험에 관계된 모든 사람이 연구 대상이 무엇이고, 자료를 어떻게 수집할 것이며, 최소한 어떻게 이러한 자료들을 어떻게 분석될지 대해 미리 양질의 이해를 갖추고 있어야 한다. 추천하는 절차의 개요가 표 1.1에 있다. 이제 이 개요에 대한 간단한 논의와 몇몇 주요 포인트에 대해서 자세히 말해 보자. 더 많은 세부사항을 위해서는 Coleman과 Montgomery(1993)와 그 안의 참고 문헌을 참고하길 바란다. 이 장의 보조자료(supplemental text material)도 유용할 것이다.

1. **문제의 인지와 표현**(*Recognition of and statement of the problem*). 어느 정도 자명한 것처럼 보이지만, 실제 상황에서는 실험을 필요로 하는 문제 상황을 인지하는 것도 간단하지 않고, 해당 문제를 명백하고 일반적으로 이해되도록 서술하는 것 또한 쉽지 않다. 실험의 목적에 대해 모든 생각들을 발전시킬 필요성이 있는 것이다. 대게 공학이나, 품질보증, 제조, 마케팅, 관리팀, 고객팀, 행정팀의 일원들(보통 엄청난 직관을 가지고 있으나 쉽게 무시되는)로부터 정보를 청하는 것이 필요하다. 그렇기에 실험을 계획하는 데 **팀 접근법**(team approach)을 추천한다.

   이 방법은 대체로 실험으로 설명해야 할 특정한 문제 또는 질문들의 목록을 준비하는 데 유용하다. 실험을 명료하게 서술하는 것은 대개 연구할 현상과 문제의 최종 해결책을 더 이해하는 데 상당히 많은 도움을 준다.

   실험의 전체적인 목표를 명심하는 것 또한 중요하다. 실험을 수행하는 데에는 광범위한 여러 가지 이유가 있고 각 종류의 실험은 각기 달리 해결해야 할 특정한 질문 목

표 1.1 실험설계를 위한 안내

1. 문제의 인지와 표현	실험 전 계획
2. 반응변수 선별*	
3. 요인, 수준, 범위의 선택*	
4. 실험설계의 선택	
5. 실험의 수행	
6. 자료의 통계적 분석	
7. 결론과 추천	

*실습에서 2번과 3번은 동시에 혹은 순서가 바뀌어 수행될 수 있다.

록이 있다. 실험의 목적으로는 아래와 같은 것이 있다(하지만 결코 전부는 아니다).

a. **요인선별 또는 특성화**(*Factor screening or characterization*). 시스템이나 공정이 새로운 것일 때, 관심이 있는 반응값에 어떤 요인들이 가장 영향력을 가지고 있는지 파악하는 것은 중요하다. 보통 그 요인에는 여러 가지가 있다. 일반적으로 실험자가 시스템에 대해서 잘 모르고 있으므로, 시스템으로부터 필요로 하는 성능을 효율적으로 얻기 위해서는 요인을 선별하는 것이 중요하다. 선별 실험은 새로운 시스템이나 공정을 이해하는 과정에서 최적 추측(best guess) 접근법이나 한 번에 한 요인실험(OFAT) 방법에서 귀중한 자원을 낭비하지 않도록 하는 데 필요하다.
b. **최적화**(*optimization*). 시스템이 특성화되고 중요한 요인들을 선별한 것에 논리적으로 확신이 들면, 다음 목표는 대개 최적화이다. 즉, 바람직한 결괏값을 낳는 중요한 요인들의 환경이나 수준들을 찾는 것이다. 예를 들어 화학 공정의 선별 실험이 시간과 온도를 가장 중요한 변수로 선별하였다면, 최적화 실험은 수익을 최대화하거나 또는 고객에게 중요한 일부 제품 속성을 사양 범위 내에서 유지하면서 수익을 최대화 할 시간과 온도의 수준을 찾는 것을 목표로 한다. 최적화 실험은 대개 선별 실험의 후속 실험이다. 선별 실험으로 주요 요인의 최적의 값을 찾으려고 하는 것은 매우 이례적일 경우이다.
c. **확인**(*Confirmation*). 확인 실험에서 실험자는 대개 시스템이 이전의 실험이나 어떤 이론과 어느 정도 일치하는 작동이나 반응을 보인다는 것을 확인하려고 한다. 예를 들어 특정한 새로운 물질이 현재 사용되는 것과 결과적으로는 동등하나 새로운 것이 더 나은 특성을 가지고 있다(좀 더 싸거나, 어떤 측면에서든 작업하기 쉽다거나)는 것을 이론 또는 실험에서 보이면, 새로운 물질로 대체해서 생산하는 상품의 특성에 변화가 없다는 것을 확인하기 위해서 확인 실험이 수행될 것이다. 새 제조공정을 시범 공장이나 개발현장에서의 실험 결과에 따라 전면적인 공정으로 받아들이는 것은 확인 실험이 필요한 또 다른 경우가 된다. 즉, 개발 작업 중에 결정된 요인과 설정값이 전면적인 공정에서도 적합한지 확인하는 것이다.
d. **발견**(*Discovery*). 발견 실험에서 실험자는 새로운 물질, 새로운 요인, 또는 새로운 요인의 범위를 적용하면 어떤 일이 발생할지 알아내려고 한다. 발견 실험은 종종 몇 가지(혹은 다수의) 요인을 선별해야 한다. 제약 산업에서 과학자들은 끊임없이 치료하는 데 효과적일 새로운 물질 또는 물질의 조합을 찾기 위해서 발견 실험을 하고 있다.
e. **강건성**(*Robustness*). 이런 실험들은 어떤 조건이 우리가 관심 있는 결괏값을 심각하게 저하하는지를 알아내고자 수행된다. 혹은 어떤 조건이 우리 결과변수에 허용되지 않는 변동을 주는지 보려고 한다. 이런 실험의 변형으로는 우리가 조절할 수 있는 변수가 반응변수에 주는 변동을 최소화할 수 있게 시스템 속 요인을 조정할지 판단하는 실험 등이 있다.

분명, 실험에서 다루는 특정 질문들은 전반적인 실험 목적과 직접적으로 관련이 되어 있다. 하지만 문제를 구체화하는 것에 있어서 중요한 것 중 하나는 대규모 실험이 핵심 질문을 만족스럽게 해결할 가능성이 적다는 것을 인지하는 것이다. 대규모 실험은 대단히 많은 질문에 대한 답을 알아야 하며, 그게 틀릴 시 결과가 굉장히 실망스러울 수 있다. 이는 시간 낭비 또는 재원이나 다른 자원의 낭비뿐만 아니라 처음에 연구하고자 한 질문을 만족스럽게 대답하지 않는 결과를 초래할 수 있다. 이럴 때는 요인선별과 같이 특정 목적(조금 더 작은 목적)을 **순차적**으로 실험하는 것이 더 나은 전략일 수 있다.

2. **반응변수 선별**(*Selection of the response variable*). 반응변수를 선택할 때 실험자들은 이 변수가 연구된다면 공정에 유용한 정보를 줄 것이라는 확신이 있어야 한다. 측정된 특성의 평균이나 표준편차(혹은 두 가지 모두)가 반응변수로 가장 자주 사용된다. 반응변수를 여러 개 설정하는 것은 일반적이지 않다. 실험자들은 어떻게 각각의 반응들을 측정할 것인지 결정해야 하고, 실험 중에 측정 시스템을 어떻게 보정할 것인지, 이 보정을 어떻게 유지할 것인지와 같은 문제를 해결해야 한다. 측정기나 측정 시스템의 성능(또는 측정 오류)도 중요한 요인이다. 만약 측정기의 성능이 부적절하면, 상대적으로 큰 요인의 영향만 실험에서 관찰이 되거나 아마도 추가적인 반복 실험이 필요할 것이다. 측정기의 성능이 부족한 상황에서 실험자는 각 실험의 단위를 여러 번 측정하기로 결정하고 여러 번 측정한 값의 평균을 관측치로 사용해야 할 수도 있다. 관심 있는 반응변수를 결정하는 것과 관련된 문제들을 식별하는 것, 그리고 어떻게 그들을 측정할 것인지 **실험 전**에 결정하는 것은 일반적으로 매우 중요하다. 실험설계는 가끔 연구와 측정 시스템의 성능을 개선하기 위해서 사용되기도 한다.
3. **요인, 수준, 범위의 선택**(*Choice of factors, levels, and range*). (표 1.1에 있듯이 2단계, 3단계는 종종 동시에 수행되거나 반대의 순서로 수행된다.) 공정이나 시스템의 성능에 영향을 미치는 요인을 고려할 때, 실험자는 대개 이러한 요인들을 **잠재적 설계요인**(potential design factors)이나 장애요인으로 분류할 수 있다는 점을 알게 된다. 잠재적 설계요인은 실험자들이 실험에서 변하기를 바라는 요인이다. 보통 많은 잠재적 설계요인이 있고, 추가적으로 이를 분류하는 것이 도움이 된다. 유용한 분류로는 **설계요인**(design factors), **고정요인**(held-constant factors), **변동요인**(allow-to-vary)으로 나누는 것이다. 설계요인은 실험에서 연구를 위해서 실제로 선택된 요인이다. 고정요인은 결괏값에 어떤 영향을 미치지만, 현재 실험의 목적에서는 관심의 대상이 아니라서 특정한 수준으로 고정된 변수이다. 예를 들어 반도체 산업의 에칭 실험에서 사용된 특정한 플라즈마 에칭 도구의 영향이 있을 수 있다. 그러나 이 요인은 실험에서 바꾸기가 매우 어렵기 때문에, 실험자는 하나의 특정한(이상적으로 '일반적인') 에칭기(etcher)에서 모든 실험을 수행한다. 따라서 이 요인은 일정하게 유지된다. 변동요인의 한 예로 실험 단위 또는 설계요인이 적용되는 "재료"는 대개 일정하지는 않다. 그래서 단위별 변동을 무시하거나 실험 단위 효과나 물질에 대한 효과의 균형을 위해 랜덤배정을 실행

한다. 흔히 고정요인과 변동요인은 상대적으로 작다고 가정한다.

반면에 장애요인은 현재 실험에서 그들은 관심의 대상이 아닌 데도 설명이 필요할 만큼 큰 영향을 가진 요인이다. 장애요인은 **통제 가능한 것**(controllable), **통제 불가능한 것**(uncontrollable), **소음 요인**(noise factor)으로 분류된다. 통제 가능한 장애요인은 실험자에 의해서 수준의 설정이 가능한 요인이다. 예를 들어 실험자는 실험 수행에서 원재료 배치를 다른 것으로 선택하거나 주중 특정 요일을 선택할 수 있다. 이전에 논의했던 블록 원칙은 통제 가능한 장애요인을 다루는 데 유용하다. 장애요인이 실험에서 통제 불가능하지만 측정할 수 있다면, 이것의 영향을 보정하기 위해서 공분산 분석(analysis of covariance)이라는 분석 절차를 사용할 수 있다. 예를 들어 공정 환경의 상대습도가 공정의 퍼포먼스에 영향을 미칠 수 있는 점을 인지하나 습도를 조절할 수 없다면, 이를 측정하고 공변인(covariate)으로 취급할 수 있다. 공정에서 자연적으로 통제 불가능하게 변화하는 요인이 실험의 목적을 위해서 통제될 수 있다면 이것은 소음요인이라고 한다. 이러한 상황에서 실험의 목표는 소음요인으로부터 발생한 변동성을 최소화하는 통제 가능한 설계요인의 세팅을 찾는 것이다. 이를 공정의 강건성 연구(process robustness study) 또는 강건한 실험 문제(robustness design problem)라고도 한다. 블록, 공분산 분석, 그리고 공정의 강건성 연구는 이후에 다룰 것이다.

일단 실험자는 실험요인을 선택했다면, 요인이 변할 범위와 실험을 수행할 수준을 선택해야 한다. 요인들을 원하는 값으로 어떻게 통제할 것인지와 어떻게 측정할 것인지에 대해서도 생각해야 한다. 일례로 플로우솔더 실험에서, 기술자가 솔더 불량 발생에 영향을 줄 12개의 변수를 정의했다고 하자. 실험자는 각 요인의 region(즉, 각 요인이 변화할 범위)과 각 변수들이 얼마나 많은 수준의 단계를 가질 것인지를 결정해야 한다. 이는 **공정 지식**(process knowledge)을 요구한다. 공정 지식이란 보통 실제 경험과 이론적인 이해의 조합이다. 중요할 수 있는 모든 요인을 조사하고 과거 경험에 지나치게 영향을 받지 않는 것이 중요하며, 특히 실험이 초기 단계이거나 공정이 그렇게 발전되지 않았을 때 중요하다.

실험의 목적이 **요인선별**(factor screening) 또는 **공정 특성화**(process characterization)이면, 일반적으로 요인수준의 개수를 적게 유지하는 것이 가장 좋다. 보통 2개의 수준이 요인선별의 연구에서 매우 잘 적용된다. 관심 있는 범위를 고르는 것 또한 중요하다. 요인선별에서 관심의 범위는 상대적으로 커야 한다. 즉, 요인들이 변화하는 범위가 넓어야 한다. 우리가 어떤 변수가 중요하고 어떤 수준에서 가장 좋은 결과를 얻는가에 대해서 더 많이 알게 됨에 따라 차후의 실험에서 관심이 있는 범위는 더 좁아질 것이다.

특성요인도(cause-and-effect diagram)는 사전 계획 단계에서 알게 된 정보를 조직하는데 유용한 기술이다. 그림 1.10에는 반도체 생산에 사용된 에칭 기계의 웨이퍼 충전(웨이퍼 위에 전하의 축적)과 관련된 문제를 해결하기 위해 실험을 계획하는 단계에

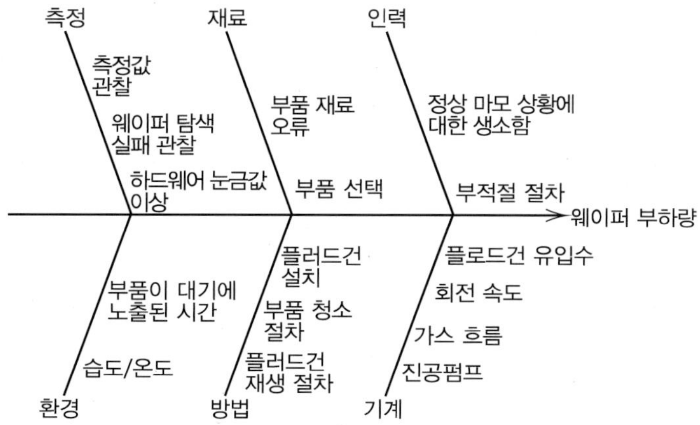

그림 1.10
에칭 공정 실험의 특성요인도

서 그린 특성요인도다. 특성요인도는 관심이 있는 "효과" 또는 반응변수가 다이어그램(diagram)의 중심을 따라 그려지고, 잠재적인 원인 또는 설계요인이 갈비뼈처럼 그려지기 때문에 **생선뼈 그림**(fishbone diagram)이라고도 한다. 특성요인도는 정보와 잠재적인 설계요인들을 정리하기 위해서 측정, 재료, 사람, 환경, 방법, 기계 등을 전통적인 원인으로 사용한다. 각 원인들의 일부가 실험에 포함되는 설계요인이 될 것(바퀴 속도, 가스의 유입, 진공 같은)이지만, 다른 것은 설계요인이 되기 위해서는 추가적인 연구가 필요한 잠재적인 부분이 있고(운영자가 부적절한 절차를 따르는 것과 같은 것), 그리고도 여전히 남은 나머지 요인들은 실험 동안 일정하게 유지되거나 블록이 되는 요인들(온도와 상대 습도 같은)이다. 그림 1.11은 컴퓨터 수치 제어(computer-numeric-control, CNC) 장치에서 만들어진 터빈 날개(turbine blades)의 여러 요인의 영향을 연구하는 실험을 위한 특성요인도이다. 이 실험은 날개 윤곽(blade profile), 날개 표면 처리(blade surface finish), 마감된 날개에 있는 표면 처리 결점(surface finish defects in the finished blade)이라는 3개의 반응변수를 가진다. 이 반응변수에 영향을 미치는 원인은 실험을 위한 설계변수로 선택될 통제 가능한 요인들, 랜덤화로 영향을

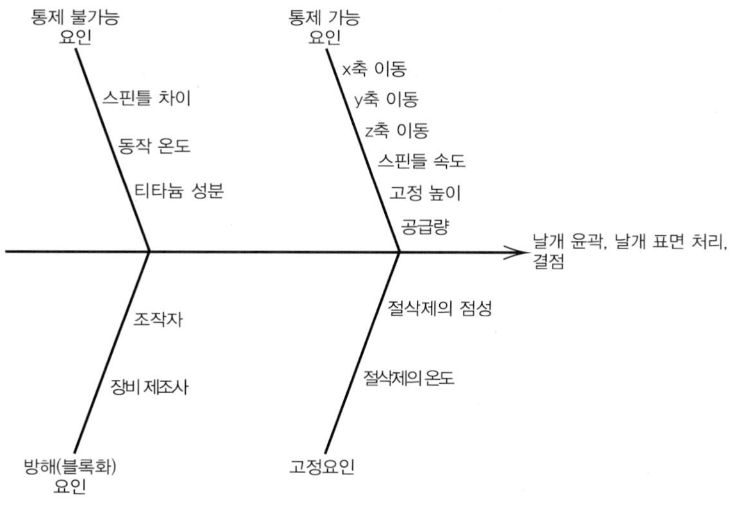

그림 1.11
CNC 기계 실험의 특성요인도

균형 있게 맞춰야 할 통제 불가능한 요인들, 블록으로 처리될 장애요인들, 실험이 진행될 동안에 고정될 요인들로 정리된다. 실험 사전단계에서 여러 가지 다른 특성요인도를 만드는 것은 이례적인 일이 아니다. CNC 장치 실험에 대한 추가 정보나 실험 전 계획에서 유용한 그래픽 방법의 추가적인 내용은 이번 장의 보조자료를 참고하기 바란다.

1단계부터 3단계까지 모든 관점을 제시하고 정보를 처리하는 것이 얼마나 중요한가를 다시 한번 강조하고 싶다. 이 단계를 **사전 실험설계**(pre-experimental planning)라고 한다. Coleman과 Montgomery(1993)는 사전 실험설계에 유용할 수 있는 워크시트를 제공한다. 이 워크시트를 사용하는 것과 관련한 자세한 사항은 보조자료를 참고하길 바란다. 많은 상황에서 한 사람이 적절하게 모든 걸 수행할만한 모든 지식을 가지고 있지는 않다. 그러므로 우리는 팀으로서 실험을 계획하는 것을 강력히 추천한다. 성공의 여부는 사전 실험설계가 얼마나 잘 수립되어있는가에 달려있다.

4. **실험설계법 선택**(*Choice of experimental design*). 위의 사전 실험설계를 잘 수립하였다면, 이 단계는 상대적으로 수월하다. 실험설계를 선택하는 것은 샘플사이즈를 고려하고(반복수), 실험 수행에서의 적절한 순서를 선택하고, 블록화를 할 것인지 혹은 다른 랜덤화에 제약이 있는지 판단하는 것이다. 이 책은 실험설계법 중에서 좀 더 중요한 몇 가지에 관해 설명하고, 방대하게 다양한 문제에 맞는 적절한 실험설계법을 선택하는 데에 좋은 가이드라인이 될 것이다.

   실험설계 단계에서 사용할만한 상호적인 통계 소프트웨어 패키지들이 있다. 실험자가 요인, 수준, 범위에 대한 정보를 입력하면 이 프로그램이 고려할만한 실험설계들을 소개해주거나 아예 특정 하나를 추천해줄 수 있다(대부분의 경우 컴퓨터의 추천을 맹목적으로 믿기보다 여러 옵션을 가지고 생각하기를 추천한다). 대부분의 소프트웨어 패키지는 각 설계가 어떻게 수행될지에 대한 진단 정보를 제공한다. 실험에 여러 가지의 설계 대안이 있을 때 이런 정보가 유용하다. 이러한 프로그램들은 보통 실험 수행 시 사용되는 워크시트(랜덤화 수행 순서를 포함)도 제공한다.

   실험설계를 선택하는 것에는 결과를 설명하는 잠정적이고 경험적인 모형을 생각하고 선택하는 것도 포함한다. 이 모형은 반응값과 중요 설계요인 간의 수치적 상관을 보여 줄 뿐이다(공식). 많은 경우에서 낮은 차수의 다항식이 적절하다. 두 요인을 가진 **1차식**은 다음과 같다.

$$y = \beta_0 + \beta_1 x_1 + \beta_2 x_2 + \varepsilon$$

   y가 반응변수, x가 설계요인, β는 실험의 자료에서 얻은 알려지지 않은 모수이고, 연구된 시스템 안의 실험 오류를 설명하기 위한 임의의 오류항이다. 1차식은 **주효과**(main effects) 모형이라고도 한다. 1차식은 선별 또는 특성화 실험에서 널리 사용된다. 일반적인 1차식의 확장은 **교호작용**(interaction)항을 더하는 것이다.

$$y = \beta_0 + \beta_1 x_1 + \beta_2 x_2 + \beta_{12} x_1 x_2 + \varepsilon$$

x_1x_2는 외적항으로 두 설계요인의 교호작용을 나타낸다. 요인들 사이에 교호작용은 흔하기 때문에, 교호작용 항이 포함된 1차식은 널리 사용된다. 필요하다면 두 요인보다 더 많은 높은 차수의 교호작용이 실험에서 포함될 수 있다. 또 자주 사용되는 모형은 아래의 **2차식**(second-order)이다. 2차식은 최적화 실험에서 사용된다.

$$y = \beta_0 + \beta_1 x_1 + \beta_2 x_2 + \beta_{12} x_1 x_2 + \beta_{11} x_{11}^2 + \beta_{22} x_2^2 + \varepsilon$$

실험설계를 세울 때 실험의 목표를 명심하는 것이 중요하다. 공학실험에서 이미 요인수준의 일부가 다른 반응값을 만들 것이라는 사실을 이미 알고 있다. 결과적으로 우리는 **어떤** 요인들이 이러한 차이를 만드는지, 그리고 반응값이 얼마나 변하는지 그 **양**을 추정하는 데 관심이 있다. 또는 동일성을 확인하는 데 더 관심이 있을 수도 있다. 예를 들어 A가 원래 쓰이는 기준이고 더 비용이 효율적인 대안 B가 있을 때, 제품 조건 A와 B를 비교해볼 수 있다. 이 실험에서 실험자는 두 조건에서 생산하는 것이 차이가 없다는 것을 입증하고자 할 것이다.

5. **실험의 수행**(*Performing the experiment*). 실험을 수행할 때는 모든 것이 확실히 사전에 계획한 대로 따르는지를 확실하게 하고자 공정에 대한 신중한 관찰이 필수적이다. 이 단계의 실험의 절차에서 오류는 실험의 타당성을 해친다. 여기서 발생하는 가장 흔한 실수 중 하나는 일부 실험의 수행에서 변수를 적절한 수준으로 설정하지 못하는 것이다. 누군가는 각 실험을 수행하기 전에 요인들의 세팅값을 확인해야만 한다. 이러한 실수를 막는 선행 계획이 성공에 있어서 매우 중요하다. 복잡한 생산 또는 연구 개발의 상황에서는 설계된 실험을 수행하는 과정에서 재료의 흐름을 관리하는 것과 계획하는 것을 과소평가하기 쉽다.

   Coleman과 Montgomery(1993)는 실험을 진행하기 전에 시험 또는 견본 실험을 하는 것이 도움이 될 것이라 주장한다. 이러한 실험은 실험 물질의 일관성에 대한 정보, 측정 시스템에 대한 점검, 실험 오류에 대한 대략적인 감과 전반적으로 실험 기술을 연습할 기회를 제공한다. 이는 또한 필요한 경우에 1~4단계에서 만들어진 결정을 다시 논의할 수 있는 기회를 제공한다.

6. **자료의 통계적 분석**(*Statistical analysis of the data*). 결과를 편향되기보다 **객관적**으로 분석하려면 통계적인 방법들을 사용해야 한다. 만일 실험이 올바르게 계획되었고 계획한 대로 잘 수행되었다면, 필요한 통계 방법들은 그리 복잡하지 않다. 분석을 도와주는 훌륭한 소프트웨어 패키지가 많이 있고, 4단계에서 사용된 많은 프로그램이 매끄럽고 직접적인 통계분석 인터페이스를 제공한다. 간단한 **그래픽 방법**도 자료분석과 해석에 큰 역할을 한다. 대부분의 실험자가 답을 얻길 바라는 문제들은 가설검정의 프레임 워크로 볼 수 있고, 가설검정과 신뢰구간 추정 과정은 실험자료를 분석하는 데 매우 유용하다. 실험 결과를 **경험적 모형**의 측면에서 나타내는 것, 즉 반응변수와 주요

설계요인의 관계를 표현하는 공식으로 나타내는 것 또한 매우 도움이 된다. 이 문제는 차후에 자세히 다룰 것이다.

통계적 방법으로는 요인(또는 요인들)이 특정한 영향이 있다는 것을 증명할 수 없다는 것을 기억하라. 통계적 방법은 결과의 신뢰도와 타당성에 관해 지침 정도만을 제공한다. 통계적 방법은 어떤 것도 실험적으로 증명되는 것을 허락하지 않지만, 이 방법들이 적절히 적용되면 결론에 있을 것 같은 오류를 측정하거나 신뢰수준을 제공할 수 있다. 통계적 방법의 주된 이점은 의사 결정의 과정에 객관성을 더한다는 것이다. 공학이나 공정에 대한 상당한 지식과 상식이 통계적 기술과 결합한다면 이는 굉장히 신뢰할 수 있는 결론으로 이어질 수 있다.

7. **결론 및 추천 사항**(*Conclusion and recommendations*). 자료가 일단 분석이 되면, 실험자는 결과에 대한 **현실성 있는**(practical) 결론을 도출해야 하고 그에 따른 행동 방침을 권고해야 한다. 그래픽 방법은 이 단계에서, 특히 결과를 다른 사람들에게 설명할 때 유용하다. **후속 실험**(follow-up runs)과 **확인 실험**(confirmation testing) 등도 실험의 결론을 입증하기 위해 필요하다.

과정 전반에 걸쳐서 실험이 학습 과정에 아주 중요한 부분이고, 그 학습 과정에서 잠정적으로 시스템에 대한 가설을 세우고 가설의 타당성을 위해 실험을 수행하여 그 결과를 기반으로 새로운 가설을 세운다는 것을 명심해야 한다. 이 말은 실험이 **반복적**(iterative)이라는 의미이다. 연구의 시작부터 하나의 크고 대대적인 실험을 설계하려는 것은 매우 중대한 실수이다. 성공적인 실험을 위해서는 중요 요인에 대한 지식과, 그 요인이 변해야 하는 범위와, 사용해야 하는 적절한 수준의 개수와, 그 변수들을 측정할 적절한 단위 등이 필요하다. 보통 우리는 이러한 질문에 대한 완벽한 해답을 알지는 못하지만, 실험을 진행하면서 이를 배우게 된다. 실험이 진행되면서, 일부 입력변수를 제외하거나, 다른 것들을 추가하며, 일부 요인 탐색의 범위를 바꾸거나, 새로운 반응변수를 추가한다. 결론적으로 우리는 순차적으로 실험을 하고, 일반적인 규칙으로 첫 번째 실험에서 가능한 자원의 약 25% 이상을 사용하지 않아야 한다. 이렇게 하면 확인 실험을 위한 충분한 자원의 확보가 보장되기도 하고 궁극적으로 실험의 최종 목표를 달성할 수 있다.

마지막으로, **모든** 실험이 설계 실험이라는 것을 아는 것이 중요하다. 중요한 쟁점은 그 실험들이 잘 설계되어 있는가이다. 좋은 사전 실험계획은 대개 성공적인 실험으로 이어진다. 이런 계획을 잘 수립하지 못하는 건 대부분 시간, 비용, 다른 자원의 낭비로 이어지며 때로는 실망스럽거나 좋지 못한 결과로 이어진다.

1.5 통계적 설계의 간단한 역사

통계는 지식 발견의 과정의 중요한 부분이다. 의료 분야에서의 실험설계에 대한 초기 기록은 1747년 영국 해군 함선 Royal Navy ship *Salisbury*에서 James Lind가 진행한 괴혈병에 대한 연구이다. Lind는 식단이 괴혈병에 미치는 영향을 알아내기 위한 연구를 수행하였고 예방책으로서 과일의 중요성을 발견하였다. 그가 수행한 실험을 오늘날 우리는 완전히 랜덤화된 단일요인설계라고 부른다. 이러한 유형의 실험은 2장과 3장에서 다룰 것이다. 1843년과 1846년 사이에 런던 외곽의 로탐스테드 농업 연구소에서 여러 농업 현장 실험이 시작되었다. 이러한 실험들은 현대적인 기법을 사용하여 수행된 것은 아니지만, Sir Ronald A. Fisher은 1920년경부터 시작된 선구적인 연구를 이끈 선지자가 된다. 이는 근대적 실험디자인 개발의 네 시대 중 첫 번째 시대인 농업시대로 이어졌다.

Fisher는 로탐스테드에서 통계와 데이터 분석을 담당하였다. Fisher는 데이터를 생성하였던 실험 방식의 결함은 종종 시스템(이 경우 농업 시스템)의 데이터 분석을 방해한다는 점을 알아냈다. 여러 분야의 과학자와 연구자들과 교류하면서 그는 다음과 같은 통찰력을 얻었고 이것이 1.3절에서 논의한 실험설계의 세 가지 기본 원리인 랜덤화, 복제 및 블록화로 이어졌다. Fisher는 요인설계 개념과 분산분석을 포함한 실험조사설계에 통계적 사고와 원칙을 체계적으로 도입하였다. 그의 두 권의 책[최신판 Fisher(1958, 1966)]은 특히 농업 및 관련 생명과학 분야에서 통계 사용에 깊은 영향을 미쳤다. Fisher의 훌륭한 전기는 Box(1978년)에서 확인할 수 있다.

산업 환경에서의 통계적 설계의 적용은 1930년대에 시작되었지만, 두 번째 시대인 산업시대의 촉매로는 Box와 Wilson(1951년)에 의한 반응표면 방법론(RSM)의 개발이 있다. 그들은 많은 산업 실험이 농업 실험과 근본적으로 다르다는 사실을 두 가지 면에서 인식하고 이용하였다. 그 두 가지 면이란 (1) 반응변수를 (거의) 즉시 관찰할 수 있다는 점과 (2) 실험자는 적은 실험으로 중요 정보를 신속하게 얻을 수 있고 이것이 그 다음 실험으로 이어질 수 있다는 점이다. Box(1999)는 이 두 가지 산업 실험의 특징을 **신속성**과 **순차성**이라고 부른다. 그 후 30년 동안 RSM과 기타 설계 기법은 화학 산업과 공정 산업 전반으로 퍼져 나갔으며, 주로 연구 개발 작업에 사용되었다. George Box는 이 운동의 지적 지도자였다. 그러나 발전소나 제조공정 수준에서 통계적 설계의 적용은 여전히 광범위한 것은 아니었다. 기술자와 기타 프로세스 전문가에 대한 기초 통계 개념 및 방법에 대한 부적절한 교육, 통계적으로 설계된 실험의 적용을 지원하기 위한 컴퓨팅 자원과 사용자 친화적인 통계 소프트웨어의 부족 등이 그 이유 중 하나이다.

실험의 **최적설계**를 위한 논의가 본격적으로 시작된 것은 두 번째 시대인 산업 시대였다. Kiefer(1959년, 1961년), Kiefer와 Wolfowitz(1959)는 구체적인 객관적 최적성 기준에 근거한 설계를 선택하는 좀 더 정제된 접근법을 제안하였다. 이들의 초기 접근법은 모델 매개변수를 가능한 최선의 정밀도로 추정할 수 있는 설계를 선택하는 것이었다. 하지만 이 접근법은 그렇게 많이 적용되지는 못하였는데, 구현할 수 있는 컴퓨터가 부족하였기 때문이다. 그러나 지난 25년 동안 최적설계 알고리즘과 컴퓨팅 기술 모두에서 아주 놀라운 발전이 있었다. 최적 디자인은 응용성이 뛰어나며 책의 여러 곳에서 다뤄질 것이다.

1970년대 후반부터 시작된 품질 향상에 대한 서구 산업의 높은 관심이 통계적 설계의 제3의 시대를 열었다. Genichi Taguchi[Taguchi and Wu(1980), Kackar(1985), Taguchi(1987, 1991)]의 연구는 실험설계에 대한 관심과 이용 확대에 큰 영향을 미쳤다. Taguchi는 자신이 이름 붙인 **견고한 모수 설계**(robust parameter design)의 사용과 아래 세 개의 내용을 주장하였다.

1. 공정들을 환경 요인들이나 통제하기 어려운 다른 요인들에 둔감하게 하기
2. 상품을 구성요소에서 발생한 변동에 둔감하게 하기
3. 평균을 원하는 값으로 만드는 동시에 이 값 근처에서 변동성을 줄이는 공정변수의 수준을 찾기

Taguchi는 이러한 문제를 해결하기 위해 몇 가지 새로운 통계적 방법과 함께 매우 세분화 된 요인설계와 다른 직교 배열들을 제안하였다. 이 방법론들은 많은 토론과 논쟁의 대상이었다. 논쟁의 일부는 타구치의 방법론이 초기에는 서구에서 (그리고 주로) 기업가에 의해 지지를 받았고, 기초적인 통계가 적절한 동료평가를 받지 않았기 때문에 일어났다. 1980년대 후반까지, 동료평가는 Taguchi의 공학적인 개념과 목표는 잘 세워졌지만, 그의 실험전략과 데이터 분석 방법에는 상당한 문제가 있다고 결론이 났다. 이러한 문제에 대한 자세한 내용은 [Box(1988), Box, Bisgaard, and Fung(1988), Hunter(1985, 1989), Myers, Montgomery, and Anderson-Cook(2016), Pignatiello and Ramberg(1992)] 등을 참고하면 된다. 1992년 *Technometrics* 5월호에서 다뤄진 이 논란에 대한 광범위한 토론으로 잘 요약되어 있다[Nair et al. (1992) 참고].

Taguchi 논란에는 몇 가지 긍정적인 결과가 있었다. 첫째, 실험설계가 자동차와 항공우주 제조, 전자와 반도체, 그리고 이전에는 이 기술을 거의 사용하지 않았던 많은 산업 분야에서 더 널리 사용되게 되었다. 둘째, 통계적 설계의 네 번째 시대가 시작되었다. 이 시대는 연구자와 실무자 모두의 관심을 촉구하고, 통계적 설계와 산업계의 실험적인 문제에 대한 많은 새롭고 유용한 접근법의 개발에 힘을 실었다. 여기에는 Taguchi의 공학 개념을 효율적으로 실천하는 기술적 방법의 대안들이 포함된다. 셋째, 실험설계 구성과 평가를 위한 컴퓨터 소프트웨어에 많은 기능이 생기고 성능이 크게 향상되었다. 넷째, 학부와 대학원을 포함해 대학에서 많은 공학 커리큘럼으로 통계적 실험설계법이 정규 교육과정이 되었다. 과학과 공학계에서 실험설계를 성공적으로 받아들이는 것은 미래 산업 경쟁력의 핵심 요소이다.

설계된 실험의 응용은 농업적 기원을 훌쩍 뛰어넘어 성장하였다. 통계적으로 설계된 실험을 성공적으로 받아들이지 않은 이공계 영역은 단 한 곳도 없다. 최근 몇 년 동안, 비즈니스, 금융 서비스, 정부 운영, 많은 비영리적 사업 분야를 포함한 다른 많은 분야에서 실

험설계가 상당히 활용되었다. 1996년 3월 11일 **포브스(Forbes) 잡지**에 "The New Mantra: MVT"라는 제목의 기사가 실렸는데, 여기서 MVT는 일부 저자들이 요인설계를 설명하기 위해 사용하는 용어인 "다변형 시험(multivariable testing)"을 의미한다. 이 기사는 다양한 그룹의 기업들이 통계적으로 설계된 실험을 사용함으로써 크게 성장했다는 점을 짚어낸다. 오늘날 전자상거래 회사들은 의례적으로 고객이 웹사이트에 접속할 때 온라인 실험을 수행하고, 이메일 마케팅 서비스도 고객을 위해 온라인 실험을 진행한다.

1.6 요약: 실험에서의 통계 방법론의 사용

공학, 과학, 산업 분야의 수많은 연구에서는 실험이 경험적이고, 광범위하게 시행된다. 통계적 방법은 이런 실험의 효율을 효과적으로 증가시키며 때로는 그렇게 얻은 결론을 더욱 견고하게 한다. 실험에서 통계 기술을 적절하게 사용하려면 실험자가 다음의 내용을 명심해야 한다.

1. **비통계적인 지식을 사용할 것**(*Use your nonstatistical knowledge of the problem*). 실험자들은 대부분 그들의 전문 분야에 대해서 매우 많은 것을 알고 있다. 예를 들어 수문학 문제를 연구하는 토목기사는 전형적으로 해당 분야에서 상당한 실무경험과 공식적 학술 교육을 받았을 것이다. 어떤 분야에서는 요인과 반응의 관계를 설명해야 할 때 상당한 물리 이론이 필요할 때도 있다. 이러한 비통계적 지식은 요인 선택, 요인수준 결정, 실행할 반복실험 횟수 결정, 분석 결과 해석 등에 매우 중요하다. 설계된 실험을 사용하는 것은 이 문제에 대해서는 대안이 될 수 없다.
2. **설계와 분석을 가능한 단순하게 유지할 것**(*Keep the design and analysis as simple as possible*). 복잡하고 정교한 통계적 기법을 사용하는 데 지나치게 열정적이지 않아야 한다. 상대적으로 단순한 설계와 분석 방법이 항상 최선이다. 1.4절에서 추천한 절차의 단계 1에서 3까지를 다시 한 번 강조한다. 만일 당신이 실험 전 계획을 주의 깊게 하고 합리적인 설계를 선택한다면, 분석은 대부분 상대적으로 간단하다. 실제로 잘 설계된 실험은 거의 스스로 분석이 된다. 그러나 실험 전 계획을 망치고 실험설계를 잘못 수행하면, 가장 복잡하고 세련된 통계학도 상황을 수습할 수 없다.
3. **현실적인 유의성과 통계적 유의성 사이의 차이를 인지할 것**(*Recognize the difference between practical and statistical significance*). 단지 두 실험의 조건이 통계적으로 다른 평균 반응값들을 만들었다고, 이 차이가 어떤 실제적인 의미를 지닌다고 확신할 수 있는 것은 아니다. 예를 들어 공학자가 자동차 연료 주입 시스템에서 수정을 통해 휘발유 연비 0.1마일/갤런을 개선하기로 결정하고 통계적으로 유의한 결과라고 결론을 내렸다. 그러나 수정하는 데 드는 비용이 $1000이라면, 0.1마일/갤런의 차이는 어떤 현

실적인 가치가 되기에는 너무 작다.

4. **실험은 대개 반복적이다**(*Experiments are usually iterative*). 많은 상황에서 너무 포괄적인 실험을 연구의 초기에 계획하는 것은 현명하지 않다는 점을 기억해야 한다. 성공적인 설계는 중요한 요인, 요인들이 변화하는 범위, 각 요인별 적절한 수준의 개수, 그리고 각 요인과 결괏값을 측정할 적당한 단위와 방법에 대한 지식을 요구한다. 보통 실험의 초기에는 이런 질문에 대답할 수 있는 준비가 잘 되어있지 않지만, 연구를 진행하면서 대답을 얻게 된다. 이것은 이전에 논의한 **반복적**(iterative) 또는 **순차적**(sequential) 방법을 지지한다. 물론 포괄적인 실험이 적절한 상황도 있지만, 흔히 대부분의 실험은 반복적이어야 한다. 결과적으로 초기 시험에 실험의 자원(횟수, 재원, 시간 등)의 25% 정도 이상을 투자하지 않아야 한다. 이 첫 번째 노력은 경험을 얻기 위해서이고, 실험의 최종 목적을 달성하기 위해서는 일부 자원이 반드시 확보되어야 한다.

1.7 연습문제

1.1 튀겨지지 않은 팝콘 알맹이의 비율을 연구하기 위해서 실험을 설계하고자 한다. 1.4절에 있는 실험설계를 위한 지침의 1~3단계를 완성하라. 또한, 이 실험에서 통제하기 어려운 변동의 주원인이 있는가?

1.2 쌀을 요리하는 데 잠재적으로 영향이 있는 요인들을 조사하려고 한다.

(a) 실험의 반응변수는 무엇인가? 이 반응변수을 어떻게 측정할 것인가?

(b) 반응변수에 영향을 미치는 변동성의 잠재적 원인의 목록을 작성하라.

(c) 1.4절에 실험의 설계를 위한 지침의 초기 세 가지 단계를 완성하라.

1.3 다른 조건의 햇빛, 물, 비료와 토지 조건에서 정원의 꽃의 성장을 비교하고자 한다. 1.4절의 실험설계를 위한 지침의 1~3단계를 완성하라.

1.4 관심이 있는 실험을 고르라. 1.4절의 실험설계를 위한 지침의 1~3단계를 완성하라.

1.5 Ronald A. Fisher에 대한 정보와 로탐스테드의 실험장에서 농업과학 분야 관련 그의 실험설계에 대한 작업을 인터넷에서 검색하라.

1.6 관심이 있는 사업의 웹사이트를 찾고, 이 웹사이트의 효율성을 개선하기 위한 실험에서 사용할 요인의 목록을 만들어라.

1.7 거의 모든 사람이 휘발유 가격의 상승을 걱정하고 있다. 당신의 차에서 당신이 얻을 수 있는 연비에 잠재적으로 영향을 미칠 수 있는 요인들을 밝히는 특성요인도를 구성하라. 실제로 당신의 연비에 영향을 미치는 요인들의 결정을 위한 실험을 어떻게 수행할 것인가?

1.8 반복이란 무엇인가? 실험에서 왜 반복을 하는가? 예를 제시하고 반복과 반복된 측정의 차이를 설명하라.

1.9 실험에서 랜덤화가 왜 중요한가?

1.10 연속적인 방법에 비해서 하나의 크고 포괄적인 실험의 잠재적 위험은 무엇인가?

2장 단순 비교 실험
Simple Comparative Experiments

이번 장의 학습 목표

1. 확률표본(random sample)을 얻는 것에 대한 중요성을 배운다.
2. 표준표본분포(정규, t 분포, 카이제곱분포, F 분포)와 친숙해진다.
3. 통계적 검정에서 P 값의 해석을 어떻게 하는지 배운다.
4. 평균을 비교할 때 Z 검정과 t 검정을 어떻게 하는지 배운다.
5. 평균을 포함한 신뢰구간을 구하고 해석하는 것을 배운다.
6. 쌍체검정(paried t-test)이 어떻게 블록화 원리(blocking principle)를 반영하는지 배운다.

이번 장에서, 두 **조건**[conditions, 또는 **처리**(treatments)라고도 한다] 비교하는 실험을 고려한다. 이것을 **단순 비교 실험**(simple comparative experiments)이라 부른다. 두 개의 다른 상품을 구현화하는 과정이 동일한 결과를 만드는지 확인하는 실험의 예로 이번 장을 시작할 것이다. 이를 논하기 위해서는 기본적인 통계적 개념들, 즉 확률변수(random variable), 확률분포, 확률표본, 표본분포 및 가설검정에 대하여 알아보아야 한다.

2.1 소개

공학자가 포틀랜드 시멘트 몰타르(Portland cement mortar)를 구현하는 것을 연구하고 있다. 공학자는 시멘트를 섞는 과정에 고분자 라텍스 에멀전(polymer latex emulsion)을 첨가하여 이것이 양생[1] 시간과 몰타르의 인장 결합 강도에 영향을 끼치는지 확인하려고 한다. 실험자는 기존의 방법대로 구현된 10개의 표본과 수정된 방식으로 구현된 10개의 표본을 준비하였다. 두 개의 다른 구현법을 구현법 **요인**(factor)의 2개의 **처리**(treatments) 또는 2개의 **수준**(levels)이라고 부른다. 이후 공학자는 몰타르 인장 결합 강도를 실험해본다. 만약 새로운 몰타르 구현법이 결합 강도에 역효과를 가져온다면 새 몰타르 구현법을 쓸 필요가 없어지는 것이다.

이 실험의 인장 결합 강도 데이터는 표 2.1과 그림 2.1에 나타나 있다. 그림은 **점 도표**(dot diagram)이다. 이 자료를 가시적으로 확인했을 때는 수정하지 않은 몰타르의 강도가 수정된 몰타르의 강도보다 클 수도 있다는 인상을 준다. 이는 **평균**(average) 인장 강도의 비교(수정된 몰타르의 값이 $\bar{y}_1 = 16.76\ \text{kgf/cm}^2$, 수정되지 않은 몰타르의 값이 $\bar{y}_2 = 17.04\ \text{kgf/cm}^2$

표 2.1 포틀랜드 시멘트 공식 실험을 위한 인장 결합 강도 자료

j	수정된 몰타르 y_{1j}	수정되지 않은 몰타르 y_{2j}
1	16.85	16.62
2	16.40	16.75
3	17.21	17.37
4	16.35	17.12
5	16.52	16.98
6	17.04	16.87
7	16.96	17.34
8	17.15	17.02
9	16.59	17.08
10	16.57	17.27

1 콘크리트 등에 균열 방지나 강도의 증진을 저하시키지 않기 위해 수분을 잃지 않도록 보호하거나 동결을 방지하기 위해서 보호하는 것이다.

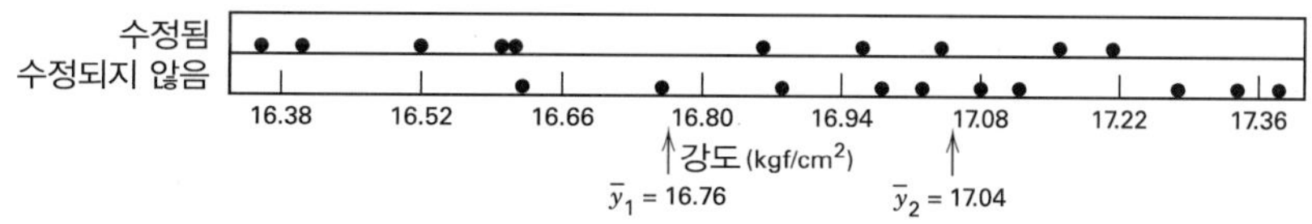

그림 2.1
표 2.1에 있는 인장 결합 강도 자료의 점 도표

로 뒷받침된다. 두 표본에서 평균 인장 결합 강도의 차이는 그다지 커 보이지 않는다. 그러나 이 차이가 두 공식이 **정말로 다르다**는 것을 의미할 만큼인지도 명백하지 않다. 평균 강도에서 관찰된 차이는 표본을 뽑을때(sampling) 일어난 변동의 결과일 수도 있어, 실제로는 두 개가 완전히 동일할 수도 있다. 다른 두 표본으로 실험하면 수정된 몰타르의 강도가 수정되지 않은 것을 능가하는 완전히 반대의 결과를 낼 가능성도 있다.

가설검정(hypothesis testing)이라고 일컫는 통계적 추론의 기술은 실험자가 위에서 설명한 두 공식을 비교하기에 수월하다. 가설검정은 두 구현 방법이 잘못된 결론을 내릴 수 있다는 인식하에 객관적으로 비교될 수 있도록 한다. 단순 비교 실험에서 가설검정을 위한 절차를 소개하기 전에, 간략하게 기본적인 통계적 개념을 설명하겠다.

2.2 기본적인 통계 개념

앞서 언급한 포틀랜드 시멘트 실험의 각 관측치들을 하나의 **수행**(run)이라고 할 수 있다. 각 수행이 달라질 수 있다는 점을 인지하여야 한다. 즉, 관찰된 인장 결합 강도에는 변동 또는 **소음**(noise)이 있다. 이러한 소음을 **실험오차**(experimental error) 또는 간단하게 **오차**(error)라고 부른다. 이것은 통제 불가능하고 일반적으로 피할 수 없는 변동에서 생기는 오차인 **통계적인 오차**(statistical error)이다. 오차 또는 소음의 존재는 반응변수(여기에서는 인장 결합 강도)가 **확률변수**(random variable)라는 것을 암시한다. 확률변수는 **이산형**(discrete)이거나 **연속형**(continuous)이다. 만일 모든 가능한 확률변수의 값의 집합이 유한하거나 가산 무한(countably infinite)이면, 확률변수는 이산형이다. 반면에 모든 가능한 확률변수의 값의 집합이 하나의 구간이라면 확률변수는 연속형이다.

변동성의 그림 묘사(*Graphical Description of Variability*). 실험에서 얻은 자료의 분석을 돕기 위해 간단한 그림 기법을 사용한다. 그림 2.1에 그려진 **점 도표**(dot diagram)는 작은 양의 자료(약 20개 정도 까지의 관측치)를 나타내는 데 매우 유용한 도구이다. 실험자는 점 도표를 이용하여 일반적인 관측치의 **위치**(location) 또는 **주요 경향**(central tendency)과 이 값들의 **퍼짐**(spread) 또는 **변동성**(variability)을 신속하게 확인할 수 있다. 예를 들어 포틀랜드 시멘트 인장 결합 실험에서 점 도표는 두 개의 공식이 평균 강도에서 차이가 있을 수 있으나 거의 같은 강도의 변동성을 생산한다는 것을 알려준다.

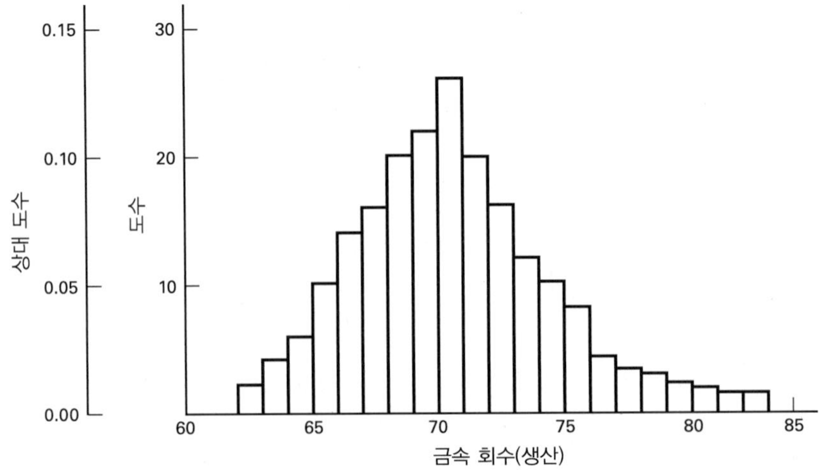

그림 2.2
제련 공정에서 금속 회수(생산)의 200개 관측치의 히스토그램

자료의 크기가 꽤 크다면, 점 도표의 점들이 구분하기 어려워지므로 **히스토그램**(histogram)이 더 선호된다. 그림 2.2는 제련 공정에서 금속 회수 또는 생산으로부터 얻은 200개 관측치의 히스토그램이다. 히스토그램이 주요 경향, 퍼짐, 그리고 자료의 분포의 전반적인 형태를 나타낸다. 히스토그램은 수평축을 구간으로(일반적으로 같은 길이로) 나누고 j번째 구간 위에 n_j(j번째 구간에 해당하는 관측치의 개수)에 비례하는 직사각형의 크기만큼 그린 것이다. 히스토그램은 대표본 자료를 표현하는 도구이다. 표본의 수가 적을 때, 히스토그램의 모양은 구간의 개수, 구간의 너비, 그리고 첫 번째 구간의 시작점에 매우 민감해진다. 75~100개 미만의 관측치에는 히스토그램을 사용하지 않는 것이 좋다.

상자그림(box plot 또는 box-and-whisker plot)은 자료를 나타내는 매우 유용한 방법이다. 상자그림은 최솟값, 최댓값, 제1사분위수(25%), 제3사분위수(75%), 중위수(50%)를 수직 또는 수평으로 배열된 사각형 박스에 보여준다. 박스는 제1사분위수에서 제3사분위수까지 나타내고, 박스 중간의 선분은 중위수를 의미한다. 선(lines or whiskers)들은 박스의 끝에서 (일반적으로) 최솟값 또는 최댓값까지 이어진다[상자그림이 극적인 표본값들을 나타내는 데에는 다양한 변형들이 있다. 자세한 사항은 Montgomery와 Runger(2011)를 참고하라].

그림 2.3은 포틀랜드 시멘트 몰타르 실험에서 인장 결합 강도의 두 표본들의 상자그림이

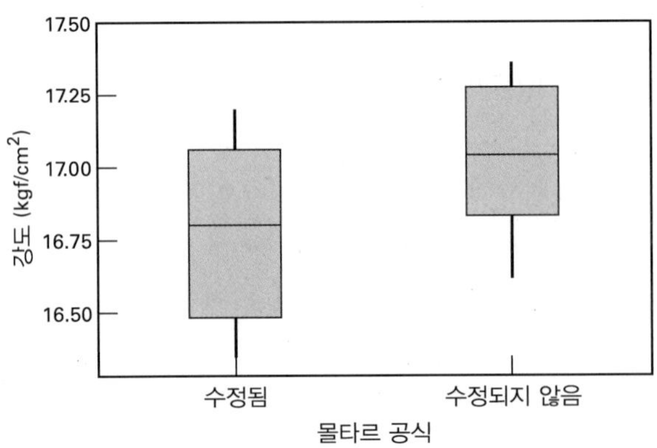

그림 2.3
포틀랜드 시멘트 인장 결합 강도 실험의 상자그림

다. 위 그림은 평균 강도에서 두 개의 구현법 사이에 약간의 차이가 있다는 것을 보여준다. 또한 두 구현법이 비슷한 정도의 변동성이나 퍼짐을 가진 상당히 대칭적인 강도의 분포를 가진다는 것도 알려준다.

점 도표, 히스토그램과 상자그림은 모두 자료의 **표본**(sample)의 정보를 요약하는 데 유용하다. 표본에서 발생할 수 있는 관측치를 보다 완벽하게 설명하기 위해서 확률분포의 개념을 사용한다.

확률분포(*Probability Distributions*). 확률변수의 확률적 구조, 다시 말해 y는 **확률분포**로 설명할 수 있다. 만약 y가 이산형이라면 y의 확률분포, 즉 $p(y)$를 y의 확률질량함수(probability mass function)라 하고, 만약 y가 연속형이라면 y의 확률분포, 즉 $f(y)$를 y의 확률밀도함수(probability density function)라고 한다.

그림 2.4는 이론적인 이산형과 연속형 확률분포를 나타내고 있다. 이산형 확률분포 그림 2.4a에서는 함수$p(y_i)$의 높이가 확률을 의미하는 반면에, 연속형의 경우인 그림 2.4b에서는 주어진 구간에서의 곡선 $f(y)$의 아래 면적이 확률을 나타낸다. 확률분포의 성질은 수치적으로 아래와 같이 요약될 수 있다.

$$
\begin{aligned}
&y\text{가 이산형:} && 0 \le p(y_j) \le 1 && y_j\text{의 모든 값} \\
& && P(y = y_j) = p(y_j) && y_j\text{의 모든 값} \\
& && \sum_{y_j\text{의 모든 값}} p(y_j) = 1 && \\
&y\text{가 연속형:} && 0 \le f(y) && \\
& && P(a \le y \le b) = \int_a^b f(y)\,dy && \\
& && \int_{-\infty}^{\infty} f(y)\,dy = 1 &&
\end{aligned}
$$

평균, 분산, 그리고 기댓값(*Mean, Variance, and Expected value*). 확률분포의 **평균**(mean)을 나타내는 μ는 확률변수의 주요 경향 또는 위치의 척도이다. 수학적으로 평균을 다음과 같이 정의한다.

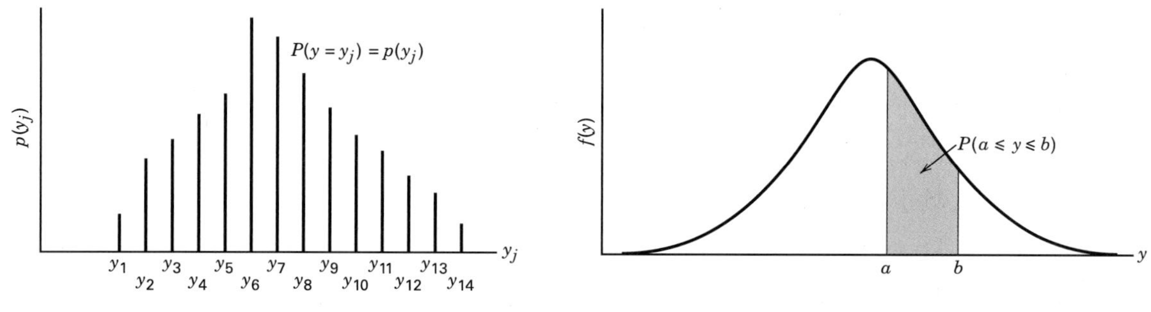

(a) 이산형 분포 (b) 연속형 분포

그림 2.4 이산형과 연속형 확률분포

$$\mu = \begin{cases} \int_{-\infty}^{\infty} yf(y)\,dy & y\text{가 연속형} \\ \sum_{\text{모든 } y} yp(y_j) & y\text{가 이산형} \end{cases} \tag{2.1}$$

또한 평균을 **기댓값**(expected value)이나 확률변수 y의 장기 평균값의 측면에서 다음과 같이 나타낼 수도 있다.

$$\mu = E(y) = \begin{cases} \int_{-\infty}^{\infty} yf(y)\,dy & y\text{가 연속형} \\ \sum_{\text{모든 } y} yp(y_j) & y\text{가 이산형} \end{cases} \tag{2.2}$$

여기에서 E는 **기댓값 연산자**(expected value operator)이다.

확률분포의 변동성 또는 퍼짐은 **분산**(variance)으로 측정이 된다. 분산은 다음과 같이 정의한다.

$$\sigma^2 = \begin{cases} \int_{-\infty}^{\infty} (y-\mu)^2 f(y)\,dy & y\text{가 연속형} \\ \sum_{\text{모든 } y} (y-\mu)^2 p(y_j) & y\text{가 이산형} \end{cases} \tag{2.3}$$

분산을 기댓값의 식으로 표현이 가능하다.

$$\sigma^2 = E[(y-\mu)^2] \tag{2.4}$$

마지막으로 분산은 아래와 같은 **분산 연산자**(variance operator) V로 정의할 때 매우 유용하다.

$$V(y) = E[(y-\mu)^2] = \sigma^2 \tag{2.5}$$

기댓값과 분산의 개념은 이 책의 전체에서 널리 사용될 것이므로 두 연산자에 관한 몇 가지 기초적인 결과를 살펴보는 것이 도움이 될 것이다. 만약 y가 평균이 μ이고 분산이 σ^2인 확률변수이고 c가 상수라면 다음이 성립한다.

1. $E(c) = c$
2. $E(y) = \mu$
3. $E(cy) = cE(y) = c\mu$
4. $V(c) = 0$
5. $V(y) = \sigma^2$
6. $V(cy) = c^2V(y) = c^2\sigma^2$

만약 확률변수가 2개라면, 다시 말해 $E(y_1)=\mu_1$과 $V(y_1)=\sigma_1^2$을 만족하는 y_1과 $E(y_2)=\mu_2$과 $V(y_2)=\sigma_2^2$을 만족하는 y_2가 있다면, 다음의 성질도 갖는다.

7. $E(y_1+y_2)=E(y_1)+E(y_2)=\mu_1+\mu_2$

다음을 보이는 것도 가능하다.

8. $V(y_1+y_2)=V(y_1)+V(y_2)+2\,\mathrm{Cov}(y_1,y_2)$

$$\mathrm{Cov}(y_1,y_2)=E[(y_1-\mu_1)(y_2-\mu_2)] \qquad (2.6)$$

식 2.6은 확률변수 y_1과 y_2의 **공분산**(covariance)이다. 공분산은 y_1과 y_2의 선형 관련성의 측도이다. 더 자세히 살펴보면 y_1과 y_2가 완전히 독립일 때(independent)[2], $\mathrm{Cov}(y_1,y_2)=0$이라는 것을 보일 수 있다. 또한 다음을 보일 수 있다.

9. $V(y_1-y_2)=V(y_1)+V(y_2)-2\,\mathrm{Cov}(y_1,y_2)$

만약 y_1과 y_2가 **독립**이면 다음의 성질을 따른다.

10. $V(y_1\pm y_2)=V(y_1)+V(y_2)=\sigma_1^2+\sigma_2^2$
11. $E(y_1\cdot y_2)=E(y_1)\cdot E(y_2)=\mu_1\cdot\mu_2$

그러나 y_1과 y_2가 독립이든 아니든 간에 **상관없이** 일반적으로는 다음과 같다.

12. $E\left(\dfrac{y_1}{y_2}\right)\neq\dfrac{E(y_1)}{E(y_2)}$

2.3 표본추출과 표본분포

확률표본, 표본평균, 표본분산(*Random Samples, Sample Mean, and Sample Variance*). 통계적 추론의 목표는 모집단의 표본을 사용해서 모집단에 대한 결론을 끌어내는 것이다. 우리가 공부하는 대부분의 방법은 **확률표본**(random samples)의 사용을 가정한다. **확률표본**은 모든 가능한 표본이 동일한 선택의 확률로 모집단에서 뽑힌 것이다. 실제는 때때로 확률표본을 얻는 것이 어려우므로 컴퓨터 프로그램으로 난수(random number)를 생성하는 것이 도움이 된다.

2 이에 대한 이야기는 필수적이지는 않지만 공분산이 0이라 해서 독립을 의미하지는 않는다. 예를 위해서는 Hines et al. (2003)을 참고하길 바란다.

통계적 추론은 표본의 관측치에서 계산된 값들을 상당히 많이 활용한다. **통계량**(statistic)을 미지의 모수(unknown parameter)가 포함되지 않은 표본 관측치의 함수로 정의한다. 예를 들어 $y_1, y_2, ..., y_n$이 표본을 의미할 때, **표본평균**(sample mean)은

$$\bar{y} = \frac{\sum_{i=1}^{n} y_i}{n} \tag{2.7}$$

이고 **표본분산**(sample variance)은

$$S^2 = \frac{\sum_{i=1}^{n} (y_i - \bar{y})^2}{n-1} \tag{2.8}$$

이며 이는 둘 다 통계량이라고 정의한다. 이러한 수치들은 각기 표본의 주요 경향과 퍼짐의 척도이다. 가끔 **표본표준편차**(sample standard deviation)인 $S = \sqrt{S^2}$ 퍼짐의 척도로 사용한다. 실험자들은 관심 있는 변수인 y와 단위가 동일하다는 점에서 표준편차를 퍼짐의 측도로 사용하는 것을 선호하기도 한다.

표본평균과 표본분산의 성질(*Properties of the Sample Mean and Variance*). 표본평균 $\bar{y}$는 모평균 μ의 점추정량이고, 표본분산 S^2은 모분산 σ^2의 점추정량이다. 대개 미지의 모수의 **추정량**(estimator)은 그 모수에 대응하는 통계량이다. 점추정량은 확률변수임을 주의하여야 한다. 표본자료에서 계산한 추정량의 특정한 수치는 **추정치**(estimate)라고 한다. 예를 들어 호수의 물 부유물질의 평균과 분산을 추정하고 싶다고 하자. 확률표본개수 $n = 25$를 가지고 실험하였고, 각각의 관측치에서 부유물질이 mg/l 단위로 기록되었다. 표본평균과 표본분산을 식 2.7과 2.8에 따라 구한 값은 각각 $\bar{y} = 18.6$, $S_2 = 1.20$이다. 따라서 μ의 추정치는 $\bar{y} = 18.6$ mg/l이고 σ^2의 추정치는 $S^2 = 1.20$ (mg/l)^{2}이다.

좋은 추정량으로 평가되기 위해서는 몇 가지 성질이 필요하다. 가장 중요한 두 성질은 다음과 같다.

1. 점추정량은 **불편추정량**(unbiased estimator)이어야 한다. 즉, 점추정량의 장기 평균 또는 기댓값이 추정하려는 모수와 같아야 한다. 불편성이 바람직하나 이 성질 하나만 있다고 추정량을 좋은 것으로 만드는 것은 아니다.
2. 불편추정량은 **최소분산**(minimum variance)을 가져야 한다. 이 성질은 최소분산 점추정량은 그 모수의 다른 어떤 추정치의 분산보다도 작은 분산을 가지고 있다는 것을 의미한다.

이제 $\bar{y}$와 S^2이 각각 μ와 σ^2의 불편추정량임을 쉽게 보일 수 있다. 우선 $\bar{y}$를 보자. 기댓값의 성질을 이용하면, 각각의 관측치 y_i의 기댓값이 μ이므로 다음과 같다.

$$
\begin{aligned}
E(\bar{y}) &= E\left(\frac{\sum_{i=1}^{n} y_i}{n}\right) \\
&= \frac{1}{n}\sum_{i=1}^{n} E(y_i) \\
&= \frac{1}{n}\sum_{i=1}^{n} \mu \\
&= \mu
\end{aligned}
$$

따라서 $\bar{y}$는 μ의 불편추정량이다.

이제 표본분산 S^2을 살펴보자.

$$
\begin{aligned}
E(S^2) &= E\left[\frac{\sum_{i=1}^{n} (y_i - \bar{y})^2}{n-1}\right] \\
&= \frac{1}{n-1} E\left[\sum_{i=1}^{n} (y_i - \bar{y})^2\right] \\
&= \frac{1}{n-1} E(SS)
\end{aligned}
$$

$SS = \sum_{i=1}^{n} (y_i - \bar{y})^2$는 관측치 y_i의 보정제곱합(corrected sum of squares)이다. 이제

$$
\begin{aligned}
E(SS) &= E\left[\sum_{i=1}^{n} (y_i - \bar{y})^2\right] \\
&= E\left[\sum_{i=1}^{n} y_i^2 - n\bar{y}^2\right] && (2.9) \\
&= \sum_{i=1}^{n} (\mu^2 + \sigma^2) - n(\mu^2 + \sigma^2/n) \\
&= (n-1)\sigma^2 && (2.10)
\end{aligned}
$$

이므로

$$
E(S^2) = \frac{1}{n-1} E(SS) = \sigma^2
$$

이고 S^2은 σ^2의 불편추정량이다.

자유도(*Degrees of Freedom*). 식 2.10에서 $n-1$ 값을 제곱합 SS의 **자유도**(number of degrees of freedom)라 한다. 즉, y의 분산이 σ^2이고 $SS = \sum(y_i - \bar{y})^2$가 자유도 v를 가지고 있다면,

$$E\left(\frac{SS}{v}\right) = \sigma^2 \tag{2.11}$$

제곱합의 자유도는 그 제곱합에서 독립인 요소의 개수와 동일하다. 예를 들어 식 2.9에서 $SS = \sum_{i=1}^{n}(y_i - \bar{y})^2$가 $y_1 - \bar{y}, y_2 - \bar{y}, ..., y_n - \bar{y}$의 n개의 요소로 구성되어 있다. $\sum_{i=1}^{n}(y_i - \bar{y}) = 0$이기 때문에, 이 요소들은 모두 독립은 아니다. 실제로는 이들 중 $n-1$개만이 독립이며, 즉 SS가 $n-1$의 자유도를 갖는다는 의미이다.

정규분포와 그 밖의 표본분포(*The Normal and Other Sampling Distributions*). 표본이 추출된 모집단의 확률분포를 알고 있다면, 특정한 통계량의 확률분포를 결정할 수 있다. 통계량의 확률분포는 **표본분포**(sampling distribution)라고 부른다. 이제 간략하게 여러 가지 유용한 표본분포를 논의할 것이다.

가장 중요한 표본분포 중 하나는 **정규분포**(normal distribution)이다. 만약 y가 정규확률변수라면, y의 확률분포는 분포의 평균이 $-\infty < \mu < \infty$이고 분산이 $\sigma^2 > 0$이며 다음과 같이 나타낼 수 있다.

$$f(y) = \frac{1}{\sigma\sqrt{2\pi}} e^{-(1/2)[(y-\mu)/\sigma]^2} \qquad -\infty < y < \infty \tag{2.12}$$

정규분포의 형태는 그림 2.5에 있다.

실험의 오차로 인해 달라지는 표본 관측치들이 종종 정규분포로 잘 설명되므로, 정규분포는 계획된 실험에서 얻은 자료의 분석에서 중요한 역할을 한다. 많은 주요 표본분포는 정규분포로 정의할 수 있다. y가 평균 μ, 분산 σ^2을 가지는 정규분포를 따르는 것을 $y \sim N(\mu, \sigma^2)$로 표현한다.

정규분포에는 중요한 특별한 케이스가 있다. $\mu = 0$이고 $\sigma^2 = 1$인 **표준정규분포**(standard normal distribution)이다. 만약 $y \sim N(\mu, \sigma^2)$이면, 확률변수

$$z = \frac{y - \mu}{\sigma} \tag{2.13}$$

은 표준정규분포를 따르고 $z \sim N(0, 1)$라고 표현한다. 식 2.13에 나온 연산은 정규확률변수 y를 **표준화**(standardizing)하는 것이라 한다. 누적 표준정규분포는 부록의 표 I에 실려있다.

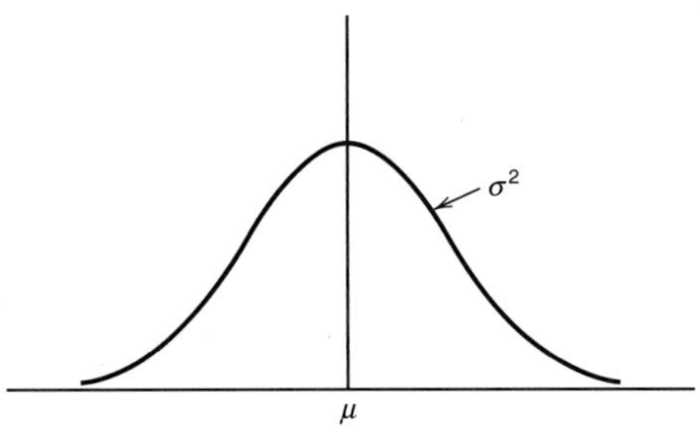

그림 2.5
정규분포

많은 통계 기술들이 확률변수가 정규분포를 따른다고 가정한다. 중심극한정리로 정규성을 근사하는 것을 정당화할 수 있다.

정리 2-1 중심극한정리

$y_1, y_2, ..., y_n$이 n개의 독립이며 같은 분포를 따르는(independent and identically distributed) 확률변수의 수열이고, $E(y_i)=\mu$이고 $V(y_i)=\sigma^2$(둘 다 유한)이며 $x=y_1+y_2+....+y_n$이면, $n\to\infty$에 따라 z_n의 극한 분포는

$$z_n = \frac{x - n\mu}{\sqrt{n\sigma^2}}$$

이며 이는 표준정규분포이다.

이 결과는 근본적으로 n개의 독립이며 같은 분포를 따르는 확률변수의 합이 근사적으로 정규분포를 따른다는 것을 명시한다. 많은 경우에 이 근사치는 매우 작은 n, 가령 $n<10$과 같은 경우에도 상당히 좋다. 반면에 근사가 어려운 다른 경우들에는 $n>100$ 이상의 큰 n이 필요하다. 흔히 실험오차를 여러 가지 독립적인 원인들로부터 더해진(additive) 형태로 발생한다고 생각한다. 결과적으로 이렇게 결합된 실험오차에는 정규분포가 가장 그럴듯한 모형이 된다.

정규확률분포와 관련하여 정의할 수 있는 하나의 중요한 표본분포는 **카이제곱분포**(chi-square 또는 χ^2 distribution)이다. 만약 $z_1, z_2, ..., z_k$가 평균이 0이고 분산이 1인 독립적인 정규분포를 따른다고[줄여서 NID(0, 1)] 하면, 확률변수는

$$x = z_1^2 + z_2^2 + \cdots + z_k^2$$

이고, x는 **자유도가 k인 카이제곱분포**(chi-square distribution with k degrees of freedom)를 따른다. 카이제곱분포의 밀도함수는 다음과 같다.

$$f(x) = \frac{1}{2^{k/2}\Gamma\left(\frac{k}{2}\right)} x^{(k/2)-1} e^{-x/2} \qquad x > 0 \tag{2.14}$$

몇 개의 카이제곱분포들을 그림 2.6에 나타내었다. 분포의 평균과 분산은 다음과 같으며, 이 분포는 비대칭, 즉 **편향되어**(skewed) 있다.

$$\mu = k$$
$$\sigma^2 = 2k$$

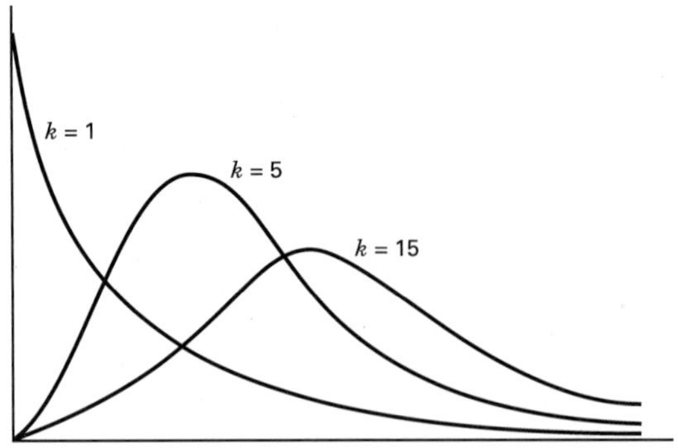

그림 2.6
여러 카이제곱분포

카이제곱분포의 백분율점은 부록의 표 III에 있다.

카이제곱분포를 따르는 확률변수의 예를 살펴보기 위해서, $y_1, y_2, \ldots, y_n$이 $N(\mu, \sigma^2)$ 분포로부터 얻은 확률표본이라 하자. 그러면 다음이 성립한다.

$$\frac{SS}{\sigma^2} = \frac{\sum_{i=1}^{n} (y_i - \bar{y})^2}{\sigma^2} \sim \chi^2_{n-1} \tag{2.15}$$

즉, SS/σ^2가 자유도가 $n-1$인 카이제곱분포를 따른다는 것이다.

이 책에서 사용되는 많은 기술이 제곱합을 계산하고 이용한다. 식 2.15의 결과, 즉 정규확률변수의 제곱합을 σ^2으로 나누면 카이제곱분포를 따른다는 것은 매우 중요하고 앞으로도 반복적으로 적용된다.

식 2.8에 따르면, 표본분산을 다음과 같이 쓸 수 있다.

$$S^2 = \frac{SS}{n-1} \tag{2.16}$$

만약 표본의 관측치가 NID(μ, σ^2)이면, S^2의 분포는 $[\sigma^2/(n-1)]\chi^2_{n-1}$이다. 따라서 모집단이 정규분포를 따를 때, 표본분산의 표본분포는 카이제곱분포에 상수(constant)를 곱한 것이다.

만약 z와 χ^2_k이 각기 독립인 표준정규확률변수와 카이제곱 확률변수라면, 다음의 확률변수

$$t_k = \frac{z}{\sqrt{\chi^2_k/k}} \tag{2.17}$$

는 k의 자유도를 가진 t 분포(t distribution with k degrees of freedom)를 따르고 t_k라 표현한다. t의 확률밀도함수는

$$f(t) = \frac{\Gamma[(k+1)/2]}{\sqrt{k\pi}\,\Gamma(k/2)} \frac{1}{[(t^2/k)+1]^{(k+1)/2}} \qquad -\infty < t < \infty \tag{2.18}$$

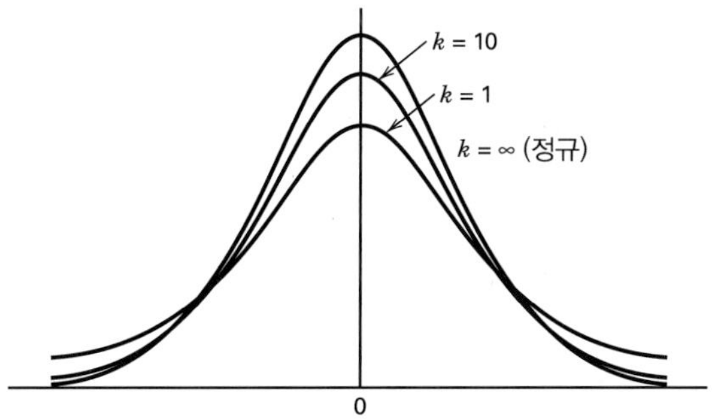

그림 2.7
여러 형태의 t 분포

이고 t의 평균은 $\mu=0$이며, 분산은 $k>2$에 대하여 $\sigma^2=k/(k-2)$이다. 그림 2.7에 t 분포의 여러 가지 모형이 있다. 만약 $k=\infty$라면, t 분포는 표준정규분포가 된다. t 분포의 백분율점은 부록의 표 II에 나타나 있다. 만약 $y_1, y_2, ..., y_n$이 $N(\mu, \sigma^2)$의 분포에서 얻은 확률표본이라면, 다음의 값은

$$t=\frac{\bar{y}-\mu}{S/\sqrt{n}} \tag{2.19}$$

자유도가 $n-1$인 t 분포를 따른다.

마지막으로 살펴볼 표본분포는 F **분포**(F distribution)이다. 만약 χ_u^2과 χ_v^2이 각각 자유도가 u와 v인 독립적인 두 개의 카이제곱 확률변수라면, 그 비율의 확률변수는

$$F_{u,v}=\frac{\chi_u^2/u}{\chi_v^2/v} \tag{2.20}$$

분자의 자유도가 u이고 분모의 자유도가 v인 F 분포(F distribution with u *numerator* degrees of freedom and v d*enominator* degrees of freedom)를 따른다. x가 분자의 자유도 u와 분모의 자유도 v를 가진 F 확률변수라고 할 때, x의 확률분포는

$$h(x)=\frac{\Gamma\left(\frac{u+v}{2}\right)\left(\frac{u}{v}\right)^{u/2}x^{(u/2)-1}}{\Gamma\left(\frac{u}{x}\right)\Gamma\left(\frac{v}{2}\right)\left[\left(\frac{u}{v}\right)x+1\right]^{(u+v)/2}} \qquad 0<x<\infty \tag{2.21}$$

이다. 그림 2.8에는 여러 종류의 F 분포가 나와 있다. 이 분포는 실험설계법의 통계적 분석에서 매우 중요하다. F 분포의 백분율점은 부록의 표 IV에 나와 있다.

F 분포를 따르는 통계량의 하나의 예로, 동일한 분산 σ^2을 가진 두 개의 독립된 정규 모집단을 가정하자. 만일 $y_{11}, y_{12}, ..., y_{1n_1}$이 첫 번째 모집단에서 얻은 n_1개의 확률표본이고, $y_{21}, y_{22}, ..., y_{2n_2}$이 두 번째 모집단에서 얻은 n_2개의 확률표본이라면, S_1^2과 S_2^2이 두 표본분산일 때, 다음과 같이 표현할 수 있다.

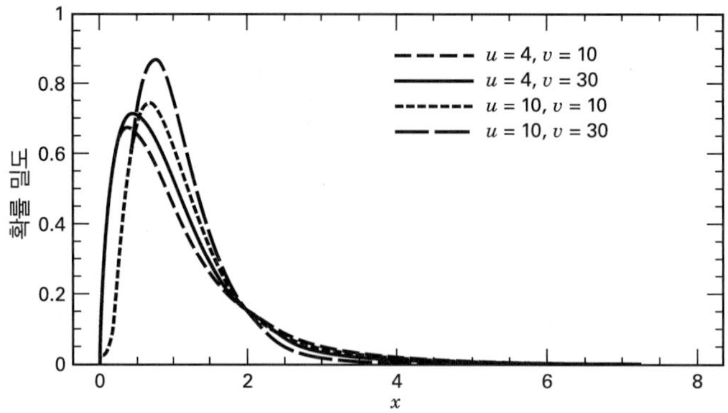

그림 2.8
여러 형태의 F 분포

$$\frac{S_1^2}{S_2^2} \sim F_{n_1-1,n_2-1} \tag{2.22}$$

이는 식 2.15부터 식 2.20의 결과로 얻을 수 있다.

2.4 평균 차이에 대한 추정, 랜덤화 설계

이제 2.1절의 포틀랜드 시멘트 몰타르 문제로 돌아가 보자. 앞에서 두 개의 다른 몰타르의 구현 방법이 인장 결합 강도에서 차이가 있는지 확인하고자 하였다. 이번 장에서 이런 단순한 비교 실험의 데이터를 **가설검정**(hypothesis testing)과 **신뢰구간**(confidence interval)을 통해 두 방법의 평균을 절차를 이용하여 어떻게 자료를 분석하는지 논의할 것이다.

이 장에서는 **완전 랜덤화 실험설계**(completely randomized experimental design)를 사용하였다고 가정할 것이다. 이런 설계에서 자료는 정규분포에서 얻은 확률표본이라고 여긴다. 랜덤 표본 가정은 매우 중요하다.

2.4.1 가설검정

2.1절에서 소개된 포틀랜드 시멘트 실험을 상기하면서 수정된 몰타르와 수정하지 않은 몰타르라는 두 구현법의 강도를 비교하려 한다. 일반적으로 두 개의 구현법을 "구현법"이라는 **요인**의 **수준**(levels of the factor)이 두 개라고 생각할 수 있다. $y_{11}, y_{12}, \ldots, y_{1n_1}$이 첫 번째 요인수준의 n_1개의 관측치를 나타내고, $y_{21}, y_{22}, \ldots, y_{2n_2}$이 두 번째 요인수준의 n_2개의 관측치를 나타낸다면, 표본들이 두 개의 독립적인 정규 모집단에서 임의로 뽑은 값이라고 가정한다. 그림 2.9가 이 상황을 설명하고 있다.

자료의 모형(*A model for the Data*). 흔히 실험의 결과를 **모형**(model)으로 설명한다. 방

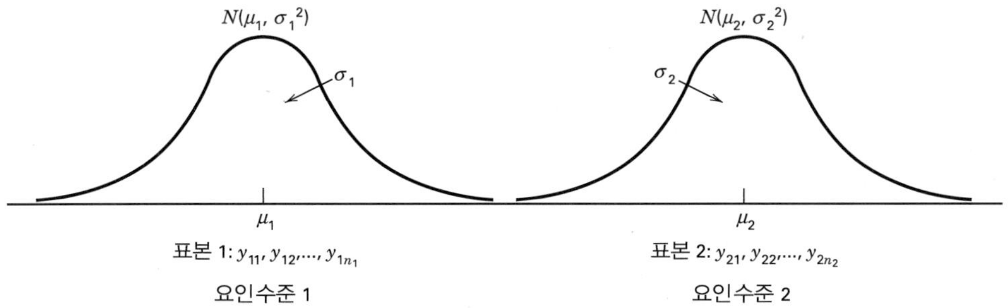

그림 2.9
두 표본 t 검정을 위한 표집 상황

금 설명한 실험에 대한 간단한 통계적 모형을 다음과 나타낼 수 있다. y_{ij}는 요인수준 i의 j 번째 관측치를 나타내고, μ_i은 요인수준 i에서 반응값의 평균을 나타내며, ε_{ij}가 ij번째 관측치와 관련이 있는 정규확률변수를 의미한다.

$$y_{ij} = \mu_i + \varepsilon_{ij} \begin{cases} i = 1, 2 \\ j = 1, 2, \ldots, n_i \end{cases} \tag{2.23}$$

$i=1, 2$일 때, ε_{ij}가 NID(0, σ_i^2)라고 가정한다. ε_{ij}를 모형의 **확률오차**(random error) 요소라고 여기는 것이 일반적이다. 평균 μ_1과 μ_2가 상수이기 때문에, 이 모형에서 곧바로 이전에 가정한 듯이 y_{ij}가 NID(μ_i, σ_i^2), $i=1, 2$라는 점을 알 수 있다. 자료의 모형에 대해서 더 많은 정보를 알고 싶으면 보조자료를 참고하기를 권한다.

통계적 가설(*Statistical Hypothesis*). **통계적 가설**은 확률분포의 모수 또는 모형의 모수에 대해 세운 서술이다. 가설은 문제 상황에 대한 **추측**(conjecture)을 반영한다. 예를 들어 포틀랜드 시멘트 실험에서, 두 몰타르 공식의 평균 인장 결합 강도가 같다고 생각할 수도 있다. 이것은 다음과 같이 표현할 수 있다.

$$H_0: \mu_1 = \mu_2$$
$$H_1: \mu_1 \neq \mu_2$$

여기에서 μ_1은 수정된 몰타르의 평균 인장 결합 강도이고 μ_2는 수정되지 않은 몰타르 평균 인장 결합 강도이다. H_0: $\mu_1 = \mu_2$라는 서술은 **귀무가설**(null hypothesis)이라 하고 H_1:$\mu_1 \neq \mu_2$라는 서술은 **대립가설**(alternative hypothesis)이라 한다. $\mu_1 < \mu_2$ 또는 $\mu_1 > \mu_2$인 경우에 모두 참이기 때문에, 여기의 대립가설은 **양측대립가설**(two-sided alternative hypothesis)이라 부른다.

가설을 검정하기 위해서 확률표본을 얻고, 적절한 **검정통계량**(test statistic)을 계산하고, 귀무가설 H_0을 계산된 검정통계량에 따라 기각 또는 기각을 하지 않기 위한 절차를 고안하였다. 가설검정의 절차 중에는 귀무가설의 기각으로 이끄는 검정통계량의 값의 집합을 지정하는 것이 있다. 이러한 값의 집합을 실험의 **임계역**(critical region) 또는 **기각역**(rejection region)이라 한다.

가설검정을 실시할 때 두 종류의 오류를 범할 수 있다. 귀무가설이 사실일 때 귀무가설이 기각되었다면, 제1종 오류가 발생한 것이고 귀무가설이 사실이 아닐 때 귀무가설이 기각되지 **않았다면**, 제2종 오류가 발생한 것이다. 두 종류의 오류의 확률은 특별한 기호를 가지고 있다.

$$\alpha = P(\text{제1종 오류}) = P(\text{귀무가설}(H_0)\ \text{기각} \mid \text{귀무가설 사실})$$
$$\beta = P(\text{제2종 오류}) = P(\text{귀무가설}(H_0)\ \text{기각하지 못함} \mid \text{귀무가설 거짓})$$

때때로 **검정력**(power of the test)으로 작업하는 것이 더 편리하다.

$$\text{Power} = 1-\beta = P(\text{귀무가설 기각} \mid \text{귀무가설 거짓})$$

일반적인 가설검정 절차는 검정의 **신뢰수준**(significance level)이라고 하는 제1종 오류 α의 확률값을 지정하고 제2종 오류 β의 확률을 적절히 작게 하는 검정 절차를 설계한다.

두 표본 *t* 검정(*The Two-Sample t-Test*). 인장 결합 강도의 두 몰타르 구현법의 분산이 같다고 가정하자. 완전 랜덤화 설계에서 두 개의 처리(treatment)의 평균을 비교하기 위한 적절한 검정통계량은 다음과 같다.

$$t_0 = \frac{\bar{y}_1 - \bar{y}_2}{S_p\sqrt{\dfrac{1}{n_1} + \dfrac{1}{n_2}}} \tag{2.24}$$

여기에서 $\bar{y}_1$과 $\bar{y}_2$는 n_1개와 n_2개의 표본에서 구한 표본평균이고 S_p^2은 공통 분산 $\sigma_1^2 = \sigma_2^2 = \sigma^2$으로 다음 식으로 얻은 추정치이다.

$$S_p^2 = \frac{(n_1 - 1)S_1^2 + (n_2 - 1)S_2^2}{n_1 + n_2 - 2} \tag{2.25}$$

그리고 S_1^2과 S_2^2은 각 표본에서 구한 표본분산이다. 식 2.24의 분모에 있는 $S_p\sqrt{\frac{1}{n_1} + \frac{1}{n_2}}$의 값을 분모에 있는 평균의 차이의 **표준오차**(standard error)라 하고 줄여서 $se(\bar{y}_1 - \bar{y}_2)$라 한다. 귀무가설($H_0$: $\mu_1 = \mu_2$)을 기각할 것인지 결정하기 위해서, t_0를 자유도가 n_1+n_2-2인 t 분포와 비교할 것이다. 만약 $|t_0| > t_{\alpha/2, n_1+n_2-2}$이고, $t_{\alpha/2, n_1+n_2-2}$이 n_1+n_2-2의 자유도를 가진 t 분포의 $\alpha/2$ 백분율점을 나타내는 것이면, H_0를 **기각**(*reject*)할 것이고 포틀랜드 시멘트 몰타르의 두 구현법의 평균 강도가 다르다고 결론을 내릴 것이다. 이러한 검정 절차를 **두 표본 *t* 검정**(two-sample *t*-test)이라 한다.

이러한 검정 절차는 다음의 내용을 기반으로 설계된 것이다. 만약 표본을 독립인 정규분포에서 뽑는다면, $\bar{y}_1 - \bar{y}_2$의 분포는 $N[\mu_1 - \mu_2, \sigma^2(1/n_1 + 1/n_2)]$이다. 따라서 만약 σ^2을 알고, H_0: $\mu_1 = \mu_2$가 사실이라면, 다음의 변수(Z_0)의 분포는 $N(0,1)$이 될 것이다.

$$Z_0 = \frac{\bar{y}_1 - \bar{y}_2}{\sigma\sqrt{\dfrac{1}{n_1} + \dfrac{1}{n_2}}} \tag{2.26}$$

그러나 식 2.26에서 σ가 S_p로 바뀌면, Z_0의 분포가 표준정규분포에서 자유도가 n_1+n_2-2인 t 분포로 바뀐다. H_0가 참이라면, 식 2.24에 있는 t_0의 분포는 $t_{n_1+n_2-2}$를 따를 것이고, 따라서 $100(1-\alpha)$의 확률로 t_0의 값이 $-t_{\alpha/2,n_1+n_2-2}$와 $t_{\alpha/2,n_1+n_2-2}$ 사이에 있을 것으로 기대할 수 있다. 귀무가설이 참이라면, 표본이 이러한 범위 밖의 t_0 값을 생성하는 것은 드문 일이 될 것이다. 따라서 그러한 값은 H_0을 기각해야 한다는 증거가 된다. 따라서 자유도가 n_1+n_2-2인 t 분포가 t_0의 알맞은 **기준분포**(reference distribution)라는 것이다. 즉, 귀무가설이 참일 때 t_0의 성질을 묘사하는 것이 위의 t 분포라는 것이다. α가 검정의 제1종 오류의 확률임을 주목하자. 때로는 α를 검정의 **신뢰수준**(significance level)이라고 한다.

어떤 문제에서 연구자가 하나의 평균이 다른 것보다 클 때에만 H_0를 기각하기를 원하는 경우도 있다. 즉, **단측대립가설**(one-sided alternative hypothesis)인 $H_1 : \mu_1 > \mu_2$를 세워 $t_0 > t_{\alpha,\, n_1+n_2-2}$일 때만 귀무가설을 기각하려고 할 것이다. 만일 μ_1이 μ_2 보다 작아야 귀무가설을 기각한다면, 대립가설은 $H_1 : \mu_1 < \mu_2$이 될 것이고, $t_0 < t_{\alpha,\, n_1+n_2-2}$인 경우에만 귀무가설을 기각할 것이다.

절차를 설명하기 위하여 표 2.1에 있는 포틀랜드 시멘트 자료에 대해서 다음의 결과들을 찾았다.

수정된 몰타르	수정되지 않은 몰타르
$\bar{y}_1 = 16.76\ \text{kgf/cm}^2$	$\bar{y}_2 = 17.04\ \text{kgf/cm}^2$
$S_1^2 = 0.100$	$S_2^2 = 0.061$
$S_1 = 0.316$	$S_2 = 0.248$
$n_1 = 10$	$n_2 = 10$

표본표준편차가 매우 작으므로 모 표준편차(또는 분산)가 같다고 결론을 내리는 것이 불합리하지 않다. 그러므로 다음 가설검정을 위해서 식 2.24를 사용할 수 있다.

$$H_0 : \mu_1 = \mu_2$$
$$H_1 : \mu_1 \neq \mu_2$$

게다가 $n_1+n_2-2 = 10+10-2 = 18$이고 만약 $\alpha = 0.05$를 선택한다면, 검정통계량이 $t_0 > t_{0.025,18} = 2.101$ 또는 $t_0 < -t_{0.025,18} = -2.101$일 때, 귀무가설 H_0: $\mu_1 = \mu_2$를 기각할 것이다. 임계역의 경곗값들은 그림 2.10에 있는 기준분포(자유도가 18인 t 분포)에 나타나 있다.

식 2.25를 이용하여 다음을 찾을 수 있다.

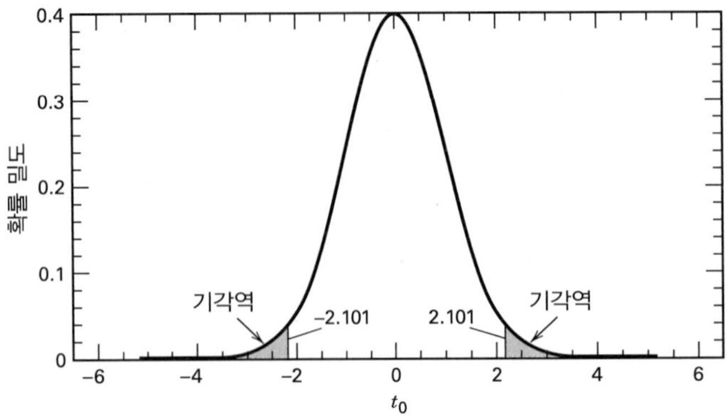

그림 2.10
기각역이 $\pm t_{0.025,18} = \pm 2.101$ 이고 자유도가 18인 t 분포

$$S_p^2 = \frac{(n_1 - 1)S_1^2 + (n_2 - 1)S_2^2}{n_1 + n_2 - 2}$$
$$= \frac{9(0.100) + 9(0.061)}{10 + 10 - 2} = 0.081$$
$$S_p = 0.284$$

그리고 검정통계량은

$$t_0 = \frac{\bar{y}_1 - \bar{y}_2}{S_p\sqrt{\dfrac{1}{n_1} + \dfrac{1}{n_2}}} = \frac{16.76 - 17.04}{0.284\sqrt{\dfrac{1}{10} + \dfrac{1}{10}}}$$
$$= \frac{-0.28}{0.127} = -2.20$$

$t_0 = -2.20 < -t_{0.025,18} = -2.101$이므로, H_0를 기각하고 포틀랜드 시멘트 몰타르의 두 가지 구현법의 평균 인장 결합 강도는 다르다고 결론을 내릴 것이다. 이것은 잠재적으로 중요한 공학적 발견이다. 몰타르 구현법 변화는 경화 시간의 감소라는 효과를 낳는다고 해도, 인장 결합 강도에도 영향이 있다는 증거가 남기 때문이다. 실험자가 수정된 구현법이 결합 강도를 줄인다고 결론을 내릴 수도 있다(양측검정을 하였고 귀무가설이 기각되었다고 하더라도, 단측검정의 결과를 배제하는 것은 아니다). 만약 평균 결합 강도 감소가 실용적으로 유용하다면(혹은 통계적 유의성에 추가적으로 공학적인 유의성이 있다면) 추가적인 개발 작업이나 추후 실험이 요구될 것이다.

가설검정에서 *P* 값의 사용(*The Use of P-Values in Hypothesis Testing*). 가설검정의 결과를 보고하는 방법은 특정한 α 값이나 **신뢰수준**(level of significance)에서 가설검정이 기각되거나 기각되지 않았다고 서술하는 것이다. 이것을 **고정 신뢰수준 검정**(fixed significance level testing)이라고 한다. 예를 들어 앞에서의 포틀랜드 시멘트 몰타르 구현화에서, 귀무가설(H_0: $\mu_1 = \mu_2$)이 신뢰수준 0.05에서 기각되었다고 말할 수 있다. 이러한 결론의 서술은 의사결정자에게 계산된 검정통계량이 거의 기각역에 있었는지 아니면 기각역에서 매우 멀리 떨어져 있었는지에 대한 정보를 제공하지 않기 때문에, 부적절한 것이라 할 수 있다. 게다가 결론을 이런 식으로 서술하는 것은 정보의 다른 사용자에게 이미 정해진 신뢰수준을 강요하는 것이다. $\alpha = 0.05$로 지정하면서 내재한 위험을 감수하기 꺼리는 의사결정자들에게, 이러한 접근법은 만족스럽지 않을 것이다.

이러한 문제들을 회피하기 위하여, ***P* 값 방법**(*P*-value approach)이 실제에서 많이 사용되었다. *P* 값은 귀무가설이 참일 때 검정통계량이 적어도 관찰된 통계량의 극단치를 취할 확률값이다. 따라서 *P* 값은 귀무가설의 가중치에 대한 더 많은 정보를 전달하고, 의사결정자가 다른 **어떤** 신뢰수준에서도 결론을 끌어낼 수 있게 한다. 좀 더 정리해서 말하자면, ***P* 값**을 귀무가설을 기각할 수 있는 가장 작은 신뢰수준이라고 정의할 수 있다.

귀무가설 H_0가 기각되었을 때 '검정통계량(과 자료)이 유의하다'라고 말하는 것이 관례이다. 따라서 *P* 값이 자료가 유의할 수 있는 최소의 α의 수준이라고 생각할 수 있다. *P* 값을 알면, 의사결정자들은 자료분석자들이 형식상 강요한 미리 선택된 신뢰수준 없이도 자료들이 얼마나 유의한지 결정할 수 있다.

가설검정의 *P* 값을 정확하게 계산하기는 항상 쉽지는 않다. 그러나 요즘에 사용하는 통계적 분석을 위한 대부분의 컴퓨터 프로그램은 *P* 값을 제시하고, 이는 휴대용 계산기에서 또한 계산이 가능하다. 이제 포틀랜드 몰타르 실험의 *P* 값을 어떻게 근사하는지를 보여줄 것이다. $|t_0| = 2.20 > t_{0.025,18} = 2.101$이므로, *P* 값이 0.05보다 작다는 것을 알고 있다. 부록의 표 II의 자유도가 18인 t 분포의 값에서 꼬리 확률이 0.01인 값이 $t_{0.01,18} = 2.552$라는 것을 찾을 수 있다. 이제 $|t_0| = 2.20 < 2.552$이고 대립가설이 양측이기 때문에, *P* 값이 0.05와 $2(0.01) = 0.02$ 사이에 있어야만 한다는 사실을 확인하였다. 일부 휴대용 계산기로도 *P* 값을 계산할 수 있으며, 계산기를 이용한다면 포틀랜드 시멘트 몰타르 구현화 실험의 $t_0 = -2.20$의 *P* 값을 $P = 0.0411$로 얻을 수 있다. 그러므로 귀무가설 H_0: $\mu_1 = \mu_2$는 $\alpha > 0.0411$의 어떤 다른 유의수준에서도 기각될 것이다.

컴퓨터 계산(*Computer Solution*). 많은 통계 소프트웨어 패키지는 가설검정의 기능이 있다. Minitab과 JMP로 두 표본 t 검정 절차를 포틀랜드 시멘트 몰타르 구현화 시험에 적용한 결괏값은 표 2.2에 있다. 결과에 sms 두 평균의 차이에 대한 신뢰구간(다음 부분에서 설명할 것)의 정보와 두 표본의 요약 통계량(표의 미니탭 부분의 "SE mean"은 평균의 표준오차인 $s/\sqrt{n}$을 의미)이 포함됨을 확인할 수 있다. 또한 프로그램에서 분석가가 대립가설을 지정하여(Minitab에서 "not ="은 H_1: $\mu_1 \neq \mu_2$을 의미한다) 가설을 검정할 수 있다.

결괏값은 t_0의 값, 검정통계량 t_0 값(JMP는 검정통계량의 분모에서 표본평균을 빼는 방식에 따라서 t_0가 양수로 나타남), 그리고 *P* 값을 포함한다. t 통계량의 계산값은 손으로 계산한 값과 약간 차이가 있고 *P* 값도 0.042임을 확인할 수 있다. JMP는 또한 단측대립가설에 대한 *P* 값도 알려주고 있다. 많은 소프트웨어 패키지들은 *P* 값이 미리 설정된 값(이를테면 0.0001)보다 작으면 실제 *P* 값을 알려주지는 않고, "디폴트"로 설정된 "<0.001"이나 0을 출력한다.

표 2.2 이표본 t 검정 컴퓨터 계산결과

```
Minitab
Two-sample T for Modified vs Unmodified
                 N         Mean        Std. Dev.        SE Mean
Modified        10       16.764           0.316            0.10
Unmodified      10       17.042           0.248           0.078

Difference = mu (Modified) - mu (Unmodified)
Estimate for difference: -0.278000
95% CI for difference: (-0.545073, -0.010927)
T-Test of difference = 0 (vs not = ): T-Value = -2.19
P-Value = 0.042 DF = 18
Both use Pooled Std. Dev. = 0.2843
```

```
JMP t-test

Unmodified-Modified

Assuming equal variances

Difference      0.278000 t  Ratio   2.186876
Std Err Dif     0.127122 DF               18
Upper CL Dif    0.545073 Prob>|t|     0.0422
Lower CL Dif    0.010927 Prob>t       0.0211
Confidence          0.95 Prob<t       0.9789
```

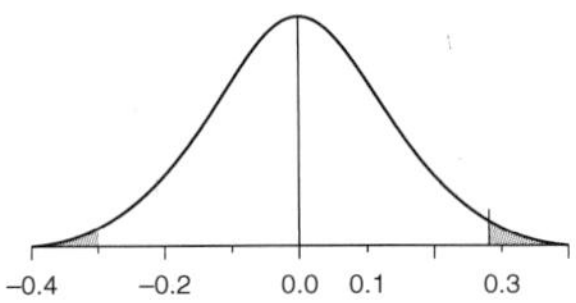

***t* 검정에서 가정을 확인하기**(*Checking Assumptions in the t-Test*). t 검정 절차를 사용할 때, 두 표본이 모두 정규분포를 따르는 독립된 모집단에서 얻은 확률표본이라고 가정하고 표준편차 또는 각 모집단의 분산이 같다고 가정을 한다. 독립성 가정은 중요하다. 만약 수행 순서가 랜덤화되어 있다면(그리고 그것이 적절하다면 다른 실험의 단위와 재료가 임의로 선택된다), 가정은 대개 만족된다. 등분산 가정과 정규성 가정은 **정규확률그림**(normal probability plot)으로 쉽게 확인이 가능하다.

일반적으로 확률그림은 표본자료가 가정된 분포를 따르는지 주관적으로 시각 검사를 통해 결정하기 위한 도구이다. 전반적인 절차는 매우 단순해서 대부분의 통계 패키지에서 빠른 수행이 가능하다. 이제 보조자료에서 정규확률그림을 직접 그리는 작업을 의논할 것이다.

확률그림을 구성하기 위해서, 표본 관측치를 작은 값에서 큰 값으로 순서대로 정렬한다. 즉, $y_1, y_2, ..., y_n$중 $y_{(1)}$이 가장 작은 값을 의미하고 $y_{(2)}$가 두 번째로 작은 값, $y_{(n)}$이 가장 큰 값을 의미하는 순서일 때, $y_{(1)}, y_{(2)}, ..., y_{(n)}$으로 정렬되어야 한다. 순서대로 정렬된 관측치 $y_{(j)}$는 관측된 누적 빈도$(j-0.5)/n$에 따라서 그려진다. 가설의 분포가 적절하게 자료를 묘사한다면 그림에 찍힌 점들이 직선을 따라서 그려지게 누적 빈도를 정렬한다. 만약 찍힌 점들이 직선에서 벗어나 있다면, 가설의 모형은 적절하지 않다는 것이다. 대개 자료의 그림이 직선인지 아닌지의 결정은 주관에 달렸다.

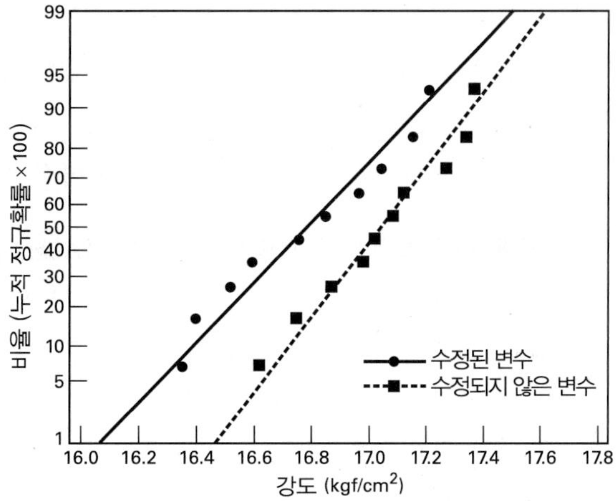

그림 2.11
포틀랜드 시멘트 실험의 인장 결합 장력의 정규확률그림

이 과정을 좀 더 상세히 설명하기 위해서, 포틀랜드 시멘트 몰타르 구현화 실험에서 인장 결합 강도가 정규분포라는 가정을 확인하기를 원한다고 가정하자. 처음에는 수정되지 않은 몰타르 구현화 방법에서 얻은 관측치만 고려한다. 그림 2.11에 컴퓨터로 만든 정규확률그림이 있다. 대부분의 정규확률그림은 수평선에 변수의 값을, 왼쪽의 수직선에 $100(j-0.5)/n$을 나타낸다(가끔은 $100[1-(j-0.5)/n]$을 오른쪽 수직선에 그린다). 일부 컴퓨터로 그린 정규확률그림은 누적 빈도를 표준정규 z 점수로 변환한다. 찍힌 점들 사이에 주관적인 직선을 그린다. 직선을 그릴 때는 극단에 있는 값들보다는 중심에 가까운 점에 더 많은 영향을 받아야 한다. 경험상 25번째 백분위수 점과 75번째 백분위수 점 사이에 직선을 그리는 것이 좋다. 이것이 그림 2.11에 있는 각 표본의 직선을 그린 방법이다. 점의 직선에 대한 "근접성"을 평가할 때는 두꺼운 연필을 선을 따라서 놓았다고 상상하라. 상상의 연필에 모든 점이 가려진다면, 정규분포가 자료를 적절하게 설명하고 있는 것이다. 그림 2.11의 각 표본의 점들이 이러한 기준을 통과할 것이기 때문에, 수정된 몰타르와 수정되지 않은 몰타르 모두의 인장 결합 강도에 대해 정규분포가 적절한 모형이라고 결론지을 수 있다.

정규확률그림에서 평균과 표준편차의 추정치를 얻을 수 있다. 평균은 확률그림에서 50번째 백분위수로 추정되고 표준편차는 84번째 백분위수와 50번째 백분위수 간의 차이로 추정이 된다. 이는 간단히 그림 2.11에 있는 두 직선의 기울기를 비교하여 포틀랜드 시멘트 실험에서 모분산이 같다는 가정을 확인할 수 있다는 것을 의미한다. 두 직선은 비슷한 기울기를 가지고 있으므로 동분사의 가정도 타당하게 된다. 만약 이 가정에 위반된다면, 2.4.4절에 소개된 t 검정을 사용해야 한다. 보조자료에 t 검정의 가설을 확인하는 것에 대한 추가 정보가 있다.

가정이 심하게 위반되면, t 검정의 성능이 영향을 받는다. 전반적으로 작은 보통의 가정을 위반하는 것은 주요 고려대상이 아니다. 하지만 그 **어떤** 독립성 가정의 실패와 비정규성에 대한 지표는 무시하지 말아야 한다. 검정의 신뢰수준과 평균들 사이의 차이를 찾는 능력은 모두 가정에서 벗어나면 불리한 영향을 받는다. **변환**(transformations)은 이러한 문제를 다루는 하나의 방법이다. 이것의 더 자세한 사항은 3장에서 논의할 것이다. 또한 관측치를 비정규 모집단에서 얻었을 때, 비모수적 가설검정 절차를 사용할 수 있다. 더 자세한 내용은 Montgomery와 Runger(2011)를 참고하길 바란다.

***t* 검정을 다른방법으로 정당화하는 법**(*An Alternate Justification to the t-Test*). 방금 배운 두 표본 *t* 검정은 각 표본이 임의로 선택된 두 모집단이 정규분포를 따른다는 가정을 하는 이론에 의존한다. 앞에서 언급하였듯 정규성 가정이 검정 절차에 공식적으로 필요하더라도 정규성에서 살짝(moderate) 벗어난 것은 결과에 심각하게 영향을 미치지 않는다. 랜덤화 설계를 사용하면 분포의 형태에 대한 어떤 가정 없이도 가설을 검정할 수 있도록 한다. 쉽게 말하면 다음의 논리과정을 거치는 것이다. 처리가 영향이 없다면, 20개의 관측치의 [20!/(10!10!)] = 184,756의 모든 가능한 방법이 똑같은 가능성을 갖고 발생한다. 184,756개의 각각의 가능한 정렬에 대응하는 것이 t_0의 값이다. 만약 실제로 자료에서 얻은 t_0의 값이 184,756의 가능한 값의 집합에 관련하여 비정상적으로 크거나 비정상적으로 작으면 $\mu_1 \neq \mu_2$를 의미하는 것이다.

이런 종류의 절차는 **랜덤화 검정**(randomization test)이라고 한다. *t* 검정이 랜덤화 검정의 좋은 근사라는 것을 보일 수 있으므로, 정규성 가정에 대한 방대한 고민 없이 *t* 검정(그리고 랜덤화 검정을 근사하는 다른 과정들)을 사용할 것이다. 이것이 정규확률그림과 같은 단순한 절차가 정규성 가정을 확인하는 적절한 방법인 이유 중의 하나이다.

2.4.2 신뢰구간

가설검정이 유용한 절차이긴 하나 모든 상황을 알려주지는 않는다. 질문의 모수나 모수들의 값이 놓여있을 것으로 기대되는 구간을 제공하는 경우가 더 많다. 이렇게 제공되는 구간을 **신뢰구간**(confidence intervals)이라 한다. 많은 공학과 산업 실험에서 실험자들은 이미 평균 μ_1과 μ_2가 다르다는 것을 알고 있다. 결과적으로 $\mu_1 = \mu_2$에 대한 가설검정에는 관심이 적고 평균의 차이가 얼마나 되는지 알아내는 것에 더 관심이 있을 것이다. 평균 차이 $\mu_1 - \mu_2$에 대한 신뢰구간을 이 질문에 대한 답으로 사용할 수 있다. 가설의 모든 검정에 가능하다면 항상 신뢰구간을 제시하는 행동은 권장할만한 습관이다.

신뢰구간을 정의하기 위해 알려지지 않은 모수 θ가 있다고 하자. θ의 구간 추정치를 얻기 위해서 확률의 표현이 참인 두 개의 통계량 L과 U를 찾아야 한다.

$$P(L \leqslant \theta \leqslant U) = 1 - \alpha \tag{2.27}$$

다음 구간은

$$L \leqslant \theta \leqslant U \tag{2.28}$$

으로, 모수 θ에 대한 **100(1−α)% 신뢰구간**[100(1−α) percent confidence interval]이라고 부른다. 구간에 대한 해석을 살펴보면, 반복되는 확률 표집에서 이런 구간이 많이 만들어지면 구간 중에 100(1−α)%는 θ의 참 값을 포함하고 있다는 것이다. 통계량 L과 U는 **신뢰 하한**과 **신뢰 상한**(lower and upper confidence limits)이라고 부르고 $1-\alpha$는 **신뢰계수**(confidence coefficient)라고 한다. 만약 $\alpha=0.05$이면, 식 2.28은 θ의 95% 신뢰구간이라고 한다. 신뢰구간이 빈도의 관점에서 해석한다는 점을 명심해야 한다. 즉, 서술이 이 특정한 표본에 대해서 참인지 모르더라도, 신뢰구간을 만드는데 사용한 **방법**이 당시에 100(1−α)%만큼 정확한 서술을 만든다는 사실을 안다.

이제 포틀랜드 시멘트 문제의 진짜 평균의 차이 $\mu_1-\mu_2$의 100(1−α)% 신뢰구간을 찾으려고 한다고 가정해 보자. 구간은 다음과 다음의 방법으로 얻을 수 있다. 통계량

$$\frac{\bar{y}_1-\bar{y}_2-(\mu_1-\mu_2)}{S_p\sqrt{\dfrac{1}{n_1}+\dfrac{1}{n_2}}}$$

은 $t_{n_1+n_2-2}$를 따른다. 따라서

$$P\left(-t_{\alpha/2,n_1+n_2-2}\le \frac{\bar{y}_1-\bar{y}_2-(\mu_1-\mu_2)}{S_p\sqrt{\dfrac{1}{n_1}+\dfrac{1}{n_2}}}\le t_{\alpha/2,n_1+n_2-2}\right)=1-\alpha$$

또는

$$\begin{aligned}P\Bigg(\bar{y}_1-\bar{y}_2-t_{\alpha/2,n_1+n_2-2}S_p\sqrt{\frac{1}{n_1}+\frac{1}{n_2}}&\le\mu_1-\mu_2\\ &\le\bar{y}_1-\bar{y}_2+t_{\alpha/2,n_1+n_2-2}S_p\sqrt{\frac{1}{n_1}+\frac{1}{n_2}}\Bigg)=1-\alpha\end{aligned}\tag{2.29}$$

이다. 식 2.29와 2.27을 비교하면,

$$\begin{aligned}\bar{y}_1-\bar{y}_2-t_{\alpha/2,n_1+n_2-2}S_p\sqrt{\frac{1}{n_1}+\frac{1}{n_2}}&\le\mu_1-\mu_2\\ &\le\bar{y}_1-\bar{y}_2+t_{\alpha/2,n_1+n_2-2}S_p\sqrt{\frac{1}{n_1}+\frac{1}{n_2}}\end{aligned}\tag{2.30}$$

이 $\mu_1-\mu_2$의 100(1−α)% 신뢰구간이라는 것을 알 수 있다.

실제 포틀랜드 시멘트 몰타르의 구현법의 평균 인장 결합 강도 평균 차이의 95% 신뢰구간 추정치는 식 2.30에 값을 넣어 다음과 같이 얻을 수 있다.

$$16.76 - 17.04 - (2.101)0.284\sqrt{\frac{1}{10} + \frac{1}{10}} \leq \mu_1 - \mu_2$$

$$\leq 16.76 - 17.04 + (2.101)0.284\sqrt{\frac{1}{10} + \frac{1}{10}}$$

$$-0.28 - 0.27 \leq \mu_1 - \mu_2 \leq -0.28 + 0.27$$

$$-0.55 \leq \mu_1 - \mu_2 \leq -0.01$$

따라서 평균 차이의 95% 추정 신뢰구간은 –0.55 kgf/cm^{2}에서 –0.01 kgf/cm^{2}까지이다. 달리 표현하자면, 신뢰구간은 $\mu_1 - \mu_2 = -0.28 \pm 0.27$ kgf/cm^2 또는 평균 강도의 차이는 –0.28 kgf/cm^{2}이고 이 추정치의 정확도는 ± 0.27 kgf/cm^{2}이라고 할 수 있다. 이 구간에 $\mu_1 - \mu_2 = 0$이 포함되지 않기 때문에 자료는 $\mu_1 = \mu_2$라는 가설을 유의수준 5%에서 지지하지 않는다(앞에서 두 표본 t 검정의 P 값이 0.042로 0.05보다 다소 작았다). 수정되지 않은 구현법의 평균 강도가 수정된 구현법의 평균 강도를 초과하는 것 같다. 표 2.2에서 Minitab과 JMP가 모두 가설검정 절차를 수행할 때 신뢰수준을 제공하고 있다.

2.4.3 표본크기의 선택

적절한 표본크기의 선택은 어떤 실험계획 문제의 가장 중요한 부분 중 하나이다. 이에 대한 방법 중 하나는 두 평균이 지닌 차이의 추정치에 표본의 크기가 미치는 영향을 고려하는 것이다. 식 2.30에서 두 평균 차이에 대한 $100(1-\alpha)\%$ 신뢰구간은 두 평균의 차이의 추정의 정확도의 측도라는 것을 알고 있다. 신뢰구간의 길이는 다음에 의해서 결정된다.

$$t_{\alpha/2, n_1+n_2-2} S_p \sqrt{\frac{1}{n_1} + \frac{1}{n_2}}$$

두 모집단에서 얻은 표본의 크기가 같은 $n_1 = n_2 = n$인 경우부터 고려할 수 있다. 이때 CI(신뢰구간)의 길이는 다음 식에 의해서 결정이 된다.

$$t_{\alpha/2, 2n-2} S_p \sqrt{\frac{2}{n}}$$

결과적으로 두 평균의 차이가 추정된 정확도는 두 개의 값(통제할 수 없는 S_p와 표본크기 n)을 선택하여 통제를 할 수 있는 $t_{\alpha/2,2n-2}\sqrt{2/n}$에 달려있다. 그림 2.12는 $\alpha = 0.05$에서 각 모집단에서 표본크기 n에 대한 $t_{\alpha/2,2n-2}\sqrt{2/n}$의 그림이다. 곡선은 n이 $n = 10$까지 증가할 때 급격하게 감소하고 그 이후에는 다소 덜한 경향을 보인다. S_p가 상대적으로 일정하고 $t_{\alpha/2,2n-2}\sqrt{2/n}$가 표본크기 $n = 10$이나 12에서 크게 변하지 않는다. 따라서 두 표본의 95% 신뢰구간에서 각 모집단에서 표본크기 $n = 10$ 또는 12를 선택하는 것이 두 모집단에 존재하는 내재적 변동성을 고려할 때, 두 평균 차이에 대한 가장 정확한 CI 추정치가 될 것이다.

또한 표본의 크기를 설정하기 위해서 가설검정을 사용할 수 있다. 표본크기를 선택하는

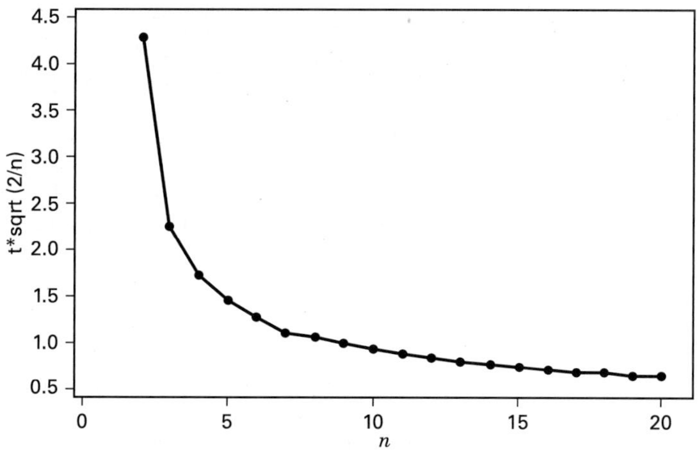

그림 2.12
$\alpha=0.05$에서 각 모집단에서 표본크기 n에 대한 $t_{\alpha/2,2n-2}\sqrt{2/n}$의 그림

것과 제2종 오류 β의 확률은 밀접하게 관련이 있다. 다음 가설을 검정한다고 하자.

$$H_0: \mu_1 = \mu_2$$
$$H_1: \mu_1 \neq \mu_2$$

$\delta=\mu_1-\mu_2$가 되어 두 평균이 같지 않다고 하면, 귀무가설이 사실이 아니기 때문에 귀무가설을 기각하지 못하는 경우에 대해서 고려해야 한다. 제2종 오류의 확률은 두 평균의 진짜 차이 δ에 의존한다. 특정한 표본크기에 대한 β와 δ의 그래프를 검정에 대한 **운영특성 곡선**(operating characteristics curve) 또는 **O.C. 곡선**(O.C. curve)이라 한다. β 오차도 표본크기의 함수이다. 전반적으로 주어진 δ 값에 대해 표본크기가 증가함에 따라서 β 오차는 감소한다. 즉, 특정한 평균의 차이는 작은 표본보다는 큰 표본에서 더 찾기가 쉽다.

OC 곡선의 대안은 일반적으로 검정력이나 $1-\beta$와 특정한 평균의 차이에 대한 표본의 크기를 그리는 **검정력 곡선**(power curve)이다. 일부 소프트웨어 패키지는 검정력 분석을 수행하고 검정력 곡선을 그려준다. 두 모분산 σ_1^2과 σ_2^2을 알 수 없으나 이 둘이 같고 신뢰수준이 $\alpha=0.05$일 때, 다음 가설에 대한 JMP를 이용한 검정력 곡선의 집합은 그림 2.13에 나타나 있다.

$$H_0: \mu_1 = \mu_2$$
$$H_1: \mu_1 \neq \mu_2$$

이러한 검정력 곡선은 또한 두 모집단에서 얻은 표본크기가 같다고 가정해서, 수평선에 있는 표본의 크기(n)는 전체 표본의 크기이고, 각 모집단의 표본의 크기는 $n/2$라고 가정을 한다. 또한 평균의 차이가 공통의 표준편차에 대한 비율로 표현된다.

$$\delta = \frac{|\mu_1 - \mu_2|}{\sigma}$$

이러한 곡선에 대한 조사에서 아래 사항을 관찰할 수 있다.

1. 평균의 차이($\mu_1-\mu_2$)가 클수록 검정력이 크다(제2종 오류 확률이 작다). 즉, 특정한 표본크기와 유의수준 α에 대해서 검정이 작은 차이보다 큰 차이를 더 쉽게 찾을 수 있다.
2. 표본크기가 커짐에 따라서, 주어진 평균차이와 유의수준 α에서 검정력이 커진다(제2종 오류의 확률이 작아진다). 즉, 평균 간 특정한 차이를 찾기 위해서 표본크기를 키워서 검정력을 더 크게 할 수 있다.

검정 특성 곡선과 검정력 곡선은 실험에서 사용하기 위한 표본크기 선택에 유용하다. 예를 들어 이전에 논의하였던 포틀랜드 시멘트 몰타르 문제를 생각해 보자. 0.5 kgf/cm^{2}의 평균 강도의 차이가 몰타르 사용에 실제적인 영향이 있는 정도라서, 평균차이가 최소한 이 정도면 높은 확률로 찾고자 할 것이다. 게다가, $\mu_1-\mu_2=0.5$ kgf/cm^{2}이 찾고자 하는 "임계적" 평균의 차이이기 때문에 검정력 곡선의 모수는 $\delta=0.5/\sigma$이다. 안타깝게도 δ는 모르는 표준편차 σ와 관련이 있다. 그러나 지난 경험을 바탕으로 표준편차가 0.25 kgf/cm^{2}을 넘지 않을 것이라고 생각할 수 있다. 그러면 $\sigma=0.25$ kgf/cm^{2}으로 대체한 결과 $\delta=2$가 될 것이다. 만약 귀무가설을 $\mu_1-\mu_2=0.5$ 최소 0.95의 확률로(검정력이 0.95) 신뢰수준 $\alpha=0.05$일 때 기각하기를 원한다면, 그림 2.13을 참고하여 필요한 표본의 크기를 수평축에서 근사적으로 16으로 찾을 수 있다. 이것은 전체 표본의 크기이므로 각 표본의 크기는

$$n = 16/2 = 8.$$

이다. 실험자는 실제로 표본의 크기 10을 사용하였다. 실험자는 공통 표준편차 σ의 이전 추정치가 너무 보수적이고 0.25보다 다소 클 것 같은 확률로부터 보호하기 위해서 표본의 크기를 약간 크게 뽑을 수도 있었을 것이다.

검사 특성 곡선은 실험설계 문제의 표본의 크기 선택에서 중요한 역할을 한다. 이 분야

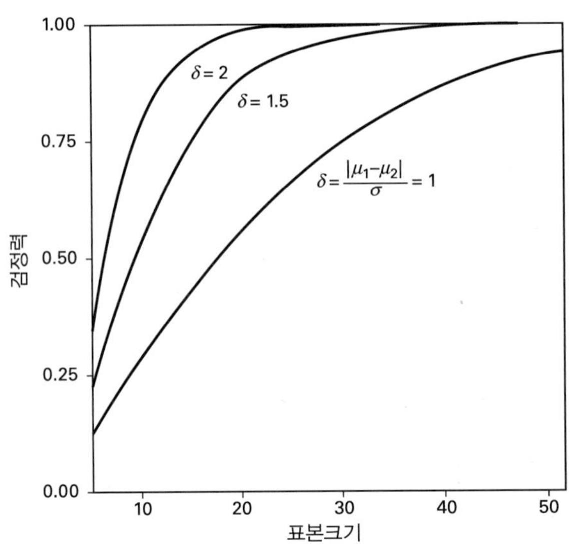

그림 2.13
등분산과 $\alpha=0.05$를 가정한 두 표본 t 검정의 검정력 곡선(JMP). 수평축의 표본의 크기는 전체 표본의 크기이므로, 각 모집단의 표본의 크기 n은 그래프의 표본의 크기/2이다.

에서 곡선의 사용은 이어지는 장에서 논의할 것이다. 두 표본 t 검정과 비슷하지만 다른 단순한 비교실험에서 검사 특성 곡선의 사용에 대한 논의는 Montgomery와 Runger(2018)를 살펴보기를 권한다.

검정력과 표본크기를 계산하기 위해 많은 통계 소프트웨어 패키지들을 활용할 수 있다. 다음의 상자들은 여러 가지 포틀랜드 시멘트 몰타르 문제에 대해 Minitab에서 검정력과 표본크기의 두 표본 t 검정을 루틴[3]한 계산을 보여준다. 결괏값의 첫 번째 부분은 OC 곡선으로 수행된 분석을 반복하고 있다. 강도의 표준편차를 0.25 kgf/cm^{2}로 가정할 때, 0.5 kgf/cm^{2}의 평균에서 임계적 차이를 찾기 위해서 표본크기를 구하는 활동은 중요하다. Minitab에서 얻은 답 $n_1 = n_2 = 8$이 OC 곡선에서 얻은 결과와 일치한다. 결과의 두 번째 부분은 평균에서 임계적 차이가 훨씬 작을 때(0.25 kgf/cm^2) 검정력을 계산한 것이다. 검정력이 0.95에서 0.562로 상당히 떨어짐을 알 수 있다. 마지막 부분은 최소 0.9의 검정력을 가지면서 실제로 평균에서 0.25 kgf/cm^{2}의 차이를 발견하고자 필요한 표본의 크기를 계산한 것이다. 필요한 표본의 크기는 상당히 커져서 $n_1 = n_2 = 23$이다.

```
Power and Sample Size

2-Sample t-Test
Testing mean 1 = mean 2 (versus not = )
Calculating power for mean 1 = mean 2 + difference
Alpha = 0.05  Sigma = 0.25

                     Sample          Target          Actual
Difference             Size           Power           Power
0.5                       8          0.9500          0.9602

Power and Sample Size
2-Sample t-Test

Testing mean 1 = mean 2 (versus not =)
Calculating power for mean 1 = mean 2 + difference
Alpha = 0.05  Sigma = 0.25

                     Sample
Difference             Size           Power
0.25                     10          0.5620

Power and Sample Size
2-Sample t-Test

Testing mean 1 = mean 2 (versus not =)
Calculating power for mean 1 = mean 2 + difference
Alpha = 0.05  Sigma = 0.25

                     Sample          Target          Actual
Difference             Size           Power           Power
0.25                     23          0.9000          0.9125
```

3 프로그램에 의한 컴퓨터의 일련의 작업(역자 주)

```
Power and Sample Size
2-Sample t-Test

Testing mean 1 = mean 2 (versus not =)
Calculating power for mean 1 = mean 2 + difference
Alpha = 0.05  Sigma = 0.25

                    Sample        Target        Actual
Difference            Size         Power         Power
0.25                    23        0.9000        0.9125
```

2.4.4 $\sigma_1^2 \neq \sigma_2^2$의 경우

다음 가설에 대한

$$H_0 : \mu_1 = \mu_2$$
$$H_1 : \mu_1 \neq \mu_2$$

가설검정을 하고 두 분산 σ_1^2과 σ_2^2가 같다고 가정할 수 없다면, 두 표본 t 검정(two-sample t-test)을 약간 수정해야 한다. 이때 검정통계량은

$$t_0 = \frac{\bar{y}_1 - \bar{y}_2}{\sqrt{\dfrac{S_1^2}{n_1} + \dfrac{S_2^2}{n_2}}} \tag{2.31}$$

이 된다. 이 검정통계량은 정확히 t 분포를 따르지는 않는다. 그러나

$$v = \frac{\left(\dfrac{S_1^2}{n_1} + \dfrac{S_2^2}{n_2}\right)^2}{\dfrac{(S_1^2/n_1)^2}{n_1 - 1} + \dfrac{(S_2^2/n_2)^2}{n_2 - 1}} \tag{2.32}$$

를 자유도로 사용하면, t_0의 분포는 t 분포에 적절히 근사가 된다. 정규확률그림에서 상이한 분산에 대한 강한 암시가 있다면, 이렇게 수정된 t 검정을 요구하는 상황일 것이다. 상이한 분산의 경우에 평균 차이에 대한 신뢰구간을 찾는 공식은 쉽게 유도할 수 있다.

예제 2.1

수술 중에 신경을 손상당하면 수술 후 무감각, 고통 또는 마비와 같은 문제로 이어질 수 있으므로 수술 과정에서 신경 보존에 대해 유의해야 한다. 신경은 생김새 혹은 그 주위 구조의 관련성에 의해서 확인되거나 국소 전기 자극에 의해서도 발견(근전도 검사)된다. 그러나 발견하지 못하고 넘어가는 경우가 더욱 빈번하다. *Nature Biotechnology*에 실린 글("Fluorescent Peptides Highlight Peripheral Nerves During Surgery in Mice,"

Vol. 29, 2011)은 신경의 식별을 돕기 위해서 신경과 묶여있는 형광으로 표시된 펩티드의 사용을 설명하고 있다. 표 2.3은 12마리의 쥐의 신경 조직과 근육 조직에 대한 2시간 후의 표준화된 형광성을 나타내고 있다(자료는 논문에 있는 그래프에서 읽은 것이다).

표 2.3 2시간 후 정규화된 형광성

관측치	신경	근육
1	6625	3900
2	6000	3500
3	5450	3450
4	5200	3200
5	5175	2980
6	4900	2800
7	4750	2500
8	4500	2400
9	3985	2200
10	900	1200
11	450	1150
12	2800	1130

두 시간 후 정규화된 형광성의 평균이 신경 조직에서 근육조직보다 더 크다는 가설을 검정하고자 한다. 즉, μ_1이 신경 조직의 정규화된 형광성의 평균이고 μ_2가 근육 조직의 정규화된 형광성의 평균이라 하면[4],

$$H_0 : \mu_1 = \mu_2$$
$$H_1 : \mu_1 > \mu_2$$

를 검정하기를 원한다. Minitab에서 얻은 기술 통계량의 결괏값은 다음과 같다.

```
Variable      N    Mean   StDev   Minimum    Median   Maximum
Nerve        12    4228    1918       450      4825      6625
Non-nerve    12    2534     961      1130      2650      3900
```

두 표본의 표준편차가 상당히 다르므로 합동 t 검정의 등분산 가정은 적절하지 않을 것이다. 그림 2.14는 두 표본에 대한 Minitab에서 얻은 정규확률그림이다. 이 그림 또한 두 모분산이 같지 않으리라는 사실을 암시하고 있다.

여기에서 등분산 가정이 적절하지 않으므로, 평균이 같다는 가설을 검정하기 위해서 이번 장에서 설명한 두 표본 t 검정을 사용할 것이다. 식 2.31의 검정통계량은

$$t_0 = \frac{\bar{y}_1 - \bar{y}_2}{\sqrt{\frac{S_1^2}{n_1} + \frac{S_2^2}{n_2}}} = \frac{4228 - 2534}{\sqrt{\frac{(1918)^2}{12} + \frac{(961)^2}{12}}} = 2.7354$$

4 원문에서는 'if μ_s is the mean normalized fluorescence for nerve tissue and is the mean normalized fluorescence for muscle tissue,'이다.

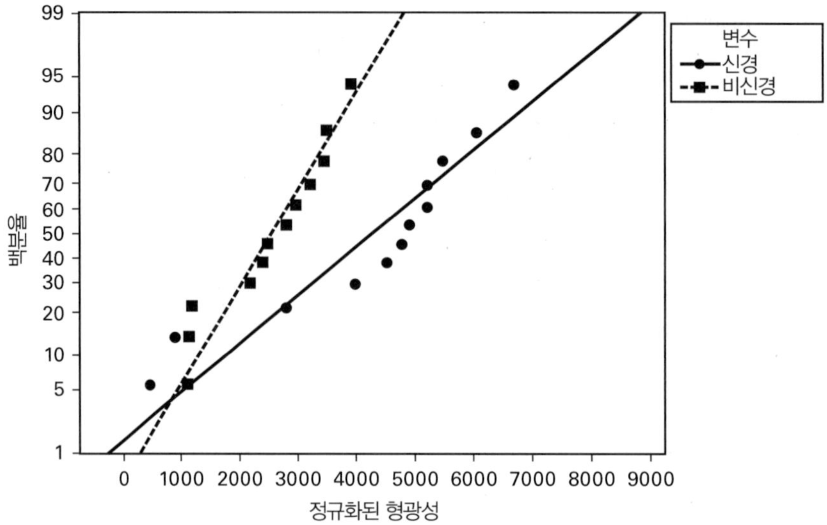

그림 2.14
표 2.3의 정규화된 형광성 자료

이다. 식 2.32에서 계산한 자유도 값은

$$v = \frac{\left(\dfrac{S_1^2}{n_1} + \dfrac{S_2^2}{n_2}\right)^2}{\dfrac{(S_1^2/n_1)^2}{n_1 - 1} + \dfrac{(S_2^2/n_2)^2}{n_2 - 1}} = \frac{\left(\dfrac{(1918)^2}{12} + \dfrac{(961)^2}{12}\right)^2}{\dfrac{[(1918)^2/12]^2}{11} + \dfrac{[(961)^2/12]^2}{11}} = 16.1955$$

이다. t 분포표에서 P 값을 찾고자 한다면, 자유도를 16으로 반올림해야 할 것이다. 대부분의 컴퓨터 프로그램은 P 값을 결정하기 위해서 보간(interpolate)을 할 것이다. 두 표본 t 검정의 결괏값이 아래에 있다. 계산된 P 값이 작으므로(0.007), 귀무가설을 기각하고 정규화된 신경 세포의 형광성 평균이 근육 세포의 것보다 크다는 결론을 내릴 수 있다.

```
Difference = mu (Nerve) - mu (Non-nerve)
Estimate for difference: 1694
95% lower bound for difference:  613
T-Test of difference = 0 (vs >): T-Value = 2.74 P-Value = 0.007 DF = 16
```

2.4.5 σ_1^2과 σ_2^2을 아는 경우

두 모분산이 알려져(known) 있다면, 다음의 가설

$$H_0: \mu_1 = \mu_2$$
$$H_1: \mu_1 \neq \mu_2$$

은 다음의 통계량

$$Z_0 = \frac{\bar{y}_1 - \bar{y}_2}{\sqrt{\dfrac{\sigma_1^2}{n_1} + \dfrac{\sigma_2^2}{n_2}}} \tag{2.33}$$

을 사용하여 검정할 것이다. 두 모집단이 정규분포를 이루거나 중심극한정리를 적용할 만큼 충분히 표본의 크기가 크다면, 귀무가설이 참일 때 Z_0의 분포는 $N(0,1)$을 따를 것이다. 따라서 기각역을 t 분포가 아닌 정규분포를 이용하여 찾을 수 있을 것이다. 특히 $Z_{\alpha/2}$를 표준정규분포의 위꼬리 확률이 $\alpha/2$인 점이라고 할 때, $|Z_0|>Z_{\alpha/2}$이면 귀무가설을 기각할 것이다. 이 절차는 **두 표본 Z 검정**(two-sample Z-test)이라 부른다. P 값 방법도 이 검정에서 사용할 수 있다. $\phi(x)$를 x에서 계산한 누적 표준정규분포의 확률이라 할 때, P 값은 $P=2[1-\phi(|Z_0|)]$로 구할 수 있다.

앞 장에서 본 t 검정과 다르게, 분산을 아는 경우에 평균의 검정은 표본이 정규 모집단에서 표집되었다는 가정을 필요로 하지 않는다. 중심극한정리를 이용하여 표본평균의 차이 $\bar{y}_1-\bar{y}_2$를 정당화할 수 있다.

분산을 알 때, $\mu_1-\mu_2$의 $100(1-\alpha)\%$의 신뢰구간은

$$\bar{y}_1-\bar{y}_2-Z_{\alpha/2}\sqrt{\frac{\sigma_1^2}{n_1}+\frac{\sigma_2^2}{n_2}}\le\mu_1-\mu_2\le\bar{y}_1-\bar{y}_2+Z_{\alpha/2}\sqrt{\frac{\sigma_1^2}{n_1}+\frac{\sigma_2^2}{n_2}} \tag{2.34}$$

로 알려져 있다. 앞에서 설명했듯이 가끔 신뢰구간은 가설검정 절차의 유용한 보완책으로 사용된다.

2.4.6 특정한 값과 단일 평균의 비교

일부 실험은 한 모집단의 평균 μ를 특정한 값 μ_0와 비교하고자 한다. 이때의 가설은

$$H_0:\mu=\mu_0$$
$$H_1:\mu\neq\mu_0$$

이다.

분산을 아는 정규 모집단이거나 또는 정규 모집단은 아니지만, 중심극한정리를 적용할 수 있을 정도로 표본의 크기가 충분히 크다면, 가설을 정규분포의 직접적인 적용으로 검정할 수 있다. **단일 표본 Z 검정**(one-sample Z-test) 통계량은

$$Z_0=\frac{\bar{y}-\mu_0}{\sigma/\sqrt{n}} \tag{2.35}$$

이다. 만약 귀무가설이 참이라면, Z_0의 분포는 $N(0,1)$이다. 따라서 귀무가설을 위한 판단은 $|Z_0|>Z_{\alpha/2}$이면 귀무가설을 기각하는 것이다. P 값 방법도 사용할 수 있다.

귀무가설하에서 결정된 평균 μ_0의 값은 대개 다음의 3가지 중 하나의 방법으로 결정된다. 첫째는 과거의 증거나 지식 또는 실험에서 얻는 것이며, 둘째로 연구의 상황에서 어떤 이론이나 모형의 결론에서 얻는 것, 마지막으로 계약상의 사항에서 얻는 것이다.

모평균에 대한 100(1−α)% 신뢰구간은

$$\bar{y} - Z_{\alpha/2}\sigma/\sqrt{n} \le \mu \le \bar{y} + Z_{\alpha/2}\sigma/\sqrt{n} \tag{2.36}$$

이다.

예제 2.2

공급자가 많은 천을 방직업자에게 주었다. 소비자는 로트(lot)의 평균 파괴강도가 200 psi를 넘는지 알고 싶다. 만약 그렇다면 소비자는 해당 로트를 살 것이다. 과거 실험에서 파괴강도의 합당한 분산이 100(psi)^{2}이라고 밝혔다. 검정하고자 하는 가설은

$$H_0: \mu = 200$$
$$H_1: \mu > 200$$

이다. 이 검정이 단측검정이므로 귀무가설 H_0: $\mu = 200$이 기각되었을 때(즉, $Z_0 > Z_\alpha$의 경우)만 로트를 받아들일 것이다. 4개의 표본이 임의로 선택되었고 관측된 평균 파괴강도는 $\bar{y} = 214$ psi이다. 검정통계량은

$$Z_0 = \frac{\bar{y} - \mu_0}{\sigma/\sqrt{n}} = \frac{214 - 200}{10/\sqrt{4}} = 2.80$$

이다. 만약 제1종 오류가 $\alpha = 0.05$라면 부록 표 I에서 $Z_\alpha = Z_{0.05} = 1.645$임을 찾을 수 있다. 대립가설이 단측이므로, P 값도 표준정규분포의 위꼬리 부분만을 사용하여 계산할 수 있다. P 값은 $P = 1 - \phi(2.80) = 1 - 0.99744 = 0.00256$이다. 따라서 귀무가설을 기각하고 로트의 파괴강도 평균은 200 psi를 넘는다고 결론지을 수 있다.

모분산을 알 수 없는 경우에는 정규성 가정을 약간 벗어나는 것이 결과에 크게 영향을 끼치지 않더라도 모집단이 정규분포라는 가정을 추가할 필요가 있다.

모분산을 알 수 없는 경우에는 귀무가설을 검정하기 위해서, 표본분산 S^2이 σ^2의 추정치로 사용될 것이다. 식 2.35에서 σ를 S로 대체하여 **단일 표본 t 검정**(one-sample t-test)의 통계량

$$t_0 = \frac{\bar{y} - \mu_0}{S/\sqrt{n}} \tag{2.37}$$

을 얻었다.

귀무가설은 $t_{\alpha/2,n-1}$이 t 분포에서 위꼬리 확률이 α/2%인 자유도가 $n-1$인 t 분포의 값인 경우에 $|t_0| > t_{\alpha/2,n-1}$일 때 기각한다. P 값도 사용이 가능하다. 이 경우 100(1−α)% 신뢰구간은

$$\bar{y} - t_{\alpha/2,n-1}S/\sqrt{n} \le \mu \le \bar{y} + t_{\alpha/2,n-1}S/\sqrt{n} \tag{2.38}$$

이다.

2.4.7 요약

표 2.4와 2.5는 표본평균에 대해서 위에서 논의한 t 검정과 z 검정의 절차를 요약하고 있다. 양측대립가설과 단측대립가설 모두에 대한 기각역도 그림에 나타나 있다.

표 2.4 분산을 알 경우의 평균 검정

가설	검정통계	고정 유의수준에서의 기각역	P값
$H_0: \mu = \mu_0$ $H_1: \mu \neq \mu_0$	$Z_0 = \dfrac{\bar{y} - \mu_0}{\sigma/\sqrt{n}}$	$\lvert Z_0 \rvert > Z_{\alpha/2}$	$P = 2[1 - \Phi(\lvert Z_0 \rvert)]$
$H_0: \mu = \mu_0$ $H_1: \mu < \mu_0$		$Z_0 < -Z_\alpha$	$P = \Phi(Z_0)$
$H_0: \mu = \mu_0$ $H_1: \mu > \mu_0$		$Z_0 > Z_\alpha$	$P = 1 - \Phi(Z_0)$
$H_0: \mu_1 = \mu_2$ $H_1: \mu_1 \neq \mu_2$	$Z_0 = \dfrac{\bar{y}_1 - \bar{y}_2}{\sqrt{\dfrac{\sigma_1^2}{n_1} + \dfrac{\sigma_2^2}{n_2}}}$	$\lvert Z_0 \rvert > Z_{\alpha/2}$	$P = 2[1 - \Phi(\lvert Z_0 \rvert)]$
$H_0: \mu_1 = \mu_2$ $H_1: \mu_1 < \mu_2$		$Z_0 < -Z_\alpha$	$P = \Phi(Z_0)$
$H_0: \mu_1 = \mu_2$ $H_1: \mu_1 > \mu_2$		$Z_0 > Z_\alpha$	$P = 1 - \Phi(Z_0)$

표 2.5 분산을 모르는 정규분포의 경우 평균 검정

가설	검정통계	고정 유의수준에서의 기각역	P값
$H_0: \mu = \mu_0$ $H_1: \mu \neq \mu_0$	$t_0 = \dfrac{\bar{y} - \mu_0}{S/\sqrt{n}}$	$\lvert t_0 \rvert > t_{\alpha/2,n-1}$	t_0 보다 크고 $-t_0$ 보다 작은 두 확률 합
$H_0: \mu = \mu_0$ $H_1: \mu < \mu_0$		$t_0 < -t_{\alpha,n-1}$	t_0 보다 작은 확률
$H_0: \mu = \mu_0$ $H_1: \mu > \mu_0$		$t_0 > t_{\alpha,n-1}$	t_0 보다 큰 확률
	if $\sigma_1^2 = \sigma_2^2$		
$H_0: \mu_1 = \mu_2$ $H_1: \mu_1 \neq \mu_2$	$t_0 = \dfrac{\bar{y}_1 - \bar{y}_2}{S_p\sqrt{\dfrac{1}{n_1} + \dfrac{1}{n_2}}}$ $v = n_1 + n_2 - 2$	$\lvert t_0 \rvert > t_{\alpha/2,v}$	t_0 보다 크고 $-t_0$ 보다 작은 두 확률의 합
	if $\sigma_1^2 \neq \sigma_2^2$		
$H_0: \mu_1 = \mu_2$ $H_1: \mu_1 < \mu_2$	$t_0 = \dfrac{\bar{y}_1 - \bar{y}_2}{\sqrt{\dfrac{S_1^2}{n_1} + \dfrac{S_2^2}{n_2}}}$	$t_0 < -t_{\alpha,v}$	t_0 보다 작은 확률
$H_0: \mu_1 = \mu_2$ $H_1: \mu_1 > \mu_2$	$v = \dfrac{\left(\dfrac{S_1^2}{n_1} + \dfrac{S_2^2}{n_2}\right)^2}{\dfrac{(S_1^2/n_1)^2}{n_1 - 1} + \dfrac{(S_2^2/n_2)^2}{n_2 - 1}}$	$t_0 > t_{\alpha,v}$	t_0 보다 큰 확률

2.5 평균 차이에 대한 추정, 쌍체비교 설계

2.5.1 쌍체비교 문제

일부 간단한 비교 실험에서 실험 재료에 대응하는 대로 짝지어서 비교하여 정확도를 크게 개선할 수 있다. 가령 정해진 강도로 날카로운 막대의 끝으로 금속 표본을 누르는 경도 실험 기계를 생각하자. 이 기기는 눌려진 깊이(압입 자국)를 측정하여 표본의 강도를 결정한다. 기계는 다른 두 개의 압자를 사용하는데, 두 개의 압자를 사용하여 사용한 측정의 정확도(변동성)가 거의 같다고 보여도, 두 압자가 측정한 경도의 평균에 차이가 있다고 의심할 수 있다.

실험은 다음과 같이 수행된다. 여러 금속 표본(가령 20개)을 임의로 선택한다. 표본의 절반은 1번 압자로 검사를 하고 나머지는 2번 압자를 사용한다. 각 끝에 대한 표본의 배치는 임의로 결정한다. 이것이 완전 랜덤화 설계이기 때문에, 두 표본의 평균 경도는 2.4절에서 설명한 t 검정을 사용해서 비교할 수 있다.

조금만 생각해본다면 이 문제에서 완전 랜덤화 설계의 심각한 단점이 드러날 것이다. 금속 표본이 다른 온도에서 생산되거나 경도에 영향을 미칠 수 있는 다른 정확하게 동일하지 않은 금속 막대에서 잘렸다고 가정해 보자. 표본들 사이의 이러한 동질성의 부족은 경도 측정의 변동성에 영향을 미칠 것이고 실험오차를 높일 것이다. 따라서 압자의 종류에 따른 차이를 찾기가 더 어렵게 된다.

이러한 가능성을 막기 위해서, 대안의 실험설계를 고려해야 한다. 각각의 표본이 충분히 커서 한 개의 표본에 대해서 두 개의 압자에 대한 경도의 측정이 가능하다고 가정하자. 따라서 실험의 설계는 각각의 표본을 두 개 부분으로 나눠서, 임의로 나누어진 한 절반에는 한 압자로, 나머지 절반에는 다른 압자로 실험하는 것이다. 특정한 표본을 위해서 압자를 검정하는 순서는 임의로 선택될 것이다. 이 설계에 따라서 실험이 10개의 표본에 수행이 될 때, 실험은 표 2.6의 자료를 생성하였다.

표 2.6 경도 시험 실험의 자료

표본	압자 1	압자 2
1	7	6
2	3	3
3	3	5
4	4	3
5	8	8
6	3	2
7	2	4
8	9	9
9	5	4
10	4	5

실험의 자료를 설명하는 **통계적 모형**(statistical model)을 다음과 같이 쓸 수 있다.

$$y_{ij} = \mu_i + \beta_j + \varepsilon_{ij} \begin{cases} i = 1, 2 \\ j = 1, 2, \ldots, 10 \end{cases} \tag{2.39}$$

위 식에서 y_{ij}는 j의 표본에 대한 i의 압자에서 얻은 경도의 관측치, μ_i는 i의 압자의 진짜 평균 경도, β_j는 j의 표본이 경도에 미치는 영향, ε_{ij}는 평균이 0이고 분산이 σ_i^2인 임의의 실험오차이다. σ_1^2은 1번 압자의 경도 측정의 분산이고 σ_2^2는 2번 압자의 경도 측정의 분산이다.

j번째 쌍의 차이를 계산한다면,

$$d_j = y_{1j} - y_{2j} \qquad j = 1, 2, \ldots, 10 \tag{2.40}$$

이 차이의 기댓값은

$$\begin{aligned} \mu_d &= E(d_j) \\ &= E(y_{1j} - y_{2j}) \\ &= E(y_{1j}) - E(y_{2j}) \\ &= \mu_1 + \beta_j - (\mu_2 + \beta_j) \\ &= \mu_1 - \mu_2 \end{aligned}$$

이다. 즉, 차이의 평균 μ_d에 대한 추론을 통해서 두 압자의 평균 강도 측정의 차이 $\mu_1 - \mu_2$에 대한 추론을 하였다. 표본의 추가적인 영향 β_j는 이런 방법으로 관측치를 짝지으면 소거된다.

H_0: $\mu_1 = \mu_2$을 검정하는 것은

$$\begin{aligned} H_0 &: \mu_d = 0 \\ H_1 &: \mu_d \neq 0 \end{aligned}$$

을 검정하는 것과 같다. 이것은 단일 표본 t 검정과 같다. 위 가설의 검정통계량은

$$t_0 = \frac{\bar{d}}{S_d / \sqrt{n}} \tag{2.41}$$

이고 여기서

$$\bar{d} = \frac{1}{n} \sum_{j=1}^{n} d_j \tag{2.42}$$

는 차이의 표본평균이고

$$S_d = \left[\frac{\sum_{j=1}^{n}(d_j - \bar{d})^2}{n-1}\right]^{1/2} = \left[\frac{\sum_{j=1}^{n} d_j^2 - \frac{1}{n}\left(\sum_{j=1}^{n} d_j\right)^2}{n-1}\right]^{1/2} \tag{2.43}$$

은 차이의 표본표준편차이다. 귀무가설 H_0: $\mu_d = 0$은 $|t_0| > t_{\alpha/2, n-1}$일 때 기각될 것이다. P 값을 이용한 방법도 사용한다. 요인수준의 관측치가 각 시험 단위에 대해서 "쌍"이기 때문에, **쌍체 *t* 검정**(paired *t*-test)이라 부른다.

표 2.6의 자료에 대해서 다음을 알 수 있다.

$$\begin{aligned} d_1 &= 7-6=1 & d_6 &= 3-2=1 \\ d_2 &= 3-3=0 & d_7 &= 2-4=-2 \\ d_3 &= 3-5=-2 & d_8 &= 9-9=0 \\ d_4 &= 4-3=1 & d_9 &= 5-4=1 \\ d_5 &= 8-8=0 & d_{10} &= 4-5=-1 \end{aligned}$$

따라서

$$\bar{d} = \frac{1}{n}\sum_{j=1}^{n} d_j = \frac{1}{10}(-1) = -0.10$$

$$S_d = \left[\frac{\sum_{j=1}^{n} d_j^2 - \frac{1}{n}\left(\sum_{j=1}^{n} d_j\right)^2}{n-1}\right]^{1/2} = \left[\frac{13 - \frac{1}{10}(-1)^2}{10-1}\right]^{1/2} = 1.20$$

이다. $\alpha = 0.05$를 선택하였다고 하자. 결정을 위해서 t_0를 계산하고 $|t_0| > t_{0.025,9} = 2.262$이면, 귀무가설을 기각할 것이다.

계산한 쌍체 t 검정통계량은

$$t_0 = \frac{\bar{d}}{S_d/\sqrt{n}} = \frac{-0.10}{1.20/\sqrt{10}} = -0.26$$

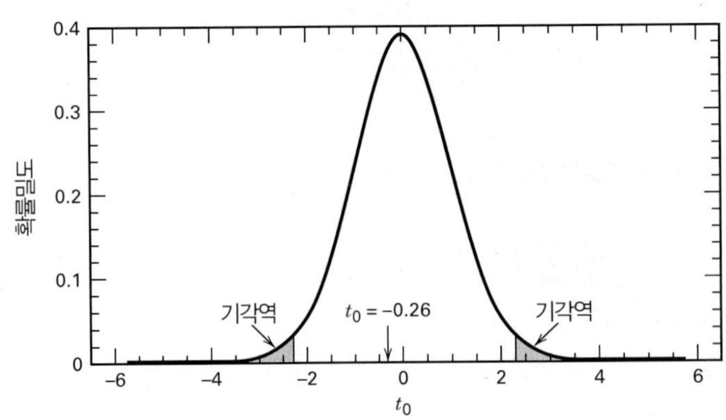

그림 2.15
경도 시험 문제의 기준분포 (자유도가 9인 t 분포)

```
Paired T for Tip 1-Tip 2

                N        Mean        Std. Dev.      SE Mean
Tip 1          10        4.800           2.394        0.757
Tip 2          10        4.900           2.234        0.706
Difference     10       -0.100           1.197        0.379

95% CI for mean difference: (-0.956, 0.756)
t-Test of mean difference=0 (vs not=0):
T-Value=-0.26 P-Value=0.798
```

표 2.7 경도 검정 예제의 Minitab 쌍체 t 검정 결과

이고 $|t_0|=0.26 \not> t_{0.025,9}=2.262$이기 때문에, 귀무가설 H_0: $\mu_d=0$을 기각할 수 없다. 즉, 두 압자가 측정한 경도가 차이가 있다고 나타내는 증거가 없다는 것이다. 그림 2.15는 자유도 9인 t_0의 분포, 즉 이 시험의 기준분포이다. 그림의 t_0의 값이 기각역과 함께 표시되어 있다.

표 2.7은 문제에 대한 Minitab의 쌍체 t 검정 절차의 결괏값을 보여준다. 시험에 대한 P 값은 $P \simeq 0.80$이고, 이것은 어떤 납득할 만한 유의수준에서도 귀무가설을 기각할 수 없다는 것을 의미한다.

2.5.2 쌍체비교 설계의 장점

이러한 실험에 사용되는 설계를 **쌍체비교 설계**(paired comparison design)라 하고, 1.3절에서 논의한 블록의 원칙을 보여준다. 실제로 이것은 **랜덤화 블록설계**(randomized block design)라는 보다 포괄적인 설계의 특별한 경우이다. 여기서 **블록**이란 상대적으로 동일한 실험 유닛(우리의 경우에는 금속 표본이 블록)이다. 그리고 블록은 완전 랜덤화에 제약을 나타내는데 처리조합(treatment combination)이 블록 안에서만 랜덤화되기 때문이다. 이런 종류의 설계를 4장에서 살펴볼 것이다. 4장에서 식 2.39와 같은 설계의 수학적 모형이 조금 다른 형태로 제시되어 있다.

이 실험을 마치기 전에 몇 가지 사항을 살펴보고자 한다. $2n=2(10)=20$개의 관측치를 얻었다고 해도 $n-1=9$ 자유도만이 t 통계량에 적용이 가능하다(t의 자유도가 증가함에 따라서 검정이 더 예민해진다는 사실을 알고 있다). 블록이나 쌍으로 만들어서 자유도 $n-1$을 효과적으로 "잃어버리"지만, 변동성의 추가적인 근원(표본 간 차이)을 제거하여 상황에 대한 더 나은 정보를 발견할 수 있기를 바란다.

차이의 표준편차 S_d를 표 2.5에서 얻은 자료와 완전 랜덤화 방법으로 수행된 실험의 합동 표준편차 S_p와 비교하여 쌍체 설계에서 얻은 정보의 질에 대한 암시를 얻을 수 있다. 표 2.5의 자료를 두 독립 표본으로 사용하여 합동 표준편차 식 2.25를 이용하면 그 값은 $S_p=2.32$가 될 것이다. 이 값을 $S_d=1.20$과 비교하여 블록 또는 짝을 지어 주는 것이 추정치의 변동성을 50% 가까이 줄인다는 점을 알 수 있다.

일반적으로 블록(또는 짝지어진 관측)이 필요한 상황에서 짝짓지 않았을 때, S_p는 항상

S_d보다 크다. 이를 나타내기는 쉬운데, 만약 관측치를 짝지으면 계산을 할 때 블록의 효과 (B_j)가 소거되므로 S_d^2가 식 2.39에 있는 모형의 차이 d_j의 분산의 불편추정량임을 쉽게 보일 수 있다. 그러나 만약 블록(또는 짝지음)을 하지 않거나 두 개의 독립된 표본으로 관측치를 다루지 않으면, 식 2.39의 모형하에서 S_p^2은 σ^2의 불편추정량이 아니다. 사실 모분산이 모두 같다고 가정하면,

$$E(S_p^2) = \sigma^2 + \sum_{j=1}^{n} \beta_j^2$$

이다. 즉, 블록 효과 B_j가 분산추정치를 증가시킨다. 이것이 블록을 **소음 감소**(noise reduction) 설계 기술로 사용하는 이유이다.

실험의 결과를 $\mu_1 - \mu_2$의 신뢰구간의 측면에서 표현할 수도 있다. 짝지은 데이터를 사용해서 $\mu_1 - \mu_2$의 95% 신뢰구간은

$$\begin{gathered} \bar{d} \pm t_{0.025,9} S_d / \sqrt{n} \\ -0.10 \pm (2.262)(1.20)/\sqrt{10} \\ -0.10 \pm 0.86 \end{gathered}$$

이다. 역으로 합동 분석 또는 독립분석을 이용한 $\mu_1 - \mu_2$의 신뢰구간은

$$\begin{gathered} \bar{y}_1 - \bar{y}_2 \pm t_{0.025,18} S_p \sqrt{\frac{1}{n_1} + \frac{1}{n_2}} \\ 4.80 - 4.90 \pm (2.101)(2.32)\sqrt{\frac{1}{10} + \frac{1}{10}} \\ -0.10 \pm 2.18 \end{gathered}$$

이다. 쌍체분석의 신뢰구간은 독립분석의 신뢰구간보다 훨씬 좁다. 이것은 다시 블록의 **소음 감소**(noise reduction) 특성을 보여준다.

블록이 항상 최고의 설계 전략은 아니다. 만약 블록 내 변동성이 블록 간 변동성과 같으면 어떤 설계를 사용하는가와 상관없이 $\bar{y}_1 - \bar{y}_2$의 분산이 같을 것이다. 실제로 이러한 상황에서 블록이 $n-1$ 자유도의 손실이라는 결과를 만들고, 실제로 더 넓은 $\mu_1 - \mu_2$의 신뢰구간으로 나타날 것이기 때문에 블록은 좋지 않은 선택이 될 것이다. 블록에 대해서는 4장에서 상술할 계획이다.

2.6 정규분포의 분산의 추정

많은 실험에서 두 처리에 대한 가능한 평균 반응의 차이에 관심이 있다. 그러나 일부 실험에서는 자료 내의 변동성이 중요할 수 있다. 예를 들면 식음료 산업에서는 모든 팩이 일정한 전체 질량 또는 내용물의 부피가 근접하도록 채우는 장비의 변동성이 중요하다. 화학 실험에서 두 분석 방법의 변동성을 비교하고 싶을 수도 있다. 이제 간략하게 정규분포의 분산을 위한 가설검정과 신뢰구간을 조사할 것이다. 평균 검정과 달리, 분산을 검정하는 절차는 정규성 가정에 다소 민감하다. 정규성 가정에 대한 좋은 논의는 Davies(1956)의 부록 2A에 있다.

정규 모집단의 분산이 상수 σ_0^2과 같다는 가설을 검정하기를 원한다고 하자. 수식으로 표현한다면,

$$\begin{aligned} H_0 &: \sigma^2 = \sigma_0^2 \\ H_1 &: \sigma^2 \neq \sigma_0^2 \end{aligned} \tag{2.44}$$

를 검정하고 싶다. 식 2.44의 검정통계량은

$$\chi_0^2 = \frac{SS}{\sigma_0^2} = \frac{(n-1)S^2}{\sigma_0^2} \tag{2.45}$$

이고, 여기에서 $SS = \Sigma_{i=1}^{n}(y_i - \bar{y})^2$은 표본 관측치의 수정(corrected) 제곱합이다. χ_0^2의 적절한 기준분포는 $n-1$의 자유도를 가진 카이제곱분포이다. $\chi^2_{\alpha/2,n-1}$과 $\chi^2_{1-(\alpha/2),n-1}$이 각각 자유도가 $n-1$인 카이제곱분포의 상위 $\alpha/2$와 하위 $1-(\alpha/2)$의 백분율점일 때, $\chi_0^2 > \chi^2_{\alpha/2,n-1}$ 또는 $\chi_0^2 < \chi^2_{1-(\alpha/2),n-1}$의 경우에 귀무가설을 기각한다. 표 2.8은 단일 대립가설에 대한 기각역을 제시한다. σ에 대한 $100(1-\alpha)$%의 신뢰구간은

$$\frac{(n-1)S^2}{\chi^2_{\alpha/2,n-1}} \leq \sigma^2 \leq \frac{(n-1)S^2}{\chi^2_{1-(\alpha/2),n-1}} \tag{2.46}$$

이다.

두 모집단의 분산의 동일성의 검정을 고려하자. 만약 독립된 확률표본이 각기 모집단 1과 2에서 n_1, n_2개씩 추출되었다면 다음 검정

$$\begin{aligned} H_0 &: \sigma_1^2 = \sigma_2^2 \\ H_1 &: \sigma_1^2 \neq \sigma_2^2 \end{aligned} \tag{2.47}$$

의 검정통계량은 표본분산의 비율

표 2.8 정규분포 분산에 대한 검정

가설	검정통계	고정 유의수준에서의 기각역
$H_0: \sigma^2 = \sigma_0^2$ $H_1: \sigma^2 \neq \sigma_0^2$		$\chi_0^2 > \chi^2_{\alpha/2,n-1}$ 또는 $\chi_0^2 < \chi^2_{1-\alpha/2,n-1}$
$H_0: \sigma^2 = \sigma_0^2$ $H_1: \sigma^2 < \sigma_0^2$	$\chi_0^2 = \dfrac{(n-1)S^2}{\sigma_0^2}$	$\chi_0^2 < \chi^2_{1-\alpha,n-1}$
$H_0: \sigma^2 = \sigma_0^2$ $H_1: \sigma^2 > \sigma_0^2$		$\chi_0^2 > \chi^2_{\alpha,n-1}$
$H_0: \sigma_1^2 = \sigma_2^2$ $H_1: \sigma_1^2 \neq \sigma_2^2$	$F_0 = \dfrac{S_1^2}{S_2^2}$	$F_0 > F_{\alpha/2,n_1-1,n_2-1}$ 또는 $F_0 < F_{1-\alpha/2,n_1-1,n_2-1}$
$H_0: \sigma_1^2 = \sigma_2^2$ $H_1: \sigma_1^2 < \sigma_2^2$	$F_0 = \dfrac{S_2^2}{S_1^2}$	$F_0 > F_{\alpha,n_2-1,n_1-1}$
$H_0: \sigma_1^2 = \sigma_2^2$ $H_1: \sigma_1^2 > \sigma_2^2$	$F_0 = \dfrac{S_1^2}{S_2^2}$	$F_0 > F_{\alpha,n_1-1,n_2-1}$

$$F_0 = \frac{S_1^2}{S_2^2} \tag{2.48}$$

이다. F_0의 적절한 기준분포는 분자의 자유도가 n_1-1이고 분모의 자유도가 n_2-1인 F 분포이다. 귀무가설은 $F_0 > F_{\alpha/2,n_l-1,n_2-1}$ 또는 $F_0 < F_{1-(\alpha/2),n_l-1,n_2-1}$인 경우에 기각된다. 여기에서 $F_{\alpha/2,n_l-1,n_2-1}$과 $F_{1-(\alpha/2),n_l-1,n_2-1}$은 각각 자유도가 n_1-1, n_2-1인 F 분포의 상위 $\alpha/2$인 백분율점과 하위 $1-(\alpha/2)$를 의미한다. 부록의 표 IV는 위꼬리 백분율점만 제공한다. 그러나 위꼬리와 아래꼬리의 점은 다음식과 같은 연관이 있다.

$$F_{1-\alpha,v_1,v_2} = \frac{1}{F_{\alpha,v_2,v_1}} \tag{2.49}$$

단일 대립가설의 임계점은 표 2.8에 있다. 2개 이상의 분산에 대한 검정 절차는 3.4.3절에서 더 포괄적인 실험 환경에서 분산과 표준편차의 반응변수로서 사용을 논의할 것이다.

예제 2.3

화학 공학자가 두 종류의 생산 공정의 결과를 감시하기 위해서 사용되는 시험 장비의 내재된 변동성을 조사하고 있다. 실험자는 오래된 장비, 종류 1이 새로운 장비보다 더 큰 분산을 지녔다고 예상한다. 따라서 실험자는 다음의 가설을 검정하고자 한다.

$$H_0: \sigma_1^2 = \sigma_2^2$$
$$H_1: \sigma_1^2 > \sigma_2^2$$

두 확률표본에 대해서 $n_1 = 12$개, $n_2 = 10$개의 관측치를 얻었고 표본분산은 $S_1^2 = 14.5$, $S_2^2 = 10.8$이다. 검정통계량은

$$F_0 = \frac{S_1^2}{S_2^2} = \frac{14.5}{10.8} = 1.34$$

이다. 부록의 표 IV에서 $F_{0.05,11,9} = 3.10$을 찾을 수 있고 따라서 귀무가설을 기각할 수 없다. 즉, 오래된 장비의 분산이 새로운 장비의 분산보다 크다는 결론을 내리는데 충분한 통계적 근거를 찾지 못하였다.

모분산의 비율 σ_1^2/σ_2^2에 대한 $100(1-\alpha)$ 신뢰구간은

$$\frac{S_1^2}{S_2^2} F_{1-\alpha/2, n_2-1, n_1-1} \le \frac{\sigma_1^2}{\sigma_2^2} \le \frac{S_1^2}{S_2^2} F_{\alpha/2, n_2-1, n_1-1} \tag{2.50}$$

이다. 식 2.50의 사용법을 보기 위해서, $F_{0.025,9,11} = 3.59$와 $F_{0.975,9,11} = 1/F_{0.025,11,9} = 1/3.92$ $= 0.255$를 이용한 예제 2.2에서 분산의 비율 σ_1^2/σ_2^2에 대한 95% 신뢰구간은

$$\frac{14.5}{10.8}(0.225) \le \frac{\sigma_1^2}{\sigma_2^2} \le \frac{14.5}{10.8}(3.59)$$

$$0.34 \le \frac{\sigma_1^2}{\sigma_2^2} \le 4.82$$

이다.

2.7 연습문제

2.1 다음의 자료에서 확률표본에 대한 컴퓨터 출력결과가 일부 누락되어 있다. 누락된 값을 계산하라.

Variable	N	Mean	SE Mean	Std. Dev.	Variance	Minimum	Maximum
Y	9	19.96	?	3.12	?	15.94	27.16

2.2 다음의 자료에서 확률표본에 대한 컴퓨터 출력결과가 일부 누락되어 있다. 누락된 값을 계산하라.

Variable	N	Mean	SE Mean	Std. Dev.	Sum
Y	16	?	0.159	?	399.851

2.3 H_0: $\mu_0 = \mu_0$, H_1: $\mu_0 \neq \mu_0$를 검정한다고 하자. 다음의 관측된 검정통계량의 P 값을 계산하라.

(a) $Z_0 = 2.25$

(b) $Z_0 = 1.55$

(c) $Z_0 = 2.10$

(d) $Z_0 = 1.95$

(e) $Z_0 = -0.10$

2.4 H_0: $\mu_0 = \mu_0$, H_1:$\mu_0 > \mu_0$를 검정한다고 하자. 다음의 관측된 검정통계량의 P 값을 계산하라.

(a) $Z_0 = 2.45$

(b) $Z_0 = -1.53$

(c) $Z_0 = 2.15$

(d) $Z_0 = 1.95$

(e) $Z_0 = -0.25$

2.5 표본의 크기가 $n_1 = n_2 = 12$일 때, H_0: $\mu_1 = \mu_2$와 H_1:

$\mu_1 \neq \mu_2$를 검정한다고 하자. 두 표본분산은 알려지지 않았으나 같다고 가정한 뒤, 다음의 관측된 검정통계량의 P 값의 범위를 찾아라.

(a) $t_0 = 2.30$

(b) $t_0 = 3.41$

(c) $t_0 = 1.95$

(d) $t_0 = -2.45$

2.6 표본의 크기가 $n_1 = n_2 = 10$일 때, H_0: $\mu_1 = \mu_2$와 H_1: $\mu_1 > \mu_2$를 검정한다고 하자. 두 표본분산은 알려지지 않았으나 같다고 가정한 뒤, 다음의 관측된 검정통계량의 P 값의 범위를 찾아라.

(a) $t_0 = 2.31$

(b) $t_0 = 3.60$

(c) $t_0 = 1.95$

(d) $t_0 = 2.19$

2.7 표본자료가 다음과 같다 9.37, 13.04, 11.69, 8.21, 11.18, 10.41, 13.15, 11.51, 13.21, 7.75. 이 자료가 정규분포에서 뽑은 표본이라고 가정하는 것이 합리적인가? 모집단의 평균이 10이라는 주장을 뒷받침하는 증거가 있는가?

2.8 가설검정 문제에서 컴퓨터 프로그램의 수행결과는 다음과 같다.

```
Difference in sample means: 2.35
Degrees of freedom: 18
Standard error of the difference in sample means: ?
Test statistic: t0 = 2.01
P-value: 0.0298
```

(a) 표본오차에서 누락된 것은 무엇인가?

(b) 이것은 양측검정인가 단측검정인가?

(c) $\alpha = 0.05$라면 결론은 무엇인가?

(d) 평균차이의 90% 양측 신뢰수준을 찾아라.

2.9 가설검정 문제에서 컴퓨터 프로그램의 수행결과는 다음과 같다.

```
Difference in sample means: 11.5
Degrees of freedom: 24
Standard error of the difference in sample means: ?
Test statistic: t0 = -1.88
P-value: 0.0723
```

(a) 표본오차에서 누락된 것은 무엇인가?

(b) 이것은 양측검정인가 단측검정인가?

(c) $\alpha = 0.05$라면 결론은 무엇인가?

(d) 평균차이의 95% 양측 신뢰수준을 찾아라.

2.10 표본의 크기가 $n_1 = n_1 = 10$일 때, 이표본 t 검정을 하고자 한다. 계산된 검정통계량이 $t_0 = 2.15$이다. 귀무가설이 양측일 때, P 값의 상한은 다음 중 무엇인가?

(a) 0.10

(b) 0.05

(c) 0.025

(d) 0.01

(e) 보기 중 답 없음

2.11 각 표본의 크기는 $n_1 = n_2 = 12$이고 이표본 t 검정이 실행되었다. 이때 계산된 검정통계량은 $t_0 = 2.27$이다. 만약 귀무가설이 양측검정일 때, P 값의 상한은 무엇인가?

(a) 0.10

(b) 0.05

(c) 0.025

(d) 0.01

(e) 보기 중 답 없음

2.12 표본의 크기가 $n = 15$일 때, H_0: $\mu = \mu_0$와 H_1: $\mu > \mu_0$를 검정한다고 하자. 다음의 관측된 검정통계량의 P 값의 범위를 찾아라.

(a) $t_0 = 2.35$

(b) $t_0 = 3.55$

(c) $t_0 = 2.00$

(d) $t_0 = 1.55$

2.13 표본의 크기가 $n = 10$일 때, H_0: $\mu = \mu_0$와 H_1: $\mu \neq \mu_0$를 검정한다고 하자. 다음의 관측된 검정통계량의 P 값의 범위를 찾아라.

(a) $t_0 = 2.48$

(b) $t_0 = -3.95$

(c) $t_0 = 2.69$

(d) $t_0 = 1.88$

(e) $t_0 = -1.25$

2.14 다음의 컴퓨터 프로그램의 결과를 보고 질문에 답하라.

```
One-Sample T: Y

Test of mu = 25 vs. > 25
                                                  95% Lower
Variable   N   Mean     Std. Dev.  SE Mean   Bound    T   P
Y          12  25.6818  ?          0.3360    ?        ?   0.034
```

(a) t 검정통계량의 자유도는?

(b) 누락된 정보를 채워라.

2.15 다음의 컴퓨터 프로그램의 결과를 보고 질문에 답하라.

Two-Sample t-Test and CI: Y1, Y2

```
Two-sample T for Y1 vs Y2
        N      Mean      Std. Dev.    SE Mean
Y1      20     50.19       1.71         0.38
Y2      20     52.52       2.48         0.55

Difference = mu (X1) - mu (X2)
Estimate for difference: -2.33341
95% CI for difference: (-3.69547, -0.97135)
T-Test of difference = 0 (vs not =): T-Value = -3.47
P-Value = 0.001 DF = 38
Both use Pooled Std. Dev. = 2.1277
```

(a) 귀무가설을 신뢰수준 0.05에서 기각할 수 있는가? 이유는 무엇인가?

(b) 이것은 양측검정인가 단측검정인가?

(c) 가설이 H_0: $\mu_1-\mu_2=2$ 대 H_1: $\mu_1-\mu_2\neq 2$일 때, 귀무가설을 유의수준 0.05 하에서 기각할 것인가?

(d) 가설이 H_0: $\mu_1-\mu_2=2$ 대 H_1: $\mu_1-\mu_2<2$일 때, 귀무가설을 유의수준 0.05 하에서 기각할 것인가? 어떤 추가적인 계산을 하지 않고 이 질문에 답할 수 있는가? 이유는 무엇인가?

(e) 위의 결과와 t 표를 이용해서 95% 평균 차이에 대한 신뢰 상한을 구하라.

(f) 가설이 H_0: $\mu_1-\mu_2=2$ 대 H_1: $\mu_1-\mu_2\neq 2$일 때, P 값은 무엇인가?

2.16 섬유의 파괴강도는 최소한 150 psi는 되어야 한다. 과거의 실험에서 파괴강도의 표준편차가 $\sigma=3$ psi라고 알려졌다. 견본 4개의 확률표본을 시험한 결과가 $y_1=145$, $y_2=153$, $y_3=150$, $y_4=147$이다.

(a) 실험에서 검정되어야 한다고 생각하는 가설을 서술하라.

(b) $\alpha=0.05$를 이용해서 이 가설을 검정하라. 결론이 무엇인가?

(c) 검정과정에서 (b) 문제의 P 값을 구하라.

(d) 평균 파괴강도의 95% 신뢰구간을 구하라.

2.17 액체 세제의 점성은 25°C에서 평균 800 센티스토크(centistokes)여야 한다. 16회의 세제의 확률표본을 수집하였고 그 점성의 평균이 812였다. 점성의 표준편차 $\sigma=25$ 센티스토크라는 것을 알고 있다고 가정하자.

(a) 검정되어야 하는 가설을 서술하라.

(b) $\alpha=0.05$를 이용해서 이 가설을 검정하라. 결론이 무엇인가?

(c) 가설검정의 P 값을 구하라.

(d) 평균의 95% 신뢰구간을 구하라.

2.18 정규분포를 따르는 확률변수의 평균 μ는 모르고 분산은 $\sigma^2=9$로 알려져 있다. 평균의 95% 신뢰구간의 길이를 1.0으로 만들기 위해서 필요한 표본의 크기를 찾아라.

2.19 탄산음료의 유통기한에 관심이 있다. 10개의 병을 임의로 골라 시험을 해서 다음의 결과를 얻었다.

단위: 일	
108	138
124	163
124	159
106	134
115	139

(a) 평균 유통기한이 120일을 넘는다고 주장을 하고 싶다. 이 주장을 조사하기에 적절한 가설을 세워라.

(b) 가설검정을 신뢰수준 $\alpha=0.01$ 하에서 검정하라. 결론은 무엇인가?

(c) 검정의 (b)부분에서 P 값을 찾아라.

(d) 평균 유통 기한의 99% 신뢰구간을 찾아라.

2.20 연습문제 2.19에서 유통기한 자료에 대해, 유통기한이 정분포에 의해서 적절하게 설명이 되거나 모형으로 만들어지는가? 이 가정의 위반이 연습문제 2.15를 푸는 과정에서 사용한 검정 절차에 어떤 영향이 있는가?

2.21 전기 기구를 고치는 데 걸리는 시간(time)이 시간(hour) 단위로 측정된 정규분포를 따르는 확률변수이다. 임의로 16개의 이런 기구를 고치는 데 걸리는 시간이 다음과 같다.

단위: 시간			
159	280	101	212
224	379	179	264
222	362	168	250
149	260	485	170

(a) 평균 수리 시간이 225시간을 넘는지 알고 싶다. 이 문제를 조사하는 데 적절한 가설을 세워라.

(b) (a)에서 세운 가설을 검정하라. 결론은 무엇인가? $\alpha = 0.05$를 사용하라.

(c) 검정의 P 값을 구하라.

(d) 평균 수리 시간의 95% 신뢰수준을 구하라.

2.22 연습문제 2.21의 수리 시간 자료를 다시 살펴보자. 판단하기에 정규분포에 의해서 수리시간이 적절하게 모형으로 만들어질 수 있는가?

2.23 전체 부피가 16.0 온스(ounces)인 플라스틱 병을 채우는 데 사용하는 두 기계가 있다. 채우는 공정은 표준편차가 $\sigma_1 = 0.015$, $\sigma_2 = 0.018$인 정규분포를 따른다고 한다. 품질 공학부는 (16.0 온스이든 아니든 간에) 두 기계가 모두 같은 전체 부피를 채우고 있다고 생각한다. 각 기계로부터 결과물에서 확률표본을 뽑아서 실험을 수행하였다.

기계 1		기계 2	
16.03	16.01	16.02	16.03
16.04	15.96	15.97	16.04
16.05	15.98	15.96	16.02
16.05	16.02	16.01	16.01
16.02	15.99	15.99	16.00

(a) 실험에서 검정해야 할 가설을 서술하라.

(b) $\alpha = 0.05$를 이용하여 가설을 검정하라. 결론은 무엇인가?

(c) 검정의 P 값을 구하라.

(d) 두 기계의 채우는 부피의 평균 차이의 95% 신뢰구간을 구하라.

2.24 두 종류의 플라스틱이 전자계산기 생산자가 사용하기에 적절하다. 이때 플라스틱의 파괴강도가 중요하다. $\sigma_1 = \sigma_2 = 1.0$ psi로 알려져 있고, $n_1 = 10$개, $n_2 = 12$개의 표본에서 $\bar{y}_1 = 162.5$와 $\bar{y}_2 = 155.0$을 얻었다. 회사는 플라스틱 1의 파괴강도가 플라스틱 2의 파괴강도보다 최소한 10 psi 정도 크지 않으면 플라스틱 1을 사용하지 않을 것이다. 표본의 정보를 바탕으로, 회사는 플라스틱 1을 사용해야 할까? 이 문제를 풀면서, 적절한 가설을 세우고 $\alpha = 0.01$ 하에서 가설검정을 하라. 그리고 파괴강도의 평균 차이의 99% 신뢰수준을 구하라.

2.25 다음은 두 가지 다른 공식의 화학적 불꽃의 불타는 시간을 분 단위로 나타낸 것이다. 설계 공학자는 불타는 시간의 분산과 평균 모두에 관심이 있다.

공식 1		공식 2	
65	82	64	56
81	67	71	69
57	59	83	74
66	75	59	82
82	70	65	79

(a) 등분산 가설검정을 하라. $\alpha = 0.05$를 사용하라.

(b) (a)의 결과를 사용하여, 평균 불타는 시간이 같다는 가설검정을 하라. $\alpha = 0.05$를 사용하라. 검정에서 P 값은 무엇인가?

(c) 문제에서 정규성 가정의 역할을 논의하라. 두 종류의 불꽃 모두에 대해서 정규성 가정을 확인하라.

2.26 *Solid State Technology*의 G.Z. Yin과 D.W.Jillie (1987년 5월) 논문 "Orthogonal Design for Process Optimization and Its Application to Plasma Etching"은 집적 회로에 사용된 실리콘 웨이퍼에서 에칭의 동질성에 대한 헥사플로오로에탄(C_2F_6)의 유량의 영향을 결정하기 위한 실험을 설명하였다.

C_2F_6 유량 (SCCM)	동질성 관측치					
	1	2	3	4	5	6
125	2.7	4.6	2.6	3.0	3.2	3.8
200	4.6	3.4	2.9	3.5	4.1	5.1

(a) C_2F_6의 유량의 에칭의 동질성의 평균에 영향을 미치는가? $\alpha = 0.05$를 사용하라.

(b) (a)에서 P 값은 무엇인가?

(c) C_2F_6의 유량이 웨이퍼 사이의 에칭의 동질성의 변동성에 영향을 미치는가? $\alpha = 0.05$를 사용하라.

(d) 실험에서 자료의 해석을 돕기 위한 상자그림을 그려라.

2.27 감광액(photoresist)은 웨이퍼 위에 회로 모양을 그리도록 반도체 웨이퍼에 적용되는 빛에 민감한 물질이다. 적용 후에 저항을 굳히고 용액 내 감광액의 혼합물을 제거하기 위해서 코팅된 웨이퍼를 굽는다. 여기에 두 개의 다른 온도에서 구운 8개의 웨이퍼의 감광액의 두께의 측정값들(단위는 kA킬로암페어)이 있다. 모든 수행이 임의의 순서로 진행되었다고 가정하자.

95°C	100°C
11.176	5.263
7.089	6.748
8.097	7.461
11.739	7.015
11.291	8.133
10.759	7.418
6.467	3.772
8.315	8.963

(a) 더 높은 온도가 더 얇은 감광액의 평균 두께로 나타난다는 주장을 뒷받침할 수 있는 근거가 있는가? $\alpha = 0.05$를 사용하라.

(b) (a)의 검정을 수행할 때, P 값은 무엇인가?

(c) 평균의 차이에 대한 95% 신뢰구간을 찾고 이 구간의 현실적인 해석을 하라.

(d) 실험의 결과의 해석을 돕기 위한 점 도표를 그려라.

(e) 감광액 두께의 정규성 가정을 확인하라.

(f) 실제 평균의 차이가 2.5 kA인 것을 찾기 위한 검정력을 찾아라.

(g) 검정력이 최소 0.9이면서 실제 평균의 차이가 1.5 kA라는 것을 찾기 위해서 필요한 표본의 크기는 얼마인가?

2.28 휴대전화의 전면 하우징을 사출 성형 공정으로 만들었다. 금형에서 제거되기 전에 냉각을 위해서 사용되는 시간이 특정한 고질적인 미관 불량의 발생에 영향이 있는 것으로 보인다. 제조 후에 하우징을 시각적으로 조사해서 외관에 따라 1에서 10까지의 점수를 부여하였다. 10은 완벽한 부분이고 1은 완전히 불량이 있는 부분이다. 10초와 20초의 2개의 냉각 시간에 대해 실험을 각 수준별로 20개의 하우징을 평가하였다. 실험에서 전체 40개의 관측치는 임의의 순서로 수행되었다. 자료는 다음과 같다.

10초		20초	
1	3	7	6
2	6	8	9
1	5	5	5
3	3	9	7
5	2	5	4
1	1	8	6
5	6	6	8
2	8	4	5
3	2	6	8
5	3	7	7

(a) 더 긴 냉각시간이 더 적은 외관의 결점으로 나타난다는 주장을 뒷받침하는 근거가 있는가? $\alpha = 0.05$를 사용하라.

(b) (a)의 검정에서 P 값을 찾아라.

(c) 평균 차이의 95% 신뢰구간을 찾아라. 이 구간의 현실적인 해석을 하라.

(d) 실험의 결과를 해석을 돕기 위한 점 도표를 그려라.

(e) 실험의 자료에 대한 정규성 가정을 확인하라.

2.29 12명의 조사관이 각기 다른 두 개의 캘리퍼스를 사용하여 볼 베어링의 반지름을 측정하였다. 결과는 다음 표와 같다.

조사관	캘리퍼 1	캘리퍼 2
1	0.265	0.264
2	0.265	0.265
3	0.266	0.264
4	0.267	0.266
5	0.267	0.267
6	0.265	0.268
7	0.267	0.264
8	0.267	0.265
9	0.265	0.265
10	0.268	0.267
11	0.268	0.268
12	0.265	0.269

(a) 표본들이 뽑힌 측정치의 모집단의 평균 사이에 유의한 차이가 있는가? $\alpha = 0.05$를 사용하라.

(b) (a)의 검정의 P 값을 구하라.

(c) 두 종류의 캘리퍼스의 반지름 측정의 차이에 대한 95% 신뢰구간을 구하라.

2.30 *Neurology*에 있는 논문(1998, Vol. 50, pp. 1246-1252)에 일란성 쌍둥이가 많은 육체적, 정신적, 병리학적 특징을 공유한다는 것을 관측한 결과가 있다. 조사자들은 10쌍의 쌍둥이의 지능점수를 측정하였다. 얻은 자료는 다음과 같다.

쌍둥이	출생 순위: 1	출생 순위: 2
1	6.08	5.73
2	6.22	5.80
3	7.99	8.42
4	7.44	6.84
5	6.48	6.43
6	7.99	8.76
7	6.32	6.32
8	7.60	7.62
9	6.03	6.59
10	7.52	7.67

(a) 점수의 차이가 정규분포를 따른다는 가정이 합리적인가?
(b) 평균 점수의 차이에 대한 95% 신뢰구간을 구하라. 평균 점수가 태어난 순서를 따른다는 증거가 있는가?
(c) 평균 점수가 태어난 순서를 따르지 않는다는 것을 보여주는 적절한 가설검정을 하라.

2.31 *Journal of Strain Analysis*에 있는 글(Vol. 18, No. 2, 1983)에서 강판형교의 전단강도를 예측하는 여러 절차를 비교하였다. 두 개의 방법, Karlsruhe와 Lehigh 방법에 대하여 예측한 하중 대 관측한 하중의 비율 형태의 9개의 강판형교의 자료는 다음과 같다.

강판형교	Karlsruhe 방법	Lehigh 방법
S1/1	1.186	1.061
S2/1	1.151	0.992
S3/1	1.322	1.063
S4/1	1.339	1.062
S5/1	1.200	1.065
S2/1	1.402	1.178
S2/2	1.365	1.037
S2/3	1.537	1.086
S2/4	1.559	1.052

(a) 두 방법 사이에 평균 성능의 차이가 있다는 것을 뒷받침하는 근거가 있는가? $\alpha = 0.05$를 사용하라.
(b) (a)의 검정에서 P 값은 무엇인가?
(c) 예측한 하중 대 관측한 하중의 평균 차이의 95% 신뢰구간을 구하라.
(d) 두 표본에 대한 정규성 가정을 조사하라.
(e) 두 방법의 비율의 차이의 정규성 가정을 조사하라.
(f) 쌍체 t 검정에서 정규성 가정의 역할을 논의하라.

2.32 ABS 플라스틱 파이프의 두 개의 다른 공식의 하중 굴곡 온도를 연구하였다. 두 표본에 대해서 각각의 공식과 굴곡 온도(℉)를 사용한 12개의 관측치가 아래에 있다.

공식 1			공식 2		
206	193	192	177	176	198
188	207	210	197	185	188
205	185	194	206	200	189
187	189	178	201	197	203

(a) 모든 표본에 대해서 정규확률그림을 그려라. 두 표본에 대한 정규성 가정과 등분산 가정이 지켜지고 있는가?
(b) 자료에 공식1의 평균 하중 굴곡 온도가 공식 2의 것보다 높다는 주장의 근거가 있는가? $\alpha = 0.05$를 사용하라.
(c) P 값은 얼마인가?

2.33 연습문제 2.32의 자료를 참고하라. 공식 1의 평균 하중 굴곡 온도가 공식 2의 것보다 최소 3℉ 높다는 주장에 근거가 있는가?

2.34 반도체 제조 중에서 금속화하기 전에 웨이퍼 뒷면의 실리콘을 제거하기 위해서 습식 화학적 에칭을 사용한다. 에칭 비율은 이 공정에서 중요한 특성이다. 두 개의 다른 에칭 방법을 평가한다. 8개의 임의로 선택된 웨이퍼를 각 방법에 의해서 에칭하였고 관측된 에칭비율(mils/min)은 다음과 같다.

방법 1		방법 2	
9.9	10.6	10.2	10.6
9.4	10.3	10.0	10.2
10.0	9.3	10.7	10.4
10.3	9.8	10.5	10.3

(a) 자료가 각 방법이 같은 에칭비율을 가지고 있다는 주장이 타당하다는 근거가 되는가? $\alpha = 0.05$를 사용하고 등분산을 가정하라.
(b) 평균 에칭 비율의 차이에 대한 95% 신뢰구간을 구하라.
(c) 정규확률그림을 이용하여 정규성 가정과 등분산 가정의 적절성을 조사하라.

2.35 두 개의 유명한 진통제를 인체에 흡수되는 속도에 따라서 비교하였다. 특히 약 1은 약 2에 비해서 두 배 빠르게 흡수된다는 주장을 하였다. σ_1^2과 σ_2^2가 알려졌다고 하였을 때, 다음 가설검정을 위한 검정통계량을 구하라.

$$H_0 : 2\mu_1 = \mu_2$$
$$H_1 : 2\mu_1 \neq \mu_2$$

2.36 **연습문제 2.35에서 이어서.** *Nature*의 논문(1972, pp. 225-226)이 43명의 정신분열증 환자의 표본에서 혈소판의 모노아민 산화효소의 수준이 $\bar{y}_1 = 2.69$이고 $s_1 = 2.30$이었다. 반면에 일반 환자의 경우 $\bar{y}_2 = 6.35$이고 $s_2 = 4.03$이었다. 단위는 nm/mg protein/h이다. 이전 문제의 결과를 이용해서 일반 환자의 평균 모노아민 산화효소의 수준이 정신분열증 환자의 수준의 최소한 2배라는 주장을 검정하라. 표본의 크기는 표본표준편차가 모수의 참 값이 될 수 있을 정도로 충분히 크다고 가정하자.

2.37 다음을 검정한다고 가정하자.

$$H_0 : \mu_1 = \mu_2$$
$$H_1 : \mu_1 \neq \mu_2$$

여기서 $\sigma_1^2 > \sigma_2^2$이라고 알고 있다고 하자. 표집 자원이 $n_1 + n_2 = N$으로 제약되어 있다. 관측치 n_1과 n_2의 두 표본에 대한 배분이 $n_1/n_2 = \sigma_1/\sigma_2$일 때, 가장 검정력이 세다는 것을 보여라.

2.38 **연습문제 2.37에서 이어서**. 두 표본 표준편차가 $\sigma_1 = 4$, $\sigma_2 = 8$이라고 알려졌을 때 두 평균의 차이의 95% 양측 신뢰구간을 구하고 싶다고 하자. 총 표본크기가 $N = 30$이다. $n_1 = n_2 = 15$의 표본크기를 사용한 실험의 95% 신뢰구간의 길이는 얼마인가? 최적의 표본크기를 사용한 경우에 95% 신뢰구간의 길이는 얼마나 줄어들겠는가?

2.39 정규분포의 분산의 $100(1-\alpha)\%$ 신뢰구간의 공식인 식 2.46을 유도하라.

2.40 σ_1^2과 σ_2^2이 두 정규분포의 분산일 때, σ_1^2/σ_2^2 비율의 $100(1-\alpha)\%$ 신뢰구간의 공식 식 2.50을 유도하라.

2.41 $\sigma_1^2 \neq \sigma_2^2$일 때, 두 정규분포의 평균 차이의 $100(1-\alpha)\%$ 신뢰구간의 식을 구하라. 이 식을 포틀랜드 시멘트 실험 자료에 적용하여 95% 신뢰구간을 구하라.

2.42 쌍체 t 검정(paired t-test) 통계량은 매우 크지만, 일반적인 두 표본 또는 합동 t 검정통계량은 작은 자료를 만들어라. 어떻게 자료를 만들었는지 대략적으로 설명하라. 이것이 쌍체 t 검정이 어떻게 작용하는지에 대한 생각을 주는가?

2.43 연습문제 2.25에서 소개한 문제를 생각하자. 평균 소각 시간의 차이가 2분일 때, 검정력을 찾아라. 평균 시간의 차이가 1분이고 검정력이 최소 0.90이 되기 위한 표본크기는 얼마인가?

2.44 연습문제 2.23의 실험을 다시 살펴보자. 두 모분산을 모르지만 두 분산이 같다는 것은 안다고 가정하고 이 문제를 다시 풀어라.

2.45 연습문제 2.23의 자료에서, 두 기계의 평균 충전 부피에 0.25 온스의 차이가 있다면, 연습문제 2.18의 실험의 검정에서 검정력은 얼마인가? 만약 실제 평균 충전 부피의 차이가 0.25 온스라면 검정력이 0.9가 되기 위한 표본의 크기는 얼마인가?

2.46 오직 2개의 수준을 가진 요인으로 실험을 하였다. 사용된 표본크기는 $n_1 = n_2 = 12$이고, 다음의 자료를 얻었다.

$$\bar{y}_1 = 12.5,\ \bar{y}_2 = 13.1,\ S_1 = 1.8,\ S_2 = 2.1$$

$\alpha = 0.05$일 때, 이 두 평균 간의 차이가 없다고 할 수 있는가? 이 검정의 P 값은 어떻게 되는가? 두 평균의 차이에 대한 95% 신뢰구간을 찾아라. 이 신뢰구간이 두 평균의 차이를 검정하고 해석하는데 유용한 정보를 주는가?

2.47 연습문제 2.46의 상황을 다시 생각해 보자. 이제는 표본크기가 $n_1 = n_2 = 5$라고 하자. 만약 차이가 있다면 이 가설검정과 이전 가설검정에는 어떤 차이가 있는가? 신뢰구간에도 차이가 있는가?

2.48 다음의 가설 H_0: $\mu = 50$을 양측검정으로 검정한다고 하자. 데이터는 정규분포를 따르고, 표준편차는 $\sigma = 1$이다. 이 실험의 표본평균은 50.5이고, 실제로 모평균도 50.5임이 알려져 있다고 하자. 그러면 이 실험 문제에 대해서는 실질적으로 유의성이 없는 것이다. 다음의 표본크기에 대해서 각각의 t 검정 P 값을 계산하라.

(a) $n = 5$ (b) $n = 10$ (c) $n = 25$ (d) $n = 50$
(e) $n = 100$ (f) $n = 1000$

계산 후 결과에 대해서 논하라. 표본크기가 클 때의 가설검정의 P 값에 의존하는 것에 대해서 어떤 결론을 내릴 수 있는가?

2.49 연습문제 2.48의 상황을 다시 고려하자. 주어진 각 표본크기에 대해서 95% 신뢰구간을 구하라. 표본크기에 따라 신뢰구간의 길이가 어떻게 달라지는가?

2.50 정규분포에서 샘플링을 한다고 가정하는 것이 t 검정을 수행하는 데에 결정적인지 논하라. 그 근거는 무엇인가?

2.51 오직 2개의 수준을 가진 요인으로 실험을 하였다. 사용된 표본크기는 $n_1 = n_2 = 10$이고, 다음의 자료를 얻었다.

$$\bar{y}_1 = 10.7,\ \bar{y}_2 = 15.1,\ S_1 = 1.5,\ S_2 = 4.1$$

두 모분산이 다르게 보인다. $\alpha = 0.05$일 때, 이 두 평균 간의 차이가 없다고 할 수 있는가? 이 검정의 P 값은 어떻게 되는가? 두 평균의 차이에 대한 95% 신뢰구간을 찾아라. 이 신뢰구간이 두 평균의 차이를 검정하고 해석하는데 유용한 정보를 주는가?

2.52 $\alpha = 0.05$의 신뢰수준을 사용하는 게 모든 실험에 대해 적절하다고 생각하는가? 연구나 개발의 초기 단계에서, 중요하지 않은 요인을 식별하는 것이 문제가 되는가? 혹시 그

이유가 경우에 대해서는 $\alpha = 0.10$이나 $\alpha = 0.15$와 같은 더 높은 신뢰수준을 사용할 근거가 되는가?

2.53 연구나 개발 실험의 초기 단계에서, 어떤 종류의 오류가 더 중요하다고 생각하는가? 제1종 오류인가 제2종 오류인가? 그 근거는 무엇인가?

3장 | 단일요인을 보정하는 실험: 분산분석

Analysis of Variance : ANOVA

이번 장의 학습 목표

1. 완전 랜덤화 실험을 설계하고 수행하는 방법을 이해한다.
2. 완전 랜덤화 실험의 단일요인 분산분석(ANOVA)을 어떻게 하는지 이해한다.
3. 분산분석(ANOVA)의 기본 가정을 이해하고 이 가정이 위배되는지를 어떻게 확인하는지 배운다.
4. 평균의 개별 비교를 위해 어떤 사후-분산분석(post-ANOVA)의 방법들을 어떻게 적용하는지 배운다.
5. 표준 통계 패키지(컴퓨터)의 계산결과를 해석하는 법을 배운다.
6. 계획된 실험들의 적절한 표본크기를 결정하는 여러 방법을 배운다.

2장에서 두 조건 또는 처리를 비교하는 방법을 논의하였다. 예를 들어 포틀랜드 시멘트 인장 강도 실험은 2개의 다른 몰타르 구현법과 관련이 있었다. 이 실험을 설명하는 다른 방법으로 요인에 두 개의 수준이 있는 단일요인실험을 시행하는 것이다. 이때 요인은 몰타르 구현법이고 요인의 두 개 수준은 두 개의 다른 구현 방법이다. 이런 종류의 많은 실험은 보통 요인의 수준이 두 개 이상이다. 이번 장은 실험이 완전 랜덤화 실험이라는 가정하에서, a개의 수준(또는 a개의 처리)을 가진 단일요인실험의 설계와 분석의 방법에 초점을 맞출 것이다.

3.1 예제

많은 집적 회로 생산 과정에서 웨이퍼를 이산화규소나 금속과 같은 물질층으로 완전히 코팅한다. 원하지 않는 물질들은 회로 패턴, 전기적 상호연결, 살포할 지역 또는 금속이 퇴적될 지역을 만드는 마스크를 통한 에칭으로 선택적으로 제거된다. 플라즈마 에칭 공정은 특히 작은 기하학적 적용과 위 작업에 널리 사용된다. 그림 3.1은 전형적인 단일 웨이퍼 에칭 도구의 주요 특징을 보여주고 있다. 에너지는 고주파(RF: radiofrequency) 발생기가 전극 사이의 공간에서 플라즈마를 발생시켜서 공급된다. 플라즈마 내의 화학종은 사용된 특정 가스에 의해서 결정된다. CF_4(사플루오르화탄소)나 C_2F_6(헥사플로오로에탄)와 같은 플루오르화탄소가 플라즈마 에칭에 적용하는 법에 따라 종종 사용된다. 다른 가스와 혼합가스가 더 흔히 사용된다.

공학자는 RF 전원 환경과 도구의 에칭 비율 사이의 관계를 조사하려 한다. 이런 실험의 목적은 RF 전원과 에칭 비율 사이의 관계를 모형화하고, 바람직한 목표 에칭 비율을 제공하는 파워(전원) 설정을 명확하게 하는 것이다. 공학자는 특정 가스(C_2F_6)와 특정 간격(0.8

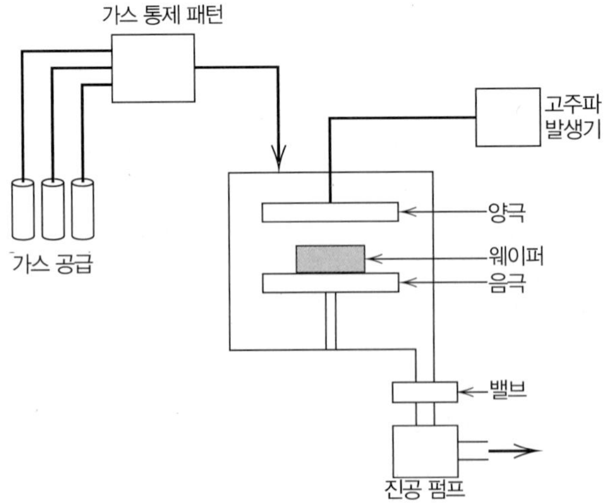

그림 3.1
단일 웨이퍼 플라즈마 에칭 도구

cm)에 관심이 있고 RF 전원의 4개의 수준, 160, 180, 200, 220 W를 검정하고 싶다. 공학자는 RF 전원 수준 각각에 5개 웨이퍼를 시험하기로 하였다.

이것은 요인의 **수준**(levels)이 $a=4$이고 **반복**(replicates)이 $n=5$인 단일요인실험의 예이다. 20회의 실험은 임의의 순서로 수행해야 한다. 수행 순서를 구성하는 효과적인 방법은 20회를 스프레드시트(Excel)에 넣고 RAND() 함수를 이용하여 난수의 열을 만들고 그 열에 맞추어 정렬하는 것이다.

위의 과정을 통해서 아래의 테스트 순서를 얻었다고 하자.

실험 순서	Excel 난수 (정렬됨)	전원
1	12417	200
2	18369	220
3	21238	220
4	24621	160
5	29337	160
6	32318	180
7	36481	200
8	40062	160
9	43289	180
10	49271	200
11	49813	220
12	52286	220
13	57102	160
14	63548	160
15	67710	220
16	71834	180
17	77216	180
18	84675	180
19	89323	200
20	94037	200

실험 중에 통제되지 않은 상태에서 변동하는, 알려지지 않은 소음 변수의 영향이 결과를 훼손하는 것을 막기 위해 랜덤화된 시험 순서가 필요하다. 이것을 설명하기 위해서 원래의 랜덤화되지 않은 순서로 20개의 시험 웨이퍼에 실험을 수행하였다(즉, 160 W 전력의 5개를 모두 수행하고, 그다음에 180 W 전력의 5개를 모두 수행하는 식으로 수행하였다). 에칭 기계를 오래 켜두면 낮은 에칭 비율이 관측되는 예열 효과가 있을 때, 예열 효과는 잠재적으로 자료가 손상되고 실험의 적절성을 무너뜨릴 것이다.

공학자가 임의의 순서로 설계한 실험을 수행한다고 하자. 공학자가 에칭 비율에 대한 관측치가 표 3.1에 있다.

실험 자료를 **그림으로**(graphically) 조사하는 것은 항상 좋은 생각이다. 그림 3.2a는 각 RF 전력의 수준에서 에칭 비율의 **상자그림**(box plot)이고, 그림 3.2b는 에칭 비율 대 RF 전력의 **산점도**(scatter plot)이다. 두 그림 모두 전력 설정이 증가할수록 에칭 비율도 증가함을 보여준다. 평균 근처에서 에칭 비율의 변동성이 전력 설정에 의존한다는 주장을 뒷받침하는 명

표 3.1 플라즈마 에칭 실험에서 에칭 비율 자료(Å/min)

전원 (W)	관측치 1	2	3	4	5	합계	평균
160	575	542	530	539	570	2756	551.2
180	565	593	590	579	610	2937	587.4
200	600	651	610	637	629	3127	625.4
220	725	700	715	685	710	3535	707.0

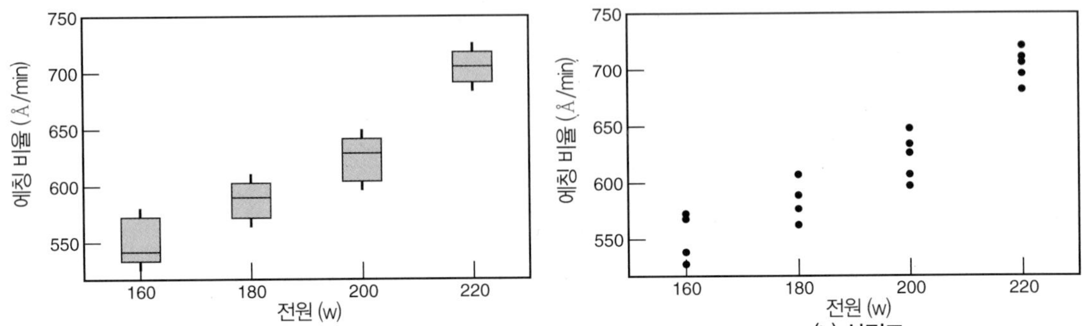

(a) 상자그림 (b) 산점도

그림 3.2 에칭 비율 자료의 상자그림과 산점도

백한 증거가 없다. 간단한 그림 분석에 기반하여 (1) RF 전력 설정이 에칭 비율에 영향을 미치고, (2) 더 높은 전력 설정이 높은 에칭 비율로 나타난다는 주장에 대해 강한 의심을 할 수 있다.

자료의 분석이 더 **객관적**이기를 바란다고 하자. 특히 $a=4$ 수준의 RF 전력에 대해서 평균 에칭 비율 사이의 차이를 검정하고 싶다고 하자. 즉, 네 평균의 동일성에 관심이 있다는 것이다. 이것은 6개의 가능한 평균의 쌍에 t 검정을 수행하여 풀 수 있을 것으로 보이지만, 이 문제에 대한 최적의 풀이 방법은 아니다. 우선 6개의 짝지어진 t 검정을 수행하는 작업은 상당한 노력이 필요하여 비효율적이다. 다음으로 이러한 짝으로 비교하는 것을 수행한다면 제1종 오류를 증가시킨다. 모든 평균이 같다고 하자. $\alpha=0.05$를 선택하면, 어떤 하나의 비교에서 옳은 결정에 도달할 확률은 0.95이다. 그러나 여섯 개의 모든 비교에서 옳은 결정에 도달할 확률은 0.95보다 상당히 작다. 따라서 제1종 오류가 증가한다.

여러 가지 평균의 동일성을 검정하는 적절한 분석 방법은 **분산분석**(analysis of variance)이다. 그러나 분산분석은 위에서 한 설명보다 훨씬 넓은 적용 분야가 있으며, 통계적 추론 분야에서 가장 유용한 기술일 것이다.

3.2 분산분석

비교하고 싶은 **단일요인**(single factor)에 대해서 a개의 **처리**(treatments) 또는 다른 **수준**

(levels)이 있다고 하자. 자료는 표 3.2에 있다. 표 3.2에 있는 값(예를 들어 y_{ij})의 값은 요인의 수준 또는 처리 i의 j번째 관측치를 의미한다. 일반적으로 i의 처리에는 n개의 관측치가 있다. 표 3.2는 표 3.1에 있는 플라즈마 에칭 실험 자료의 일반적인 경우이다.

자료의 모형(*Models for the Data*). 실험의 관측치를 설명하는데 유용한 **모형**(model)을 찾을 것이다. 이 모형을 표현하는 식은

$$y_{ij} = \mu_i + \epsilon_{ij} \begin{cases} i = 1, 2, \ldots, a \\ j = 1, 2, \ldots, n \end{cases} \tag{3.1}$$

이고 여기에서 y_{ij}는 ij번째 관측치, μ_i는 i번째 요인수준 또는 처리의 평균, ε_{ij}는 실험의 다른 변동성의 근원, 예를 들어 실험의 측정오차, 통제 불가 변수의 변동성, 처리에 사용된 실험 단위(사용된 물질 등과 같은)의 차이, 공정의 일반적인 배경 소음(시간에 따른 변동성, 환경변수의 영향 등)을 합친 **확률오차**(random error) 요소이다. $E(y_{ij}) = \mu_i$가 되도록 오차의 평균을 0으로 간주하는 것이 편리하다.

식 3.1은 **평균모형**(means model)이라고 부른다. 자료의 모형을 쓰는 다른 방법은 다음과 같이 정의하는 것이다.

$$\mu_i = \mu + \tau_i, \qquad i = 1, 2, \ldots, a$$

위와 같은 정의를 하면 식 3.1은

$$y_{ij} = \mu + \tau_i + \epsilon_{ij} \begin{cases} i = 1, 2, \ldots, a \\ j = 1, 2, \ldots, n \end{cases} \tag{3.2}$$

가 된다. 모형의 이러한 형태에서 μ는 **총체적 평균**(overall mean)이라고 하는 모든 처리에 대해서 공통인 모수이고, τ_i는 i의 **처리효과**(*i*th treatment effect)라 불리는 i번째 처리의 모수이다. 식 3.2는 **효과모형**(effects model)이라고 부른다.

평균모형과 효과모형은 모두 **선형통계모형**(linear statistical models)이다. 즉, 반응변수 y_{ij}가 모형모수의 선형 함수인 것이다. 두 모형의 형태가 모두 유용하지만, 효과모형을 실험설계에서 더 많이 볼 수 있을 것이다. 위 식에서 μ가 상수이고 처리효과가 τ_i라면, 특정한 처리가 적용되었을 때 상수에서 처리효과만큼 이탈한다는 것을 의미한다는 점에서 직관적이기 때문이다.

식 3.2(또는 3.1)가 하나의 요인을 조사하기 때문에, **일원**(one-way) 또는 **단일요인**(single-factor) 분산분석(ANOVA: analysis of variance) 모형이라고 부른다. 더욱이 처리가 적용된 환경[흔히 **실험 단위**(experimental units)라고 함]이 가능하면 균일하도록 실험을 임의의 순서로 수행하는 것이 필요할 것이다. 따라서 실험설계는 **완전 랜덤화 설계**(completely randomized design)이다. 우리의 목표는 처리평균에 적절한 가설을 검정하고 추정하는 것

표 3.2 단일요인실험의 전형적인 데이터

처리 (수준)	관측치				합계	평균
1	y_{11}	y_{12}	$\cdots$	y_{1n}	$y_{1.}$	$\bar{y}_{1.}$
2	y_{21}	y_{22}	$\cdots$	y_{2n}	$y_{2.}$	$\bar{y}_{2.}$
$\vdots$	$\vdots$	$\vdots$	$\cdots$	$\vdots$	$\vdots$	$\vdots$
			$\cdots$			
a	y_{a1}	y_{a2}	$\cdots$	y_{an}	$y_{a.}$	$\bar{y}_{a.}$
					$y_{..}$	$\bar{y}_{..}$

이다. 가설검정을 위하여 모형 오차를 독립적으로 평균이 0이고 분산이 σ^2인 정규분포를 따르는 확률변수라고 가정할 것이다. 분산 σ^2을 요인의 모든 수준에서 상수라 가정하면 관측치가 다음과 같다는 것을 의미한다.

$$y_{ij} \sim N(\mu + \tau_i, \sigma^2)$$

그리고 관측치는 상호독립이다.

고정요인 또는 랜덤요인(*Fixed or Random Factor*)? 식 3.2의 통계적 모형은 처리효과의 측면에서 두 개의 다른 상황을 설명한다. 우선 a 처리는 실험자에 의해서 특정하게 선택된 것일 수 있다. 이런 상황에서 처리평균에 대해서 가설검정을 원하고, 얻은 결론은 분석에서 고려한 요인의 수준에만 적용될 것이다. 명시적으로(explicitly) 고려하지 않은 비슷한 처리에 대해서는 결론을 확장해 적용할 수 없는 것이다. 모형의 모수(μ, τ_i, σ^2) 추정도 할 것이다. 이것은 **고정효과모형**(fixed effect model)이라 한다. 반대로 a 처리가 큰 처리의 모집단에서 뽑은 **확률표본**(random sample)일 수 있다. 이러한 상황에서 분석에 고려한 것이든 아니든 간에 결론(처리의 표본에 기초한 것)을 모집단에 있는 모든 처리로 확장하기를 원할 것이다. 이때 τ_i는 확률변수이고 특정 하나에 대한 정보는 상대적으로 쓸모가 없다. 대신에 τ_i의 변동성에 대해서 가설검정하고 이 변동성을 추정하려고 한다. 이것을 **랜덤효과모형**(random effects model) 또는 **분산성분모형**(components of variance model)이라 한다. 단일요인 랜덤효과모형을 3.9절에서 논의할 것이다.

3.3 고정효과모형의 분석

이 절에서는 고정효과모형의 단일요인 분산분석을 공부할 것이다. $y_{i.}$가 i번째 처리하에 모든 관측치의 총합이라 하고, $\bar{y}_{i.}$가 i번째 처리하에 관측치의 평균이라고 하자. 비슷하게 $y_{..}$을 전체 관측치의 총합, $\bar{y}_{..}$을 전체 평균이라 하여 기호로 나타내면

$$y_{i.} = \sum_{j=1}^{n} y_{ij} \qquad \bar{y}_{i.} = y_{i.}/n \qquad i = 1, 2, \ldots, a$$
$$y_{..} = \sum_{i=1}^{a}\sum_{j=1}^{n} y_{ij} \qquad \bar{y}_{..} = y_{..}/N \tag{3.3}$$

위의 식에서 $N=an$은 전체 관측치의 개수이다. 아래에 "점"으로 표현된 것은 점으로 대체한 부분의 합을 의미한다.

a개 처리의 평균이 같은지, 즉 $E(y_{ij})=\mu+\tau_i=\mu_i$, $i=1, 2, ..., a$에 대해서 검정하고 싶다. 적절한 가설은 다음과 같다.

$$\begin{aligned} &H_0 : \mu_1 = \mu_2 = \cdots = \mu_a \\ &H_1 : \mu_i \neq \mu_j \quad \text{최소한 한 쌍 } (i, j)\text{에 대해} \end{aligned} \tag{3.4}$$

효과모형에서는 i번째 처리평균(μ_i)를 두 개의 요소 $\mu_i=\mu+\tau_i$와 같이 쪼갠다. 일반적으로 μ를 다음과 같은 전체 평균으로 생각한다.

$$\frac{\sum_{i=1}^{a} \mu_i}{a} = \mu$$

위의 정의는

$$\sum_{i=1}^{a} \tau_i = 0$$

를 의미한다. 즉, 처리 또는 요인의 효과는 전체평균에서 벗어난 것으로 생각할 수 있다.[1] 결과적으로 위의 가설을 처리효과(τ_i)를 이용하여 동일하게 작성하는 방법은

$$\begin{aligned} &H_0 : \tau_1 = \tau_2 = \cdots \tau_a = 0 \\ &H_1 : \tau_i \neq 0 \qquad \text{최소한 하나의 } i\text{에 대해} \end{aligned}$$

이다. 따라서 처리평균의 동등성 검정 또는 처리효과(τ_i)가 0인지 검정하는 것이라 말할 수 있다. a 처리평균의 동등성 검정의 적절한 분석은 분산분석이다.

1 이에 대한 추가 정보는 3장의 보조자료를 참고하길 바란다.

3.3.1 전체 제곱합의 분해

분산분석(analysis of variance)의 이름은 전체 변동성을 이를 구성하는 요소의 부분으로 쪼개는 것에서 나왔다. 전체 보정제곱합

$$SS_T = \sum_{i=1}^{a}\sum_{j=1}^{n}(y_{ij} - \bar{y}_{..})^2$$

은 자료 내 전체 변동성의 측도로 사용된다. SS_T를 적절한 자유도(이 경우에는 $an-1 = N-1$)로 나누면, y의 **표본분산**(sample variance)을 얻기 때문에 직관적으로 타당하다고 할 수 있다. 물론 표본분산은 변동성의 표준적인 측도이다.
전체 보정제곱합 SS_T는 다음과 같이 쓸 수 있다.

$$\sum_{i=1}^{a}\sum_{j=1}^{n}(y_{ij} - \bar{y}_{..})^2 = \sum_{i=1}^{a}\sum_{j=1}^{n}[(\bar{y}_{i.} - \bar{y}_{..}) + (y_{ij} - \bar{y}_{i.})]^2 \tag{3.5}$$

또는

$$\sum_{i=1}^{a}\sum_{j=1}^{n}(y_{ij} - \bar{y}_{..})^2 = n\sum_{i=1}^{a}(\bar{y}_{i.} - \bar{y}_{..})^2 + \sum_{i=1}^{a}\sum_{j=1}^{n}(y_{ij} - \bar{y}_{i.})^2 + 2\sum_{i=1}^{a}\sum_{j=1}^{n}(\bar{y}_{i.} - \bar{y}_{..})(y_{ij} - \bar{y}_{i.})$$

그러나 다음과 같이 정리되므로,

$$\sum_{j=1}^{n}(y_{ij} - \bar{y}_{i.}) = y_{i.} - n\bar{y}_{i.} = y_{i.} - n(y_{i.}/n) = 0$$

마지막 등식에서 **교차곱**(cross product)이 0이다. 따라서

$$\sum_{i=1}^{a}\sum_{j=1}^{n}(y_{ij} - \bar{y}_{..})^2 = n\sum_{i=1}^{a}(\bar{y}_{i.} - \bar{y}_{..})^2 + \sum_{i=1}^{a}\sum_{j=1}^{n}(y_{ij} - \bar{y}_{i.})^2 \tag{3.6}$$

을 얻을 수 있다. 식 3.6은 기초적인 ANOVA 공식이다. 이것은 전체 보정제곱합을 측정하여 전체 제곱합을 처리의 평균들 **사이**(between)의 제곱합과 처리평균과 처리 **내**(within) 관측치의 차이의 제곱합이 전체 평균의 합과 더해진 형태로 나눌 수 있다는 것을 설명하고 있다. 이제 전체 평균과 관측된 처리평균들 사이의 차이는 처리평균들 사이의 차이의 측도인 반면, 처리 내 관측치들과 처리평균 사이의 차이는 확률오차로 인한 차이일 뿐이다. 따라서 식 3.6을 다음과 같은 기호로 나타낼 수 있다.

$$SS_T = SS_{\text{Treatments}} + SS_E$$

여기에서 $SS_{\text{Treatments}}$는 처리들 때문에(다시 말해 처리들 사이에) 발생한 제곱합이고, SS_E는 오차 때문에(다시 말해 처리들 내부에) 발생한 제곱합이다. 여기에는 $an=N$개의 전체 관측치가 있다. 따라서 SS_T는 $N-1$의 자유도를 가진다. a개의 요인의 수준(그리고 a개의 처리의 평균)이 있으므로, $SS_{\text{Treatments}}$는 $a-1$의 자유도를 가진다. 마지막으로 실험오차를 추정하려면 어떤 처리이든 간에 n개의 반복수가 있어서 $n-1$의 자유도를 가지고 있다는 것을 알면 된다. a개의 처리가 있으므로 오차에 대해서 $a(n-1)=an-a=N-a$의 자유도를 가진다.

기본 ANOVA 공식의 우변의 두 항을 명시적으로 전개해내는 것이 교육적이다. 오차의 제곱합을 살펴보면 다음과 같다.

$$SS_E = \sum_{i=1}^{a}\sum_{j=1}^{n}(y_{ij}-\bar{y}_{i.})^2 = \sum_{i=1}^{a}\left[\sum_{j=1}^{n}(y_{ij}-\bar{y}_{i.})^2\right]$$

이런 형태의 식에서 제곱합 괄호 안의 항을 $n-1$로 나누면, i번째 처리의 표본분산 또는

$$S_i^2 = \frac{\sum_{j=1}^{n}(y_{ij}-\bar{y}_{i.})^2}{n-1} \qquad i=1,2,\ldots,a$$

이 된다. 이제 아래의 식에 따라서 a개 표본분산을 하나의 공동 모분산의 추정치로 합칠 수 있다.

$$\frac{(n-1)S_1^2+(n-1)S_2^2+\cdots+(n-1)S_a^2}{(n-1)+(n-1)+\cdots+(n-1)} = \frac{\sum_{i=1}^{a}\left[\sum_{j=1}^{n}(y_{ij}-\bar{y}_{i.})^2\right]}{\sum_{i=1}^{a}(n-1)} = \frac{SS_E}{(N-a)}$$

따라서 $SS_E/(N-a)$는 a개 각각의 처리 내에 있는 공통 분산에 대한 **통합 추정치**(pooled estimate)이다.

비슷하게 a개의 처리의 평균 사이에 차이가 없다면, 전체 평균에서 처리평균의 차이를 σ^2의 추정치로 사용할 수 있다. 특히

$$\frac{SS_{\text{Treatments}}}{a-1} = \frac{n\sum_{i=1}^{a}(\bar{y}_{i.}-\bar{y}_{..})^2}{a-1}$$

은 처리평균이 동일하다면 σ^2의 추정치이다. 이것은 직관적으로 다음과 같은 이유 때문이다. $\sum_{i=1}^{a}(\bar{y}_{i.}-\bar{y}_{..})^2/(a-1)$은 σ^2/n, 처리평균의 분산을 추정치이므로 처리평균들 사이에 차이가 없다면 $\sum_{i=1}^{a}(\bar{y}_{i.}-\bar{y}_{..})^2/(a-1)$은 σ^2이다.

여기서 ANOVA의 공식(식 3.6)이 σ^2에 대해 처리 내의 내제된 변동성에 기초한 것 하나와 처리 간 변동성에 기초한 것 하나, 즉 두 추정치를 제공한다는 사실을 이해하였다. 처리평균들 사이에 차이가 없다면 두 추정치는 매우 비슷할 것이고 만약 그렇지 않다면, 발견한 차이는 처리평균간 차이 때문에 발생하였다고 의심할 수 있다. 이러한 결론을 얻기 위해서 직관적으로만 설명하였지만, 공식을 이용하여 얻을 수도 있다.

다음의 값

$$MS_{\text{Treatments}} = \frac{SS_{\text{Treatments}}}{a-1}$$

과

$$MS_E = \frac{SS_E}{N-a}$$

는 **평균제곱합**(mean squares)이라 한다. 평균제곱합 값들의 **기댓값**(expected values)을 조사할 것이다. 다음을 살펴보자.

$$\begin{aligned}
E(MS_E) = E\left(\frac{SS_E}{N-a}\right) &= \frac{1}{N-a}E\left[\sum_{i=1}^{a}\sum_{j=1}^{n}(y_{ij}-\bar{y}_{i.})^2\right] \\
&= \frac{1}{N-a}E\left[\sum_{i=1}^{a}\sum_{j=1}^{n}(y_{ij}^2 - 2y_{ij}\bar{y}_{i.} + \bar{y}_{i.}^2)\right] \\
&= \frac{1}{N-a}E\left[\sum_{i=1}^{a}\sum_{j=1}^{n}y_{ij}^2 - 2n\sum_{i=1}^{a}\bar{y}_{i.}^2 + n\sum_{i=1}^{a}\bar{y}_{i.}^2\right] \\
&= \frac{1}{N-a}E\left[\sum_{i=1}^{a}\sum_{j=1}^{n}y_{ij}^2 - \frac{1}{n}\sum_{i=1}^{a}\bar{y}_{i.}^2\right]
\end{aligned}$$

이 식에 모형(식 3.1)을 대입하면, 다음을 얻을 수 있다.

$$E(MS_E) = \frac{1}{N-a}E\left[\sum_{i=1}^{a}\sum_{j=1}^{n}(\mu+\tau_i+\epsilon_{ij})^2 - \frac{1}{n}\sum_{i=1}^{a}\left(\sum_{i=1}^{n}\mu+\tau_i+\epsilon_{ij}\right)^2\right]$$

괄호 안의 값에 제곱하여 기댓값을 구하면 $E(\varepsilon_{ij})=0$이기 때문에, ε_{ij}^2과 $\varepsilon_{i.}^2$과 관련된 식이 σ^2와 $n\sigma^2$로 대체된다는 것을 알 수 있다. 더욱이 모든 ε_{ij}와 관련된 교차항의 기댓값이 0이므로, 제곱하여 기댓값을 얻은 후에 구한 마지막 공식은

$$E(MS_E) = \frac{1}{N-a}\left[N\mu^2 + n\sum_{i=1}^{a}\tau_i^2 + N\sigma^2 - N\mu^2 - n\sum_{i=1}^{a}\tau_i^2 - a\sigma^2\right]$$

가 되거나

$$E(MS_E) = \sigma^2$$

이 된다. 비슷한 방법으로 다음[2]을 보일 수 있다.

$$E(MS_{\text{Treatments}}) = \sigma^2 + \frac{n\sum_{i=1}^{a}\tau_i^2}{a-1}$$

따라서 경험적으로 설명한 것처럼, $MS_E = SS_E/(N-a)$가 σ^2의 추정치이고, 만약 처리들 사이에 차이가 없다면($\tau_i = 0$이라면), $MS_{\text{Treatments}} = SS_{\text{Treatments}}/(a-1)$또한 σ^2의 추정치이다. 그러나 처리의 평균들이 다르다면, 처리평균제곱의 기댓값이 σ^2보다 크게 된다.

처리평균들 사이에 차이가 없다는 가설의 검정이 $MS_{\text{Treatments}}$와 MS_E사이의 비교로 수행될 수 있다는 것은 확실해 보인다. 이제 이 값들의 비교가 어떻게 이루어질 수 있는지 살펴보겠다.

3.3.2 통계분석

처리평균에 차이가 없다는 전형적인 가설검정(H_0: $\mu_1 = \mu_2 = ... = \mu_a$ 또는 동일하게 H_0: $\tau_1 = \tau_2 = ... = \tau_a = 0$)을 어떻게 수행하는지를 배울 것이다. 오차 ϵ_{ij}가 독립적으로 평균이 0이고 분산이 σ^2인 정규분포를 따른다고 가정하였기 때문에, 관측치 y_{ij}도 독립적으로 평균이 $\mu + \tau_i$이고 분산이 σ^2인 정규분포를 따른다. 따라서 SS_T가 정규분포를 따르는 확률변수의 제곱합이다. 결과적으로 SS_T/σ^2이 자유도가 $N-1$인 카이제곱분포를 따른다. 게다가 귀무가설이 참일 때, SS_E/σ^2이 자유도가 $N-a$인 카이제곱분포를 따르고 $SS_{\text{Treatments}}/\sigma^2$은 자유도가 $a-1$인 카이제곱분포를 따른다. 그러나 SS_T가 SS_E와 $SS_{\text{Treatments}}$의 합이므로, 세 개의 제곱합이 반드시 독립은 아니다. Willian G. Cochran의 영향을 받은 다음의 특수한 정리는 SS_E와 $SS_{\text{Treatments}}$가 독립이라는 것을 성립시킨다.

정리 3-1 Cochran의 정리

Z_i가 NID(0,1)을 따르고, $i = 1, 2, ..., \upsilon$라 할 때

2 3장의 보조자료를 참고하길 바란다.

$$\sum_{i=1}^{v} Z_i^2 = Q_1 + Q_2 + \cdots + Q_s$$

에서 $s \le v$일 때, Q_i가 v_i의 자유도($i = 1, 2, ..., s$)를 가지고 있다. 그러면 다음의 경우일 때에만(if and only if)

$$v = v_1 + v_2 + \cdots + v_s$$

$Q_1, Q_2, ..., Q_s$가 자유도가 $v_1, v_2, .., v_s$의 자유도를 가진 독립인 카이제곱 확률변수를 따른다.

$SS_{\text{Treatments}}$의 자유도와 SS_E의 자유도의 합이 전체 자유도인 $N-1$이 되므로, Cochran의 정리는 $SS_{\text{Treatments}}/\sigma^2$와 SS_E/σ^2가 독립적으로 카이제곱분포를 따르는 확률변수라는 것을 알려준다. 따라서 처리평균들 사이에 차이가 없다는 귀무가설이 참이라면, 다음 비율

$$F_0 = \frac{SS_{\text{Treatments}}/(a-1)}{SS_E/(N-a)} = \frac{MS_{\text{Treatments}}}{MS_E} \tag{3.7}$$

은 자유도가 $a-1$과 $N-1$인 F 분포를 따른다. 식 3.7이 처리평균들 사이에 차이가 없다는 가설에 대한 **검정통계량**(test statistic)이다.

기대평균제곱에서 MS_E는 σ^2의 불편추정량이다. 또한 귀무가설하에서 $MS_{\text{Treatments}}$도 σ^2의 불편추정량이다. 그러나 귀무가설이 거짓이라면 $MS_{\text{Treatments}}$의 기댓값은 σ^2보다 클 것이다. 따라서 대립가설하에서 검정통계량(식 3.7)의 분자의 기댓값이 분모의 기댓값보다 클 것이다. 그래서 검정통계량 값이 매우 클 때, 귀무가설을 기각해야 한다. 이는 위쪽 꼬리, 단측 기각역이다. 그러므로 다음이 만족할 때 귀무가설을 기각하고 처리의 평균들 사이에 차이가 있다고 결론을 내려야 한다.

$$F_0 > F_{\alpha, a-1, N-a}$$

여기에서 F_0는 식 3.7에서 계산한 값이다. 대안으로 P 값을 결론을 내리는 데 사용할 수 있다. 부록에 있는 F 분포표의 확률값(표 IV)을 P 값의 경계를 찾는 데 사용할 수 있다.

제곱합은 여러 가지 방법으로 계산할 수 있다. 다음의 정의를 이용하여 계산하는 직접적인 방법이 그 중 하나이다.

$$y_{ij} - \bar{y}_{..} = (\bar{y}_{i.} - \bar{y}_{..}) + (y_{ij} - \bar{y}_{i.})$$

각 관측치에 대한 위의 세 항을 계산할 때 SS_T와 $SS_{\text{Treatments}}$, SS_E를 계산하기 위해서는 스프레드시트를 이용해서 제곱을 더하면 된다. 다른 방법은 식 3.6에 있는 SS_T와 $SS_{\text{Treatments}}$의 공식을 다시 써서 요약하여 얻은 다음 공식을 사용하는 것이다. 그 결과는

표 3.3
단일요일, 고정효과모형의 분산분석표

처리 방법	제곱합	자유도	평균제곱	F_0
처리 간	$SS_{\text{Treatments}} = n\sum_{i=1}^{a}(\bar{y}_{i.} - \bar{y}_{..})^2$	$a-1$	$MS_{\text{Treatments}}$	$F_0 = \dfrac{MS_{\text{Treatments}}}{MS_E}$
오차(처리 내)	$SS_E = SS_T - SS_{\text{Treatments}}$	$N-a$	MS_E	
합계	$SS_T = \sum_{i=1}^{a}\sum_{j=1}^{n}(y_{ij} - \bar{y}_{..})^2$	$N-1$		

$$SS_T = \sum_{i=1}^{a}\sum_{j=1}^{n} y_{ij}^2 - \frac{y_{..}^2}{N} \tag{3.8}$$

$$SS_{\text{Treatments}} = \frac{1}{n}\sum_{i=1}^{a} y_{i.}^2 - \frac{y_{..}^2}{N} \tag{3.9}$$

$$SS_E = SS_T - SS_{\text{Treatments}} \tag{3.10}$$

이다. 일부 계산기는 한 번 등록으로 입력된 값들의 합과 이 수치들의 제곱합이 축적되게 되어 있어서 한 번만 입력하면 되므로, 위 방법이 사용하기에 좋다. 실제로는 이 작업을 하기 위해 컴퓨터 소프트웨어를 사용한다.

검정 절차는 표 3.3에 요약되어 있으며 분산분석(analysis of variance 또는 ANOVA) 표라고 한다.

예제 3.1 플라즈마 에칭 실험

분산분석을 설명하기 위해서, 3.1장에서 논의한 첫 번째 예제로 돌아가자. 공학자가 RF 전력 설정이 에칭 비율에 영향을 미치는지 결정하는 데 관심이 있어서 RF 전력의 4개의 수준과 수준별 5번의 반복을 가진 완전 랜덤화 실험을 수행하였다. 편의를 위해서 표 3.1의 자료를 여기에 다시 보여주겠다.

RF 전력 (w)	관찰된 에칭 비율 (Å/min) 1	2	3	4	5	합계 $y_{i.}$	평균 $\bar{y}_{i.}$
160	575	542	530	539	570	2756	551.2
180	565	593	590	579	610	2937	587.4
200	600	651	610	637	629	3127	625.4
220	725	700	715	685	710	3535	707.0
						$y_{..} = 12,355$	$\bar{y}_{..} = 617.75$

귀무가설 H_0: $\mu_1 = \mu_2 = \mu_3 = \mu_4$과 대립가설 H_1: 일부 평균은 다르다는 것을 검정하기 위해서 분산분석을 사용할 것이다. 필요한 제곱합의 값은 식 3.8, 3.9, 3.10을 이용해서 다음과 같이 계산하였다.

$$\begin{aligned} SS_T &= \sum_{i=1}^{4}\sum_{j=1}^{5} y_{ij}^2 - \frac{y_{..}^2}{N} \\ &= (575)^2 + (542)^2 + \cdots + (710)^2 - \frac{(12{,}355)^2}{20} \\ &= 72{,}209.75 \end{aligned}$$

$$\begin{aligned} SS_{\text{Treatments}} &= \frac{1}{n}\sum_{i=1}^{4} y_{i.}^2 - \frac{y_{..}^2}{N} \\ &= \frac{1}{5}[(2756)^2 + \cdots + (3535)^2] - \frac{(12{,}355)^2}{20} \\ &= 66{,}870.55 \end{aligned}$$

$$\begin{aligned} SS_E &= SS_T - SS_{\text{Treatments}} \\ &= 72{,}209.75 - 66{,}870.55 = 5339.20 \end{aligned}$$

대개 실험설계에서는 얻은 자료를 분석할 수 있는 소프트웨어 패키지를 사용해서 컴퓨터로 계산을 한다.

ANOVA가 표 3.4에 정리되어 있다. RF 전력 또는 처리 간 평균제곱(22,290.18)이 처리 내 또는 평균오차 제곱(333.70)보다 몇 배 더 크다. 이것은 처리평균들이 같지 않다는 것을 의미한다. 더 수리적으로 F 비율 $F_0 = 22{,}290.18/333.70 = 66.80$을 계산할 수 있다. 이 값을 $F_{3,16}$분포의 적절한 위꼬리 백분율점과 비교한다. 고정된 유의수준을 사용하기 위해서 실험자가 $\alpha = 0.05$를 선택하였다고 가정하자. 부록의 표 IV에서 $F_{0.05,3,16} = 3.24$를 찾는다. $F_0 = 66.80 > 3.24$이므로 귀무가설을 기각하고 처리의 평균들이 다르다는 결론을 내린다. 즉, RF 전력 설정이 에칭 비율에 유의하게 영향을 미친다는 것이다. 또한 이 검정통계량의 P 값을 비교할 수 있다. 그림 3.3은 검정통계량 F_0에 대한 기준분포 ($F_{3,16}$)이다. 이 경우에는 명백하게 P 값이 매우 작다. 부록의 표 A-4에서 $F_{0.01,3,16} = 5.29$라는 것을 찾을 수 있고 $F_0 > 5.29$이므로, P 값의 위쪽 경계가 0.01이라는 것, 즉, $P < 0.01$(정확한 P 값은 $P = 2.88 \times 10^{-9}$이다)을 의미한다.

표 3.4 플라즈마 에칭 실험의 ANOVA

처리 방법	제곱합	자유도	평균제곱	F_0	P 값
RF 전력	66,870.55	3	22,290.18	$F_0 = 66.80$	< 0.01
오차	5339.20	16	333.70		
합계	72,209.75	19			

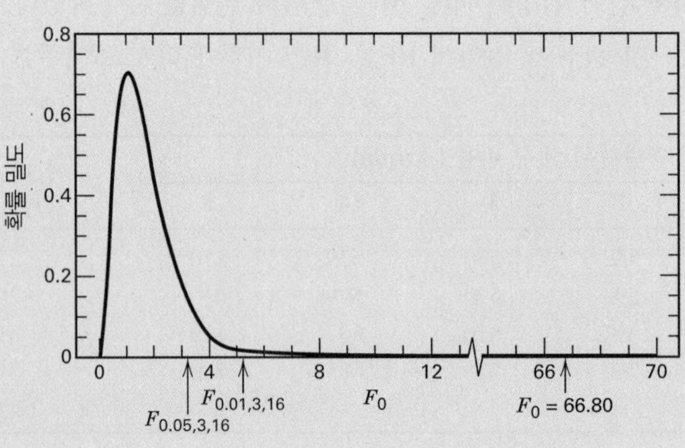

그림 3.3
예제 3.1의 검정통계량 F_0의 기준분포($F_{3,16}$)

자료 코딩(*Coding the Data*). 최근에는 계산용 컴퓨터 프로그램을 쉽게 활용할 수 있는 환경이 되었으므로 계산하는 것을 어렵게 생각할 필요가 없다. 실험설계와 관련된 많은 다른 분석(잔차분석이나 모형 타당성 확인)들 역시 프로그램을 활용하여 더욱 쉽게 실행할 수 있다.

손으로 계산하는 것이 필요한 경우지만 관측치를 코딩하는 것이 유용할 때도 있다. 다음 예제를 통해 알아보자.

예제 3.2 관측치 코딩

관측치를 코딩(coding)하여 더 쉽고 정확하게 ANOVA 계산을 할 수 있다. 예를 들어 예제 3.1의 플라즈마 에칭 자료를 살펴보자. 각 관측치에서 600을 뺐다고 하자. 코딩된 자료는 표 3.5에 있다.

$$SS_T = (-25)^2 + (-58)^2 + \cdots + (110)^2 - \frac{(355)^2}{20} = 72{,}209.75$$

$$SS_{\text{Treatment}} = \frac{(-244)^2 + (-63)^2 + (127)^2 + (535)^2}{5} - \frac{(355)^2}{20} = 66{,}870.55$$

$$SS_E = 5339.20$$

예제 3.1에서 얻은 제곱합을 비교하면, 원래 자료에서 상수를 빼도 제곱합이 변화가 없다는 것을 알 수 있다.

예제 3.1의 관측치에 2를 곱한다고 하자. 바뀐 자료의 제곱합들이 $SS_T = 288{,}839.00$, $SS_{\text{Treatments}} = 267{,}482.20$, $SS_E = 21{,}356.80$라는 것을 쉽게 확인할 수 있다. 이 값들은 예제 3.1에서 얻은 값과 상당히 다르다. 그러나 4(즉, 2^2)로 이 값을 나누면, 결과는 동일하다. 예를 들어 처리 제곱합은 267,482.20/4 = 66,870.55로 같음을 알 수 있다. 코딩된 자료에 대해서 F 비율은 $F = (267{,}482.20/3)/(21{,}356.80/16) = 66.80$으로 원래 자료의 F 비율과 동일하다. 따라서 ANOVA는 동일하다.

표 3.5
예제 3.2의 에칭 비율 자료의 코딩

RF 전력 (w)	관측치 1	2	3	4	5	합계 $y_{i.}$
160	−25	−58	−70	−61	−30	−244
180	−35	−7	−10	−21	10	−63
200	0	51	10	37	29	127
220	125	100	115	85	110	535

랜덤화 검정과 분산분석(*Randomization Tests and Analysis of Variance*). ANOVA F 검정을 발전시키는 과정에서, 확률오차 ε_{ij}가 독립이고 정규분포를 따르는 확률변수라는 가정을 사용하였다. 하지만 F 검정은 **랜덤화 검정**(randomization test)의 근사로도 볼 수 있다. 이것을 설명하기 위해서, 2개의 처리마다 5개의 관측치를 가지고 있고 처리의 평균이 같은지 검정하기를 원한다고 하자. 자료는 다음과 같다.

처리 1	처리 2
y_{11}	y_{21}
y_{12}	y_{22}
y_{13}	y_{23}
y_{14}	y_{24}
y_{15}	y_{25}

H_0: $\mu_1 = \mu_2$에 대한 ANOVA F 검정을 사용할 수 있다. 대안으로 다소 다른 방법을 사용할 수도 있다. 위의 2개의 처리에 대한 10개의 표본을 분배할 수 있는 모든 경우의 수를 생각한다고 하자. 여기에는 10개의 관측치에 대한 10!/5!5! = 252개의 가능한 배치가 있다. 처리의 평균들 사이에 차이가 없다면 252개의 방법은 동일할 것이다. 252개의 배치 각각에 대해서 식 3.7을 이용해서 F 검정통계량을 계산할 수 있다. 이 F 분포의 값들을 **랜덤화 분포**(randomization distribution)라 부르고, 큰 F 값은 자료가 귀무가설 H_0: $\mu_1 = \mu_2$과 일치하지 않는다는 것을 의미한다. 예를 들어 실제로 관측한 F 값이 랜덤화 분포의 값보다 큰 경우가 5번이었다면, 이것은 귀무가설 H_0: $\mu_1 = \mu_2$를 유의수준 $\alpha = 5/252 = 0.0198(1.98\%)$에서 기각하는 것과 같다. 이 접근법에서는 정규분포 가정이 필요하지 않다는 점에 주목하자.

이 접근법의 어려운 부분은, 비록 상대적으로 작은 문제라 해도 정확한 랜덤화 분포를 열거하는 데 매우 많은 계산 작업이 필요하다는 점이다. 그러나 많은 연구에서 정확한 랜덤화 분포가 정규 이론 F 분포에 적절하게 근사가 된다는 것을 밝혔다. 따라서 정규성 가정이 없더라도, ANOVA F 검정은 랜덤화 검정의 근사로 간주할 수 있다. 분산분석의 랜덤화 검정에 대한 추가 자료는 Box, Hunter, and Hunter(2005)를 참고하길 바란다.

3.3.3 모형모수의 추정

이제 단일요인 모형

$$y_{ij} = \mu + \tau_i + \epsilon_{ij}.$$

에서 모수의 추정량과 처리평균의 신뢰구간에 대해서 살펴보겠다. 나중에 전체 평균과 처리효과에 대한 합리적인 추정치가 다음과 같이 주어지는 것을 증명할 것이다.

$$\begin{aligned} \hat{\mu} &= \bar{y}_{..} \\ \hat{\tau}_i &= \bar{y}_{i.} - \bar{y}_{..}, \quad i = 1, 2, \ldots, a \end{aligned} \tag{3.11}$$

이 추정량들은 직관적으로 상당히 호소력이 짙다. 전반적 평균(overall mean)이 관측치의 총평균에 따라서 추정되었고 처리효과는 처리평균과 총평균 사이의 차이일 뿐이다.

i번째 처리의 평균의 추정치인 **신뢰구간**(confidence interval)은 쉽게 결정이 된다. i번째 처리의 평균은

$$\mu_i = \mu + \tau_i$$

이다.

μ_i의 점 추정량은 $\hat{\mu}_i = \hat{\mu} + \hat{\tau} = \bar{y}_{i.}$이다. 이제 오차가 정규분포를 따른다고 가정하면, 각 처리의 평균 $\bar{y}_{i.}$은 NID(μ_i, σ^2/n)를 따른다. 그러므로 σ^2을 안다면, 신뢰구간을 정의하는 데 정규분포를 사용할 수 있다. MS_E를 σ^2의 추정치로 사용하면 t 분포를 기초로 하는 신뢰구간을 구할 수 있다. 따라서 i번째 처리의 평균 μ_i의 100(1−α)% 신뢰구간은

$$\bar{y}_{i.} - t_{\alpha/2,N-a}\sqrt{\frac{MS_E}{n}} \leq \mu_i \leq \bar{y}_{i.} + t_{\alpha/2,N-a}\sqrt{\frac{MS_E}{n}} \tag{3.12}$$

이다. 처리의 차이는 자주 실제적인 관심의 대상이다. 어떤 두 처리평균 차이 $\mu_i - \mu_j$에 100(1−α)% 신뢰구간은

$$\bar{y}_{i.} - \bar{y}_{j.} - t_{\alpha/2,N-a}\sqrt{\frac{2MS_E}{n}} \leq \mu_i - \mu_j \leq \bar{y}_{i.} - \bar{y}_{j.} + t_{\alpha/2,N-a}\sqrt{\frac{2MS_E}{n}} \tag{3.13}$$

이다.

예제 3.3 공정을 최적화하기

예제 3.1의 자료를 사용해서 총체적 평균 추정치와 처리효과 추정치를 $\hat{\mu} = 12{,}355/20 = 617.75$와

$$\hat{\tau}_1 = \bar{y}_{1.} - \bar{y}_{..} = 551.20 - 617.75 = -66.55$$
$$\hat{\tau}_2 = \bar{y}_{2.} - \bar{y}_{..} = 587.40 - 617.75 = -30.35$$
$$\hat{\tau}_3 = \bar{y}_{3.} - \bar{y}_{..} = 625.40 - 617.75 = 7.65$$
$$\hat{\tau}_4 = \bar{y}_{4.} - \bar{y}_{..} = 707.00 - 617.75 = 89.25$$

로 찾았다. 95% 처리 4(220 W의 RF 전력)의 평균 신뢰구간은 식 3.12를 통해서

$$707.00 - 2.120\sqrt{\frac{333.70}{5}} \leq \mu_4 \leq 707.00 + 2.120\sqrt{\frac{333.70}{5}}$$

또는

$$707.00 - 17.32 \leq \mu_4 \leq 707.00 + 17.32$$

와 같이 계산할 수 있다. 따라서 구하려고 했던 신뢰구간은 $689.68 \leq \mu_4 \leq 724.32$이다.

동시신뢰구간(*Simultaneous Confidence Intervals*). 식 3.12와 3.13에 있는 신뢰구간의 형태는 한번에 하나(one-at-a-time)의 신뢰구간이다. 즉, 신뢰수준 1−α 하나의 특정한 추정치에만 적용되는 것이다. 그러나 많은 문제에서 실험자는 평균들 사이의 차이 또는 많은 평균들 각각에 대한 하나씩, 여러 개의 신뢰구간을 계산하고 싶을 것이다. 만일 r개의 관심이 있는 100(1−α)% 신뢰구간이 있다면, r개의 구간이 **동시에**(simultaneously) 정확할 확률은 최소한 $1-r\alpha$일 것이다. $r\alpha$는 실험별 오류율(experimentwise error rate) 또는 총체적 신뢰계수라 부른다. 신뢰구간의 집합이 상대적으로 충분한 정보를 알려주지 않으므로, 앞서

구간의 개수 r이 커질 필요가 없다. 예를 들어 5개의 구간($r=5$)과 $\alpha=0.05$(일반적인 선택)를 하였다고 하자. 5개 신뢰구간의 집합에 대한 동시신뢰수준은 최소 0.75이며, $r=10$이고 $\alpha=0.05$이면 최소 0.50이다.

동시신뢰수준이 너무 작지 않게 보장하는 하나의 방법은 한 번에 하나의 신뢰구간 식 3.12와 3.13에 있는 $\alpha/2$를 $\alpha/(2r)$로 바꾸는 것이다. 이것을 **Bonferroni 방법**(Bonferroni method)이라고 하고, 이것이 실험자가 r개의 처리평균 또는 처리평균의 차이에 대한 동시신뢰구간의 집합을 총체적 신뢰수준이 최소 $100(1-\alpha)$가 되도록 구성하는 것을 가능하게 한다. r이 너무 클 때, 이것은 합리적으로 짧은 신뢰구간을 만드는 매우 좋은 방법이다. 추가적인 정보를 원한다면 3장의 보조자료를 참고하길 바란다.

3.3.4 불균형 자료

일부 단일요인실험에서 각 처리 내 관측치의 개수는 다를 수 있다. 이런 상황을 **불균형**(unbalanced)이라고 말한다. 위에 언급한 분산분석이 여전히 사용되지만, 제곱합의 공식에 약간의 변형이 생긴다. i번째 처리($i=1, 2, ..., a$)에서 얻은 관측치를 n_i개라 하고 전체의 관측치의 개수는 $N=\sum_{i=1}^{a} n_i$라고 하자. SS_T와 $SS_{\text{Treatments}}$을 직접 계산하는 공식은

$$SS_T = \sum_{i=1}^{a}\sum_{j=1}^{n_i} y_{ij}^2 - \frac{y_{..}^2}{N} \tag{3.14}$$

와

$$SS_{\text{Treatments}} = \sum_{i=1}^{a} \frac{y_{i.}^2}{n_i} - \frac{y_{..}^2}{N} \tag{3.15}$$

가 된다. 분산분석을 위해 이 이상의 추가적인 공식 변화는 필요하지 않다.

균형 설계를 선택하는 것에는 두 가지 장점이 있다. 우선 a개 처리의 표본크기가 같은 상황에서, 등분산 가정에서 약간 벗어나도 검정통계량이 상대적으로 덜 민감하게 영향을 받는다. 이는 표본크기가 다른 경우에서는 해당하지 않는다. 그리고 표본크기가 같으면 검정력이 최대가 된다.

3.4 모형 적합성 확인

분산분석의 공식(식 3.6)을 통한 관측치 안 변동성의 분해를 순수하게 대수적인 관계로 할 수 있다. 그러나 처리평균들 사이에 차이가 없다는 검정을 하기 위해서 분할을 하려면 어

떤 가정을 만족해야 한다. 정확하게는 이러한 가정들은 관측치들이 다음 모형

$$y_{ij} = \mu + \tau_i + \epsilon_{ij}$$

에 의해서 적절하게 설명된다는 것과 오차들이 독립적으로 평균이 0이고 분산이 알려지지 않은 상수 σ^2인 정규분포를 따른다는 것이다. 이러한 가정들이 타당하다면 분산분석은 처리들 사이에 차이가 없다는 것에 대한 정확한 가설검정이 된다.

그러나 현실에서는 이러한 가정들이 정확하게 지켜지지 않으므로 이러한 가정들이 확인되기 전까지 분산분석에 의존하는 것은 현명하지 않다. 기본 가정과 모형의 타당성의 위반은 **잔차**(residuals)를 조사해서 쉽게 찾을 수 있다. i 처리의 j 관측치의 잔차는

$$e_{ij} = y_{ij} - \hat{y}_{ij} \tag{3.16}$$

으로 정의되고, $\hat{y}_{ij}$는 대응하는 관측치 y_{ij}의 추정치로 다음과 같다.

$$\begin{aligned} \hat{y}_{ij} &= \hat{\mu} + \hat{\tau}_i \\ &= \bar{y}_{..} + (\bar{y}_{i.} - \bar{y}_{..}) \\ &= \bar{y}_{i.} \end{aligned} \tag{3.17}$$

식 3.17은 i번째 처리에 있는 어떤 관측치의 추정치도 단지 처리평균의 대응값이라는 직관적인 결과를 제공한다.

잔차의 조사는 어떤 분산분석을 하더라도 자동적으로 이어지는 부분이어야 한다. 모형이 타당하다면, 잔차는 **구조가 없어야**(structureless) 한다. 즉, 잔차들의 분포가 명백한 형태를 포함하지 않아야 한다. 잔차의 분석을 통해서 많은 종류의 부적절한 모형과 기초 가정의 위반을 찾을 수 있다. 이번 절에서, 모형 진단 검사가 잔차 그래프 분석으로 어떻게 쉽게 이루어지는지, 그리고 여러 가지 일반적으로 발생하는 비정상 자료들을 어떻게 다룰 것인지 볼 것이다.

3.4.1 정규성 가정

정규성 가정의 확인은 잔차의 히스토그램을 그려서 할 수 있다. 만약 오차에 대한 NID(0, σ^2) 가정을 만족한다면, 이 그림은 중심이 0인 정규분포에서 얻은 표본처럼 보여야 할 것이다. 표본이 작으면 불행하게도, 히스토그램의 형태에서 상당한 변동이 발생하므로 정규성에서 조금 벗어난 형태가 가정의 심각한 위반을 의미하지는 않는다. 정규성에서 완벽하게 이탈하는 것은 잠재적으로 추가적인 분석이 필요하다.

잔차의 **정규확률그림**(normal probability plot)을 그리는 것은 매우 유용한 방법이다. 2장에서 t 검정을 사용할 때 정규성의 가정을 확인하기 위해 사용했던 원래 자료의 정규확률그림을 그렸던 것을 생각하자. 분산분석에서 **잔차**(residuals)로 정규확률그림을 그리는 것은

표 3.6 예제 3.1의 에칭 비율 자료와 잔차들

전력 (w)	관측치 (j) 1	2	3	4	5	$\hat{y}_{ij} = \bar{y}_{i\cdot}$
160	23.8 575 (13)	−9.2 542 (14)	−21.2 530 (8)	−12.2 539 (5)	18.8 570 (4)	551.2
180	−22.4 565 (18)	5.6 593 (9)	2.6 590 (6)	−8.4 579 (16)	22.6 610 (17)	587.4
200	−25.4 600 (7)	25.6 651 (19)	−15.4 610 (10)	11.6 637 (20)	3.6 629 (1)	625.4
220	18.0 725 (2)	−7.0 700 (3)	8.0 715 (15)	−22.0 685 (11)	3.0 710 (12)	707.0

* 잔차들은 상자 안에 있는 각 셀에 나타나 있다. 괄호안의 숫자들은 실험이 진행된 순서를 의미한다.

더 효과적이다(그리고 쉽다). 오차의 분포가 정규분포라면, 그림은 직선과 비슷할 것이다. 직선을 시각화할 때에는 극단의 값들보다 그림의 중심값들에 강조를 주어야 한다.

표 3.6은 예제 3.1의 에칭 비율 자료의 원자료와 잔차이다. 잔차의 정규확률그림은 그림 3.4에 있다. 그림을 살펴보면 오차의 분포가 정규분포에 근사한다는 점을 알 수 있다. 정규확률그림의 왼편에서 살짝 아래로 구부러지고 오른편에서 위로 살짝 구부러진 경향은 오차 분포의 꼬리들이 예측한 정규분포의 것보다 다소 **얇다**(thinner)는 것을 의미한다. 즉, 최대 잔차가 (절댓값에서) 기대한 것만큼 크지 않다는 것이다. 그러나 그림이 극도로 정규분포를 벗어난 다른 분포는 아니다.

일반적으로 정규성에서 약간의 이탈은 고정효과 분산분석에서는 관심의 대상이 아니다(3.3.2절의 랜덤화 검정의 논의를 생각하라). 꼬리가 정규분포의 꼬리보다 상당히 두껍거나 얇은 오차의 분포는 기운 분포보다 더 관심의 대상이다. F 검정만 영향을 조금 받기 때문에, 분산분석(그리고 다중 비교와 같이 관련이 있는 절차들)이 정규성 가정에 대해서 **로버스트**(robust)하다고 한다. 정규성에서 이탈하면 일반적으로 검정력이 낮아지며 진짜 신뢰수준과 검정력 모두 알려진 값과 조금 달라지게 된다. 3.9절에서 설명할 랜덤효과모형은 비정규성에 의한 영향을 훨씬 심각하게 받는다.

정규확률그림에 종종 나타나는 매우 일반적인 결함은 하나의 잔차가 다른 어떤 것보다 훨씬 더 크다는 것이다. 이러한 잔차를 **이상점**(outlier)이라고 한다. 하나 또는 그 이상의 이상점의 존재는 분산분석을 심각하게 왜곡할 수 있다. 그래서 잠재적인 이상점이 있을 때는 세심하게 조사해야 한다. 흔한 이상점 발생의 원인은 계산기 또는 자료의 코딩에서 실수하거나 복사할 때 발생하는 오류이다. 이것이 원인이 아니면, 해당 실험의 주변 환경을 자세히 조사해야 한다. 만약 이상한 반응값이 이해할 수 있는 값이라면(높은 강도, 낮은 가격 등), 이상점이 나머지 자료보다 더 많은 정보를 줄 수도 있다. 충분히 합당한 비 통계적인 근거가 있는 게 아니라면, 이상한 관측치를 버리거나 기각할 때 매우 조심해야 한다. 최악의 경우에는 이상점이 있는 것과 그렇지 않은 것, 두 개의 분석을 할 수도 있다.

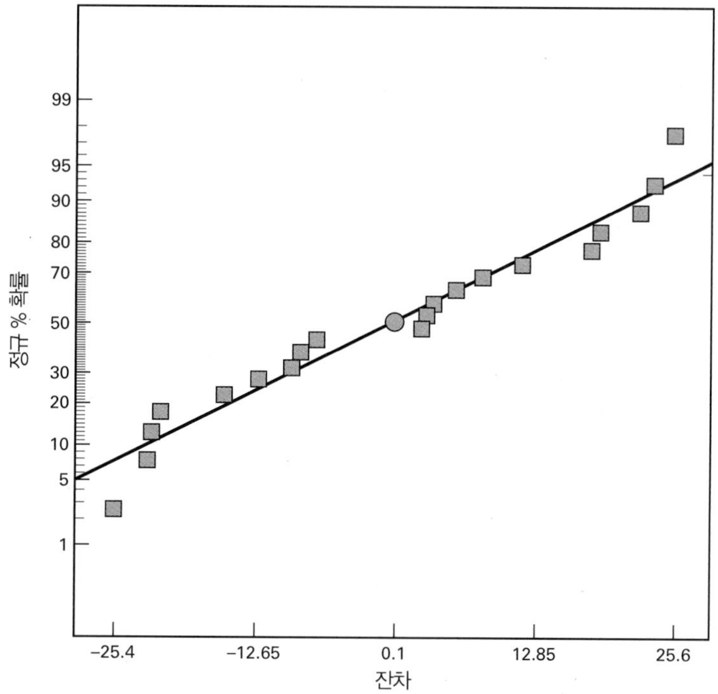

그림 3.4
예제 3.1의 잔차의 정규확률그림

여러 가지 전형적인 통계분석으로 이상점을 찾을 수 있다[Stefansky(1972), John and Prescott(1975), Barnett and Lewis(1994) 참고]. 일부 통계 소프트웨어 패키지는 잔차의 정규확률그림에서 정규성에 대한(Anderson-Darling 검정과 같은) 통계적 검정 결과를 제공한다. 이러한 검정들은 대개 적용된 자료들은 독립이고 잔차들은 독립이 아니라고 가정을 하므로 이것을 주의하여 보아야 한다.

이상점의 대략적인 확인은 **표준화 잔차**(standardized residuals)를 통해 가능하다.

$$d_{ij} = \frac{e_{ij}}{\sqrt{MS_E}} \tag{3.18}$$

오차 ε_{ij}가 NID(0, σ^2)를 따르면, 표준화 잔차도 평균이 0이고 분산이 1인 정규분포를 근사적으로 따라야 한다. 따라서 표준화 잔차의 68%가 경계 ±1 안에 위치하고, 95% 정도는 ±2 안에 있어야 하고, 사실상 모든 값은 ±3 안에 있어야 한다. 0에서 3 또는 4 표본편차 정도 떨어진 값은 잠재적인 이상점이다.

예제 3.1의 인장 강도 자료에서, 정규확률그림에는 이상점를 암시하는 자료가 없다. 게다가 최대 표준화 잔차도 다음과 같으므로

$$d_1 = \frac{e_1}{\sqrt{MS_E}} = \frac{25.6}{\sqrt{333.70}} = \frac{25.6}{18.27} = 1.40$$

걱정할 필요가 없다.

3.4.2 시간 순서로 그린 잔차그림

수집한 자료의 시간 순서로 잔차를 그리는 것은 잔차들 사이의 강한 **상관관계**(correlation)를 찾는 데 도움이 된다. 양의 잔차와 음의 잔차가 계속되는 경향은 양의 상관관계를 의미한다. 이는 오차에 대한 **독립성 가정**(independence assumption)이 위반됐다는 것을 의미한다. 이것은 잠재적으로 심각한 문제이고 바로잡기 어려운 것이므로, 가능하다면 자료가 수집되었을 때 문제를 막는 것이 중요하다. 실험의 적절한 랜덤화는 독립성을 갖추는데 중요한 단계이다.

가끔 실험자(또는 주체)의 기술이 실험이 진행되면서 바뀌거나 연구 중인 공정이 "이동" 또는 더 불규칙할 수도 있다. 이것은 종종 시간에 따라서 오차의 분산에서 변화로 나타난다. 이러한 상황은 한쪽의 끝이 다른 쪽보다 더 퍼진 것을 보여주는 잔차와 시간의 그림으로 나타난다. 일정하지 않은 분산은 잠재적으로 심각한 문제이다. 이 주제에 대한 추가적인 이야기는 3.4.3절과 3.4.4절에서 할 것이다.

표 3.6은 잔차와 인장 강도 자료의 자료 수집의 시간 순서를 나타낸다. 그림 3.5에 이러한 잔차와 수행 순서 또는 시간의 그림이 있다. 그림을 보면 독립성이나 일정한 분산의 가정에 대한 어떠한 위반을 의심할 이유가 없다.

3.4.3 잔차 대 적합값의 그림

모형이 맞고 가정이 충족되면, 잔차는 특정한 구조가 없어야 한다. 특히 예상 반응값을 포함한 어떤 다른 변수와도 관련이 없어야 한다. 간단한 확인은 잔차 대 적합값 $\hat{y}_{ij}$의 그림을 그리는 것이다(단일요인실험 모형에 대해서, $\hat{y}_{ij}=\bar{y}_{i.}$, 즉 i번째 처리의 평균임을 상기하라). 이 그림은 어떤 명백한 형태를 보이지 않아야 한다. 그림 3.6은 예제 3.1의 인장 강도의 자료에 대한 잔차 대 적합값을 그린 것이다. 특이한 구조는 보이지 않는다.

이 그림에서 자주 나타나는 결점의 하나는 **일정하지 않은 분산**(nonconstant variance)이다. 간혹 관측치의 분산은 관측치의 크기가 클수록 증가할 때가 있다. 이것은 오차 또는 실험의 배경 소음이 관측치의 크기에 대해 일정한 비율일 때 그럴 것이다[이것은 일반적으로 많은 측정기구들로 발생한다(이때 오차는 눈금 읽기의 비율이다)]. 그런 경우라면, 잔차는 y_{ij}가 커짐에 따라서 커질 것이고, 잔차 대 $\hat{y}_{ij}$의 그림이 밖으로 열리는 깔때기나 확성기처럼 보일 것이다. 일정하지 않은 분산 또한 자료가 정규분포가 아닌 기운 분포를 따를 때 발생한다. 왜냐하면 기운 분포의 분산이 분포 평균의 함수이기 때문이다.

분산의 동일성 가정이 위반되면, 균형(모든 처리의 표본크기가 같은) 고정효과모형에서 F 검정은 아주 조금 영향을 받는다. 그러나 불균형 설계 또는 하나의 분산이 다른 것에 비해서 매우 큰 경우에는 문제가 조금 더 심각해진다. 특히 큰 분산을 가진 요인의 수준이 표본크기가 더 작다면, 실제 제1종 오류는 예측한 것보다 더 클 것이다(또는 신뢰구간이 명시된 것보다 더 작은 신뢰수준을 가질 것이다). 다시 말해, 큰 분산을 가진 요인의 수준이 표본크기도 크다면, 유의수준이 예측한 것보다 더 작을 것이다(그리고 신뢰수준은 더 높

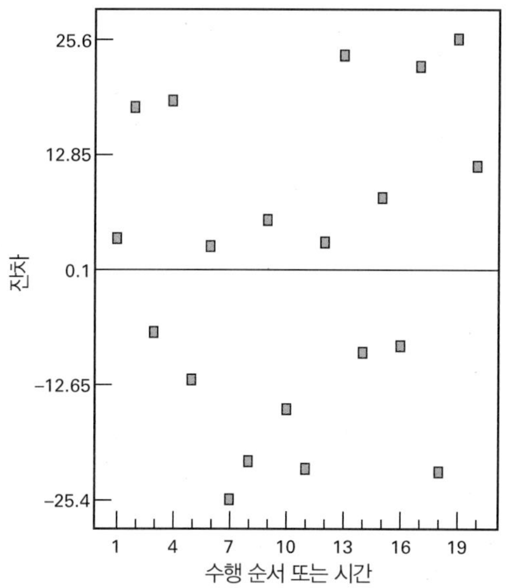

그림 3.5
잔차 대 수행 순서 또는 시간의 그림

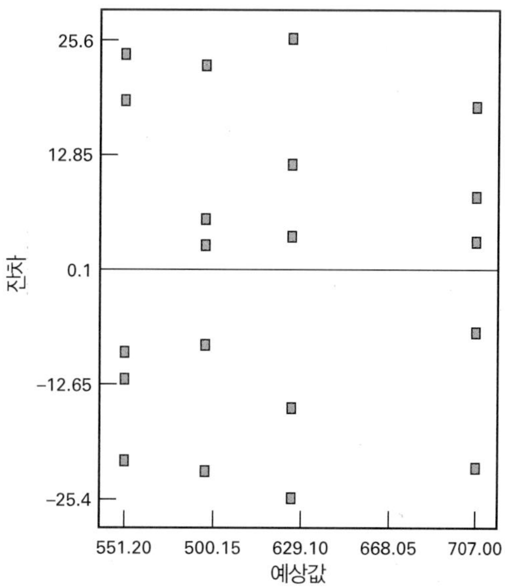

그림 3.6
잔차 대 적합값의 그림

을 것이다). 이것이 가능한 **동일한 표본크기**(equal sample sizes)를 선택하는 이유이다. 랜덤효과모형에 대해서는 균형 설계가 사용되었다 하더라도 일정하지 않은 오차분산은 분산의 요소를 추정하는 데 상당한 방해가 된다.

일정하지 않은 분산은 잔차 대 수행 순서의 그림에서도 종종 나타난다. 밖으로 열리는 깔때기 형태는 시간에 따라서 분산이 증가하고 있다는 것을 의미한다. 운영자/주체의 피로, 기기에 누적된 스트레스, 촉매의 저하와 같은 물질 특성의 변화 또는 공구의 마모, 또는 많은 이유에 따라서 발생할 수 있다.

위와 같은 이유로 발생한 일정하지 않은 분산을 다루는 일반적인 방법은 **분산안정화변환**(variance-stabilizing transformation)을 적용하고 변환된 자료에 대해서 분산분석을 하는 것이다. 이 방법에서 분산분석의 결론을 **변환된** 모집단에 적용하는 것을 알아야 한다.

적절한 변환을 선택하는 많은 연구가 있었다. 실험자들이 관측치의 이론적인 분포를 알고 있다면 변환을 선택하는 데 이 정보를 활용할 것이다. 예를 들어 관측치가 포아송 분포를 따른다면, **제곱근 변환**(square root transformation) $y_{ij}^*=\sqrt{y_{ij}}$ 또는 $y_{ij}^*=\sqrt{1+y_{ij}}$를 사용할 것이다. 자료가 로그 정규분포를 따른다면, **로그변환**(logarithmic transformation) $y_{ij}^*=\log\ y_{ij}$이 적절할 것이다. 분수로 표현된 이항자료의 경우에는 **아크사인 변환**(arcsin transformation) $y_{ij}^*=\arcsin\sqrt{y_{ij}}$이 유용할 것이다. 확실한 변형이 없을 때, 실험자는 대개 평균의 값에 상관없이 분산을 일정하게 만드는 변환을 경험적으로 찾는다. 이번 절의 결론이 적용되는 것에 대해 약간의 안내를 하자면, 5장에서 살펴볼 부분설계에서 다른 방법은 해석하기 쉬운 실험이 되는 교호작용 평균제곱을 최소화하는 변환을 선택한다. 불균등 분산을 위한 변환은 또한 오차의 분포의 형태에도 영향을 미친다. 대부분 변환이 오차의 분포를 정규분포에 가깝게 만든다. 변환의 추가 논의를 위해서 Bartlett(1947), Dolby(1963), Box and Cox(1964), Draper and Hunter(1969)를 참고하길 바란다.

분산의 동일성에 대한 통계적 검정(*Statistical Tests for Equality of Variance*). 분산의 동일성을 검정하기 위해서 잔차그림이 자주 사용되지만, 몇 개의 통계적 검정도 제시되었다. 이런 검정들은 다음 검정

$$H_0 : \sigma_1^2 = \sigma_2^2 = \cdots = \sigma_a^2$$
$$H_1 : \text{최소 하나 이상의 } \sigma_i^2\text{에 대해서}$$

의 전형적인 검정으로 볼 수도 있다.

널리 사용되는 방법은 **Bartlett의 검정**(Bartlett's test)이다. 이 방법은 a개의 표본을 정규 모집단에서 얻었을 때, 그것의 표본분포가 자유도가 $a-1$인 카이제곱분포에 가깝게 근사되는 검정통계량을 계산하는 것과 관련이 있다. 검정통계량은

$$\chi_0^2 = 2.3026\frac{q}{c} \tag{3.19}$$

이다. 여기에서

$$q = (N-a)\log_{10}S_p^2 - \sum_{i=1}^{a}(n_i-1)\log_{10}S_i^2$$
$$c = 1 + \frac{1}{3(a-1)}\left(\sum_{i=1}^{a}(n_i-1)^{-1} - (N-a)^{-1}\right)$$
$$S_p^2 = \frac{\sum_{i=1}^{a}(n_i-1)S_i^2}{N-a}$$

이고 S_i^2은 i번째 모집단의 표본분산이다.

q 값은 표본분산 S_i^2이 크게 달라질 때 크고, 모든 S_i^2이 같을 때 0이 된다. 따라서 χ_0^2의 값이 매우 클 때 귀무가설을 기각해야 한다. 즉,

$$\chi_0^2 > \chi_{\alpha,a-1}^2$$

일 때에만 귀무가설을 기각한다. 여기에서 $\chi_{\alpha,a-1}^2$은 $a-1$의 자유도를 가진 카이제곱분포의 상위 α 백분율점이다. P 값 방법도 사용할 수 있다.

Bartlett의 검정은 정규성 가정에 매우 민감하다. 결과적으로 정규성 가정의 타당성이 의심스러운 상황에서 Bartlett의 검정을 사용하지 않아야 한다.

예제 3.4

플라즈마 에칭 실험에서 정규성 가정은 불확실하지 않다. 그래서 Bartlett의 검정을 에칭 비율 자료에 적용할 수 있다. 먼저 각 처리 내의 표본분산을 계산하여 $S_1^2=400.7$, $S_2^2=280.3$, $S_3^2=421.3$, $S_4^2=232.5$를 찾았다. 그러면

$$S_p^2 = \frac{4(400.7)+4(280.3)+4(421.3)+4(232.5)}{16} = 333.7$$

$$q = 16\log_{10}(333.7) - 4[\log_{10}400.7 + \log_{10}280.3 + \log_{10}421.3 + \log_{10}232.5] = 0.21$$

$$c = 1 + \frac{1}{3(3)}\left(\frac{4}{4} - \frac{1}{16}\right) = 1.10$$

이고 검정통계량은

$$\chi_0^2 = 2.3026\frac{(0.21)}{(1.10)} = 0.43$$

이다. 부록 표 III에서 $\chi^2_{0.05,3}=7.81$(P 값은 $P=0.934$)를 찾을 수 있다. 따라서 귀무가설을 기각할 수 없으므로 5개의 분산이 모두 같다는 주장을 반박할 수 있는 근거가 없다. 이것은 잔차 대 적합값 그림에서 얻을 수 있는 결론과 같은 결론이다.

Bartlett의 검정이 정규성 가정에 민감하기 때문에, 대안의 방법들이 유용한 경우가 많이 있을 것이다. Anderson과 McLean(1974)는 분산의 동일성에 대한 통계적 검정의 유용한 논의를 제시한다. **보정 Levene 검정**(modified Levene test)[Levene(1960)과 Conover, Johnson과 Johnson(1981) 참고]은 정규성의 이탈에 따른 영향을 적게 받는 매우 좋은 검정 절차이다. 모든 처리의 등분산 가설을 검정하기 위해서 보정 Levene 검정은 처리의 중위수 $\tilde{y}_{ij}$와 관측치 y_{ij} 사이의 절대 편차를 사용한다. 절대 편차는

$$d_{ij} = |y_{ij} - \tilde{y}_{i\cdot}| \quad \begin{cases} i = 1, 2, \ldots, a \\ j = 1, 2, \ldots n_i \end{cases}$$

를 사용하여 표현한다. 보정 Levene 검정은 이 편차가 모든 처리의 평균이 같거나 다른지에 대해서 평가한다. 평균 편차가 같다고 밝혀지면, 모든 처리 내 관측치의 분산은 같을 것이다. Levene의 검정의 검정통계량은 일반적인 평균이 같은지 검정하는 것을 절대 편차에 적용한 일반적인 ANOVA의 F 통계량이다.

예제 3.5

토목기사가 홍수 유출의 빈도를 추정하는 4가지 다른 방법이 같은 분수령에 적용되었을 때 첨두유량[3]의 추정치가 같은지 결정하는 데 관심이 있다. 각 방법을 분수령마다 6번씩 적용하였고 그 결과 자료(단위는 입방 피트/초)는 표 3.7의 위쪽 부분에 있다. 표 3.8에 요약된 자료의 분산분석은 4가지 방법의 평균 첨두유량 추정치에 차이가 있다는 것을 암시한다. 깔때기 모양이 일정한 분산의 가정이 충족되지 않는다는 것을 의미하기 때문에 그림 3.7의 잔차 대 적합값 그림은 적절하지 않다.

첨두유량 자료에 보정 Levene 검정을 적용할 것이다. 표 3.7의 위쪽 부분은 처리의 중위수 $\tilde{y}_i$를 포함하고 있

3 최고 수위에 해당하는 유량(역자)

고 아래 부분은 중위수 부근의 편차 d_{ij}를 포함하고 있다. Levene의 검정은 표준분산분석을 d_{ij}에 대해서 수행하는 것으로 구성되었다. 이 자료의 F 검정통계량은 $F_0 = 4.55$이고 P 값은 $P = 0.0137$이다. 따라서 Levene의 검정은 등분산의 귀무가설을 기각하여 근본적으로 그림 3.7의 시각적 조사 진단의 결과를 확인할 수 있다. 첨두유량 자료는 적절한 자료 변환의 예시이다.

표 3.7 첨두유량 자료

추정 방법	관측치						$\bar{y}_{i.}$	$\tilde{y}_i$	S_i
1	0.34	0.12	1.23	0.70	1.75	0.12	0.71	0.520	0.66
2	0.91	2.94	2.14	2.36	2.86	4.55	2.63	2.610	1.09
3	6.31	8.37	9.75	6.09	9.82	7.24	7.93	7.805	1.66
4	17.15	11.82	10.95	17.20	14.35	16.82	14.72	15.59	2.77
추정 방법	**보정 Levene 검정에 대한 편차 d_{ij}**								
1	0.18	0.40	0.71	0.18	1.23	0.40			
2	1.70	0.33	0.47	0.25	0.25	1.94			
3	1.495	0.565	1.945	1.715	2.015	0.565			
4	1.56	3.77	4.64	1.61	1.24	1.23			

표 3.8 첨두유량 자료의 분산분석

변동원인	제곱합	자유도	평균 제곱	F_0	P 값
방법	708.3471	3	236.1157	76.07	< 0.001
오차	62.0811	20	3.1041		
합계	770.4282	23			

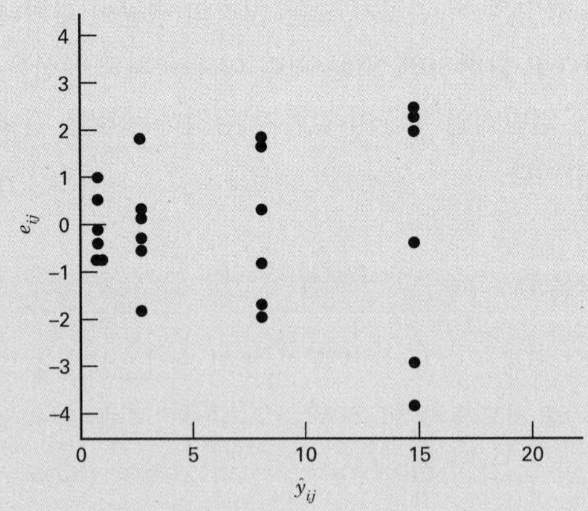

그림 3.7
예제 3.5의 잔차 대 $\hat{y}_{ij}$의 그림

변환의 경험적 선택(*Empirical Selection of Transformation*). 위 실험에서 실험자가 관측치의 분산과 평균 사이의 관계를 알고 있다면, 그것을 이용하여 변환을 선택할 수 있다는 것을 보았다. 이제 추가로 설명을 하며 필요한 변형의 형태를 경험적으로 선택하는 하나의 방법론을 보겠다.

$E(y)=\mu$가 y의 평균이고, y의 표준편차가 y 평균의 거듭제곱에 비례하여

$$\sigma_y \propto \mu^{\alpha}$$

이라고 나타낼 수 있다. 일정한 분산을 산출하는 y의 변환을 찾고 싶다. 변환을 원래 자료의 거듭제곱 형태라고 하면

$$y^{*} = y^{\lambda} \tag{3.20}$$

이고, 이것은 다음과 같이 나타낼 수 있다.

$$\sigma_{y*} \propto \mu^{\lambda+\alpha-1} \tag{3.21}$$

분명히 $\lambda=1-\alpha$라 하면, 변형된 자료 y^{*}의 분산은 일정하다(상수이다).

이전에 설명한 보통의 변환 중 몇 개를 표 3.9에 정리하였다. $\lambda=0$은 로그변환을 의미한다. 이런 변환들을 강도(strength)가 증가하는 순서로 배치하였다. 변환의 강도는 이것이 유도하는 곡률의 크기를 의미한다. 좁은 범위에 걸쳐있는 자료를 가벼운 변환을 하면 분석에 거의 영향이 없는 반면에, 넓은 범위에 걸쳐있는 자료를 강력한 변환을 하면 결과에서 큰 변화를 보일 것이다. 만약 y_{max}/y_{min}의 비율이 2나 3보다 크지 않다면, 변환의 효과가 작다.

반복이 있는 실험설계에서, 경험적으로 자료에서 α를 추정할 수 있다. i번째 처리의 조합은 θ가 비례상수라 할 때, $\sigma_{y_i} \propto \mu_i^{\alpha}=\theta\mu_i^{\alpha}$이므로 로그를 이용해서

$$\log\ \sigma_{y_i} = \log\ \theta + \alpha\ \log\ \mu_i \tag{3.22}$$

를 얻을 수 있다. 따라서 $\log \sigma_{y_i}$ 대 $\log \mu_i$의 그림은 기울기 α인 직선이 된다. σ_{y_i}와 μ_i를 모르기 때문에 식 3.22에서 이 값들을 타당한 추정치로 바꾸고 그 결과로 얻은 적합한 직선의 기울기를 α의 추정치로 사용해야 한다. 일반적으로 i번째 처리의 표준편차 S_i와 평균 $\bar{y}_{i.}$(또는 더 넓게는 i번째 처리의 실험 조건의 조합 또는 집합)을 σ_{y_i}와 μ_i의 추정치로 사용한다.

예제 3.5의 첨두유량 자료에 분산안정화변환을 사용할 수 있는지 조사하기 위해서 $\log S_i$ 대 $\log \mu_i$의 그림을 그림 3.8에 그렸다. 네 점을 지나는 직선의 기울기가 1/2에 가깝고 이것을 표 3.9의 값과 비교하면 제곱근 변환이 적절할 것이다. 변환된 자료 $y^{*}=\sqrt{y}$의 분산분석은 표 3.10에 있고 잔차 대 예측한 반응값의 그림은 그림 3.9에 있다. 이 잔차그림은 그림 3.7보다 훨씬 개선되었다. 그래서 제곱근 변환이 도움이 된다고 결론을 내릴 수 있다. 표 3.10에서 변환 모수 α의 추정을 설명하기 위해서 오차와 전체의 자유도가 1만큼 줄어들었다는 것을 확인할 수 있다.

표 3.9 분산안정화변환들

σ_y와 μ의 관계	α	$\lambda = 1 - \alpha$	변환	비고
$\sigma_y \propto$ 상수	0	1	변환 없음	
$\sigma_y \propto \mu^{1/2}$	1/2	1/2	제곱근	포아송(갯수) 데이터
$\sigma_y \propto \mu$	1	0	로그	
$\sigma_y \propto \mu^{3/2}$	3/2	−1/2	제곱근 역수	
$\sigma_y \propto \mu^2$	2	−1	역수	

표 3.10 첨두유량 자료에의 변환 $y^* = \sqrt{y}$에 대한 분산분석

변동원인	제곱합	자유도	평균 제곱	F_0	P 값
방법	32.6842	3	10.8947	76.99	< 0.001
오차	2.6884	19	0.1415		
합계	35.3726	22			

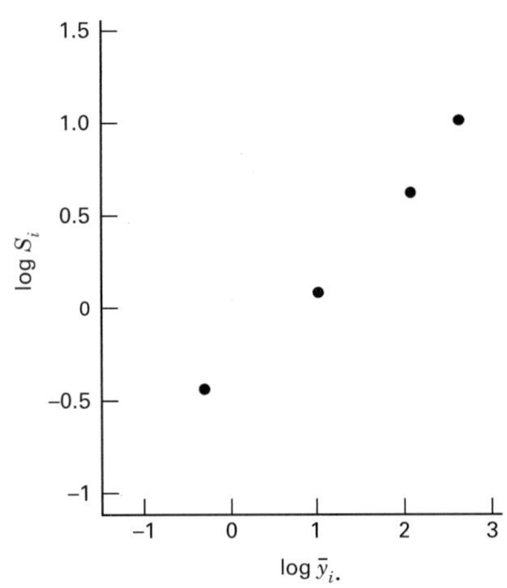

그림 3.8
예제 3.5의 첨두유량 자료의 log S_i 대 log $\bar{y}_{i.}$의 그림

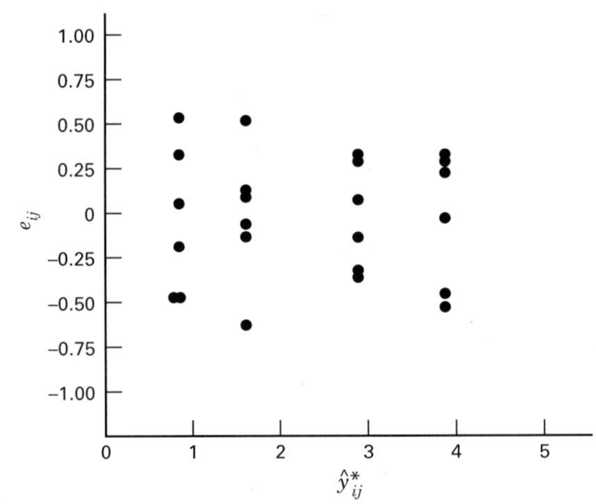

그림 3.9
예제 3.5의 첨두유량 자료의 변형된 자료의 잔차 대 $\hat{y}^*_{ij}$의 그림

실제로 많은 실험자는 여러 가지 대안을 시도하여, 잔차 대 예측 반응값 그림에서 가장 만족스러운 잔차그림을 만드는 변환을 선택한다. 그렇지 않으면, 분산안정화변환을 선택하기 위한 수리적인 대안으로 **Box-Cox** 방법(Box-Cox Method)이라고 부르는 공식이 있다. 이 방법은 많은 소프트웨어 패키지에서 널리 사용할 수 있다.

3.4.4 잔차 대 다른 변수의 그림

반응변수에 영향을 미칠 가능성이 있는 어떤 다른 변수에 대해서 자료들을 수집했다면, 이

러한 변수들에 대해서 잔차그림을 그려보아야 한다. 예를 들어 예제 3.1의 인장 강도 실험에서 강도는 섬유의 두께에 상당한 영향을 받을 것이므로, 섬유의 두께에 대해서 잔차 그림을 그려야 한다. 만약 다른 시험 기계를 자료 수집에 사용하였다면, 잔차에 대한 기계 그림을 그려보아야 한다. 이러한 잔차그림에서 잔차의 분포가 형태를 보인다면 변수가 반응값에 영향을 미치는 것을 의미한다. 이것은 변수가 다음의 실험에서는 더 세심하게 통제되어야 하고 분석에 포함되어야 한다는 것을 의미한다.

3.5 결과의 실용적 해석

시험 수행, 통계적 분석 실행과 기본 가정에 대하여 조사를 한 후에, 실험자는 연구하고 있는 문제에 대한 실용적 결론을 이끌어 나갈 준비가 될 것이다. 이 과정은 상대적으로 쉬우며, 지금까지 살펴보았던 단순한 실험에서 이것은 그림 3.1과 3.2의 산점도와 상자그림 같은 그림을 조사하는 비형식적인 방법으로 수행했을 수도 있다. 그러나 어느 경우에는 수식적이고 정밀한 분석이 필요할 수 있다. 이러한 분석들을 다음 절에서 소개할 예정이다.

3.5.1 회귀모형

실험에 관련된 요인들은 **양적**(quantitative)이거나 **질적**(qualitative)일 수 있다. 양적요인은 온도, 압력 또는 시간과 같은 수치의 크기를 비교할 수 있는 요인의 수준을 가지고 있다. 반면에 질적 요인은 수준을 크기의 순서로 배열할 수 없는 요인이다. 특정한 수치의 순서로 순위를 매길 이유가 없어서 원재료의 한 회 분량, 그리고 근무 교대 조 등이 전형적인 질적 요인이다.

초기 설계와 실험의 분석을 고려할 때는 두 종류의 요인은 일정하게 다뤄진다. 실험자는 요인의 수준들 사이에 어떤 차이가 있다면 그것을 결정하는 데 관심이 있다. 사실 분산분석은 설계요인을 질적요인 또는 범주요인처럼 처리한다. 요인들이 운영자처럼 진짜 질적 요인이라면, 요인의 중간 수준의 값에서 다음의 수행에 대한 반응값을 고려하는 것은 의미가 없다. 그러나 시간과 같은 양적요인은 실험자들이 사용되는 전체 범위, 특히 요인의 중간 수준을 실행했을 때의 반응값에는 관심이 있다. 즉, 수준 1.0, 2.0, 3.0 시간을 시험에서 사용했다면, 2.5시간에서 반응값을 예측하기를 원한다. 그러므로 실험자가 자주 실험에서 반응변수에 대한 보간식을 만들고 싶어 한다. 이런 식이 연구한 공정의 **경험적 모형**(empirical model)이다.

경험적 모형을 적합하는 일반적인 방법은 10장에서 광범위하게 논의할 **회귀분석**(regression analysis)이다. 추가 정보를 원한다면 보조자료를 살펴보길 바란다. 이번 절에서는 예제 3.1의 에칭 비율 자료를 사용하여 이 기술을 간략히 설명하겠다.

그림 3.10은 예제 3.1의 실험에서 에칭 비율 y 대 전원(power) x에 대한 산점도를 그린 것이다. 산점도의 관찰결과 에칭 비율과 전원 사이에 강한 관계가 있다는 것이 명료하다. 첫 번째 근사로서 자료에 **선형모형**(linear model)을 적합할 수 있다. 다시 말해

$$y = \beta_0 + \beta_1 x + \epsilon$$

이다. 여기에서 β_0와 β_1은 추정해야 하는 모수이고 ε은 확률오차항이다. 이 모형에서 모수를 추정하는데, 주로 사용하는 방법은 오차의 제곱합을 최소화하는 β의 추정치를 선택하는 **최소제곱법**(method of least squares)이다. 예제에서 최소제곱의 적합은

$$\hat{y} = 137.62 + 2.527x$$

이다(회귀 방법에 대해서 잘 모른다면 10장을 보고 이번 장의 보조자료를 살펴보길 권한다).

그림 3.10a에 선형모형의 그림이 있다. 그림에서 전력이 높은 상황에서는 모형이 잘 안 맞는 것처럼 보이지만, x의 제곱항을 더하여 개선된 모형을 얻을 수 있다. 그 결과로 도출되는 **2차항 모형**(quadratic model)을 적합하면

$$\hat{y} = 1147.77 - 8.2555\,x + 0.028375\,x^2$$

이다.

2차항 모형은 그림 3.10b에 있다. 2차항 모형이 전력이 높은 상황에서 더 적합해 보이므로 선형모형에 비해서 우수해 보인다.

일반적으로는 시스템이나 공정을 설명하는 가장 낮은 차수의 다항식으로 맞추고 싶어

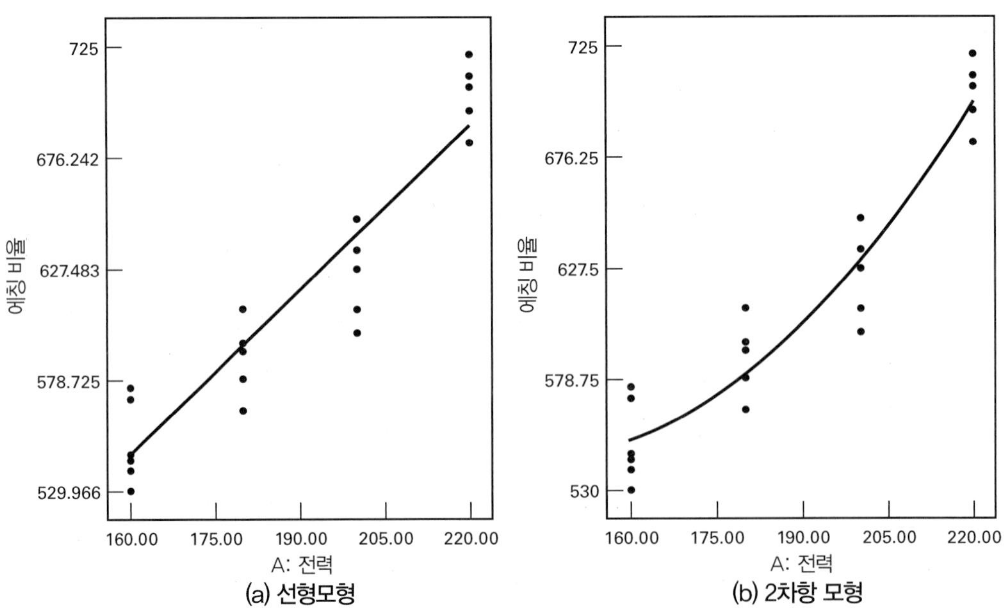

그림 3.10
예제 3.1의 에칭 비율 자료의 회귀모형과 산점도

한다. 예제에서 2차 다항식이 선형모형보다 더 잘 맞추는 것처럼 보이므로 2차항 모형의 추가적이면서 복잡한 것이 정당화된다. 근사 다항식의 차수를 선택하는 것이 항상 쉽지는 않다. 그리고 상대적으로 과적합한 모형이 되기 쉽다. 즉, 높은 차수의 항을 추가하는 것이 적합성을 개선하는 것이 아니라 모형의 복잡성을 증가시키고 간혹 예측 또는 보간식으로서의 모형의 유용성을 손상시키는 경우가 된다.

이 예제에서, 경험적 모형은 실험한 전력의 범위 안에서 전력의 설정에 따른 에칭 비율을 예측하는데 사용할 수 있다. 다른 경우에 실험적 모형을 **공정 최적화**(process optimization), 즉 가장 좋은 반응값을 이끌어내는 설계변수의 수준을 찾는 것이라 한다. 나중에 이 문제를 광범위하게 논의하겠다.

3.5.2 처리의 평균들 비교

귀무가설이 기각된 고정효과모형에 분산분석을 수행한다고 가정하자. 그러면 처리평균들 사이에 차이가 있으나 정확히 어떤 평균들이 차이가 나는지 명확하지 않다. 때로는 이런 상황에서 처리평균의 **집단**(groups) 사이에 추가 비교와 분석이 유용하다. i번째 처리평균은 $\mu_i = \mu + \tau_i$로 정의하고 μ_i를 $\bar{y}_{i.}$로 추정한다. 처리평균들 사이의 비교는 처리의 총합$\{y_{i.}\}$ 또는 처리의 평균 $\bar{y}_{i.}$을 이용해서 만들어진다. 이러한 비교를 하는 절차를 **다중 비교 방법**(multiple comparison methods)이라 한다. 앞으로 몇 개의 절에서 개개의 처리평균들 또는 이러한 평균들의 집단 사이를 비교하는 방법을 논의할 것이다.

3.5.3 평균의 그래픽 비교

분산분석에 따라 평균을 비교하는 그래픽 절차를 개발하기는 매우 쉽다. 관심이 있는 요인에 a개의 수준이 있다고 하고 $\bar{y}_1, \bar{y}_2, \ldots, \bar{y}_a$를 처리의 평균이라 하자. σ를 알면, 처리의 평균의 표준편차는 $\sigma/\sqrt{n}$일 것이다. 결과적으로 만일 모든 요인수준의 평균이 같다면, 관측된 표본평균 $\bar{y}_{i.}$는 평균이 $\bar{y}_{..}$이고 표준편차가 $\sigma/\sqrt{n}$인 정규분포에서 임의로 뽑은 관측치의 집합처럼 보일 것이다. $\bar{y}_1, \bar{y}_2, \ldots, \bar{y}_a$의 축을 따라서 움직이고 있는 정규분포를 그리는 것을 상상해보자. 처리평균이 같다면, 같은 분포에서 $\bar{y}_{i.}$의 값을 뽑는 것이 명백하게 하는 어떤 위치가 있을 것이다. 이런 경우가 아니라면, 이 분포에서 뽑히지 않은 것으로 드러난 $\bar{y}_{i.}$의 값은 다른 평균 반응값을 갖는 요인수준과 관련이 있는 것이다.

이 논리의 유일한 약점은 σ를 모른다는 것이다. Box, Hunter, Hunter(2005)는 분산분석에서 σ를 $\sqrt{MS_E}$로 대체할 수 있고 척도인수 $\sqrt{MS_E/n}$를 가지는 t 분포를 사용할 수 있다고 하였다. 예제 3.1의 에칭 비율 자료를 위한 준비가 그림 3.11에 있다. 그림의 가운데에 있는 실선으로 그려진 t 분포에 집중적으로 살펴보자.

그림 3.11에 있는 t 분포를 그리기 위해서, 간단하게 가로 좌표 t 값에 척도요인을 곱하자.

$$\sqrt{MS_E/n} = \sqrt{330.70/5} = 8.13$$

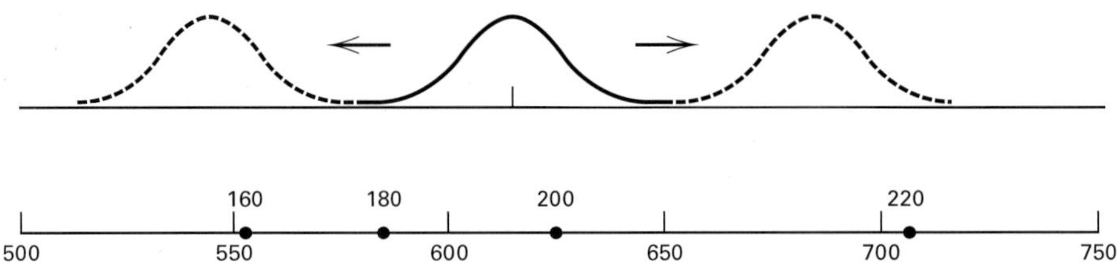

그림 3.11
척도인수 $\sqrt{MS_E/n}=\sqrt{330.70/5}=8.13$를 가진 t 분포와 관련한 예제 3.1의 에칭 비율 평균

이 점에서 t 값의 세로 좌표에 대하여 그린다. t 분포가 훨씬 정규분포처럼 보이기 때문에, 중심 부근에서 약간 납작하고 꼬리가 좀 더 길다는 점을 제외하면 이 그림은 눈으로 쉽게 그릴 수 있다. 더 정확한 것을 원한다면, 가로축의 t 값의 표와 대응하는 세로축의 표가 Box, Hunter, Hunter(2005)에 있다. 비교되는 $\bar{y}_{i.}$의 범위에 있는 분포를 선택하는 것이 일반적으로 최선이지만, 분포가 임의의 원점을 가질 수 있다. 그림 3.11에서 원점은 615 Å/min 이다.

그림 3.11에서 점선으로 표시된 가로축을 따라서 움직이는 t 분포를 상상하고 그림에 있는 4개의 평균을 조사하자. 4개의 평균이 분포에서 임의로 선택된 전형적인 관측치로 간주할 수 있는 그림 분포의 위치가 없다는 것을 알 수 있다. 이것은 4개의 평균이 같지 않다는 것을 의미한다. 따라서 전력의 4개의 수준(160, 180, 200, 220 W) 모두 서로 다른 평균 에칭 비율을 만들어낸다. 다시 말해 $\mu_1 \neq \mu_2 \neq \mu_3 \neq \mu_4$이다.

위의 단순한 절차는 대략적이지만 많은 다중 비교 문제에 대해서 효과적인 기술이다. 그러나 더 공식적인 방법들이 있다. 이러한 절차들에 대해서 간략하게 살펴보자.

3.5.4 대비

여러 다중 비교 방법은 대비(contrast)를 사용한다. 예제 3.1의 플라즈마 에칭 실험을 생각해보자. 귀무가설이 기각되었기 때문에, 일부 전력의 설정이 나머지와 다른 에칭 비율을 만든다는 것을 알고 있다. 그런데 어떤 것이 이러한 차이를 만드는가? 실험을 시작할 때, 200 W와 220 W가 같은 에칭 비율을 만드는 것을 의심을 할 수 있다. 이것은 우리가

$$H_0 : \mu_3 = \mu_4$$
$$H_1 : \mu_3 \neq \mu_4$$

을 가설검정하고 싶거나 또는 유사한

$$\begin{aligned} H_0 &: \mu_3 - \mu_4 = 0 \\ H_1 &: \mu_3 - \mu_4 \neq 0 \end{aligned} \tag{3.23}$$

을 가설검정하고 싶은 것이다. 실험의 시작에서 가장 낮은 수준의 전력의 **평균**이 전력의 가장 높은 수준의 **평균**과 다르지 않다고 생각한다면, 가설은

$$H_0 : \mu_1 + \mu_2 = \mu_3 + \mu_4$$
$$H_1 : \mu_1 + \mu_2 \neq \mu_3 + \mu_4$$

또는

$$H_0 : \mu_1 + \mu_2 - \mu_3 - \mu_4 = 0$$
$$H_1 : \mu_1 + \mu_2 - \mu_3 - \mu_4 \neq 0 \tag{3.24}$$

이 될 것이다.

일반적으로 **대비**(contrast)는 아래의 형태를 가진 모수의 선형 조합이다.

$$\Gamma = \sum_{i=1}^{a} c_i \mu_i$$

여기에서 **대비 상수**(contrast constants) $c_1, c_2, ..., c_a$를 모두 더하면 0이 된다. 즉, $\Sigma_{i=1}^{a} c_i = 0$이다. 위에 있는 두 가설 모두 대비의 형태로 표현할 수 있다.

$$H_0 : \sum_{i=1}^{a} c_i \mu_i = 0$$
$$H_1 : \sum_{i=1}^{a} c_i \mu_i \neq 0 \tag{3.25}$$

식 3.23의 가설의 대비 상수는 $c_1 = c_2 = 0$, $c_3 = +1$, $c_4 = -1$인 반면에 식 3.24에 있는 가설에서는 $c_1 = c_2 = +1$, $c_3 = c_4 = -1$이다.

대비와 관련한 가설검정은 두 개의 기본적인 검정 방법을 이용할 수 있다. 첫 번째 방법은 t 검정을 사용하는 것이다. 관심이 있는 처리의 대비를 **처리의 평균**(treatment averages)으로 표현하면,

$$C = \sum_{i=1}^{a} c_i \bar{y}_{i.}$$

를 얻을 수 있다. 각 처리에서 표본의 크기가 같을 때, C의 분산은

$$V(C) = \frac{\sigma^2}{n} \sum_{i=1}^{a} c_i^2 \tag{3.26}$$

이다. 식 3.25의 가설이 참이라면 비율

$$\frac{\sum_{i=1}^{a} c_i \bar{y}_{i.}}{\sqrt{\frac{\sigma^2}{n} \sum_{i=1}^{a} c_i^2}}$$

은 $N(0, 1)$의 분포를 따른다. 이제 식 3.25의 가설을 검정하기 위해서 알려지지 않은 분산 σ^2을 이것의 추정치인 평균제곱오차 MS_E로 대체하고 검정통계량

$$t_0 = \frac{\sum_{i=1}^{a} c_i \bar{y}_{i.}}{\sqrt{\frac{MS_E}{n} \sum_{i=1}^{a} c_i^2}} \tag{3.27}$$

을 사용하자. 식 3.27 안의 $|t_0|$가 $t_{\alpha/2,N-a}$보다 클 때 귀무가설을 기각할 것이다.

두 번째 방법은 F 검정을 사용하는 것이다. 자유도 v인 t 확률변수의 제곱은 분모 자유도가 1이고 분자 자유도가 v인 F 분포를 따른다. 따라서

$$F_0 = t_0^2 = \frac{\left(\sum_{i=1}^{a} c_i \bar{y}_{i.}\right)^2}{\frac{MS_E}{n} \sum_{i=1}^{a} c_i^2} \tag{3.28}$$

을 식 3.25를 검정하는 F 검정통계량으로 얻을 수 있다. $F_0 > F_{\alpha,1,N-a}$이면, 귀무가설을 기각한다. 식 3.28의 검정통계량을

$$F_0 = \frac{MS_C}{MS_E} = \frac{SS_C/1}{MS_E}$$

처럼 쓸 수도 있다. 여기에서 대비제곱합의 단일 자유도는

$$SS_C = \frac{\left(\sum_{i=1}^{a} c_i \bar{y}_{i.}\right)^2}{\frac{1}{n} \sum_{i=1}^{a} c_i^2} \tag{3.29}$$

이다.

대비의 신뢰구간(*Confidence Interval for a Contrast*). 위의 대비에 대한 가설검정보다 신뢰구간을 만드는 것이 더 유용할 수도 있다. 관심이 있는 대비가

$$\Gamma = \sum_{i=1}^{a} c_i \mu_i$$

라 하자. 처리의 평균을 처리평균으로 대체하면

$$C = \sum_{i=1}^{a} c_i \bar{y}_{i.}$$

을 얻을 수 있다. 왜냐하면

$$E\left(\sum_{i=1}^{a} c_i \bar{y}_{i.}\right) = \sum_{i=1}^{a} c_i \mu_i \quad \text{그리고} \quad V(C) = \sigma^2/n \sum_{i=1}^{a} c_i^2$$

이기 때문에, 대비 $\Sigma_{i=1}^{a} c_i \mu_i$의 $100(1-\alpha)\%$ 신뢰구간은

$$\sum_{i=1}^{a} c_i \bar{y}_{i.} - t_{\alpha/2,N-a}\sqrt{\frac{MS_E}{n}\sum_{i=1}^{a} c_i^2} \leq \sum_{i=1}^{a} c_i \mu_i \leq \sum_{i=1}^{a} c_i \bar{y}_{i.} + t_{\alpha/2,N-a}\sqrt{\frac{MS_E}{n}\sum_{i=1}^{a} c_i^2} \tag{3.30}$$

이다. MS_E를 σ^2의 추정치로 사용하였다. 식 3.30의 신뢰구간이 0을 포함한다면, 식 3.25의 귀무가설을 기각할 수 없을 것이다.

표준화 대비(*Standardized Contrast*). 간혹 하나 이상의 대비에 관심이 있을 때, 그들을 같은 크기에서 평가하는 것이 유용하다. 이렇게 하는 하나의 방법은 σ^2을 갖도록 대비를 표준화하는 것이다. $\Sigma_{i=1}^{a} c_i \mu_i$가 처리의 평균의 관점에서 $\Sigma_{i=1}^{a} c_i \bar{y}_{i.}$으로 표현하면, 이것을 $\sqrt{(1/n)\Sigma_{i=1}^{a} c_i^2}$으로 나누면 분산이 σ^2인 표준화된 대비가 될 것이다. 실질적으로 **표준화 대비**는

$$\sum_{i=1}^{a} c_i^* \bar{y}_{i.}$$

이고 여기에서

$$c_i^* = \frac{c_i}{\sqrt{\frac{1}{n}\sum_{i=1}^{a} c_i^2}}$$

이다.

불균등 표준 크기(*Unequal Sample Sizes*). 각 처리의 표본크기가 다를 때, 위의 결과에서 작은 수정이 필요하다. 우선 대비의 정의가 다음을 필요로 한다.

$$\sum_{i=1}^{a} n_i c_i = 0$$

다른 필요한 변화는 간단하다. 예를 들어 식 3.27의 t 통계량이

$$t_0 = \frac{\sum_{i=1}^{a} c_i \bar{y}_{i.}}{\sqrt{MS_E \sum_{i=1}^{a} \frac{c_i^2}{n_i}}}$$

가 되고 식 3.29의 대비의 제곱합은

$$SS_C = \frac{\left(\sum_{i=1}^{a} c_i \bar{y}_{i.}\right)^2}{\sum_{i=1}^{a} \frac{c_i^2}{n_i}}$$

가 된다.

3.5.5 직교 대비

3.5.4절의 절차의 유용하면서 특이한 경우가 **직교 대비**(orthogonal contrasts)이다. 계수가 $\{c_i\}$, $\{d_i\}$인 두 대비가

$$\sum_{i=1}^{a} c_i d_i = 0$$

또는 불균등 설계에 대해서 만약

$$\sum_{i=1}^{a} c_i d_i / n_i = 0$$

이면, 두 대비는 직교이다. a개의 처리에 대해서 $a-1$개의 직교 대비의 집합은 제곱합을 분할하는데, 이는 처리가 $a-1$개의 독립인 단일 자유도의 구성요소가 되기 때문이다. 따라서 직교 대비에 대한 검정은 독립이다.

처리의 집합에 대한 직교 대비 계수를 고르는 여러 가지 방법이 있다. 실험의 특성이 사실은 관심 있는 대비에 대한 힌트가 된다. 예를 들어 $a=3$개의 처리가 있다면, 처리 1은 통제된 요인이고 처리 2와 3이 실험자가 실제 관심이 있는 요인의 수준이면, 적절한 직교 비교는 다음과 같을 것이다.

처리	직교 대비에 대한 계수	
1 (통제)	−2	0
2 (수준 1)	1	−1
3 (수준 2)	1	1

$c_i = -2, 1, 1$을 가진 대비 1이 통제와 함께 요인의 평균적인 영향을 비교하는 반면에 $d_i = 0, -1, 1$을 가진 대비 2는 관심이 있는 요인 2개의 수준을 비교한다.

일반적으로 대비(또는 직교 대비)의 방법은 **미리 계획된 비교**(preplanned comparisons)의 경우에 유용하다. 즉, 대비는 실험의 수행과 자료의 조사 이전에 명시되어야 한다. 만약 비교가 자료조사 후에 선택이 된다면, 대부분의 실험자들은 관측된 평균의 차이가 큰 것에 대응하는 검정을 설계할 것이기 때문이다. 이때의 차이가 큰 것은 존재하는 실제 영향의 결과일 수도 있고 확률오차의 결과일 수도 있다. 만약 실험자가 지속적으로 가장 큰 차이를 비교하려고만 한다면, 이는 일반적이지 않게 높은 비율로 비교를 선택하는 것이기 때문에 검정의 제1종 오류를 증가시킬 것이다. 잠재적으로 관심이 갈만한 비교를 선택하기 위해서 자료를 조사하는 것은 **자료 훑기**(data snooping)라고 한다. 다음 절에서 논의할 모든 비교를 위한 Scheffé의 방법에서 자료 훑기를 할 수 있다.

예제 3.6

예제 3.1의 플라즈마 에칭 실험을 생각하자. 4개의 처리평균과 이런 처리들 사이에는 3개의 자유도가 있다. 실험을 수행하기 전에 다음 처리평균들 사이의 비교(와 관련된 대비)의 집합이 명시되었다고 하자.

가설	대비
$H_0 : \mu_1 = \mu_2$	$C_1 = \bar{y}_{1.} - \bar{y}_{2.}$
$H_0 : \mu_1 + \mu_2 = \mu_3 + \mu_4$	$C_2 = \bar{y}_{1.} + \bar{y}_{2.} - \bar{y}_{3.} - \bar{y}_{4.}$
$H_0 : \mu_3 = \mu_4$	$C_3 = \bar{y}_{3.} - \bar{y}_{4.}$

대비의 계수들이 직교인 것을 확인하자. 표 3.4의 자료를 사용하여 대비의 수치값과 제곱합이 다음과 같다는 것을 찾을 수 있다.

$$C_1 = +1(551.2) - 1(587.4) = -36.2$$

$$SS_{C_1} = \frac{(-36.2)^2}{\frac{1}{5}(2)} = 3276.10$$

$$C_2 = \begin{matrix} +1(551.2) + 1(587.4) \\ -1(625.4) - 1(707.0) \end{matrix} = -193.8$$

$$SS_{C_2} = \frac{(-193.8)^2}{\frac{1}{5}(4)} = 46{,}948.05$$

$$C_3 = +1(625.4) - 1(707.6) = -81.6$$

$$SS_{C_3} = \frac{(-81.6)^2}{\frac{1}{5}(2)} = 16{,}646.40$$

대비의 제곱합은 완벽하게 처리제곱합을 나눈다. 이러

표 3.11 플라즈마 에칭 실험의 분산분석

변동 요인	제곱합	자유도	평균제곱	F_0	P 값
직교 대비	66,870.55	3	22,290.18	66.80	< 0.001
전력 설정					
$C_1 : \mu_1 = \mu_2$	(3276.10)	1	3276.10	9.82	< 0.01
$C_2 : \mu_1 + \mu_3 = \mu_3 + \mu_4$	(46,948.05)	1	46,948.05	140.69	< 0.001
$C_3 : \mu_3 = \mu_4$	(16,646.40)	1	16,646.40	49.88	< 0.001
오차	5,339.20	16	333.70		
합계	72,209.75	19			

한 직교 대비의 검정은 표 3.11에 나온 것처럼 일반적으로 ANOVA에 포함되어 있다. $\alpha=0.05$ 수준에서 전력 설정의 수준 1과 2 사이 그리고 수준 3과 4 사이의 평균에칭 비율에는 유의한 차이가 있다는 결론과 수준 1과 2의 평균이 수준 3과 4의 평균과 다르다는 결론을 P 값을 통해서 내릴 수 있다.

3.5.6 모든 대비를 비교하는 Scheffé의 방법

많은 경우에 실험자들은 비교하고 싶은 대비에 대해서 미리 알지 못하거나 $a-1$개의 가능한 비교보다 더 많은 것에 관심이 있을 수도 있다. 많은 탐색적 실험에서 관심이 있는 비교는 자료의 예비 조사 후에만 발견된다. Scheffé(1953)는 처리평균들 사이의 가능한 모든 대비를 비교할 수 있는 방법론을 제안하였다. Scheffé의 방법에서 모든 가능한 비교에 대해서 제1종 오류는 아무리 커도 α이다.

관심이 있는 처리평균들에 m개의 대비 집합이

$$\Gamma_u = c_{1u}\mu_1 + c_{2u}\mu_2 + \cdots + c_{au}\mu_a \quad u = 1, 2, \ldots, m \tag{3.31}$$

결정되었다고 하자. 처리평균 $\bar{y}_{i.}$에 대응하는 대비는

$$C_u = c_{1u}\bar{y}_{1.} + c_{2u}\bar{y}_{2.} + \cdots + c_{au}\bar{y}_{a.} \quad u = 1, 2, \ldots, m \tag{3.32}$$

이고 이 대비의 **표준오차**(standard error)는 n_i가 i번째 처리의 관측치의 개수일 때,

$$S_{C_u} = \sqrt{MS_E \sum_{i=1}^{a} (c_{iu}^2/n_i)} \tag{3.33}$$

이다. C_u를 비교해야 하는 임곗값은

$$S_{\alpha,u} = S_{C_u}\sqrt{(a-1)F_{\alpha,a-1,N-a}} \tag{3.34}$$

라고 할 수 있다. 대비 Γ_u가 0에서 유의하게 다르다는 가설을 검정하기 위해서 C_u를 임곗값으로 설정한다. 만약 $|C_u|>S_{\alpha,u}$이면, 대비 Γ_u가 0이라는 귀무가설을 기각한다.

Scheffé의 방법은 모든 가능한 처리들 사이의 대비에 대한 신뢰구간을 만드는 데도 사용할 수 있다. 결과로 얻은 구간, 즉 $C_u-S_{\alpha,u} \le \Gamma_u \le C_u+S_{\alpha,u}$는 이 모든 구간이 동시에 사실일 확률이 최소 $1-\alpha$라는 점에서 **동시신뢰구간**(simultaneous confidence interval)이다.

절차를 설명하기 위해서 예제 3.1의 자료를 참고하자. 관심이 있는 대비는

$$\Gamma_1 = \mu_1 + \mu_2 - \mu_3 - \mu_4$$

과

$$\Gamma_2 = \mu_1 - \mu_4$$

라고 가정하자. 이 대비들의 값은

$$\begin{aligned} C_1 &= \bar{y}_{1.} + \bar{y}_{2.} - \bar{y}_{3.} - \bar{y}_{4.} \\ &= 551.2 + 587.4 - 625.4 - 707.0 = -193.80 \end{aligned}$$

과

$$\begin{aligned} C_2 &= \bar{y}_{1.} - \bar{y}_{4.} \\ &= 551.2 - 707.0 = -155.8 \end{aligned}$$

이다. 식 3.33에서 찾은 표준오차 값은

$$S_{C_1} = \sqrt{MS_E \sum_{i=1}^{5} (c_{i1}^2/n_i)} = \sqrt{333.70(1+1+1+1)/5} = 16.34$$

와

$$S_{C_2} = \sqrt{MS_E \sum_{i=1}^{5} (c_{i2}^2/n_i)} = \sqrt{333.70(1+1)/5} = 11.55$$

이다. 식 3.34에서 1% 임곗값은

$$S_{0.01,1} = S_{C_1}\sqrt{(a-1)F_{0.01,a-1,N-a}} = 16.34\sqrt{3(5.29)} = 65.09$$

과

$$S_{0.01,2} = S_{C_2}\sqrt{(a-1)F_{0.01,a-1,N-a}} = 11.55\sqrt{3(5.29)} = 45.97$$

이다. $|C_1| > S_{0.01,1}$이므로, 대비 $\Gamma_1 = \mu_1 + \mu_2 - \mu_3 - \mu_4$는 0이 아니라고 결론 내릴 수 있다. 즉, 하나의 집단으로서 전력 설정 1과 2의 평균 에칭 비율이, 하나의 집단으로서 전력 설정 3과 4의 평균 에칭 비율과 다르다는 것이다. 추가적으로 $|C_2| > S_{0.01,2}$이므로, $\Gamma_2 = \mu_1 - \mu_4$가 0이 아니라고, 즉 처리 1과 4의 평균 에칭 비율이 유의하게 다르다고 결론을 내릴 수 있다.

3.5.7 처리평균의 쌍의 비교

많은 실제 상황에서 **평균의 쌍들**(pairs of means)만을 비교하고 싶을 것이다. 종종 어떤 평균들이 다른지 보기 위해서 모든 처리평균의 쌍을 검정할 수 있다. 그러므로 모든 $i \neq j$에 대해서 $\Gamma_u = \mu_i - \mu_j$의 형태의 대비를 구하려고 하는 것이다. 이전 절에서 설명한 Scheffé의 방법을 이 문제에 쉽게 적용할 수 있지만, 이는 이런 비교에서 가장 민감한 방법이 아니다. 모든 a개의 모평균들 사이에 짝별 비교를 위해서 특별히 설계된 방법들을 살펴보자.

a개의 처리평균의 모든 쌍을 비교하는 데 관심이 있어서 모든 $i \neq j$에 대해서 H_0: $\mu_i = \mu_j$라는 귀무가설을 가정한다고 하자. 이 문제에 사용할 수 있는 많은 방법이 있다. 여기에서는 이런 경우에 비교를 위한 두 개의 일반적인 방법을 보겠다.

Tukey의 검정(*Tukey's test*). 처리의 평균이 같다는 귀무가설을 기각한 ANOVA에 따라서 모든 $i \neq j$에 대해서

$$H_0 : \mu_i = \mu_j$$
$$H_1 : \mu_i \neq \mu_j$$

모든 평균 비교의 쌍들에 대해서 검정을 하고 싶다고 하자. Tukey(1953)는 표본크기가 같을 때 총체적 유의수준이 정확하게 α이고 표본의 크기가 다를 때는 총체적 유의수준이 최대 α가 되는 가설검정 절차를 제안하였다. 이 방법으로 모든 평균의 쌍의 차이에 대해서 신뢰구간을 만들 수 있다. 이 구간들에서 동시신뢰수준은 표본의 크기가 같을 때는 $100(1-\alpha)\%$이고 표본의 크기가 다를 때에는 최소 $100(1-\alpha)\%$이다. 다시 말해서, Tukey의 절차는 **실험별**(experimentwise) 또는 "족(family)"의 오류율을 선택된 수준 α로 통제한다. 이것은 평균의 쌍에만 관심을 집중했을 때, 훌륭한 자료 훑기 절차이다.

Tukey의 절차는 **스튜던트화 범위 통계량**(studentized range statistic)

$$q = \frac{\bar{y}_{\max} - \bar{y}_{\min}}{\sqrt{MS_E/n}}$$

의 분포를 사용한다. 여기에서 $\bar{y}_{\max}$와 $\bar{y}_{\min}$은 p개의 표본평균 그룹에서 얻은 각각 표본평균의 최댓값과 최솟값이다. 부록 표 V에 f가 MS_E와 관련된 자유도일 때, q의 위쪽 $\alpha\%$ 확률점 $q_\alpha(p, f)$의 값이 있다. 표본크기가 같을 때, Tukey의 검정은 표본 차이의 절댓값이

$$T_\alpha = q_\alpha(a,f)\sqrt{\frac{MS_E}{n}} \tag{3.35}$$

보다 클 때, 두 평균이 유의하게 다르다고 판단한다. 동일하게 모든 평균의 쌍에 대해서 $100(1-\alpha)\%$의 신뢰구간의 집합을 다음과 같이 만들 수 있다.

$$\begin{aligned}\bar{y}_{i.} - \bar{y}_{j.} - q_\alpha(a,f)\sqrt{\frac{MS_E}{n}} &\leq \mu_i - \mu_j \\ &\leq \bar{y}_{i.} - \bar{y}_{j.} + q_\alpha(a,f)\sqrt{\frac{MS_E}{n}}, i \neq j.\end{aligned} \tag{3.36}$$

표본의 크기가 같지 않을 때, 식 3.35와 3.36은

$$T_\alpha = \frac{q_\alpha(a,f)}{\sqrt{2}}\sqrt{MS_E\left(\frac{1}{n_i}+\frac{1}{n_j}\right)} \tag{3.37}$$

과

$$\begin{aligned}\bar{y}_{i.} - \bar{y}_{j.} - \frac{q_\alpha(a,f)}{\sqrt{2}}\sqrt{MS_E\left(\frac{1}{n_i}+\frac{1}{n_j}\right)} &\le \mu_i - \mu_j \\ &\le \bar{y}_{i.} - \bar{y}_{j.} + \frac{q_\alpha(a,f)}{\sqrt{2}}\sqrt{MS_E\left(\frac{1}{n_i}+\frac{1}{n_j}\right)}, i \neq j\end{aligned} \tag{3.38}$$

이 된다. 표본크기가 같지 않은 경우는 Tukey–Kramer 절차(Tukey-Kramer procedure)라고 부르기도 한다.

예제 3.7

Tukey의 검정을 설명하기 위해서, 예제 3.1의 플라즈마 에칭 실험을 사용하자. $\alpha=0.05$, 오차의 자유도 $f=16$을 사용하면, 부록의 표 V에서 $q_{0.05}(4, 16)=4.05$를 찾을 수 있다. 따라서 식 3.35를 따라서

$$T_{0.05} = q_{0.05}(4, 16)\sqrt{\frac{MS_E}{n}} = 4.05\sqrt{\frac{333.70}{5}} = 33.09$$

이다. 그러므로 처리의 평균 차이의 절댓값이 33.09보다 큰 쌍은 해당하는 쌍의 모평균이 유의하게 다르다는 것을 의미한다. 4개의 처리평균은

$$\bar{y}_{1.} = 551.2 \quad \bar{y}_{2.} = 587.4$$
$$\bar{y}_{3.} = 625.4 \quad \bar{y}_{4.} = 707.0$$

이고 평균의 차이는

$$\begin{aligned}\bar{y}_{1.} - \bar{y}_{2.} &= 551.2 - 587.4 = -36.20^*\\ \bar{y}_{1.} - \bar{y}_{3.} &= 551.2 - 625.4 = -74.20^*\\ \bar{y}_{1.} - \bar{y}_{4.} &= 551.2 - 707.0 = -155.8^*\\ \bar{y}_{2.} - \bar{y}_{3.} &= 587.4 - 625.4 = -38.0^*\\ \bar{y}_{2.} - \bar{y}_{4.} &= 587.4 - 707.0 = -119.6^*\\ \bar{y}_{3.} - \bar{y}_{4.} &= 625.4 - 707.0 = -81.60^*\end{aligned}$$

이다. 별 표시가 된 값들이 평균의 쌍이 유의하게 다른 것들이다. Tukey의 절차에 따르면 모든 평균의 쌍이 다름을 알 수 있다. 따라서 한 전력 설정의 에칭 비율이 다른 전력의 설정의 에칭 비율과도 다르다고 할 수 있다.

평균의 쌍별 검정을 위한 절차를 사용할 때, 종종 ANOVA의 총체적 F 검정은 유의해도 평균의 쌍별 비교에서 어떤 유의한 차이를 찾지 못할 수도 있다. 이러한 상황은 F 검정이 쌍별 비교 외에도 처리평균과 관련된 가능한 모든 대비를 동시에 고려하고 있어서 발생한다. 즉, 자료에서 유의한 대비는 $\mu_i-\mu_j$의 형태가 아닐 수 있다.

Tukey의 동일 표본크기의 신뢰구간의 식 3.36에서 전개는 단순하다. 스튜던트화 범위 통계량 q는

$$P\left(\frac{\max(\bar{y}_{i.}-\mu_i)-\min(\bar{y}_{i.}-\mu_i)}{\sqrt{MS_E/n}} \le q_\alpha(a,f)\right)=1-\alpha$$

이다. 만약 $\max(\bar{y}_{i.}-\mu_i)-\min(\bar{y}_{i.}-\mu_i)$가 $q_\alpha(a, f)\sqrt{MS_E/n}$보다 작거나 같으면, 모든 평균의 쌍에 대해서 $|(\bar{y}_{i.}-\mu_i)-(\bar{y}_{i.}-\mu_i)| \le q_\alpha(a, f)\sqrt{MS_E/n}$가 사실이어야 한다. 따라서

$$P\left(-q_\alpha(a,f)\sqrt{\frac{MS_E}{n}} \le \bar{y}_{i.}-\bar{y}_{j.}-(\mu_i-\mu_j) \le q_\alpha(a,f)\sqrt{\frac{MS_E}{n}}\right)=1-\alpha$$

이다. 부등식 사이의 $\mu_i-\mu_j$를 분리하기 위해서 이 표현을 재정리하면 식 3.38에 주어진 $100(1-\alpha)\%$의 동시신뢰구간의 집합이 될 것이다.

Fisher 최소유의차(LSD) 방법(*The Fisher Least Significant Difference (LSD) Method*). 모든 평균의 쌍을 비교하는 Fisher의 방법은 쌍별 비교 각각의 오류율 α를 통제하지만, 실험별 또는 족 오류율을 통제하지는 않는다. 이 절차는 H_0: $\mu_i=\mu_j$를 검정하기 위해서 t 검정통계량을 사용한다.

$$t_0=\frac{\bar{y}_{i.}-\bar{y}_{j.}}{\sqrt{MS_E\left(\frac{1}{n_i}+\frac{1}{n_j}\right)}} \tag{3.39}$$

양측대립가설을 가정하여 만약 $|\bar{y}_{i.}-\bar{y}_{j.}|>t_{\alpha/2,N-a}\sqrt{MS_E(1/n_i+1/n_j)}$이라고 하면, 평균 μ_i와 μ_j의 쌍이 유의하게 다르다고 할 수 있다. 다음의 값

$$\text{LSD}=t_{\alpha/2,N-a}\sqrt{MS_E\left(\frac{1}{n_i}+\frac{1}{n_j}\right)} \tag{3.40}$$

은 **최소유의차**(least significant difference)라고 하며 설계가 균형 설계라면, $n_1=n_2=...=n_a=n$이고

$$\text{LSD}=t_{\alpha/2,N-a}\sqrt{\frac{2MS_E}{n}} \tag{3.41}$$

이다.

Fisher의 LSD를 사용하기 위해서, 간단히 평균의 각각 쌍들 사이에 관측된 차이를 대응하는 LSD와 비교한다. $|\bar{y}_{i.}-\bar{y}_{j.}|>\text{LSD}$이면, 모평균 μ_i와 μ_j가 다르다고 결론을 내린다. 식 3.39에 있는 t 통계량을 사용할 수도 있다.

예제 3.8

예제 2.1의 실험의 자료를 사용하면, $\alpha = 0.05$에서 LSD는

$$\text{LSD} = t_{.025,16}\sqrt{\frac{2MS_E}{n}} = 2.120\sqrt{\frac{2(333.70)}{5}} = 24.49$$

이다. 그러므로 어떤 처리평균의 쌍의 차이의 절댓값이 24.49보다 큰 것은 대응하는 모평균의 쌍이 유의하게 다르다는 것을 의미한다. 평균의 차이는

$$\bar{y}_{1.} - \bar{y}_{2.} = 551.2 - 587.4 = -36.2^*$$
$$\bar{y}_{1.} - \bar{y}_{3.} = 551.2 - 625.4 = -74.2^*$$
$$\bar{y}_{1.} - \bar{y}_{4.} = 551.2 - 707.0 = -155.8^*$$
$$\bar{y}_{2.} - \bar{y}_{3.} = 587.4 - 625.4 = -38.0^*$$
$$\bar{y}_{2.} - \bar{y}_{4.} = 587.4 - 707.0 = -119.6^*$$
$$\bar{y}_{3.} - \bar{y}_{4.} = 625.4 - 707.0 = -81.6^*$$

이다. 별표가 붙은 값들은 평균의 쌍이 유의하게 다르다는 것을 의미한다. 확실히 모든 평균의 쌍이 유의하게 다르다.

이 방법을 사용할 때, 총체적 α 수준의 위험이 상당히 증가한다는 것에 주의하자. 특히 처리의 개수 a가 커질수록, 실험별 혹은 족의 제1종 오류율(전체의 실험에 대하여 최소한 하나의 제1종 오류가 발생할 숫자의 비율)이 커진다.

어떤 쌍별 비교를 사용해야 하는가?(*Which Pairwise Comparison Method Do I use?*) 확실히 이 지점에서 논리적인 질문은 '이런 절차 중에서 어떤 것을 사용해야 하는가?'이다. 불행히도 이 질문에 대한 명백한 답은 없고 통계학자들은 다양한 방법을 쓰는 것에 대해서 반대한다. Carmer와 Swanson(1973)은 여기에서 설명하지 않은 방법을 포함하여 많은 다중 비교 절차에 대해 몬테카를로(Monte Carlo) 시뮬레이션을 하였다. 그들은 ANOVA에서 F 검정이 5% 수준에서 유의한 후에 적용되었을 때에만, 최소유의 차이 방법이 평균의 진짜 차이를 찾는 매우 효과적인 검정이라 보고하였다. 그러나 이 방법은 실험별 오차율(expreimentwise error rate)을 포함하지 않고 있다. Tukey 방법이 총체적 오류율을 통제하기 때문에, 많은 통계학자들이 이것을 사용하는 것을 선호한다.

앞서 설명했듯이 몇 가지 다른 다중 비교 절차들이 있다. 해당 방법들에 대해 자세히 알아보려면 O'Neill과 Wetherill(1971), Miller(1977), Nelson(1989)를 참고하길 바란다. Miller(1991)과 Hsu(1996)의 책 또한 추천한다.

3.5.8 대조군이 있는 처리평균의 비교

많은 실험에서 처리 중 하나는 **대조군**(control)이고, 분석자는 나머지 $a-1$개의 처리평균을 대조군과 비교하려 한다. 따라서 $a-1$ 번만 비교하는 것이다. 이렇게 비교하는 방법은 Dunnett(1964)가 개발하였다. 처리 a가 대조군이고 아래의 가설을 검정하려고 한다고 하자.

$$H_0 : \mu_i = \mu_a$$
$$H_1 : \mu_i \neq \mu_a$$

이때 $i=1, 2, ..., a-1$이다. Dunnett의 방법은 보통의 t 검정의 변형이다. 각 가설에 대해서 표본평균의 관측된 차이를 계산한다.

$$|\bar{y}_{i.} - \bar{y}_{a.}| \quad i = 1, 2, \ldots, a-1$$

만약 아래와 같다면, 귀무가설 H_0: $\mu_i = \mu_a$는 제 1종 오류율 α를 사용해서 기각한다.

$$|\bar{y}_{i.} - \bar{y}_{a.}| > d_\alpha(a-1, f)\sqrt{MS_E\left(\frac{1}{n_i}+\frac{1}{n_a}\right)} \tag{3.42}$$

여기에서 상수 $d_\alpha(a-1, f)$는 부록의 표 VI에 있다(단측과 양측 모두 가능하다). α는 $a-1$개의 검정 모두과 관련이 있는 **결합 유의수준**(joint significance level)이다.

예제 3.9

Dunnett의 검정을 설명하기 위해서 예제 3.1의 실험에서 처리 4가 대조군이라고 생각하자. 이 예제에서, $a=4$, $a-1=3$, $f=16$, $n_i=n=5$이다. 5% 수준에서 부록의 표 VI에서 $d_{0.05}(3, 16)=2.59$를 알 수 있다. 따라서 임계 차이는

$$d_{0.05}(3, 16)\sqrt{\frac{2MS_E}{n}} = 2.59\sqrt{\frac{2(333.70)}{5}} = 29.92$$

이다(위의 결과는 균등 설계에서 얻은 식 3.42을 단순화한 것이다). 따라서 어떤 처리평균과 대조의 차이의 절댓값이 29.92보다 크다면 유의하게 차이가 있다고 할 것이다. 관측된 차이는

$$\begin{aligned}
1 \text{ vs. } 4: \bar{y}_{1.} - \bar{y}_{4.} &= 551.2 - 707.0 = -155.8\\
2 \text{ vs. } 4: \bar{y}_{2.} - \bar{y}_{4.} &= 587.4 - 707.0 = -119.6\\
3 \text{ vs. } 4: \bar{y}_{3.} - \bar{y}_{4.} &= 625.4 - 707.0 = -81.6
\end{aligned}$$

이므로 차이들이 유의하다. 따라서 모든 전력 환경은 대조군과 다르다고 할 수 있다.

처리들을 대조군과 비교할 때, $a-1$개의 남은 처리의 관측치 개수가 같다고 가정하면, 대조군의 처리에 다른 처리들(n개)보다 더 많은 관측치(n_a개)를 사용하는 것은 좋은 생각이다. 비율 n_a/n은 전체 처리 개수의 제곱근과 근사하는 값이 선택되어야 한다. 즉, $n_a/n=\sqrt{a}$를 선택해야 한다.

3.6 컴퓨터 계산결과

실험설계를 지원하고 분산분석을 수행하는 컴퓨터 프로그램들이 널리 사용된다. 이런 프로그램 중 하나인 Design-Expert에서 예제 3.1의 플라즈마 에칭 실험의 자료를 사용하여 얻

은 결과물이 그림 3.12에 있다. "Model"에 대응하는 제곱합은 보통 단일요인설계에 대한 $SS_{\text{Treatments}}$이다. 이제 이를 "A"로 부르겠다. 실험에 한 개 이상의 요인이 있을 때, 모형의 제

Response: Etch Rate

ANOVA for Selected Factorial Model
Analysis of variance table [Partial sum of squares]

Source	Sum of Squares	DF	Mean Square	F Value	Prob > F
Model	66870.55	3	22290.18	66.80	<0.0001 significant
A	*66870.55*	*3*	*22290.18*	*66.80*	*<0.0001*
Pure Error	5338.20	16	333.70		
Cor Total	72209.75	19			

The Model F-value of 66.80 implies that the model is significant. There is only a 0.01% chance that a "Model F-Value" this large could occur due to noise.

Values of "Prob > F" less than 0.0500 indicate that model terms are significant.
In this case, A are significant model terms.
Values greater than 0.1000 indicate that the model terms are not significant.
If there are many insignificant model terms (not counting those required to support hierarchy), model reduction may improve your model.

Std. Dev.	18.27	R-Squared	0.9261
Mean	617.75	Adj R-Squared	0.9122
C.V.	2.96	Pred R-Squared	0.8846
PRESS	8342.50	Adeq Precision	19.071

The "Pred R-Squared" of 0.8845 is in reasonable agreement with the "Adj R-Squared" of 0.9122.

"Adeq Precision" measures the signal-to-noise ratio. A ratio greater than four is disirable. Your ratio of 19.071 indicates an adequate signal. This model can be used to navigate the design space.

Treatment Means (Adjusted, If Necessary)

	Estimated Mean	Standard Error
1-160	551.20	8.17
2-180	587.40	8.17
3-200	625.40	8.17
4-220	707.00	8.17

Treatment	Mean Difference	DF	Standard Error	t for H_0 Coeff = 0	Prob > |t|
1 vs 2	−36.20	1	11.55	−3.13	0.0064
1 vs 3	−74.20	1	11.55	−6.42	<0.0001
1 vs 4	−155.80	1	11.55	−13.49	<0.0001
2 vs 3	−38.00	1	11.55	−3.29	0.0046
2 vs 4	−119.60	1	11.55	−10.35	<0.0001
3 vs 4	−81.60	1	11.55	−7.06	<0.0001

Values of "Prob > |t|" less than 0.0500 indicate that the difference in the treatment means is significant.
Values of "Prob > |t|" greater than 0.1000 indicate that the difference in the two treatment means is not significant.

Diagnostics Case Statistics

Standard Order	Actual Value	Predicted Value	Residual	Leverage	Student Residual	Cook's Distance	Outlier *t*	Run Order
1	575.00	551.20	23.80	0.200	1.457	0.133	1.514	13
2	542.00	551.20	−9.20	0.200	−0.563	0.020	−0.551	14
3	530.00	551.20	−21.20	0.200	−1.298	0.105	−1.328	8
4	539.00	551.20	−12.20	0.200	−0.747	0.035	−0.736	5
5	570.00	551.20	18.80	0.200	1.151	0.083	1.163	4
6	565.00	587.40	−22.40	0.200	−1.371	0.117	−1.413	18
7	593.00	587.40	5.60	0.200	0.343	0.007	0.333	9
8	590.00	587.40	2.60	0.200	0.159	0.002	0.154	6
9	579.00	587.40	−8.40	0.200	−0.514	0.017	−0.502	16
10	610.00	587.40	22.60	0.200	1.383	0.120	1.427	17
11	600.00	625.40	−25.40	0.200	−1.555	0.151	−1.634	7
12	651.00	625.40	25.60	0.200	1.567	0.153	1.649	19
13	610.00	625.40	−15.40	0.200	−0.943	0.056	−0.939	10
14	637.00	625.40	11.60	0.200	0.710	0.032	0.699	20
15	629.00	625.40	3.60	0.200	0.220	0.003	0.214	1
16	725.00	707.00	18.00	0.200	1.102	0.076	1.110	2
17	700.00	707.00	−7.00	0.200	−0.428	0.011	−0.417	3
18	715.00	707.00	8.00	0.200	0.490	0.015	0.478	15
19	685.00	707.00	−22.00	0.200	−1.346	0.113	−1.385	11
20	710.00	707.00	3.00	0.200	0.184	0.002	0.178	12

Proceed to Diagnostic Plots (the next icon in progression). Be sure to look at the
(1) Normal probability plot of the studentized residuals to check for normality of residuals.
(2) Studentized residuals versus predicted values to check for constant error.
(3) Outlier *t* versus run order to look for outliers, i.e., influential values.
(4) Box-Cox plot for power transformations.

If all the model statistics and diagnostic plots are OK, finish up with the Model Graphs icon.

그림 3.12
예제 3.1의 Design-Expert 컴퓨터 계산결과

곱합은 여러 개로 분할된다(A, B 등). 컴퓨터 계산결과의 위쪽 분산분석의 요약이 보통의 제곱합, 자유도, 평균제곱과 검정통계량 F_0을 포함하고 있다. "Prob > F"의 열은 P 값이다 (사실 확률이 0.0001보다 작은 확률은 0.0001로 기본값이 설정되어 있으므로, 정확하게 말하면 P 값의 상한이다).

기본적인 분산분석에 추가로 프로그램은 다른 유용한 정보를 보여준다. "R-squared"를 다음과 같이 정의한다.

$$R^2 = \frac{SS_{\text{Model}}}{SS_{\text{Total}}} = \frac{66,870.55}{72,209.75} = 0.9261$$

이는 대략 ANOVA 모형에 의해서 "설명되는" 자료의 변동성의 비율로 해석된다. 그러므로 플라즈마 에칭 실험에서, "검정력" 요인은 에칭 비율에서 92.61%의 변동성을 설명한다. $0 \le R^2 \le 1$임은 분명하고, 크면 클수록 더 좋은 값이다. 결과물에는 R^2과 같은 몇몇 다른 통계량들도 있다. "보정된" R^2는 기존의 R^2 통계량의 변형으로, 모형의 요인의 개수를 포함한다. 이것은 모형의 항의 개수의 증가 또는 감소의 영향을 평가하고 싶을 때, 여러 개의 설계요인을 가지고 있는 더 복잡한 실험에 유용한 통계량이다. "Std. Dev"는 평균오차제곱의 제곱근, $\sqrt{333.70} = 18.27$이고, "C.V."는 $(\sqrt{MS_E}/\bar{y})100$으로 정의된 변동계수이다. 변동계수는 설명되지 않는 또는 자료 안에 남아있는 변동성을 반응변수 평균의 백분율로 측정한 것이다. "PRESS"는 "예측오차제곱합(prediction error sum of squares)"이라는 의미로, 실험의 모형이 **새로운 실험**에서 반응값을 얼마나 잘 예측할 것 같은지에 대한 척도이다. 작은 PRESS 값이 바람직하다. PRESS에 기초해서 예측을 위한 R^2 값을 계산할 수 있다(이것은 나중에 설명할 것이다). 문제에서 모형이 현재 실험에서 변동성의 약 93%를 설명하는 것을 고려하면, R^2_{Pred}는 0.8845는 그리 합당하지 않은 값은 아니다. "적절한 예측" 통계량은 최대 예측 반응값과 최소 예측 반응값 사이의 차이를 모든 예측 반응값의 평균 표준편차로 나누어서 구한다. 이 값은 큰 것이 바람직하고 이 값이 4를 넘으면 이 모형이 예측에서 괜찮은 성능을 보인다는 것이다.

이 결과물은 처리평균들을 추정하고 표준오차(또는 처리평균의 표본 표준편차, $\sqrt{MS_E/n}$)를 계산하였고. 처리평균의 쌍들 사이의 차이를 3.5.7절에서 설명한 Fisher LSD 방법의 가설검정을 사용하여 조사하였다.

컴퓨터 프로그램은 식 3.16에서 정의한 것처럼 잔차 또한 계산하여 보여주고 있다. 프로그램은 3.4절에서 논의했던 모든 잔차그림도 제공한다. 여러 가지 다른 잔차 진단들도 결과물에 있다. 이들 중 일부는 나중에 설명할 것이다. Design-Expert는

$$r_{ij} = \frac{e_{ij}}{\sqrt{MS_E(1 - \text{Leverage}_{ij})}}$$

로 계산되는 스튜던트화 잔차(결과물에 "Student Residual"라고 되어 있는)를 보여주고 있

다. 여기에서 Leverage$_{ij}$(지렛대)는 모형의 ij번째 관측치의 영향의 척도이다. 지렛대는 10장에서 더 자세히 논의할 것이고 어떻게 계산할 것인지도 다룰 것이다. 스튜던트화 잔차는 일반 잔차나 표준화된 잔차보다 잠재적 이상점을 찾아내는 데 더 효과적이다.

마지막으로 컴퓨터 프로그램은 결과 안에 해석 가이드를 제공한다. 이 권장 정보는 컴퓨터 간 통계 패키지에서 꽤 표준화되어 있다. 이런 가이드라인을 읽을 때는 이들이 굉장히 일반적인 용어로 작성되었고 특정 실험자의 보고서 작성 요구사항에 정확히 부합하지는 않다는 것을 기억해야 한다. 사용자 권한으로 권장 정보를 보이지 않게 처리할 수 있다.

그림 3.13은 플라즈마 에칭 실험에 대한 Minitab 결과물이다. 결과물은 그림 3.12의 Design-Expert의 결과물과 매우 비슷하다. 개별 처리평균의 신뢰구간을 제공하고 평균의 쌍의 비교는 Tukey의 방법을 이용하였다. 그러나 그림에서 나타낸 Tukey의 방법은 3.5.7절에서 사용한 가설검정의 형태가 아닌 신뢰구간의 형태이다. Tukey의 신뢰구간이 0을 포함

One-way ANOVA: Etch Rate versus Power

```
Source   DF      SS      MS      F      P
Power     3   66871   22290  66.80  0.000
Error    16    5339     334
Total    19   72210

S = 18.27   R-Sq = 92.61%   R-Sq (adj) = 91.22%

                                 Individual 95% CIs For Mean Based on
                                 Pooled StDev
Level  N    Mean  Std.Dev.   ----+---------+---------+---------+----
160    5  551.20     20.02   (--*--)
180    5  587.40     16.74          (--*--)
200    5  625.40     20.53                  (--*--)
220    5  707.00     15.25                                (--*--)
                             ----+---------+---------+---------+----
                                550       600       650       700

Pooled Std. Dev. = 18.27

Turkey 95% Simultaneous Confidence Intervals
All Pairwise Comparisons among Levels of Power

Individual confidence level = 98.87%

Power = 160 subtracted from

Power   Lower  Center   Upper   ----+---------+---------+---------+----
180      3.11   36.20   69.29             (--*--)
200     41.11   74.20  107.29                (--*--)
220    122.71  155.80  188.89                        (--*--)
                                ----+---------+---------+---------+----
                                 -100         0       100       200

Power = 180 subtracted from

Power   Lower  Center   Upper   ----+---------+---------+---------+----
200      4.91   38.00   71.09             (--*--)
220     86.51  119.60  152.69                     (--*--)
                                ----+---------+---------+---------+----
                                 -100         0       100       200

Power = 200 subtracted from

Power   Lower  Center   Upper   ----+---------+---------+---------+----
220     48.51   81.60  114.69                 (--*--)
                                ----+---------+---------+---------+----
                                 -100         0       100       200
```

그림 3.13
예제 3.1의 Minitab 결과물

하고 있기 때문에 모든 평균이 다르다고 결론을 내릴 것이다.

그림 3.14는 예제 3.1의 플라즈마 에칭 실험의 JMP의 결과물이다. 결과물의 정보는 Design-Expert나 Minitab과 매우 유사하다. 실제 관측치 대 예측값의 그림과 잔차 대 예측

Response Etch rate
Whole Model

Actual by Predicted Plot

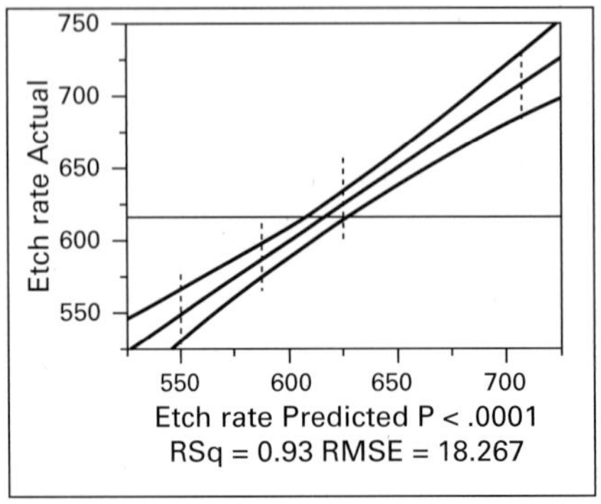

Summary of Fit

RSquare	0.92606
RSquare Adj	0.912196
Root Mean Square Error	18.26746
Mean of Response	617.75
Observations (or Sum Wgts)	20

Analysis of Variance

Source	DF	Sum of Squares	Mean Square	*F* Ratio
Model	3	66870.550	22290.2	66.7971
Error	16	5339.200	333.7	Prob> F
C.Total	19	72209.750		<.0001

Effect Tests

Source	Nparm	DF	Sum of Squares	F Ratio	Prob > F
RF power	3	3	66870.550	66.7971	<.0001

Residual by Predicted Plot

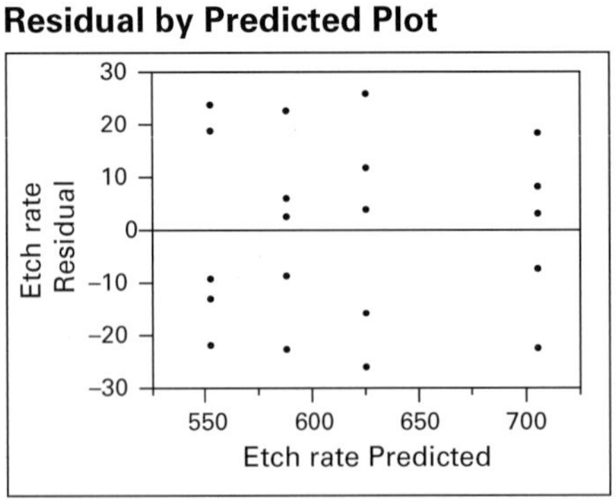

RF power

Least Squares Means Table

Level	Least Sq Mean	Std Error	Mean
160	551.20000	8.1694553	551.200
180	587.40000	8.1694553	587.400
200	625.40000	8.1694553	625.400
220	707.00000	8.1694553	707.000

그림 3.14
예제 3.1의 JMP 결과물

값의 그림은 기본값으로 제공된다. JMP에서는 모든 평균의 쌍을 비교하는데 Fisher LSD 또는 Tukey의 방법을 선택할 수 있다.

3.7 표본크기의 결정

실험설계의 문제에서 중요한 결정은 표본크기, 즉 반복 수행할 횟수를 결정하는 것이다. 일반적으로 실험자가 작은 효과를 찾으려 한다면, 큰 효과를 찾는 것보다 더 많은 반복수가 필요하다. 이번 절에서 표본크기를 결정하기 위한 여러 가지 방법을 논의할 것이다. 논의가 단일요인설계에 집중되어 있지만, 대부분의 방법을 더 복잡한 실험의 상황에도 적용할 수 있다.

3.7.1 운영특성 곡선

운영특성(OC) 곡선(operation characteristic curve)은 특정한 표본크기에서 제2종 오류(β) 확률 대 귀무가설이 거짓인 규모까지 반영한 모수의 그림이다. 혹은 그 대안으로 검정력 곡선이 있는데 이는 검정력(혹은 $1-\beta$) 대비 해당 모수들을 그린 그림이다. 검정력 곡선과 OC 곡선은 소프트웨어로 쉽게 그릴 수 있으며, 실험자에게 처리 내의 중요한 잠재적 차이에 민감하게 반응할만한 반복수를 찾는 좋은 안내 지표로 사용할 수 있다.

처리들의 표본크기가 같은 경우에 대한 고정효과모형의 제2종 오류의 확률을 고려하면,

$$\begin{aligned}\beta &= 1-P\{\text{기각 } H_0 \mid H_0\text{이 거짓일 때}\}\\ &= 1-P(F_0 > F_{\alpha,a-1,N-a} \mid H_0\text{이 거짓일 때}\}\end{aligned} \tag{3.43}$$

이다. 식 3.43의 확률을 평가하기 위해서, 귀무가설이 거짓일 때 검정통계량 F_0의 분포를 알아야 한다. H_0가 거짓이면 검정통계량 $F_0 = MS_{\text{Treatments}}/MS_E$의 자유도가 $a-1$과 $N-a$이고, 비중심 모수가 δ인 **비중심** F(noncentral F) 확률변수의 분포를 따른다는 것을 증명할 수 있다. 만약 $\delta=0$이면, 비중심 F 분포는 보통의 (중심) F 분포가 된다.

표본크기 결정을 JMP를 통해 어떻게 하는지 설명하겠다. 예제 3.1의 플라즈마 에칭 실험을 생각해 보자. 실험자가 귀무가설을 적어도 0.9의 확률(검정력=0.9)로 기각하고 싶다고 하고 실제 평균의 차이가 다음과 같다고 하자.

$$\mu_1 = 575,\ \mu_2 = 600,\ \mu_3 = 650,\ \mu_4 = 675$$

실험자는 에칭률의 표준편차가 $\sigma = 25$ Å/min보다는 커지지 않을 것으로 생각한다. 여러 평균을 비교하기 위한 JMP의 검정력과 표본크기 창의 입력과 출력은 다음의 디스플레이처럼 되어 있다.

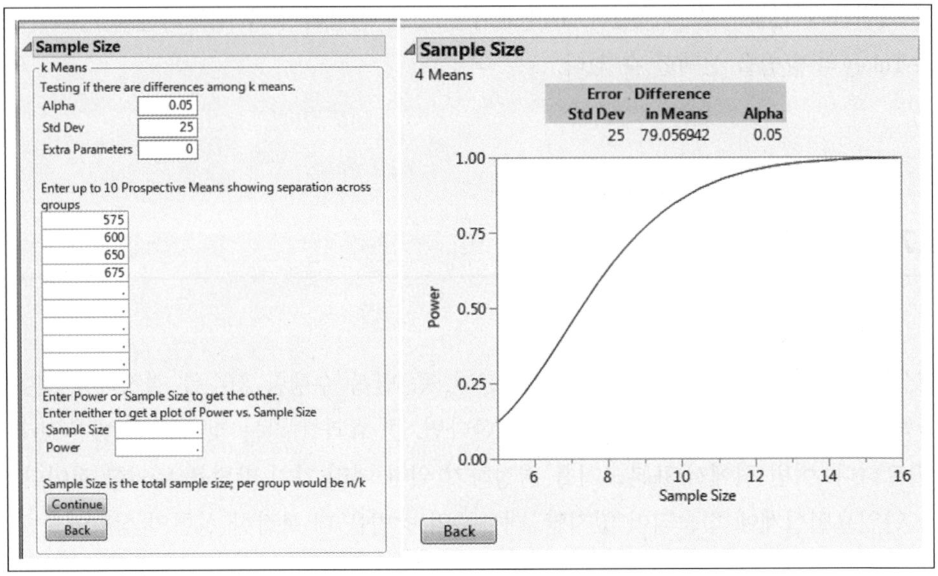

우측의 그래프는 표본크기 대 검정력의 그림이다. 이 그림은 0.90의 검정력을 얻기 위해서는 적어도 4번의 반복수가 필요함을 나타낸다.

이렇게 접근해서 표본크기를 결정하는 것의 잠재적인 문제는 표본크기 결정이 기반이 될 처리평균의 집합을 정하는 것이 어렵다는 점이다. 그 대안으로 모든 두 처리평균이 특정값보다는 클 때, 그 값을 통해 귀무가설을 기각할 수 있을 만큼의 표본크기를 사용하는 것이다.

Minitab은 이 방법을 이용하여 단변량 ANOVA들을 통해 표본크기를 결정하고 검정력을 계산한다. 다음의 결과창을 보았을 때,

```
Power and Sample Size

One-way ANOVA

Alpha = 0.01 Assumed standard deviation = 25
Number of Levels = 4

                  Sample                          Maximum
SS Means            Size             Power     Difference
  2812.5               5          0.804838             75

The sample size is for each level.

Power and Sample Size

One-way ANOVA

Alpha = 0.01 Assumed standard deviation = 25
Number of Levels 5 4

               Sample    Target                        Maximum
SS Means         Size     Power    Actual Power     Difference
  2812.5            6       0.9        0.915384             75

The sample size is for each level.
```

위 그림의 위쪽 부분에서 최고 처리평균이 75이고, $n=5$일 때의 검정력을 계산하라고 Minitab에 설정하였다. 이 결과창의 하단부에는 적어도 0.90보다 큰 검정력을 얻기 위해 실험자가 선택해야 할 표본크기가 나타나 있다.

3.7.2 신뢰구간 추정 방법

이 방법은 실험자가 마지막 결과를 신뢰구간으로 표현하고자 하고 실험자가 이 신뢰구간이 얼마나 넓을지 미리 명시한다고 가정한다. 예를 들어 예제 3.1의 플라즈마 에칭 실험에서 어떤 전력 설정에서도 평균 에칭 비율의 차이에 대한 95% 신뢰구간이 ±30 Å/min이기를 원하고 σ의 이전 추정치가 25라고 하자. 그러면, 식 3.13을 이용하여 신뢰구간이

$$\pm t_{\alpha/2,N-a}\sqrt{\frac{2MS_E}{n}}$$

라는 것을 알 수 있다. $n=5$ 반복을 한다고 하자. $\sigma^2=(25)^2=625$를 MS_E의 추정치로 사용하면, 신뢰구간의 정확도는

$$\pm 2.120\sqrt{\frac{2(625)}{5}} = \pm 33.52$$

이 되지만 이는 원하는 상황이 아니다. $n=6$으로 다시 구해보면,

$$\pm 2.086\sqrt{\frac{2(625)}{6}} = \pm 30.11$$

이고, $n=7$일 때는

$$\pm 2.064\sqrt{\frac{2(625)}{7}} = \pm 27.58$$

이 된다. $n=7$이 요구한 정확도를 제공하는 가장 작은 표본의 크기이다.

위에서 제시된 신뢰수준은 신뢰수준 한 개씩에만 적용된다. 그러나 실험자가 **결합**(joint) 또는 **동시신뢰문**(simultaneous confidence statement)이 구성되는 신뢰구간의 **집합**을 미리 명시하기를 원한다면, 동일한 포괄적인 방법을 사용할 수 있다(3.3.3절의 동시신뢰구간 참고). 게다가 위에서 설명한 쌍체비교보다 더 포괄적인 처리평균의 대비에 대해서 신뢰구간을 구성할 수도 있다.

3.8 단일요인실험의 다른 예들

3.8.1 초콜릿과 심혈관 건강

*Nature*의 논문 중에 초콜릿 소비가 심혈관 건강에 미치는 영향을 조사하는 실험이 있다("Plasma Antioxidants from Chocolate", Nature, Vol.424. 2003, pp. 1013). 실험은 세 가지 종류의 초콜릿(다크초콜릿 100 g, 전지우유 200 mL를 쓴 다크초콜릿 100 g, 200 g의 밀크초콜릿)으로 구성되어 있다. 평균 나이의 범위가 32.2±1세이고, 평균 몸무게가 65.8±3.1 kg, 체질량지수가 21.9±0.4 kg m^{-2}인 여자 7명, 남자 5명의 12명을 실험대상으로 하였다. 다른 날짜에 실험대상은 초콜릿 요인의 수준 중 하나를 섭취하고 한 시간 후에 그들의 혈장의 산화 방지제 수용력을 한 번씩 측정하였다. 논문의 자료를 요약한 것이 표 3.12에 있다.

그림 3.15는 이 실험에서 얻은 상자그림을 나타낸 것이다. 다크초콜릿을 먹은 지 한 시간 후의 혈액의 산화 방지제 수용력이 다른 두 개의 처리보다 더 높다는 결과가 나왔다. 세 개의 모든 처리의 처리 내의 변동성은 비슷해 보인다. 표 3.13은 Minitab의 ANOVA 결과물이다. 검정통계량이 매우 유의하여 처리평균 중 일부가 다르다는 것을 알 수 있다(Minitab의 P 값이 0.000이라고 보고하였으나 이는 명백히 틀린 것이다. 왜냐하면 P 값은 0이 될 수 없기 때문이다. 여기에서 의미는 P 값이 0.001보다 작다는 것이다). 결과물은 이 실험의 Fisher LSD 분석도 포함하고 있는데, 이 결과를 보면 다크초콜릿을 먹은 후의 평균 산화 방지제 수용력이 다크초콜릿과 우유를 섭취한 경우나 밀크초콜릿만 먹은 경우보다 더 높다. 또한 다크초콜릿과 우유를 섭취한 경우와 밀크초콜릿만 먹은 경우는 수용력이 같다. 그림 3.16은 잔차의 정규확률그림이고 그림 3.17은 잔차 대 예측값의 그림이다. 그림들을 살펴보면 모형의 가정에 대한 어떤 문제도 없어 보인다. 다크초콜릿을 먹으면 다크초콜릿과 우유를 함께 먹은 것이나 밀크초콜릿만 먹은 것보다 한 시간 뒤 더 높은 평균 혈액 내 산화 방지제 수용력을 보인다고 결론지을 수 있다.

표 3.12 초콜릿 섭취 한 시간 후 혈장 수준

	관측치											
요인	1	2	3	4	5	6	7	8	9	10	11	12
DC	118.8	122.6	115.6	113.6	119.5	115.9	115.8	115.1	116.9	115.4	115.6	107.9
DC + MK	105.4	101.1	102.7	97.1	101.9	98.9	100.0	99.8	102.6	100.9	104.5	93.5
MC	102.1	105.8	99.6	102.7	98.8	100.9	102.8	98.7	94.7	97.8	99.7	98.6

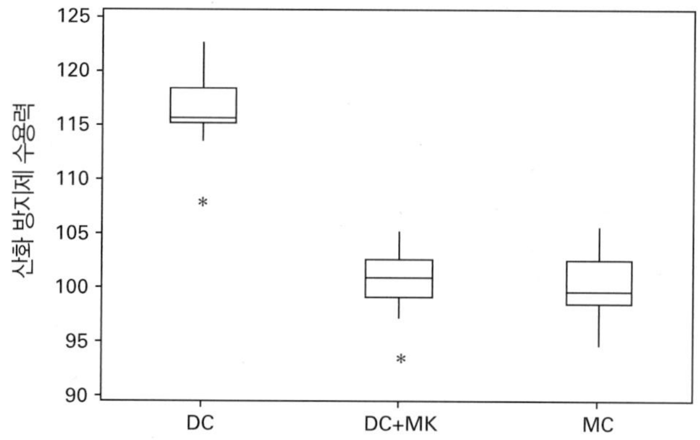

그림 3.15 초콜릿 섭취 실험의 혈액의 산화 방지제 수용력 자료의 상자그림

표 3.13 Minitab의 ANOVA 결과물, 초콜릿 섭취 실험

One-way ANOVA: DC, DC+MK, MC

```
Source  DF      SS     MS      F      P
Factor   2  1952.6  976.3  93.58  0.000
Error   33   344.3   10.4
Total   35  2296.9

S = 3.230   R-Sq = 85.01%   R-Sq(adj) = 84.10%

                               Individual 95% CIs For Mean Based on
                               Pooled StDev
Level    N    Mean  StDev     ---+---------+---------+---------+------
DC      12  116.06   3.53                                  (---*---)
DC+MK   12  100.70   3.24      (--*---)
MC      12  100.18   2.89     (--*---)
                              ---+---------+---------+---------+------
                             100.0     105.0     110.0     115.0

Pooled StDev = 3.23

Fisher 95% Individual Confidence Intervals
All Pairwise Comparisons
Simultaneous confidence level = 88.02
DC subtracted from:

          Lower   Center    Upper     -+---------+---------+---------+---
DC+MK   -18.041  -15.358  -12.675       (---*----)
MC      -18.558  -15.875  -13.192      (----*---)
                                      -+---------+---------+---------+---
                                    -18.0     -12.0      -6.0       0.0

DC+MK subtracted from:

       Lower  Center   Upper      -+---------+---------+---------+--------
MC    -3.200  -0.517   2.166                                (---*----)
                                  -+---------+---------+---------+--------
                                -18.0     -12.0      -6.0       0.0
```

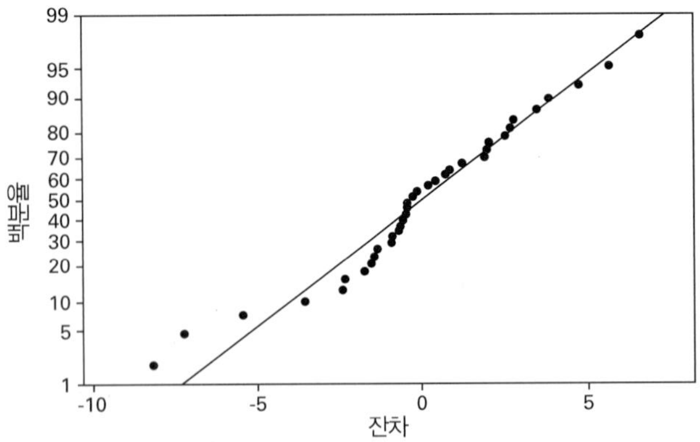

그림 3.16
초콜릿 섭취 실험의 잔차의 정규확률그림

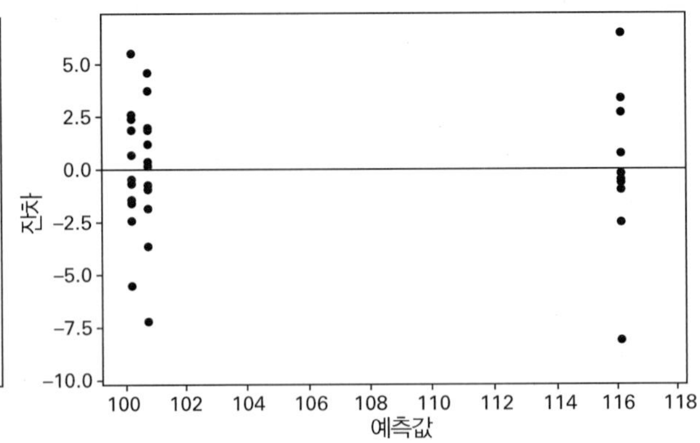

그림 3.17
초콜릿 섭취 실험의 잔차 대 예측값의 그림

3.8.2 실물경제에서의 실험설계의 적용

실험설계는 새로운 상품의 설계와 기존의 것의 개선, 새로운 생산 공정의 개발 및 공정의 개선을 포함하여 제조업에 엄청난 영향을 끼쳐왔다. 지난 15년 동안, 실험설계는 이런 전통적인 분야 이외의 다양한 분야에서 광범위하게 사용되기 시작하였다. 이러한 응용은 금융서비스, 통신, 건강관리, 전자상거래, 법률서비스, 마케팅, 물류와 운송, 그리고 많은 제조산업의 비제조적 구성요소 안에 있다. 이러한 산업의 종류를 실물경제라 한다. 제조업은 전체 미국 경제의 20%를 책임지고 있다고 추정되었으므로 실물경제에서 실험설계의 응용은 그 중요성이 더 커지고 있다. 이번 절에서 마케팅에서 사용하는 실험설계의 예를 살펴볼 것이다.

청량음료 배급회사는 통로 끝에 진열하는 것이 상품의 판매를 증가시키는 하나의 효과적인 방법이라는 것을 알고 있다. 그러나 이러한 진열대를 구성하는 여러 가지 방법(다양한 표시된 글자, 사용된 색깔, 그리고 시각적인 모양을 따라서 배치하는 등)이 있다. 마케팅 그룹은 3개의 새로운 복도 끝 진열 디자인에 대해 그 효과성을 시험하려 한다. 실험자들은 연구에 참가할 만한 크기와 종류가 비슷한 15개의 가게를 골랐다. 각 가게에서 한 달 동안 한 종류의 진열 디자인을 시험할 것이다. 진열 디자인은 가게마다 임의로 배정되었고, 한 디자인 당 5곳의 가게에서 시험하였다. 반응변수는 복도 끝 진열대가 사용되지 않았을 때 가게의 전형적인 판매량 대비 판매 활동의 증가 비율이다. 이 실험의 자료는 표 3.14에 있다.

표 3.15는 JMP를 사용하여 복도 끝 진열 실험을 분석한 것이다. ANOVA에서 모형의 *F* 통계량에 대한 *P* 값은 세 종류의 진열 디자인 사이의 평균 판매 비율 증가에 차이가 있다

표 3.14 복도 끝 진열대 실험설계

진열대 설계	판매량 증가 비율의 표본 관측치				
1	5.43	5.71	6.22	6.01	5.29
2	6.24	6.71	5.98	5.66	6.60
3	8.79	9.20	7.90	8.15	7.55

표 3.15 복도 끝 진열 실험의 JMP 결과물(계속)

Response Sales Increase

Whole Model

Actual by Predicted Plot

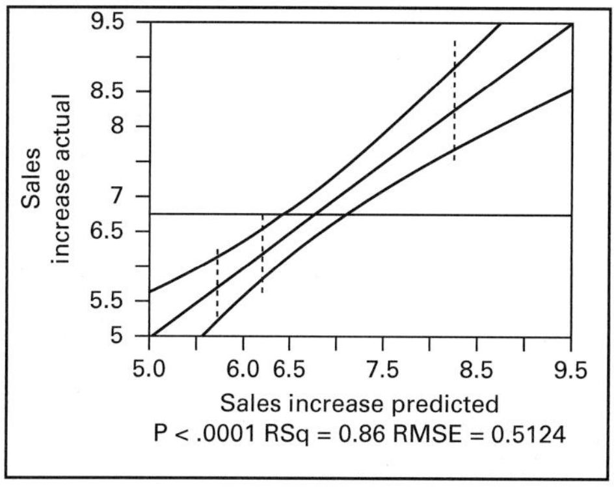

Summary of Fit

RSquare	0.856364
RSquare Adj	0.832425
Root Mean Square Error	0.512383
Mean of Response	6.762667
Observations (or Sum Wgts)	15

Analysis of Variance

Source	DF	Sum of Squares	Mean Square	F Ratio
Model	2	18.783053	9.39153	35.7722
Error	12	3.150440	0.26254	Prob > *F*
C.Total	14	21.933493		< .0001

Effect Tests

Source	Nparm	DF	Sum of Squares	F Ratio	Prob > *F*
Display	2	2	18.783053	35.7722	< .001

Residual by Predicted Plot

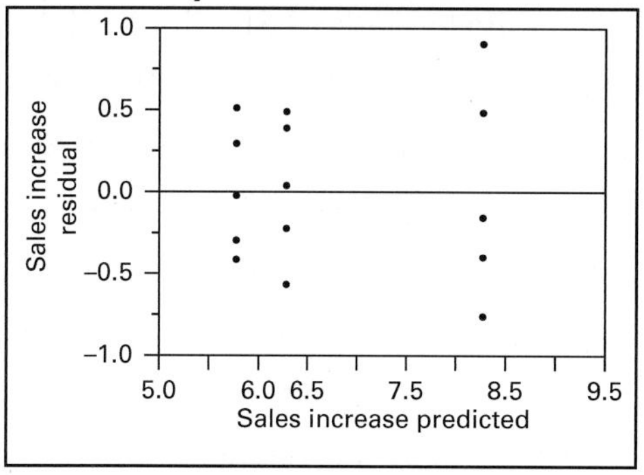

표 3.15 복도 끝 진열 실험의 JMP 결과물

Least Squares Means Table

Level	Least Sq Mean	Std Error	Mean
1	5.7320000	0.22914479	5.73200
2	6.2380000	0.22914479	6.23800
3	8.3180000	0.22914479	8.31800

LSMeans Differences Student's t

$a = 0.050$ $t = 2.17881$

LSMean[i] By LSMean [i]

Mean[i]-Mean [i] Std Err Dif Lower CL Dif Upper CL Dif	1	2	3
1	0 0 0 0	−0.506 0.32406 −1.2121 0.20007	−2.586 −2.586 −3.2921 −1.8799
2	0.506 0.32406 −0.2001 1.21207	0 0 0 0	−2.08 0.32406 −2.7861 −1.3739
3	2.586 0.32406 1.87993 3.29207	2.08 0.32406 1.37393 2.78607	0 0 0 0

Level		Least Sq Mean
3	A	8.3180000
2	B	6.2380000
1	B	5.7320000

Levels not connected by same letter are significantly different.

는 것을 의미한다. 처리평균의 쌍을 비교하기 위해서 JMP에서 Fisher LSD 절차를 이용하였다[JMP에서는 이것을 최소제곱평균(least squares means)이라 칭한다]. 이 비교의 결과는 평균의 쌍의 차이에 대한 신뢰구간으로 표현되었다. 신뢰구간이 0을 포함하는 평균의 쌍에 대해서는 평균의 쌍이 다르다고 할 수 없다. JMP 결과물은 진열대 1과 2가 유사한 평균 판매량 증가를 보이지만, 진열대 설계 3은 설계 1, 2와는 다르고 설계 3의 평균 판매량 증가가 다른 두 설계의 판매량 증가를 능가한다는 것을 나타냈다. JMP는 자동적으로 몇 개의 유용한 그림, 실제 관측치 대 예측값의 그림과 잔차 대 예측값의 그림을 그려주었다. 진열대 설계 3이 판매량 증가에서 다른 두 설계보다 더 큰 변동성을 보이는 경향을 확인 할 수 있다.

3.8.3 분산효과 발견

어떤 요인의 수준이 처리들 또는 요인수준의 평균들 사이에 차이를 일으키는지 알아내는 것과 관련된 분산분석의 방법에 초점을 맞춰왔다. 이런 효과들을 관습적으로 **위치효과**(location effects)라고 한다. 다른 요인수준들이 서로 다른 분산을 가지고 있다면, 위치효과에 대한 추정을 개선하기 위해서 분산 안정화를 위한 변환을 사용하였다. 그러나 때로 다른 요인의 수준이 **변동**(variability)에 영향을 미치는지를 찾는데, 즉 잠재적인 **분산효과**(dispersion effects)를 발견하는데 더 관심이 있을 수 있다. 이것은 표준편차, 분산, 또는 다른 변동성의 측도가 반응변수로 사용되는 경우이다.

이런 경우를 설명하기 위해서 알루미늄 용광로 실험의 결과인 표 3.16의 자료를 생각해 보자. 알루미늄은 알루미나[4]와 다른 재료의 조합하고 그 셀에 전자를 지나게 하여 가열해서 생산한다. 알루미나와 다른 재료의 적절한 비율을 유지하기 위해서 알루미나는 끊임없이 셀에 추가된다. 이 비율을 통제하는 4개의 다른 비율 알고리즘을 이 실험에서 조사하고자 한다. 연구할 반응변수는 셀의 전압과 관련이 있다. 좀 더 정확하게는 전압감지기로 셀의 전압을 매 초 여러 번 측정하여 각각의 실험이 수행되는 동안 수천 개의 전압 수치를 잰다. 공정 공학자는 각 실험마다 평균 전압과 셀 전압의 표준편차를(괄호 안의 숫자로 표기되었다) 반응변수로 사용하였다. 평균 전압은 셀 온도에 영향을 미치기 때문에 중요하고, 전압의 표준편차(프로세스 엔지니어들은 "포트 노이즈[5]"라고 함)는 전체 셀 효율에 영향을 미치기 때문에 중요하다.

다른 비율 제어 알고리즘이 평균 셀 전압에 영향을 미치는지 알아보기 위해서 분산분석을 수행하였다. 분산분석의 결과 비율 통제 알고리즘은 **위치효과**(location effects)를 가지지 않는 것으로 드러났다. 즉, 비율 통제 알고리즘의 변경이 평균 전지 전압을 바꾸지 않는다는 것이다(연습문제 3.33 참고).

분산효과를 조사하기 위해서, 표본표준편차의 분포 안의 변동성을 안정시키는 데 로그 변환이 효과적이기 때문에

$$\log(s) \text{ 또는 } \log(s^2)$$

표 3.16 용광로 실험의 자료

비율 통제 알고리즘	관측치					
	1	**2**	**3**	**4**	**5**	**6**
1	4.93(0.05)	4.86(0.04)	4.75(0.05)	4.95(0.06)	4.79(0.03)	4.88(0.05)
2	4.85(0.04)	4.91(0.02)	4.79(0.03)	4.85(0.05)	4.75(0.03)	4.85(0.02)
3	4.83(0.09)	4.88(0.13)	4.90(0.11)	4.75(0.15)	4.82(0.08)	4.90(0.12)
4	4.89(0.03)	4.77(0.04)	4.94(0.05)	4.86(0.05)	4.79(0.03)	4.76(0.02)

4 알루미늄의 산화물(역자 주)

5 전기를 분해하는 장치(역자 주)

표 3.17 포트 노이즈의 자연 로그의 분산분석

변동요인	제곱합	자유도	평균제곱	F_0	P값
비율 통제 알고리즘	6.166	3	2.055	21.96	< 0.001
오차	1.872	20	0.094		
합계	8.038	23			

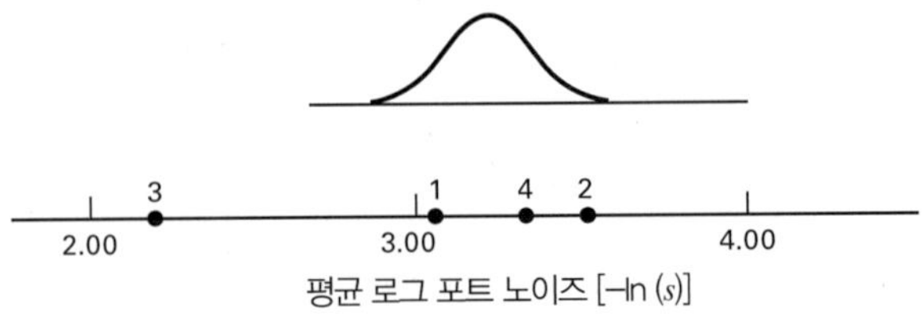

그림 3.18 척도 요인이 $\sqrt{MS_E/n} = \sqrt{0.094/6} = 0.125$인 척도화 t 분포에 관한 4개의 비율 통제 알고리즘 평균의 로그 포트 노이즈[−ln(s)]

을 반응변수로 사용하는 것이 일반적으로 가장 좋다. 모든 포트 전압의 표본표준편차가 1보다 작기 때문에,

$$y = -\ln(s)$$

를 반응변수로 사용할 것이다. 표 3.17은 반응값, "포트 노이즈"의 자연 로그에 대한 분산분석을 나타내고 있다. 비율 통제 알고리즘의 선택은 포트 노이즈에 영향을 미친다. 즉, 비율 통제 알고리즘이 **분산효과**(dispersion effect)를 가지고 있다. 잔차의 정규확률그림을 포함한 모형 적합성의 표준적인 검정은 실험의 타당성에 문제가 없음을 보여준다(연습문제 3.34를 참고).

그림 3.18은 각 비율 통제 알고리즘에 대한 평균 로그 포트 노이즈를 그림과, 비율 통제 알고리즘을 구별할 수 있는 **기준분포**(reference distribution)로 사용하기 위한 척도화 t 분포도 나타내고 있다. 그림을 보면 비율 통제 알고리즘 3이 다른 알고리즘보다 큰 포트 노이즈 또는 큰 셀 전압 표준편차를 만든다는 것이 확실히 드러난다. 알고리즘 1, 2, 4 사이에는 큰 차이가 보이지 않는다.

3.9 랜덤효과모형

3.9.1 단일 랜덤요인

실험자는 보통 가능한 수준이 많은 요인에 관심이 많다. 만약 실험자가 요인의 수준의 모집단에서 a개의 수준을 임의로 선택한다면, 그 요인은 **랜덤**(random)**요인**이다. 실험에 실

제로 사용된 요인의 수준들이 랜덤으로 선택되었기 때문에, 요인수준의 전체 모집단에 대해 추정하려 한다. 이때 요인수준의 모집단이 무한한 크기이거나 무한으로 간주해도 될 만큼 충분히 크다고 가정한다. 요인수준의 모집단이 작아서 유한 모집단 방법을 사용하는 상황은 자주 있지는 않다. 유한 모집단에 대한 논의는 Bennett과 Franklin(1954)과 Searle와 Fawcett(1970)을 참고하길 바란다.

선형 통계적 모형을 식으로 표현하면

$$y_{ij} = \mu + \tau_i + \epsilon_{ij} \begin{cases} i = 1, 2, \ldots, a \\ j = 1, 2, \ldots, n \end{cases} \tag{3.44}$$

이다. 여기에서 처리효과 τ_i와 ε_{ij}는 모두 확률변수이다. 처리효과 τ_i가 NID(0, σ_τ^2)인 확률변수[6]이고, 오차는 NID(0, σ^2)인 확률변수이며, τ_i와 ε_{ij}는 독립이라고 가정한다. τ_i가 ε_{ij}와 독립이므로 모든 관측치 분산은 다음과 같다.

$$V(y_{ij}) = \sigma_\tau^2 + \sigma^2$$

분산 σ_τ^2과 σ^2은 **분산성분**(variance components)이라 하고 모형(식 3.47)을 **분산성분**(components of variance) 또는 **랜덤효과모형**(random effects model)이라고 한다. 랜덤효과모형에서 관측치는 정규분포를 따르는데, 이는 독립적으로 정규분포를 따르는 두 확률변수 τ_i와 ε_{ij}의 선형 결합이기 때문이다. 그러나 모든 관측치 y_{ij}가 독립인 고정효과모형과 달리 랜덤모형에서 관측치 y_{ij}는 다른 요인수준에서 왔을 때만 독립이다. 특히 두 관측치의 공분산이 다음과 같다는 것을 보일 수 있다.

$$\begin{aligned} Cov(y_{ij}, y_{ij'}) &= \sigma_\tau^2 \quad j \neq j' \\ Cov(y_{ij}, y_{i'j'}) &= 0 \quad i \neq i' \end{aligned}$$

특정 요인수준 안의 관측치가 모두 같은 공분산을 갖는 것에 유의해야 한다. 이는 실험을 수행하기 전에 해당 요인수준이 같은 랜덤 성분(random component)를 갖기 때문에 관측치가 비슷할 것이라고 기대하기 때문이다. 일단 실험을 수행하면 모수 τ_i가 결정되고, 처리 내 관측치 간의 차이는 확률오차 때문에 달라지기 때문에 모든 관측치가 독립이라고 가정할 수 있다.

단일요인 랜덤효과모형의 관측치의 공분산 구조를 관측치의 **공분산 행렬**(covariance matrix)을 통해서 표현할 수 있다. 이를 설명하기 위해서 $a=3$개의 처리와 $n=2$의 반복수를 가지고 있다고 가정하면, 총 $N=6$개의 관측치가 있고 이를 벡터로 다음과 같이 표현한다.

---

6 {τ_i}가 독립인 확률변수라는 가정은 고정효과모형에서 일반적인 가정 $\Sigma_{i=1}^{a}\tau_i=0$이 랜덤효과모형에는 적용되지 않는다는 것을 의미한다.

$$\mathbf{y} = \begin{bmatrix} y_{11} \\ y_{12} \\ y_{21} \\ y_{22} \\ y_{31} \\ y_{32} \end{bmatrix}$$

이 관측치의 6×6 공분산 행렬은

$$Cov(\mathbf{y}) = \begin{bmatrix} \sigma_\tau^2 + \sigma^2 & \sigma_\tau^2 & 0 & 0 & 0 & 0 \\ \sigma_\tau^2 & \sigma_\tau^2 + \sigma^2 & 0 & 0 & 0 & 0 \\ 0 & 0 & \sigma_\tau^2 + \sigma^2 & \sigma_\tau^2 & 0 & 0 \\ 0 & 0 & \sigma_\tau^2 & \sigma_\tau^2 + \sigma^2 & 0 & 0 \\ 0 & 0 & 0 & 0 & \sigma_\tau^2 + \sigma^2 & \sigma^2 \\ 0 & 0 & 0 & 0 & \sigma_\tau^2 & \sigma_\tau^2 + \sigma^2 \end{bmatrix}$$

이다. 이 행렬의 주 대각 성분은 개별적인 관측치의 분산이고 모든 비대각 요소는 관측치 쌍의 공분산이다.

3.9.2 랜덤모형의 분산분석

이 경우에도 기본적인 ANOVA의 제곱합 구조가 여전히 유효하다.

$$SS_T = SS_{\text{Treatments}} + SS_E \tag{3.45}$$

즉, 관측치의 총 변동성은 처리들 사이의 변동($SS_{\text{Treatments}}$)을 측정하는 요소와 처리 내의 변동(SS_E)을 측정하는 요소로 나뉜다. 임의로 선택하였기 때문에 개별 처리효과에 대한 가설을 검정하는 것은 큰 의미가 없다. 처리의 **모집단**(population)에 더 관심이 있으므로, 분산성분 σ_τ^2에 대한 가설검정

$$\begin{aligned} H_0 &: \sigma_\tau^2 = 0 \\ H_1 &: \sigma_\tau^2 > 0 \end{aligned} \tag{3.46}$$

를 할 것이다. 만약 $\sigma_\tau^2 = 0$이면 모든 처리들이 동일하지만, $\sigma_\tau^2 = 0$일 때는 처리들 사이에 변동성이 존재한다. 앞에서처럼 SS_E/σ^2은 $N-a$의 자유도를 가진 카이제곱분포를 따르고, 귀무가설 하에서 $SS_{\text{Treatments}}/\sigma^2$은 자유도가 $a-1$인 카이제곱분포를 따른다. 두 확률변수가 모두 독립이다. 따라서 귀무가설 $\sigma_\tau^2 = 0$ 하에서 비율

$$F_0 = \frac{\frac{SS_{\text{Treatments}}}{a-1}}{\frac{SS_E}{N-a}} = \frac{MS_{\text{Treatments}}}{MS_E} \tag{3.47}$$

은 자유도가 $a-1$과 $N-a$인 F 분포를 따른다. 그러나 검정 절차를 완전히 설명하기 위해서 기대평균제곱을 검사해야 한다. 아래의 식을 살펴보자.

$$
\begin{aligned}
E(MS_{\text{Treatments}}) &= \frac{1}{a-1}E(SS_{\text{Treatments}}) = \frac{1}{a-1}E\left[\sum_{i=1}^{a}\frac{y_{i.}^2}{n} - \frac{y_{..}^2}{N}\right] \\
&= \frac{1}{a-1}E\left[\frac{1}{n}\sum_{i=1}^{a}\left(\sum_{j=1}^{n}\mu+\tau_i+\epsilon_{ij}\right)^2 - \frac{1}{N}\left(\sum_{i=1}^{a}\sum_{j=1}^{n}\mu+\tau_i+\epsilon_{ij}\right)^2\right]
\end{aligned}
$$

대괄호 안의 값에 제곱을 하여 기댓값을 취하면, τ_τ^2과 관련된 항들이 $E(\tau_i)=0$이라서 σ_τ^2으로 대체되는 것을 알 수 있다. 또한 $\varepsilon_{i.}^2$, $\varepsilon_{..}^2$, 그리고 $\Sigma_{i=1}^{a}\ \Sigma_{j=1}^{n}\ \tau_\tau^2$와 관련된 항들이 각각 $n\sigma^2$, $an\sigma^2$, an^2으로 대체된다. 게다가 모든 τ_i와 ε_{ij}와 관련된 교차곱 항들의 기댓값이 0이 된다. 이것은

$$E(MS_{\text{Treatments}}) = \frac{1}{a-1}[N\mu^2 + N\sigma_\tau^2 + a\sigma^2 - N\mu^2 - n\sigma_\tau^2 - \sigma^2]$$

또는

$$E(MS_{\text{Treatments}}) = \sigma^2 + n\sigma_\tau^2 \tag{3.48}$$

로 이어진다. 이와 비슷하게

$$E(MS_E) = \sigma^2 \tag{3.49}$$

도 보일 수 있다.

기대평균제곱으로부터, H_0 하에서 검정통계량(식 3.47)의 분자와 분모가 모두 σ^2의 불편추정량임을 알 수 있다. 반면에 H_1하에서는 분자의 기댓값이 분모의 기댓값보다 크다. 그러므로 F_0가 너무 큰 값일 때 H_0을 기각해야 한다. 이것은 위꼬리, 한꼬리 기각역을 의미하므로 $F_0 > F_{\alpha,a-1,N-a}$일 때 H_0을 기각한다.

랜덤효과모형을 위한 ANOVA와 계산 과정은 고정효과의 경우와 동일하다. 그러나 결론이 달라지는데, 랜덤효과모형은 그 결과가 처리의 모집단 전체에까지 적용되기 때문이다.

3.9.3 모형모수의 추정

대체로 모형의 분산성분(σ^2과 σ_τ^2)를 추정하는 데 관심이 있다. σ^2과 σ_τ^2을 추정하는 하나의 간단한 방법은 **분산분석 방법**(analysis of variance method)이다. 왜냐하면 분산분석표 안에 있는 값들을 사용하기 때문이다. 이 방법은 기대평균제곱을 ANOVA 표에서 관측된 값과 같다고 하고 분산성분을 구한다. 단일요인 랜덤효과모형에서, 관측된 평균제곱과 기대평균제곱이 같다고 하면,

$$MS_{\text{Treatments}} = \sigma^2 + n\sigma_\tau^2$$

과

$$MS_E = \sigma^2$$

를 얻는다. 따라서 분산성분의 추청치는

$$\hat{\sigma}^2 = MS_E \tag{3.50}$$

과

$$\hat{\sigma}_\tau^2 = \frac{MS_{\text{Treatments}} - MS_E}{n} \tag{3.51}$$

가 된다. 표본의 크기가 다를 때는 식 3.51의 n을

$$n_0 = \frac{1}{a-1}\left[\sum_{i=1}^{a} n_i - \frac{\sum_{i=1}^{a} n_i^2}{\sum_{i=1}^{a} n_i}\right] \tag{3.52}$$

로 바꾸면 된다.

분산성분추정을 위한 분산분석은 **적률법 방법**(method of moments procedure)이다. 여기에는 정규성 가정이 필요하지 않다. 이 방법으로 σ^2과 σ_τ^2의 최적제곱 불편추정량(즉, 관측치의 모든 불편 제곱 함수, 이 추정량은 최소분산을 갖는다)을 얻을 수 있다. 분산성분 추정을 위한 최대우도에 근거한 다른 방법도 있는데, 이는 나중에 소개할 예정이다.

분산분석 방법은 분산성분의 음의 추정치를 만들기도 한다. 분산성분은 정의에 의해서 음이 아니므로 분산성분의 음의 추정치는 주의해서 확인해야 한다. 이에 대처하는 한 방법은 추정치를 받아들이고, 이를 표집에서의 변동성이 음의 추정치로 이끌었다는 가정하에 진짜 분산성분의 값이 0이라는 증거로 사용하는 것이다. 이는 직관적이지만, 이론적인 문제를 겪는다. 예를 들어 음의 추정치 대신에 0을 사용하는 것은 다른 추정치의 통계적 특성을 방해할 수 있다. 다른 대안으로는 음의 분산성분을 항상 비음(nonnegative)의 추정치로 추정하는 방법을 이용해서 다시 추정하는 것이다. 음의 추정치를 가정한 선형모형이 부적절하다는 증거로 생각하고 문제를 재검사하는 다른 대안도 있다. 분산성분의 포괄적인 대처 방법은 Searle(1971a, 1971b), Searle, Casella, and McCullogh(1992), Burdick and Graybill(1992)에 나와 있다.

예제 3.10

직물 회사는 많은 베틀에서 하나의 천을 짠다. 회사에서는 베틀들이 모두 비슷해서, 천을 같은 강도로 생산한다고 생각하길 원한다. 공학자는 같은 베틀에서 얻은 천의 표본 내의 강도의 일반적인 변동에 더하여 베틀 간에도 유의한 변동의 차이가 있으리라고 의심하여, 이것을 조사하기 위해 임의로 4개의 베틀을 선택하여 각각의 베틀에서 생산된 천에 대해서 4개의 강도를 실험하였다. 실험은 임의의 순서로 진행하였고 얻은 자료는 아래의 표 3.18에 있다. ANOVA는 표 3.19에 나와 있다. ANOVA를 통해 공장 내 베틀은 유의하게 다르다는 결론을 내릴 수 있다. 분산성분은 $\hat{\sigma}^2 = 1.90$이고

$$\hat{\sigma}_\tau^2 = \frac{29.73 - 1.90}{4} = 6.96$$

이다. 따라서 강도의 관측치의 분산을

$$\hat{\sigma}_y = \hat{\sigma}^2 + \hat{\sigma}_\tau^2 = 1.90 + 6.96 = 8.86.$$

에 의해서 추정할 수 있다. 이 변동성의 대부분은 베틀 간의 차이가 있기 때문이라 할 수 있다.

표 3.18 예제 3.10의 강도 자료

	관측치				
베틀	1	2	3	4	$y_{i.}$
1	98	97	99	96	390
2	91	90	93	92	366
3	96	95	97	95	383
4	95	96	99	98	388
					$1527 = y_{..}$

표 3.19 강도 자료의 분산분석

변동 요인	제곱합	자유도	평균제곱	F_0	P 값
베틀	89.19	3	29.73	15.68	<0.001
오차	22.75	12	1.90		
합계	111.94	15			

이 예제를 통해 분산성분의 중요한 용도를 알 수 있다. 제품이나 시스템에 영향을 미치는 변동성의 다른 근원을 분리할 수 있기 때문이다. 생산 변동성의 문제는 품질 보증에서 많이 다뤄지고, 변동성의 근원을 분리하는 것은 어려운 일이다. 예를 들어 위 연구는 그림 3.19a에 묘사된 것처럼 천의 강도에 너무 많은 변동성이 있다는 관찰을 했기 때문에 시작한 것일 수 있다. 이 그림은 공정의 결과(천의 강도)가 분산 $\hat{\sigma}_y^2 = 8.86$을 가진 정규분포의 모형을 따른다고 나타낸다(이 값은 예제 3.10의 강도에 대한 관측치의 분산추정치이다.). 강도에서 특정한 위꼬리와 아래 꼬리가 그림 3.19a에 나타났는데, 공정 결과의 상당히 큰 비율이 특정한 값의 범위 밖에 있다는 것을 상대적으로 쉽게 알 수 있다(그림 3.19a에서 색

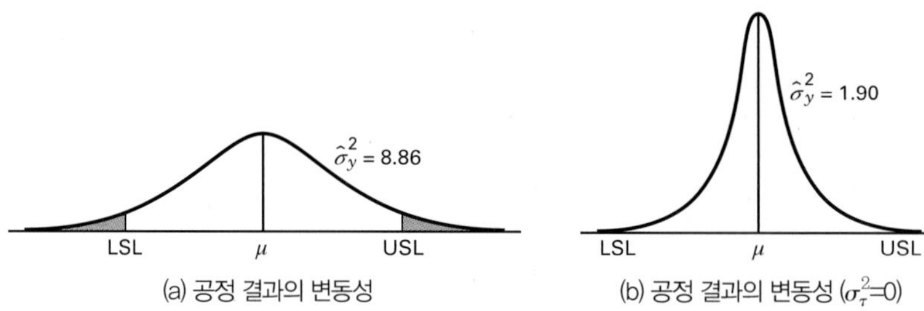

그림 3.19
섬유 강도 문제의 공정 결과물

깔이 칠해진 부분). 공학자는 왜 그렇게 많은 천이 불량이 되어서 버리거나, 다시 작업하거나 낮은 질의 제품으로 낮춰서 팔아야 하는지 의문을 가졌고, 해답은 베틀 간의 차이가 대부분의 상품 강도의 변동성을 차지하였기 때문이다. 베틀의 성능 차이는 잘못된 설치, 잘못된 관리, 비효율적인 감독, 훈련이 미숙한 운영자, 결함이 있는 재료 섬유에 비롯된 것일 수 있다.

공학자는 베틀의 성능 차이의 특정한 원인을 찾아내려고 노력해야 한다. 공학자가 베틀 사이의 변동성을 식별하고 제거할 수 있다면 공정 결과의 분산은 예제 3.10의 베틀 내의 분산성분의 추정치인 $\hat{\sigma}_y^2 = 1.90$까지 상당히 줄어들 것이다. 그림 3.19b는 섬유강도의 분포를 분산 $\hat{\sigma}_y^2 = 1.90$인 정규분포로 나타내고 있다. 결과물의 불량제품 비율이 극적으로 줄어든 점을 알 수 있다. 베틀 사이의 변동성을 전부 줄일 수는 없겠지만, 이렇게 줄어든 분산성분의 변동성이 생산된 섬유의 질을 상당히 향상할 것은 명확하다.

분산성분 σ^2의 신뢰구간은 쉽게 찾을 수 있다. 관측치들이 서로 독립이고 정규분포를 따른다면, $(N-a)MS_E/\sigma^2$은 χ^2_{N-a} 분포를 따른다. 따라서

$$P\left[\chi^2_{1-(\alpha/2),N-a} \le \frac{(N-a)MS_E}{\sigma^2} \le \chi^2_{\alpha/2,N-a}\right] = 1-\alpha$$

이고, σ^2의 $100(1-\alpha)\%$의 신뢰구간은

$$\frac{(N-a)MS_E}{\chi^2_{\alpha/2,N-a}} \le \sigma^2 \le \frac{(N-a)MS_E}{\chi^2_{1-(\alpha/2),N-a}} \tag{3.53}$$

이다. $MS_E = 190$, $N = 16$, $a = 4$, $\chi^2_{0.025,12} = 23.3367$, $\chi^2_{0.975,12} = 4.4038$이기 때문에, σ^2에 대한 95% CI는 $0.9770 \le \sigma^2 \le 5.1775$이다.

이제 분산성분 σ_τ^2에 대해서 살펴보자. σ_τ^2의 점 추정치는

$$\hat{\sigma}_\tau^2 = \frac{MS_{\text{Treatments}} - MS_E}{n}$$

이다. 확률변수 $(a-1)MS_{\text{Treatments}}/(\sigma^2+n\sigma_\tau^2)$는 χ^2_{a-1}을 따르고, $(N-a)MS_E/\sigma^2$은 χ^2_{N-a}분포를 따른다. 따라서 $\hat{\sigma}_\tau^2$의 확률분포는 두 카이제곱분포의 선형결합이다. 즉,

$$u_1\chi^2_{a-1} - u_2\chi^2_{N-a}$$

이고, 여기에서

$$u_1 = \frac{\sigma^2 + n\sigma_\tau^2}{n(a-1)} \quad \text{그리고} \quad u_2 = \frac{\sigma^2}{n(N-a)}$$

이다. 안타깝게도 카이제곱 확률변수의 이런 선형 결합의 분포의 닫힌 형식(closed-form)의 표현식을 얻을 수 없다. 따라서 σ_τ^2의 정확한 신뢰구간은 구할 수 없다. 근사적인 방법이 Graybill(1961)과 Searle(1971a)에 나와 있다.

비율 $\sigma_\tau^2/(\sigma_\tau^2+\sigma^2)$에 대한 신뢰구간의 정확한 공식을 찾기란 쉽다. 이 비율은 **급내상관계수**(intraclass correlation coefficient)라고 하고, 처리 간 차이의 결과인 관측치의 분산$[V(y_{ij})=\sigma_\tau^2+\sigma^2]$의 비율을 반영한다. 균형 설계의 경우에 이 신뢰구간을 구하려면, $MS_{\text{Treatments}}$와 MS_E가 독립인 확률변수일 때, 추가적으로

$$\frac{MS_{\text{Treatments}}/(n\sigma_\tau^2+\sigma^2)}{MS_E/\sigma^2} \sim F_{a-1,N-a}$$

을 보일 수 있다. 따라서

$$\text{P}\left(F_{1-\alpha/2,a-1,N-a} \le \frac{MS_{\text{Treatments}}}{MS_E}\frac{\sigma^2}{n\sigma_\tau^2+\sigma^2} \le F_{\alpha/2,a-1,N-a}\right) = 1-\alpha \tag{3.54}$$

이다. 식 3.54를 재배치하면 다음을 얻을 수 있다.

$$P\left(L \le \frac{\sigma_\tau^2}{\sigma^2} \le U\right) = 1-\alpha \tag{3.55}$$

여기에서

$$L = \frac{1}{n}\left(\frac{MS_{\text{Treatments}}}{MS_E}\frac{1}{F_{\alpha/2,a-1,N-a}} - 1\right) \tag{3.56a}$$

이고

$$U = \frac{1}{n}\left(\frac{MS_{\text{Treatments}}}{MS_E}\frac{1}{F_{1-\alpha/2,a-1,N-a}} - 1\right) \tag{3.56b}$$

이다. L과 U가 각각 비율 σ_τ^2/σ^2의 $100(1-\alpha)\%$의 하위와 상위 신뢰한계이다. 따라서 $\sigma_\tau^2/(\sigma_\tau^2+\sigma^2)$의 $100(1-\alpha)\%$ 신뢰구간은

$$\frac{L}{1+L} \le \frac{\sigma_\tau^2}{\sigma_\tau^2+\sigma^2} \le \frac{U}{1+U} \tag{3.57}$$

이다.

이러한 과정을 설명하기 위해서, 예제 3.10의 강도 자료에 대한 $\sigma_\tau^2/(\sigma_\tau^2+\sigma^2)$의 95% 신뢰구간을 구한다. $MS_{\text{Treatments}}=29.73$, $MS_E=1.90$, $a=4$, $n=4$, $F_{0.025,3,12}=4.47$, $F_{0.975,12,3}=1/F_{0.025,12,3}=1/14.34=0.070$이다. 식 3.56a와 3.56b에서

$$L=\frac{1}{4}\left[\left(\frac{29.73}{1.90}\right)\left(\frac{1}{4.47}\right)-1\right]=0.625$$

$$U=\frac{1}{4}\left[\left(\frac{29.73}{1.90}\right)\left(\frac{1}{0.070}\right)-1\right]=55.633$$

이고, 식 3.57에서 $\sigma_\tau^2/(\sigma_\tau^2+\sigma^2)$에 대한 95% 신뢰구간은

$$\frac{0.625}{1.625} \le \frac{\sigma^2}{\sigma_\tau^2+\sigma^2} \le \frac{55.633}{56.633}$$

또는

$$0.38 \le \frac{\sigma^2}{\sigma_\tau^2+\sigma^2} \le 0.98$$

이다.

베틀 간의 변동성이 생산된 천에 대해서 관측한 강도 변동성의 38%에서 98% 정도를 설명한다고 결론지을 수 있다. 이 신뢰구간은 상대적으로 넓은 것인데, 실험에서 사용된 베틀의 수가 적었기 때문이다. 그러나 확실히 베틀 간 변동성(σ_τ^2)은 무시할 수 없는 것을 알았다.

전체 평균 μ의 추정(*Estimation of the Overall Mean* μ). 많은 랜덤효과 실험에서 실험자는 전체 평균 μ을 추정하는 데 관심이 있다. 기본적인 모형 가정에서 모든 관측치의 기댓값은 전체 평균임을 쉽게 알 수 있다. 결과적으로 전체 평균의 불편추정량은

$$\hat{\mu}=\bar{y}_{..}$$

이다. 따라서 예제 3.10에 대해서 전체 평균 강도의 추정치는

$$\hat{\mu}=\bar{y}_{..}=\frac{y_{..}}{N}=\frac{1527}{16}=95.44$$

이다.

전체 평균에 대한 100(1−α)%의 신뢰구간을 찾는 것도 가능하다. $\bar{y}$의 분산이

$$V(\bar{y}_{..}) = V\left(\frac{\sum_{i=1}^{a}\sum_{j=1}^{n} y_{ij}}{an}\right) = \frac{n\sigma_\tau^2 + \sigma^2}{an}$$

이고, 이 비율의 분모가 처리평균제곱으로 추정되므로 $V(\bar{y})$의 불편추정량은

$$\hat{V}(\bar{y}_{..}) = \frac{MS_{\text{Treatments}}}{an}$$

이다. 그러므로 전체 평균의 100(1−α)%의 CI는

$$\bar{y}_{..} - t_{\alpha/2,a(n-1)}\sqrt{\frac{MS_{\text{Treatments}}}{an}} \le \mu \le \bar{y}_{..} + t_{\alpha/2,a(n-1)}\sqrt{\frac{MS_{\text{Treatments}}}{an}} \qquad (3.58)$$

이다.

예제 3.10에서 섬유 강도의 전체 평균의 95% CI를 찾기 위해서, $MS_{\text{Treatments}} = 29.73$과 $t_{0.025,12} = 2.18$이 필요하다. 식 3.58로 계산된 CI는 다음과 같다.

$$\bar{y}_{..} - t_{\alpha/2,a(n-1)}\sqrt{\frac{MS_{\text{Treatments}}}{an}} \le \mu \le \bar{y}_{..} + t_{\alpha/2,a(n-1)}\sqrt{\frac{MS_{\text{Treatments}}}{an}}$$

$$95.44 - 2.18\sqrt{\frac{29.73}{16}} \le \mu \le 95.44 + 2.18\sqrt{\frac{29.73}{16}}$$

$$92.47 \le \mu \le 98.41$$

따라서 이 시설 내의 베틀에 의해서 생산된 직물의 평균 강도의 95% 신뢰구간은 92.47과 98.41 사이이다. 이것은 상대적으로 넓은 신뢰구간인데, 이는 작은 수의 베틀을 표집하였고 전체 베틀 사이의 차이에 의해서 설명되는 총 변동성에 큰 비율을 반영한 것처럼. 베틀 간의 큰 차이가 있기 때문이다.

분산성분의 최대우도추정(*Maximum Likelihood Estimation of the Variance Components*). 이 절의 앞부분에서 분산성분추정의 분산분석 방법을 설명하였다. 이 방법은 상대적으로 적용하기 쉽고 분산분석표의 제곱 평균과 같은 친숙한 값들을 사용한다. 그러나 단점도 존재한다. 이전에 지적했듯이, 이것이 간혹 통계적으로 좋지 않은 특성을 가진 모수추정치로 나타나므로, 수리 통계학자들이 일반적으로 모수추정으로는 선호하지 않는 **적률추정량**(method of moments estimator)이기 때문이다.

확실한 하나의 문제는 이 방법이 항상 관심이 있는 분산성분의 신뢰구간을 쉽게 만들어 주는 것은 아니라는 점이다. 예를 들어 단일요인 랜덤모형에서 확실한 실험자의 주요 관심 모수인 σ_τ^2의 신뢰구간을 만드는 쉬운 방법은 없다. 선호되는 모수추정 기술은 **최대우도방법**(method of maximum likelihood)이라 불리는 방법이다. 이 방법의 사용은 특히 실험설계 모형에서 다소 복잡할 수 있으나, JMP를 포함하여 실험설계를 지원하는 최신 소프트웨어 패키지들에 포함되어 있다.

최대우도방법을 완벽하게 설명하는 것은 이 책의 범위를 넘어서지만, 포괄적인 아이디어는 쉽게 설명할 수 있다. θ를 미지의 모수라 할 때, x가 확률분포 $f(x, \theta)$를 따르는 확률변수라고 하자. $x_1, x_2, ..., x_n$을 n개 관측치를 확률표본이라고 하면, 표본의 결합 확률분포는 $\prod_{i=1}^{n} f(x_i, \theta)$이다. **우도함수**(likelihood function)는 표본 관측치가 고정이고 모수 θ가 미지인 이 결합 확률분포이다. 우도함수, 즉

$$L(x_1, x_2, \ldots, x_n; \theta) = \prod_{i=1}^{n} f(x_i, \theta)$$

은 단지 미지의 모수 θ의 함수이다. θ의 **최대우도추정량**(maximum likelihood estimator)은 우도함수 $L(x_1, x_2, ..., x_n)$을 최대화하는 θ의 값이다. 랜덤효과 실험설계 모형에 이것이 어떻게 적용되는지 설명하기 위해서, $\mathbf{y}$가 a개의 처리와 n개의 반복수를 가진 단일요인 랜덤효과모형 관측치의 $an \times 1$ 벡터이고 Σ를 관측치의 $an \times an$ 공분산 행렬이라고 하자. 공분산 행렬은 $a=3$, $n=2$의 특정한 경우에 대한 공분산 행렬을 만든 3.9.1절을 참고하자. 우도함수는

$$L(x_{11}, x_{12}, \ldots, x_{a,n}; \mu, \sigma_\tau^2, \sigma^2) = \frac{1}{(2\pi)^{N/2}\left[\Sigma\right]^{1/2}} \exp\left[-\frac{1}{2}(\mathbf{y} - \mathbf{j}_N \mu)' \sum^{-1} (\mathbf{y} - \mathbf{j}_N \mu)\right]$$

가 된다. 여기에서 $N = an$은 관측치의 총 개수이고, $\mathbf{j}_N$은 1의 $N \times 1$벡터, 그리고 μ는 모형의 전체 평균이며 모수 $\mu, \sigma_\tau^2, \sigma^2$의 최대우도추정량은 우도함수를 최대화하는 값들이다.

최대우도추정량(MLEs)은 유용한 특성을 가진다. 표본의 수가 많을 때 이 값들은 불편(unbiased)이고 정규분포를 따른다. 더욱이 우도함수의 2차 도함수의 역행렬(-1을 곱한 값)은 MLE의 공분산 행렬이다. 이것은 MLE의 근사 신뢰구간을 구하는 것을 상대적으로 용이하게 한다.

분산성분의 추정을 위해 최대우도추정을 변형한 것이 **잔차최대우도방법**(residual maximum likelihood (REML) method]이다. 이 방법은 불편추정량을 만들고 MLE와 마찬가지로 CI를 찾기가 쉬우므로 굉장히 잘 사용된다. REML의 기본적인 성질은 랜덤효과를 추정할 때, 모형 안의 위치 모수를 고려한다는 것이다. 간단한 예로, 최대우도방법을 사용하여 정규분포의 분산과 평균을 추정하려고 한다고 하자. MLE 값들이

$$\hat{\mu} = \frac{\sum_{i=1}^{n} y_i}{n} = \bar{y}$$

$$\hat{\sigma}^2 = \frac{\sum_{i=1}^{n} (y_i - \bar{y})^2}{n}$$

이라는 것을 보이기는 쉽다. MLE의 $\hat{\sigma}^2$이 친숙한 표본 표준편차가 아니라는 점에 주목하자. 이 값은 위치 모수 μ를 고려하지 않고 있다. REML 추정량은

$$S^2 = \frac{\sum_{i=1}^{n} (y_i - \bar{y})^2}{n-1}$$

이고, 불편추정량이다.

REML 방법을 설명하기 위해서 표 3.20에 예제 3.10의 베틀 실험의 JMP 결과물을 보면, 모형의 모수 μ, σ_τ^2, σ^2의 REML 추정치가 나와 있다. 분산성분의 REML의 추정치가 앞서 ANOVA로 찾은 값과 동일하다는 점에 주목하자. 이 두 방법은 균형 설계에서는 동일할 것이다. 그러나 REML 결과물은 분산성분의 공분산 행렬도 포함하고 있다. 이 행렬의 주 대

표 3.20 예제 3.10의 실험의 JMP 결과물

Response Y

Summary of Fit

RSquare	0.793521
RSquare Adj	0.793521
Root Mean Square Error	1.376893
Mean of Response	95.4375
Observations (or Sum Wgts)	16

Parameter Estimates

Term	Estimate	Std Error	DFDen	t Ratio	Prob > |t|
Intercept	95.4375	1.363111	3	70.01	< .0001*

REML Variance Component Estimates

Random Effect	Var Ratio	Var Component	Std Error	95% Lower	95% Upper	Pct of Total
X1	3.6703297	6.9583333	6.0715247	−4.941636	18.858303	78.588
Residual		1.8958333	0.7739707	0.9748608	5.1660065	21.412
Total		8.8541667				100.000

Covariance Matrix of Variance Component Estimates

Random Effect	X1	Residual
X1	36.863412	−0.149758
Residual	−0.149758	0.5990307

각 요소의 제곱근은 분산성분의 표준오차이다. 만약 $\hat{\theta}$가 θ의 MLE이고 $\hat{\sigma}(\hat{\theta})$가 표준오차의 추정치라면, θ의 $100(1-\alpha)\%$ CI는

$$\hat{\theta} - Z_{\alpha/2}\hat{\sigma}(\hat{\theta}) \le \theta \le \hat{\theta} + Z_{\alpha/2}\hat{\sigma}(\hat{\theta})$$

이다. JMP는 이런 방법을 사용해서 결과물에 있는 σ_τ^2과 σ^2의 근사적 CI를 찾는다. σ^2의 REML의 95% CI는 3.9절에서 계산한 카이제곱을 기반으로 계산한 구간과 매우 유사하다.

3.10 분산분석의 회귀적 접근법

지금까지 직관적이거나 휴리스틱한 분산분석의 전개를 알아보았다. 그러나 좀 더 수리적으로 분명하게 전개하는 것도 가능하다. 이 방법은 나중에 더 복잡한 설계의 통계적 분석의 기반을 이해하는 데 도움이 될 것이다. **일반적 회귀 유의성 검정**(general regression significance test)이라고 불리는 절차는 기본적으로 모든 모수가 포함된 모형의 전체 제곱합의 감소와 모형이 귀무가설로 제한될 때 제곱합의 감소를 찾는 것으로 구성되어 있다. 이 두 제곱합의 차이는 귀무가설을 검정할 수 있는 처리제곱합이다. 이 방법은 분산분석 모형의 모수의 최소제곱 추정량을 필요로 한다. 모수의 추정치는 3.3.3절에서 구했지만, 여기서 조금 더 수리적으로 전개해보겠다.

3.10.1 모형모수의 최소제곱 추정

단일요인 ANOVA 고정효과모형

$$y_{ij} = \mu + \tau_i + \epsilon_{ij}$$

에서 모수의 추정량을 최소제곱법을 이용하여 전개하였다. 우선 μ와 τ_i의 최소제곱 추정량을 찾기 위해서, 오차의 제곱합

$$L = \sum_{i=1}^{a}\sum_{j=1}^{n}\epsilon_{ij}^2 = \sum_{i=1}^{a}\sum_{j=1}^{n}(y_{ij} - \mu - \tau_i)^2 \tag{3.59}$$

을 구하고 L을 최소화하는 μ와 τ_i의 값, 즉 $\hat{\mu}$와 $\hat{\tau}_i$를 선택한다. 적절한 값은 $a+1$개의 연립방정식

$$\left.\frac{\partial L}{\partial \mu}\right|_{\hat{\mu},\hat{\tau}_i} = 0$$
$$\left.\frac{\partial L}{\partial \tau_i}\right|_{\hat{\mu},\hat{\tau}_i} = 0 \qquad i = 1, 2, \ldots, a$$

의 해가 될 것이다. 식 3.59를 μ와 τ_i에 대해서 미분하여 0과 같다고 하면,

$$-2\sum_{i=1}^{a}\sum_{j=1}^{n}(y_{ij} - \hat{\mu} - \hat{\tau}_i) = 0$$

와

$$-2\sum_{j=1}^{n}(y_{ij} + \hat{\mu} - \hat{\tau}_i) = 0 \qquad i = 1, 2, \ldots, a$$

을 얻을 수 있고 이것을 단순화하면

$$\begin{aligned} N\hat{\mu} + n\hat{\tau}_1 + n\hat{\tau}_2 + \cdots + n\hat{\tau}_a &= y_{..} \\ n\hat{\mu} + n\hat{\tau}_1 \qquad\qquad\qquad &= y_{1.} \\ n\hat{\mu} \qquad + n\hat{\tau}_2 \qquad\qquad &= y_{2.} \\ \vdots \qquad\qquad\qquad &\vdots \\ n\hat{\mu} \qquad\qquad\qquad + n\hat{\tau}_a &= y_{a.} \end{aligned} \tag{3.60}$$

를 얻을 것이다.

a+1개의 미지수가 있는 a+1개의 공식(식 3.60)은 **최소제곱 정규방정식**(least square normal equation)이라 부른다. 나중의 a개의 정규방정식을 더하면, 첫 번째 정규방정식을 얻을 수 있다. 따라서 정규방정식은 선형적으로 독립이 아니고 μ, τ_1, ..., τ_a에 대한 유일한 해가 존재하지 않는다. 이는 효과모형이 **과모수화**(overparameterized)되었기 때문에 발생한다. 이러한 문제를 여러 가지 방법으로 극복할 수 있다. 우선 처리효과를 전체 평균으로부터의 이탈로 정의했기 때문에, **제약식**(constraint)

$$\sum_{i=1}^{a}\hat{\tau}_i = 0 \tag{3.61}$$

을 적용하는 것이 합리적으로 보인다. 이 제약을 이용하여 정규방정식의 해

$$\begin{aligned} \hat{\mu} &= \bar{y}_{..} \\ \hat{\tau}_i &= \bar{y}_{i.} - \bar{y}_{..} \qquad i = 1, 2, \ldots, a \end{aligned} \tag{3.62}$$

를 얻을 수 있다.

이 해는 확실히 유일하지 않고 우리가 선택한 제약식(식 3.61)에 의지한다. 처음으로 드

는 생각은 두 명의 다른 실험자가 같은 자료를 분석하더라도 다른 제약식을 적용하면 다른 결과를 얻을 수 있으므로 부적절하게 생각될 수 있다. 그러나 어떤 모형모수들의 **함수**(functions)는 제약식에 상관없이 유일하게 추정이 된다. 일례로 $\hat{\tau}_i - \hat{\tau}_j = \bar{y}_{i.} - \bar{y}_{j.}$으로 추정할 수 있는 $\tau_i - \tau_j$와 $\hat{\mu}_i = \hat{\mu} + \hat{\tau}_i = \bar{y}_{i.}$으로 추정할 수 있는 i번째 처리의 평균 $\mu_i = \mu + \tau_i$가 있다.

일반적으로 처리효과의 실제값보다는 처리효과들 사이의 차이에 관심이 있기 때문에, τ_i의 유일한 값을 추정하지 못하는 것은 문제가 아니다. 보통은 정규방정식의 좌측 편의 선형 결합(식 3.60)인 모형모수의 어떤 함수도 유일하게 추정할 수 있다. 어떤 제약조건이 사용되었든 간에 상관없이 유일하게 추정할 수 있는 함수들을 **추정가능함수**(estimable functions)라고 한다. 이제 이러한 모수추정치들을 분산분석의 일반적인 전개에 사용할 준비가 되었다.

3.10.2 일반적인 회귀분석의 유의성 검정

이 방법의 핵심적인 부분은 모형의 정규식을 쓰는 것이다. 이러한 식들은 3.9.1절에서 했듯이, 최소제곱 함수를 만들고 미지의 모수 각각에 대해서 미분하면 항상 얻을 수 있을 것이다. 그러나 더 쉬운 방법을 사용할 수 있다. 다음의 규칙들은 어떤 실험설계모형에 대한 정규식도 바로 세울 수 있게 한다.

규칙1. 추정될 모형 내의 하나의 모수에 대해서 하나의 정규식이 존재한다.

규칙2. 모든 정규식의 우변은 단지 그 특정한 정규식과 관련이 있는 모수를 포함한 모든 관측치의 합에 불과하다.

이 규칙을 설명하기 위해서, 단일요인 모형의 μ에 대한 첫 번째 정규식을 고려해 보자. 모든 관측치가 μ을 포함하기 때문에, 식의 우변은 $y_{..}$이 된다.

규칙3. 어떤 정규식의 좌변은 모형모수들의 합인데, 이때 각 모수는 우변에 나타난 전체 횟수만큼 곱해져 있다. 모수들이 추정량이고 진짜 모수의 값이 아니라는 것을 나타내기 위해서 모수는 햇(^)과 함께 쓴다.

예를 들어 단일요인실험에서 첫 정규식을 보면, 위의 규칙에 따르면 그 식은

$$N\hat{\mu} + n\hat{\tau}_1 + n\hat{\tau}_2 + \cdots + n\hat{\tau}_a = y_{..}$$

가 될 것이다. 왜냐하면 μ는 전체 모든 N개의 관측치에서 나타나고, τ_1은 첫 번째 처리에서 얻은 n개의 관측치에서만 나타나고, τ_2는 두 번째 처리에서 얻은 n개의 관측치에서만 나타나는 식으로 이어지기 때문이다. 식 3.60에서 위의 식이 옳다는 것을 보였다. 두 번째 정규식은 τ_1에 대응할 것이고

$$n\hat{\mu} + n\hat{\tau}_1 = y_{1.}$$

이다. 왜냐하면 첫 번째 처리에 대한 관측치들만 τ_1을 포함하고(이로 인해서 우변에 $y_{1.}$가 주어진다.), μ와 τ_1이 정확하게 $y_{1.}$에 n번 나타나고, 다른 모든 τ_i들은 0번 나타나기 때문이다. 일반적으로 어떤 정규식의 좌변은 우변의 기댓값이다.

이제 특정한 모형을 자료에 적합하여 제곱합이 감소하도록 찾는 것에 대해서 생각해 보자. 모형을 자료에 적합하면서 변동성의 일부를 "설명한다", 즉 설명되지 않는 변동성을 어느 정도 줄인다. 설명되지 않은 변동성의 감소는 항상 모수추정치의 합, 그 모수에 대응하는 정규식의 우변을 곱한 값이다. 예를 들어 단일요인실험에서 **완전모형**(full model) $y_{ij}=\mu+\tau_i+\varepsilon_{ij}$에 적합할 때 생긴 감소는

$$\begin{aligned} R(\mu,\tau) &= \hat{\mu}y_{..} + \hat{\tau}_1 y_{1.} + \hat{\tau}_2 y_{2.} + \cdots + \hat{\tau}_a y_{a.} \\ &= \hat{\mu}y_{..} + \sum_{i=1}^{a} \hat{\tau}_i y_{i.} \end{aligned} \tag{3.63}$$

이다. $R(\mu,\tau)$라는 표기는 μ와 $\{\tau_i\}$를 포함하고 있는 모형의 적합에서 제곱합의 감소를 의미한다. 또한 $R(\mu,\tau)$는 때때로 완전모형 $y_{ij}=\mu+\tau_i+\varepsilon_{ij}$의 "회귀" 제곱합이라고 부른다.

$R(\mu,\tau)$같은 제곱합의 감소와 관련이 있는 자유도의 개수는 항상 선형적 독립인 정규식의 개수와 동일하다. 남아있는 모형에 의해서 설명이 되지 않는 변동성은

$$SS_E = \sum_{i=1}^{a}\sum_{j=1}^{n} y_{ij}^2 - R(\mu,\tau) \tag{3.64}$$

에서 찾을 수 있다. 이 값은 H_0: $\tau_1=\tau_2=\ldots=\tau_a=0$에 대한 검정통계량의 분모에 사용된다.

이제 일반적인 단일요인실험에 대한 회귀 유의성 검정을 설명하고 이것이 보통의 일원분산분석이라는 것을 보일 것이다. 모형은 $y_{ij}=\mu+\tau_i+\varepsilon_{ij}$이고 위의 규칙에서 찾은 정규식은

$$\begin{aligned} N\hat{\mu} + n\hat{\tau}_1 + n\hat{\tau}_2 + \cdots + n\hat{\tau}_a &= y_{..} \\ n\hat{\mu} + n\hat{\tau}_1 \qquad\qquad\qquad\quad &= y_{1.} \\ n\hat{\mu} \qquad\quad + n\hat{\tau}_2 \qquad\qquad &= y_{2.} \\ \vdots \qquad\qquad\qquad\qquad &\quad\vdots \\ n\hat{\mu} \qquad\qquad\qquad\quad + n\hat{\tau}_a &= y_{a.} \end{aligned}$$

이다. 이 정규식을 식 3.60에서 얻은 것과 비교해 보자.

제약식 $\sum_{i=1}^{a}\hat{\tau}_i=0$을 적용하여 μ와 τ_i의 추정량이

$$\hat{\mu} = \overline{y}_{..} \qquad \hat{\tau}_i = \overline{y}_{i.} - \overline{y}_{..}\, i = 1, 2, \ldots, a$$

라는 것을 찾았다. 이 완전모형을 적용해서 발생한 제곱합의 감소는 식 3.48에서 찾은 것과 같으며

$$
\begin{aligned}
R(\mu, \tau) &= \hat{\mu} y_{..} + \sum_{i=1}^{a} \hat{\tau}_i y_{i.} \\
&= (\bar{y}_{..}) y_{..} + \sum_{i=1}^{a} (\bar{y}_{i.} - \bar{y}_{..}) y_{i.} \\
&= \frac{y_{..}^2}{N} + \sum_{i=1}^{a} \bar{y}_{i.} y_{i.} - \bar{y}_{..} \sum_{i=1}^{a} y_{i.} \\
&= \sum_{i=1}^{a} \frac{y_{i.}^2}{n}
\end{aligned}
$$

은 a의 자유도를 가지고 있는데, 이것은 a개의 선형적 독립인 정규식이 있기 때문이다. 식 3.64에서 오차제곱합은

$$
\begin{aligned}
SS_E &= \sum_{i=1}^{a} \sum_{j=1}^{n} y_{ij}^2 - R(\mu, \tau) \\
&= \sum_{i=1}^{a} \sum_{j=1}^{n} y_{ij}^2 - \sum_{i=1}^{a} \frac{y_{i.}^2}{n}
\end{aligned}
$$

이고 자유도는 $N-a$이다.

처리효과($\{\tau_i\}$)에서 비롯된 제곱합을 찾기 위해서 **축소모형**(reduced model), 즉 귀무가설(모든 i 대해서 $\tau_i=0$)에 제약되는 모형을 고려해야 한다. 축소모형은 $y_{ij}=\mu+\varepsilon_{ij}$이다. 여기에는 오직 하나의 정규식만 있다.

$$
N\hat{\mu} = y_{..}
$$

그리고 μ의 추정량은 $\hat{\mu}=\bar{y}_{..}$이다. 따라서 μ만 포함하는 축소모형 적합에서 오는 제곱합의 감소는 다음과 같다.

$$
R(\mu) = (\bar{y}_{..})(y_{..}) = \frac{y_{..}^2}{N}
$$

이 축소모형에는 오직 하나의 정규식만 있으므로, $R(\mu)$는 1의 자유도를 갖는다. 이미 μ가 모형에 있다면 $\{\tau_i\}$의 제곱합은 $R(\mu, \tau)$와 $R(\mu)$의 차이이고, 그것은 자유도가 $a-1$인

$$
\begin{aligned}
R(\tau|\mu) &= R(\mu, \tau) - R(\mu) \\
&= R(\text{완전모형}) - R(\text{축소모형}) \\
&= \frac{1}{n} \sum_{i=1}^{a} y_{i.}^2 - \frac{y_{..}^2}{N}
\end{aligned}
$$

이며, 식 3.9에서 $SS_{\text{Treatments}}$로 배웠다. 보통의 정규성 가정을 하면, 검정 H_0: $\tau_1=\tau_2=\ldots=\tau_a=0$을 위한 근사 통계량

$$F_0 = \frac{R(\tau|\mu)(/(a-1)}{\left[\sum_{i=1}^{a}\sum_{j=1}^{n} y_{ij}^2 - R(\mu, \tau)\right] /(N-a)}$$

를 얻을 수 있다. 이 값은 귀무가설하에서 $F_{a-1,N-a}$를 따른다. 물론 이 검정통계량은 단일요인 분산분석의 검정통계량이다.

3.11 분산분석의 비모수적 방법

3.11.1 Kruskal–Wallis 검정

정규성 가정이 정당하지 않을 경우, 실험자들은 정규성 가정에 의존하지 않는 F 검정 분산분석의 대안 방법을 원한다. 이 대안 방법은 Kruskal과 Wallis(1952)가 개발하였다. Kruskal-Wallis 검정은 a개의 처리가 모두 동일하다는 귀무가설을, 일부 처리들이 다른 처리들에 비해서 큰 관측치들을 갖는다는 대립가설에 대해 검정한다. 이 검정 방법이 평균 차이의 검정에 민감하게 되어있기 때문에, 때로는 Kruskal-Wallis 검정을 처리평균의 동등성 검정을 위한 검정으로 간주하는 것이 편리하다. Kruskal-Wallis 검정은 일반적인 분산분석에 대한 **비모수적 대안**(nonparametric alternative)이다.

Kruskal-Wallis 검정을 수행하기 위해서, 관측치 y_{ij}를 오름차순으로 순위를 매기고 가장 작은 관측치를 1로 하는 순위 R_{ij}로 값을 대체한다. 타이의 경우에(관측치가 같은 값을 갖는 경우 등)는 각 타이의 평균 순위를 할당한다. R_{i}를 i처리의 순위의 합이라 하면, 검정통계량은

$$H = \frac{1}{S^2}\left[\sum_{i=1}^{a}\frac{R_{i.}^2}{n_i} - \frac{N(N+1)^2}{4}\right] \tag{3.65}$$

이고, 여기에서 n_i는 i번째 처리의 관측치 개수, N은 전체 관측치의 개수이며,

$$S^2 = \frac{1}{N-1}\left[\sum_{i=1}^{a}\sum_{j=1}^{n_i} R_{ij}^2 - \frac{N(N+1)^2}{4}\right] \tag{3.66}$$

이다. S^2은 단지 순위의 분산이다. 타이가 존재하지 않는다면, $S^2 = N(N+1)/12$이고 검정통계량은

$$H = \frac{12}{N(N+1)} \sum_{i=1}^{a} \frac{R_{i.}^2}{n_i} - 3(N+1) \tag{3.67}$$

로 단순화할 수 있다. 타이의 개수가 적당하다면, 식 3.66과 식 3.67 사이에는 거의 차이가 없어서 단순한 형태(식 3.67)를 사용할 것이다. 만약 n_i가 충분히 커서 $n_i \geq 5$라면, H는 귀무가설하에서 근사적으로 χ^2_{a-1}의 분포를 따를 것이다. 따라서

$$H > \chi^2_{\alpha, a-1}$$

라면, 귀무가설을 기각한다. P 값도 사용할 수 있다.

예제 3.11

예제 3.1의 자료와 대응하는 순위가 표 3.21에 있다. 타이가 존재하므로 3.65을 검정통계량으로 사용할 것이다. 식 3.65에서

$$S^2 = \frac{1}{19}\left[2869.50 - \frac{20(21)^2}{4}\right] = 34.97$$

이고 검정통계량은

$$H = \frac{1}{S^2}\left[\sum_{i=1}^{a} \frac{R_{i.}^2}{n_i} - \frac{N(N+1)^2}{4}\right]$$

$$= \frac{1}{34.97}[2796.30 - 2205]$$

$$= 16.91$$

이다.

표 3.21 예제 3.1의 플라즈마 에칭 실험의 자료와 순위

검정력							
160		180		200		220	
y_{1j}	R_{1j}	y_{2j}	R_{2j}	y_{3j}	R_{3j}	y_{4j}	R_{4j}
575	6	565	4	600	10	725	20
542	3	593	9	651	15	700	17
530	1	590	8	610	11.5	715	19
539	2	579	7	637	14	685	16
570	5	610	11.5	629	13	710	18
$R_{i.}$	17		39.5		63.5		90

$H > \chi^2_{0.01,3} = 11.34$이므로, 귀무가설을 기각하고 처리들이 다르다고 결론을 내릴 것이다($H = 16.91$일 때, P 값은 $P = 7.38 \times 10^{-4}$이다). 이는 일반적인 분산분석의 F 검정과 같은 결론이다.

3.11.2 순위 변환의 일반적인 설명

앞 절에서 사용한 관측치를 그들의 순위로 대체하는 방법을 **순위 변환**(rank transformation)이라 한다. 이것은 강력하고 광범위한 분야에서 유용한 기술이다. 일반적인 F 검정을 원래

자료가 아닌 순위에 적용한다면,

$$F_0 = \frac{H/(a-1)}{(N-1-H)/(N-a)} \tag{3.68}$$

을 검정통계량으로 얻을 것이다[Conover(1980), p.337 참고]. Kruskal-Wallis 통계량 H가 증가하거나 감소하면, F_0 또한 증가하거나 감소한다. 따라서 Kruskal-Wallis 검정은 일반적인 분산분석을 순위에 적용하는 것과 동등하다.

순위 변환은 분산분석에 대한 비모수적 대안 방법이 존재하지 않는 실험설계 문제에 대한 넓은 응용가능성을 가지고 있다. 이것은 이 책의 뒷부분에 있는 많은 실험설계를 포함하고 있다. 자료에 순위가 매겨져 있고 일반적인 F 검정을 적용한다면 좋은 통계적 특성이 있는 근사적인 방법이 된다[Conover and Iman(1976, 1981) 참고]. 정규성 가정 또는 이상점 또는 "야생의[7]" 값의 영향을 걱정하고 있을 때, 일반적인 분산분석을 원래 자료와 순위 자료에 모두 수행해 볼 것을 추천한다. 두 방법의 결과가 모두 비슷하다면, 자료가 분산분석의 가정을 잘 만족하고 있다는 것이고 표준적인 분석이 만족스럽다는 것이다. 두 방법이 다르다면, 순위 변환이 비정규적인 데이터나 특이한 관측치에 의해서 덜 왜곡되므로, 순위 변환의 사용을 선호해야 한다. 이러한 경우에 실험자는 비정규성 때문에 변환을 하고, 자료와 실험 절차를 조사하여 이상점의 유무와 발생의 원인을 조사할 것이다.

3.12 연습문제

3.1 실험자가 4개 수준을 가진 요인을 각 요인의 수준마다 6개의 반복수를 가진 단일요인실험을 수행하였다. F 통계량의 값은 $F_0 = 3.26$이다. P 값의 범위를 찾아라.

3.2 실험자가 6개 수준을 가진 요인을 각 요인의 수준마다 3개의 반복수를 가진 단일요인실험을 수행하였다. F 통계량의 값은 $F_0 = 5.81$이다. P 값의 범위를 찾아라.

3.3 실험자가 5개 수준을 가진 요인을 각 요인의 수준마다 3개의 반복수를 가진 완전 랜덤화 실험을 수행하였다. F 통계량의 값은 $F_0 = 4.87$이다. P 값의 범위를 찾아라.

3.4 실험자가 3개 수준을 가진 요인을 각 요인의 수준마다 5개의 반복수로 완전 랜덤화 실험을 수행하였다. F 통계량의 값은 $F_0 = 2.91$이다. P 값의 범위를 찾아라.

3.5 ANOVA의 평균오차제곱은 다음 중 어떤 것을 추정하는가?

(a) 랜덤오차항의 분산

(b) 개별 처리평균의 분산

(c) 각 관측치의 표준편차

(d) 보기 중 답이 없음

3.6 ANOA의 정규성 가정을 Anderson-Darling 잔차검정과 같은 정규성 가정 방법으로 확인하는 것이 항상 좋은 선택인가?

(a) 참

(b) 거짓

3.7 아래의 컴퓨터 프로그램의 ANOVA 결과 출력물의 빈칸을 채우고 P 값의 범위를 찾아라.

7 본문은 "wild" value라고 표현한다. 전혀 기대하지 못했던 값이나 정제되지 않은 값 등의 뉘앙스로 받아들이면 된다.

One-way ANOVA					
Source	DF	SS	MS	F	P
Factor	?	?	246.93	?	?
Error	25	186.53	?		
Total	29	1174.24			

3.8 2010년 4월 27일 화요일 자 *The Wall Street Journal*의 기사 "Eating Chocolate Is Linked to Depression."에서 the National Heart, Lung and Blood Institute가 투자하여 University of California, San Diego와 University of California, Davis가 연구한 결과를 보고하였다. 이 기사는 Archives of Internal Medicine(2010, pp.699-703)에도 게재되어 있다. 연구는 우울증 치료제를 먹지 않으면서, 알려진 심혈관 질환이나 당뇨병이 없는 성인 931명을 조사하였다. 이 집단은 70%가 남자이고 평균나이가 약 58세이다. 참여자에게 초콜릿 소비에 관해 물었고, 질문표를 통해 우울증을 선별하였다. 질문지에서 16점 미만을 득점한 사람은 우울증이 아닌 사람으로, 16점 이상 22점 이하의 사람은 우울증일 가능성이 있는 사람, 22점을 넘은 사람은 우울증이 있는 사람으로 판단하였다. 연구를 통해서 우울증이 아닌 사람들은 한 달에 5.4인분의 초콜릿을 섭취하고, 우울증일 가능성이 있는 사람은 8.4인분의 초콜릿을 한 달에 섭취하며, 22점을 넘은 우울증으로 판단된 사람은 가장 많은 한 달에 11.8인분의 초콜릿을 섭취한다는 점을 발견하였다. 다크 초콜릿과 밀크 초콜릿의 구분은 없었다. 다른 음식들도 조사하였으나 다른 음식과 우울증 사이에는 패턴이 없었다. 이 연구가 설계된 실험인가? 이것이 초콜릿 섭취와 우울증 사이의 인과 관계를 만드는가? 그런 인과 관계를 만들기 위해서는 연구가 어떻게 수행이 되어야 하는가?

3.9 포틀랜드 시멘트 인장 강도를 연구하였다. 4개의 다른 혼합 기술을 효율적으로 사용할 수 있다. 완전 랜덤화 실험을 수행하였고, 아래의 자료를 수집하였다.

(a) 혼합 기술이 시멘트의 강도에 영향을 미친다는 가설을 $\alpha = 0.05$를 사용하여 검정하라.

(b) 4개의 혼합 기술에 대해서 평균 인장 강도를 비교하기 위해서 3.5.3절에서 설명한 대로 그림을 그려라.

(c) Fisher LSD 방법을 이용하여 $\alpha = 0.05$에 대해서 평균의 쌍들을 비교하라.

(d) 잔차의 정규확률그림을 그리고, 정규성 가정의 타당성에 대한 본인의 결론을 말하라.

(e) 잔차 대 예측 인장 강도 그림을 그리고 그림을 설명하라.

(f) 실험의 결과를 해석하기 위한 산점도를 그려라.

혼합 기술	인장 강도 (1b/in^2)			
1	3129	3000	2865	2890
2	3200	3300	2975	3150
3	2800	2900	2985	3050
4	2600	2700	2600	2765

3.10 (a) 연습문제 3.9의 (c)를 Tukey의 검정을 사용하여 $\alpha = 0.05$에 대하여 다시 계산하라. 그림의 방법과 Fisher LSD 방법 모두 혹은 하나의 방법과 Tukey의 검정에서 같은 결과를 얻었는가?

(b) Tukey와 Fisher의 방법의 차이점을 설명하라.

3.11 연습문제 3.9의 실험을 다시 보자. 4개의 기술 각각으로 만들어진 포틀랜드 시멘트의 인장 강도의 평균에 대한 95% 신뢰구간을 구하고 기술 1과 기술 3의 평균 차이에 대한 95% 신뢰구간도 구하라. 이것이 실험의 결과를 해석하는데 도움이 되는가?

3.12 상품 개발자가 남자의 셔츠를 만들기 위한 옷감에 사용할 새로운 섬유 합성의 인장 강도를 조사하고 있다. 강도는 섬유 재료의 혼합에 사용된 면의 비율에 영향을 받는다. 면의 함유량에 대한 5개 수준을 5번 반복한 완전 랜덤화 실험을 수행하였고, 해당 자료는 다음 표에 나와 있다.

면 함유량	관측치				
15	7	7	15	11	9
20	12	17	12	18	18
25	14	19	19	18	18
30	19	25	22	19	23
35	7	10	11	15	11

(a) 면의 함유량이 평균 인장 강도에 영향을 미친다는 주장을 뒷받침하는 증거가 있는지 $\alpha = 0.05$에서 검정하라.

(b) 평균의 쌍 사이의 비교를 위해서 Fisher LSD 방법을 이용하라. 어떤 결론을 얻을 수 있는가?

(c) 실험에서 잔차분석을 하고 모형의 적합성에 대해서 말하라.

3.13 연습문제 3.12에서 설명한 실험을 다시 보자. 30%의 면 함유량을 통제집단으로 사용하였다면, $\alpha = 0.05$ 수준에서 Dunnett의 검정을 이용하여 통제집단의 평균과 다른 평균을 비교하라.

3.14 제약 생산자가 새로운 약의 생물체에 대한 영향을 조사하고자 한다. 완전 랜덤화 단일요인실험을 세 가지 복용량 수준에 대해 수행하였고, 얻은 결과는 다음과 같다.

복용량	관측치			
20 g	24	28	37	30
30 g	37	44	31	35
40 g	42	47	52	38

(a) 복용량의 수준이 생물체에 대한 영향력에 영향을 미친다는 증거가 있는지 $\alpha = 0.05$ 수준에서 확인하라.

(b) 그렇게 하는 것이 적절하다면 평균의 쌍들 사이에서 비교하라. 어떤 결론을 얻을 수 있는가?

(c) 실험의 잔차를 분석하고 모형의 적합성에 대해서 말하라.

3.15 렌터카 회사가 임대한 차의 종류가 임대 기간에 영향을 미치는지 조사하고자 한다. 실험을 일주일 동안 특정한 장소에서 수행하였고 10개의 임대 계약이 각각의 차종별로 임의로 선택되었다. 결과는 다음 표에 나와 있다.

차의 종류	관측치									
경형	3	5	3	7	6	5	3	2	1	6
소형	1	3	4	7	5	6	3	2	1	7
중형	4	1	3	5	7	1	2	4	2	7
대형	3	5	7	5	10	3	4	7	2	7

(a) $\alpha = 0.05$를 사용하여 임대된 차의 종류가 임대 계약의 길이에 영향을 미친다는 주장에 근거가 있는지 확인하라. 만약에 근거가 있다면, 어떤 차의 종류가 차이를 발생시키는가?

(b) 문제의 잔차를 분석하고 모형의 적합성에 대해서 말하라.

(c) 실험에서 반응변수가 횟수라는 것을 감안하면, 이것이 분산분석의 타당성에 대해 어떤 잠재적인 문제를 발생시키는가?

3.16 나는 이웃의 골프 클럽에 가입되어 있다. 일 년을 여름(6월~9월), 겨울(11월~3월) 그리고 비수기(10월, 4월, 5월)의 세 개의 골프 시즌으로 나눈다. 나는 내가 여름에 가장 골프를 잘 치고(왜냐하면, 나에게 시간이 더 많고, 골프 코스가 덜 붐비기 때문이다) 그 다음이 비수기(골프 코스가 붐비지 않기 때문에), 그리고 최악의 골프는 겨울이라고 믿는다(연 단위 비상근의 모든 주민이 나타나고, 골프 코스는 붐비고, 경기는 느리고, 나는 좌절하기 때문이다). 자료는 아래 표에 나와 있다.

시즌	관측치									
여름	83	85	85	87	90	88	88	84	91	90
비수기	91	87	84	87	85	86	83			
겨울	94	91	87	85	87	91	92	86		

(a) $\alpha = 0.05$ 수준에서 자료가 내 주장이 옳다는 것을 의미하는가?

(b) 실험의 잔차를 분석하고 모형의 적합성에 대해서 말하라.

3.17 지방의 오페라단이 24개의 잠재적인 후원사에 기부를 요청하기 위해서 3가지 방법을 시도하였다. 24개의 잠재적인 후원사를 임의로 3개의 집단으로 나누고 하나의 방법을 하나의 집단에 사용하였다. 기부의 결과인 달러(dollar)가 다음 표에 나와 있다.

방법	기부금 ($)							
1	1000	1500	1200	1800	1600	1100	1000	1250
2	1500	1800	2000	1200	2000	1700	1800	1900
3	900	1000	1200	1500	1200	1550	1000	1100

(a) 자료가 $\alpha = 0.05$에서 세 개의 다른 방법에서 얻은 결과에 차이가 있다는 것을 의미하는가?

(b) 실험의 잔차를 분석하고 모형의 적합성을 설명하라.

3.18 4개의 특정한 발화점이 특정한 종류의 벽돌의 밀도에 영향을 미치는지 확인하기 위해서 실험을 수행하였다. 완전 랜덤화 실험으로 다음 자료를 얻었다.

온도	발화점				
100	21.8	21.9	21.7	21.6	21.7
125	21.7	21.4	21.5	21.4	
150	21.9	21.8	21.8	21.6	21.5
175	21.9	21.7	21.8	21.4	

(a) $\alpha = 0.05$에서 발화점 온도가 벽돌의 밀도에 영향을 미쳤는가?

(b) 실험에서 평균을 비교하기 위해서 Fisher LSD를 사용하는 것이 적절한가?

(c) 실험의 잔차를 분석하라. 분산분석의 가정을 만족하는가?

(d) 3.5.3절에서 설명한 대로 처리에 대한 그림을 그려라. 그림이 (a)의 분산분석의 결과를 적절하게 요약하고 있는가?

3.19 연습문제 3.18의 (d)를 Tukey의 방법을 사용하여 다시 수행하라. 결론은 무엇인가? 불균등 표본크기를 설명하기 위해서 수행하는 것을 어떻게 바꿨는지 자세히 설명하라.

3.20 TV 생산자가 TV용 브라운관에 대한 4개 종류의 코팅이 전도성에 미치는 영향에 관심을 두고 완전 랜덤화 실험을 수행하여 아래의 전도성 자료를 얻었다.

코팅 종류	전도성			
1	143	141	150	146
2	152	149	137	143
3	134	136	132	127
4	129	127	132	129

(a) $\alpha = 0.05$ 하에서 코팅 종류에 따른 전도성의 차이가 있는가?

(b) 처리효과와 전체 평균을 추정하라.

(c) 코팅 종류 4의 평균의 95% 신뢰구간을 추정하고, 코팅 종류 1과 종류 4의 평균의 차이의 99% 신뢰구간을 추정하라.

(d) $\alpha = 0.05$와 Fisher LSD 방법을 이용하여 모든 평균의 쌍을 검정하라.

(e) 3.5.3절에서 논의한 그래픽 방법을 사용하여 평균을 비교하라. 어떤 코팅의 종류가 가장 높은 전도성을 보이는가?

(f) 코팅 종류 4를 현재 사용하고 있다고 할 때, 생산자에게 어떤 종류의 코팅을 추천할 것인가? 전도성을 최소화하고자 한다.

3.21 연습문제 3.20의 실험을 다시 생각해 보자. 잔차를 분석하고 모형의 적합성에 대한 결론을 내려라.

3.22 *Environmental International*의 한 논문(Vol. 18, No. 4, 1992)이 샤워기의 물줄기 안에 있는 라돈(radon)의 양을 측정한 실험을 묘사하였다. 라돈이 농축된 물이 실험에 사용되었고, 여섯 개의 다른 지름을 가진 구멍이 샤워기 머리를 실험에 사용하였다. 실험의 자료는 아래의 표와 같다.

지름	라돈의 양 (%)			
0.37	80	83	83	85
0.51	75	75	79	79
0.71	74	73	76	77
1.02	67	72	74	74
1.40	62	62	67	69
1.99	60	61	64	66

(a) $\alpha = 0.05$를 사용할 때, 구멍의 크기가 라돈의 양의 평균 비율에 영향을 미치는가?

(b) (a)의 F 통계량에 대한 P 값을 구하라.

(c) 실험의 잔차를 분석하라.

(d) 구멍의 지름이 1.40일 때 라돈 방출의 평균 비율의 95% 신뢰구간을 구하라.

(e) 3.5.3절에서 설명한 것처럼 처리평균을 비교하기 위한 그림을 그려라. 얻을 수 있는 결론은 무엇인가?

3.23 1000분의 1초의 반응 시간이 자동 밸브 차단 장치에 사용되는 3개 종류의 회로를 위해서 결정되었다. 완전 랜덤화 실험의 결과는 다음의 표에 나와 있다.

회로 종류	반응 시간				
1	9	12	10	8	15
2	20	21	23	17	30
3	6	5	8	16	7

(a) 세 종류의 회로가 같은 반응 시간을 가지고 있다는 가설을 $\alpha = 0.01$ 수준에서 검정하라.

(b) 처리평균의 쌍을 비교하기 위한 Tukey 검정을 $\alpha = 0.01$ 수준에서 수행하라.

(c) 처리평균의 비교를 위한 3.5.3절의 그래픽 방법을 사용하라. 어떤 결론을 얻을 수 있는가? (b)의 결론과 어떻게 비교할 수 있는가?

(d) 실험의 시작에서 회로 종류 2의 반응 시간이 다른 2개와 차이가 있는지 의심했다고 가정하고 직교 대비의 집합을 구성하라.

(e) 설계 공학자와 당신이 반응 시간을 최소화하고자 한다면 어떤 회로의 종류를 선택할 것인가?

(f) 실험의 잔차를 분석하라. 기본적인 분산분석의 가정을 만족하는가?

3.24 35 kV의 부하에서 절연성 유체의 유효기간을 연구하였다. 네 종류의 다른 유체에 대해서 완전 랜덤화 실험을 통해서 다음과 같은 결과를 얻었다.

유체 종류	35 kV 부하에서의 유효기간 (단위: 시간)					
1	17.6	18.9	16.3	17.4	20.1	21.6
2	16.9	15.3	18.6	17.1	19.5	20.3
3	21.4	23.6	19.4	18.5	20.5	22.3
4	19.3	21.1	16.9	17.5	18.3	19.8

(a) $\alpha=0.05$에서 유체가 다르다는 어떤 암시가 있는가?

(b) 주어진 목표가 긴 유효기간이라면, 어떤 유체를 선택할 것인가?

(c) 실험의 잔차를 분석하라. 기본적인 분산분석의 가정을 만족하는가?

3.25 존재하는 소음의 양을 비교하기 위해서 하나의 디지털 컴퓨터 회로를 위한 4개의 다른 설계를 연구하여 다음 자료를 얻었다.

회로 설계	측정된 소음				
1	19	20	19	30	8
2	80	61	73	56	80
3	47	26	25	35	50
4	95	46	83	78	97

(a) 4개의 설계 모두 같은 소음의 양을 가지고 있는가? $\alpha=0.05$를 사용하라.

(b) 실험의 잔차를 분석하라. 분산분석의 가정을 만족하는가?

(c) 낮은 소음이 가장 좋다고 하면 어떤 종류의 회로를 선택하겠는가?

3.26 어떤 화학 화합물의 메탄올의 비율 측정을 네 명의 화학자에게 요청하였다. 각 화학자는 세 번의 측정을 하였는데 그 결과는 다음과 같다.

화학자	메탄올의 비율		
1	84.99	84.04	84.38
2	85.15	85.13	84.88
3	84.72	84.48	85.16
4	84.20	84.10	84.55

(a) $\alpha=0.05$에서 화학자들의 측정치가 유의하게 차이가 나는가?

(b) 실험의 잔차를 분석하라.

(c) 화학자 2가 신입일 때, 실험의 초기부터 유용하고 의미 있는 직교 대비의 집합을 구하라.

3.27 세 상표의 수명(주간으로 표현한)이 다르다고 의심하여 3개 상표의 건전지에 대해 각 상표별로 임의로 선택한 5개를 시험하여 다음 결과를 얻었다.

수명 기간 (단위: 주)		
상표 1	상표 2	상표 3
100	76	108
96	80	100
92	75	96
96	84	98
92	82	100

(a) 상표의 건전지들의 수명이 다른가?

(b) 실험의 잔차를 분석하라.

(c) 상표 2의 건전지의 평균 수명에 대한 95% 신뢰구간 추정을 하고, 상표 2와 상표 3 건전지의 평균 수명의 차이의 99% 신뢰구간 추정을 하라.

(d) 어떤 상표를 선택하여 사용하겠는가? 생산자가 충전하지 않고 85주를 채우지 못하고 작동을 멈추는 건전지를 교체하려고 한다면, 회사가 교체할 것으로 기대되는 비율은 얼마인가?

3.28 세 액체로 구성된 혼합물에 있는 하나의 농도에 영향을 미칠 수 있는 네 개의 촉매를 조사하고 있다. 다음의 농도를 완전 랜덤화 실험에서 얻었다.

촉매			
1	2	3	4
58.2	56.3	50.1	52.9
57.2	54.5	54.2	49.9
58.4	57.0	55.4	50.0
55.8	55.3		51.7
54.9			

(a) 네 촉매가 농도에 같은 영향을 미치는가?

(b) 실험의 잔차를 분석하라.

(c) 촉매 1의 평균 반응값의 99% 신뢰구간을 추정하라.

3.29 반도체 제작자가 웨이퍼 위의 미립자의 총수를 줄일 수 있는 세 가지 다른 방법을 개발하였다. 세 가지 방법 모두 6개의 다른 웨이퍼에 시험하였고 처리 후에 미립자의 개수를 얻었다. 자료는 아래와 같다.

방법	개수				
1	31	10	21	4	1
2	62	40	24	30	35
3	53	27	120	97	68

(a) 세 가지 방법 모두가 평균 미립자 개수에 같은 영향을 미치는가?

(b) 잔차 대 예측 반응값의 그림을 그리고 잔차의 정규확률그림을 그려라. 가정의 타당성에 대한 잠재적 문제가 있는가?

(c) (b)의 답에 근거하여 미립자 개수 자료의 다른 분석을 수행하고 적절한 결론을 내려라.

3.30 금속 가공 작업장에서 금속 견본을 가열하기 위해서 여러 개의 가마를 사용한다. 실제로는 차이가 있을 것 같지만, 모든 가마는 같은 온도에서 작동하기로 되어 있다. 세 가마는 임의로 선택되었고, 연속적인 가열에서 온도를 측정하였다. 수집한 자료는 다음과 같다.

가마	온도					
1	491.50	498.30	498.10	493.50	493.60	
2	488.50	484.65	479.90	477.35		
3	490.10	484.80	488.25	473.00	471.85	478.65

(a) $\alpha = 0.05$일 때, 가마들 사이에 온도에서 유의한 변동이 있는가?

(b) 모형의 분산성분을 추정하라.

(c) 실험의 잔차를 분석하고 모형의 적합성에 대해서 결론을 내려라.

3.31 *Journal of the Electrochemical Society*의 한 논문(Vol. 139. No. 2, 1992, pp. 524-532)은 폴리실리콘의 저압 증착을 연구하기 위한 실험을 설명하고 있다. 실험을 Texas Austin에 있는 세마테크(Sematech)의 대용량 반응로에서 수행하였다. 반응로는 여러 웨이퍼 위치를 가지고 있고, 이들 중 4개의 위치를 임의로 선택하였다. 반응변수는 필름 두께의 균일성이다. 실험을 3번 반복하였고 자료는 다음과 같다.

웨이퍼 위치	균일성		
1	2.76	5.67	4.49
2	1.43	1.70	2.19
3	2.34	1.97	1.47
4	0.94	1.36	1.65

(a) $\alpha = 0.05$일 때, 웨이퍼의 위치에 차이가 있는가?

(b) 웨이퍼의 위치 때문에 발생한 변동성을 추정하라.

(c) 확률오차 성분을 추정하라.

(d) 실험에서 잔차를 분석하고 모형의 적합성을 설명하라.

3.32 연습문제 3.31에 설명된 증착 실험을 살펴보자.

(a) 균일성 반응값의 전체 변동성을 추정하라.

(b) 균일성 반응값의 전체 변동성의 얼마만큼이 반응로 안에서 위치의 차이 때문인가?

(c) 반응로 안에서 위치간 변동성을 제거한다면, 균일성 반응값에서 변동성이 어떤 수준으로 줄어들 수 있는가? 이것이 유의한 감소라고 생각하는가?

3.33 단일요인 완전 랜덤화 실험에 요인수준이 4개라고 해 보자. 3개의 반복수를 가지고, 총제곱합은 330.56이다. 처리제곱합은 250.65이다.

(a) 오차분산 σ^2의 추정치는 무엇인가?

(b) 처리효과로 반응변수의 변동성의 어느정도 비율을 설명할 수 있는가?

3.34 단일요인 완전 랜덤화 실험에 요인수준이 6개라고 해 보자. 5개의 반복수를 가지고 총제곱합은 900.25이다. 처리제곱합은 750.50이다.

(a) 오차분산 σ^2의 추정치는 무엇인가?

(b) 처리효과로 반응변수의 변동성의 어느정도 비율을 설명할 수 있는가?

3.35 연습문제 3.33의 실험의 95% 신뢰구간과 급내상관계수를 구하라.

3.36 연습문제 3.34의 실험의 95% 신뢰구간과 급내상관계수를 구하라.

3.37 분산을 모르지만 같다는 가정하에서 두 정규 모집단의 평균의 동일성을 검정한다고 가정하자. 적절한 검정 절차는 쌍체 t 검정이다. 쌍체 t 검정이 단일요인 분산분석과 같다는 것을 보여라.

3.38 선형 결합 $\Sigma_{i=1}^{a} c_i y_{i.}$의 분산이 $\sigma^2 \Sigma_{i=1}^{a} n_i c_i^2$라는 것을 보여라.

3.39 고정효과 실험에서, n개의 관측치가 4개의 처리 각각에 대해서 있다고 가정하고 Q_1^2, Q_2^2, Q_3^2을 직교 대비의 단자유도 성분이라 할 때, $SS_{\text{Treatments}} = Q_1^2 + Q_2^2 + Q_3^2$임을 증명하라.

3.40 연습문제 3.27에서 등분산 가정을 만족하는지 $\alpha = 0.05$ 하에서 Bartlett의 검정을 사용하여 확인하라. 잔차그림을 조사한 것과 같은 결론에 도달하였는가?

3.41 $\alpha = 0.05$ 하에서 보정 Levene 검정을 사용하여 연습문제 3.27에서 등분산 가정이 만족하는지 확인하라. 등분산에 관하여 잔차그림을 조사한 것과 같은 결론에 도달하였는가?

3.42 연습문제 3.23를 참고하라. 최소 0.90의 확률로 100분의 1초 단위의 평균 반응 시간에서 최대 차이를 찾고 싶을 때, 표본크기는 얼마인가? σ^2의 예비 추정치를 어떻게 얻을 것인가?

3.43 연습문제 3.27를 참고하라.

(a) 10시간 단위의 건전지 수명에서 최소 0.90의 확률로 최대의 차이를 찾기를 원한다면, 표본의 크기는 얼마가 되어야 하는가? 이 문제에 답하기 위해서 어떻게 σ^2의 예비 추정치를 얻을 것인지 설명하라.

(b) 만약 상표 간의 최대 차이가 8시간이고, 적어도 0.90의 확률로 차이를 확인하고 싶을 때 표본크기는 어느 정도여야 하는가?

3.44 연습문제 3.27의 실험을 생각해 보자. ± 2주의 정확도를 가진 두 평균 건전지 수명의 차이의 95% 신뢰구간을 구하고 싶다면, 상표별로 몇 개의 건전지를 검사해야만 하는가?

3.45 4개의 정규 모집단들이 $\mu_1 = 50$, $\mu_2 = 60$, $\mu_3 = 50$, $\mu_4 = 60$의 평균을 가지고 있다. 모든 모집단의 평균이 같다는 귀무가설을 0.90의 확률로 기각하기 위해서는 각 모집단에서 몇 개의 관측치를 뽑아야 하는가? $\alpha = 0.05$라 가정하고 오차의 분산의 합리적인 추정치는 $\sigma^2 = 25$라 하자.

3.46 연습문제 3.45를 참고하여 다음을 답하라.

(a) 실험오차의 분산의 합리적인 추정치가 $\sigma^2 = 36$이 되면, 답이 어떻게 바뀌겠는가?

(b) 실험오차의 분산의 합리적인 추정치가 $\sigma^2 = 49$가 되면, 답이 어떻게 바뀌겠는가?

(c) σ의 추정치가 표본의 크기의 결정에 어떻게 영향을 미치는지에 대해서 이런 특정한 상황에서 당신의 답의 민감도에 대해서 어떤 결론을 이끌어낼 수 있는가?

(d) 실제에서 n을 선택하는 이런 포괄적인 방법을 어떻게 사용할 것인지에 대해서 어떤 추천을 할 수 있는가?

3.47 3.8.3절에서 설명했던 알루미늄 제련 실험을 참고하라. 비율 통제 방법이 평균 전지 전압에 영향을 미치지 않는다는 것을 증명하고 잔차의 정규확률그림과 잔차 대 예측값의 그림을 그려라. 기본 가정의 위반을 암시하는 것이 있는가?

3.48 3.8.3절에서 설명했던 알루미늄 제련 실험을 참고하라. 전해조의 소음에 대해 표 3.17에 요약된 ANOVA를 증명하고, 일반적인 잔차도를 조사하여 실험의 타당성에 대해서 설명하라.

3.49 보조 동력 장치의 구성 부품을 만드는 CNC 공작기계에 대한 실험에서 4개의 다른 피드레이트에 대해서 조사하였다. 실험을 담당하는 제조 공학자는 관심의 중요한 일부 치수가 피드레이트에 영향을 받는다는 것을 알고 있다. 그러나 이전의 경험에 의하면, 분산효과만이 존재하는 것을 의미하였다. 즉, 평균 치수에 피드레이트의 변화가 영향을 미치지 않지만, 치수의 변동성에 영향을 미칠 수 있다. 공학자는 각 피드레이트마다 다섯 번의 생산을 수행하였고 특정 치수의 표준편차(10^{-3} mm의 단위)를 얻었다. 자료는 다음과 같다. 모든 수행은 임의의 순서로 수행되었다.

피드레이트	**생산 수행**				
(in/min)	**1**	**2**	**3**	**4**	**5**
10	0.09	0.10	0.13	0.08	0.07
12	0.06	0.09	0.12	0.07	0.12
14	0.11	0.08	0.08	0.05	0.06
16	0.19	0.13	0.15	0.20	0.11

(a) 피드레이트가 특정 치수의 표준편차에 영향을 가지는가?

(b) 실험의 잔차를 이용하여 모형의 적합성을 조사하라. 실험의 타당성에 문제가 있는가?

3.50 연습문제 3.23의 자료를 사용하여 다음을 답하라.

(a) 일반적인 제약식($\Sigma_{i=1}^{3} \hat{\tau}_i = 0$)을 이용하여, 이 문제의 최소제곱 정규식을 적고 $\hat{\mu}$와 $\hat{\tau}_i$에 대해서 풀고 $\tau_1 - \tau_2$를 추정하라.

(b) $\hat{\tau}_i$을 이용하여 (a)의 식을 풀어라. $\hat{\tau}_i$와 $\hat{\mu}$의 추정치가 (a)에서 구한 것과 같은가? 왜 그런가? 이제 τ_1-τ_2를 추정하여 (a)의 답과 비교하라. τ_i의 대비를 추정하는 것에 대해서 어떤 설명을 할 수 있는가?

(c) 정규식의 두 근을 이용하여, $\mu + \tau_1$, $2\tau_1 - \tau_2 - \tau_3$, $\mu + \tau_1 + \tau_2$를 추정하라. 각 경우에 얻은 결과를 비교하라.

3.51 일반 회귀 유의 검정을 예제 3.6의 실험에 적용하고 일반적인 분산분석과 같은 결과를 얻는다는 것을 보여라.

3.52 연습문제 3.24의 실험에 Kruskal-Wallis 검정을 사용하여, 일반적인 분산분석의 결과와 비교하라.

3.53 연습문제 3.25의 실험에 Kruskal-Wallis 검정을 사용하라. 일반 분산분석에 의해서 찾은 결과와 비슷한가?

3.54 예제 3.6의 실험을 생각해 보자. 가장 큰 에칭률 관측치가 250Å/min으로 잘못 기록되었다. 이것이 일반 분산분석에 어떤 영향을 가질 것인가? Kruskal-Wallis의 검정에는 어떤 영향을 미치는가?

3.55 분산분석 시에 정규성 가정 확인은 매우 중요하다.
(a) 참
(b) 거짓

3.56 분산분석은 제곱합에 대한 기본 계산에 관해 양적요인 및 질적 요인을 모두 다룬다.
(a) 참
(b) 거짓

3.57 a개의 수준을 가진 단일요인실험에 $a-1$의 차원을 가진 다항식을 적합하려 한다. 다항모형의 오차제곱합은 일반 분산분석의 오차제곱합과 정확하게 일치한다.
(a) 참
(b) 거짓

3.58 Fisher's LSD 방법은 ANOVA의 처리평균쌍을 비교하는데 굉장히 보수적인 방법이다.
(a) 참
(b) 거짓

3.59 분산성분을 추정하는 REML 방법은 최대우도방법을 기반으로 하지만, ANOVA 방법은 method-of-moments 방법을 따른다.
(a) 참
(b) 거짓

3.60 분산성분을 추정하는 REML 방법의 장점 중 하나는 자동으로 분산성분에 대해 신뢰구간을 구해준다는 것이다.
(a) 참
(b) 거짓

3.61 Tukey 방법은 모든 처리평균을 대조군과 비교할 때 사용한다.
(a) 참
(b) 거짓

3.62 연습문제 3.10의 실험의 어떤 관측치의 표준편차 추정치는
(a) 7.03
(b) 2.65
(c) 5.91
(d) 1.95
(e) 보기 중 답 없음

4장 랜덤화 블록, 라틴정방 및 기타 관련된 설계

Randomized Blocks, Latin Squares, and related Designs

이번 장의 학습 목표

1. 블록화의 원리가 통제 가능한 장애 요소의 변동성을 줄이는 데 효과적임을 배운다.
2. 랜덤화 완전블록설계에 대해 배운다.
3. 분산분석이 랜덤화 완전블록설계로 어떻게 확장되는지를 배운다.
4. 랜덤화 완전블록설계 모형 적합도를 어떻게 확인하는지를 배운다.
5. 라틴정방설계가 실험에서 어떻게 장애 변동성의 두 원인(sources)을 제어하는지를 이해한다.

4.1 랜덤화 완전블록설계

어떤 실험에서든 **장애요인**(nuisance factor)으로 인한 변동성은 실험 결과에 영향을 미칠 수 있다. 일반적으로 장애요인은 반응값에 영향을 줄 수 있지만 주된 관심이 되지 않는 설계 요인으로 정의된다. 장애요인은 대체로 무엇인지 **알 수 없으며 또한 통제되지 않는다**(unknown and uncontrolled). 즉, 장애요인은 존재여부와 실험을 수행하는 동안 값의 변화에 대해서도 알지 못한다. **랜덤화**(Randomization)는 **잠복된**(lurking) 장애요인이 생기지 않기 위해 사용하는 설계기법이다. 또한 장애요인에 대해 **알 수는 있지만 통제가 불가능한**(known but uncontrollable) 경우에도 사용한다. 만약 실험을 수행하면서 장애요인의 값을 적어도 관찰은 할 수 있다면, **공변량 분석**(analysis of covariance)을 사용하여 장애요인으로 인한 효과를 보정할 수 있다. 마지막으로 변동성에 영향을 미치는 장애요인에 대해 **알고 있고 통제가 가능한**(known and controllable) 경우에는, **블록화**(blocking)라는 설계기법을 사용하여 처리수준 간의 비교에 영향을 미치는 장애요인효과를 체계적으로 제거할 수 있다. 이 장의 주제인 블록화는 산업 분야의 실험에서 널리 사용되는 매우 중요한 설계기법이기도 하다.

전체적인 개념을 이해하기 위해, 2.5.1절에서 처음으로 다루었던 경도검사 실험에서 4가지 첨도(tips)에 따라 경도검사 기계의 판독결과(reading)가 달라지는지 알고 싶다고 해 보자. 이 실험은 측정기능력 연구(gauge capability study)의 일종으로, 경도측정 기계는 첨도(tips)가 금속테스트 쿠폰을 누르면서 생긴 오목한 정도의 깊이에 따라 쿠폰의 경도를 결정하게 된다. 실험진행자는 록웰경도 C-척도(금속공학 분야 용어)를 이용하여, 각 팁에서 4개의 관측치를 얻기로 하였다. 여기서 요인은 팁의 종류 한 개이며, 완전 랜덤화 단일요인설계(completely randomized single-factor design)는 $4 \times 4 = 16$개의 실험 수행 각각을 하나의 **실험 단위**(experimental unit, 여기서는 금속 쿠폰)로 보아 경도 판독결과를 관찰한다. 따라서 16개의 서로 다른 금속 테스트 쿠폰이 필요하게 되고, 각각이 이 설계에서 한 수행(run)이 된다.

이런 설계 상황에서 완전 랜덤화 실험은 잠재적으로 심각한 문제를 가지고 있다. 금속 쿠폰이 약간씩 다른 경도를 가지는 원인이, 금속 쿠폰들은 서로 다른 열기(heat)하에서 만들어진 주괴에서 나오기 때문일 수 있다. 따라서 실험 단위(쿠폰) 자체가 경도측정 데이터의 변동성에 영향을 미칠 수 있게 되고, 그 결과 실험오차는 랜덤오차와 쿠폰 간의 변동성 모두를 포함하게 된다.

실험오차를 가능하면 작게, 즉 실험오차에서 쿠폰 간의 오차를 제거해야 할 것이다. 그러기 위해서 실험진행자는 한 팁마다 4개의 쿠폰을 전부 한 번씩 확인해야 한다. 이런 설계를 **랜덤화 완전블록설계**(RCBD, Randomized complete block design)라고 하고, 표 4.1에 표현하였다. 여기서 '완전'이라는 말은 각 블록(쿠폰)이 모든 처리수준(첨도)을 포함한다는 것을 뜻한다. 이 설계를 이용하게 되면, 블록(또는 쿠폰)은 첨도들을 비교에 있어서 더욱 동질적

표 4.1 경도검사 실험에서의 랜덤화 완전블록설계

테스트 쿠폰 (블록)			
1	2	3	4
압자 3	압자 3	압자 2	압자 1
압자 1	압자 4	압자 1	압자 4
압자 4	압자 2	압자 3	압자 2
압자 2	압자 1	압자 4	압자 3

인 실험 단위를 형성하게 된다. 이 설계 전략은 금속 쿠폰 사이의 변동성을 제거함으로써 첨도 간 비교의 정확도를 효과적으로 향상시켜준다. 하나의 블록 내에서, 4개 첨도의 실험 순서는 랜덤으로 결정된다. 이 설계 문제가 2.5.1절의 짝 t 검정과 유사하다. 다시 말해 랜덤화 완전블록설계는 짝 t 검정의 일반화이다.

RCBD는 실험설계에서 매우 널리 사용되는 설계방법이며, 많은 상황에서 적용할 수 있다. 테스트 기구 혹은 기계들은 작동되는 특성에 따라 달라질 수 있으며, 이는 전형적으로 블록요인으로 여겨질 것이다. 원자재, 사람, 시간에 대한 배치(batch) 또한 일반적인 장애요인으로, 블록을 통해서 체계적으로 통제될 수 있다.[1]

블록화는 장애요인이 포함되는 상황에서만 유용한 것은 아니다. 예를 들어 화학공학 기술자가 고분자의 점도에 대한 촉매 공급량의 효과에 관심이 있다. 실험자는 이미 전면조사(full-scale) 과정에서는 통제하기 어려운 원자재, 온도, 실행자, 원자재 순도와 같은 다양한 요인들이 있음을 파악하고 있다. 그래서 블록을 이용하여, 각 블록을 통제 불가능한 여러 요인의 조합으로 구성해 촉매 공급량 요인을 검사하기로 결정할 수 있다. 사실 실험자는 쉽게 통제하지 못하는 상태에서의 과정변수(공급량)의 로버스트성(robustness)을 검사하기 위해 블록을 사용하였다. 이에 대한 더 자세한 논의를 원하면 Coleman and Montgomery(1993)을 참고하면 된다.

4.1.1 RCBD의 통계적 분석

일반적으로 비교해야 하는 a개의 처리수준과 b개의 블록을 가지고 있다고 해 보자. 그림 4.1에서 랜덤화 완전블록설계를 확인할 수 있다. 각각의 블록 안에서 처리수준 하나당 한 개의 관측치가 있으며, 어떤 처리수준을 가진 실험이 먼저 시행되었는지는 랜덤하게 결정된다. 처리수준의 랜덤화는 오직 블록 내에서만 이루어지기 때문에, 블록을 **랜덤화에서의 제약**(restriction on randomization)이라고 부르기도 한다.

RCBD의 **통계적 모형**(statistical model)은 다양하게 표현될 수 있는데, 전통적인 모형은 **효과모형**(effect model)이다.

1 블록은 사람과 같은 실험 단위인데, 각 블록은 시간이 지나면 처리를 받거나 처리효과가 다른 시간에 측정되는 특별한 블록화 사례가 발행한다.

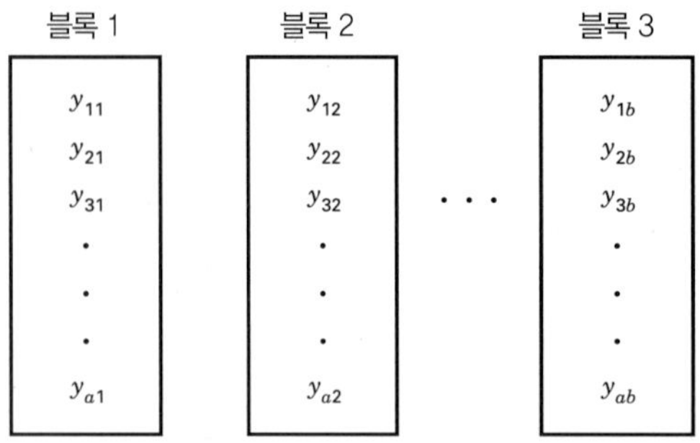

그림 4.1
랜덤화 완전블록설계

$$y_{ij} = \mu + \tau_i + \beta_j + \varepsilon_{ij} \qquad \begin{cases} i = 1, 2, \ldots, a \\ j = 1, 2, \ldots, b \end{cases} \tag{4.1}$$

여기서 μ는 총체적 평균, τ_i는 i번째 처리수준의 효과, β_j는 j번째 블록의 효과이며, ε_{ij}는 보통 NID$(0, \sigma^2)$인 오차항을 말한다. 처음에는 처리와 블록을 고정요인(fixed factor)으로 고려할 것이다. 블록이 랜덤화가 되는 것은 매우 중요한 개념인데, 이에 대해서는 4.1.3절에서 다룰 것이다. 3장에서 보았던 단일요인 실험설계 모형과 같이 RCBD의 효과모형은 과대-특정화(overspecified) 모형이다. 결과적으로 다음을 만족시키도록 처리수준과 블록의 효과를 총체적 평균으로부터의 편차(deviation)로 생각한다.

$$\sum_{i=1}^{a} \tau_i = 0 \quad \text{그리고} \quad \sum_{j=1}^{b} \beta_j = 0$$

RCBD에서도 역시 **평균모형**(mean model)을 사용하여 표현하는 것이 가능하다.

$$y_{ij} = \mu_{ij} + \varepsilon_{ij} \qquad \begin{cases} i = 1, 2, \ldots, a \\ j = 1, 2, \ldots, b \end{cases}$$

여기서 $\mu_{ij} = \mu + \tau_i + \beta_j$이다. 하지만 이 단원에서 식 4.1의 효과모형을 계속 사용하도록 하겠다.

RCBD을 이용한 실험에서, 처리수준의 평균값들이 같은지를 검정하는 것에 관심이 있다. 그래서 관심 가설은

$$H_0: \mu_1 = \mu_2 = \cdots = \mu_a$$
$$H_1: \text{최소 하나 이상의 } \mu_i \neq \mu_j$$

이다. i번째 처리수준의 평균은 $\mu_i = (1/b)\Sigma_{j=1}^{b}(\mu + \tau_i + \beta_j) = \mu + \tau_i$이므로, 위의 가설은 처리효과에 대해서 작성한 것과 일치한다. 즉,

$$H_0: \tau_1 = \tau_2 = \cdots = \tau_a = 0$$
$$H_1: \tau_i \neq 0 \text{ 최소 하나 이상의 } i$$

이다.

분산분석의 개념은 RCBD에서도 쉽게 응용할 수 있다. $y_{i.}$을 i번째 처리수준에서의 모든 관측치의 합, $y_{.j}$을 j번째 블록에서의 모든 관측치의 합, $y_{..}$을 모든 관측치에 대한 총합, $N=ab$는 모든 관측치의 총 개수라 하자. 수학적으로 표현하면,

$$y_{i.} = \sum_{j=1}^{b} y_{ij} \qquad i = 1, 2, \ldots, a \tag{4.2}$$

$$y_{.j} = \sum_{i=1}^{a} y_{ij} \qquad j = 1, 2, \ldots, b \tag{4.3}$$

이며

$$y_{..} = \sum_{i=1}^{a}\sum_{j=1}^{b} y_{ij} = \sum_{i=1}^{a} y_{i.} = \sum_{j=1}^{b} y_{.j} \tag{4.4}$$

이다. 비슷하게 $\bar{y}_{i.}$은 처리수준 i에서 수행된 관측치의 평균이고, $\bar{y}_{.j}$는 j번째 블록에서의 관측치의 평균이며, $\bar{y}_{..}$은 모든 관측치의 전체 평균이다. 즉,

$$\bar{y}_{i.} = y_{i.}/b \quad \bar{y}_{.j} = y_{.j}/a \quad \bar{y}_{..} = y_{..}/N \tag{4.5}$$

전체 제곱합을 다음과 같이 표현할 수 있을 것이다.

$$\sum_{i=1}^{a}\sum_{j=1}^{b}(y_{ij} - \bar{y}_{..})^2 = \sum_{i=1}^{a}\sum_{j=1}^{b}[(\bar{y}_{i.} - \bar{y}_{..}) + (\bar{y}_{.j} - \bar{y}_{..}) + (y_{ij} - \bar{y}_{i.} - \bar{y}_{.j} + \bar{y}_{..})]^2 \tag{4.6}$$

식 4.6의 우변을 조금 더 전개하면, 다음을 얻을 수 있다.

$$\begin{aligned}
\sum_{i=1}^{a}\sum_{j=1}^{b}(y_{ij} - \bar{y}_{..})^2 &= b\sum_{i=1}^{a}(\bar{y}_{i.} - \bar{y}_{..})^2 + a\sum_{j=1}^{b}(\bar{y}_{.j} - \bar{y}_{..})^2 \\
&+ \sum_{i=1}^{a}\sum_{j=1}^{b}(y_{ij} - \bar{y}_{i.} - \bar{y}_{.j} + \bar{y}_{..})^2 + 2\sum_{i=1}^{a}\sum_{j=1}^{b}(\bar{y}_{i.} - \bar{y}_{..})(\bar{y}_{.j} - \bar{y}_{..}) \\
&+ 2\sum_{i=1}^{a}\sum_{j=1}^{b}(\bar{y}_{.j} - \bar{y}_{..})(y_{ij} - \bar{y}_{i.} - \bar{y}_{.j} + \bar{y}_{..}) \\
&+ 2\sum_{i=1}^{a}\sum_{j=1}^{b}(\bar{y}_{i.} - \bar{y}_{..})(y_{ij} - \bar{y}_{i.} - \bar{y}_{.j} + \bar{y}_{..})
\end{aligned}$$

간단한 식 전개로 세 개의 교차 제곱합이 0이 됨을 알 수 있다. 그래서

$$\sum_{i=1}^{a}\sum_{j=1}^{b}(y_{ij}-\bar{y}_{..})^2 = b\sum_{i=1}^{a}(\bar{y}_{i.}-\bar{y}_{..})^2 + a\sum_{j=1}^{b}(\bar{y}_{.j}-\bar{y}_{..})^2 + \sum_{i=1}^{a}\sum_{j=1}^{b}(y_{ij}-\bar{y}_{.j}-\bar{y}_{i.}+\bar{y}_{..})^2 \tag{4.7}$$

가 전체 제곱합의 분할을 표현하게 된다. 이것이 RCBD에서의 기본적인 ANOVA 식이며, 식 4.7의 제곱합들을 기호로 표현하게 되면 다음과 같다.

$$SS_T = SS_{\text{Treatments}} + SS_{\text{Blocks}} + SS_E \tag{4.8}$$

N개의 관측치가 있으므로 SS_T는 $N-1$ 자유도를 가진다. 또한 a개의 처리수준과 b개의 블록이 있으므로, $SS_{\text{Treatments}}$와 SS_{Blocks}는 각각 $a-1$과 $b-1$의 자유도를 가진다. 오차제곱합은 셀 간의 오차제곱합에서 처리수준 간의 오차제곱합과 블록 간의 오차제곱합을 빼면 된다. ab의 셀이 $ab-1$개의 자유도를 가지고 있으므로, SS_E의 자유도는 $ab-1-(a-1)-(b-1) = (a-1)(b-1)$이다. 또한 식 4.8의 우변에 대한 자유도는 좌변의 전체(SST)에 더해져, 오차항이 정규분포를 따른다고 가정하면 정리 3-1을 이용하여 $SS_{\text{Treatments}}/\sigma^2$, $SS_{\text{Blocks}}/\sigma^2$, SS_E/σ^2이 독립적으로 카이제곱분포를 따르는 변수임을 보이게 된다. 제곱합들을 각각의 자유도로 나누어 주게 되면 평균제곱이 된다. 만약 처리수준과 블록이 고정효과라면, 평균제곱에 대한 기댓값은 아래와 같음을 보일 수 있다.

$$E(MS_{\text{Treatments}}) = \sigma^2 + \frac{b\sum_{i=1}^{a}\tau_i^2}{a-1}$$

$$E(MS_{\text{Blocks}}) = \sigma^2 + \frac{a\sum_{j=1}^{b}\beta_j^2}{b-1}$$

$$E(MS_E) = \sigma^2$$

따라서 처리수준의 평균들이 같은지를 검사하기 위해서 다음과 같은 검정통계량을 사용하게 된다.

$$F_0 = \frac{MS_{\text{Treatments}}}{MS_E}$$

귀무가설이 참일 때 이 검정통계량은 $F_{a-1,\,(a-1)(b-1)}$의 분포를 따르게 된다. 기각역은 F 분포의 위쪽 꼬리 부분이며, 만약 $F_0 > F_{\alpha,a-1,(a-1)(b-1)}$이면 H_0을 기각하게 된다. P 값을 이용한 방법 역시 사용할 수 있다.

블록들의 평균이 크게 다르지 않다면 추후 실험에서는 블록화를 굳이 할 필요가 없기에, 블록평균에 대한 비교도 관심의 대상이 될 수 있다. 기대평균제곱(Expected mean sqaures)

을 이용해서, 가설 H_0: $\beta_j=0$을 검정하려면 $F_0=MS_{\text{Blocks}}/MS_E$을 $F_{\alpha,b-1,(a-1)(b-1)}$과 비교하면 된다. 하지만 랜덤화가 블록 내에 있는 처리수준에만 적용된다는 것을 생각해 보자. 즉, 블록들은 일종의 **랜덤화에 대한 제약**(restriction on randomization)으로 작용하는 것이다.[2] 이것이 통계량 $F_0=MS_{\text{Blocks}}/MS_E$에 어떤 효과를 주게 될까? 이 문제에 대해서는 몇몇 의견 차이가 존재한다. 예를 들어 Box, Hunter, and Hunter(2005)는 일반적인 분산분석의 F 검정은, 정규성 가정을 바로 하지 않아도 오직 랜덤화만으로 뒷받침될 수 있다고 강조하면서, 블록평균 비교를 위한 검정은 랜덤화의 제약으로 인해 이 같은 정의에서는 쉽지 않다는 것을 확인하였다. 하지만 만약 오차항이 NID(0, σ^2)이라면, 통계량 $F_0=MS_{\text{Blocks}}/MS_E$을 블록평균을 비교하는 데 사용할 수 있다. 반면 Anderson and McLean(1974)은 이 통계량은 랜덤화의 제약으로 인해 블록평균을 비교하기 위한 의미 있는 테스트에 사용될 수 없으며, 이 F 비율은 블록평균과 랜덤화 제약의 있을 때 같은지 다른지를 보기 위한 테스트라고 주장하였다[이들이 이것을 제약 오차항이라고 하였다. 더 자세한 사항을 원한다면 Anderson and McLean(1974)을 참고하길 바란다].

그럼 실제로 우리가 할 수 있는 것은 무엇일까? 정규성을 가정하는 것은 때때로 어려우므로, $F_0=MS_{\text{Blocks}}/MS_E$을 블록평균 간 동질성에 대한 정확한 F 검정으로 보는 것은 별로 좋지 않다. 그런 이유에서, 분산분석 테이블에서 이 F 검정의 값은 제외한다. 하지만 블록화 변수의 효과를 조사하기 위한 근사로서, MS_E에 대한 MS_{Blocks}의 비율을 살펴보는 것은 반드시 필요하다. 만약 그 비율의 크기가 크다면, 그것은 블록요인이 큰 효과를 가지고 블록화를 통해서 얻게 된 노이즈 감소가 처리평균의 비교의 정확성을 향상시키는 데 도움이 된다는 것을 의미하게 된다.

분석과정은 표 4.2에서 보는 것과 같이 ANOVA 표로 정리되며, 계산은 주로 통계 소프트웨어 패키지를 이용한다. 하지만 다음 식을 이용하여 식 4.7에 있는 각 요소에 대한 제곱합의 계산을 직접 할 수 있다.

표 4.2 랜덤화 완전블록설계의 분산분석표

변동원인	제곱합	자유도	평균제곱	F_0
처리	$SS_{\text{Treatments}}$	$a-1$	$\dfrac{SS_{\text{Treatments}}}{a-1}$	$\dfrac{MS_{\text{Treatments}}}{MS_E}$
블록	SS_{Blocks}	$b-1$	$\dfrac{SS_{\text{Blocks}}}{b-1}$	
오차	SS_E	$(a-1)(b-1)$	$\dfrac{SS_E}{(a-1)(b-1)}$	
합계	SS_T	$N-1$		

2 실제로 정규 이론 F 분포는 처리에 대한 반응의 모든 할당에서 F_0를 계산하여 생성된 랜덤화 분포에 대한 근사치이다.

$$y_{ij} - \bar{y}_{..} = (\bar{y}_{i.} - \bar{y}_{..}) + (\bar{y}_{.j} - \bar{y}_{..}) + (y_{ij} - \bar{y}_{i.} - \bar{y}_{.j} + \bar{y}_{..})$$

이 값들은 스프레드시트(엑셀)의 열로 계산할 수 있으며, 제곱합을 구하려면 각 열을 제곱하고 후에 더하면 된다. 그에 대한 공식은 아래와 같이 처리수준의 합과 블록합으로 표현할 수 있다.

$$SS_T = \sum_{i=1}^{a} \sum_{j=1}^{b} y_{ij}^2 - \frac{y_{..}^2}{N} \tag{4.9}$$

$$SS_{\text{Treatments}} = \frac{1}{b} \sum_{i=1}^{a} y_{i.}^2 - \frac{y_{..}^2}{N} \tag{4.10}$$

$$SS_{\text{Blocks}} = \frac{1}{a} \sum_{j=1}^{b} y_{.j}^2 - \frac{y_{..}^2}{N} \tag{4.11}$$

그리고 오차항의 제곱합은 다음과 같이 뺄셈으로 계산한다.

$$SS_E = SS_T - SS_{\text{Treatments}} - SS_{\text{Blocks}} \tag{4.12}$$

예제 4.1

어떤 의료장비 제조사가 혈관이식편(인공정맥)을 생산하는데, 이 인공정맥은 윤활유에 튜브를 합성한 폴리테트라플루오에틸렌(PTFE, polytetrafluothylene) 수지의 막대기에서 추출되어 만들어진다. 생산 수행단계에서 흔히 작고 딱딱한 돌출부분이 바깥 표면으로 드러난 튜브관이 만들어진다. 이런 결함을 플릭(flicks)이라고 하는데, 플릭이 있으면 해당 생산단위의 물건은 사용할 수 없다.

인공정맥의 책임 개발자는 압출 압력이 플릭의 발생에 영향을 주는 것이라 생각하고 있으며, 이 가설을 조사하기 위해 실험을 수행하려고 한다. 하지만 수지(resin)는 외부 공급자가 생산하고, 배치(batch)로 의료장비 제조자에게 배달된다. 또한 개발자는 재료 자체의 분자량, 평균 입자 크기, 체액정체현상(retention), 피크높이 비율과 같은 변수는 일관이므로 수지 공급량이나 재료 자체의 자연적 변동 때문이 아니라, 배치 간에 유의미한 편차가 있을 수 있음을 의심하였다. 그래서 개발자는 수지의 배치들을 블록으로 고려한 랜덤화 완전블록설계를 이용하여, 플릭(flicks)에 영향을 미치는 4가지 수준의 압출 압력의 효과를 비교하여 조사해 보기로 하였다. 표 4.3은 이 RCBD를 나타낸 것이다. 압출 압력(처리)의 수준은 4가지이고, 수지 배치(블록)은 6개임을 확인할 수 있다. 각 블록 내에서 어떤 압출 압력이 먼저 실험되는지는 임의로 결정되며, 반응변수는 산출량(yield) 혹은, 플릭이 전혀 없는 생산 실행에서의 튜브의 비율이다. 분산분석을 시행하기 위해서, 다음의 제곱합이 필요하다.

$$SS_T = \sum_{i=1}^{4} \sum_{j=1}^{6} y_{ij}^2 - \frac{y_{..}^2}{N}$$

$$= 193{,}999.31 - \frac{(2155.1)^2}{24} = 480.31$$

표 4.3 인공혈관실험에 대한 랜덤화 완전블록설계

압축 압력(PSI)	수지의 배치(블록) 1	2	3	4	5	6	처리
8500	90.3	89.2	98.2	93.9	87.4	97.9	556.9
8700	92.5	89.5	90.6	94.7	87.0	95.8	550.1
8900	85.5	90.8	89.6	86.2	88.0	93.4	533.5
9100	82.5	89.5	85.6	87.4	78.9	90.7	514.6
블록 합계	350.8	359.0	364.0	362.2	341.3	377.8	$y_{..} = 2155.1$

$$SS_{\text{Treatments}} = \frac{1}{b}\sum_{i=1}^{4} y_{i.}^2 - \frac{y_{..}^2}{N}$$

$$= \frac{1}{6}[(556.9)^2 + (550.1)^2 + (533.5)^2 + (514.6)^2] - \frac{(2155.1)^2}{24} = 178.17$$

$$SS_{\text{Blocks}} = \frac{1}{a}\sum_{j=1}^{6} y_{.j}^2 - \frac{y_{..}^2}{N}$$

$$= \frac{1}{4}[(350.8)^2 + (359.0)^2 + \cdots + (377.8)^2] - \frac{(2155.1)^2}{24} = 192.25$$

$$SS_E = SS_T - SS_{\text{Treatments}} - SS_{\text{Blocks}} = 480.31 - 178.17 - 192.25 = 109.89$$

표 4.4는 ANOVA를 나타낸 것이며, $\alpha = 0.05$ 하에서 F의 기각역은 $F_{0.05,3,15} = 3.29$이다. $8.11 > 3.29$이므로, 압출 압력은 평균 생산량에 영향을 미친다고 결론 내릴 수 있다. 이 검정의 P값 역시 매우 작으며, 또한 블록평균제곱이 오차항의 평균제곱에 비해 매우 크므로, 수지 배치(블록) 간의 차이는 매우 유의하게 다르다.

표 4.4 인공혈관실험에 대한 분산분석

변동원인	제곱합	자유도	평균제곱	F_0	P 값
처리(압출압력)	178.17	3	59.39	8.11	0.0019
블록(배치)	192.25	5	38.45		
오차	109.89	15	7.33		
합계	480.31	23			

랜덤화 블록설계를 고려하지 않았을 때 이 실험의 결과에 대해서 생각해보는 것은 매우 흥미롭다. 우선 이 실험이 완전 랜덤화 설계로 수행되었다고 가정하고, 우연히 표 4.3과 같은 결과를 얻었다고 해 보자. 이 결과를 완전 랜덤화 단일요인설계로 잘못 분석한 경우가 표 4.5에 나와 있다.

P 값이 0.05보다 적기 때문에 여전히 귀무가설은 기각되며, 압출 압력은 평균 산출량에 통계적으로 유의한 영향을 미친다고 결론 내리게 된다. 그러나 오차항에 대한 평균 제곱이 RCBD에서는 7.33이던 것이 15.11로 두 배 이상 증가하였다. 블록으로 인한 모든 변동성이 이제 오차항에 포함된다. 이제 왜 RCBD가 노이즈-감소 설계법(noise-reducing design technique)이라고 불리는지 쉽게 이해할 수 있을 것이다. 즉, 데이터에서 S/N 비율(the signal-to-noise ratio)을 효과적으로 상승시킬 수 있다거나, 처리수준의 평균을 비교 시 정확

표 4.5 완전 랜덤화 설계로 인공혈관 실험을 했을 때의 잘못된 분석

변동원인	자유도	제곱합	평균제곱	F_0	P 값
압출압력	178.17	3	59.39	3.95	0.0235
오차	302.14	20	15.11		
합계	480.31	23			

성을 높여준다. 이 예제 역시 중요한 시사점을 보여주고 있다. 만약에 실험자가 오차를 증가시킬만한 효과에 대해 블록 설정을 해야 했음에도 하지 않았다면, 처리평균 간의 중요한 차이를 확인하지 못할 정도로 오차를 증가시킬 수 있다.

컴퓨터 계산결과(*Sample Computer Output*). Design-Expert와 JMP를 이용하여 얻은 예제 4.1 인공혈관실험에 대한 요약된 컴퓨터 결과가 그림 4.2에 나와 있다. Design-Expert의 결과는 그림 4.2a이며, JMP의 결과는 그림 4.2b이다. 두 결과는 매우 비슷하며, 앞서 보았던 직접 계산법과도 일치한다. JMP는 블록(배치, batch)에 대한 F 통계량도 계산하였다. 각 처리수준에 대한 표본평균(sample mean)이 결과에 나와 있다. 8500 psi에서 평균 산출량은 $\bar{y}_{1.}=92.82$이며, 8700 psi에서 평균 산출량은 $\bar{y}_{2.}=91.68$, 8900 psi에서 평균 산출량은 $\bar{y}_{3.}=88.92$, 9100 psi에서 평균 산출량은 $\bar{y}_{4.}=85.77$이다. 이 표본평균 산출량들은 처리평균 $\mu_1, \mu_2, \mu_3, \mu_4$의 추정치이다. 모형 잔차는 Design-Expert의 결과의 아래쪽에 제시되어 있다. 잔차는 다음을 이용하여 계산되었다.

$$e_{ij} = y_{ij} - \hat{y}_{ij}$$

나중에 다시 언급하겠지만, 적합값(fitted values)은 $\hat{y}_{ij}=\bar{y}_{i.}+\bar{y}_{.j}-\bar{y}_{..}$이므로,

$$e_{ij} = y_{ij} - \bar{y}_{i.} - \bar{y}_{.j} + \bar{y}_{..} \tag{4.13}$$

다음 절에서는 잔차가 어떻게 **모형 적합도 확인**(model adequacy checking)에 사용되는지 보도록 하겠다.

다중 비교(*Multiple Comparisons*). RCBD에서 처리수준이 고정효과이고, 분석결과에서 처리수준별 평균이 유의미한 차이가 있다고 나온 경우, 실험자는 보통 **어떤** 처리수준 간에 차이가 있는지 찾기 위해서 다중 비교를 해보려 할 것이다. 3.5절에서 논의되었던 모든 다중 검정 절차가 여기에서도 사용된다. 3.5절의 공식에서 단일요인 완전 랜덤화 설계의 반복수(the number of replicates) (n)을 단순히 블록의 개수 (b)로 대체하면 된다. 또한 오차항에 대한 자유도는 완전 랜덤화 설계에서 사용했던 $[a(n-1)]$ 대신에 랜덤화 블록에 대해서는 $[(a-1)(b-1)]$을 사용한다.

그림 4.2의 Design-Expert 결과는 Fisher LSD를 설명하고 있다. P 값이 매우 크므로, $\mu_1=\mu_2$으로 결론 내릴 것이라는 점에 유의하자. 또한 μ_1은 다른 모든 평균값과 차이난다.

Response: Yield
ANOVA for Selected Factorial Model
Analysis of Variance Table [Partial Sum of Squares]

Source	**Sum of Squares**	**DF**	**Mean Square**	***F* Value**	**Prob > *F***
Block	192.25	5	38.45		
Model	178.17	3	59.39	8.11	0.0019
A	*178.17*	*3*	*59.39*	*8.11*	*0.0019*
Residual	109.89	15	7.33		
Cor Total	480.31	23			

Std. Dev.	2.71	R-Squared	0.6185
Mean	89.80	Adj R-Squared	0.5422
C.V.	3.01	Pred R-Squared	0.0234
PRESS	281.31	Adeq Precision	9.759

Treatment Means (Adjusted, If Necessary)

	Estimated Mean	**Standard Error**
1-8500	92.82	1.10
2-8700	91.68	1.10
3-8900	88.92	1.10
4-9100	85.77	1.10

Treatment	**Mean Difference**	**DF**	**Standard Error**	***t* for H_0 Coeff = 0**	**Prob > |*t*|**
1 vs. 2	1.13	1	1.56	0.73	0.4795
1 vs. 3	3.90	1	1.56	2.50	0.0247
1 vs. 4	7.05	1	1.56	4.51	0.0004
2 vs. 3	2.77	1	1.56	1.77	0.0970
2 vs. 4	5.92	1	1.56	3.79	0.0018
3 vs. 4	3.15	1	1.56	2.02	0.0621

Diagnostics Case Statistics

Standard Order	**Actual Value**	**Predicted Value**	**Residual**	**Leverage**	**Student Residual**	**Cook's Distance**	**Outlier *t***	**Run Order**
1	90.30	90.72	−0.42	0.375	−0.197	0.003	−0.190	1
2	89.20	92.77	−3.57	0.375	−1.669	0.186	−1.787	6
3	98.20	94.02	4.18	0.375	1.953	0.254	2.185	9
4	93.90	93.57	0.33	0.375	0.154	0.002	0.149	13
5	87.40	88.35	−0.95	0.375	−0.442	0.013	−0.430	19
6	97.90	97.47	0.43	0.375	0.201	0.003	0.194	23
7	92.50	89.59	2.91	0.375	1.361	0.124	1.405	4
8	89.50	91.64	−2.14	0.375	−0.999	0.067	−0.999	5
9	90.60	92.89	−2.29	0.375	−1.069	0.076	−1.075	10
10	94.70	92.44	2.26	0.375	1.057	0.075	1.062	16
11	87.00	87.21	−0.21	0.375	−0.099	0.001	−0.096	20
12	95.80	96.34	−0.54	0.375	−0.251	0.004	−0.243	21
13	85.50	86.82	−1.32	0.375	−0.617	0.025	−0.604	3
14	90.80	88.87	1.93	0.375	0.902	0.054	0.896	8
15	89.60	90.12	−0.52	0.375	−0.243	0.004	−0.236	12
16	86.20	89.67	−3.47	0.375	−1.622	0.175	−1.726	15
17	88.00	84.45	3.55	0.375	1.661	0.184	1.776	17
18	93.40	93.57	−0.17	0.375	−0.080	0.000	−0.077	22
19	82.50	83.67	−1.17	0.375	−0.547	0.020	−0.534	2
20	89.50	85.72	3.78	0.375	1.766	0.208	1.917	7
21	85.60	86.97	−1.37	0.375	−0.641	0.027	−0.628	11
22	87.40	86.52	0.88	0.375	0.411	0.011	0.399	14
23	78.90	81.30	−2.40	0.375	−1.120	0.084	−1.130	18
24	90.70	90.42	0.28	0.375	0.130	0.001	0.126	24

Note: Predicted values include block corrections.

(*a*)

그림 4.2
예제 4.1의 컴퓨터 결과 (a) Design–Expert (b) JMP(계속)

Oneway Analysis of Yield by Pressure
Block
Batch

Oneway Anova
Summary of Fit

Rsquare	0.771218
Adj Rsquare	0.649201
Root Mean Square Error	2.706612
Mean of Response	89.79583
Observations (or Sum Wgts)	24

Analysis of Variance

Source	DF	Sum of Squares	Mean Square	*F* Ratio	Prob > *F*
Pressure	3	178.17125	59.3904	8.1071	0.0019
Batch	5	192.25208	38.4504	5.2487	0.0055
Error	15	109.88625	7.3257		
C.Total	23	480.30958			

Means for Oneway Anova

Level	Number	Mean	Std. Error	Lower 95%	Upper 95%
8500	6	92.8167	1.1050	90.461	95.172
8700	6	91.6833	1.1050	89.328	94.039
8900	6	88.9167	1.1050	86.561	91.272
9100	6	85.7667	1.1050	83.411	88.122

Std. Error uses a pooled estimate of error variance

Block Means

Batch	Mean	Number
1	87.7000	4
2	89.7500	4
3	91.0000	4
4	90.5500	4
5	85.3250	4
6	94.4500	4

(*b*)

그림 4.2
예제 4.1의 컴퓨터 결과 (a) Design–Expert (b) JMP

H_0: $\mu_2 = \mu_3$에 대한 P 값은 0.097이므로 $\mu_2 \neq \mu_3$로 결론 내릴 어느 정도의 증거가 있다 할 수 있으며, P 값이 0.0018이므로 $\mu_2 \neq \mu_4$으로 결론 내릴 수 있다. 전체적으로 보았을 때, 낮은 압출 압력(8500 psi, 8700 psi)에서 결점이 적게 생긴다고 결론 내릴 수 있을 것이다.

또한 3.5.1절에서의 그래프를 이용하여 네 개의 압출 압력에서의 평균 산출력을 비교할 수 있다. 그림 4.3은 척도모수로 $\sqrt{MS_E/b} = \sqrt{7.33/6} = 1.10$을 사용한 척도화된 t 분포에 대한, 예제 4.1의 네 개의 평균을 도표로 나타낸 것이다. 이 도표에서 두 개의 가장 낮은 압출 압

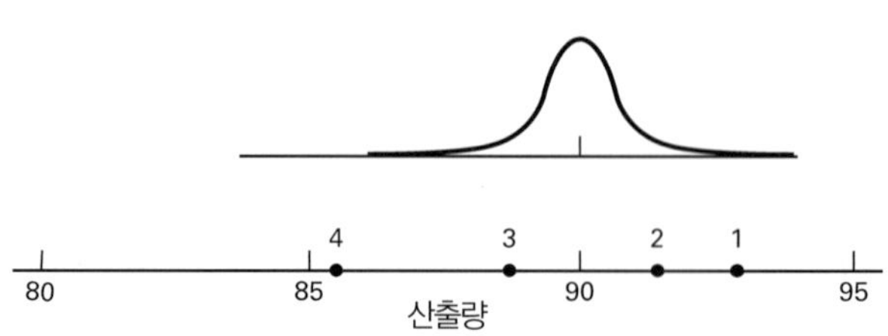

그림 4.3
척도모수로 $\sqrt{MS_E/b} = \sqrt{7.33/6} = 1.10$을 사용한 척도화된 t 분포에 대한 네 개의 압출 압력의 평균 생산량

력이 같은 평균 산출량을 만들어내며, 8700 psi와 8900 psi에 의한 평균 산출량도 역시 유사함을 볼 수 있다. 가장 높은 압출 압력(9100 psi)은 다른 모든 값보다 더 낮은 평균 산출량을 보인다. 이 그림은 실험 결과의 해석과 그림 4.2의 Design-Expert 결과의 Fisher LSD 계산에 있어서 유용하다.

4.1.2 모형 적합도 확인

가정한 모형에 대한 적합도를 확인하는 것에 대한 중요성은 이전에 이미 논의를 했었다. 일반적으로, 정규성 가정과 관련되어 생길 수 있는 문제, 처리 혹은 블록에 의한 불균등 오차 분산, 블록-처리 교호작용에 주의하여야 한다. 완전 랜덤화 설계에서는 이런 진단적 확인을 위해서 잔차분석을 주로 이용한다. 예제 4.1의 랜덤화 블록설계의 잔차는 그림 4.2의 Design-Expert 결과의 아래쪽에 나와 있다.

이 잔차의 정규확률그림은 그림 4.4에서 확인할 수 있는데, 이 그림에서는 심각하게 비정규성을 띄거나 이상점으로 취급해야 할 문제들은 없다. 그림 4.5는 적합값(fitted value) $\hat{y}_{ij}$에 대한 잔차의 값을 도표로 나타낸 것이며, 적합값 $\hat{y}_{ij}$과 잔차의 크기가 어떠한 관계도 없어야 한다. 이 도표에서는 어떠한 이상점도 보이지 않는다. 그림 4.6은 처리(압출 압력)와 블록(수지의 배치)에 대한 잔차를 도표로 나타낸 것이다. 이 도표들은 매우 유용한 정보를 줄 잠재력이 풍부한데, 만약에 특정 처리수준에서 잔차가 매우 흩뿌려져 있다면 그 처리수준이 다른 수준들보다 더 불규칙한 반응값을 만들어내는 것으로 볼 수 있다. 또한, 특정 블록에 대해 잔차가 더 흩뿌려진 경우는 그 블록 내 성질이 동질적(homogeneous)이지 않다는

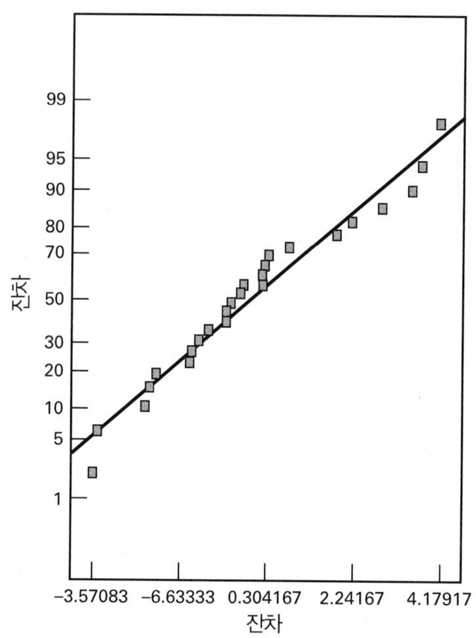

그림 4.4
예제 4.1의 잔차 정규확률그림

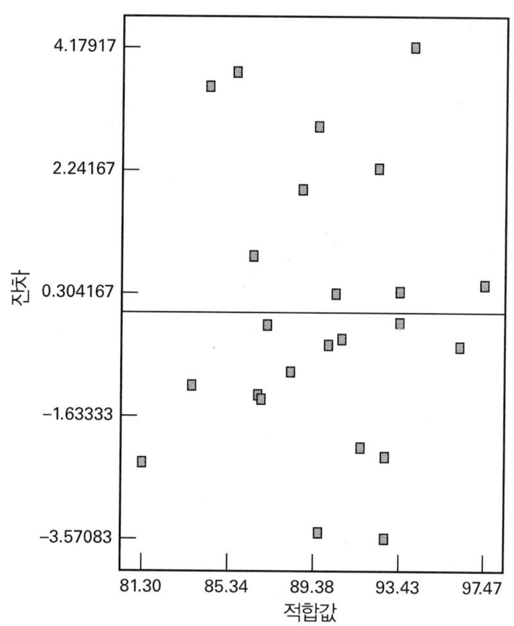

그림 4.5
예제 4.1의 잔차 대 $\hat{y}_{ij}$ 도표

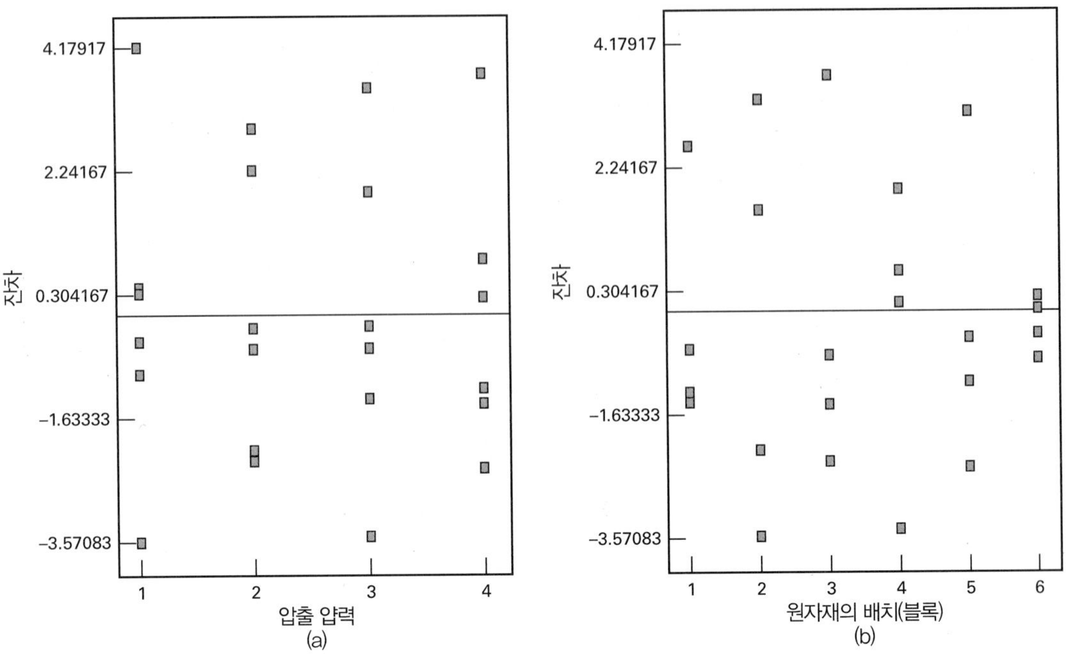

그림 4.6
예제 4.1의 수지 배치(블록)와 압출 압력(처리)에 의한 잔차 도표

것일 수 있다. 예제의 경우인 그림 4.6을 보면 처리수준의 변동성 불균등에 대한 암시는 보이지 않지만, 배치 6의 산출량 변동성은 다른 것들에 비해 더 작다는 것을 확인할 수 있다. 하지만 다른 모든 잔차도가 만족스러운 결과를 보이므로 이를 무시하도록 하겠다.

$\hat{y}_{ij}$에 대한 잔차 도표는 곡선으로 된 모양을 가질 때도 있다. 예를 들어 음의 값을 가지는 잔차들이 낮은 $\hat{y}_{ij}$을 가지고, 양의 값을 가지는 잔차들이 중간 정도의 $\hat{y}_{ij}$을 가지며, 다시 음의 값을 가지는 잔차들이 높은 $\hat{y}_{ij}$을 가지는 경향성이 있을 수 있다. 이런 패턴을 가지는 경우에는 블록과 처리 간의 교호작용(interaction)을 고려해야 한다. 만약 이 패턴이 나타나게 되면, 교호작용을 제거하거나 혹은 최소화하기 위하여 변환(transformation)을 해야 한다. 5.3.7절에서 랜덤화 블록설계 사용 시 교호작용의 존재를 확인하기 위해 사용되는 통계적 검정에 관해 설명할 것이다.

4.1.3 완전 랜덤화 블록설계의 기타 양상

랜덤화 블록모형의 가법성(*Additivity of the Randomized Block Model*). 랜덤화 블록설계에서 사용하였던 선형통계모형은

$$y_{ij} = \mu + \tau_i + \beta_j + \varepsilon_{ij}$$

이고, 이는 완전 가법모형(additive)이다. 예를 들어 첫 번째 처리수준이 기대 반응값을 5 단위($\tau_1 = 5$) 증가시키고, 첫 번째 블록이 기대 반응값을 2 단위($\beta_1 = 2$) 증가시켰다면, 첫 번째 처리수준과 첫 번째 블록에 둘 다에 의한 반응값의 기대 증가치는 $E(y_{11}) = \mu + \tau_1 + \beta_1 = \mu + 5 + 2 = \mu + 7$이다. 일반적으로 첫 번째 처리수준은 항상 전반적인 평균값과 블록 효과

의 합의 평균적인 반응값을 5 단위 상승시킨다고 말한다.

이 단순 가법모형은 가끔은 유용하지만, 이것이 부적절한 상황이 있다. 예를 들어 6개의 원자재를 배치하고, 어떤 화학제품에 대한 배합법 4개를 비교한다고 해 보자. 즉, 원자재 배치가 블록이 되는 것이다. 만약 배치 2의 불순도가 배합법 2에 불리하게 작용하여 그 결과로 매우 낮은 산출량이 생겼으나 다른 배합법에는 영향을 미치지 않았다면, 배합(처리)과 배치(블록) 간의 **교호작용**(interaction)이 발생한다. 이와 비슷하게, 처리와 블록 간의 교호작용은 반응값이 잘못된 측도(scale)로 측정되었을 때 발생할 수 있다. 그래서 원래 단위의 곱 형태를 가진다면, 즉

$$E(y_{ij}) = \mu\tau_i\beta_j$$

이면, 로그를 취했을 때 선형(linear) 혹은 가법 형태이다. 다시 말해 아래처럼 표현할 수 있다는 것이다.

$$\ln E(y_{ij}) = \ln\mu + \ln\tau_i + \ln\beta_j$$

또는

$$E(y_{ij}^*) = \mu^* + \tau_i^* + \beta_j^*$$

이런 종류의 상호관계는 변환 때문에 제거될 수 있지만, 모든 교호작용이 그렇게 쉽게 처리되는 것은 아니다. 예를 들어 이전에 논의되었던 배합-배치 교호작용은 변환으로 사라지지 않는다. 잔차분석과 다른 진단적 확인절차들은 비가법성을 찾는 데 도움이 된다.

교호작용의 존재는 분산분석에 심각한 영향을 미치며, 무효화시킬 가능성까지도 있다. 일반적으로 교호작용은 오차항 평균제곱을 증가시키며 처리수준별 평균의 비교에도 불리하게 작용할 수 있다. 또한 각 요인의 효과뿐만 아니라 그들의 교호작용까지도 관심을 두는 상황이라면, **요인설계**(factorial designs)를 사용하여야 한다. 이 설계는 5장에서 9장에 걸쳐 폭넓게 배우게 된다.

랜덤 처리와 랜덤 블록(*Random Treatments and Block*). 지금까지 논의한 랜덤화 완전블록설계는 처리와 블록을 모두 고정요인으로 간주하였다. 매우 많은 경우에 처리수준 혹은 블록은 (혹은 둘 다) 랜덤요인으로 여겨진다. 블록이 랜덤요인인 경우는 매우 쉽게 찾을 수 있다. 이는 보통 실험자들 대부분이 하길 원하는 것으로, 실험의 결론이 표본을 샘플링한 모든 블록의 모집단에 걸쳐 유효한 것을 원하기 때문이다. 우선 처리수준은 고정요인이고, 블록은 랜덤요인인 상황을 고려할 것이다. 식 4.1은 적절한 통계적 모형이지만, 지금은 블록이 랜덤효과이므로 β_j, $j = 1, 2, \ldots, b$가 NID(0, σ_β^2)를 따르는 확률변수라고 가정한다. 이것은 혼합모형(mixed model)의 특례이다(고정요인과 랜덤요인을 모두 포함하므로). 11장(지분설계와 복합설계)에서 혼합모형에 대해 더 자세히 다룰 것이며, 이들이 만들어지게 되는 상황에 대한 몇 가지 예제를 제공할 것이다. 여기서 RCBD에 대해서만 다루도록 하겠다.

식 4.1에 있는 RCBD 모형이 적절하다고 가정하였을 때, 블록이 랜덤요인이고 처리가 고정요인의 경우 다음을 보일 수 있다.

$$\begin{aligned} E(y_{ij}) &= \mu + \tau_i, \quad i = 1, 2, \ldots, a \\ V(y_{ij}) &= \sigma_\beta^2 + \sigma^2 \\ Cov(y_{ij}, y_{i'j'}) &= 0, j \neq j' \\ Cov(y_{ij}, y_{i'j}) &= \sigma_\beta^2 \; i \neq i' \end{aligned} \tag{4.14}$$

그러므로 관측치들의 분산은 상수이며, 다른 블록에 속하는 두 관측치 사이의 공분산은 0이고, 같은 블록 내에 있는 두 관측치의 공분산은 σ_β^2이다. 총제곱합에서 나누어지는 일반적인 ANOVA에서의 기대평균제곱은

$$\begin{aligned} E(MS_{\text{Treatments}}) &= \sigma^2 + \frac{b\sum_{i=1}^{a}\tau_i^2}{a-1} \\ E(MS_{\text{Blocks}}) &= \sigma^2 + a\sigma_\beta^2 \\ E(MS_E) &= \sigma^2 \end{aligned} \tag{4.15}$$

이다. 처리효과는 없다(모든 $\tau_i = 0$)라는 귀무가설을 검정하는 적절한 통계량은

$$F_0 = \frac{MS_{\text{Treatment}}}{MS_E}$$

이며, 이는 블록이 고정효과인 경우에서 사용하였던 검정통계량과 정확히 일치한다. 기대평균제곱을 이용하면, 블록에 대한 분산요소(variance component)의 ANOVA형 추정량을 다음과 같이 얻을 수 있다.

$$\hat{\sigma}_\beta^2 = \frac{MS_{\text{Blocks}} - MS_E}{a} \tag{4.16}$$

예를 들어 예제 4.1의 인공혈관실험에서 σ_β^2의 추정량은

$$\hat{\sigma}_\beta^2 = \frac{MS_{\text{Blocks}} - MS_E}{a} = \frac{38.45 - 7.33}{4} = 7.78$$

이다. 이것은 적률법(method of moment) 추정량이고 간단하게 블록 분산요소 σ_β^2에 대한 신뢰구간을 찾는 방법은 없다. 여기서는 REML방법이 더 선호된다. 표 4.6은 블록이 랜덤이라고 가정하였을 때의 예제 4.1에 대한 JPM 결과이다. σ_β^2의 REML 추정량은 정확히 ANOVA 추정량과 일치하지만, REML은 자동적으로 추정량에 대한 표준오차(6.116215)와 근사적으로 95% 신뢰구간을 만들어낸다. JMP는 고정효과(압력)에 대한 검정을 제공하며,

표 4.6 랜덤 가정된 블록에 대한 예제 4.1의 JPM 결과

Response Y

Summary of Fit

RSquare	0.756688
RSquare Adj	0.720192
Root Mean Square Error	2.706612
Mean of Response	89.79583
Observations (or Sum Wgts)	24

REML Variance Component Estimates

Random Effect	Var Ratio	Var Component	Std Error	95% Lower	95% Upper	Pct of Total
Block	1.0621666	7.7811667	6.116215	−4.206394	19.768728	51.507
Residual		7.32575	2.6749857	3.9975509	17.547721	48.493
Total		15.106917				100.000

Covariance Matrix of Variance Component Estimates

Random Effect	Block	Residual
Block	37.408085	−1.788887
Residual	−1.788887	7.1555484

Fixed Effect Tests

Source	Nparm	DF	DFDen	*F* Ratio	Prob > *F*
Pressure	3	3	15	8.1071	0.0019*

* 0.01 수준에서 유의하다.

이는 원래 예제 4.1에서 제시하였던 것과 일치하는 결과이다. 또한 REML은 오차항 분산 σ^2에 대한 점 추정량과 CI도 제공한다. CI를 구하기 쉽다는 점이 REML이 널리 사용되는 주된 이유이기도 하다.

이제 처리와 블록 간의 교호작용이 존재하는 상황을 고려해 보자. 이는 원래의 식 4.1의 통계적 모형에 교호작용 항을 추가하여 설명할 수 있다. $(\tau\beta)_{ij}$를 j번째 블록의 i번째 처리 수준에 대한 교호작용 효과라고 하자. 그러면 모형은 아래와 같다.

$$y_{ij} = \mu + \tau_i + \beta_j + (\tau\beta)_{ij} + \varepsilon_{ij} \begin{cases} i = 1, 2, \ldots, a \\ j = 1, 2, \ldots, b \end{cases} \tag{4.17}$$

랜덤 블록 효과를 포함하고 있으므로, 교호작용 효과는 랜덤으로 가정한다. $\sigma^2_{\tau\beta}$가 블록 처리 교호작용에 대한 분산요소로 하면, 기대평균제곱이 아래와 같음을 보일 수 있다.

$$\begin{aligned} E(MS_{\text{Treatments}}) &= \sigma^2 + \sigma^2_{\tau\beta} + \frac{b\sum_{i=1}^{a}\tau_i^2}{a-1} \\ E(MS_{\text{Blocks}}) &= \sigma^2 + a\sigma^2_{\beta} \\ E(MS_E) &= \sigma^2 + \sigma^2_{\tau\beta} \end{aligned} \tag{4.18}$$

기대평균제곱을 보면, 처리효과가 없다는 것을 검정하기 위해 보통의 F 통계량 $F = MS_{\text{Treatments}}/MS_E$을 사용함을 확인할 수 있다. 결국 랜덤 블록모형의 또 다른 장점은 RCBD에서 교호작용이 없다는 가정이 중요하지 않다는 것이다. 하지만 만약 블록이 고정효과이고 교호작용이 존재한다면, 교호작용 효과는 처리에 대한 기대평균제곱에는 들어가지 않지만, 오차항의 기대평균제곱에는 들어가게 되므로, 처리효과에 대한 통계적 검정을 할 수 없다.

결측값의 예측(*Estimating Missing Values*). RCBD를 사용할 때, 어떤 블록 중 하나에서 결측값이 발생할 수 있다. 이것은 부주의, 오차, 혹은 실험 단위의 불가피한 손실과 같은 우리의 통제 밖에 있는 어떤 이유로 인해 발생하기도 한다. 처리수준들이 더 이상 블록에 대해 **직교하지**(orthogonal to blocks) 않기 때문에, 결측값은 분석과정에 새로운 문제를 발생시킨다. 즉, 모든 처리수준이 모든 블록에 대해서 발생하지 않기 때문이다. 결측값 문제에 대한 일반적인 접근법은 두 가지이다. 첫 번째는 **근사적 분석**(approximate analysis)으로, 추정된 결측값을 마치 실제 값처럼 여겨서 보통의 분산분석을 시행하게 되고, 오차에 대한 자유도는 1만큼 줄어들게 된다. 이 근사적 분석이 이번 절의 주제이다. 두 번째는 **정밀분석**(exact analysis)으로, 4.1.4절에서 논의된다.

j번째 블록의 i번째 처리수준에 대한 관측치 y_{ij}가 결측되었다고 가정하자. 결측값은 x라고 표기하였다. 설명을 위해 예제 4.1 인공혈관실험에서 원자재 배치 4번째의 8700 psi 실행을 하는 과정 중, 압출 기계에 문제가 발생하여 관측치 y_{24}가 얻어지지 못하였다고 가정하자. 그러면 자료는 표 4.7처럼 나올 것이다.

일반적으로, y'_{ij}를 하나의 결측값이 있을 때 대한 전체 합(grand total)으로 나타낼 것이며, $y'_{i.}$은 하나의 결측값이 있을 때 처리수준의 합으로, $y'_{.j}$를 하나의 결측값이 있을 때 블록의 총합으로 나타낼 것이다. 오차제곱합에 대해 최소 기여를 하도록 결측값 x를 추정하길 원한다고 해 보자. $SS_E = \Sigma_{i=1}^{a}\Sigma_{j=1}^{b}(y_{ij}-\bar{y}_{i.}-\bar{y}_{.j}+\bar{y}_{..})^2$이므로, 이는

$$SS_E = \sum_{i=1}^{a}\sum_{j=1}^{b} y_{ij}^2 - \frac{1}{b}\sum_{i=1}^{a}\left(\sum_{j=1}^{b} y_{ij}\right)^2 - \frac{1}{a}\sum_{j=1}^{b}\left(\sum_{i=1}^{a} y_{ij}\right)^2 + \frac{1}{ab}\left(\sum_{i=1}^{a}\sum_{j=1}^{b} y_{ij}\right)^2$$

혹은

$$SS_E = x^2 - \frac{1}{b}(y'_{i.} + x)^2 - \frac{1}{a}(y'_{.j} + x)^2 + \frac{1}{ab}(y'_{..} + x)^2 + R \tag{4.19}$$

이 최소가 되는 x를 선택하는 것과 같다. 여기서 R은 x이 없는 모든 항을 포함한다. $dSS_E/dx = 0$이므로

$$x = \frac{ay'_{i.} + by'_{.j} - y'_{..}}{(a-1)(b-1)} \tag{4.20}$$

표 4.7 결측값을 한 개 가진 인공혈관실험에 대한 랜덤화 완전블록설계

압축 압력(PSI)	수지의 배치(블록)						
	1	2	3	4	5	6	
8500	90.3	89.2	98.2	93.9	87.4	97.9	556.9
8700	92.5	89.5	90.6	x	87.0	95.8	455.4
8900	85.5	90.8	89.6	86.2	88.0	93.4	533.5
9100	82.5	89.5	85.6	87.4	78.9	90.7	514.6
블록 합계	350.8	359.0	364.0	267.5	341.3	377.8	$y'_{..} = 2060.4$

표 4.8 결측값이 한 개일 때의 예제 4.1에 대한 근사적 분산분석

변동원인	제곱합	자유도	평균제곱	F_0	P 값
압출압력	166.14	3	55.38	7.63	0.0029
원자재의 배치	189.52	5	37.90		
오차	101.70	14	7.26		
합계	457.36	23			

을 결측값의 예측치로 얻을 수 있게 된다.

표 4.7의 자료를 보면, $y'_{2.} = 455.4$, $y'_{.4} = 267.5$, $y'_{..} = 2060.4$임을 알 수 있다. 따라서 식 4.16으로부터, 아래를 얻을 수 있게 된다.

$$x \equiv y_{24} = \frac{4(455.4) + 6(267.5) - 2060.4}{(3)(5)} = 91.08$$

이제 $y_{24} = 91.08$를 가지고 오차의 자유도를 1만큼 줄인 후 일반적인 분산분석을 시행할 수 있다. 표 4.8에 분산분석의 결과가 제시되어 있다. 이 근사 분석을 완전한 자료에서 얻어진 결과(표 4.4)와 비교하여 보자.

만약 여러 개의 관측치가 결측이었다면, 오차제곱합을 결측값에 대한 함수로 쓰고, 각 결측값에 대해 미분한 결과를 0으로 놓은 뒤 나온 식을 풀면 그 결측값들을 추정할 수 있다. 혹은 그 대안으로 식 4.20을 반복적으로 사용할 수도 있다. 반복적으로 접근하는 것에 관해서 설명하기 위해 두 개의 값이 결측되었다고 해 보자. 임의로 하나의 결측값을 추정하고 나서, 이 값과 실제 자료를 가지고 식 4.20을 이용하여 두 번째 값을 추정한다. 이제 식 4.20으로 다시 첫 번째 결측값을 재추정하고, 이처럼 두 번째 값도 재추정한다. 이 과정을 각 값이 수렴할 때까지 계속한다. 결측값 문제의 그 어떤 경우도, 오차의 자유도는 결측 하나당 1만큼씩 줄어든다.

4.1.4 모형의 모수추정과 일반적인 회귀의 유의성 검정

만약 처리와 블록이 모두 고정요인이라면, RCBD모형의 모수들은 최소제곱법을 이용하여

추정될 것이다. 선형통계모형이 아래와 같다는 것을 다시 떠올려보자.

$$y_{ij} = \mu + \tau_i + \beta_j + \varepsilon_{ij} \begin{cases} i = 1, 2, \ldots, a \\ j = 1, 2, \ldots, b \end{cases} \tag{4.21}$$

실험적 설계모형에 대한 정규방정식을 찾기 위해 3.9.2절의 법칙을 적용해보면, 아래의 식을 얻을 수 있게 된다.

$$\begin{array}{llllllllllllllllllll}
\mu: & ab\hat{\mu} & + & b\hat{\tau}_1 & + & b\hat{\tau}_2 & + & \cdots & + & b\hat{\tau}_a & + & a\hat{\beta}_1 & + & a\hat{\beta}_2 & + & \cdots & + & a\hat{\beta}_b & = & y_{..} \\
\tau_1: & b\hat{\mu} & + & b\hat{\tau}_1 & & & & & & & + & \hat{\beta}_1 & + & \hat{\beta}_2 & + & \cdots & + & \hat{\beta}_b & = & y_{1.} \\
\tau_2: & b\hat{\mu} & & & + & b\hat{\tau}_2 & & & & & + & \hat{\beta}_1 & + & \hat{\beta}_2 & + & \cdots & + & \hat{\beta}_b & = & y_{2.} \\
\vdots & & & & & & & & & & & \vdots & & & & & & & & \vdots \\
\tau_a: & b\hat{\mu} & & & & & & & & b\hat{\tau}_a & + & \hat{\beta}_1 & + & \hat{\beta}_2 & + & \cdots & + & \hat{\beta}_b & = & y_{a.} \\
\beta_1: & a\hat{\mu} & + & \hat{\tau}_1 & + & \hat{\tau}_2 & + & \cdots & + & \hat{\tau}_a & + & a\hat{\beta}_1 & & & & & & & = & y_{.1} \\
\beta_2: & a\hat{\mu} & + & \hat{\tau}_1 & + & \hat{\tau}_2 & + & \cdots & + & \hat{\tau}_a & & & + & a\hat{\beta}_2 & & & & & = & y_{.2} \\
\vdots & & & & & & & & & & & \vdots & & & & & & & & \vdots \\
\beta_b: & a\hat{\mu} & + & \hat{\tau}_1 & + & \hat{\tau}_2 & + & \cdots & + & \hat{\tau}_a & & & & & & & + & a\hat{\beta}_b & = & y_{.b}
\end{array} \tag{4.22}$$

식 4.22의 두 번째 식부터 $(a+1)$번째 식을 첫 번째 정규방정식에 더하여 주고, 끝에 b개의 식도 그렇게 해 보자. 그러면 정규방정식 내에는 2개의 선형 의존성이 있고, 이는 식 4.22를 풀기 위해서는 2개의 제약조건이 필요함을 의미한다. 보통 사용하는 제약조건은

$$\sum_{i=1}^{a} \hat{\tau}_i = 0 \qquad \sum_{j=1}^{b} \hat{\beta}_j = 0 \tag{4.23}$$

이다. 이 제약조건을 사용하게 되면 정규방정식을 간단히 하는 데 매우 도움이 된다. 다시 보면 아래와 같다.

$$\begin{aligned} ab\,\hat{\mu} &= y_{..} \\ b\,\hat{\mu} + b\hat{\tau}_i &= y_{i.} \quad i = 1, 2, \ldots, a \\ a\,\hat{\mu} + a\hat{\beta}_j &= y_{.j} \quad j = 1, 2, \ldots, b \end{aligned} \tag{4.24}$$

이에 대한 해는

$$\begin{aligned} \hat{\mu} &= \bar{y}_{..} \\ \hat{\tau}_i &= \bar{y}_{i.} - \bar{y}_{..} \quad i = 1, 2, \ldots, a \\ \hat{\beta}_j &= \bar{y}_{.j} - \bar{y}_{..} \quad j = 1, 2, \ldots, b \end{aligned} \tag{4.25}$$

이며, 식 4.25에 있는 정규방정식에 대한 해를 사용하면 적합치 혹은 추정치 y_{ij}를 다음과 같이 찾을 수 있다.

$$\begin{aligned}\hat{y}_{ij} &= \hat{\mu} + \hat{\tau}_i + \hat{\beta}_j \\ &= \bar{y}_{..} + (\bar{y}_{i.} - \bar{y}_{..}) + (\bar{y}_{.j} - \bar{y}_{..}) \\ &= \bar{y}_{i.} + \bar{y}_{.j} - \bar{y}_{..}\end{aligned}$$

이 결과는 이전에 식 4.13에서 랜덤 블록설계에서 잔차를 계산하기 위해 사용된 바 있다.

일반적인 회귀의 유의성 검정을 이용하여, 랜덤화와 완전블록설계에 대한 분산분석을 시행할 수 있다. 식 4.25에 있는 정규방정식의 해를 사용하면, **완전모형**(full model)을 적합시키기 위한 제곱합의 축소는

$$\begin{aligned}R(\mu, \tau, \beta) &= \hat{\mu} y_{..} + \sum_{i=1}^{a} \hat{\tau}_i y_{i.} + \sum_{j=1}^{b} \hat{\beta}_j y_{.j} \\ &= \bar{y}_{..} y_{..} + \sum_{i=1}^{a} (\bar{y}_{i.} - \bar{y}_{..}) y_{i.} + \sum_{j=1}^{b} (\bar{y}_{.j} - \bar{y}_{..}) y_{.j} \\ &= \frac{y_{..}^2}{ab} + \sum_{i=1}^{a} \bar{y}_{i.} y_{i.} - \frac{y_{..}^2}{ab} + \sum_{j=1}^{b} \bar{y}_{.j} y_{.j} - \frac{y_{..}^2}{ab} \\ &= \sum_{i=1}^{a} \frac{y_{i.}^2}{b} + \sum_{j=1}^{b} \frac{y_{.j}^2}{a} - \frac{y_{..}^2}{ab}\end{aligned}$$

이며, $a+b-1$ 자유도이다. 오차제곱합은

$$\begin{aligned}SS_E &= \sum_{i=1}^{a} \sum_{j=1}^{b} y_{ij}^2 - R(\mu, \tau, \beta) \\ &= \sum_{i=1}^{a} \sum_{j=1}^{b} y_{ij}^2 - \sum_{i=1}^{a} \frac{y_{i.}^2}{b} - \sum_{j=1}^{b} \frac{y_{.j}^2}{a} + \frac{y_{..}^2}{ab} \\ &= \sum_{i=1}^{a} \sum_{j=1}^{b} (y_{ij} - \bar{y}_{i.} - \bar{y}_{.j} + \bar{y}_{..})^2\end{aligned}$$

이고, $(a-1)(b-1)$ 자유도를 가진다. 여기서 마지막 등식을 식 4.7의 SS_E와 비교해 보자.

가설 H_0: $\tau_i = 0$을 검정하기 위한 **축소모형**(reduced model)은

$$y_{ij} = \mu + \beta_j + \varepsilon_{ij}$$

이며, 이는 단일요인 분산분석이다. 식 3.5와 유사함을 이용하여, 축소모형을 적합시키는 것에 대한 제곱합의 축소(reduction in the sum of squares)는

$$R(\mu, \beta) = \sum_{j=1}^{b} \frac{y_{.j}^2}{a}$$

이며, 자유도 b를 가진다. 그래서 μ와 $\{\beta_j\}$를 적합시킨 뒤의 $\{\tau_i\}$에 대한 제곱합은

$$\begin{aligned}R(\tau|\mu, \beta) &= R(\mu, \tau, \beta) - R(\mu, \beta)\\ &= R(\text{완전모형}) - R(\text{축소모형})\\ &= \sum_{i=1}^{a} \frac{y_{i.}^2}{b} + \sum_{j=1}^{b} \frac{y_{.j}^2}{a} - \frac{y_{..}^2}{ab} - \sum_{j=1}^{b} \frac{y_{.j}^2}{a}\\ &= \sum_{i=1}^{a} \frac{y_{i.}^2}{b} - \frac{y_{..}^2}{ab}\end{aligned}$$

이고, 자유도 $a-1$을 가지는 처리제곱합으로 인식할 수 있다(식 4.10).

축소모형을 적합하여 얻게 되는 블록제곱합은

$$y_{ij} = \mu + \tau_i + \varepsilon_{ij}$$

이고, 이 역시 단일요인 분석이다. 다시 식 3.5와의 유사성에 의해, 이 모형을 적합시키는 것에 대한 제곱합의 축소는

$$R(\mu, \tau) = \sum_{i=1}^{a} \frac{y_{i.}^2}{b}$$

이며, 자유도 α를 가진다. μ와 $\{\tau_i\}$을 적합한 후의 블록 $\{\beta_j\}$에 대한 제곱합은

$$\begin{aligned}R(\beta|\mu, \tau) &= R(\mu, \tau, \beta) - R(\mu, \tau)\\ &= \sum_{i=1}^{a} \frac{y_{i.}^2}{b} + \sum_{j=1}^{b} \frac{y_{.j}^2}{a} - \frac{y_{..}^2}{ab} - \sum_{i=1}^{a} \frac{y_{i.}^2}{b}\\ &= \sum_{j=1}^{b} \frac{y_{.j}^2}{a} - \frac{y_{..}^2}{ab}\end{aligned}$$

이며 $b-1$의 자유도를 가지고, 이는 식 4.11처럼 이전에 보았다.

지금까지 일반적인 회귀의 유의성 검정을 이용하여 랜덤화 완전블록설계에서의 처리, 블록, 오차항에 대한 제곱합을 전개해 보았다. 일반적으로 랜덤화 완전블록설계를 이용하여 실제로 자료를 분석할 때에는 일반적인 회귀에서의 유의성 검정을 사용하지는 않지만, 4.4절에서 논의될 것처럼 좀 더 일반적인 랜덤화 블록설계에서는 때에 따라 유용하다고 증명되었다.

결측값 문제에 대한 정밀분석(*Exact Analysis of the Missing Value Problem*). 4.1.3절에서 RCBD에서의 결측값을 다루는 근사적 방법을 보았다. 근사적 분석(approximate analysis)은 오차평균제곱이 최소가 되도록 하여 결측값을 추정하는 방법으로 구성되어 있다. 근사적 방법은 귀무가설이 사실이라면 $E(MS_{\text{Treatments}})$가 $E(MS_E)$보다 크다는 의미에서, 처리수준에

대한 편향된(biased) 평균제곱을 만들어낸다. 결과적으로 이는 유의한 결과를 너무 많이 발생시키는 것으로 이어진다.

결측값 문제는 일반적인 회귀 유의성 검정을 사용하여 정확하게 분석할 수 있다. 결측값 때문에 설계에 **불균형**(unbalanced)이 생기게 되며, 모든 처리수준이 모든 블록에서 발생하는 것이 아니므로, '처리와 블록이 **직교**(orthogonal)하지 않다'라고 말할 수 있다. 또한 이 분석 방법은 좀 더 일반적으로 랜덤화 블록설계에 쓰이기도 한다. 이는 4.4절에서 더 다룰 것이며, 다양한 컴퓨터 패키지로 이 분석을 수행할 수 있다.

4.2 라틴정방설계

4.1절에서는 알려져 있고 통제 가능한 장애 변수로 인해 생기는 변동성을 제거함으로써, 실험에서 발생하는 잔차 오차를 줄이게끔 설계된 랜덤화 완전블록설계를 살펴보았다. 블록화의 개념을 사용하는 또 다른 설계들이 있다. 예를 들어 관찰된 연소율 하에서 항공기 승무원 탈출 시스템에 사용되는 로켓 압축가스의 5가지 다른 배합의 효과를 연구한다고 가정해 보자. 각 배합은 원자재 배치의 혼합으로부터 만들어지는데, 이 배치는 5개의 배합을 모두 실험할 수 있을 정도로 충분하다. 뿐만 아니라, 배합은 여러 조작자에 의해서 준비되며 이들의 기술이나 경험에는 커다란 차이가 있을 수 있다. 그래서 실험에서 평균적으로 제거할만한(average out) 두 개의 장애요인이 있는 듯하다. 바로 원자재 배치와 조작자이다. 이 문제에 대한 적절한 설계는 각 원자재 배치에서 각 배합을 정확히 한 번씩 실험하고, 각 배합을 5명의 조작자가 정확히 한 번씩 준비하게끔 하는 것이다. 표 4.9에 나와 있는 설계는 **라틴정방설계**(Latin square design)라고 한다. 이 설계에서 정방의 배열을 가지며, 5가지의 배합(혹은 처리)은 라틴문자 *A*, *B*, *C*, *D*, *E*로 표기되었음에 유의하자. 그래서 이름이 라틴정방이다. 원자재의 배치들(행)과 조작자들(열) 모두가 처리수준에 직교함을 알 수 있다.

라틴정방설계는 두 장애요인에 의한 변동성을 제거하기 위해 사용된다. 즉, 두 방향에 대해 구조적으로 블록화를 해주게 된다. 따라서 행과 열들은 실제로 랜덤화에 대한 두 개의

표 4.9 로켓 압축가스 문제에 대한 라틴정방설계

원자재배치	조작자				
	1	2	3	4	5
1	$A = 24$	$B = 20$	$C = 19$	$D = 24$	$E = 24$
2	$B = 17$	$C = 24$	$D = 30$	$E = 27$	$A = 36$
3	$C = 18$	$D = 38$	$E = 26$	$A = 27$	$B = 21$
4	$D = 26$	$E = 31$	$A = 26$	$B = 23$	$C = 22$
5	$E = 22$	$A = 30$	$B = 20$	$C = 29$	$D = 31$

제약(two restrictions on randomization)을 의미한다. 일반적으로 p개의 요인에 대한 라틴정방설계, 또는 $p \times p$ 라틴정방설계는 p개의 행, p개의 열을 포함하는 정방(square)이다. 그 결과로 나오는 p^2개의 셀들 각각은 처리수준에 해당하는 p개의 문자 중의 하나를 가지게 되며, 각 문자는 각 열과 각 행에 대해서 적어도 한 번은 나타나게 된다. 아래는 라틴정방에 대한 몇 가지 예이다.

4×4	5×5	6×6
A B D C	*A D B E C*	*A D C E B F*
B C A D	*D A C B E*	*B A E C F D*
C D B A	*C B E D A*	*C E D F A B*
D A C B	*B E A C D*	*D C F B E A*
	E C D A B	*F B A D C E*
		E F B A D C

라틴정방은 일본에서 유래된 스도쿠 퍼즐이라고 불리는 유명한 퍼즐과 관련이 깊다(스도쿠는 일본말로 '단일 숫자'라는 의미이다). 이 퍼즐은 전형적으로 9×9 격자로 구성되었는데, 각 격자 안에 3×3 블록을 포함하고 있다. 몇 칸은 숫자가 적혀있고, 몇 칸은 빈칸으로 되어 있다. 표준 9×9 스도쿠 퍼즐이 9개의 정수를 가진 3×3 블록들로 구성되어야 한다는 제약이 있어, 가능한 9×9 라틴정방 구성 개수가 상당히 줄긴 하지만 여전히 라틴정방의 경우의 수는 대략 6×10^{21}로 많은 편이다.

단서의 개수와 격자무늬의 크기에 따라, 스도쿠 퍼즐 풀기가 굉장히 어려워질 수도 있다. $n \times n$ 스도쿠 퍼즐을 푸는 것은 *NP*-완전 문제라는 계산적인 문제의 한 종류에 속한다(*NP*는 non-polynomial computing time이다). *NP*-완전 문제는 특정한 답이 맞는지 확인하기는 상대적으로 쉽지만 n이 커질수록 어떤 간단한 알고리즘으로 풀더라도 불가능할 정도로 오랜 시간이 필요한 문제를 말한다.

또한 스도쿠 퍼즐을 푸는 것은 그래프[어떤 특정한 방법에 의한 점(꼭짓점)과 선(모서리)의 모임]에 '색을 칠하는' 것과 같다. 이 경우에 그래프는 81개의 점을 가지며, 한 개의 점은 격자 내의 각각 셀에 대한 것이다. 퍼즐에 따라서는 꼭짓점들의 특정 짝만이 모서리와 만난다. 몇 개의 꼭짓점에 이미 색이 할당되었을 때(9개 숫자 경우의 수 중에 몇 개로 선택된), 문제를 푸는 것은 두 꼭지점이 같은 색을 가지고 있지 않은 모서리에서 만나게 하도록 남은 꼭짓점에 색을 칠하는 문제가 된다.

라틴정방설계에 대한 **통계적 모형**(statistical model)은

$$y_{ijk} = \mu + \alpha_i + \tau_j + \beta_k + \varepsilon_{ijk} \begin{cases} i = 1, 2, \ldots, p \\ j = 1, 2, \ldots, p \\ k = 1, 2, \ldots, p \end{cases} \tag{4.26}$$

이며, y_{ijk}는 j번째 처리수준에 대한 k번째 열의 i번째 행에서의 관측치이며, μ는 총체평균, α_i는 i번째 행효과, τ_j는 j번째 처리효과, β_k는 k번째 열효과이며, ε_{ijk}는 랜덤오차이다. 이 모

형이 **효과모형**(effect model)임에 유의해야 하는데, 이는 완전한 **가법모형**(additive)이다. 즉, 행, 열, 처리수준 사이에 교호작용은 없다. 각 셀 당 오직 하나의 관측치만 가지기 때문에, 특정 관측치를 표현하는데 세 개의 아래 첨자 i, j, k 중에서 2개만 필요하다. 예를 들어 표 4.8에서의 로켓 압축가스 문제를 보면 $i=2$, $k=3$인 경우, 자동적으로 $j=4$(배합 D)임을 찾을 수 있고, $i=1$, $j=3$(배합 C)인 경우 $k=3$임을 찾을 수 있다. 이는 각 처리수준이 각 열과 행에 정확하게 한 번씩만 나타나기 때문이다.

분산분석은 $N=p^2$개 관측치들의 총제곱합을 열 요소, 행 요소, 처리 요소, 오차 요소로 나누도록 구성되어 있다. 예를 들어

$$SS_T = SS_{\text{Rows}} + SS_{\text{Columns}} + SS_{\text{Treatments}} + SS_E \tag{4.27}$$

이며, 자유도는

$$p^2 - 1 = p - 1 + p - 1 + p - 1 + (p-2)(p-1)$$

ε_{ijk}이 $NID(0, \sigma^2)$을 따른다는 가정하에서, 식 4.27의 우변의 각 제곱합을 σ^2로 나누면 각각 독립적인 카이제곱 확률변수이다. 처리평균 간에 차이가 없다는 검정을 위한 적절한 통계량은

$$F_0 = \frac{MS_{\text{Treatments}}}{MS_E}$$

이며, 귀무가설하에서, $F_{p-1,(p-2)(p-1)}$의 분포를 가진다. 또한 MS_E에 대한 MS_{Rows} 혹은 MS_{olumns}의 비율을 만들어서 '열 효과가 없다.' 혹은 '행 효과가 없다.'는 것에 대한 검정을 할 수 있을 것이다. 하지만 열과 행은 랜덤화에 대한 제한을 나타내는 것이므로, 이런 검정은 적절하지 않다.

처리, 행, 열 합계에 대한 합계로 표현된 ANOVA의 계산 과정이 표 4.10에 나타나 있다.

표 4.10 라틴정방설계에 대한 분산분석

변동원인	제곱합	자유도	평균제곱	F_0
처리	$SS_{\text{Treatments}} = \frac{1}{p}\sum_{j=1}^{p} y_{.j.}^2 - \frac{y_{...}^2}{N}$	$p-1$	$\frac{SS_{\text{Treatments}}}{p-1}$	$F_0 = \frac{MS_{\text{Treatments}}}{MS_E}$
행	$SS_{\text{Rows}} = \frac{1}{p}\sum_{i=1}^{p} y_{i..}^2 - \frac{y_{...}^2}{N}$	$p-1$	$\frac{SS_{\text{Rows}}}{p-1}$	
열	$SS_{\text{Columns}} = \frac{1}{p}\sum_{k=1}^{p} y_{..k}^2 - \frac{y_{...}^2}{N}$	$p-1$	$\frac{SS_{\text{Columns}}}{p-1}$	
오류	SS_E(차감에 의해)	$(p-2)(p-1)$	$\frac{SS_E}{(p-2)(p-1)}$	
합계	$SS_T = \sum_i \sum_j \sum_k y_{ijk}^2 - \frac{y_{...}^2}{N}$	p^2-1		

제곱합에 대한 계산 공식으로부터, 분석은 행 합계를 이용한 행에 대한 제곱합을 가지는 RCBD의 간단한 확장에 불과하다는 점을 확인할 수 있다.

예제 4.2

원자재 배치와 조작자가 모두 랜덤화 제약을 나타내었던 로켓 압축가스 문제를 다시 살펴보자. 이 실험에 대한 설계는 5×5 라틴정방설계이며, 표 4.8에서 볼 수 있다. 각 관측치에서 25를 뺀 자료가 표 4.11이다. 전체, 배치(행), 조작자(열)에 대한 총제곱합은 아래와 같이 계산된다.

$$SS_T = \sum_i \sum_j \sum_k y_{ijk}^2 - \frac{y_{...}^2}{N} = 680 - \frac{(10)^2}{25} = 676.00$$

$$SS_{\text{Batches}} = \frac{1}{p}\sum_{i=1}^{p} y_{i..}^2 - \frac{y_{...}^2}{N} = \frac{1}{5}[(-14)^2 + 9^2 + 5^2 + 3^2 + 7^2] - \frac{(10)^2}{25} = 68.00$$

$$SS_{\text{Operators}} = \frac{1}{p}\sum_{k=1}^{p} y_{..k}^2 - \frac{y_{...}^2}{N} = \frac{1}{5}[(-18)^2 + 18^2 + (-4)^2 + 5^2 + 9^2] - \frac{(10)^2}{25} = 150.00$$

처리수준(라틴문자)에 대한 총계는

라틴문자	처리합계
A	$y_{.1.} = 18$
B	$y_{.2.} = -24$
C	$y_{.3.} = -13$
D	$y_{.4.} = 24$
E	$y_{.5.} = 5$

이다. 배합들 때문에 나온 제곱합은 아래와 같은 총계로 계산된다.

$$SS_{\text{Formulations}} = \frac{1}{p}\sum_{j=1}^{p} y_{.j.}^2 - \frac{y_{...}^2}{N} = \frac{18^2 + (-24)^2 + (-13)^2 + 24^2 + 5^2}{5} - \frac{(10)^2}{25} = 330.00$$

오차제곱합은 뺄셈을 이용하여 아래와 같이 계산된다.

$$SS_E = SS_T - SS_{\text{Batches}} - SS_{\text{Operators}} - SS_{\text{Formulations}} = 676.00 - 68.00 - 150.00 - 330.00 = 128.00$$

분산분석 결과는 표 4.12에 정리되어 있다. 로켓 압축가스 배합의 차이에 의해 평균 연소율에 유의한 차이가 난다고 결론 내릴 수 있다. 또한 조작자들 사이에 차이가 있다는 암시를 보여주므로, 이 요인에 대한 블록화는 좋은 전처리였다. 원자재 배치 사이에 차이가 있다는 강력한 증거는 존재하지 않으므로, 실험에 대해서는 부분에 대한 변동성은 고려할 필요가 없다고 볼 수 있다. 하지만 원자재 배치에 대한 블록화는 일반적으로는 좋은 생각이다.

표 4.11 로켓 압축가스 문제에 대한 코드화된 자료

원자재배치	조작자 1	2	3	4	5	$y_{i..}$
1	$A = -1$	$B = -5$	$C = -6$	$D = -1$	$E = -1$	−14
2	$B = -8$	$C = -1$	$D = 5$	$E = 2$	$A = 11$	9
3	$C = -7$	$D = 13$	$E = 1$	$A = 2$	$B = -4$	5
4	$D = 1$	$E = 6$	$A = 1$	$B = -2$	$C = -3$	3
5	$E = -3$	$A = 5$	$B = -5$	$C = 4$	$D = 6$	7
$y_{..k}$	−18	18	−4	5	9	$10 = y_{...}$

표 4.12 로켓 압축가스 문제에 대한 분산분석

변동원인	제곱합	자유도	평균제곱	F_0	P 값
배합	330.00	4	82.50	7.73	0.0025
원자재의 배치	68.00	4	17.00		
조직자	150.00	4	37.50		
오차	128.00	12	10.67		
합계	676.00	24			

어떠한 설계 문제에서든 실험자는 잔차에 대한 조사와 도표화를 통하여 모형의 적합성을 살펴보아야 한다. 라틴정방설계에서 잔차는 아래와 같다.

$$\begin{aligned} e_{ijk} &= y_{ijk} - \hat{y}_{ijk} \\ &= y_{ijk} - \bar{y}_{i..} - \bar{y}_{.j.} - \bar{y}_{..k} + 2\bar{y}_{...} \end{aligned}$$

예제 4.2의 잔차를 찾아보고 적절하게 도표로 표현할 수 있어야 한다.

첫 번째 행과 알파벳 순서별 글자가 쓰인 열로 구성한 라틴정방을 **표준 라틴정방**(standard Latin square)이라 하고, 예제 4.3에서 확인할 수 있다. 표준 라틴정방은 첫 번째 행을 알파벳 순서로 쓰고, 이어지는 행을 위의 행에서 왼쪽으로 한 자리 이동한 순서로 쓰게 되면 얻을 수 있다. 표 4.13은 라틴정방과 표준 라틴정방에 대한 몇 가지 중요한 사실들을 정리해 놓은 것이다.

어떠한 실험설계에서든, 라틴정방의 관측치들은 랜덤 순서로 얻어져야 한다. 적절한 랜덤화 절차는 랜덤하게 특정 정방을 선택하도록 하는 것이다. 표 4.13을 보면, 특정 크기를

표 4.13 다양한 크기를 가지는 라틴정방의 개수와 표준 라틴정방[α]

크기	3 × 3	4 × 4	5 × 5	6 × 6	7 × 7	$p \times p$
표준 정방의 때	*A B C*	*A B C D*	*A B C D E*	*A B C D E F*	*A B C D E F G*	*ABC . . . P*
	B C A	*B C D A*	*B A E C D*	*B C F A D E*	*B C D E F G A*	*BCD . . . A*
	C A B	*C D A B*	*C D A E B*	*C F B E A D*	*C D E F G A B*	*CDE . . . B*
		D A B C	*D E B A C*	*D E A B F C*	*D E F G A B C*	⋮
			E C D B A	*E A D F C B*	*E F G A B C D*	
				F D E C B A	*F G A B C D E*	*PAB . . . (P − 1)*
					G A B C D E F	
표준 정방의 갯수	1	4	56	9408	16,942,080	—
라틴정방의 총 갯수	12	576	161,280	818,851,200	61,479,419,904,000	$p!(p-1)!\times$ (표준 정방의 수)

[α] 이 표의 정보는 Fisher와 Yates(1953)에서 확인할 수 있다. 7×7 이상의 라틴정방에 대해서는 알려진 바가 거의 없다.

가지는 라틴정방이 상당히 존재한다. 따라서 모든 정방을 나열하여 랜덤하게 하나를 선택하기란 불가능하다. 일반적인 방법은 Fisher and Yates(1953)에서와 같이, 해당 설계의 표에서 임의로 라틴정방을 선택하거나, 표준 정방으로 시작을 하여 랜덤하게 열과 행과 문자의 순서를 배열하는 것이다. 이에 대해서는 Fisher and Yates(1953)에 더 자세하게 다루어져 있다.

때에 따라서 라틴정방에서 하나의 관측치가 결측일 수 있다. $p \times p$ 라틴정방에서 결측치는 다음과 같이 추정될 수도 있다.

$$y_{ijk} = \frac{p(y'_{i..} + y'_{.j.} + y'_{..k}) - 2y'_{...}}{(p-2)(p-1)} \tag{4.28}$$

여기서 프라임 기호는 결측이 있는 열과 행과 처리수준에서의 합계이고, $y'_{...}$은 결측을 포함한 총체 합계이다.

라틴정방은 실험자가 정말로 연구하길 원하는 요인이 열과 행을 나타내는 경우 혹은 랜덤화 제약이 없는 상황에서 유용하게 쓰일 수 있다. 그래서 각각 p개의 수준을 가지는 세 요인(열, 행, 문자)은 p^2번만의 실행으로도 조사할 수 있다. 이 실험설계방법은 요인들 간에 교호작용은 없다고 가정한다. 더 자세한 사항은 교호작용을 주로 다루는 부분에서 말하도록 하자.

라틴정방에서의 반복수(*Replication of Latin Squares*). 크기가 작은 라틴정방의 단점은 상대적으로 작은 오차 자유도를 제공한다는 것이다. 예를 들어 3×3 라틴정방은 오차 자유도가 2밖에 되지 않고, 4×4 라틴정방은 오차 자유도가 6밖에 되지 않는 식이다. 작은 라틴정방을 사용하는 경우에는 종종 반복수를 만들어서 오차 자유도를 증가시키는 것이 바람직하다.

라틴정방에서 반복수를 만드는 몇 가지 방법을 보도록 하자. 설명을 위해서, 예제 4.3의 5×5 라틴정방이 n번 반복 되었다고 가정하자. 이는 다음과 같은 방법들로 만들어진다.

경우 1. 각 반복에서 같은 배치와 조작자를 사용한다.
경우 2. 각 반복에서 같은 배치, 하지만 다른 조작자를 사용한다(혹은 같은 조작자, 다른 배치를 사용할 수도 있다).
경우 3. 다른 배치와 다른 조작자를 사용한다.

분산분석은 반복수를 만드는 방법에 따라 달라진다.

각 반복에서 같은 수준의 열과 행 블록화요인을 사용한 경우 1을 살펴보자. Y_{ijkl}을 행 i, 처리 j, 열 k, 반복수 l에서의 관측치라고 하자. 총 관측수는 $N = np^2$이다. 표 4.14에 이 경우에 대한 ANOVA가 정리되어 있다.

이제 경우 2를 보기로 하자. 각 반복에 대해서 같은 조작자를 사용하지만, 새로운 원자재 배치를 사용한다고 가정하자. 그러면 한 개의 반복에 대해 5개의 새로운 행이 생기게 된다

표 4.14 경우 1의 반복 라틴정방의 분산분석

변동원인	제곱합	자유도	평균제곱	F_0
처리	$\frac{1}{np}\sum_{j=1}^{p} y_{.j..}^2 - \frac{y_{....}^2}{N}$	$p-1$	$\frac{SS_{\text{Treatments}}}{p-1}$	$\frac{MS_{\text{Treatments}}}{MS_E}$
행	$\frac{1}{np}\sum_{i=1}^{p} y_{i...}^2 - \frac{y_{....}^2}{N}$	$p-1$	$\frac{SS_{\text{Rows}}}{p-1}$	
열	$\frac{1}{np}\sum_{k=1}^{p} y_{..k.}^2 - \frac{y_{....}^2}{N}$	$p-1$	$\frac{SS_{\text{Columns}}}{p-1}$	
반복수	$\frac{1}{p^2}\sum_{l=1}^{n} y_{...l}^2 - \frac{y_{....}^2}{N}$	$n-1$	$\frac{SS_{\text{Replicates}}}{n-1}$	
오차	차감	$(p-1)[n(p+1)-3]$	$\frac{SS_E}{(p-1)[n(p+1)-3]}$	
합계	$\sum\sum\sum\sum y_{ijkl}^2 - \frac{y_{....}^2}{N}$	np^2-1		

표 4.15 경우 2의 반복 라틴정방의 분산분석

변동원인	제곱합	자유도	평균제곱	F_0
처리	$\frac{1}{np}\sum_{j=1}^{p} y_{.j..}^2 - \frac{y_{....}^2}{N}$	$p-1$	$\frac{SS_{\text{Treatments}}}{p-1}$	$\frac{MS_{\text{Treatments}}}{MS_E}$
행	$\frac{1}{p}\sum_{l=1}^{n}\sum_{i=1}^{p} y_{i..l}^2 - \sum_{l=1}^{n}\frac{y_{...l}^2}{p^2}$	$n(p-1)$	$\frac{SS_{\text{Rows}}}{n(p-1)}$	
열	$\frac{1}{np}\sum_{k=1}^{p} y_{..k.}^2 - \frac{y_{....}^2}{N}$	$p-1$	$\frac{SS_{\text{Columns}}}{p-1}$	
반복수	$\frac{1}{p^2}\sum_{l=1}^{n} y_{...l}^2 - \frac{y_{....}^2}{N}$	$n-1$	$\frac{SS_{\text{Replicates}}}{n-1}$	
오차	차감	$(p-1)(np-1)$	$\frac{SS_E}{(p-1)(np-1)}$	
합계	$\sum_i\sum_j\sum_k\sum_l y_{ijkl}^2 - \frac{y_{....}^2}{N}$	np^2-1		

(일반적으로는 p개). 표 4.15에 경우 2에 대한 ANOVA가 정리되어 있다. 행에 대한 변동성 요소가 사실 n개의 반복수 내에서 행들 간의 변동성을 측정하고 있음을 유의하자.

마지막으로, 각 반복에 대해서 새로운 원자재 배치와 새로운 조작자를 사용하는 경우 3을 살펴보도록 하자. 이제 행과 열, 둘 다로부터 만들어진 변동성은 반복수 내에서의 이 요인들로 인해 생긴 변동성을 측정한다. 표 4.16에 이에 대한 ANOVA가 정리되어 있다.

처리와 정방 간의 교호작용을 허용하는, 반복수가 있는 라틴정방의 분석 방법들도 있다(연습문제 4.35에 언급되어 있다).

교차설계와 잔차효과 균형설계(*Crossover Designs and Designs Balanced for Residual Effects*). 때에 따라서는 실험에서의 시간 주기(time period)가 요인이 되는 문제를 만날 수도 있다. 일반적으로 p개의 처리수준이 p시간 주기 동안 실험되고, np개의 실험 단위를 사

표 4.16 경우 3의 반복 라틴정방의 분산분석

변동원인	제곱합	자유도	평균제곱	F_0
처리	$\frac{1}{np}\sum_{j=1}^{p} y_{.j..}^2 - \frac{y_{....}^2}{N}$	$p-1$	$\frac{SS_{\text{Treatments}}}{p-1}$	$\frac{MS_{\text{Treatments}}}{MS_E}$
행	$\frac{1}{p}\sum_{l=1}^{n}\sum_{i=1}^{p} y_{i..l}^2 - \sum_{l=1}^{n}\frac{y_{...l}^2}{p^2}$	$n(p-1)$	$\frac{SS_{\text{Rows}}}{n(p-1)}$	
열	$\frac{1}{p}\sum_{l=1}^{n}\sum_{k=1}^{p} y_{..kl}^2 - \sum_{l=1}^{n}\frac{y_{...l}^2}{p^2}$	$n(p-1)$	$\frac{SS_{\text{Columns}}}{n(p-1)}$	
반복수	$\frac{1}{p^2}\sum_{l=1}^{n} y_{...l}^2 - \frac{y_{....}^2}{N}$	$n-1$	$\frac{SS_{\text{Replicates}}}{n-1}$	
오차	차감	$(p-1)[n(p-1)-1]$	$\frac{SS_E}{(p-1)[n(p-1)-1]}$	
합계	$\sum_i\sum_j\sum_k\sum_l y_{ijkl}^2 - \frac{y_{....}^2}{N}$	np^2-1		

용하게 된다. 예를 들어 수행공학(a human performance) 연구자가 탈수 시의 두 종류의 보충액의 효과를 보기 위해 실험대상자 20명에 대해 연구를 진행하였다. 첫 번째 기간, 피험자의 절반(랜덤으로 선택된)은 용액 A를 받았고, 나머지 절반은 용액 B를 받았다. 그 기간이 끝날 때의 반응값이 측정되었고, 용액에 의한 어떠한 생리적인 효과도 제거되도록 일정 기간이 지나게 하였다. 그러고 나서 실험자는 용액 A를 받은 사람에게 용액 B를 적용하고, 용액 B를 받았던 사람에게 용액 A를 준다. 이러한 설계를 **교차설계**(crossover design)라고 한다. 이는 두 개의 행(시간주기), 두 개의 처리수준(용액 종류)로 이루어진 10개의 라틴정방들로 분석된다. 10개의 정방 각각에 있는 두 열은 피험자들의 관측치에 해당한다.

이 설계에 대한 레이아웃이 그림 4.7에 나와 있다. 행이 시간 주기를 나타내고, 열이 실험대상자들을 나타냄에 유의하자. 처음에 용액 A를 받은 피험자(1, 4, 6, 7, 9, 12, 13, 15, 17, 19)는 랜덤으로 결정되었다.

축약된 분산분석이 표 4.17에 정리되어 있다. 피험자에 대한 제곱합은 20명의 대상자 중 보정된 제곱합으로 계산하였고, 기간 제곱합은 행 중 보정된 제곱합으로, 용액 제곱합은 2개의 용액 중 보정된 제곱합으로 계산되었다. 이러한 설계의 통계적 분석에 대한 더욱 자세한 사항은 Cochran and Cox(1957), John(1971), Anderson and McLean(1974)를 찾아보면 된다.

처리가 **잔차효과**(residual effect)를 가지는 시험에서도 라틴정방설계를 사용할 수 있다. 예를 들어 주기 2의 용액 B의 데이터가 주기 1의 용액 A의 효과를 반영하는 경우이다. 잔차 효과에 대한 균형적 설계는 Cochran과 Cox(1957), John(1971)에 상세히 설명되어 있다.

라틴정방

	I		II		III		IV		V		VI		VII		VIII		IX		X	
대상자	1	2	3	4	5	6	7	8	9	10	11	12	13	14	15	16	17	18	19	20
주기 1	A	B	B	A	B	A	A	B	A	B	B	A	A	B	A	B	A	B	A	B
주기 2	B	A	A	B	A	B	B	A	B	A	A	B	B	A	B	A	B	A	B	A

그림 4.7
교차설계

변동원인	자유도
실험대상자(열)	19
주기(행)	1
용액 종류	1
오차	18
합계	39

표 4.17 그림 4.7의 교차설계에 대한 분산분석

4.3 그레코-라틴정방설계

$p \times p$ 라틴정방에 처리수준이 그리스 문자로 쓰인 두 번째 $p \times p$ 라틴정방을 포개어 보자. 포개었을 때 각각의 그리스 문자가 한 번, 각 라틴문자도 한 번씩 나타날 때, 두 라틴정방은 **직교**(orthogonal)한다고 말하고, 이렇게 얻어진 설계를 **그레코-라틴정방설계**(Greco-Lation squre design)라고 한다. 4×4 그레코-라틴정방의 예는 표 4.18에 나와 있다.

그레코-라틴정방설계는 외부 변동성을 만드는 원인 세 개를 체계적으로 통제한다. 즉, **세 방향으로 블록화**를 하기 위해서 사용된다. 이 설계는 네 개의 요인(열, 행, 라틴 문자, 그리스 문자)에 대해서 조사하는데, 각각은 p개의 수준으로 되어 있고, p^2번 실행된다. 그레코-라틴정방은 $p = 6$인 경우를 제외한 $p \geq 3$인 모든 경우에서 존재한다.

그레코-라틴 설계의 통계적 모형은

$$y_{ijkl} = \mu + \theta_i + \tau_j + \omega_k + \Psi_l + \varepsilon_{ijkl} \begin{cases} i = 1, 2, \ldots, p \\ j = 1, 2, \ldots, p \\ k = 1, 2, \ldots, p \\ l = 1, 2, \ldots, p \end{cases} \tag{4.29}$$

이며, y_{ijkl}은 행 i, 라틴 문자가 j, 그리스 문자가 k인 열 l의 관측치이며, θ_i는 i번째 행의 효과, τ_j는 라틴 문자인 처리 j의 효과, ω_k는 그리스 문자인 처리 k의 효과, ψ_l은 행 l의 효과이다. ε_{ijkl}은 NID(0, σ^2)을 따르는 랜덤오차항이다. 네 개의 아래 첨자 중에서 두 개만이 완전하게 한 개의 관측치를 확인하는 데 필요하다.

분산분석은 라틴정방의 분석과 매우 유사하다. 그리스 문자가 각 열과 행에 정확히 한

행	열			
	1	2	3	4
1	$A\alpha$	$B\beta$	$C\gamma$	$D\delta$
2	$B\delta$	$A\gamma$	$D\beta$	$C\alpha$
3	$C\beta$	$D\alpha$	$A\delta$	$B\gamma$
4	$D\gamma$	$C\delta$	$B\alpha$	$A\beta$

표 4.18 4×4 그레코-라틴정방설계

표 4.19 그레코-라틴정방설계에 대한 분산분석

변동원인	제곱합	자유도
라틴 문자 처리	$SS_L = \frac{1}{p}\sum_{j=1}^{p} y_{.j..}^2 - \frac{y_{....}^2}{N}$	$p-1$
그리스 문자 처리	$SS_G = \frac{1}{p}\sum_{k=1}^{p} y_{..k.}^2 - \frac{y_{....}^2}{N}$	$p-1$
행	$SS_{\text{Rows}} = \frac{1}{p}\sum_{i=1}^{p} y_{i...}^2 - \frac{y_{....}^2}{N}$	$p-1$
열	$SS_{\text{Columns}} = \frac{1}{p}\sum_{l=1}^{p} y_{...l}^2 - \frac{y_{....}^2}{N}$	$p-1$
오차	SS_E (차감에 의해)	$(p-3)(p-1)$
합계	$SS_T = \sum_i\sum_j\sum_k\sum_l y_{ijkl}^2 - \frac{y_{....}^2}{N}$	p^2-1

번씩 그리고 각 라틴문자에 대해 한 번씩만 나타났기 때문에, 그리스 문자에 의해 표현되는 요인은 열, 행, 그리고 라틴 문자 처리수준들과 직교한다. 그러므로 그리스 문자로 표현되는 처리수준에 대한 제곱합은 그리스 문자에 의한 합계로 계산될 것이며, 실험오차는 이 합계만큼 조금 더 감소될 것이다. 계산에 대한 세부사항은 표 4.19에 나타나 있다. 각 열, 행, 라틴문자 처리수준, 그리스 문자 처리수준의 효과가 같다는 귀무가설은 해당하는 평균제곱합을 평균오차제곱으로 나누어서 검정될 것이다. 기각역은 $F_{p-1,(p-3)(p-1)}$ 분포의 위꼬리점이다.

예제 4.3

예제 4.2의 로켓 압축가스 실험에서, 추가 요인으로 실험 조립품들을 중요하게 볼 수 있다고 해 보자. 이때 그리스 문자 α, β, γ, δ, ε로 5가지 실험 조립품을 표현하였고, 그 결과 나오는 5×5 그레코-라틴정방설계가 표 4.20에 나와 있다.

원자재 배치(행), 조작자(열), 배합(라틴문자)에 대한 합계는 예제 4.2에서와 같으며, 다음의 사항들을 알 수 있다.

$$SS_{\text{Batches}} = 68.00, \quad SS_{\text{Operators}} = 150.00, \quad \text{and} \quad SS_{\text{Formulations}} = 330.00$$

실험 조립품(그리스 문자)에 대한 총합은 다음과 같다.

그리스문자	실험 조립품 합계
α	$y_{..1.} = 10$
β	$y_{..2.} = -6$
γ	$y_{..3.} = -3$
δ	$y_{..4.} = -4$
ε	$y_{..5.} = 13$

따라서 실험 조립품에 대한 제곱합은

$$\begin{aligned} SS_{\text{Assemblies}} &= \frac{1}{p}\sum_{k=1}^{p} y_{..k.}^2 - \frac{y_{....}^2}{N} \\ &= \frac{1}{5}[10^2 + (-6)^2 + (-3)^2 \\ &\quad +(-4)^2 + 13^2] - \frac{(10)^2}{25} = 62.00 \end{aligned}$$

이다. 완성된 ANOVA는 표 4.21에 정리되어 있다. 배합들은 1% 하에서 유의하게 차이가 있으며, 표 4.21과 표 4.12를 비교하여 보면 실험 조립품으로 인한 변동성을

제거하게 되면 실험오차가 줄어든다는 것을 확인할 수 있다. 하지만 실험오차가 줄어들 뿐만 아니라, 오차항의 자유도 역시 12에서(예제 4.2의 라틴정방설계 참고) 8로 줄어들게 된다. 그 결과 오차항에 대한 추정치는 더 작은 자유도를 가지게 되고, 검정은 덜 민감해지게 된다.

표 4.20 로켓 압축가스 문제에 대한 그레코-라틴정방설계

원자재 배치	조작자					
	1	**2**	**3**	**4**	**5**	$y_{i...}$
1	$A\alpha = -1$	$B\gamma = -5$	$C\varepsilon = -6$	$D\beta = -1$	$E\delta = -1$	-14
2	$B\beta = -8$	$C\delta = -1$	$D\alpha = 5$	$E\gamma = 2$	$A\varepsilon = 11$	9
3	$C\gamma = -7$	$D\varepsilon = 13$	$E\beta = 1$	$A\delta = 2$	$B\alpha = -4$	5
4	$D\delta = 1$	$E\alpha = 6$	$A\gamma = 1$	$B\varepsilon = -2$	$C\beta = -3$	3
5	$E\varepsilon = -3$	$A\beta = 5$	$B\delta = -5$	$C\alpha = 4$	$D\gamma = 6$	7
$y_{...l}$	-18	18	-4	5	9	$10 = y_{....}$

표 4.21 로켓 압축가스 문제에 대한 분산분석

변동원인	제곱합	자유도	평균제곱	F_0	P 값
배합	330.00	4	82.50	10.00	0.0033
원자재 배치	68.00	4	17.00		
조직자	150.00	4	37.50		
오차	62.00	4	15.50		
합계	66.00	8	8.25		

그레코-라틴 설계를 구성하는 직교하는 라틴정방설계 짝에 대한 이와 같은 개념은 어느 정도 확장될 수 있다. $p \times p$ **초정방**(hypersquare)은 세 개 이상의 직교하는 $p \times p$ 라틴정방이 겹쳐져 있는 설계이다. 일반적으로 완전한 $p-1$개의 직교하는 라틴정방을 이용할 수 있다면, 요인 $p+1$개까지 연구할 수 있다. 이러한 설계는 $(p+1)(p-1) = p^{2-1}$개 모두를 자유도로 사용하게 될 것이므로, 오차항 분산에 대한 독립적인 추정이 필요하다. 당연히 초정방설계를 사용할 시에는 요인 간의 교호작용은 없어야 한다.

4.4 균형 불완전블록설계

랜덤화 블록설계를 사용하는 특정 실험 중에서 각 블록에서 처리수준의 조합들을 모두 수행할 수 없을 때도 있다. 이런 상황은 보통 실험 기구 혹은 시설의 부족 때문이거나, 블록의 물질적인 크기 때문이다. 예를 들어 인공혈관실험(예제 4.1)에서, 각 원자재 배치가 세

종류의 압출 압력만을 실험할 수 있을 정도의 크기라서 각 압출 압력은 각 배치에서 모두 실험할 수가 없다고 가정해 보자. 이런 종류의 문제에 대해서는, 모든 처리수준이 모든 블록에 대해 나타나지 않는 랜덤화 블록설계를 이용하면 분석이 가능하다. 이런 설계를 **랜덤화 불완전블록설계**(randomized incomplete block designs)라고 한다.

모든 처리수준의 비교가 동등하게 중요한 경우에는 각 블록 내의 처리들에 대한 조합은 균형 방법으로 선택되어야 하며, 모든 처리조합들은 같은 숫자만큼 나타나야 한다. 따라서 **균형 불완전블록설계**(BIBD, Balanced Incomplete Block Designs)는 두 처리수준이 같은 횟수만큼 나타나는 불완전블록설계이다. a개의 처리수준이 있고, 각 블록이 정확히 k개($k<a$) 만큼의 처리수준을 가질 수 있다고 가정해 보자. 균형 불완전블록설계는 $\binom{a}{k}$개의 블록을 형성하고, 각 블록에 다른 처리조합을 할당하여 만들어지게 된다. 하지만 종종 $\binom{a}{k}$개의 블록보다 작은 경우에 균형을 이룰 수도 있다. BIBDs의 표가 Fisher and Yates(1953), Davies(1956), Cochran 그리고 Cox(1957)에 나와 있다.

한 가지 예를 살펴보자. 어떤 화학 기술자가 화학 과정의 반응시간은 사용된 촉매의 종류에 의해 결정되는 함수라 생각하였다고 하자. 현재 네 종류의 촉매제를 연구하고 있다. 실험 절차는 원자재 배치를 선택하고, 실험 공장으로 옮기고, 공장에서 각각의 촉매제를 따로따로 분리되어 진행되는 실험에 적용한 다음, 반응시간을 관찰한다. 원자재 배치 내의 변동성이 촉매제의 수행능력에 영향을 미칠 수 있으므로, 기술자는 원자재 배치를 블록으로 사용하기로 하였다. 하지만 각 배치는 세 개의 촉매제만 실행시킬 수 있을 정도의 크기이므로, 랜덤화 불완전블록설계를 사용해야만 한다. 이 실험에 대한 균형 불완전블록설계가 표 4.22에 관측치와 함께 제시되어 있다. 각 블록에서 촉매제의 사용 순서는 랜덤이다.

4.4.1 BIBD의 통계적 분석

일반적으로 a개의 처리수준, b개의 블록이 있다고 가정한다. 또한 각 블록은 k개의 처리수준을 포함하고, 각 처리는 설계 내에서 r회 발생하며(혹은 r번 반복된다), 전체 관측치는 총 $N=ar=bk$개이다. 그리고 각 처리조합 쌍이 같은 블록에 등장하는 횟수는

$$\lambda = \frac{r(k-1)}{a-1}$$

표 4.22 촉매제 실험에 대한 균형 불완전블록설계

처리(촉매제)	블록(원자재 배치)				
	1	2	3	4	$y_{i.}$
1	73	74	—	71	218
2	—	75	67	72	214
3	73	75	68	—	216
4	75	—	72	75	222
$y_{.j}$	221	224	207	218	$870 = y_{..}$

이다. 만약 $a=b$이면 설계가 **대칭적**(symmetric)이라고 말한다.

모수 λ는 정수이어야 한다. λ에 대한 관계를 알기 위해서, 처리 1을 예로 생각해 보자. 처리 1이 r개의 블록에 나타나고 그 블록들 각각에 $k-1$개의 다른 처리수준들이 있으므로, 처리 1을 포함한 한 블록 안에 $r(k-1)$개의 다른 관측치들이 있다. 이 $r(k-1)$개의 관측치는 나머지 $a-1$개의 처리수준들이 λ번 나타난 것과 동일하다. 따라서 $\lambda(a-1)=r(k-1)$이라는 관계가 성립된다.

BIBD에 대한 **통계적 모형**(statistical model)은

$$y_{ij} = \mu + \tau_i + \beta_j + \varepsilon_{ij} \tag{4.30}$$

이며, y_{ij}는 j번째 블록에서의 i번째 관측이며, μ는 총체적 평균이고, τ_i는 i번째 처리수준의 효과, β_j는 j번째 블록에 대한 효과, ε_{ij}는 NID(0, σ^2)를 따르는 랜덤오차항이다. 자료의 전체 변동성은 총보정제곱합으로 표현된다.

$$SS_T = \sum_i \sum_j y_{ij}^2 - \frac{y_{..}^2}{N} \tag{4.31}$$

전체 변동성은 다음과 같이 나누어질 수 있으며,

$$SS_T = SS_{\text{Treatments(adjusted)}} + SS_{\text{Blocks}} + SS_E$$

이때 처리수준에 대한 제곱합은 처리와 블록 효과를 나누기 위해서 **보정된**(adjusted) 값이다. 이런 보정이 필요한 이유는 각 처리수준이 r개의 블록에서 다르게 나타나기 때문이다. 그 결과 보정되지 않은 처리 합계 $y_{1.}, y_{2.}, ..., y_{a.}$ 간의 차이는 블록들 간의 차이에 의해서도 영향을 받게 된다.

블록제곱합은

$$SS_{\text{Blocks}} = \frac{1}{k}\sum_{j=1}^{b} y_{.j}^2 - \frac{y_{..}^2}{N} \tag{4.32}$$

이며, $y_{.j}$는 j번째 블록에서의 총합이다. SS_{Blocks}은 $b-1$ 자유도를 가진다. 보정된 처리제곱합은

$$SS_{\text{Treatments(adjusted)}} = \frac{k\sum_{i=1}^{a} Q_i^2}{\lambda a} \tag{4.33}$$

이며, Q_i는 i번째 처리수준에 대해 보정된 합이고, 이는

표 4.23 균형 불완전블록설계의 분산분석

변동원인	제곱합	자유도	평균제곱	F_0
처리수정됨	$\frac{k\sum Q_i^2}{\lambda a}$	$a-1$	$\frac{SS_{\text{Treatments(adjusted)}}}{a-1}$	$F_0=\frac{MS_{\text{Treatments(adjusted)}}}{MS_E}$
블록	$\frac{1}{k}\sum y_{.j}^2-\frac{y_{..}^2}{N}$	$b-1$	$\frac{SS_{\text{Blocks}}}{b-1}$	
오차	SS_E (차감에 의해)	$N-a-b+1$	$\frac{SS_E}{N-a-b+1}$	
합계	$\sum\sum y_{ij}^2-\frac{y_{..}^2}{N}$	$N-1$		

$$Q_i = y_{i.} - \frac{1}{k}\sum_{j=1}^{b} n_{ij}y_{.j} \quad i = 1, 2, \ldots, a \tag{4.34}$$

으로 계산되며, j번째 블록에 처리수준 i가 나타났으면 $n_{ij}=1$이고, 그렇지 않았으면 $n_{ij}=0$이다. 보정된 처리합은 항상 0이다. $SS_{\text{Treatment(adjusted)}}$는 $a-1$의 자유도를 가진다. 오차제곱합은

$$SS_E = SS_T - SS_{\text{Treatments(adjusted)}} - SS_{\text{Blocks}} \tag{4.35}$$

으로 계산되며, $N-a-b+1$의 자유도를 가진다.

처리효과의 동등성을 검정하기 위한 적절한 통계량은

$$F_0 = \frac{MS_{\text{Treatments(adjusted)}}}{MS_E}$$

ANOVA 표는 표 4.23에 정리되어 있다.

예제 4.4

표 4.22에서 보았던 촉매제 실험자료를 보면, $a=4$, $b=4$, $k=3$, $r=3$, $\lambda=2$ $N=12$인 BIBD이다. 이에 대한 분석은 다음과 같다. 우선 총제곱합은

$$SS_T = \sum_i\sum_j y_{ij}^2 - \frac{y_{..}^2}{12}$$
$$= 63,156 - \frac{(870)^2}{12} = 81.00$$

이고, 블록제곱합은 식 4.32를 이용하여 아래와 같이 구할 수 있다.

$$SS_{\text{Blocks}} = \frac{1}{3}\sum_{j=1}^{4} y_{.j}^2 - \frac{y_{..}^2}{12}$$
$$= \frac{1}{3}[(221)^2 + (207)^2 + (224)^2 + (218)^2] - \frac{(870)^2}{12}$$
$$= 55.00$$

블록에 대해 보정된 처리제곱합을 구하기 위해서는, 우선 식 4.34를 이용하여 보정처리총합을 아래와 같이 구하여야 한다.

$$Q_1 = (218) - \frac{1}{3}(221 + 224 + 218) = -9/3$$
$$Q_2 = (214) - \frac{1}{3}(207 + 224 + 218) = -7/3$$
$$Q_3 = (216) - \frac{1}{3}(221 + 207 + 224) = -4/3$$
$$Q_4 = (222) - \frac{1}{3}(221 + 207 + 218) = 20/3$$

보정된 처리제곱합은 식 4.33을 이용하여 아래와 같이 구할 수 있다.

$$SS_{\text{Treatments(adjusted)}} = \frac{k\sum_{i=1}^{4} Q_i^2}{\lambda a}$$
$$= \frac{3[(-9/3)^2 + (-7/3)^2 + (-4/3)^2 + (20/3)^2]}{(2)(4)}$$
$$= 22.75$$

오차제곱합은 아래와 같이 뺄셈을 이용하여 구할 수 있다.

$$SS_E = SS_T - SS_{\text{Treatments(adjusted)}} - SS_{\text{Blocks}}$$
$$= 81.00 - 22.75 - 55.00 = 3.25$$

표 4.24에 분산분석을 보면, P 값이 매우 작으므로, 사용한 촉매제에 의해 반응 시간에 유의한 차이가 생긴다는 결론을 내릴 수 있다.

표 4.24 예제 4.4에 대한 분산분석

변동원인	제곱합	자유도	평균제곱	F_0	P 값
처리(블록에 의해 수정됨)	22.75	3	7.58	11.66	0.0107
블록	55.00	3	—		
오차	3.25	5	0.65		
합계	81.00	11			

만약 연구의 요인이 고정요인이면, 각각의 처리평균들에 대한 검정이 주 관심일 것이다. 만약 직교 대비(orthogonal contrast)를 사용하면, 대비는 $\{y_i\}$가 아닌 **보정처리총합**(adjusted treatment total) $\{Q_i\}$를 이용하여 만들어져야 한다. 대비제곱합은

$$SS_c = \frac{k\left(\sum_{i=1}^{a} c_i Q_i\right)^2}{\lambda a \sum_{i=1}^{a} c_i^2}$$

이며, $\{c_i\}$는 대비계수(contrast coefficients)이다. 보정된 처리효과 쌍을 모두 비교하기 위해서 다른 다중 비교 방법들도 사용될 수 있는데 이는 4.4.2절에서 다루어질 것이며, $\hat{\tau}_i = kQ_i/(\lambda a)$로 추정된다. 보정처리효과의 표준오차는

$$s = \sqrt{\frac{kMS_E}{\lambda a}} \tag{4.36}$$

이다.

지금까지 보아온 분석에서 총제곱합은 보정된 처리제곱합과 보정되지 않은 블록제곱합, 오차제곱합으로 나누어졌다. 때때로 블록 효과를 검정하길 원하는 경우가 있는데, 이를 위해서는 SS_T를 다른 방법으로 나누어야 한다. 즉,

$$SS_T = SS_{\text{Treatments}} + SS_{\text{Blocks(adjusted)}} + SS_E$$

여기서 $SS_{\text{Treatment}}$는 보정되지 않았다. 만약 설계가 대칭적이라면, 즉 $a=b$라면 $SS_{\text{Blocks(adjusted)}}$를 간단한 식을 이용하여 구할 수 있게 된다. 보정블록제곱합은 아래와 같이 구할 수 있다.

$$Q'_j = y_{.j} - \frac{1}{4}\sum_{i=1}^{a} n_{ij} y_{i.} \quad j = 1, 2, \ldots, b \tag{4.37}$$

그리고

$$SS_{\text{Blocks(adjusted)}} = \frac{r\sum_{j=1}^{b}(Q'_j)^2}{\lambda b} \tag{4.38}$$

예제 4.4의 BIBD는 $a=b=4$ 이므로 대칭적이다. 따라서

$$\begin{aligned}
Q'_1 &= (221) - \frac{1}{3}(218 + 216 + 222) = 7/3 \\
Q'_2 &= (224) - \frac{1}{3}(218 + 214 + 216) = 24/3 \\
Q'_3 &= (207) - \frac{1}{3}(214 + 216 + 222) = -31/3 \\
Q'_4 &= (218) - \frac{1}{3}(218 + 214 + 222) = 0
\end{aligned}$$

이며,

$$SS_{\text{Blocks(adjusted)}} = \frac{3[(7/3)^2 + (24/3)^2 + (-31/3)^2 + (0)^2]}{(2)(4)} = 66.08$$

또한,

$$SS_{\text{Treatments}} = \frac{(218)^2 + (214)^2 + (216)^2 + (222)^2}{3} - \frac{(870)^2}{12} = 11.67$$

이다.

대칭적 BIBD에 대한 분산분석의 요약이 표 4.25에 나와 있다. 표 4.25에 있는 평균제곱의 값이 나온 제곱합은 총제곱합에 더해지지 않음에 유의하자. 즉,

표 4.25 처리와 블록을 모두 포함한 예제 4.4의 분산분석

변동원인	제곱합	자유도	평균제곱	F_0	P 값
처리(수정됨)	22.75	3	7.58	11.66	0.0107
처리(수정되지 않음)	11.67	3			
블록(수정되지 않음)	55.00	3			
블록(수정됨)	66.08	3	22.03	33.90	0.0010
오차	3.25	5	0.65		
합계	81.00	11			

$$SS_T \neq SS_{\text{Treatments(adjusted)}} + SS_{\text{Blocks(adjusted)}} + SS_E$$

이며, 이는 처리와 블록이 직교하지 않아서 생긴 결과이다.

컴퓨터 계산결과(*Computer Output*). 균형 불완전블록설계를 분석해 주는 패키지로 SAS General Linear Models procedure가 있고, Minitab과 JMP가 있다. 표 4.26의 윗부분이 예제 4.4에 대한 Minitab General Linear Model output이다. 표 4.26과 표 4.25를 비교해보면, Minitab에서 계산된 보정처리제곱합과 보정블록제곱합을 확인할 수 있다(Minitab output에서는 "Adj *SS*"라고 부른다).

표 4.26의 아래 부분은 튜키 방법(Tukey method)를 이용한 다중 비교 분석으로, 모든 평균 쌍에 대한 차이의 신뢰구간과 튜키 검정을 볼 수 있다. 튜키 방법을 통해서, 4번 촉매제가 나머지 3개와 다르다는 결론을 내릴 수 있다는 것을 확인할 수 있다.

4.4.2 모수의 최소제곱 추정

BIBD모형에서의 처리효과를 추정하는 것에 대해 살펴보자. 최소제곱 정규방정식은

$$\begin{aligned}
\mu &: N\hat{\mu} + r\sum_{i=1}^{a}\hat{\tau}_i + k\sum_{j=1}^{b}\hat{\beta}_j = y_{..} \\
\tau_i &: r\hat{\mu} + r\hat{\tau}_i + \sum_{j=1}^{b} n_{ij}\hat{\beta}_j = y_{i.} \qquad i = 1, 2, \ldots, a \\
\beta_j &: k\hat{\mu} + \sum_{i=1}^{a} n_{ij}\hat{\tau}_i + k\hat{\beta}_j = y_{.j} \qquad j = 1, 2, \ldots, b
\end{aligned} \tag{4.39}$$

이며 $\Sigma\hat{\tau}_i = \Sigma\hat{\beta}_i = 0$으로 놓으면 $\hat{\mu} = \bar{y}_{..}$임을 구할 수 있다. 더 나아가 $\{\tau_i\}$에 대한 식에서 블록 효과를 없애기 위해 $\{\beta_j\}$에 대한 식을 사용하면,

$$rk\hat{\tau}_i - r\hat{\tau}_i - \sum_{j=1}^{b}\sum_{\substack{p=1\\p\neq 1}}^{a} n_{ij}n_{pj}\hat{\tau}_p = ky_{i.} - \sum_{j=1}^{b} n_{ij}y_{.j} \tag{4.40}$$

을 얻을 수 있다. 식 4.41의 우변이 kQ_i임에 유의하자. 여기서 Q_i는 i번째 보정된 처리총합

표 4.26 예제 4.4에 대한 Minitab(General Linear Model) 분석 결과

```
General Linear Model
Factor          Type      Levels       Values
Catalyst        fixed          4       1 2 3 4
Block           fixed          4       1 2 3 4

Analysis of Variance for Time, using Adjusted SS for Tests
Source        DF       Seq SS      Adj SS      Adj MS          F          P
Catalyst       3       11.667      22.750       7.583      11.67      0.011
Block          3       66.083      66.083      22.028      33.89      0.001
Error          5        3.250       3.250       0.650
Total         11       81.000

Tukey 95.0% Simultaneous Confidence Intervals
Response Variable Time
All Pairwise Comparisons among Levels of Catalyst

Catalyst = 1 subtracted from:

Catalyst       Lower      Center      Upper    ---------+---------+---------+------
2             -2.327      0.2500      2.827     (---------*---------)
3             -1.952      0.6250      3.202      (---------*---------)
4              1.048      3.6250      6.202              (---------*---------)
                                               ----------+---------+---------+-----
                                                        0.0       2.5       5.0

Catalyst = 2 subtracted from:
Catalyst       Lower      Center      Upper    ---------+---------+---------+------
3             -2.202      0.3750      2.952     (---------*---------)
4              0.798      3.3750      5.952             (---------*---------)
                                               ----------+---------+---------+-----
                                                        0.0       2.5       5.0

Catalyst = 3 subtracted from:
Catalyst       Lower      Center      Upper    ---------+---------+---------+------
4             0.4228       3.000      5.577            (---------*---------)
                                               ----------+---------+---------+-----
                                                        0.0       2.5       5.0

Tukey Simultaneous Tests
Response Variable Time
All Pairwise Comparisons among Levels of Catalyst

Catalyst = 1 subtracted from:

Level         Difference        SE of                     Adjusted
Catalyst        of Means   Difference        T-Value       P-Value
2                 0.2500       0.6982         0.3581        0.9825
3                 0.6250       0.6982         0.8951        0.8085
4                 3.6250       0.6982         5.1918        0.0130

Catalyst = 2 subtracted from:

Level         Difference        SE of                     Adjusted
Catalyst        of Means   Difference        T-Value       P-Value
3                 0.3750       0.6982         0.5371        0.9462
4                 3.3750       0.6982         4.8338        0.0175

Catalyst = 3 subtracted from:

Level         Difference        SE of                     Adjusted
Catalyst        of Means   Difference        T-Value       P-Value
4                  3.000       0.6982          4.297        0.0281
```

이다(식 4.34 참고). 이제 $p \neq i$이고 $n_{pj}^2 = n_{pj}$이면 $\Sigma_{J=1}^{b} n_{ij} n_{pj} = \lambda$이므로(왜냐면 $n_{pj}=0$ 또는 1이므로), 식 4.40을 다음과 같이 다시 쓸 수 있다.

$$r(k-1)\hat{\tau}_i - \lambda \sum_{\substack{p=1 \\ p \neq 1}}^{a} \hat{\tau}_p = kQ_i \quad i = 1, 2, \ldots, a \tag{4.41}$$

마지막으로 대비 $\Sigma_{i=1}^{a} \hat{\tau}_i = 0$이 $\Sigma_{\substack{p=1 \\ p \neq i}}^{a} \hat{\tau}_p = -\hat{\tau}_i$을 의미함에 유의하고, $r(k-1) = \lambda(a-1)$임을 이용하면,

$$\lambda a \hat{\tau}_i = kQ_i \quad i = 1, 2, \ldots, a \tag{4.42}$$

을 얻을 수 있다. 그래서 균형 불완전블록모형에서 처리효과의 최소제곱 추정량은

$$\hat{\tau}_i = \frac{kQ_i}{\lambda a} \quad i = 1, 2, \ldots, a \tag{4.43}$$

이다.

예제 4.4에서의 BIBD를 예로 살펴보자. $Q_1 = -9/3$, $Q_2 = -7/3$, $Q_3 = -4/3$, $Q_4 = 20/3$이므로,

$$\hat{\tau}_1 = \frac{3(-9/3)}{(2)(4)} = -9/8 \quad \hat{\tau}_2 = \frac{3(-7/3)}{(2)(4)} = -7/8$$
$$\hat{\tau}_3 = \frac{3(-4/3)}{(2)(4)} = -4/8 \quad \hat{\tau}_4 = \frac{3(20/3)}{(2)(4)} = 20/8$$

을 얻을 수 있으며, 이는 4.4.1절에서 보았던 것과 같다.

4.4.3 BIBD에서 블록 간 정보복구

4.4.1절에서 보았던 BIBD의 분석은 보통 **블록 내 분석**(intrablock analysis)이라고 부른다. 이는 블록 내 차이가 제거되었고, 처리효과에 대한 모든 대비(contrast)를 같은 블록 내의 관측치 간의 비교를 이용하여 표현할 수 있기 때문이다. 이러한 분석은 블록이 고정효과인지 랜덤효과인지에 상관없이 적용할 수 있다. Yates(1940)에 따르면, 블록 효과가 평균이 0이고, 분산이 σ_β^2인 상관관계가 없는 확률변수이면, 처리효과 τ_i에 대한 추가적인 정보를 얻을 수 있다. Yates는 이렇게 추가적인 정보를 얻는 방법을 **블록 간 분석**(interblock analysis)이라고 불렀다.

블록 총합 $y_{.j}$를 b개의 관측치로부터 얻은 값이라고 해 보자. 이 관측치들에 대한 모형은 John(1971)을 따라

$$y_{.j} = k\mu + \sum_{i=1}^{a} n_{ij}\tau_i + \left(k\beta_j + \sum_{i=1}^{a} \varepsilon_{ij}\right) \tag{4.44}$$

이며, 여기서 괄호 안의 항은 오차에 대한 것이다. μ와 τ_i에 대한 블록 간 추정치는 아래의 최소제곱함수를 최소화하면 얻을 수 있다.

$$L = \sum_{j=1}^{b} \left(y_{.j} - k\mu - \sum_{i=1}^{a} n_{ij}\tau_i\right)^2$$

이는 아래의 최소제곱 정규방정식

$$\begin{aligned} \mu &: N\tilde{\mu} + r\sum_{i=1}^{a} \tilde{\tau}_i = y_{..} \\ \tau_i &: kr\tilde{\mu} + r\tilde{\tau}_i + \lambda \sum_{\substack{p=1 \\ p\neq 1}}^{a} \tilde{\tau}_p = \sum_{j=1}^{b} n_{ij}y_{.j} \qquad i = 1, 2, \ldots, a \end{aligned} \tag{4.45}$$

을 만들어내며, 여기서 $\tilde{\mu}$와 $\tilde{\tau}_i$를 **블록 간 추정치**(interblock estimators)라고 한다. 제약조건 $\sum_{i=1}^{a} \hat{\tau}_i = 0$임을 이용하면, 식 4.45에 대한 해를 얻을 수 있다.

$$\tilde{\mu} = \bar{y}_{..} \tag{4.46}$$

$$\tilde{\tau}_i = \frac{\sum_{j=1}^{b} n_{ij}y_{.j} - kr\bar{y}_{..}}{r - \lambda} \qquad i = 1, 2, \ldots, a \tag{4.47}$$

블록 간 추정치 $\tilde{\tau}_i$와 블록 내 추정치 $\hat{\tau}_i$가 상관관계가 없다는 것을 증명할 수 있다.

블록 간 추정치 $\tilde{\tau}_i$은 블록 내 추정치 $\hat{\tau}_i$와 다를 수 있다. 예를 들어 예제 4.5의 BIBD에 대한 블록 간 추정치는 아래와 같이 계산된다.

$$\begin{aligned} \tilde{\tau}_1 &= \frac{663 - (3)(3)(72.50)}{3 - 2} = 10.50 \\ \tilde{\tau}_2 &= \frac{649 - (3)(3)(72.50)}{3 - 2} = -3.50 \\ \tilde{\tau}_3 &= \frac{652 - (3)(3)(72.50)}{3 - 2} = -0.50 \\ \tilde{\tau}_4 &= \frac{646 - (3)(3)(72.50)}{3 - 2} = -6.50 \end{aligned}$$

$\sum_{j=1}^{b} n_{ij}y_{.j}$의 값은 이전에 블록 내 분석에서 보정된 처리 총합을 계산할 때 사용되었음을 상기하자.

이제 각 τ_i에 대한 단일의 불편향된 최소분산 추정치를 구하기 위해 블록 내 추정치와 블록 간 추정치를 합치길 원한다고 해 보자. $\tilde{\tau}_i$과 $\hat{\tau}_i$가 불편향이라는 것은 증명할 수 있고,

$$V(\hat{\tau}_i) = \frac{k(a-1)}{\lambda a^2}\sigma^2 \quad \text{(블록 내)}$$

$$V(\tilde{\tau}_i) = \frac{k(a-1)}{a(r-\lambda)}(\sigma^2 + k\sigma_\beta^2) \quad \text{(블록 간)}$$

또한 증명할 수 있다. 이제 τ_i을 추정하기 위해서, 두 추정치의 선형 결합, 즉

$$\tau_i^* = \alpha_1 \hat{\tau}_i + \alpha_2 \tilde{\tau}_i \tag{4.48}$$

임을 이용할 것이다. 이를 위해서는 최소제곱 불편 결합추정치 τ_i^*는 $\alpha_1 = u_1/(u_1+u_2)$과 $\alpha_2 = u_2/(u_1+u_2)$을 가중치로 가져야 하며, 여기서 $u_1 = 1/V(\tilde{\tau}_i)$이고 $u_2 = 1/V(\tilde{\tau}_i)$이다. 즉, 가장 최적의 가중치는 $\hat{\tau}_i$과 $\tilde{\tau}_i$의 분산에 역비례한다. 이는 최적의 결합추정치(τ^*)가

$$\tau_i^* = \frac{\hat{\tau}_i \dfrac{k(a-1)}{a(r-\lambda)}(\sigma^2 + k\sigma_\beta^2) + \tilde{\tau}_i \dfrac{k(a-1)}{\lambda a^2}\sigma^2}{\dfrac{k(a-1)}{\lambda a^2}\sigma^2 + \dfrac{k(a-1)}{a(r-\lambda)}(\sigma^2 + k\sigma_\beta^2)} \qquad i = 1, 2, \ldots, a$$

임을 의미하며, 다음과 같이 정리할 수 있다.

$$\tau_i^* = \frac{kQ_i(\sigma^2 + k\sigma_\beta^2) + \left(\sum_{j=1}^{b} n_{ij} y_{.j} - kr\bar{y}_{..}\right)\sigma^2}{(r-\lambda)\sigma^2 + \lambda a(\sigma^2 + k\sigma_\beta^2)} \qquad i = 1, 2, \ldots, a \tag{4.49}$$

하지만 불행하게도 식 4.49는 분산 σ^2과 σ_β^2을 모르기 때문에 τ_i을 추정하기 위해 사용될 수 없다. 일반적인 접근으로는 자료로부터 σ^2과 σ_β^2을 추정하고, 식 4.49에 있는 모수들을 추정치으로 대체하는 것이다. σ^2에 대한 추정치는 보통 블록 내 분산분석에서의 평균오차제곱이거나, 블록 내 오차(intrablock error)이다. 즉,

$$\hat{\sigma}^2 = MS_E$$

이다. σ_β^2의 추정치 처리에 대해 보정된 블록평균제곱으로부터 얻을 수 있다. 일반적으로 균형 불완전블록설계에서 이 평균제곱은

$$MS_{\text{Blocks(adjusted)}} = \frac{\left(\dfrac{k\sum_{i=1}^{a} Q_i^2}{\lambda a} + \sum_{j=1}^{b} \dfrac{y_{.j}^2}{k} - \sum_{i=1}^{a} \dfrac{y_{i.}^2}{r}\right)}{(b-1)} \tag{4.50}$$

이며, 기댓값은 Graybill(1961)에 의해 유도해서

$$E[MS_{\text{Blocks(adjusted)}}] = \sigma^2 + \frac{a(r-1)}{(b-1)}\sigma_\beta^2$$

이다. 그래서 만약 $MS_{\text{Block(adjusted}} > MS_E$이면, $\hat{\sigma}_\beta^2$의 추정치는

$$\hat{\sigma}_\beta^2 = \frac{[MS_{\text{Blocks(adjusted)}} - MS_E](b-1)}{a(r-1)} \tag{4.51}$$

이며, $MS_{\text{Block(adjusted)}} \leq MS_E$이면, $\hat{\sigma}_\beta^2 = 0$로 놓는다. 따라서 결합추정치에 대한 결과는 다음과 같이 표현된다.

$$\tau_i^* = \begin{cases} \dfrac{kQ_i(\hat{\sigma}^2 + k\hat{\sigma}_\beta^2) + \left(\sum_{j=1}^{b} n_{ij}y_{\cdot j} - kr\bar{y}_{\cdot\cdot}\right)\hat{\sigma}^2}{(r-\lambda)\hat{\sigma}^2 + \lambda a(\hat{\sigma}^2 + k\hat{\sigma}_\beta^2)}, & \hat{\sigma}_\beta^2 > 0 \quad (4.52a) \\[2ex] \dfrac{y_{i.} - (1/a)y_{..}}{r}, & \hat{\sigma}_\beta^2 = 0 \quad (4.52b) \end{cases}$$

이제 예제 4.4의 자료를 가지고 결합추정치를 직접 계산해보면, 표 4.25로부터 $\hat{\sigma}^2 = MS_E =$ 0.65이며, $MS_{\text{Block(adjusted)}} = 22.03$임을 얻을 수 있다. 이때 대칭적 설계라는 사실을 이용하여 $MS_{\text{Block(adjusted)}}$을 계산한다는 점에 유의하자. 일반적으로 식 4.50을 사용하여 계산해야 한다. $MS_{\text{Block(adjusted)}} > MS_E$이므로, σ_β^2을 추정하기 위해서 식 4.51을 사용하면 아래와 같다.

$$\hat{\sigma}_\beta^2 = \frac{(22.03 - 0.65)(3)}{4(3-1)} = 8.02$$

따라서 아래와 같이 결합된 추정치을 얻기 위해, $\hat{\sigma}^2 = 0.65$ 와 $\hat{\sigma}_\beta^2 = 8.02$을 식 4.52a에 대입할 수 있을 것이다. 편의를 위해 블록 내와 블록 간 추정치 또한 제공하였다. 이 예에서는 결합추정치가 블록 내 추정치에 더 가까운 점을 확인할 수 있는데, 이는 블록 간 추정치의 분산이 상대적으로 더 크기 때문이다.

모수	블록 내 추정치	블록 간 추정치	결합 추정치
τ_1	−1.12	10.50	−1.09
τ_2	−0.88	−3.50	−0.88
τ_3	−0.50	−0.50	−0.50
τ_4	2.50	−6.50	2.47

4.5 연습문제

4.1 단일요인실험의 요인의 수준이 4개라고 하자. 6개의 반복수에, 블록화를 시행하여 실험하였다. 오차제곱합은 500이고 블록제곱합은 250이다. 실험은 완전 랜덤화 설계로 시행되었고 오차분산 σ^2의 추정치는 다음과 같다.

(a) 25.0 (b) 25.5
(c) 35.0 (d) 37.5
(e) 보기 중 답 없음

4.2 단일요인실험의 요인의 수준이 5개라고 하자. 3개의 반복수에, 완전 랜덤화 설계로 실험하였다고 하자. 만약 실험이 블록으로 진행되었다면, 순수오차의 자유도는 다음만큼 줄었을 것이다.

(a) 3 (b) 5
(c) 2 (d) 4
(e) 보기 중 답 없음

4.3 블록화는 실험에서 통제되지 않은 장애요인의 변동성을 조절하기 위해 사용하는 기법이다.

(a) 참 (b) 거짓

4.4 RCBD의 블록의 개수는 언제나 처리 혹은 요인수준의 개수와 동일해야 한다.

(a) 참 (b) 거짓

4.5 "할 수 있으면 블록화를 하고, 할 수 없으면 랜덤화를 해라"라는 말의 핵심은 다음과 같다.

(a) 블록 안에서는 랜덤화를 하지 않는 게 대개 좋다는 말이다.
(b) 블록화를 하면 등분산 가정이 깨진다는 말이다.
(c) 장애요인의 각 수준을 블록으로 해서 블록화를 하고, 블록 안에서 랜덤화를 하라는 말이다.
(d) 시행을 랜덤화하는 것을 블록을 랜덤화하는 것보다 선호한다는 말이다.

4.6 연습문제 3.7에서 보았던 단일요인 완전 랜덤화 실험을 살펴보자. 이 실험에서 랜덤화 완전블록설계를 수행하였고, 블록제곱합이 80.00이라고 하자. 랜덤화 완전 블록 실험에 대한 올바른 분석을 위하여 실험에 대한 ANOVA를 수정하여 표현하라.

4.7 화학자가 특정 타입의 의복의 강도에 미치는 4가지 화학 작용제의 효과를 검정하려고 한다. 직물 간에 변동성이 있을 수 있으므로, 화학자는 의복의 직물을 블록으로 고려하여 랜덤화 블록설계를 이용하기로 한다. 화학자는 5가지 직물을 선택하였고, 각 직물에 4가지 모든 화학 작용제를 랜덤한 순서로 적용하였다. 그 결과로 나온 인장력(tensile strength)이 아래와 같다. 실험의 자료를 분석하고($\alpha = 0.05$ 사용) 적절한 결론을 도출하라.

	직물				
화학 작용제	1	2	3	4	5
1	73	68	74	71	67
2	73	67	75	72	70
3	75	68	78	73	68
4	73	71	75	75	69

4.8 3가지 세탁용수의 박테리아 성장 억제 효과를 비교하기 위해서, 5갤런짜리 우유병에서 실험연구가 진행되었다. 분석은 실험실에서 이루어졌으며, 실험은 하루에 3번만 가능하다. 실험이 이루어진 날에 따라 잠재적으로 변동성을 가질 수 있으므로, 실험자는 랜덤화 블록설계를 사용하기로 하였다. 관측치는 4일에 걸쳐 얻어졌으며, 자료는 아래와 같다. 실험자료를 분석하고($\alpha = 0.05$ 사용) 결론을 도출하라.

	일자			
세탁용수	1	2	3	4
1	13	22	18	39
2	16	24	17	44
3	5	4	1	22

4.9 연습문제 4.7에서 각 화학 작용제 타입에 따라 관찰된 평균 인장력에 대한 그래프를 그리고, 적절하게 크기가 조정된 t 분포를 이용하여 비교하라. 도출해낼 수 있는 결론은 무엇인가?

4.10 연습문제 4.8에서 각 용수에 대한 평균 박테리아 숫자를 그래프로 그리고, 크기가 조정된 t 분포로 비교하라. 도출해낼 수 있는 결론은 무엇인가?

4.11 4.1절에서 보았던 경도 측정 실험을 살펴보자. 실험은 이전에 말했던 것과 같이 수행되었고, 아래의 표처럼 록웰 경도 C-스케일 자료가 얻어졌다.

팁	쿠폰 1	2	3	4
1	9.3	9.4	9.6	10.0
2	9.4	9.3	9.8	9.9
3	9.2	9.4	9.5	9.7
4	9.7	9.6	10.0	10.2

(a) 실험의 자료를 분석하라.

(b) 명확하게 어떤 팁에서 평균 경도 결과가 다른 값을 보였는지 4가지 팁을 비교하기 위해 Fisher의 LSD 방법을 사용하라.

(c) 실험에서의 잔차를 분석하라.

4.12 어느 소비재 관련 회사는 주로 직접 우편 마케팅물로 해당 소비재의 광고캠페인을 하고 있다. 회사는 3가지의 새로운 브로셔 디자인을 만들었는데, 각각이 비용에 상당한 차이가 있어서 이들의 효과를 평가하려고 한다. 회사는 다른 네 지역의 잠재 고객에게 각각 5000개의 우편을 발송하여 세 디자인을 평가하기로 하였다. 고객층에서 지역 간 차이가 있으므로, 지역을 블록으로 고려하기로 하였다. 각 지역에 보낸 우편에 대한 반응 수는 아래와 같다.

디자인	지역 NE	NW	SE	SW
1	250	350	219	375
2	400	525	390	580
3	275	340	200	310

(a) 실험자료를 분석하라.

(b) 명확하게 어떤 디자인이 평균 반응 비율이 다른 값을 가지는지 3개의 디자인을 비교하기 위해 Fisher의 LSD 방법을 사용하라.

(c) 실험의 잔차를 분석하라.

4.13 윤활유가 디젤 트럭 엔진의 연비에 미치는 효과를 연구하였다. 연비는 엔진을 15분 동안 가동한 후, 제동연료 소비율을 사용하여 측정하였다. 다섯 종류의 서로 다른 트럭 엔진을 이용하였고, 실험자는 아래의 랜덤화 완전블록설계를 수행하였다.

Oil	트럭 1	2	3	4	5
1	0.500	0.634	0.487	0.329	0.512
2	0.535	0.675	0.520	0.435	0.540
3	0.513	0.595	0.488	0.400	0.510

(a) 실험의 자료를 분석하라.

(b) 명확하게 어떤 윤활유가 유달리 다른 제동 연료소비율을 가지는지 알기 위해, 3가지 윤활유를 Fisher의 LSD 방법을 이용하여 비교하라.

(c) 실험의 잔차를 분석하라.

4.14 *Communication of the ACM*의 기사(Vol. 30, No. 5, 1987)에서는 소프트웨어 개발 비용을 측정하는 알고리즘들에 관해서 연구하였다. 6개의 알고리즘이 7가지 소프트웨어 개발 프로젝트에 적용되었고, 개발 비용 측정에 대한 백분율 오차를 관측하였다. 실험에 대한 자료가 아래 표에 있다.

(a) 알고리즘의 평균 비용 측정 정확도에 차이가 있는가?

(b) 실험에 대한 잔차를 분석하라.

(c) 실제에서 어떤 알고리즘을 사용할 것을 권유할 것인가?

알고리즘	프로젝트 1	2	3	4	5	6
1(SLIM)	1244	21	82	2221	905	839
2(COCOMO-A)	281	129	396	1306	336	910
3(COCOMO-R)	220	84	458	543	300	794
4(COCONO-C)	225	83	425	552	291	826
5(FUNCTION POINTS)	19	11	−34	121	15	103
6(ESTIMALS)	−20	35	−53	170	104	199

4.15 *Nature Genetics*의 기사(2003, Vol. 34, pp. 85-90) "Treatment-specific changes in gene expression discriminate in vivo drug response in human leukemia cells"를 보면, 백혈병 치료 방법에 따른 유전자 발현에 관하여 연구하였다. 치료 그룹은 메르캅토퓨린(MP)만 투여한 그룹, 저투여 메토트렉세이트(LDMTX)와 MP를 투여한 그룹, 고투여 메토트렉세이트(HDMTX)와 MP를 투여한 그룹으로 나누었고, 각 그룹은 10명의 대상자를 가진다. 유전자에 대한 반응값은 다음 표와 같다.

(a) 처리평균이 서로 다르다는 주장을 지지할 만한 증거가 있는가?

(b) 정규성 가정을 확인하라. 표본이 정규 모집단으로부터 왔다고 가정할 수 있는가?

(c) 원자료에 로그를 취하라. 변환된 자료에 대해 처리평균이 서로 다르다는 주장을 지지할 만한 증거가 있는가?

(d) 변환된 자료의 잔차를 분석하고 모형 적합도에 대하여 논하라.

처리	관측치									
MP ONLY	334.5	31.6	701	41.2	61.2	69.6	67.5	66.6	120.7	881.9
MP + HDMTX	919.4	404.2	1024.8	54.1	62.8	671.6	882.1	354.2	321.9	91.1
MP + LDMTX	108.4	26.1	240.8	191.1	69.7	242.8	62.7	396.9	23.6	290.4

4.16 3.8절에서 보았던, 비율 통제 알고리즘 실험을 생각해 보자. 실험은 랜덤화 블록설계를 이용하여 수행되었고, 6개의 시간 기간이 블록으로 정해졌으며, 각 시간 기간에서 4가지 비율 조절 알고리즘을 실험하였다. 각 셀에 대한 평균 셀 전압과 전압의 표준편차(괄호 안에 주어진)가 다음과 같이 주어졌다.

비율 조절 알고리즘	기간		
	1	2	3
1	4.93 (0.05)	4.86 (0.04)	4.75 (0.05)
2	4.85 (0.04)	4.91 (0.02)	4.79 (0.03)
3	4.83 (0.09)	4.88 (0.13)	4.90 (0.11)
4	4.89 (0.03)	4.77 (0.04)	4.94 (0.05)

비율 조절 알고리즘	기간		
	4	5	6
1	4.95 (0.06)	4.79 (0.03)	4.88 (0.05)
2	4.85 (0.05)	4.75 (0.03)	4.85 (0.02)
3	4.75 (0.15)	4.82 (0.08)	4.90 (0.12)
4	4.86 (0.05)	4.79 (0.03)	4.76 (0.02)

(a) 평균 셀 전압 자료를 분석하라($\alpha = 0.05$ 이용). 어떤 비율 통제 알고리즘을 사용하는지가 평균 셀 전압에 영향을 미치는가?

(b) 전압의 표준편차에 대한 적절한 분석을 수행하라(이를 "포트 노이즈"라 한다). 어떤 비율 보정 알고리즘을 사용하는 지가 포트 노이즈에 영향을 미치는가?

(c) 적절한 잔차분석을 수행하라.

(d) 평균 셀 전압과 포트 노이즈 둘 다를 줄이고자 할 때, 어떤 비율 보정 알고리즘을 선택할 것인가?

4.17 알루미늄 모합금 제조사는 광괴에서 결정성장억제제를 만들고 있는데, 이를 4개의 용광로에서 생산하고 있다. 각 용광로는 각각의 운영 특성이 있으며, 하나 이상의 용광로를 가지는 주조 공장에서 실험이 이루어지는 경우, 용광로를 장애 변수로 볼 수 있다. 공정 기술자는 젓는 속도가 입자 크기에 영향을 미칠 것이라 의심하고 있다. 각 용광로는 4가지의 다른 속도로 젓고, 랜덤화 설계를 수행하기로 하였다. 결과로 나온 입자 크기 자료는 다음과 같다.

젓는 속도(rpm)	용광로			
	1	2	3	4
5	8	4	5	6
10	14	5	6	9
15	14	6	9	2
20	17	9	3	6

(a) 젓는 속도가 입자 크기에 영향을 미친다는 증거가 있는가?

(b) 실험의 잔차를 정규확률그림으로 표현하고 해석하라.

(c) 용광로와 젓는 속도에 대한 잔차를 도표로 그려라. 도표가 어떠한 정보를 주는가?

(d) 입자 크기가 작은 것을 선호한다면, 공정 기술자는 어떤 속도와 용광로를 추천하겠는가?

4.18 일반화 회귀 유의성 검정을 이용하여, 연습문제 4.8의 자료를 분석하라.

4.19 연습문제 4.7에서의 화학 작용제와 직물의 종류가 고정효과를 가진다고 가정하고, 모형모수 τ_i와 β_j를 추정하라.

4.20 연습문제 4.8의 설계에 대한 운영특성 곡선을 그려라. 처리효과가 작은 차이를 가질 때에 대해 이 검정은 민감한가?

4.21 연습문제 4.7에서 화학 작용제 2번과 직물 3번의 관측치이 결측되었다고 가정하자. 결측값을 추정하여 이 문제를 분석하고, 그 결과를 원래의 결과와 비교하라.

4.22 연습문제 4.11에서 경도 측정 실험을 생각해 보자. 2번 압자와 3번 쿠폰에 대한 관측치가 결측이라고 가정하고, 이 결측값을 추정하여 문제를 분석하라.

4.23 생산 공학자가 시각적 집중 시간에 대한 실험을 수행하였으며, 눈으로부터 물체까지의 거리가 집중 시간에 미치는 영향에 관한 연구를 4가지 거리를 가지고 진행하였다. 각 실험당 5명의 대상자가 실험이 가능하였는데, 개인 간의 차이가 있을 수 있으므로 랜덤화 블록설계를 이용한 실험을 수행하기로 하였다. 자료는 아래와 같으며, 이 실험을 분석하고($\alpha = 0.05$ 이용) 적절한 결론을 도출하라.

거리 (ft)	실험 결과				
	1	2	3	4	5
4	10	6	6	6	6
6	7	6	6	1	6
8	5	3	3	2	5
10	6	4	4	2	3

4.24 다섯 가지 성분(A, B, C, D, E)에 따른 화학공정의 반응시간에 대한 연구를 수행하는데, 5번의 실험만 가능한 양의 새로운 물질의 배치를 가지고 있다. 또한 각 수행은 대략 1.5시간이 걸리며, 하루에 5번만 실험이 가능하다. 실험자는 실험 날짜와 배치의 효과를 체계적으로 통제하기 위해서 라틴정방설계를 이용하여 실험을 수행하기로 하였고, 그 결과 자료는 다음 표와 같다. 실험자료를 분석하고($\alpha = 0.05$ 이용), 적절한 결론을 도출하라.

배치	일 자				
	1	2	3	4	5
1	$A = 8$	$B = 7$	$D = 1$	$C = 7$	$E = 3$
2	$C = 11$	$E = 2$	$A = 7$	$D = 3$	$B = 8$
3	$B = 4$	$A = 9$	$C = 10$	$E = 1$	$D = 5$
4	$D = 6$	$C = 8$	$E = 6$	$B = 6$	$A = 10$
5	$E = 4$	$D = 2$	$B = 3$	$A = 8$	$C = 8$

4.25 생산 공학자가 조립방법(A, B, C, D)이 컬러 텔레비전 부품의 조립시간에 미치는 영향을 조사하였으며, 4명의 조작자가 실험을 위해 선택되었다. 또한 공학자는 조립방법에 상관없이 피로하여, 처음 조립하는 데 걸리는 시간과 마지막으로 조립하는 데 걸리는 시간이 달라질 수 있다고 생각하였다. 즉, 조립시간에 어떤 경향이 있을 것이라고 생각하였다. 이러한 변동성을 고려하기 위해서, 공학자는 아래와 같은 라틴정방설계를 이용하였다. 아래의 실험 자료를 분석하고($\alpha = 0.05$ 이용), 적절한 결론을 도출하라.

조립 순서	조작자			
	1	2	3	4
1	$C = 10$	$D = 14$	$A = 7$	$B = 8$
2	$B = 7$	$C = 18$	$D = 11$	$A = 8$
3	$A = 5$	$B = 10$	$C = 11$	$D = 9$
4	$D = 10$	$A = 10$	$B = 12$	$C = 14$

4.26 연습문제 4.8의 랜덤화 완전블록설계를 생각해 보자. 날짜는 랜덤효과를 가진다고 가정하고, 블록의 분산요소를 추정하라.

4.27 연습문제 4.11의 랜덤화 완전블록설계를 생각해 보자. 쿠폰이 랜덤효과를 가진다고 가정하고, 블록의 분산요소를 추정하라.

4.28 연습문제 4.13의 랜덤화 완전블록설계를 생각해 보자. 트럭이 랜덤효과를 가진다고 가정하고, 블록의 분산요소를 추정하라.

4.29 연습문제 4.14의 랜덤화 완전블록설계를 생각해 보자. 블록으로 고려된 소프트웨어 프로젝트가 랜덤효과를 가진다고 가정하고, 블록의 분산요소를 추정하라.

4.30 연습문제 4.15의 유전자 발현 실험을 생각해 보자. 실험에 참여한 대상자들이 랜덤효과를 가진다고 가정하고, 블록의 분산요소를 추정하라.

4.31 연습문제 4.24에서 4일째의 3번 배치의 관측치가 결측이라고 가정하자. 결측값을 추정하고, 이를 이용하여 분석을 수행하라.

4.32 행효과(α_i), 열효과(β_k), 처리효과(τ_j)를 고정효과를 가지는 $p \times p$ 라틴정방설계를 생각해 보자. 모형모수 α_i, β_k, τ_j에 대한 최소제곱 추정량을 구하라.

4.33 라틴정방설계에 대한 결측값 공식(식 4.28)을 유도하라.

4.34 **여러 개의 라틴정방을 가지는 설계**[Cochran and Cox(1957), John(1971) 참고].
$p \times p$ 라틴정방은 각 처리수준 당 p개의 관측치만을 가진다. 좀 더 많은 반복수를 가지기 위해서, 실험자는 n개의 라틴정방을 사용할 것이며, 사용된 정방이 같은지 다른지는 중요한 문제가 아니다. 적절한 모형은

$$y_{ijkh} = \begin{matrix} \mu + \rho_h + \alpha_{i(h)} \\ +\tau_j + \beta_{k(h)} \\ +(\tau\rho)_{jh} + \varepsilon_{ijkh} \end{matrix} \begin{cases} i = 1, 2, \ldots, p \\ j = 1, 2, \ldots, p \\ k = 1, 2, \ldots, p \\ h = 1, 2, \ldots, n \end{cases}$$

이며, y_{ijkh}는 h번째 정방의 k번에 열과, i번째 행에서의 처리수준 j에 해당하는 관측치이다. $\alpha_{i(h)}$와 $\beta_{k(h)}$는 h번째 정방에서의 행과 열의 효과이며, ρ_h는 h번째 정방의 효과, $(\tau\rho)_{jh}$는 처리수준과 정방의 교호작용이다.

(a) 모형의 정규방정식을 세우고, 모형모수의 추정치를 구하기 위해 풀어라. 모수에 대한 적절한 제한조건은 각 h에 대해서 $\Sigma_h \hat{\rho}_h = 0$, $\Sigma_i \hat{\alpha}_{i(h)} = 0$, $\Sigma_k \beta_{k(h)} = 0$이며, 각 h에 대해서 $\Sigma_j \hat{\tau}_j = 0$, $\Sigma_j (\hat{\tau}_p)_{jh} = 0$이고, 각 j에 대해서, $\Sigma_h (\hat{\tau}\rho)_{jh} = 0$이다.

(b) 설계에 대한 분산분석표를 작성하라.

4.35 라틴정방설계의 표본크기를 어떻게 결정하는지 논하라.

4.36 연습문제 4.24에서 5일째에서 얻은 자료를 잘못 분석하여 폐기했다고 가정하자. 남은 자료를 가지고 적절한 분석을 도출하라.

4.37 화학 공정의 산출량을 원자재 5개의 배치와 5개의 산 농도, 다섯 종류의 대기시간(A, B, C, D, E), 5종류의 촉매 농도(α, β, γ, δ, ε)를 이용하여 측정하였다. 아래는 그레코-라틴정방을 이용한 자료이다. 이를 분석하고($\alpha=0.05$ 이용) 결론을 도출하라.

배치	산 농도 1	2	3	4	5
1	$A\alpha=26$	$B\beta=16$	$C\gamma=19$	$D\delta=16$	$E\varepsilon=13$
2	$B\gamma=18$	$C\delta=21$	$D\varepsilon=18$	$E\alpha=11$	$A\beta=21$
3	$C\varepsilon=20$	$D\alpha=12$	$E\beta=16$	$A\gamma=25$	$B\delta=13$
4	$D\beta=15$	$E\gamma=15$	$A\delta=22$	$B\varepsilon=14$	$C\alpha=17$
5	$E\delta=10$	$A\varepsilon=24$	$B\alpha=17$	$C\beta=17$	$D\gamma=14$

4.38 연습문제 4.25에서 공학자는 4명의 조작자가 사용하는 작업장이 변동성을 나타내는 또 다른 요소가 될 수 있다고 의심하고 있다. 네 번째 요인으로 작업장(α, β, γ, δ)이 고려되었고, 또 다른 실험이 수행되어 아래와 같은 그레코-라틴정방이 나오게 되었다. 실험의 자료를 분석하고 ($\alpha=0.05$ 이용) 적절한 결론을 도출하라.

조립 순서	조작자 1	2	3	4
1	$C\beta=11$	$B\gamma=10$	$D\delta=14$	$A\alpha=8$
2	$B\alpha=8$	$C\delta=12$	$A\gamma=10$	$D\beta=12$
3	$A\delta=9$	$D\alpha=11$	$B\beta=7$	$C\gamma=15$
4	$D\gamma=9$	$A\beta=8$	$C\alpha=18$	$B\delta=6$

4.39 5가지 요인의 효과를 연구하는 5×5 초정방설계를 구성하고 설계에 대한 분산분석표를 보여라.

4.40 연습문제 4.25와 연습문제 4.38의 자료를 보자. 연습문제 4.38에서의 그리스 문자를 사용하지 말고, 연습문제 4.34에서 사용하였던 방법을 이용하여 자료를 분석하라.

4.41 결측치가 한 개 있었던 연습문제 4.22의 랜덤화 블록설계를 생각해 보자. 4.1.4절에서 다루었던 결측값 문제의 정밀분석(exact analysis) 방법을 사용하여 자료를 분석하고, 연습문제 4.22의 주어진 데이터에서의 근사적 분석(approximate analysis) 방법의 결과와 비교하라.

4.42 공학자는 5가지 가솔린 첨가제를 가지고 주행거리 수행 특성을 연구하고 있으며, 주행 테스트에서 자동차를 블록으로 사용하려 한다. 하지만 시간 제약으로 인해 불완전블록설계를 사용해야 하였고, 아래와 같이 5개의 블록을 가진 균형 설계를 시행하였다. 실험의 자료를 분석하고 ($\alpha=0.05$ 이용) 적절한 결론을 도출하라.

첨가제	자동차 1	2	3	4	5
1		17	14	13	12
2	14	14		13	10
3	12		13	12	9
4	13	11	11	12	
5	11	12	10		8

4.43 연습문제 4.42의 자료에 대한 직교 대비 집합을 구성하고, 각 대비에 대한 제곱합을 계산하라.

4.44 7종류의 견목 농도가 생산되는 종이의 강도에 미치는 효과를 보기 위한 실험이 진행되었다. 하지만 공장에서는 하루에 3번만 실험 수행이 가능하다. 하루 단위로 차이가 발생할 것을 고려하여, 분석자는 균형 불완전블록설계를 사용하였으며 결과는 다음과 같다. 실험의 자료를 분석하고 ($\alpha=0.05$ 이용), 적절한 결론을 도출하라.

견목 농도 (%)	일 자 1	2	3	4	5	6	7
2	114				120		117
4	126	120				119	
6		137	117				134
8	141		129	149			
10		145		150	143		
12			120		118	123	
14				136		130	127

4.45 예제 4.4의 자료를 일반화 회귀 유의성 검정을 이용하여 분석하라.

4.46 $k\Sigma_{i=1}^{a} Q_i^2/(\lambda a)$가 BIBD의 보정된 처리제곱합임을 증명하라.

4.47 실험자는 두 번의 수행에 대한, 블록들에서의 4가지 처리 수준을 비교하길 원한다. 실험에 대해 6개의 블록을 가지는 BIBD를 찾아라.

4.48 실험자는 4번의 수행에 대한 블록들에서의 8가지 처리 수준을 비교하길 원한다. 14개의 블록을 가지며, $\lambda=3$인 BIBD을 찾아라.

4.49 연습문제 4.42의 설계에 대한 블록 간 분석을 수행하라.

4.50 연습문제 4.44의 설계에 대한 블록 간 분석을 수행하라.

4.51 모수 $a=8$, $r=8$, $k=4$, $b=16$인 BIBD가 존재하지 않음을 확인하라.

4.52 블록 내 추정치 $\{\hat{\tau}_i\}$의 분산이 $k(a-1)\sigma^2/(\lambda a^2)$임을 보여라.

4.53 5가지 수준을 가지는 요인으로 구성된 단일요인실험이 수행되었다고 해 보자. 3개의 반복수가 있으며, 실험은 완전 랜덤화 설계로 수행되었다. 만약 실험이 블록을 사용하여 수행되었다면, 순수오차 자유도는 다음 중 어디까지 줄어들겠는가?

(a) 3 (b) 5

(c) 2 (d) 4

(e) 보기 중 답 없음

4.54 물리학 학사인 Laura Van Ertia는 단일요인을 가지는 CRD를 수행하였고, 통일장 이론의 수수께끼를 풀고 논문을 완성하려고 한다. 실험의 결과가 다음 ANOVA 표로 정리되었다.

변동원인	제곱합	자유도	평균제곱	F
요인	?	?	14.18	?
오차	?	37.75	?	
합계	23	108.63		

이 실험에 대한 다음 질문에 답하라.

(a) 요인 총제곱합은 ________ .

(b) 이 실험의 단일요인에 대한 자유도는 ________.

(c) 오차에 대한 자유도는 ________.

(d) 평균오차제곱은 ________.

(e) 검정통계량의 값은 ________.

(f) 유의수준이 0.05일 때, 귀무가설을 기각하지 않는다. (예 혹은 아니오)

(g) 검정통계량의 P 값에 대한 상한선은 ________.

(h) 검정통계량의 P 값에 대한 하한선은 ________.

(i) Laura는 실험에서 ________개의 수준을 가지는 요인을 사용하였다.

(j) Laura는 실험을 ________번 반복하였다.

(k) Laura가 실험을 RCBD로 수행하였고, 블록제곱합은 12였다고 가정하자. 이를 반영하여 ANOVA를 다시 구성하라. 블록에 의하여 실험오차의 추정치가 얼마나 감소하였는가?

5장 요인설계 개요
Introduction to Factorial Designs

이번 장의 학습 목표

1. 주효과와 교호작용의 정의에 대해 배운다.
2. 2요인(two-factor) 요인설계에 대해 배운다.
3. 분산분석이 어떻게 요인설계로 확장되는지를 배운다.
4. 요인실험에서 어떻게 모형 가정을 확인하는지 배운다.
5. 요인실험에서 표본크기를 어떻게 평가하는지 이해한다.
6. 요인설계가 2개의 요인보다 더 많은 요인이 있을 때도 사용되는지 배운다.
7. 블록화의 원칙이 요인설계로 어떻게 확장되는지 배운다.
8. 요인실험을 반응곡선과 표면(response curves and surfaces)으로 어떻게 분석하는지 배운다.

5.1 기본적인 정의와 원리들

대부분의 실험은 둘 혹은 그 이상의 요인들의 연구효과를 포함한다. 일반적으로 **요인설계**(factorial design)는 이러한 유형의 실험에 있어서 가장 효과적인 방법이다. 요인설계란 각각의 완전한 시행이나 실험의 반복에서 요인수준의 모든 가능한 조합을 조사하는 것을 의미한다. 예를 들어 만약 요인 A의 수준 a와 요인 B의 수준 b가 있을 때, 각 반복은 모든 ab 처리조합들을 포함하게 되는 것이다. 요인설계에서 요인들이 배열되었을 때 우리는 **교차되었다**(crossed)라는 표현을 사용하기도 한다.

요인의 효과란 요인수준의 변화로 생성되는 반응의 변화라고 정의할 수 있다. 주로 **주효과**(main effect)라고 부르는데, 이는 실험에서 관심이 있는 주된 요인을 의미하기 때문이다. 예를 들어 그림 5.1과 같이 단순한 실험을 생각해 보자. 이 실험은 두 설계 요인이 두 수준을 갖는 **2요인 요인실험**(two-factor factorial experiment)이다. 실험에서 사용되는 두 수준 즉, "저 (low)"와 "고 (high)" 수준은 각각 "−"와 "+"로 표기한다. 이러한 2수준(two-level) 설계에서 요인 A의 주효과는 A의 고수준에서 관측된 출력변수의 평균에서 A의 저수준에서 관측된 출력변수의 평균의 차이로 생각할 수 있다. 수치적으로는 다음과 같이 표현할 수 있다.

$$A = \frac{40 + 52}{2} - \frac{20 + 30}{2} = 21$$

이는 요인 A의 수준을 저수준에서 고수준으로 높일 때, **평균적인 반응의 증가**(average response increase)가 21단위만큼 발생한다는 의미이다. 이와 유사하게 요인 B의 주효과는 아래와 같다.

$$B = \frac{30 + 52}{2} - \frac{20 + 40}{2} = 11$$

하지만 만약 요인의 수준이 2수준 이상일 경우에는, 요인의 효과를 정의할 수 있는 다른 방

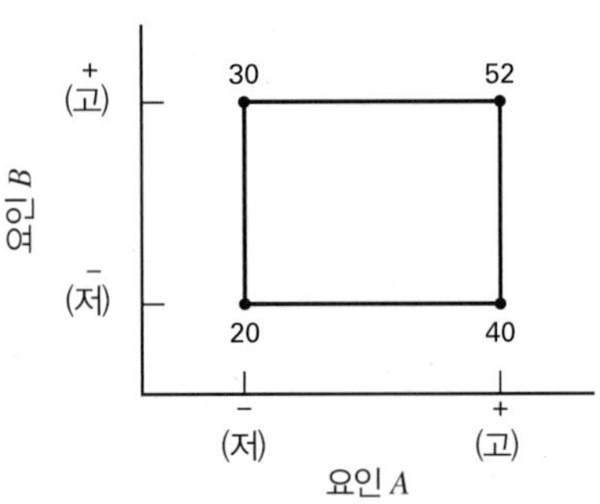

그림 5.1
모서리에 반응값 (y)을 표시한 2요인 요인실험

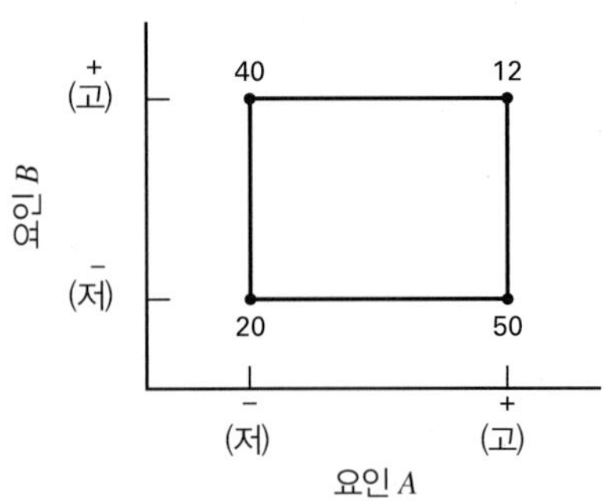

그림 5.2
교호작용이 있는 2요인 요인실험

법들이 있기에 위의 방법을 수정해야 한다. 이 점은 뒤에서 다시 논의할 예정이다.

몇몇 실험에서 한 요인의 수준 간의 반응값의 차이가 다른 요인들의 모든 수준에서 동일하지 않는 경우를 볼 수 있다. 이런 경우가 **교호작용**(interaction)이 존재하는 경우이다. 예를 들어 그림 5.2와 같은 2요인 요인실험을 고려할 때, 요인 B의 저수준 (또는 B^-)에서 A 효과는 다음과 같다.

$$A = 50 - 20 = 30$$

그리고 요인 B의 고수 (또는 B^+)에서 A 효과는 다음과 같다.

$$A = 12 - 40 = -28$$

A의 효과가 요인 B의 어떤 수준을 선택하는지에 의존하기 때문에, A와 B 사이의 교호작용이 있음을 확인할 수 있다. 교호작용 효과의 규모는 두 A 효과의 평균적 **차이**(difference) 또는 $AB = (-28-30)/2 = -29$이다. 명확하게 말해서 이 실험의 교호작용은 크다.

이 아이디어는 도표로 표현할 수 있다. 그림 5.3의 도표는 그림 5.1의 요인 A에 대응하는 요인 B의 두 수준의 반응 데이터를 나타낸 것이다. B^-와 B^+의 두 직선은 거의 평행한데, 이는 요인 A와 B의 교호작용이 없음을 나타낸다. 유사하게 그림 5.4의 도표는 그림 5.2의 반응 데이터로, B^-와 B^+의 두 직선이 평행하지 않음을 확인할 수 있다. 이는 요인 A와 B 사이의 교호작용이 있음을 나타낸다. 2요인 교호작용의 그래프는 유의한 교호작용을 해석하거나 통계를 전공하지 않은 사람들에게 교호작용을 설명할 때 매우 유용한 방법이다. 하지만 이를 데이터 분석의 유일한 방법으로 사용해서는 안 된다. 해석이 주관적이며 보이는 정도가 종종 오해의 소지가 있기 때문이다.

교호작용을 확인할 수 있는 다른 방법 역시 존재한다. 먼저 두 요인이 **양적변수**(quantitative, 기온, 압력, 시간 등과 같은)인 경우를 가정할 수 있다. 이때 2요인 요인실험의 **회귀모형 표현**(regression model representation)을 다음과 같이 쓸 수 있다.

$$y = \beta_0 + \beta_1 x_1 + \beta_2 x_2 + \beta_{12} x_1 x_2 + \epsilon$$

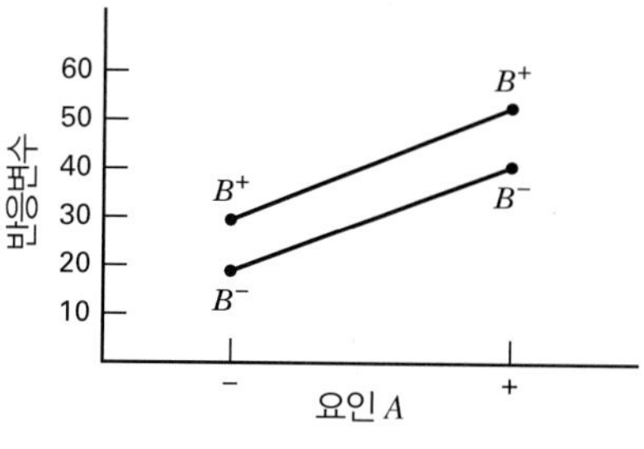

그림 5.3
교호작용이 없는 요인실험

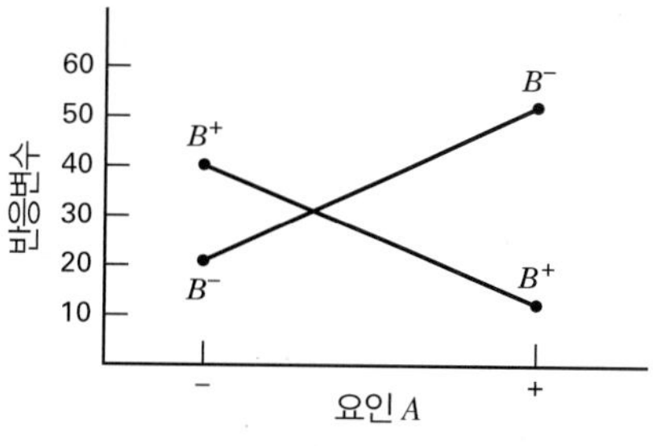

그림 5.4
교호작용이 있는 요인실험

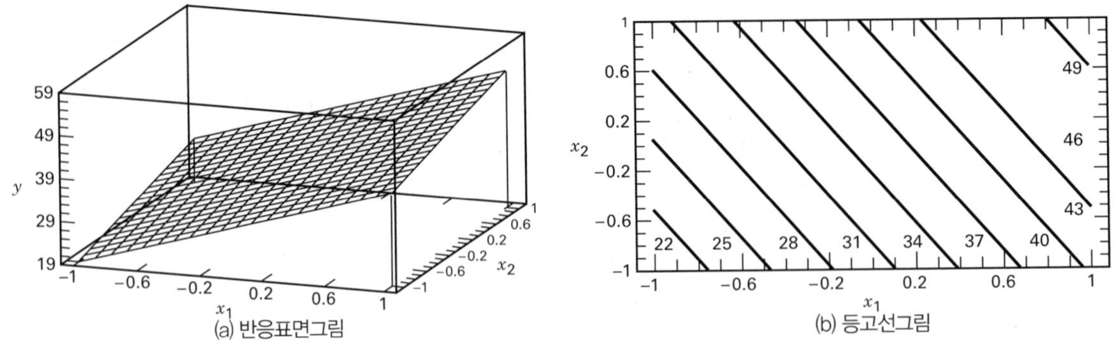

그림 5.5
모형 $\hat{y}=35.5+10.5x_1+5.5x_2$에 대한 반응표면그림과 등고선그림

여기서, y는 반응변수이고, β는 알아낸 값에 대한 모수이다. x_1은 요인 A에 대한 변수이고, x_2는 요인 B에 대한 변수, ε은 랜덤오차항이다. 변수 x_1과 x_2는 -1과 $+1$로[요인 A와 B의 두 수준 (저, 고)] **부호화 척도**(coded scale)로 정의하였고, $x_1\ x_2$는 x_1과 x_2 사이의 교호작용이다.

회귀모형의 모수추정치는 효과추정치와 관련이 있다. 그림 5.1의 실험에서 주효과는 각각 $A=21$, $B=11$임을 알아냈다. β_1과 β_2의 추정치는 각각에 대응하는 주효과의 반값이다. 따라서 $\hat{\beta}_1=21/2=10.5$, $\hat{\beta}_2=11/2=5.5$이다. 그림 5.1의 교호작용은 $AB=1$이므로, 회귀모형의 교호작용 값의 계수는 $\hat{\beta}_{12}=1/2=0.5$이다. 모수 β_0는 모든 4개의 반응값의 평균을 이용하거나, 또는 $\hat{\beta}_0=(20+40+30+52)/4=35.5$를 이용하여 추정할 수 있다. 그러므로 적합된 회귀모형은 다음과 같다.

$$\hat{y} = 35.5 + 10.5x_1 + 5.5x_2 + 0.5x_1x_2$$

모든 요인이 두 개의 수준이 있을 때(−와+)의 방법으로 구한 모수추정치들은 **최소제곱추정치**(least squares estimates)임으로 밝혀졌다.

교호작용 계수 ($\hat{\beta}_{12}=0.5$)는 주효과 계수 $\hat{\beta}_1$, $\hat{\beta}_2$에 비해 값이 적기 때문에 무시할 수 있다. 따라서 $0.5x_1\ x_2$을 제거하면 다음과 같은 모형을 얻을 수 있다.

$$\hat{y} = 35.5 + 10.5x_1 + 5.5x_2$$

그림 5.5는 이 모형의 그래픽적인 표현을 보여준다. 그림 5.5(a)에서 x_1과 x_2의 다양한 조합으로 만들어지는 y 값들의 평면이 제시되어 있다. 이러한 3차원 그래프는 **반응표면그림**(response surface plot)라고 한다. 그림 5.5(b)는 x_1과 x_2의 평면에 반응값 y의 등고선을 보여준다. 반응표면이 평면이기 때문에 등고선그림(contour plot)에서 등고선들이 평행한 직선임을 알 수 있다.

이제 실험의 교호작용을 무시할 수 없다고 가정해 보자. 이는 계수 β_{12}가 작지 않다는 것이다. 그림 5.6의 모형에 대한 반응표면그림과 등고선그림은 다음과 같다.

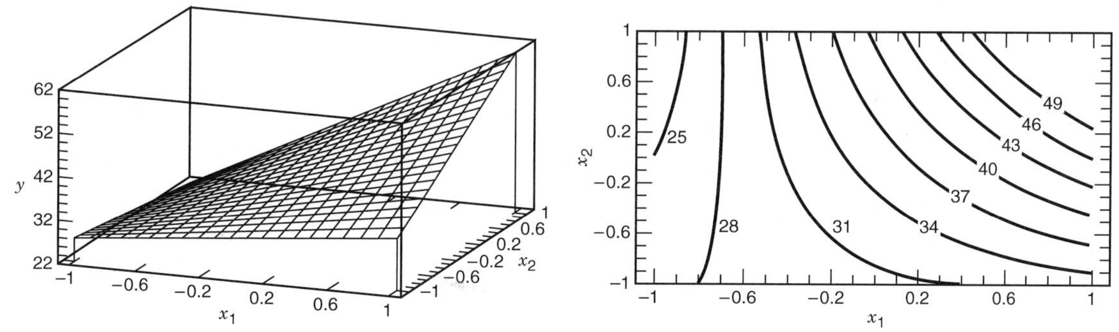

(a) 반응표면그림

(b) 등고선그림

그림 5.6
모형 $\hat{y}=35.5+10.5x_1+5.5x_2+8x_1x_2$에 대한 반응표면그림과 등고선그림

$$\hat{y} = 35.5 + 10.5x_1 + 5.5x_2 + 8x_1x_2$$

(두 주효과의 평균으로 교호작용 효과를 두었다.) 유의한 교호작용 효과가 그림 5.6(a)의 평면을 "뒤틀려 있음"을 알 수 있다. 이러한 반응표면의 뒤틀림은 그림 5.6(b)의 x_1과 x_2의 평면에서 반응값의 등고선이 곡선이 된다. 따라서 이 실험의 모형에서 교호작용은 반응표면 아래에서 **곡률의 형태**(form of curvature)이다.

반응표면은 실험을 위한 모형에 있어 매우 중요하고 또한 유용하다. 이 점에 관해서는 5.5절에서 자세히 알아보도록 하자.

일반적으로 교호작용이 매우 크고 유의한 경우 각 요인의 주효과는 별로 의미가 없다. 예를 들어 그림 5.2에서 요인 A의 주효과는

$$A = \frac{50 + 12}{2} - \frac{20 + 40}{2} = 1$$

로 매우 적기 때문에, 요인 A의 효과는 없다고 결론을 내리기 쉽다. 하지만 요인 A의 효과를 **요인 *B*의 수준별로**(different levels of factor B) 조사하면 그렇지 않음을 알 수 있다. 요인 A는 효과가 있으나 효과가 **요인 *B*의 수준에 따라 달라지는 것**(depends on the level of factor B)이다. 그러므로 AB 교호작용에 대한 정보가 주효과에 대한 정보보다 중요하다. 유의한 교호작용은 종종 주효과의 유의함을 **감춘다**(mask). 이점은 그림 5.4의 교호작용도에서 명확하게 드러난다. 유의한 교호작용의 존재로 인해 실험자는 대개 한 요인의 수준, A로 말하자면 다른 요인들의 수준을 고정시킨 채로 조사하고 주효과 A에 대해 결론짓는다.

5.2 요인의 이점

요인설계의 이점은 쉽게 설명할 수 있다는 점이다. A와 B, 그리고 각각 두 수준이 있다고 하자. 이때 각 요인의 수준을 A^-, A^+, B^-, B^+로 표기할 수 있다. 두 요인에 대한 정보는 그림 5.7에서와 같이 한 번에 하나씩 변하게 하면서 보일 수 있다. 요인 A의 변화 효과는 $A^+B^- - A^-B^-$로 구할 수 있고, 요인 B의 변화 효과는 $A^-B^+ - A^-B^-$로 구한다. 실험의 오차가 존재하기 때문에, 각 처리조합에 대해 예를 들면 두 번씩 관찰하고 평균 반응값으로 요인의 효과를 추정하는 것이 바람직하다. 따라서 모두 여섯 개의 관측치가 필요하다.

만약 요인실험을 했다면 추가적인 처리조합 A^+B^+도 실험하였을 것이다. 단 네 개의 관측치만을 사용하여, A 효과의 두 추정치는 $A^+B^- - A^-B^-$와 $A^+B^+ - A^-B^+$로 만들 수 있다. 비슷하게 B 효과의 두 추정치 역시 만들 수 있다. 이 주효과의 두 추정치를 평균 내어 평균 주효과를 계산하면, 단일요인설계에서 얻은 것만큼 정확한 평균을 구할 수 있다. 게다가 이렇게 하면 네 개의 관측치만 필요하고, 한 번에 한 요인설계보다 요인효과의 상대효율이 $(6/4) = 1.5$이라고 말할 수 있게 된다. 일반적으로 상대효율은 그림 5.8에서처럼 요인의 수가 증가함에 따라 증가하게 된다.

이제 교호작용이 있다고 가정해 보자. 만약 한 번에 한 요인실험에서 A^-B^+와 A^+B^-가 A^-B^-보다 더 나은 반응값을 나타낸다면, 논리적으로 생각할 때 A^+B^+가 훨씬 낫다고 결론낼 수 있다. 그러나 만약 교호작용이 존재한다면 이 결론은 심각한 오류일 것이다. 그 예로 그림 5.2의 실험을 들 수 있다.

요약하자면 요인설계는 몇 가지 이점이 있다. 요인설계는 한 번에 한 요인실험(one-factor-at-a-time experiment)보다 더욱 효율적이다. 게다가 요인설계는 교호작용이 있을 때, 잘못된 결론을 도출하는 것을 피할 수 있게 해준다. 마지막으로 요인설계는 다른 요인들의

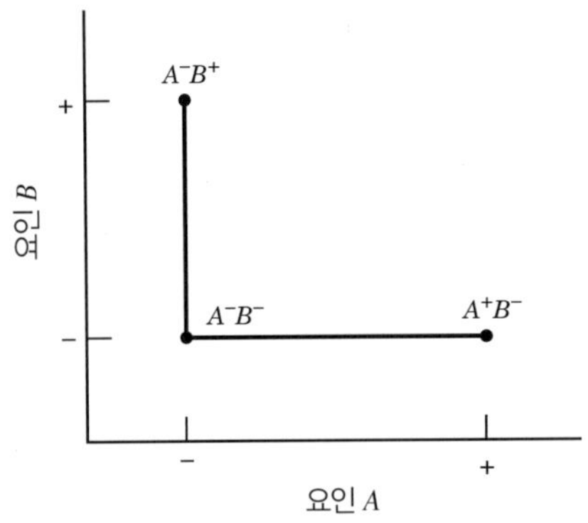

그림 5.7
한 번에 한 요인실험

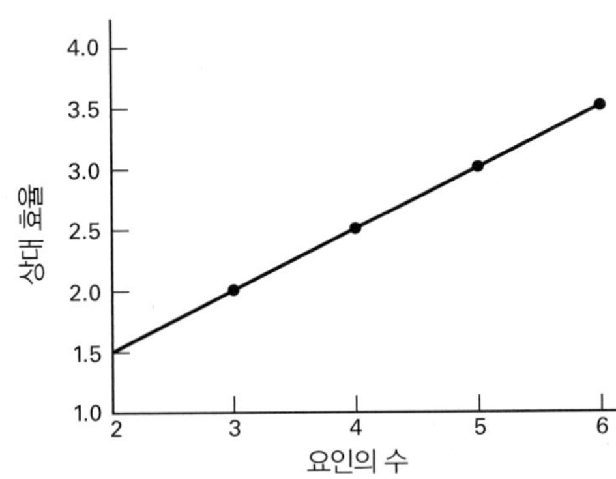

그림 5.8
한 번에 한 요인실험(2수준 요인)의 요인설계의 상대 효율

몇 가지 수준에서 한 요인의 효과를 추정할 수 있게 해줌으로써, 실험 조건의 범위 전반에 걸쳐 유효한 결론을 도출할 수 있게 해준다.

5.3 2요인 요인설계

5.3.1 예제

요인설계의 가장 단순한 유형은 오직 두 개의 요인 또는 처리집합을 포함하는 것이다. 요인 A의 a 수준과 요인 B의 b 수준이 있을 때, 이를 요인설계로 배열하면 실험의 각 반복이 모든 ab 처리조합을 포함한다. 일반적으로 반복수는 n이다.

두 요인을 포함하는 요인설계의 예제로, 한 엔지니어가 온도의 극단적인 변화에 영향받기 쉬운 장치에 사용하는 배터리를 설계한다고 하자. 이 시점에서 엔지니어가 취할 유일한 설계모수는, 세 가지 선택 옵션이 있는 배터리의 플레이트 재료이다. 장치가 제조되고 현장으로 운반된 이후에는 엔지니어가 해당 장치에 가할만한 극치 이상의 온도를 조정할 수 없다. 또한 엔지니어는 실험을 직접적으로 못한다고 해도 경험을 통해 효과적인 배터리 수명에 온도가 영향을 미치는 사실을 알고 있다. 그러나 실험을 위해 생산 개발 연구실에서 온도를 조절할 것이다.

엔지니어는 세 개의 플레이트 모두 세 온도 15, 70, 125°F의 수준에서 테스트해보기로 하였다. 왜냐하면 온도 수준은 생산물이 최종으로 사용될 때에 온도이기 때문이다. 이 실험이 두 요인에 세 가지 수준이 있으므로 3^2 **요인설계**(3^2 factorial design)라고 한다. 각 재료와 온도 조합마다 네 개의 배터리를 시험하므로, 총 36번의 테스트가 랜덤하게 시행되었다. 그 결과는 표 5.1에 제시되어 있다.

이 문제에서 엔지니어는 다음의 질문에 대한 답을 원한다.

1. 배터리의 수명에 있어 재료와 온도가 어떠한 효과가 있는가?
2. 온도와 관계없이 일관되게 긴 수명을 보장하는 재료가 있는가?

표 5.1 배터리 설계 예제를 위한 수명 (단위: 시간) 자료

재료 형태	온도(°F) 15		70		125	
1	130	155	34	40	20	70
	74	180	80	75	82	58
2	150	188	136	122	25	70
	159	126	106	115	58	45
3	138	110	174	120	96	104
	168	160	150	139	82	60

마지막 질문은 특히 중요하다. 크게 온도의 영향을 받지 않는 재료를 찾을 수 있을지도 모르기 때문이다. 이게 가능하다면, 실제 현장에서 온도의 변동이 있더라도 여전히 **오래가는**(robust) 배터리를 만들 수 있기 때문이다. 이 예는 공학 문제에서는 매우 중요한 **로버스트 생산 설계**(robust product design)에 통계적 실험설계를 사용한 예제이다.

이 설계는 일반적인 2요인 요인설계의 한 특정 사례이다. 흔히 y_{ijk}는 요인 A가 i번째 수준($i=1, 2, \ldots, a$)이고, 요인 B가 j번째 수준($j=1, 2, \ldots, b$), k번째 반복($k=1, 2, \ldots, n$)일 때의 관측된 반응변수라고 둔다. 대개의 경우의 2요인실험은 표 5.2에 정리되어 있다. 어떤 abn 관측치를 얻을 것인지에 대한 순서는 랜덤하기 때문에 이는 **완전 랜덤화 설계**(completely randomized design)이다.

요인설계의 관측치는 모형으로 설명할 수 있다. 요인설계를 설명하는 모형은 여러 가지 방법이 있는데, 그 중 **효과모형**(effect model)은 다음과 같다.

$$y_{ijk} = \mu + \tau_i + \beta_j + (\tau\beta)_{ij} + \epsilon_{ijk} \begin{cases} i = 1, 2, \ldots, a \\ j = 1, 2, \ldots, b \\ k = 1, 2, \ldots, n \end{cases} \tag{5.1}$$

여기서 μ는 총체적 평균 효과(the overall mean effect)이고, τ_i는 행 요인(row factor) A의 i번째 수준, β_j는 열 요인(column factor) B의 j번째 수준, $(\tau\beta)_{ij}$는 τ_i와 β_j의 교호작용 효과, ε_{ijk}는 랜덤오차항이다. 두 요인은 **고정되어 있다고**(fixed) 가정하고, 처리효과는 총체적 평균의 편차로 정의되기 때문에 $\Sigma_{i=1}^{a}\tau_i = 0$, $\Sigma_{j=1}^{b}\beta_j = 0$이다. 이와 유사하게 교호작용 효과 역시 고정되어 있고, $\Sigma_{i=1}^{a}(\tau\beta)_{ij} = \Sigma_{j=1}^{b}(\tau\beta)_{ij} = 0$을 만족하는 것으로 정의된다. 또한 이 실험에서 반복수가 n이기 때문에 전체 관측치는 abn이 된다.

요인설계의 또 다른 모형은 **평균모형**(means model)이다.

$$y_{ijk} = \mu_{ij} + \epsilon_{ijk} \begin{cases} i = 1, 2, \ldots, a \\ j = 1, 2, \ldots, b \\ k = 1, 2, \ldots, n \end{cases}$$

표 5.2 2요인설계의 일반적인 배열

		요인 B			
		1	**2**	$\cdots$	b
요인 A	1	$y_{111}, y_{112}, \ldots, y_{11n}$	$y_{121}, y_{122}, \ldots, y_{12n}$		$y_{1b1}, y_{1b2}, \ldots, y_{1bn}$
	2	$y_{211}, y_{212}, \ldots, y_{21n}$	$y_{221}, y_{222}, \ldots, y_{22n}$		$y_{2b1}, y_{2b2}, \ldots, y_{2bn}$
	$\vdots$				
	a	$y_{a11}, y_{a12}, \ldots, y_{a1n}$	$y_{a21}, y_{a22}, \ldots, y_{a2n}$		$y_{ab1}, y_{ab2}, \ldots, y_{abn}$

여기서 ij번째 칸의 평균은 다음과 같다.

$$\mu_{ij} = \mu + \tau_i + \beta_j + (\tau\beta)_{ij}$$

또한 5.1절에서 **회귀모형**(regression model)도 쓸 수 있다. 회귀모형은 실험의 요인 중 한 개 이상이 양적변수일 때 특히 유용하다. 이 장에서는 계속 효과모형(식 5.1)을 사용할 것이고 5.5절의 회귀모형도 설명할 것이다.

2요인 요인실험에서는 행과 열 요인(또는 처리), 즉 A와 B 모두에 똑같이 관심이 있다. 구체적으로 행 처리효과들이 모두 같은지 **가설검정**(testing hypotheses)하는 것에 관심이 있다.

$$\begin{aligned} &H_0\colon \tau_1 = \tau_2 = \cdots = \tau_a = 0 \\ &H_1\colon \text{최소 하나 이상의 } \tau_i \neq 0 \end{aligned} \tag{5.2a}$$

또한 열처리효과의 동일함에 관심이 있다.

$$\begin{aligned} &H_0\colon \beta_1 = \beta_2 = \cdots = \beta_b = 0 \\ &H_1\colon \text{최소 하나 이상의 } \beta_j \neq 0 \end{aligned} \tag{5.2b}$$

뿐만 아니라 행과 열의 처리의 **교호작용**에도 관심이 있다. 따라서 다음의 검정도 수행할 것이다.

$$\begin{aligned} &H_0\colon (\tau\beta)_{ij} = 0 \text{ 모든 } i, j\text{에 대해} \\ &H_1\colon \text{최소 하나 이상의 } (\tau\beta)_{ij} \neq 0 \end{aligned} \tag{5.2c}$$

이제 2요인 **분산분석**(two-factor analysis of variance)을 이용한 가설검정에 관하여 논의하고자 한다.

5.3.2 고정효과모형에 관한 통계적 분석

$y_{i..}$을 요인 A의 i번째 수준하의 모든 관측치의 전체로, $y_{.j.}$을 요인 B의 j번째 수준하의 모든 관측치의 전체로, $y_{ij.}$을 ij번째 칸의 모든 관측치의 전체로, 그리고 $y_{...}$을 모든 전체 관측치의 총계(grand total)로 두자. $\bar{y}_{i..}$, $\bar{y}_{.j.}$, $\bar{y}_{ij.}$, $\bar{y}_{...}$을 각각 행, 열, 칸, 총평균으로 정의한다. 수학적으로 표현하면 식 5.3과 같다.

$$\begin{aligned} y_{i..} &= \sum_{j=1}^{b}\sum_{k=1}^{n} y_{ijk} & \bar{y}_{i..} &= \frac{y_{i..}}{bn} & i &= 1, 2, \ldots, a \\ y_{.j.} &= \sum_{i=1}^{a}\sum_{k=1}^{n} y_{ijk} & \bar{y}_{.j.} &= \frac{y_{.j.}}{an} & j &= 1, 2, \ldots, b \end{aligned} \tag{5.3}$$

$$y_{ij.} = \sum_{k=1}^{n} y_{ijk} \qquad \bar{y}_{ij.} = \frac{y_{ij.}}{n} \qquad \begin{array}{l} i = 1, 2, \ldots, a \\ j = 1, 2, \ldots, b \end{array}$$

$$y_{...} = \sum_{i=1}^{a}\sum_{j=1}^{b}\sum_{k=1}^{n} y_{ijk} \qquad \bar{y}_{...} = \frac{y_{...}}{abn}$$

총보정제곱합(total corrected sum of squares)은 식 5.4와 같이 쓸 수 있다.

$$\begin{aligned}\sum_{i=1}^{a}\sum_{j=1}^{b}\sum_{k=1}^{n}(y_{ijk} - \bar{y}_{...})^2 &= \sum_{i=1}^{a}\sum_{j=1}^{b}\sum_{k=1}^{n}[(\bar{y}_{i..} - \bar{y}_{...}) + (\bar{y}_{.j.} - \bar{y}_{...}) \\ &\quad + (\bar{y}_{ij.} - \bar{y}_{i..} - \bar{y}_{.j.} + \bar{y}_{...}) + (y_{ijk} - \bar{y}_{ij.})]^2 \\ &= bn\sum_{i=1}^{a}(\bar{y}_{i..} - \bar{y}_{...})^2 + an\sum_{j=1}^{b}(\bar{y}_{.j.} - \bar{y}_{...})^2 \\ &\quad + n\sum_{i=1}^{a}\sum_{j=1}^{b}(\bar{y}_{ij.} - \bar{y}_{..} - \bar{y}_{.j.} - \bar{y}_{...})^2 \\ &\quad + \sum_{i=1}^{a}\sum_{j=1}^{b}\sum_{k=1}^{n}(y_{ijk} - \bar{y}_{ij.})^2\end{aligned} \tag{5.4}$$

우변(right-hand side)의 6개의 교차곱(cross product)은 0이기 때문이다. 총제곱합은 "행"제곱합(sum of squares due to rows, SS_A), "열"제곱합(sum of squares due to columns, SS_B), "교호작용"제곱합(sum of squares due to interaction, SS_{AB}), "오차"제곱합(sum of squares due to error, SS_E)으로 나눌 수 있다. 이는 2요인 요인실험의 근본적인 분산분석식이다. 식 5.4의 우변의 마지막 절을 통하여 오차제곱합을 구하기 위해서는 적어도 2번 이상의 반복수($n \geq 2$)가 있어야 함을 알 수 있다.

식 5.4를 기호를 사용하여 다음과 같이 같이 적을 수 있다.

$$SS_T = SS_A + SS_B + SS_{AB} + SS_E \tag{5.5}$$

각 제곱합의 자유도는 다음과 같다.

효과	자유도
A	$a-1$
B	$b-1$
AB 교호작용	$(a-1)(b-1)$
오차	$ab(n-1)$
합계	$abn-1$

제곱합들의 전체 자유도를 $abn-1$로 정의할 수 있다. 주효과 A, B는 각각 a, b의 수준을 가지므로, 자유도는 위에 기재한대로 각각 $a-1$, $b-1$이 된다. 교호작용은 칸 자유도($ab-1$)에서 두 개의 주효과의 자유도를 뺀 것으로 정의되므로, $ab-1-(a-1)-(b-1)=(a-1)(b-1)$

이다. 각 ab칸 내에서 n 반복수를 가지기 때문에, 자유도는 $n-1$이 되고, 따라서 오차의 자유도는 $ab(n-1)$이다. 식 5.5의 우변의 자유도의 수를 더하면 총 자유도가 된다.

각 제곱합을 자신의 자유도로 나누게 되면 **평균제곱**(mean square)이 된다. 평균제곱의 기댓값은 다음과 같다.

$$E(MS_A) = E\left(\frac{SS_A}{a-1}\right) = \sigma^2 + \frac{bn\sum_{i=1}^{a}\tau_i^2}{a-1}$$

$$E(MS_B) = E\left(\frac{SS_B}{b-1}\right) = \sigma^2 + \frac{an\sum_{j=1}^{b}\beta_j^2}{b-1}$$

$$E(MS_{AB}) = E\left(\frac{SS_{AB}}{(a-1)(b-1)}\right) = \sigma^2 + \frac{n\sum_{i=1}^{a}\sum_{j=1}^{b}(\tau\beta)_{ij}^2}{(a-1)(b-1)}$$

$$E(MS_E) = E\left(\frac{SS_E}{ab(n-1)}\right) = \sigma^2$$

만약 행처리효과와 열처리효과, 그리고 교호작용 효과가 없다는 귀무가설이 모두 참이라면, MS_A, MS_B, MS_{AB}, MS_E의 모든 추정치는 σ^2이다. 그러나 행처리효과 사이의 차이가 있다면, MS_A가 MS_E보다 클 것이다. 비슷하게 열처리효과 또는 교호작용이 존재한다면, 평균제곱은 MS_E보다 클 것이다. 그러므로 주효과와 교호작용의 유의성에 대한 검정은 간단하게 각각의 평균제곱을 평균오차제곱으로 나누어서 검정할 수 있다. 그 비가 충분히 큰 값이라면 귀무가설을 지지하기 힘들 것이다.

만약 식 5.1의 모형이 적절하다고 가정할 수 있다면, 오차항 ε_{ijk}는 독립적으로 정규분포를 따르고 분산이 σ^2일 때, 각 평균제곱의 비 MS_A/MS_E, MS_B/MS_E, MS_{AB}/MS_E는 분자 자유도가 각각 $a-1, b-1, (a-1)(b-1)$이고, 분모 자유도가 $ab(n-1)$인 F 분포를 따르게 된다.[1] 또한 기각역은 F 분포의 우측꼬리에 위치할 것이다. 이 검정은 보통 표 5.3의 **분산분석표**(analysis of variance table)처럼 요약된다.

대개는 분산분석이 가능한 통계패키지를 이용하여 계산하지만, 식 5.5의 제곱합을 이용하면 손으로도 간단하게 계산이 가능하다. 다음과 같이 ANOVA의 각 요소를 개별적으로 분리하여 쓸 수 있다.

$$y_{ijk} - \bar{y}_{...} = (\bar{y}_{i..} - \bar{y}_{...}) + (\bar{y}_{.j.} - \bar{y}_{...}) + (\bar{y}_{ij.} - \bar{y}_{i..} - \bar{y}_{.j.} + \bar{y}_{...}) + (y_{ijk} - \bar{y}_{ij.})$$

그리고 스프레드시트의 열에 입력하여 계산할 수 있다. 이때 각 열을 제곱하고 더하여 분산분석의 제곱합을 만들어낼 수 있는데, 행, 열, 총 칸 등을 계산하는 공식 역시 사용할 수

1 F 검정은 앞에서 언급했듯이 랜덤 검정(randomization test)의 근사이다.

표 5.3 2요인 요인실험의 분산분석표, 고정효과모형

변동원인	제곱합	자유도	평균제곱	F_0
A 처리	SS_A	$a-1$	$MS_A = \dfrac{SS_A}{a-1}$	$F_0 = \dfrac{MS_A}{MS_E}$
B 처리	SS_B	$b-1$	$MS_B = \dfrac{SS_B}{b-1}$	$F_0 = \dfrac{MS_B}{MS_E}$
교호작용	SS_{AB}	$(a-1)(b-1)$	$MS_{AB} = \dfrac{SS_{AB}}{(a-1)(b-1)}$	$F_0 = \dfrac{MS_{AB}}{MS_E}$
오차	SS_E	$ab(n-1)$	$MS_E = \dfrac{SS_E}{ab(n-1)}$	
합계	SS_T	$abn-1$		

있다. 총제곱합은 보통 다음과 같이 계산한다.

$$SS_T = \sum_{i=1}^{a}\sum_{j=1}^{b}\sum_{k=1}^{n} y_{ijk}^2 - \frac{y_{...}^2}{abn} \tag{5.6}$$

주효과의 제곱합은 다음과 같다.

$$SS_A = \frac{1}{bn}\sum_{i=1}^{a} y_{i..}^2 - \frac{y_{...}^2}{abn} \tag{5.7}$$

$$SS_B = \frac{1}{an}\sum_{j=1}^{b} y_{.j.}^2 - \frac{y_{...}^2}{abn} \tag{5.8}$$

SS_{AB}는 다음의 두 단계로 간단하게 구할 수 있다. 먼저 ab 총 칸 사이의 제곱합을 구하는데, 이를 "소계 (subtotals)" 제곱합이라 한다.

$$SS_{\text{Subtotals}} = \frac{1}{n}\sum_{i=1}^{a}\sum_{j=1}^{b} y_{ij.}^2 - \frac{y_{...}^2}{abn}$$

이 제곱합은 SS_A와 SS_B를 포함하고 있다. 따라서 두 번째 단계는 SS_{AB}를 구하는 것이다.

$$SS_{AB} = SS_{\text{Subtotals}} - SS_A - SS_B \tag{5.9}$$

SS_E를 다음과 같이 빼서 구할 수 있다.

$$SS_E = SS_T - SS_{AB} - SS_A - SS_B \tag{5.10}$$

혹은

$$SS_E = SS_T - SS_{\text{Subtotals}}$$

예제 5.1 배터리 설계 실험

표 5.4는 5.3.1절에 소개된 효율적인 배터리 수명(시간 단위) 설계의 관측치를 보여준다. 행과 열의 총계는 표의 여백에 표시되어 있고, 동그라미 쳐진 숫자는 칸 총계이다.

식 5.6을 이용하여 식 5.10의 제곱합들을 다음과 같이 계산할 수 있다.

$$SS_T = \sum_{i=1}^{a}\sum_{j=1}^{b}\sum_{k=1}^{n} y_{ijk}^2 - \frac{y_{...}^2}{abn}$$
$$= (130)^2 + (155)^2 + (74)^2 + \cdots + (60)^2 - \frac{(3799)^2}{36} = 77{,}646.97$$

$$SS_{\text{Material}} = \frac{1}{bn}\sum_{i=1}^{a} y_{i..}^2 - \frac{y_{...}^2}{abn}$$
$$= \frac{1}{(3)(4)}[(998)^2 + (1300)^2 + (1501)^2] - \frac{(3799)^2}{36} = 10{,}683.72$$

$$SS_{\text{Temperature}} = \frac{1}{an}\sum_{j=1}^{b} y_{.j.}^2 - \frac{y_{...}^2}{abn}$$
$$= \frac{1}{(3)(4)}[(1738)^2 + (1291)^2 + (770)^2] - \frac{(3799)^2}{36} = 39{,}118.72$$

$$SS_{\text{Interaction}} = \frac{1}{n}\sum_{i=1}^{a}\sum_{j=1}^{b} y_{ij.}^2 - \frac{y_{...}^2}{abn} - SS_{\text{Material}} - SS_{\text{Temperature}}$$
$$= \frac{1}{4}[(539)^2 + (229)^2 + \cdots + (342)^2] - \frac{(3799)^2}{36} - 10{,}683.72 - 39{,}118.72 = 9{,}613.78$$

$$SS_E = SS_T - SS_{\text{Material}} - SS_{\text{Temperature}} - SS_{\text{Interaction}}$$
$$= 77{,}646.97 - 10{,}683.72 - 39{,}118.72 - 9613.78 = 18{,}230.75$$

표 5.5에 분산분석 결과가 표시되어 있다. $F_{0.05,4,27} = 2.73$이기 때문에 재료의 유형과 온도 사이의 교호작용

표 5.4 배터리 설계 실험의 수명(단위: 시간) 자료

재료 형태	온도(°F) 15			70			125			$y_{i..}$
1	130, 74	155, 180	(539)	34, 80	40, 75	(229)	20, 82	70, 58	(230)	998
2	150, 159	188, 126	(623)	136, 106	122, 115	(479)	25, 58	70, 45	(198)	1300
3	138, 168	110, 160	(576)	174, 150	120, 139	(583)	96, 82	104, 60	(342)	1501
$y_{.j.}$	1738			1291			770			$3799 = y_{...}$

표 5.5 배터리 수명자료에 대한 분산분석

변동원인	제곱합	자유도	평균제곱	F_0	P 값
재료 유형	10,683.72	2	5,341.86	7.91	0.0020
온도	39,118.72	2	19,559.36	28.97	<0.0001
교호작용	9,613.78	4	2,403.44	3.56	0.0186
오차	18,230.75	27	675.21		
합계	77,646.97	35			

은 유의하다. 게다가 $F_{0.05,2,27} = 3.35$이므로 재료 유형과 온도의 주효과 역시 유의하다. 검정통계량에 대한 P 값 역시 표 5.5에서 확인할 수 있다.

실험의 결과를 해석하기 위해 각 처리조합에 대한 평균 반응값의 그래프를 그려보는 활동이 도움이 될 것이다. 그래프는 그림 5.9에 있다. 직선이 평행하지 않음을 통해 교호작용이 유의하다는 점을 확인할 수 있다. 보통 재료와 관계없이 낮은 온도에서 수명이 더 길다. 낮은 온도에서 중간 온도로 변화시킬 때, 재료 유형 3은 증가한 데 비해, 재료 유형 1과 2는 감소한다. 중간 온도에서 높은 온도로 변화시킬 때는 재료 유형 2와 3은 감소하는데 재료 유형 1은 변하지 않는다. 온도의 변화에 가장 영향을 받지 않는 재료를 찾고자 할 때 재료 유형 3이 가장 좋은 결과임을 알 수 있다.

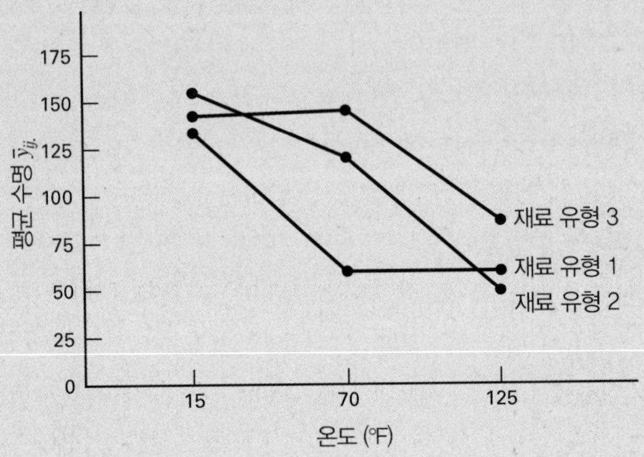

그림 5.9
예제 5.1의 재료 유형–온도 그림

다중 비교(*Multiple Comparisons*). 분산분석에서 행 또는 열의 평균이 다를 때, 대개 각각의 행 또는 열의 비교를 통해 어느 부분이 구체적으로 차이나는가를 발견하고자 한다. 3장에서 다룬 다중 비교는 이런 경우 유용하다.

예제 5.1의 배터리 수명자료에 Tukey의 방법을 적용할 것이다. 이 실험에서 교호작용은 유의하였다. 교호작용이 유의할 때, 한 요인의 평균(예를 들어 요인 A) 간의 비교는 AB 교호작용이 있기에 어려워질 것이다. 이러한 상황에서의 접근방법 중 하나는 특정한 수준으로 요인 B를 고정하고, Tukey의 방법을 적용하여 그 수준에 해당하는 요인 A의 평균을 검정하는 것이다. 예제 5.1에서 세 가지 재료 유형의 평균 간의 차이에 관해 관심이 있었다. 교호작용이 유의하기 때문에 수준 2(70°F) 같이 하나의 온도에서 비교를 할 수 있다. 모든 처리 조합에 대해 실험오차가 같다고 가정하여, 분산분석표에서 오차분산의 최적 추정치가 MS_E라고 가정한다.

70°F에서 세 가지 재료 유형의 평균을 다음과 같이 오름차순으로 나열하면,

$$\bar{y}_{12.} = 57.25 \qquad \text{(재료 유형 1)}$$
$$\bar{y}_{22.} = 119.75 \qquad \text{(재료 유형 2)}$$
$$\bar{y}_{32.} = 145.75 \qquad \text{(재료 유형 3)}$$

$$
\begin{aligned}
T_{0.05} &= q_{0.05}(3, 27)\sqrt{\frac{MS_E}{n}} \\
&= 3.50\sqrt{\frac{675.21}{4}} \\
&= 45.47
\end{aligned}
$$

여기서 부록(Appendix) 표 V의 보간법(interpolation)에 따라 $q_{0.05}(3,27) \simeq 3.50$이다. 쌍별비교(pairwise comparison)를 하면 다음의 결과를 얻는다.

$$
\begin{aligned}
&3 \text{ vs. } 1: \quad 145.75 - 57.25 = 88.50 > T_{0.05} = 45.47 \\
&3 \text{ vs. } 2: \quad 145.75 - 119.75 = 26.00 < T_{0.05} = 45.47 \\
&2 \text{ vs. } 1: \quad 119.75 - 57.25 = 62.50 > T_{0.05} = 45.47
\end{aligned}
$$

위 분석은 온도 수준 70°F에서 평균 배터리 수명이 재료 유형 2와 3에서 같고, 재료 유형 1에서는 유의하게 유형 2와 3에 모두에 비해 유의하게 낮음을 보여준다.

만약 교호작용이 유의하다면, 실험자는 **모든 *ab*** 칸을 비교하여 유의하게 다른 하나를 알아낼 수 있다. 이 분석에서 칸 평균 간의 차이는 주효과들뿐만 아니라 교호작용 효과 역시 포함하고 있다. 예제 5.1에서 모든 가능한 쌍 조합과 9개 칸이 있었으므로 36개의 비교가 가능하다.

컴퓨터 계산결과(*Computer Output*). 그림 5.10은 예제 5.1의 배터리 수명 자료의 컴퓨터 출력을 요약하여 보여준다. 그림 5.10a에는 Design-Expert 출력물이고, 5.10b에는 JMP 출력물이다.

$$
\begin{aligned}
SS_{\text{Model}} &= SS_{\text{Material}} + SS_{\text{Temperature}} + SS_{\text{Interaction}} \\
&= 10{,}683.72 + 39{,}118.72 + 9{,}613.78 \\
&= 59{,}416.22
\end{aligned}
$$

이때 자유도는 8이다. F 검정은 모형의 변동 소스에 관하여 보여준다. P 값이 충분히 작으므로(<0.0001) 모형의 세 조건 중에 적어도 하나는 유의하다고 해석할 수 있다. 모형의 각 조건(A, B, AB)의 검정은 다음과 같다. 또한

$$
R^2 = \frac{SS_{\text{Model}}}{SS_{\text{Total}}} = \frac{59{,}416.22}{77{,}646.97} = 0.7652
$$

과 같다. 이는 배터리 수명의 약 77%의 변동성이 배터리의 재료와 온도, 그리고 둘 사이의 교호작용으로 설명됨을 의미한다. 적합된 모형의 잔차는 Design-Expert 출력물에 있고, JMP 출력물에는 잔차와 예측 반응 간의 도표가 있다. 이제 잔차와 잔차그림을 통해 모형 적합도를 확인할 수 있다.

Response: Life In Hours
ANOVA for Selected Factorial Model
Analysis of Variance Table [Partial Sum of Squares]

Source	Sum of Squares	DF	Mean Square	*F* Value	Prob > *F*	
Model	59416.22	8	7427.03	11.00	<0.0001	significant
A	*10683.72*	*2*	*5341.86*	*7.91*	*0.0020*	
B	*39118.72*	*2*	*19559.36*	*28.97*	*<0.0001*	
AB	*9613.78*	*4*	*2403.44*	*3.56*	*0.0186*	
Residual	18230.75	27	675.21			
Lack of Fit	*0.000*	*0*				
Pure Error	*18230.75*	*27*	*675.21*			
Cor Total	77646.97	35				

Std. Dev.	25.98	R-Squared	0.7652
Mean	105.53	Adj R-Squared	0.6956
C.V.	24.62	Pred R-Squared	0.5826
PRESS	32410.22	Adeq Precision	8.178

Diagnostics Case Statistics

Standard Order	Actual Value	Predicted Value	Residual	Leverage	Student Residual	Cook's Distance	Outlier *t*
1	130.00	134.75	−4.75	0.250	−0.211	0.002	−0.207
2	74.00	134.75	−60.75	0.250	−2.700	0.270	−3.100
3	155.00	134.75	20.25	0.250	0.900	0.030	0.897
4	180.00	134.75	45.25	0.250	2.011	0.150	2.140
5	150.00	155.75	−5.75	0.250	−0.256	0.002	−0.251
6	159.00	155.75	3.25	0.250	0.144	0.001	0.142
7	188.00	155.75	32.25	0.250	1.433	0.076	1.463
8	126.00	155.75	−29.75	0.250	−1.322	0.065	−1.341
9	138.00	144.00	26.00	0.250	−0.267	0.003	−0.262
10	168.00	144.00	24.00	0.250	1.066	0.042	1.069
11	110.00	144.00	−34.00	0.250	−1.511	0.085	−1.550
12	160.00	144.00	16.00	0.250	0.711	0.019	0.704
13	34.00	57.25	−23.25	0.250	−1.033	0.040	−1.035
14	80.00	57.25	22.75	0.250	1.011	0.038	1.011
15	40.00	57.25	−17.25	0.250	−0.767	0.022	−0.761
16	75.00	57.25	17.75	0.250	0.789	0.023	0.783
17	136.00	119.75	16.25	0.250	0.722	0.019	0.716
18	106.00	119.75	−13.75	0.250	−0.611	0.014	−0.604
19	122.00	119.75	2.25	0.250	0.100	0.000	0.098
20	115.00	119.75	−4.75	0.250	−0.211	0.002	−0.207
21	174.00	145.75	28.25	0.250	1.255	0.058	1.269
22	150.00	145.75	4.25	0.250	0.189	0.001	0.185
23	120.00	145.75	−25.75	0.250	−1.144	0.048	−1.151
24	139.00	145.75	−6.75	0.250	−0.300	0.003	−0.295
25	20.00	57.50	−37.50	0.250	−1.666	0.103	−1.726
26	82.00	57.50	24.50	0.250	1.089	0.044	1.093
27	70.00	57.50	12.50	0.250	0.555	0.011	0.548
28	58.00	57.50	0.50	0.250	0.022	0.000	0.022
29	25.00	49.50	−24.50	0.250	−1.089	0.044	−1.093
30	58.00	49.50	8.50	0.250	0.378	0.005	0.372
31	70.00	49.50	20.50	0.250	0.911	0.031	0.908
32	45.00	49.50	−4.50	0.250	−0.200	0.001	−0.196
33	96.00	85.50	10.50	0.250	0.467	0.008	0.460
34	82.00	85.50	−3.50	0.250	−0.156	0.001	−0.153
35	104.00	85.50	18.50	0.250	0.822	0.025	0.817
36	60.00	85.50	−25.50	0.250	−1.133	0.048	−1.139

(*a*)

그림 5.10
예제 5.1의 컴퓨터 계산결과 (a) Design–Expert 출력물 (b) JMP 출력물(계속)

Response Life
Whole Model
Actual by Predicted Plot

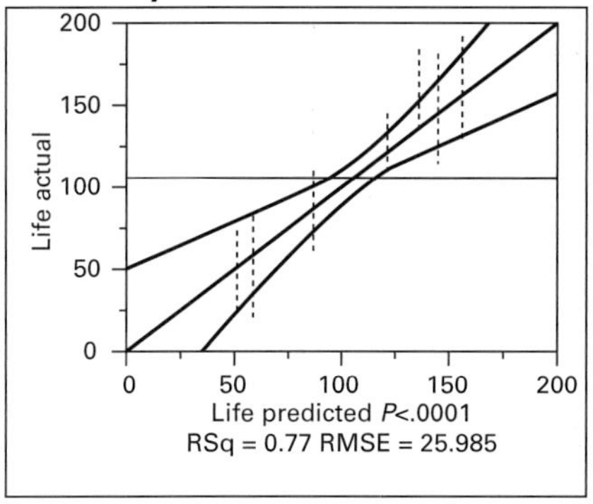

Summary of Fit

RSquare	0.76521
RSquare Adj	0.695642
Root Mean Square Error	25.98486
Mean of Response	105.5278
Observations (or Sum Wgts)	36

Analysis of Variance

Source	DF	Sum of Squares	Mean Square	*F* Ratio
Model	8	59416.222	7427.03	10.9995
Error	27	18230.750	675.21	Prob > F
C.Total	35	77646.972		<.001

Effect Tests

Source	Nparm	DF	Sum of Squares	*F* Ratio	Prob > *F*
Material Type	2	2	10683.722	7.9114	0.0020
Temperature	2	2	39118.722	28.9677	<.0001
Material Type Temperature	4	4	9613.778	3.5595	0.0186

Residual by Predicted Plot

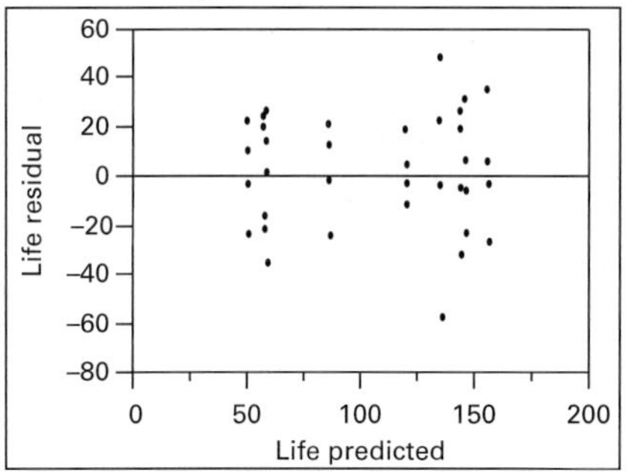

(*b*)

그림 5.10
예제 5.1의 컴퓨터 계산결과 (a) Design–Expert 출력물 (b) JMP 출력물

5.3.3 모형 적합도 확인

분산분석의 결과를 채택하기 전에 모형의 적합도를 확인해야 한다. 앞에서 같이 주요한 진단 도구는 **잔차분석**(residual analysis)이다. 교호작용이 있는 2요인 요인모형의 잔차는 다음과 같고,

$$e_{ijk} = y_{ijk} - \hat{y}_{ijk} \tag{5.11}$$

적합값이 $\hat{y}_{ijk} = \bar{y}_{ij.}$($ij$ 번째 칸의 관측치의 평균)이기 때문에 식 5.11은 다음과 같이 바꿀 수 있다.

$$e_{ijk} = y_{ijk} - \hat{y}_{ij.} \tag{5.12}$$

예제 5.1의 배터리 수명자료의 잔차는 Design-Expert 출력물(그림 5.10a)과 표 5.6에서 확인할 수 있다. 정규확률그림(그림 5.11)에서 음의 잔차 중에 가장 큰 값이(재료 유형 1의 15°F의 −60.75) 다른 값에 비해 다소 크지만 특별한 문제가 보이지는 않는다. 해당 잔차의 표준화된 값은 $-60.75/\sqrt{675.21} = -2.34$이고, 절댓값이 2보다 큰 유일한 값이다.

그림 5.12는 잔차 대 적합값 $\hat{y}_{ijk}$의 그림이다. 이 그림 역시 그림 5.10b의 JMP 출력물에 있다. 배터리 수명이 증가함에 따라 잔차의 분산 역시 약간 증가하는 경향이 있다. 그림 5.13과 5.14에는 각각 잔차 대비 재료 유형, 온도의 그림이 있다. 두 그림 모두 분산이 약간 다른 것을 확인할 수 있는데, 15°F와 재료 유형 1의 처리조합의 분산이 다른 조합보다 더 큰 가능성이 있다.

표 5.6에서 15°F-재료 유형 1칸이 잔차의 극치(−60.25와 45.25)를 포함함을 알 수 있다. 이러한 두 잔차가 그림 5.12, 5.13, 5.14에서 분산이 일정하지 않았던 주요한 원인이다. 자료를 재검사할 때 기록 오류와 같은 문제들이 발견되지 않았으므로 반응값들이 타당하다고(legitimate) 받아드릴 수 있다. 특정한 처리조합이 다른 조합에 비해 약간 더 불규칙한 배터리 수명을 만드는 듯 하지만, 이 문제는 분석과 결과에 큰 영향을 주지는 않는다.

표 5.6 예제 5.1의 잔차

재료 유형	온도(°F)					
	15		70		125	
1	−4.75	20.25	−23.25	−17.25	−37.50	12.50
	−60.75	45.25	22.75	17.75	24.50	0.50
2	−5.75	32.25	16.25	2.25	−24.50	20.50
	3.25	−29.75	−13.75	−4.75	8.50	−4.50
3	−6.00	−34.00	28.25	−25.75	10.50	18.50
	24.00	16.00	4.25	−6.75	−3.50	−25.50

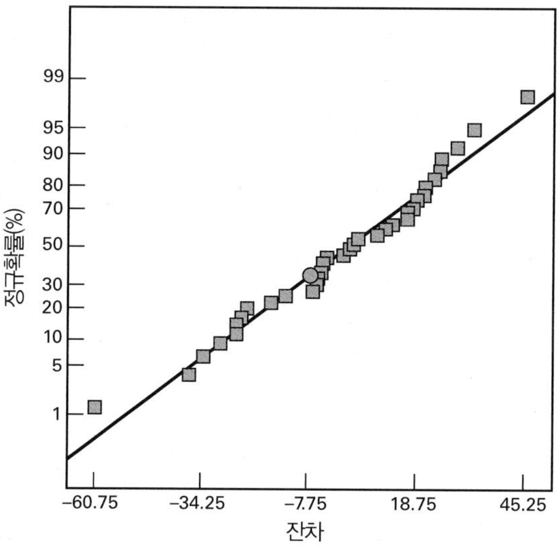

그림 5.11
예제 5.1의 잔차 정규확률그림

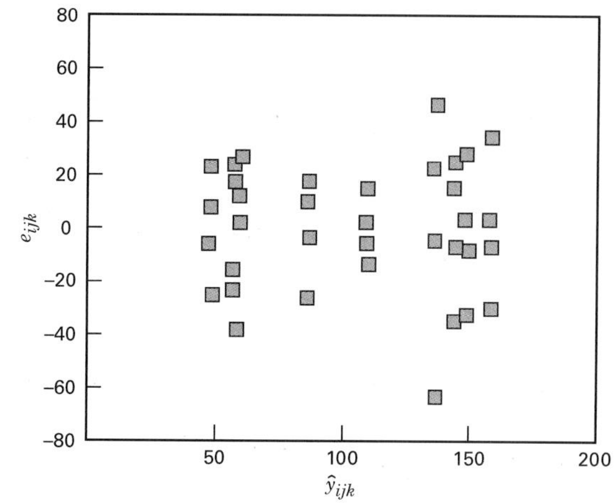

그림 5.12
예제 5.1의 잔차 대 $\hat{y}_{ijk}$ 그림

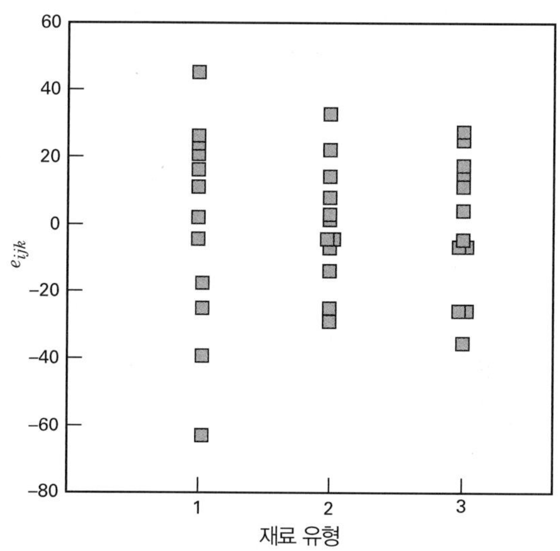

그림 5.13
예제 5.1의 잔차 대 재료 유형

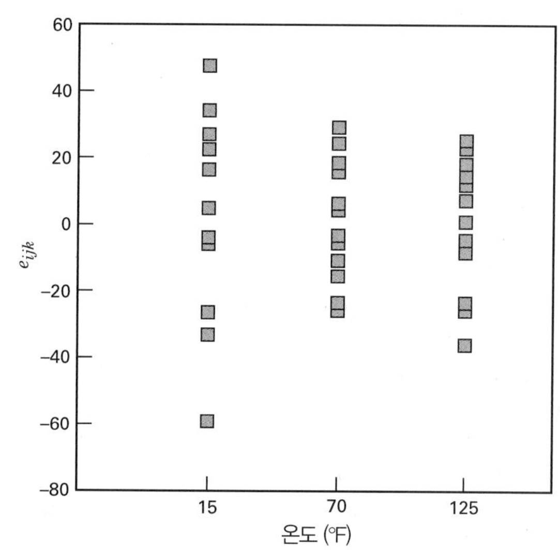

그림 5.14
예제 5.1의 잔차 대 온도

5.3.4 모형모수의 추정

다음의 2요인 요인설계의 효과모형 모수는

$$y_{ijk} = \mu + \tau_i + \beta_j + (\tau\beta)_{ij} + \epsilon_{ijk} \tag{5.13}$$

최소제곱 방법으로 추정할 수 있다. 모형에 $1+a+b+ab$개의 추정할 모수가 있으므로 $1+a+b+ab$ 정규방정식(normal equation)을 가진다. 3.9절의 방법을 사용하여 다음과 같이 어렵지 않게 정규방정식을 보일 수 있다.

$$\mu{:}abn\hat{\mu} + bn\sum_{i=1}^{a}\hat{\tau}_i + an\sum_{j=1}^{b}\hat{\beta}_j + n\sum_{i=1}^{a}\sum_{j=1}^{b}\widehat{(\tau\beta)}_{ij} = y_{...} \tag{5.14a}$$

$$\tau_i{:}bn\hat{\mu} + bn\hat{\tau}_i + n\sum_{j=1}^{b}\hat{\beta}_j + n\sum_{j=1}^{b}\widehat{(\tau\beta)}_{ij} = y_{i..} \quad i = 1, 2, \ldots, a \tag{5.14b}$$

$$\beta_j{:}an\hat{\mu} + n\sum_{i=1}^{a}\hat{\tau}_i + an\hat{\beta}_j + n\sum_{i=1}^{a}\widehat{(\tau\beta)}_{ij} = y_{.j.} \quad j = 1, 2, \ldots, b \tag{5.14c}$$

$$(\tau\beta)_{ij}{:}n\hat{\mu} + n\hat{\tau}_i + n\hat{\beta}_j + n\widehat{(\tau\beta)}_{ij} = y_{ij.} \quad \begin{cases} i = 1, 2, \ldots, a \\ j = 1, 2, \ldots, b \end{cases} \tag{5.14d}$$

편의를 위해 각 정규방정식에 상응하는 모수들을 식 5.14의 좌측에 표기하였다.

효과모형(식 5.13)은 과모수화된(overparameterized) 모형이다. 식 5.14b의 a개의 방정식을 더하면 식 5.14a가 되고, 식 5.14c의 b개의 식을 더하면 마찬가지로 5.14a가 된다. 또한 식 5.14d에서 특정 i에 대해 j를 모두 더하면 식 5.14b가 되고, 식 5.14d를 특정 j에 대해 더해서 i를 모두 더하면 식 5.14c를 이끌어낼 수 있다. 그러므로 이 방정식 간에는 $a+b+1$ 선형종속(linear dependencies)되어 있고, 유일해가 존재하지 않는다. 해를 구하기 위해서 다음과 같은 제약조건을 둘 수 있다.

$$\sum_{i=1}^{a}\hat{\tau}_i = 0 \tag{5.15a}$$

$$\sum_{j=1}^{b}\hat{\beta}_j = 0 \tag{5.15b}$$

$$\sum_{i=1}^{a}\widehat{(\tau\beta)}_{ij} = 0 \quad j = 1, 2, \ldots, b \tag{5.15c}$$

$$\sum_{j=1}^{b}\widehat{(\tau\beta)}_{ij} = 0 \quad i = 1, 2, \ldots, a \tag{5.15d}$$

식 5.15a과 식 5.15b는 두 제약조건을 구성하는 데에 비해, 식 5.15c와 식 5.15d는 $a+b-1$개의 독립적인 제약조건들을 가지고 있다. 따라서 $a+b+1$의 총 제한조건을 가지게 되고, 여기서 숫자를 대입해야 한다.

이러한 제약조건을 적용하여 정규방정식(식 5.14)을 매우 간단히 할 수 있으며 다음의 해를 얻을 수 있다.

$$\begin{aligned} \hat{\mu} &= \bar{y}_{...} \\ \hat{\tau}_i &= \bar{y}_{i..} - \bar{y}_{...} \quad i = 1, 2, \ldots, a \\ \hat{\beta}_j &= \bar{y}_{.j.} - \bar{y}_{...} \quad j = 1, 2, \ldots, b \\ \widehat{(\tau\beta)}_{ij} &= \bar{y}_{ij.} - \bar{y}_{i..} - \bar{y}_{.j.} + \bar{y}_{...} \quad \begin{cases} i = 1, 2, \ldots, a \\ j = 1, 2, \ldots, b \end{cases} \end{aligned} \tag{5.16}$$

정규방정식의 해는 상당히 직관적이다. 행처리효과는 행 평균에서 총평균을 빼서, 열처리는 열 평균에서 총평균을 빼서, ij번째 교호작용은 ij번째 칸 평균에서 총평균, i번째 행 효과, j번째 열 효과를 빼서 추정할 수 있다.

식 5.16을 이용하여 **적합값**(fitted value) y_{ijk}를 구하면 다음과 같다.

$$
\begin{aligned}
\hat{y}_{ijk} &= \hat{\mu} + \hat{\tau}_i + \hat{\beta}_j + (\widehat{\tau\beta})_{ij} \\
&= \bar{y}_{...} + (\bar{y}_{i..} - \bar{y}_{...}) + (\bar{y}_{.j.} - \bar{y}_{...}) \\
&\quad + (\bar{y}_{ij.} - \bar{y}_{i..} - \bar{y}_{.j.} + \bar{y}_{...}) \\
&= \bar{y}_{ij.}
\end{aligned}
$$

따라서 ij번째 칸의 k번째 관측치는 해당 칸에서의 n 관측치의 평균을 이용하여 추정할 수 있다. 이 결과는 식 5.12에서 2요인 요인모형(two-factor factorial model)에서 잔차를 구하는데 사용되었다.

제약조건(식 5.15)으로 정규방정식을 풀었으므로 모형의 모수들이 유일하게 추정된 것은 아니다. 그러나 모형모수들의 어떠한 중요한 **함수**(functions)들은 추정할 수 있다. 즉, 제약조건과 관계없이 유일하게 추정할 수 있다. 예를 들면 $\tau_i-\tau_u+(\overline{\tau\beta})_{i.}-(\overline{\tau\beta})_{u.}$가 있는데, 이는 요인 A의 i번째와 u번째 수준 사이의 "참(true)" 차이로 볼 수 있다. 어떤 주효과의 수준 사이의 참 차이는 교호작용 효과의 "평균(average)"을 포함하고 있다. 앞에서 언급하였듯이 교호작용의 존재는 주효과의 검정을 방해한다. 보편적으로 정규방정식의 좌변의 선형조합으로 만들 수 있는 모수들의 모든 함수가 **추정가능**(estimable)하다. 이 성질은 3장의 단일요인모형(single-factor model)에서 이미 언급하였다.

5.3.5 표본수의 결정

컴퓨터 소프트웨어로 요인실험의 적절한 샘플 사이즈를 결정할 수 있다. 예제 5.1의 배터리 수명 실험을 생각해 보자. 여기에는 양적변수 하나와 질적변수 하나의 총 두 개의 요인이 있고 각각은 세 개의 수준이 있다. 실험자가 얼마나 많은 반복을 해야 하는지는 모르지만, 만약 효과크기가 한 표본분산과 같다면 효과크기를 확인할 확률(검정력)이 높아지기를 바란다.

JMP는 이런 표본크기 문제를 해결하는 데 도움이 된다. 표 5.7은 JMP Design Evalutation 도구를 위 실험에 적용했을 때 출력되는 결과물이다. 이때 표의 위쪽 부분은 3개의 반복을 가정하였고, 아래쪽 부분은 4개의 반복수를 가정하였다. 이 분석에서 모델 회귀 계수의 크기가 한 표본분산과 같다고 가정하였다. 온도는 양적변수라서 해당 요인의 우리는 선형과 제곱항을 포함하였다. 질적요인인 재료 유형은 자유도 2를 가지고, 두 재료 유형의 모형 항으로 표현되었다. 두 디자인 모두 적절한 검정력을 가지고 있다. 반복이 3개일 경우 교호작용과 온도 제곱 효과가 0.9보다 작은 검정력을 보이고, 반복이 4개일 경우 교호작용의 검정력도 0.9보다 높아지며, 온도의 제곱항의 검정력은 0.645에서 0.78로 증가하였다. 이 결과

표 5.7 예제 5.1의 검정력 테스트(JMP)

Power Analysis

Significance Level 0.05

Anticipated RMSE 1

Term	Anticipated Coefficient	Power
Intercept	1	0.814
Material type 1	1	0.937
Material type 2	-1	0.937
Temperature	1	0.981
Material type*Temperature 1	1	0.814
Material type*Temperature 2	-1	0.814
Temperature*Temperature	1	0.645

Power Analysis

Significance Level 0.05

Anticipated RMSE 1

Term	Anticipated Coefficient	Power
Intercept	1	0.917
Material type 1	1	0.984
Material type 2	-1	0.984
Temperature	1	0.997
Material type*Temperature 1	1	0.917
Material type*Temperature 2	-1	0.917
Temperature*Temperature	1	0.78

가 더 적절해 보이므로, 네 번 반복하는 설계가 더욱 합당한 결정이다.

5.3.6 2요인 모형에서 교호작용이 없다고 가정할 때

간혹 실험자는 다음과 같은 **교호작용이 없는 2요인 모형**(two-factor model without interaction) 사용이 옳다고 느낄 수 있다.

$$y_{ijk} = \mu + \tau_i + \beta_j + \epsilon_{ijk} \begin{cases} i = 1, 2, \ldots, a \\ j = 1, 2, \ldots, b \\ k = 1, 2, \ldots, n \end{cases} \tag{5.17}$$

그러나 교호작용 항을 버리는 일은 신중해야 한다. 유의한 교호작용은 자료를 해석하는 데 극적인 효과를 줄 수 있기 때문이다.

교호작용이 없는 2요인 모형의 통계적 분석은 간단하다. 표 5.8은 예제 5.1의 배터리 수명자료의 교호작용이 없는 모형(식 5.17)의 분석이다. 언급하였듯이 주효과는 모두 유의하다. 그러나 자료의 잔차분석을 시행하면 교호작용이 없는 모형이 부적절함을 명백히 알 수

표 5.8 교호작용이 없음을 가정한 배터리 수명자료의 분산분석

변동원인	제곱합	자유도	평균제곱	F_0
재료 유형	10,683.72	2	5,341.86	5.95
온도	39,118.72	2	19,559.36	21.78
오차	27,844.52	31	898.21	
합계	77,646.96	35		

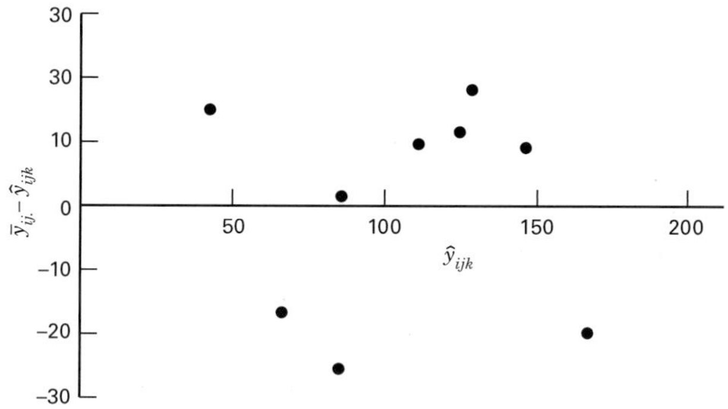

그림 5.15
$\bar{y}_{ij.} - \hat{y}_{ijk}$ 대 $\hat{y}_{ijk}$의 그림, 배터리 수명자료

있다. 교호작용이 없는 2요인 모형의 적합값은 $\hat{y}_{ijk} = \bar{y}_{i..} + \bar{y}_{.j.} - \bar{y}_{...}$이다. $\bar{y}_{ij.} - \hat{y}_{ijk}$(칸 평균에서 해당 칸의 적합값을 뺀 것) 대 적합값 $\hat{y}_{ijk}$의 그림은 그림 5.15에 제시되었다. $\bar{y}_{ij.} - \hat{y}_{ijk}$의 양은 교호작용이 없다고 가정할 때, 관측된 칸의 평균에서 추정된 칸의 평균 차이로 볼 수 있다. 이 양에 패턴이 있다면 교호작용의 존재를 의미할 수 있다. 그림 5.15는 $\bar{y}_{ij.} - \bar{y}_{ijk}$이 양에서 음으로 다시 음에서 양으로 움직이는 뚜렷한 패턴을 보여주고 있다. 이 구조는 재료 유형과 온도 간의 교호작용 결과이다.

5.3.7 각 칸당 한 관측치

때로 오직 단일 반복수(single replicate)를 가지는, 다시 말해서 각 칸당 하나의 관측치를 가지는 2요인실험을 할 수도 있다. 만약 요인이 두 개가 있고 각 칸당 오직 하나의 관측치를 가진다면 효과모형은 다음과 같다.

$$y_{ij} = \mu + \tau_i + \beta_j + (\tau\beta)_{ij} + \epsilon_{ij} \qquad \begin{cases} i = 1, 2, \ldots, a \\ j = 1, 2, \ldots, b \end{cases} \tag{5.18}$$

요인들이 모두 고정되어 있다고 가정할 때, 이러한 상황의 분산분석은 표 5.9에 제시되어 있다.

기대평균제곱(expected mean square)들을 검사하면, 오차의 분산 σ^2이 **추정가능하지 않음**을 알 수 있다. 즉, 2요인 교호작용 효과$(\tau\beta)_{ij}$와 실험오차는 어떤 분명한 방법으로 분리할 수 없는 것이다. 결과적으로 교호작용 효과가 0이 되지 않는 한, 주효과들을 검정할 수

표 5.9 각 칸당 오직 하나의 관측치를 가지는 2요인 모형의 분산분석

변동원인	제곱합	자유도	평균제곱	기대평균제곱
행 (A)	$\sum_{i=1}^{a} \frac{y_{i.}^2}{b} - \frac{y_{..}^2}{ab}$	$a-1$	MS_A	$\sigma^2 + \frac{b\sum\tau_i^2}{a-1}$
행 (B)	$\sum_{j=1}^{b} \frac{y_{.j}^2}{a} - \frac{y_{..}^2}{ab}$	$b-1$	MS_B	$\sigma^2 + \frac{a\sum\beta_j^2}{b-1}$
잔차 또는 AB	차감	$(a-1)(b-1)$	MS_{Residual}	$\sigma^2 + \frac{\sum\sum(\tau\beta)_{ij}^2}{(a-1)(b-1)}$
합계	$\sum_{i=1}^{a}\sum_{j=1}^{b} y_{ij}^2 - \frac{y_{..}^2}{ab}$	$ab-1$		

없다. 만약 교호작용이 없다면, 다시 말해서 모든 i와 j에 대해서 $(\tau\beta)_{ij}=0$라면 세워볼 만한 모형(plausible model)은 다음과 같다.

$$y_{ij} = \mu + \tau_i + \beta_j + \epsilon_{ij} \qquad \begin{cases} i = 1, 2, \ldots, a \\ j = 1, 2, \ldots, b \end{cases} \tag{5.19}$$

모형(식 5.19)이 적절하다면 표 5.9의 잔차평균제곱은 σ^2의 불편추정량이고, 주효과들은 MS_{Residual}에 대해 MS_A와 MS_B를 비교해서 검정할 수 있다.

Tukey(1949a)가 개발한 검정은 교호작용의 존재를 확인하는 데 도움이 된다. 이 방법은 교호작용을 다음과 같이 단순한 형태로 가정한다.

$$(\tau\beta)_{ij} = \gamma\tau_i\beta_j$$

여기서 γ는 미지의 상수이다. 이 방법으로 교호작용을 정의하면, 교호작용의 유의성에 대한 검정을 회귀분석으로 접근할 수 있다. 이 검정은 잔차제곱합을 비가법성 때문에(interation) 자유도 1의 성분과 자유도 $(a-1)(b-1)-1$의 오차항으로 분리된다. 계산하면 다음을 얻을 수 있다.

$$SS_N = \frac{\left[\sum_{i=1}^{a}\sum_{j=1}^{b} y_{ij}y_{i.}y_{.j} - y_{..}\left(SS_A + SS_B + \frac{y_{..}^2}{ab}\right)^2\right]^2}{abSS_ASS_B} \tag{5.20}$$

이는 자유도 1을 가지고,

$$SS_{\text{Error}} = SS_{\text{Residual}} - SS_N \tag{5.21}$$

는 자유도 $(a-1)(b-1)-1$을 가진다. 교호작용의 존재를 검정하려면 다음을 계산하여야 한다.

$$F_0 = \frac{SS_N}{SS_{\text{Error}}/[(a-1)(b-1)-1]} \tag{5.22}$$

만약 $F_0 > F_{\alpha,1,(a-1)(b-1)-1}$이라면 교호작용이 없다는 가설은 기각된다.

예제 5.2

화학제품의 불순도는 두 요인(압력과 온도)에 영향을 받는다. 표 5.10은 단일 반복수를 가지는 요인실험자료이며 제곱합은 다음과 같다.

$$\begin{aligned} SS_A &= \frac{1}{b}\sum_{i=1}^{a} y_{i.}^2 - \frac{y_{..}^2}{ab} \\ &= \frac{1}{5}[23^2 + 13^2 + 8^2] - \frac{44^2}{(3)(5)} = 23.33 \\ SS_B &= \frac{1}{a}\sum_{j=1}^{b} y_{.j}^2 - \frac{y_{..}^2}{ab} \\ &= \frac{1}{3}[9^2 + 6^2 + 13^2 + 6^2 + 10^2] - \frac{44^2}{(3)(5)} = 11.60 \\ SS_T &= \sum_{i=1}^{a}\sum_{j=1}^{b} y_{ij}^2 - \frac{y_{..}^2}{ab} \\ &= 166 - 129.07 = 36.93 \\ SS_{\text{Residual}} &= SS_T - SS_A - SS_B \\ &= 36.93 - 23.33 - 11.60 = 2.00 \end{aligned}$$

더할 수 없는 제곱합들은 식 5.20을 통해 다음과 같이 계산할 수 있다.

$$\begin{aligned} \sum_{i=1}^{a}\sum_{j=1}^{b} y_{ij}y_{i.}y_{.j} &= (5)(23)(9) + (4)(23)(6) + \cdots \\ &\quad + (2)(8)(10) = 7236 \end{aligned}$$

$$\begin{aligned} SS_N &= \frac{\left[\sum_{i=1}^{a}\sum_{j=1}^{b} y_{ij}y_{i.}y_{.j} - y_{..}\left(SS_A + SS_B + \frac{y_{..}^2}{ab}\right)\right]^2}{abSS_ASS_B} \\ &= \frac{[7236 - (44)(23.33 + 11.60 + 129.07)]^2}{(3)(5)(23.33)(11.60)} \\ &= \frac{[20.00]^2}{4059.42} = 0.0985 \end{aligned}$$

그리고 오차제곱합은 식 5.21로부터 계산할 수 있다.

$$SS_{\text{Error}} = SS_{\text{Residual}} - SS_N = 2.00 - 0.0985 = 1.9015$$

분산분석의 전체 결과는 표 5.11에 요약되어 있다. 비가법성에 대한 검정통계량은 $F_0 = 0.0985/0.2716 = 0.36$이므로, 이 자료에 대한 교호작용은 없다고 결론 내릴 수 있다. 온도와 압력의 주효과는 유의하다.

표 5.10 예제 5.2의 불순물 자료

온도(°F)	압력					
	25	30	35	40	45	$y_{i.}$
100	5	4	6	3	5	23
125	3	1	4	2	3	13
150	1	1	3	1	2	8
$y_{.j}$	9	6	13	6	10	$44 = y_{..}$

표 5.11 예제 5.2의 분산분석

변동원인	제곱합	자유도	평균제곱	F_0	P 값
온도	23.33	2	11.67	42.97	0.0001
압력	11.60	4	2.90	10.68	0.0042
비가법성	0.0985	1	0.0985	0.36	0.5674
오차	1.9015	7	0.2716		
합계	36.93	14			

이 절을 결론지으면서, 각 칸당 한 관측치(one observation per cell)를 가지는 2요인 모형(식 5.19)은 완전 랜덤화 블록모형(randomized complete block model, 식 4.1)과 정확히 같음을 확인할 수 있다. 사실 Tukey의 비가법성에 대한 일 자유도 검정(single-degree-of-freedom test for nonadditivity)은 랜덤화 블록모형의 교호작용에 대한 검정에 바로 적용할 수 있다. 그러나 랜덤화 블록모형과 요인모형의 **실험상황**(experimental situations)은 매우 다르다는 사실을 기억해야 한다. 요인모형에서는 모든 *ab* 시행이 랜덤한 순서로 진행되지만, 랜덤화 블록모형은 랜덤화가 **블록 내에서만**(within the block) 발생한다. 즉, 블록이 랜덤화 제약인 것이다. 따라서 이러한 방법으로 실험을 시행하게 되면 두 모형에 대한 해석은 상이하게 된다.

5.4 일반적인 요인설계

2요인 요인설계의 결과는 요인설계로 배열한 *A* 요인의 *a* 수준, *B* 요인의 *b* 수준, *C* 요인의 *c* 수준 등으로 확장될 수 있다. 일반적으로 만약 완전실험의 *n* 반복수가 있다면, *abc* ... *n* 총 관측치가 있게 된다. 한 번 더 언급하면, 만약 가능한 교호작용을 모형에 포함하고자 한다면 오차로 인한 제곱합을 결정하기 위해 적어도 둘 이상의 반복수($n \geq 2$)가 있어야 한다.

실험의 모든 요인이 고정되어 있다면, 분산분석을 이용하여 주효과들과 교호작용의 가설검정을 쉽게 만들어낼 수 있다. 고정효과모형에서 각 주효과와 교호작용의 검정통계량은 상응하는 효과 또는 교호작용 대한 평균제곱을 평균오차제곱으로 나눔으로써 구할 수 있다. 이러한 모든 *F* 검정은 위쪽꼬리(upper-tail) 또는 한쪽꼬리검정(one-tail test)이다. 주효과의 자유도는 해당 요인의 수준의 수에서 1을 빼고, 교호작용의 자유도는 교호작용에 관련된 각각의 요소들의 자유도의 곱으로 구한다.

예를 들어 3요인 **분산분석모형**(three-factor analysis of variance model)을 고려하면 다음과 같다.

$$
\begin{aligned}
y_{ijkl} &= \mu + \tau_i + \beta_j + \gamma_k + (\tau\beta)_{ij} + (\tau\gamma)_{ik} + (\beta\gamma)_{jk} \\
&\quad + (\tau\beta\gamma)_{ijk} + \epsilon_{ijkl} \qquad \begin{cases} i = 1, 2, \ldots, a \\ j = 1, 2, \ldots, b \\ k = 1, 2, \ldots, c \\ l = 1, 2, \ldots, n \end{cases}
\end{aligned}
\tag{5.23}
$$

A, *B*, *C*가 고정되어 있다고 가정할 때, **분산분석표**(analysis of variance table)는 표 5.12에 제시되어 있다. 주효과들과 교호작용에 관한 *F* 검정은 기대평균제곱으로부터 바로 구할 수 있다.

보통 분산분석 계산은 통계 소프트웨어 패키지를 이용한다. 그러나 때론 표 5.12의 제곱

표 5.12 세 요인 고정효과모형에 대한 분산분석표

변동원인	제곱합	자유도	평균제곱	기대평균제곱	F_0
A	SS_A	$a-1$	MS_A	$\sigma^2 + \frac{bcn\sum\tau_i^2}{a-1}$	$F_0 = \frac{MS_A}{MS_E}$
B	SS_B	$b-1$	MS_B	$\sigma^2 + \frac{acn\sum\beta_j^2}{b-1}$	$F_0 = \frac{MS_B}{MS_E}$
C	SS_C	$c-1$	MS_C	$\sigma^2 + \frac{abn\sum\gamma_k^2}{c-1}$	$F_0 = \frac{MS_C}{MS_E}$
AB	SS_{AB}	$(a-1)(b-1)$	MS_{AB}	$\sigma^2 + \frac{cn\sum\sum(\tau\beta)_{ij}^2}{(a-1)(b-1)}$	$F_0 = \frac{MS_{AB}}{MS_E}$
AC	SS_{AC}	$(a-1)(c-1)$	MS_{AC}	$\sigma^2 + \frac{bn\sum\sum(\tau\gamma)_{ik}^2}{(a-1)(c-1)}$	$F_0 = \frac{MS_{AC}}{MS_E}$
BC	SS_{BC}	$(b-1)(c-1)$	MS_{BC}	$\sigma^2 + \frac{an\sum\sum(\beta\gamma)_{jk}^2}{(b-1)(c-1)}$	$F_0 = \frac{MS_{BC}}{MS_E}$
ABC	SS_{ABC}	$(a-1)(b-1)(c-1)$	MS_{ABC}	$\sigma^2 + \frac{n\sum\sum\sum(\tau\beta\gamma)_{ijk}^2}{(a-1)(b-1)(c-1)}$	$F_0 = \frac{MS_{ABC}}{MS_E}$
오차	SS_E	$abc(n-1)$	MS_E	σ^2	
합계	SS_T	$abcn-1$			

합에 대한 수동 계산 방법이 유용하다. 총제곱합은 주로 다음의 방법으로 계산한다.

$$SS_T = \sum_{i=1}^{a}\sum_{j=1}^{b}\sum_{k=1}^{c}\sum_{l=1}^{n} y_{ijkl}^2 - \frac{y_{....}^2}{abcn} \tag{5.24}$$

$A(y_{i...})$, $B(y_{.j..})$, $C(y_{..k.})$ 요인들의 총수(total)로부터 주효과의 제곱합을 구하면 다음과 같다.

$$SS_A = \frac{1}{bcn}\sum_{i=1}^{a} y_{i...}^2 - \frac{y_{....}^2}{abcn} \tag{5.25}$$

$$SS_B = \frac{1}{acn}\sum_{j=1}^{b} y_{.j..}^2 - \frac{y_{....}^2}{abcn} \tag{5.26}$$

$$SS_C = \frac{1}{abn}\sum_{k=1}^{c} y_{..k.}^2 - \frac{y_{....}^2}{abcn} \tag{5.27}$$

2요인 교호작용 제곱합을 계산하기 위해서는 $A\times B$, $A\times C$, $B\times C$ 칸의 총수가 필요하다. 원래 자료를 세 개의 이원표(two-way table)로 쪼개서 해당 값들을 계산하는 것은 도움이 된다. 제곱합은 다음과 같다.

$$\begin{aligned} SS_{AB} &= \frac{1}{cn}\sum_{i=1}^{a}\sum_{j=1}^{b} y_{ij..}^2 - \frac{y_{....}^2}{abcn} - SS_A - SS_B \\ &= SS_{\text{Subtotals}(AB)} - SS_A - SS_B \end{aligned} \tag{5.28}$$

$$SS_{AC} = \frac{1}{bn}\sum_{i=1}^{a}\sum_{k=1}^{c} y_{i.k.}^2 - \frac{y_{....}^2}{abcn} - SS_A - SS_C$$
$$= SS_{\text{Subtotals}(AC)} - SS_A - SS_C \tag{5.29}$$

$$SS_{BC} = \frac{1}{an}\sum_{j=1}^{b}\sum_{k=1}^{c} y_{.jk.}^2 - \frac{y_{....}^2}{abcn} - SS_B - SS_C$$
$$= SS_{\text{Subtotals}(BC)} - SS_B - SS_C \tag{5.30}$$

2요인 소계의 제곱합은 각각의 이원표에서 구할 수 있으며, 세 요인 교호작용 제곱합은 삼원 칸 총수(three-way cell totals) $\{y_{ijk.}\}$에서 계산할 수 있다.

$$SS_{ABC} = \frac{1}{n}\sum_{i=1}^{a}\sum_{j=1}^{b}\sum_{k=1}^{c} y_{ijk.}^2 - \frac{y_{....}^2}{abcn} - SS_A - SS_B - SS_C - SS_{AB} - SS_{AC} - SS_{BC} \tag{5.31a}$$

$$= SS_{\text{Subtotals}(ABC)} - SS_A - SS_B - SS_C - SS_{AB} - SS_{AC} - SS_{BC} \tag{5.31b}$$

오차제곱합은 총제곱합에서 각 주효과 제곱합과 교호작용 제곱합을 빼서 구하거나 다음과 같이 구할 수 있다.

$$SS_E = SS_T - SS_{\text{Subtotals}(ABC)} \tag{5.32}$$

예제 5.3 청량음료 병마개 문제

청량음료 제조업자가 제조과정에서 병에 채워지는 음료의 높이를 조금 더 균일하게 만들려고 한다. 충전기(filling machine)는 이론적으로는 각각의 병에 정확하게 지정된 높이까지 채우지만, 현실에서는 지정된 값 근처에서 변동이 있고 제조업자는 이 변동의 원인을 더 잘 이해하여 끝에는 감소하기를 원한다.

공정 엔지니어는 주입과정에서 세 가지 변수를 조절할 수 있다. 탄산포화(carbonation)의 비율 (A), 충전기의 작용 압력 (B), 분당 생산 병 수 또는 라인 속도 (C)이다. 압력과 속도는 조절하기 쉽지만, 탄산포화 비율은 생산 온도의 변화에 따라 변하여 제조과정에서 조절하기가 쉽지 않다. 그러나 실험을 위해 엔지니어는 탄산포화 비율은 10, 12, 14의 세 수준으로 조절할 수 있다. 엔지니어는 압력은 두 수준(25, 30 psi)으로, 라인 속도 역시 두 수준(200, 250 bpm)으로 선택하였다. 이러한 세 요인의 요인설계에서 반복수 2를 시행하기로 하였고, 총 24번이 랜덤으로 시행될 것이다. 반응변수는 각각의 조건 세트에서 생산된 병의 목표 주입 높이를 관찰하여 평균적인 편차(average deviation)로 관측될 것이다. 표 5.13은 실험의 데이터와 결과이다. 양의 편차는 목표치보다 높은 주입 높이고, 음의 편차는 목표치보다 낮은 주입 높이다. 표 5.13의 동그라미 쳐진 숫자는 삼원 칸 총수(three-way cell totals) $y_{ijk.}$이다.

총보정제곱합(total corrected sum of squares)은 식 5.24로부터 구할 수 있다.

$$SS_T = \sum_{i=1}^{a}\sum_{j=1}^{b}\sum_{k=1}^{c}\sum_{l=1}^{n} y_{ijkl}^2 - \frac{y_{....}^2}{abcn}$$
$$= 571 - \frac{(75)^2}{24} = 336.625$$

주효과들의 제곱합은 식 5.25, 5.26, 5.27에 의해 구할

표 5.13 예제 5.3의 주입 높이 편차 자료

탄산포화 비율(A)	작용 압력 (B) 25 psi, 라인 속도(C) 200		25 psi, 250		30 psi, 라인 속도(C) 200		30 psi, 250		$y_{i...}$
10	−3, −1	(−4)	−1, 0	(−1)	−1, 0	(−1)	1, 1	(2)	−4
12	0, 1	(1)	2, 1	(3)	2, 3	(5)	6, 5	(11)	20
14	5, 4	(9)	7, 6	(13)	7, 9	(16)	10, 11	(21)	59
B×C 합계 $y_{.jk.}$	6		15		20		34		$75 = y_{....}$
$y_{.j..}$	21				54				

A×B 합계 $y_{ij..}$

A	B: 25	30
10	−5	1
12	4	16
14	22	37

A×C 합계 $y_{i.k.}$

A	C: 200	250
10	−5	1
12	6	14
14	25	34

수 있다.

$$SS_{\text{Carbonation}} = \frac{1}{bcn}\sum_{i=1}^{a} y_{i...}^2 - \frac{y_{....}^2}{abcn}$$
$$= \frac{1}{8}[(-4)^2 + (20)^2 + (59)^2] - \frac{(75)^2}{24} = 252.750$$

$$SS_{\text{Pressure}} = \frac{1}{acn}\sum_{j=1}^{b} y_{.j..}^2 - \frac{y_{....}^2}{abcn}$$
$$= \frac{1}{12}[(21)^2 + (54)^2] - \frac{(75)^2}{24} = 45.375$$

$$SS_{\text{Speed}} = \frac{1}{abn}\sum_{k=1}^{c} y_{..k.}^2 - \frac{y_{....}^2}{abcn}$$
$$= \frac{1}{12}[(26)^2 + (49)^2] - \frac{(75)^2}{24} = 22.042$$

2요인 교호작용의 제곱합을 계산하기 위해서 이원 칸 총수(two-way cell totals)를 구해야 한다. 예를 들어 탄산포화-압력 또는 *AB* 교호작용을 구하기 위해서는 표 5.13에 제시된 $A \times B$ 칸 총수 $\{y_{ij..}\}$을 필요로 한다. 식 5.28을 이용하여 제곱합을 다음과 같이 구할 수 있다.

$$SS_{AB} = \frac{1}{cn}\sum_{i=1}^{a}\sum_{j=1}^{b} y_{ij..}^2 - \frac{y_{....}^2}{abcn} - SS_A - SS_B$$
$$= \frac{1}{4}[(-5)^2 + (1)^2 + (4)^2 + (16)^2 + (22)^2 + (37)^2] - \frac{(75)^2}{24} - 252.750 - 45.375$$
$$= 5.250$$

탄산포화-속도 또는 *AC* 교호작용은 표 5.13의 $A \times C$ 칸 총수$\{y_{i.k.}\}$와 식 5.29를 이용한다.

$$SS_{AC} = \frac{1}{bn}\sum_{i=1}^{a}\sum_{k=1}^{c} y_{i.k.}^2 - \frac{y_{....}^2}{abcn} - SS_A - SS_C$$
$$= \frac{1}{4}[(-5)^2 + (1)^2 + (6)^2 + (14)^2 + (25)^2 + (34)^2] - \frac{(75)^2}{24} - 252.750 - 22.042$$
$$= 0.583$$

압력-속도 또는 *BC* 교호작용은 표 5.13의 $B \times C$ 칸 총수$\{y_{.jk.}\}$와 식 5.30을 이용한다.

표 5.14 예제 5.3의 분산분석

변동원인	제곱합	자유도	평균제곱	F_0	P 값
탄산포화 비율(A)	252.750	2	126.375	178.412	<0.0001
작용 압력 (B)	45.375	1	45.375	64.059	<0.0001
라인 속도 (C)	22.042	1	22.042	31.118	0.0001
AB	5.250	2	2.625	3.706	0.0558
AC	0.583	2	0.292	0.412	0.6713
BC	1.042	1	1.042	1.471	0.2485
ABC	1.083	2	0.542	0.765	0.4867
오차	8.500	12	0.708		
합계	336.625	23			

$$\begin{aligned} SS_{BC} &= \frac{1}{an}\sum_{j=1}^{b}\sum_{k=1}^{c} y_{.jk.}^2 - \frac{y_{....}^2}{abcn} - SS_B - SS_C \\ &= \frac{1}{6}[(6)^2+(15)^2+(20)^2+(34)^2] - \frac{(75)^2}{24} \\ &\quad - 45.375 - 22.042 \\ &= 1.042 \end{aligned}$$

3요인 교호작용제곱합은 표 5.13에서 동그라미로 표시된 숫자인 $A\times B\times C$ 칸 총수$\{y_{ijk.}\}$로부터 구할 수 있으며, 식 5.31a로부터 다음을 얻을 수 있다.

$$\begin{aligned} SS_{ABC} &= \frac{1}{n}\sum_{i=1}^{a}\sum_{j=1}^{b}\sum_{k=1}^{c} y_{ijk.}^2 - \frac{y_{....}^2}{abcn} - SS_A - SS_B - SS_C \\ &\quad - SS_{AB} - SS_{AC} - SS_{BC} \\ &= \frac{1}{2}[(-4)^2+(-1)^2+(-1)^2+\cdots+(16)^2+(21)^2] \\ &\quad - \frac{(75)^2}{24} - 252.750 - 45.375 - 22.042 \\ &\quad -5.250 - 0.583 - 1.042 \\ &= 1.083 \end{aligned}$$

마지막으로 다음을 얻을 수 있다.

$$SS_{\text{Subtotals}(ABC)} = \frac{1}{n}\sum_{i=1}^{a}\sum_{j=1}^{b}\sum_{k=1}^{c} y_{ijk.}^2 - \frac{y_{....}^2}{abcn} = 328.125$$

$$\begin{aligned} SS_E &= SS_T - SS_{\text{Subtotals}(ABC)} \\ &= 336.625 - 328.125 \\ &= 8.500 \end{aligned}$$

분산분석은 표 5.14에 요약되어 있다. 탄산포화 비율과 작용 압력, 그리고 라인 속도가 주입량에 유의하게 영향을 미친다는 사실을 알 수 있다. 탄산포화-압력 교호작용의 F 비의 P 값은 0.0558이고, 이 요인들 간의 약간의 교호작용이 있음을 나타낸다.

다음 단계는 이 실험의 잔차분석이다. 독자들의 연습을 위해 이 부분을 남겨두겠지만, 잔차의 정규확률그림과 다른 보통의 진단에서 심각한 문제가 없었음을 밝힌다.

실험을 실용적으로 해석하기 위해서, 그림 5.16에서 세 주효과와 AB(탄산포화-압력) 교호작용의 그림을 제시하였다. 주효과도는 단지 3요인의 각 수준에 따른 한계반응평균(marginal response averages)의 그래프이다. 세 변수는 모두 양의 관계가 있으므로, 주입 목표의 평균 편차를 증가함을 확인할 수 있다. 그림 5.16d에서 유사한 모양을 보였듯이 탄산포화와 압력의 교호작용은 상당히 작다.

회사는 주입 목표로부터의 평균 편차가 0에 가까워지기를 원하므로, 엔지니어는 저수준의 작용 압력(25 psi)과 고수준의 라인 속도(250 bpm, 이 속도일 때 생산율을 최대화한다)를 사용하라고 추천할 것이다. 그림 5.17은 이 세트의 운영 조건에서 세 개의 다른 탄산포화 수준에서 목표 주입 높이로부터의 편차의 평균을 그린다.

이제 탄산포화 수준은 현재 제조과정에서 완벽하게

조절할 수 없으므로, 그림 5.17에서 실선으로 그려진 정규분포가 현재 관측된 탄산포화 수준의 변동성을 근사한다. 이 분포를 따르는 탄산포화 수준의 값에 공정이 영향을 받아서 주입 높이는 상당히 변동할 것이다. 주입 높이의 이러한 변동은 탄산포화 수준값의 분포가 그림 5.17의 점선의 정규분포를 따른다면 감소할 수 있을 것이다. 탄산포화 수준 분포의 표준편차 감소는 궁극적으로 제조과정에서의 온도조절 향상을 통해서 얻어야 한다.

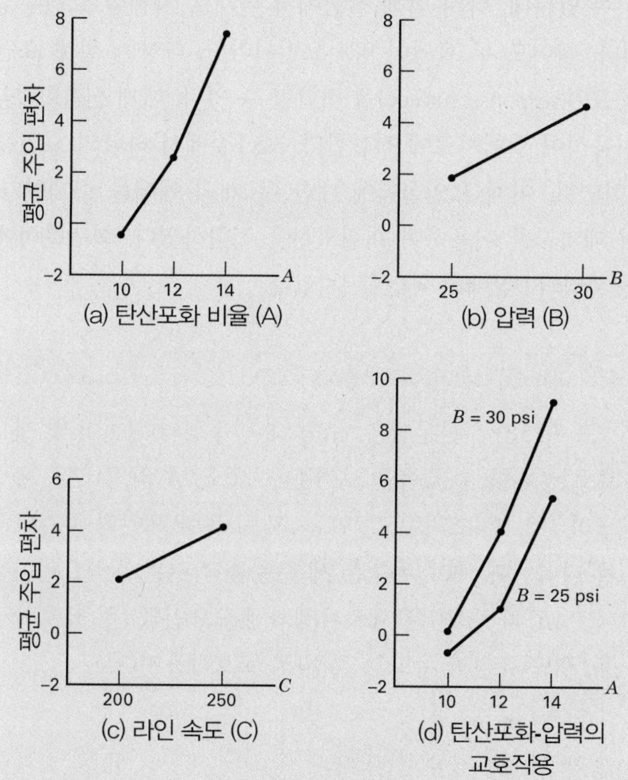

그림 5.16
예제 5.3의 주효과그림과 교호작용그림

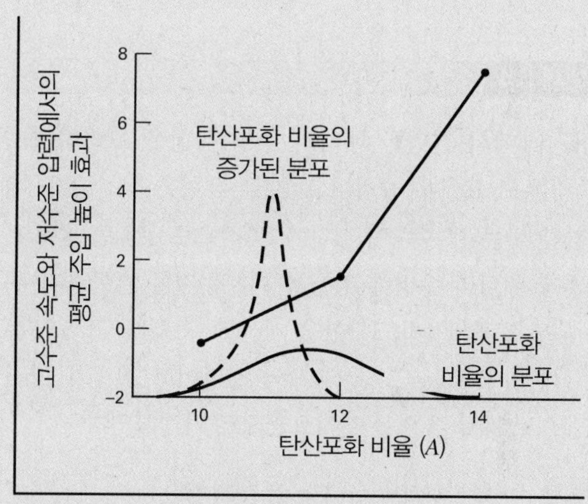

그림 5.17
탄산포화 수준에 따른 고수준 속도와 저수준 압력에서의 평균 주입 높이 편차

요인실험에서의 모든 요인이 고정되어 있다면, 검정통계량의 구성이 간단하다는 것을 보였다. 주효과 또는 교호작용의 검정을 위한 통계량은 언제나 주효과 또는 교호작용의 평균제곱을 평균오차제곱로 나눔으로써 구할 수 있다. 그러나 요인실험이 하나 또는 그 이상의 랜덤요인(random factors)을 포함하고 있다면, 검정통계량을 항상 이런 식으로 구성할 수 있는 것은 아니다. 올바른 검정을 위해서는 기대평균제곱 조사가 필요하다.

5.5 반응곡선과 반응표면 적합

분산분석은 언제나 실험의 모든 요인을 마치 양적 혹은 질적인 것처럼 처리한다. 그러나 많은 실험은 적어도 하나의 양적요인을 포함하고 있다. 양적요인의 수준에 **반응곡선**(response curve)에 유용하게 적합하려면 실험자는 요인의 반응값에 관련된 식을 가져야 한다. 이 식은 보간을 위해 사용될 수 있는데, 다시 말해 실험에서 실제로 사용된 요인수준 간의 예측 반응값을 구하는 것이다. 적어도 두 요인이 양적요인이라면, 다양한 설계 요인들 간의 조합에서 y를 예측할 **반응표면**(response surface)을 적합할 수 있다. 대개 **선형회귀방법**(linear regression methods)을 사용하여 실험자료에 적합한다. 3.5.1절에서 하나의 요인을 가지는 실험에서의 적합을 설명하였다. 이제 요인실험에 대한 두 개의 예제를 소개한다. 두 예제 모두 컴퓨터 소프트웨어 패키지를 이용하여 회귀모형을 적합하였다. 회귀분석에 관한 더 많은 정보는 이 장의 보충설명과 9장에서 확인할 수 있다.

예제 5.4

예제 5.1에서 설명한 배터리 수명 실험을 고려하고자 한다. 온도 요인은 양적이고, 재료 유형은 질적이다. 게다가 온도는 세 수준이 있다. 결과적으로 우리는 온도가 어떻게 배터리 수명에 영향을 미치는지를 알아보기 위해 온도 효과의 1차, 2차항을 계산할 수 있다. 표 5.15는 이 실험의 Design-Expert의 요약 결과이고, 온도를 양적요인으로 재료 유형을 질적요인으로 가정하였다.

표 5.15의 분산분석은 "모형"의 변동성의 원천이 몇 개로 세분화할 수 있음을 보여준다. 요소 "A"와 "A^2"은 온도의 1차, 2차효과이고, "B"는 재료 유형 요인의 주효과를 나타낸다. 재료 유형은 세 수준을 가지는 질적요인이다. "AB"와 "A^2B"은 재료 유형과 온도요인의 1차 교호작용, 재료 유형과 온도의 2차항의 교호작용이다.

표 5.15 예제 5.4의 Design-Expert 결과(계속)

Response: Life In Hours
ANOVA for Response Surface Reduced Cubic Model
Analysis of Variance Table [Partial Sum of Squares]

Source	Sum of Squares	DF	Mean Square	F Value	Prob > F	
Model	59416.22	8	7427.03	11.00	<0.0001	significant
A	*39042.67*	*1*	*39042.67*	*57.82*	<0.0001	
B	*10683.72*	*2*	*5341.86*	*7.91*	*0.0020*	
A^2	*76.06*	*1*	*76.06*	*0.11*	*0.7398*	
AB	*2315.08*	*2*	*1157.54*	*1.71*	*0.1991*	
A^2B	*7298.69*	*2*	*3649.35*	*5.40*	*0.0106*	
Residual	18230.75	27	675.21			
Lack of Fit	*0.000*	*0*				
Pure Error	*18230.75*	*27*	*675.21*			

표 5.15 예제 5.4의 Design-Expert 결과

Cor Total	77646.97	35				
Std. Dev.	25.98		R-Squared	0.7652		
Mean	105.53		Adj R-Squared	0.6956		
C.V.	24.62		Pred R-Squared	0.5826		
PRESS	32410.22		Adeq Precision	8.178		

Term	**Coefficient Estimate**	**DF**	**Standard Error**	**95% Cl Low**	**95% Cl High**	**VIF**
Intercept	107.58	1	7.50	92.19	122.97	
A-Temp	−40.33	1	5.30	−51.22	−29.45	1.00
B[1]	−50.33	1	10.61	−72.10	−28.57	
B[2]	12.17	1	10.61	−9.60	33.93	
A^2	−3.08	1	9.19	−21.93	15.77	1.00
AB[1]	1.71	1	7.50	−13.68	17.10	
AB[2]	−12.79	1	7.50	−28.18	2.60	
A^2B[1]	41.96	1	12.99	15.30	68.62	
A^2B[2]	−14.04	1	12.99	−40.70	12.62	

Final Equation in Terms of Coded Factors:

Life =
+107.58
−40.33 $*A$
−50.33 $*B$[1]
+12.17 $*B$[2]
−3.08 $*A^2$
+1.71 $*AB$[1]
−12.79 $*AB$[2]
+41.96 $*A^2B$[1]
−14.04 $*A^2$[2]

Final Equation in Terms of Actual Factors:

Material Type 1
Life =
+169.38017
−2.50145 *Temp
+0.012851 *Temp^2

Material Type 2
Life =
+159.62397
−0.17335 *Temp
+0.41627 *Temp^2

Material Type 3
Life =
+132.76240
+0.90289 *Temp
−0.01248 *Temp^2

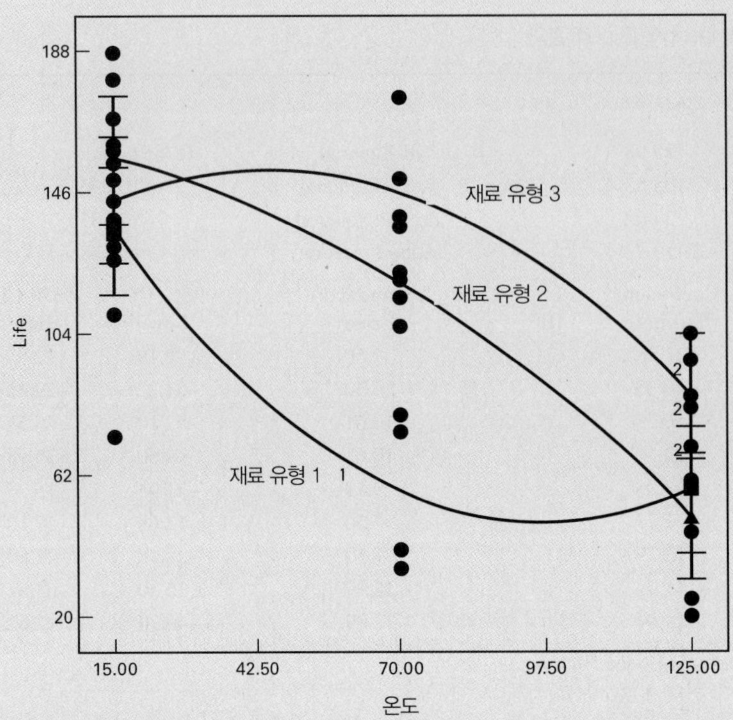

그림 5.18
예제 5.4의 세 가지 재료 유형에 대해 온도의 함수로 표현한 예상수명

P 값은 "A^2"과 "AB"는 유의하지 않고, "A^2B"는 유의하다. 흔히 유의하지 않은 항 또는 요인을 모형에서 제거하려 하는데, 이 경우에 A^2과 AB를 제거하고 A^2B만 유지하면 **계층적**(hierarchical)이지 않은 모델이 될 것이다. **계층원칙**(hierarchy principle)은 모형이(A^2B와 같은) 고차항(higher-order term)을 가지고 있다면, 또한 이를 구성하고 있는(A^2과 AB 같은) 모든 저차항(lower order term) 역시 포함하는 것이다. 계층은 모형의 내적일치도(internal consistency)를 촉진하고 통계모형을 따를 때 자주 이러한 원칙을 따른다. 그러나 계층이 언제나 옳지는 않으며, 계층을 유지하기 위해서 실제로 유의하지 않은 항을 예측 식에 포함하지 않는 것이 예측 식으로서 더욱 성능이 좋다.

컴퓨터 계산결과는 모형 계수 추정치와 부호화된 요인의 배터리 수명에 대한 최종 예측 식을 제시한다. 이 식에서 온도의 수준은 저, 중, 고수준(15, 70, 125℃)일 때, $A = -1, 0, +1$로 부호화하였다. 변수 $B[1]$과 $B[2]$는 **지표변수**(indicator variables)로 다음과 같이 부호화하였다.

	재료 유형		
	1	**2**	**3**
$B[1]$	1	0	−1
$B[2]$	0	1	−1

실제 요인수준에 대한 배터리 수명의 예측 식 역시 존재한다. 재료 유형이 질적이기 때문에 예측수명에 관한 식은 각 재료 유형에 따른 온도의 함수로서 표현된다. 그림 5.18은 이러한 세 식으로 만든 반응곡선이다. 그림 5.9에 있는 2요인 교호작용그림과 비교해 보도록 하자.

만약 요인실험에서 몇 가지 요인이 양적이라면 **반응표면**(response surface)으로 y와 설계된 요인 간의 관계를 모형화할 수 있다. 게다가 양적요인효과는 자유도가 1인 다항식(polynomial) 효과로 표현될 수 있다. 이와 유사하게 양적요인들의 교호작용을 자유도가 1인 교호작용의 요소들로 나눌 수 있으며, 예제 5.5를 통하여 확인할 수 있다.

예제 5.5

수치적으로 조절되는 기계에 설치된 절삭도구의 유효수명이 절삭 속도와 도구의 각도에 영향을 받는다. 세 종류의 속도와 세 종류의 각도가 선택되었고, 반복수 2를 가지는 3^2 요인실험이 수행되었다. 부호화된 자료는 표 5.16에 제시되어 있다. 동그라미 쳐진 숫자는 칸 총수 $\{y_{ij.}\}$이다.

표 5.17은 실험의 JMP 출력 결과이다. 이는 전통적인 분산분석으로, 두 요인 모두 범주형으로 처리한 것이다. 설계 요인 도구의 각도와 속도뿐만 아니라 각도-속도 교호작용도 역시 유의하다. 요인들이 양적이고 두 요인 모두 세 수준을 가지기에, 다음과 같은 **2차 모형**(second-order model)을 가진다.

$$y = \beta_0 + \beta_1 x_1 + \beta_2 x_2 + \beta_{12} x_1 x_2 + \beta_{11} x_1^2 + \beta_{22} x_2^2 + \epsilon$$

여기서 x_1 = 각도, x_2 = 속도로 또한 자료에 적합할 수 있다. 이 모형에 대한 JMP 결과는 표 5.18에 제시되어 있다. JMP가 교호작용과 2차항을 만들 때 예측변수를 "중앙화(center)"하고 있다. 2차 모형은 이 자료에 적합하기에 적당하지는 않다. R^2 값은 0.465에 지나지 않고(범주형 변수의 분산분석에서의 $R^2 = 0.895$와 비교), 속도의 1차항에서 유일하게 유의한 요인의 P 값은 0.0731이다.

2차 모형에 적합된 평균오차제곱은 5.5278이고, 표 5.17의 전통적인 범주형 변수의 분산분석 값보다 상당히 크다. 표 5.18의 JMP 결과는 **예측 프로파일러**(prediction profiler)를 보여주는데, 이는 반응변수 수명을 각 설계요인(각도와 속도)의 함수로 나타낸 것이다. 예측 프로파일러는 최적화에서 상당히 유용하다. 여기에는 각도와 속도의 수준을 최대 예상수명이 나올 수 있도록 설정되었다.

2차 모형이 잘 적합되지 않는 부분적인 이유는 이 모형에 포함된 네 개의 교호작용의 자유도 중 오직 단 하나만 설명되었기 때문이다. $\beta_{12}x_1x_2$ 항과 더불어, 자유도가 4인 교호작용을 완전히 설명할 세 가지 다른 요인이 있다, 즉, $\beta_{112}x_1^2x_2$, $\beta_{122}x_1x_2^2$, $\beta_{1122}x_1^2x_2^2$이다.

표 5.19는 고차항을 가지는 2차 모형의 JMP 출력이다. 이러한 고차항이 2요인 교호작용의 구성요소인 와중에, 최종모형은 감소된 사분위수이다(reduced quartic). 큰 P 값은 몇몇 있으나 모든 모형의 항이 계층을 보장한다. 예측 프로파일러는 각도가 25도이고 속도가 150 in/min일 때 최대 도구수명을 만들 수 있음을 나타낸다.

그림 5.19는 모형의 공구 수명의 등고선도이고, 그림 5.20은 삼차원 반응표면도이다. 이러한 그림들로 JMP

표 5.16 도구수명 실험자료

각도(도)	절삭 속도 (in/min) 125		150		175		$y_{i..}$
15	−2, −1	(−3)	−3, 0	(−3)	2, 3	(5)	−1
20	0, 2	(2)	1, 3	(4)	4, 6	(10)	16
25	−1, 0	(−1)	5, 6	(11)	0, −1	(−1)	9
$y_{.j.}$	−2		12		14		$24 = y_{...}$

표 5.17 예제 5.5의 도구수명 실험의 JMP 분산분석

Response Tool Life
Whole Model
Actual by Predicted Plot

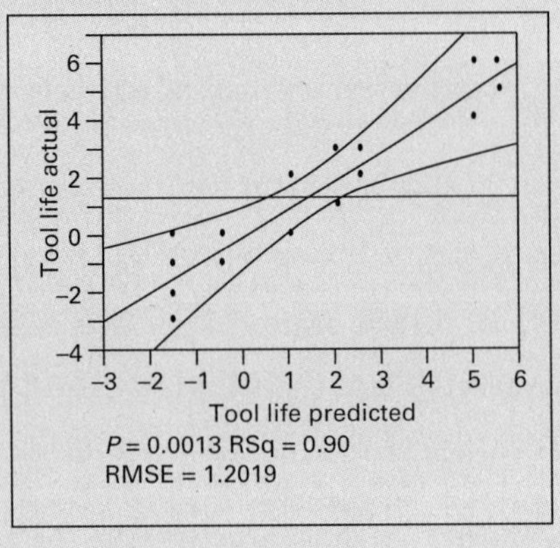

Summary of Fit

RSquare	0.895161
RSquare Adj	0.801971
Root Mean Square Error	1.20185
Mean of Response	1.333333
Observations (or Sum Wgts)	18

Analysis of Variance

Source	DF	Sum of Squares	Mean Square	*F* Ratio
Model	8	111.00000	13.8750	9.6058
Error	9	13.00000	1.4444	Prob > *F*
C. Total	17	124.00000		0.0013

Effect Tests

Source	Nparm	DF	Sum of Squares	*F* Ratio	Prob > *F*
Angle	2	2	24.333333	8.4231	0.0087
Speed	2	2	25.333333	8.7692	0.0077
Angle*Speed	4	4	61.333333	10.6154	0.0018

Residual by Predicted Plot

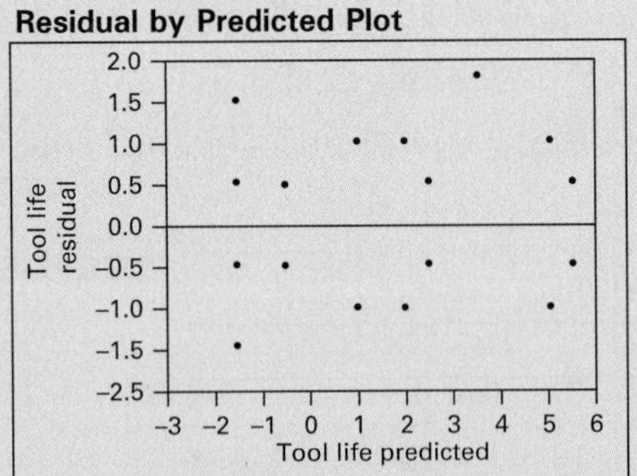

표 5.18 예제 5.5의 2차 모형의 JMP 결과

Response Tool Life
Actual by Predicted Plot

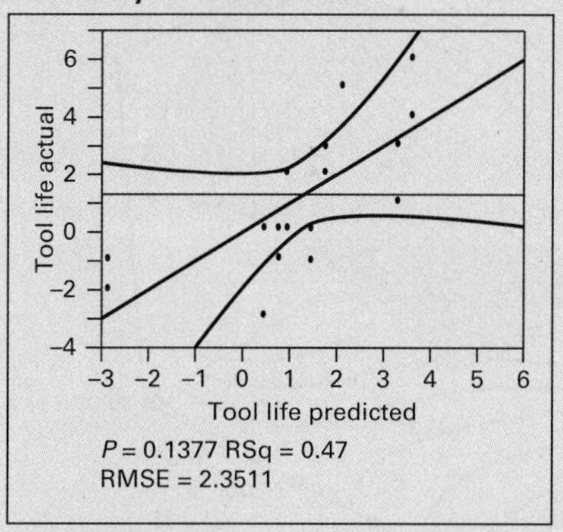

Summary of Fit

RSquare	0.465054
RSquare Adj	0.242159
Root Mean Square Error	2.351123
Mean of Response	1.333333
Observations (or Sum Wgts)	18

Analysis of Variance

Source	DF	Sum of Squares	Mean Square	*F* Ratio
Model	5	57.66667	11.5333	2.0864
Error	12	66.33333	5.5278	**Prob > *F***
C. Total	17	124.00000		0.1377

Parameter Estimates

Term	Estimate	Std. Error	*t* Ratio	Prob > |*t*|
Intercept	−8	5.048683	−1.58	0.1390
Angle	0.1666667	0.135742	1.23	0.2431
Speed	0.0533333	0.027148	1.96	0.0731
(Angle-20)*(Speed-150)	−0.008	0.00665	−1.20	0.2522
(Angle-20)*(Angle-20)	−0.08	0.047022	−1.70	0.1146
(Speed-150)*(Speed-150)	−0.0016	0.001881	−0.85	0.4116

Prediction Profiler

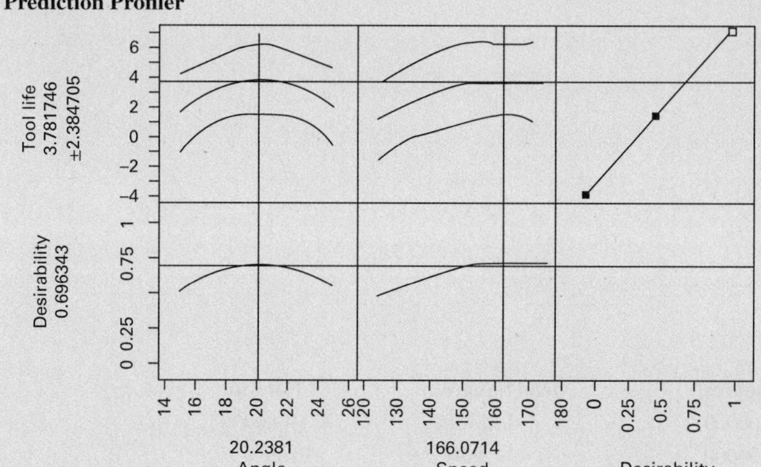

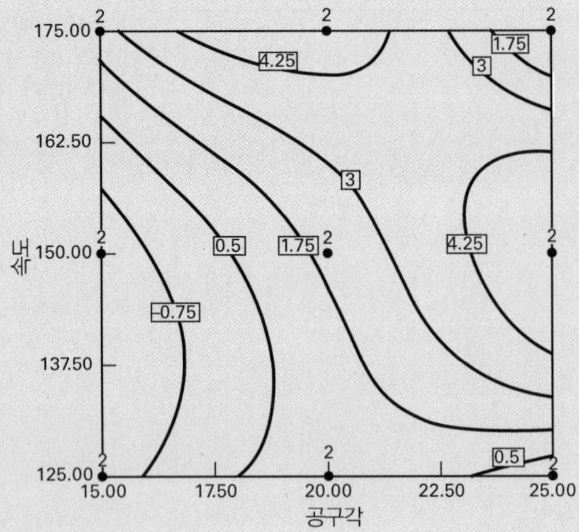

그림 5.19
예제 5.5의 공구 수명 반응표면의 이차원 등고선그림

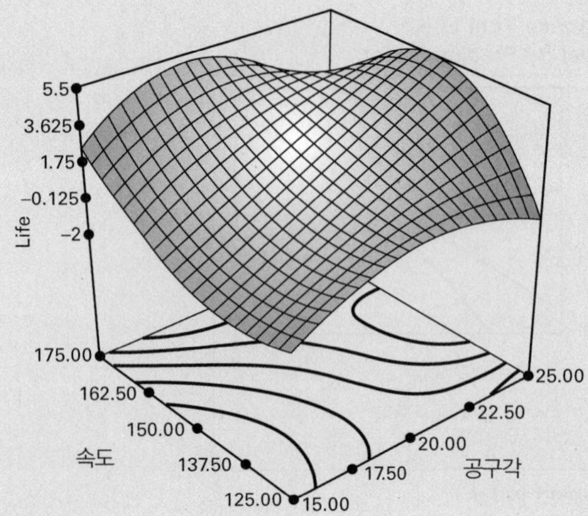

그림 5.20
예제 5.5의 삼차원 공구 수명 반응표면

예측 프로파일러로 알게 된 최적 운영 조건의 추정치를 확인할 수 있다. 설계된 실험에서 반응표면의 탐색은 중요한데, 이는 10장에서 좀 더 상세히 논의할 예정이다.

표 5.19 예제 5.5의 확장 모형의 JMP 결과(계속)

Response Y
Actual by Predicted Plot

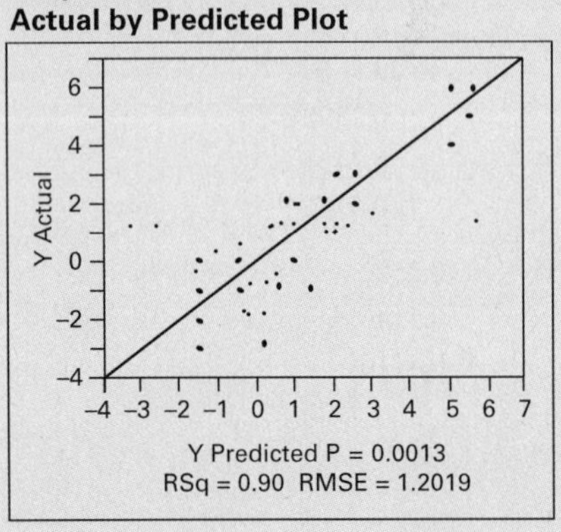

Summary of Fit

RSquare	0.895161
RSquare Adj	0.801971
Root Mean Square Error	1.20185
Mean of Response	1.333333
Observations (or Sum Wgts)	18

Analysis of Variance

Source	DF	Sum of Squares	Mean Square	*F* Ratio
Model	8	111.00000	13.8750	9.6058
Error	9	13.00000	1.4444	**Prob > *F***
C. Total	17	124.00000		0.0013*

표 5.19 예제 5.5의 확장 모형의 JMP 결과(계속)

Parameter Estimates

Term	**Estimate**	**Std Error**	***t* Ratio**	**Prob > |*t*|**
Intercept	−24	4.41588	−5.43	0.0004*
Angle	0.7	0.120185	5.82	0.0003*
Speed	0.08	0.024037	3.33	0.0088*
(Angle-20)*(Speed-150)	−0.008	0.003399	−2.35	0.0431*
(Angle-20)*(Angle-20)	2.776e-17	0.041633	0.00	1.0000
(Speed-150)*(Speed-150)	0.0016	0.001665	0.96	0.3618
(Angle-20)*(Speed-150)*(Angle-20)	−0.0016	0.001178	−1.36	0.2073
(Speed-150)*(Speed-150)*(Angle-20)	−0.00128	0.000236	−5.43	0.0004*
(Angle-20)*(Speed-150)*(Angle-20)*(Speed-150)	−0.000192	8.158a-5	−2.35	0.0431*

Effect Tests

Source	**Nparm**	**DF**	**Sum of Squares**	***F* Ratio**	**Prob > *F***
Angle	1	1	49.000000	33.9231	0.0003*
Speed	1	1	16.000000	11.0769	0.0088*
Angle*Speed	1	1	8.000000	5.5385	0.0431*
Angle*Angle	1	1	6.4198e-31	0.0000	1.0000
Speed*Speed	1	1	1.333333	0.9231	0.3618
Angle*Speed*Angle	1	1	2.666667	1.8462	0.2073
Speed*Speed*Angle	1	1	42.666667	29.5385	0.0004*
Angle*Speed*Angle*Speed	1	1	8.000000	5.5385	0.0431*

Sorted Parameter Estimates

Term	**Estimate**	**Std Error**	***t* Ratio**	**Prob > |*t*|**
Angle	0.7	0.120185	5.82	0.0003*
(Speed-150)*(Speed-150)*(Angle-20)	−0.00128	0.000236	−5.43	0.0004*
Speed	0.08	0.024037	3.33	0.0088*
(Angle-20)*(Speed-150)*(Angle-20)*(Speed-150)	−0.000192	8.158a-5	−2.35	0.0431*
(Angle-20)*(Speed-150)	−0.008	0.003399	−2.35	0.0431*
(Angle-20)*(Speed-150)*(Angle-20)	−0.0016	0.001178	−1.36	0.2073
(Speed-150)*(Speed-150)	0.0016	0.001665	0.96	0.3618
(Angle-20)*(Angle-20)	2.776e-17	0.041633	0.00	1.0000

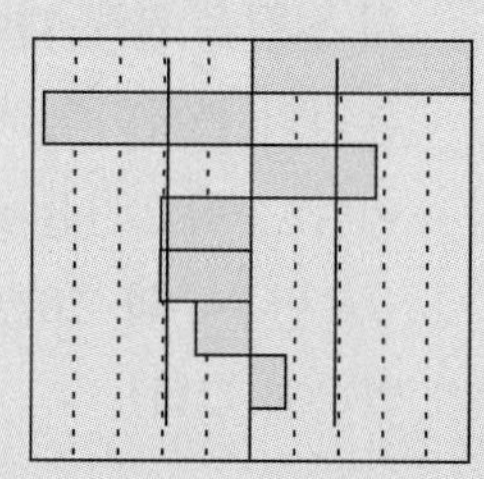

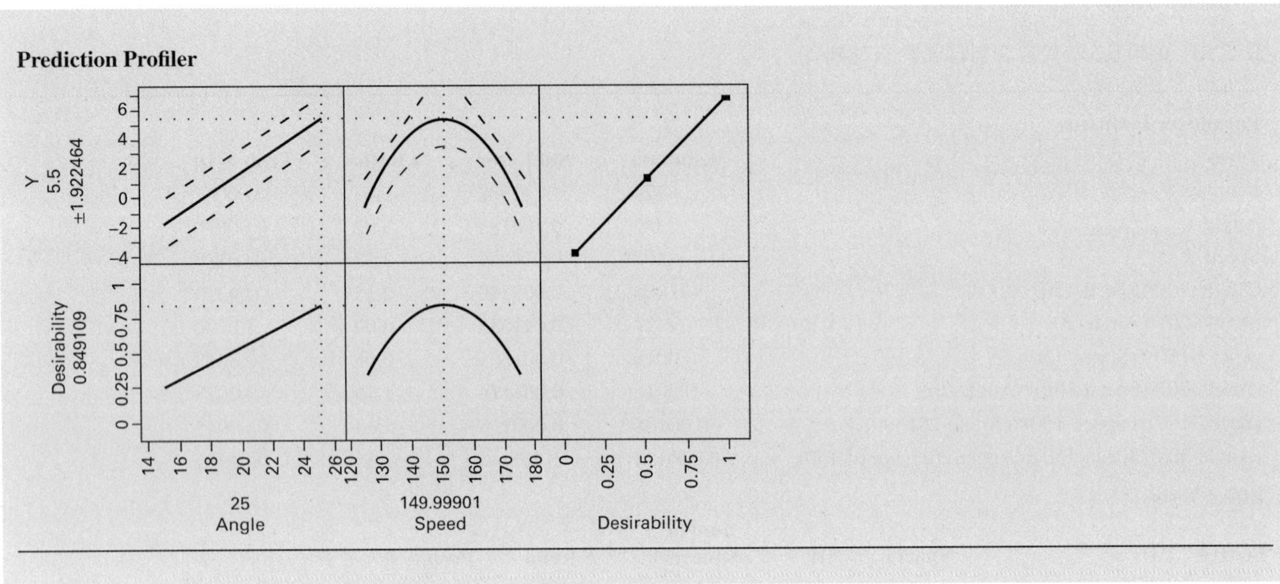

5.6 요인설계에서의 블록화

지금까지 완전 랜덤화 실험에서의 요인설계에 대해 논의하였다. 때로는 요인의 모든 시행을 완전 랜덤화하는 것이 불가능할 수도 있다. 예를 들어 장애요인(nuisance factor)이 있어서 실험을 블록 내에서 시행해야 할 때가 있다. 이미 4장에서 단일요인실험 상황에서의 기본적인 블록화의 개념을 살펴보았으므로, 어떻게 요인설계에서 블록화를 하는지 보일 것이다. 블록요인설계의 다양한 양상은 7, 8, 9장에 나타나 있다.

n 반복수와 2요인(A와 B)을 가지는 요인실험을 고려해 보자. 이 설계의 선형통계모형은 다음과 같다.

$$y_{ijk} = \mu + \tau_i + \beta_j + (\tau\beta)_{ij} + \epsilon_{ijk} \qquad \begin{cases} i = 1, 2, \ldots, a \\ j = 1, 2, \ldots, b \\ k = 1, 2, \ldots, n \end{cases} \tag{5.33}$$

여기서 τ_i, β_j와 $(\tau\beta)_{ij}$은 각각 요인 A, B와 AB 교호작용의 효과를 나타낸다. 이제 실험을 시행하려면 특정한 원재료(raw material)가 필요하다. 원재료는 배치(batch)로 이용할 수 있는데, 같은 배치에서 모든 abn 처리조합을 실험해볼 만큼 크지는 않다. 그러나 한 배치 안에 ab번 관찰할 만큼의 원재료가 있다면, 서로 다른 배치를 써서 각 n번의 반복을 하는 대안적인 설계가 가능하다. 결과적으로 원재료 배치가 랜덤화 제한 또는 **블록**(block)을 나타내고, 완전요인실험의 단일 반복수가 각 블록 내의 시행을 의미한다. 이 새로운 설계의 효과

표 5.20 2요인 랜덤화 완전 블록요인설계의 분산분석

변동원인	제곱합	자유도	평균제곱	F_0
블록	$\frac{1}{ab}\sum_k y_{..k}^2 - \frac{y_{...}^2}{abn}$	$n-1$	$\sigma^2 + ab\sigma_\delta^2$	
A	$\frac{1}{bn}\sum_i y_{i..}^2 - \frac{y_{...}^2}{abn}$	$a-1$	$\sigma^2 + \frac{bn\sum \tau_i^2}{a-1}$	$\frac{MS_A}{MS_E}$
B	$\frac{1}{an}\sum_j y_{.j.}^2 - \frac{y_{...}^2}{abn}$	$b-1$	$\sigma^2 + \frac{an\sum \beta_j^2}{b-1}$	$\frac{MS_B}{MS_E}$
AB	$\frac{1}{n}\sum_i\sum_j y_{ij.}^2 - \frac{y_{...}^2}{abn} - SS_A - SS_B$	$(a-1)(b-1)$	$\sigma^2 + \frac{n\sum\sum(\tau\beta)_{ij}^2}{(a-1)(b-1)}$	$\frac{MS_{AB}}{MS_E}$
오차	차감	$(ab-1)(n-1)$	σ^2	
합계	$\sum_i\sum_j\sum_k y_{ijk}^2 - \frac{y_{...}^2}{abn}$	$abn-1$		

모형은 다음과 같다.

$$y_{ijk} = \mu + \tau_i + \beta_j + (\tau\beta)_{ij} + \delta_k + \epsilon_{ijk} \qquad \begin{cases} i = 1, 2, \ldots, a \\ j = 1, 2, \ldots, b \\ k = 1, 2, \ldots, n \end{cases} \tag{5.34}$$

여기서 δ_k는 k번째 블록의 효과이다. 물론 블록 내 처리조합의 순서는 완전히 랜덤하게 시행된다.

식 5.34의 모형은 블록과 처리 사이의 교호작용을 무시할 수 있다고 가정한다. 이는 이전에 랜덤화 블록설계에서 하였던 가정이다. 이들의 교호작용이 존재한다면 오차항으로부터 분리하지 못할 것이다. 사실 이 모형의 오차항은 $(\tau\beta)_{ik}$, $(\beta\delta)_{jk}$, $(\tau\beta\delta)_{ijk}$ 교호작용으로 구성되어 있다. 분산분석에 대한 개요는 표 5.20에 기술하였다.

레이아웃은 요인설계와 비슷한데, 여기서는 오차제곱합이 블록에 대한 제곱합으로 감소하였다. 계산하면 n개의 블록 총수 $\{y_{..k}\}$ 사이의 제곱합으로 블록제곱합(sum of squares for blocks)을 구할 수 있다. 표 5.20의 분산분석은 두 요인 모두 고정되어 있고, 블록은 랜덤임을 가정한다. 블록 σ_δ^2에 대한 분산성분(variance component)의 ANOVA 추정치는 다음과 같다.

$$\sigma_\delta^2 = \frac{MS_{\text{Blocks}} - MS_E}{ab}$$

이전 예제에서 랜덤화는 원재료의 집단 내에서 행해지는 제약이 있었다. 현실에서는 시간이나 운영자와 같이 랜덤화를 제약하는 다양한 상황이 있다. 예를 들어 우리가 하루 만에 전체의 요인실험을 시행할 수 없다면, 실험자는 첫째 날에 반복수를 한 번 관찰, 둘째 날에 반복수를 한 번 관찰하는 방식으로 실험을 실행할 것이며 결과적으로 각 날짜가 블록이 된다.

예제 5.6

엔지니어가 레이더 스코프(radar scope)의 목표를 탐지하는 능력을 향상하기 위한 방법을 연구 중이다. 중요시되는 두 요인은 스코프 상의 주변 잡음의 양인 “지면반사산란(ground clutter)”과, 스크린 위에 위치하는 필터 유형이다. 실험은 세 수준의 지면반사산란과 두 유형의 필터를 이용하여 설계되었다. 이를 고정유형(fixed-type) 요인으로 고려하고자 한다. 실험은 임의로 처리조합(지면반사산란 수준과 필터 유형)을 선택하고, 타켓을 나타나는 신호를 스코프에서 잡는 방식으로 실행된다. 타켓의 강도는 운영자가 이를 관찰할 때까지 증가한다. 탐지될 때의 강도가 반응변수로 측정될 것이다. 운영자가 있어야 하므로, 운영자를 선택하고 둘 중 한 명이 필요한 수행이 끝날 때까지 자리를 지키는 게 편리할 것이다. 게다가 운영자별로 기술과 스코프 사용 능력이 모두 다르다. 결과적으로 운영자를 블록으로 보는 것이 논리적이다. 네 명의 운영자가 임의로 선택되었다. 한 운영자를 선택하면, 6개의 처리조합을 수행하는 순서는 랜덤하게 정해진다. 그러므로 3×2 요인실험을 랜덤화 완전블록으로 시행하게 된다. 자료는 표 5.21에 제시되어 있다.

이 실험의 선형모형은 다음과 같다.

$$y_{ijk} = \mu + \tau_i + \beta_j + (\tau\beta)_{ij} + \delta_k + \epsilon_{ijk} \qquad \begin{cases} i = 1, 2, 3 \\ j = 1, 2 \\ k = 1, 2, 3, 4 \end{cases}$$

여기서 τ_i는 지면반사산란 효과를, β_j는 필터 유형 효과를, $(\tau\beta)_{ij}$는 교호작용을, δ_k는 블록 효과를 나타내고, ε_{ijk}는 NID(0, σ^2)를 따르는 오차항이다. 지면반사산란, 필터 유형, 이들의 교호작용에 대한 제곱합은 일반적인 방법으로 계산하였다. 블록제곱합은 운영자 총수$\{y_{..k}\}$로부터 다음과 같이 구할 수 있다.

$$\begin{aligned} SS_{\text{Blocks}} &= \frac{1}{ab}\sum_{k=1}^{n} y_{..k}^2 - \frac{y_{...}^2}{abn} \\ &= \frac{1}{(3)(2)}[(572)^2 + (579)^2 + (597)^2 + (530)^2] \\ &\quad - \frac{(2278)^2}{(3)(2)(4)} \\ &= 402.17 \end{aligned}$$

실험에 대한 분산분석은 표 5.22에 요약되어 있다. 표

표 5.21 목표를 탐지하였을 때의 강도 수준

	1		2		3		4	
오퍼레이터(블록)	**1**	**2**	**1**	**2**	**1**	**2**	**1**	**2**
지면반사산란								
낮음	90	86	96	84	100	92	92	81
중간	102	87	106	90	105	97	96	80
높음	114	93	112	91	108	95	98	83

표 5.22 예제 5.6의 분산분석

변동원인	제곱합	자유도	평균제곱	F_0	P 값
지면반사산란 (*G*)	335.58	2	167.79	15.13	0.0003
여과장치 유형 (*F*)	1066.67	1	1066.67	96.19	<0.0001
GF	77.08	2	38.54	3.48	0.0573
블록	402.17	3	134.06		
오차	166.33	15	11.09		
합계	2047.83	23			

5.22는 모든 효과가 자신의 평균제곱을 평균오차제곱으로 나눈 것으로 검정되었음을 나타낸다. 지면반사산란 수준과 필터 유형 모두 1% 수준에서 유의한 반면에, 이들이 교호작용은 오직 10% 수준에서만 유의하다. 따라서 지면반사산란 수준과 사용된 스코프 필터 유형 모두 운영자의 목표탐지 능력에 영향을 받고, 요인 간의 약간의 교호작용의 징후가 있다고 결론지을 수 있다. 블록에 대한 분산성분(variance component, 임의효과의 분산)의 ANOVA 추정치는 다음과 같다.

$$\hat{\sigma}_\delta^2 = \frac{MS_{\text{Blocks}} - MS_E}{ab} = \frac{134.06 - 11.09}{(3)(2)} = 20.50$$

표 5.23은 실험에 대한 JMP 결과이며, 블록에 대한 분산성분의 REML 추정치를 확인할 수 있다. 실험이 균형설계(balanced design)이므로 REML과 분산분석 추정치가 일치한다. JMP는 또한 두 분산성분 σ^2와 σ_δ^2의 신뢰구간을 제시한다.

표 5.23 예제 5.6의 JMP 결과(계속)

Whole Model
Actual by Predicted Plot

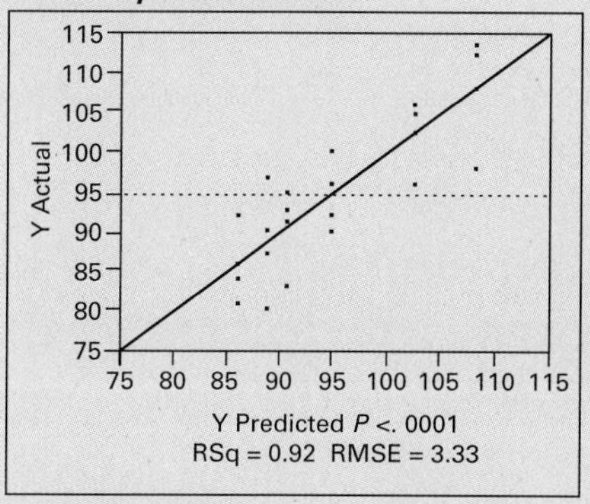

Summary of Fit

RSquare	0.917432
RSquare Adj	0.894497
Root Mean Square Error	3.329998
Mean of Response	94.91667
Observations (or Sum Wgts)	24

REML Variance Component Estimates

Random Effect	Var Ratio	Var Component	Std Error	95% Lower	95% Upper	Pct of Total
Operators (Blocks)	1.8481964	20.494444	18.255128	−15.28495	56.273839	64.890
Residual		11.088889	4.0490897	6.0510389	26.561749	35.110
Total		31.583333				100.000

−2 LogLikelihood = 118.73680261

Covariance Matrix of Variance Component Estimates

표 5.23 예제 5.6의 JMP 결과

Random Effect	Operators (Blocks)	Residual
Operators (Blocks)	333.24972	−2.732521
Residual	−2.732521	16.395128

Fixed Effect Tests

Source	Nparm	DF	DFDen	*F* Ratio	Prob > *F*
Clutter	2	2	15	15.1315	0.0003*
Filter Type	1	1	15	96.1924	<.0001*
Clutter*Filter Type	2	2	15	3.4757	0.0575

Residual by Predicted Plot

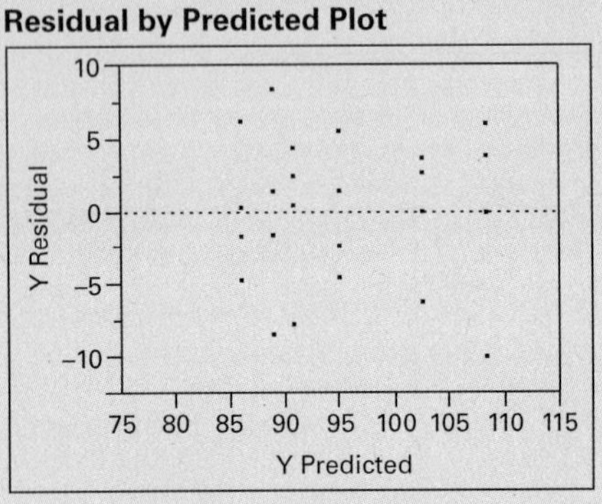

랜덤화의 제약이 두 개인 경우, 각각 P 수준이 있고 k개의 요인을 가진 요인설계의 처리조합의 수가 정확히 제약수준의 수와 일치한다면, 즉 $p = ab \ldots m$이면 요인설계는 $p \times p$ 라틴 방격(Latin square)으로 시행될 것이다. 예제 5.6의 레이더 목표탐지 실험의 변형을 생각해본다면, 이 실험의 요인들은 필터 유형(2수준), 지면반사산란(3수준)이고 운영자는 블록으로 간주할 수 있다.

이제 시간의 제약으로 인해 하루에 오직 6회의 시행만이 가능하다고 가정하자. 따라서 날짜가 두 번째 랜덤화 제약이 되고, 표 5.24에서와 같은 6×6 라틴정방설계(Latin square design)가 된다. 표에서 소문자로 f_i와 g_j를 각각 필터 유형과 지면반사산란의 i번째와 j번째의 수준을 나타냈다. 그러므로 f_1g_2는 필터 유형 1과 중간 지면반사산란을 나타낸다. 원래의 실험에서 네 명이 필요했던 것과 달리 지금은 여섯 명의 운영자가 필요하므로, 3×2 요인설계에서의 처리조합의 수가 제약수준의 수와 정확히 일치함을 알 수 있다. 게다가 이 설계에서는 각 운영자를 각각 하루에 한 번만 배치하면 된다. 라틴 철자 A, B, C, D, E, F는 $3 \times 2 = 6$ 요인 처리조합을 나타내고, 이는 $A = f_1g_1$, $B = f_1g_2$, $C = f_1g_3$, $D = f_2g_1$, $E = f_2g_2$, $F = f_2g_3$와 같이 나타낼 수 있다.

여섯 개의 라틴 철자 사이에서의 자유도 5는 필터 유형의 주효과(자유도 1), 지면반사산

표 5.24 레이더 탐지 실험의 6×6 라틴정방 시행

요일	오퍼레이터 1	2	3	4	5	6
1	$A(f_1g_1 = 90)$	$B(f_1g_2 = 106)$	$C(f_1g_3 = 108)$	$D(f_2g_1 = 81)$	$F(f_2g_3 = 90)$	$E(f_2g_2 = 88)$
2	$C(f_1g_3 = 114)$	$A(f_1g_1 = 96)$	$B(f_1g_2 = 105)$	$F(f_2g_3 = 83)$	$E(f_2g_2 = 86)$	$D(f_2g_1 = 84)$
3	$B(f_1g_2 = 102)$	$E(f_2g_2 = 90)$	$G(f_2g_3 = 95)$	$A(f_1g_1 = 92)$	$D(f_2g_1 = 85)$	$C(f_1g_3 = 104)$
4	$E(f_2g_2 = 87)$	$D(f_2g_1 = 84)$	$A(f_1g_1 = 100)$	$B(f_1g_2 = 96)$	$C(f_1g_3 = 110)$	$F(f_2g_3 = 91)$
5	$F(f_2g_3 = 93)$	$C(f_1g_3 = 112)$	$D(f_2g_1 = 92)$	$E(f_2g_2 = 80)$	$A(f_1g_1 = 90)$	$B(f_1g_2 = 98)$
6	$D(f_2g_1 = 86)$	$F(f_2g_3 = 91)$	$E(f_2g_2 = 97)$	$C(f_1g_3 = 98)$	$B(f_1g_2 = 100)$	$A(f_1g_1 = 92)$

란(자유도 2), 교호작용(자유도 2)에 상응한다. 이 설계의 선형통계모형은 다음과 같다.

$$y_{ijkl} = \mu + \alpha_i + \tau_j + \beta_k + (\tau\beta)_{jk} + \theta_l + \epsilon_{ijkl} \quad \begin{cases} i = 1, 2, \ldots, 6 \\ j = 1, 2, 3 \\ k = 1, 2 \\ l = 1, 2, \ldots, 6 \end{cases} \tag{5.35}$$

여기서 τ_j와 β_k는 지면반사산란과 필터 유형의 효과를, α_i와 θ_l은 각각 날짜와 운영자의 랜덤화 제약을 나타낸다. 제곱합을 계산하기 위해서 다음의 처리 총수에 대한 이원표가 도움이 될 것이다.

지면반사산란	여과장치 유형 1	여과장치 유형 2	$y_{.j..}$
낮음	560	512	1072
중간	607	528	1135
높음	646	543	1189
$y_{..k.}$	1813	1583	$3396 = y_{....}$

더 나아가 행과 열의 총수는 다음과 같다.

행 $(y_{.jkl})$:	563	568	568	568	565	564
열 $(y_{ijk.})$:	572	579	597	530	561	557

분산분석은 표 5.25에 요약되어 있다. 해당 표에 열을 추가하여 각 제곱합에 대한 자유도가 어떻게 결정되었는지를 나타내었다.

표 5.25 3×2 라틴정방 요인실험으로서의 레이더 탐지 실험 분산분석

변동원인	제곱합	자유도	자유도에 대한 일반적인 식	평균제곱	F_0	P 값
지면반사산란, G	571.50	2	$a-1$	285.75	28.86	<0.0001
여과장치 유형, F	1469.44	1	$b-1$	1469.44	148.43	<0.0001
GF	126.73	2	$(a-1)(b-1)$	63.37	6.40	0.0071
요일(행)	4.33	5	$ab-1$	0.87		
오퍼레이터(열)	428.00	5	$ab-1$	85.60		
오차	198.00	20	$(ab-1)(ab-2)$	9.90		
합계	2798.00	35	$(ab)^2-1$			

5.7 연습문제

5.1 질적요인을 포함한 요인실험의 모형에서 교호작용은 결과의 반응표면모형에 곡면을 허용하는 방법이다.

(a) 참 (b) 거짓

5.2 요인실험은 각 반복을 하나의 블록으로 보면 RCBD처럼 취급될 수 있다.

(a) 참 (b) 거짓

5.3 요인실험의 교호작용이 유의하다면, 교호작용에 들어있는 요인의 주효과는 개별적으로 해석하기 어려워진다.

(a) 참 (b) 거짓

5.4 바이오메디컬 실험자가 새 제품을 만드는 데 2요인 요인실험을 수행하였다. 컴퓨터 소프트웨어로 다음의 통계분석 결과를 얻었다. 일부 결과가 다음에 나타나 있다.

선택된 요인모형에 대한 ANOVA
분산분석표(부분제곱합)

요인	제곱합	자유도	평균 제곱	F 값	유의확률
모형	874.00	5	174.80	3.28	0.0904
A	*776.00*	?	*388.00*	*7.27*	*0.0249*
B	*5.33*	*1*	*5.33*	*0.10*	*0.7625*
AB	*92.67*	*2*	*46.33*	*0.87*	*0.4663*
순수오차	320.00	?	53.33		
합계	1194.00	11			

(a) ANOVA의 "모형"행의 F 통계량을 해석하라. 구체적으로 어떤 가설이 검정된 것인가?

(b) 각 모델 효과에 대해서 어떤 결론을 내릴 수 있는가?

(c) 실험에 사용된 요인 A의 수준의 개수는 몇 개인가?

(d) 얼마나 많은 반복수를 가지는가?

5.5 다음의 미완성 ANOVA 표를 보자.

요인	제곱합	자유도	평균제곱	F 값
A	?	1	50.00	?
B	80.00	?	40.00	?
AB	30.00	2	15.00	?
오차	?	12	?	
합계	172.00	17		

(a) 다음 ANOVA를 채워라.

(b) 실험의 결과를 해석하라.

(c) 표본 관측치의 순수오차의 표준편차는 1이다. (참 혹은 거짓)

5.6 아래는 요인실험에 의한 2요인 분산분석이 수행된 컴퓨터 프로그래밍 결과이다.

```
Two-way ANOVA: y versus A, B
Source          DF       SS          MS      F      P
A                1        ?      0.0002      ?      ?
B                ?  180.378           ?      ?      ?
Interaction      3    8.479           ?      ?  0.932
Error            8  158.797           ?
Total           15  347.653
```

(a) 분산분석표의 빈 칸을 채워 보자. P 값의 경계값을 이용하라.

(b) 요인 B에 사용된 수준은 몇 개인가?

(c) 몇 번의 반복실험이 수행되었는가?

(d) 이 실험에서 얻을 수 있는 결론은 무엇인가?

5.7 화학 처리 분야의 연구 결과 가장 중요한 변수 두 개는 압력과 온도였다. 각 요인의 세 가지 수준을 선택한 후 두 번 반복하는 요인실험을 수행한 결과가 아래와 같다.

온도 (°C)	압력 (psig) 200	215	230
150	90.4	90.7	90.2
	90.2	90.6	90.4
160	90.1	90.5	89.9
	90.3	90.6	90.1
170	90.5	90.8	90.4
	90.7	90.9	90.1

(a) $\alpha = 0.05$를 이용하여 데이터를 분석하고 결과를 도출하라.

(b) 적절한 잔차그림을 그리고 모형의 적합도를 검정하라.

(c) 어떠한 조건에서 이 처리를 수행하는 것이 가장 좋은가?

5.8 어떤 기술자는 금속부의 마감이 공급량과 절삭 깊이의 영향을 받을 것으로 생각하였다. 그는 세 종류의 공급량과 네 종류의 절삭 깊이를 선택한 후 요인실험을 수행하였고 아래와 같은 데이터를 얻었다.

공급량 (in/min)	절삭 깊이 (in) 0.15	0.18	0.20	0.25
	74	79	82	99
0.20	64	68	88	104
	60	73	92	96
	92	98	99	104
0.25	86	104	108	110
	88	88	95	99
	99	104	108	114
0.30	98	99	110	111
	102	95	99	107

(a) $\alpha = 0.05$를 이용하여 데이터를 분석하고 결과를 도출하라.

(b) 적절한 잔차그림을 그리고 모형의 적합도를 검정하라.

(c) 각 공급량에서 마감의 평균 점추정치를 구하라.

(d) (a)의 검정의 P 값을 구하라.

5.9 연습문제 5.8의 데이터로 공급량 0.20과 0.25 in/min의 반응의 평균 차이에 대한 95% 신뢰구간을 계산하라.

5.10 *Industrial Quality Control* 에 실린 한 논문(1956, pp.5-8)은 유리의 종류와 인광물질의 종류가 텔레비전 수상관에 미치는 영향에 대해 조사한 실험을 포함하고 있다. 종속변수는 밝기의 수준을 나타내는 microamps이며 데이터는 아래와 같다.

유리 종류	인광물질 종류 1	2	3
	280	300	290
1	290	310	285
	285	295	290
	230	260	220
2	235	240	225
	240	235	230

(a) $\alpha = 0.05$일 때 각 요인이 밝기에 영향을 미친다는 증거가 있는가?

(b) $\alpha = 0.05$일 때 두 요인의 교호작용이 존재하는가?

(c) 실험의 잔차를 평가하라.

5.11 합성섬유가 끊어지는 강도에 영향을 미치는 요인에 관한 연구에서 같은 생산 집단에 있는 네 가지의 생산 기계와 세 명의 기술자가 선택되어 요인실험이 수행되었다. 결과는 아래와 같다.

기술자	기계 1	2	3	4
1	109	110	108	110
	110	115	109	108
2	110	110	111	114
	112	111	109	112
3	116	112	114	120
	114	115	119	117

(a) $\alpha = 0.05$를 이용하여 데이터를 분석하고 결과를 도출하라.

(b) 적절한 잔차그림을 그리고 모형의 적합도를 검정하라.

5.12 아래는 오실로스코프관의 광 출력에 영향을 미치는 조작 온도와 세 가지 종류의 화면 유리를 실험한 결과이다.

유리 종류	온도 100	125	150
	580	1090	1392
1	568	1087	1380
	570	1085	1386
	550	1070	1328
2	530	1035	1312
	579	1000	1299
	546	1045	867
3	575	1053	904
	599	1066	889

(a) $\alpha = 0.05$일 때 유의한 상호작용효과가 존재하는가? 유리의 종류나 온도가 종속변수에 영향을 미치는가? 결론을 도출하라.

(b) 유리 종류와 온도에 따른 광 출력에 대한 적절한 모형을 만들어라.

(c) 실험의 잔차를 평가하고 본인이 고려한 모형의 적합도를 검정하라.

5.13 연습문제 5.7의 실험에서 종속데이터에 적절한 모형을 적합해 보자. 모형을 이용하여 공정과정의 생산조건 지침을 제공하라.

5.14 Tukey의 방법을 이용하여 연습문제 5.7의 데이터에서 어떤 수준의 압력 요인이 유의한 차이가 있는지 검정하라.

5.15 다음은 타는 온도 또는 용광로의 위치가 탄소 애노드의 구워진 밀도에 영향을 미치는지 알아보는 실험이 수행된 결과에 관한 데이터이다.

위치	온도 (°C) 800	825	850
	570	1063	565
1	565	1080	510
	583	1043	590
	528	988	526
2	547	1026	538
	521	1004	532

교호작용이 없다고 가정했을 때 통계모형을 만들어라. 분산분석을 실시하고 주효과의 가설을 검정해 보자. 결론은 무엇인가? 모형의 적합도를 평가하라.

5.16 두 요인이 고정되어 있다고 가정할 때 한 셀당 하나의 관측치가 있는 2요인 분산분석의 기대평균제곱을 도출하라.

5.17 다음의 데이터는 2요인 요인실험의 결과이다. $\alpha = 0.05$를 이용하여 데이터를 분석하고 결과를 도출하라. 비가법성을 검정하라.

행 요인	열 요인 1	2	3	4
1	36	39	36	32
2	18	20	22	20
3	30	37	33	34

5.18 접착제의 전단력은 도포한 압력과 온도에 의해 영향을 받는다. 두 요인이 고정된 상태에서 요인실험이 수행되었다. 데이터를 분석하고 결과를 도출하고 비가법성을 검정하라.

압력 (lb/in^2)	온도 (°F) 250	260	270
120	9.60	11.28	9.00
130	9.69	10.10	9.57
140	8.43	11.01	9.03
150	9.98	10.44	9.80

5.19 다음은 3요인 모형이다.

$$y_{ijk} = \mu + \tau_i + \beta_j + \gamma_k + (\tau\beta)_{ij} + (\beta\gamma)_{jk} + \varepsilon_{ijk} \quad \begin{cases} i = 1, 2, \ldots, a \\ j = 1, 2, \ldots, b \\ k = 1, 2, \ldots, c \end{cases}$$

오직 한 번의 반복만 있다. 모든 요인이 고정되었다고 가정할 때 기대평균제곱을 포함한 분산분석표를 작성하라. 실험오차를 가설검정에 사용할 것인가?

5.20 미가공 펄프에서 견목재 집중 비율과 압력, 펄프의 증해 시간이 종이의 강도에 영향을 미친다고 조사되었다. 세 가지의 견목재 집중 정도와 세 종류의 압력, 두 가지 증해 시간을 선택한 후 두 번 반복하는 요인실험을 수행한 결과가 아래와 같다.

견목재 집중 비율	증해 시간 (3시간) 압력 400	500	650
2	196.6	197.7	199.8
	196.0	196.0	199.4
4	198.5	196.0	198.4
	197.2	196.9	197.6
8	197.5	195.6	197.4
	196.6	196.2	198.1

견목재 집중 비율	증해 시간 (3시간)		
	압력		
	400	500	650
2	198.4	199.6	200.6
	198.6	200.4	200.9
4	197.5	198.7	199.6
	198.1	198.0	199.0
8	197.6	197.0	198.5
	198.4	197.8	199.8

(a) $\alpha = 0.05$를 이용하여 데이터를 분석하고 결과를 도출하라.

(b) 적절한 잔차그림을 그리고 모형의 적합도를 검정하라.

(c) 어떠한 조건에서 처리를 수행하는 것이 가장 좋은가? 왜 그러한가?

5.21 섬유 마감 공장의 품질 관리 부서는 생산직 근로자의 셔츠에 사용되는 합성섬유 옷의 염색에 영향을 미치는 몇 가지 요인들에 관한 연구를 수행하였다. 세 명의 기술자, 세 종류의 사이클 시간, 그리고 두 가지 온도가 선택되고 옷의 세 가지 샘플이 각각 지정된 조건에서 염색되었다. 마감된 옷에는 표준 기준과 비교하여 수치화된 점수가 할당되었다. 결과는 다음과 같다. 데이터를 분석하고 결과를 도출하라. 모형의 적합도를 검정하라.

	온도					
	300°C			350°C		
	기술자			기술자		
사이클 시간	1	2	3	1	2	3
	23	27	31	24	38	34
40	24	28	32	23	36	36
	25	26	29	28	35	39
	36	34	33	37	34	34
50	35	38	34	39	38	36
	36	39	35	35	36	31
	28	35	26	26	36	28
60	24	35	27	29	37	26
	27	34	25	25	34	24

5.22 연습문제 5.7에서 만약 실제 평균과 어떤 두 압력의 차이가 0.5보다 크다면 높은 확률로 귀무가설을 기각하고 싶다고 가정하자. 합리적인 표준편차의 사전 추정치가 0.1이라면 수행이 몇 번 반복되어야 하는가?

5.23 연습문제 5.10의 반복수행을 블록으로 가정했을 때 데이터를 분석하라.

5.24 연습문제 5.11의 반복수행을 블록으로 가정했을 때 데이터를 분석하라.

5.25 *Journal of Testing and Evaluation*(Vol. 16, No. 2, pp. 508-515)에 실린 한 논문은 반복하중과 피로 균열성장의 환경적 조건이 특정 물질의 22 MPa stress에 미치는 영향을 조사하였다. 실험의 데이터는 아래와 같다(종속변수는 균열성장률이다).

	환경		
빈도	H_2O (염)	H_2O	Salt H_2O
	2.29	2.06	1.90
10	2.47	2.05	1.93
	2.48	2.23	1.75
	2.12	2.03	2.06
	2.65	3.20	3.10
1	2.68	3.18	3.24
	2.06	3.96	3.98
	2.38	3.64	3.24
	2.24	11.00	9.96
0.1	2.71	11.00	10.01
	2.81	9.06	9.36
	2.08	11.30	10.40

(a) $\alpha = 0.05$를 이용하여 실험의 데이터를 분석하라.

(b) 잔차를 분석하라.

(c) $\ln(y)$를 종속변수로 하여 (a)와 (b)를 다시 분석하고 결과를 도출하라.

5.26 *IEEE Transactions on Electron Devices*(Nov. 1986, pp. 1754)에 실린 한 논문은 폴리실리콘 도핑에 관한 연구를 담고 있다. 다음 실험은 위 연구를 변형한 것이다. 종속변수는 기부 전류이다.

폴리실리콘 도핑 (이온)	아닐 온도 (°C)		
	900	950	1000
1×10^{20}	4.60	10.15	11.01
	4.40	10.20	10.58
2×10^{20}	3.20	9.38	10.81
	3.50	10.02	10.60

(a) $\alpha = 0.05$일 때 폴리실리콘 도핑 수준 또는 아닐 온도가 기부 전류에 영향을 미친다는 증거가 존재하는가?

(b) 실험을 이해하는 데 도움을 줄 수 있는 시각적 자료를 보여라.

(c) 잔차를 분석하고 모형 적합도를 검정하라.

(d) 모형

$$y = \beta_0 + \beta_1 x_1 + \beta_2 x_2 + \beta_{22} x_2^2 + \beta_{12} x_1 x_2 + \varepsilon$$

이 실험에 의해 설명되는가? (x_1 = 도핑 수준, x_2 = 온도) 모형의 모수를 추정하고 반응표면을 그려라.

5.27 세 개의 다른 장치(라디오, 카메라, 그리고 휴대용 DVD 플레이어)에서의 건전지 수명을 연구하였다. 완전 랜덤화 설계된 2요인 요인실험이 수행되었고 결과는 다음과 같다.

	장치		
배터리 상표	**라디오**	**카메라**	**DVD 플레이어**
A	8.6	7.9	5.4
	8.2	8.4	5.7
B	9.4	8.5	5.8
	8.8	8.9	5.9

(a) $\alpha = 0.05$를 이용하여 데이터를 분석하고 결론을 도출하라.

(b) 잔차그림을 통해 모형 적합도를 평가하라.

(c) 어떤 종류의 건전지를 추천할 것인가?

5.28 세탁제품 제조회사가 새롭게 생산해 낸 얼룩 제거제의 성능에 관한 실험을 하였다. 신제품의 실험용 면 옷에서 얼룩과 같은 토마토 자국을 제거하는 성능을 기존 제품의 성능과 비교한다. 실험의 다른 요인은 실험 제품의 씻는 횟수(1 혹은 2)와 세정 촉진제의 사용 여부이다. 반응변수는 세탁 후 얼룩의 밝기이다(12가 가장 어둡고, 0이 가장 밝다). 데이터는 다음과 같다.

	세탁 횟수		세탁 횟수	
	1		2	
제품 상태	세정 촉진제		세정 촉진제	
	Yes	**No**	**Yes**	**No**
새 제품	6, 5	6, 5	3, 2	4, 1
기존 제품	10, 9	11, 11	10, 9	9, 10

(a) $\alpha = 0.05$를 이용하여 분산분석을 실시하라. 결론은 무엇인가?

(b) 잔차그림을 통해 모형 적합도를 평가하라.

5.29 정형외과 의사들이 사용하는 앵커는 회전근개가 파열되었을 때 치료용으로 사용된다(주로 야구선수들의 어깨 힘줄 손상). 앵커는 파열된 힘줄 근처의 어깨뼈에 박힌 구멍에 나사를 박는 나삿니가 있는 삽입 용품이다. 파열된 힘줄은 앵커에 의해 봉합된다. 성공적인 수술에서는 힘줄이 안정화되어 스스로 뼈에 다시 붙게 된다. 그러나 만약 무거운 짐을 들게 될 때 앵커가 빠질 수 있다. 실험은 세 종류의 앵커와 두 가지의 발포 고무 밀도(발포 고무는 실제 뼈에서 발견되는 자연적인 다양성을 가장한 것이다)에 따른 앵커를 빠지게 하는 힘에 관한 연구이다. 두 번의 반복하였으며 실험설계와 빠져나오는 힘에 대한 데이터는 다음과 같다.

	발포고무 밀도	
앵커 종류	**낮음**	**높음**
A	190, 200	241, 255
B	185, 190	230, 237
C	210, 205	256, 260

(a) 실험의 데이터를 분석하라.

(b) 적절한 잔차그림을 통해 모형 적합도를 평가하라.

(c) 결론은 무엇인가?

5.30 컴퓨터 키보드의 느낌(단단함 혹은 부드러움)과 키의 크기(작음, 보통, 큼)를 조사하기 위해 연구를 실시하였다. 반응변수는 타이핑의 속도이며 세 번의 반복실험이 진행되었다. 실험설계와 데이터는 다음과 같다.

	키보드 느낌	
키의 크기	**부드러움**	**단단함**
작음	31, 33, 35	36, 40, 41
보통	36, 35, 33	40, 41, 42
큼	37, 34, 33	38, 36, 39

(a) 실험의 데이터를 분석하라.

(b) 적절한 잔차그림을 통해 모형 적합도를 평가하라.

(c) 결론은 무엇인가?

5.31 *Quality Progress*(May 2011, pp. 42-48)에 게재된 한 논문은 은가루 생산 공정의 개선을 위해 실시한 실험설계에 관한 내용을 담고 있다. 생산품은 실리콘 웨이퍼부터 탄성막 스위치까지 넓고 다양한 제품을 생산하는 열 전도성 풀에 이용된다. 가루 밀도(g/cm^2)와 표면적(cm^2/g)이 제품의 중요한 특성이다. 실험은 반응 온도, 암모늄 %, 젓는 비율의 세 요인과 관련이 있다. 각 요인은 각각 두 개의 수준으로 되어있으며 실험은 두 번 반복된다. 실험은 다음과 같다.

암모늄 (%)	젓는 속도 (RPM)	온도 (°C)	밀도	표면적
2	100	8	14.68	0.40
2	100	8	15.18	0.43
30	100	8	15.12	0.42
30	100	8	17.48	0.41
2	150	8	7.54	0.69
2	150	8	6.66	0.67
30	150	8	12.46	0.52
30	150	8	12.62	0.36
2	100	40	10.95	0.58
2	100	40	17.68	0.43
30	100	40	12.65	0.57
30	100	40	15.96	0.54
2	150	40	8.03	0.68
2	150	40	8.84	0.75
30	150	40	14.96	0.41
30	150	40	14.96	0.41

(a) 밀도 반응을 분석하라. 유의한 교호작용이 존재하는가? 반응변수에 유의한 영향을 미치는 요인들의 효과에 대하여 적절한 결론을 도출하라.

(b) 적절한 잔차그림을 통해 모형 적합도를 평가하라.

(c) 밀도 반응의 해석을 돕기 위하여 등고선그림을 그려라.

(d) 표면적 반응을 분석하라. 유의한 교호작용이 존재하는가? 반응변수에 유의한 영향을 미치는 요인들의 효과에 대하여 적절한 결론을 도출하라.

(e) 적절한 잔차그림을 통해 모형 적합도를 평가하라.

(f) 표면적 반응의 해석을 돕기 위하여 등고선그림을 그려라.

5.32 **연습문제 5.31에 이어서**. 설명서에서 표면적이 반드시 0.3에서 0.6 cm^2/g 사이여야 하며 밀도는 14 g/cm^2보다 적어야 한다고 나타나 있다고 가정해 보자. 이러한 조건에 부합하여 생산하는 적절한 생산조건을 찾아라.

5.33 *Biotechnology Progress*(2001, Vol. 17, pp. 366-368)의 한 논문은 수분을 함유한 2단계 용액에서 니신을 추출하는 실험에 관한 내용을 담고 있다. 2요인 요인실험은 A = PEG 농도, B = Na_2SO_4 농도인 두 요인을 이용하여 실시되었다. 아래의 데이터는 논문에 게재된 데이터와 유사하다.

A	*B*	추출 (%)
13	11	62.9
13	11	65.4
15	11	76.1
15	11	72.3
13	13	87.5
13	13	84.2
15	13	102.3
15	13	105.6

(a) 추출 반응을 분석하라. 유의한 교호작용이 존재하는가? 반응변수에 유의한 영향을 미치는 요인들의 효과에 대하여 적절한 결론을 도출하라.

(b) 적절한 잔차그림을 통해 모형 적합도를 평가하라.

(c) 밀도 반응의 해석을 돕기 위하여 등고선그림을 그려라.

5.34 연습문제 5.2의 실험을 다시 고려해 보자. 실험이 각각의 블록을 반복하는 세 개의 블록으로 실시되었다고 가정하자. 데이터 표의 관측치는 순서대로 주어졌다고 가정한다. 즉, 각 셀의 첫 번째 관측치는 첫 번째 반복으로부터 나온 결과이다. 데이터를 블록이 있는 요인실험으로 다시 분석하고 블록의 분산요인을 추정하라. 실험에서 블록화가 효과가 있는가?

5.35 연습문제 5.9의 실험을 다시 고려해 보자. 실험이 각각의 블록을 반복하는 세 개의 블록으로 실시되었다고 가정하자. 데이터 표의 관측치는 순서대로 주어졌다고 가정한다. 즉, 각 셀의 첫 번째 관측치는 첫 번째 반복으로부터 나온 결과이다. 데이터를 블록이 있는 요인실험으로 다시 분석하고 블록의 분산요인을 추정하라. 실험에서 블록화가 효과가 있는가?

5.36 연습문제 5.11의 실험을 다시 고려해 보자. 실험이 각각의 블록을 반복하는 두 개의 블록으로 실시되었다고 가정하자. 데이터 표의 관측치는 순서대로 주어졌다고 가정한다. 즉, 각 셀의 첫 번째 관측치는 첫 번째 반복으로부터 나온 결과이다. 데이터를 블록이 있는 요인실험으로 다시 분석하고 블록의 분산요인을 추정하라. 실험에서 블록화가 효과가 있는가?

5.37 연습문제 5.20의 3요인 요인실험을 다시 고려해 보자. 실험이 각각의 블록을 반복하는 두 개의 블록으로 실시되었다고 가정하자. 데이터 표의 관측치는 순서대로 주어졌다고 가정한다. 즉, 각 셀의 첫 번째 관측치는 첫 번째 반복으로부터 나온 결과이다. 데이터를 블록이 있는 요인실험

으로 다시 분석하고 블록의 분산요인을 추정하라. 실험에서 블록화가 효과가 있는가?

5.38 연습문제 5.21의 3요인 요인실험을 다시 고려해 보자. 실험이 각각의 블록을 반복하는 세 개의 블록으로 실시되었다고 가정하자. 데이터 표의 관측치는 순서대로 주어졌다고 가정한다. 즉, 각 셀의 첫 번째 관측치는 첫 번째 반복으로부터 나온 결과이다. 데이터를 블록이 있는 요인실험으로 다시 분석하고 블록의 분산요인을 추정하라. 실험에서 블록화가 효과가 있는가?

5.39 연습문제 5.29의 뼈 앵커 실험을 다시 고려해 보자. 실험이 각각의 블록을 반복하는 두 개의 블록으로 실시되었다고 가정하자. 데이터 표의 관측치는 순서대로 주어졌다고 가정한다. 즉, 각 셀의 첫 번째 관측치는 첫 번째 반복으로부터 나온 결과이다. 데이터를 블록이 있는 요인실험으로 다시 분석하고 블록의 분산요인을 추정하라. 실험에서 블록화가 효과가 있는가?

5.40 연습문제 5.30의 키보드 실험을 다시 고려해 보자. 실험이 각각의 블록을 반복하는 세 개의 블록으로 실시되었다고 가정하자. 데이터 표의 관측치는 순서대로 주어졌다고 가정한다. 즉, 각 셀의 첫 번째 관측치는 첫 번째 반복으로부터 나온 결과이다. 데이터를 블록이 있는 요인실험으로 다시 분석하고 블록의 분산요인을 추정하라. 실험에서 블록화가 효과가 있는가?

5.41 C. F. Eye Care는 백내장 수술에서 눈에 이식하는 렌즈를 생산하는 회사이다. 기술자들은 렌즈의 연마 공정에 영향을 미치는 두 가지 요인에 관련하여 실험을 실시하였다. 이 실험의 결과가 다음 분산분석표에 요약되어 있다.

변동원인	자유도	제곱합	평균제곱합	F	P 값
요인 A	?	?	0.0833	0.05	0.952
요인 B	?	96.333	96.3333	57.80	<0.001
교호작용	2	12.167	6.0833	3.65	?
오차	6	10.000	?	?	
합계	11	118.667			

실험에 관하여 아래 질문에 답변하라.

(a) 요인 A의 제곱합은 ______이다.

(b) 실험에서 요인 A의 자유도는 ______이다.

(c) 요인 B의 자유도는 ______이다.

(d) 오차의 평균제곱은 ______이다.

(e) 교호작용 검정통계량의 P 값의 상한은 ______이다.

(f) 기술자들은 실험에서 ______ 수준의 A요인을 사용하였다.

(g) 기술자들은 실험에서 ______수준의 B요인을 사용하였다.

(h) 이 실험은 ______번 반복 실행되었다.

(i) 요인 B의 효과가 요인 A의 수준에 따라 달라진다고 생각하는가?

(j) 반응변수의 표준편차의 추정치는 ______이다.

5.42 연습문제 5.41의 렌즈 연마 실험을 다시 고려해 보자. 이 실험이 RCBD로 실행되었다고 가정하자. 블록의 제곱합은 4.00이다. 주어진 새로운 정보를 이용하여 분산분석을 다시 실시하라. 블록이 원래 실험의 결과에 미치는 영향은 무엇인가?

5.43 연습문제 4.54에서 통일장 이론의 연구에서 단일요인실험을 실시한 물리학 박사 학생 Laura Van Ertia가 있었다. 이번에는 그녀가 CRD 방법으로 2요인 요인실험을 실시하였다. Laura의 실험에서 그녀는 아래의 미완성된 분산분석표를 얻었다.

변동원인	제곱합	자유도	평균제곱합	F
A	350.00	2	?	?
B	300.00	?	150	?
AB	200.00	?	50	?
오차	150.00	18		
합계	1000.00			

(a) 그녀가 실험에서 사용한 요인 B의 수준은 몇 개인가?

(b) 교호작용과 연관된 자유도는 몇 개인가?

(c) 오차의 평균제곱은 ______이다.

(d) 요인 A의 평균제곱은 ______이다.

(e) 실험에서 몇 번의 반복수행이 일어났는가?

(f) 교호작용과 두 주효과에 대한 결론은 무엇인가?

(g) 반응변수의 표준편차의 추정치는 ______이다.

(h) 만약 이 실험이 블록으로 실시되었다면 블록의 자유도는 ______일 것이다.

5.44 **연습문제 5.43에 이어서**. Laura가 실제로 연습문제 5.43에 있는 실험을 RCBD로 수행하였다고 가정하자. 블록의 제곱 합은 60.00이라고 가정한다. 이러한 새로운 가정들에 근거하여 분산분석을 다시 실시하라.

5.45 다음은 미완성 분산분석표이다.

변동원인	제곱합	자유도	평균제곱합	F
A	50.00	1	50.00	?
B	80.00	2	40.00	?
AB	30.00	2	15.00	?
오차	?	12	?	
합계	172.00	17		

분산분석표와 더불어 실험이 세 번 반복 실시되고 세 반복의 합은 각각 10, 12, 14라는 것이 알려져 있다. 기존 실험은 완전 랜덤화 설계이다. 아래의 질문에 답해 보자.

(a) 관측치의 표준편차의 순수오차는 1이다.
(참 혹은 거짓)

(b) 실험이 블록으로 실시되어서 RCBD라고 가정하자. 블록의 자유도는 ______이다.

(c) 블록의 제곱합은 ______이다.

(d) RCBD에서 오차의 제곱합은 ______이다.

(e) RCBD에서 표본 관측치의 표준편차의 추정치는 무엇인가?

5.46 다음은 미완성 분산분석표이다.

변동원인	제곱합	자유도	평균제곱합	F
A	50.00	1	50.00	?
B	80.00	2	40.00	?
AB	30.00	2	15.00	?
블록	10.00	1	?	
오차	?	?	?	
합계	185.00	11		

(a) 관측치의 표준편차의 순수오차는 1.73이다.
(참 혹은 거짓)

(b) 실험이 블록으로 실시되지 않아서 CBD라고 가정하자. 블록의 자유도는 ______이다.

(c) CBD에서 오차의 제곱합은 ______이다.

(d) $\alpha = 0.05$일 때 CRD의 교호작용의 F 통계량은 유의하다.
(참 혹은 거짓)

6장 | 2^k 요인설계
2^k Factorial Designs

이번 장의 학습 목표

1. 2^k 시리즈 요인설계에 대해 배운다.
2. 2^k 요인설계의 주효과와 교호작용을 계산하는 방법에 대해 배운다.
3. 2^k 요인설계에서 분산분석이 어떻게 쓰이는지 배운다.
4. 2^k 요인설계의 결과를 회귀모형으로 어떻게 나타내는지 배운다.
5. 반복이 없는 2^k 요인설계의 시각 분석과 수학적 분석 방법을 배운다.
6. 설계 최적화의 기본에 대해 이해한다: *D*-최적, *I*-최적, *G*-최적, 그리고 요인설계가 일반적으로 최적설계인지에 대해 배운다.
7. 실험을 구상할 때 최적설계기준을 어떻게 이용하는지 배운다.
8. 2^k 요인설계에 중심시행(center runs)을 추가한 값을 배운다.
9. 2^k 요인설계를 분석할 때 왜 부호화된 변수를 사용하는지 이해한다.

6.1 소개

요인설계는 반응값에 대한 요인들의 결합 효과의 연구가 필요한 다양한 요인들을 포함하는 실험에서 널리 쓰인다. 5장에서는 요인설계분석의 일반적인 방법을 제시하였다. 일반요인설계의 몇 가지 특별한 경우가 중요한데, 연구에서 사용이 빈번하며 상당한 실용가치가 있는 다른 설계의 기본이 되기 때문이다.

특별한 경우 중 가장 중요한 설계는, 오직 2수준을 가지는 k 요인으로 구성된 설계이다. 이러한 수준은 온도, 압력 또는 시간과 같이 두 값을 가지는 **양적**(quantitative)이거나, 두 기계, 두 명의 운영자, 요인의 "고", "저" 수준, 요인의 존재와 부재와 같이 **질적**(qualitative)일 것이다. 설계의 전체 반복수는 $2 \times 2 \times \ldots \times 2 = 2^k$ 관측치를 필요로 하고, 이를 **2^k 요인설계**(2^k factorial design)라 부른다.

이 장에서는 극히 중요한 설계 클래스에 집중할 것이며, 다음의 세 가지 가정을 할 것이다. (1) 요인들은 고정되어 있다. (2) 설계는 완전 랜덤화되었다. (3) 일반적인 정규성 가정을 만족한다.

2^k 설계는 많은 요인을 조사하고자 하는 실험의 초기 단계에서 특히 유용하다. 2^k 설계는 k 요인 완전요인설계에서 연구할 수 있는 방법 중에 최소 시행횟수를 사용한다. 결과적으로 이러한 설계는 **요인선별 검사**(factor screening experiments)에서 널리 사용된다(선별 검사에서는 실험의 많은 요인 그룹에서 **활성화**된 요인 집합을 찾는 것을 목표로 한다). 이 설계에 대해 효과적인 블록화를 할 수도 있고(7장) 분수로 만들 수도 있다(8장).

요인별로 오직 2수준만 있기에 선택된 요인수준의 범위에서 반응값이 근사적으로 선형임을 가정한다. 공정이나 시스템 연구를 막 시작하는 많은 요인선별 검사에서 이는 합당한 가정이다. 6.8절에서 이 가정을 확인하는 간단한 방법을 소개하고 만약 이를 만족하지 않을 때 어떻게 대처해야 하는지에 대해 논의할 것이다. Mee(2009)의 저서를 참고한다면 이 장과 7, 8장에서 더욱 유용한 내용을 확인할 수 있을 것이다.

6.2 2^2 설계

2^k 시리즈의 첫 번째 설계는 두 요인 A와 B가 각각 두 수준에서 시행되는 것이다. 이를 **2^2 요인설계**(2^2 factorial design)라고 한다. 요인의 수준은 임의로 "저", "고"로 부를 것이다. 예를 들어 화학공정에서 반응물질(reactant)의 농도와 촉매제(catalyst)의 양이 전환(생산량)에 미치는 영향을 조사한 실험을 생각해 보자. 실험의 목적은 두 요인을 보정하면 생산량을 증가할 수 있는지 확인하는 것이다. 반응물질의 농도를 요인 A로 하고 관심 있는 수준을

15%와 25%를 두자. 촉매제를 요인 *B*로 하여 2파운드 사용을 고수준으로, 1파운드 사용을 저수준으로 두었다. 실험은 3번의 반복수를 가지므로 총 12번 시행하였다. 시행순서는 임의로 배정하였고, 따라서 이를 **완전 랜덤화 실험**(completely randomized experiment)이라 한다. 자료는 다음과 같다.

요인			반복수			
A	*B*	처리조합	I	II	III	합계
−	−	*A* 저, *B* 저	28	25	27	80
+	−	*A* 고, *B* 저	36	32	32	100
−	+	*A* 저, *B* 고	18	19	23	60
+	+	*A* 고, *B* 고	31	30	29	90

설계에서 4개의 처리조합은 그림 6.1에 제시되어 있다. 관례상 요인의 효과는 라틴 철자 대문자로 표시된다. 따라서 "*A*"는 요인 *A*의 효과이고, "*B*"는 요인 *B*의 효과, "*AB*"는 *AB* 교호작용을 의미한다. 2^2 설계에서 *A*와 *B*의 저, 고 수준은 각각 *A*와 *B* 축에서 "−", "+"으로 표기된다. 따라서 *A*축의 −는 농도의 저수준(15%)을, +는 고수준(25%)을 나타낸다. 역시 *B*축의 −는 촉매제의 저수준을, +는 촉매제의 고수준을 나타낸다.

설계에서 4개의 처리조합은 또한 그림 6.1에서 제시한 것처럼 소문자로 나타내기도 한다. 그림에서 처리조합의 어떤 요인이든 고수준은 그에 상응하는 소문자로, 저수준은 철자를 쓰지 않은 것으로 표기하였다. 따라서 *a*는 고수준의 *A*와 저수준의 *B*의 조합이고, *b*는 저수준의 *A*와 고수준의 *B*의 조합이다. *ab*는 두 요인이 모두 고수준임을 나타낸다. 관례상 (1)은 두 요인 모두 저수준일 때를 나타낸다. 이 표기법은 2^k 시리즈 내내 사용될 것이다.

2수준 요인설계에서 요인의 평균 효과를 해당 요인의 수준을 바꾸었을 때의 반응변수의 변화량을 다른 요인들의 모든 수준에 대해 평균을 내어 정의한다. 또한 기호 (1), *a*, *b*, *ab*는 처리조합에서 사용된 모든 *n* 반복수에서의 전체 반응변수 관측치를 나타내고 이는 그림

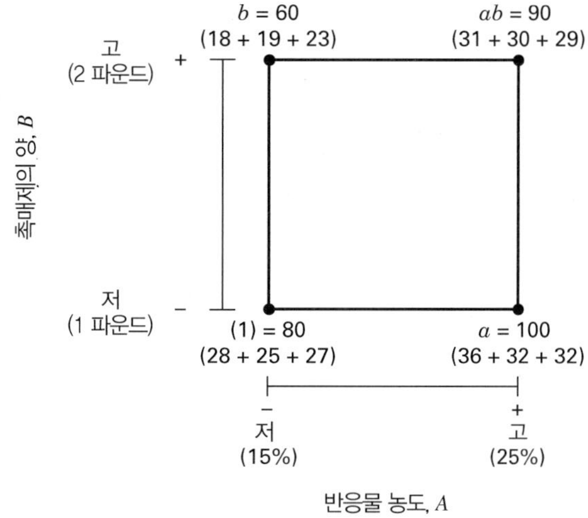

그림 6.1
2^2 설계의 처리조합

6.1에 제시되어 있다. 이제 B의 저수준에서의 A의 효과는 $[a-(1)]/n$이고, B의 고수준에서의 A의 효과는 $[ab-b]/n$이다. 이 두 양의 평균을 내면 A의 **주효과**(main effect)를 얻을 수 있다.

$$\begin{aligned} A &= \frac{1}{2n}\{[ab-b]+[a-(1)]\} \\ &= \frac{1}{2n}[ab+a-b-(1)] \end{aligned} \tag{6.1}$$

B의 평균 주효과는 A의 저수준에서 B의 효과(즉, $[b-(1)]/n$)와 A의 고수준에서 B의 효과(즉, $[ab-a]/n$)를 통해 다음과 같이 구할 수 있다.

$$\begin{aligned} B &= \frac{1}{2n}\{[ab-a]+[b-(1)]\} \\ &= \frac{1}{2n}[ab+b-a-(1)] \end{aligned} \tag{6.2}$$

여기서 **교호작용 효과**(interaction effect) AB를 B의 고수준에서 A의 효과와 B의 저수준에서의 A의 효과의 평균적인 차이로 정의하였고 이는 다음과 같다.

$$\begin{aligned} AB &= \frac{1}{2n}\{[ab-b]-[a-(1)]\} \\ &= \frac{1}{2n}[ab+(1)-a-b] \end{aligned} \tag{6.3}$$

대안으로 AB를 A의 고수준에서의 B의 효과와 A의 저수준에서의 B의 효과의 평균적인 차이로 정의할 수도 있다. 이렇게 정의해도 식 6.3을 도출할 수 있다.

A, B, AB 효과의 공식은 다른 방법으로도 이끌어낼 수 있다. A의 효과는 그림 6.1의 정사각형의 우변에 있는 두 처리조합의 평균 반응값(A가 고수준일 때의 처리조합의 평균 반응값이므로 $\bar{y}_{A^+}$라 부른다)과 좌변의 두 처리조합(또는 $\bar{y}_{A^-}$)의 차이로 볼 수 있다. 즉,

$$\begin{aligned} A &= \bar{y}_{A^+} - \bar{y}_{A^-} \\ &= \frac{ab+a}{2n} - \frac{b+(1)}{2n} \\ &= \frac{1}{2n}[ab+a-b-(1)] \end{aligned}$$

이는 식 6.1과 정확히 같은 결과이다. 식 6.2의 B의 효과는 정사각형 위쪽의 두 처리조합의 평균($\bar{y}_{B^+}$)과 아래쪽의 두 처리조합의 평균($\bar{y}_{B^-}$)의 차이로 볼 수 있다. 또는

$$\begin{aligned} B &= \bar{y}_{B^+} - \bar{y}_{B^-} \\ &= \frac{ab+b}{2n} - \frac{a+(1)}{2n} \\ &= \frac{1}{2n}[ab+b-a-(1)] \end{aligned}$$

마지막으로 교호작용 효과 AB는 정사각형의 오른쪽에서 왼쪽의 대각 처리조합[ab와 (1)]의 평균에서 왼쪽에서 오른쪽의 대각 처리조합(a와 b)을 뺀 것으로 볼 수 있다. 또는

$$\begin{aligned} AB &= \frac{ab + (1)}{2n} - \frac{a + b}{2n} \\ &= \frac{1}{2n}[ab + (1) - a - b] \end{aligned}$$

이며, 이는 식 6.3과 일치한다.

그림 6.1의 실험을 이용하여 평균 효과를 다음과 같이 추정할 수 있다.

$$\begin{aligned} A &= \frac{1}{2(3)}(90 + 100 - 60 - 80) = 8.33 \\ B &= \frac{1}{2(3)}(90 + 60 - 100 - 80) = -5.00 \\ AB &= \frac{1}{2(3)}(90 + 80 - 100 - 60) = 1.67 \end{aligned}$$

A의 효과(반응물질 농도)는 양(+)이고, 이는 A가 저수준(15%)에서 고수준(25%)으로 증가함에 따라 생산량 역시 증가함을 의미한다. B의 효과(촉매제)는 음(−)인데, 이는 촉매제의 양이 증가하면 공정 생산량이 감소함을 의미한다. 교호작용 효과는 두 주효과에 비해 상대적으로 작다.

2^k 설계를 포함하는 실험에서, 어떤 변수가 중요할 것 같은지 확인하기 위해 요인효과의 **크기**(magnitude)와 **방향**(direction)을 검사하는 것은 매우 중요하다. 이런 해석을 확인하기 위해 보통 **분산분석**(analysis of variance)을 사용한다(t 검정 역시 사용된다). 효과 크기와 방향은 ANOVA를 할 때 항상 고려해야 하는데, 분산분석만 해서는 이런 정보를 얻을 수 없기 때문이다. 2^k 설계를 분석하고 세팅하는데 유용하고 훌륭한 몇 가지 통계 소프트웨어 패키지가 있다. 또한 계산을 수동으로 할 때 시간을 크게 절약해주는 특별한 방법도 있다.

A, B, AB 제곱합을 결정하는 것을 고려하자. 식 6.1에서 A를 추정하는 데 **대비**(contrast)가 사용되었음을 주목해라. 즉,

$$\text{Contrast}_A = ab + a - b - (1) \tag{6.4}$$

이를 A의 **총효과**(total effect)라고 한다. 식 6.2와 6.3에서 추정치 B와 AB에서도 역시 대비가 사용되었음을 알 수 있다. 나아가 세 대비는 서로 **직교**(orthogonal)한다. 대비의 제곱합은 식 3.29로 계산할 수 있다. 이 식은 대비에 대한 제곱합이 대비제곱을, 대비계수의 제곱합과 대비를 곱한 각 총계의 관측치 수로 나눈 것과 같다는 의미이다. 결과적으로 A, B, AB의 제곱합은 다음과 같다.

$$SS_A = \frac{[ab + a - b - (1)]^2}{4n} \tag{6.5}$$

$$SS_B = \frac{[ab + b - a - (1)]^2}{4n} \tag{6.6}$$

$$SS_{AB} = \frac{[ab + (1) - a - b]^2}{4n} \tag{6.7}$$

이 식들이 얼마나 간단한지 알 수 있는데, 제곱합은 오직 한 숫자의 제곱으로 구할 수 있다.

그림 6.1의 실험을 이용하여 식 6.5, 6.6, 6.7로부터 제곱합을 구할 수 있다.

$$\begin{aligned} SS_A &= \frac{(50)^2}{4(3)} = 208.33 \\ SS_B &= \frac{(-30)^2}{4(3)} = 75.00 \\ SS_{AB} &= \frac{(10)^2}{4(3)} = 8.33 \end{aligned} \tag{6.8}$$

총제곱합도 다음과 같이 구할 수 있다.

$$SS_T = \sum_{i=1}^{2}\sum_{j=1}^{2}\sum_{k=1}^{n} y_{ijk}^2 - \frac{y_{...}^2}{4n} \tag{6.9}$$

보편적으로 SS_T는 $4n-1$의 자유도를 가진다. $4(n-1)$의 자유도를 가지는 오차제곱합은 다음과 같이 감법으로 구할 수 있다.

$$SS_E = SS_T - SS_A - SS_B - SS_{AB} \tag{6.10}$$

그림 6.1의 실험에서 식 6.8로부터 SS_A, SS_B, SS_{AB}를 이용하여 다음을 구할 수 있다.

$$\begin{aligned} SS_T &= \sum_{i=1}^{2}\sum_{j=1}^{2}\sum_{k=1}^{3} y_{ijk}^2 - \frac{y_{...}^2}{4(3)} \\ &= 9398.00 - 9075.00 = 323.00 \end{aligned}$$

$$\begin{aligned} SS_E &= SS_T - SS_A - SS_B - SS_{AB} \\ &= 323.00 - 208.33 - 75.00 - 8.33 \\ &= 31.34 \end{aligned}$$

분산분석은 표 6.1에 요약되어 있다. P 값에 근거하여 주효과는 통계적으로 유의하고, 요인들 사이의 교호작용은 없다고 결론지을 수 있다. 이는 요인효과의 규모에 근거하여 내렸던 초기의 해석과 일치한다.

주로 처리조합을 (1), a, b, ab의 순서로 적는 것이 편리하며, 이는 **표준순서**(standard order)로 언급된다(또는 Yates's 순서라고 한다. Fisher의 동료였던 Frank Yates는 실험설계 및 분석에 있어서 중요한 기여를 하였다). 표준순서를 이용하여 효과추정에 사용된 대비계수(contrast coefficient)는 다음과 같다.

표 6.1 그림 6.1의 실험에 대한 분산분석

변동원인	제곱합	자유도	평균제곱	F_q	P 값
A	208.33	1	208.33	53.15	0.0001
B	75.00	1	75.00	19.13	0.0024
AB	8.33	1	8.33	2.13	0.1826
오차	31.34	8	3.92		
합계	323.00	11			

효과	(1)	a	b	ab
A	-1	$+1$	-1	$+1$
B	-1	-1	$+1$	$+1$
AB	$+1$	-1	-1	$+1$

교호작용 효과를 추정하기 위한 대비계수는 대응하는 두 주효과의 계수의 곱이다. 대비계수는 언제나 +1 또는 −1이고, 표 6.2에 있는 것과 같은 +와 − **기호**(table of plus and minus signs)는 각 처리조합의 적절한 부호를 결정하기 위해 사용된다. 표 6.2의 열이름은 주효과들(A, B)과 AB 교호작용, 그리고 전체 실험의 총횟수 또는 평균을 나타내는 I이다. I에 대응하는 열은 오직 양(+)의 부호만을 가졌다. 행 지정자(designator)들은 처리조합을 나타낸다. 어떤 효과추정치에 대한 대비를 찾기 위해서는, 표의 적절한 열의 부호를 해당하는 처리조합에 곱해주고 더해주면 된다. 예를 들어 A를 추정하기 위한 대비는 $-(1)+a-b+ab$이고, 이는 식 6.1과 동일하다. A, B, AB 효과의 대비는 **직교**(orthogonal)한다. 따라서 2^2 설계(그리고 모든 2^k 설계)는 **직교설계**(orthogonal design)이다. 요인의 저수준과 고수준을 나타내기 위한 ±1 부호화는 종종 **직교 부호화**(orthogonal coding) 또는 **효과 부호화**(effects coding)라고 불리기도 한다.

회귀모형(*The Regression Model*). 2^k 설계에서 실험 결과를 **회귀모형**으로 쉽게 표현할 수 있다. 2^k는 요인설계이기 때문에 효과모형 또는 평균모형(means model)을 사용할 수 있지만, 회귀모형이 더 자연스럽고 직관적이다. 그림 6.1의 화학공정 실험에서 회귀모형은 다음과 같다.

표 6.2 2^2 설계에서 효과를 계산하기 위한 대수 기호

처리조합	요인효과 I	A	B	AB
(1)	+	−	−	+
a	+	+	−	−
b	+	−	+	−
ab	+	+	+	+

$$y = \beta_0 + \beta_1 x_1 + \beta_2 x_2 + \epsilon$$

여기서 x_1은 반응물질 농도 나타내는 **부호화변수**(coded variable)이고, x_2는 촉매제의 양을 나타내는 부호화변수이며, β는 회귀계수이다. 반응물질 농도와 촉매제 양과 같은 **자연변수**(natural variables) 간의 관계와 부호화된 변수는 다음과 같다.

$$x_1 = \frac{\text{Conc} - (\text{Conc}_{\text{low}} + \text{Conc}_{\text{high}})/2}{(\text{Conc}_{\text{high}} - \text{Conc}_{\text{low}})/2}$$

$$x_2 = \frac{\text{Catalyst} - (\text{Catalyst}_{\text{low}} + \text{Catalyst}_{\text{high}})/2}{(\text{Catalyst}_{\text{high}} - \text{Catalyst}_{\text{low}})/2}$$

자연변수가 오직 두 개의 수준을 가지면 ± 1로 부호화된 변수의 수준을 표기할 것이다. 이를 예제에서 설명하면 다음과 같다.

$$\begin{aligned} x_1 &= \frac{\text{Conc} - (15 + 25)/2}{(25 - 15)/2} \\ &= \frac{\text{Conc} - 20}{5} \end{aligned}$$

따라서 농도가 고수준(Conc = 25%)이라면 $x_1 = +1$이고, 저수준(Conc = 15%)이라면 $x_1 = -1$이다. 더 나아가,

$$\begin{aligned} x_2 &= \frac{\text{Catalyst} - (1 + 2)/2}{(2 - 1)/2} \\ &= \frac{\text{Catalyst} - 1.5}{0.5} \end{aligned}$$

따라서 촉매제가 고수준(Catalyst = 2 pounds)이라면 $x_2 = +1$이고, 저수준(Catalyst = 1 pound)이라면 $x_2 = -1$이다.

적합된 회귀모형은 다음과 같다.

$$\hat{y} = 27.5 + \left(\frac{8.33}{2}\right) x_1 + \left(\frac{-5.00}{2}\right) x_2$$

여기서 절편은 모든 12개 관측치의 총평균이고, 회귀계수 $\hat{\beta}_1$, $\hat{\beta}_2$는 요인효과추정치의 1/2이다. 회귀계수는 효과추정치의 절반인데, 이는 회귀계수는 x가 한 단위 변화 시 y의 평균의 변화인데 비해 효과추정치는 두 단위 변화(-1부터 $+1$까지)에 기반하고 있기 때문이다. 이렇게 간단하게 회귀계수를 추정하면 **최소제곱**(least squares) 모수추정치가 나온다. 이는 6.7절에서 다시 다룰 것이다.

얼마나 많은 반복수가 필요한가?(*How Much Replication is Necessary?*) 거의 모든 실험

에서 공통으로 떠오르는 질문은 얼마나 많은 반복이 필요한 것인지이다. 이전 장에서 논의하였으나 2^k에만 유용한 양상이 있고 이는 요인 선별과정에서 많이 사용된다. 이는 k개의 요인 그룹을 조사해서 어떤 것을 모델에 사용할지 고르는 것이다. 지난 논의를 떠올려보면 실험설계에서 적절한 표본크기를 선택하는 것은 관심있는 효과크기가 얼마나 큰지, 통계적 검정의 검정력, 그리고 제1종 오류에 달렸다고 하였다. 중요한 효과크기는 각 실험에 달린 것이지만, 많은 실제 상황에서 실험자들은 표준오차편차의 적어도 2배만큼(2σ)의 효과를 감지하길 원한다. 이보다 작은 효과크기는 대개 별로 중요하지 않은데, 왜냐하면 이렇게 작은 효과크기를 가진 요인은 반응변수 변화에 시스템 노이즈보다 작은 변화를 미치기 때문이다. 적절한 검정력도 물론 실험에 따라 달라지는 것이지만 대개 현업에서는 적어도 0.80의 검정력(80%)을 목표로 한다.

2^2 화학공정 실험을 사용해서 어떻게 적절하게 표본크기를 정해야 할지 논하겠다. 2σ정도 크기가 되는 효과를 알아내고자 한다. 기본적인 2^2 설계가 2번씩 반복되어 총 8번의 시행을 한다면, 모형으로부터 독립적인 오차(순수오차)추정치를 추정하는 데는 4개의 자유도가 있을 것이다. 실험자가 유의수준 혹은 제1종 오류를 $\alpha = 0.05$로 사용한다면, 설계의 검정력은 0.572 혹은 57.2%가 될 것이다. 이는 너무 낮아서 실험자는 더 많은 반복을 생각해야 한다. 선별실험에서 쓸 수 있는 다른 대안으로, 더 높은 제1종 오류율을 사용하는 방법이 있다. 선별실험의 제1종 오류(요인이 중요하지 않은 데 중요하다고 생각하는 것)은 대개 제2종 오류(중요한 요인이라고 알아채는 것을 실패하는 것)만큼의 영향을 가지지는 않는다. 만약 요인이 중요하다고 잘못 받아들여지면, 오류는 추후 실험에서 다시 확인될 수 있으며 결과적으로 이런 종류의 제1종 오류는 대개 적다. 그러나 중요한 요인을 알아내지 못한 것은 보통 큰 문제가 되는데, 한번 배제된 요인은 대부분 다시 고려되진 않기 때문이다. 그러므로 선별실험에서 실험자는 0.10이나 0.20 같은 높은 제1종 오류를 기꺼이 쓰려고 한다.

화학공정 실험에서 $\alpha = 0.10$을 쓴다고 가정하자. 이러면 검정력이 75%가 된다. $\alpha = 0.20$을 쓰면 검정력이 89%까지 오르게 되고 이 정도면 매우 합당한 값이다. 다른 대안으로는 반복을 많이 해서 표본크기를 크게 하는 것이 있다. 만약에 3개의 반복을 사용하면 순수오차에 대한 자유도가 8이 되고 2σ 정도의 크기인 효과를 $\alpha = 0.05$로 찾으려고 하면, 설계는 85.7%의 검정력을 가진다. 이는 매우 좋은 검정력 값이고, 실험자는 2^2 실험에서 3번의 반복수를 사용하려고 할 것이다.

소프트웨어 패키지로 위에 나타난 검정력 계산을 할 수 있다. 아래의 박스는 JMP로 계산한 검정력이다. 이 모형은 두 개의 주효과와 2요인 교호작용 모두를 포함하고, 2σ 크기의 효과는 평균오차제곱 오차의 제곱근(root of mean square error, RMSE)을 1로 설정하고 각 기대 모형계수를 1로 설정한 뒤 선택되었다.

Evaluate Design

Model

Intercept

X1

X2

X1*X2

Power Analysis

Significance Level	0.05
Anticipated RMSE	1

Term	**Anticipated Coefficient**	**Power**
Intercept	1	0.857
X1	1	0.857
X2	1	0.857
X1*X2	1	0.857

잔차 및 모형 적합도(*Residuals and Model adequacy*). 회귀모형은 설계의 네 점에서 y의 예측 혹은 적합값을 구하는 데 사용될 수 있다. 잔차는 y의 관측치와 적합값 사이의 차이를 의미한다. 예를 들어 반응물질 농도가 저수준($x_1 = -1$)이고, 촉매제 역시 저수준($x_2 = -1$)일 때, 예측값은 다음과 같다.

$$\hat{y} = 27.5 + \left(\frac{8.33}{2}\right)(-1) + \left(\frac{-5.00}{2}\right)(-1) = 25.835$$

처리조합에는 세 관측치가 있고, 잔차는 다음과 같다.

$$\begin{aligned} e_1 &= 28 - 25.835 = 2.165 \\ e_2 &= 25 - 25.835 = -0.835 \\ e_3 &= 27 - 25.835 = 1.165 \end{aligned}$$

나머지 예측값과 잔차 역시 유사한 방법으로 구할 수 있다. 반응물질 농도의 고수준과 촉매제의 저수준의 예측값은 다음과 같다.

$$\hat{y} = 27.5 + \left(\frac{8.33}{2}\right)(+1) + \left(\frac{-5.00}{2}\right)(-1) = 34.165$$

$$\begin{aligned} e_4 &= 36 - 34.165 = 1.835 \\ e_5 &= 32 - 34.165 = -2.165 \\ e_6 &= 32 - 34.165 = -2.165 \end{aligned}$$

반응물질 농도 저수준과 촉매제의 고수준의 예측값은 다음과 같다.

$$\hat{y} = 27.5 + \left(\frac{8.33}{2}\right)(-1) + \left(\frac{-5.00}{2}\right)(+1) = 20.835$$

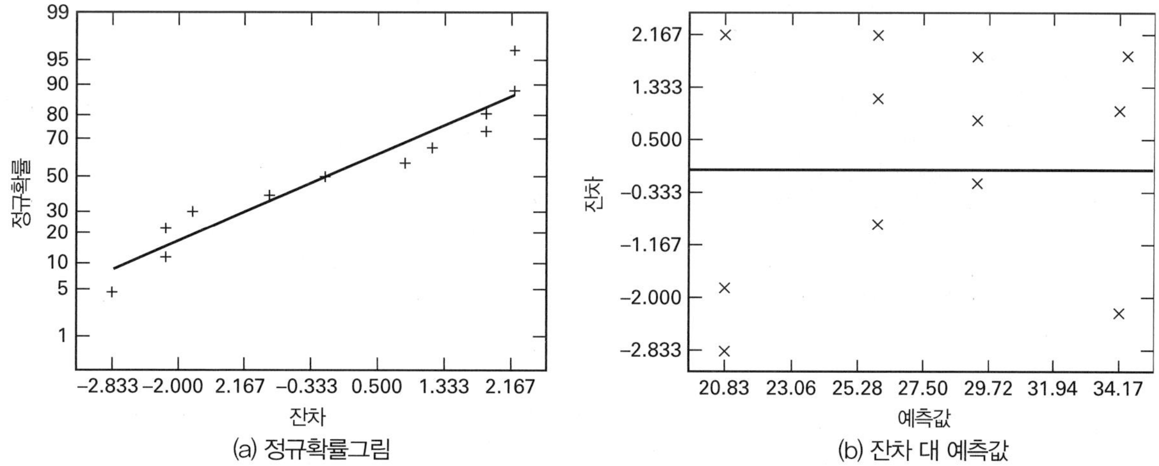

그림 6.2
화학공정 실험의 잔차그림

$$e_7 = 18 - 20.835 = -2.835$$
$$e_8 = 19 - 20.835 = -1.835$$
$$e_9 = 23 - 20.835 = 2.165$$

마지막으로 두 요인 모두 고수준일 때는 다음과 같다.

$$\hat{y} = 27.5 + \left(\frac{8.33}{2}\right)(+1) + \left(\frac{-5.00}{2}\right)(+1) = 29.165$$

$$e_{10} = 31 - 29.165 = 1.835$$
$$e_{11} = 30 - 29.165 = 0.835$$
$$e_{12} = 29 - 29.165 = -0.165$$

그림 6.2는 잔차의 정규확률그림과 잔차 대 예측값의 그림이다. 그림들이 만족스러운 결과를 보인다면 결론의 유효성을 의심하지 않아도 된다.

반응표면(*The Response Surface*). 아래 회귀모형은 반응표면그림을 만드는 데 사용될 수 있다.

$$\hat{y} = 27.5 + \left(\frac{8.33}{2}\right)x_1 + \left(\frac{-5.00}{2}\right)x_2$$

만약 **자연요인수준**(natural factor levels)에 대해 그림을 그려야 한다면, 자연변수와 부호화 변수 사이의 관계를 앞의 회귀모형으로 단순하게 대체하면 된다.

$$\begin{aligned}\hat{y} &= 27.5 + \left(\frac{8.33}{2}\right)\left(\frac{\text{Conc} - 20}{5}\right) + \left(\frac{-5.00}{2}\right)\left(\frac{\text{Catalyst} - 1.5}{0.5}\right) \\ &= 18.33 + 0.8333\ \text{Conc} - 5.00\ \text{Catalyst}\end{aligned}$$

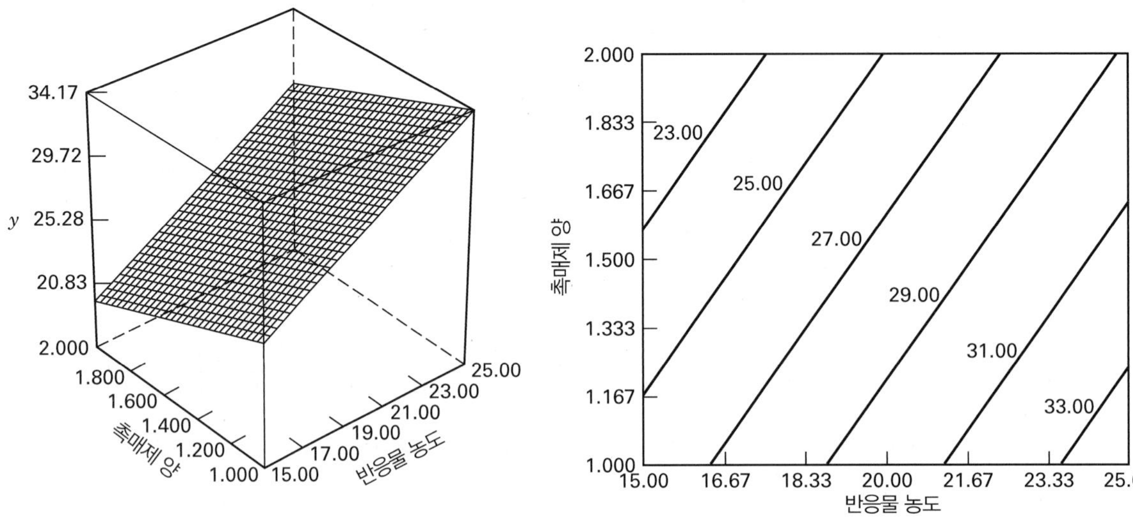

(a) 반응표면그림 (b) 등고선그림

그림 6.3
화학공정 실험의 반응표면그림과 등고선그림

그림 6.3a는 모형의 3차원 반응표면그림이고, *b*는 등고선그림이다. 모형은 **1차**(first-order)이기 때문에(오직 주효과들만 포함하고 있다), 적합된 반응표면그림은 평면이다. 등고선 그림을 보면 반응물질 농도가 증가하고 촉매제의 양이 줄 때 생산량이 증가함을 알 수 있다. 대개 이렇게 적합한 평면으로 공정의 잠재적인 **향상 가능성의 방향**(direction of potential improvement)을 찾을 수 있다. 수식적으로 하려면 **최대경사법**(method of steepest ascent)을 사용하면 되는데, 이는 10장에서 구조적으로 반응표면을 탐색할 때 설명할 것이다.

6.3 2^3 설계

세 요인 *A*, *B*, *C*가 각각 두 수준을 가진다고 가정하자. 이 설계를 2^3 **요인설계**(2^3 factonal design)라고 부르고, 그림 6.4a와 같이 8개의 처리조합을 기하학적으로 정육면체(cube)로 표현할 수 있다. "+"와 "−"를 이용하여 고수준과 저수준을 직교하게 나타내고, 그림 6.4b와 같이 2^3 설계의 8개의 시행을 목록화할 수 있다. 이를 보통 **설계행렬**(design matrix)이라고 한다. 6.2절에서 언급한 표기법을 확장하여 처리조합을 (1), *a*, *b*, *ab*, *c*, *ac*, *bc*, *abc*의 표준순서로 나열할 것이다. 기호는 또한 각 해당 처리조합의 *n* 관측치의 총수를 나타내기도 한다.

2^k 설계의 시행에서 세 가지의 다른 표기가 널리 쓰인다. 첫 번째는 +, − 표기로 종종 **기하 부호화**(geometric coding)로 불린다[또는 **직교 부호화**(orthogonal coding), 또는 **효과 부호화**(effects coding)] 두 번째는 소문자로 처리조합을 나타내는 것이다. 마지막 표기는 +와 −

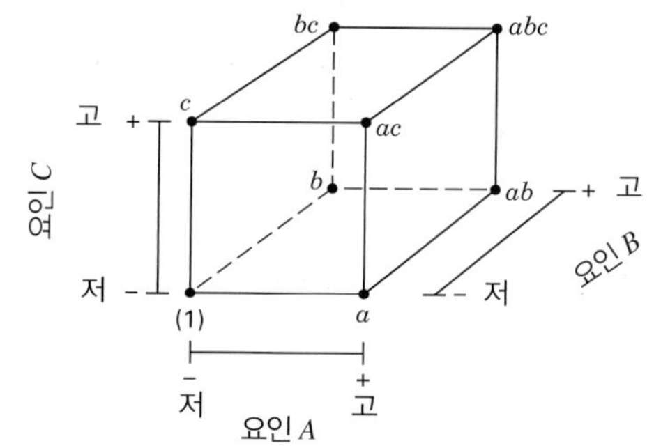

(a) 기하학적 관점

시행	요인 A	B	C
1	–	–	–
2	+	–	–
3	–	+	–
4	+	+	–
5	–	–	+
6	+	–	+
7	–	+	+
8	+	+	+

(b) 설계행렬

그림 6.4
2^3 요인설계

대신에 1과 0을 이용하여, 각각 요인의 고수준과 저수준을 나타내는 것이다. 이러한 2^3 설계의 다른 표기들은 다음과 같이 도식화하였다.

시행	A	B	C	라벨	A	B	C
1	–	–	–	(1)	0	0	0
2	+	–	–	a	1	0	0
3	–	+	–	b	0	1	0
4	+	+	–	ab	1	1	0
5	–	–	+	c	0	0	1
6	+	–	+	ac	1	0	1
7	–	+	+	bc	0	1	1
8	+	+	+	abc	1	1	1

2^3 설계의 8가지 처리조합은 자유도 7을 가진다. 그중 자유도 3은 주효과 A, B, C와 연관되어 있다. 나머지 자유도 4는 AB, AC, BC, ABC와 같이 교호작용과 관련이 있다.

주효과들의 추정을 고려해 보자. 먼저 주효과 A를 추정해 보자. B와 C가 저수준일 때 A의 효과는 $[a-(1)]/n$이다. 유사하게 B는 고수준이고 C는 저수준일 때의 A의 효과는 $[ab-b]/n$이다. C가 고수준이고 B가 저수준일 때의 A의 효과는 $[ac-c]/n$이고, 마지막으로 B와 C 모두 고수준일 때의 A의 효과는 $[abc-bc]/n$이다. 따라서 A의 효과의 평균은 이 4개의 평균이다. 또는

$$A = \frac{1}{4n}[a - (1) + ab - b + ac - c + abc - bc] \tag{6.11}$$

이 식을 또한 그림 6.5a의 정육면체의 우측면에 있는 4개의 처리조합(A가 고수준일 때)과 좌측면에 있는 4개의 처리조합(A가 저수준일 때) 사이의 대비로 전개할 수 있다. 즉, A의 효과는 A가 고수준일 때의 네 시행의 평균($\bar{y}_{A^+}$)에서 A가 저수준일 때의 네 시행의 평균($\bar{y}_{A^-}$)을 뺀 것이다.

$$\begin{aligned} A &= \bar{y}_{A^+} - \bar{y}_{A^-} \\ &= \frac{a + ab + ac + abc}{4n} - \frac{(1) + b + c + bc}{4n} \end{aligned}$$

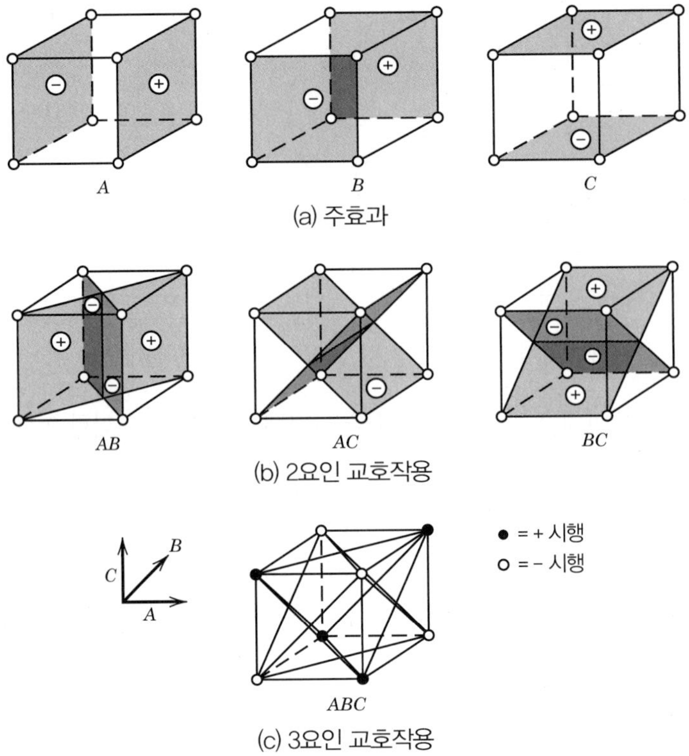

그림 6.5
2^3 설계에서 주효과와 교호작용에 대응하는 대비의 기하학적 표현

이 식을 다시 배열하면,

$$A = \frac{1}{4n}[a + ab + ac + abc - (1) - b - c - bc]$$

이 되고 이는 식 6.11과 동일하다.

유사한 방법으로 B의 효과는 정육면체의 앞쪽과 뒤쪽의 네 처리조합 사이의 평균차이다.

$$\begin{aligned} B &= \bar{y}_{B^+} - \bar{y}_{B^-} \\ &= \frac{1}{4n}[b + ab + bc + abc - (1) - a - c - ac] \end{aligned} \tag{6.12}$$

C의 효과는 정육면체 위쪽과 아래쪽의 네 처리조합 사이의 평균차이다.

$$\begin{aligned} C &= \bar{y}_{C^+} = \bar{y}_{C^-} \\ &= \frac{1}{4n}[c + ac + bc + abc - (1) - a - b - ab] \end{aligned} \tag{6.13}$$

2요인 교호작용 효과는 쉽게 계산할 수 있다. AB 교호작용 효과를 계산하는 방법은 B의 두 수준에서의 A 효과의 평균 사이의 차이로 구하는 것이다. 관례상 이 차이의 반을 AB 교호작용이라고 부른다. 기호적으로 다음과 같다.

B	A 효과의 평균
고 (+)	$\dfrac{[(abc - bc) + (ab - b)]}{2n}$
저 (−)	$\dfrac{\{(ac - c) + [a - (1)]\}}{2n}$
차이	$\dfrac{[abc - bc + ab - b - ac + c - a + (1)]}{2n}$

AB 교호작용이 차이의 절반이기 때문에,

$$AB = \frac{[abc - bc + ab - b - ac + c - a + (1)]}{4n} \tag{6.14}$$

식 6.14를 다음과 같이 쓸 수 있다.

$$AB = \frac{abc + ab + c + (1)}{4n} - \frac{bc + b + ac + a}{4n}$$

이 형태로 *AB* 교호작용은 그림 6.5b의 정육면체 안의 두 대각평면에 있는 시행들의 평균 차이로 쉽게 구할 수 있다. 같은 논리로 그림 6.5b를 이용해서 *AB*와 *AC* 교호작용은 다음과 같다.

$$AC = \frac{1}{4n}[(1) - a + b - ab - c + ac - bc + abc] \tag{6.15}$$

$$BC = \frac{1}{4n}[(1) + a - b - ab - c - ac + bc + abc] \tag{6.16}$$

ABC 교호작용은 *C*의 다른 두 수준에서의 *AB* 교호작용 사이의 차이로 평균을 정의할 수 있다. 따라서

$$\begin{aligned} ABC &= \frac{1}{4n}\{[abc - bc] - [ac - c] - [ab - b] + [a - (1)]\} \\ &= \frac{1}{4n}[abc - bc - ac + c - ab + b + a - (1)] \end{aligned} \tag{6.17}$$

표 6.3 2^3 설계 내의 효과들을 계산하는 대수 부호

	요인효과							
처리조합	***I***	***A***	***B***	***AB***	***C***	***AC***	***BC***	***ABC***
(1)	+	−	−	+	−	+	+	−
a	+	+	−	−	−	−	+	+
b	+	−	+	−	−	+	−	+
ab	+	+	+	+	−	−	−	−
c	+	−	−	+	+	−	−	+
ac	+	+	−	−	+	+	−	−
bc	+	−	+	−	+	−	+	−
abc	+	+	+	+	+	+	+	+

이전처럼 ABC 교호작용을 두 평균의 차이로 생각할 수도 있다. 만약 두 평균의 시행들이 독립이라면, 그림 6.5c의 정육면체를 구성하는 두 사면체(tetrahedra)의 꼭짓점을 정의한다.

식 6.11부터 6.17의 대괄호 안의 양은 처리조합 내의 **대비**(contrasts)이다. 양과 음의 부호는 대비를 통해 확인할 수 있으며 표 6.3에 나타나 있다. 주효과의 부호는 고수준의 양의 부호(+)와 저수준의 음의 부호(−)로 결정할 수 있다. 주효과들의 부호가 결정되면 남은 열의 부호들은 앞선 열의 행을 행별로 곱해서 얻을 수 있다. 예를 들어 AB 열의 부호는 A와 B 열에 있는 각 행의 부호의 곱이다. 모든 효과의 대비를 이런 표를 통해 쉽게 구할 수 있다.

표 6.3에는 몇 가지 흥미로운 특징이 있다. (1) 열 I를 제외한 모든 열은 똑같은 수의 양과 음의 부호를 가진다. (2) 임의의 두 열의 부호의 곱의 합은 0이다. (3) 열 I에 어떤 남아있는 열을 곱해도 그 열은 변하지 않는다. 따라서 I는 **항등원소**(identity element)이다. (4) 어떤 두 열의 곱은 표의 한 열이 된다. 예를 들어 $A \times B = AB$이다. 그리고

$$AB \times B = AB^2 = A$$

곱들의 지수를 **2진수**(modulus 2)로 볼 수 있다(즉, 지수는 오직 0과 1만 되고, 만약 1보다 크면, 0 또는 1이 될 때까지 2로 나눠진다). 이러한 모든 특징은 2^3 설계의 **직교성**(orthogonality)과 효과추정치에 사용된 대비에 내포되어 있다.

효과들의 제곱합은 쉽게 계산할 수 있는데, 이는 각 효과가 해당하는 자유도가 1인 대비를 가지기 때문이다. n 반복수를 가지는 2^3 설계에서 효과의 제곱합은 다음과 같다.

$$SS = \frac{(\text{Contrast})^2}{8n} \tag{6.18}$$

예제 6.1

2^3 설계로 질화물(nitride) 에칭(etch) 공정에서의 단일 웨이퍼 플라스마 식각도구(single-wafer plasma etching tool)를 조사할 것이다. 설계요인은 전극(electrode) 사이의 차이와 가스의 흐름(C_2F_6은 반응물질 가스로서 사용된다.), 그리고 음극(cathode)에 작용하는 RF 동력(RF power)이다(그림 3.1의 플라스마 에칭 도구에 도식화 되어있다). 각 요인은 두 수준으로 운영되고, 설계는 두 번의 반복수를 가진다. 반응변수는 실리콘(silicon) 질화물의 에칭률(etch rate, Å/m)이다. 에칭률 자료는 표 6.4에 제시되어 있고, 그림 6.6에는 설계를 기하학적으로 보여주고 있다.

표 6.4의 처리조합하의 총수를 이용하여, 다음과 같이 요인효과의 추정치를 구할 수 있다.

$$\begin{aligned} A &= \frac{1}{4n}[a - (1) + ab - b + ac - c + abc - bc] \\ &= \frac{1}{8}[1319 - 1154 + 1277 - 1234 \\ &\quad +1617 - 2089 + 1589 - 2138] \\ &= \frac{1}{8}[-813] = -101.625 \end{aligned}$$

$$\begin{aligned} B &= \frac{1}{4n}[b + ab + bc + abc - (1) - a - c - ac] \\ &= \frac{1}{8}[1234 + 1277 + 2138 + 1589 - 1154 \\ &\quad -1319 - 2089 - 1617] \\ &= \frac{1}{8}[59] = 7.375 \end{aligned}$$

표 6.4 예제 6.1의 플라스마 에칭 실험

시행	부호화 요인 *A*	*B*	*C*	식각률 반복수 1	반복수 2	합계	요인수준	저(−1)	고(+1)
1	−1	−1	−1	550	604	(1) = 1154	*A* (틈, cm)	0.80	1.20
2	1	−1	−1	669	650	*a* = 1319	*B* (C_2F_6, 흐름, SCCM)	125	200
3	−1	1	−1	633	601	*b* = 1234	*C* (동력, W)	275	325
4	1	1	−1	642	635	*ab* = 1277			
5	−1	−1	1	1037	1052	*c* = 2089			
6	1	−1	1	749	868	*ac* = 1617			
7	−1	1	1	1075	1063	*bc* = 2138			
8	1	1	1	729	860	*abc* = 1589			

$$C = \frac{1}{4n}[c + ac + bc + abc - (1) - a - b - ab]$$
$$= \frac{1}{8}[2089 + 1617 + 2138 + 1589 - 1154 - 1319 - 1234 - 1277]$$
$$= \frac{1}{8}[2449] = 306.125$$

$$AB = \frac{1}{4n}[ab - a - b + (1) + abc - bc - ac + c]$$
$$= \frac{1}{8}[1277 - 1319 - 1234 + 1154 + 1589 - 2138 - 1617 + 2089]$$
$$= \frac{1}{8}[-199] = -24.875$$

$$AC = \frac{1}{4n}[(1) - a + b - ab - c + ac - bc + abc]$$
$$= \frac{1}{8}[1154 - 1319 + 1234 - 1277 - 2089 + 1617 - 2138 + 1589]$$
$$= \frac{1}{8}[-1229] = -153.625$$

$$BC = \frac{1}{4n}[(1) + a - b - ab - c - ac + bc + abc]$$
$$= \frac{1}{8}[1154 + 1319 - 1234 - 1277 - 2089 - 1617 + 2138 + 1589]$$
$$= \frac{1}{8}[-17] = -2.125$$

$$ABC = \frac{1}{4n}[abc - bc - ac + c - ab + b + a - (1)]$$
$$= \frac{1}{8}[1589 - 2138 - 1617 + 2089 - 1277 + 1234 + 1319 - 1154]$$
$$= \frac{1}{8}[45] = 5.625$$

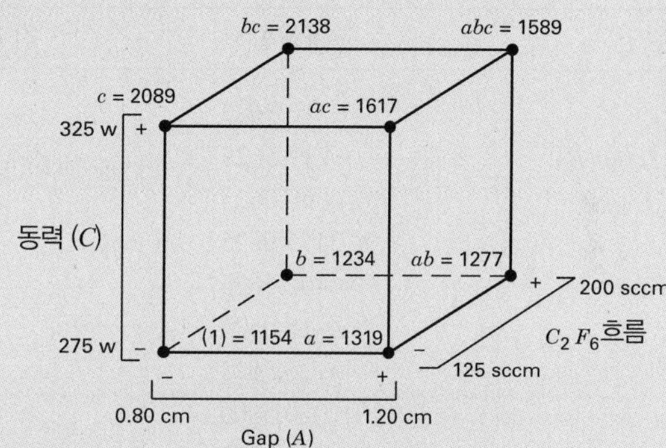

그림 6.6
예제 6.1의 플라스마 에칭 실험에 대한 2^3 설계

최대 효과는 동력 $C=306.125$, 차이 $A=-101.625$, 동력-차이 교호작용이 $AC=-153.625$일 때이다.

식 6.18로부터 계산된 제곱합은 다음과 같다.

$$SS_A = \frac{(-813)^2}{16} = 41{,}310.5625$$
$$SS_B = \frac{(59)^2}{16} = 217.5625$$
$$SS_C = \frac{(2449)^2}{16} = 374{,}850.0625$$
$$SS_{AB} = \frac{(-199)^2}{16} = 2475.0625$$
$$SS_{AC} = \frac{(-1229)^2}{16} = 94{,}402.5625$$
$$SS_{BC} = \frac{(-17)^2}{16} = 18.0625$$
$$SS_{ABC} = \frac{(45)^2}{16} = 126.5625$$

총제곱합은 $SS_T=531{,}420.9375$이고, 적절히 빼서 계산

표 6.5 예제 6.1의 효과추정치에 대한 요약

요인	효과추정치	제곱합	기여율
A	−101.625	41,310.5625	7.7736
B	7.375	217.5625	0.0409
C	306.125	374,850.0625	70.5373
AB	−24.875	2475.0625	0.4657
AC	−153.625	94,402.5625	17.7642
BC	−2.125	18.0625	0.0034
ABC	5.625	126.5625	0.0238

표 6.6 플라스마 에칭 실험에 대한 분산분석

변동원인	제곱합	자유도	평균제곱	F_0	*P* 값
틈 (*A*)	41,310.5625	1	41,310.5625	18.34	0.0027
가스 흐름 (*B*)	217.5625	1	217.5625	0.10	0.7639
동력 (*C*)	374,850.0625	1	374,850.0625	166.41	0.0001
AB	2475.0625	1	2475.0625	1.10	0.3252
AC	94,402.5625	1	94,402.5625	41.91	0.0002
BC	18.0625	1	18.0625	0.01	0.9308
ABC	126.5625	1	126.5625	0.06	0.8186
오차	18,020.5000	8	2252.5625		
합계	531,420.9375	15			

하면 SS_E는 18,020.50이다. 표 6.5에는 효과추정치와 제곱합이 요약되어 있다. "기여율(percent contribution)"이라고 쓰인 열은 각 모형 항이 총제곱합에 기여한 상대 비율을 측정한다. 기여율은 종종 대략적인 방법이지만 각 모형 항의 상대 중요도를 확인하는 효과적인 방법이다. 주효과 *C*(동력)는 이 공정에서 거의 지배적인데, 총변동의 70% 이상을 차지하고 주효과 *A*(틈)와 *AC* 교호작용은 각각 약 8%와 18%만을 차지한다.

표 6.6의 분산분석에서 이 효과들의 크기를 확인할 수 있다. 표 6.6으로부터 차이(Gap)와 동력의 주효과가 매우 유의함(*P* 값이 매우 작다)을 알 수 있다. *AC* 교호작용 역시 매우 유의하다. 따라서 차이와 동력 사이에는 강한 교호작용이 있음을 알 수 있다.

2^3 설계에서의 반복(*Replication of the 2^3 Design*). 예제 6.1의 플라즈마 에칭 실험자는 2^3 설계에서 2개의 반복을 사용하였다. 이로써 순수오차의 자유도가 8이었다. 2σ 정도 크기의 효과 크기가 있는지 확인하고자 한다면 실험자는 모든 주효과와 교호작용을 보고 싶어 할 것이고(완전요인모형) $\alpha = 0.05$을 사용할 것이다. JMP로 검정력을 계산하면 다음과 같이 나온다.

Evaluate Design

Model

Intercept
X1
X2
X3
X1*X2
X1*X3
X2*X3
X1*X2*X3

Power Analysis

Significance Level	0.05
Anticipated RMSE	1

Term	Anticipated Coefficient	Power
Intercept	1	0.937
X1	1	0.937
X2	1	0.937
X3	1	0.937
X1*X2	1	0.937
X1*X3	1	0.937
X2*X3	1	0.937
X1*X2*X3	1	0.937

이 설계의 검정력은 93.7%이다. 실험자가 $\alpha = 0.01$을 써도 검정력이 72%이다. 이 실험에서 두 번의 반복수를 쓰는 건 좋은 선택이다.

회귀모형과 반응표면(*The Regression Model and Response Surface*). 에칭률 예측값에 대한 회귀모형은 다음과 같다.

$$\begin{aligned}\hat{y} &= \hat{\beta}_0 + \hat{\beta}_1 x_1 + \hat{\beta}_3 x_3 + \hat{\beta}_{13} x_1 x_3 \\ &= 776.0625 + \left(\frac{-101.625}{2}\right) x_1 + \left(\frac{306.125}{2}\right) x_3 + \left(\frac{-153.625}{2}\right) x_1 x_3\end{aligned}$$

여기서 부호화변수 x_1과 x_3은 각각 A와 C를 나타낸다. x_1x_3은 AC 교호작용이다. 잔차는 에칭률 값의 관측치와 예측값 사이의 차이로 구할 수 있다. 잔차분석은 독자의 연습을 위해 남겨두겠다.

그림 6.7은 회귀모형으로부터 구한 에칭률에 대한 반응표면그림과 등고선그림이다. 모형이 교호작용을 포함하고 있으므로, 상수 에칭률 등고선은 곡선이다[또는 반응표면은 "뒤틀린(twisted)" 평면이다]. 이 공정은 에칭률은 900 Å/m에서 운영하는 게 바람직하다. 등고선그림은 이 목표를 만족하는 차이와 동력의 처리조합을 보여준다. 하지만 이 변수들 모두 정확하게 조절해야 할 필요가 있다.

컴퓨터 결과(*Computer Solution*). 많은 통계 소프트웨어 패키지로 2수준 요인설계를 세팅하고 분석할 수 있다. 이러한 컴퓨터 프로그램 중 하나인 Design-Expert의 결과가 표 6.7

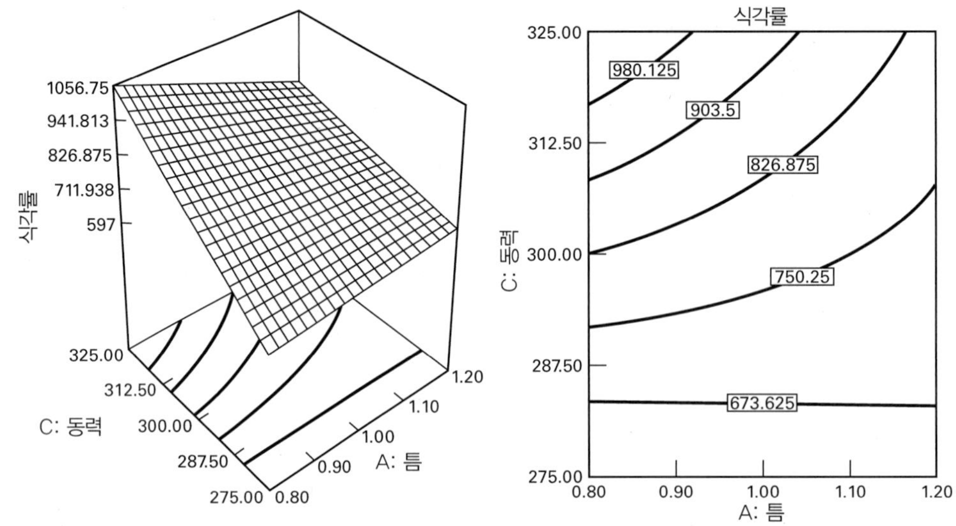

(a) 반응표면그림　(b) 등고선그림

그림 6.7
예제 6.1의 에칭률에 대한 반응표면그림과 등고선그림

표 6.7 예제 6.1 Design-Expert 결과(계속)

Response: Etch rate
ANOVA for Selected Factorial Model
Analysis of variance table [Partial sum of squares]

Source	Sum of Squares	DF	Mean Square	F Value	Prob > F
Model	5.134E + 005	7	73342.92	32.56	< 0.0001
A	*41310.56*	*1*	*41310.56*	*18.34*	*0.0027*
B	*217.56*	*1*	*217.56*	*0.097*	*0.7639*
C	3.749*E* + 005	*1*	3.749*E* + 005	*166.41*	< 0.0001
AB	*2475.06*	*1*	*2475.06*	*1.10*	*0.3252*
AC	*94402.56*	*1*	*94402.56*	*41.91*	*0.0002*
BC	*18.06*	*1*	*18.06*	*8.019E-003*	*0.9308*
ABC	*126.56*	*1*	*126.56*	*0.056*	*0.8186*
Pure Error	18020.50	8	2252.56		
Cor Total	5.314E + 005	15			

Std. Dev.	47.46	R-Squared	0.9661
Mean	776.06	Adj R-Squared	0.9364
C.V.	6.12	Pred R-Squared	0.8644
PRESS	72082.00	Adeq Precision	14.660

Factor	Coefficient Estimated	DF	Standard Error	95% CI Low	95% CI High	VIF
Intercept	776.06	1	11.87	748.70	803.42	
A-Gap	−50.81	1	11.87	−78.17	−23.45	1.00
B-Gas flow	3.69	1	11.87	−23.67	31.05	1.00
C-Power	153.06	1	11.87	125.70	180.42	1.00
AB	−12.44	1	11.87	−39.80	14.92	1.00
AC	−76.81	1	11.87	−104.17	−49.45	1.00
BC	−1.06	1	11.87	−28.42	26.30	1.00
ABC	2.81	1	11.87	−24.55	30.17	1.00

표 6.7 예제 6.1 Design-Expert 결과(계속)

Final Equation in Terms of Coded Factors:

Etch rate	=
+776.06	
−50.81	$* A$
+3.69	$* B$
+153.06	$* C$
−12.44	$* A * B$
−76.81	$* A * C$
+1.06	$* B * C$
+2.81	$* A * B * C$

Final Equation in Terms of Actual Factors:

Etch rate	=
−6487.33333	
+5355.41667	* Gap
+6.59667	* Gas flow
+24.10667	* Power
−6.15833	* Gap * Gas flow
−17.80000	* Gap * Power
−0.016133	* Gas flow * Power
+0.015000	* Gap * Gas flow * Power

Response: Etch rate
ANOVA for Selected Factorial Model
Analysis of variance table [Partial sum of squares]

Source	Sum of Squares	DF	Mean Square	*F* Value	*Prob > F*
Model	5.106E + 005	3	1.702E + 005	97.91	< 0.0001
A	*41310.56*	*1*	*41310.56*	*23.77*	*0.0004*
C	*3.749E + 005*	*1*	*3.749E + 005*	*215.66*	< 0.0001
AC	*94402.56*	*1*	*94402.56*	*54.31*	< 0.0001
Residual	20857.75	12	1738.15		
Lack of Fit	*2837.25*	*4*	*709.31*	*0.31*	*0.8604*
Pure Error	*18020.50*	*8*	*2252.56*		
Cor Total	5.314E + 005	15			

Std. Dev.	41.69	R-Squared	0.9608
Mean	776.06	Adj R-Squared	0.9509
C.V.	5.37	Pred R-Squared	0.9302
PRESS	37080.44	Adeq Precision	22.055

Factor	Coefficient Estimated	DF	Standard Error	95% CI Low	95% CI High	VIF
Intercept	776.06	1	10.42	753.35	798.77	
A-Gap	−50.81	1	10.42	−73.52	28.10	1.00
C-Power	153.06	1	10.42	130.35	175.77	1.00
AC	−76.81	1	10.42	−99.52	−54.10	1.00

Final Equation in Terms of Coded Factors:

Etch rate	=
+776.06	
−50.81	$* A$
+153.06	$* C$
−76.81	$* A * C$

Final Equation in Terms of Actual Factors:

Etch rate	=
−5415.37500	
+4354.68750	* Gap
+21.48500	* Power
−15.36250	* Gap * Power

표 6.7 예제 6.1 Design-Expert 결과

Diagnostics Case Statistics

Standard Order	Actual Value	Predicted Value	Residual	Leverage	Student Residual	Cook's Distance	Outlier t	Run Order
1	550.00	597.00	−47.00	0.250	−1.302	0.141	−1.345	9
2	604.00	597.00	7.00	0.250	0.194	0.003	0.186	6
3	669.00	649.00	20.00	0.250	0.554	0.026	0.537	14
4	650.00	649.00	1.00	0.250	0.028	0.000	0.027	1
5	633.00	597.00	36.00	0.250	0.997	0.083	0.997	3
6	601.00	597.00	4.00	0.250	0.111	0.001	0.106	12
7	642.00	649.00	−7.00	0.250	−0.194	0.003	−0.186	13
8	635.00	649.00	−14.00	0.250	−0.388	0.013	−0.374	8
9	1037.00	1056.75	−19.75	0.250	−0.547	0.025	−0.530	5
10	1052.00	1056.75	−4.75	0.250	−0.132	0.001	−0.126	16
11	749.00	801.50	−52.50	0.250	−1.454	0.176	−1.534	2
12	868.00	801.50	66.50	0.250	1.842	0.283	2.082	15
13	1075.00	1056.75	18.25	0.250	0.505	0.021	0.489	4
14	1063.00	1056.75	6.25	0.250	0.173	0.002	0.166	7
15	729.00	801.50	−72.50	0.250	−2.008	0.336	−2.359	10
16	860.00	801.50	58.50	0.250	1.620	0.219	1.755	11

에 제시되어 있다. 표의 상단 부분에는 **완전모형**(full model)의 분산분석이 제시되어 있다. 이 출력방식은 표 6.6에서 제시된 분산분석 결과와 약간 다르다. 알고 있듯이 분산분석의 첫 번째 줄은 완전모형(모든 주효과들과 교호작용)에 대한 총체적인 요약이고, 모형의 제곱합은 다음과 같다.

$$SS_{\text{Model}} = SS_A + SS_B + SS_C + SS_{AB} + SS_{AC} + SS_{BC} + SS_{ABC} = 5.134 \times 10^5$$

따라서 통계량은 다음과 같고,

$$F_0 = \frac{MS_{\text{Model}}}{MS_E} = \frac{73{,}342.92}{2252.56} = 32.56$$

해당 검정통계량은 다음의 가설을 검정한다.

$$\begin{aligned} &H_0 : \beta_1 = \beta_2 = \beta_3 = \beta_{12} = \beta_{13} = \beta_{23} = \beta_{123} = 0 \\ &H_1 : \text{최소 하나 이상의 } \beta \neq 0 \end{aligned}$$

F_0가 크기 때문에, 적어도 하나의 변수가 0이 아닌 효과를 가진다고 결론지을 수 있다. 이때 개별 요인효과는 F 통계량을 이용하여 유의성을 검정할 수 있다. 이 결과는 표 6.6에 있다.

표 6.7의 완전모형 분산분석 아래에는 몇 가지 R^2 통계량이 제시되어 있다. 보통의 R^2은 다음과 같다.

$$R^2 = \frac{SS_{\text{Model}}}{SS_{\text{Total}}} = \frac{5.134 \times 10^5}{5.314 \times 10^5} = 0.9661$$

그리고 이는 모형에 의해 설명되는 총변동의 비율을 측정한다. 이 통계량이 가질 수 있는

문제는 모형에 요인들이 추가될 때마다 그 값이 항상 증가한다는 것이다. 심지어 해당 요인이 유의하지 않음에도 불구하고 말이다. 따라서 **보정된** R^2(adjusted R^2) 통계량은 다음과 같이 정의된다.

$$R^2_{\text{Adj}} = 1 - \frac{SS_E/df_E}{SS_{\text{Total}}/df_{\text{Total}}} = 1 - \frac{18{,}020.50/8}{5.314 \times 10^5/15} = 0.9364$$

이는 모형의 "크기(size)", 다시 말해서 요인의 수에 대해 보정된 통계량이다. 보정된 R^2은 유의하지 않은 요인이 추가되면 그 값이 감소한다. PRESS 통계량은 모형이 새로운 자료에 대해 얼마나 잘 예측할 수 있는지를 측정하는 통계량이다[PRESS는 예측오차제곱합(prediction error sum of squares)의 약어로, i번째 포인트의 값을 i번째 포인트를 제외한 모든 관측치를 사용하여 적합한 모델로 예측하고, 그 예측오차의 제곱합으로 계산된다]. PRESS의 값이 작을수록 모형의 예측력이 좋다는 것이다. "예측 R^2 (prediction R^2)" 통계량은 다음과 같이 계산한다.

$$R^2_{\text{Pred}} = 1 - \frac{\text{PRESS}}{SS_{\text{Total}}} = 1 - \frac{72{,}082.00}{5.314 \times 10^5} = 0.8644$$

이는 완전모형이 새로운 자료의 약 86%를 설명한다고 기대할 수 있다는 뜻이다.

결과의 다음 부분은 각 모형의 회귀계수와 각 계수의 **표준오차**(standard error)로, 다음과 같이 정의된다.

$$se(\hat{\beta}) = \sqrt{V(\hat{\beta})} = \sqrt{\frac{MS_E}{n2^k}} = \sqrt{\frac{MS_E}{N}} = \sqrt{\frac{2252.56}{2(8)}} = 11.87$$

모든 모형계수의 표준오차는 같다. 설계가 **직교**(orthogonal)하기 때문이다. 각 회귀계수에 대한 95% 신뢰구간은 다음과 같이 계산할 수 있다.

$$\hat{\beta} - t_{0.025,N-p}se(\hat{\beta}) \le \beta \le \hat{\beta} + t_{0.025,N-p}se(\hat{\beta})$$

여기서 t에 대한 자유도는 오차에 대한 자유도의 수로, N은 실험의 총 시행횟수(16)이고 p는 모형모수의 수(8)다. 부호화변수의 완전모형과 자연변수의 완전모형 모두 제시되어 있다.

표 6.7의 마지막 부분에는 유의하지 않은 교호작용 항을 제거한 결과가 나타나 있다. 이 **축소모형**(reduced model)에는 오직 주효과 A, C와 AC 교호작용만이 포함되어 있다. **오차**(error)와 **잔차**(residual) 제곱합은 정육면체의 여덟 각 꼭짓점을 발생하면서 발생하는 **순수오차**(pure error)항과 모형에서 탈락한 요인들(B, AB, BC, ABC)의 제곱합으로 이루어지는 **적합성 결여**(lack-of-fit) 항으로 구성되어 있다. 다시 언급하자면, 실험 결과의 회귀모형 표현이 부호화변수와 자연변수 모두 제시된다. 이 모델로 설명된 에칭률의 총변동률은 다음과 같다.

$$R^2 = \frac{SS_{\text{Model}}}{SS_{\text{Total}}} = \frac{5.106 \times 10^5}{5.314 \times 10^5} = 0.9608$$

그리고 이는 완전모형의 R^2보다 적다. 그러나 축소모형에 대한 보정된 R^2이 실제로 완전모형에 대한 보정된 R^2보다 약간 크고, 축소모형에 대한 PRESS가 상당히 작아서 축소모형에 대한 R^2_{Pred}가 더 크다. 확실히 완전모형으로부터 유의하지 않은 항들을 제거함으로써 최종 모형을 만드는 게 새로운 자료를 예측하는 데 더 효과적일 것이다. 축소모형에 대한 회귀계수의 신뢰구간이 대응되는 완전모형에 대한 신뢰구간보다 짧다.

결과의 마지막 부분은 축소모형의 잔차를 보여준다. Design-Expert로 또한 이전에 논의하였던 모든 잔차그림을 그릴 수 있다.

효과의 유의성을 판단하는 다른 방법들(*Other Methods for Judging the Significance of Effects*). 분산분석은 요인효과가 0이 아니라는 것을 결정하는 수리적인 방법이다. 다른 유용한 방법들도 있다. 아래에 **효과의 표준오차**(standard error of the effects)를 어떻게 계산하는지가 나타나 있는데, 이 표준오차를 이용하여 **효과의 신뢰구간**(confidence intervals)을 구축할 것이다. 또 다른 방법으로는 6.5절에서 설명할 **정규확률그림**(normal probability plots)을 이용하여 효과의 중요도를 평가하는 것이 있다.

효과의 표준오차는 쉽게 찾을 수 있다. 설계의 각 2^k 시행에서 n 반복수를 가진다고 가정하고, 만약 $y_{i1}, y_{i2}, \ldots, y_{in}$가 각 i번째 시행에서의 관측치라면 다음은 각 i번째 시행에서의 분산의 추정치라고 할 수 있다.

$$S_i^2 = \frac{1}{n-1}\sum_{j=1}^{n}(y_{ij} - \bar{y}_i)^2 \quad i = 1, 2, \ldots, 2^k$$

2^k 분산추정치를 결합하여 총체적 분산추정치를 구할 수 있다.

$$S^2 = \frac{1}{2^k(n-1)}\sum_{i=1}^{2^k}\sum_{j=1}^{n}(y_{ij} - \bar{y}_i)^2 \tag{6.19}$$

이는 분산분석의 평균오차제곱에 의해 주어진 분산추정치이기도 하다. 각 효과추정치의 분산은 다음과 같다.

$$\begin{aligned} V(\text{Effect}) &= V\left(\frac{\text{Contrast}}{n2^{k-1}}\right) \\ &= \frac{1}{(n2^{k-1})^2}V(\text{Contrast}) \end{aligned}$$

각 대비는 2^k 처리 총수의 선형결합이고, 각 총수는 n 관측치로 구성되어 있다. 그러므로

$$V(\text{Contrast}) = n2^k\sigma^2$$

또한 효과의 분산은 다음과 같다.

$$V(\text{Effect}) = \frac{1}{(n2^{k-1})^2} n2^k \sigma^2 = \frac{1}{n2^{k-2}} \sigma^2$$

표준오차추정치는 σ^2를 추정치 S^2로 대체하고, 제곱근을 취하여 구할 수 있다.

$$se(\text{Effect}) = \frac{2S}{\sqrt{n2^k}} \tag{6.20}$$

효과의 표준오차는 2^k 설계의 회귀모형의 회귀계수 추정치의 2배이다(예제 6.1의 Design-Expert 결과 참고). 효과추정치를 표준오차와 비교함으로써 어떤 효과의 유의성을 검정할 수도 있다.

$$t_0 = \frac{\text{Effect}}{se(\text{Effect})}$$

이것은 $N-p$ 자유도를 가지는 t 통계량이다.

효과에 대한 $100(1-\alpha)\%$ 신뢰구간은 Effect$\pm t_{\alpha/2,\, N-p} se$(Effect)로 계산이 가능한데, t의 자유도는 오차 혹은 잔차의 자유도($N-p$ = 총 시행횟수 − 모형모수의 수)이다.

이 방법을 설명하기 위해, 예제 6.1의 플라스마 에칭 실험을 고려하자. 완전모형의 평균오차제곱은 $MS_E = 2252.56$이다. 그러므로 각 효과의 표준오차는 다음과 같다($S^2 = MS_E$를 사용하였다).

$$se(\text{Effect}) = \frac{2S}{\sqrt{n2^k}} = \frac{2\sqrt{2252.56}}{\sqrt{2(2^3)}} = 23.73$$

이제 $t_{0.025,8} = 2.31$, $t_{0.025,8}\ se(\text{Effect}) = 2.31(23.73) = 54.82$이고, 따라서 요인효과에 대한 대략적인 95% 신뢰구간은 다음과 같다.

$$\begin{aligned} A &: -101.625 \pm 54.82 \\ B &: \quad 7.375 \pm 54.82 \\ C &: \quad 306.125 \pm 54.82 \\ AB &: \quad -24.875 \pm 54.82 \\ AC &: -153.625 \pm 54.82 \\ BC &: \quad -2.125 \pm 54.82 \\ ABC &: \quad 5.625 \pm 54.82 \end{aligned}$$

이 분석은 A, C, AC가 중요한 요인임을 나타낸다. 이 요인들만 요인효과추정치에 대한 95% 신뢰구간이 0을 포함하지 않기 때문이다.

분산효과(*Dispersion Effects*). 플라스마 에칭 도구를 연구한 공정 엔지니어가 **분산효과**

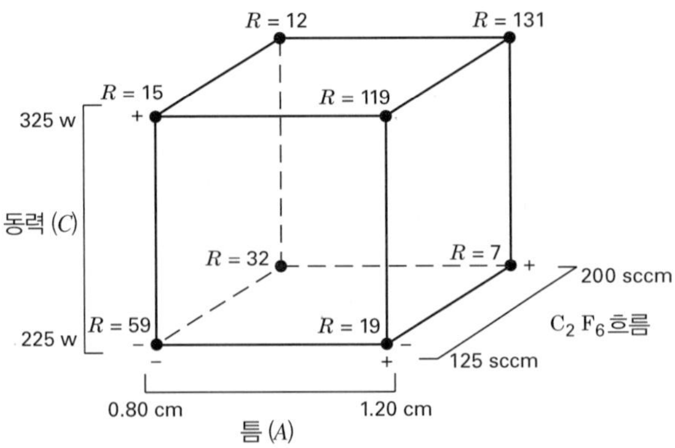

그림 6.8
예제 6.1의 에칭률 범위

에도 관심이 있다고 하자. 즉, 어떤 요인이 실험과 실험 간의 에칭률의 변동성에 영향을 미치는지에 대한 질문의 답으로는 2^3 설계의 각 8번 시행에서 에칭률의 **범위**(range)를 보는 것이다. 이 범위는 그림 6.8의 정육면체 위에 점으로 찍혀 있다. 에칭률의 범위는 차이와 동력 모두 고수준일 때 더 크며, 이는 에칭률에 있어 다른 요인수준들의 조합보다 이 조합이 더 큰 변동을 일으킴을 의미한다. 다행히도 이러한 경우를 피해서 차이와 동력을 세팅해도 바람직한 에칭률의 900 Å/m의 범위를 맞출 수 있다.

6.4 일반적 2^k 설계

지금까지 설명한 분석 방법을 2^k **요인설계**(2^k factorial design)로 일반화할 수 있다. 즉, 각각 두 개의 수준을 가지는 k 요인으로 설계하는 것이다. 2^k 설계의 통계적 모형은 k 주효과와 $\binom{k}{2}$ 2요인 교호작용, $\binom{k}{3}$ 3요인 교호작용..., 그리고 단일 k 요인 교호작용을 포함한다. 즉, 완전모형(complete model)은 2^k 설계에 대해 2^k-1 효과를 포함한다.

이전에 소개한 처리조합 표기를 여기서도 사용할 것이다. 예를 들어 2^5 설계에서는 abd는 요인 A, B, D가 고수준을 가지고, C, E가 저수준을 가지는 처리조합임을 나타낸다. 처리조합은 한 번에 한 요인씩 나열하고, 각각의 새로운 요인은 앞에 나온 값에 연쇄적으로 결합되면서 **표준순서**(standard error)로 쓰일 것이다. 예를 들어 2^4 설계의 표준순서는(1), a, b, ab, c, ac, bc, abc, d, ad, bd, abd, cd, acd, bcd, $abcd$이다.

2^k 설계의 통계적 분석에 관한 일반적인 방법이 표 6.8에 요약되어 있다. 이전에 언급하였듯이, 분석에 있어 컴퓨터 소프트웨어 패키지를 이용할 것이다.

표 6.8의 분석 절차 단계는 이제 친숙하게 느껴질 것이다. 첫 번째 단계는 요인효과의 추정과 부호와 크기에 대해 검사하는 것이다. 이는 실험에서 어떠한 요인과 교호작용이 중요하고, 반응값을 향상시키기 위해 어떻게 요인들의 방향을 조정해야 되는지에 대한 예비 정

표 6.8 2^k 설계의 분석 절차

1. 요인효과를 추정한다.
2. 초기 모형을 생성한다.
   a. 만약 반복수가 있으면, 완전모형을 적합시킨다.
   b. 만약 반복수가 없으면, 효과에 대한 정규확률그림을 이용하여 모형을 적합시킨다.
3. 통계적 검정을 수행한다.
4. 모형을 다시 조정한다.
5. 잔차를 분석한다.
6. 결과를 해석한다.

보를 제공한다. 실험의 초기모형을 세울 때는 보통 **완전모형**(full model)을 선택한다. 즉, 데이터 중 최소한 하나는 반복되었다는 가정하에 모든 주효과와 교호작용을 포함하는 것이다(다음 절에서 이 단계의 변형에 대해 다룰 것이다). 세 번째 단계로, 주효과와 교호작용의 유의성을 수치적으로 검정하기 위한 분산분석을 사용할 것이다. 표 6.9는 n 반복수를 가지는 2^k 요인설계의 분산분석을 보여준다. 네 번째 단계에서 모형을 다시 쓰게 되는데, 대개 유의하지 않은 요인을 완전모형으로부터 제거하게 된다. 다섯 번째 단계에서는 보통의 잔차분석을 통해 모형 적합도와 가정에 대해 점검할 것이다. 만약 모형이 부적절하거나 가정이 심하게 깨지면 잔차분석 다음 단계에서 모형을 다시 세울 수도 있다. 마지막 단계에

표 6.9 2^k 설계의 분산분석

변동원인	제곱합	자유도
k 주효과		
A	SS_A	1
B	SS_B	1
⋮	⋮	⋮
K	SS_K	1
$\binom{k}{2}$ 2요인 교호작용		
AB	SS_{AB}	1
AC	SS_{AC}	1
⋮	⋮	⋮
JK	SS_{JK}	1
$\binom{k}{3}$ 3요인 교호작용		
ABC	SS_{ABC}	1
ABD	SS_{ABD}	1
⋮	⋮	⋮
IJK	SS_{IJK}	1
⋮	⋮	⋮
$\binom{k}{k}$ k-요인 교호작용		
$ABC \cdots K$	$SS_{ABC \cdots K}$	1
오차	SS_E	$2^k(n-1)$
합계	SS_T	$n2^k - 1$

서는 보통 그래프로 시각적인 분석을 하는데 주효과 또는 교호작용그림, 혹은 반응표면그림과 등고선그림 같은 것이 있다.

위에서 언급한 계산은 대부분 거의 모두 컴퓨터로 하지만, 때로는 수동으로 효과추정치나 효과의 제곱합을 계산하는 것이 필요할 때도 있다. 효과의 추정치나 효과의 제곱합을 계산하기 위해서는 먼저 효과와 관련된 대비를 결정해야 한다. 이는 언제나 표 6.2나 6.3과 같은 표의 양, 음의 부호를 이용하여 이루어진다. 그러나 k가 커다란 경우에는 이 방법은 어울리지 않아 다른 대안을 사용한다. 일반적으로 $AB\cdots K$ 효과의 대비는 아래의 우변을 확장해서 구한다.

$$\text{Contrast}_{AB\cdots K} = (a \pm 1)(b \pm 1)\cdots(k \pm 1) \tag{6.21}$$

식 6.21의 확장할 때, 일반적인 대수학으로 "1"을 마지막 표현에서 (1)로 대체하여 사용한다. 각 세트의 괄호 안의 부호는 인자가 효과에 포함되어 있으면 음이고 인자가 포함되지 않은 경우에는 양이다.

식 6.21을 어떻게 사용하는지 설명하기 위해서 2^3 요인설계를 고려하자. AB 대비는 다음과 같다.

$$\begin{aligned}\text{Contrast}_{AB} &= (a-1)(b-1)(c+1)\\ &= abc + ab + c + (1) - ac - bc - a - b\end{aligned}$$

나아가 2^5 설계에서의 $ABCD$에 대한 대비는 다음과 같다.

$$\begin{aligned}\text{Contrast}_{ABCD} &= (a-1)(b-1)(c-1)(d-1)(e+1)\\ &= abcde + cde + bde + ade + bce\\ &\quad + ace + abe + e + abcd + cd + bd\\ &\quad + ad + bc + ac + ab + (1) - a - b - c\\ &\quad - abc - d - abd - acd - bcd - ae\\ &\quad - be - ce - abce - de - abde - acde - bcde\end{aligned}$$

효과의 대비를 한 번 계산하면, 효과추정치와 제곱합을 각각 다음과 같이 구할 수 있다.

$$AB\cdots K = \frac{2}{n2^k}(\text{Contrast}_{AB\cdots K}) \tag{6.22}$$

$$SS_{AB\cdots K} = \frac{1}{n2^k}(\text{Contrast}_{AB\cdots K})^2 \tag{6.23}$$

여기서 n은 반복수를 나타낸다. 또한 Frank Yates로 인한 표 형식의 알고리즘이 있어 효과추정치와 제곱합을 수동으로 계산하는 데 유용하다.

6.5 2^k 설계의 단일 반복수

요인이 적당히 있다 하더라도, 2^k 설계의 처리조합은 상당히 많아진다. 예를 들어 2^5 설계는 32 처리조합을, 2^6 설계는 64 처리조합을 가진다. 자원은 한정되어 있어서 실험자가 수행할 수 있는 반복수도 제한이 있다. 실험자가 원래의 요인을 없애고 분석하지 않는 한, 자주 이용할 수 있는 방법은 설계의 **단일 반복수**(single replicate)만으로 시행하는 것이다.

실험자가 각 검정조합에서 오직 한 번만 시행하는 것의 명백한 위험은 노이즈를 모델에 적합할 수도 있다는 것이다. 그러므로 만약 반응변수 y가 고차원 변수(highly variable)라면, 실험으로부터 얻어진 결과는 잘못된 것이다. 이러한 상황은 그림 6.9a에 도식화되어 있다. 이 그림에서 직선은 참 요인효과를 나타낸다. 그러나 반응변수 안에서 랜덤한 변동이 있으므로(음영으로 따로 표시해놓았다), 실험자는 실제로 검은 점으로 표시된 두 반응값을 얻었다. 결과적으로 요인효과추정치는 0에 가깝게 되고, 실험자는 이 요인에 대해 잘못된 결론에 이르게 된다. 만약 반응값의 변동성이 적다면, 잘못된 결론을 낼 가능성은 적어진다. 신뢰할만한 효과추정치를 확실히 얻는 다른 방법으로는, 그림 6.9b에 나타난 것처럼 요인의 저수준(−)과 고수준(+) 사이의 거리를 넓히는 방법이다. 그림에서 요인의 저수준과 고수준 사이의 거리를 넓혀 참 요인효과의 합리적인 추정치의 결과를 얻었음을 확인할 수 있다.

단일 반복수 전략은 비교적 많은 요인을 고려해야 하는 선별실험에서 종종 사용된다. 어떤 경우에 실험오차가 작은지를 절대 확신할 수가 없으므로, 이러한 유형의 실험에서의 매우 실용적인 방법은 요인수준을 공격적으로 넓혀놓는 것이다. 1장의 요인수준 선택의 가이드를 다시 읽어보면 도움이 될 것이다.

2^k 설계의 단일 반복수는 때때로 **무반복요인**(unreplicate factorial)이라고 한다. 오직 한 번의 반복수만 있으면, 오차의 내적 추정치(internal estimate, 또는 "순수오차")가 없다. 무반복요인의 분석의 접근 방법은 어떤 고차 교호작용을 무시할 수 있다고 가정하고, 그들의 평균제곱들을 합해서 오차를 추정하는 것이다. 이는 **효과의 희소성 원칙**(sparsity of effects principle)을 갖는다고 생각하는 것인데, 즉 대부분 시스템이 몇 개의 주요인과 낮은 차수의 교호작용에만 지배적이고 고차 교호작용은 무시 가능하다고 생각하는 것이다.

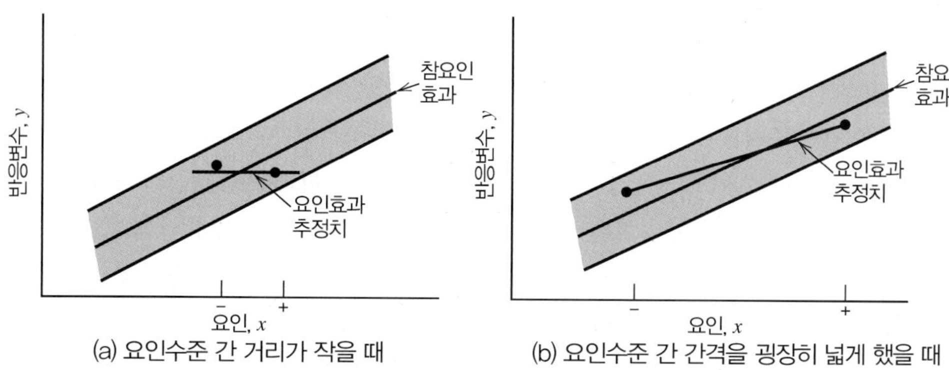

그림 6.9
반복수가 없는 설계에서 요인수준의 선택에 따른 영향

효과의 희소성 원칙은 수십 년에 걸쳐 관찰되었으나, 최근 들어서야 더욱 객관적으로 연구되었다. Li, Sudarsanam, Frey(2006)의 논문은 과학과 공학의 분야의 넓은 범위에서 발표된 43개의 실험에서 113개의 반응변수를 얻어 연구하였다. 모든 실험이 3에서 7 사이의 요인을 갖는 완전요인모형이었고, 그래서 교호작용에 대한 가정이 만들어질 필요가 없었다.

대부분의 실험이 셋 아니면 넷의 요인으로 이루어졌다. 저자들은 실험들 중 40% 정도가 주효과가 유의함을 발견하였다. 반면에 2요인 교호작용이 유의한 건 고작 11% 밖에 안 되는 점 또한 발견하였다. 3요인 교호작용은 굉장히 드물었는데, 전체의 5% 정도에만 있었다. 저자들은 또한 주효과와 2요인 교호작용, 그리고 3요인 교호작용에 대한 요인효과의 절댓값을 조사하였는데, 주효과의 강도 중위수가 2요인 교호작용의 중위수의 약 4배가량 컸다. 2요인 교호작용의 중위수 강도는 3요인 교호작용에 비해 약 2배가량 컸다. 그러나 2요인 및 3요인 교호작용이 주효과 중위수보다 큰 경우도 많이 있었다. Bergquist, Vanhatalo, 그리고 Nordenvaad(2011)의 논문도 22개의 다른 실험에서 35개의 반응변수를 가지고 효과의 희소성 문제에 대해 연구하였다. 그들은 2수준을 가지는 완전요인설계와 부분요인설계(fractional factorial design) 모두를 고려하였다. 그들의 결과는 Li et al.(2006)과 많은 부분에서 비슷하였는데, 3요인 교호작용이 2% 정도 발생해 좀 더 적었다는 정도의 차이가 있었다. 이 차이는 Li et al.(2006)의 연구에서는 곡면이 있는 실험을 포함한 점, 변환이 많이 필요했다는 점으로 부분적으로 설명이 가능하다. Bergquist et al.(2011)은 이런 실험들을 배제하였다. 전반적으로 이 두 연구가 효과의 희소성 원칙의 유효성을 확인하였다.

무반복요인설계로부터 자료를 분석할 때, 때때로 고차 교호작용이 발견될 수가 있다. 이 경우 고차 교호작용을 더해서 얻은 평균오차제곱을 사용하는 것은 부적절하다. Daniel(1959)의 분석 방법은 이 문제를 극복할 단순한 방법을 제시한다. Daniel은 효과추정치의 **정규확률그림**(normal probability plot)을 검사하라고 제안하였다. 무시할 만한 효과가 평균이 0이고 분산이 σ^2으로 정규분포를 따른다면 직선처럼 그려질 것이고, 반면에 효과가 유의하다면 0이 아닌 평균을 가지면서 직선 위에 그려지지 않을 것이다. 따라서 예비 모형은 정규확률그림에 근거하여 명백히 0이 아닌 효과를 포함하고 있게 된다. 보기에 무시할 수 있는 효과는 오차추정치로 합쳐지게 된다.

예제 6.2 2^4 설계의 단일 반복수

화학 제품은 압력 용기에 생산된다. 파일럿 공장(pilot plant)에서 요인실험을 시행하였는데, 제품의 여과율에 영향을 미칠 것 같다고 생각되는 요인을 연구하기 위함이었다. 네 요인은 온도(A), 압력(B), 포름알데히드(formaldehyde) 농도(C), 젓는 비율(stirring rate)(D)이다. 각 요인은 2수준을 가진다. 2^4 실험의 단일 반복수로부터 얻어진 설계행렬과 반응값에 대한 자료는 표 6.10과 그림 6.10에 제시되어 있다.

16번의 시행이 임의의 순서로 시행되었다. 공정 엔지니어는 여과율을 최대화하는 데 관심이 있다. 현재의 공정 조건은 75 gal/h 근처의 여과율을 생산한다. 공정은 또한 고수준에서의 요인 C, 즉 높은 포름알데히드 농도를 이용한다. 엔지니어는 포름알데히드 농도를 가능한 많이 줄이고자 하였으나, 그렇게 하면 여과율이 낮아져

시행번호	요인 A	B	C	D	시행라벨	여과율 (gal/h)
1	−	−	−	−	(1)	45
2	+	−	−	−	*a*	71
3	−	+	−	−	*b*	48
4	+	+	−	−	*ab*	65
5	−	−	+	−	*c*	68
6	+	−	+	−	*ac*	60
7	−	+	+	−	*bc*	80
8	+	+	+	−	*abc*	65
9	−	−	−	+	*d*	43
10	+	−	−	+	*ad*	100
11	−	+	−	+	*bd*	45
12	+	+	−	+	*abd*	104
13	−	−	+	+	*cd*	75
14	+	−	+	+	*acd*	86
15	−	+	+	+	*bcd*	70
16	+	+	+	+	*abcd*	96

표 6.10 파일럿 공장 여과율 실험

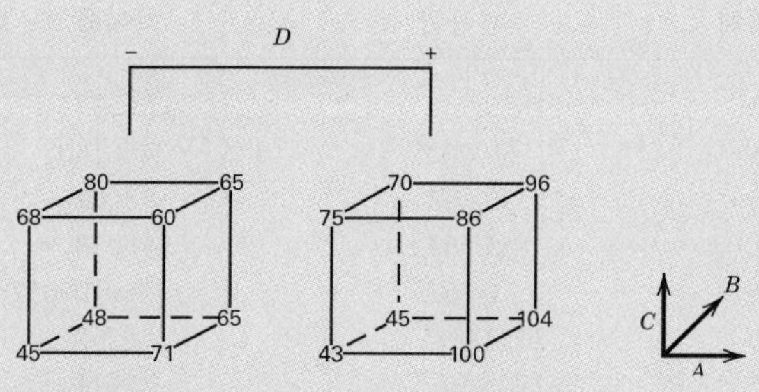

그림 6.10
예제 6.2의 파일럿 공장 여과율 실험의 자료

서 지금까지 그렇게 하지 못하였다.

효과추정치의 정규확률그림으로 자료분석을 시작하고자 한다. 2^4 설계의 대비 상수에 대한 양과 음의 부호는 표 6.11에 제시되어 있다. 이 대비로부터 15개의 요인효과를 추정할 수 있고 제곱합은 표 6.12에 제시되어 있다.

효과의 정규확률그림은 그림 6.11에 제시되어 있다. 직선에 놓여 있는 모든 효과는 무시할 수 있는 반면에, 큰 효과들은 직선으로부터 멀리 떨어져 있다. 이 분석에서 중요하게 나타나는 효과는 주효과 *A*, *C*, *D*와 교호작용 *AC*, *AD*이다.

주효과 *A*, *C*, *D*는 그림 6.12a에 제시되어 있다. 세 효과 모두 양이고, 오직 주효과들만 고려한다면 여과율을 최대한 증가시키기 위해 세 효과 모두 고수준에서 시행하여야 한다. 그러나 어떤 교호작용이 중요한지 검사할 필요가 있다. 유의한 교호작용이 있으면 주효과는 큰 의미가 없다.

AC, *AD* 교호작용은 그림 6.12b에 제시되어 있다. 이 교호작용들이 문제를 해결하기 위한 열쇠이다. *AC* 교호작용, 즉 온도 효과는 농도가 고수준일 때 매우 작고, 농도가 저수준일 때 매우 크고, 최상의 결과는 낮은 농도와 높은 온도일 때 얻을 수 있다. *AD* 교호작용은 젓는 비율 *D*가 낮은 온도에서 효과가 거의 없지만, 높은 온도에서는 매우 큰 양의 효과를 가짐을 나타낸다. 그러므로 *A*와 *D*는 고수준이고 *C*는 저수준일 때 최상의 여과율을 보일 것이다. 이렇게 하면 실험자의 또 다른 목적이었던 포름알데히드 농도 감소를 이끌어낼 수 있을 것이다.

표 6.11 2^4 설계에 대한 대비 상수

	A	*B*	*AB*	*C*	*AC*	*BC*	*ABC*	*D*	*AD*	*BD*	*ABD*	*CD*	*ACD*	*BCD*	*ABCD*
(1)	−	−	+	−	+	+	−	−	+	+	−	+	−	−	+
a	+	−	−	−	−	+	+	−	−	+	+	+	+	−	−
b	−	+	−	−	+	−	+	−	+	−	+	+	−	+	−
ab	+	+	+	−	−	−	−	−	−	−	−	+	+	+	+
c	−	−	+	+	−	−	+	−	+	+	−	−	+	+	−
ac	+	−	−	+	+	−	−	−	−	+	+	−	−	+	+
bc	−	+	−	+	−	+	−	−	+	−	+	−	+	−	+
abc	+	+	+	+	+	+	+	−	−	−	−	−	−	−	−
d	−	−	+	−	+	+	−	+	−	−	+	−	+	+	−
ad	+	−	−	−	−	+	+	+	+	−	−	−	−	+	+
bd	−	+	−	−	+	−	+	+	−	+	−	−	+	−	+
abd	+	+	+	−	−	−	−	+	+	+	+	−	−	−	−
cd	−	−	+	+	−	−	+	+	−	−	+	+	−	−	+
acd	+	−	−	+	+	−	−	+	+	−	−	+	+	−	−
bcd	−	+	−	+	−	+	−	+	−	+	−	+	−	+	−
abcd	+	+	+	+	+	+	+	+	+	+	+	+	+	+	+

표 6.12 예제 6.2의 2^4 요인설계의 요인효과추정치와 제곱합

모형 항	효과추정치	제곱합	기여율
A	21.625	1870.56	32.6397
B	3.125	39.0625	0.681608
C	9.875	390.062	6.80626
D	14.625	855.563	14.9288
AB	0.125	0.0625	0.00109057
AC	−18.125	1314.06	22.9293
AD	16.625	1105.56	19.2911
BC	2.375	22.5625	0.393696
BD	−0.375	0.5625	0.00981515
CD	−1.125	5.0625	0.0883363
ABC	1.875	14.0625	0.245379
ABD	4.125	68.0625	1.18763
ACD	−1.625	10.5625	0.184307
BCD	−2.625	27.5625	0.480942
ABCD	1.375	7.5625	0.131959

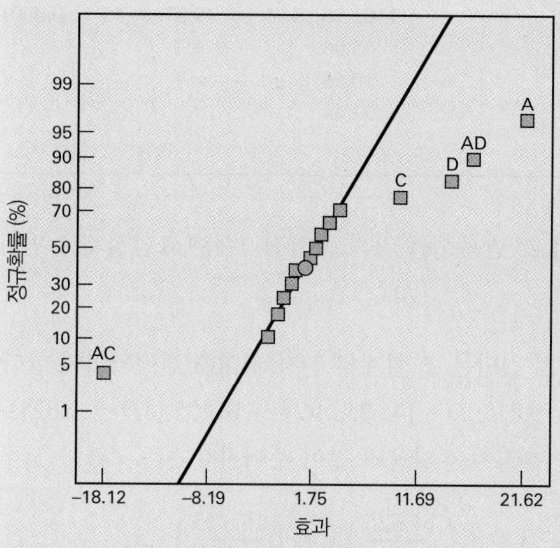

그림 6.11
예제 6.2의 2^4 요인실험에 대한 효과의 정규확률그림

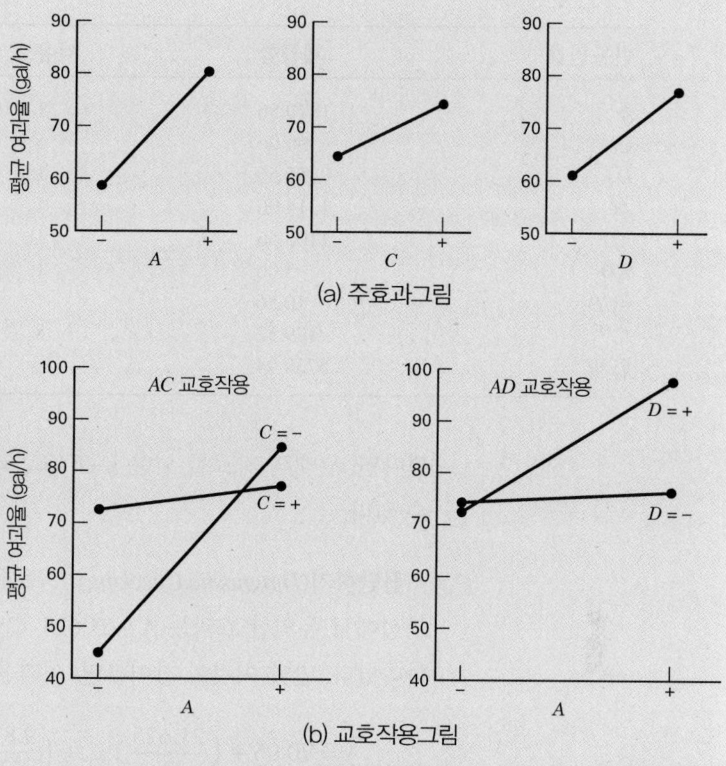

그림 6.12
예제 6.2의 주효과와 교호작용그림

정규확률그림을 사용하는 데 비판이 없는 것은 아니다. 효과가 큰 효과가 하나도 없을 때(말하자면 2σ보다 클때), 그림은 매우 애매해질 것이고 해석하기도 어려울 것이다. 효과가 적을때는, 예를 들어 8번 시행하는 설계에서는 그림이 거의 도움이 되지 않을 것이다.

설계 사영(*Design Projection*). 그림 6.11의 효과에 대한 또 다른 해석도 가능하다. 요인 B(압력)와 B와 관련된 모든 교호작용이 유의하지 않기 때문에 요인 B를 버릴 수 있다. 이렇게 하면 실험으로부터 요인 B를 버리고 A, C, D를 이용한 반복수 2를 가지는 2^3 설계를 고려할 수 있다. 표 6.10의 설계행렬에서 오직 A, C, D 열만 확인하면 되고, 이 열들이 반복수 2를 가지는 2^3 설계가 될 것이다. 이렇게 단순화된 가정으로 분산분석을 한 것이 표 6.13에 요약되어 있다. 이 분석으로 도출하는 결론은 예제 6.2에서 근본적으로 바뀐 것은 없다. 단일 반복수의 2^4 설계에서 반복수를 가지는 2^3으로 사영시킴으로써, ACD 교호작용 추정치와 때때로 은닉 반복수(hidden replication)라고도 불리는 것에 기반한 오차추정치 모두를 구할 수 있게 되었다.

무반복요인설계를 더 적은 요인이 있는 반복요인설계로 사영하는 개념은 매우 유용하다. 일반적으로 단일 반복수의 2^k 설계가 있고, $h(h<k)$ 요인들을 무시할 수 있어서 버려도

표 6.13 파일럿 공장여과율 실험의 A, C, D 요인에 대한 분산분석

변동원인	제곱합	자유도	평균제곱	F_0	P 값
A	1870.56	1	1870.56	83.36	< 0.0001
C	390.06	1	390.06	17.38	< 0.0001
D	855.56	1	855.56	38.13	< 0.0001
AC	1314.06	1	1314.06	58.56	< 0.0001
AD	1105.56	1	1105.56	49.27	< 0.0001
CD	5.06	1	5.06	< 1	
ACD	10.56	1	10.56	< 1	
오차	179.52	8	22.44		
합계	5730.94	15			

된다면, 원래의 자료를 남은 $k-h$ 요인과 2^h 반복수를 가지고 완전 2수준 요인설계로 만들 수 있다.

진단하기(*Diagnostic Checking*). 보통의 진단은 2^k 설계의 잔차에 대해 진행되어야 한다. 분석에서 유의한 효과는 $A=21.625$, $C=9.875$, $D=14.625$, $AC=-18.125$, $AD=16.625$로 나타났다. 만약 이것이 참이라면, 여과율 추정치는 다음과 같이 주어진다.

$$\hat{y}=70.06+\left(\frac{21.625}{2}\right)x_1+\left(\frac{9.875}{2}\right)x_3+\left(\frac{14.625}{2}\right)x_4-\left(\frac{18.125}{2}\right)x_1x_3 +\left(\frac{16.625}{2}\right)x_1x_4$$

여기서 70.06은 평균 반응값이고 부호화변수 x_1, x_3, x_4는 -1에서 $+1$사이의 값을 가진다. 시행(1)의 여과율 예측치는 다음과 같다.

$$\begin{aligned}\hat{y}&=70.06+\left(\frac{21.625}{2}\right)(-1)+\left(\frac{9.875}{2}\right)(-1)+\left(\frac{14.625}{2}\right)(-1)\\&\quad-\left(\frac{18.125}{2}\right)(-1)(-1)+\left(\frac{16.625}{2}\right)(-1)(-1)\\&=46.22\end{aligned}$$

관측치가 45이기 때문에, 잔차는 $e=y-\hat{y}=45-46.25=-1.25$이다. 모든 16개의 관측치에 대한 y, $\hat{y}$의 값과 $e=y-\hat{y}$는 다음과 같다.

	y	$\hat{y}$	$e=y-\hat{y}$
(1)	45	46.25	−1.25
a	71	69.38	1.63
b	48	46.25	1.75
ab	65	69.38	−4.38
c	68	74.25	−6.25
ac	60	61.13	−1.13
bc	80	74.25	5.75
abc	65	61.13	3.88
d	43	44.25	−1.25
ad	100	100.63	−0.63

bd	45	44.25	0.75
abd	104	100.63	3.38
cd	75	72.25	2.75
acd	86	92.38	−6.38
bcd	70	72.25	−2.25
abcd	96	92.38	3.63

잔차의 정규확률그림은 그림 6.13에 제시되어 있다. 그림의 점들은 직선에 꽤 가까이 놓여 있고, 이는 *A*, *C*, *D*, *AC*, *AD*만 유의한 요인이며 자료가 분석의 근본적인 가정을 만족한다는 결론을 뒷받침한다.

반응표면(*The Response Surface*). 그림 6.12의 교호작용그림을 이용하여 실험이 결과에 대한 타당한 해석을 도출하였다. 이 목적으로 반응표면을 사용하는 것이 유용할 때가 있다. 반응표면은 회귀모형으로 만들 수 있는데, 식은 다음과 같다.

$$\hat{y} = 70.06 + \left(\frac{21.625}{2}\right)x_1 + \left(\frac{9.875}{2}\right)x_3 + \left(\frac{14.625}{2}\right)x_4 - \left(\frac{18.125}{2}\right)x_1x_3 + \left(\frac{16.625}{2}\right)x_1x_4$$

젓는 비율이 고수준(즉, $x_4 = 1$)일 때의 반응표면 등고선그림이 그림 6.14a에 제시되어 있다. $x_4 = 1$를 가지는 위의 모형으로부터 만든 등고선은 다음과 같다.

$$\hat{y} = 77.3725 + \left(\frac{38.25}{2}\right)x_1 + \left(\frac{9.875}{2}\right)x_3 - \left(\frac{18.125}{2}\right)x_1x_3$$

모형이 교호작용 항을 포함하고 있으므로 등고선은 곡선이다.

그림 6.14b는 온도가 고수준(즉, $x_1 = 1$)일 때의 반응표면 등고선그림이다. 회귀모형에 $x_1 = 1$로 두었을 때 다음을 얻을 수 있다.

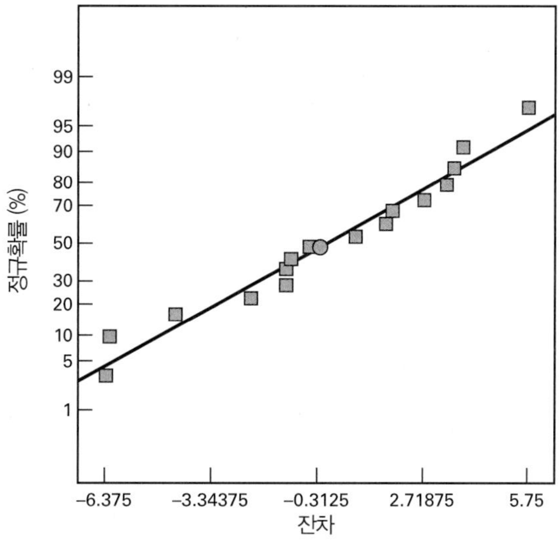

그림 6.13
예제 6.2의 잔차의 정규확률 그림

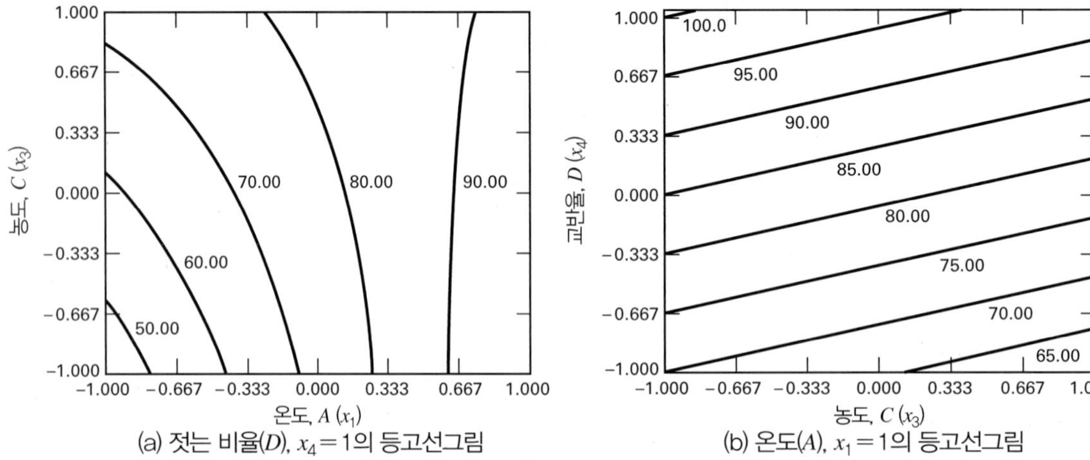

그림 6.14
예제 6.2의 여과율의 등고선그림

$$\hat{y} = 80.8725 - \left(\frac{8.25}{2}\right)x_3 + \left(\frac{31.25}{2}\right)x_4$$

이 등고선들은 평행한 직선을 가지는데, 이는 모형이 오직 요인 $C(x_3)$와 $D(x_4)$의 주효과만을 포함하기 때문이다.

두 등고선그림 모두 여과율을 최대화하기 위해서는 변수 $A(x_1)$와 $D(x_4)$가 저수준을 가져야 함을 의미하고, 공정이 농도 C에 대해서 상대적으로 로버스트(robust)함을 의미한다. 교호작용 그래프를 통해서 유사한 결론을 얻을 수 있다.

효과의 반정규그림(*The Half-Normal Plot of Effects*). 요인효과의 정규확률그림에 대한 대안으로 **반정규그림**이 있다. 이 그림은 누적 정규확률에 대응하는 효과추정치의 **절댓값**(absolute value)의 그림이다. 그림 6.15는 예제 6.2의 반정규그림이다. 반정규그림의 직선은

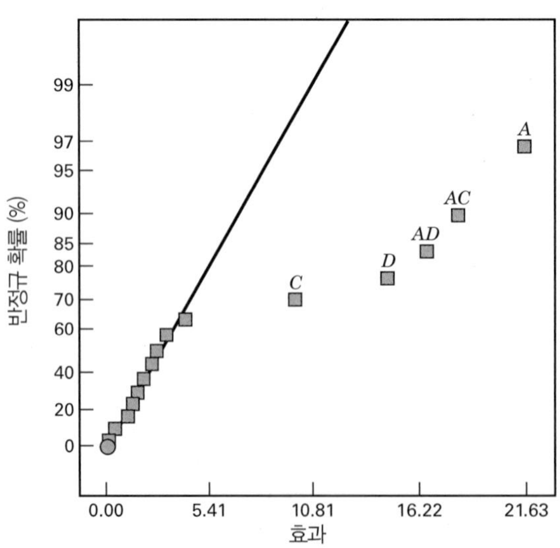

그림 6.15
예제 6.2의 요인효과의 반정규그림

언제나 원점을 지나고, 50번째 백분위수 근처를 지나야 한다. 많은 분석가는 반정규가 해석하기 더 쉽다고 생각하는데, 특히 8번 실행을 했을 때와 같이 효과추정치가 적을 때 그렇다. 두 그림을 모두 그려주는 소프트웨어 패키지들도 있다.

무반복요인 분석의 다른 방법들(*Other Methods for Analyzing Unreplicated Factorials*). 무반복 2요인설계에서 가장 널리 쓰이는 분석 방법이 정규(혹은 반정규)그림이다. 그러나 무반복 설계는 실상에서 많이 사용되고 있으며, 정규확률그림이 주관적인 문제를 극복하기 위한 수식적인 분석 방법도 많이 제안되었다. Hamada와 Balakrishnan(1998)가 이러한 몇 방법을 비교하였다. 그들은 Lenth(1989)가 제안한 방법이 유의한 효과를 탐지하는 데 좋은 검정력을 가진다는 것을 발견하였다. 또한 이 방법은 사용하기 쉬워서 많은 소프트웨어 패키지에 무반복요인설계 분석에서 많이 볼 수 있다. Lenth의 방법(Lenth's method)에 대해 간단히 설명해보도록 하겠다.

관심 있는 대비가 m개 즉, $c_1, c_2, \ldots, c_m$을 가정하자. 만약 설계가 무반복 2^k 요인설계라면, 대비들은 $m=2^k-1$ 요인효과추정치에 대응한다. Lenth의 방법의 기본은 대비의 분산을(절댓값이) 가장 작은 대비 추정치로 구하는 것이다.

$$s_0 = 1.5 \times \text{median}(|c_j|)$$
$$PSE = 1.5 \times \text{median}(|c_j| : |c_j| < 2.5s_0)$$

이라고 하자.

*PSE*는 "유사표준오차(pseudostandard error)"라고 불리고, Lenth는 아주 적은 요인만 중요할 때(유의할 때) 이것이 대비 분산의 합당한 추정치임을 보였다. *PSE*는 대비의 유의함을 판단하는데 사용된다. 개별적인 대비를 오차한계(margin of error)와 비교할 수 있는데,

$$ME = t_{0.025,d} \times PSE$$

여기서 자유도는 $d=m/3$이다. 대비 그룹에 대해 추론을 하기 위해서 Lenth는 오차의 동시한계(simultaneous margin of error)를 사용하는 것을 추천하였다.

$$SME = t_{\gamma,d} \times PSE$$

여기서 t 분포의 백분율점(percentage point)으로 $\gamma=1-(1+0.95^{1/m})/2$을 사용한다.

Lenth의 방법을 설명하기 위해서 예제 6.2의 2^4 실험을 고려하였다. 계산결과는 $s_0=1.5\times|-2.625|=3.9375$와 $2.5\times3.9375=9.84375$이므로 다음과 같다.

$$PSE = 1.5 \times |1.75| = 2.625$$
$$ME = 2.571 \times 2.625 = 6.75$$
$$SME = 5.219 \times 2.625 = 13.70$$

이제 표 6.12의 효과추정치를 고려하자. *SME* 기준은 (크기가) 가장 큰 네 개의 효과의 추

정치가 *SME* 보다 크기 때문에 유의함을 나타낸다. 주효과 *C*는 *ME* 기준에 의해 유의하지만, *SME*에 대해서는 그렇지 않다. 그러나 *AC* 교호작용이 명백히 중요하므로 *C*를 유의한 효과에 포함할 것이다. 이 예제에서 Lenth의 방법으로 이전에 효과의 정규확률그림으로 얻은 결과와 동일한 답을 구했음을 보여준다.

몇 저자들[Loughin과 Nobel(1997), Hamada와 Balakrishnan(1998), Larntz와 Whitcomb(1998), Loughin(1998), Edwards와 Mee(2008)]은 Lenth의 방법이 *ME*와 *SME* 값을 너무 보수적인 값으로 만들어, 유의한 효과를 감지할 검정력이 매우 적음을 확인하였다. 시뮬레이션으로 이 방법을 보정할 수 있다. Larntz와 Whitcomb(1998)은 원래의 *ME*와 *SME* 승수를 다음과 같은 **보정승수**(adjusted multipliers)로 대체하는 것을 제안하였다.

대비수	7	15	31
원래의 *ME*	3.764	2.571	2.218
보정된 *ME*	2.295	2.140	2.082
원래의 *SME*	9.008	5.219	4.218
보정된 *SME*	4.891	4.163	4.030

이는 Ye와 Hamada(2000)의 결과와 근접하게 같다.

JMP 소프트웨어 패키지는 Lenth의 방법을 2수준 설계의 선별 플랫폼 분석의 일부로 사용한다. 이 방법을 사용할 때, 각 효과와 교호작용의 *P* 값은 "실시간(real-time)" 시뮬레이션으로 계산된다. 시뮬레이션은 실험에서 어떠한 요인도 유의하지 않음을 가정하고, 귀무가설의 모형에 대해 Lenth 통계량의 관측치를 10,000번 반복 계산한다. 관찰된 Lenth 통계량이 시뮬레이션 기반의 기준분포 상에서 상대적으로 꼬리에 떨어지는지를 확인하여 *P* 값을 계산한다.

이러한 *P* 값은 모형의 요인을 선택하는 가이드로 사용될 수 있다. 표 6.14는 예제 6.2의 레진 여과율 실험의 선별 분석 플랫폼의 JMP 결과이다. Lenth 통계량과 더불어 JMP 결과는 효과들의 반정규그림도 포함하고, 효과(대비) 크기의 "파레토(Pareto)" 도표도 포함한다. 요인이 모형에 포함될 때, Lenth의 방법은 같은 요인을 이전에 확인한 모델에 넣으라고 추천할 것이다.

적합된 모형에 대한 최종 JMP 계산결과는 표 6.15에 제시되어 있다. 표의 하단 **예측 프로파일러**(Prediction Profiler)는 여과율을 최대화하는 요인수준으로 설정되었다. 이는 등고선도에서 보고 결정한 세팅과 같다.

일반적으로 Lenth의 방법은 매우 현명하고 유용한 방법이다. 하지만 이를 보통의 효과 정규확률그림의 대체가 아닌 보조자료로 쓰기를 권장한다.

Bisgaard(1998-1999)는 정규확률그림의 이해를 도울 수 있는 **조건부 추론 도표**(conditional inference chart)라는 훌륭한 그래픽 기술을 제안하였다. 이 그래프의 목적은 실험자가 유의한 효과를 판단하는 데 도움을 주는 것이다. 이 방법은 만약 표준편차 σ를 알고 있거나 자료로부터 이를 추정할 수 있다면 비교적 쉽게 할 수 있다. 무반복 설계에서는 σ의 내적 추정치가 없으므로 조건부 추론 도표는 실험자가 효과크기를 표준편차값의 범위에 대해 평

표 6.14 예제 6.2의 JMP 선별 플랫폼 결과

Response Y

Summary of Fit

RSquare	1
RSquare Adj	-
Root Mean Square Error	-
Mean of Response	70.0625
Observations (or Sum Wgts)	16

Sorted Parameter Estimates

Term	Estimate	Relative Std Error	Pseudo *t*-Ratio	Pseudo *t*-Ratio	Pseudo *p*-Value
Temp	10.8125	0.25	8.24		0.0004*
Temp*Conc	−9.0625	0.25	−6.90		0.0010*
Temp*StirR	8.3125	0.25	6.33		0.0014*
StirR	7.3125	0.25	5.57		0.0026*
Conc	4.9375	0.25	3.76		0.0131*
Temp*Pressure*StirR	2.0625	0.25	1.57		0.1769
Pressure	1.5625	0.25	1.19		0.2873
Pressure*Conc*StirR	−1.3125	0.25	−1.00		0.3632
Pressure*Conc	1.1875	0.25	0.90		0.4071
Temp*Pressure*Conc	0.9375	0.25	0.71		0.5070
Temp*Conc*StirR	−0.8125	0.25	−0.62		0.5630
Temp*Pressure*Conc*StirR	0.6875	0.25	0.52		0.6228
Conc*StirR	−0.5625	0.25	−0.43		0.6861
Pressure*StirR	−0.1875	0.25	−0.14		0.8920
Temp*Pressure	0.0625	0.25	0.05		0.9639

No error degrees of freedom, so ordinary tests uncomputable. Relative Std Error corresponds to residual standard error of 1.
Pseudo *t*-Ratio and *p*-Value calculated using Lenth PSE = 1.3125 and DFE = 5

Effect Screening

The parameter estimates have equal variances.
The parameter estimates are not correlated.

Lenth PSE

1.3125
Orthog *t* Test used Pseudo Standard Error

Normal Plot

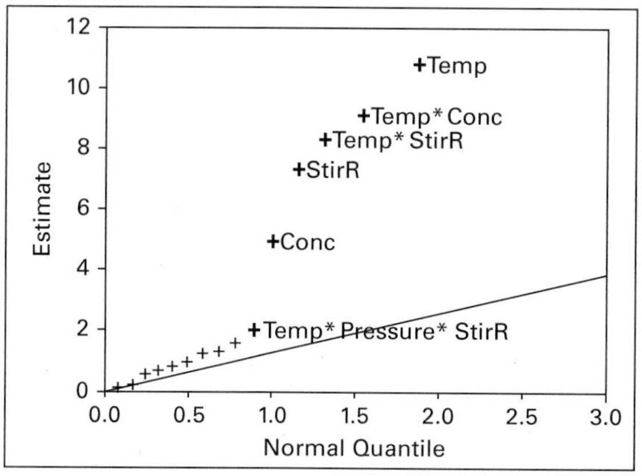

Blue line is Lenth's PSE, from the estimates population

표 6.15 예제 6.2의 적합모형에 대한 JMP 결과

Response Filtration Rate Actual by Predicted Plot

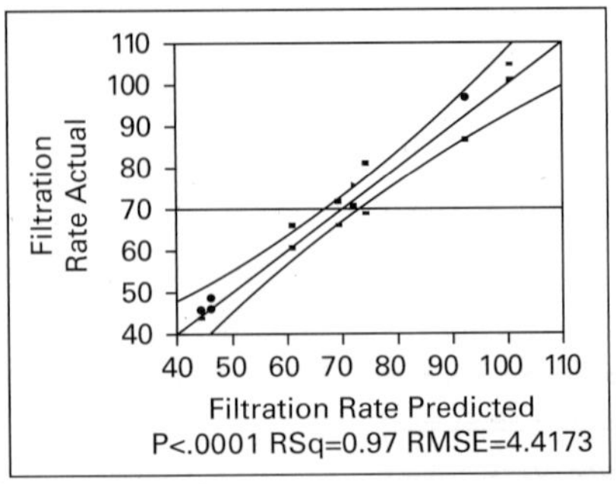

Summary of Fit

RSquare	0.965952
RSquare Adj	0.948929
Root Mean Square Error	4.417296
Mean of Response	70.0625
Observations (or Sum Wgts)	16

Analysis of Variance

Source	DF	Sum of Squares	Mean Square	*F* Ratio
Model	5	5535.8125	1107.16	56.7412
Error	10	195.1250	19.51	**Prob > *F***
C. Total	15	5730.9375		<.0001*

Lack of Fit

Source	DF	Sum of Squares	Mean Square	*F* Ratio
				0.3482
Lack of Fit	2	15.62500	7.8125	**Prob > *F***
Pure Error	8	179.50000	22.4375	0.7162
Total Error	10	195.12500		**Max RSq**
				0.9687

Parameter Estimates

Term	Estimate	Std Error	*t* Ratio	Prob>|*t*|
Intercept	70.0625	1.104324	63.44	<.0001*
Temperature	10.8125	1.104324	9.79	<.0001*
Stirring Rate	7.3125	1.104324	6.62	<.0001*
Concentration	4.9375	1.104324	4.47	0.0012*
Temperature *Stirring Rate	8.3125	1.104324	7.53	<.0001*
Temperature *Concentration	−9.0625	1.104324	−8.21	<.0001*

Sorted Parameter Estimates

Term	Estimate	Std Error	*t* Ratio		Prob < |*t*|
Temperature	10.8125	1.104324	9.79		<. 0001*
Temperature *Concentration	−9.0625	1.104324	−8.21		<. 0001*
Temperature *Stirring Rate	8.3125	1.104324	7.53		<. 0001*
Stirring Rate	7.3125	1.104324	6.62		<. 0001*
Concentration	4.9375	1.104324	4.47		0.0012*

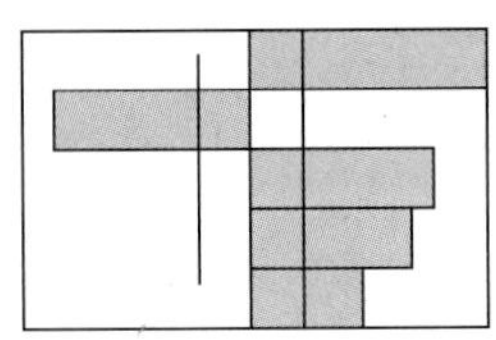

Prediction Profiler

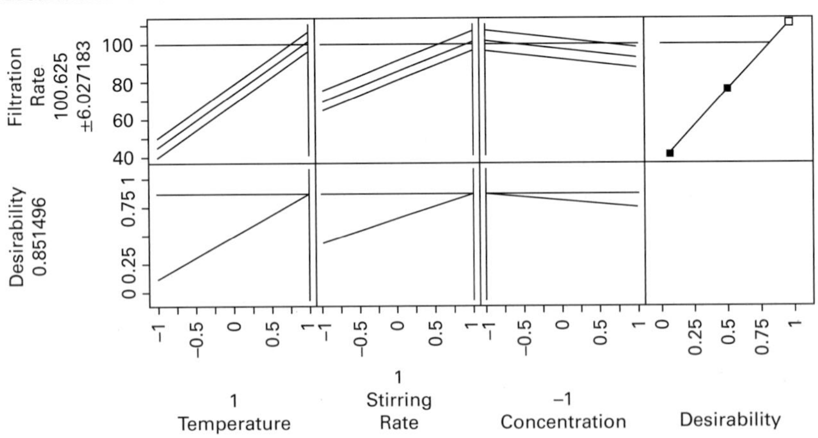

가할 수 있도록 한다. Bisgaard는 N개의 시행을 가지고 있는 2요인설계에서의 효과의 표준편차가(무반복요인에선 $N=2^k$) 다음과 같다고 생각하고 그래프를 그린다.

$$\frac{2\sigma}{\sqrt{N}}$$

여기서 σ는 개별 관측치의 표준편차이다. 다음으로 효과의 표준오차에 ±2를 곱하면 다음과 같다.

$$\pm\frac{4\sigma}{\sqrt{N}}$$

효과를 추정하면 그림 6.16처럼 그래프를 그리도록 하자. 이때 효과추정치는 세로축 혹은 y축을 따라 그려 보자. 이 그림에서 예제 6.2의 효과추정치를 사용하였다. 그림 6.16의 수평축, 혹은 x축은 표준편차(σ)의 규모이다. 두 직선은 다음과 같다.

$$y=+\frac{4\sigma}{\sqrt{N}} \quad \text{그리고} \quad y=-\frac{4\sigma}{\sqrt{N}}$$

예제에서 $N=16$이었으므로, 두 직선은 $y=+\sigma$와 $y=-\sigma$이다. 따라서 어떤 표준편차 σ이 주어지더라도, 이 두 직선 간의 거리를 무시할 수 있는 효과의 근사적인 95% 신뢰구간으로서 읽어낼 수 있다.

그림 6.16에서 만약 실험자가 표준편차를 4~8 사이의 값이라고 생각한다면 요인 A, C,

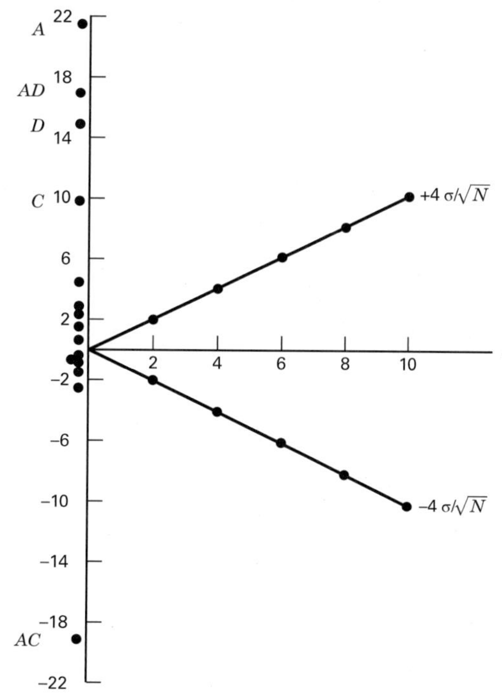

그림 6.16
예제 6.2의 조건부 추론 도표

D와 교호작용 AC, AD가 유의함을 알 수 있다. 만약 표준편차가 10 정도라고 생각한다면 요인 C는 유의하지 않을 것이다. 즉, σ의 크기를 어떻게 가정하느냐에 따라 실험자는 효과의 유의성을 근사하고 판단할 "야드 자(yardstick, 기준)"를 만드는 것이다. 차트는 그 반대로도 사용될 수 있다. 요인 C가 유의한지 확신할 수 없다고 가정할 때, 실험자는 σ을 10 혹은 그 이상으로 생각해도 되는 것이 합당한지 생각해볼 수 있다. 만약 σ가 10만큼 크지 않을 것이라고 생각하면 요인 C가 유의하지 않다고 결론지을 수 있다.

무반복 설계에서 이상점의 효과(*Effect of Outliers in Unreplicated Designs*). 실험자들은 종종 무반복 설계에서 이상점들의 영향에 대해 걱정하는데, 이 이상점이 분석을 유효하지 않게 만들거나 실험의 결과를 쓸모없게 만들 것이라고 걱정하기 때문이다. 이는 보통 크게 걱정할 일은 아니다. 효과추정치가 이상점에 대해 꽤 로버스트하기 때문이다. cd 처리효과에 이상점이 있는 무반복 2^4 설계를 고려하여 보자. 어떤 요인의 효과를 예를 들어 A라고 두면,

$$A = \bar{y}_{A^+} - \bar{y}_{A^-}$$

그리고 cd 반응값이 $\bar{y}_{A^-}$에만 나타난다고 가정하자. 평균 $\bar{y}_{A^-}$는 8개 관측치의 평균(2^4의 16번 시행의 절반)으로, 이상점 cd의 영향은 다른 7번 시행의 평균에 의해 감소하게 된다. 이는 다른 모든 효과추정치에도 발생할 것이다. 예제 6.2의 합성수지 여과율 실험의 2^4 설계를 고려하여 설명하겠다. $cd = 375$인 시행(정확한 반응값은 75이다)을 가정하자. 그림 6.17a는 효과의 반정규그림을 보여준다. 중요한 효과들의 제대로 된 세트를 그래프를 통해 알 수 있음은 분명하지만, 반정규그림은 이상점이 있을 수 있다는 신호를 준다. 유의하지 않은 효과들을 식별하는 직선은 원점을 지나지 않는데, 원점으로부터의 기준선이 유의하지 않은 효과들의 집합에 가까이 있지 않다. 완전한 정규확률그림 역시 이상점에 대한 증거를 제공해 준다. 이 예제에 대한 정규확률그림은 그림 6.17b에 나타나 있다. 정규확률그림에 두 개의 다른 직선이 있는데, 어느 선도 유의하지 않은 효과를 지나지 않음을 확인할 수 있다. 그리고 이는 이상점이 있다는 강한 징후이다.

이 예제는 매우 심각한 이상점(75 대신에 375)을 포함한다. 이상점이 매우 극적이어서 표

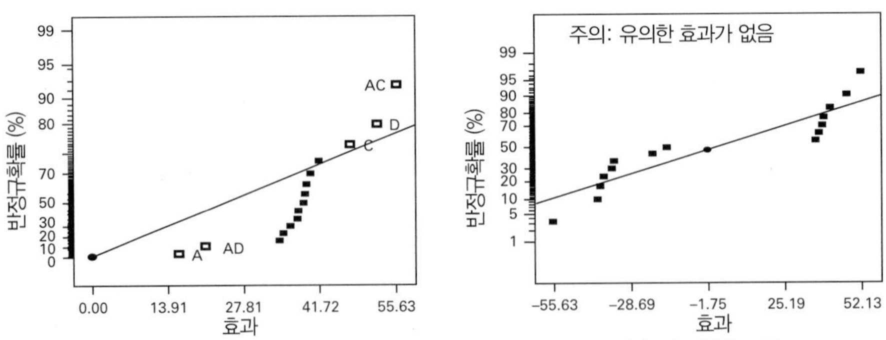

(a) 반정규그림
(b) 정규확률그림

그림 6.17
이상점 효과

본 자료를 보는 것으로도 쉽게 파악할 수 있고, 확실히 잔차를 조사하면 쉽게 알아차릴 수 있다.

이상점이 존재할 때 무엇을 해야 하는가? 만약 단순 자료의 기록 또는 이항(transposition)의 오류라면, 실험자가 올바른 값으로 대체함으로써 이상점을 정정할 수 있다. 한 가지 추천으로는(4장의 블록설계에서 소개한 방법을 따라) 추정치로 대체하는 것이다. 이는 설계의 직교성을 보존하고 해석을 쉽게 만들어준다. 이상점을 최고차 교호작용의 추정치를 0으로 만들 수 있는 추정치로 대체하는 것도 한 방법이다(이 경우에는 *cd*를 ABCD = 0으로 만드는 값으로 대체하는 것이다). 이상점을 버리고 남은 관측치로 분석하는 방법도 있다. 이러한 방법은 실험에 결측이 있을 때도 사용할 수 있다. 연습문제 6.32에서 예제 6.2에 대해 이러한 방법들을 연습할 수 있다.

현대의 컴퓨터 소프트웨어로 결측치가 있는 2^k 설계로 자료를 분석할 수 있다. 왜냐면 효과를 추정하기 위해 최소제곱법을 사용하고, 최소제곱은 직교설계를 필요로 하지 않기 때문이다. 이러면 효과추정치가 더 이상 직교설계에서처럼 상관이 없지는(uncorrelated) 않다. 정규확률그림 방법을 사용하려면 효과추정치가 서로 상관없고 동일한 분산을 가져야 하는데, 2^k 설계에서 k가 적어도 4개 이상일 때는 결측으로 인해 요인들이 상관있게 되는 정도는 상대적으로 작다. 효과추정치의 연관성과 모형 회귀계수들은 보통 정규확률그림을 해석하는 데 엄청난 문제를 일으키지는 않는다.

그림 6.18은 예제 6.2에서 이상점 *cd* = 375를 생략하였을 때 효과추정치에 대한 반정규그림을 보여준다. 이 그림은 해석하기 쉽고, 실험자료의 전체 세트를 사용했을 때와 정확히 같은 유의한 효과들을 확인할 수 있게 해준다. 이 상황에서 설계요인들 사이의 상관은 ±0.0714이다. 모형 회귀계수 사이의 상관이 더 크지만 즉 ±0.5일 때도, 이것이 반정규 그림을 해석하는 데 그 어떤 어려움도 초래하지 않음을 확인할 수 있다.

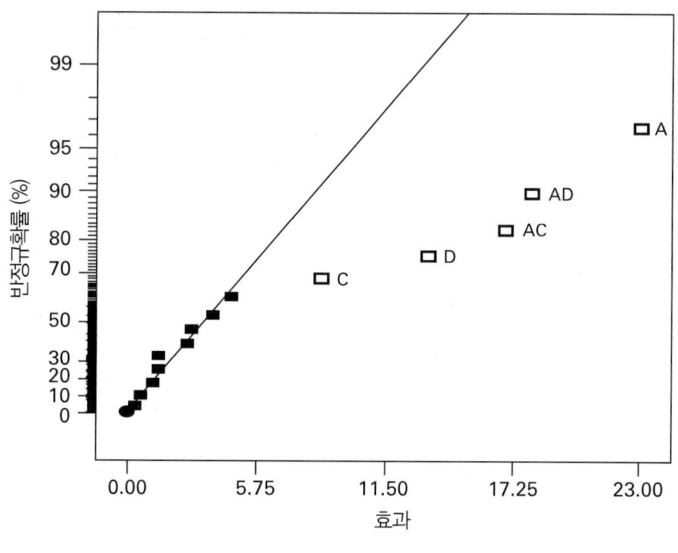

그림 6.18
이상점을 제거한 예제 6.2의 분석

6.6 무반복 2^k 설계의 추가적인 예제

무반복 2^k 설계는 현실에서 널리 쓰이는데, 이는 가장 흔한 2^k 설계의 변형일 것이다. 이 절은 유용한 추가적인 분석을 설명하며, 이러한 설계의 네 가지 흥미로운 적용사례를 소개한다.

예제 6.3 요인설계의 자료 변환

Daniel(1976) 논문에는 네 요인의 함수로서 드릴의 굴진속도(advance rate of a drill)의 연구에 사용하기 위한 2^4 요인설계가 나타나 있다. 네 요인은 드릴의 하중(drill load)(A), 유량(flow rate)(B), 회전속도(rotational speed)(C), 사용된 시추이수(drilling mud)의 종류(D)이다. 실험의 자료는 그림 6.19에 제시되어 있다.

실험의 효과추정치에 대한 정규확률그림은 그림 6.20에 제시되어 있다. 그림을 보고 요인 B, C, D와 BC, BD 교호작용이 해석이 필요함을 알 수 있다. 그림 6.21은 잔차에 대한 정규확률그림이고 그림 6.22는 잔차 대 식별된 요인을 포함하는 모형으로부터의 굴진속도 예측값에 대한 그림이다. 여기에는 정규성과 등분산성에 대한 명확한 문제가 있다. 자료의 변환은 종종 이 같은 문제를 다루기 위해 사용된다. 비율이 반응변수이기 때문에 로그 변환(log transformation)이 타당한 후보로 보인다.

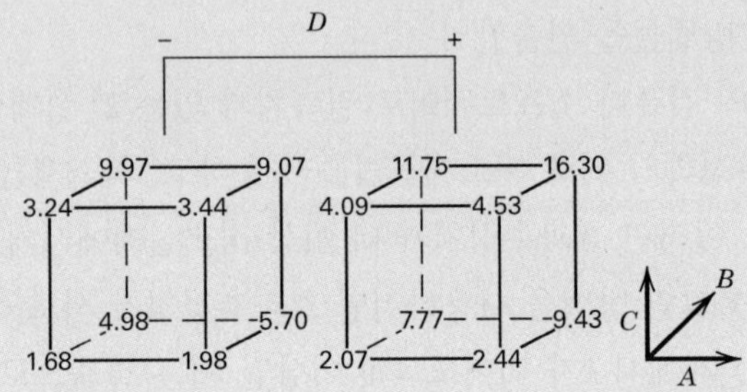

그림 6.19
예제 6.3의 시추실험의 자료

그림 6.23은 변환 $y^* = \ln y$ 변환을 거친 효과추정치의 정규확률그림이다. 요인 B, C, D만 중요하기(유의하기) 때문에 이제 훨씬 더 간단한 해석을 할 수 있을 것이다. 즉, 자료를 정확한 기준으로 표현하는 것이 간단해졌는데, 설명 모형에 두 교호작용이 더 이상 포함되지 않는 구조가 되었다.

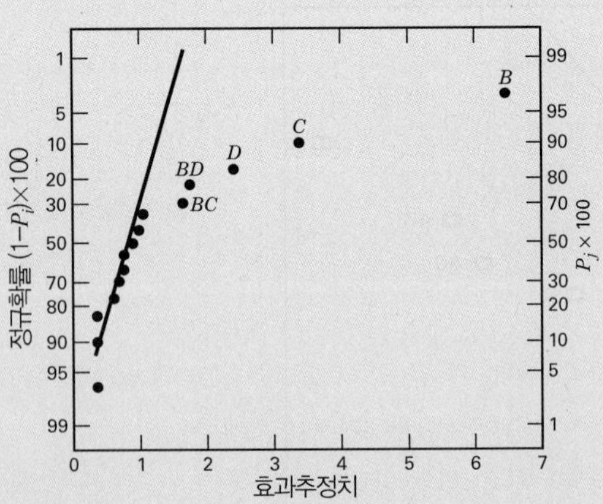

그림 6.20
예제 6.3의 효과의 정규확률그림

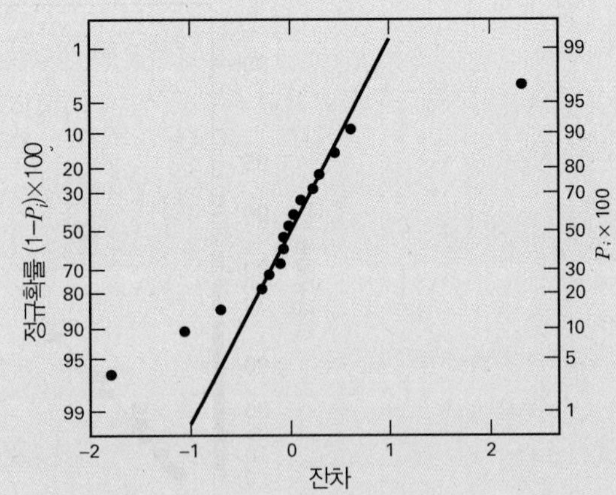

그림 6.21
예제 6.3의 잔차 정규확률그림

그림 6.24와 6.25는 각각 잔차의 정규확률그림과 잔차 대 B, C, D를 포함하는 로그 척도(log scale)의 모형에 대한 굴진속도 예측값의 그림이다.

이 그림들은 이제 만족스럽다. $y^* = \ln y$에 대한 모형을 적절히 해석하기 위해 오직 요인 B, C, D만 필요하다고 결론지을 수 있다. 이 모형에 대한 분산분석은 표 6.16에 요약되어 있다. 모형의 제곱합은 다음과 같다.

$$\begin{aligned} SS_{\text{Model}} &= SS_B + SS_C + SS_D \\ &= 5.345 + 1.339 + 0.431 \\ &= 7.115 \end{aligned}$$

그리고 $R^2 = SS_{\text{Model}}/SS_T = 7.115/7.288 = 0.98$이므로, 이 모형이 드릴 굴진속도의 변동의 약 98%를 설명한다고 할 수 있다.

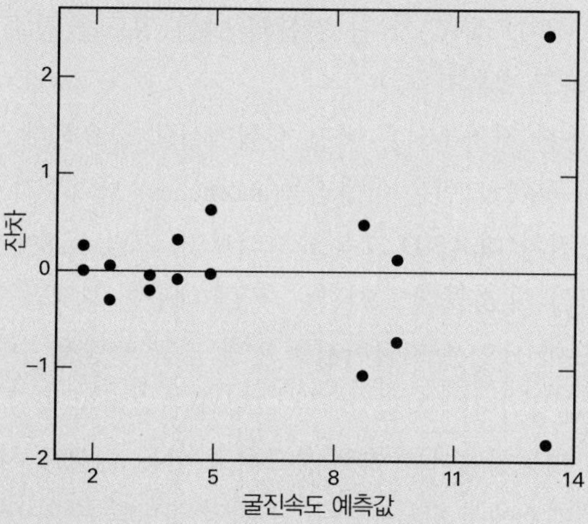

그림 6.22
예제 6.3의 잔차 대 굴진속도 예측값의 그림

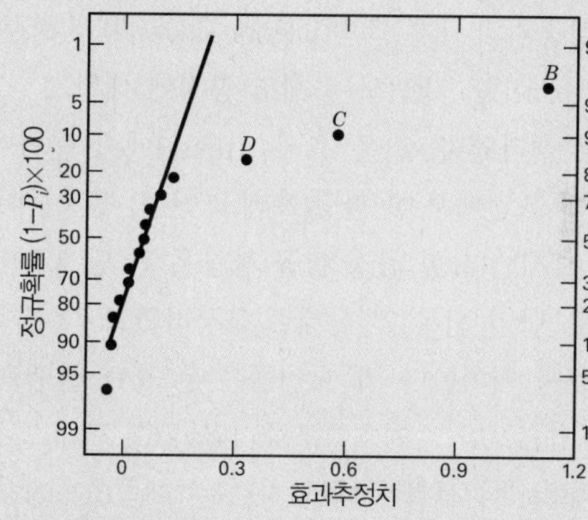

그림 6.23
로그변환을 따르는 예제 6.3의 효과의 정규확률그림

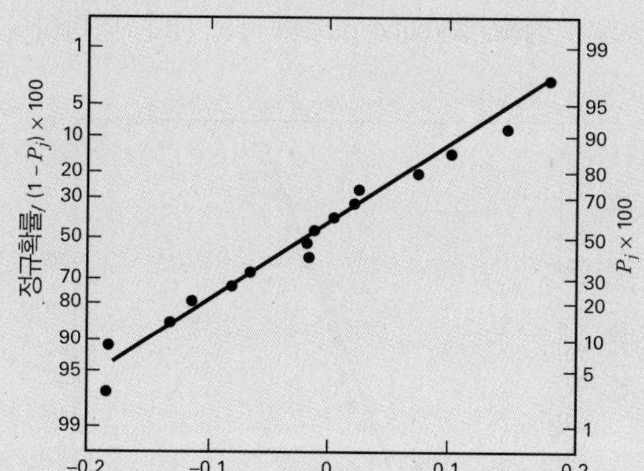

그림 6.24
로그변환을 따르는 예제 6.3의 잔차 정규확률그림

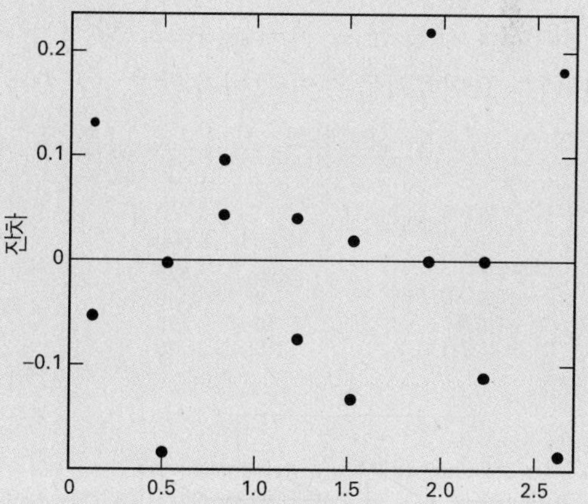

그림 6.25
로그변환을 따르는 예제 6.3의 잔차 대 굴진속도 예측값의 그림

표 6.16 로그변환을 따른 예제 6.3의 분산분석

변동원인	제곱합	자유도	평균제곱	F_0	P 값
B (유량)	5.345	1	5.345	381.79	<0.0001
C (속도)	1.339	1	1.339	95.64	<0.0001
D (이수)	0.431	1	0.431	30.79	<0.0001
오차	0.173	12	0.014		
합계	7.288	15			

예제 6.4 무반복요인의 위치 및 분산효과

상업용 항공기의 내부 측벽(interior sidewall)과 창문 판(window panel)을 생산하는 제조 공정에 대한 2^4 설계 실험을 시행하였다. 판은 프레스(press)에서 만들어지고, 현재의 조건에서 한 판당(프레스 단위) 불량품이 너무 많이 존재한다(현 공정 평균 불량은 판 당 5.5이다). 네 요인을 단일 반복 2^4 설계로 조사하였고 각 반복은 한 프레스를 의미한다. 네 요인들은 온도(A), 클램프 시간(clamp time)(B), 수지흐름(resin flow)(C), 프레스 종료 시간(D)이다. 이 실험에 대한 자료는 그림 6.26에 제시되어 있다.

요인효과의 정규확률그림은 그림 6.27에 제시되어 있다. 명백하게 가장 큰 두 효과는 $A=5.75$와 $C=-4.25$이다. 다른 요인효과들은 커 보이지 않고, A와 C는 총변동량의 약 77%를 설명한다. 그러므로 낮은 온도(A)와 높은 수지흐름(C)가 판 결함의 발생 정도를 감소시킬 것이라고 결론지을 수 있다.

신중한 잔차분석은 어떤 실험에서도 중요하다. 잔차의 정규확률그림은 이상점을(anomalies) 보여주지는 않지만 잔차 대 A~D 그림을 그려보면, 그림 6.28에 나타난 잔차 대 B(클램프 시간) 그림에 패턴이 보임을 알 수 있다. 이 요인은 지금까지는 판당 평균 불량품 수가 주 고려대상이어서 지금까지는 그렇게 중요하지 않았지만, 공정 변동성에서는 매우 중요하고 낮은 클램프 시간이 한 프래스에서 만들어지는 한 판당 불량품 수의 변동성을 낮춘다.

클램프 시간의 분산효과(dispersion effect)는 또한 그림 6.29의 **정육면체**(cube plot)에서도 매우 명확하다. 이

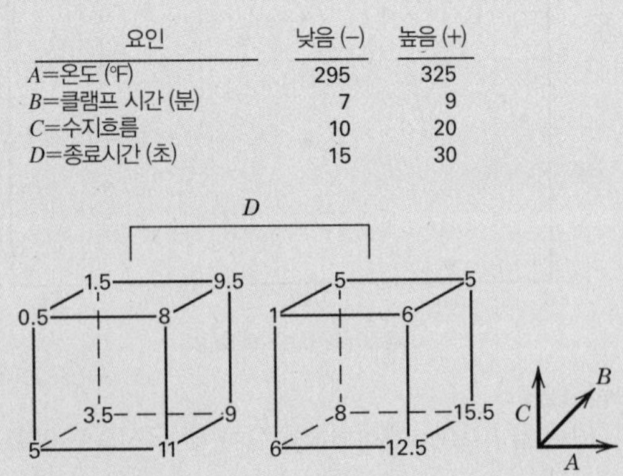

그림 6.26
예제 6.4의 판 공정 실험에 대한 자료

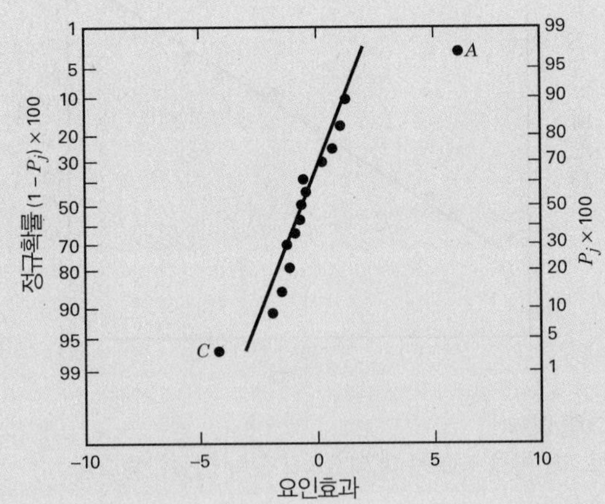

그림 6.27
예제 6.4의 판 공정 실험의 요인효과의 정규확률그림

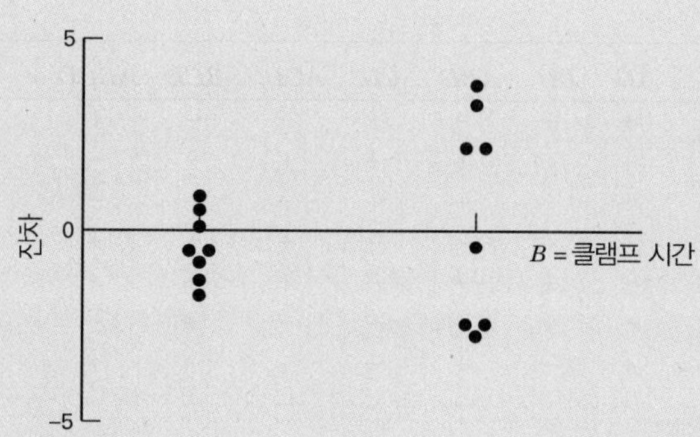

그림 6.28
예제 6.4의 잔차 대 클램프 시간의 그림

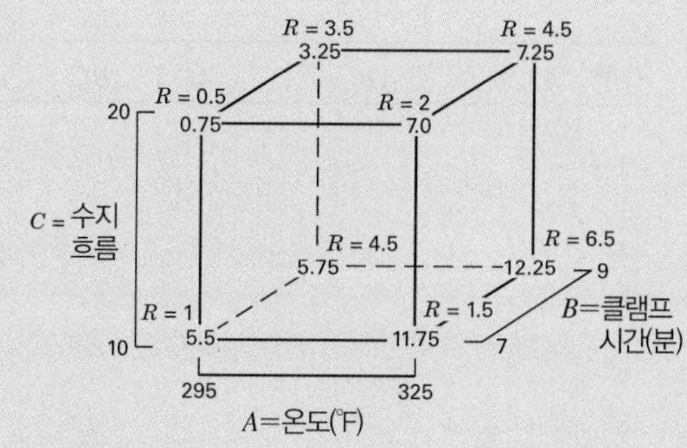

그림 6.29
예제 6.4의 온도, 클램프 시간, 수지흐름 정육면체

그림은 요인 A, B, C로 정의한 정육면체의 각 꼭짓점에서 한 판당 평균 불량품 수와 불량품 수 범위를 나타낸다. B가 고수준(그림 6.29 정육면체의 뒷면)일 때 평균 범위는 $\overline{R}_{B^+} = 4.75$이고, B가 저수준일 때는 $\overline{R}_{B^-} = 1.25$이다.

실험의 결과로 엔지니어는 공정을 낮은 온도, 높은 수지흐름으로 돌려서 평균 불량품 수를 낮추고, 클램프 시간은 낮게 해서 판 내 불량품 수의 변동성을 줄이고, 프레스 종료 시간을 낮추기로(위치효과나 분산효과가 전혀 없지만) 결정하였다. 운영 조건의 새 조합으로 돌리는 새 공정은 패널당 불량품이 평균 1개 미만이다.

2^k 설계에서 잔차는 연구중인 문제에 대해 더 많은 정보를 준다. 잔차가 오차나 노이즈가 있는 관측치로 생각되기 때문에, 공정 변동성에 대한 통찰을 줄 수 있다. 구조적으로 무반복 2^k 설계의 잔차를 조사하여 공정 변동성에 대한 정보를 얻을 것이다.

그림 6.28의 잔차도를 고려하자. B가 저수준일 때 8개 잔차의 표준편차는 $S(B^-) = 0.83$이고, 고수준일 때 8개 잔차의 표준편차는 $S(B^+) = 2.72$이다. 통계량은 만약 두 분산 $\sigma^2(B^+)$와 $\sigma^2(B^-)$가 같다면, 근사적으로 정규분포를 따르고 다음과 같다.

$$F_B^* = \ln \frac{S^2(B^+)}{S^2(B^-)} \tag{6.24}$$

계산을 설명하자면 F_B^*는 다음과 같다.

$$\begin{aligned} F_B^* &= \ln \frac{S^2(B^+)}{S^2(B^-)} \\ &= \ln \frac{(2.72)^2}{(0.83)^2} \\ &= 2.37 \end{aligned}$$

표 6.17에는 예제 6.4의 판 공정 실험의 각 시행에 대한 2^4 설계에 대한 대비의 완전한 집합과 잔차가 나타나 있다. 이 표의 각 열은 동일한 수의 음과 양의 부호를 가지고, $S(i^+)$와

표 6.17 예제 6.4의 분산효과 계산

시행	A	B	AB	C	AC	BC	ABC	D	AD	BD	ABD	CD	ACD	BCD	$ABCD$	잔차
1	−	−	+	−	+	+	−	−	+	+	−	+	−	−	+	−0.94
2	+	−	−	−	−	+	+	−	−	+	+	+	+	−	−	−0.69
3	−	+	−	−	+	−	+	−	+	−	+	+	−	+	−	−2.44
4	+	+	+	−	−	−	−	−	−	−	−	+	+	+	+	−2.69
5	−	−	+	+	−	−	+	−	+	+	−	−	+	+	−	−1.19
6	+	−	−	+	+	−	−	−	−	+	+	−	−	+	+	0.56
7	−	+	−	+	−	+	−	−	+	−	+	−	+	−	+	−0.19
8	+	+	+	+	+	+	+	−	−	−	−	−	−	−	−	2.06
9	−	−	+	−	+	+	−	+	−	−	+	−	+	+	−	0.06
10	+	−	−	−	−	+	+	+	+	−	−	−	−	+	+	0.81
11	−	+	−	−	+	−	+	+	−	+	−	−	+	−	+	2.06
12	+	+	+	−	−	−	−	+	+	+	+	−	−	−	−	3.81
13	−	−	+	+	−	−	+	+	−	−	+	+	−	−	+	−0.69
14	+	−	−	+	+	−	−	+	+	−	−	+	+	−	−	−1.44
15	−	+	−	+	−	+	−	+	−	+	−	+	−	+	−	3.31
16	+	+	+	+	+	+	+	+	+	+	+	+	+	+	+	−2.44
$S(i^+)$	2.25	2.72	2.21	1.91	1.81	1.80	1.80	2.24	2.05	2.28	1.97	1.93	1.52	2.09	1.61	
$S(i^-)$	1.85	0.83	1.86	2.20	2.24	2.26	2.24	1.55	1.93	1.61	2.11	1.58	2.16	1.89	2.33	
F_i^*	0.39	2.37	0.34	−0.28	−0.43	−0.46	−0.44	0.74	0.12	0.70	−0.14	0.40	−0.70	0.20	−0.74	

$S(i^-)$인 각 열의 각 그룹의 부호에 대한 잔차의 표준편차를 계산할 수 있다. 그러면

$$F_i^* = \ln \frac{S^2(i^+)}{S^2(i^-)} i = 1, 2, \ldots, 15 \tag{6.25}$$

가 실험의 **분산효과**(dispersion effects)의 크기를 평가할 통계량이 된다. 만약 요인 i가 양일 때 각 시행의 잔차분산이 요인 i가 음일 때와 같다면, F_i^*는 근사적으로 정규분포를 따른다. F_i^*의 값은 표 6.15의 각 열의 하단에 제시되어 있다.

그림 6.30은 분산효과 F_i^*의 정규확률그림이다. 명확히 B는 공정분산(dispersion)에 있어

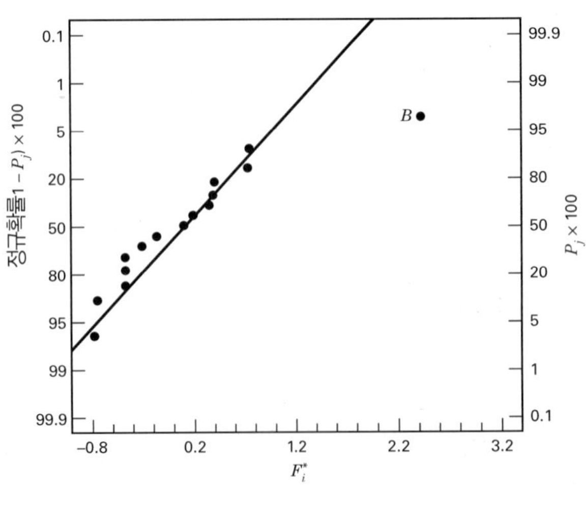

그림 6.30
예제 6.4의 분산효과 F_i^*의 정규확률그림

중요한 요인이다. 이 방법에 대한 심도 있는 논의를 원한다면, Box와 Meyer(1986), Myers, Montgomery와 Anderson-Cook(2016)를 참고하길 바란다. 또한 모형의 잔차로 분산효과에 대한 정보를 적절히 전하고 싶다면, 위치 모형이 제대로 특정되어야 한다.

예제 6.5 반응값에 대한 중복 측정

반도체 제조회사 엔지니어팀이 수직 산화 용광로(vertical oxidation furnace)에 관한 2^4 요인설계 실험을 시행하려 한다. 네 개의 웨이퍼(wafer)가 용광로에 "쌓여"있으며, 관심 있는 반응변수는 웨이퍼 위 산화물(oxide)의 두께이다. 네 가지 설계요인은 온도(A), 시간(B), 압력(C), 기체 유량(gas flow)(D)이다. 실험은 4개의 웨이퍼를 용광로에 적재하고, 실험설계에 필요한 공정변수들을 조건에 맞게 세팅하고, 웨이퍼를 처리한 다음, 모든 4개 웨이퍼의 산화물 두께를 재는 것으로 진행된다. 표 6.18에 실험 디자인과 두께 측정의 결과가 제시되어 있다. 이 표에는 개별 웨이퍼의 산화물 두께를 포함하는 네 개의 열을 "두께(Thickness)"라고 하였고, 마지막 두 열은 각 시행에서의 네 개의 웨이퍼 위의 산화물 두께의 표본평균과 표본분산을 포함하고 있다.

실험을 적절히 분석하려면 개별 웨이퍼 두께를 반복이 아닌 **중복 측정**(duplicate measurements)을 고려해야 한다. 만약 정말로 반복수라면, 각 웨이퍼가 용광로에서 한 번 수행할 때 개별적으로 처리된다. 하지만 네 웨이퍼 모두가 한 번에 처리되기 때문에, 처리요인(즉, 설계변수의 수준)을 **동시에** 경험하게 되고, 따라서 개별 웨이퍼 두께 측정의 변동성이 반복으로 관찰할 때보다 훨씬 적어진다. 그러므로 두께 측정의 **평균**(average)이 처음으로 고려할 올바른 반응변수이다.

표 6.19에 이 실험에 대해 반응변수로서 평균 산화물 두께 $\bar{y}$를 사용하여 추정한 효과추정치가 제시되어 있다. 요인 A와 B, 그리고 AB 교호작용은 매우 큰 효과를 가지는데 이들의 합은 평균 산화물 두께에서 변동의 거의 90%를 차지한다. 그림 6.31은 효과의 정규확률그림

표 6.18 산화물 두께 실험

표준 순서	시행 순서	A	B	C	D	두께				$\bar{y}$	s^2
1	10	−1	−1	−1	−1	378	376	379	379	378	2
2	7	1	−1	−1	−1	415	416	416	417	416	0.67
3	3	−1	1	−1	−1	380	379	382	383	381	3.33
4	9	1	1	−1	−1	450	446	449	447	448	3.33
5	6	−1	−1	1	−1	375	371	373	369	372	6.67
6	2	1	−1	1	−1	391	390	388	391	390	2
7	5	−1	1	1	−1	384	385	386	385	385	0.67
8	4	1	1	1	−1	426	433	430	431	430	8.67
9	12	−1	−1	−1	1	381	381	375	383	380	12.00
10	16	1	−1	−1	1	416	420	412	412	415	14.67
11	8	−1	1	−1	1	371	372	371	370	371	0.67
12	1	1	1	−1	1	445	448	443	448	446	6
13	14	−1	−1	1	1	377	377	379	379	378	1.33
14	15	1	−1	1	1	391	391	386	400	392	34
15	11	−1	1	1	1	375	376	376	377	376	0.67
16	13	1	1	1	1	430	430	428	428	429	1.33

표 6.19 반응변수가 평균 산화물 두께인 예제 6.5의 효과추정치

모형 항	효과 추정치	제곱합	기여율
A	43.125	7439.06	67.9339
B	18.125	1314.06	12.0001
C	−10.375	430.562	3.93192
D	−1.625	10.5625	0.0964573
AB	16.875	1139.06	10.402
AC	−10.625	451.563	4.12369
AD	1.125	5.0625	0.046231
BC	3.875	60.0625	0.548494
BD	−3.875	60.0625	0.548494
CD	1.125	5.0625	0.046231
ABC	−0.375	0.5625	0.00513678
ABD	2.875	33.0625	0.301929
ACD	−0.125	0.0625	0.000570753
BCD	−0.625	1.5625	0.0142688
ABCD	0.125	0.0625	0.000570753

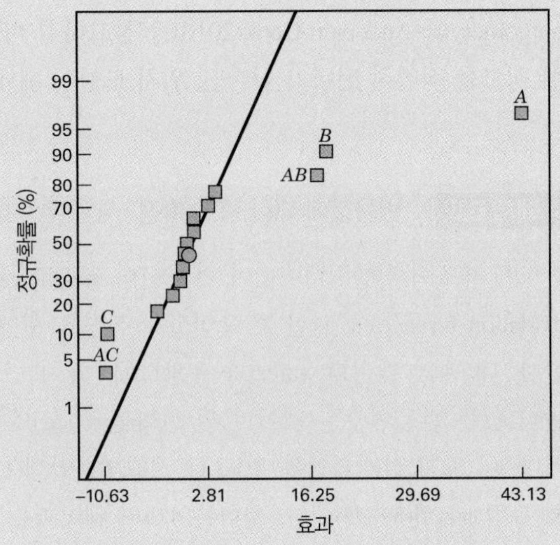

그림 6.31
예제 6.5의 평균 산화물 두께 반응에 대한 효과의 정규확률그림

이다. 이 표를 보고 요인 *A*, *B*, *C*, 그리고 *AB*, *AC* 교호작용이 중요하다고 결론지을 수 있다. 이 모형에 대한 분산분석은 표 6.20에 제시되어 있다.

이 모형에 대한 평균 산화물 두께 예측값은 다음과

표 6.20 예제 6.5의 평균 산화물 두께 실험에 대한 분산분석(Design-Expert 결과)

Source	Sum of Squares	DF	Mean Square	*F* Value	Prob > *F*
Model	10774.31	5	2154.86	122.35	<0.000
A	*7439.06*	*1*	*7439.06*	*422.37*	*<0.000*
B	*1314.06*	*1*	*1314.06*	*74.61*	*<0.000*
C	*430.56*	*1*	*430.56*	*24.45*	*0.0006*
AB	*1139.06*	*1*	*1139.06*	*64.67*	*<0.000*
AC	*451.46*	*1*	*451.56*	*25.64*	*0.0005*
Residual	176.12	10	17.61		
Cor Total	10950.44	15			
Std. Dev.	4.20	R-Squared	0.9839		
Mean	399.19	Adj R-Squared	0.9759		
C.V.	1.05	Pred R-Squared	0.9588		
PRESS	450.88	Adeq Precision	27.967		

Factor	Coefficient Estimate	DF	Standard Error	95% CI Low	95% CI High
Intercept	399.19	1	1.05	396.85	401.53
A-Time	21.56	1	1.05	19.22	23.90
B-Temp	9.06	1	1.05	6.72	11.40
C-Pressure	−5.19	1	1.05	−7.53	−2.85
AB	8.44	1	1.05	6.10	10.78
AC	−5.31	1	1.05	−7.65	−2.97

그림 6.32
압력(x_3)이 상수로 고정되었을 때 평균 산화물 두께의 등고선그림

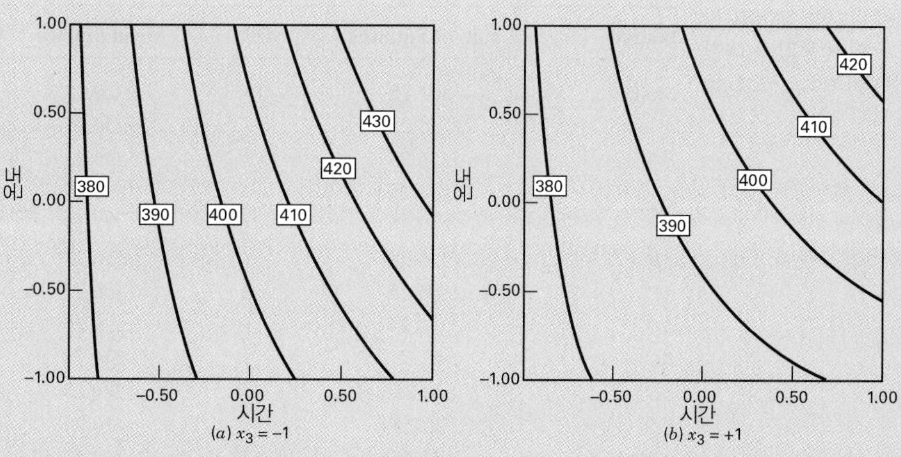

같다.

$$\hat{y} = 399.19 + 21.56x_1 + 9.06x_2 - 5.19x_3 + 8.44x_1x_2 - 5.31x_1x_3$$

이 모형의 잔차분석은 만족스럽다.

실험자는 400 Å/m의 평균 산화물 두께를 얻고자 하고, 제품사양은 반드시 390에서 410 Å/m 사이에 있어야 한다. 그림 6.32은 평균 두께에 관한 두 등고선그림를 보여주는데, 하나는 요인 C(또는 x_3) 압력이 저수준($x_3 = -1$)일 때이고, 다른 하나는 요인 C(또는 x_3) 압력이 고수준($x_3 = +1$)일 때이다. 등고선그림을 보면 시간과 온도(요인 A와 B)의 많은 조합이 수용할만한 결과를 보여준다. 그러나 만약 압력을 저수준에서 상수로 고정할 수 있으면, 작동 "창(window)"은 왼쪽(혹은 저수준으로) 시간 축으로 이동하고, 원하는 산화물 두께를 얻기 위해 사이클 타임이 적게 필요함을 의미한다.

개별 웨이퍼 산화물 측정값을 반복으로 **잘못**(incorrectly) 고려해서 얻는 결과를 관측하는 것 역시 매우 흥미롭다. 표 6.21은 실험은 반복 2^4 요인으로서 처리한 완전모형 분산분석 결과이다. 이 분석을 보면 유의한 요인들이 많이 있고, 반응변수로서 평균 산화물 두께를 사용할 때 사용한 모형보다 좀 더 복잡한 모형을 제시하고 있다. 이는 표 6.21의 오차분산의 추정치가 매우 작기 때문이다($\sigma^2 = 6.12$). 표 6.21의 잔차평균제곱은 시행 **내**(within) 웨이퍼와 시행 **간**(between) 변동의 합을 반영한다. 표 6.20으로부터 얻은 오차의 추정치는 $\hat{\sigma}^2 = 17.61$로 훨씬 더 크고, 이는 시행 간 변동값의 측정값이다. 이것이 시행 간에 변화하는 공정 변수의 유의성을 판단할 때 사용할 오차추정치 중 가장 좋은 값이다.

표 6.21의 잘못된 분석이 확실히 하고 있듯, "너무 많은 요인을 중요하다고 생각하는 것이 왜 안좋은가?"라는 논리적인 질문을 던질 수 있다. 그 답은 중요하지 않은 변수를 어떻게 변경해보려고 하거나 최적화하려고 하는 것이 자원의 낭비가 되고, 관심 있는 다른 반응값에 불필요한 변동을 추가하는 결과를 초래하기 때문이다.

반응값을 중복으로 측정했을 때, 이 관측치는 거의 항상 공정 변동성에 대한 유용한 정보를 포함한다. 예를 들어 만약 중곱 측정값을 같은 실험 단위 게이지에 대한 다중 검정이라면, 중복 측정으로 **게이지 능력**(gauge capability)에 대한 통찰을 얻을 수 있다. 만약 중복 측정이 실험 단위에서 다른 위치에서 이루어졌다면, 해당 유닛에 대한 반응변수의 **통일성**(uniformity)에 대한 정보를 줄 수 있다. 예제에서 처리가 동시에 진행된 4개의 실험 단위에 대해 하나의 관측치만 얻었으므로, **시행 내**(within-run)의 변동성에 대한 정보를 얻었다. 이 정보는 각 시행의 네 웨이퍼의 산화물 두께 측정값 분산에 들어있다. 공장 변수들이 **시행 내** 변동성에 영향을 미치는지 확인하는 작업 역시 흥미로울 것이다.

표 6.21 개별 웨이퍼 산화물 두께 반응값에 대한 분산분석(Design-Expert 결과)

Source	Sum of Squares	DF	Mean Square	F Value	Prob > F
Model	43801.75	15	2920.12	476.75	<0.0001
A	*29756.25*	*1*	*29756.25*	*4858.16*	*<0.0001*
B	*5256.25*	*1*	*5256.25*	*858.16*	*<0.0001*
C	*1722.25*	*1*	*1722.25*	*281.18*	*<0.0001*
D	*42.25*	*1*	*42.25*	*6.90*	*0.0115*
AB	*4556.25*	*1*	*4556.25*	*743.88*	*<0.0001*
AC	*1806.25*	*1*	*1806.25*	*294.90*	*<0.0001*
AD	*20.25*	*1*	*20.25*	*3.31*	*0.0753*
BC	*240.25*	*1*	*240.25*	*39.22*	*<0.0001*
BD	*240.25*	*1*	*240.25*	*39.22*	*<0.0001*
CD	*20.25*	*1*	*20.25*	*3.31*	*0.0753*
ABD	*132.25*	*1*	*132.25*	*21.59*	*<0.0001*
ABC	*2.25*	*1*	*2.25*	*0.37*	*0.5473*
ACD	*0.25*	*1*	*0.25*	*0.041*	*0.8407*
BCD	*6.25*	*1*	*6.25*	*1.02*	*0.3175*
ABCD	*0.25*	*1*	*0.25*	*0.041*	*0.8407*
Residual	294.00	48	6.12		
Lack of Fit	*0.000*	*0*			
Pure Error	*294.00*	*48*	*6.13*		
Cor Total	44095.75	63			

그림 6.33은 반응값으로 $\ln(s^2)$을 이용하여 얻은 효과 추정치의 정규확률그림이다. 3장에서 로그변환이 변동의 모형화를 위해 일반적으로 적절한 방법임을 배웠음을 떠올려보자. 여기에는 어떠한 강한 개별 효과는 없지만, 요인 *A*와 *BD* 교호작용이 가장 크다. 계층 모형을 만들기 위해 주효과 *B*, *D* 역시 포함한다면 $\ln(s^2)$의 모형은 다음과 같다.

$$\widehat{\ln(s^2)} = 1.08 + 0.41x_1 - 0.40x_2 + 0.20x_4 - 0.56x_2x_4$$

모형은 $\ln(s^2)$의 반응값에서 변동의 절반보다 약간 적게 설명하고 있다. 이는 경험적 모형이 하는 것만큼 확실히 대단한 것은 아니지만, 대단히 좋은 분산을 가진 모형을 얻는 것은 현실적으로 어렵다.

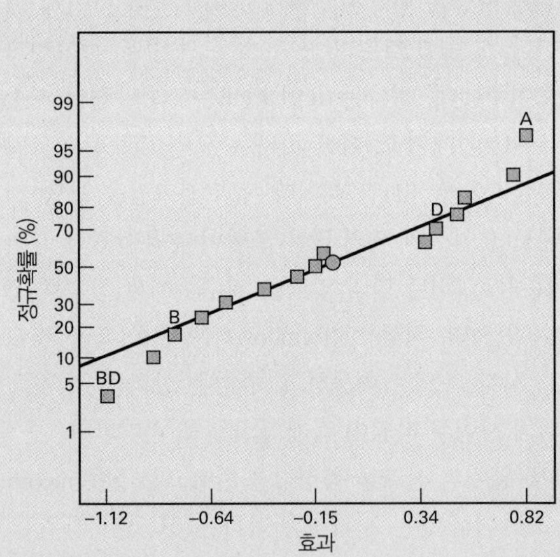

그림 6.33
예제 6.5의 반응값으로 $\ln(s^2)$를 이용한 효과의 정규확률그림

그림 6.34는 예측된 분산에 대한 등고선그림인데(예측분산의 로그 값이 아니다), 이때 압력은 x_3은 저수준(순환시간을 최소화하는 값임을 기억해야 한다)이고 기체유량 x_4은 고수준이다. 이렇게 기체 유량을 선택하면 등고선그림의 가장 작은 예측분산을 얻을 수 있다.

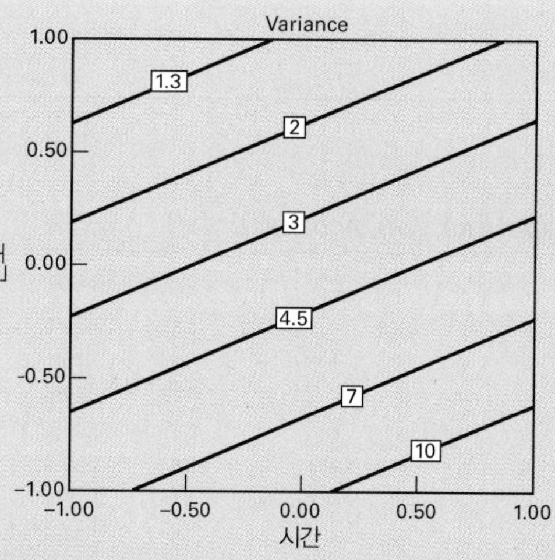

그림 6.34
저수준의 압력과 고수준의 기체유량을 가지는 s^2(시행 간 변동)의 등고선그림

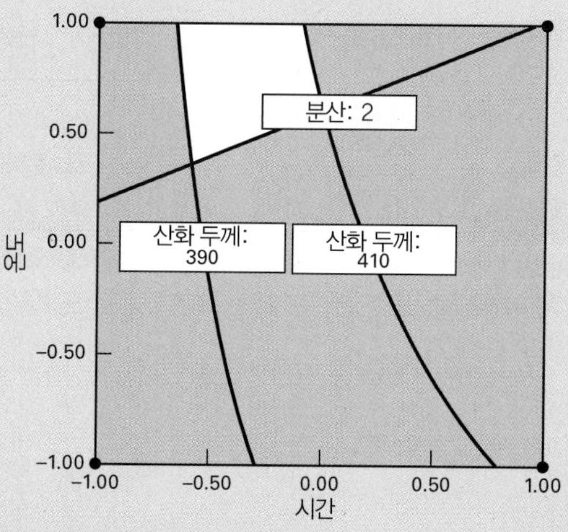

그림 6.35
평균 산화물 두께와 저수준의 압력과 고수준의 기체유량을 가지는 s^2의 겹친 그림

이제 실험자는 평균 산화물 두께를 제품 사양 범위 안에 들어오도록 가능한 400 Å/m에 가깝게 하는 설계 변수값을 정하려고 한다. 동시에 시행 내 변동성을 적게 하려고 하는데, 예를 들면 $s^2 \leq 2$로 맞추려고 한다. 적합한 조건 세트를 구할 방법으로 그림 6.32의 등고선그림과 6.34의 등고선그림을 겹치는 방식이 있다. 두 등고선그림을 겹친 그림은 그림 6.35에 나타나 있고, 등고선에는 평균 산화물 두께 사양과 $s^2 \leq 2$의 제약조건이 있다. 이 그림에서 압력은 저수준의 상수로 고정되어 있고 기체유량은 고수준의 상수로 고정되어 있다. 그림의 상단 좌측 코너 근처에 있는 열린 영역은 시간과 온도 변수들이 현실적으로 가질 수 있는 영역을 표시해준다.

이 예제는 두 개의 등고선그림을 이용하여 두 개의 반응을 동시에 연구하는 간단한 예제이다. 이 문제에 대한 자세한 사항은 10장에서 논의할 것이다.

예제 6.6 신용카드 마케팅

International Journal of Research in Marketing ("Experimental Design on the Front Lines of Marketing: Testing New Ideas to Increase Direct Mail Sales," 2006, Vol. 23, pp. 309-319)의 논문에서는 새 금융 서비스 회사의 신용카드 부서에서 직접 우편 판매를 증가시킬 아이디어를 테스트하는 실험이 소개되어 있다. 그들은 신용카드 제공자의 응답률을 향상시키고자 한다. 경험을 통해 잠재 고객을 매료시키는 데 이자율이 중요한 요소임을 알고 있기에, 이자율과 수수료를 포함하는 요소들에 집중하고자 한다. 그들은 도입 요율과 장기 요금의 변화뿐만 아니라 계좌 개설 수수료를 추가하고 연회비를 낮추는 효과도 시험하려고 한다. 실험에서 검정할 요인들은 다음과 같다.

요인	(−) 대조군	(+) 새로운 정책
A: 연회비	현상 유지	낮춤
B: 계좌개설비	없음	있음
C: 최초 이자율	현상 유지	낮춤
D: 장기 이자율	낮춤	높임

마케팅 부서는 표 6.22의 2^4 요인 검정 행렬의 열 *A*에서 *D*를 통해, 16 우편 판매 패키지를 만들었다. 11개 교호작용(곱)의 +/− 부호 조합은 오롯이 결과의 통계분

표 6.22 예제 6.6의 신용카드 마케팅 실험에서 사용된 2^4 요인설계

검정 칸	연회비 *A*	계좌 개설비 *B*	최조 이자율 *C*	장기 이자율 *D*	(교호작용들) *AB*	*AC*	*AD*	*BC*	*BD*	*CD*	*ABC*	*ABD*	*ACD*	*BCD*	*ABCD*	순서	응답률
1	−	−	−	−	+	+	+	+	+	+	−	−	−	−	+	184	2.45%
2	+	−	−	−	−	−	−	+	+	+	+	+	+	−	−	252	3.36%
3	−	+	−	−	−	+	+	−	−	+	+	+	−	+	−	162	2.16%
4	+	+	−	−	+	−	−	−	−	+	−	−	+	+	+	172	2.29%
5	−	−	+	−	+	−	+	−	+	−	+	−	+	+	−	187	2.49%
6	+	−	+	−	−	+	−	−	+	−	−	+	−	+	+	254	3.39%
7	−	+	+	−	−	−	+	+	−	−	−	+	+	−	+	174	2.32%
8	+	+	+	−	+	+	−	+	−	−	+	−	−	−	−	183	2.44%
9	−	−	−	+	+	+	−	+	−	−	−	+	+	+	−	138	1.84%
10	+	−	−	+	−	−	+	+	−	−	+	−	−	+	+	168	2.24%
11	−	+	−	+	−	+	−	−	+	−	+	−	+	−	+	127	1.69%
12	+	+	−	+	+	−	+	−	+	−	−	+	−	−	−	140	1.87%
13	−	−	+	+	+	−	−	−	−	+	+	+	−	−	+	172	2.29%
14	+	−	+	+	−	+	+	−	−	+	−	−	+	−	−	219	2.92%
15	−	+	+	+	−	−	−	+	+	+	−	−	−	+	−	153	2.04%
16	+	+	+	+	+	+	+	+	+	+	+	+	+	+	+	152	2.03%

석 편의를 위해 사용되었다. 각각의 16개의 검정조합이 7500명의 고객에게 발송되었고, 2837명의 고객들이 제안에 대해 긍정적으로 응답하였다.

표 6.23은 선별분석에 대한 JMP 계산결과이다. 시뮬레이션된 *P* 값을 가지는 Lenth의 방법으로 유의한 요인을 확인하였다. 모든 네 개의 주효과와 하나의 교호작용(*AB*, 또는 연간 수수료×계좌 개설 수수료)에 유의하였다. 예측 프로파일러로 최대 반응률을 만들 네 요인 세팅을 알 수 있다. 연간 수수료는 적고, 계좌 개설 수수료가 없고, 장기 이자율이 낮고, 도입 요율은 둘 중 어느 값을 갖든지 상관없이 최대의 반응은 3.39%이다. 최적의 조건이 실제 검정 조합 중에 포함되어 있는데, 왜냐하면 네 요인을 모두 질적 요인으로 생각하고 실험을 진행하였기 때문이다. 연속형 요인으로 하면 최적 조건이 실험에서 대개 시행되지 않을 수 있다.

표 6.23 예제 6.6의 JMP 결과(계속)

Response Response Rate

Summary of Fit

RSquare	1
RSquare Adj	.
Root Mean Square Error	.
Mean of Response	2.36375
Observations (or Sum Wgts)	16

Sorted Parameter Estimates

표 6.23 예제 6.6의 JMP 결과

Sorted Parameter Estimates

Term	Estimate	Relative Std Error	Pseudo *t*-Ratio	Pseudo *p*-Value
Account Opening Fee[No]	0.25875	0.25	3.63	0.0150*
Long-term Interest Rate[Low]	0.24875	0.25	3.49	0.0174*
Annual Fee[Current]	−0.20375	0.25	−2.86	0.0354*
Annual Fee[Current]*Account Opening Fee[No]	−0.15125	0.25	−2.12	0.0872
initial Interest Rate[Current]	−0.12625	0.25	−1.77	0.1366
initial Interest Rate[Current]*Long-term Interest Rate[Low]	0.07875	0.25	1.11	0.3194
Annual Fee[Current]*Long-term Interest Rate[Low]	−0.05375	0.25	−0.75	0.4846
Account Opening Fee[No]*initial Interest Rate[Current]*Long-term Interest Rate[Low]	0.05375	0.25	0.75	0.4846
Account Opening Fee[No]*Long-term Interest Rate[Low]	0.05125	0.25	0.72	0.5042
Annual Fee[Current]*Account Opening Fee[No]*Long-term Interest Rate[Low]	−0.04375	0.25	−0.61	0.5661
Annual Fee[Current]*Account Opening Fee[No]*initial Interest Rate[Current]	0.02625	0.25	0.37	0.7276
Annual Fee[Current]*Account Opening Fee[No]*initial Interest Rate[Current]*Long-term Interest Rate[Low]	−0.02625	0.25	−0.37	0.7276
Account Opening Fee[No]*initial Interest Rate[Current]	−0.02375	0.25	−0.33	0.7524
Annual Fee[Current]*initial Interest Rate[Current]*Long-term Interest Rate[Low]	−0.00375	0.25	−0.05	0.9601
Annual Fee[Current]*initial Interest Rate[Current]	0.00125	0.25	0.02	0.9867

No error degrees of freedom, so ordinary tests uncomputable.
Relative Std Error corresponds to residual standard error of 1.
Pseudo *t*-Ratio and *p*-Value calculated using Lenth PSE = 0.07125
and DFE=5

Prediction Profiler

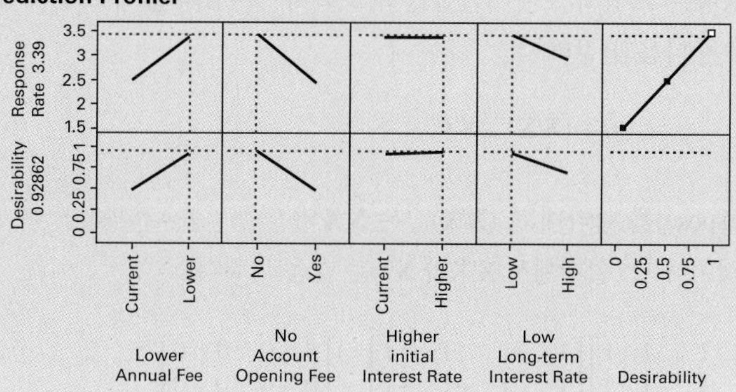

6.7 최적설계로서의 2^k 설계

2수준 요인설계는 흥미롭고 유용한 특징을 가진다. 이 절에서는 이러한 몇 가지 특징에 대해 간단히 설명할 것이다. 앞 절에서 2^k 설계로부터 모형 회귀계수와 효과추정치가 최소제곱 추정량임을 언급하였다. 이는 9장에서 자세히 다룰 것이나, 유용한 증명은 이번 장에 있다.

반복수 하나를 가지는 매우 간단한 2^2 설계를 고려하자. 이는 네 번의 시행을 하는 설계인데, 처리조합은 (1), a, b, ab이다. 그림 6.1에 이 설계를 기하학적으로 제시하였다. 이 설계로부터 자료를 적합한 모형은 다음과 같다.

$$y = \beta_0 + \beta_1 x_1 + \beta_2 x_2 + \beta_{12} x_1 x_2 + \epsilon$$

여기서 x_1과 x_2는 두 요인의 주효과로 ± 1로 척도화 되어있고, $x_1 x_2$는 2요인 교호작용이다. 각 모형의 항에 대해 이 설계의 각 시행에 대해 다음과 같이 쓸 수 있다.

$$\begin{aligned}
(1) &= \beta_0 + \beta_1(-1) + \beta_2(-1) + \beta_{12}(-1)(-1) + \epsilon_1 \\
a &= \beta_0 + \beta_1(1) + \beta_2(-1) + \beta_{12}(1)(-1) + \epsilon_2 \\
b &= \beta_0 + \beta_1(-1) + \beta_2(1) + \beta_2(-1)(1) + \epsilon_3 \\
ab &= \beta_0 + \beta_1(1) + \beta_2(1) + \beta_{12}(1)(1) + \epsilon_4
\end{aligned}$$

이러한 네 개의 식을 다음과 같이 행렬의 형태로 기술하면 더 쉽다.

$$\mathbf{y} = \mathbf{X}\boldsymbol{\beta} + \epsilon, \text{ 여기서 } \mathbf{y} = \begin{bmatrix} (1) \\ a \\ b \\ ab \end{bmatrix}, \mathbf{X} = \begin{bmatrix} 1 & -1 & -1 & 1 \\ 1 & 1 & -1 & -1 \\ 1 & -1 & 1 & -1 \\ 1 & 1 & 1 & 1 \end{bmatrix}, \boldsymbol{\beta} = \begin{bmatrix} \beta_0 \\ \beta_1 \\ \beta_2 \\ \beta_{12} \end{bmatrix}, \text{ 그리고 } \epsilon = \begin{bmatrix} \epsilon_1 \\ \epsilon_2 \\ \epsilon_3 \\ \epsilon_4 \end{bmatrix}$$

모형모수의 최소제곱 추정량은 모형의 오차제곱합을 최소화시키는 β의 값이고, $\epsilon_{i,i} = 1, 2, 3, 4$이다. 최소제곱 추정량은 다음과 같다.

$$\hat{\beta} = (\mathbf{X'X})^{-1}\mathbf{X'y} \tag{6.26}$$

여기서 표기(')는 전치(transpose)를 나타내고, $(\mathbf{X'X})^{-1}$는 $\mathbf{X'X}$의 역행렬을 나타낸다. 이 결과를 후에 9장에서 증명할 것이다. 2^2 설계에서 $\mathbf{X'X}$와 $\mathbf{X'y}$는 다음과 같다.

$$\mathbf{X'X} = \begin{bmatrix} 1 & 1 & 1 & 1 \\ -1 & 1 & -1 & 1 \\ -1 & -1 & 1 & 1 \\ 1 & -1 & -1 & 1 \end{bmatrix} \begin{bmatrix} 1 & -1 & -1 & 1 \\ 1 & 1 & -1 & -1 \\ 1 & -1 & 1 & -1 \\ 1 & 1 & 1 & 1 \end{bmatrix} = \begin{bmatrix} 4 & 0 & 0 & 0 \\ 0 & 4 & 0 & 0 \\ 0 & 0 & 4 & 0 \\ 0 & 0 & 0 & 4 \end{bmatrix}$$

$$\mathbf{X'y} = \begin{bmatrix} 1 & 1 & 1 & 1 \\ -1 & 1 & -1 & 1 \\ -1 & -1 & 1 & 1 \\ 1 & -1 & -1 & 1 \end{bmatrix} \begin{bmatrix} (1) \\ a \\ b \\ ab \end{bmatrix} = \begin{bmatrix} (1) + a + b + ab \\ -(1) + a - b + ab \\ -(1) - a + b + ab \\ (1) - a - b + ab \end{bmatrix}$$

2^2 설계는 직교이기 때문에 $\mathbf{X'X}$는 대각행렬이다. 최소제곱 추정량은 다음과 같다.

$$\begin{aligned}
\hat{\boldsymbol{\beta}} &= (\mathbf{X'X})^{-1}\mathbf{X'y} \\
&= \begin{bmatrix} 4 & 0 & 0 & 0 \\ 0 & 4 & 0 & 0 \\ 0 & 0 & 4 & 0 \\ 0 & 0 & 0 & 4 \end{bmatrix}^{-1} \begin{bmatrix} (1) + a + b + ab \\ -(1) + a - b + ab \\ -(1) - a + b + ab \\ (1) - a - b + ab \end{bmatrix}
\end{aligned}$$

$$
= \begin{bmatrix} \dfrac{(1)+a+b+ab}{4} \\ \dfrac{-(1)+a-b+ab}{4} \\ \dfrac{-(1)-a+b+ab}{4} \\ \dfrac{(1)-a-b+ab}{4} \end{bmatrix}
$$

모형 회귀계수의 최소제곱 추정량은 정확하게 보통의 효과추정치의 절반이다.

모형의 어떤 회귀계수라도 분산을 이렇게 쉽게 찾을 수 있다.

$$
\begin{aligned} V(\hat{\beta}) &= \sigma^2(\,(\mathbf{X}'\mathbf{X})^{-1}\text{의 대각요소}) \\ &= \frac{\sigma^2}{4} \end{aligned} \tag{6.27}
$$

모든 모형 회귀계수는 같은 분산을 가진다. 게다가 ±1으로 제한된 설계 공간에, 4번 시행해서 이보다 모형 회귀계수의 분산을 더 작게 만드는 다른 디자인은 없다. 통상적으로 n번 반복하는 2^k 설계 내의 어떤 모형 회귀계수 분산은 $V(\hat{\beta})=\sigma^2/(n2^k)=\sigma^2/N$이고, N은 설계의 총 시행횟수이다. 이는 회귀계수에 대한 최소가능분산(minimum possible variance)이다.

2^2 설계에서 $\mathbf{X'X}$ 행렬의 행렬식(determinant)은 다음과 같다.

$$
|(\mathbf{X}'\mathbf{X})| = 256
$$

이는 ±1으로 제한된 설계 공간에서 네 번 시행의 설계에 대한 행렬식의 값 중 가능한 가장 큰 값이다. 모든 모형 회귀계수를 포함하는 결합 신뢰 영역의 크기가 $\mathbf{X'X}$의 행렬식의 제곱근에 반비례함이 밝혀졌다. 그러므로 이 결합 신뢰 영역을 가능한 작게 만들려면 $\mathbf{X'X}$의 행렬식을 가능한 한 크게 만들 수 있는 설계를 선택해야 한다. 이는 2^2 설계를 선택하면 얻을 수 있다.

일반적으로 설계를 최소화하는 모형 회귀계수의 분산을 *D*–최적설계(*D*-optimal design)라고 불린다. *D*라는 용어는 설계가 $\mathbf{X'X}$의 행렬식을 최대화하는 설계의 시행을 선택하기 때문에 붙여졌다. 2^k 설계는 1차 적합 모형 또는 교호작용이 있는 1차 모형을 적합한 *D*-최적설계이다. JMP, Design-Expert, Minitab 같은 많은 컴퓨터 소프트웨어 패키지에 *D*-최적설계를 찾는 알고리즘이 있다. 이러한 알고리즘은 많은 현실적인 상황에 대해 실험계획을 세우는 데 매우 유용하다. 차후의 장에서 사용법에 대해 다루고자 한다.

이제 2^2 설계의 예측 반응값의 분산을 고려하자.

$$
V[\hat{y}(x_1x_2)] = V(\hat{\beta}_0 + \hat{\beta}_1x_1 + \hat{\beta}_2x_2 + \hat{\beta}_{12}x_1x_2)
$$

예측 반응값의 분산은 예측값을 계산하는 설계 공간(x_1, x_2) 위의 점과 회귀계수의 분산과의 함수이다. 회귀계수의 추정치는 독립인데 이는 2^2 설계가 직교이고, 그들의 모든 분산이 $\sigma^2/4$이기 때문이다. 그러므로

$$V[\hat{y}(x_1, x_2)] = V(\hat{\beta}_0 + \hat{\beta}_1 x_1 + \hat{\beta}_2 x_2 + \hat{\beta}_{12} x_1 x_2)$$
$$= \frac{\sigma^2}{4}(1 + x_1^2 + x_2^2 + x_1^2 x_2^2)$$

예측분산의 최대치는 $x_1 = x_2 = \pm 1$일 때이고 σ^2이다. 이 값이 얼마나 좋은지 판단하려면 얻을 수 있는 예측분산의 가능한 최선의 값(best possible value)을 알아야 한다. 설계 공간상의 가능한 한 가장 작은 예측분산의 최대치는 $p\sigma^2/N$이고, 여기서 p는 모형모수의 수이고 N은 설계 내의 시행횟수이다. 2^2 설계는 $N = 4$ 시행을 가지고 모형은 $p = 4$의 모수를 가지므로, 실험자료에 적합한 모형은 설계 공간 전반에 걸쳐서 최대 예측분산을 최소화한다. 이런 성질을 가지는 설계를 ***G*-최적설계**(*G*-optimal design)라 일컫는다. 보통 2^k 설계는 1차 적합모형 또는 교호작용을 가지는 1차 적합모형을 적합한 *G*-최적설계이다.

설계 공간 내의 흥미 있는 어떠한 점에서라도 예측분산을 평가할 수 있다. 예를 들어 설계의 중심에서 $x_1 = x_2 = 0$일 때, 예측분산을 계산하면 다음과 같다.

$$V[\hat{y}(x_1 = 0, x_2 = 0)] = \frac{\sigma^2}{4}$$

$x_1 = 1$이고, $x_2 = 0$일 때, 예측분산은 다음과 같다.

$$V[\hat{y}(x_1 = 1, x_2 = 0)] = \frac{\sigma^2}{2}$$

설계 공간상의 많은 점에서 예측분산을 평가하는 대안으로, 설계 공간상의 **평균예측분산**(average prediction variance)을 고려하는 것이다. 평균예측분산을 계산하는 한 방법으로는 다음이 있다.

$$I = \frac{1}{A}\int_{-1}^{1}\int_{-1}^{1} V[\hat{y}(x_1, x_2)]dx_1 dx_2$$

여기서 A는 설계 공간의 영역(area, 일반적으로 부피)이다. 평균을 계산하기 위해서 설계 공간상의 분산 함수를 적분하고 해당 영역(region)의 영역(area)으로 나눌 것이다.

때때로 I는 **누적분산**(integrated variance) 기준이라 불린다. 이제 2^2 설계에 대해 설계 영역(region)의 영역(area)은 $A = 4$이며 다음과 같다.

$$I = \frac{1}{A}\int_{-1}^{1}\int_{-1}^{1} V[\hat{y}(x_1, x_2)]dx_1 dx_2$$

$$= \frac{1}{4}\int_{-1}^{1}\int_{-1}^{1} \sigma^2 \frac{1}{4}(1 + x_1^2 + x_2^2 + x_1^2 x_2^2)dx_1 dx_2$$

$$= \frac{4\sigma^2}{9}$$

이는 설계 공간에서 네 번 시행하여 교호작용이 있는 1차 모형을 적합해서 얻는 평균예측분산 중 가능한 가장 작은 값이다. 이 특징을 가지는 설계를 ***I*-최적설계**(*I*-optimal deign)라고 한다. 보편적으로 2^k 설계는 1차 적합모형 또는 교호작용을 가지는 1차 적합모형에 대한 *I*-최적설계이다. JMP 소프트웨어로 *I*-최적설계를 수행할 수 있다. 이는 반응값의 예측이 목표인 실험에서 설계를 수립하는 데 매우 유용하다.

또한 시각적으로 표현된 설계 공간에 예측분산을 보여주는 것도 가능하다. 그림 6.36은

Custom Design
Design

Run	X1	X2
1	1	1
2	1	−1
3	−1	−1
4	−1	1

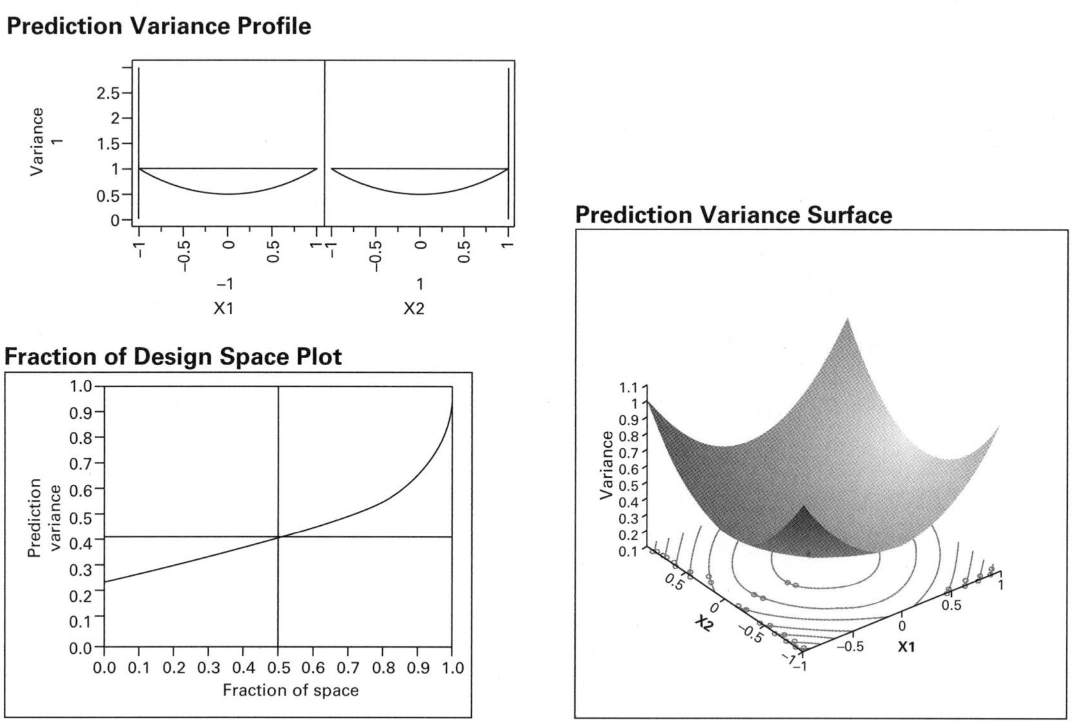

그림 6.36
2^2 설계의 JMP 예측분산 결과

2^2 설계로부터 가능한 세 종류의 예측분산의 도식화를 시각적으로 보여주는 JMP 결과이다. 첫 번째 그래프는 **예측분산 프로파일러**(prediction variance profiler)로, 다음의 **비척도예측분산**(unscaled prediction variance)을 그린 것이다.

$$UPV = \frac{V[\hat{y}(x_1, x_2)]}{\sigma^2}$$

각 설계요인의 수준에 대해 그린다. 그래프상의 "십자선(crosshairs)"은 조정 가능하므로 비척도예측분산을 어떤 변수 x_1과 x_2의 조합을 원하더라도 시각화할 수 있다. 여기서 선택된 값은 $x_1 = -1$과 $x_2 = +1$로, 비척도예측분산은 다음과 같다.

$$\begin{aligned} UPV &= \frac{V[\hat{y}(x_1, x_2)]}{\sigma^2} \\ &= \frac{\frac{\sigma^2}{4}(1 + x_1^2 + x_2^2 + x_1^2 x_2^2)}{\sigma^2} \\ &= \frac{\frac{\sigma^2}{4}(4)}{\sigma^2} \\ &= 1 \end{aligned}$$

두 번째 그래프는 **부분설계공간도**[fraction of desgin space(FDS) plot]로 수직축에는 비척도예측분산을, 수평축에는 부분설계공간을 보여준다. 이 그래프도 십자선을 조정할 수 있고, 설계 공간 척도 비율에 50%에 표시된다. 십자선은 설계 영역의 50%에 달하는 영역에 대해, 분산이 최대 $0.425\sigma^2$(비척도예측분산을 σ^2로 나눈다. 그래서 수직 척도상의 점이 0.425이다)임을 보여준다. 그러므로 FDS 그림은 어떻게 예측분산이 설계 영역에 걸쳐 분포되어있는지를 간단하게 보여준다. 이상적인 FDS 그림은 작은 비척도분산을 가진 평면이다. FDS는 설계를 잠재적인 예측성능의 관점에서 비교하는 이상적인 방법이다.

JMP 결과의 마지막 그림은 비척도예측분산의 표면도이다. 2^2 설계에 대한 예측분산상수의 등고선은 원형(circular)이다. 즉, 설계 공간의 중심에서 같은 거리만큼 떨어진 모든 점은 같은 예측분산을 가진다.

소프트웨어의 최적설계도구는 실험자가 실험에서 요구하는 것들의 표준적인 설계 디자인이 없는 실험을 구상할 때 도움이 될 수 있다. 예를 들어 실험자가 두 수준을 갖는 세 연속형 요인을 시험하려 하고, 모든 주요인과 2요인 교호작용을 추정할 수 있기를 바라는 상황을 고려해 보자. 반복을 허용해서 수식적인 통계분석을 할 수 있도록 하는 것도 바람직할 것이다. 논리적으로 설계를 선택하면 2번의 반복을 가져서 총 16번의 시행을 하는 2^3 요인설계가 필요해 보인다. 하지만 가진 실험 예산으로는 12번의 시행까지만 가능하다. 이 표본크기로 할 수 있는 표준적인 설계는 없으므로 최적설계가 이 상황의 아주 합당한 대안이 될 것이다.

아래 표의 왼쪽은 JMP의 최적설계 도구를 이용하여 계산한 12번의 실행을 하는 *D*-최적설계이다. 우측은 추정 효율(efficiency)에 대한 정보를 담고 있다. 처음으로 알아차릴 수 있는 것은 모델 회귀계수의 상대 표준오차가 모두 같으나, 12번의 시행을 하는 직교설계에서처럼 $1/\sqrt{12}=0.289$이 아니라는 점이다(상대 표준오차는 미지의 상수 σ를 차치하고 계산한 모델 모수의 표준오차이다). 이는 *D*-최적설계가 직교설계가 아니기 때문이다. 주효과들은 서로 직교하지만 모든 2요인 교호작용과도 직교하는 것은 아니다. 모든 주요인이 그 요인과 관련 없는 2요인 교호작용과 관련이 되어있고, 상관관계는 0.33이다. 그러나 모든 모델 계수가 같은 상대 표준오차를 가지고 있어서, 이 *D*-최적설계는 **등분산설계**(equi-variance design)이며 이는 모든 모수가 같은 정확성으로 추정된다는 의미다. 이 설계는 정확하게는 *D*-최적은 아니며, *D*-효율성(efficiency)은 94.28%이다. *D*-최적설계가 아닌 이유는 직교하지 않기 때문이다. 이 문제 상황에서 12번의 시행으로 직교하는 설계를 만들 수는 없다. 각 모형모수의(절편을 제외하고) 신뢰구간의 길이가 12번을 직교설계로 했다면 세워졌을 길이보다 6.1% 정도 늘어났다. $\alpha=0.10$일 때 설계의 검정력은 84.6%이다.

Run	X1	X2	X3
1	1	1	-1
2	1	1	1
3	1	1	-1
4	-1	1	1
5	1	-1	1
6	1	-1	-1
7	-1	1	-1
8	-1	-1	1
9	-1	-1	-1
10	-1	1	1
11	1	-1	1
12	-1	-1	-1

Estimation Efficiency

Term	Fractional Increase in CI Length	Relative Std Error of Estimate
Intercept	0.061	0.306
X1	0.061	0.306
X2	0.061	0.306
X3	0.061	0.306
X1*X2	0.061	0.306
X1*X3	0.061	0.306
X2*X3	0.061	0.306
X1*X2*X3	0.061	0.306

6.8 2^k 설계의 중앙점 추가

2수준 요인설계를 사용하는 데에 잠재적인 문제가 있다면 각 요인의 **선형성**(linearity)을 가정한다는 것이다. 물론 완벽한 선형은 불필요하지만, 선형 가정이 매우 근접하게 만족할 때도 2^k 시스템의 성능이 좋을 수 있다. 사실 만약 주요인이나 1차 모형에 교호작용이 추가된다면, 다음의 결과가 나타남을 알고 있다.

$$y = \beta_0 + \sum_{j=1}^{k} \beta_j x_j + \sum\sum_{i<j} \beta_{ij} x_i x_j + \epsilon \tag{6.28}$$

그러면 모형은 반응함수의 곡면을 설명할 수 있다. 이 곡면은 물론 교호작용 $\beta_{ij}x_ix_j$으로 평면을 비튼 결과이다.

일부 상황에서는 반응함수 내의 곡면을 식 6.28로 적절하게 모형화할 수 없다. 이러한 경우에 논리적으로 모형을 세운다면 다음을 고려할 수 있다.

$$y = \beta_0 + \sum_{j=1}^{k} \beta_j x_j + \sum\sum_{i<j} \beta_{ij} x_i x_j + \sum_{j=1}^{k} \beta_{jj} x_j^2 + \epsilon \tag{6.29}$$

여기서 β_{jj}는 순수 2차항 또는 **2차 효과**(quadratic effects)이다. 식 6.29는 **2차 반응표면모형**(second-order response surface model)이라 한다.

2수준 요인실험의 실행에서 대개 식 6.28의 1차 모형을 적합하길 기대하지만, 식 6.29의 2차 모형이 더 적절할 수도 있음을 염두에 두어야 한다. 2^k 요인의 중심점을 반복해서 2차항 효과의 곡면에 대처하고 추정오차를 독립으로 둘 수 있다. 이 방법은 2^k 설계에 **중심점**(center points)을 추가하는 것이고, 각 점 $x_i = 0 (i = 1, 2, \ldots, k)$에서 n_C 반복수를 시행하는 것이다. 설계 중심에 반복 시행을 추가하는 중요한 이유는 중심점이 2^k 설계 내의 효과추정치에 대개 영향을 받지 않기 때문이다. 중심점을 추가할 때는 k 요인이 **양적**(quantitative) 요인이라고 가정한다.

이 접근을 설명하고자, 각 요인점 (−, −), (+, −), (−, +), (+, +)와 각 중심점(0, 0)에서 n_C개의 관측치 중 하나의 관측치를 가지는 2^2 설계를 고려할 수 있다. 그림 6.37과 6.38이 이 상황을 도식화하고 있다. $\bar{y}_F$를 네 요인점에서 네 번 시행의 평균이라 두고, $\bar{y}_C$를 중심점에서의 n_C 시행의 평균이라 두자. 만약 그 차이 $\bar{y}_F - \bar{y}_C$가 작다면, 중심점이 요인 점들을 통과한다는 것은 평면 위나 그 근처에 있다는 뜻이고 이러면 2차곡면이 존재하지 않는다. 반대로 만약 $\bar{y}_F - \bar{y}_C$가 크다면 2차곡면이 존재한다는 것이다. 자유도 1의 **순수 2차곡면 제곱합**(sum of squares for pure quadratic curvature)은 다음과 같이 주어진다.

$$SS_{\text{Pure quadratic}} = \frac{n_F n_C (\bar{y}_F - \bar{y}_C)^2}{n_F + n_C} \tag{6.30}$$

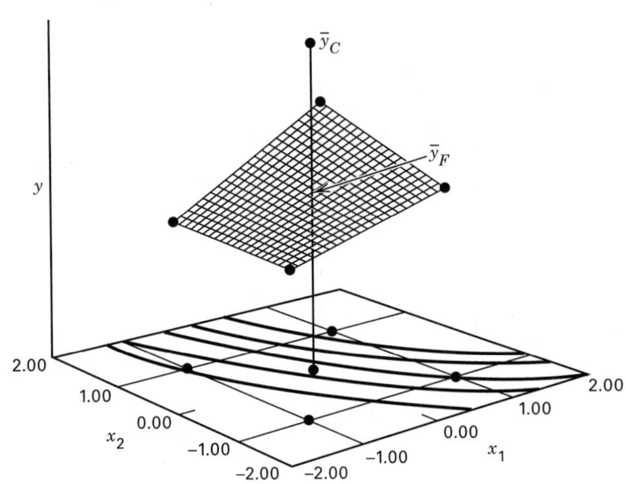

그림 6.37
중심점을 가진 2^2 설계

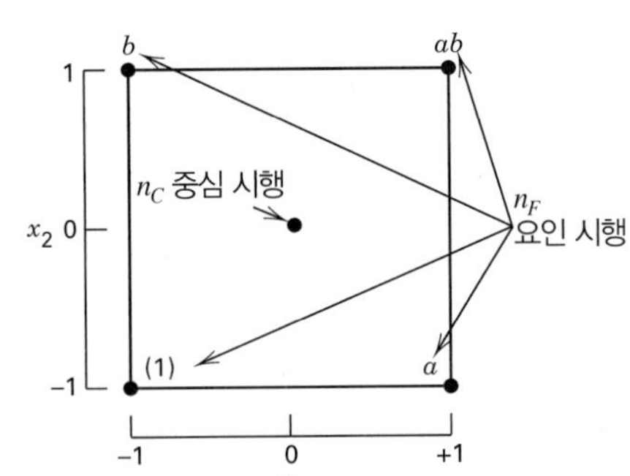

그림 6.38
중심점을 가진 2^2 설계

여기서 일반적으로 n_F는 요인설계점의 갯수이다. 이 제곱합은 ANOVA에서 사용될 수도 있고 평균오차제곱과 비교하여 순수 2차곡면에 대해 검정할 때 쓸 수도 있다. 2^k 설계에 점들이 추가되면, 곡면에 대한 검정(식 6.30을 이용)은 다음의 가설을 검정하는 것과 같다.

$$H_0: \sum_{j=1}^{k} \beta_{jj} = 0$$
$$H_1: \sum_{j=1}^{k} \beta_{jj} \neq 0$$

나아가 만약 실험의 요인점들이 반복이 되지 않는다면, n_C 중심점을 이용하여 n_C-1 자유도를 가지는 오차의 추정치를 만들 수도 있다. 이 곡면 검정에 t 검정도 사용할 수 있다. 이 장의 보조자료를 참고하길 권한다.

예제 6.7

예제 6.2의 파일럿 플랜트 실험을 다시 고려하여 2^k 설계에서 중심점을 추가하는 것을 설명하고자 한다. 무반복 2^4 설계를 다시 떠올려보자. 표 6.10의 원래 실험을 참고하면 된다. 4개의 중심점이 추가되었고, 각 중심점 $x_1=x_2=x_3=x_4=0$에서의 네 개의 여과율 관측치는 73, 75, 66, 69이다. 이 네 중심점의 평균은 $\bar{y}_C=70.75$이고 16번의 요인 실행의 평균은 $\bar{y}_F=70.06$이다. $\bar{y}_C$와 $\bar{y}_F$가 매우 유사하므로, 강한 곡면은 존재하지 않는다고 생각할 수 있다.

표 6.24는 이 실험에 대한 분산분석을 제공한다. 표의 상단에 완전모형을 적합한 값이 있다. 순수오차의 평균제곱은 다음과 같이 중심점을 이용하여 계산되었다.

$$MS_E = \frac{SS_E}{n_C-1} = \frac{\sum_{\text{Center points}} (y_i - \bar{y}_c)^2}{n_C - 1} \tag{6.31}$$

따라서 표 6.22에는,

$$MS_E = \frac{\sum_{i=1}^{4} (y_i - 70.75)^2}{4-1} = \frac{48.75}{3} = 16.25$$

차이 $\bar{y}_F-\bar{y}_C=70.06-70.75=-0.69$는 다음과 같이 식 6.30으로 계산한 분산분석표의 순수 2차곡면 제곱합을 계산하는 데 이용된다.

$$SS_{\text{Pure quadratic}} = \frac{n_F n_C(\bar{y}_F - \bar{y}_C)^2}{n_F + n_C} = \frac{(16)(4)(-0.69)^2}{16+4} = 1.51$$

이 분산분석은 탐색한 영역의 반응에는 2차곡면이 없음을 나타낸다. 즉, 귀무가설 H_0: $\beta_{11}+\beta_{22}+\beta_{33}+\beta_{44}=0$을 기각할 수 없다. 유의한 효과는 A, C, D, AC, AD이다. 축소모형에 대한 분산분석은 표 6.24의 하단에 있다. 이 분석의 결과는 예제 6.2로부터의 결과와 동일하며, 그때의 결과에서 중요한 효과는 정규확률그림방법을 통해 확인하였다.

표 6.24 예제 6.6의 분산분석

완전모형에 대한 ANOVA					
변동원인	**제곱합**	**자유도**	**평균제곱**	***F***	***P* 값**
모형	5730.94	15	382.06	23.51	0.0121
A	*1870.56*	*1*	*1870.56*	*115.11*	*0.0017*
B	*39.06*	*1*	*39.06*	*2.40*	*0.2188*
C	*390.06*	*1*	*390.06*	*24.00*	*0.0163*
D	*855.56*	*1*	*855.56*	*52.65*	*0.0054*
AB	*0.063*	*1*	*0.063*	*3.846E-003*	*0.9544*
AC	*1314.06*	*1*	*1314.06*	*80.87*	*0.0029*
AD	*1105.56*	*1*	*1105.56*	*68.03*	*0.0037*
BC	*22.56*	*1*	*22.56*	*1.39*	*0.3236*
BD	*0.56*	*1*	*0.56*	*0.035*	*0.8643*
CD	*5.06*	*1*	*5.06*	*0.31*	*0.6157*
ABC	*14.06*	*1*	*14.06*	*0.87*	*0.4209*
ABD	*68.06*	*1*	*68.06*	*4.19*	*0.1332*
ACD	*10.56*	*1*	*10.56*	*0.65*	*0.4791*
BCD	*27.56*	*1*	*27.56*	*1.70*	*0.2838*
ABCD	*7.56*	*1*	*7.56*	*0.47*	*0.5441*
순수 2차 곡률	1.51	1	1.51	0.093	0.7802
순수오차	48.75	3	16.25		
총합	5781.20	19			
모형	5535.81	5	1107.16	59.02	<0.000
A	*1870.56*	*1*	*1870.56*	*99.71*	*<0.000*
C	*390.06*	*1*	*390.06*	*20.79*	*0.0005*
D	*855.56*	*1*	*855.56*	*45.61*	*<0.000*
AC	*1314.06*	*1*	*1314.06*	*70.05*	*<0.000*
AD	*1105.56*	*1*	*1105.56*	*58.93*	*<0.000*
순수 2차 곡률	1.51	1	1.51	0.081	0.7809
잔차	243.87	13	18.76		
적합성 결여	*195.12*	*10*	*19.51*	*1.20*	*0.4942*
순수오차	*48.75*	*3*	*16.25*		
총합	5781.20	19			

예제 6.6에서 2차 효과의 징후가 없다고 결론지었다. 즉, *A*, *C*, *D*와 *AC*, *AD* 교호작용을 사용한 1차 모형이 적절하다. 그러나 2차항(x_i^2)이 필요한 상황이 있다. $k=2$ 설계요인에 대해 이를 설명하기 위해서, 곡면의 검정이 유의하다고 가정해서 다음과 같은 2차항을 가정하였다고 하자.

$$y = \beta_0 + \beta_1 x_1 + \beta_2 x_2 + \beta_{12} x_1 x_2 + \beta_{11} x_1^2 + \beta_{22} x_2^2 + \epsilon$$

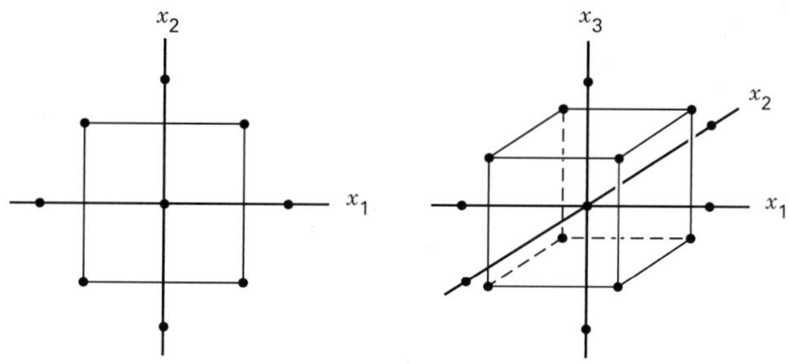

(a) 2요인 (b) 3요인

그림 6.39
중심복합설계

불행하게도 모형에서 미지의 모수들(β들)을 추정할 수 없다. 추정할 모수는 6개이고 그림 6.38의 2^2 설계와 중심점은 오직 5번의 독립적인 시행만을 가지기 때문이다.

이 문제에 대한 매우 간단하고 효과적인 방법은, 2^k 설계를 네 개의 **축 시행**(axial runs)을 가지는 것으로 수정하는 것으로, 그림 6.39a에 $k=2$인 경우가 제시되어 있다. 이러한 시행을 **중심복합설계**(central composite design)라고 부르고, 이제 2차 모형을 적합할 수 있다. 그림 6.39b는 $k=3$ 요인에 대한 중심복합설계를 보여준다. 이 설계는 $14+n_C$번 시행하고(대게 $3 \le n_C \le 5$), 이는 $k=3$ 요인을 가지는 10개의 2차 모형모수를 적합하는 매우 효과적인 설계이다.

중심복합설계는 2차 반응표면모형을 세울 때 빈번히 사용된다. 이 설계는 10장에서 더 자세하게 다룰 것이다.

몇 가지 추가 제안과 중심점을 사용할 때 고려해야 할 것들을 추가하며 이 절을 마무리 하겠다.

1. 현재 가동 중인 공정에서 요인실험을 할 때는, 현재 운영 조건(레시피)을 설계의 중심점으로 생각해야 한다. 이는 운영하는 직원이 적어도 이 실험의 몇 시행들을 현재와 비슷한 조건에서 수행할 수 있게 하고, 그 결과도 (적어도 이 시행에 대해서는) 보편적으로 얻는 결과보다는 나빠지지 않을 것이다.
2. 요인실험의 중심점이 보통의 운영 조건과 같을 때, 실험자는 중심점의 관찰된 반응값들을 사용해서 대략 “일반적이지 않은(unusual)” 값이 실험 중에 일어나는지를 확인할 수 있다. 즉, 중심점의 반응값들은 지금까지 평소의 공정 운영에서 관찰한 반응값과 비슷해야 한다는 것이다. 운영 직원들은 공정 성능을 모니터링 하기 위해 제어판을 유지할 수 있으며, 공정이 실험 동안 운영되고 있는지 확인하는 방법으로 중심점의 반응값들을 제어판에 직접 그려서 확인할 수 있다.
3. 임의가 아닌 순서로 중심점을 반복하는 것을 고려해야 한다. 구체적으로 한두 개의 중심점을 실험 초기나 그 근처에서 시행하고 한두 개를 중간에, 한두 개는 마지막에 시행한다. 중심점을 시간에 따라 퍼지게 함으로써, 실험자는 대략 실험 중 공정의 안정성을 확인할 수 있다. 예를 들어 만약 실험을 수행하는 동안 반응값이 경향성을 보인다면, 중심점의 반응값을 시간순으로 그리면 이를 알 수 있을 것이다.

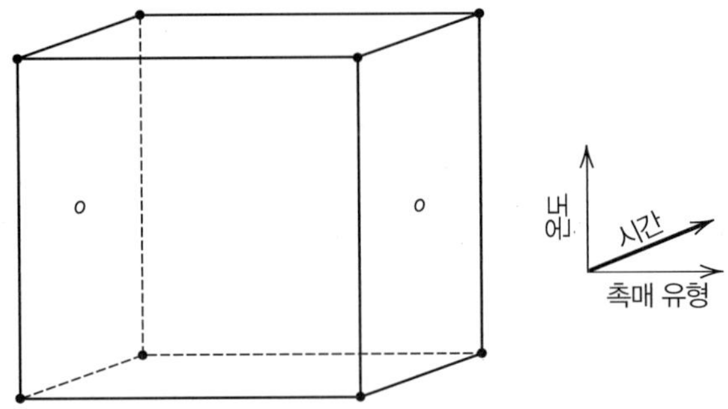

그림 6.40
하나의 질적요인을 가지는 2^3 요인설계와 중심점

4. 가끔 실험자들은 공정 변동성에 대한 사전 정보가 아주 적거나 없는 상태에서 실험을 수행해야 할 때가 있다. 이런 경우에는 둘에서 세 개의 중심점을 실험의 처음 몇 시행에서 시행해보는 것이 유용하다. 이 시행으로 변동성의 예비 추정치를 얻을 수 있다. 만약 이런 변동성의 크기가 합당해 보이면 계속하고 그렇지 않으면, 기댓값보다 큰(또는 합당하지 않은) 변동성을 관찰하면 그만둔다. 나머지 실험을 계속 진행하기 전에, 왜 변동성이 큰지에 대한 연구한다면 상당히 유익할 것이다.
5. 대부분 중심점은 설계요인들이 양적(quantitative)요인일 때 자주 사용된다. 하지만 양적요인과 함께 하나 이상의 질적 혹은 범주형 변수들을 다뤄야 할 수도 있다. 이러한 경우에도 중심점을 사용할 수 있다. 예를 들어 2수준을 갖는 시간과 온도라는 두 양적 요인과 촉매제 타입이라는 단일 질적요인을 사용하는 실험을 생각해 보자. 질적요인도 2수준을 갖는다(유기적, 비유기적). 그림 6.40은 이 요인들의 2^3 설계를 나타내고 있으며, 중심점이 질적요인을 가진 정육면체의 면들(서로 반대)에 있음을 확인할 수 있다. 다른 말로는 중심점은 정육면체의 면이 양적요인만 포함한다면 질적요인의 고, 저 수준을 포함한 처리조합에서 시행할 수 있다.

2^k 설계에서 중심점을 넣으면 절대 *D*-최적설계가 될 수 없다는 점은 몹시 흥미롭다. 6.7절의 마지막에서 세 요인으로 구성한 12 시행 *D*-최적설계를 떠올려보길 바란다. 이 설계의 *D*-효용성은 94.28%이었다. 4개의 중심점을 추가한 2^3 설계의 *D*-효용성은 70.64%이다. 게다가 12 시행 *D*-최적설계의 모형모수의 상대 표준오차는 0.306이었던 반면, 4개의 중심점이 있는 설계는 0.354이다. 예상할 수 있듯, *D*-최적설계는 모형모수를 더 정확하게 추정할 수 있게 한다. 그림 6.41은 설계 공간 그림은 두 디자인의 예측분산 성능을 비교한다. 이 그림의 아래쪽 곡선은 *D*-최적설계를 위한 FDS 곡선이다. 확실히 대다수의 설계 공간에 대해서 반응값 예측력에 있어서 *D*-최적설계가 4개의 중심점을 가진 2^3 요인설계를 능가한다. 그러나 *D*-최적설계는 반응함수의 잠재적인 곡면을 탐지하는 능력은 없다. 실험자는 이런 두 설계 간의 장단점(trade-off)을 신중하게 고려해야 한다.

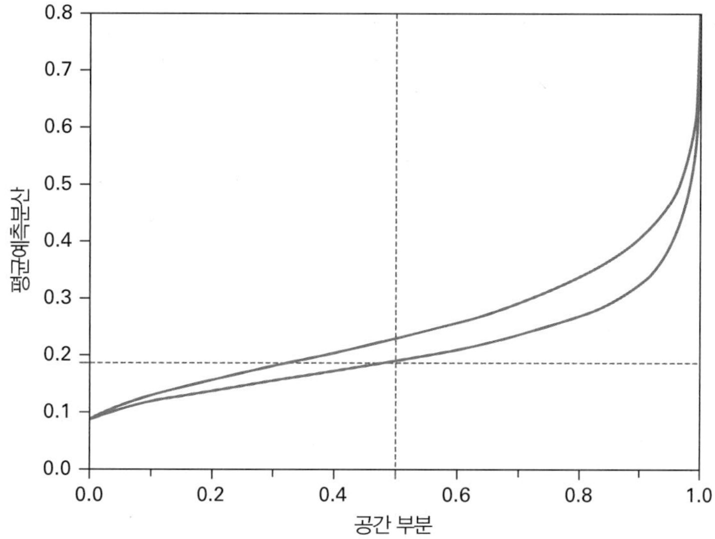

그림 6.41
12 시행 *D*–최적설계(아래 곡선)와 중앙점(위 곡선)이 네 개인 2^3 설계를 비교하는 설계 공간 부분

6.9 부호화 설계변수로 분석하는 이유

6장에서는 변수의 원래 단위[실제, 자연, 공학(engineering) 단위라고 부름]가 아닌 부호화(coded)된 설계변수를 $-1 \leq x_i \leq +1$를 사용하여 분석을 수행하고 2^k 요인설계에 대한 모형을 적합하였다. 공학단위를 사용하면 부호화된 단위로 분석한 것과 수치가 다른 결과를 얻을 것이고, 이러한 결과들은 해석하기 쉽지 않을 때가 있다.

두 분석 간의 차이를 설명하기 위해서 다음의 실험을 생각해 보자. 간단한 DC-회로를 다른 저항인 1Ω과 2Ω에 연결하는 실험이 있다. 이 회로는 또한 전류계(ammeter)와 가변 출력 전원공급장치(variable-output power supply)를 포함한다. 이 회로에 저항을 설치하여, 전원공급장치를 현재 흐름인 4 혹은 6 amp가 될 때까지 보정할 것이다. 그러면 전원공급장치의 전압 출력을 전압 출력계로 확인할 수 있다. 반복수 2를 가지는 2^2 요인설계를 수행하였고, 표 6.25와 같은 결과를 얻었다. 옴의 법칙(Ohm's law)에 따라 측정 오류와는 별도로 측

표 6.25 회로 실험

I (Amps)	*R* (Ohms)	x_1	x_2	*V* (Volts)
4	1	−1	−1	3.802
4	1	−1	−1	4.013
6	1	1	−1	6.065
6	1	1	−1	5.992
4	2	−1	1	7.934
4	2	−1	1	8.159
6	2	1	1	11.865
6	2	1	1	12.138

표 6.26 부호화변수를 이용한 회로 실험에 대한 회귀분석

```
The regression equation is
V = 7.50 + 1.52 x 1 + 2.53 x 2 + 0.458 x 1 x 2

Predictor          Coef        StDev          T          P
Constant        7.49600      0.05229     143.35      0.000
x 1             1.51900      0.05229      29.05      0.000
x 2             2.52800      0.05229      48.34      0.000
x 1 x 2         0.45850      0.05229       8.77      0.001

S = 0.1479      R-Sq = 99.9%        R-Sq(adj) = 99.8%

Analysis of Variance

Source            DF        SS        MS          F        P
Regression         3    71.267    23.756    1085.95    0.000
Residual  Error    4     0.088     0.022
Total              7    71.354
```

표 6.27 공학적 단위를 사용한 회로 실험에 대한 회귀분석

```
The regression equation is
V = -0.806 + 0.144 I + 0.471 R + 0.917 IR

Predictor          Coef       StDev          T          P
Constant        -0.8055      0.8432      -0.96      0.394
I                0.1435      0.1654       0.87      0.434
R                0.4710      0.5333       0.88      0.427
IR               0.9170      0.1046       8.77      0.001

S = 0.1479      R-Sq = 99.9%      R-Sq(adj) = 99.8%

Analysis of Variance

Source            DF        SS        MS          F        P
Regression         3    71.267    23.756    1085.95    0.000
Residual Error     4     0.088     0.022
Total              7    71.354
```

정된 전압을 안다. 그러나 이 자료를 경험적 모형으로 분석하면 부호화된 설계와 공학 단위의 설곗값에 대한 통찰을 얻을 수 있다.

표 6.26과 6.27은 각각 보통의 부호화변수(x_1, x_2)와 공학 단위의 설계변수를 사용한 회귀모형을 제시하며 이 과정에는 Minitab이 사용되었다. 먼저 표 6.26의 부호화변수 분석을 고려하자. 실험설계가 직교하고 부호화변수 역시 직교한다. 두 주효과(x_1 = 흐름, x_2 = 저항)와 교호작용이 유의함을 확인할 수 있다. 부호화된 변수로 분석하면 모형계수의 크기를 직접 비교할 수 있다. 즉, 이들은 차원이 없고(dimensionless) 각 설계요인이 한 단위 구간으로 변할 때의 효과를 측정한다. 게다가 이 추정치들을 같은 정확성을 가지고 추정할 수 있다(세 개의 계수 모두 표준오차는 0.053). 교호작용은 두 주효과보다 작은데, 전류의 효과는 저항 효과의 1/2을 약간 상회한다. 이는 연구된 요인의 범위에서 저항이 더 중요한 변수임을 나타낸다. 부호화된 변수는 요인효과의 **상대적 크기**(relative size)를 결정하는 데 상당히 효과적이다.

이제 표 6.27에서 제시된 것과 같이 공학 단위에 기반한 분석을 고려하고자 한다. 이 모

```
The regression equation is
V = 1.00 IR

Predictor          Coef          Std. Dev.        T          P
Noconstant
IR                 1.00073         0.00550     181.81      0.000

S = 0.1255
Analysis of Variance

Source             DF          SS          MS           F          P
Regression          3      71.267      23.756     1085.95      0.000
Residual Error      4       0.088       0.022
Total               7      71.354
```

표 6.28 회로 실험에 대한 회귀분석(교호작용만 포함할 때)

형에서는 오직 교호작용만이 유의하다. 교호작용 항에 대한 모형계수는 0.9170이고 표준오차는 0.1046이다. 교호작용계수가 동일한지 검정하기 위해 t 검정통계량을 다음과 같이 만들 수 있다.

$$t_0 = \frac{\hat{\beta}_{IR} - 1}{se(\hat{\beta}_{IR})} = \frac{0.9170 - 1}{0.1046} = -0.7935$$

이 검정통계량에 대한 P 값은 $P = 0.76$이다. 그러므로 교호작용계수와 일치한다는 귀무가설은 기각할 수 없고, 이는 옴의 법칙에 부합한다. 회귀계수는 차원이 없는 게 아니고(not dimensionless) 서로 다른 정밀도로 추정된다는 점에 유의해야 한다. 이는 공학 단위의 요인으로 한 실험설계가 직교하지 않기 때문이다.

절편(intercept)과 주효과들이 유의하지 않기 때문에, 적합에 오직 교호작용 IR만을 포함한 모형을 고려할 것이다. 이 결과는 표 6.28에 제시되어 있다. 교호작용 회귀계수의 추정치는 이제 이전의 공학 단위 분석에서와는 다름을 유의하길 바란다. 공학 단위의 설계가 직교하지 않기 때문이다. 계수 역시 사실상 일치한다.

일반적으로 공학 단위는 직접 비교할 수는 없지만, 지금 예제와 같이 물리적 의미를 지닐 수 있다. 이는 본래(underlying) 메커니즘을 기반으로 단순화할 수 있다. 거의 모든 상황에서 부호화 분석이 선호된다. 다뤘던 예제에서처럼 본래 매커니즘을 기반으로 단순화하는 것은 자주 일어나지 않는다. 부호화된 변수를 통해 실험자가 설계변수의 상대 중요성을 볼 수 있는 것은 실제 상황에서 상당히 유용하다.

6.10 연습문제

6.1 2^4 요인설계에서 완전요인모형을 사용할 때, 모형의 자유도는 무엇인가?

(a) 7
(b) 5
(c) 6
(d) 11
(e) 12
(f) 보기 중 답 없음

6.2 반복수가 2인 2^3 요인설계에서, 순수오차 또는 잔차의 자유도는 무엇인가?

(a) 4
(b) 12
(c) 15
(d) 2
(e) 8
(f) 보기 중 답 없음

6.3 반복수가 2인 2^3 요인설계에서, ANOVA를 통해 모든 처리 주효과는 유의하지만 교호작용은 모두 유의하지 않다고 확인하였다. 교호작용을 모형에서 제외하였다. 그러면 축소된 모형의 잔차의 자유도는 무엇인가?

(a) 12
(b) 8
(c) 16
(d) 14
(e) 10
(f) 보기 중 답 없음

6.4 반복수가 2인 2^3 요인설계에서, ANOVA를 통해 모든 처리 주효과는 유의하지만 교호작용 중 2개가 유의하지 않다고 확인하였다. 교호작용을 모형에서 제외하였다. 그러면 축소된 모형의 잔차의 자유도는 무엇인가?

(a) 12
(b) 14
(c) 6
(d) 10
(e) 8
(f) 보기 중 답 없음

6.5 엔지니어는 절삭속도(A), 공구기하학(B), 절삭각(C)이 공구수명(시간당)에 미치는 효과에 대해 관심이 있다. 각 요소들은 두 개의 수준을 유지하고 2^3 요인설계를 3회 반복 시행된다. 결과는 다음과 같다.

A	*B*	*C*	처리조합	반복수 I	반복수 II	반복수 III
−	−	−	(1)	22	31	25
+	−	−	*a*	32	43	29
−	+	−	*b*	35	34	50
+	+	−	*ab*	55	47	46
−	−	+	*c*	44	45	38
+	−	+	*ac*	40	37	36
−	+	+	*bc*	60	50	54
+	+	+	*abc*	39	41	47

(a) 요인효과를 추정하라. 어느 요인이 큰 효과를 나타내는가?
(b) 분산분석을 하여 (a)에서 얻은 결론을 입증하라.
(c) 위의 결과를 이용하여 공구수명(시간당)을 예측하는 회귀모형을 서술하라.
(d) 잔차를 분석하고 어떠한 문제점이 있는지 서술하라.
(e) 주효과와 교호작용그림을 바탕으로 권장하는 *A*, *B*, *C*의 코드화된 요인수준을 결정하라.

6.6 연습문제 6.5의 (c)를 다시 생각하라. 반응표면과 공구수명 반응의 등고선그림을 생성하는 데 회귀모형을 사용하라. 이러한 그림들을 해석하라. 그림들이 공정을 개선하는 것에 대하여 의견을 제시하는가?

6.7 연습문제 6.5에서 요인효과의 표준오차를 구하고 요인효과의 95% 신뢰한계를 근사적으로 구하라. 구한 결과가 분산분석의 결과와 동일한지 서술하라.

6.8 연습문제 6.5에서 요인효과를 근사적으로 척도화된 t 분포의 그래프에 그려라. 시각적인 표현이 중요한 요인을 적절하게 알아내는가? 분산분석에서 얻은 결과와 이 그림에서 얻은 결과를 비교하라.

6.9 라우터는 배선 회로판에 노치(notch)를 절삭하는 데 사용된다. 판 표면의 진동수준은 노치의 차원적 변이의 주요한 원천이라 간주된다. 다음의 두 요소 비트(저자 역주 드릴용의 날) 크기(A), 절삭속도(B)가 노치에 영향을 끼칠 것이라고 생각된다. 비트 크기는 1/16, 1/8이 선택되고 절단 속

도는 40 rpm, 90 rpm이 선택된다. 아래의 조건에 따라서 네 개의 판이 절단된다. 반응변수는 각 시험 회로판의 세 개 가속도계의 합성 벡터로 측정된 진동이다.

A	B	처리조합	반복수			
			I	II	III	IV
−	−	(1)	18.2	18.9	12.9	14.4
+	−	a	27.2	24.0	22.4	22.5
−	+	b	15.9	14.5	15.1	14.2
+	+	ab	41.0	43.9	36.3	39.9

(a) 실험에서 자료를 해석하라.

(b) 잔차의 정규확률그림을 그려라. 또 예상 진동수준과 잔차그림을 그리고 해석하라.

(c) AB의 교호작용그림을 그리고 해석하라. 향후 작업에서 권장하는 비트수준과 절삭속도는 무엇인가?

6.10 연습문제 6.5를 다시 생각해 보자. 실험자가 반복 I(replicate I)에서 8번의 실험만 한다고 가정한다. 또한 실험자는 4개의 중심점에서 실험을 시행하여 반응변수가 36, 40, 43, 45임을 얻었다.

(a) 요인효과를 추정하라. 어느 효과가 가장 크게 나타나는가?

(b) 2차 곡률을 고려하여 분산분석을 실시하고 결론을 제시하라.

(c) 실험 결과를 바탕으로 공구수명을 예측하는 적절한 모형을 서술하라. 제시한 모형이 연습문제 6.5의 (c)의 방법과 크게 다른지 서술하라.

(d) 잔차를 분석하라.

(e) 공정에서 적절한 운용조건은 무엇인가?

6.11 화학공정에서 산출량을 향상하기 위한 실험이 진행되었다. 4개의 요인이 선택되었고 완전 랜덤화 실험이 두 번 반복 시행되었다. 결과는 아래의 표에 제시되어 있다.

처리조합	반복수		처리조합	반복수	
	I	II		I	II
(1)	90	93	d	98	95
a	74	78	ad	72	76
b	81	85	bd	87	83
ab	83	80	abd	85	86
c	77	78	cd	99	90
ac	81	80	acd	79	75
bc	88	82	bcd	87	84
abc	73	70	$abcd$	80	80

(a) 요인효과를 추정하라.

(b) 분산분석표를 그리고 어느 요인이 산출량을 설명하는 데 있어 가장 중요한지 서술하라.

(c) 4개 요인의 범위가 −1과 +1 사이라 가정하고 산출량을 예측하는 회귀모형을 서술하라.

(d) 예상 산출량과 잔차를 정규확률척도에 그려라. 잔차를 분석한 결과가 가정을 만족시키는가?

(e) 3요인 교호작용이 ABC, ABD의 효과가 큰 것을 알 수 있다. A, B, C 요인에 대해 각 꼭짓점에 평균을 표시한 정육면체그림을 그리고 A, B, D를 이용하여 반복하라. 두 개의 그림이 자료 해석에 도움이 되는가? 4개의 변수에 근거하여 어느 조건에서 공정이 시행되기를 권장하는가?

6.12 세균학자는 두 개의 다른 배양액과 두 가지의 다른 시간이 박테리아의 성장에 미치는 영향에 관해 연구하고자 한다. 학자는 2^2 설계의 실험을 6번 반복하였고 실험의 시행 순서는 랜덤 배정하였다. 아래의 박테리아 성장자료를 분석하고 적절한 결론을 도출하라. 잔차분석을 실시하고 모형의 적합성에 대해 논하라.

시간 (h)	배양액			
	1		2	
	21	22	25	26
12	23	28	24	25
	20	26	29	27
	37	39	31	34
18	38	38	29	33
	35	36	30	35

6.13 음료를 병에 담는 일을 하는 회사에서 일하는 산업공학자는 두 가지 종류의 32온스 병이 12개가 들어가는 박스를 배달하는 데 걸리는 시간에 미치는 영향에 관심이 있다. 이 두 가지 종류는 유리와 플라스틱이다. 두 명의 기술자가 일반 손수레를 사용하여 병 40박스를 50피트 떨어진 곳에 쌓아 진열할 것이다. 2^2 요인설계가 네 번 반복수행되며, 측정된 운반 시간은 다음의 표에 나열되어 있다. 자료를 분석한 후 알맞은 결론을 도출하라. 잔차를 분석하고 모형의 적합도를 분석하라.

병 종류	기술자			
	1		2	
유리	5.12	4.89	6.65	6.24
	4.98	5.00	5.49	5.55
플라스틱	4.95	4.43	5.28	4.91
	4.27	4.25	4.75	4.71

6.14 *AT&T Technical Journal*(March/April 1985, Vol.65, pp. 29-50)에 발표한 자료는 2수준 요인설계를 회로제조에 응용한 연구 결과를 담고 있다. 공정의 첫 번째 단계는 연마된 실리콘 웨이퍼(원형의 기판) 에피텍셜층을 키우는 것이다. 발열체에 부착된 웨이퍼를 벨자(bell jar 병모양의 유리덮개) 안에 놓으면 화학기상방식이 시작된다. 발열체가 회전하며 에피텍셜층이 단단해지기까지 발열을 지속한다. 실험자는 비소 유동률(A), 침적시점(B)으로 두 요인의 실험을 시행한다. 총 4번의 반복이 이루어지며 에피택셜 층의 굳기를 측정한다. 결과는 표 P 6.1에 제시되어 있다.

(a) 요인효과를 추정하라.

(b) 분산분석을 실시하라. 어느 효과가 가장 크게 나타나는가?

(c) 비소 유동률과 침적시점에 의한 에피텍셜층의 굳기를 예측하는 회귀식을 서술하라.

(d) 잔차를 분석하라. 회귀모형에 영향을 주는 잔차가 존재하는가?

(e) (d)에 나타난 잠재적인 특이점을 어떻게 해결하여야 하는가?

6.15 연습문제 6.14에 이어서. (c)에서 언급된 회귀모형을 이용하여 반응표면의 등고선그림을 그려라. 에피텍셜층의 굳기 14.5 μm를 얻는 것이 상당히 중요하다고 가정하자. 최적의 비소 유동률과 침적시점은 무엇인가?

6.16 연습문제 6.15에 이어서. 만약 비소 유동률이 침적시점에 비해 조절하기가 힘들다면 연습문제 6.13의 결론에 어떤 영향을 미치는지 서술하라.

6.17 실험자는 2^4 설계 실험은 한번 반복시행한다. 이때 효과추정치가 아래에 계산되어 있다.

$A = 76.95$	$AB = -51.32$	$ABC = -2.82$
$B = -67.52$	$AC = 11.69$	$ABD = -6.50$
$C = -7.84$	$AD = 9.78$	$ACD = 10.20$
$D = -18.73$	$BC = 20.78$	$BCD = -7.98$
	$BD = 14.74$	$ABCD = -6.25$
	$CD = 1.27$	

(a) 위의 효과들의 정규확률그림을 구성하라.

(b) (a)에서 그린 그림을 바탕으로 불확실한 모형을 확인하라.

6.18 2^4 요인설계에서 효과의 추정치가 아래에 나타나있다. 모든 주효과가 유의한 효과라는 결론에 대해 인정하는가?

ABCD = −1.5138, ABC = −1.2661, ABD = −0.9852, ACD = −0.7566, BCD = −0.4842, CD = −0.0795, BD = −0.0793, AD = 0.5988, BC = 0.9216, AC = 1.1616, AB = 1.3266, D = 4.6744, C = 5.1458, B = 8.2469, A = 12.7151.

6.19 2^4 요인설계에서 효과의 추정치가 아래에 나타나있다. 유의한 효과가 있는가?

ABCD = −2.5251, BCD = 4.4054, ACD = −0.4932, ABD = −5.0842, ABC = −5.7696, CD = 4.6707, BD = −4.6620, BC = −0.7982, AD = −1.6564, AC = 1.1109, AB = −10.5229, D = −6.0275, C = −8.2045, B = −6.5304, A = −0.7914.

6.20 예제 5.3의 bottle filling 실험의 변동성을 생각하자. 탄화는 두 수준만이 사용되어 2^3 요인설계가 두 번 반복된다. 자료는 표 P 6.2에 제시되어 있다.

표 P 6.1 연습문제 6.14에 대한 2^2 설계

A	*B*	반복수					요인수준	
		I	II	III	IV		낮음(−)	높음(+)
−	−	14.037	16.165	13.972	13.907	*A*	55%	59%
+	−	13.880	13.860	14.032	13.914			
−	+	14.821	14.757	14.843	14.878	*B*	짧음	길
+	+	14.888	14.921	14.415	14.932		(10분)	(15분)

표 P 6.2 주입 높이 실험

부호화 요인				주입 높이 편차		요인수준		
시행	*A*	*B*	*C*	반복수 1	반복수 2		낮음 (−1)	높음 (+1)
1	−	−	−	−3	−1	*A* (%)	10	12
2	+	−	−	0	1	*B* (psi)	25	30
3	−	+	−	−1	0	*C* (b/m)	200	250
4	+	+	−	2	3			
5	−	−	+	−1	0			
6	+	−	+	2	1			
7	−	+	+	1	1			
8	+	+	+	6	5			

(a) 실험의 자료를 분석하라. 어느 요인이 주입 높이 편차에 가장 유의한 영향을 미치는가?

(b) 실험에서의 잔차를 분석하라. 모형의 부적합성을 나타내는 잔차가 존재하는가?

(c) 중요한 공정변수 조건에서 주입 높이 편차를 예측하는 모형을 구하라. 실험의 결과를 해석하기 위한 등고선 그림을 모형을 통하여 그려라.

(d) (a)에서 교호작용은 경계선상 유의하다는 것을 알 수 있다. 만약 (a)에 모형에서 교호작용을 포함하지 않았다면 교호작용을 포함하고 재분석을 실시하라. 교호작용을 포함하지 않았을 때와 차이점은 무엇인가? 만약 (a)에 모형에서 교호작용을 포함하였다면 교호작용을 빼고 새로 분석하라. 교호작용을 포함한 경우와 차이점은 무엇인가?

6.21 저자는 골프 점수를 올리는 데 관심이 많다. 대표적인 골퍼들은 35~45% 자신의 타격으로 퍼팅(putting)을 하므로 골프 점수를 향상시키기 위해서는 본인의 타격을 향상시키는 것이 합리적으로 보인다("The man who can putt is a

표 P 6.3 연습문제 6.21에 대한 실험

설계요인				홀컵으로부터의 거리 (반복)						
퍼팅 길이 (ft)	퍼터 종류	퍼팅 라인	경사	1	2	3	4	5	6	7
10	Mallet	Straight	Level	10.0	18.0	14.0	12.5	19.0	16.0	18.5
30	Mallet	Straight	Level	0.0	16.5	4.5	17.5	20.5	17.5	33.0
10	Cavity back	Straight	Level	4.0	6.0	1.0	14.5	12.0	14.0	5.0
30	Cavity back	Straight	Level	0.0	10.0	34.0	11.0	25.5	21.5	0.0
10	Mallet	Breaking	Level	0.0	0.0	18.5	19.5	16.0	15.0	11.0
30	Mallet	Breaking	Level	5.0	20.5	18.0	20.0	29.5	19.0	10.0
10	Cavity back	Breaking	Level	6.5	18.5	7.5	6.0	0.0	10.0	0.0
30	Cavity back	Breaking	Level	16.5	4.5	0.0	23.5	8.0	8.0	8.0
10	Mallet	Straight	Downhill	4.5	18.0	14.5	10.0	0.0	17.5	6.0
30	Mallet	Straight	Downhill	19.5	18.0	16.0	5.5	10.0	7.0	36.0
10	Cavity back	Straight	Downhill	15.0	16.0	8.5	0.0	0.5	9.0	3.0
30	Cavity back	Straight	Downhill	41.5	39.0	6.5	3.5	7.0	8.5	36.0
10	Mallet	Breaking	Downhill	8.0	4.5	6.5	10.0	13.0	41.0	14.0
30	Mallet	Breaking	Downhill	21.5	10.5	6.5	0.0	15.5	24.0	16.0
10	Cavity back	Breaking	Downhill	0.0	0.0	0.0	4.5	1.0	4.0	6.5
30	Cavity back	Breaking	Downhill	18.0	5.0	7.0	10.0	32.5	18.5	8.0

표 P 6.4 우편 주문 횟수 실험

	부호화 요인			주문 횟수		요인수준		
시행	*A*	*B*	*C*	반복수 1	반복수 2		낮음 (−1)	높음 (+1)
1	−	−	−	50	54	*A* (class)	3rd	1st
2	+	−	−	44	42	*B* (type)	BW	Color
3	−	+	−	46	48	*C* ($)	$19.95	$24.95
4	+	+	−	42	43			
5	−	−	+	49	46			
6	+	−	+	48	45			
7	−	+	+	47	48			
8	+	+	+	56	54			

match for any man"-willie parks, 1864-1935). 실험자는 퍼팅(putting)의 정확성을 향상시키는 4가지 요인의 효과에 대해서 연구하고 있다. 퍼팅의 길이, 골프채의 유형, 브레이킹 퍼트와 스트레이트 퍼트(역자 주 공을 치는 방법), 퍼트할 때의 경사가 4가지 요인이 된다. 반응변수는 공이 멈추고 난 후에 공과 홀컵의 거리가 된다. 모든 퍼트는 랜덤으로 배정하고 한명의 골퍼가 2^4 요인설계를 7회 반복 시행한다. 결과는 표 P 6.3에 제시되어 있다.

(a) 실험의 자료를 분석하라. 어느 요인들이 퍼팅하는데 유의한가?

(b) 실험의 잔차를 분석하라. 모델의 부적합성을 지적할 점이 존재하는가?

6.22 기업은 회사의 제품을 우편으로 홍보한다. 실험자는 고객의 회답률에 미치는 요인효과를 세 가지로 구성하여 실험을 진행하였다. *A* = 우편의 유형(3rd class, 1st class), *B* = 브로셔의 유형(컬러, 흑백), *C* = 호가($19.95, $24.95)이다. 임의로 선택된 두 그룹에 각각 8000명씩 임의로 고객을 분류하고 다시 고객을 1000명씩 각 처리조합으로 나눈다. 고객의 그룹을 반복시행으로 간주한다. 반응변수는 주문 횟수이다. 실험의 자료는 표 P 6.4에 제시되어 있다.

(a) 실험의 자료를 분석하라. 어느 요인들이 고객 회답률에 유의하게 나타나는가?

(b) 실험의 잔차를 분석하라. 모형의 부적합성을 지적할 점이 있는가?

(c) 기업에 해줄 수 있는 조언을 서술하라.

6.23 2^4 설계가 한번 반복되는 예제 6.2를 생각해 보자. 3차, 4차 교호작용은 모두 무시 가능하다고 임의로 가정한 후 자료를 분석하기로 하자. 이 실험을 분석하고 예제에서 얻은 결과와 비교하라. 비교적 고차 교호작용이 존재하더라도 이를 임의로 무시하는 가정이 올바른지 서술하라.

6.24 산출량 증대를 위하여 반도체 제조 설비에 대한 실험이 진행되었다. 각 두 수준을 지니는 *A* = 구경규격(소, 대), *B* = 노출시간(20% 이하, 20% 이상), *C* = 개발시간(30초, 45초), *D* = 마스크치수(소, 대), *E* = 에칭(etch) 시간(14.5분, 15.5분) 다섯 개의 요인이 있다. 무반복 2^5 설계 시행이 아래에 제시되어 있다.

(1) = 7	*d* = 8	*e* = 8	*de* = 6
a = 9	*ad* = 10	*ae* = 12	*ade* = 10
b = 34	*bd* = 32	*be* = 35	*bde* = 30
ab = 55	*abd* = 50	*abe* = 52	*abde* = 53
c = 16	*cd* = 18	*ce* = 15	*cde* = 15
ac = 20	*acd* = 21	*ace* = 22	*acde* = 20
bc = 40	*bcd* = 44	*bce* = 45	*bcde* = 41
abc = 60	*abcd* = 61	*abce* = 65	*abcde* = 63

(a) 효과추정치의 정규확률그림을 그려라. 어느 효과들이 크게 나타나는가?

(b) (a)에서 얻은 결론을 지지하는 분산분석을 실시하라.

(c) 유의한 변수들을 이용하여 산출량의 회귀모형을 서술하라.

(d) 정규확률지에 잔차를 그려라. 그림이 회귀모형의 가정을 만족하는가?

(e) 예상 산출량과 잔차를 각각의 요인들과 함께 그림으로 나타내고 서술하라.

(f) 유의한 교호작용을 해석하라.

(g) 권장하는 공정운영조건은 무엇인가?

(h) 위의 2^5 설계를 중요 요인들의 2^k 설계로 계획하라. 설계를 묘사하고 각각의 시행마다 산출량의 평균과 범위

를 제시하라. 이러한 시행이 실험의 결과를 해석하는 데 도움이 되는가?

6.25 연습문제 6.24에 이어서. 기존의 실험에서 32번의 시행이 추가되어 4개의 중심점에서 실험이 시행되었고 산출량은 68, 74, 76, 70이다.

(a) 순수 2차곡률을 검정하여 실험을 재해석하라.

(b) 실험에서 다음 진행될 단계를 서술하라.

6.26 산출량의 공정 개선을 위한 연구에서 시간(A), 농도(B), 압력(C), 온도(D) 4개의 요인이 있고 각 요인은 두 개의 수준을 가진다. 2^4 설계에서 한번 반복시행되며 결과 자료는 표 P 6.5에 제시되어 있다.

(a) 효과추정치의 정규확률그림을 그려라. 어느 요인의 효과가 크게 나타나는가?

(b) (a)에서 그린 정규확률그림을 이용하여 분산분석을 실시하고 결론을 제시하라.

(c) 산출량과 연관이 있는 공정변수들로 회귀모형을 서술하라.

(d) 실험에서 잔차를 분석하라. 분석에 잠재적인 문제점이 존재하는가?

(e) 2회 반복의 2^3 설계에서 위의 설계가 수정될 수 있는가? 만약 그렇다면 정육면체의 각 점에 산출량의 평균과 범위를 보이도록 설계를 그려라. 결과를 해석하라.

6.27 연습문제 6.26에 이어서. 연습문제 6.26(c)의 회귀모형을 이용하여 산출량의 반응표면 등고선그림을 그려라. 이 반응 등고선그림의 실질적인 값을 논하라.

6.28 아주 맛있는 브라우니 실험(The scrumptious brownie experiment). 저자는 훈련에 의한 엔지니어이자 실행에 의한 학습을 확실히 믿는 사람이다. 저자는 다양한 사람들에게 실험계획법을 가르쳐왔고, 학생들에게 실제 실험을 계획하고, 구성하고 분석하는 과제를 내주었다. 학생들은 실제 실험을 즐기며 이를 해결하면서 학습하였다. 이 문제는 Arizona State University의 Gretchen Krueger가 시행한 실험이다.

브라우니를 굽는 다양한 방법이 있다. 이 실험의 목적은 어떤 종류의 가열 용기를 사용할 것인가, 어떤 브라우니 믹스를 사용할 것인가, 어떤 방법으로 반죽을 할 것인가를 결정하기 위함이다. 요인의 수준은 아래와 같다.

요인	낮음 (−1)	높음 (+1)
A = 가열용기	유리	알루미늄
B = 반죽 방법	스푼	믹서기
C = 믹스 브랜드	고가	저가

반응변수는 설문지를 통해 측정된 주관적인 맛이다(설문지는 맛, 모양, 일관성, 향에 대한 문항을 다루었다). 추

표 P 6.5 공정 개선 실험

시행 숫자	실제 시행 순서	A	B	C	D	산출량 (lbs)	요인수준	낮음 (−1)	높음 (+1)
1	5	−	−	−	−	12	A (h)	2.5	3
2	9	+	−	−	−	18	B (%)	14	18
3	8	−	+	−	−	13	C (psi)	60	80
4	13	+	+	−	−	16	D (°C)	225	250
5	3	−	−	+	−	17			
6	7	+	−	+	−	15			
7	14	−	+	+	−	20			
8	1	+	+	+	−	15			
9	6	−	−	−	+	10			
10	11	+	−	−	+	25			
11	2	−	+	−	+	13			
12	15	+	+	−	+	24			
13	4	−	−	+	+	19			
14	16	+	−	+	+	21			
15	10	−	+	+	+	17			
16	12	+	+	+	+	23			

출된 브라우니의 각 배치(batch)를 맛본 8명의 참가자가 설문을 작성하였다. 설계행렬과 응답 자료는 아래에 제시되어있다.

(a) 2^3 설계에서 8회 반복시행된다고 할 때 실험의 자료를 분석하고 결과를 해석하라.

(b) (a)에서의 접근방법이 올바른 분석인가? 8개의 배치(batch)만이 존재하는데 우리는 2^3 요인설계에서 8회 반복했다고 할 수 있는가?

(c) 맛 순위의 평균과 표준편차를 분석하고 결과를 서술하라. 이러한 분석이 (a)에서 시행된 분석보다 더 적절한지 근거를 제시하여 논하라.

브라우니 배치				테스트 패널 결과							
	A	*B*	*C*	1	2	3	4	5	6	7	8
1	−	−	−	11	9	10	10	11	10	8	9
2	+	−	−	15	10	16	14	12	9	6	15
3	−	+	−	9	12	11	11	11	11	11	12
4	+	+	−	16	17	15	12	13	13	11	11
5	−	−	+	10	11	15	8	6	8	9	14
6	+	−	+	12	13	14	13	9	13	14	9
7	−	+	+	10	12	13	10	7	7	17	13
9	+	+	+	15	12	15	13	12	12	9	14

6.29 실험은 고분자를 제조하는 화학공정에서 실시되었다. 온도(A), 촉매 농도(B), 시간(C), 압력(D) 4개의 요인이 연구되고 있다. 분자량과 분자 점성 두 가지 반응변수가 관찰된다. 설계행렬(design matrix)과 결과 자료는 표 P 6.6에 제시되어 있다.

(a) 분자량만 반응변수로 고려하자. 효과추정치를 정규확률척도에 그려라. 어느 효과가 가장 중요하게 나타나는가?

(b) 분산분석을 통하여 (a)의 결과를 확인하라. 곡률이 존재한다고 할 수 있는가?

(c) 중요한 변수들의 함수로서 분자량을 예측하는 회귀모형을 서술하라.

(d) 잔차를 분석하고 모델의 적합성에 대해 논하라.

(e) (a)~(d)의 과정을 분자 점성에 대하여 반복하라.

6.30 연습문제 6.29에 이어서. 분자량과 분자 점성에 대한 회귀모형을 사용하여 다음의 물음에 답하라.

(a) 분자량의 반응표면 등고선그림을 그려라. 분자량을 증가시키기 위해 공정변수를 조정할 것인가?

(b) 분자 점성의 반응표면 등고선그림을 그려라. 분자량을 증가시키기 위해 공정변수를 조정할 것인가?

(c) 만약 분자량을 2400~2500을 생산하며 분자 점성을 가

표 P 6.6 2^4 실험

시행 숫자	실제 시행 순서	*A*	*B*	*C*	*D*	분자량	분자점성	요인수준		
								낮음 (−)		높음 (+)
1	18	−	−	−	−	2400	1400	*A* (°C)	100	120
2	9	+	−	−	−	2410	1500	*B* (%)	4	8
3	13	−	+	−	−	2315	1520	*C* (min)	20	30
4	8	+	+	−	−	2510	1630	*D* (psi)	60	75
5	3	−	−	+	−	2615	1380			
6	11	+	−	+	−	2625	1525			
7	14	−	+	+	−	2400	1500			
8	17	+	+	+	−	2750	1620			
9	6	−	−	−	+	2400	1400			
10	7	+	−	−	+	2390	1525			
11	2	−	+	−	+	2300	1500			
12	10	+	+	−	+	2520	1500			
13	4	−	−	+	+	2625	1420			
14	19	+	−	+	+	2630	1490			
15	15	−	+	+	+	2500	1500			
16	20	+	+	+	+	2710	1600			
17	1	0	0	0	0	2515	1500			
18	5	0	0	0	0	2500	1460			
19	16	0	0	0	0	2400	1525			
20	12	0	0	0	0	2475	1500			

표 P 6.7 표면 조도 실험

시행	*A*	*B*	*C*	*D*	표면 조도
1	−	−	−	−	0.00340
2	+	−	−	−	0.00362
3	−	+	−	−	0.00301
4	+	+	−	−	0.00182
5	−	−	+	−	0.00280
6	+	−	+	−	0.00290
7	−	+	+	−	0.00252
8	+	+	+	−	0.00160
9	−	−	−	+	0.00336
10	+	−	−	+	0.00344
11	−	+	−	+	0.00308
12	+	+	−	+	0.00184
13	−	−	+	+	0.00269
14	+	−	+	+	0.00284
15	−	+	+	+	0.00253
16	+	+	+	+	0.00163

표 P 6.8 저항성 실험

시행	*A*	*B*	*C*	*D*	저항성
1	−	−	−	−	1.92
2	+	−	−	−	11.28
3	−	+	−	−	1.09
4	+	+	−	−	5.75
5	−	−	+	−	2.13
6	+	−	+	−	9.53
7	−	+	+	−	1.03
8	+	+	+	−	5.35
9	−	−	−	+	1.60
10	+	−	−	+	11.73
11	−	+	−	+	1.16
12	+	+	−	+	4.68
13	−	−	+	+	2.16
14	+	−	+	+	9.11
15	−	+	+	+	1.07
16	+	+	+	+	5.30

능한 최저값으로 생산하기 위해 어떤 조건을 권장하는가?

6.31 예제 6.2에서 2^4 설계 단일 반복시행을 고려하자. 중심점(0, 0, 0, 0)에서 5개의 점 93, 95, 91, 89, 96이 관찰되었다. 실험의 곡률을 검정하고 결과를 해석하라.

6.32 엔지니어는 기계 가공부품의 표면 조도(거칠기)에 미치는 A = 공구각(12, 15°), B = 절삭유체점성(300, 400), C = 공급량(10, 15/분), D = 절삭 유체냉각제 사용여부(예, 아니요) 4가지 요인의 효과를 연구하고 있다. 실험에 사용된 자료(요인은 −1, +1 수준으로 부호화 되어 있다)는 표 P 6.7에 제시되어 있다.

(a) 요인효과를 추정하라. 효과의 추정치를 정규확률그림에 그리고 잠정적인 모형을 선택하라.

(b) (a)에서 선택한 모형을 적합하고 잔차를 분석하라. 모델의 부적합성을 지적할 점이 존재하는가?

(c) 반응변수를 $1/y$로 변형하여 (a), (b)를 반복하라. 이러한 변형이 효과적인지 서술하라.

(d) 부호화된 변수를 이용하여 표면의 조도를 예측하는 데 사용할 모형을 적합하라. 모형을 원래의 변수로 변환하라.

6.33 실리콘 웨이퍼의 저항성은 몇 가지 요인들에 의해 영향을 받는다. 중요공정단계에서 시행된 2^4 요인설계시험의 결과는 표 P 6.8에 제시되어 있다.

(a) 요인효과를 추정하라. 정규확률그림에 효과추정치를 표시하고 잠정적인 모형을 선택하라.

(b) (a)에서 선택한 모형을 적합하고 잔차를 해석하라. 모형의 부적합성을 지적할 점이 존재하는가?

(c) (a)와 (b)를 $\ln(y)$를 반응변수로 하여 반복하라. 로그변형이 유용한 점이 있는가?

(d) 저항성을 예측하는 데 사용되는 부호화된 변수로 모형을 적합하라.

6.34 **연습문제 6.33에 이어서.** 실험자가 연습문제 6.33에서의 16회의 시행과 마찬가지로 4개의 중심점에서 한 번 더 시행하였다고 가정하자. 중심점에서 저항성 측정치는 8.15, 7.63, 8.95, 6.48이었다. 중심점을 포함해 실험을 다시 분석하라. 어떠한 결론을 도출할 수 있는가?

6.35 *Quality and Reliability Engineering International*의 기사에서 2^5 요인설계에 대한 글을 게재하였다. 실험은 표 P 6.9에 제시되어 있다.

(a) 실험의 자료를 분석하라. 유의한 요인과 교호작용이 있는가?

표 P 6.9 2^5 요인설계

A	B	C	D	E	y
−1.00	−1.00	−1.00	−1.00	−1.00	8.11
1.00	−1.00	−1.00	−1.00	−1.00	5.56
−1.00	1.00	−1.00	−1.00	−1.00	5.77
1.00	1.00	−1.00	−1.00	−1.00	5.82
−1.00	−1.00	1.00	−1.00	−1.00	9.17
1.00	−1.00	1.00	−1.00	−1.00	7.8
−1.00	1.00	1.00	−1.00	−1.00	3.23
1.00	1.00	1.00	−1.00	−1.00	5.69
−1.00	−1.00	−1.00	1.00	−1.00	8.82
1.00	−1.00	−1.00	1.00	−1.00	14.23
−1.00	1.00	−1.00	1.00	−1.00	9.2
1.00	1.00	−1.00	1.00	−1.00	8.94
−1.00	−1.00	1.00	1.00	−1.00	8.68
1.00	−1.00	1.00	1.00	−1.00	11.49
−1.00	1.00	1.00	1.00	−1.00	6.25
1.00	1.00	1.00	1.00	−1.00	9.12
−1.00	−1.00	−1.00	−1.00	1.00	7.93
1.00	−1.00	−1.00	−1.00	1.00	5
−1.00	1.00	−1.00	−1.00	1.00	7.47
1.00	1.00	−1.00	−1.00	1.00	12
−1.00	−1.00	1.00	−1.00	1.00	9.86
1.00	−1.00	1.00	−1.00	1.00	3.65
−1.00	1.00	1.00	−1.00	1.00	6.4
1.00	1.00	1.00	−1.00	1.00	11.61
−1.00	−1.00	−1.00	1.00	1.00	12.43
1.00	−1.00	−1.00	1.00	1.00	17.55
−1.00	1.00	−1.00	1.00	1.00	8.87
1.00	1.00	−1.00	1.00	1.00	25.38
−1.00	−1.00	1.00	1.00	1.00	13.06
1.00	−1.00	1.00	1.00	1.00	18.85
−1.00	1.00	1.00	1.00	1.00	11.78
1.00	1.00	1.00	1.00	1.00	26.05

(b) 실험에서 잔차를 분석하라. 모형의 부적합성 또는 가정의 위반사항을 지적하는 점이 존재하는가?

(c) 실험의 요인 중 하나는 중요하지 않은 것으로 판단된다. 만약 당신이 이 요인을 제외한다면 어떠한 유형의 설계가 되는가? 4개의 변수로 완전요인설계를 이용하여 자료를 분석하라. (a)에서 얻은 결과와 비교하라.

(d) 예상 반응변수를 최대로 하는 요인들로 모형을 구성하라.

6.36 *Jounrnal of Chemical Technology and Biotechnology*에 게재된 논문은 표면 활성 물질 생산을 극대화하는 데 사용된 실험계획에 관해 서술하고 있다. 이 실험에서 사용된 자료 일부가 표 P 6.10에 제시되어 있다. 희석된 반죽 표본의 표면장력을 측정하는 간접법을 이용해 표면 활성 물질을 평가하였다. 임계상대습도(Critical Micelle Concentration, CMC)에 도달하기까지 반죽을 희석하여 상대적인 표면활성물질 농도를 결정하였다. 원시 표본 표면의 비율을 고려하여 희석된 반죽의 표면장력이 갑작스럽게 증가하기 시작한 경우에 CMC-1로 표기하기로 한다.

표 P 6.10 요인실험

시행	Glucose ($g\ dm^{-3}$)	NH_4NO_3 ($g\ dm^{-3}$)	$FeSO_4$ ($g\ dm^{-3} \times 10^{-4}$)	$MnSO_4$ ($g\ dm^{-3} \times 10^{-2}$)	y $(CMC)^{-1}$
1	20.00	2.00	6.00	4.00	23
2	60.00	2.00	6.00	4.00	15
3	20.00	6.00	6.00	4.00	16
4	60.00	6.00	6.00	4.00	18
5	20.00	2.00	30.00	4.00	25
6	60.00	2.00	30.00	4.00	16
7	20.00	6.00	30.00	4.00	17
8	60.00	6.00	30.00	4.00	26
9	20.00	2.00	6.00	20.00	28
10	60.00	2.00	6.00	20.00	16
11	20.00	6.00	6.00	20.00	18
12	60.00	6.00	6.00	20.00	21
13	20.00	2.00	30.00	20.00	36
14	60.00	2.00	30.00	20.00	24
15	20.00	6.00	30.00	20.00	33
16	60.00	6.00	30.00	20.00	34

(a) 실험의 자료를 분석하라. 유의한 요인과 교호작용이 존재하는가?

(b) 실험의 잔차를 분석하라. 모형의 적합성이 혹은 가정을 위배하는 점이 존재하는가?

(c) 표면 활성 물질을 생산하는 데 가장 최적화된 조건은 무엇인가?

6.37 **연습문제 6.36에 이어서**. 연습문제 6.36의 실험은 사실 6개의 중심점을 포함하고 있다. 이러한 조건에서 각 반응변수의 값은 35, 35, 35, 36, 36, 34이다. 반응 함수에서 곡률이 존재하는가? 추가적인 실험이 필요한가? 의견을 제시하라.

6.38 *Journal of Hazardous Materials*에서는 자연발생적이고, 풍부한 인회석 물질인 어골(물고기뼈)이 수분질의 이골 중금속아연에 함유된 수산화인회석의 대체 물질로 적합한지에 대한 연구에 관한 글을 게재하였다. 수산화인회석과 어골인회석의 직접적인 비교를 위해 두 수준을 지닌 세 가지 요인실험을 설계하였다. 인회석(30, 60 mg)을 100 ml 탈염

표 P 6.11 연습문제 6.38의 실험. 인회석의 +는 60 mg이고 −는 30 mg이다. pH에서 +는 7이고 −는 4이다. Pb의+는 2.41 mM(500 ppm)이고 −는 0.483 mM(100 ppm)이다.

			어골인회석		합성인회석	
인회석	pH	Pb	Pb, mM	pH	Pb, mM	pH
+	+	+	1.82	5.22	0.11	3.49
+	+	+	1.81	5.12	0.12	3.46
+	+	−	0.01	6.84	0.00	5.84
+	+	−	0.00	6.61	0.00	5.90
+	−	+	1.11	3.35	0.80	2.70
+	−	+	1.04	3.34	0.76	2.74
+	−	−	0.00	5.77	0.03	3.36
+	−	−	0.01	6.25	0.05	3.24
−	+	+	2.11	5.29	1.03	3.22
−	+	+	2.18	5.06	1.05	3.22
−	+	−	0.03	5.93	0.00	5.53
−	+	−	0.05	6.02	0.00	5.43
−	−	+	1.70	3.39	1.34	2.82
−	−	+	1.69	3.34	1.26	2.79
−	−	−	0.05	4.50	0.06	3.28
−	−	−	0.05	4.74	0.07	3.28

수에 첨가하고 하루 동안 진동기 속에서 천천히 교반(휘저어 섞음)하였다. 질산을 사용하여 pH를 5와 7로 맞추었다. 충분한 질산납 용액의 농도를 첨가하여 각 플라스크의 부피가 200 ml, 납 농도가 각각 0.483, 2.41 mM 되도록 하였다. 실험자는 2^3 요인설계를 2회 반복시행을 어골과 합성 인회석에 실시하였으며 결과는 표 P 6.11에 제시되어 있다.

(a) 어골인회석의 납 반응을 분석하라. 어느 요인들이 중요하다고 생각하는가?

(b) 납 반응의 잔차를 분석하고 모형의 적합성을 논하라.

(c) 어골인회석의 pH 반응을 분석하라. 어느 요인들이 중요하다고 생각하는가?

(d) pH 반응의 잔차를 분석하고 모형의 적합성을 논하라.

(e) 합성인회석의 납 반응을 분석하라. 어느 요인들이 중요하다고 생각하는가?

(f) 납 반응의 잔차를 분석하고 모형의 적합성을 논하라.

(g) 합성인회석의 pH 반응을 분석하라. 어느 요인들이 중요하다고 생각하는가?

(h) pH 반응의 잔차를 분석하고 모형의 적합성을 논하라.

(i) 어골인회석과 합성인회석의 차이점은 무엇인가? 이 글의 저자는 어골인회석이 합성인회석에 비해 저렴하므로 견줄만하다고 서술하였다. 저자의 결론에 동의하는가?

표 P 6.12 연습문제 6.42에 대한 실험

A	B	C	D	E	y
−1	−1	−1	−1	−1	8.11
1	−1	−1	−1	−1	5.56
−1	1	−1	−1	−1	5.77
1	1	−1	−1	−1	5.82
−1	−1	1	−1	−1	9.17
1	−1	1	−1	−1	7.8
−1	1	1	−1	−1	3.23
1	1	1	−1	−1	5.69
−1	−1	−1	1	−1	8.82
1	−1	−1	1	−1	14.23
−1	1	−1	1	−1	9.2
1	1	−1	1	−1	8.94
−1	−1	1	1	−1	8.68
1	−1	1	1	−1	11.49
−1	1	1	1	−1	6.25
1	1	1	1	−1	9.12
−1	−1	−1	−1	1	7.93
1	−1	−1	−1	1	5
−1	1	−1	−1	1	7.47
1	1	−1	−1	1	12
−1	−1	1	−1	1	9.86
1	−1	1	−1	1	3.65
−1	1	1	−1	1	6.4
1	1	1	−1	1	11.61
−1	−1	−1	1	1	12.43
1	−1	−1	1	1	17.55
−1	1	−1	1	1	8.87
1	1	−1	1	1	25.38
−1	−1	1	1	1	13.06
1	−1	1	1	1	18.85
−1	1	1	1	1	11.78
1	1	1	1	1	26.05

6.39 2^k 요인설계는 설계 공간에서 각 조건에서 반응변수를 예측하는 데 사용된다. 모형이 모든 주효과와 2요인 교호작용을 지닌다고 가정하자.

(a) 각 점 $x_1, x_2, \ldots, x_k$의 설계 공간에서 예측변수의 분산을 구하라.

[힌트 : 부호화된 x와 2^k 설계는 각 설계 점에서 n회 반복시행을 가정하기 때문에 회귀계수 $\hat{\beta}$의 분산은 $\sigma^2/(n2^k)$이고 회귀계수의 공분산은 0이 된다.]

(b) (a)에서의 결과를 이용하여 각 점 $x_1, x_2, \ldots, x_k$의 설계공간에서 모평균 반응변수에 대한 $(1-\alpha)$ % 신뢰구간 식을 구하라.

6.40 2^3 요인설계를 시행하고자 한다. 각 관측치의 분산은 대략 4 정도로 예상된다. 95% 신뢰수준의 길이가 1.5보다 작거나 같기를 원한다면 이 설계에서 반복시행을 얼마나 하여야 하는가?

6.41 완전 2^4 요인설계를 다음과 같은 요인수준을 통해 시행한다고 하자.

요인	낮음 (−)	높음 (+)
A: 산의 세기 (%)	85	95
B: 반응 시간 (min)	15	35
C: 산의 양 (mL)	35	45
D: 반응 온도 (℃)	60	80

실험의 적합모형은 $\hat{y}=24+16x_1-34x_2+12x_3+6x_4-10x_1x_2+16x_1x_3$이다. 다음의 점에서의 반응값을 예측하라.

(a) $A=89, B=20, C=38, D=66$

(b) $A=90, B=16, C=40, D=70$

(c) $A=87, B=28, C=42, D=61$

(d) $A=90, B=27, C=37, D=69$

6.42 *Quality and Reliability Engineering International*(2010, Vol. 26, pp. 223–233)의 논문에 2^5 요인설계가 나와 있다. 실험은 표 P 6.12에 나와 있다.

(a) 실험의 자료를 분석하라. 유의한 요인과 교호작용을 찾아라.

(b) 실험의 잔차를 분석하라. 모형 적합도나 가정 위반에 대해 어떤 암시를 찾을 수 있는가?

(c) 실험의 한 요인은 중요해 보이지 않는다. 만약 이 요인을 버린다면, 어떤 설계가 되는가? 완전요인모형을 네 개의 유의한 요인들로만 적합하여 분석하라. 이 결과를 (a)의 결과와 비교하라.

(d) 예측 반응을 최대화하는 유의한 요인설계를 찾아라.

6.43 아래의 2^3 요인설계에 관한 내용을 고려하자.

계획된 실험을 수행할 때, 실험에서 설정한 정확한 요인수준을 유지하는 것이 어려울 때가 있다. 작은 차이는 중요하지 않지만, 차이가 커지면 걱정해야 할 잠재적인 요소들이 생긴다. 예를 들어 표 P 6.13의 실험을 보면 2^3 요인설계의 변형이 나와 있는데, 여기서는 실험조합이 설계에서 특정한 것들과 많은 차이가 난다. 대부분의 차이는 (유지하기 어려운 점은) 온도 변수에서 발생한다.

원래 데이터와 표 P 6.13의 데이터에 1차 모형을 적합해 보자. 그리고 이 두 모델의 추론을 비교해 보자. 이 간단한 예에서 어떤 결론을 끌어낼 수 있는가?

6.44 2요인실험에서 유의하지 않은 요인효과의 기댓값은 0이다.

(a) 참

(b) 거짓

6.45 요인효과의 반정규그림은 기대정규백분율 vs 효과추정치의 그림을 그린다.

(a) 참

(b) 거짓

시행	공정변수 온도 (°C)	압력 (psig)	Conc (g/l)	코드 변수 x_1	x_2	x_3	생산량, *y*
1	120	40	15	−1	−1	−1	32
2	160	40	15	1	−1	−1	46
3	120	80	15	−1	1	−1	57
4	160	80	15	1	1	−1	65
5	120	40	30	−1	−1	1	36
6	160	40	30	1	−1	1	48
7	120	80	30	−1	1	1	57
8	160	80	30	1	1	1	68
9	140	60	22.5	0	0	0	50
10	140	60	22.5	0	0	0	44
11	140	60	22.5	0	0	0	53
12	140	60	22.5	0	0	0	56

$x_1=\frac{\text{Temp}-140}{20},\ x_2=\frac{\text{Pressure}-60}{20},\ x_3=\frac{\text{Conc}-22.5}{7.5}$

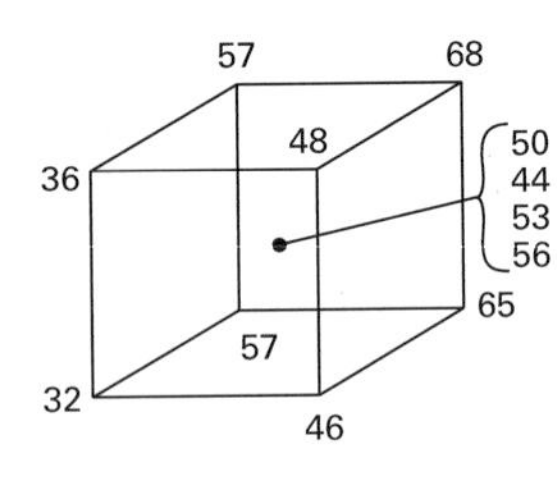

표 P 6.13 보정된 실험 데이터

시행	공정변수 온도 (°C)	압력 (psig)	Conc (g/l)	코드 변수 x_1	x_2	x_3	생산량, y
1	125	41	14	−0.75	−0.95	−1.133	32
2	158	40	15	0.90	−1	−1	46
3	121	82	15	−0.95	1.1	−1	57
4	160	80	15	1	1	−1	65
5	118	39	33	−1.10	−1.05	1.14	36
6	163	40	30	1.15	−1	1	48
7	122	80	30	−0.90	1	1	57
8	165	83	30	1.25	1.15	1	68
9	140	60	22.5	0	0	0	50
10	140	60	22.5	0	0	0	44
11	140	60	22.5	0	0	0	53
12	140	60	22.5	0	0	0	56

6.46 반복되지 않은 설계에서, "순수오차"와 관련된 자유도는 0이다.

(a) 참

(b) 거짓

6.47 반복된 2^3 실험에서(시행 16번), 모형 절편의 추정치는 전체 16 시행의 절반과 같다.

(a) 참

(b) 거짓

6.48 2^k 설계에 중심시행을 추가하는 것은 절편 추정치에 영향을 주지만 다른 요인효과추정치에는 영향을 미치지 않는다.

(a) 참

(b) 거짓

6.49 반복된 요인설계의 순수오차 평균제곱은 유의하지 않은 모형이 모형에 추가되면 작아진다.

(a) 참

(b) 거짓

6.50 2^k 요인설계는 1차 모형을 적합시키는 D-최적 설계이다.

(a) 참

(b) 거짓

6.51 만약 D-최적설계 알고리즘으로 12번의 시행을 통해, 3개의 변수, 3개의 2요인 교호작용을 가진 1차 모델을 적합한다면, 이 알고리즘은 4개의 중심시행을 가진 2^3 요인설계를 설계할 것이다.

(a) 참

(b) 거짓

6.52 2^3 요인실험에서 8개의 시행과 2번의 반복을 한다고 하자. 반복할 2개의 시행을 찾는 방법이 몇 가지나 있는가? 3개의 요인을 모두 고수준으로 하는 시행과 모든 요인을 저수준으로 하는 시행을 반복한다고 하자.

(a) 설계는 직교설계인가?

(b) 자료에 주효과와 2요인 교호작용을 모두 적합시키는 모델 계수의 상대 분산은 무엇인가?

(c) 두 표준편차의 크기로 효과를 탐지하는 검정력은 얼마인가?

6.53 아래의 표는 2^4 요인설계를 분석한 결과이다.

항	효과 추정치	제곱합	% 기여도
A		6.25	3.25945
B	5.25	110.25	57.4967
C	3.5	49	25.5541
D	0.75		1.1734
AB	0.75	2.25	1.1734
AC	−0.5	1	0.521512
AD	0.75	2.25	1.1734
BC	1.5	9	
BD	0.25	0.25	0.130378
CD	0.5	1	0.521512
ABC	−1	4	2.08605
ABD		2.25	1.1734
ACD	−0.5		0.521512
BCD	0	0	0
$ABCD$	−0.5	1	

(a) 표의 빈칸을 채워라

(b) 각 효과의 정규확률그림을 그려라. 어떤 요인이 중요해 보이는가?

7 장 | 2수준 요인에 대한 블록화와 중첩 시스템

Blocking and Confounding Systems for Two-Level Factorials

이번 장의 학습 목표

1. 2^k 요인실험에서 블록화 기술을 어떻게 사용하는지 배운다.
2. 무반복 2^k 요인실험에서 블록화를 어떻게 이용하는지 배우고, 이것이 어떻게 효과들을 중첩하는지(confounding)를 배운다.
3. 2^k 요인실험을 2^p 블록으로 어떻게 설계하는지를 배운다.
4. 서로 다른 반복실험에서 서로 다른 효과를 교란하는 설계를 구성하는 방법을 이해한다.

7.1 소개

동일한 조건에서 2^k 요인실험의 모든 시행을 수행하기란 불가능하다. 예를 들어 원료 묶음(batch) 한 개의 양이 모든 필요한 실행을 할 만큼 많지 않을 수 있다. 어떤 경우, 현실 조건처럼 여러 가지 다양한 경우에도 처리효과가 동일하다(또는 로버스트)는 것을 확인하기 위해 실험의 조건을 일부러 바꿔야 할 수도 있다. 그 예로서 어떤 화학 기술자는 여러 가지 원료 묶음으로 시험용 설비 실험을 하기도 하는데, 왜냐하면 실제 공정에서 품질의 등급이 서로 다른 원료 묶음들이 사용될 수도 있기 때문이다.

블록화(Blocking)는 이러한 경우에 사용되는 설계방법이다. 4장은 블록화 원칙에 대한 소개였는데, 서두 내용을 다시 읽어보면 도움이 될 것이다. 5장에서도 일반 요인설계의 블록화를 다뤘다. 이번 장에서는 4장에서 소개한 개념에 더해 2^k 요인설계의 블록화에 사용되는 몇 가지 특별한 방법을 다룰 것이다.

7.2 반복 2^k 요인설계의 블록화

2^k 요인설계가 n번 반복되었다고 해 보자. 이는 블록 내에서 일반 요인설계를 어떻게 시행하는 지 다룬 5장의 상황과 같다. n번의 반복실험이 있다면 비동질적 조건의 각 집합이 블록으로 정의되고, 각 반복은 어떤 블록 내의 시행을 의미한다. 각 블록 내 시행들(또는 반복)의 순서는 랜덤하게 정해질 것이다. 본 설계의 분석은 블록화 요인실험의 분석과 비슷하다. 5.6절 내용을 그 예로 들 수 있다.

예제 7.1

6.2절의 화학공정실험을 생각해 보자. 하나의 원료 배치에서 4번만 실험을 할 수 있다고 하자. 따라서 총 3번의 반복실험을 위해서는 3개의 원료 배치가 필요하다. 표 7.1은 각 원료 배치가 한 블록에 해당하는 설계를 보여주고 있다.

이 블록화 설계에 대한 ANOVA가 표 7.2에 나와 있다. 모든 제곱합은 블록화되지 않은 표준 2^k 설계처럼 계산된다. 블록에 대한 제곱합은 블록 총합으로부터 계산된다. B_1, B_2, B_3를 블록 총합이라고 하자(표 7.1 참고).

그러면

$$SS_{\text{Blocks}} = \sum_{i=1}^{3} \frac{B_i^2}{4} - \frac{y_{\cdots}^2}{12}$$
$$= \frac{(113)^2 + (106)^2 + (111)^2}{4} - \frac{(330)^2}{12}$$
$$= 6.50$$

세 블록에 대한 자유도는 2이다. 표 7.2는 이 분석의 결론이 설계가 블록을 허용한다면, 6.2절의 결론과 동일하고 블록 효과는 상대적으로 작다는 것을 의미한다. 블록의 F통계량은 $F_0=(6.50/2)/4.14=0.79$이며 유의하지 않다.

표 7.1 블록이 3개인 화학공정실험

	블록 1	블록 2	블록 3
	(1) = 28	(1) = 25	(1) = 27
	a = 36	a = 32	a = 32
	b = 18	b = 19	b = 23
	ab = 31	ab = 30	ab = 29
블록 총합:	B_1 = 113	B_2 = 106	B_3 = 111

표 7.2 블록이 3개인 화학공정실험에 대한 분산분석

변동원인	제곱합	자유도	평균제곱	F_0	P 값
블록	6.50	2	3.25		
A(농도)	208.33	1	208.33	50.32	0.0004
B(촉매)	75.00	1	75.00	18.12	0.0053
AB	8.33	1	8.33	2.01	0.2060
오차	24.84	6	4.14		
합계	323.00	11			

예제 7.1의 분석은 블록이 고정효과라고 가정하였다. 하지만 실험에 쓰인 원자재 배치가 랜덤하다고 생각하는 게 더 현실적일 것이다. 다음의 분석은 JMP에서 REML을 이용하여 블록을 랜덤효과라고 가정한 분석의 결과이다. 블록 분산성분(variance component)의 추정치는 매우 낮고 음의 값을 갖는다. 이는 이전 분석의 결론과 일치하는데, 블록 효과가 유의하지 않다는 것이다. JMP 계산결과는 보통의 P 값과 더불어 Log worth 통계량도 제시해준다. Log worth는 $-\log_{10}(p\text{-value})$를 통해 계산한다. 2보다 큰 Log worth 값은 대개 해당 요인이 유의하다는 지표로 사용된다.

Response Y
Effect Summary

Source	LogWorth	P-Value
Concentration	3.405	0.00039
Catalyst	2.272	0.00534
Concentration*Catalyst	0.687	0.20571

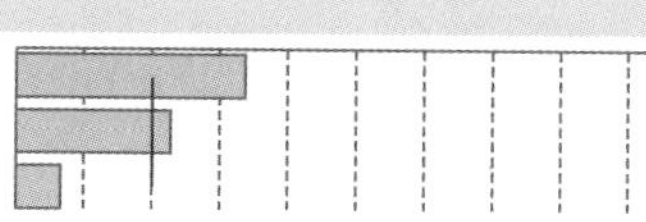

Summary of Fit

RSquare	0.89048
RSquare Adj	0.849409
Root Mean Square Error	2.034426
Mean of Response	27.5
Observations (or Sum Wgts)	12

Parameter Estimates

Term	Estimate	Std Error	DFDen	*t* Ratio	Prob > |*t*|
Intercept	27.5	0.520416	2	52.84	0.0004*
Concentration	4.1666667	0.587288	6	7.09	0.0004*
Catalyst	−2.5	0.587288	6	−4.26	0.0053*
Concentration*Catalyst	0.8333333	0.587288	6	1.42	0.2057

REML Variance Component Estimates

Random Effect	Var Ratio	Var Component	Std Error	95% Lower	95% Upper	Pct of Total
Blocks	−0.053691	−0.222222	1.0084838	−2.198814	1.7543697	0.000
Residual		4.1388889	2.3895886	1.7186441	20.069866	100.000
Total		4.1388889	2.3895886	1.7186441	20.069866	100.000

−2 LogLikelihood = 43.522517328
Note: Total is the sum of the positive variance components.
Total including negative estimates = 3.9166667

Fixed Effect Tests

Source	Nparm	DF	DFDen	*F* Ratio	Prob > *F*
Concentration	1	1	6	50.3356	0.0004*
Catalyst	1	1	6	18.1208	0.0053*
Concentration*Catalyst	1	1	6	2.0134	0.2057

7.3 2^k 요인설계의 중첩

하나의 블록에서 요인설계의 반복을 완전하게 수행하기는 불가능한 경우가 많다. **중첩**(confounding)은 블록의 크기가 한 반복 내의 처리조합들의 개수보다 작을 때, 완전한 요인실험을 블록에 배치하기 위한 설계 기법이다. 이 기법은 특정 처리효과(보통 고차 교호작용)를 블록과 **구별될 수 없도록**(indistinguishable from), 즉 **블록 효과와 중첩**(confounded with, blocks)되도록 한다. 이 장에서는 2^k 요인설계에 대한 중첩 시스템을 다룰 것이다. 각 블록이 모든 처리 또는 처리조합들을 포함하지 않는 **불완전한 블록 설계**(incomplete block designs)라고 해도, 2^k 요인 시스템의 특별한 구조 덕분에 간단한 분석 방법을 사용할 수 있다.

$p<k$인 2^p개 불완전블록에서 2^k 요인설계를 만들고 분석하는 것에 대해 생각해 보자. 결과적으로, 이러한 설계들은 블록 2개($p=1$), 블록 4개($p=2$), 블록 8개($p=3$)로 시행될 수 있다.

7.4 블록이 2개인 2^k 요인설계의 중첩

단일 반복 2^2 설계 실험을 시행하고 싶다고 하자. $2^2=4$개의 처리조합에 필요한 원료 배치의 양이 예를 들어 원료 배치 하나당 2개의 처리조합만 시험할 수 있는 양이라고 하자. 이러면 원료 배치가 두 개 필요하다. 원료 배치들을 블록으로 보면, 4개의 처리조합 중 2개를 각 블록에 배정하여야 한다.

그림 7.1은 이 경우에 가능한 설계 하나를 보여주고 있다. 그림 7.1a를 보면 반대 대각선에 있는 처리조합들을 서로 다른 블록에 배정하는 것을 알 수 있다. 그림 7.1b에서 블록 1에는 처리조합 (1)과 *ab*가, 블록 2에는 *a*와 *b*가 배정되어 있다. 물론 블록 내에서 시행할 처리조합 순서는 랜덤하게 정해진다. 어떤 블록을 먼저 시행할지도 랜덤하게 결정될 것이다. 블록화를 하지 않았다고 가정하고 *A*와 *B*의 주효과를 추정한다고 가정하자. 식 6.1과 6.2로부터, 아래 식을 얻을 수 있다.

$$A = \frac{1}{2}[ab + a - b - (1)]$$
$$B = \frac{1}{2}[ab + b - a - (1)]$$

각 추정치에 각 블록의 처리조합이 한 번씩 더해지고 빼졌기 때문에 *A*와 *B*는 블록화의 효과를 받지 않았다. 즉, 블록 1과 블록 2의 차이가 상쇄되는 것이다.

이제 *AB* 교호작용을 살펴보자.

$$AB = \frac{1}{2}[ab + (1) - a - b]$$

플러스(Plus) 부호인 두 처리조합들[*ab*와 (1)]은 블록1, 마이너스(minus) 부호인 두 처리조합들[*a*와 *b*]은 블록 2에 있으므로, 블록 효과와 교호작용 *AB*는 동일하다. 즉, *AB*는 블록과 **중첩**(confounded)되어 있다.

그 이유는 2^2 설계에 대한 플러스와 마이너스 부호표를 보면 명백하다. 편리하게 볼 수 있도록 원래의 표 6.2를 위와 같이 표 7.3으로 나타내었다. 이 표로부터 *AB*에 플러스 부호인 모든 처리조합은 블록 1에 배치되고, *AB*에 마이너스 부호인 모든 처리조합은 블록2에

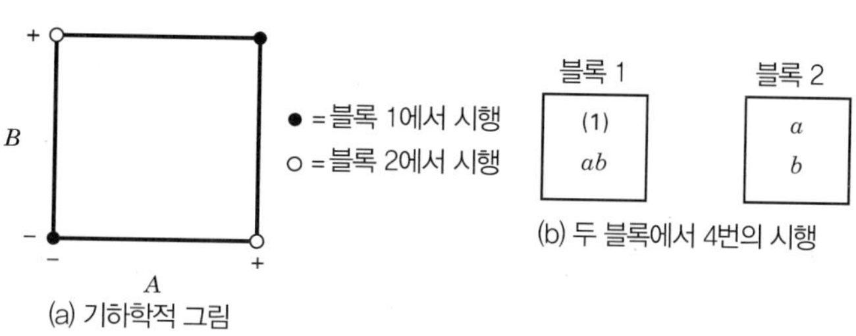

그림 7.1
블록이 2개인 2^2 설계

표 7.3 2^2 설계에 대한 플러스와 마이너스 부호표

처리조합	요인설계효과				
	I	A	B	AB	블록
(1)	+	−	−	+	1
a	+	+	−	−	2
b	+	−	+	−	2
ab	+	+	+	+	1

배치된다는 점을 알 수 있다. 이런 방식은 어떤 효과(A, B, 또는 AB)를 블록과 중첩할 때 사용할 수 있다. 예를 들어 만일 (1)과 b가 블록 1에 배치되고 a와 ab가 블록 2에 배치되었다면, 주효과 A가 블록과 중첩되었을 것이다. 일반적으로는 최고차 교호작용을 블록과 중첩한다.

이런 방식은 블록이 2개인 경우 2^k 설계를 중첩할 때 사용할 수 있다. 두 번째 예제로 블록이 2개인 2^3 설계를 생각해 보자. 3요인 교호작용 ABC를 블록과 중첩하고 싶다고 가정한다. 표 7.4의 플러스와 마이너스 부호를 이용해서 ABC에 마이너스 부호인 처리조합들을 블록 1에 배치하고, ABC에 플러스 부호인 처리조합들을 블록 2에 배치한다. 설계된 결과가 그림 7.2에 나타나 있다. 다시 한 번 강조하지만, 블록 **내** 처리조합은 랜덤한 순서로 시행된다.

블록을 만드는 다른 방법들(*Other Methods for Constructing the Blocks*). 이러한 설계들을 만들 수 있는 또 다른 방법이 있다. 이 방법은 선형결합을 사용하는데,

$$L = \alpha_1 x_1 + \alpha_2 x_2 + \cdots + a_k x_k \tag{7.1}$$

여기서 x_i는 특정 처리조합에 나타나는 i번째 요인의 수준이고 a_i는 중첩할 효과의 i번째 요인의 지수값이다. 2^k 시스템의 경우, $a_i = 0$ 또는 1이고 $x_i = 0$(하위 수준) 또는 1(상위 수준)이다. 식 7.1을 **정의대비**(defining contrast)라고 한다. 동일한 L 값(2로 나눈 나머지)이 나오는 처리조합들을 같은 블록에 둔다. 가능한 L(2로 나눈 나머지) 값은 오직 0과 1이기 때문에 2^k 처리조합들은 정확하게 2개의 블록으로 배치될 것이다.

이러한 방식을 설명하기 위해 ABC를 블록과 중첩하는 2^3 설계를 생각해 보자. x_1은 A, x_2는 B, x_3는 C에 해당하고, $\alpha_1 = \alpha_2 = \alpha_3 = 1$이다. 따라서 ABC에 대한 정의대비는

$$L = x_1 + x_2 + x_3$$

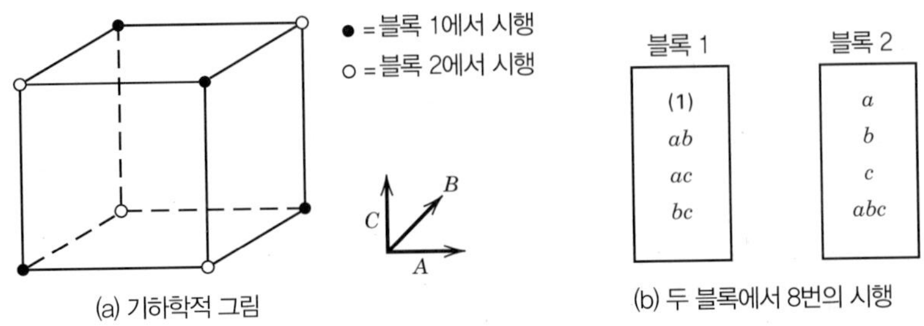

(a) 기하학적 그림 (b) 두 블록에서 8번의 시행

그림 7.2 ABC를 중첩한 블록 2개를 가지는 2^3 설계

표 7.4 2^3 설계에 대한 플러스와 마이너스 부호표

처리조합	요인설계효과								블록
	I	*A*	*B*	*AB*	*C*	*AC*	*BC*	*ABC*	
(1)	+	−	−	+	−	+	+	−	1
a	+	+	−	−	−	−	+	+	2
b	+	−	+	−	−	+	−	+	2
ab	+	+	+	+	−	−	−	−	1
c	+	−	−	+	+	−	−	+	2
ac	+	+	−	−	+	+	−	−	1
bc	+	−	+	−	+	−	+	−	1
abc	+	+	+	+	+	+	+	+	2

처리조합 (1)은 (0, 1) 표기상 000이므로,

$$L = 1(0) + 1(0) + 1(0) = 0 = 0 \text{ (mod 2)}$$

이와 비슷하게 처리조합 a는 100이며,

$$L = 1(1) + 1(0) + 1(0) = 1 = 1 \text{ (mod 2)}$$

그러므로 (1)과 a는 다른 블록에서 시행될 것이다. 나머지 처리조합들의 경우 다음을 갖는다.

$$\begin{aligned} b&: L = 1(0) + 1(1) + 1(0) = 1 = 1 \text{ (mod 2)} \\ ab&: L = 1(1) + 1(1) + 1(0) = 2 = 0 \text{ (mod 2)} \\ c&: L = 1(0) + 1(0) + 1(1) = 1 = 1 \text{ (mod 2)} \\ ac&: L = 1(1) + 1(0) + 1(1) = 2 = 0 \text{ (mod 2)} \\ bc&: L = 1(0) + 1(1) + 1(1) = 2 = 0 \text{ (mod 2)} \\ abc&: L = 1(1) + 1(1) + 1(1) = 3 = 1 \text{ (mod 2)} \end{aligned}$$

따라서 (1), ab, ac, bc는 블록 1에서 시행되고 a, b, c, abc는 블록 2에서 시행된다. 이는 플러스와 마이너스 부호표를 이용했던 그림 7.2의 설계와 동일한 것이다.

또 다른 방법으로 이러한 설계를 할 수도 있다. 처리조합 (1)을 포함하고 있는 블록을 **주블록**(principal block)이라고 한다. 이 블록의 처리조합들은 유용한 그룹-이론적(group-theoretic) 성질 즉, 서로 곱한 후 지수가 2인 요소로 나눈 나머지에 따라 그룹을 형성하는 성질을 가지고 있다.

이는 주블록의 두 요소를 곱하고 이중 지수가 2인 것으로 나누면(modulus 2) 주블록의 어떤 요소[(1)은 제외]도 생성할 수 있음을 의미한다. 예를 들어 그림 7.2에 나타난 것처럼, ABC를 중첩한 2^3 설계의 주블록을 보면 아래와 같다.

$$\begin{aligned} ab \cdot ac &= a^2bc = bc \\ ab \cdot bc &= ab^2c = ac \\ ac \cdot bc &= abc^2 = ab \end{aligned}$$

다른 블록(블록들)의 처리조합은 새로운 블록의 한 요소를 주블록의 각 요소에 곱한 후 지수가 2인 요소를 나눠서 만들어 낼 수 있다. *ABC*를 중첩한 2^3의 경우, 주블록이 (1), *ab*, *ac*, *bc*이기 때문에 *b*가 다른 블록이라는 사실을 알고 있다. 따라서 두 번째 블록의 조합들은

$$\begin{aligned} b \cdot (1) \qquad\quad &= b \\ b \cdot ab = ab^2 &= a \\ b \cdot ac \qquad\quad &= abc \\ b \cdot bc = b^2c &= c \end{aligned}$$

이고, 이는 앞의 결과와 동일하다.

오차의 추정(*Estimation of Error*). $k = 2$개 또는 3개 정도로 변수의 수가 적을 경우, 오차의 추정치를 얻기 위해서는 일반적으로 실험을 반복해야 한다. 예를 들어 실험자가 *ABC*를 중첩한 두 블록 2^3 요인실험을 해야 하고, 설계를 네 번 반복하기로 했다고 하자. 그 결과가 그림 7.3에 나와 있다. *ABC*가 각 반복에 중첩되어 있음을 알 수 있다.

이 설계에 대한 분산분석이 표 7.5에 나와 있다. 관측치는 32개이고 총 자유도는 31이다. 또한 블록이 8개이기 때문에 7개의 자유도가 블록과 연관되어야 한다. 이러한 7개 자유도 중 하나를 분해한 것이 표 7.5에 적혀 있다. 오차제곱합은 사실 반복과 각 효과들(*A*, *B*, *C*, *AB*, *AC*, *BC*)과 반복 사이의 교호작용들로 구성되어 있다. 이러한 교호작용들을 0으로 보고 구해지는 평균제곱값을 오차의 추정치로 보는 것이 일반적으로 안전한 방법이다. 주효과들과 2요인 교호작용들을 평균오차제곱과 비교하여 검정한다. Cochran and Cox(1957)가 블록 또는 *ABC*의 평균제곱이 실제로 반복수×블록인 *ABC* 평균제곱에 대한 오차와 비교할 수 있다는 것을 알아냈다. 이 검정은 매우 민감한 검정이다.

만일 재료가 충분해서 중첩된 설계의 반복이 가능하다면, 각 반복에서 약간씩 다르게 블록을 설계하는 것이 일반적으로 더 좋다. 이러한 접근 방식은 각 반복에서 서로 다른 효과를 중첩함으로써 모든 효과에 대해 부분적인 정보를 얻게 된다. 이를 **부분중첩**(partial

표 7.5 *ABC*를 중첩한 2^3 설계의 네 번 반복에 대한 분산분석

변동원인	자유도
반복수	3
블록(*ABC*)	1
*ABC*에 대한 오해(반복수×블록)	3
A	1
B	1
C	1
AB	1
AC	1
BC	1
오해(또는 반복수×효과)	18
합계	31

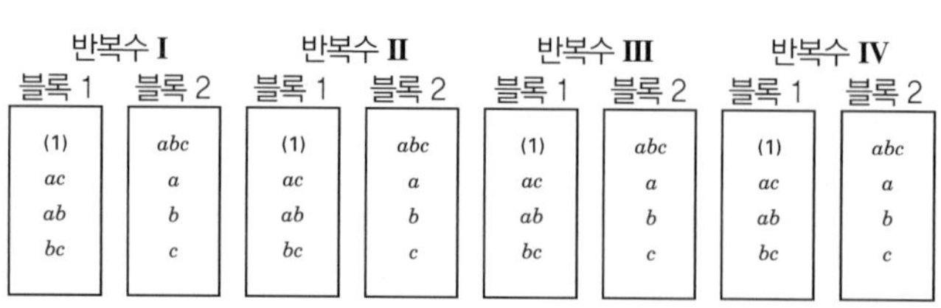

그림 7.3
*ABC*를 중첩한 2^3 설계의 네 번 반복

표 7.8 보정된 예제 7.2 자료

시행 순서	표준 순서	요인 *A*: 온도	요인 *B*: 압력	요인 *C*: 농도	요인 *D*: 섞는 속도	반응 여과율
8	1	−1	−1	−1	−1	25
11	2	1	−1	−1	−1	71
1	3	−1	1	−1	−1	28
3	4	1	1	−1	−1	45
9	5	−1	−1	1	−1	68
12	6	1	−1	1	−1	60
2	7	−1	1	1	−1	60
13	8	1	1	1	−1	65
7	9	−1	−1	−1	1	23
6	10	1	−1	−1	1	80
16	11	−1	1	−1	1	45
5	12	1	1	−1	1	84
14	13	−1	−1	1	1	75
15	14	1	−1	1	1	86
10	15	−1	1	1	1	70
4	16	1	1	1	1	76

중요하다고 식별하지 않는다. 결과적으로 원래의 문제 해결에 열쇠가 되는 중요한 효과 하나를 발견할 수 없게 되는 것이다. 4장에서 블록화라는 것이 **잡음 축소 기술**(noise reduction technique)이라고 배웠다. 블록화를 하지 않으면 장애변수 효과로부터 오는 추가적인 변동이 다른 설계 요인들의 효과에 분산되게 된다.

장애 변동 중 일부는 오차추정치에 더해지기도 한다. 표 7.8 자료에 따른 모델의 잔차평균제곱은 약 109인데, 원래 자료에 기초한 잔차평균제곱보다 몇 배 큰 값이다(표 6.13 참고).

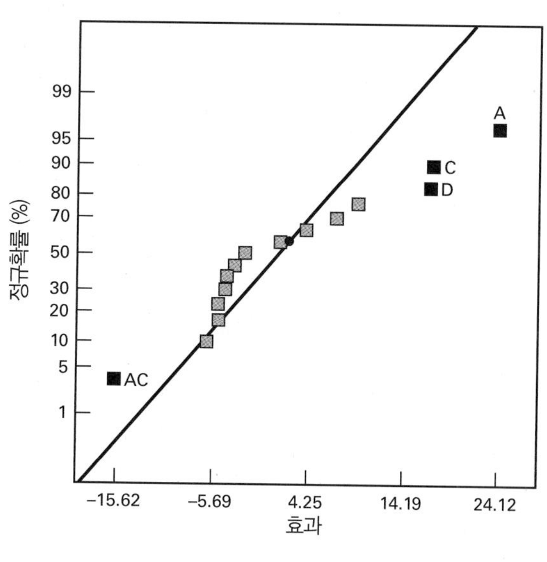

그림 7.5
표 7.8 자료에 대한 정규확률 그림

7.6 블록이 4개인 2^k 요인설계의 중첩

각각 2^{k-2}개의 관측치를 갖는 4개의 블록에서 중첩된 2^k 요인실험을 설계할 수 있다. 이러한 설계는 요인의 개수가 적당히 많고($k \geq 4$), 블록의 크기가 상대적으로 작은 경우에 특히 유용하다.

2^5 설계를 예로 들어보자. 만일 각 블록의 시행이 8번뿐이면, 반드시 4개의 블록을 사용해야 한다. 이 실험의 설계는 상대적으로 간단하다. 블록과 중첩할 두 효과를 선택한다, 여기서는 *ADE*와 *BCE*라고 하겠다. 이 효과에 관련된 정의대비는 두 개이다.

$$L_1 = x_1 + x_4 + x_5$$
$$L_2 = x_2 + x_3 + x_5$$

모든 처리조합이 이제 L_1(2로 나눈 나머지)과 L_2(2로 나눈 나머지) 쌍의 특정값을 갖게 되는데, 즉 $(L_1, L_2) = (0,0), (0,1), (1,0), (1,1)$ 중 하나가 될 것이다. 같은 (L_1, L_2) 값이 나오는 처리조합들은 같은 블록에 배치된다. 본 예제에서, 그 값들은 아래와 같다.

$$L_1 = 0, L_2 = 0, \quad (1), ad, bc, abcd, abe, ace, cde, bde \text{ 에 대해}$$
$$L_1 = 1, L_2 = 0, \quad a, d, abc, bcd, be, abde, ce, acde \text{ 에 대해}$$
$$L_1 = 0, L_2 = 1, \quad b, abd, c, acd, ae, de\ abce, bcde \text{ 에 대해}$$
$$L_1 = 1, L_2 = 1, \quad e, ade, bce, abcde, ab, bd, ac, cd \text{ 에 대해}$$

이러한 처리조합들은 서로 다른 블록에 배치된다. 완성된 설계가 그림 7.6에 나와 있다.

잘 생각해보면 *ADE*와 *BCE* 외에 또 다른 효과가 블록과 중첩되었음을 알 수 있다. 왜냐하면 4개의 블록에 3개의 자유도가 있는데, *ADE*와 *BCE*가 각각 하나의 자유도만을 가지기 때문에 또 하나의 자유도를 갖는 추가적인 효과가 분명히 중첩되어 있어야 한다. 이 효과를 *ADE*와 *BCE*의 **일반화 교호작용**(generalized interaction)이라 하고, *ADE*와 *BCE*의 곱에서 지수가 2인 것을 나눈 나머지이다. 따라서 본 예제에서는 일반화 교호작용 $(ADE)(BCE) = ABCDE^2 = ABCD$ 역시 블록들과 중첩되어있는 것이다. Davies(1956)에서처럼, 2^5 설계에 대한 플러스와 마이너스 부호표를 이용하면 쉽게 이런 부분을 확인할 수 있다. 다음 표를 살펴보면 처리조합들이 다음과 같이 배치되어 있다는 것을 알 수 있다.

블록 1 $L_1=0$ $L_2=0$	블록 2 $L_1=1$ $L_2=0$	블록 3 $L_1=0$ $L_2=1$	블록 4 $L_1=1$ $L_2=1$
(1) *abe*	*a be*	*b abce*	*e abcde*
ad ace	*d abde*	*abd ae*	*ade bd*
bc cde	*abc ce*	*c bcde*	*bce ac*
abcd bde	*bcd acde*	*acd de*	*ab cd*

그림 7.6
*ADE, BCE, ABCD*가 중첩된 블록이 4개인 2^5 설계

처리조합	*ADE*	*BCE*	*ABCD*
블록 1	−	−	+
블록 2	+	−	−
블록 3	−	+	−
블록 4	+	+	+

특정 블록에 대한 어떤 두 효과(예를 들어 *ADE*와 *BCE*)의 부호들을 곱하면 그 블록에 대한 다른 효과(이 경우 *ABCD*)의 부호가 구해진다. 따라서 *ADE*, *BCE*, *ABCD*들은 모두 블록들과 중첩되어 있다.

7.4절에 나온 그룹-이론적(group-theoretic) 성질은 여전히 성립한다. 예를 들어 주블록 내 어떤 처리조합을 곱하면 주블록의 또 다른 조합이 나온다는 것을 알고 있다. 즉,

$$ad \cdot bc = abcd \quad \text{그리고} \quad abe \cdot bde = ab^2de^2 = ad$$

등이다. 또 다른 블록을 만들기 위해, 주블록 안에 있지 않은 처리조합(예를 들어 *b*)을 선택하고 *b*에 주블록의 모든 처리조합들을 곱한다. 그러면 아래와 같이 블록 3의 8개 처리조합들이 구해진다.

$$b \cdot (1) = b \quad b \cdot ad = abd \qquad b \cdot bc = b^2c = c \quad b \cdot abcd = ab^2cd = acd$$

등이다. 실제로 주블록은 정의대비와 그룹-이론적 성질을 이용해 구할 수 있고, 나머지 블록들은 위와 같은 방법으로 구한 처리조합들로 만들 수 있다.

4개 블록에 중첩된 2^k 실험을 설계하는 일반적인 과정은 우선 블록을 만들어낼 두 개의 효과를 선택하는 것인데, 이때 두 효과의 일반화 교호작용이 세 번째 효과로써 블록과 중첩된다. 그리고 두 개의 정의대비(L_1, L_2)와 주블록의 그룹-이론적 성질을 이용하여 실험을 설계한다. 블록과 중첩할 효과를 고를 때는, 관심 있는 효과가 중첩되지 않도록 주의해야 한다. 예를 들어 2^5 설계에서 *ABCDE*와 *ABD*를 중첩하면 자동으로 *CE*도 중첩되는데, *CE* 효과에 관심이 있을 수도 있다. *ADE*와 *BCE*를 중첩해서 *ABCD*가 자동으로 중첩되도록 하는 것이 더 나은 선택이다. 2요인 교호작용 *CE*에 대한 정보 대신 3요인 교호작용 *ADE*와 *BCE*에 대한 정보를 희생시키는 것이 바람직하다.

7.7 블록이 2^p개인 2^k 요인설계의 중첩

위에서 다룬 방법들은 각 블록에 정확히 2^{k-p}번 시행하는, 블록($p<k$)이 2^p개인 2^k 요인설계로 확장할 수 있다. 중첩할 *p*개의 독립 효과를 선택하는데, 여기서 "독립"이란 다른 효과

들의 일반화 교호작용이 아니라는 의미이다. 이러한 효과들과 연관된 p개의 정의대비 L_1, L_2, ..., L_p을 이용하여 블록들을 만들어낼 수 있다. 게다가 정확히 2^p-p-1개의 또 다른 효과들이 블록들과 중첩되는데 이 효과들은 처음에 선택된 p개 독립 효과들의 일반화 교호작용들이다. 관심 있을 수 있는 효과들에 대한 정보가 희생되지 않도록 중첩할 효과를 선택할 때 주의해야 한다.

이러한 설계에 대한 통계적 분석은 간단하다. 모든 효과에 대한 제곱합은 블록화하지 않은 것처럼 계산된다. 그리고 블록과 중첩한 모든 효과에 대한 제곱합을 더하면 블록제곱합이 나온다.

분명한 점은 블록 생성에 사용되는 p개의 효과가 실험의 중첩 구조를 결정짓기 때문에 이를 선택하는 것이 매우 중요하다는 것이다. 표 7.9에 유용한 설계 목록들이 나와 있다. 이 표의 이용법을 알아보기 위해, $2^3=8$개의 블록 각각에 $2^3=8$개의 시행이 있는 중첩된 2^6 실험을 설계한다고 가정하자. 표 7.9를 보면 블록 생성을 위한 $p=3$개의 독립효과로 *ABEF*, *ABCD*, *ACE*를 선택하도록 되어 있다. 중첩된 나머지 $2^p-p-1=2^3-3-1=4$개, 효

표 7.9 2^k 요인설계에 대한 블록 조합 제안

요인의 개수, k	블록의 갯수, 2^p	블록의 크기, 2^{k-p}	블록을 생성하는 데 사용된 효과	블록과 중첩되는 교호작용들
3	2	4	*ABC*	*ABC*
	4	2	*AB*, *AC*	*AB*, *AC*, *BC*
4	2	8	*ABCD*	*ABCD*
	4	4	*ABC*, *ACD*	*ABC*, *ACD*, *BD*
	8	2	*AB*, *BC*, *CD*	*AB*, *BC*, *CD*, *AC*, *BD*, *AD*, *ABCD*
5	2	16	*ABCDE*	*ABCDE*
	4	8	*ABC*, *CDE*	*ABC*, *CDE*, *ABDE*
	8	4	*ABE*, *BCE*, *CDE*	*ABE*, *BCE*, *CDE*, *AC*, *ABCD*, *BD*, *ADE*
	16	2	*AB*, *AC*, *CD*, *DE*	모든 2요인, 4요인 교호작용(15 효과)
6	2	32	*ABCDEF*	*ABCDEF*
	4	16	*ABCF*, *CDEF*	*ABCF*, *CDEF*, *ABDE*
	8	8	*ABEF*, *ABCD*, *ACE*	*ABEF*, *ABCD*, *ACE*, *BCF*, *BDE*, *CDEF*, *ADF*
	16	4	*ABF*, *ACF*, *BDF*, *DEF*	*ABF*, *ACF*, *BDF*, *DEF*, *BC*, *ABCD*, *ABDE*, *AD*, *ACDE*, *CE*, *CDF*, *BCDEF*, *ABCEF*, *AEF*, *BE*
	32	2	*AB*, *BC*, *CD*, *DE*, *EF*	모든 2요인, 4요인, 6요인 교호작용(31 효과)
7	2	64	*ABCDEFG*	*ABCDEFG*
	4	32	*ABCFG*, *CDEFG*	*ABCFG*, *CDEFG*, *ABDE*
	8	16	*ABCD*, *CDEF*, *ADFG*	*ABC*, *DEF*, *AFG*, *ABCDEF*, *BCFG*, *ADEG*, *BCDEG*
	16	8	*ABCD*, *EFG*, *CDE*, *ADG*	*ABCD*, *EFG*, *CDE*, *ADG*, *ABCDEFG*, *ABE*, *BCG*, *CDFG*, *ADEF*, *ACEG*, *ABFG*, *BCEF*, *BDEG*, *ACF*, *BDF*
	32	4	*ABG*, *BCG*, *CDG*, *DEG*, *EFG*	*ABG*, *BCG*, *CDG*, *DEG*, *EFG*, *AC*, *BD*, *CE*, *DF*, *AE*, *BF*, *ABCD*, *ABDE*, *ABEF*, *BCDE*, *BCEF*, *CDEF*, *ABCDEFG*, *ADG*, *ACDEG*, *ACEFG*, *ABDFG*, *ABCEG*, *BEG*, *BDEFG*, *CFG*, *ADEF*, *ACDF*, *ABCF*, *AFG*, *BCDFG*
	64	2	*AB*, *BC*, *CD*, *DE*, *EF*, *FG*	모든 2요인, 4요인, 6요인 교호작용(63 효과)

과들은 선택된 세 효과의 일반화 교호작용들이다. 즉, 다음과 같다.

$$(ABEF)(ABCD) = A^2B^2CDEF = CDEF$$
$$(ABEF)(ACE) = A^2BCE^2F = BCF$$
$$(ABCD)(ACE) = A^2BC^2ED = BDE$$
$$(ABEF)(ABCD)(ACE) = A^3B^2C^2DE^2F = ADF$$

연습문제 7.10에서 이 설계에 대해 8개의 블록을 생성해보길 바란다.

7.8 부분중첩

7.4절에서 실험자가 사전에 오차추정치를 모르거나 특정 교호작용을 무시할 수 있다고 가정하지 않는다면, 오차추정치를 구하기 위해서 반드시 실험을 반복해야 한다고 하였다. 그림 7.3에 *ABC*를 중첩하여 4번 반복한, 블록이 2개인 2^3 요인설계가 나와 있다. 이 설계에 대한 분산분석, 표 7.5를 보면 **각 반복마다** *ABC*가 블록과 중첩되기 때문에 *ABC* 교호작용에 대한 정보를 구할 수 없다는 것을 확인할 수 있다. 이런 설계를 **완전히 중첩**(completely confounded)되었다고 한다.

그림 7.7에 나온 다른 설계를 생각해 보자. 여기서도 2^3 설계가 4번 반복되지만, 각 반복마다 다른 교호작용이 중첩되어 있다. 다시 말해 반복 I에서는 *ABC*를, 반복 II에서는 *AB*를, *BC*는 반복 III에서, *AC*는 반복 IV에서 중첩되어 있다. 결과적으로 *ABC*에 대한 정보는 반복 II, III, IV에서, *AB*에 대한 정보는 반복 I, III, IV에서, *AC*에 대한 정보는 반복 I, II, III에서, *BC*에 대한 정보는 반복 I, II, IV에서 얻을 수 있다. 세 번의 반복에서 중첩이 되지 않기 때문에, 교호작용에 대한 정보의 4분의 3을 얻을 수 있다. Yates(1937)는 이 비율 3/4을 **중첩 효과에 대한 상대적 정보량**(relative information for the confounded effects)이라고 하였다. 이러한 설계를 **부분중첩**(partially confounded)되었다고 한다.

설계에 대한 분산분석이 표 7.10에 나와 있다. 교호작용제곱합 계산에는 교호작용이 중첩되지 않은 반복의 자료만 사용된다. 오차제곱합은 반복수×주효과 제곱합과, 반복수×각 교호작용이 중첩되지 않은 반복의 교호작용제곱합(예를 들어 반복 II, III, IV에 대한 반

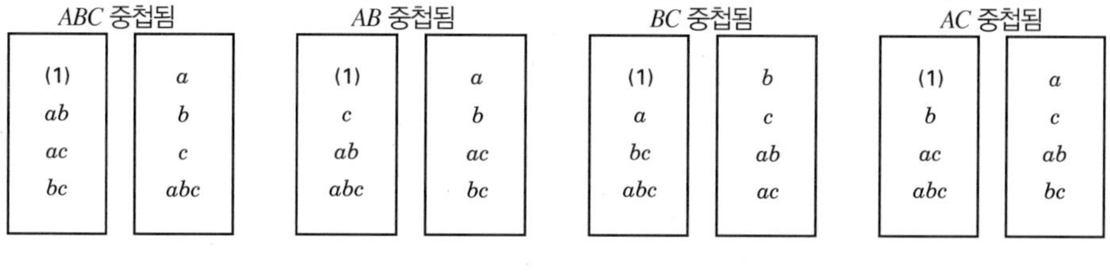

그림 7.7
부분중첩된 2^3 설계

표 7.10 부분중첩된 2^3 설계에 대한 분산분석

변동원인	자유도
반복수	3
반복수 내에 블록 [또는 ABC(반복수 I)+AB(반복수 II) BC(반복수 III)+AC(반복수 IV)	4
A	1
B	1
C	1
AB(반복수 I, III, IV로부터)	1
AC(반복수 I, II, III로부터)	1
BC(반복수 I, II, IV로부터)	1
ABC(반복수 II, III, IV로부터)	1
오차	17
합계	31

복×ABC)의 합으로 구성되어 있다. 또한 8개 블록에 대한 자유도는 7이다. 일반적으로 반복에 대한 자유도 3개와 반복 내 블록에 대한 4개의 자유도로 나누어진다. 블록에 대한 제곱합의 구성은 표 7.10에 나와 있고, 각 반복에서 중첩된 효과 선택에서 바로 알 수 있다.

예제 7.3 부분중첩이 있는 2^3 설계

플라즈마 에칭 공정에 대해 실험하였던 예제 6.1을 생각해 보자. 세 가지 요인은 A=간격, B=기체 유량, 그리고 C=RF 전력이고, 에칭률이 반응변수였다. 한 교대에서 4개의 처리조합만 테스트해볼 수 있고 교대 간 에칭 도구 성능의 차이가 있을 수 있으므로, 실험자는 한 교대를 블록 효과로 사용하기로 했다고 가정하자. 그러므로 2^3 설계의 각 반복은 두 블록으로 시행되어야 한다. ABC는 반복 I에서, AB는 반복 II에서 중첩되는 두 반복이 있다. 자료들은 다음과 같다.

ABC가 중첩된 반복 I		AB가 중첩된 반복 II	
(1) = 550	a = 669	(1) = 604	a = 650
ab = 642	b = 633	c = 1052	b = 601
ac = 749	c = 1037	ab = 635	ac = 868
bc = 1075	abc = 729	abc = 860	bc = 1063

A, B, C, AC, BC에 대한 제곱합들은 기존 방식대로 16개의 관측치를 이용하여 구할 수 있다. 하지만 다음처럼, 반복 II의 자료만으로 SS_{ABC}를 구하고 반복 I의 자료만으로 SS_{AB} 값을 구해야 한다.

$$SS_{ABC} = \frac{[a+b+c+abc-ab-ac-bc-(1)]^2}{n2^k}$$

$$= \frac{[650+601+1052+860-635-868-1063-604]^2}{(1)(8)} = 6.1250$$

$$SS_{AB} = \frac{[(1)+abc-ac+c-a-b+ab-bc]^2}{n2^k}$$

$$= \frac{[550+729-749+1037-669-633+642-1075]^2}{(1)(8)} = 3528.0$$

반복에 대한 제곱합은,

$$SS_{\text{Rep}} = \sum_{h=1}^{n} \frac{R_h^2}{2^k} - \frac{y_{\cdots}^2}{N}$$
$$= \frac{(6084)^2 + (6333)^2}{8} - \frac{(12{,}417)^2}{16} = 3875.0625$$

이고 여기서 R_h는 h번째 반복에서 관측치들의 총합이다. 블록제곱합은 반복 I의 SS_{ABC}와 반복 II의 SS_{AB}의 합, 즉 $SS_{\text{Blocks}} = 458.1250$이다.

표 7.11에 분산분석이 요약되어 있다. 주효과 A와 C, 교호작용 AC가 중요하다.

표 7.11 예제 7.3에 대한 분산분석

변동원인	제곱합	자유도	평균제곱	F_0	P 값
반복수	3875.0625	1	3875.0625	—	
반복 내 블록	458.1250	2	229.0625	—	
A	41,310.5625	1	41,310.5625	16.20	0.01
B	217.5625	1	217.5625	0.08	0.78
C	374,850.5625	1	374,850.5625	146.97	<0.001
AB (반복수 I만)	3528.0000	1	3528.0000	1.38	0.29
AC	94,404.5625	1	94,404.5625	37.01	<0.001
BC	18.0625	1	18.0625	0.007	0.94
ABC(반복수 II만)	6.1250	1	6.1250	0.002	0.96
오차	12,752.3125	5	2550.4625		
합계	531,420.9375	15			

7.9 연습문제

7.1 연습문제 6.5에 나온 실험을 생각해 보자. 각 반복을 제작 변화에 따른 하나의 블록이라고 가정하고 실험을 분석하라.

7.2 연습문제 6.9에 나온 실험을 생각해 보자. 네 번의 반복 각각을 블록이라고 가정하고 실험을 분석하라.

7.3 연습문제 6.5의 첫 번째 반복 자료를 생각해 보자. 관측치들은 동일한 재료를 사용하여 얻은 것이 아니라고 하자. 관측치들에 대해 ABC가 중첩되며 두 개의 블록에 관측치가 4개씩 들어있는 실험을 설정하자. 이 자료를 분석하라.

7.4 연습문제 6.5의 첫 번째 반복 자료를 생각해 보자. $ABCD$가 중첩되며 두 개의 블록에 관측치가 8개씩 들어있는 실험을 설정하자. 이 자료를 분석하라.

7.5 연습문제 7.4에서 블록을 4개로 가정하고 반복해 보자. ABD와 ABC(그리고 결과적으로 CD)를 블록과 중첩하라.

7.6 연습문제 6.24의 2^5 실험자료를 사용하여, $ABCDE$가 블록과 중첩된, 블록이 2개인 실험을 설정하고 분석하라.

7.7 연습문제 7.6을 블록이 4개인 경우로 가정하고 반복해 보자. 적절한 중첩 계획을 세워보자.

7.8 연습문제 6.24의 2^5 실험자료를 생각해 보자. $ACDE$와 BCD(그리고 결과적으로 ABE)가 중첩된, 블록이 4개인 실험이었다고 할 때, 실험에서 얻어진 자료를 분석해 보자.

7.9 연습문제 6.20의 병 채우기 실험을 생각해 보자. 각 반복이 다른 날 시행되었다고 할 때, 시행한 날을 블록으로 가정하여 자료를 분석해 보자.

7.10 연습문제 6.20의 병 채우기 실험을 생각해 보자. 각 변화에 대해서 4번의 시행만 가능하다고 하자. 반복 1에 ABC가, 반복 2에 AC가 중첩되도록 실험을 설계한다. 이 자료를 분석하고 알아낸 바에 관해 얘기해 보자.

7.11 연습문제 6.21의 퍼팅 실험을 생각해 보자. 각 반복을 블록으로 보고 자료를 분석해 보자.

7.12 연습문제 6.35의 실험은 2^5 요인실험이다. 실험이 4개의 블록에서 각 8번씩 시행되었다고 하자.

(a) 블록 구성을 제안하고 실험을 설계해 보자.

(b) 설계한 블록실험의 자료를 분석하라. 블록화가 주요한가?

7.13 연습문제 7.12를 블록이 2개인 설계를 이용하여 반복하라.

7.14 연습문제 6.38의 실험은 두 번 반복한 2^3 요인실험이다. 각 반복이 블록이었다고 하자. 이 블록화 실험의 모든 결괏값을 분석하라. 결과들이 연습문제 6.38의 결과와 비교할만한가? 블록 효과가 큰가?

7.15 8개의 블록에서 각 8번의 시행이 있고, *ABCD*, *ACE*, *ABEF*가 독립된 효과로서 블록과 중첩된 2^6 실험을 생각해 보자. 실험을 설계하라. 블록과 중첩된 다른 효과를 찾아보자.

7.16 블록이 2개이고 *AB*가 중첩된 2^2 실험을 생각해 보자. $SS_{AB} = SS_{\text{Blocks}}$임을 대수적으로 증명하라.

7.17 예제 7.2의 자료를 생각해 보자. 블록 2의 모든 관측치가 20씩 증가한다고 가정하자. 이에 따라 자료를 분석하라. 블록 효과를 추정하라. 그 크기를 설명할 수 있는가? 블록이 주요한 요인처럼 보이는가? 자료값이 바뀜에 따라 다른 효과들의 추정치가 달라지는가?

7.18 연습문제 6.5의 반복 I에서는 *ABC*, 반복 II에서는 *AB*, 반복 III에서는 *BC*가 중첩되었다고 가정하자. 요인효과의 추정치를 계산하라. 분산분석표를 작성하라.

7.19 연습문제 6.5를 각 반복에서 *ABC*가 블록과 중첩되었다고 가정하여 풀어보자.

7.20 연습문제 6.11의 반복 I에서 *ABCD* 그리고 반복 II에서 *ABC*가 중첩되었다고 가정하자. 실험에 대해 통계적 분석을 하라.

7.21 *ABC*가 앞선 두 번의 반복과 중첩되고 *BC*가 세 번째 반복과 중첩된 2^3 실험을 설계하라. 분산분석을 요약해보고 알아낸 결과에 관해 이야기하라.

7.22 2개의 블록을 가지는 2수준 설계의 블록 효과는 두 블록의 반응값의 평균 차이로 바로 계산할 수 있다.

(a) 참

(b) 거짓

7.23 8개의 블록으로 중첩된 2^7 요인실험을 설계할 때, 3개의 독립된 효과가 블록을 만들기 위해 선택되고, 총 8개의 교호작용이 블록과 중첩된다.

(a) 참

(b) 거짓

7.24 2개의 블록을 가지는 2^5 요인실험을 생각해 보자. 만약 *ABCDE*가 블록과 중첩되어 있다면, 다음 중 어떤 실험이 *acde*를 시행하는 것과 같은 블록을 가지는가?

(a) *a*

(b) *acd*

(c) *bcd*

(d) *be*

(e) *abe*

(f) 보기 중 답 없음

7.25 블록과 중첩된 교호작용의 정보는 항상 블록 효과와 분리할 수 있다.

(a) 참

(b) 거짓

7.26 연습문제 6.42의 완전 2^5 요인설계를 생각해 보자. 이 실험이 2개의 블록을 가지고, *ABCDE*가 블록과 중첩되어 있다고 하자. 블록화된 설계를 구성하고 분석하라. 그 결과를 연습문제 6.42의 완전 랜덤화 설계의 결과와 비교하라.

7.27 4개의 요인을 가진 실험을 설계하려 하는데, 원자재 특성상 블록화가 필수적이라고 하자. 원자재를 사용하려면 2개의 블록을 만들어야 한다. 하지만 원자재의 각 배치로는 6번의 시행만 할 수 있다. 그래서 보통의 8번의 시행을 가진 두 블록을, *ABCD*와 중첩하는 2^4 실험은 사용할 수 없다. 가능한 설계를 구성하라. 이때 *D*-최적설계를 고려하라. 각 블록당 어떤 설계를 구성할 수 있는가?

8장 2수준 부분요인설계
Two-Level Fractional Factorial Designs

이번 장의 학습 목표

1. 2^{k-p} 부분요인설계를 계획하고 분석하는 방법을 배운다.
2. 블록을 사용하여 어떻게 부분요인설계를 계획하는지 배운다.
3. 부분요인설계의 가명 구조(alias structure)를 어떻게 결정하는지 이해한다.
4. 설계해상도(design resolution)와 최소 편차 개념(minimum aberration)을 이해한다.
5. 접기 방법을 사용하여 부분을 조정해 가명관계를 단순화하는 방법을 배운다.
6. 최적 증강(augmentation) 및 부분접기와 같은 기타 설계 증강 전략을 사용하는 방법을 이해한다.
7. 과포화설계(supersaturated designs)를 계획하고 분석하는 것을 배운다.

8.1 소개

2^k 요인설계에서 요인의 수가 증가할수록, 설계의 완전 반복에 필요한 실행 횟수는 대부분은 실험자가 가진 자원보다 더 급속하게 증가하게 된다. 예를 들어 2^6 설계의 완전 반복수는 64회인데, 자유도 63중에서 주효과에 대한 것은 6이고, 두 요인의 교호작용에 대한 것은 15이다. 주관심이 되는 효과들의 자유도는 21뿐이다. 남은 자유도 42는 3요인 이상의 교호작용에 대한 것이다.

실험자가 합리적인 수준에서 특정 고차 교호작용을 무시할 수 있는 경우, 주효과 및 낮은 차수의 교호작용은 완전요인실험 일부만 실행하여도 얻을 수 있다. 이러한 **부분요인설계**(fractional factorial designs)는 제품 및 프로세스 설계, 공정 개선, 산업/비즈니스 실험 분야에서 가장 널리 사용되는 설계 유형이다.

부분요인설계는 주로 **선별실험**[screening experiments, 여러 요인 중에서 영향력이 큰 요인(있는 경우)을 찾기 위한 실험]에서 사용된다. 선별실험은 고려되는 여러 요인이 반응값에 거의 또는 전혀 영향이 없을 가능성을 가지고 있는 프로젝트의 초기 단계에서 주로 쓰인다. 중요한 것으로 확인된 요인은 후속 실험에서 더 철저하게 조사된다.

성공적으로 부분요인설계를 시행하는 것은 세 가지 핵심 개념을 기반으로 한다.

1. **효과 희소성의 원리**(*The sparsity of effects principle*). 변수가 여러 개인 경우, 시스템 또는 프로세스는 주로 주효과 몇 개와 낮은 차수의 교호작용 몇 개로 운영될 수 있다. 효과의 희소성이란 가지고 있는 효과 중 반 이상이 중요하지 않다는 것이다. 예를 들어 만약 4개의 요인이 있고 15개의 효과가 있다면 효과의 희소성은 최대 6~7개의 효과만 중요하다는 점을 의미한다.
2. **투영 속성**(*The projection property*). 부분요인설계는 유의한 설계의 부분집합에서 더 강한(큰) 설계로 투영될 수 있다.
3. **연속 실험**(*Sequential experiment*). 둘(혹은 그 이상)의 부분요인설계 시행을 합쳐서 연속적으로 더 큰 설계를 구성하여 관심 있는 요인효과와 교호작용을 추정할 수 있다.

이 장에서는 이러한 원칙에 초점을 둘 것이며, 몇 가지 예와 개념을 설명할 것이다.

8.2 2^k 설계의 1/2 부분

8.2.1 정의 및 기본 원리

각 2가지 수준을 가지는 세 가지 요인이 주관심인 상황을 생각해 보자. 여기서 실험자들은

표 8.1 2^3 설계의 +/− 부호표

처리조합	요인효과							
	I	*A*	*B*	*C*	*AB*	*AC*	*BC*	*ABC*
a	+	+	−	−	−	−	+	+
b	+	−	+	−	−	+	−	+
c	+	−	−	+	+	−	−	+
abc	+	+	+	+	+	+	+	+
ab	+	+	+	−	+	−	−	−
ac	+	+	−	+	−	+	−	−
bc	+	−	+	+	−	−	+	−
(1)	+	−	−	−	+	+	+	−

처리조합 $2^3=8$개 모두를 실행할 여유는 없지만, 4개의 실행까지는 가능한 상황이다. 이는 2^3 설계의 1/2 **부분**(one-half fraction)이며, $2^{3-1}=4$개의 처리조합을 포함하기 때문에 2^{3-1} **설계**(2^{3-1} design)로 불리기도 한다.

표 8.1은 2^3 설계에 대한 +/− 부호표이다. 1/2 부분으로 네 개의 처리조합 *a, b,* c와 *abc*를 선택하였다고 하자. 이 시행들은 표 8.1의 상단과 그림 8.1a에서 볼 수 있다.

이러한 2^{3-1} 설계는 *ABC*열에서 +를 가지는 처리조합들만 선택하여 만들어졌다. 따라서 이 *ABC*을 특정 부분(fraction)의 제너레이터(generator)라고 한다. 보통 *ABC*와 같은 제너레이터(generator)를 워드(word)라고도 부른다. 또한 아이덴디티(identidy)열인 *I*열은 항상 +이므로,

$$I = ABC$$

을 설계에 대한 **정의관계**(defining relation)라고 부른다. 일반적으로 부분요인설계(fractional factorial design)에 대한 정의관계는 항상 아이덴티디 열 *I*와 같은 모든 열의 집합이다.

2^{3-1} 설계에 있는 처리조합에서 주효과를 추정하기 위해 사용할 수 있는 자유도는 3이다. 표 8.1을 살펴보면 주효과 *A, B, C*를 추정하기 위해 사용되는 관측들의 선형조합은

$$[A] = \frac{1}{2}(a - b - c + abc)$$

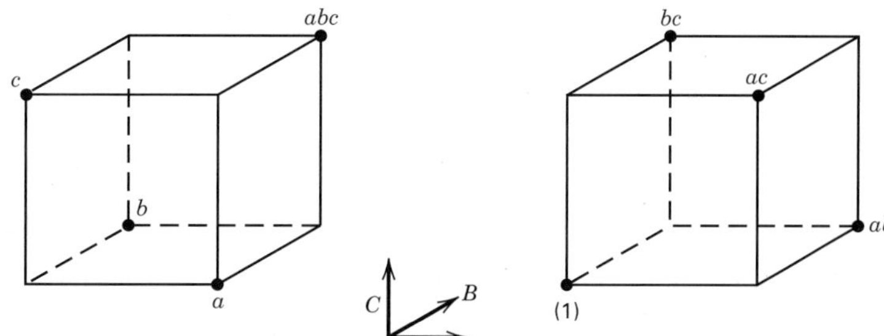

(*a*) 주요부분, *I* = +*ABC*　　(*b*) 대체된 부분, *I* = −*ABC*

그림 8.1
2^3 설계의 1/2 두 개

$$[B] = \frac{1}{2}(-a + b - c + abc)$$

$$[C] = \frac{1}{2}(-a - b + c + abc)$$

이다. 여기서 $[A]$, $[B]$, $[C]$ 표기는 주효과와 연관된 선형조합을 나타내기 위해 사용하였다. 또한 두 가지 요인의 교호작용을 추정하는 데 사용되는 관측들의 선형조합이

$$[BC] = \frac{1}{2}(a - b - c + abc)$$

$$[AC] = \frac{1}{2}(-a + b - c + abc)$$

$$[AB] = \frac{1}{2}(-a - b + c + abc)$$

이라는 것도 쉽게 확인할 수 있다. 따라서 $[A]=[BC]$, $[B]=[AC]$, $[C]=[AB]$이다. 결과적으로 A와 BC, B와 AC, C와 AB를 구별하여 나타내는 것은 불가능하다. 사실 A, B, C를 추정할 때 실제로 추정하고 있는 것은 $A+BC$, $B+AC$, $C+AB$이다. 이런 속성을 가지는 두 개 이상의 효과를 '**가명관계**(aliases)'에 있다고 한다. 예제를 보면 A와 BC는 가명관계, B와 AC도 가명관계, C와 AB 역시 가명관계이다. 이를 $[A]\rightarrow A+BC$, $[B]\rightarrow B+AC$, $[C]\rightarrow C+AB$로 표기한다.

이 설계에 대한 가명관계의 구조는 정의관계인 $I=ABC$을 이용하면 쉽게 결정할 수 있다. 어떤 열(또는 효과)을 정의관계와 곱하면 해당 열(또는 효과)에 대한 가명관계를 얻을 수 있다. 앞의 예의 경우, A와 가명관계는

$$A \cdot I = A \cdot ABC = A^2BC$$

이거나, 어떤 열의 제곱은 I와 같으므로,

$$A = BC$$

으로 만들 수 있다. 이와 유사하게, B와 C의 가명관계는

$$B \cdot I = B \cdot ABC$$
$$B = AB^2C = AC$$

이고,

$$C \cdot I = C \cdot ABC$$
$$C = ABC^2 = AB$$

임을 찾을 수 있다. $I=+ABC$의 형태를 가지는 절반부분(one-half fraction)을 일반적으로 **주요부분**(principal fraction)이라고 한다.

이제 다른 절반부분인, 즉 표 8.1의 처리조합에서 ABC열의 $-$와 관련된 다른 처리조합을

선택하였다고 가정하자. **대체**(alternate) 혹은 **보완된**(complementary), 절반부분[(1), *ab*, *ac*, *bc* 시행으로 구성됨]은 그림 8.1b에 표시되어 있다. 이 설계의 정의관계는 다음과 같다.

$$I = -ABC$$

대체부분에서 나온 관측치들의 선형조합은 $[A]'$, $[B]'$, $[C]'$라고 하자. 이는 다음과 같이 표현된다.

$$[A]' \rightarrow A - BC$$
$$[B]' \rightarrow B - AC$$
$$[C]' \rightarrow C - AB$$

따라서 이러한 특정 부분을 가지고 A, B, C를 추정하는 경우, 정말로 추정하고 있는 것은 $A-BC$, $B-AC$, $C-AB$이다.

실제로는 어떤 부분을 사용하였는지는 중요하지 않다. 두 부분은 같은 **족**(family)에 속하는데, 두 개의 절반부분이 합쳐져서 완전한 2^3 설계를 형성한다. 이것은 그림 8.1의 *a*와 *b*를 참고하면 쉽게 확인할 수 있다.

2^3 설계의 절반부분 중 하나를 실행한 후, 다른 부분도 실행하였다고 가정하자. 그러면 전체 2^3 설계와 관련된 모든 8개의 점을 이용할 수 있게 된 것이다. 각각 4개의 실행으로 이루어진 두 블록으로, 전체 2^3 설계에 대한 8개의 실행을 분석하여 모든 효과의 가명관계를 갖지 않는(de-aliased) 추정치를 얻을 수 있다. 이는 두 개의 개별 부분에서 효과의 선형조합을 더하고 빼서 얻을 수도 있다. 예를 들어 $[A]\rightarrow A+BC$ 와 $[A]'\rightarrow A-BC$을 고려하여 보자. 이것은

$$\frac{1}{2}([A] + [A]') = \frac{1}{2}(A + BC + A - BC) \rightarrow A$$

와

$$\frac{1}{2}([A] - [A]') = \frac{1}{2}(A + BC - A + BC) \rightarrow BC$$

임을 의미한다. 따라서 세 쌍의 선형조합을 이용하여 다음을 얻을 수 있게 된다.

i	$\frac{1}{2}([i] + [i]')$ 인 경우	$\frac{1}{2}([i] - [i]')$ 인 경우
A	A	BC
B	B	AC
C	C	AB

게다가 첫 번째 실행 그룹에서 $I=+ABC$를 이용하고 두 번째에서는 $I=-ABC$를 이용하

여, 전체 2^3 설계를 만들어내면 2^3 설계는 ABC를 중첩한다.

효과 희소성에 대해서(*More About Effect Sparsity*). 이전에 언급한 바 있듯, 효과 희소성은 부분요인설계가 성공적일 수 있는 이유 중의 하나였다. 이 현상은 수십 년 동안 다양한 분야에서 많은 실험자가 경험적으로 관찰하였다. 그러나 최근 연구인 Li, Sudarsanam, Frey(2006)에서 효과 희소성에 대한 더욱 객관적인 증거를 밝혔다.

Li, Sudarsanam, Frey는 3~7개의 요인을 가진 완전요인실험의 133개의 반응변수를 다시 조사하였다. 모든 반응변수를 재분석하였고, 그들이 연구한 실험 중 41%가 주효과가 유의한 것을 확인하였다. 일반적으로 중요한 주효과의 크기는 중요한 2요인 교호작용의 크기의 2배이다. 중요한 2요인 교호작용은 전반적으로 11%였다. 2보다 큰 차수의 교호작용은 극히 드물었다. 또한 이들은 유의한 2요인 교호작용에 관한 "조건적" 비율을 보고했다.

- 2요인 교호작용이 유의하고 해당 교호작용 안의 두 주효과도 유의한 경우는 33%이다.
- 2요인 교호작용이 유의하나 해당 교호작용 안의 하나의 주효과만 유의한 경우는 4.5%이다.
- 2요인 교호작용이 유의하나 해당 교호작용 안의 그 어떤 주효과도 유의하지 않은 경우는 0.5%이다.

이 결과는 효과 희소성 가정을 강력하게 지지한다. 또한 이 논문은 모형 계층과 효과 유전(heredity)에 대한 보통의 가정도 지지한다. 그러나 이 결과는 어떤 실험을 분석하였는지에 따라 크게 좌우된다. 만약 화학 공정이나 시스템, 생물 시스템에 관한 실험이 더 포함되었다면, 2요인 교호작용이 더 많이 일어났을 것이다. 이러한 시스템에서는 3요인 교호작용도 나타날 수 있다. 예를 들어 3요인 화학 공정 실험을 생각할 수 있다. 연속 요인이 2개(시간과 온도), 범주형 요인이 하나라고 하자(촉매재 종류). 만약 각 촉매제 종류에 따라 시간과 온도의 2요인 교호작용이 다르다면, 이는 3요인 교호작용이다.

8.2.2 설계해상도

앞서 보았던 2^{3-1} 설계를 **해상도 III 설계**(resolution III design)라고 한다. 이 설계에서 주효과는 2요인 교호작용과 가명관계에 있다. p개의 요인 중에 $R-p$개 미만의 요인을 포함하는 다른 효과와 가명관계를 가지는 요인이 하나도 없는 경우, 설계해상도는 R이라고 한다. 보통 설계해상도를 로마 첨자로 표기한다. 따라서 정의관계 $I=ABC$(또는 $I=-ABC$)를 가지는 2^3 설계의 절반부분(one-half fraction)을 2_{III}^{3-1}이라고 나타낸다.

해상도 III, IV, V와의 설계는 특히 중요하다. 이러한 설계의 정의 및 예제는 각각 다음과 같다.

1. **해상도 III 설계**. 이 설계는 어떠한 주효과도 다른 주효과와 가명관계를 가지지 않는

설계이다. 하지만 주효과는 두 요인의 교호작용과 가명관계를 가지고, 일부 2요인 교호작용끼리 서로 가명관계를 가질 수 있다. 표 8.1의 2^{3-1} 설계가 해상도 III(resolution III) (2_{III}^{3-1})이다.

2. **해상도 IV 디자인**. 이 설계는 어떠한 주효과도 다른 주효과 또는 다른 2요인 교호작용과 가명관계를 가지지 않지만, 2요인 교호작용은 서로 가명관계에 있는 설계이다. 정의관계 $I=ABCD$를 가지는 2^{4-1} 설계가 해상도 IV 설계(a resolution IV design) (2_{IV}^{4-1})에 속한다.
3. **해상도 V 디자인**. 이 설계는 어떠한 주효과 또는 2요인 교호작용이 다른 주효과나 요인 교호작용과 가명관계를 가지지 않지만, 2요인 교호작용이 3요인 교호작용과 가명관계에 있는 설계이다. 정의관계 $I=ABCDE$을 가지는 2^{5-1} 설계가 해상도 V 설계(a resolution V design) (2^{5-1})이다.

흔히 2수준 부분요인설계의 해상도는 정의관계의 가장 짧은 단어의 문자의 개수와 같다. 결과적으로 앞에서 본 설계 유형들을 각각 세 개, 네 개, 다섯 개의 문자로 된 설계라고 부를 수 있는 것이다. 흔히 요구되는 부분 정도와 일치하는 가능한 가장 높은 해상도를 가지는 부분설계를 선호한다. 해상도가 높아질수록 결과의 유일한 해석을 얻기 위해 어떤 교호작용을 무시할 수 있는지 결정하는 데 필요한 가정이 덜 제한적으로 되기 때문이다.

8.2.3 절반부분의 분석과 해석

최고 해상도를 가지는 2^k 설계의 절반부분은 다음과 같이 계획할 수 있다. 완전한 2^{k-1} 요인설계의 실행으로 구성된 **기본 설계**(basic design)를 작성하고, 최고차항 교호작용 $ABC\cdots(K-1)$의 +/− 부호로 k번째 요인의 +/− 부호를 결정하여 추가한다. 따라서 2_{III}^{3-1} 부분요인설계는 전체 2^2 요인설계를 기본 설계로 하고, 요인 C를 교호작용 AB와 같다고 놓게 되면 얻을 수 있다. 다른 부분(alternate fraction)은 요인 C를 교호작용 $-AB$와 같다고 놓으면 된다. 표 8.2에서 이와 같은 과정을 보여주고 있다. 기본 설계는 항상 제대로 된 실행(행) 수를 가지고 있지만, 열의 경우에는 한 개가 누락되었다는 점을 확인할 수 있다. 제너레이터(generator) $I=ABC\cdots K$로 누락된 열(K)을 구하게 되는데, $K=ABC\cdots(K-1)$가 각 행의 +와 −부호를 정의하고 이로써 k번째 요인의 수준을 만들어낸다.

표 8.2 2^3 설계의 절반부분설계 두 개

시행	전체 2^2 요인설계 (기본 설계)		$2_{\text{III}}^{3-1}, I=ABC$			$2_{\text{III}}^{3-1}, I=-ABC$		
	A	B	A	B	$C=AB$	A	B	$C=-AB$
1	−	−	−	−	+	−	−	−
2	+	−	+	−	−	+	−	+
3	−	+	−	+	−	−	+	+
4	+	+	+	+	+	+	+	−

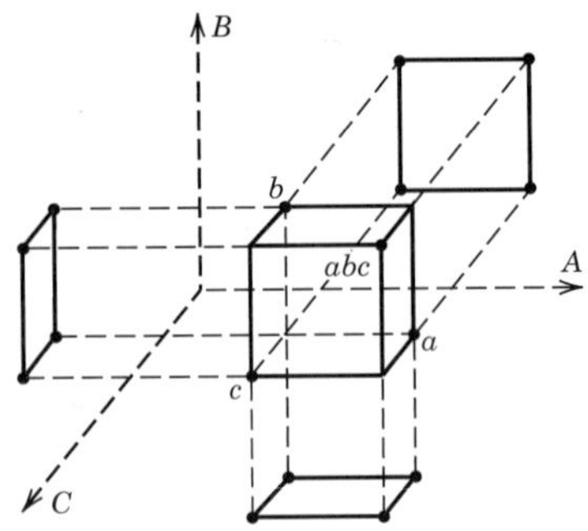

그림 8.2
2_{III}^{3-1} 설계의 2^2 설계로의 투영

어떤 교호작용 효과이든 k번째 요인에 해당하는 열을 생성하기 위해 사용될 수 있다. 하지만 $ABC\cdots(K-1)$ 이외의 다른 효과를 사용하는 경우, 가능한 가장 높은 해상도를 가지는 설계를 만들 수 없게 된다.

절반부분의 구성을 볼 수 있는 또 다른 방법은 최고차원 교호작용 $ABC\cdots K$을 중첩하는 두 개의 블록으로 실행들을 분할하는 것이다. 각각의 블록은 최고 해상도를 가지는 2^{k-1} 부분요인설계이다.

부분을 요인설계로 투영하기(*Projection of Fractions into Factorias*). 해상도 R을 가지는 모든 부분요인설계는 $R-1$개의 요인으로 구성된 부분집합에서 완전한 요인설계를 할 수 있다(아마도 반복된 요인설계일 것이다). 이는 중요하고 유용한 개념이다. 예를 들어 실험자가 관심이 있는 여러 요인 중에서 $R-1$개 만이 중요한 효과를 가진다고 생각하는 경우, 해상도 R의 부분요인설계가 적절한 선택이 되는 것이다. 만약 실험자의 생각이 옳다면, 해상도 R의 부분요인설계는 $R-1$개의 유효한 요인을 가지는 완전요인설계로 투영될 수 있다. 이러한 성질은 2_{III}^{3-1} 설계를 통해 그림 8.2에서 설명하고 있다. 여기서는 요인 2개의 모든 부분집합에 대한 2^2 설계로 투영된다.

2^k 설계의 절반부분에서, 가능한 최대 해상도는 $R=k$이므로 모든 2^{k-1} 설계가 원래의 k개의 요인 중 $k-1$개 요인에 대한 완전요인설계로 투영된다. 또한 2^{k-1} 설계는 $k-2$개 요인의 모든 부분 요인집합에 대한 반복수 2의 완전요인설계로 투영될 수 있고, $k-3$개 요인의 모든 하위 집합에 대한 반복수 4의 완전요인설계 등으로 투영될 수 있다.

예제 8.1

예제 6.2에 있는 여과율에 대한 예제를 살펴보자. 표 6.10에서 볼 수 있듯이, 원래 사용한 설계는 2^4 설계의 단일 반복(single replicate)이다. 이 예제에서 주효과 A, C, D와 교호작용 AC, AD가 0이 아니라는 것을 알았다. 이제 완전요인설계 대신, 2^4 설계의 절반부분설계를 실행하면 어떤 일이 생기는지 보도록 하자.

가능한 가장 높은 해상도(IV)의 설계를 만들기 위해서, $I=ABCD$을 제너레이터로 하는 2^{4-1} 설계를 사용할 것이다. 설계를 구성하기 위해서 표 8.3의 처음 3개의 열에서 볼 수 있듯이, 일단 기본 설계로서 2^3 설계를 작성한다.

이 기본 설계는 필요한 실행수(8번)를 가지고 있지만 세 개의 열(요인)만 가지고 있다. 4번째 요인의 수준을 찾

표 8.3 정의관계 $I=ABCD$를 가지는 2_{IV}^{4-1} 설계

시행	기본 설계					
	A	B	C	$D = ABC$	처리조합	여과율
1	−	−	−	−	(1)	45
2	+	−	−	+	ad	100
3	−	+	−	+	bd	45
4	+	+	−	−	ab	65
5	−	−	+	+	cd	75
6	+	−	+	−	ac	60
7	−	+	+	−	bc	80
8	+	+	+	+	$abcd$	96

기 위해서, $I=ABCD$을 D에 대해서 풀거나 $D=ABC$일 때, 각 실행에서 D의 수준은 열 A, B, C에 있는 플러스와 마이너스 부호의 곱이 된다. 제너레이터인 $ABCD$가 양수이므로, 이 2_{IV}^{4-1} 설계는 주요부분(principal fraction)이다. 이 과정은 표 8.3과 그림 8.3에서 확인할 수 있다.

정의관계를 이용하면, 각 주효과들은 세 가지 요인의 교호작용과 가명관계를 가진다. 즉, $A=A^2BCD=BCD$, $B=AB^2CD=AVD$, $C=ABC^2D=ABD$, $D=ABCD^2=ABC$이다. 게다가 모든 2요인 교호작용은 다른 2요인 교호작용과 가명관계를 가진다. 이 가명관계들은 $AB=CD$, $AC=BD$, $BC=AD$이며, 4가지 주효과와 3가지 두 요소의 교호작용으로 된 가명관계 쌍들(alias pairs)은 설계의 7만큼 자유도를 설명하게 된다.

이 시점에서 일반적으로는 8번의 실험을 랜덤으로 시행한다. 이미 이전에 완전 2^4 설계를 수행하였기 때문에, 단순하게 예제 6.2에서 관찰된 여과율 8개를 선택하여 2_{IV}^{4-1} 설계에 대한 실행하였다. 관측치는 그림 8.3뿐만 아니라 표 8.3의 마지막 열에서 볼 수 있다.

2_{IV}^{4-1} 설계에 대한 효과들의 추정치는 표 8.4에서 볼 수 있다. 효과 A 추정에 관련된 관측치들의 선형조합은

$$[A] = \frac{1}{4}(-45 + 100 - 45 + 65 - 75 + 60 - 80 + 96) = 19.00 \rightarrow A + BCD$$

이고, 반면에 AB 효과에 대해서는

$$[AB] = \frac{1}{4}(45 - 100 - 45 + 65 + 75 - 60 - 80 + 96) = -1.00 \rightarrow AB + CD$$

로 얻을 수 있다. 표 8.4의 정보를 확인해 보면, 주효과 A, C, D가 크지 않다라는 결론은 비합리적이다. 가명 체인(alias chain) $AB+CD$는 작은 추정치를 가지는데, 이를 간단하게 해석하면 AB와 CD 교호작용의 효과는 무시할 수 있다는 것이다(그렇지 않으면, AB와 CD 효과 둘 다 크다는 것이다. 하지만 이 둘은 거의 같은 크기값을 가지며 반대 부호를 가지고 있으므로, 둘 다 효과가 클 가능성은 없다).

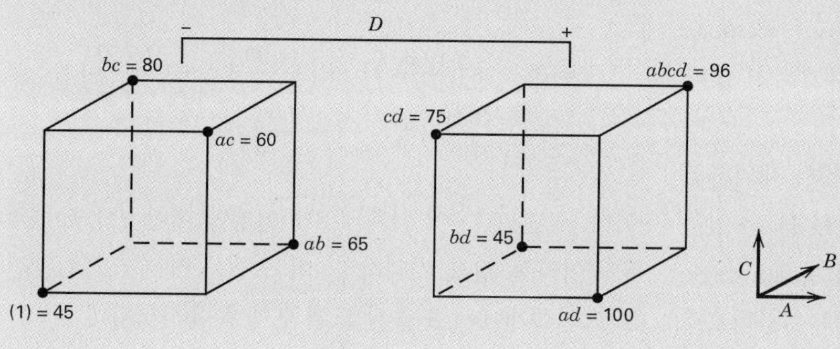

그림 8.3
예제 8.1 여과율 실험의 2_{IV}^{4-1} 설계

표 8.4 예제 8.1[a]에 대한 효과의 추정과 가명관계

추정치	가명 구조
$[A] = 19.00$	$[A] \rightarrow A + BCD$
$[B] = 1.50$	$[B] \rightarrow B + ACD$
$[C] = 14.00$	$[C] \rightarrow C + ABD$
$[D] = 16.50$	$[D] \rightarrow D + ABC$
$[AB] = -1.00$	$[AB] \rightarrow AB + CD$
$[AC] = -18.50$	$[AC] \rightarrow AC + BD$
$[AD] = 19.00$	$[AD] \rightarrow AD + BC$

* 유의한 효과들은 굵은 글씨로 표시되었다.

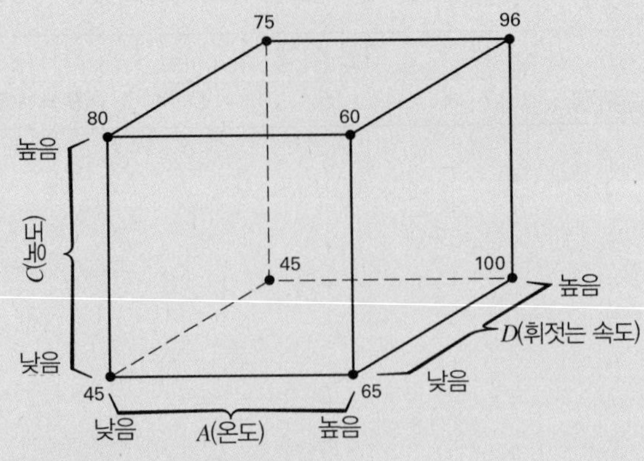

그림 8.4
예제 8.1에 대한 A,C, 그리고 D로 구성된 2^3 설계로의 2^{4-1}_{IV} 설계의 투영

만약 *A, C, D*가 중요한 주효과라면, *AC*와 *AD*가 유효한 효과를 가지게 된다. 따라서 두 교호작용의 가명 사슬(alias chain)인 *AC*+*BD*와 *AD*+*BC*가 큰 효과를 가지고 있다는 결론이 논리적이다. 다시 말해 *A, C, D*가 유효한 효과라면 유효한 교호작용은 *AC*와 *AD*일 가능성이 큰 것이다. 이는 **오캄의 면도칼**(Ockham's razor, 후에 William of Ockham)이 적용된 것으로 볼 수 있는데, 이는 어떤 현상에 대한 여러 가지 가능한 해석이 있는 경우 가장 간단한 해석이 가장 올바르다는 과학적 원리이다. 여기서의 해석은 예제 6.2에서 완전 2^4 설계의 분석 결과와 같은 해석이다.

이 해석을 바라보는 또 다른 방법은 **효과 유전**(effect heredity)의 관점에서이다. *AB*가 유효한 효과이고, 주효과 *A*와 *B* 둘 다 유효한 효과라고 가정하자. 이를 **강한 유전**(strong heredity)이라고 부르고, 이는 매우 일반적인 상황이다[만약 한 개의 교호작용이 유효하고, 오직 한 개의 주효과만이 유효하다면, 이는 **약한 유전**(weak heredity)이라고 한다. 그리고 이는 상대적으로 덜 일반적이다]. 따라서 이 예제에서 *A* 효과는 유효하고, *B* 효과는 유효하지 않다는 점은 *AB* 효과가 유효하지 않다는 가정을 뒷받침해준다.

요인 *B*는 유효하지 않으므로 고려대상에서 제외하였다. 결과적으로 이 2^{4-1}_{IV} 설계를 그림 8.4에서 볼 수 있듯이, 요인 *A, C, D*로 구성된 2^3 설계의 단일 복제(a single replicate)로 투영할 수 있다. 이 정육면체를 시각적으로 분석해보면 위에서 내린 결론이 더 자연스러워진다. 온도(*A*)가 낮은 수준인 경우 농도(*C*)는 + 효과가 크지만, 온도가 높은 수준일 때는 미미한 효과를 보인다는 점에 주목하자. 이는 아마도 교호작용 *AC* 때문으로 예상된다. 뿐만 아니라 온도가 낮은 수준이면 젓는 속도(*D*)의 효과는 무시할 수 있을 정도이지만, 높은 수준이면 그 효과는 매우 큰 양의 값을 가지게 된다. 아마도 이전에 확인된 교호작용 *AD* 때문이라고 생각할 수 있다.

위의 분석에 기초하여, 전체 실험 영역에 대한 여과율를 예측할 수 있는 모델을 얻을 수 있게 된다. 이 모델은 다음과 같다.

$$\hat{y} = \hat{\beta}_0 + \hat{\beta}_1 x_1 + \hat{\beta}_3 x_3 + \hat{\beta}_4 x_4 + \hat{\beta}_{13} x_1 x_3 + \hat{\beta}_{14} x_1 x_4$$

여기서 $x_1, x_2, x_4 (-1 \le x_i \le +1)$는 *A, C, D*를 나타내는 변수이며, $\hat{\beta}$들은 이전에 구한 효과의 추정치로부터 얻을 수 있는 회귀계수이다. 그래서 예측방정식은

$$\hat{y} = 70.75 + \left(\frac{19.00}{2}\right) x_1 + \left(\frac{14.00}{2}\right) x_3 + \left(\frac{16.50}{2}\right) x_4 + \left(\frac{-18.50}{2}\right) x_1 x_3 + \left(\frac{19.00}{2}\right) x_1 x_4$$

이다. 절편 $\hat{\beta}_0$는 이 설계의 8개 실행에 대한 반응값들의 평균이라는 것을 기억하자. 이 모델은 예제 6.2의 완전 2^k 요인설계에서 도출된 모델과 매우 유사하다.

예제 8.1에 대해 JMP 선별 분석을 시행한 것이 다음의 박스에 나타나 있다. 8번의 시행과 자유도 7밖에 없으므로 절편, 4개의 주효과, 6개 중 3개의 2요인 교호작용(과 가명관계)만을 모델에 포함하였다. Lenth의 방법으로 얻은 *P* 값이 모두 크다. 5개의 중요한 효과로 돌린 8번의 시행은 Lenth의 방법으로 신뢰할만한 오차추정치를 만드는 데는 적절하지 않다. 그리고 R^2이 1이고, 보정된 R^2과 평균오차제곱합의 제곱근이 없음에 주목하자. 모형이 포화되었기 때문이다.

그러나 가장 큰 효과는 이전에 예제 8.1에서 확인한 것과 같이 3개의 주효과와 2개의 2요인 교호작용이다. 결과물의 예측 프로파일러 부분은 여과율을 최대화하도록 하는 중요 요인수준으로 맞춰져 있다.

Response Y

Summary of Fit

RSquare	1
RSquare Adj	.
Root Mean Square Error	.
Mean of Response	70.75
Observations (or Sum Wgts)	8

Sorted Parameter Estimates

Term	Estimate	Relative Std Error	Pseudo t-Ratio	Pseudo p-Value
X1	9.5	0.353553	0.77	0.5128
X1*X4	9.5	0.353553	0.77	0.5128
X1*X3	−9.25	0.353553	−0.75	0.5228
X4	8.25	0.353553	0.67	0.5649
X3	7	0.353553	0.57	0.6213
X2	0.75	0.353553	0.06	0.9565
X1*X2	−0.5	0.353553	−0.04	0.9710

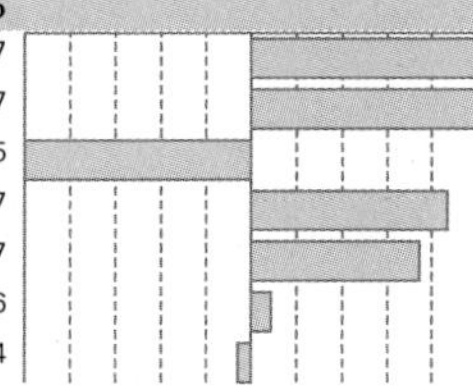

No error degrees of freedom, so ordinary tests uncomputable. Relative Std Error corresponds to residual standard error of 1. Pseudo *t*-Ratio and *P*-Value calculated using Lenth PSE = 12.375 and DFE = 2.3333

Prediction Profiler

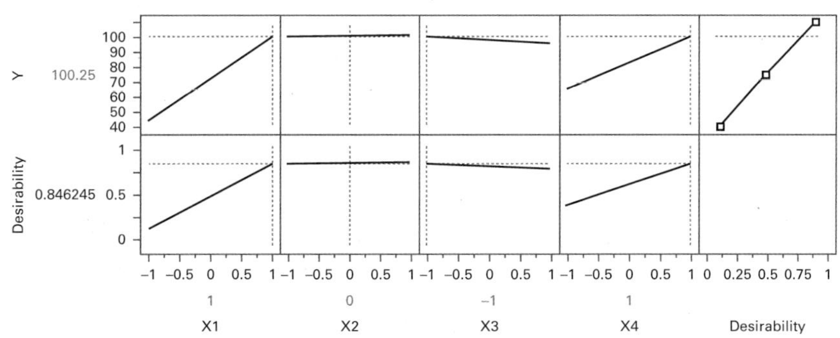

Effect Screening

The parameter estimates have equal variances.
The parameter estimates are not correlated.

Lenth PSE
12.375

Parameter Estimate Population

Term	Estimate	Pseudo *t*-Ratio	Pseudo *P*-Value
Intercept	70.7500	5.7172	0.0203*
X1	9.5000	0.7677	0.5128
X2	0.7500	0.0606	0.9565
X3	7.0000	0.5657	0.6213
X4	8.2500	0.6667	0.5649
X1*X2	−0.5000	−0.0404	0.9710
X1*X3	−9.2500	−0.7475	0.5228
X1*X4	9.5000	0.7677	0.5128

Orthog *t*-Test used Pseudo Standard Error

예제 8.2 공정과정 개선을 위해 사용된 2^{5-1} 설계

공정의 산출량을 향상하기 위해, 2^{5-1} 설계를 이용하여 직접회로 제조과정에 영향을 미칠 수 있는 다섯 가지 요인을 연구하였다. 다섯 가지 요인은 A=조리개 설정(작게, 크게), B=노출시간(보통보다 20% 낮게, 보통보다 20% 높게), C=현상 시간(30초, 45초), D=복면 크기(작은, 큰), 그리고 E=에칭 시간(14.5분, 15.5분)이며, 2^{5-1} 설계의 구성은 표 8.5에 있다. 이 설계는 16개의 실행을 가지는 기본 설계(A, B, C, D의 2^4 설계)를 바탕으로 하고, $ABCDE$을 제너레이터로 하여, 다섯 번째 요인의 수준을 $E=ABCD$로 설정하도록 구성되었다. 그림 8.5에서 설계를 설명하고 있다.

이 설계의 정의관계가 $I=ABCDE$이므로, 결과적으로 모든 주효과는 4요인의 교호작용과 가명관계를 가지고(예를 들어 $[A] \rightarrow A+BCDE$), 모든 2요인 교호작용은 3요인의 교호작용과 가명관계를 가진다(즉, $[AB] \rightarrow AB+CDE$). 그래서 이 설계는 해상도 V를 가지게 되므로, 2^{5-1} 설계에서 주효과와 2요인의 교호작용과 관련한 우수한 정보를 기대할 수 있다.

표 8.6은 효과추정치, 제곱합, 위 실험의 15개의 효과에 대한 모델 회귀계수를 보여준다. 그림 8.6은 이 실험의 효과추정치의 정규확률그림이다. A, B, C의 주효과와 교호작용 AB의 효과는 매우 큰 것을 확인할 수 있는데, 가명관계로 인하여 이 효과들은 실제로 $A+BCDE$, $B+ACDE$, $C+ABDE$, $AB+CDE$이다. 하지만 세 요인과 고차원 교호작용은 무시해도 될 정도로 작다고 말해도 되므로, 안심하고 A, B, C와 교호작용 AB가 중요한 효과를 가지고 있다고 결론지을 수 있다.

표 8.7은 이 실험의 분산분석의 요약이다. 모델의 제곱합은 $SS_{\text{Model}}=SS_A+SS_B+SS_C+SS_{AB}=5747.25$이고, 이는 산출량 전체 변동성의 99%를 설명한다. 그림 8.7은 잔차의 정규확률그림을 보여주고 있으며, 그림 8.8은 예측값 대비 잔차의 그림을 보여준다. 두 그림 모두 만족스러운 결과이다.

세 요인 A, B, C의 효과는 큰 양의 값을 가지며, AB 혹은 조리개설정–노출시간 간의 교호작용은 그림 8.9에서 보듯 A와 B가 모두 높은 수준이면 산출량이 높게

표 8.5 예제 8.2의 2^{5-1} 설계

시행	기본 설계 A	B	C	D	$E=ABCD$	처리조합	산출량
1	−	−	−	−	+	e	8
2	+	−	−	−	−	a	9
3	−	+	−	−	−	b	34
4	+	+	−	−	+	abe	52
5	−	−	+	−	−	c	16
6	+	−	+	−	+	ace	22
7	−	+	+	−	+	bce	45
8	+	+	+	−	−	abc	60
9	−	−	−	+	−	d	6
10	+	−	−	+	+	ade	10
11	−	+	−	+	+	bde	30
12	+	+	−	+	−	abd	50
13	−	−	+	+	+	cde	15
14	+	−	+	+	−	acd	21
15	−	+	+	+	−	bcd	44
16	+	+	+	+	+	$abcde$	63

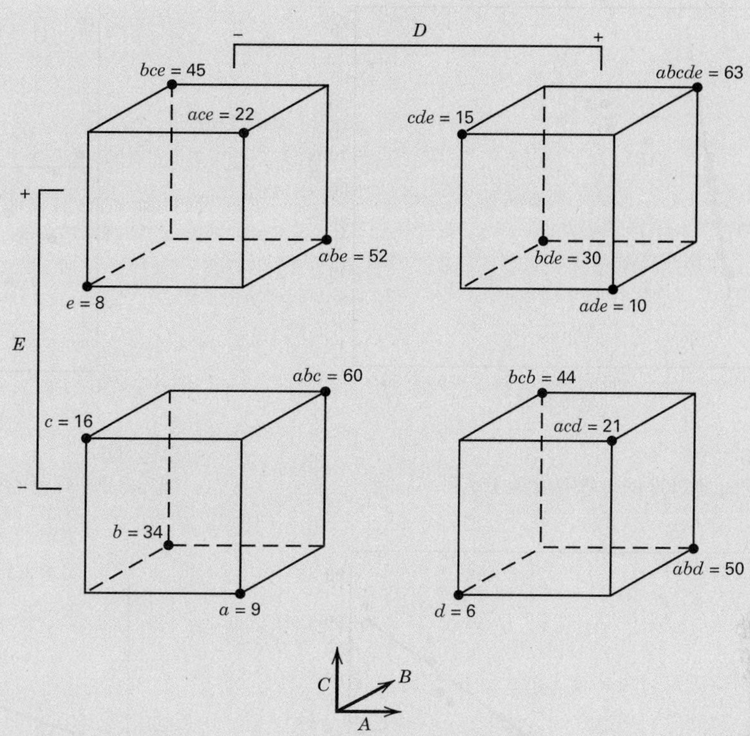

그림 8.5
예제 8.2의 2^{5-1}_{V} 설계

표 8.6 예제 8.2의 효과, 회귀계수, 제곱합

변수	요인	−1 수준	+1 수준
A	조리개 설정	작게	크게
B	노출시간	−20%	+20%
C	현상시간	30초	40초
D	복면 크기	작음	큼
E	식각시간	14.5분	15.5분

변수	회귀계수	효과추정치	제곱합
전체 평균	30.3125		
A	5.5625	11.1250	495.062
B	16.9375	33.8750	4590.062
C	5.4375	10.8750	473.062
D	−0.4375	−0.8750	3.063
E	0.3125	0.6250	1.563
AB	3.4375	6.8750	189.063
AC	0.1875	0.3750	0.563
AD	0.5625	1.1250	5.063
AE	0.5625	1.1250	5.063
BC	0.3125	0.6250	1.563
BD	−0.0625	−0.1250	0.063
BE	−0.0625	−0.1250	0.063
CD	0.4375	0.8750	3.063
CE	0.1875	0.3750	0.563
DE	−0.6875	−1.3750	7.563

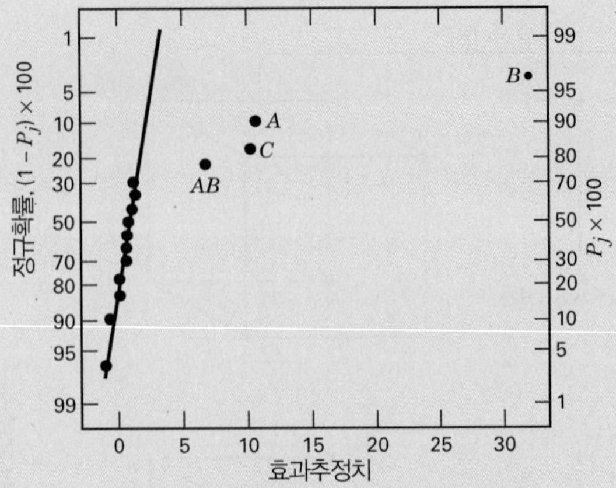

그림 8.6
예제 8.2의 효과에 대한 정규확률그림

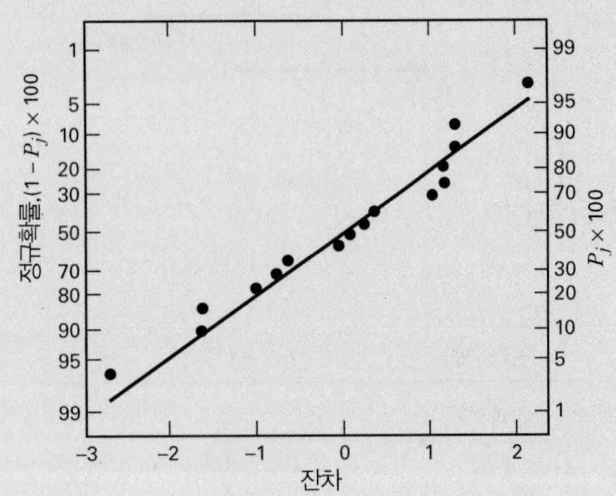

그림 8.7
예제 8.2에 대한 잔차의 정규확률그림

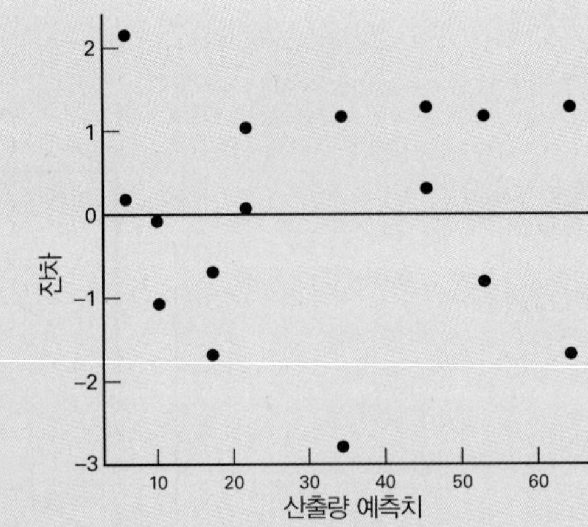

그림 8.8
예제 8.2에 대한 산출량 예측치 대비 잔차의 도표

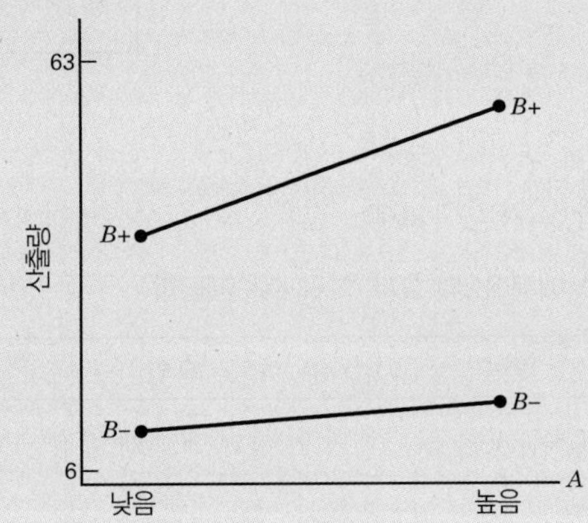

그림 8.9
예제 8.2에서의 조리개설정과 노출시간의 교호작용

나온다는 점을 확인할 수 있다.

이 2^{5-1} 설계는 원래의 5가지 요인 중 어떠한 요인이든 3가지로 구성된 2^3 설계의 두 번 복제로 나누어질 수 있다(그림 8.5를 보면 이를 시각화하는 데 도움이 될 것이다). 그림 8.10은 8개의 모서리에 평균 산출량을 겹쳐서 표현하고 있는 요인 *A*, *B*, *C*에 대한 정육면체이다. 정

표 8.7 예제 8.2에 대한 분산분석

변동원인	제곱합	자유도	평균제곱	F_0	*P* 값
A (조리개 설정)	495.0625	1	495.0625	193.20	<0.0001
B (노출시간)	4590.0625	1	4590.0625	1791.24	<0.0001
C (현상시간)	473.0625	1	473.0625	184.61	<0.0001
AB	189.0625	1	189.0625	73.78	<0.0001
오차	28.1875	11	2.5625		
합계	5775.4375	15			

육면체를 보면 요인 *A*, *B*, *C*가 모두 높은 수준일 때 높은 산출량을 달성할 수 있다는 사실을 확인할 수 있다.

요인 *D*와 *E*는 평균 공정 산출량에 거의 효과가 없으며, 다른 목적(비용 등)을 최적화하는 값을 설정하는 데 사용될 수 있다.

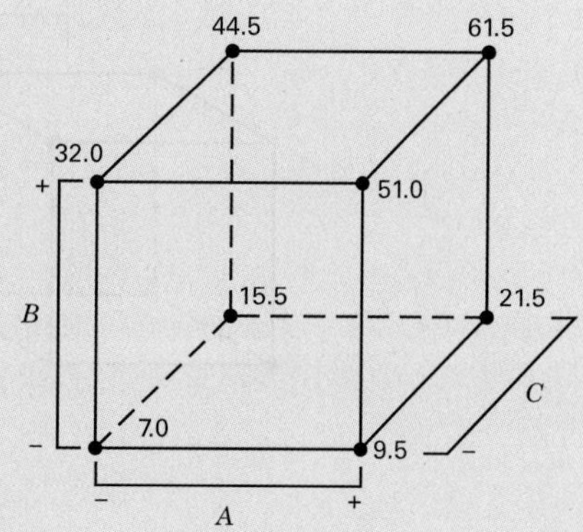

그림 8.10
요인 *A*, *B*, *C*로 구성된 2^3 설계의 두 번 복제로의, 예제 8.2의 2_{V}^{5-1} 설계의 투영

다음에 JMP 선별 분석의 결과가 나타나 있다 JMP 선별 플랫폼은 Lenth의 방법으로 중요한 효과를 찾는다. 이 결과는 예제 8.2에서 사용한 정규확률그림의 효과 방법 결과와 일치한다. 모형에 모든 주효과와 2요인 교호작용을 넣으면 이 설계가 포화되므로, 잔차를 추정할 자유도가 남아있지 않다. 결론적으로 $R^2 = 1$이며, 보정된 R^2과 평균오차제곱합의 제곱근을 계산할 수 없다.

Response Y

Summary of Fit

RSquare	1
RSquare Adj	.
Root Mean Square Error	.
Mean of Response	30.3125
Observations (or Sum Wgts)	16

Sorted Parameter Estimates

Term	Estimate	Relative Std Error	Pseudo *t*-Ratio	Pseudo *P*-Value
X2	16.9375	0.25	36.13	<.0001*
X1	5.5625	0.25	11.87	<.0001*
X3	5.4375	0.25	11.60	<.0001*
X1*X2	3.4375	0.25	7.33	0.0007*
X4*X5	−0.6875	0.25	−1.47	0.2024
X1*X4	0.5625	0.25	1.20	0.2839
X1*X5	0.5625	0.25	1.20	0.2839
X4	−0.4375	0.25	−0.93	0.3935
X3*X4	0.4375	0.25	0.93	0.3935
X5	0.3125	0.25	0.67	0.5345
X2*X3	0.3125	0.25	0.67	0.5345
X1*X3	0.1875	0.25	0.40	0.7057
X3*X5	0.1875	0.25	0.40	0.7057
X2*X4	−0.0625	0.25	−0.13	0.8991
X2*X5	−0.0625	0.25	−0.13	0.8991

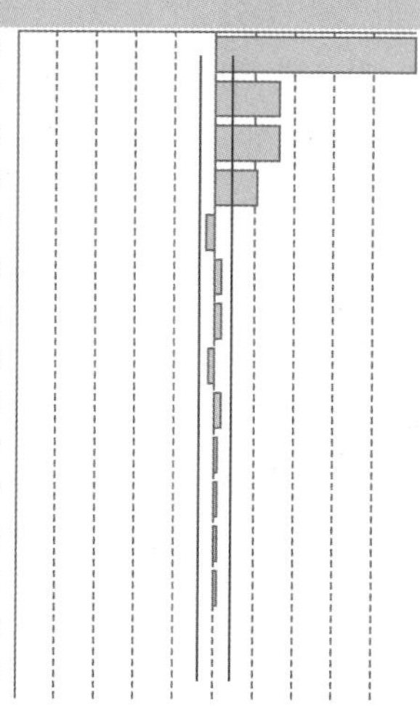

No error degrees of freedom, so ordinary tests uncomputable. Relative Std Error corresponds to residual standard error of 1. Pseudo *t*-Ratio and *P*-Value calculated using Lenth PSE = 0.46875 and DFE = 5

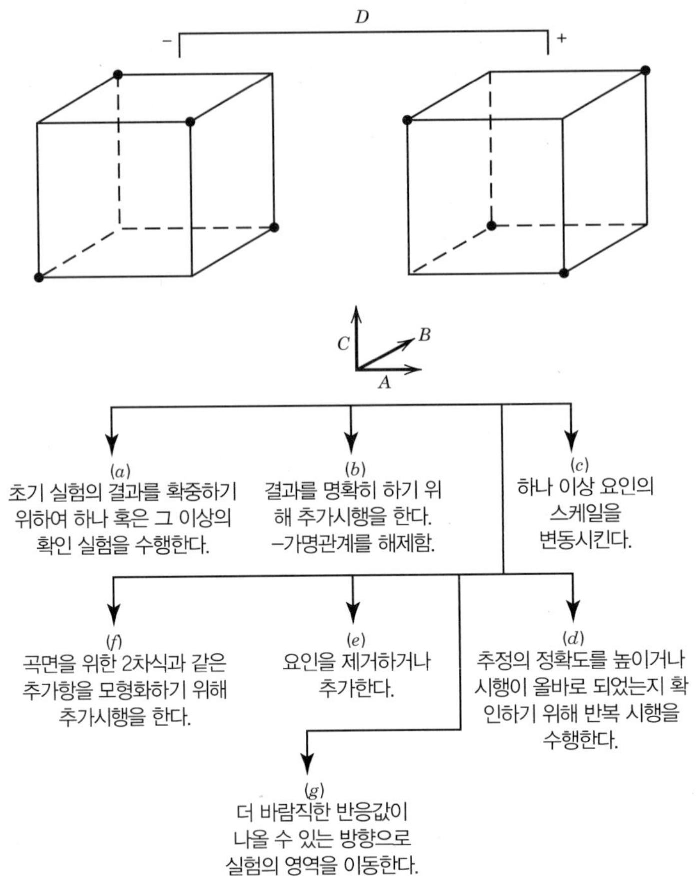

그림 8.11
초기 부분요인실험 후의 후속 실험에 대한 가능성

부분 요인의 연속(*Sequences of Fractional Factorials*). 부분요인설계를 사용함으로써 조금 더 경제적이며 효율적인 실험을 할 수 있는 경우가 많은데, 특히 **연속적**(sequentially)으로 시행이 이루어질 때 더욱 그러하다. 예를 들어 $k=4$개의 요인($2^4=16$개의 실행)을 조사한다고 해 보자. 거의 대부분의 경우에 2_{IV}^{4-1} 부분설계(8번 실행)을 진행하여 결과를 분석한 후, 다음 수행을 위한 가장 좋은 구성의 세트를 결정하려고 한다. 만약 모호성을 해결해야 할 필요가 있다면, 항상 다른 부분을 마저 실행하여 2^4 설계 실험을 완성할 수 있다. 이 방법이 설계를 완성하는 데 사용되는 경우, 두 개의 절반부분은 각각 완전설계에 대한 **블록들**(blocks)을 표현하는데, 이 설계는 최고차항 교호작용을 블록에 중첩한 설계이다(여기서는 *ABCD*가 중첩되었다). 그러므로 연속적인 실험을 하게 되면 최고차항 교호작용에 대한 정보만을 잃는 것이다. 이런 방법의 장점으로는 많은 경우 절반부분을 통해 다음 실험을 진행하는 데 충분한 양을 학습하며 요인을 더하거나 빼고, 반응값을 바꾸거나 몇 요인의 범위를 새로 바꾸는 등의 결정을 취할 수 있다는 것이다. 이러한 가능성이 그림 8.11에 그래프로 표현되어 있다.

예제 8.3

예제 8.1의 실험을 다시 살펴보자. 2_{IV}^{4-1} 설계를 사용하였으며, 잠정적으로 효과가 큰 세 주효과 *A*, *C*, *D*와 2요인 교호작용, *AC*+*BD*와 *AD*+*BC*를 확인하였다. 예제 8.2에서는 잠정적으로 중요한 교호작용이 *AC*와 *AD*라는 결론을 내리기 위해 주효과 *B*가 무시할 만큼 작다는 사실을 이용하였다. 실험자는 때로 중요한 교호작용을 구별할 공정 지식 등을 가지고 있을 것이다. 하지만 $I=-ABCD$을 이용하여 다른 절반을 실행하면 의미있는 교호작용을 항상 찾을 수 있다. 설계와 반응값을 다음과 같이 표현하기는 매우 쉽다.

시행	기본 설계				처리조합	여과율
	A	*B*	*C*	$D=-ABC$		
1	−	−	−	+	*d*	43
2	+	−	−	−	*a*	71
3	−	+	−	−	*b*	48
4	+	+	−	+	*abd*	104
5	−	−	+	−	*c*	68
6	+	−	+	+	*acd*	86
7	−	+	+	+	*bcd*	70
8	+	+	+	−	*abc*	65

이 대체부분설계로부터 얻어지는 효과추정치(와 그의 가명관계)는

$$[A]' = 24.25 \rightarrow A - BCD$$
$$[B]' = 4.75 \rightarrow B - ACD$$
$$[C]' = 5.75 \rightarrow C - ABD$$
$$[D]' = 12.75 \rightarrow D - ABC$$
$$[AB]' = 1.25 \rightarrow AB - CD$$
$$[AC]' = -17.75 \rightarrow AC - BD$$
$$[AD]' = 14.25 \rightarrow AD - BC$$

이다. 이 추정치를 원래의 절반부분에서 얻은 것과 합하여 다음의 효과추정치를 얻을 수 있다.

i	$\frac{1}{2}([i]+[i]')$인 경우	$\frac{1}{2}([i]-[i]')$인 경우
A	$21.63 \rightarrow A$	$-2.63 \rightarrow BCD$
B	$3.13 \rightarrow B$	$-1.63 \rightarrow ACD$
C	$9.88 \rightarrow C$	$4.13 \rightarrow ABD$
D	$14.63 \rightarrow D$	$1.88 \rightarrow ABC$
AB	$10.13 \rightarrow AB$	$-1.13 \rightarrow CD$
AC	$-18.13 \rightarrow AC$	$-0.38 \rightarrow BD$
AD	$16.63 \rightarrow AD$	$2.38 \rightarrow BC$

이 추정치들은 예제 6.2에 나와 있는 2^4 요인설계의 단일 반복 데이터를 분석한 원래의 추정치와 정확하게 일치한다. *AC*와 *AD* 교호작용은 매우 크다는 점을 명확히 확인할 수 있다.

확인 실험(*Confirmation Experiments*). 주요부분(principal fraction)에 대체부분(alternate fraction)을 추가하는 것은, 두 요소의 교호작용 효과에 대해 처음 내린 결론에 확신하기 위한 확인 실험의 한 유형으로 간주할 수 있다. 8.5절과 8.6절에서 교호작용을 분리하는 부분요인설계의 결합이 가지는 다른 양상들에 대해서 확인할 수 있을 것이다.

확인 실험은 자세하게 할 필요가 없는, 설계 공간 내의 관심 있는 점에서의 반응값을 예측하는 모델 방정식을 사용하는 간단한 확인이다(이는 현재 설계에서 사용 중인 시행이 아

니어야 한다). 그리고 해당 처리조합을(아마도 여러 번) 시행하고, 예측값과 관측치를 비교하는 것이다. 합리적으로 비슷한 값이 나오면 부분요인에 대한 설계가 옳다는 것이고, 심각한 차이가 나온다면 해당 해석이 문제가 있다는 것이다. 이는 모호한 부분을 해결하기 위해 추가적인 실험이 필요하다는 지표가 될 수 있다.

예제 8.1의 2^{4-1} 부분요인설계를 예로 들어 살펴보도록 하자. 실험자는 반응변수인 여과율을 높게 하면서, 포름 알데히드(요인 C)의 농도는 낮은 조건을 찾고 싶어 한다. 이것은 요인 A와 D가 높은 수준을 가지고, 요인 C는 저수준에 있어야 한다는 것을 말한다. 그림 8.3을 살펴보면, 부분요인설계에서 실행된 B가 저수준일 때의 처리조합은 관측치가 100임을 확인할 수 있다. B가 고수준일 때의 처리조합은 부분요인설계에 들어가지 않았으므로, 이는 합리적인 확인 실험 시행이 될 것이다. A, B, D가 고수준에 있고 C가 낮을 수준일 때는 예측 반응치를 계산하기 위해서 예제 8.1에 있는 아래와 같은 모델 방정식을 사용한다.

$$
\begin{aligned}
\hat{y} &= 70.75 + \left(\frac{19.00}{2}\right)x_1 + \left(\frac{14.00}{2}\right)x_3 + \left(\frac{16.50}{2}\right)x_4 + \left(\frac{-18.50}{2}\right)x_1x_3 + \left(\frac{19.00}{2}\right)x_1x_4 \\
&= 70.75 + \left(\frac{19.00}{2}\right)(1) + \left(\frac{14.00}{2}\right)(-1) + \left(\frac{16.50}{2}\right)(1) + \left(\frac{-18.50}{2}\right)(1)(-1) \\
&\quad + \left(\frac{19.00}{2}\right)(1)(1) \\
&= 100.25
\end{aligned}
$$

처리조합에서의 반응치는 104이다(완전 2^4 요인설계의 반응치들이 나타난 그림 6.10 참고). 여과율의 예측값과 관측치가 매우 비슷하므로, 성공적으로 확인 실험을 수행한 것이다. 이것은 부분요인설계에 대한 우리의 해석이 맞다는 것에 대한 추가적 증거이기도 하다.

확인 실험에서 예측값과 관측치가 위와 같이 비슷하지 않은 상황이 있을 수 있고, 부분요인설계에 대한 해석이 맞다고 합리적으로 결론 내리기 위해서 두 값이 충분히 비슷한지에 대해 확인해야 할 수도 있다. 이에 대한 방법의 하나는, 확인 실험의 시행에 대한 미래 관측치의 **예측구간**(prediction interval)을 만들고, 실제 관측치가 그 예측구간 안에 포함되는지를 보는 것이다. 9.6절에서는 회귀모형에 대한 예측구간을 소개하는데, 이 예를 통해 어떻게 이를 사용하는지를 보일 것이다.

8.3 2^k 설계의 1/4 부분

요인의 개수가 적당히 많은 경우에는 더 작은 2^k 설계 부분(fraction)을 사용하는 것이 유용한 경우가 많다. 2^k 설계 1/4 부분을 생각해 보자. 이 설계는 2^{k-2}번의 실행을 포함하고, 2^{k-2} **부분요인**(2^{k-2} fractional factorial)설계라고 한다.

2^{k-2} 설계는 **기본 설계**(basic design)를 $k-2$개의 요인으로 된 완전요인설계로 하여 작성하고, 처음 $k-2$개의 요인을 포함하여 적절하게 구성된 교호작용으로 2개의 추가열을 만들어 구성된다. 따라서 2^k 설계의 1/4 부분은 두 개의 제너레이터(generator)를 가지게 된다. P와 Q를 선택된 제너레이터라고 하면, $I=P$와 $I=Q$을 이 설계의 **제너레이팅 관계**(generating relations)라고 부른다. P와 Q의 부호(+ 또는 −)는 어떤 1/4 부분 중 어떤 것이 만들어지는지를 결정한다. $\pm P$와 $\pm Q$ **제너레이터**와 관련된 모든 4가지 **부분**(fraction)들은 모두 같은 **족**(family)에 속한다. P와 Q 둘 다, 양의 값인 부분이 **주요부분**(principal fraction)이다.

이 설계의 **완전 정의관계**(complete defining relation)는 단위 열 I와 같은 모든 열로 구성되어 있으며, 이는 P, Q, 그리고 **일반화 교호작용**(generalized interaction) PQ로 구성된다. 즉, 정의관계는 $I=P=Q=PQ$이며, 이 정의관계에 있는 요소 P, Q, PQ를 **워드**(words)라고 한다. 어떤 효과의 가명관계(aliases)도 그 효과의 열을 정의관계에 있는 각 워드와 곱하게 되면 얻을 수 있다. 각 효과는 정확하게 3개의 가명관계를 가진다. 실험자는 잠재적인 중요성을 지닌 효과들이 서로 가명관계에 놓이지 않도록 제너레이터를 주의하여 선택하여야 한다.

예를 들어 2^{6-2} 설계를 살펴보자. $I=ABCE$와 $I=BCDF$를 설계의 제너레이터로 선택하였다고 하자. 제너레이터 $ABCE$와 $BCDF$의 일반화 교호작용은 $ADEF$이다. 따라서 이 설계에 대한 완전 정의관계는 다음과 같다.

$$I = ABCE = BCDF = ADEF$$

결과적으로 이는 해상도 IV 설계이다. 어떤 효과(예를 들어 A)의 가명관계를 찾기 위해서, 그 효과를 정의관계의 워드와 곱한다. A를 예로 들어 해보면 아래와 같다.

$$A = BCE = ABCDF = DEF$$

모든 주효과는 요인 3개 그리고 5개의 교호작용과 가명관계에 있고, 반면에 2요인 교호작용은 서로 혹은 더 고차원의 교호작용과 가명관계에 있다. 예를 들어 A의 효과를 추정하는 경우, 실제로 추정하게 되는 것은 $A+BCE+DEF+ABCDF$가 되는 것이다. 설계의 전체 가명관계 구조는 표 8.8에 나와 있다. 만약 요인 3개의 교호작용이나 고차원의 교호작용을 무시할만 하다면, 이 설계는 주효과에 대한 명확한 추정치를 제공하게 된다.

표 8.8 2_{IV}^{6-2} 설계에 대한 가명 구조($I=ABCE=BCDF=ADEF$)

$A = BCE = DEF = ABCDF$	$AB = CE = ACDF = BDEF$
$B = ACE = CDF = ABDEF$	$AC = BE = ABDF = CDEF$
$C = ABE = BDF = ACDEF$	$AD = EF = BCDE = ABCF$
$D = BCF = AEF = ABCDE$	$AE = BC = DF = ABCDEF$
$E = ABC = ADF = BCDEF$	$AF = DE = BCEF = ABCD$
$F = BCD = ADE = ABCEF$	$BD = CF = ACDE = ABEF$
	$BF = CD = ACEF = ABDE$
$ABD = CDE = ACF = BEF$	
$ACD = BDE = ABF = CEF$	

설계를 구성하기 위해서, 우선 A, B, C, D에서 전체 $2^{6-2}=2^4$ 설계에 대해 16번의 수행으로 구성된 **기본 설계**(basic design)를 작성한다. 그리고 두 요인 E와 F를 교호작용 ABC와 BCD의 +/− 부호에 따라 +/− 부호를 확인하여 각각 추가한다. 이 과정은 표 8.9에서 볼 수 있다.

설계를 구성하는 또 다른 방법은 $ABCE$와 $BCDF$가 중첩된 2^6 설계에서의 4개의 블록을 만들고, $ABCE$와 $BCDF$의 부호가 +인 처리조합을 가지는 블록을 택하는 것이다. 이렇게 하면 제너레이터가 $I=ABCE$와 $I=BCDF$인 2^{6-2} 부분요인설계가 될 것이며, 제너레이터 $ABCE$와 $BCDF$ 모두 부호가 +이므로, 이는 **주요부분**(principal fraction)이 된다.

물론 이 2_{IV}^{6-2} 설계에는 세 개의 **대체부분**(alternate fractions)이 존재한다. 각각 $I=ABCE$와 $I=-BCDF$, $I=-ABCE$와 $I=BCDF$, $I=-ABCE$와 $I=-BCEF$를 제너레이팅 관계로 가진다. 이 방법들은 표 8.9에 나온 방법을 이용하면 쉽게 구성할 수 있다. 예를 들어 $I=ABCE$와 $I=-BCDF$에 대한 부분을 찾고자 할 때, 표 8.9의 마지막 열에서 $F=-BCD$로 놓게 되면, 요인 F의 수준에 대한 열은

$$++----++--++++--$$

이 된다. 이 대체부분에 대한 완전 정의관계는 $I=ABCE=-BCDF=-ADEF$이며, 이에 대한 가명관계 구조는 이제 표 8.9와는 달라질 것이다. 예를 들면 A의 가명관계는

표 8.9 $I=ABCE$ 와 $I=BCDF$를 제너레이터로 가지는 2_{IV}^{6-2} 설계 구성

시행	기본 설계					
	A	B	C	D	$E=ABC$	$F=BCD$
1	−	−	−	−	−	−
2	+	−	−	−	+	−
3	−	+	−	−	+	+
4	+	+	−	−	−	+
5	−	−	+	−	+	+
6	+	−	+	−	−	+
7	−	+	+	−	−	−
8	+	+	+	−	+	−
9	−	−	−	+	−	+
10	+	−	−	+	+	+
11	−	+	−	+	+	−
12	+	+	−	+	−	−
13	−	−	+	+	+	−
14	+	−	+	+	−	−
15	−	+	+	+	−	+
16	+	+	+	+	+	+

$A=BCE=-DEF=-ABCDF$가 되므로, 관측치 $[A]$의 선형조합은 사실 $A+BCE-DEF-ABCDF$을 추정하는 것이다.

마지막으로 2_{IV}^{6-2} 부분요인설계는 정의관계에서 워드가 아닌 어떤 4개의 요인에 대한 2^4 설계의 단일 반복으로 투영된다는 것을 명심하자. 이는 또한 정의관계에서 워드가 되는 어떤 4개의 요인에 대한, 단일 반복의 절반부분 2^4 설계로 투영될 것이다. 그래서 표 8.9의 설계는 요인 $ABCE$, $BCDF$, $ADEF$에 대한 반복수 2를 가지는 2^{4-1} 설계가 되는데, 이는 그 요인들이 정의관계에서의 워드이기 때문이다. $ABCD$와 $ABCF$와 같이 설계가 단일 반복 2^4 설계로 투영될 6개의 요인에 대한 12가지 조합이 있다. 이 설계 역시 여섯 가지 요인 중 어떤 세 가지 요인에 대한 2^3 설계의 반복수 2 또는 어떤 두 요인에 대한 2^2 설계의 반복수 4로 나뉠 수 있다.

일반적으로 모든 2^{k-2} 부분요인설계는 완전요인설계나 원래의 요인들의 $r \le k-2$개의 부분집합에 대한 부분요인설계가 될 수 있다. 완전요인설계를 형성하는 변수의 집합들은 완전 정의관계에서의 워드가 아니다.

예제 8.4

사출성형 공정(injection molding process)에서 제조된 부품이 과도한 수축을 보이는데, 이는 사출성형 이후의 조립과정에 문제를 일으킨다. 품질개선팀은 이 수축을 줄이기 위해 사출성형 연구를 위한 설계 실험을 하기로 결정하였다. 팀은 6개 요인[성형온도(A), 스크류 속도(B), 유지시간(C), 주기시간(D), 게이트 크기(E), 유지압력(F)]을 조사하기로 하였다. 각각 두 수준씩 가지고 있는 각 요인들이 어떻게 요인들이 수축에 영향을 미치게 되고, 서로 교호작용하는지를 보는 것이 실험의 목적이다.

팀은 표 8.9에 있는 16번의 시행수를 가지는 2수준 부분요인설계를 사용하기로 하였고, 이 설계는 표 8.10에 다시 나타난다. 이때는 각 16번의 시행에서 생성된 테

표 8.10 예제 8.4의 사출성형 실험에 대한 2_{IV}^{6-2} 설계

시행	기본 설계				$E=ABC$	$F=BCD$	수축관측치 (×10)	
	A	B	C	D				
1	−	−	−	−	−	−	6	(1)
2	+	−	−	−	+	−	10	*ae*
3	−	+	−	−	+	+	32	*bef*
4	+	+	−	−	−	+	60	*abf*
5	−	−	+	−	+	+	4	*cef*
6	+	−	+	−	−	+	15	*acf*
7	−	+	+	−	−	−	26	*bc*
8	+	+	+	−	+	−	60	*abce*
9	−	−	−	+	−	+	8	*df*
10	+	−	−	+	+	+	12	*adef*
11	−	+	−	+	+	−	34	*bde*
12	+	+	−	+	−	−	60	*abd*
13	−	−	+	+	+	−	16	*cde*
14	+	−	+	+	−	−	5	*acd*
15	−	+	+	+	−	+	37	*bcdf*
16	+	+	+	+	+	+	52	*abcdef*

표 8.11 예제 8.4에 대한 효과, 제곱합, 그리고 회귀계수

변수	요인	−1 수준	+1 수준
A	성형 온도	−1.000	1.000
B	스크류 속도	−1.000	1.000
C	유지시간	−1.000	1.000
D	주기시간	−1.000	1.000
E	게이트 크기	−1.000	1.000
F	유지 압력	−1.000	1.000

변수	회귀계수	효과추정치	제곱합
전체 평균	27.3125		
A	6.9375	13.8750	770.062
B	17.8125	35.6250	5076.562
C	−0.4375	−0.8750	3.063
D	0.6875	1.3750	7.563
E	0.1875	0.3750	0.563
F	0.1875	0.3750	0.563
AB + *CE*	5.9375	11.8750	564.063
AC + *BE*	−0.8125	−1.6250	10.562
AD + *EF*	−2.6875	−5.3750	115.562
AE + *BC* + *DF*	−0.9375	−1.8750	14.063
AF + *DE*	0.3125	0.6250	1.563
BD + *CF*	−0.0625	−0.1250	0.063
BF + *CD*	−0.0625	−0.1250	0.063
ABD	0.0625	0.1250	0.063
ABF	−2.4375	−4.8750	95.063

* 주효과와 2요인 교호작용만 나열하였다.

스트 부품에 대한 관찰된 수축정도(×10)값과 함께 표현되었다. 표 8.11에 효과추정치, 제곱합, 그리고 각 실험에 대한 회귀계수가 나와 있다.

실험의 효과추정치에 대한 정규확률그림이 그림 8.12에 나와 있다. *A*(성형온도), *B*(스크류 속도), *AB* 교호작용만이 큰 효과를 가진 것으로 보인다. 표 8.8의 가명관계를 고려하면, 이런 결론을 받아들이는 것이 잠정적으로는 타당할 것으로 보인다. 그림 8.13의 *AB* 교호작용 그림을 보면 스크류 속도가 느린 수준일 때 공정은 온도에 대해서 민감하지 않았지만, 스크류 속도가 높은 수준인 경우, 공정은 온도에 대해 매우 민감함을 볼 수 있다. 스크류 속도를 저수준으로 할 때, 공정은 온도 수준에 상관없이 대략 10% 정도의 평균 수축정도를 보이게 된다.

이런 초기 분석에 근거하여, 팀은 성형온도와 스크류 속도를 모두 낮은 수준에 두기로 하였다. 이 조건 설정은 부품의 **평균** 수축정도를 대략 10% 정도 줄여 줄 것이다. 하지만 부품 간 수축정도의 변동성은 아직도 잠재적 문제이다. 사실상 평균 수축정도는 위에서 말한 수정으로 충분히 줄일 수 있다. 하지만 공정 시행에 걸쳐서 부품 간의 수축정도의 변동성은 전반적으로 여전히 문제가 될 수 있다. 이를 해결하는 방법 하나는, 공정 요소 중 어떤 것이 부품 수축의 변동성에 영향을 미치는지 보는 것이다.

그림 8.14는 잔차의 정규확률그림이며 꽤 만족할만한 결과를 보인다. 잔차와 각 요인에 대한 그림도 만들어

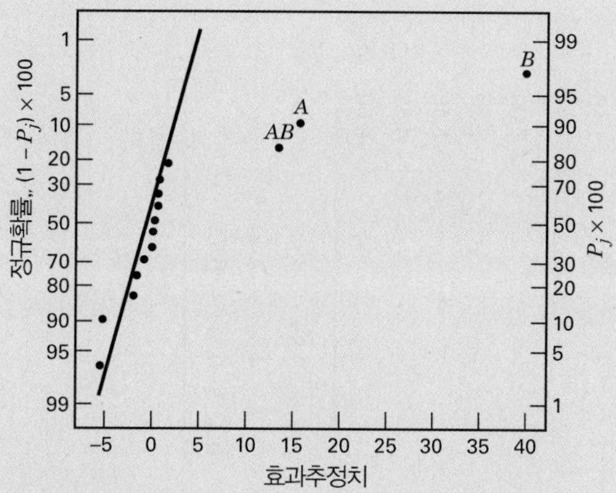

그림 8.12
예제 8.4에 대한 효과 정규확률그림

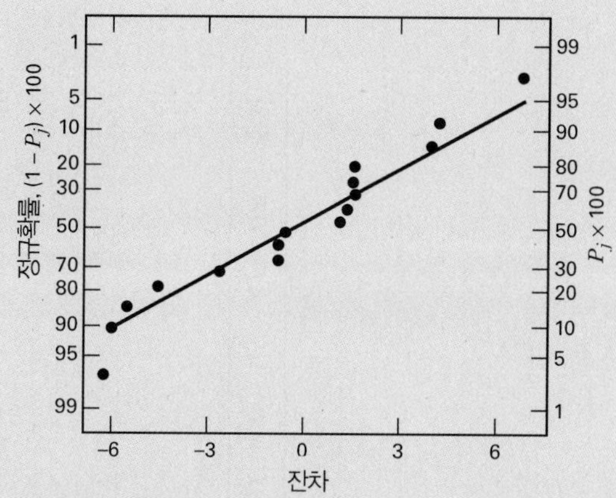

그림 8.14
예제 8.4에 대한 잔차 정규확률그림

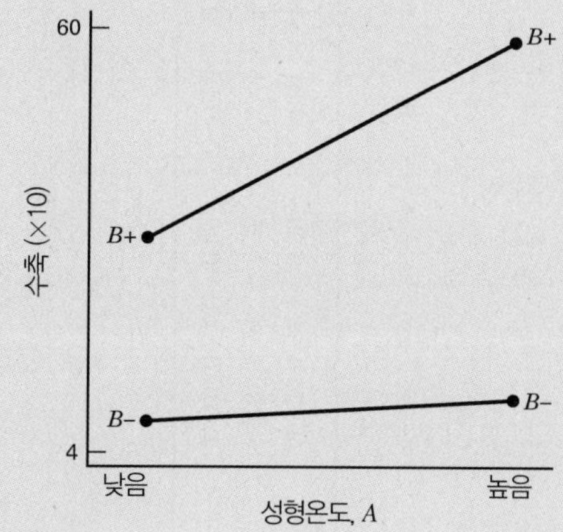

그림 8.13
예제 8.4에 대한 *AB* 교호작용(성형온도–스크류 속도) 그림

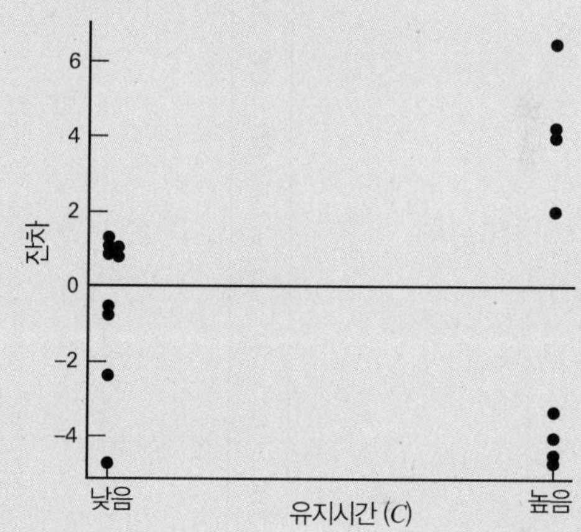

그림 8.15
예제 8.4에 대한 유지시간(*C*) vs 잔차

졌다. 이 그림 중 하나인 요인 *C*(유지시간) vs 잔차 그림이 그림 8.15에 나와 있다. 그림을 보면 유지시간이 낮을 때가 유지시간이 높을 때보다 잔차가 덜 퍼져있음을 알 수 있다. 이 잔차는 수축정도를 예측하는 모형에서 일반적인 방법을 통해 구한 것이다.

$$\begin{aligned}\hat{y} &= \hat{\beta}_0 + \hat{\beta}_1 x_1 + \hat{\beta}_2 x_2 + \hat{\beta}_{12} x_1 x_2 \\ &= 27.3125 + 6.9375 x_1 + 17.8125 x_2 + 5.9375 x_1 x_2\end{aligned}$$

여기서 x_1, x_2, x_1x_2는 요인 *A*와 *B* 그리고 *AB* 교호작용에 해당하는 부호화된 변수이다. 따라서 잔차는 다음과 같다.

$$e = y - \hat{y}$$

잔차를 만드는 데 사용된 회귀모형은 자료로부터 *A*, *B*, *AB*의 위치 효과(location effects)를 근본적으로 제거한다. 따라서 잔차는 이제 예측 불가능한 변동성에 대한 정보만 가지게 된다. 그림 8.15는 변동성에 패턴이 있으며, 부품 수축의 변동성은 유지시간이 낮은 경우에 더 작을 수 있다는 것을 암시한다[6장에서 보았듯이, 잔차는 위치 혹은 평균모형이 올바를 때 분산(dispersion)과 관련된 정보를 전달한다는 것을 기억하자].

이는 표 8.12에 있는 잔차분석을 통해서 더욱 자세히 설명할 수 있다. 이 표에서는 각 요인의 고수준(+), 저수준(−)에 대한 잔차와 그에 대한 표준편차가 계산되어

표 8.12 예제 8.4에 대한 분산효과 계산

시행	A	B	$AB=CE$	C	$AC=BE$	$AE=BC=DF$	E	D	$AD=EF$	$BD=CE$	ABD	$BF=CD$	ACD	F	$AF=DE$	잔차
1	−	−	+	−	+	+	−	−	+	+	−	+	−	−	+	−2.50
2	+	−	−	−	−	+	+	−	−	+	+	+	+	−	−	−0.50
3	−	+	−	−	+	−	+	−	+	−	+	+	−	+	−	−0.25
4	+	+	+	−	−	−	−	−	−	−	−	+	+	+	+	2.00
5	−	−	+	+	−	−	+	−	+	+	−	−	+	+	−	−4.50
6	+	−	−	+	+	−	−	−	−	+	+	−	−	+	+	4.50
7	−	+	−	+	−	+	−	−	+	−	+	−	+	−	+	−6.25
8	+	+	+	+	+	+	+	−	−	−	−	−	−	−	−	2.00
9	−	−	+	−	+	+	−	+	−	−	+	−	+	+	−	−0.50
10	+	−	−	−	−	+	+	+	+	−	−	−	−	+	+	1.50
11	−	+	−	−	+	−	+	+	−	+	−	−	+	−	+	1.75
12	+	+	+	−	−	−	−	+	+	+	+	−	−	−	−	2.00
13	−	−	+	+	−	−	+	+	−	−	+	+	−	−	+	7.50
14	+	−	−	+	+	−	−	+	+	−	−	+	+	−	−	−5.50
15	−	+	−	+	−	+	−	+	−	+	−	+	−	+	−	4.75
16	+	+	+	+	+	+	+	+	+	+	+	+	+	+	+	−6.00
$S(i^+)$	3.80	4.01	4.33	5.70	3.68	3.85	4.17	4.64	3.39	4.01	4.72	4.71	3.50	3.88	4.87	
$S(i^-)$	4.60	4.41	4.10	1.63	4.53	4.33	4.25	3.59	2.75	4.41	3.64	3.65	3.12	4.52	3.40	
F_i^*	−0.38	−0.19	0.11	2.50	−0.42	−0.23	−0.04	0.51	0.42	−0.19	0.52	0.51	0.23	−0.31	0.72	

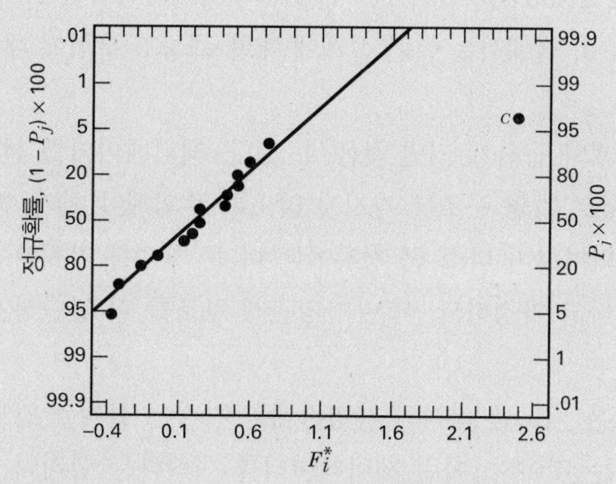

그림 8.16
예제 8.4에서 분산효과 F_i^*의 정규확률그림

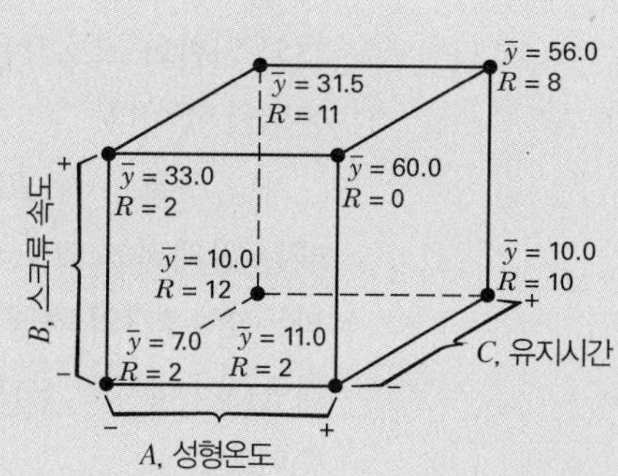

그림 8.17
예제 8.4에서 요인 A, B, 그리고 C의 평균 수축정도와 수축정도의 범위

있다. C가 저 수준일 때 잔차의 표준편차 [$S(C^-)=1.63$]이 C가 고수준일 때의 잔차의 표준편차 [$S(C^+)=5.70$]보다 상당히 작다는 것에 유의하자.

표 8.12의 마지막 줄의 통계량은 다음과 같다.

$$F_i^* = \ln \frac{S^2(i^+)}{S^2(i^-)}$$

i번째 요인의 고수준과 저수준에서의 잔차의 분산이 같으면, 위의 비율은 대략 평균이 0인 정규분포를 따르며, 요인 i의 두 수준에서의 반응 변동성 차이를 판단하는데 사용될 수 있다. 비율 F_C^*가 상대적으로 크므로, 그림 8.15에서 관찰된 명백한 **분산**(dispersion) 혹은 **변동성 효과**(dispersion or variability effect)가 실재한다는 결론을 내릴 수 있을 것이다. 그러므로 유지시간을 낮은 수준에 두면 생산 가동 중 부품 간 수축의 변동성을 줄일 수 있을 것이다. 그림 8.16은 표 8.12에 나온 F_i^*의 값에 대한 정규확률그림이다. 이 또한 요인 C가 큰 분산효과(dispersion effect)가 있음을 보여주고 있다.

그림 8.17은 이 실험에서의 자료가 요인 A, B, C의 정육면체로 투영될 수 있음을 보여준다. 평균 관찰 수축정도와 관찰 수축정도의 범위는 정육면체의 각 모서리에서 확인할 수 있다. 이 그림을 살펴보면 스크류 속도를 낮은 수준에 두고 공정을 실행하는 것이 평균 부품 수축을 줄여주는 핵심임을 확인할 수 있다. 만약 스크류 속도(B)가 낮다면, 사실상 온도(A)와 유지시간(C)에 대한 모든 조합이 낮은 평균 수축정도를 만들어 낼 것이다. 하지만 정육면체의 각 모서리에서의 수축정도값의 범위를 보면, 유지시간(C)을 낮게 설정하는 것이 생산 공정 내에서의 부품 간 수축정도의 변동성을 낮게 유지하기 위한 합리적이고 유일한 선택이다.

8.4 일반화 2^{k-p} 부분요인설계

8.4.1 설계 선택

2^{k-p}번 수행하는 2^k 부분요인설계를 2^k 설계의 $1/2^p$ 부분 혹은 더 간단하게 2^{k-p} 부분요인설계라고 부른다. 이런 설계를 위해서는 p개의 독립적인 제너레이터(generators)를 선택해

야 한다. 이 설계의 정의관계(defining relation)는 먼저 선택된 p개의 제너레이터와 2^p-p-1개의 일반화 교호작용으로 구성된다. 이 절에서는 이런 설계에 대한 구성과 분석에 대해서 논의할 것이다.

가명 구조는 각 효과 열을 정의관계와 곱하게 되면 찾을 수 있다. 제너레이터를 선택할 때는 잠재적인 교호작용의 효과가 서로 가명 구조를 가지지 않도록 주의해야 한다. 각 효과는 2^p-1개의 가명관계를 가지게 되며, k가 다소 큰 경우에는 더 큰 차수를 가지는 교호작용(3차, 4차 이상)은 무시할 수 있다고 가정하고, 이는 가명관계 구조를 더 간단하게 해준다.

2^{k-p} 부분요인설계에서 중요한 것은 되도록 최적의 가명관계를 가지는 설계를 만들 수 있도록 p개의 제너레이터를 선택하는 것이다. 이런 제너레이터를 선택하는 합리적 방법은 2^{k-p} 설계가 **가능한 높은 해상도**(highest possible resolution)를 가지도록 제너레이터를 선택하는 것이다. 예를 들어 표 8.9에서 2_{IV}^{6-2} 설계를 보면, $E=ABC$, $F=BCD$로 제너레이터를 사용해서 해상도 IV를 만들었다. 이는 가장 큰 해상도를 가지는 설계이다. 만약 $E=ABC$, $F=ABCD$를 선택하였다면, 완전 정의관계는 $I=ABCD=ABCDF=DEF$가 되고, 이 설계의 해상도는 III이 된다. 이는 교호작용에 대한 정보를 불필요하게 희생시키게 되므로 분명히 좋지 못한 선택이다.

해상도 하나만으로는 설계들을 구분하기 충분하지 않을 때가 있다. 예를 들어 표 8.13에서 보았던 세 개의 2_{IV}^{7-2} 설계를 보면, 모두 해상도가 IV이지만 2요인 교호작용에 대해서는 서로 다른 가명 구조를 지니고 있다(3요인 및 그 이상의 고차원 교호작용은 무시할 만하다고 가정하였다). 설계 A는 지나치게 많은 가명관계를 가지고, 설계 C는 최소의 가명관계를 가지므로 설계 C가 2_{IV}^{7-2} 설계에 대한 가장 최고의 선택이 된다.

설계 A에서 세 개의 워드의 길이는 모두 4이다. 즉, 워드의 길이 **패턴**(pattern)은 {4, 4, 4}이다. B설계는 {4, 4, 6}이며, C설계는 {4, 5, 5}이다. 설계 C의 정의관계는 길이가 4인 워드가 오직 한 개만 있으며, 다른 나머지 설계들은 2개 혹은 3개를 가진다. 그러므로 가

표 8.13 2_{IV}^{7-2} 설계에 대한 제너레이터 선택 3개

설계 A 제너레이터: $F=ABC, G=BCD$ $I=ABCF=BCDG=ADFG$	설계 B 제너레이터: $F=ABC, G=ADE$ $I=ABCF=ADEG=BCDEFG$	설계 C 제너레이터: $F=ABCD, G=ABDE$ $I=ABCDF=ABDEG=CEFG$
가명(2요인 교호작용)	가명(2요인 교호작용)	가명(2요인 교호작용)
$AB=CF$	$AB=CF$	$CE=FG$
$AC=BF$	$AC=BF$	$CF=EG$
$AD=FG$	$AD=EG$	$CG=EF$
$AG=DF$	$AE=DG$	
$BD=CG$	$AF=BC$	
$BG=CD$	$AG=DE$	
$AF=BC=DG$		

표 8.14 선택된 2^{k-p} 부분요인설계

요인수, k	부분	시행수	설계 제너레이터
3	2_{III}^{3-1}	4	$C = \pm AB$
4	2_{IV}^{4-1}	8	$D = \pm ABC$
5	2_{V}^{5-1}	16	$E = \pm ABCD$
	2_{III}^{5-2}	8	$D = \pm AB$
			$E = \pm AC$
6	2_{VI}^{6-1}	32	$F = \pm ABCDE$
	2_{IV}^{6-2}	16	$E = \pm ABC$
			$F = \pm BCD$
	2_{III}^{6-3}	8	$D = \pm AB$
			$E = \pm AC$
			$F = \pm BC$
7	2_{VII}^{7-1}	64	$G = \pm ABCDEF$
	2_{IV}^{7-2}	32	$F = \pm ABCD$
			$G = \pm ABDE$
	2_{IV}^{7-3}	16	$E = \pm ABC$
			$F = \pm BCD$
			$G = \pm ACD$
	2_{III}^{7-4}	8	$D = \pm AB$
			$E = \pm AC$
			$F = \pm BC$
			$G = \pm ABC$
8	2_{V}^{8-2}	64	$G = \pm ABCD$
			$H = \pm ABEF$
	2_{IV}^{8-3}	32	$F = \pm ABC$
			$G = \pm ABD$
			$H = \pm BCDE$
	2_{IV}^{8-4}	16	$E = \pm BCD$
			$F = \pm ACD$
			$G = \pm ABC$
			$H = \pm ABD$
9	2_{VI}^{9-2}	128	$H = \pm ACDFG$
			$J = \pm BCEFG$
	2_{IV}^{9-3}	64	$G = \pm ABCD$
			$H = \pm ACEF$
			$J = \pm CDEF$
	2_{IV}^{9-4}	32	$F = \pm BCDE$
			$G = \pm ACDE$
			$H = \pm ABDE$
			$J = \pm ABCE$

요인수, k	부분	시행수	설계 제너레이터
	2_{III}^{9-5}	16	$E = \pm ABC$
			$F = \pm BCD$
			$G = \pm ACD$
			$H = \pm ABD$
			$J = \pm ABCD$
10	2_{V}^{10-3}	128	$H = \pm ABCG$
			$J = \pm BCDE$
			$K = \pm ACDF$
	2_{IV}^{10-4}	64	$G = \pm BCDF$
			$H = \pm ACDF$
			$J = \pm ABDE$
			$K = \pm ABCE$
	2_{IV}^{10-5}	32	$F = \pm ABCD$
			$G = \pm ABCE$
			$H = \pm ABDE$
			$J = \pm ACDE$
			$K = \pm BCDE$
	2_{III}^{10-6}	16	$E = \pm ABC$
			$F = \pm BCD$
			$G = \pm ACD$
			$H = \pm ABD$
			$J = \pm ABCD$
			$K = \pm AB$
11	2_{IV}^{11-5}	64	$G = \pm CDE$
			$H = \pm ABCD$
			$J = \pm ABF$
			$K = \pm BDEF$
			$L = \pm ADEF$
	2_{IV}^{11-6}	32	$F = \pm ABC$
			$G = \pm BCD$
			$H = \pm CDE$
			$J = \pm ACD$
			$K = \pm ADE$
			$L = \pm BDE$
	2_{III}^{11-7}	16	$E = \pm ABC$
			$F = \pm BCD$
			$G = \pm ACD$
			$H = \pm ABD$
			$J = \pm ABCD$
			$K = \pm AB$

요인수, k	부분	시행수	설계 제너레이터
			$L = \pm AC$
12	2_{III}^{12-8}	16	$E = \pm ABC$
			$F = \pm ABD$
			$G = \pm ACD$
			$H = \pm BCD$
			$J = \pm ABCD$
			$K = \pm AB$
			$L = \pm AC$
			$M = \pm AD$
13	2_{III}^{13-9}	16	$E = \pm ABC$
			$F = \pm ABD$
			$G = \pm ACD$
			$H = \pm BCD$
			$J = \pm ABCD$
			$K = \pm AB$
			$L = \pm AC$
			$M = \pm AD$
			$N = \pm BC$
14	2_{III}^{14-10}	16	$E = \pm ABC$
			$F = \pm ABD$
			$G = \pm ACD$
			$H = \pm BCD$
			$J = \pm ABCD$
			$K = \pm AB$
			$L = \pm AC$
			$M = \pm AD$
			$N = \pm BC$
			$O = \pm BD$
15	2_{III}^{15-11}	16	$E = \pm ABC$
			$F = \pm ABD$
			$G = \pm ACD$
			$H = \pm BCD$
			$J = \pm ABCD$
			$K = \pm AB$
			$L = \pm AC$
			$M = \pm AD$
			$N = \pm BC$
			$O = \pm BD$
			$P = \pm CD$

장 짧은 길이를 가진 정의관계의 수가 설계 C에서 제일 작다. 이런 설계를 **최소 수차 설계**(minimum aberration design)라고 한다.

해상도 R을 가지는 설계에서 수차를 최소로 하게 되면, $R-1$차 교호작용과 가명관계를 가지는 주효과와 $R-2$차 교호작용과 가명관계를 가지는 2차 교호작용 효과 등을 가장 적게 가질 수 있게 된다. 좀 더 자세한 사항을 원한다면 Fries and Hunter(1980)을 참고하길 바란다.

표 8.14는 $k \leq 15$개의 요인과 $n \leq 128$번까지에 대해 2^{k-p} 부분요인설계를 선택한 경우이다. 표에서 제안된 제너레이터는 가능한 제일 높은 해상도를 가진 설계를 만들어 낼 것이며, 이는 또한 최소 수차 설계가 된다.

표 8.14에 나온 $n \leq 64$인 모든 설계의 가명관계는 부록 표 VIII(a-w)에 주어져 있다. 표에 나타난 가명관계는 주효과와 2요인 그리고 3요인 교호작용에 초점을 두고 있으며, 각 설계에 대한 완전 정의관계도 주어져 있다. 이 부록표는 잠재적으로 관심 있어 할 만한 어떤 교호작용도 추정할 수 있는 충분한 해상도를 가지는 설계를 쉽게 선택할 수 있게 한다.

예제 8.5

표 8.14를 어떻게 사용하는지 설명하기 위해, 7개의 요인이 있으며 7개의 주효과와 2요인 교호작용에 대해서 추정하고 싶다. 3요인 혹은 그 이상의 교호작용은 무시할만하다고 가정할 것이며, 이는 해상도 IV 설계가 적절하다는 것을 말해준다.

표 8.14를 보면 2개의 해상도 IV 부분설계가 가능하다는 점을 알 수 있다. 즉, 32번의 시행을 가지는 2_{IV}^{7-2} 설계와 16번 시행을 가지는 2_{IV}^{7-3} 설계이다. 부록 표 VIII에서 두 설계에 대한 완전 가명관계를 알 수 있다. 16번 시행을 하는 2_{IV}^{7-3} 설계에 대한 별명은 부록 표 VIII(i)에 있다. 7개의 주효과 모두가 3요인 교호작용과 가명관계이다. 2요인 교호작용은 3개로 묶인 그룹과 가명관계이다. 따라서 이 설계는 주효과를 추정할 수 있고, 2요인 교호작용에 대한 직관을 얻고자하는 목적에 부합한다. 결국 32번 시행해야 하는 2_{IV}^{7-2} 설계할 필요가 없게 된 것이다. 부록 표 VIII(j)는 이 설계로 7개의 모든 주효과의 추정할 수 있고, 21개의 2요인 교호작용 중 15개를 유일하게 추정할 수 있음을 보여준다(3요인 그리고 그 이상의 교호작용은 무시하였음). 이는 교호작용에 관련해 필요한 것보다 많은 정보이다. 완전 2_{IV}^{7-3} 설계는 표 8.15에 나타나 있다. 이는 기본 설계로 A, B, C, D에 대한 16번의 시행수를 가지는 2^4 설계로 시작하여, $E=ABC$, $F=BCD$, $G=ACD$을 추가하게 되어 구성한다. 제너레이터는 $I=ABCE$, $I=BCDF$, $I=ACDG$(표 8.14)이다. 완전 정의관계는 $I=ABCE=BCDF=ADEF=ACDG=BDEG=CEFG=ABFG$이다.

표 8.15 2^{7-3}_{IV} 부분요인설계

시행	기본 설계				$E = ABC$	$F = BCD$	$G = ACD$
	A	B	C	D			
1	−	−	−	−	−	−	−
2	+	−	−	−	+	−	+
3	−	+	−	−	+	+	−
4	+	+	−	−	−	+	+
5	−	−	+	−	+	+	+
6	+	−	+	−	−	+	−
7	−	+	+	−	−	−	+
8	+	+	+	−	+	−	−
9	−	−	−	+	−	+	+
10	+	−	−	+	+	+	−
11	−	+	−	+	+	−	+
12	+	+	−	+	−	−	−
13	−	−	+	+	+	−	−
14	+	−	+	+	−	−	+
15	−	+	+	+	−	+	−
16	+	+	+	+	+	+	+

8.4.2 2^{k-p} 부분요인설계의 분석

2^{k-p} 부분요인설계를 분석하기 위해 사용되는 프로그램으로는, Design-Expert JMP, Minitab 등이 있다.

이 설계는 또한 첫 번째 주요부분을 가지고 분석할 수 있다. i번째 효과는

$$\text{Effect}_i = \frac{2(\text{Contrast}_i)}{N} = \frac{\text{Contrast}_i}{(N/2)}$$

로 추정할 수 있으며, Contrast_i는 열 i의 +/−부호를 사용하여 찾고, $N = 2^{k-p}$는 전체 관측치의 개수이다. 2^{k-p} 설계는 오직 $2^{k-p}-1$개의 효과(그리고 해당 가명관계들)만을 추정할 수 있게 한다. 이때 효과추정치의 정규확률그림과 Lenth의 방법이 매우 유용하다.

2^{k-p} 부분요인설계의 투영(*Projection of the* 2^{k-p} *Fractional Factorial*). 2^{k-p} 설계는 전체 요인설계 혹은 어떤 $r \le k-p$개의 요인 부분집합에 대한 부분요인설계로 투영될 수 있다. 부분요인설계를 만드는 요인들은 완전 정의관계에서 워드로 나타나는 것들이다. 이는 특히 대부분의 원래 요인이 작은 효과를 가질 것으로 생각하는 실험 초기단계의 선별실험에서 유용하다. 원래의 2^{k-p} 부분요인설계는 가장 관심 있는 요인들로 구성된 전체 요인설계로 투영될 수 있다. 이런 유형의 설계로 얻은 결론은 잠정적인 결론으로만 생각되어야 하고 후속 연구에 민감하다. 더 높은 차수의 교호작용을 넣어서 자료를 해석하는 대안도 가능하다.

예를 들어 예제 8.5에서 보았던 7개의 요인과 16번의 시행수를 가지는 2_{IV}^{7-3} 설계를 생각해 보자. 이를 7개 중 정의관계에서 워드가 아닌 4개의 요인을 가지는 전체 요인설계로 투영할 것이다. 4개의 요인에 대한 부분집합은 총 35개가 있고, 이 중 7개가 완전 정의관계로 나타났다(표 8.15 참고). 그러므로 2^4 설계를 만드는 4요인의 부분집합은 총 28개가 있는 것이다. 표 8.15를 보면 알 수 있는 확실한 조합 중 하나가 *A*, *B*, *C*, *D*이다.

이러한 투영을 적절히 하는 것의 유용성을 설명하기 위해서, 볼밀(ball mill)의 효용성을 높이는 실험을 하기로 하였다. 7가지 요인은 다음과 같다.

1. 모터 속도
2. 이익
3. 공급 모드
4. 공급 크기
5. 원자재 유형
6. 스크린 각도
7. 스크린 진동 수준

모터 속도, 공급 모드, 공급 크기, 원자재 유형이 효율성에 영향을 미칠 것이며, 이런 요인들은 서로 교호작용이 있다고 확신하고 있다. 다른 3개 요인의 역할은 확실하지 않지만, 무시될 가능성이 크다. 합리적으로 모터 속도, 공급모드, 공급크기, 그리고 원자재 유형을 표 8.15의 열 *A*, *B*, *C*, *D*에 각각 할당하고 이익, 스크린 각도, 스크린 진동 수준은 열 *E*, *F*, *G*에 각각 할당할 수 있다. 만약 우리의 생각이 맞아서 "별로 안 중요한 변수들" *E*, *F*, *G*를 무시할 수 있으면, 핵심 공정변수로 이루어진 전체 2^4 설계만이 남게 된다.

8.4.3 부분요인설계 블록화

부분요인설계에 매우 많은 시행이 필요해서 모두를 동일한 상태에서 시행할 수 없을 수 있다. 이런 상황에서 부분요인설계를 블록을 중첩해서 할 수 있다. 부록표 VIII는 표 8.14의 많은 부분요인설계에 대한 블록 배열 추천을 포함하고 있다. 이런 설계에서 가장 작은 블록 사이즈는 8번 시행이다.

일반적인 과정을 설명하기 위해서 정의관계 $I = ABCE = BCDF = ADEF$을 가지는, 표 8.10에서 보았던 2_{VI}^{6-2} 부분요인설계를 고려해 보자. 8개의 처리조합 각각을 2개의 블록으로 시행하고 싶다고 하자. 블록과 중첩시킬 교호작용을 선택할 때, 부록 표 VIII(f)의 가명관계를 살펴서 3요인 교호작용만 포함하는 두 가명관계가 있음을 확인하였다. 이 표는 *ABD*(와 그 가명관계)를 블록과 중첩되도록 선택하라고 제안하고 있다. 이는 그림 8.18에 있는 2개의 블록을 형성할 것이다. 주요 블록(principal block)이 *ABD*와 마찬가지로 짝수개의 문자를 가지는 이 처리조합들을 포함하고 있다. 이는 또한 $L = x_1 + x_2 + x_4 = 0 \pmod 2$을 만족하는 처리조합이다.

블록 1	블록 2
(1)	ae
abf	acf
cef	bef
$abce$	bc
$adef$	df
bde	abd
acd	cde
$bcdf$	$abcdef$

그림 8.18
ABD가 중첩된 2개의 블록에 대한 2^{6-2}_{IV} 설계

예제 8.6

5축 CNC 기계는 제트 터빈 엔진용 임펠러(impeller)를 생산하는 데 사용된다. 블레이드 프로파일(blade profiles)은 중요한 품질 특성이다. 특히 엔지니어링 도면에서 특정된 프로필에서 블레이드 프로필의 편차를 확인하는 것이 주관심이다. 어떤 기계 모수가 프로파일 편차에 영향을 미치는지 확인하기 위해 실험을 진행하였다. 설계 사용된 8가지 요인은 다음과 같다.

요인	저수준 (−)	고수준 (+)
A = x축 변환 (0.001 in.)	0	15
B = y축 변환 (0.001 in.)	0	15
C = z축 변환 (0.001 in.)	0	15
D = 도구공급장치	1	2
E = a축 변환 (0.001 deg)	0	30
F = 축 속도 (%)	90	110
G = 고정 높이 (0.001 in.)	0	15
H = 공급율 (%)	90	110

조사는 각 부분의 한 블레이드당 진행된다. 프로파일 편차는 좌표계측기로 측정하고, 실제 프로파일과 특정된 프로파일의 차이의 표준편차 반응변수로 사용된다.

기계에는 네 개의 회전들(spindle)이 있다. 회전들 간의 차이가 있을 수 있으므로 공정 엔지니어는 회전들을 블록으로 사용해야 할 것으로 생각한다.

엔지니어는 3요인과 더 높은 차수의 교호작용은 중요하지 않지만 2요인 교호작용은 무시하기 어렵다고 생각한다. 표 8.14에서 두 개의 설계가 적절해 보인다. 16번 시행수를 가지는 2^{8-4}_{IV} 설계와 32번의 시행수를 가지는 2^{8-3}_{IV} 설계이다. 부록표 VIII(1)을 보면 만약 16번 시행하는 설계를 사용했을 때, 2요인 교호관계의 가명관계가 꽤 많을 것임을 알 수 있다. 게다가 이 설계는 4개의 2요인 교호작용을 블록과 중첩하지 않고는 4개 블록으로 시행할 수 없다. 그러므로 실험자는 4개의 블록으로 2^{8-3}_{IV} 설계를 사용하기로 하였다. 설계는 하나의 3요인 교호작용 가명 체인(alias chain)과 하나의 2요인(EH), 그리고 그의 블록과의 3요인 가명관계를 중첩한다. EH 교호작용은 a-축 변환과 공급률 사이에 생긴 교호작용인데, 공학자는 이 두 변수 간의 교호작용이 가능성이 적다고 생각하고 있다.

표 8.16은 이 설계와 결과 변수 표준편차×10^3 in을 나타낸다. 반응변수가 표준편차이므로, 로그변환을 이용해서 분석을 진행하는 것이 가장 좋을 수 있다. 효과추정치는 표 8.17에 나타나 있다. 그림 8.19는 효과추정치의 정규확률그림이고, 반응변수로 ln(표준편차×10^3)을 사용하였다. 유일하게 큰 효과를 보이는 변수는 A = x축 변환, B = y축 변환, $AD+BG$를 포함하는 가명 체인이다. 여기서 AD는 x축변환−도구공급장치의 교호작용이고, BG는 y축 변환−고정높이의 교호작용이며, 이

표 8.16 예제 8.6에 대한 블록 4개인 2^{8-3} 설계

시행	기본 설계 *A*	*B*	*C*	*D*	*E*	*F = ABC*	*G = ABD*	*H = BCDE*	블록	실제 시행 차수	표준편차 ($\times 10^3$ in)
1	−	−	−	−	−	−	−	+	3	18	2.76
2	+	−	−	−	−	+	+	+	2	16	6.18
3	−	+	−	−	−	+	+	−	4	29	2.43
4	+	+	−	−	−	−	−	−	1	4	4.01
5	−	−	+	−	−	+	−	−	1	6	2.48
6	+	−	+	−	−	−	+	−	4	26	5.91
7	−	+	+	−	−	−	+	+	2	14	2.39
8	+	+	+	−	−	+	−	+	3	22	3.35
9	−	−	−	+	−	−	+	−	1	8	4.40
10	+	−	−	+	−	+	−	−	4	32	4.10
11	−	+	−	+	−	+	−	+	2	15	3.22
12	+	+	−	+	−	−	+	+	3	19	3.78
13	−	−	+	+	−	+	+	+	3	24	5.32
14	+	−	+	+	−	−	−	+	2	11	3.87
15	−	+	+	+	−	−	−	−	4	27	3.03
16	+	+	+	+	−	+	+	−	1	3	2.95
17	−	−	−	−	+	−	−	−	2	10	2.64
18	+	−	−	−	+	+	+	−	3	21	5.50
19	−	+	−	−	+	+	+	+	1	7	2.24
20	+	+	−	−	+	−	−	+	4	28	4.28
21	−	−	+	−	+	+	−	+	4	30	2.57
22	+	−	+	−	+	−	+	+	1	2	5.37
23	−	+	+	−	+	−	+	−	3	17	2.11
24	+	+	+	−	+	+	−	−	2	13	4.18
25	−	−	−	+	+	−	+	+	4	25	3.96
26	+	−	−	+	+	+	−	+	1	1	3.27
27	−	+	−	+	+	+	−	−	3	23	3.41
28	+	+	−	+	+	−	+	−	2	12	4.30
29	−	−	+	+	+	+	+	−	2	9	4.44
30	+	−	+	+	+	−	−	−	3	20	3.65
31	−	+	+	+	+	−	−	+	1	5	4.41
32	+	+	+	+	+	+	+	+	4	31	3.40

표 8.17 예제 8.6에 대한 효과추정치, 회귀계수, 제곱합(계속)

변수	요인	−1 수준	+1 수준
A	*x*축 변환	0	15
B	*y*축 변환	0	15
C	*z*축 변환	0	15
D	도구공급장치	1	2
E	*a*축 변환	0	30
F	축 속도	90	110
G	고정높이	0	15
H	공급률	90	110

표 8.17 예제 8.6에 대한 효과추정치, 회귀계수, 제곱합

변수	회귀계수	효과추정치	제곱합
전체 평균	1.28007		
A	0.14513	0.29026	0.674020
B	−0.10027	−0.20054	0.321729
C	−0.01288	−0.02576	0.005310
D	0.05407	0.10813	0.093540
E	−2.531E-04	−5.063E-04	2.050E-06
F	−0.01936	−0.03871	0.011988
G	0.05804	0.11608	0.107799
H	0.00708	0.01417	0.001606
$AB + CF + DG$	−0.00294	−0.00588	2.767E-04
$AC + BF$	−0.03103	−0.06206	0.030815
$AD + BG$	−0.18706	−0.37412	1.119705
AE	0.00402	0.00804	5.170E-04
$AF + BC$	−0.02251	−0.04502	0.016214
$AG + BD$	0.02644	0.05288	0.022370
AH	−0.02521	−0.05042	0.020339
BE	0.04925	0.09851	0.077627
BH	0.00654	0.01309	0.001371
$CD + FG$	0.01726	0.03452	0.009535
CE	0.01991	0.03982	0.012685
$CG + DF$	−0.00733	−0.01467	0.001721
CH	0.03040	0.06080	0.029568
DE	0.00854	0.01708	0.002334
DH	0.00784	0.01569	0.001969
EF	−0.00904	−0.01808	0.002616
EG	−0.02685	−0.05371	0.023078
EH	−0.01767	−0.03534	0.009993
FH	−0.01404	−0.02808	0.006308
GH	0.00245	0.00489	1.914E-04
ABE	0.01665	0.03331	0.008874
ABH	−0.00631	−0.01261	0.001273
ACD	−0.02717	−0.05433	0.023617

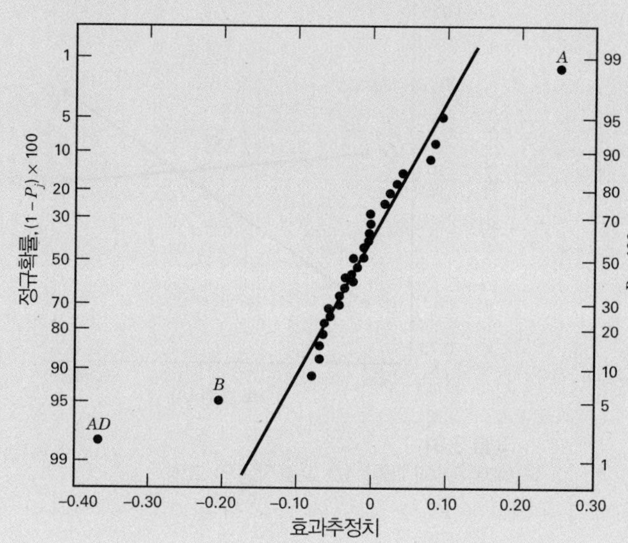

그림 8.19
예제 8.6에 대한 효과추정치의 정규확률그림

표 8.18 예제 8.6에 대한 분산분석

변동원인	제곱합	자유도	평균제곱	F_0	P 값
A	0.6740	1	0.6740	39.42	<0.0001
B	0.3217	1	0.3217	18.81	0.0002
D	0.0935	1	0.0935	5.47	0.0280
AD	1.1197	1	1.1197	65.48	<0.0001
블록	0.0201	3	0.0067		
오차	0.4099	24	0.0171		
합계	2.6389	31			

두 교호작용이 가명관계이므로, 현재 실험에서 얻은 자료에서 이 둘은 분리하는 것은 불가능하다. 두 교호작용 모두 매우 큰 주효과 하나를 포함하고 있으므로, 효과 유전과 같은 단순화된 논리를 상황에 적용하기도 어렵다. 만약 공학 지식이나 공정 지식으로 상황에 대한 실마리를 얻을 수 있다면, 이 두 교호작용 중에서 선택할 수 있을 것이다. 아니면 두 효과를 분리하기 위해 더 많은 자료가 필요하다(교호작용의 가명관계를 없애기 위해 부분요인설계에 시행을 추가하는 문제는 8.6절과 8.7장에서 논의된다).

어떤 공정 지식을 통해 적절한 교호작용은 AD일 가능성이 있다는 사실을 알았다고 해 보자. 표 8.18은 요인 A, B, D, AD의 모형을 분산분석한 결과이다(요인 D는 계측 원칙을 지키기 위해 포함되었다). 블록 효과가 크지 않은데 이는 기계 회전들이 그렇게 다르지 않음을 의미한다.

그림 8.20은 본 실험의 잔차의 정규확률그림이다. 이 그림은 정규확률그림의 꼬리보다 조금 두꺼운데, 따라서 다른 변환을 생각해봐야 할 것이다. 그림 8.21은 AD 교호작용그림이다. 기구 공급자(D)와 x축 변환 크기(A)가 설계 사양의 블레이드 프로파일 변동성에 지대한 영향을 미치고 있다. A를 저수준(0 오프셋)에서 운영하고 공급자 1로부터 기구를 구매하는 것이 최고의 선택이다. 그림 8.22는 2^{8-3}_{IV} 설계를 요인 A, B, D에 대한 4개의 반복수를 가지는 2^3 설계로 투영한 것을 보여주고 있다. 운영상태에 대한 가장 좋은 조합으로는 A는 낮은 수준(0 오프셋)으로, B는 높은 수준(0.015 in 오프셋), D는 낮은 수준(기구 공급자 1)으로 하는 것이다.

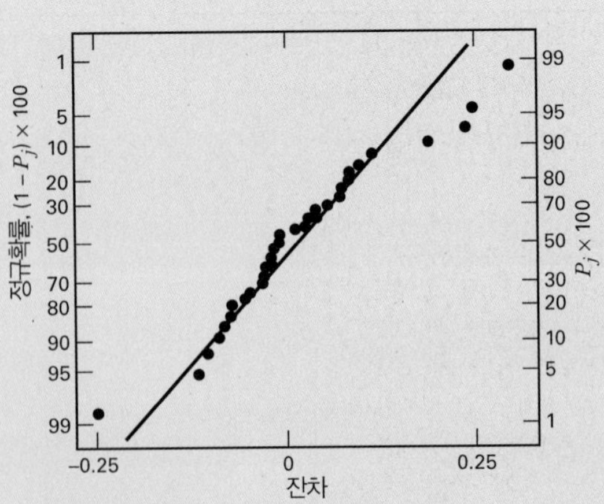

그림 8.20
예제 8.6에 대한 잔차의 정규확률그림

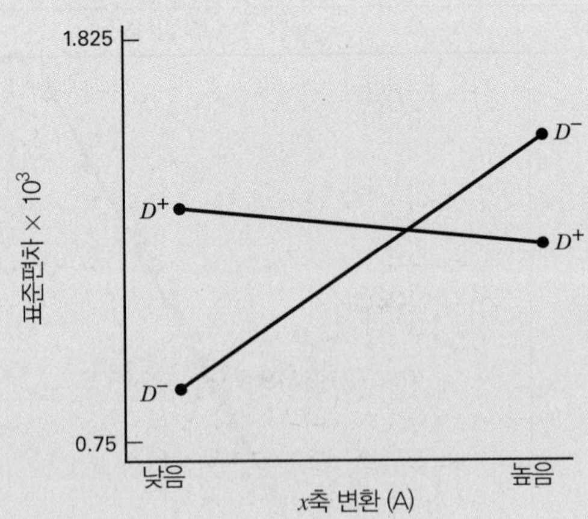

그림 8.21
예제 8.6에 대한 AD 교호작용의 그림

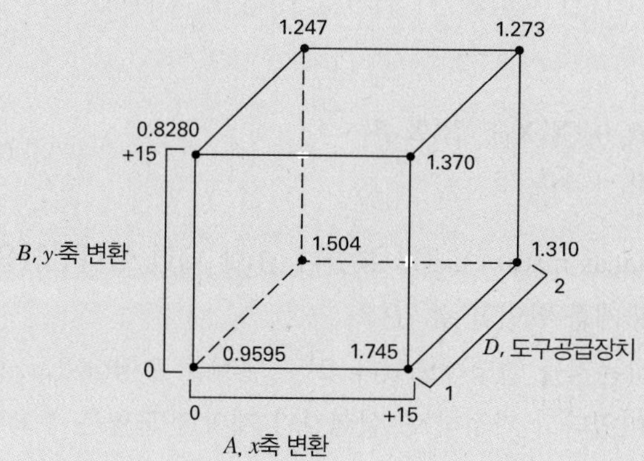

그림 8.22
요인 A, B, D에 대한 반복수 4의 2^3 설계로 투영한 예제 8.6의 2_{IV}^{8-3} 설계

8.5 부분요인설계 및 그 외 설계들의 가명 구조

이 장에서는 완전 정의관계를 통해 2^{k-p} 부분요인설계의 가명관계를 찾는 방법을 소개하고자 한다. 이러한 방법은 가장 자주 사용한 정규(regular) 부분설계와 같은 단순한 설계에서는 잘 작동하지만 복잡한 설계에서는 그렇지 않을 수 있다. 복잡한 설계로는 비정규(nonregular) 부분설계나 partial fold-over 설계 등이 있으며 이후에 설명할 것이다. 게다가 정의관계를 가지지 않는 부분요인설계도 있는데, 8.6.3절의 Plackett-Burman 같은 것이 있다. 그러므로 정의관계 방법은 이러한 설계에서는 작동하지 않는다.

다행히도 많은 경우에서 만족스럽게 작동하는 일반적인 방법이 있다. 바로 다항식이나 회귀모형을 사용하는 방법이다.

$$\mathbf{y} = \mathbf{X}_1\boldsymbol{\beta}_1 + \boldsymbol{\epsilon}$$

여기서 y는 $n \times 1$ 벡터로 된 반응변수이고, $\mathbf{X}_1$은 $n \times p_1$ 설계행렬을 실험자가 적합하려는 모형으로 확장한 행렬을 포함한 행렬이다. 또한 $\boldsymbol{\beta}_1$은 모형모수로 이루어진 $p_1 \times 1$ 벡터, $\boldsymbol{\epsilon}$은 오차에 대한 $n \times 1$ 벡터이다. $\boldsymbol{\beta}_1$의 최소제곱 추정량은

$$\hat{\boldsymbol{\beta}}_1 = (\mathbf{X}_1'\mathbf{X}_1)^{-1}\mathbf{X}_1'\mathbf{y}$$

이다. 참(true) 모형이

$$\mathbf{y} = \mathbf{X}_1\boldsymbol{\beta}_1 + \mathbf{X}_2\boldsymbol{\beta}_2 + \boldsymbol{\epsilon}$$

이라고 가정해 보자. 여기서 X_2는 적합모형에 없던 추가적인 변수를 가지고 있는 $n \times p_2$ 행

렬이고, β_2는 그 변수들과 관련된 모수들이 있는 $p_2 \times 1$ 벡터이다. 여기서 다음과 같은 사항을 알 수 있다.

$$E(\hat{\boldsymbol{\beta}}_1) = \boldsymbol{\beta}_1 + (\mathbf{X}_1'\mathbf{X}_1)^{-1}\mathbf{X}_1'\mathbf{X}_2\boldsymbol{\beta}_2 \\ = \boldsymbol{\beta}_1 + \mathbf{A}\boldsymbol{\beta}_2 \tag{8.1}$$

행렬 $\mathbf{A} = (\mathbf{X}_1'\mathbf{X}_1)^{-1}\mathbf{X}_1'\mathbf{X}_2$을 **가명행렬**(alias matrix)이라고 부른다. β_2에 대한 행렬연산을 통한 항으로 벡터 β_1의 모수들의 가명관계를 확인할 수 있다.

익숙한 예제로 이를 어떻게 적용하는지를 설명해보겠다. 2^{3-1} 설계를 수행하였고, 이때 정의관계는 $I = ABC$ 혹은 $I = x_1x_2x_3$이었다고 가정하자. 실험자가 계획한 모형은 주요인만 있는 모형이며 다음과 같다.

$$y = \beta_0 + \beta_1x_1 + \beta_2x_2 + \beta_3x_3 + \epsilon$$

위에서 정의된 표기는 다음과 같다.

$$\boldsymbol{\beta}_1 = \begin{bmatrix} \beta_0 \\ \beta_1 \\ \beta_2 \\ \beta_3 \end{bmatrix} \quad \text{그리고} \quad \mathbf{X}_1 = \begin{bmatrix} 1 & -1 & -1 & 1 \\ 1 & 1 & -1 & -1 \\ 1 & -1 & 1 & -1 \\ 1 & 1 & 1 & 1 \end{bmatrix}$$

참모형이 2요인 교호작용 모두를 포함한다고 가정해 보자. 그러므로

$$y = \beta_0 + \beta_1x_1 + \beta_2x_2 + \beta_3x_3 + \beta_{12}x_1x_2 + \beta_{13}x_1x_3 + \beta_{23}x_2x_3 + \epsilon$$

이고,

$$\boldsymbol{\beta}_2 = \begin{bmatrix} \beta_{12} \\ \beta_{13} \\ \beta_{23} \end{bmatrix}, \quad \text{그리고} \quad \mathbf{X}_2 = \begin{bmatrix} 1 & -1 & -1 \\ -1 & -1 & 1 \\ -1 & 1 & -1 \\ 1 & 1 & 1 \end{bmatrix}$$

이며, 이제

$$\mathbf{X}_1'\mathbf{X}_1 = 4\,\mathbf{I}_4 \quad \text{그리고} \quad \mathbf{X}_1'\mathbf{X}_2 = \begin{bmatrix} 0 & 0 & 0 \\ 0 & 0 & 4 \\ 0 & 4 & 0 \\ 4 & 0 & 0 \end{bmatrix}$$

이므로

$$(\mathbf{X}_1'\mathbf{X}_1)^{-1} = \frac{1}{4}\mathbf{I}_4$$

그리고

$$E(\hat{\boldsymbol{\beta}}_1) = \boldsymbol{\beta}_1 + \mathbf{A}\boldsymbol{\beta}_2$$

$$E\begin{bmatrix}\hat{\beta}_0\\ \hat{\beta}_1\\ \hat{\beta}_2\\ \hat{\beta}_3\end{bmatrix} = \begin{bmatrix}\beta_0\\ \beta_1\\ \beta_2\\ \beta_3\end{bmatrix} + \frac{1}{4}\mathbf{I}_4\begin{bmatrix}0&0&0\\0&0&4\\0&4&0\\4&0&0\end{bmatrix}\begin{bmatrix}\beta_{12}\\ \beta_{13}\\ \beta_{23}\end{bmatrix}$$

$$= \begin{bmatrix}\beta_0\\ \beta_1\\ \beta_2\\ \beta_3\end{bmatrix} + \begin{bmatrix}0&0&0\\0&0&1\\0&1&0\\1&0&0\end{bmatrix}\begin{bmatrix}\beta_{12}\\ \beta_{13}\\ \beta_{23}\end{bmatrix}$$

$$= \begin{bmatrix}\beta_0\\ \beta_1\\ \beta_2\\ \beta_3\end{bmatrix} + \begin{bmatrix}0\\ \beta_{23}\\ \beta_{13}\\ \beta_{12}\end{bmatrix}$$

$$= \begin{bmatrix}\beta_0\\ \beta_1+\beta_{23}\\ \beta_2+\beta_{13}\\ \beta_3+\beta_{12}\end{bmatrix}$$

이다. 이를 해석하면 물론 각 주효과가 2요인 교호작용 중 하나와 가명관계에 있고, 이는 이미 이 설계에서 그렇게 되리라고 예상하던 것이다. 가명행렬의 모든 행이 β_1의 요인 하나씩을 나타내고 있고 모든 열은 β_2의 요인을 나타내고 있음을 확인할 수 있다. 이는 매우 간단한 예제지만 이 방법은 일반적이고 더 복잡한 설계에서도 사용할 수 있다.

8.6 해상도 III 설계

8.6.1 해상도 III 설계 구성

앞서 얘기했던 바와 같이 부분요인설계의 순차적 사용은 매우 유용하며, 실험의 경제성이나 효율성 측면에서 매우 좋은 결과를 내기도 한다. 이런 부분요인설계는 순수요인 선별 과정에서 매우 자주 사용된다. 즉, 상대적으로 많은 요인이 있지만 여기서 몇 개만이 중요하다고 생각되는 상황에서 많이 사용된다. 해상도 III 설계는 이런 상황에서 상당히 유용하다.

N번의 시행만을 가지고 요인을 최대 $k=N-1$개까지 조사하는 해상도 III 설계를 구성할 수 있다. 여기서 N은 4의 배수이다. 이런 설계는 주로 산업 실험에서 유용하다. N이 2의 거듭제곱인 설계는 앞 장에서 소개한 방법으로 설계할 수 있는데 이를 먼저 소개하겠다. 최대 3개 요인을 위해서는 4번의 시행을, 7개의 요인을 위해서는 8번의 시행을, 15개의 요인을 위해서 16번의 시행이 필요하다는 사실에 주의하여야 한다. 만약 $k=N-1$이면 부분요인설계는 **포화되었다**(saturated)라고 한다.

표 8.19 $I=ABD, I=ACE, I=BCF, I=ABCG$를 제너레이터로 가지는 2_{III}^{7-4} 설계

시행	기본 설계 A	B	C	$D=AB$	$E=AC$	$F=BC$	$G=ABC$	
1	−	−	−	+	+	+	−	*def*
2	+	−	−	−	−	+	+	*afg*
3	−	+	−	−	+	−	+	*beg*
4	+	+	−	+	−	−	−	*abd*
5	−	−	+	+	−	−	+	*cdg*
6	+	−	+	−	+	−	−	*ace*
7	−	+	+	−	−	+	−	*bcf*
8	+	+	+	+	+	+	+	*abcdefg*

4개의 시행으로 최대 3개의 요인을 분석하는 설계는 2_{III}^{3-1} 설계로 8.2절에 나와 있다. 유용한 다른 포화 부분요인설계는 8개의 시행으로 7개의 요인을 연구하는 설계로 2_{III}^{7-4}설계이다. 이 설계는 2^7 설계의 1/16 부분이다. 이는 우선 A, B, C에 대한 완전 2^3 설계의 +/− 수준으로 기본모형을 세우고, 관련 추가 요인의 수준을 세 요인의 교호작용으로 더해서 구성한다. 교호작용들은 $D=AB$, $E=AC$, $F=BC$, $G=ABC$와 같다. 그러므로 이 설계의 제너레이터는 $I=ABD$, $I=ACE$, $I=BCF$, $I=ABCG$가 된다. 표 8.19에 이 설계가 나타나 있다.

이 설계의 완전 정의관계는 네 개의 제너레이터 ABD, ACE, BCF, $ABCG$를 한 번에 2개, 한 번에 3개, 한 번에 4개씩 곱하여 얻게 된다.

$$
\begin{aligned}
I &= ABD = ACE = BCF = ABCG = BCDE = ACDF = CDG \\
&= ABEF = BEG = AFG = DEF = ADEG = CEFG = BDFG = ABCDEFG
\end{aligned}
$$

모든 효과에 대한 가명관계를 찾기 위해서는 효과를 단순히 정의관계의 각 워드에 곱하면 된다. 예를 들어 B의 별명은

$$
\begin{aligned}
B &= AD = ABCE = CF = ACG = CDE = ABCDF = BCDG = AEF = EG \\
&= ABFG = BDEF = ABDEG = BCEFG = DFG = ACDEFG
\end{aligned}
$$

이다. 이 설계는 1/16 부분이며 제너레이터에서 선택된 부호들이 양수이므로, 주요부분(principal fraction)이 된다. 또한 정의대비의 모든 워드에 있는 문자 중 가장 작은 개수가 3이므로, 해상도 III 설계이다. 같은 족(family)에 속하는 서로 다른 16개의 2_{III}^{7-4} 설계는 $I=\pm ABD$, $I=\pm ACE$, $I=\pm BCF$, $I=\pm ABCG$의 16가지 가능한 부호 배열들로 제너레이터를 만들어 설계할 수 있다.

이 설계의 자유도 7은 7개의 주효과를 추정하기 위해 사용된다. 각 효과는 15의 가명관계를 가진다. 하지만 3요인과 고차항 교호작용을 무시할 수 있다고 가정하면, 가명관계구조 결과를 상당히 단순화할 수 있다. 이렇게 가정하면 각 7개의 주효과와 관련된 선형조합은 사실상 주효과와 3개의 2요인 교호작용을 추정하는 것이다.

표 8.20 $I=ABD, I=ACE, I=BCF$를 제너레이터로 가지는 2_{III}^{6-3} 설계

시행	기본 설계						
	A	B	C	$D = AB$	$E = AC$	$F = BC$	
1	−	−	−	+	+	+	def
2	+	−	−	−	−	+	af
3	−	+	−	−	+	−	be
4	+	+	−	+	−	−	abd
5	−	−	+	+	−	−	cd
6	+	−	+	−	+	−	ace
7	−	+	+	−	−	+	bcf
8	+	+	+	+	+	+	$abcdef$

$$
\begin{aligned}
[A] &\rightarrow A + BD + CE + FG \\
[B] &\rightarrow B + AD + CF + EG \\
[C] &\rightarrow C + AE + BF + DG \\
[D] &\rightarrow D + AB + CG + EF \\
[E] &\rightarrow E + AC + BG + DF \\
[F] &\rightarrow F + BC + AG + DE \\
[G] &\rightarrow G + CD + BE + AF
\end{aligned}
\tag{8.2}
$$

이 가명관계들은 부록표 VIII(h)에서 찾을 수 있으며, 3요인 혹은 고차원 교호작용은 무시하였다.

표 8.19에 있는 포화된 2_{III}^{7-4} 설계로 8번의 시행으로 7개 미만의 요인을 연구하는 해상도 III의 설계를 구성할 수 있다. 예를 들어 시행수 8로 6개 요인을 분석하는 설계를 만들기 위해 표 8.19에서 단순하게 어떤 열, 예를 들어 G를 빼보면 표 8.20에 나온 설계를 만들 수 있게 된다.

이 설계 역시 해상도 III 설계임을 쉽게 확인할 수 있다. 사실 이는 2_{III}^{6-3} 설계, 즉 2^6 설계의 1/8 부분이다. 2_{III}^{6-3} 설계에 대한 정의관계는 어떠한 워드도 문자 G를 가지지 않은 2_{III}^{7-4} 설계의 정의관계와 같다. 따라서 새로운 설계에 대한 정의관계는

$$I = ABD = ACE = BCF = BCDE = ACDF = ABEF = DEF$$

이다. 일반적으로 새로운 설계를 만들기 위해서 d개의 요인이 빠지는 경우, 새로운 정의관계는 원래의 정의관계에서 빠진 문자 모두를 포함하지 않는 워드로부터 얻어지게 된다. 이런 방법으로 설계를 구성할 때에는 되도록 가장 좋은 배열을 얻도록 주의해야 한다. 만약 표 8.19에서 열 B, D, F, G를 뺀다면, 시행수 8을 가지고 요인 3개에 대한 설계를 얻게 되지만, 처리조합은 2^{3-1} 설계에 대한 반복수 2에 해당한다. 실험자는 A, C, E에 대한 완전 2^3 설계를 시행하길 선호할 것이다.

또한 시행수 16으로 최대 15개 요인까지 연구하기 위한 해상도 III 설계를 얻는 것도 가능하다. 이 포화된 2_{III}^{15-11} 설계는 우선 *A*, *B*, *C*, *D*와 관련된 16개의 처리조합을 작성하고 나서, 원래의 4개 요인의 2차, 3차, 4차 교호작용을 11개의 새로운 요인과 같다고 놓으면 된다. 이 설계에서는 15개의 주효과 각각이 7개의 2요인 교호작용과 가명관계에 있다. 비슷한 과정을 2_{III}^{31-26} 설계에도 적용하면, 시행수 32로 최대 31개 요인까지 분석할 수 있다.

8.6.2 가명된 효과를 분리하기 위한 해상도 III 설계 접기

특정 부호들이 서로 바뀌어있는 부분요인설계를 결합하게 되면, 잠재적으로 관심있는 효과들을 구조적으로 분리할 수 있다. 이러한 유형의 순차 실험을 원래 설계의 **접기**(fold over)라고 한다. 하나 이상의 요인에 대한 부호가 뒤바뀐 어떤 부분의 가명관계도 원래 부분의 가명관계에서 적절한 요인의 부호를 바꿔 얻을 수 있다.

표 8.19에 있는 2_{III}^{7-4} 설계를 살펴보자. 이 주요부분과 함께 요인 *D*에 대한 열에서 부호가 반전된 두 번째 부분설계도 시행하였다고 가정하자. 즉, 두 번째 부분설계에서 *D*에 대한 열은

$$- + + - - + + -$$

이다. 첫 번째 부분에서 추정할 수 있는 효과는 식 8.2에 나와 있고, 두 번째 부분설계로부터

$$\begin{aligned}
[A]' &\to A - BD + CE + FG \\
[B]' &\to B - AD + CF + EG \\
[C]' &\to C + AE + BF - DG \\
[D]' &\to D - AB - CG - EF \\
[-D]' &\to -D + AB + CG + EF \\
[E]' &\to E + AC + BG - DF \\
[F]' &\to F + BC + AG - DE \\
[G]' &\to G - CD + BE + AF
\end{aligned} \tag{8.3}$$

을 얻는데, 이때 3요인 이상의 교호작용은 유의하지 않다고 가정한다. 이제 효과에 대한 두 개의 선형조합 1/2([*i*]+[*i*]′)과 1/2([*i*]−[*i*]′)으로

i	$\frac{1}{2}([i] + [i]')$의 경우	$\frac{1}{2}([i] - [i]')$의 경우
A	$A + CE + FG$	BD
B	$B + CF + EG$	AD
C	$C + AE + BF$	DG
D	D	$AB + CG + EF$
E	$E + AC + BG$	DF
F	$F + BC + AG$	DE
G	$G + BE + AF$	CD

를 얻는다.

따라서 주효과 D와 그의 모든 2요인 교호작용을 분리한 것이다. 일반적으로 **한 요인**의 부호만 반전시켜서 우리가 해상도 III의 부분설계나 더 높은, 많은 부분을 추가하면 결합된 설계로 해당 요인의 주효과와 그의 모든 2요인 교호작용을 추정할 수 있다. 이는 종종 **단일 요인 접기**(single-factor fold over)라고 부른다.

이제 해상도 III 부분설계에 두 번째 부분을 추가하는데, 이 부분에서는 **모든 요인들의 부호들이 반대로** 되어 있다고 하자. 이런 유형의 접기는[**완전접기**(full fold over) 혹은 반영(reflection)] 모든 주효과와 그들의 2요인 교호작용 간의 가명관계를 끊어 버린다. 즉, **결합설계**(combined design)를 이용하여 어떠한 2요인 교호작용도 없는 주효과 모두를 추정하게 되는 것이다. 아래의 예제로 완전접기 방법을 설명하겠다.

예제 8.7

인간수행 분석자(human performance analyst)가 안구 초점 시간을 연구하기 위한 실험을 하고 있으며, 시험 중에 몇 가지 요인을 제어할 수 있는 장치를 만들었다. 이 분석자가 처음 중요하다고 생각한 요소는 시력(A), 물체와 눈 사이 거리(B), 물체 모양(C), 조도(D), 물체 크기(E), 물체 밀도(F), 대상자(G)이며 각각 요인 2개의 수준을 고려하였다. 그는 이 7개의 요인 중 몇 개만 중요할 것이고, 요인들 간의 높은 차원의 교호작용은 무시할 수 있다고 생각하였다. 이런 가정에 기초하여, 분석자는 가장 중요한 요인을 확인하고자 선별실험을 시행하고 추후에 해당 요인에만 집중하기로 하였다. 7개의 요인에 대해 선별실험을 하기 위해서, 그는 표 8.19의 2_{III}^{7-4} 설계에 있는 처리조합을 랜덤 순서로 실행하였고, 표 8.21에 있는 것처럼 밀리초 단위로 집중 시간에 대한 자료를 얻었다.

7개의 주효과와 그들의 가명관계를 앞선 자료로 추정하였다. 식 8.2에 의해, 주효과와 그 가명관계를 아래와 같이 계산하였다.

$$[A] = 20.63 \to A + BD + CE + FG$$
$$[B] = 38.38 \to B + AD + CF + EG$$
$$[C] = -0.28 \to C + AE + BF + DG$$
$$[D] = 28.88 \to D + AB + CG + EF$$
$$[E] = -0.28 \to E + AC + BG + DF$$
$$[F] = -0.63 \to F + BC + AG + DE$$
$$[G] = -2.43 \to G + CD + BE + AF$$

예를 들어 주효과 A와 그의 가명관계 추정치는 다음과 같다.

표 8.21 안구 집중 시간 실험에 대한 2_{III}^{7-4} 설계

	기본 설계								
시행	A	B	C	$D = AB$	$E = AC$	$F = BC$	$G = ABC$		시간
1	−	−	−	+	+	+	−	*def*	85.5
2	+	−	−	−	−	+	+	*afg*	75.1
3	−	+	−	−	+	−	+	*beg*	93.2
4	+	+	−	+	−	−	−	*abd*	145.4
5	−	−	+	+	−	−	+	*cdg*	83.7
6	+	−	+	−	+	−	−	*ace*	77.6
7	−	+	+	−	−	+	−	*bcf*	95.0
8	+	+	+	+	+	+	+	*abcdefg*	141.8

$$[A] = \frac{1}{4}(-85.5 + 75.1 - 93.2 + 145.4 - 83.7 + 77.6 - 95.0 + 141.8) = 20.63$$

가장 큰 값을 가지는 효과 세 개는 [*A*], [*B*], [*D*]이다. 실험 결과를 주효과 *A*, *B*, *D*가 모두 중요하다고 매우 간단하게 해석할 수도 있겠으나 유일한 해석은 아니다. 왜냐하면 *A*, *B*, *AB* 교호작용, 혹은 *B*, *D*, *BD* 교호작용, 혹은 *A*, *D*, *AD* 교호작용이 실제로 효과가 있다고 논리적으로 결론지을 수도 있기 때문이다.

*ABD*가 이 설계의 정의관계에 있는 워드라는 것에 주목하자. 그래서 이 2^{7-4}_{III} 설계는 *ABD*에 대한 완전 2^3 요인설계로 투영되지 않는다. 대신 그림 8.23처럼 2^{3-1} 설계의 반복수 2로 투영된다. 2^{3-1} 설계가 해상도 III 설계이기 때문에 *A*는 *BD*와, *B*는 *AD*와, *D*는 *AB*와 가명관계를 갖는다. 그러므로 교호작용을 주효과와 분리할 수 없다. 그렇게 되면 실험자에게는 불행한 것이 되는 것이다. 만약 실험자가 요인 조도를 *D*가 아닌 *C*에 할당하였다면, 설계는 완전 2^3 설계로 투영되었을 것이며, 해석은 더욱 간단해졌을 것이다.

주효과와 2요인 교호작용을 분리하려면 완전접기 기법을 사용하고, 두 번째 부분의 모든 부호를 반대로 해서 실행하면 된다. 이러한 접기설계는 관찰된 반응값과 함께 표 8.22에 제시되어 있다. 해상도 III 설계의 완전접기설계를 구성할 때, 사실상 홀수개의 글자를 가진 제너레이터의 부호를 바꾸는 것임에 유의해야 한다. 이 부분으로 추정한 효과는 다음과 같다.

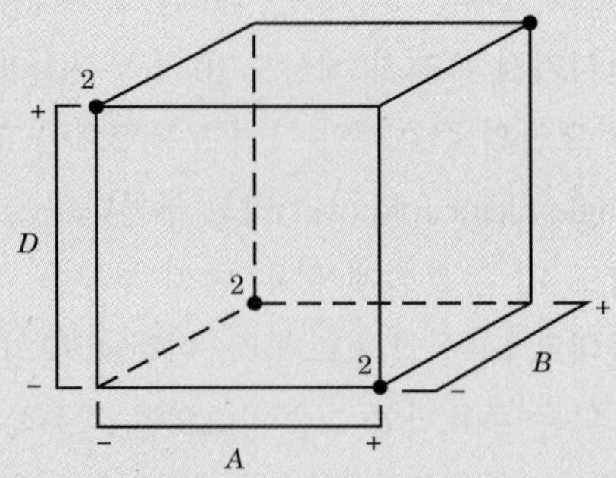

그림 8.23
A, *B*, *D*에서 2^{3-1}_{III} 설계의 반복수 2로 투영된 2^{7-4}_{III} 설계

$$
\begin{aligned}
[A]' &= -17.68 \to A - BD - CE - FG \\
[B]' &= 37.73 \to B - AD - CF - EG \\
[C]' &= -3.33 \to C - AE - BF - DG \\
[D]' &= 29.88 \to D - AB - CG - EF \\
[E]' &= 0.53 \to E - AC - BG - DF \\
[F]' &= 1.63 \to F - BC - AG - DE \\
[G]' &= 2.68 \to G - CD - BE - AF
\end{aligned}
$$

두 번째 부분을 원래의 것과 결합하여 다음과 같은 효과의 추정치를 얻을 수 있다.

표 8.22 안구 집중 실험의 2^{7-4}_{III} 접기설계

시행	기본 설계								
	A	*B*	*C*	*D* = −*AB*	*E* = −*AC*	*F* = −*BC*	*G* = *ABC*		시간
1	+	+	+	−	−	−	+	*abcg*	91.3
2	−	+	+	+	+	−	−	*bcde*	136.7
3	+	−	+	+	−	+	−	*acdf*	82.4
4	−	−	+	−	+	+	+	*cefg*	73.4
5	+	+	−	−	+	+	−	*abef*	94.1
6	−	+	−	+	−	+	+	*bdfg*	143.8
7	+	−	−	+	+	−	+	*adeg*	87.3
8	−	−	−	−	−	−	−	(1)	71.9

i	$\frac{1}{2}([i]+[i]')$의 경우	$\frac{1}{2}([i]-[i]')$의 경우
A	$A=\ \ 1.48$	$\boldsymbol{BD}+CE+FG=19.15$
B	$\boldsymbol{B}=38.05$	$AD+CE+FG=19.15$
C	$C=-1.80$	$BD+CE+FG=19.15$
D	$\boldsymbol{D}=29.38$	$AB+CG+EF=-0.50$
E	$E=\ 0.13$	$AC+BG+DF=-0.40$
F	$F=\ 0.50$	$BC+AG+DE=-1.13$
G	$G=\ 0.13$	$CD+BE+AF=-2.55$

가장 큰 효과를 보여주는 두 변수는 B와 D이다. 게다가 세 번째로 큰 효과는 $BD+CD+FG$이므로, 이를 BD 교호작용에 의한 결과로 보는 것이 타당하다고 본다. 실험자는 이후의 실험에서 거리(B)와 조도(D) 두 요인을 사용하였고, 다른 A, C, E, F 요인은 표준설정으로 놓았으며 여기서 얻은 결과를 확인하였다. 새로운 실험에서는 잠재적인 대상자 효과를 무시하기보다 대상자를 블록으로 설정하기로 하였는데, 그 이유는 실험을 완수하려면 다른 대상자들이 필요하기 때문이다.

접기설계에서의 정의관계(*The Defining Relation for a Fold-over Design*). 예제 8.7에서 설명한 것처럼, 접기를 통해 부분요인설계를 결합하는 것은 매우 유용한 기술이다. 결합설계에 대한 정의관계를 아는 것은 매우 흥미로우며 이는 쉽게 확인할 수 있다. 각각의 독립된 부분은 제너레이터로서 $L+U$ 워드를 가지게 될 것이다. L개의 워드는 같은 부호이고, U개의 워드는 다른 부호이다. 결합된 설계는 제너레이터로 사용될 $L+U-1$개의 워드를 가진다. 여기서 L개의 워드는 같은 부호를 가지게 되고, $U-1$개의 워드는 다른 부호를 가지는 워드에 대한 독립적인 **짝수 곱**(Even products)으로 이루어진다(짝수 곱은 한 번에 2개, 4개, 등등을 곱한 워드이다).

이 절차에 대하여 설명하기 위해 예제 8.7의 설계를 생각해 보자. 첫 번째 부분에서의 제너레이터는 다음과 같다.

$$I=ABD, \quad I=ACE, \quad I=BCF, \quad I=ABCG$$

그리고 두 번째 부분의 제너레이터는

$$I=-ABD, \quad I=-ACE, \quad I=-BCF, \quad I=ABCG$$

이다. 두 번째 부분에서 홀수개의 문자를 가지는 제너레이터의 부호를 바꾸었으며, $L+U=1+3=4$임을 확인할 수 있다. 결합된 설계는 제너레이터로 $I=ABCG$(같은 부호인 워드)와 두 개의 워드를 가지게 되는데, 이때의 워드는 다른 부호의 워드를 짝수개만큼 곱한 독립적인 워드이다. 예를 들어 $I=ABD$와 $I=ACE$를 택하면, $I=(ABD)(ACE)=BCDE$를 결합설계의 제너레이터로 가지게 된다. 또한 $I=ABD$와 $I=BCF$를 선택하면, $I=(ABD)(BCF)=ACDF$를 결합설계의 제너레이터로 가지게 된다. 결합설계의 완전 정의관계는 다음과 같다.

$$I=ABCG=BCDE=ACDF=ADEG=BDFG=ABEF=CEFG$$

접기설계에서의 블록화(*Blocking in a Fold-over Design*). 일반적으로 접기설계는 두 기간에 걸쳐 이루어지게 된다. 처음의 부분이 이루어진 다음에, 자료를 분석하고 접기 시행을 계획하는 동안 시간이 조금 흐른다. 두 번째 시행 세트는 종종 다른 날이나 다른 고대 혹은 다른 운영자를 통하거나 아마도 다른 자원의 재료를 사용해서 진행된다. 이는 관심 있어 하는 두 기간 사이에서 발생할 잠재적 장애요인을 없애기 위해 **블록화**(blocking)가 필요한 상황으로 이어지게 된다. 다행히도 결합 실험에서 블록화는 간단히 할 수 있다.

설명을 위해 예제 8.7의 접기 실험을 고려해 보자. 표 8.21에서 보는 바와 같이 시행수 8을 가지는 초기 그룹에서 제너레이터는 $D=AB$, $E=AC$, $F=BC$, $G=ABC$이다. 표 8.22에서 접기설계에 대한 시행을 보면, 제너레이터 3개의 부호가 바뀌어서 $D=-AB$, $E=-AC$, $F=-BC$가 되었음을 알 수 있다. 그러므로 8번의 시행수를 가진 첫 번째 그룹에서, 효과 ABD, ACE, BCF의 부호는 +이고, 두 번째 그룹의 8번의 시행에서 효과 ABD, ACE, BCF의 부호는 −가 된다. 그래서 효과들이 블록과 중첩되는 것이다. 사실 블록과 중첩된 단일 자유도를 가지는 가명 체인이 있으며(블록이 2개이므로, 블록에 대한 자유도는 1임을 기억하자), 이 가명 체인의 효과는 설계에 대한 정의관계를 통해 ABD, ACE, BCF 효과 중 하나를 곱하면 알 수 있다. 이는 다음을 블록과 중첩된 완전한 효과 세트로 만든다.

$$ABD = CDG = ACE = BCF = BEG = AFG = DEF = ABCDEFG$$

보통 완전한 접기 실험은 항상 두 개의 블록을 생성한다. 이때 효과들은 하나의 블록에서는 + 부호를 가지고, 다른 하나의 블록에서는(그리고 그 효과들의 가명관계들에서) − 부호를 가지면서 블록들과 중첩되어 있다. 이 효과들은 접기 실험을 구성할 때 부호가 바뀐 제너레이터를 통해 확인할 수 있다.

8.6.3 Plackett-Burman 설계

N번의 시행으로 최대 $k=N-1$개의 변수를 연구하기 위해 Plackett and Burman(1946)이 개발한 2수준 부분요인설계가 있다. 여기서 N은 4의 배수인데 만약 N이 2의 거듭제곱이라면, 이 설계는 이 절의 앞 내용과 같아진다. 하지만 $N=12$, 20, 24, 28, 36인 경우, Plackett-Burman 설계가 종종 관심을 받게 된다. 이런 설계는 정육면체로 표현이 불가능하므로, 때때로 **비기하학 설계**(nongeometric designs)라고도 부른다.

표 8.23의 위의 절반은 $N=12$, 20, 24, 28, 36인 Plackett-Burman 설계를 구성하는 데 사용되는 +/− 부호 행이다. 반면 아래 절반은 $N=28$인 경우의 설계를 구성하는 데 사용되는 +/−부호의 블록을 나타낸 것이다. $N=12$, 20, 24 36에 대한 설계는 표 8.23의 행을 열(또는 행)으로 적절히 써주면 얻을 수 있다. 두 번째 열(혹은 행)은 첫 번째 열(혹은 행)의 원소를 아래로(혹은 오른쪽)으로 한 자리만큼만 이동하고, 마지막 원소를 첫 번째 자리에 놓으면 얻을 수 있다. 세 번째 열(혹은 행)은 두 번째와 비슷한 과정을 거쳐 얻어지며, 이는 열(혹은 행) k가 만들어질 때까지 계속된다. − 부호를 가지는 열을 추가하면 설계가 완성된

표 8.23 Plackett–Burman 설계의 +/– 부호

$k = 11, N = 12$ + + − + + + − − − + −

$k = 19, N = 20$ + + − − + + + + − + − + − − − − + + −

$k = 23, N = 24$ + + + + + − + − + + − − + + − − + − + − − − −

$k = 35, N = 36$ − + − + + + − − − + + + + + − + + + − − + − − − − + − + − + + − − + −

$k = 27, N = 28$

+ − + + + + − − −	− + − − − + − − +	+ + − + − + + − +
+ + − + + + − − −	− − + + − − + − −	− + + + + − + + −
− + + + + + − − −	+ − − − + − − + −	+ − + − + + − + +
− − − + − + + + +	− − + − + − − − +	+ − + + + − + − +
− − − + + − + + +	+ − − − − + + − −	+ + − − + + + + −
− − − − + + + + +	− + − + − − − + −	− + + + − + − + +
+ + + − − − + − +	− − + − − + − + −	+ − + + − + + + −
+ + + − − − + + −	+ − − + − − − − +	+ + − + + − − + +
+ + + − − − − + +	− + − − + − + − −	− + + − + + + − +

표 8.24 $N=12$, $k=11$인 경우의 Plackett–Burman 설계

시행	A	B	C	D	E	F	G	H	I	J	K
1	+	−	+	−	−	−	+	+	+	−	+
2	+	+	−	+	−	−	−	+	+	+	−
3	−	+	+	−	+	−	−	−	+	+	+
4	+	−	+	+	−	+	−	−	−	+	+
5	+	+	−	+	+	−	+	−	−	−	+
6	+	+	+	−	+	+	−	+	−	−	−
7	−	+	+	+	−	+	+	−	+	−	−
8	−	−	+	+	+	−	+	+	−	+	−
9	−	−	−	+	+	+	−	+	+	−	+
10	+	−	−	−	+	+	+	−	+	+	−
11	−	+	−	−	−	+	+	+	−	+	+
12	−	−	−	−	−	−	−	−	−	−	−

다. $N=28$인 경우에, 세 개의 블록 X, Y, Z를 아래와 같은 순서로 작성한다.

$$\begin{matrix} X & Y & Z \\ Z & X & Y \\ Y & Z & X \end{matrix}$$

그리고 이 27개 행에 − 부호의 행을 추가한다. 시행수 $N=12$과 $k=11$개의 요인을 가지는 설계는 표 8.24에 나와 있다.

$N=12$, 20, 24, 28, 36에 대한 비기하학적 Plackett-Burman 설계는 복잡한 가명 구조를 가진다. 예를 들어 시행수가 12인 경우, 모든 주효과는 그 자신이 포함되지 않은 모든 2요인 교호작용과 **부분적으로 가명관계**(partially aliased)를 가진다. 예를 들어 AB 교호작용은 9개의 주효과 C, D, …, K와 가명관계에 있고, AC 교호작용은 9개의 주효과 B, D, …, K와 가명관계에 있다. 게다가 각각의 주효과는 45개의 2요인 교호작용과 부분적으로 가명관계에 있다. 예를 들어 요인 A의 주효과의 별명을 생각해 보자.

$$[A] = A - \frac{1}{3}BC - \frac{1}{3}BD - \frac{1}{3}BE + \frac{1}{3}BF + \ldots - \frac{1}{3}KL$$

가명관계 체인 내의 45개의 2요인 교호작용 각각은 $\pm 1/3$만큼의 가중치를 가진다. 2요인 교호작용의 가중치는 비기하적 설계인 Plackkett-Berman의 전반적인 시리즈 전체에 걸쳐 발생한다. 다른 Paclkett-Berman 설계에서는 이 가중치 상수값이 $\pm 1/3$과는 다를 수 있다.

Plackett-Burman 설계는 **비정규 설계**(nonregular designs)의 예이다. 이 용어는 실험설계에서 종종 나타나는 단어이다. 기본적으로 **정규 설계**(regular design)는 모든 효과들을 다른 효과와는 독립적으로 추정할 수 있고, 부분요인설계의 경우에서는 효과가 다른 요인과 완전히 가명관계에 있으면 추정할 수 없다. 2^k와 같은 완전요인설계는 명백하게 정규 설계이고, 2^{k-p} 부분요인설계 역시 그러하다. 여기서는 모든 효과를 추정할 수는 없지만, 가명 체인의 상수 부분이 항상 0이거나 +/− 부호가 통일되어 있기 때문이다. 즉, 부분이 추정할 수 있는 효과들과 완벽하게 가명관계에 있어서(완벽하게 중첩되어 있다고 한다) 각 효과를 추정할 수 없는 것이다. 비정규 설계에서는, 가명 체인의 0이 아닌 상수들이 ± 1이 아니므로, 가명관계인 효과들에 대한 일부 정보를 항상 사용할 수 있다.

비기하학적 Plackett-Burman 설계의 투영되는 성질은 매우 흥미로울 뿐만 아니라, 빈번히 유용하게 사용된다. 예를 들어 표 8.24에서 시행수가 12였던 설계를 생각해 보자. 이 설계는 기존의 11개의 요인 중 2개에 대한 시행수가 3인 완전 2^2 설계로 투영될 것이다. 요인이 3개인 경우, 투영된 설계는 완전 2^3 설계와 2^{3-1}_{III} 부분요인설계를 더한 것이다(그림 8.24a 참고). 모든 Plackett-Burman설계는 완전요인설계와 아무 3요인에 대한 추가 실행을 더한 것으로 투영된다. 그러므로 해상도 III Plackett-Burman 설계는 **투영도**(projectivity) 3을 가진

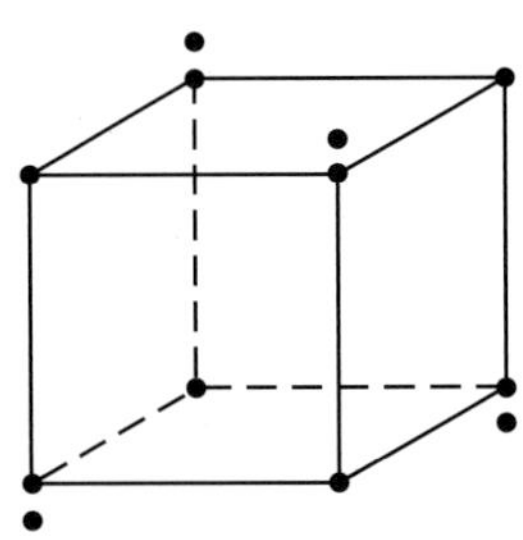

(a) 3요인으로의 투영

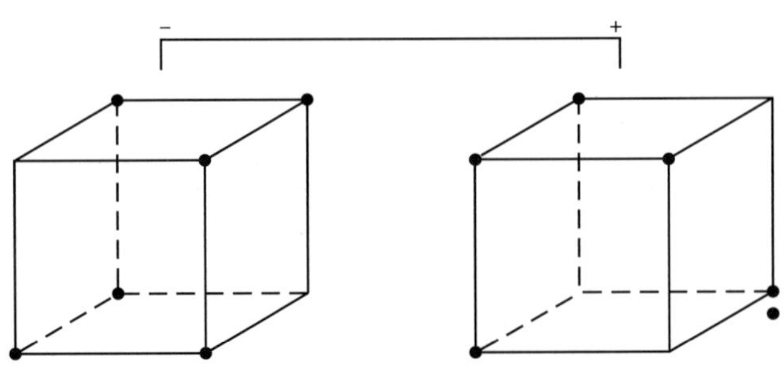

(b) 4요인으로의 투영

그림 8.24
12번 시행의 Plackett 실험을 3과 4요인설계로 투영

다고 말하며, 이는 세 요인 중 아무 요인 부분집합의 완전요인설계로 나뉜다는 것을 의미한다(사실 시행수가 68, 72, 80, 84인 설계와 같은 몇몇 큰 Plackett-Burman 설계는 투영도 4를 가진다). 반대로 2_{III}^{k-p} 설계는 투영도 2만을 가진다. 시행수 12의 설계의 4차원 투영이 그림 8.24b에 나와 있다. 이들이 11개의 서로 다른 시행임을 유의해야 한다. 이 설계는 주효과 4개 모두와 2요인 교호작용 6개 모두를 적합하며, 이는 다른 모든 주효과들과 교호작용들은 무시할 수 있다고 가정한다. 그림 8.24b의 설계는 완전 2^4 설계를 만들기 위해 추가적으로 (한 번의 추가수행을 포함한) 5번의 추가시행을 필요로 하고, 2^{4-1} 설계를 형성하기 위해 (5번의 추가 수행을 포함한) 한 번의 추가시행이 더 필요하다. 회귀방법을 이용하여 이런 투영된 설계를 사용한 주요인과 교호작용을 포함한 모형을 적합할 수 있다.

예제 8.8

12개의 요인을 가지고 있는 예제를 통해서 Plackett-Burman 설계를 사용한 분석을 설명하도록 하겠다. 12개의 요인에 대한 가장 작은 정규 부분요인설계는 시행수 16을 가지는 2^{12-8} 부분요인설계이다. 이 설계에서는 모든 12개의 주효과가 4개의 2요인 교호작용과 가명관계에 있고, 3개의 2요인 교호작용 체인이 각각 6개의 2요인 교호작용을 포함하고 있다(부록표 VIII, 설계 w 참고). 만약 주효과와 함께 유의한 2요인 교호작용이 있다면, 이런 효과들의 가명관계를 끊기 위해 추가시행이 필요할 수 있다.

이 문제를 해결하기 위해 시행수 20의 Plackett-Burman 설계를 사용하기로 하였다고 가정하자. 이제 가장 작은

표 8.25 예제 8.8에 대한 Plackett-Burman 설계

시행	X1	X2	X3	X4	X5	X6	X7	X8	X9	X10	X11	X12	y
1	1	1	1	1	1	1	1	1	1	1	1	1	221.5032
2	−1	1	−1	−1	1	1	1	1	−1	1	−1	1	213.8037
3	−1	−1	1	−1	−1	1	1	1	1	−1	1	−1	167.5424
4	1	−1	−1	1	−1	−1	1	1	1	1	−1	1	232.2071
5	1	1	−1	−1	1	−1	−1	1	1	1	1	−1	186.3883
6	−1	1	1	−1	−1	1	−1	−1	1	1	1	1	210.6819
7	−1	−1	1	1	−1	−1	1	−1	−1	1	1	1	168.4163
8	−1	−1	−1	1	1	−1	−1	1	−1	−1	1	1	180.9365
9	−1	−1	−1	−1	1	1	−1	−1	1	−1	−1	1	172.5698
10	1	−1	−1	−1	−1	1	1	−1	−1	1	−1	−1	181.8605
11	−1	1	−1	−1	−1	−1	1	1	−1	−1	1	−1	202.4022
12	1	−1	1	−1	−1	−1	−1	1	1	−1	−1	1	186.0079
13	−1	1	−1	1	−1	−1	−1	−1	1	1	−1	−1	216.4375
14	1	−1	1	−1	1	−1	−1	−1	−1	1	1	−1	192.4121
15	1	1	−1	1	−1	1	−1	−1	−1	−1	1	1	224.4362
16	1	1	1	−1	1	−1	1	−1	−1	−1	−1	1	190.3312
17	1	1	1	1	−1	1	−1	1	−1	−1	−1	−1	228.3411
18	−1	1	1	1	1	−1	1	−1	1	−1	−1	−1	223.6747
19	−1	−1	1	1	1	1	−1	1	−1	1	−1	−1	163.5351
20	1	−1	−1	1	1	1	1	−1	1	−1	1	−1	236.5124

표 8.26 가명행렬

효과	1 2	1 3	1 4	1 5	1 6	1 7	1 8	1 9	1 10	1 11	1 12	2 3	2 4	2 5	2 6	2 7	2 8	2 9	2 10	2 11	2 12	3 4	3 5	3 6	3 7	3 8	3 9	3 10	3 11	3 12	4 5	4 6	4 7	4 8
절편	0	0	0	0	0	0	0	0	0	0	0	0	0	0	0	0	0	0	0	0	0	0	0	0	0	0	0	0	0	0	0	0	0	0
X1	0	0	0	0	0	0	0	0	0	0	0	0.2	0.2	0.2	0.2	−0.2	0.2	−0.2	−0.2	0.2	0.2	−0.2	0.2	−0.2	−0.2	0.2	−0.2	−0.2	−0.2	0.2	−0.2	0.6	0.2	0.2
X2	0	0.2	0.2	0.2	0.2	−0.2	0.2	−0.2	−0.2	0.2	0.2	0	0	0	0	0	0	0	0	0	0	0.2	0.2	0.2	0.2	−0.2	0.2	−0.2	−0.2	0.2	−0.2	0.2	−0.2	−0.2
X3	0.2	0	−0.2	0.2	−0.2	−0.2	0.2	−0.2	−0.2	−0.2	0.2	0	0.2	0.2	0.2	0.2	−0.2	0.2	−0.2	−0.2	0.2	0	0	0	0	0	0	0	0	0	0.2	0.2	0.2	0.2
X4	0.2	−0.2	0	−0.2	0.6	0.2	0.2	0.2	−0.2	0.2	0.2	0.2	0	−0.2	0.2	−0.2	−0.2	0.2	−0.2	−0.2	−0.2	0	0.2	0.2	0.2	0.2	−0.2	0.2	−0.2	−0.2	0	0	0	0
X5	0.2	0.2	−0.2	0	−0.2	0.2	−0.2	0.2	0.2	0.6	−0.2	0.2	−0.2	0	−0.2	0.6	0.2	0.2	0.2	−0.2	0.2	0	0	−0.2	0.2	−0.2	−0.2	0.2	−0.2	−0.2	0	0.2	0.2	0.2
X6	0.2	−0.2	0.6	−0.2	0	0.2	−0.2	−0.2	−0.2	0.2	−0.2	0.2	0.2	−0.2	0	−0.2	0.2	−0.2	0.2	0.2	0.6	0.2	−0.2	0	−0.2	0.6	0.2	0.2	0.2	−0.2	0.2	0	−0.2	0.2
X7	−0.2	−0.2	0.2	0.2	0.2	0	−0.2	0.2	0.2	−0.2	0.2	0.2	−0.2	0.6	−0.2	0	0.2	−0.2	−0.2	−0.2	0.2	0.2	0.2	−0.2	0	−0.2	0.2	−0.2	0.2	0.2	0.2	−0.2	0	−0.2
X8	0.2	0.2	0.2	−0.2	−0.2	−0.2	0	0.6	0.2	−0.2	0.2	−0.2	−0.2	0.2	0.2	0.2	0	−0.2	0.2	0.2	−0.2	0.2	−0.2	0.6	−0.2	0	0.2	−0.2	−0.2	−0.2	0.2	0.2	−0.2	0
X9	−0.2	−0.2	0.2	0.2	−0.2	0.2	0.6	0	0.2	0.2	0.2	0.2	0.2	0.2	−0.2	−0.2	−0.2	0	0.6	0.2	−0.2	−0.2	−0.2	0.2	0.2	0.2	0	−0.2	0.2	0.2	0.2	−0.2	0.6	−0.2
X10	−0.2	−0.2	−0.2	0.2	−0.2	0.2	0.2	0.2	0	0.2	−0.2	−0.2	−0.2	0.2	0.2	−0.2	0.2	0.6	0	0.2	0.2	0.2	0.2	0.2	−0.2	−0.2	−0.2	0	0.6	0.2	−0.2	−0.2	0.2	0.2
X11	0.2	−0.2	0.2	0.6	0.2	−0.2	−0.2	0.2	0.2	0	−0.2	−0.2	−0.2	−0.2	0.2	−0.2	0.2	0.2	0.2	0	0.2	−0.2	−0.2	0.2	0.2	−0.2	0.2	0.6	0	0.2	0.2	0.2	0.2	−0.2
X12	0.2	0.2	0.2	−0.2	−0.2	0.2	0.2	0.2	−0.2	−0.2	0	0.2	−0.2	0.2	0.6	0.2	−0.2	−0.2	0.2	0.2	0	−0.2	−0.2	−0.2	0.2	−0.2	0.2	0.2	0.2	0	−0.2	−0.2	0.2	0.2

효과	4 9	4 10	4 11	4 12	5 6	5 7	5 8	5 9	5 10	5 11	5 12	6 7	6 8	6 9	6 10	6 11	6 12	7 8	7 9	7 10	7 11	7 12	8 9	8 10	8 11	8 12	9 10	9 11	9 12	10 11	10 12	11 12
절편	0	0	0	0	0	0	0	0	0	0	0	0	0	0	0	0	0	0	0	0	0	0	0	0	0	0	0	0	0	0	0	0
X1	0.2	−0.2	0.2	0.2	−0.2	0.2	−0.2	0.2	0.2	0.6	−0.2	0.2	−0.2	−0.2	−0.2	0.2	−0.2	−0.2	0.2	0.2	−0.2	0.2	0.6	0.2	−0.2	0.2	0.2	0.2	0.2	0.2	−0.2	−0.2
X2	0.2	−0.2	−0.2	−0.2	−0.2	0.6	0.2	0.2	0.2	−0.2	0.2	−0.2	0.2	−0.2	0.2	0.2	0.6	0.2	−0.2	−0.2	−0.2	0.2	−0.2	0.2	0.2	−0.2	0.6	0.2	−0.2	0.2	0.2	0.2
X3	−0.2	0.2	−0.2	−0.2	−0.2	0.2	−0.2	−0.2	0.2	−0.2	−0.2	−0.2	0.6	0.2	0.2	0.2	−0.2	−0.2	0.2	−0.2	0.2	0.2	0.2	−0.2	−0.2	−0.2	−0.2	0.2	0.2	0.6	0.2	0.2
X4	0	0	0	0	0.2	0.2	0.2	0.2	−0.2	0.2	−0.2	−0.2	0.2	−0.2	−0.2	0.2	−0.2	−0.2	0.6	0.2	0.2	0.2	−0.2	0.2	−0.2	0.2	0.2	−0.2	−0.2	−0.2	0.2	0.6
X5	0.2	−0.2	0.2	−0.2	0	0	0	0	0	0	0	0.2	0.2	0.2	0.2	−0.2	0.2	−0.2	0.2	−0.2	−0.2	0.2	−0.2	0.6	0.2	0.2	−0.2	0.2	−0.2	0.2	−0.2	−0.2
X6	−0.2	−0.2	0.2	−0.2	0	0.2	0.2	0.2	0.2	−0.2	0.2	0	0	0	0	0	0	0.2	0.2	0.2	0.2	−0.2	−0.2	0.2	−0.2	−0.2	−0.2	0.6	0.2	−0.2	0.2	0.2
X7	0.6	0.2	0.2	0.2	0.2	0	−0.2	0.2	−0.2	−0.2	0.2	0	0.2	0.2	0.2	0.2	−0.2	0	0	0	0	0	0.2	0.2	0.2	0.2	−0.2	0.2	−0.2	−0.2	0.6	−0.2
X8	−0.2	0.2	−0.2	0.2	0.2	−0.2	0	−0.2	0.6	0.2	0.2	0.2	0	−0.2	0.2	−0.2	−0.2	0	0.2	0.2	0.2	0.2	0	0	0	0	0.2	0.2	0.2	−0.2	0.2	−0.2
X9	0	0.2	−0.2	−0.2	0.2	0.2	−0.2	0	−0.2	0.2	−0.2	0.2	−0.2	0	−0.2	0.6	0.2	0.2	0	−0.2	0.2	−0.2	0	0.2	0.2	0.2	0	0	0	0.2	0.2	−0.2
X10	0.2	0	−0.2	0.2	0.2	−0.2	0.6	−0.2	0	0.2	−0.2	0.2	0.2	−0.2	0	−0.2	0.2	0.2	−0.2	0	−0.2	0.6	0.2	0	−0.2	0.2	0	0.2	0.2	0	0	0.2
X11	−0.2	−0.2	0	0.6	−0.2	−0.2	0.2	0.2	0.2	0	−0.2	0.2	−0.2	0.6	−0.2	0	0.2	0.2	0.2	−0.2	0	−0.2	0.2	−0.2	0	−0.2	0.2	0	−0.2	0	0.2	0
X12	−0.2	0.2	0.6	0	0.2	0.2	0.2	−0.2	−0.2	−0.2	0	−0.2	−0.2	0.2	0.2	0.2	0	0.2	−0.2	0.6	−0.2	0	0.2	0.2	−0.2	0	0.2	−0.2	0	0.2	0	0

정규 부분설계보다는 많은 시행횟수를 가지고 있으나, 16번 시행의 정규 부분설계의 완전접기나 부분접기설계에서 필요로 하는 시행횟수보다 적은 시행횟수를 가진다. 이 설계를 JMP에서 시행하였고 표 8.25에 실험이 진행될 때 얻은 반응값 관측치와 함께 나타나 있다. 가명관계에 있는 2요인 교호작용의 계수가 이제 0 또는 −1 혹은 +1이 아님을 확인할 수 있다(이제 비정규 설계이기 때문이다). 이렇게 되면 필요한 경우 교호작용을 추정할 수 있는 유동성을 확보할 수 있다.

표 8.27은 이 설계의 JMP 분석이며, 전진 단계적 회

표 8.27 예제 8.8의 JMP 단계적 회귀분석, 초기 해답(계속)

Stepwise Fit
Response:
Y

Stepwise Regression Control

Prob to Enter	0.250
Prob to Leave	0.100

Current Estimates

SSE	DFE	MSE	RSquare	RSquare Adj	Cp
10732	19	564.84211	0.0000	0.0000	12

Parameter	Estimate	nDF	SS	*F* Ratio	Prob > *F*
Intercept	200	1	0	0.000	1.0000
X1	0	1	1280	2.438	0.1359
X2	0	1	2784.8	6.307	0.0218
X3	0	1	452.279	0.792	0.3853
X4	0	1	1843.2	3.733	0.0693
X5	0	1	67.21943	0.113	0.7401
X6	0	1	86.41367	0.146	0.7068
X7	0	1	292.6697	0.505	0.4866
X8	0	1	60.08353	0.101	0.7539
X9	0	1	572.9881	1.015	0.3270
X10	0	1	32.53443	0.055	0.8177
X11	0	1	15.37763	0.026	0.8741
X12	0	1	0.159759	0.000	0.9871
X1*X2	0	3	5908	6.532	0.0043
X1*X3	0	3	1736.782	1.030	0.4058
X1*X4	0	3	5543.2	5.698	0.0075
X1*X5	0	3	1358.09	0.773	0.5261
X1*X6	0	3	2795.154	1.878	0.1740
X1*X7	0	3	1581.316	0.922	0.4528
X1*X8	0	3	1767.483	1.052	0.3970
X1*X9	0	3	1866.724	1.123	0.3692
X1*X10	0	3	1609.033	0.941	0.4441
X1*X11	0	3	1821.162	1.090	0.3818
X1*X12	0	3	1437.829	0.825	0.4991
X2*X3	0	3	4473.249	3.812	0.0309
X2*X4	0	3	4671.721	4.111	0.0243
X2*X5	0	3	3011.798	2.081	0.1431
X2*X6	0	3	3561.431	2.649	0.0842
X2*X7	0	3	3635.536	2.732	0.0781
X2*X8	0	3	2848.428	1.927	0.1659
X2*X9	0	3	3944.319	3.099	0.0564

표 8.27 예제 8.8의 JMP 단계적 회귀분석, 초기 해답

Parameter	Estimate	nDF	SS	*F* Ratio	Prob > *F*
X2*X10	0	3	2828.937	1.909	0.1688
X2*X11	0	3	2867.948	1.945	0.1631
X2*X12	0	3	2786.331	1.870	0.1753
X3*X4	0	3	2576.807	1.685	0.2102
X3*X5	0	3	995.7837	0.545	0.6582
X3*X6	0	3	558.5936	0.293	0.8300
X3*X7	0	3	1201.228	0.672	0.5815
X3*X8	0	3	512.677	0.268	0.8478
X3*X9	0	3	1058.287	0.583	0.6344
X3*X10	0	3	626.2659	0.331	0.8034
X3*X11	0	3	569.497	0.299	0.8257
X3*X12	0	3	452.4973	0.235	0.8708
X4*X5	0	3	2038.876	1.251	0.3244
X4*X6	0	3	2132.749	1.323	0.3017
X4*X7	0	3	2320.382	1.471	0.2599
X4*X8	0	3	2034.576	1.248	0.3255
X4*X9	0	3	4886.816	4.459	0.0185
X4*X10	0	3	3125.433	2.191	0.1288
X4*X11	0	3	1970.181	1.199	0.3418
X4*X12	0	3	2194.402	1.371	0.2875
X5*X6	0	3	189.5188	0.096	0.9612
X5*X7	0	3	4964.273	4.590	0.0168
X5*X8	0	3	332.1148	0.170	0.9149
X5*X9	0	3	1065.334	0.588	0.6318
X5*X10	0	3	136.8974	0.069	0.9757
X5*X11	0	3	866.5116	0.468	0.7084
X5*X12	0	3	185.205	0.094	0.9625
X6*X7	0	3	434.1661	0.225	0.8777
X6*X8	0	3	185.7122	0.094	0.9623
X6*X9	0	3	1302.2	0.737	0.5455
X6*X10	0	3	246.5934	0.125	0.9437
X6*X11	0	3	2492.598	1.613	0.2256
X6*X12	0	3	913.7187	0.496	0.6900
X7*X8	0	3	935.8699	0.510	0.6813
X7*X9	0	3	1876.723	1.130	0.3665
X7*X10	0	3	345.5343	0.177	0.9101
X7*X11	0	3	577.8999	0.304	0.8224
X7*X12	0	3	328.611	0.168	0.9161
X8*X9	0	3	1111.212	0.616	0.6146
X8*X10	0	3	936.6248	0.510	0.6811
X8*X11	0	3	710.6107	0.378	0.7700
X8*X12	0	3	1517.358	0.878	0.4731
X9*X10	0	3	2360.154	1.504	0.2517
X9*X11	0	3	588.4157	0.309	0.8183
X9*X12	0	3	587.527	0.309	0.8186
X10*X11	0	3	125.3218	0.063	0.9786
X10*X12	0	3	2241.266	1.408	0.2770
X11*X12	0	3	94.12651	0.047	0.9859

귀분석으로 모형을 적합하였다. 전진 단계적 회귀에서 변수들은 한 번에 하나씩 모형에 포함되고, 가장 중요할 것으로 보이는 변수부터 시작해서 포함하기에 적합한 후보가 남지 않을 때까지 계속한다. 이런 분석에서는 모든 주효과와 2요인 교호작용을 모델에서 관심 있어 하는 변수라고 가정한다.

표 8.27의 변수들의 P 값을 보면, 가장 중요한 요인이 x_2이므로 이 요인을 모형에 제일 먼저 넣게 된다. JMP는 이후 P 값을 다시 계산하고 다음으로 들어갈 변수로 x_4를 정한다. 이후 x_1x_4 교호작용이 들어가게 되는데, 모형의 계층성을 유지하기 위해서 주효과 x_1이 함께 들어가게 된다. 이러한 절차에 대한 JMP 결과는 나타나 있지 않지만, 표 8.28의 하단에 요약되어 있다. 최종적으로 마지막에 들어가게 되는 변수는 x_5이다. 표 8.28에 최종 모형이 정리되어 있다.

표 8.28 예제 8.8의 JMP 단계적 회귀, 최종 해답(계속)

Stepwise Fit

Response:

Y

Stepwise Regression Control

Prob to Enter	0.250
Prob to Leave	0.100
Direction:	
Rules:	

Current Estimates

SSE	DFE	MSE	RSquare	RSquare Adj	Cp
381.79001	13	29.368462	0.9644	0.9480	72

Parameter	Estimate	nDF	SS	*F* Ratio	Prob > *F*
Intercept	200	1	0	0.000	1.0000
X1	8	3	5654.991	64.184	0.0000
X2	9.89242251	2	4804.208	81.792	0.0000
X3	0	1	2.547056	0.081	0.7813
X4	12.1075775	2	4442.053	75.626	0.0000
X5	2.581897	1	122.21	4.161	0.0622
X6	0	1	44.86956	1.598	0.2302
X7	0	1	7.652516	0.245	0.6292
X8	0	1	28.02042	0.950	0.3488
X9	0	1	19.33012	0.640	0.4393
X10	0	1	76.73973	3.019	0.1079
X11	0	1	1.672382	0.053	0.8221
X12	0	1	10.36884	0.335	0.5734
X1*X2	−12.537887	1	2886.987	98.302	0.0000
X1*X3	0	2	6.20474	0.091	0.9138
X1*X4	9.53788744	1	1670.708	56.888	0.0000
X1*X5	0	1	1.889388	0.060	0.8111
X1*X6	0	2	45.6286	0.747	0.4966
X1*X7	0	2	10.10477	0.150	0.8628
X1*X8	0	2	41.24821	0.666	0.5332
X1*X9	0	2	90.27392	1.703	0.2268
X1*X10	0	2	76.84386	1.386	0.2905
X1*X11	0	2	27.15307	0.421	0.6665
X1*X12	0	2	37.51692	0.599	0.5662
X2*X3	0	2	54.47309	0.915	0.4288

표 8.28 예제 8.8, JMP 단계적 회귀, 최종 해답(계속)

SSE	DFE	MSE	RSquare	RSquare Adj	Cp
X2*X4	0	1	3.403658	0.108	0.7482
X2*X5	0	1	0.216992	0.007	0.9355
X2*X6	0	2	46.47256	0.762	0.4897
X2*X7	0	2	37.44377	0.598	0.5668
X2*X8	0	2	65.97489	1.149	0.3522
X2*X9	0	2	69.32501	1.220	0.3322
X2*X10	0	2	98.35266	1.908	0.1943
X2*X11	0	2	141.1503	3.226	0.0790
X2*X12	0	2	52.05325	0.868	0.4466
X3*X4	0	2	111.3687	2.265	0.1500
X3*X5	0	2	80.40096	1.467	0.2724
X3*X6	0	3	67.40344	0.715	0.5653
X3*X7	0	3	99.64513	1.177	0.3667
X3*X8	0	3	66.19013	0.699	0.5737
X3*X9	0	3	29.41242	0.278	0.8399
X3*X10	0	3	120.8801	1.544	0.2632
X3*X11	0	3	4.678496	0.041	0.9881
X3*X12	0	3	56.41798	0.578	0.6426
X4*X5	0	1	49.01055	1.767	0.2084
X4*X6	0	2	148.7678	3.511	0.0662
X4*X7	0	2	10.61344	0.157	0.8564
X4*X8	0	2	29.55318	0.461	0.6420
X4*X9	0	2	25.40367	0.392	0.6847
X4*X10	0	2	112.0974	2.286	0.1478
X4*X11	0	2	1.673771	0.024	0.9761
X4*X12	0	2	24.16136	0.372	0.6980
X5*X6	0	2	169.9083	4.410	0.0392
X5*X7	0	2	31.18914	0.489	0.6258
X5*X8	0	2	90.33176	1.705	0.2265
X5*X9	0	2	34.4118	0.545	0.5948
X5*X10	0	2	154.654	3.745	0.0575
X5*X11	0	2	10.09686	0.149	0.8629
X5*X12	0	2	12.34385	0.184	0.8346
X6*X7	0	3	59.7591	0.619	0.6187
X6*X8	0	3	94.11651	1.091	0.3974
X6*X9	0	3	57.73503	0.594	0.6331
X6*X10	0	3	165.7402	2.557	0.1139
X6*X11	0	3	77.11154	0.844	0.5007
X6*X12	0	3	58.58914	0.604	0.6270
X7*X8	0	3	44.58254	0.441	0.7290
X7*X9	0	3	29.92824	0.284	0.8362
X7*X10	0	3	86.08846	0.970	0.4445
X7*X11	0	3	63.54514	0.666	0.5920
X7*X12	0	3	31.78299	0.303	0.8229
X8*X9	0	3	60.30138	0.625	0.6148
X8*X10	0	3	104.4506	1.255	0.3414
X8*X11	0	3	33.70238	0.323	0.8089
X8*X12	0	3	51.03759	0.514	0.6816
X9*X10	0	3	110.8786	1.364	0.3092

표 8.28 예제 8.8, JMP 단계적 회귀, 최종 해답

Parameter	Estimate	nDF	SS	*F* Ratio	Prob > *F*	
X9*X11	0	3	50.35583	0.506	0.6865	
X9*X12	0	3	119.2043	1.513	0.2706	
X10*X11	0	3	93.00237	1.073	0.4037	
X10*X12	0	3	94.6634	1.099	0.3943	
X11*X12	0	3	38.30184	0.372	0.7753	
Step History						
Step	**Parameter**	**Action**	**"Sig Prob"**	**Seq SS**	**RSquare**	**Cp**
1	X2	Entered	0.0218	2784.8	0.2595	.
2	X4	Entered	0.0368	1843.2	0.4312	.
3	X1*X2	Entered	0.0003	4044.8	0.8081	.
4	X1*X4	Entered	0.0000	1555.2	0.9530	.
5	X5	Entered	0.0622	122.21	0.9644	.

이 실험의 최종 모형은 주효과인 요인 x_1, x_2, x_4, x_5와 2요인 교호작용 x_1x_2, x_1x_4를 포함하고 있다. 이제 이 실험의 데이터가 모형을 통해 시뮬레이션 되었음을 밝힌다. 사용된 모델은 다음과 같다.

$$y = 200 + 8x_1 + 10x_2 + 12x_4 - 12x_1x_2 + 9x_1x_4 + \epsilon$$

여기서 랜덤오차항은 평균이 0이고, 표준편차가 5인 정규분포이었다. Plackett-Burman 설계는 정확하게 모든 유의한 주효과와 두 개의 2요인 교호작용을 찾아내었다. 표 8.28을 보면, 모수에 대한 추정치들이 모의실험을 위해 만들어진 모형의 모수 값과 매우 유사함을 확인할 수 있다.

Plackett-Burman 설계가 가진, 부분 가명관계 구조는 유의한 교호작용을 찾는 상황에서 매우 유용하다. 분석을 위한 다른 접근법으로는 이 설계가 주요인을 어떤 4개의 요인과 이들의 모든 2요인 교호작용을 적합할 수 있음을 인지하고, 정규확률그림을 이용하여 가장 큰 4개의 주효과를 확인하여, 마지막으로 4요인 모형을 해당 4개의 요인에 적합하는 것이다.

데이터를 만든 시뮬레이션 모형에는 없던 주효과 x_5가 유의하다고 확인된 것에 주목하자. 이 요인에 대해 제1종 오류가 발생하였다. 선별실험에서 제1종 오류는 제2종 오류만큼 심각한 것은 아니다. 제1종 오류는 유의하지 않은 요인을 중요하다고 판단할 때 발생하고, 이어지는 실험과 분석에서 유지되는 결과를 낳는다. 결국 이 요인이 중요하지 않음을 확인할 가능성이 크다. 그러나 제2종 오류는 중요한 요인을 발견하지 못한 것이다. 이 변수는 추후 연구에서 제외될 것이고, 만약 이것이 정말 중요한 요소였다면 생산이나 공정 능력이 매우 부정적인 영향을 받을 것이다. 이후에도 이 요인의 효과를 절대 확인하지 못할 가능성이 큰데, 왜냐하면 연구 초기에 버려지기 때문이다. 예제에서는 모든 중요한 요인을 확인하였고(교호작용 포함), 이것이 주요 요점이다.

8.7 해상도 IV와 V 설계

8.7.1 해상도 IV 설계

2^{k-p} 부분요인설계는 주효과들에 대한 2요인 교호작용이 없고, 몇몇 2요인 교호작용이 서로 가명관계에 있는 경우 해상도 IV를 가진다. 그래서 만약 3요인 이상의 고차 교호작용을 사용하지 않는 경우, 주효과를 2_{IV}^{k-p} 설계에서 바로 추정할 수 있다. 이에 대한 예제가 표 8.10에 있는 2_{IV}^{6-2} 설계이다. 또한 예제 8.7에서 보았던 결합된 두 개의 2_{III}^{7-4} 설계의 부분은 2_{IV}^{7-3} 설계가 된다. 해상도 IV 설계는 선별실험으로 광범위하게 사용된다. 특히 시행수 8의 2^{4-1} 설계와 6, 7, 8개의 요인을 가지는 시행수 16의 부분설계가 많이 사용된다.

모든 2_{IV}^{k-p} 설계는 적어도 시행수 $2k$개를 가져야 한다. 정확하게 시행수 $2k$를 가지는 해상도 IV 설계를 **최소설계**(minimal designs)라고 한다. 해상도 IV 설계는 해상도 III에 접기 방법을 이용해 얻을 수 있다. 2_{III}^{k-p} 설계를 접기 위해서는, 단순하게 원래의 부분에서 모든 부호를 반대로 취한 두 번째 부분을 더해주면 된다는 점을 기억해야 한다. 그러면 첫 번째 부분의 아이덴티디 열 I의 + 부호가 두 번째 부분에서는 바뀌게 되고, $(k+1)$번째 요인이 이 열과 관련되게 된다. 그 결과 2_{IV}^{k+1-p} 부분요인설계를 얻는다. 2_{III}^{3-1} 설계에 이를 적용한 것이 표 8.29에 설명되었고, 그 결과 정의관계 $I=ABCD$을 가지는 2_{IV}^{4-1} 설계가 나온다는 것을 쉽게 확인할 수 있다.

표 8.30은 시행수 $N=4$, 8, 16, 32을 가지는 2^{k-p} 부분요인설계에 대한 간단한 요약이다. 비록 $6 \le k \le 8$개의 요인에 대해 시행수 16을 가지는 해상도 IV 설계가 가능하지만, 만약 9개 이상의 요인이 있다면 2^{9-p} 족에서 가장 작은 해상도 IV설계는 시행수 32를 가지는 2^{9-4} 설계이다. 이는 오히려 시행수가 많아지는 것이기 때문에 대다수 실험자는 더 작은 설계를 선호할 것이다. 해상도 IV설계는 반드시 적어도 시행수 $2k$를 가져야 하는데, 예를 들어 9개 요인을 가지는 해상도 IV설계는 적어도 18개의 시행수를 가져야 한다. 정확하

표 8.29 접기방법으로 얻은 2_{IV}^{4-1} 설계

D I	A	B	C
	최초 2_{III}^{3-1} $I=ABC$		
+	−	−	+
+	+	−	−
+	−	+	−
+	+	+	+
	부호가 바뀐 두 번째 2_{III}^{3-1}		
−	+	+	−
−	−	+	+
−	+	−	+
−	−	−	−

설계 유형	시행수 4	8	16	32
완전요인	2	3	4	5
절반부분	3	4	5	6
해상도 IV 부분	—	4	6–8	7–16
해상도 III 부분	3	5–7	9–15	17–31

표 8.30 2^{k-p} 시스템에서 완전요인과 부분요인설계. 셀 안의 숫자는 실험에 사용한 요인의 숫자이다.

게 시행수 $N=18$를 가지는 설계는 "최적" 설계를 구성하는 알고리즘을 이용하여 만들 수 있다.

8.7.2 해상도 IV의 순차적 실험

해상도 IV 설계가 선별시험으로 사용되기 때문에 원래의 실험을 수행하고 분석했을 때, 모든 효과를 완전히 해결하기 위해 추가 실험이 필요하다는 사실을 발견하는 것은 드문 일이 아니다.

해상도 III 설계의 경우에 대해 8.6.2절에서 이를 논의하였고, 접기설계를 순차적 실험 전략으로 소개한 바 있다. 해상도 III 설계에서 주효과들은 2요인 교호작용과 가명관계에 있었다. 그래서 접기의 목적은 주효과를 2요인 교호작용과 분리하는 것이었다. 또한 해상도 IV 설계를 접어서 서로 가명관계에 있는 2요인 교호작용을 분리하는 것도 가능하다.

Montgomery and Runger(1996)는 실험자가 해상도 IV 설계에 접기를 적용할 때 아래와 같은 여러 가지 목적이 있을 수 있음을 확인하였다.

1. 가능한 많은 2요인 교호작용 가명관계 체인을 끊는 것
2. 특정 가명관계 체인에 있는 2요인 교호작용을 분리하는 것
3. 특정한 요인을 가진 2요인 교호작용을 분리하는 것

하지만 해상도 IV 설계에 접기를 적용할 때에는 매우 주의해야 한다. 해상도 III에 사용하는 완전접기 방식은, 다른 부분의 부호를 반전시켜서 간단하게 시행하는 것이었는데 이는 해상도 IV 경우에는 적용할 수 없다. 이 규칙을 해상도 IV 설계에 적용하면, 결과는 해당 실험을 다른 순서로 시행한 것과 정확하게 같다. 직접 시행하여 확인해보길 권한다. 표 8.9의 2^{6-2}_{IV}을 사용하고, 실험 행렬의 모든 부호를 반대로 바꾸었을 때 어떤 일이 일어나는지를 확인해보도록 하자.

해상도 IV 설계에 접기를 적용하는 가장 간단한 방법은 원래의 설계행렬의 변수 한 개의 부호를 바꾸는 것이다. 이 단일요인 접기는 부호가 바뀐 요인을 가진 모든 2요인 교호작용들을 나누고, 위에 있는 3번의 목적을 이룰 수 있게 한다.

단일요인 접기가 어떻게 해상도 IV 설계에서 이루어지는지를 설명하기 위해서, 표 8.31의 2^{6-2}_{IV}를 고려해 보자(시행은 순서대로가 아닌, 표준 방법으로 적혀있는 것이다). 실험은 실리콘 웨이퍼에 적용되는 포토레지스트 코딩의 두께에 대한 6개의 요인의 효과를 연구하

표 8.31 회전 코팅기 실험에 대한 초반 2_{IV}^{6-2} 설계

A	*B*	*C*	*D*	*E*	*F*	
속도 RPM	가속도	사용량(cc)	시간(sec)	레지스트 점도	배기량	두께(mil)
−	−	−	−	−	−	4524
+	−	−	−	+	−	4657
−	+	−	−	+	+	4293
+	+	−	−	−	+	4516
−	−	+	−	+	+	4508
+	−	+	−	−	+	4432
−	+	+	−	−	−	4197
+	+	+	−	+	−	4515
−	−	−	+	−	+	4521
+	−	−	+	+	+	4610
−	+	−	+	+	−	4295
+	+	−	+	−	−	4560
−	−	+	+	+	−	4487
+	−	+	+	−	−	4485
−	+	+	+	−	+	4195
+	+	+	+	+	+	4510

기 위해 수행되었다. 설계요인은 A=회전속도, B=가속도, C=사용 레지스트 양, D=회전 시간, E=레지스트 점도, F=배기량이다. 설계에 대한 가명관계는 표 8.8에 나와 있으며, 효과의 절반 정규확률그림은 그림 8.25에 있다. 가장 큰 주효과는 A, B, C, E이고 이 요

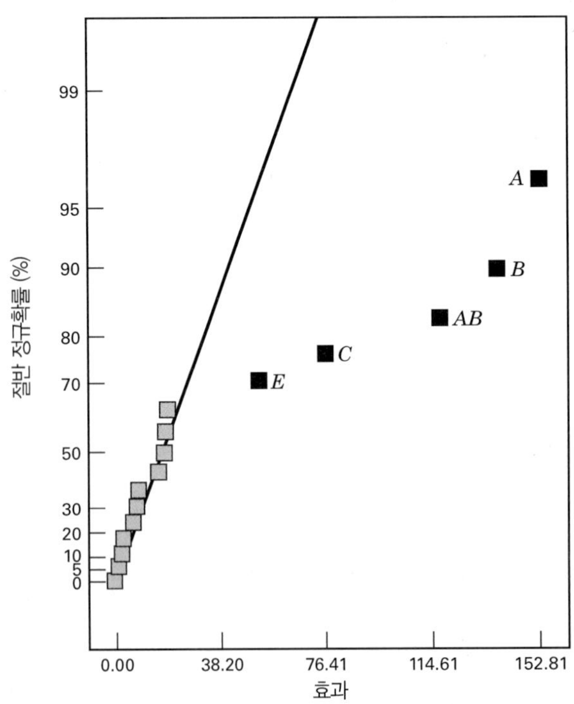

그림 8.25
표 8.31의 회전 코팅 초기실험에 대한 절반 정규확률그림

인들은 3요인 이상 교호작용들과 가명관계에 있으므로, 이들이 실제 효과라고 가정하는 것이 논리적일 거라는 사실에 주목하자. 하지만 가명관계 체인 $AB+CE$에 대한 효과추정치 역시 매우 크다. 만약 다른 공정 지식이나 공학적 정보를 사용할 수 없다면, 이것이 AB인지 CE인지 아니면 둘의 교호작용인지 알 수 없게 된다.

접기설계는 새로운 2_{IV}^{6-2} 부분요인설계를 세우고, 요인 A의 부호를 바꾸어서 구성될 수 있다. 접기 실행 추가에 따른 전체 설계는 표 8.32에 나와 있다(표준 순서로 표시되었다). 시행들이 두 개의 블록으로 할당된 것에 주목하자. 표 8.32에 있는 초반의 2_{IV}^{6-2} 설계에 대

표 8.32 회전 코팅기 실험에서의 완성된 접기설계

		A	*B*	*C*	*D*	*E*	*F*	
표준 순서	블록	속도(RPM)	가속도	사용량(cc)	시간(sec)	레지스토 점도	배기량	두께(mil)
1	1	−	−	−	−	−	−	4524
2	1	+	−	−	−	+	−	4657
3	1	−	+	−	−	+	+	4293
4	1	+	+	−	−	−	+	4516
5	1	−	−	+	−	+	+	4508
6	1	+	−	+	−	−	+	4432
7	1	−	+	+	−	−	−	4197
8	1	+	+	+	−	+	−	4515
9	1	−	−	−	+	−	+	4521
10	1	+	−	−	+	+	+	4610
11	1	−	+	−	+	+	−	4295
12	1	+	+	−	+	−	−	4560
13	1	−	−	+	+	+	−	4487
14	1	+	−	+	+	−	−	4485
15	1	−	+	+	+	−	+	4195
16	1	+	+	+	+	+	+	4510
17	2	+	−	−	−	−	−	4615
18	2	−	−	−	−	+	−	4445
19	2	+	+	−	−	+	+	4475
20	2	−	+	−	−	−	+	4285
21	2	+	−	+	−	+	+	4610
22	2	−	−	+	−	−	+	4325
23	2	+	+	+	−	−	−	4330
24	2	−	+	+	−	+	−	4425
25	2	+	−	−	+	−	+	4655
26	2	−	−	−	+	+	+	4525
27	2	+	+	−	+	+	−	4485
28	2	−	+	−	+	−	−	4310
29	2	+	−	+	+	+	−	4620
30	2	−	−	+	+	−	−	4335
31	2	+	+	+	+	−	+	4345
32	2	−	+	+	+	+	+	4305

한 실행은 블록 1로, 접기설계에 의한 실행들은 블록 2로 되어 있다. 결합된 시행으로 추정한 효과는 다음과 같다(3요인 혹은 그 이상의 교호작용은 무시하였다).

$$\begin{aligned}
[A] &= A & [AE] &= AE \\
[B] &= B & [AF] &= AF \\
[C] &= C & [BC] &= BC + DF \\
[D] &= D & [BD] &= BD + CF \\
[E] &= E & [BE] &= BE \\
[F] &= F & [BF] &= BF + CD \\
[AB] &= AB & [CE] &= CE \\
[AC] &= AC & [DE] &= DE \\
[AD] &= AD & [EF] &= EF
\end{aligned}$$

요인 A를 가진 모든 2요인 교호작용들이 다른 2요인 교호작용과 가명관계에 있지 않음에 주목하자. 또한 AB도 더이상 CE와 가명관계가 아니다. 결합설계에 대한 효과들의 절반정규확률그림이 그림 8.26에 나와 있으며, 명백하게 CE 교호작용이 유의함을 볼 수 있다.

표 8.32의 완성된 접기설계를 보면 이 설계가 고차 교호작용과 블록 효과를 포함하는 12개의 다른 가명관계 체인을 추정하고, 이전에 보인 6개의 주효과와 12개의 2요인 교호작용 가명 체인을 추정한다는 점을 쉽게 알 수 있다. 원래의 절반부분에 대한 제너레이터는 $E = ABC$와 $\mathrm{F} = BCD$이며, 접기를 위해 A열의 부호를 바꿨으므로 16번의 시행을 하는 두 번째 그룹의 제너레이터는 $E = -ABC$와 $F = BCD$이다. 같은 부호를 가지는 워드는 하나($L = 1$, $U = 1$)이고 결합설계는 하나의 제너레이터(1/2 부분)만 가지므로, 결합설계의 제너레이터는 $F = BCD$이다. 게다가 $ABCD$은 블록 1에서 +이고 블록 2에서는 −이므로, $ABCE$

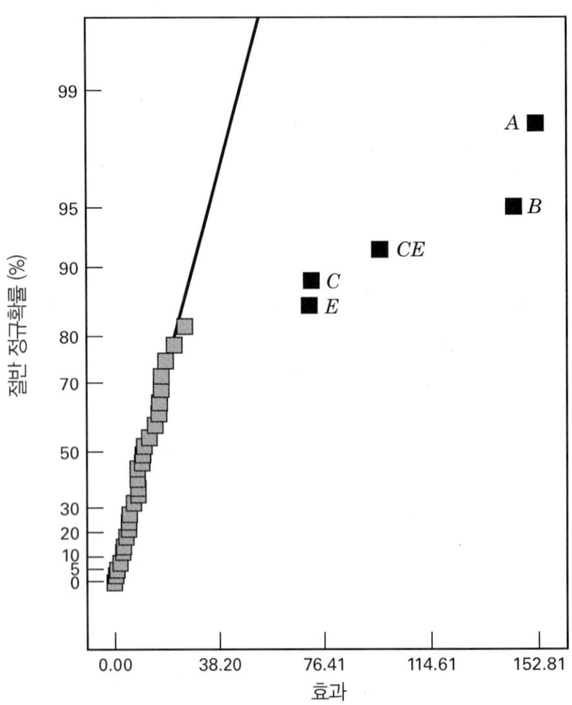

그림 8.26
표 8.32의 회전 코팅 실험에 대한 효과의 절반 정규확률 그림

와 그의 가명관계인 *ADEF*을 더한 것이 블록과 중첩되어 있다.

시행수 16을 가지는 원래 설계의 2요인 교호작용을 포함하는 가명 체인과 완성된 접기설계를 살펴보면, 몇 가지 문제점을 발견할 수 있다. 원래의 해상도 IV 부분설계에서, 모든 2요인 교호작용은 6개의 가명 체인으로 다른 2요인 교호작용과 가명관계에 있었으며, 가명 체인 한 개에는 3개의 2요인 교호작용이 있었다(표 8.8에서 언급하였다). 그러므로 2요인 교호작용을 추정할 자유도 7이 있었다. 완성된 접기설계에서는 다른 2요인 교호작용과 독립인 9개의 2요인 교호작용이 있고, 3개의 가명 체인이 2개의 2요인 교호작용을 포함하여 2요인 교호작용을 추정하는 데 총 12개의 자유도를 가지게 된다. 달리 표현하면, 추가시행을 16번 하였지만 2요인 교호작용을 추정하는 데에는 자유도를 5만큼만 더 얻은 것이다. 이는 실험 자원을 매우 비효율적으로 쓴 것이다.

다행히도 완전접기를 사용하는 것 말고 다른 대안책이 있다. **부분접기** 혹은 **세미접기**(partial fold over or semifold)는 완전접기에서 필요한 것의 절반만 시행하면 된다. 즉, 회전코팅 실험에서는 8번만 하면 되는 것이다. 부분접기설계는 아래의 절차를 따르면 된다.

1. 관심 있는 2요인 교호작용과 관련된 요인의 부호를 변경하여 원래 설계에서 단일요인 접기를 구성한다.
2. 선택한 요인이 고수준 또는 저수준에 있는 시행을 선택하여 접기 시행의 절반만 선택한다. 가장 바람직한 반응값을 만들 것으로 생각하는 수준을 선택하는 것이 좋다.

표 8.33은 회전 코팅 실험에 대한 부분접기설계이다. *A*가 낮은 수준을 가지는 실행들을 선택할 것인데 이는 원래의 16번의 시행을 보면(표 8.31), 회전 포토레지스트 코팅이 더 얇은 경우(바람직한 상황)가 *A*가 낮은 수준일 때 얻어졌기 때문이다(효과 *A*의 추정치는 원래의 시행수 16의 분석에서 양수였으므로, *A*를 저수준으로 두는 것이 더 바람직한 결과를 낼 것이다).

부분접기에서 나온 가명관계는 아래와 같다(3요인 이상 교호작용은 무시하였다).

$$\begin{aligned}
[A] &= A & [AE] &= AE\\
[B] &= B & [AF] &= AF\\
[C] &= C & [BC] &= BC + DF\\
[D] &= D & [BD] &= BD + CF\\
[E] &= E & [BE] &= BE\\
[F] &= F & [BF] &= BF + CD\\
[AB] &= AB & [CE] &= CE\\
[AC] &= AC & [DE] &= DE\\
[AD] &= AD & [EF] &= EF
\end{aligned}$$

완전접기설계와 마찬가지로, 2요인 교호작용을 추정하기 위해 자유도 12를 쓸 수 있다. 게다가 이제는 *AB*은 *CE*와 가명관계에 있지 않다. 부분접기설계에서 나온 효과의 절반 정규확률그림이 그림 8.27에 나와 있다. 완전접기설계에서와 마찬가지로, *CE*는 유의한 2요인 교호작용임을 확인할 수 있다.

표 8.33 회전 코팅기 실험에 대한 절반 접기설계

		A	B	C	D	E	F	
표준 순서	블록	속도(RPM)	가속도	사용량(cc)	시간(sec)	레지스토 점도	배기량	두께(mil)
1	1	−	−	−	−	−	−	4524
2	1	+	−	−	−	+	−	4657
3	1	−	+	−	−	+	+	4293
4	1	+	+	−	−	−	+	4516
5	1	−	−	+	−	+	+	4508
6	1	+	−	+	−	−	+	4432
7	1	−	+	+	−	−	−	4197
8	1	+	+	+	−	+	−	4515
9	1	−	−	−	+	−	+	4521
10	1	+	−	−	+	+	+	4610
11	1	−	+	−	+	+	−	4295
12	1	+	+	−	+	−	−	4560
13	1	−	−	+	+	+	−	4487
14	1	+	−	+	+	−	−	4485
15	1	−	+	+	+	−	+	4195
16	1	+	+	+	+	+	+	4510
17	2	−	−	−	−	+	−	4445
18	2	−	+	−	−	−	+	4285
19	2	−	−	+	−	−	+	4325
20	2	−	+	+	−	+	−	4425
21	2	−	−	−	+	+	+	4525
22	2	−	+	−	+	−	−	4310
23	2	−	−	+	+	−	−	4335
24	2	−	+	+	+	+	+	4305

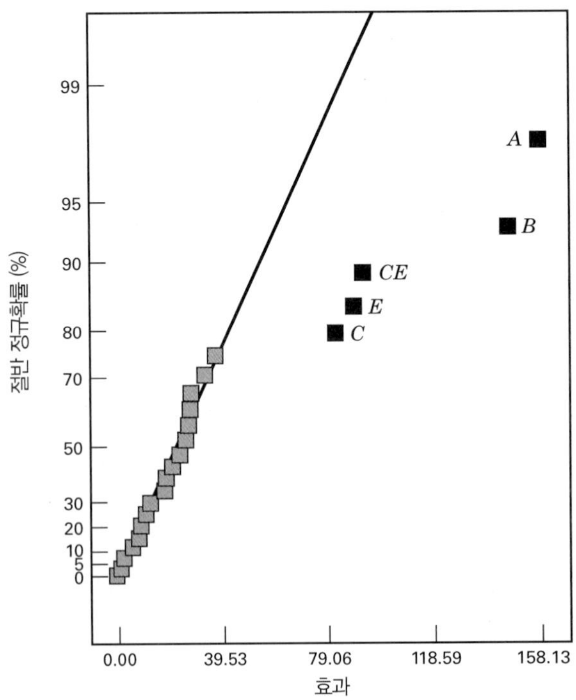

그림 8.27
표 8.33에서 회전 코팅 실험의 부분접기설계에서의 효과들의 절반 정규확률그림

부분접기 기법은 해상도 IV 설계에서 매우 유용하며, 실험 자원을 효과적으로 사용하도록 해준다. 해상도 IV 설계는 항상 주효과에 대한 좋은 추정치를 제공하며(3차 이상의 교호작용은 무시한다고 가정한다), 가명관계를 끊어주어야 하는 2요인 교호작용도 많지 않다. 해상도 IV설계의 부분접기설계는 보통 완전접기설계만큼 많은 2요인 교호작용을 추정할 수 있도록 한다. 하지만 부분접기의 한 가지 단점이 있다면 직교가 아니라는 것이다. 이로 인해 모수추정치들이 상관관계를 가지게 되고 효과나 회귀모형 계수의 표준오차가 증가하게 된다. 예를 들어 회전 코팅기 실험의 부분접기설계에서, 회귀모형 계수의 표준오차는 0.20σ에서 0.25σ의 범위를 가지지만, 직교하는 완전접기설계의 모형계수의 표준오차는 0.18σ이다. 부분접기설계에 대한 더 자세한 사항을 알기 원한다면 Mee and Peralta(2000)를 참고하길 바란다.

8.7.3 해상도 V 설계

해상도 V 설계는 주효과와 2요인 교호작용이 다른 주효과나 2요인 교호작용과 가명관계에 있지 않은 부분요인설계이다. 그렇기에 매우 강력한 설계이며, 모든 주효과와 2요인 교호작용들을 유일하게 추정할 수 있게 한다. 물론 3차 이상의 교호작용을 제외한 모든 교호작용은 무시할 수 있다고 가정한다. 해상도 V 설계의 정의관계에서 가장 짧은 워드는 반드시 5개의 문자를 가지게 된다. 아마도 $I=ABCDE$을 가지는 2^{5-1} 설계가 가장 널리 사용되는 해상도 V 설계일 것인데, 5개의 요소로 5개의 주효과와 모든 10개의 교호작용을 16번의 시행만으로 모두 추정할 수 있게 한다. 이 설계는 예제 8.2에서 설명하였다.

$k=6$개의 요인에 대해 최소 해상도 V를 가지는 가장 작은 설계는 실행수 32를 가지는 2_{VI}^{6-1} 설계이며, 이는 해상도 VI를 가진다. 요인 $k=7$에 대해서는 실행수 64를 가지는 2_{VII}^{7-1} 설계이며 이는 해상도 VII를 가지고, 요인 $k=8$개에 대해서는 실행수 64를 가지는 2_{V}^{8-2} 설계이다. 요인 $k\geq 9$개인 경우에는, 모든 설계가 적어도 시행수 128을 필요로 한다. 이는 매우 큰 디자인이기 때문에, 통계학자들은 오랫동안 바람직한 해상도를 유지하면서도 더 작은 설계가 있는지 연구하고 있다. Mee(2004)에서 이 주제에 대한 연구를 확인할 수 있으며, **비정규 부분설계**(Nonregular fractions) 역시 상당히 유용하다.

8.8 과포화설계

포화설계는 시행수가 N일 때, 요인 혹은 설계변수의 개수가 $k=N-1$개인 부분요인설계이다. 최근 몇 년간, 선별실험을 위해 **과포화설계**(Supersaturated Designs)의 사용과 개발에 상당한 관심이 몰렸다. 과포화설계에서 변수의 수는 $k>N-1$이고, 대개 이러한 설계는 시행보다 훨씬 많은 변수를 포함한다. 과포화설계를 사용하는 아이디어는 Satterthwaite(1959년)가 처음 고안하였는데, 그는 디자인들을 랜덤으로 만들자고 제안하였다. 이 논문에 대해서는 광범위하게 논의가 이루어졌는데, Jack Youden, George Box, J. Stuart Hunter, William Cochran, John Tukey, Oscar Kempthorne, Frank Anscombe을 포함한 실험설계의 주도적 권위자들은 랜덤 균형설계를 비판하였다. 그 결과 과포화설계는 그다음 30년 동안 거의 관심을 받지 못하였다. 한 가지 주목할 만한 예외는 Booth and Cox(1962)가 개발한 체계적 과포화설계이다. 이 설계는 랜덤하게 이루어지지 않았으며, Satterthwaite의 제안과는 엄연히 달랐다. 그들은 기본적인 컴퓨터 탐색 방법으로 설계를 만들었고, 또한 과포화설계를 판단하는 기준을 개발하였다.

Lin(1993)은 과포화설계 개념을 다시 돌아보고 해당 주제에 대해 추가적인 시뮬레이션 연구를 진행하였다. 많은 저자가 과포화설계를 구성하는 방법들을 제안하였고, Lin(2000)에 의해 좋은 연구들이 많이 이루어졌다. 대부분의 설계 구성기법은 간단한 경험적 지식에 기반하여, 컴퓨터 탐색 절차로만 이루어졌다[Lin(1995), Li 그리고 Wu(1997), Holcomb 그리고 Carlyle(2002) 참고]. 다른 연구자들은 최적설계 구성기법을 기반으로 하여, 다른 방법들을 제안하였다.

과포화설계를 구성하는 다른 방법은 존재하는 직교설계의 구조에 기반하는 것이다. 이는 하다마드 행렬(Plackett-Burman)의 절반부분을 사용하는 것을 포함한다[Lin(1993)]. 특정 하다마드 행렬의 2요인 교호작용들을 모두 나열한다. 하다마드 행렬은 정사각 직교행렬로, 요소들이 모두 -1 또는 $+1$이다. 실험요인의 개수가 시행수를 넘어가는 경우, 설계행렬은 직교가 아니다. 결과적으로 요인효과추정치가 독립이 아니게 된다. 지배적인 크기의 효과를 가지는 요인이 있는 실험은 다른 변수들이 가지는 기여도를 흐리게 하여, 추정을 모호하게 만들 수 있다. 과포화설계는 요인 간의 비직교의 정도를 줄이고자 만들어졌으며, 최적설계 접근법으로 구성될 수 있다. JMP의 custom designer가 과포화설계를 구성하는 데 이 접근법을 사용한다.

하다마드 행렬의 절반부분을 이용한 과포화설계는 매우 쉽게 만들 수 있다. 표 8.34는 시행수 $N=12$이고 요인 $k=11$인 Plackett-Burman 설계이며, 이 역시 하다마드 행렬 설계이다. 이 표에서 마지막 열(요인 11 혹은 L)의 부호를 기준으로 설계가 정렬되어 있다. 이 마지막 열을 **가지열**(branching column)이라고도 말한다. 이제 열 L이 $+$인(예를 들어) 시행만 남기고 시행에서 열 L을 지우도록 하자. 결과적으로 나오는 설계는 시행수 $N=6$이고 요인 $k=10$인 과포화설계이다. 열 L이 $-$인 실행을 사용할 수도 있다. 이 방법은 항상 시행수 $N/2$이며 요인 $k=N-2$개인 과포화설계를 만들어 낼 수 있다. 만약 관심있는 요인이 $N-2$개보다 적으면 완전설계에서 추가로 몇 개의 열을 더 지우면 될 것이다.

과포화설계는 전형적으로 이전에 설명하였던 전진 선택 방법과 같은 회귀모형을 적합해서 분석된다. 이 절차에서는 더는 반응변수를 설명할 만한 유용한 변수가 나타나지 않을 때까지 변수들을 모형에 한 번에 하나씩 포함한다. Abraham, Chipman, Vijayan(1999) 그리고 Holcomb, Montgomery, and Carlyle(2003)은 과포화 분석의 분석 방법에 관하여 연구해

표 8.34 시행수 12인 하다마드 행렬 설계에서 유도한 과포화설계

시행	*I*	요인 1 (*A*)	요인 2 (*B*)	요인 3 (*C*)	요인 4 (*D*)	요인 5 (*E*)	요인 6 (*F*)	요인 7 (*G*)	요인 8 (*H*)	요인 9 (*J*)	요인 10 (*K*)	요인 11 (*L*)
1	+	−	+	+	+	−	+	+	−	+	−	−
2	+	−	−	−	−	−	−	−	−	−	−	−
3	+	+	−	−	−	+	+	+	−	+	+	−
4	+	−	−	+	+	+	−	+	+	−	+	−
5	+	+	+	+	−	+	+	−	+	−	−	−
6	+	+	+	−	+	−	−	−	+	+	+	−
7	+	−	+	+	−	+	−	−	−	+	+	+
8	+	+	+	−	+	+	−	+	−	−	−	+
9	+	+	−	+	−	−	−	+	+	+	−	+
10	+	+	−	+	+	−	+	−	−	−	+	+
11	+	−	−	−	+	+	+	−	+	+	−	+
12	+	−	+	−	−	−	+	+	+	−	+	+

왔다.

일반적으로 이러한 설계는 제1종 오류와 제2종 오류가 많지만, 몇 분석 방법으로 제1종 오류를 강조시켜서 제2종 오류가 적절해지도록 할 수 있다. 요인선별 상황에서는 보통 유의하지 않은 요인을 중요하다고 결론짓기보다 중요한 요인을 제외하지 않는 것이 더 중요하므로, 제1종 오류는 제2종 오류보다 덜 심각하다. 하지만 두 오류 비율이 모두 높을 수 있으므로 과포화설계를 사용하는 목표는 유의하지 않은 요인을 많이 제거하는 것이며, 중요하고 유의한 요인 몇 개를 확인하는 것이 아니다. Holcomb, Montgomery, Carlyle(2003)는 몇 종류의 과포화설계가 제1종 오류와 제2종 오류에 있어 다른 것들보다 잘 작동한다는 사실을 발견하였다. 보편적으로 탐색 알고리즘에 의해 만들어진 설계는 표준직교설계로 구성한 설계보다 더 좋은 성과를 낸다. *D*-최적설계 기준을 사용하여 만들어진 과포화설계 역시 보통 잘 작동한다.

과포화설계는 그리 널리 사용되지는 않았으나 많은 변수가 있고 몇 개만 큰 효과를 낼 것 같은 실험에서 잠재적으로 유용한 방법이다.

8.9 요약

이 장에서는 2^{k-p} 부분요인설계를 소개하면서, 이러한 설계를 선별실험에서 빠르고 효과적으로 유의한 요인 부분집합을 확인하고 교호작용에 대한 정보를 얻기 위해 사용함을 강조하였다. 설계의 투영특성은 많은 경우에서 유의한 요인들을 더 자세히 조사할 수 있도록

한다. 접기 방법을 이용한 연속적인 실험 결합은 초기 연구에서 중요한 교호작용일 가능성이 있는 것에 대해 추가적인 정보를 얻는 매우 효과적인 방법이다.

실제로 시행수 $N=4, 8, 16, 32$인 2^{k-p} 부분요인설계는 매우 유용하게 사용된다. 표 8.28에 이러한 설계가 요약되어 있어 다양한 유형의 선별실험을 얻기 위해 각 설계에 사용할 수 있는 요인이 몇 개인지 확인할 수 있다. 예를 들어 16번 시행하는 설계는 4개의 요인에 대한 완전 요인, 5개 요인에 대한 1/2 부분설계, 6~8개 요인에 대한 해상도 IV 부분설계, 9~15개 요인에 대한 해상도 III 부분설계가 있다. 이 모든 설계는 이 장에서 논의된 방법을 사용하여 구성할 수 있으며, 이들의 가명관계 구조 중 많은 부분이 부록 표 VIII에 나와 있다.

8.10 연습문제

8.1 연습문제 6.11에서 보았던 화학공정 개발 실험에서, 2^4의 1/2 부분만 시행 가능하다고 가정해 보자. 반복 I의 자료를 이용하여 설계를 구성하고, 통계분석을 수행하라.

8.2 예제 6.1에서 보았던 플라즈마 에칭 실험을 살펴보자. 이 설계의 1/2 부분만 시행 가능하다고 가정하라. 설계를 세우고, 자료를 분석하라.

8.3 연습문제 6.24는 직접회로의 제조공정에서의 공정 개선 연구에 관한 것이었다. 이 공정에서 8번의 시행만 가능하다고 가정해 보자. 적절한 2^{5-2} 설계를 세우고 가명관계 구조를 찾아라. 또한 연습문제 6.5R에서 적절한 관측치를 설계의 관측치로 사용하고, 요인효과를 추정하라. 어떤 결론을 도출할 수 있는가?

8.4 **연습문제 8.3에 이어서**. 연습문제 8.3의 2^{5-2} 설계에서 8번의 시행을 하였을 때, 관심이 되는 요인의 효과를 확인하기 위해서는 추가로 몇 번의 시행이 더 필요한가? 결합설계에서 가명관계는 어떻게 되는가?

8.5 예제 6.10에서 2^4 요인설계가 신용카드 우편물 마케팅의 반응 비율을 개선하기 위해서 사용되었다. 이때 연구자가 $I=ABCD$를 가지는 2^{4-1} 부분요인설계를 대신 사용하였다고 가정해 보자. 설계를 만들고, 예제 6.6의 완전요인설계의 시행에서 반응값을 선택하라. 또한 자료를 분석하여 결론을 도출하고, 예제 6.6의 완전요인설계의 결과와 비교하라.

8.6 **연습문제 8.5에 이어서**. 연습문제 6.6에서 4개 주효과와 모두와 2요인 AB 교호작용이 유의하다는 것을 찾았다. 만약 대체부분($I=-ABCD$)이 연습문제 8.5의 2^{4-1} 설계에 더해진다면, 결합설계에서 나온 결과에 대한 분석은 연습문제 6.6에서 찾은 결과와 같은 결과를 만들어 내는가?

8.7 **연습문제 8.5에 이어서**. 다시 $I=ABCD$를 가지는, 연습문제 8.6에서의 2^{4-1} 부분요인설계를 생각해 보자. AB 교호작용을 분리해내기 위해, 이 부분에 대한 부분접기설계를 세워라. 예제 6.6의 완전요인설계 자료에서 적절한 반응들을 선택하고 그 자료를 분석하라.

8.8 *Journal of Quality Technology*(Vol. 17, 1985, pp. 198-206)에 나온 J.J. Pignatiello Jr.와 J.S. Ramberg의 글을 보면, 자동차 전장에 응용되는, 판의 무하중 높이에 영향을 미치는 5가지 요인의 효과를 조사하기 위한 실험에서, 반복 부분요인설계를 사용한 것에 관해 설명되어 있다. 요인은 A=용광로 온도, B=가열 시간, C=전송 시간, D=유지 시간, E=냉각 오일 온도이다. 자료는 표 P 8.1에 나와 있다.

(a) 설계의 가명관계 구조를 작성해 보자. 설계의 해상도는 무엇인가?

(b) 자료를 분석하고, 어떤 요인이 평균 무하중 높이에 영향을 미치는지 확인하라.

(c) 각 시행에 대한 무하중 높이의 범위와 표준편차를 계산해 보자. 무하중 높이의 변동성에 영향을 미치는 변수들에 대한 어떤 암시가 있는가?

(d) 실험의 잔차를 분석하고, 찾은 결과에 대해 논하라.

(e) 16번의 실행을 가지는 5개 요인에 대한 가장 좋은 설계가 있는가? 특별히 이것보다 더 높은 해상도를 가지

며, 시행수 16과 요인 5개에 대한 부분설계를 찾을 수 있는가?

표 P 8.1 판 용수철 실험

A	B	C	D	E	무하중 높이		
−	−	−	−	−	7.78	7.78	7.81
+	−	−	+	−	8.15	8.18	7.88
−	+	−	+	−	7.50	7.56	7.50
+	+	−	−	−	7.59	7.56	7.75
−	−	+	+	−	7.54	8.00	7.88
+	−	+	−	−	7.69	8.09	8.06
−	+	+	−	−	7.56	7.52	7.44
+	+	+	+	−	7.56	7.81	7.69
−	−	−	−	+	7.50	7.25	7.12
+	−	−	+	+	7.88	7.88	7.44
−	+	−	+	+	7.50	7.56	7.50
+	+	−	−	+	7.63	7.75	7.56
−	−	+	+	+	7.32	7.44	7.44
+	−	+	−	+	7.56	7.69	7.62
−	+	+	−	+	7.18	7.18	7.25
+	+	+	+	+	7.81	7.50	7.59

8.9 연습문제 8.8의 판 용수철 실험을 생각해 보자. 요인 E(냉각 오일 온도)가 제조과정 동안은 조절하기 매우 어렵다고 가정하라. 냉각 오일 온도와 상관없이 가능한 무하중 높이의 변동성을 줄이기 위해서, 요인 A, B, C, D를 어떻게 설정할 것인가?

8.10 연습문제 6.24의 2^5 설계를 고려해 보자. 1/2 부분만을 수행할 수 있었고, 16개의 관측치를 얻기 위해서는 이틀이 더 필요했을 뿐만 아니라, 2^{5-1} 설계가 2개의 블록에서 중첩되어야 했다. 이 설계를 구성하고, 자료를 분석하라.

8.11 $I=ABCD$을 가지는 2_{IV}^{4-1} 설계를 이용한 것처럼, 연습문제 6.26의 자료를 분석하라. 또한 유의미하다고 나오는 원래 4개의 요인의 부분집합에 대한 완전요인설계로 투영하라.

8.12 연습문제 8.11를 $I=-ABCD$를 가지고 다시 해 보자. 대체 부분의 사용으로 자료에 대한 해석이 달라졌는가?

8.13 예제 8.1의 2_{IV}^{4-1} 설계를 요인 A와 B에 대한 반복수 2의 2^2 설계로 투영하고, 자료를 분석하여 결론을 도출하라.

8.14 2_{III}^{5-2} 설계를 구성해 보자. 이 설계에 대한 완전접기가 수행되었을 경우 추정될 수 있을 효과를 결정하라.

8.15 8개 요인을 가지는 설계를 만들어 내기 위해 표 8.19의 2_{III}^{7-4} 설계에 접기를 적용해 보자. 결과로 나온 설계가 2_{IV}^{8-4} 설계임을 확인하라. 최소 설계인가?

8.16 6개 요인을 가지는 설계를 만들어 내기 위해 2_{III}^{5-2} 설계에 접힘을 적용해 보자. 결과로 나온 설계가 2_{IV}^{6-2} 설계임을 확인하라. 여기서 나온 결과를 표 8.10의 2_{IV}^{6-2} 설계와 비교하라.

8.17 생산 공학자가 재고 시스템에 몬테카를로 시뮬레이션 모형을 사용하여 실험을 수행하였다. 이 사람의 모형에서 독립변수는 발주량(A), 재발주점(B), 절차비(C), 재고 이월비용(D), 운송비 비율(E)이며, 반응변수는 연평균 비용이다. 전산 시간을 줄이기 위해, 이 사람은 $I=ABD$와 $I=BCE$를 가지는 2_{III}^{5-2} 설계를 사용하여 이 요인들을 살펴보기로 하였고, 결과로 $de=95$, $ae=134$, $b=158$, $abd=190$, $cd=92$, $ac=187$, $bce=155$, $abcde=185$를 얻었다.

(a) 주어진 처리조합이 맞는지 확인하고, 3요인 이상은 교호작용은 무시할 만하다는 가정하에 효과를 추정하라.

(b) $ade=136$, $e=93$, $ab=187$, $bd=153$, $acd=139$, $c=99$, $abce=191$, $bcde=150$인, 두 번째 부분이 첫 번째 부분에 더해졌다고 가정해 보자. 어떻게 이 두 번째 부분을 얻었는가? 이 자료를 원래의 부분에 더하여, 효과들을 추정하라.

(c) 부분 $abc=189$, $ce=96$, $bcd=154$, $acde=135$, $abe=193$, $bde=152$, $ad=137$, 그리고 $(1)=98$을 시행했다고 가정해 보자. 어떻게 이 부분이 얻어졌는가? 원래의 부분에 이 자료를 더하고 효과들을 추정하라.

8.18 2^{5-1} 설계를 구성하고, 어떻게 8개 요인에 대한 2개의 블록 각각에서 이 설계가 실행될 수 있는지 보여라. 블록과 중첩된 주효과 혹은 2요인 교호작용이 있는가?

8.19 2^{7-2} 설계를 구성하고, 어떻게 8개 요인에 대한 4개의 블록 각각에서 이 설계가 실행될 수 있는지 보여라. 블록과 중첩된 주효과 혹은 2요인 교호작용이 있는가?

8.20 **2^k의 비정규 부분** [John(1971)]
2^4 설계를 고려해 보자. 4개의 주효과와 6개의 2요인 교호작용을 예측해야 하지만, 완전 2^4 요인설계를 수행할 수가 없다. 가능한 가장 큰 블록은 시행수 12를 가지며, 이 12번의 시행은 $I=\pm AB=\pm ACD=\pm BCD$로 정의된, 반복수

4를 가지는 1/4 설계로부터 주요부분을 제거하여 얻을 수 있다. 3요인 이상의 교호작용은 무시할 수 있다고 가정하고, 남은 세 개의 2^{4-2} 설계가 효과들을 추정하기 위해 어떻게 결합하는지 보여라.

8.21 제련 과정에서 사용되는 탄소 전극은 환 용광로에서 구워진다. 어떤 요인들이 베이킹 단계 이후 전극을 고정하는 데 쓰는 포장재료의 무게에 영향을 미치는지 알아보기 위해서, 용광로 안에서 실험이 수행되었다. 6개의 관심변수가 있고, 각각은 2가지 수준을 가진다. A = pitch/fines 비율(0.45, 0.55), B = 포장재료 유형(1, 2), C = 포장재료 온도(상온, 325℃), D = 굴뚝 연통 위치(안, 밖), E = 구덩이 온도(상온, 195℃), F = 포장 전 대기 시간(0, 24시간). 2^{6-3}의 설계로 실험을 시행하고, 각 설계 점에서 3개의 반복수를 얻었다. 전극을 고정한 포장재료의 무게는 그램 단위로 측정되었다. 시행한 자료는 순서대로 다음과 같다. abd = (984, 826, 936), $abcdef$ = (1275, 976, 1457), be = (1217, 1201, 890), af = (1474, 1164, 1541), def = (1320, 1156, 913), cd = (765, 705, 821), ace = (1338, 1254, 1294), bcf = (1325, 1299, 1253).
고정하는 포장재료의 양을 최소로 하고자 한다.

(a) 8번의 시행이 2_{III}^{6-3} 설계에 해당하는 것을 확인하라. 가명관계 구조는 무엇인가?

(b) 반응변수로 평균 무게를 사용해 보자. 어떤 요인이 영향을 미치는 것으로 나타났는가?

(c) 반응변수로 무게의 범위를 사용해 보자. 어떤 요인이 여행을 미치는 것으로 나타났는가?

(d) 공정 기술자에게 어떤 조언을 할 것인가?

8.22 반도체 제조 공장에서 생산되는 장치 기판의 캠버 곡률에 영향을 미치는 6가지 요인의 효과를 연구하기 위해서 시행수 16의 실험을 수행하였다. 6개 변수와 그 수준들은 표 P 8.2에 나와 있다.

(a) 실험자는 어떤 설계를 사용하였는가?

(b) 설계에서 가명관계 구조는 어떻게 되는가?

(c) 어떤 공정변수가 평균 캠버 곡률에 영향을 미치는가?

(d) 어떤 공정변수가 캠버 곡률 측정치의 변동성에 영향을 미치는가?

(e) 캠버 곡률 측정값을 되도록 많이 줄이는 것이 중요하다면, 어떤 제안을 할 것인가?

8.23 회전 코팅 담당자는 포토레지스트를 베어 규소 웨이퍼에 적용하였다. 이 작업은 보통 반도체 제조공정 초반에 이루어지며, 평균 코딩 두께와 코딩 두께의 변동성은 이후의 제조 단계에 큰 영향을 미친다. 6개의 변수가 이 실험에 사용되었으며, 각 변수는 아래와 같은 고수준과 저수준을 가진다.

표 P 8.2 연습문제 8.22의 실험에 대한 요인수준

시행	라미네이션 온도 (°C)	라미네이션 온도 (sec)	라미네이션 압력 (tn)	발화점 (°C)	발화 주기시간 (h)	이슬점 (°C)
1	55	10	5	1580	17.5	20
2	75	10	5	1580	29	26
3	55	25	5	1580	29	20
4	75	25	5	1580	17.5	26
5	55	10	10	1580	29	26
6	75	10	10	1580	17.5	20
7	55	25	10	1580	17.5	26
8	75	25	10	1580	29	20
9	55	10	5	1620	17.5	26
10	75	10	5	1620	29	20
11	55	25	5	1620	29	26
12	75	25	5	1620	17.5	20
13	55	10	10	1620	29	20
14	75	10	10	1620	17.5	26
15	55	25	10	1620	17.5	20
16	75	25	10	1620	29	26

시행	저수준	고수준
회전 속도	7350 rpm	6650 rpm
가속 비율	5	20
레지스트 용량	3 cc	5 cc
회전 시간	14 sec	6 sec
레지스트 배치	배치 1	배치 2
배기압축 덮개	닫힘	열림

실험자는 2^{6-1} 설계를 사용하여, 각 테스트 웨이퍼에서 레지스트 두께 3개를 측정하기로 하였다. 자료는 표 P 8.4에 나와 있다.

(a) 2^{6-1} 설계임을 확인하고, 설계의 가명관계 구조에 대해 논하라.

(b) 어떤 변수가 평균 레지스트 두께에 영향을 미치는가?

(c) 적용된 레지스트의 양은 평균 두께에 거의 영향을 미치지 않는데, 이는 공정 기술자에게 중요한 실무적 의미가 있는가?

(d) 설계를 유의미한 요인만 가지는 더 작은 설계로 투영해 보자. 결과를 그래프로 나타내고, 이것이 해석에 도움이 되는지 판단하라.

(e) 레지스트 두께의 범위를 반응변수로 사용해 보자. 레지스트 두께의 변동성에 영향을 미치는 변수가 어떤 것인지 알 수 있는가?

(d) 어디에서 공정을 수행해야 한다고 기술자에게 제안할 것인가?

8.24 Harry Peterson-Nerdy(저자의 친구)는 Newberg, Oregon에 있는 포도밭과 포도주 양조장을 가지고 있다. 그는 각종 포도를 키우고, 와인을 생산한다. Harry는 와인 제조 경영 부분에서 공정 및 생산 개발을 위해 요인설계를 사용하였다. 이 문제는 1985 Pinot Noir에 시행한 실험에서 설명하고 있다. 표 P 8.5를 보면, 실험에서 원래 연구된 8개의 변수가 나와 있다.

Harry는 시행수 16을 가지는 2_{IV}^{8-4} 설계를 사용하기로 하였고, 1986년 3월에 전문가 패널에 의해서 와인 시음테스트가 이루어졌다. 각각의 전문가들은 맛을 본 와인 16개에 대해서 좋은 순서대로 순위를 매겼다. 설계와 시음테스트 패널결과가 표 P 8.6에 나와 있다.

(a) Harry가 선택한 설계에서 가명관계 구조는 무엇인가?

(b) 평균 순위($\bar{y}$)를 반응변수로 사용해 보자. 자료를 분석하고 결론을 도출하라. 효과추정치의 정규확률그림을 사용하는 것이 도움이 된다는 것을 알 수 있을 것이다.

(c) 순위(혹은 log s와 같은 적절한 변환 적용)의 표준편차를 반응변수로 사용해 보자. 와인 품질의 변동성에, 8가지 변수가 미치는 효과에 대해 어떤 결론을 도출할 수 있는가?

(d) 결과를 본 후, Harry는 전문 패널 중 한 명(DCM)이 와인이 아닌 맥주를 더 잘 알고 있는 것으로 판단하고, 그 사람이 매긴 순위를 삭제하기로 결정하였다. 이는 결과 및 (b)와 (c)의 결론에 어떤 영향을 미치는가?

표 P 8.3 연습문제 8.22의 실험에 대한 자료

시행	반복에 대한 캠버 (in./in.) 1	2	3	4	합계 (10^{-4}in./in.)	평균 (10^{-4}in./in.)	표준편차
1	0.0167	0.0128	0.0149	0.0185	629	157.25	24.418
2	0.0062	0.0066	0.0044	0.0020	192	48.00	20.976
3	0.0041	0.0043	0.0042	0.0050	176	44.00	4.083
4	0.0073	0.0081	0.0039	0.0030	223	55.75	25.025
5	0.0047	0.0047	0.0040	0.0089	223	55.75	22.410
6	0.0219	0.0258	0.0147	0.0296	920	230.00	63.639
7	0.0121	0.0090	0.0092	0.0086	389	97.25	16.029
8	0.0255	0.0250	0.0226	0.0169	900	225.00	39.42
9	0.0032	0.0023	0.0077	0.0069	201	50.25	26.725
10	0.0078	0.0158	0.0060	0.0045	341	85.25	50.341
11	0.0043	0.0027	0.0028	0.0028	126	31.50	7.681
12	0.0186	0.0137	0.0158	0.0159	640	160.00	20.083
13	0.0110	0.0086	0.0101	0.0158	455	113.75	31.12
14	0.0065	0.0109	0.0126	0.0071	371	92.75	29.51
15	0.0155	0.0158	0.0145	0.0145	603	150.75	6.75
16	0.0093	0.0124	0.0110	0.0133	460	115.00	17.45

각 시행은 4회 반복되었으며 기판에서 캠버 측정을 수행하였다. 데이터는 표 P 8.3에 나와 있다.

표 P 8.4 연습문제 8.23의 자료

시행	*A* 용량	*B* 배치	*C* 시간 (초)	*D* 속도	*E* 가속 비율	*F* 압력덮개	레지스트 두께 왼쪽	가운데	오른쪽	평균	범위
1	5	배치 2	14	7350	5	Off	4531	4531	4515	4525.7	16
2	5	배치 1	6	7350	5	Off	4446	4464	4428	4446	36
3	3	배치 1	6	6650	5	Off	4452	4490	4452	4464.7	38
4	3	배치 2	14	7350	20	Off	4316	4328	4308	4317.3	20
5	3	배치 1	14	7350	5	Off	4307	4295	4289	4297	18
6	5	배치 1	6	6650	20	Off	4470	4492	4495	4485.7	25
7	3	배치 1	6	7350	5	On	4496	4502	4482	4493.3	20
8	5	배치 2	14	6650	20	Off	4542	4547	4538	4542.3	9
9	5	배치 1	14	6650	5	Off	4621	4643	4613	4625.7	30
10	3	배치 1	14	6650	5	On	4653	4670	4645	4656	25
11	3	배치 2	14	6650	20	On	4480	4486	4470	4478.7	16
12	3	배치 1	6	7350	20	Off	4221	4233	4217	4223.7	16
13	5	배치 1	6	6650	5	On	4620	4641	4619	4626.7	22
14	3	배치 1	6	6650	20	On	4455	4480	4466	4467	25
15	5	배치 2	14	7350	20	On	4255	4288	4243	4262	45
16	5	배치 2	6	7350	5	On	4490	4534	4523	4515.7	44
17	3	배치 2	14	7350	5	On	4514	4551	4540	4535	37
18	3	배치 1	14	6650	20	Off	4494	4503	4496	4497.7	9
19	5	배치 2	6	7350	20	Off	4293	4306	4302	4300.3	13
20	3	배치 2	6	7350	5	Off	4534	4545	4512	4530.3	33
21	5	배치 1	14	6650	20	On	4460	4457	4436	4451	24
22	3	배치 2	6	6650	5	On	4650	4688	4656	4664.7	38
23	5	배치 1	14	7350	20	Off	4231	4244	4230	4235	14
24	3	배치 2	6	7350	20	On	4225	4228	4208	4220.3	20
25	5	배치 1	14	7350	5	On	4381	4391	4376	4382.7	15
26	3	배치 2	6	6650	20	Off	4533	4521	4511	4521.7	22
27	3	배치 1	14	7350	20	On	4194	4230	4172	4198.7	58
28	5	배치 2	6	6650	5	Off	4666	4695	4672	4677.7	29
29	5	배치 1	6	7350	20	On	4180	4213	4197	4196.7	33
30	5	배치 2	6	6650	20	On	4465	4496	4463	4474.7	33
31	5	배치 2	14	6650	5	On	4653	4685	4665	4667.7	32
32	3	배치 2	14	6650	5	Off	4683	4712	4677	4690.7	35

(e) 실험을 시작하기 전에, Harry와 Judy가 실험을 위해 주문한 프랑스산 와인 8통이 제시간에 도착할 수 없다는 것을 파악하였고, 때문에 16번 시행 모두 원래 있던 와인들로 해야 한다고 가정해 보자. 만약 Harry가 설계에서 열 C을 빼버린다면, 이는 가명관계 구조와 어떤 관련이 있는가? 그는 실험을 새로운 설계로 재구성하여야 하는가?

(f) Harry는 실험에서 몇몇 처리조합들이 좋은 결과를 만들지 못한다는 것을 알게 되었다. 예를 들어서 8개 모든 변수를 높은 수준으로 놓고 실행하게 되면, 와인이 대게 낮은 등급을 받게 되었다. 이는 1986년 3월 8일에 확인된 것이다. 그는 똑같이 8개 변수를 사용하여 1986 Pinot Noir에 실험하고 싶었다. 하지만 8개 모두를 고수준에 놓고 실험을 하고 싶지는 않았다. 어떤 설계를 제안할 수 있겠는가?

8.25 연습문제 6.35의 2^5 요인설계를 생각해 보자. 16번의 시행만 가능하다고 하였을 때, $I=ABCDE$를 가지는 2^{5-1} 부분요인설계를 세우고 연습문제 6.35의 완전요인설계의 자료

표 P 8.5 와인 제조 실험에 대한 요인과 수준

시행	저수준(−)	고수준(+)
A=Pinot Noir 종류	Pommard	Wadenswil
B=오크통 종류	Allier	Troncais
C=통의 연식	오래됨	얼마되지 않음
D=효모/피부 접촉	Champagne	Montrachet
E=줄기여부	없음	모두 있음
F=통의 처리	약하게	적당하게
G=열매 송이	없음	10%
H=발효 온도	낮음 (최대 74°F)	높음 (최대 92°F)

를 이용하여, 시행에 대한 반응값을 선택하라.

(a) 자료를 분석하고 결론을 도출하라.

(b) 결론을 연습문제 6.35의 완전 요인설계의 결론과 비교하라.

(c) 추가 연구를 필요로 하는 잠재적 교호작용이 있는가? 어떤 추가시행들이 필요한가? 연습문제 6.35의 완전 요인설계에서 그 시행들을 얻고, 새로운 설계를 분석한 후 결론에 대해 논하라.

8.26 연습문제 6.36에서 보았던 서르팍틴 생산에 대한 2^4 요인 실험에 대해 생각해 보자. 8번의 시행만 가능하다고 하였을 때, $I=ABCD$을 가지는 2^{4-1} 부분요인설계를 세우고 연습문제 6.36의 완전 요인설계의 자료를 이용하여, 시행에 대한 반응값을 얻도록 하라.

(a) 자료를 분석하고 결론을 도출하라.

(b) 결론을 연습문제 6.36의 완전요인설계의 결론과 비교하라.

8.27 연습문제 6.38에서 보았던 서르팍틴 생산에 대한 2^4 요인 실험에 대해 생각해 보자. 8번의 시행만 가능하다고 하였을 때, $I=ABCD$을 가지는 2^{4-1} 부분요인설계를 세우고 연습문제 6.38의 완전요인설계의 자료를 이용하여, 시행에 대한 반응값을 얻도록 하라.

(a) 자료를 분석하고 결론을 도출하라.

(b) 결론을 연습문제 6.38의 완전요인설계의 결론과 비교하라.

8.28 *Journal of Chromatography A* ("Simultaneous supercritical fluid derivatization and extraction of formaldehyde by the Hantzsch reaction," 2000, Vol. 896, pp. 51-59)의 글에서는 한치 반응이 초임계 배지 내의 포름알데히드의 화학유도체화를 하는 데 사용된다는 연구를 설명하고 있다. 압력, 온도, 정적 추출시간과 동적 추출시간이 운동적 조절 반응의 생산량을 증가시키기 위해 최적화되어야 한다고 한다. 하나의 중심시행을 가지는 2^{5-1} 부분요인설계가 용해도와 민감도 측면에서 초임계 과정에 영향을 미치는 유의미한

표 P 8.6 와인 시음 실험에 대한 설계와 결과

Run	변수								페널 순위					요약	
	A	B	C	D	E	F	G	H	HPN	JPN	CAL	DCM	RGB	$\bar{y}$	s
1	−	−	−	−	−	−	−	−	12	6	13	10	7	9.6	3.05
2	+	−	−	−	−	+	+	+	10	7	14	14	9	10.8	3.11
3	−	+	−	−	+	−	+	+	14	13	10	11	15	12.6	2.07
4	+	+	−	−	+	+	−	−	9	9	7	9	12	9.2	1.79
5	−	−	+	−	+	+	+	−	8	8	11	8	10	9.0	1.41
6	+	−	+	−	+	−	−	+	16	12	15	16	16	15.0	1.73
7	−	+	+	−	−	+	−	+	6	5	6	5	3	5.0	1.22
8	+	+	+	−	−	−	+	−	15	16	16	15	14	15.2	0.84
9	−	−	−	+	+	+	−	+	1	2	3	3	2	2.2	0.84
10	+	−	−	+	+	−	+	−	7	11	4	7	6	7.0	2.55
11	−	+	−	+	−	+	+	−	13	3	8	12	8	8.8	3.96
12	+	+	−	+	−	−	−	+	3	1	5	1	4	2.8	1.79
13	−	−	+	+	−	−	+	+	2	10	2	4	5	4.6	3.29
14	+	−	+	+	−	+	−	−	4	4	1	2	1	2.4	1.52
15	−	+	+	+	+	−	−	−	5	15	9	6	11	9.2	4.02
16	+	+	+	+	+	+	+	+	11	14	12	13	13	12.6	1.14

표 P 8.7 연습문제 8.28에 대한 2^{5-1} 부분요인설계

실험	P (MPa)	T (°C)	s (min)	d (min)	c (μl)	용해도	민감도
1	13.8	50	2	2	100	0.00025	0.057
2	55.1	50	2	2	10	0.33333	0.094
3	13.8	120	2	2	10	0.02857	0.017
4	55.1	120	2	2	100	0.20362	1.561
5	13.8	50	15	2	10	0.00027	0.010
6	55.1	50	15	2	100	0 52632	0.673
7	13.8	120	15	2	100	0.00026	0.028
8	55.1	120	15	2	10	0.52632	1.144
9	13.8	50	2	15	10	0 42568	0.142
10	55.1	50	2	15	100	0.60150	0.399
11	13.8	120	2	15	100	0.06098	0.767
12	55.1	120	2	15	10	0.74165	1.086
13	13.8	50	15	15	100	0.08780	0.252
14	55.1	50	15	15	10	0.40000	0.379
15	13.8	120	15	15	10	0.00026	0.028
16	55.1	120	15	15	100	0.28091	3.105
중심	34.5	85	8.5	8.5	55	0.75000	1.836

모수를 연구하기 위해 사용되었다. 검출 방법으로 가시 적외선 분광광도측정법이 사용되었다. 실험설계와 반응값은 표 P 8.7에 나와 있다.

(a) 실험의 자료를 분석하고, 결론을 도출하라.

(b) 잔차를 분석하라. 가정의 위반 혹은 모형 적합도에 대해 문제 사항이 있는가?

(c) 단일 중심점이 곡률이나 2차항에 대한 필요성에 문제를 만드는가?

(d) 하나의 중심점을 시행하는 것이 이 설계에서 좋은 선택이라고 생각하는가?

8.29 *Soldering & Surface Mount Technology*에 있는 글 ("Characterization of a solder paste printing process and its optimization," 1999, Vol. 11, No. 3, pp. 23-26)에서는, 2가지 반응값에 대한 8가지 요인의 효과를 연구하기 위한 2^{8-3} 부분요인실험의 사용에 관해 설명하고 있으며, 2가지 반응값은 다음과 같다. 백분율 용적 매칭(PVM, 설계된 부피에 대한 실제 프린팅 땜납 페이스트 부피의 비율)과 단위당 비순응도[NPU, 프린팅 후 육안검사(20배율)에 의한 산업 기술표준에 따른 땜납 페이스트 프린팅 결함 수]. 요인의 수준은 아래와 같으며, 테스트 행렬과 반응 자료는 표 P 8.8에 나와 있다.

모수	수준	
	낮음(−)	높음(+)
A. 고무롤러 압력, MPa	0.1	0.3
B. 프린팅 압력, mm/s	24	32
C. 고무롤러 각도, deg	45	65
D. 온도, ℃	20	28
E. 점도, kCps	1100–1150	1250–1300
F. 청소 간격, stroke	8	15
G. 분리 속도, mm/s	0.4	0.8
H. 상대 습도, %	30	70

(a) 설계에 대한 제너레이터가 $I=ABCF$, $I=ABDG$, $I=BCDEH$임을 확인하라.

(b) 주효과와 2요인 교호작용에 대한 가명관계는 무엇인가? 3요인 이상의 교호작용은 무시할 수 있다.

(c) PVM과 NPU 두 반응값을 분석하라.

(d) 두 반응값에 대한 잔차를 분석하라. 모형 적합도에 문제가 있는가?

(e) PVM의 이상적인 값은 1이며, NPU 반응값은 가능한 적어야 한다. 실험 결과에 기초하여, 적절한 공정 운영 조건을 제안하라.

8.30 *International Journal of Reserach in Marketing*의 글 ("Experimental design on the front lines of marketing Testing new ideas to increase direct mail sales," 2006, Vol.

표 P 8.8 땜납 페이스트 실험

시행 순서	모수								PVM	NPU (%)
	A	*B*	*C*	*D*	*E*	*F*	*G*	*H*		
4	−	−	−	−	−	−	−	+	1.00	5
13	+	−	−	−	−	+	+	+	1.04	13
6	−	+	−	−	−	+	+	−	1.02	16
3	+	+	−	−	−	−	−	−	0.99	12
19	−	−	+	−	−	+	−	−	1.02	15
25	+	−	+	−	−	−	+	−	1.01	9
21	−	+	+	−	−	−	+	+	1.01	12
14	+	+	+	−	−	+	−	+	1.03	17
10	−	−	−	+	−	−	+	−	1.04	21
22	+	−	−	+	−	+	−	−	1.14	20
1	−	+	−	+	−	+	−	+	1.20	25
2	+	+	−	+	−	−	+	+	1.13	21
30	−	−	+	+	−	+	+	+	1.14	25
8	+	−	+	+	−	−	−	+	1.07	13
9	−	+	+	+	−	−	−	−	1.06	20
20	+	+	+	+	−	+	+	−	1.13	26
17	−	−	−	−	+	−	−	−	1.02	10
18	+	−	−	−	+	+	+	−	1.10	13
5	−	+	−	−	+	+	+	+	1.09	17
26	+	+	−	−	+	−	−	+	0.96	13
31	−	−	+	−	+	+	−	+	1.02	14
11	+	−	+	−	+	−	+	+	1.07	11
29	−	+	+	−	+	−	+	−	0.98	10
23	+	+	+	−	+	+	−	−	0.95	14
32	−	−	−	+	+	−	+	+	1.10	28
7	+	−	−	+	+	+	−	+	1.12	24
15	−	+	−	+	+	+	−	−	1.19	22
27	+	+	−	+	+	−	+	−	1.13	15
12	−	−	+	+	+	+	+	−	1.20	21
28	+	−	+	+	+	−	−	−	1.07	19
24	−	+	+	+	+	−	−	+	1.12	21
16	+	+	+	+	+	+	+	+	1.21	27

23, pp. 309-319)에서는 새로운 신용카드 고객 유치를 위한 광고우편 판매 캠페인에 대한 반응률을 향상하고자, 시행수 20의 Plackett-Burman 설계를 사용하여 19가지 요인의 효과에 대한 분석을 설명하고 있다. 19개의 요인은 다음과 같다.

요인	(−) 대조군	(+) 새로운 아이디어
A: 광고 봉투	일반 광고	제품 특별 광고
B: 반송 주소	없음	회사이름추가
C: 공인 스탬프	있음	없음
D: 우편요금	인쇄됨	도장 찍음
E: 봉투 그래픽	있음	없음
F: 가격 그래픽	적음	큼

G: 스티커	있음	없음
H: 개인용 편지	없음	있음
I: 메시지 내용	개별화	일반화
J: 편지 제목	제목 1	제목 2
K: 혜택 목록	표준 배경	창의적 배열
L: 추신	보통 형식	새 형식
M: 서명	메니저	사장
N: 상품 선택	많음	적음
O: 선물 가격	높음	낮음
P: 반송 봉투'	보통 형식	새 형식
Q: 간이문서	제품 정보	선물 정보
R: 간이문서2	없음	있음
S: 이자율	낮음	높음

시행수 20의 Plackett-Burman design은 표 P 8.9에 나와 있다. 각 테스트 조합은 5000명의 잠재적 고객에서 보내졌고, 반응률은 긍정적으로 반응한 고객의 백분율이다.

(a) 설계에서 각 주효과가 해당 주효과는 포함되지 않은 모든 2요인 교호작용과 가명관계임을 보여라. 즉, 19개 요인의 설계에서 각 요인의 주효과는 다른 18개 요인이 들어간 2요인 교호작용, 즉 153개의 2요인 교호작용(18!/2!16!)에 대한 가명관계이다.

(b) 표 P 8.9의 시행수 20의 Plackett-Burman 설계에서, 각 가명관계 체인에 있는 2요인 교호작용에 곱한 가중치(혹은 상관계수)가 −0.2, +0.2 혹은 −0.6임을 보여라. 각 주효과들과 가명관계인 153개의 교호작용에서 144개는 가중치로 −0.2 또는 +0.2를 가지며, 9개는 −0.6을 가지게 된다.

(c) 가장 큰 주효과는 *S*, *G*, *R*, *I*, *J*임을 확인하라.

(d) 요인 *S*(이자율)와 *G*(스티커 유무)는 월등히 큰 주효과이다. 주효과 *R*(두 번째 발송 메모)과 교호작용 *SG* 간의 상관관계는 −0.6이다. 이는 유효한 교호작용 *SG*가 주효과 *R*의 추정치에 대해 −0.6배만큼 편향되어 있을 수 있음을 의미한다. 이는 중요한 효과가 요인 *R*의 주효과가 아니라, *SG* 교호작용일 수 있음을 암시하는 것이다.

(e) 설계는 어떤 세 요인에 대한 완전요인설계로 투영되는데 요인 *S*, *G*, *R*로의 투영을 구하고 이 설계가 반복수가 여러 개인 완전요인설계임을 확인하라. 또한 세 요인 모두와 그 교호작용을 포함하는 완전요인모형을 적합하고(이를 위해 회귀 문제가 필요할 수 있음), *S*, *G*, 교호작용 *SG*가 유효함을 보여라.

8.31 다음 실험을 보자.

시행	처리조합
1	*d*
2	*ae*
3	*b*
4	*abde*
5	*cde*
6	*ac*
7	*bce*
8	*abcd*

실험에 관한 다음 질문에 답하라.

(a) 실험에서는 몇 개의 요인을 조사하였는가?

(b) 기본 설계에는 몇 개의 요인이 있는가?

(c) 실험에 있는 요인들을 알파벳 초반부 글자들(즉, *A*, *B* 등)으로 표현할 때, 기본 설계에서의 제너레이터는 무엇인가?

(d) 설계는 주요부분인가?

(e) 완전 정의관계는 무엇인가?

(f) 설계의 해상도는 무엇인가?

8.32 다음 실험을 보자.

시행	처리조합	y
1	(1)	8
2	*ad*	10
3	*bd*	12
4	*ab*	7
5	*cd*	13
6	*ac*	6
7	*bc*	5
8	*abcd*	11

실험에 관한 다음 질문에 답하라.

(a) 실험에서는 몇 개의 요인을 조사하였는가?

(b) 설계의 해상도는 무엇인가?

(c) 주효과의 추정치를 계산하라.

(d) 완전 정의관계는 무엇인가?

8.33 반복수가 없고 4개의 중심점을 가지는 2^{5-1} 부분요인실험이 화학 공정에 대해서 이루어졌다. 반응변수는 분자량이며, 요인은 아래와 같다.

표 P 8.9 광고우편 실험에 대한 Plackett–Burman 설계

시행	광고 봉투 *A*	반송 주소 *B*	공인 스템프 *C*	우편 요금 *D*	봉투 그래픽 *E*	가격 그래픽 *F*	스티커 *G*	개인용 편지 *H*	메시지 내용 *I*	편지 제목 *J*	혜택 목록 *K*	추신 *L*	서명 *M*	상품 선택 *N*	선물 가격 *O*	반송 봉투 *P*	간이 문서 *Q*	간이 문서2 *R*	이자율 *S*	주문량	반응률
1	+	+	−	−	+	+	+	+	−	+	−	+	−	−	−	−	+	+	−	52	1.04%
2	−	+	+	−	−	+	+	+	+	−	+	−	+	−	−	−	−	+	+	38	0.76%
3	+	−	+	+	−	−	+	+	+	+	−	+	−	+	−	−	−	−	+	42	0.84%
4	+	+	−	+	+	−	−	+	+	+	+	−	+	−	+	−	−	−	−	134	2.68%
5	−	+	+	−	+	+	−	−	+	+	+	+	−	+	−	+	−	−	−	104	2.08%
6	−	−	+	+	−	+	+	−	−	+	+	+	+	−	+	−	+	−	−	60	1.20%
7	−	−	−	+	+	−	+	+	−	−	+	+	+	+	−	+	−	+	−	61	1.22%
8	−	−	−	−	+	+	−	+	+	−	−	+	+	+	+	−	+	−	+	68	1.36%
9	+	−	−	−	−	+	+	−	+	+	−	−	+	+	+	+	−	+	−	57	1.14%
10	−	+	−	−	−	−	+	+	−	+	+	−	−	+	+	+	+	−	+	30	0.60%
11	+	−	+	−	−	−	−	+	+	−	+	+	−	−	+	+	+	+	−	108	2.16%
12	−	+	−	+	−	−	−	−	+	+	−	+	+	−	−	+	+	+	+	39	0.78%
13	+	−	+	−	+	−	−	−	−	+	+	−	+	+	−	−	+	+	+	40	0.80%
14	+	+	−	+	−	+	−	−	−	−	+	+	−	+	+	−	−	+	+	49	0.98%
15	+	+	+	−	+	−	+	−	−	−	−	+	+	−	+	+	−	−	+	37	0.74%
16	+	+	+	+	−	+	−	+	−	−	−	−	+	+	−	+	+	−	−	99	1.98%
17	−	+	+	+	+	−	+	−	+	−	−	−	−	+	+	−	+	+	−	86	1.72%
18	−	−	+	+	+	+	−	+	−	+	−	−	−	−	+	+	−	+	+	43	0.86%
19	+	−	−	+	+	+	+	−	+	−	+	−	−	−	−	+	+	−	+	47	0.94%
20	−	−	−	−	−	−	−	−	−	−	−	−	−	−	−	−	−	−	−	104	2.08%

요인	처리수준	부호화된 수준 (x's)
A−시간	20, 40 (분)	−1,1
B−온도	160, 180 (℃)	−1,1
C−농도	30, 60 (%)	−1,1
D−젓는 속도	100, 150 (RPM)	−1,1
E−촉매 유형	1, 2 (형)	−1,1

실험에서 나온 예측 방정식이 $\hat{y}=10+3x_1+2x_2-1x_1x_2$이라 할 때, $A=30$, $B=165$, $C=50$, $D=135$, $E=1$에서의 예측 반응값은 무엇인가?

8.34 반복수가 없는 2^{4-1} 부분요인실험을 수행하였고, 요인은 아래와 같다.

요인	처리수준	부호화된 수준 (x's)
A	20, 50	−1, 1
B	200, 280	−1, 1
C	50, 100	−1, 1
D	150, 200	−1, 1

(a) 설계가 평균이 100인 4개의 중심시행을 가진다고 하라. 16개의 요인설계점의 평균이 95일 때, 순수 2차 곡률에 대한 제곱합은 얼마인가?

(b) 실험에서 나온 예측 방정식이 $\hat{y}=100-2x_1+10x_2-4x_1x_2$이라 할 때, $A=41$, $B=280$, $C=60$, $D=185$에서의 예측 반응값은 무엇인가?

8.35 의약품 제조 공정에서 반복수 3인 2^{6-2} 요인실험을 수행하였고, 요인은 아래와 같다.

요인	처리수준	부호화된 수준 (x's)
A	50, 100	−1, 1
B	20, 60	−1, 1
C	10, 30	−1, 1
D	12, 18	−1, 1
E	15, 30	−1, 1
F	60, 100	−1, 1

(a) 주효과 2개와 2요인 교호작용 1개가 최종 모형에 들어가 있다면, 오차항에 대한 자유도는 얼마인가?

(b) 유효한 요인이 *A*, *C*, *AB*, *AC*라고 가정하라. 계층 모형을 얻기 위해서는 어떤 효과들이 더 필요한가?

8.36 다음 실험을 보자.

시행	*A*	*B*	*C*	*D*	*E*	*y*
1	−1	−1	−1	−1	−1	63
2	1	−1	−1	−1	1	21
3	−1	1	−1	−1	1	36
4	1	1	−1	−1	−1	99
5	−1	−1	1	−1	1	24
6	1	−1	1	−1	−1	66
7	−1	1	1	−1	−1	71
8	1	1	1	−1	1	54
9	−1	−1	−1	1	−1	23
10	1	−1	−1	1	1	74
11	−1	1	−1	1	1	80
12	1	1	−1	1	−1	33
13	−1	−1	1	1	1	63
14	1	−1	1	1	−1	21
15	−1	1	1	1	−1	44
16	1	1	1	1	1	96

(a) 열 *E*에 대한 제너레이터는 무엇인가?

(b) 만약 *ABC*가 블록과 중첩되어 있다면, 시행 1은 블록으로 들어간다. + 또는 −로 답하라.

(c) 설계의 해상도는 무엇인가?

(d) 주효과와 그 가명관계의 추정치를 찾아라.

8.37 다음 실험을 보자.

시행	*A*	*B*	*C*	*D*	*E*	*y*
1	−1	−1	−1	−1	−1	65
2	1	−1	−1	−1	1	25
3	−1	1	−1	−1	1	30
4	1	1	−1	−1	−1	89
5	−1	−1	1	−1	1	25
6	1	−1	1	−1	−1	60
7	−1	1	1	−1	−1	70
8	1	1	1	−1	1	50
9	−1	−1	−1	1	1	20
10	1	−1	−1	1	−1	70
11	−1	1	−1	1	−1	80
12	1	1	−1	1	1	30
13	−1	−1	1	1	−1	60
14	1	−1	1	1	1	20
15	−1	1	1	1	1	40
16	1	1	1	1	−1	90

(a) 열 *E*에 대한 제너레이터는 무엇인가?

(b) *ABE*가 블록과 중첩되어있을 때, 시행 16은 블록으로 들어간다. + 또는 −로 답하라.

(c) 설계의 해상도는 무엇인가?

(d) 주효과와 그 가명관계의 추정치를 찾아라.

8.38 다음 설계를 보자.

시행	A	B	C	D	E	y
1	−1	−1	−1	1	−1	50
2	1	−1	−1	−1	−1	20
3	−1	1	−1	−1	1	40
4	1	1	−1	1	1	25
5	−1	−1	1	−1	1	45
6	1	−1	1	1	1	30
7	−1	1	1	1	−1	40
8	1	1	1	−1	−1	30

(a) 열 D에 대한 제너레이터는 무엇인가?

(b) 열 E에 대한 제너레이터는 무엇인가?

(c) 만약 이 설계가 블록과 중첩된 AB 교호작용을 가지는 블록 2개에서 시행되었다면, 시행 d는 AB의 부호가 인 블록으로 들어갔을 것이다. + 또는 −로 답하라.

8.39 다음 설계를 보자.

표준순서	A	B	C	D	E	y
1	−1	−1	−1	1	1	40
2	1	−1	−1	−1	1	10
3	−1	1	−1	−1	−1	30
4	1	1	−1	1	−1	20
5	−1	−1	1	−1	−1	40
6	1	−1	1	1	−1	30
7	−1	1	1	1	1	20
8	1	1	1	−1	1	30

(a) 열 D에 대한 제너레이터는 무엇인가?

(b) 열 E에 대한 제너레이터는 무엇인가?

(c) 접기설계였다면, 결합설계의 해상도는 무엇인가?

8.40 *Quality Engineering*에 있는 글("An Application of Fractional Factorial Experimental Designs," 1998, Vol. 1, pp. 19-23)을 보면, M. B. Kilgo는 땅콩 무더기 당 기름 생산량(y)에 영향을 미치는, CO_2 압력(A), CO_2 온도(B), 땅콩의 습기(C), CO_2 흐름속도(D), 땅콩 입자 크기(E)의 효과를 연구하기 위해 실험이 설명되어 있다. 이 요인들에 대한 수준이 아래 표 P 8.10에 나와 있다. 표 P 8.11에서 볼 수 있듯이, 시행수 16의 부분요인실험을 수행하였다.

(a) 어떤 유형의 실험이 사용되었는가? 정의관계와 가명관계 구조를 확인하라.

(b) 요인효과를 추정하고, 잠정적으로 중요한 요인을 확인하기 위해 정규확률그림을 사용하라.

(c) 위의 (b)에서 확인된 요인들이 땅콩오일 생산량에 유효한 효과를 미친다는 가설을 검정하기 위해 적절한 통계적 분석을 수행하라.

(d) 중요하다고 확인된 요인을 이용하여 땅콩오일 생산량을 예측하기 위한 모형을 적합하라.

(e) 이 실험에 대한 잔차를 분석하고, 모형 적합도에 대해 논하라.

표 P 8.10 연습문제 8.40의 실험에 대한 요인수준

부호화 수준	A, 압력 (bar)	B, 온도 (°C)	C, 습기 (% by weight)	D, 흐름 속도 (liters/min)	E, 입자 크기 (mm)
−1	415	25	5	40	1.28
1	550	95	15	60	4.05

표 P 8.11 땅콩 기름 실험

A	B	C	D	E	y
415	25	5	40	1.28	63
550	25	5	40	4.05	21
415	95	5	40	4.05	36
550	95	5	40	1.28	99
415	25	15	40	4.05	24
550	25	15	40	1.28	66
415	95	15	40	1.28	71
550	95	15	40	4.05	54
415	25	5	60	4.05	23
550	25	5	60	1.28	74
415	95	5	60	1.28	80
550	95	5	60	4.05	33
415	25	15	60	1.28	63
550	25	15	60	4.05	21
415	95	15	60	4.05	44
550	95	15	60	1.28	96

8.41 요인 9개에 대한 시행수 16의 부분 요인설계가 크라이슬러 모터스 엔지니어링에 의해 수행되었으며, 이는 "Sheet Molded compound Process Improvement," by P.I. Hsieh and D.E. Goodwin (*Fourth symposium on Taguchi Method, American Supplier Institute*, Dearborn, MI, 1986, pp. 13-21)에 설명되어 있다. 시트몰드형 그릴 개방패널의 마감의 결함수를 줄이는 것이 목적이며, 그에 대한 설계와 각 수행에서 관찰된 결함 개수, c가 표 P 8.12에 나와 있다. 이는 제너레이터로 $E=BD$, $F=BCD$, $G=AC$, $H=ACD$, $J=AB$를 가지는 해상도 III 부분설계이다.

(a) 설계에서의 정의관계와 가명관계 구조를 찾아라.

표 P 8.12 모래 거푸집 실험

시행	A	B	C	D	E	F	G	H	J	c	$\sqrt{c}$	F&T의 수정사항
1	−	−	−	−	+	−	+	−	+	56	7.48	7.52
2	+	−	−	−	+	−	−	+	−	17	4.12	4.18
3	−	+	−	−	−	+	+	−	−	2	1.41	1.57
4	+	+	−	−	−	+	−	+	+	4	2.00	2.12
5	−	−	+	−	+	+	−	+	+	3	1.73	1.87
6	+	−	+	−	+	+	+	−	−	4	2.00	2.12
7	−	+	+	−	−	−	−	+	−	50	7.07	7.12
8	+	+	+	−	−	−	+	−	+	2	1.41	1.57
9	−	−	−	+	−	+	+	+	+	1	1.00	1.21
10	+	−	−	+	−	+	−	−	−	0	0.00	0.50
11	−	+	−	+	+	−	+	+	−	3	1.73	1.87
12	+	+	−	+	+	−	−	−	+	12	3.46	3.54
13	−	−	+	+	−	−	−	−	+	3	1.73	1.87
14	+	−	+	+	−	−	+	+	−	4	2.00	2.12
15	−	+	+	+	+	+	−	−	−	0	0.00	0.50
16	+	+	+	+	+	+	+	+	+	0	0.00	0.50

(b) 요인효과를 추정하고, 중요한 요인을 잠정적으로 확인하기 위해 정규확률그림을 사용하라.

(c) 위의 (b)에서 확인한 요인들을 사용하여 적절한 모형을 적합하라.

(d) 그 모형에 대한 잔차 대 예측된 결함의 개수를 그림으로 그려라. 또한 잔차에 대한 정규확률그림을 그리고, 그림에 대한 적합도에 대해 논하라.

(e) 위의 (d)에서 반응에 대한 분산이 상수가 아닐 것이라는 정보를 얻었어야 한다(반응값이 비율임을 고려해 보면 이와 같은 결론을 기대했었어야 한다). 이전의 표 역시 c을 변환시킨 값을 보여주고 있는데, 이는 분산 안정화 변환 기법으로 많이 사용되는 제곱근 변환을 보여주고 있다(3장에서 언급한 **분산안정화변환**에 대한 사항). 변환된 반응값을 사용하여 위에서 하였던 (a)부터 (d)를 반복하고, 결과에 대해 논하라. 잔차그림이 개선되었는가?

(f) 제곱근에 대한 수정사항은 Freeman과 Tukey에 의해 제안되었는데("Transformations Related to the Angular and the Square Root," *Annals of Mathematical Statistics*, Vol. 21, 1950, pp. 607-611), 꼬리 부분의 성능을 향상하게 시킨다. F&T의 제곱근 변환에 대한 수정사항은 다음과 같다.

$$[\sqrt{c}+\sqrt{(c+1)}]/2$$

위의 (a)에서 (b)까지를 이 변환법을 사용하여 다시 시행하고 결과에 대해 논하라(실험에 대한 분석과 관심거리가 되는 논의들은, "Analysis of Factorial Experiments with Defects or Defectives as the Response," by S. Bisgaard and H.T.Fuller, *Quality Engineering*, Vol. 7, 1994-95, pp. 429-443을 참고하라).

8.42 트렌지스터 게인에 영향을 미치는 요인 6개의 효과를 조사하기 위한 실험이 반도체 공장에서 이루어졌다. 선택된 설계 2^{6-2}_{IV}가 다음 표 P 8.13에 나와 있다.

(a) 유효한 요인을 확인하기 위해, 효과들의 정규확률그림을 사용하라.

(b) 위의 (a)에서 확인된 모형에 대한 적절한 통계적 검정을 수행하라.

(c) 잔차에 대해 분석하고, 그 결과를 논하라.

(d) 1500±25의 트렌지스터 게인이 생산되는 운영 조건을 찾을 수 있는가?

8.43 기어 같은 탄화 금속 부품에는 종종 열처리가 이루어지는데, 탄화층의 두께는 이 공정에서의 중요한 출력변수이며 기어 피치(기어 톱니의 맨 윗부분)에 대한 탄소 분석을 수

표 P 8.13 트렌지스터 게인 실험

표준순서	시행순서	A	B	C	D	E	F	게인
1	2	−	−	−	−	−	−	1455
2	8	+	−	−	−	+	−	1511
3	5	−	+	−	−	+	+	1487
4	9	+	+	−	−	−	+	1596
5	3	−	−	+	−	+	+	1430
6	14	+	−	+	−	−	+	1481
7	11	−	+	+	−	−	−	1458
8	10	+	+	+	−	+	−	1549
9	15	−	−	−	+	−	+	1454
10	13	+	−	−	+	+	+	1517
11	1	−	+	−	+	+	−	1487
12	6	+	+	−	+	−	−	1596
13	12	−	−	+	+	+	−	1446
14	4	+	−	+	+	−	−	1473
15	7	−	+	+	+	−	+	1461
16	16	+	+	+	+	+	+	1563

행하여 측정된다. 6개의 변수가 2_{IV}^{6-2} 설계에 이용되었다. A=용광로 온도, B=주기 시간, C=탄소 농도, D=탄화 처리 주기 기간, E=확산 주기의 탄소 농도, F=확산 주기 기간. 실험은 표 P 8.14에 나와 있다.

(a) 요인효과를 추정하고, 정규확률그림을 그린 후, 잠정적으로 모형을 선택하라.

표 P 8.14 열처리 실험

표준순서	시행순서	A	B	C	D	E	F	피치
1	5	−	−	−	−	−	−	74
2	7	+	−	−	−	+	−	190
3	8	−	+	−	−	+	+	133
4	2	+	+	−	−	−	+	127
5	10	−	−	+	−	+	+	115
6	12	+	−	+	−	−	+	101
7	16	−	+	+	−	−	−	54
8	1	+	+	+	−	+	−	144
9	6	−	−	−	+	−	+	121
10	9	+	−	−	+	+	+	188
11	14	−	+	−	+	+	−	135
12	13	+	+	−	+	−	−	170
13	11	−	−	+	+	+	−	126
14	3	+	−	+	+	−	−	175
15	15	−	+	+	+	−	+	126
16	4	+	+	+	+	+	+	193

(b) 모형에 대한 적절한 통계적 검정을 수행하라.

(c) 잔차를 분석하고 모형 적합도에 대해 논하라.

(d) 이 실험의 결과를 해석하라. 140~160 사이의 층 두께가 적당하다고 가정하자.

8.44 L.B.Hare의 글("In the Soup A Case Study to Identify Contributors to Filling Variability," Journal of Quality Technology, Vol. 20, pp. 36-43)을 보면, 건조 수프 믹스 패키지의 충전제 변동성을 연구하는 요인실험을 설명하고 있다. 요인으로는 A=식물유가 첨가되는 혼합 포트 번호(1, 2), B=믹서 주위온도(냉각, 상온), C=혼합 시간(60초, 80초), D= 배치 무게(1500 lb, 2000 lb), E=혼합과 포장 사이의 지연 날짜 수(1, 7)가 있다. 125개에서 150개 사이의 수프 패키지가 설계의 각 수행에서 8시간에 걸쳐서 추출되었고, 패키지 무게의 표준편차가 반응변수로 사용되었다. 설계와 결과 자료가 표 P 8.15에 나와 있다.

(a) 설계의 제너레이터는 무엇인가?

(b) 설계의 해상도는 무엇인가?

(c) 요인효과를 추정하라. 어떤 효과가 큰가?

(d) 잔차분석을 통해 기저 가정에 대한 어떤 문제를 확인할 수 있는가?

(e) 충전제 공정에 대한 결론을 도출하라.

8.45 2_{IV}^{6-2} 설계를 생각해 보자.

표 P 8.15 수프 실험

표준 순서	A 포트 번호	B 온도	C 시간	D 배치 무게	E 지연 날짜수	y 표준 편차
1	−	−	−	−	−	1.13
2	+	−	−	−	+	1.25
3	−	+	−	−	+	0.97
4	+	+	−	−	−	1.7
5	−	−	+	−	+	1.47
6	+	−	+	−	−	1.28
7	−	+	+	−	−	1.18
8	+	+	+	−	+	0.98
9	−	−	−	+	+	0.78
10	+	−	−	+	−	1.36
11	−	+	−	+	−	1.85
12	+	+	−	+	+	0.62
13	−	−	+	+	−	1.09
14	+	−	+	+	+	1.1
15	−	+	+	+	+	0.76
16	+	+	+	+	−	2.1

(a) 열 A 대신, 열 B의 부호를 변경하여 설계에 접기를 적용하였다고 가정하자. 결합설계에서 추정할 수 있는 효과에 어떤 변화가 생기는가?

(b) 열 A 대신, 열 E의 부호를 변경하여 설계에 접기를 적용하였다고 가정하자. 결합설계에서 추정할 수 있는 효과에 어떤 변화가 생기는가?

8.46 2_{IV}^{7-3} 설계를 생각해 보자. 설계에 대한 접기가 열 A의 부호를 바꾸어서 이루어졌다고 해 보자. 결합설계의 가명관계를 결정하라.

8.47 연습문제 8.46의 2_{IV}^{7-3} 설계를 다시 생각해 보자.

(a) 설계에 대한 접기가 열 B의 부호를 바꾸어서 이루어졌다고 한다. 결합설계의 가명관계를 결정하라.

(b) 설계의 가명관계를 연습문제 8.28의 결합설계의 가명관계와 비교하라. 다른 열에서 부호를 바꾸게 되어 결론에 어떤 차이가 생기는가?

8.48 2_{IV}^{7-3} 설계를 생각해 보자.

(a) 설계의 부분접기가 열 A(+ 부호만)를 가지고 수행되었다고 한다. 결합설계의 가명관계를 결정하라.

(b) − 부호를 사용하여 부분접기를 정의하여 위의 (a)를 반복하라. 부분접기를 정의하는 데 다른 부호를 사용하여 결론에 어떤 차이가 생기는가?

8.49 2_{IV}^{6-2} 설계에 대한 부분접기를 생각해 보자. 열 A의 부호를 반대로 하고, 유지하는 시행 8개는 열 C가 +부호인 수행이라고 가정해 보자. 결합설계의 가명관계를 결정하라.

8.50 2_{III}^{7-4} 설계에 대한 부분접기를 생각해 보자. 이 설계에 대한 부분접기가 열 A(+ 부호만)를 이용하여 구성하였다고 해 보자. 결합설계의 가명관계를 결정하라.

8.51 2_{III}^{5-2} 설계에 대한 부분접기를 생각해 보자. 이 설계에 대한 부분접기가 열 A(+ 부호만)를 이용하여 구성하였다고 해 보자. 결합설계의 가명관계를 결정하라.

8.52 예제 8.1의 2^{4-1} 설계를 다시 생각해 보자. 유효한 요인은 A, C, D, $AC+BD$, $AD+BC$이다. AC, BD, AD, BC 교호작용을 추정하도록 해주는 부분접기설계를 찾아라.

8.53 시행수 $P=6$에서 요인 $k=8$개에 대한 과포화설계를 구성하라.

8.54 연습문제 8.29의 2^{8-3} 설계를 생각해 보자. AB 교호작용을 포함하는 가명관계 체인이 매우 클 때, 이 교호작용을 추정하기 위해 가명관계 체인을 풀어주는 부분접기설계를 제안하라.

8.55 시행수 $N=10$인 요인 $h=12$개에 대한 과포화설계를 구성하라.

8.56 연습문제 6.42의 2^5 요인설계를 생각해 보자. 실험이 2^{5-1} 부분 요인설계로 시행되었다고 해 보자. 주요부분(principal fraction)을 사용하여 부분실험을 만들어 보자. 원래 실험에서 사용된 16번의 시행을 가지고 자료를 분석하고, 위의 실험 결과를 원래의 완전요인설계와 비교하라.

8.57 연습문제 6.42의 2^5 요인설계를 생각해 보자. 실험이 2^{5-1} 부분요인설계로 시행되었다고 하자. 대체부분(alternative fraction)을 사용하여 부분실험을 만들어보자. 원래 실험에서 사용된 16번의 시행을 가지고 자료를 분석하고, 위의 실험 결과를 연습문제 8.56의 결과와 비교하라.

8.58 연습문제 6.42의 2^5 요인설계를 생각해 보자. 실험이 2^{5-2} 부분요인설계로 시행되었다고 해 보자. 주요부분(principal fraction)을 사용하여 부분실험을 만들어라. 원래 실험에서 사용된 16번의 시행을 가지고 자료를 분석하고, 위의 실험 결과를 원래의 완전요인설계와 비교하라. 이후 접기설계를 구성하고 합친 설계로 데이터를 분석하라.

8.59 연습문제 8.58의 접기 2^{5-2} 부분요인실험을 생각해 보자. 설계를 2개의 2^{5-1} 절반 설계와 비교하라. 접기설계가 절반 설계 중 하나와 같은가?

8.60 2수준 부분요인설계의 해상도는 정의관계의 워드의 숫자와 같다.

(a) 참

(b) 거짓

8.61 2수준 요인설계의 절반에 대해서 가능한 최대 해상도는 요인의 개수와 같다.

(a) 참

(b) 거짓

8.62 최대 11개의 요인에 대한 12시행 Plackett-Burman 시험은 정규 부분(regular fraction)이다.

(a) 참

(b) 거짓

8.63 2^{k-p} 족(family)의 설계점은 k차원의 정육면체의 각 꼭짓점이고, 이는 원래의 k개의 요인의 임의의 부분집합의 완전요인설계로 투영된다.

(a) 참

(b) 거짓

8.64 요인수준의 개수를 적게 하고, 관심영역을 좁게 하는 것이 선별실험을 할 때 대체로 좋다.

(a) 참

(b) 거짓

8.65 2^{4-1} 부분요인설계를 고려해 보자. 만약 첫 번째 시행이 주요부분이고, 첫 번째 블록($I=ABCD$)의 다른 대체부분이 후에 더해진다면, 이후 두 번째 블록의 4요인 교호작용 효과는 블록과 중첩된다.

(a) 참

(b) 거짓

8.66 2^{k-2} 설계에서, 모든 효과는 4개의 가명관계를 가진다.

(a) 참

(b) 거짓

8.67 2^{k-3} 설계에서 완전 정의관계는 15개의 워드를 가진다.

(a) 참

(b) 거짓

8.68 부분요인설계의 축약은 정의관계에서 가장 긴 워드의 길이와 관련이 있다.

(a) 참

(b) 거짓

9장 회귀모형 적합
Fitting Regression Models

이번 장의 학습 목표

1. 최소제곱법을 이용해서 선형회귀모형을 적합하는 것을 이해한다.
2. 회귀 유의성 검정과 개별 모형모수, 모수의 신뢰구간을 포함한 기본적인 회귀모형의 추론을 이해한다.
3. 특정 포인트에서 평균 반응값을 추정하기 위해 어떻게 모형을 사용하는지, 관련된 신뢰구간을 어떻게 구하는지 배운다.
4. 특정 포인트에서 새 반응값을 예측하기 위해 어떻게 모형을 사용하는지, 관련된 예측구간을 어떻게 구하는지 배운다.
5. 평균 반응값의 신뢰구간과 새 반응값의 예측구간의 차이를 배우고 언제, 어떤 구간이 적절한지 배운다.
6. 기본적인 회귀모형 진단(잔차도, PRESS 통계량, leverage와 영향의 측정)을 배운다.
7. 선형회귀모형의 적합성 결여를 검정하는 법을 배운다.

9.1 소개

두 개 이상의 변수들이 관련된 여러 문제에서, 주요 관심사는 변수의 관계에 대한 모형을 세우고 연구하는 것이다. 예를 들어 화학 공정에서 어떤 물질의 생산량은 공정 온도와 연관되어 있다. 화학 기술자는 온도와 생산량의 관계를 설명하는 모형을 만들고, 이를 예측에 사용하여, 공정을 최적화하거나 통제하고자 할 수 있다.

흔히 $x_1, x_2, \ldots, x_k$ 같은 k개 **독립변수**(independent variable) 또는 **회귀변수**(regressor variable)에 의존하는 하나의 **종속변수**(dependent variable) 또는 **반응변수**(response) y가 있다고 가정한다. 이러한 변수 간의 관계를 수학적 모형으로 나타낸 것을 **회귀모형**(regression model)이라고 한다. 회귀모형은 표본자료 집합에 적합(fit)한다. 종종 실험자가 y와 $x_1, x_2, \ldots, x_k$ 간 실제 함수관계, $y = \phi(x_1, x_2, \ldots, x_k)$를 정확하게 알고 있는 경우가 있다. 하지만 대부분의 경우에는 실제 함수관계를 모르기 때문에 실험자는 ϕ에 근사하도록 적절한 함수를 선택한다. 낮은 차수의 다항식 모형들이 근사 함수로서 많이 사용된다.

실험의 설계와 회귀분석 사이에는 강한 교호작용이 존재한다. 이 책에서 실험의 결과를 **경험적 모형**(empirical model)이라는 관점에서 정량적으로 표현하는 것이 중요하다고 강조하고 있는데, 그 이유는 모형을 이해하고 해석하는 것과 모형의 사용이 쉽기 때문이다. 회귀모형이 바로 그 기초이다. 다양한 경우에서 실험의 결과를 나타내는 회귀모형을 보여주었다. 이번 장에서 이러한 모형들의 적합에 관한 여러 가지 측면들을 보일 것이다. 더 자세한 회귀분석 내용은 Montgomery, Peck, and Vining(2012) 그리고 Myers(1990)에 나와 있다.

회귀분석법은 통제되지 않는 현상이나 과거에 기록된 관측처럼 **계획되지 않은 실험**(unplanned experiments)의 자료를 분석하는 데 자주 사용된다. 회귀분석법은 설계한 실험이 뭔가 "잘못되었을 때" 유용하다. 이번 장에서 이런 몇 가지 사례에 대해 다룰 것이다.

9.2 선형회귀모형

선형회귀모형 적합에 초점을 맞추고자 한다. 설명을 위해 고분자의 점성도를 온도와 촉매의 비율로 설명하는 경험적 모형을 개발하고 싶다고 가정하자. 그 관계를 설명하는 모형은 다음과 같다.

$$y = \beta_0 + \beta_1 x_1 + \beta_2 x_2 + \epsilon \tag{9.1}$$

여기서 y는 점성도를, x_1은 온도, 그리고 x_2는 촉매의 비율을 나타낸다. 이를 독립변수가 2

개인 **다중 선형회귀모형**(multiple linear regression model)이라고 한다. 때에 따라 독립변수를 **예측변수**(predictor variable) 또는 **회귀변수**(regressor)라고도 한다. **선형**(linear)이라고 하는 이유는 식 9.1이 미지의 모수 β_0, β_1, β_2의 선형 함수이기 때문이다. 모형은 x_1, x_2의 2차원 공간상의 평면을 나타낸다. 모수 β_0는 평면의 절편을 의미한다. β_1은 x_2가 일정하면서 x_1이 한 단위 변화할 때 기대되는 y의 변화량을 나타내고, β_2는 x_1이 일정하면서 x_2가 한 단위 변화할 때 기대되는 y의 변화량을 나타내기 때문에 β_1과 β_2를 **편회귀계수**(partial regression coefficient)라고도 한다.

흔히 반응변수 y는 k개의 회귀변수들과 관련되어 있다. 다음 모형

$$y = \beta_0 + \beta_1 x_1 + \beta_2 x_2 + \cdots + \beta_k x_k + \epsilon \tag{9.2}$$

을 k개의 회귀변수를 가지는 **다중 선형회귀모형**이라고 한다. 모수 β_j, $j=0, 1, ..., k$를 **회귀계수**(regression coefficient)라고 한다. 위 모형은 회귀변수 $\{x_j\}$들의 k차원 공간의 초평면을 나타낸다. 모수 β_j는 나머지 독립변수 $x_i(i \neq j)$들이 일정할 때 x_j가 한 단위 변화할 때 기대되는 반응변수 y의 변화량을 나타낸다.

식 9.2보다 더 복잡해 보이는 모형도 대개 다중 선형회귀분석법으로 분석할 수 있다. 예를 들어 아래처럼 변수가 2개인 1차 모형에 교호작용 항을 넣는다고 생각해 보자.

$$y = \beta_0 + \beta_1 x_1 + \beta_2 x_2 + \beta_{12} x_1 x_2 + \epsilon \tag{9.3}$$

$x_3 = x_1 x_2$이고 $\beta_3 = \beta_{12}$이라면, 식 9.3은 아래와 같이 3개의 회귀변수를 갖는 표준 다중 선형회귀모형으로 쓸 수 있다.

$$y = \beta_0 + \beta_1 x_1 + \beta_2 x_2 + \beta_3 x_3 + \epsilon \tag{9.4}$$

2요인실험의 결과를 정량적으로 나타내기 위해, 식 9.2과 9.4 같은 경험적 모형들을 6~8장의 여러 예제에서 다룬 적이 있다. 또 다른 예로 2개의 변수가 있는 2차 **반응표면모형**(response surface model)을 생각해 보자.

$$y = \beta_0 + \beta_1 x_1 + \beta_2 x_x + \beta_{11} x_1^2 + \beta_{22} x_2^2 + \beta_{12} x_1 x_2 + \epsilon \tag{9.5}$$

만약 $x_3 = x_1^2$, $x_4 = x_2^2$, $x_5 = x_1 x_2$, $\beta_3 = \beta_{11}$, $\beta_4 = \beta_{22}$, $\beta_5 = \beta_{12}$라고 하면 모형은 아래와 같은 선형회귀모형이 된다.

$$y = \beta_0 + \beta_1 x_1 + \beta_2 x_2 + \beta_3 x_3 + \beta_4 x_4 + \beta_5 x_5 + \epsilon \tag{9.6}$$

책의 앞선 예제들을 통해서도 이 모형을 본 적이 있다. 통상적으로 모수들(β)에 대해 선형인 회귀모형은 그 모형이 만드는 반응표면의 모양과 상관없이 선형회귀모형이다.

이 장에서는 다중 선형회귀모형의 모수들을 추정하는 방법들을 정리할 것이다. 흔히 모

형 적합(model fitting)이라고 한다. 지난 장들에서 이러한 결과들을 사용하였지만, 여기서는 심화된 내용을 다룰 예정이다. 또한 모형 적합의 타당성을 확인해 볼 뿐 아니라, 모형에 대해 가설을 검정하고 신뢰구간을 구하는 것도 이야기할 예정이다. 주된 초점은 설계된 실험에서 회귀분석이 가지는 유용함에 있다. 더 완벽한 회귀분석 내용은 Montgomery, Peck, and Vining(2012) 그리고 Myers(1990)에 나와 있다.

9.3 선형회귀모형의 모수추정

일반적으로 다중 선형회귀모형의 회귀계수를 추정할 때는 최소제곱법을 사용한다. $n>k$개의 반응변수 관측치 $y_1, y_2, ..., y_n$이 있다고 하자. 관찰된 각 반응값 y_i에 따라 각 회귀변수에 대한 관측치를 가지며, x_{ij}를 변수 x_j의 i번째 관측치 또는 수준이라고 하자. 자료를 표 9.1처럼 나타낼 수 있다. 모형의 오차항 ϵ은 $E(\epsilon)=0$ 그리고 $V(\epsilon)=\sigma^2$ 값을 가지며 $\{\epsilon_i\}$들이 무상관(uncorrelated) 확률변수라고 가정하자.

모형의 식(식 9.2)을 표 9.1의 관측치에 대해 아래와 같이 쓸 수 있다.

$$\begin{aligned} y_i &= \beta_0 + \beta_1 x_{i1} + \beta_2 x_{i2} + \cdots + \beta_k x_{ik} + \epsilon_i \\ &= \beta_0 + \sum_{j=1}^{k} \beta_j x_{ij} + \epsilon_i \qquad i = 1, 2, \ldots, n \end{aligned} \tag{9.7}$$

최소제곱법은 식 9.7에서 오차항 ϵ_i들의 제곱합을 최소로 만드는 β들을 찾아준다. 최소제곱함수는 다음과 같다.

$$L = \sum_{i=1}^{n} \epsilon_i^2 = \sum_{i=1}^{n} \left(y_i - \beta_0 - \sum_{j=1}^{k} \beta_j x_{ij} \right)^2 \tag{9.8}$$

함수 L은 $\beta_0, \beta_1, ..., \beta_k$에 대해 최소가 되어야 한다. 최소제곱 추정량 $\hat{\beta}_0, \hat{\beta}_1, ..., \hat{\beta}_k$들은 다음을 만족해야 한다.

$$\left.\frac{\partial L}{\partial \beta_0}\right|_{\hat{\beta}_0, \hat{\beta}_1, \ldots, \hat{\beta}_k} = -2 \sum_{i=1}^{n} \left(y_i - \hat{\beta}_0 - \sum_{j=1}^{k} \hat{\beta}_j x_{ij} \right) = 0 \tag{9.9a}$$

표 9.1 다중 선형회귀분석 자료

y	x_1	x_2	$\cdots$	x_k
y_1	x_{11}	x_{12}	$\cdots$	x_{1k}
y_2	x_{21}	x_{22}	$\cdots$	x_{2k}
$\vdots$	$\vdots$	$\vdots$		$\vdots$
y_n	x_{n1}	x_{n2}	$\cdots$	x_{nk}

그리고

$$\left.\frac{\partial L}{\partial \beta_j}\right|_{\hat{\beta}_0,\hat{\beta}_1,\ldots,\hat{\beta}_k} = -2\sum_{i=1}^{n}\left(y_i - \hat{\beta}_0 - \sum_{j=1}^{k}\hat{\beta}_j x_{ij}\right)x_{ij} = 0 \qquad j = 1, 2, \ldots, k \tag{9.9b}$$

식 9.9a를 간단히 하면 아래와 같다.

$$\begin{aligned} n\hat{\beta}_0 + \hat{\beta}_1\sum_{i=1}^{n}x_{i1} + \hat{\beta}_2\sum_{i=1}^{n}x_{i2} + \cdots + \hat{\beta}_k\sum_{i=1}^{n}x_{ik} &= \sum_{i=1}^{n}y_i \\ \hat{\beta}_0\sum_{i=1}^{n}x_{i1} + \hat{\beta}_1\sum_{i=1}^{n}x_{i1}^2 + \hat{\beta}_2\sum_{i=1}^{n}x_{i1}x_{i2} + \cdots + \hat{\beta}_k\sum_{i=1}^{n}x_{i1}x_{ik} &= \sum_{i=1}^{n}x_{i1}y_i \\ \vdots \qquad\qquad \vdots \qquad\qquad \vdots \qquad\qquad\qquad\qquad & \quad \vdots \\ \hat{\beta}_0\sum_{i=1}^{n}x_{ik} + \hat{\beta}_1\sum_{i=1}^{n}x_{ik}x_{i1} + \hat{\beta}_2\sum_{i=1}^{n}x_{ik}x_{i2} + \cdots + \hat{\beta}_k\sum_{i=1}^{n}x_{ik}^2 &= \sum_{i=1}^{n}x_{ik}y_i \end{aligned} \tag{9.10}$$

이러한 식들을 **최소제곱 정규방정식**(least squares normal equation)이라고 한다. 미지의 각 회귀계수에 대한 $p=k+1$개의 정규방정식들이 존재한다. 이 정규식의 해가 회귀계수들 $\hat{\beta}_0$, $\hat{\beta}_1$, …, $\hat{\beta}_k$의 최소제곱 추정량이 된다.

정규방정식을 행렬로 표현하면 더 간단하게 해를 구할 수 있다. 식 9.10의 전개와 같은 정규방정식의 행렬 전개를 보자. 관측치에 대한 모형인 식 9.7은 아래와 같이 행렬식으로 나타낼 수 있다.

$$\mathbf{y} = \mathbf{X}\boldsymbol{\beta} + \boldsymbol{\epsilon}$$

여기서 각 항은 다음과 같다.

$$\mathbf{y} = \begin{bmatrix} y_1 \\ y_2 \\ \vdots \\ y_n \end{bmatrix}, \quad \mathbf{X} = \begin{bmatrix} 1 & x_{11} & x_{12} & \cdots & x_{1k} \\ 1 & x_{21} & x_{22} & \cdots & x_{2k} \\ \vdots & \vdots & \vdots & & \vdots \\ 1 & x_{n1} & x_{n2} & \cdots & x_{nk} \end{bmatrix}, \quad \boldsymbol{\beta} = \begin{bmatrix} \beta_0 \\ \beta_1 \\ \vdots \\ \beta_k \end{bmatrix}, \quad \boldsymbol{\epsilon} = \begin{bmatrix} \epsilon_1 \\ \epsilon_2 \\ \vdots \\ \epsilon_n \end{bmatrix}$$

흔히 y는 $(n\times1)$인 관측치 벡터, X는 $(n\times p)$인 독립변수들의 수준(level) 행렬, β는 $(p\times1)$인 회귀계수 벡터, 그리고 $\boldsymbol{\epsilon}$은 $(n\times1)$인 랜덤오차 벡터이다.

아래 식을 최소화하는 최소제곱 추정량 $\hat{\beta}$을 찾고자 한다.

$$L = \sum_{i=1}^{n}\epsilon_i^2 = \boldsymbol{\epsilon}'\boldsymbol{\epsilon} = (\mathbf{y} - \mathbf{X}\boldsymbol{\beta})'(\mathbf{y} - \mathbf{X}\boldsymbol{\beta})$$

L을 다음과 같이 표현할 수 있다.

$$L = \mathbf{y}'\mathbf{y} - \boldsymbol{\beta}'\mathbf{X}'\mathbf{y} - \mathbf{y}'\mathbf{X}\boldsymbol{\beta} + \boldsymbol{\beta}'\mathbf{X}'\mathbf{X}\boldsymbol{\beta}$$
$$= \mathbf{y}'\mathbf{y} - 2\boldsymbol{\beta}'\mathbf{X}'\mathbf{y} + \boldsymbol{\beta}'\mathbf{X}'\mathbf{X}\boldsymbol{\beta} \tag{9.11}$$

$\beta'\mathbf{X}'\mathbf{y}$가 (1×1) 행렬, 즉 스칼라이고 전치행렬 $(\beta'\mathbf{X}'\mathbf{y})' = \mathbf{y}'\mathbf{X}\beta$ 역시 스칼라이기 때문에 최소제곱 추정량은 다음을 만족해야 한다.

$$\left.\frac{\partial L}{\partial \boldsymbol{\beta}}\right|_{\hat{\boldsymbol{\beta}}} = -2\mathbf{X}'\mathbf{y} + 2\mathbf{X}'\mathbf{X}\hat{\boldsymbol{\beta}} = \mathbf{0}$$

간단히 하면 아래와 같다.

$$\mathbf{X}'\mathbf{X}\hat{\beta} = \mathbf{X}'\mathbf{y} \tag{9.12}$$

식 9.12는 최소제곱 정규방정식의 행렬 형태이다. 이것은 식 9.10과 동일하다. 정규방정식을 풀기 위해 식 9.12의 양변에 $\mathbf{X}'\mathbf{X}$의 역행렬을 곱한다. 따라서 β의 최소제곱 추정량은 다음과 같다.

$$\hat{\beta} = (\mathbf{X}'\mathbf{X})^{-1}\mathbf{X}'\mathbf{y} \tag{9.13}$$

정규방정식의 행렬 형태가 스칼라 형태와 동일하다는 점을 쉽게 확인할 수 있다. 식 9.12를 상세하게 적으면 다음과 같다.

$$\begin{bmatrix} n & \sum_{i=1}^{n} x_{i1} & \sum_{i=1}^{n} x_{i2} & \cdots & \sum_{i=1}^{n} x_{ik} \\ \sum_{i=1}^{n} x_{i1} & \sum_{i=1}^{n} x_{i1}^2 & \sum_{i=1}^{n} x_{i1}x_{i2} & \cdots & \sum_{i=1}^{n} x_{i1}x_{ik} \\ \vdots & \vdots & \vdots & \cdots & \vdots \\ \sum_{i=1}^{n} x_{ik} & \sum_{i=1}^{n} x_{ik}x_{i1} & \sum_{i=1}^{n} x_{ik}x_{i2} & \cdots & \sum_{i=1}^{n} x_{ik}^2 \end{bmatrix} \begin{bmatrix} \hat{\beta}_0 \\ \hat{\beta}_1 \\ \vdots \\ \hat{\beta}_k \end{bmatrix} = \begin{bmatrix} \sum_{i=1}^{n} y_i \\ \sum_{i=1}^{n} x_{i1}y_i \\ \vdots \\ \sum_{i=1}^{n} x_{ik}y_i \end{bmatrix}$$

앞서 확인한 행렬의 곱셈을 하면 정규방정식의 스칼라 형태(식 9.10)가 나온다. 이 형태에서 $\mathbf{X}'\mathbf{X}$가 $(p\times p)$ 대칭행렬이고 $\mathbf{X}'\mathbf{y}$가 $(p\times1)$ 열벡터라는 점을 알 수 있다. $\mathbf{X}'\mathbf{X}$ 행렬의 특별한 구조에 주목하길 바란다. $\mathbf{X}'\mathbf{X}$의 대각원소들은 $\mathbf{X}$의 열 성분의 제곱합이고, 비 대각원소들은 $\mathbf{X}$의 열 성분의 교차곱합(sums of cross product)이다. 뿐만 아니라 $\mathbf{X}'\mathbf{y}$의 성분들은 $\mathbf{X}$의 열 성분과 관측치 $\{y_i\}$의 교차곱합이다.

적합(fit)한 회귀모형은

$$\hat{\mathbf{y}} = \mathbf{X}\hat{\boldsymbol{\beta}} \tag{9.14}$$

스칼라 표기로 나타내면, 적합된 모형은 다음과 같다.

$$\hat{y}_i = \hat{\beta}_0 + \sum_{j=1}^{k} \hat{\beta}_j x_{ij} \qquad i = 1, 2, \ldots, n$$

실제 관측치 y_i와 그에 대응하는 적합값 $\hat{y}_i$의 차이를 **잔차**(residual), $e_i = y_i - \hat{y}_i$라고 한다. $(n\times 1)$ 잔차 벡터는 아래와 같이 표기한다.

$$\mathbf{e} = \mathbf{y} - \hat{\mathbf{y}} \tag{9.15}$$

σ^2의 추정(*Estimating* σ^2). 일반적으로 σ^2의 추정도 필요하다. 모수에 대한 추정량을 만들기 위해, 아래와 같은 잔차의 제곱합을 생각해 보자.

$$SS_E = \sum_{i=1}^{n} (y_i - \hat{y}_i)^2 = \sum_{i=1}^{n} e_i^2 = \mathbf{e}'\mathbf{e}$$

$\mathbf{e} = \mathbf{y} - \hat{\mathbf{y}} = \mathbf{y} - \mathbf{X}\hat{\beta}$를 대입하면,

$$\begin{aligned} SS_E &= (\mathbf{y} - \mathbf{X}\hat{\beta})'(\mathbf{y} - \mathbf{X}\hat{\beta}) \\ &= \mathbf{y}'\mathbf{y} - \hat{\beta}'\mathbf{X}'\mathbf{y} - \mathbf{y}'\mathbf{X}\hat{\beta} + \hat{\beta}'\mathbf{X}'\mathbf{X}\hat{\beta} \\ &= \mathbf{y}'\mathbf{y} - 2\hat{\beta}'\mathbf{X}'\mathbf{y} + \hat{\beta}'\mathbf{X}'\mathbf{X}\hat{\beta} \end{aligned}$$

$\mathbf{X}'\mathbf{X}\hat{\beta} = \mathbf{X}'\mathbf{y}$이므로 마지막 식은 다음과 같이 된다.

$$SS_E = \mathbf{y}'\mathbf{y} - \hat{\beta}'\mathbf{X}'\mathbf{y} \tag{9.16}$$

식 9.16을 **오차**(error) 또는 **잔차제곱합**(residual sum of squares)이라 하며, 이는 자유도 $n-p$를 가진다. 이제 다음과 같음을 보일 수 있고,

$$E(SS_E) = \sigma^2(n - p)$$

그래서 σ^2의 불편추정량은 아래와 같다.

$$\hat{\sigma}^2 = \frac{SS_E}{n - p} \tag{9.17}$$

추정량의 성질(*Properties of the Estimators*). 최소제곱 방법은 선형회귀모형의 모수 β에 대한 불편추정량을 구해준다. $E(\epsilon) = 0$, $(\mathbf{X}'\mathbf{X})^{-1}\mathbf{X}'\mathbf{X} = \mathbf{I}$이므로 아래와 같이 $\hat{\beta}$의 기댓값을 구해보면 이를 쉽게 증명할 수 있다.

$$\begin{aligned} E(\hat{\beta}) &= E[(\mathbf{X}'\mathbf{X})^{-1}\mathbf{X}'\mathbf{y}] = E[(\mathbf{X}'\mathbf{X})^{-1}\mathbf{X}'(\mathbf{X}\beta + \epsilon)] \\ &= E[(\mathbf{X}'\mathbf{X})^{-1}\mathbf{X}'\mathbf{X}\beta + (\mathbf{X}'\mathbf{X})^{-1}\mathbf{X}'\epsilon] = \beta \end{aligned}$$

따라서 $\hat{\beta}$은 β의 불편추정량이다.

$\hat{\beta}$의 분산 성질을 **공분산 행렬**(covariance matrix)로 나타내면,

$$\mathrm{Cov}(\hat{\boldsymbol{\beta}}) \equiv E\{[\hat{\boldsymbol{\beta}} - E(\hat{\boldsymbol{\beta}})][\hat{\boldsymbol{\beta}} - E(\hat{\boldsymbol{\beta}})]'\} \tag{9.18}$$

이 행렬은 대칭 행렬이며 i번째 주 대각원소가 각 회귀계수 $\hat{\beta}_i$의 분산이고, (ij)번째 원소는 $\hat{\beta}_i$와 $\hat{\beta}_j$의 공분산이다. $\hat{\beta}$의 공분산 행렬은

$$\mathrm{Cov}(\hat{\boldsymbol{\beta}}) = \sigma^2(\mathbf{X}'\mathbf{X})^{-1} \tag{9.19}$$

이다. 만일 식 9.19의 σ^2를 식 9.12의 $\hat{\sigma}^2$로 바꾸면, $\hat{\beta}$의 공분산 행렬에 대한 추정량을 얻는다. 이 행렬의 주 대각원소에 제곱근을 취한 값이 모형모수의 **표준오차**(standard error)이다.

예제 9.1

표 9.2는 고분자의 점성도(y) 관측치 16개와 2개의 공정 변수들[반응온도(x_1)와 촉매의 비율(x_2)]이다. 다중 선형 회귀모형을 이 자료에 적합하고자 한다.

$$y = \beta_0 + \beta_1 x_1 + \beta_2 x_2 + \epsilon$$

X 행렬과 **y** 벡터는

$$\mathbf{X} = \begin{bmatrix} 1 & 80 & 8 \\ 1 & 93 & 9 \\ 1 & 100 & 10 \\ 1 & 82 & 12 \\ 1 & 90 & 11 \\ 1 & 99 & 8 \\ 1 & 81 & 8 \\ 1 & 96 & 10 \\ 1 & 94 & 12 \\ 1 & 93 & 11 \\ 1 & 97 & 13 \\ 1 & 95 & 11 \\ 1 & 100 & 8 \\ 1 & 85 & 12 \\ 1 & 86 & 9 \\ 1 & 87 & 12 \end{bmatrix} \qquad \mathbf{y} = \begin{bmatrix} 2256 \\ 2340 \\ 2426 \\ 2293 \\ 2330 \\ 2368 \\ 2250 \\ 2409 \\ 2364 \\ 2379 \\ 2440 \\ 2364 \\ 2404 \\ 2317 \\ 2309 \\ 2328 \end{bmatrix}$$

X′X 행렬은

$$\mathbf{X}'\mathbf{X} = \begin{bmatrix} 1 & 1 & \cdots & 1 \\ 80 & 93 & \cdots & 87 \\ 8 & 9 & \cdots & 12 \end{bmatrix} \begin{bmatrix} 1 & 80 & 8 \\ 1 & 93 & 9 \\ \vdots & \vdots & \vdots \\ 1 & 87 & 12 \end{bmatrix} = \begin{bmatrix} 16 & 1458 & 164 \\ 1458 & 133{,}560 & 14{,}946 \\ 164 & 14{,}946 & 1{,}726 \end{bmatrix}$$

그리고 **X′y** 벡터는

$$\mathbf{X}'\mathbf{y} = \begin{bmatrix} 1 & 1 & \cdots & 1 \\ 80 & 93 & \cdots & 87 \\ 8 & 9 & \cdots & 12 \end{bmatrix} \begin{bmatrix} 2256 \\ 2340 \\ \vdots \\ 2328 \end{bmatrix} = \begin{bmatrix} 37{,}577 \\ 3{,}429{,}550 \\ 385{,}562 \end{bmatrix}$$

β의 최소제곱 추정량은

$$\hat{\boldsymbol{\beta}} = (\mathbf{X}'\mathbf{X})^{-1}\mathbf{X}'\mathbf{y}$$

또는

$$\hat{\beta} = \begin{bmatrix} 14.176004 & -0.129746 & -0.223453 \\ -0.129746 & 1.429184 \times 10^{-3} & -4.76947 \times 10^{-5} \\ -0.223453 & -4.763947 \times 10^{-5} & 2.222381 \times 10^{-2} \end{bmatrix} \begin{bmatrix} 37.577 \\ 3{,}429{,}550 \\ 385.562 \end{bmatrix} = \begin{bmatrix} 1566.07777 \\ 7.62129 \\ 8.58485 \end{bmatrix}$$

표 9.2 예제 9.1의 점성도 자료[점성도의 단위 : 센티스토크(centistokes) @ 100℃]

관측치	온도(x_2 °C)	촉매 비율(x_2, Ib/h)	점성도
1	80	8	2256
2	93	9	2340
3	100	10	2426
4	82	12	2293
5	90	11	2330
6	99	8	2368
7	81	8	2250
8	96	10	2409
9	94	12	2364
10	93	11	2379
11	97	13	2440
12	95	11	2364
13	100	8	2404
14	85	12	2317
15	86	9	2309
16	87	12	2328

적합한 회귀계수를 소수 둘째 자릿수까지 나타내면, 최소제곱 적합은

$$\hat{y} = 1566.08 + 7.62x_1 + 8.58x_2$$

표 9.3의 처음 3개의 열은 실제 관측치 y_i, 예측 또는 적합된 값 $\hat{y}_i$, 잔차를 나타낸다. 그림 9.1은 잔차의 정규확률그림이다. 예측값 $\hat{y}_i$에 대한 잔차그림 및 두 변수 x_1과 x_2 각각에 대한 그림이 9.2, 9.3, 9.4에 나와 있다. 설계 실험과 마찬가지로, 잔차그림은 회귀모형을 세우는 데 있어서 필수적인 부분이다. 이 그림들은 관찰된 점성도의 분산이 점성도의 크기가 커짐에 따라 증가하는 경향이 있음을 보여준다. 그림 9.3은 점성도의 분산이 기온에 비례해서 증가하고 있다는 것을 말해주고 있다.

표 9.3 예제 9.1에서의 예측값, 잔차, 그리고 그 외 진단값들

관측치 i	y_i	예측값 $\hat{y}i$	잔차 e_i	h_{ii}	스튜던트화 잔차	D_i	*R*-스튜던트
1	2256	2244.5	11.5	0.350	0.87	0.137	0.87
2	2340	2352.1	−12.1	0.102	−0.78	0.023	−0.77
3	2426	2414.1	11.9	0.177	0.80	0.046	0.79
4	2293	2294.0	−1.0	0.251	−0.07	0.001	−0.07
5	2330	2346.4	−16.4	0.077	−1.05	0.030	−1.05
6	2368	2389.3	−21.3	0.265	−1.52	0.277	−1.61
7	2250	2252.1	−2.1	0.319	−0.15	0.004	−0.15
8	2409	2383.6	25.4	0.098	1.64	0.097	1.76
9	2364	2385.5	−21.5	0.142	−1.42	0.111	−1.48
10	2379	2369.3	9.7	0.080	0.62	0.011	0.60
11	2440	2416.9	23.1	0.278	1.66	0.354	1.80
12	2364	2384.5	−20.5	0.096	−1.32	0.062	−1.36
13	2404	2396.9	17.1	0.289	0.52	0.036	0.50
14	2317	2316.9	0.1	0.185	0.01	0.000	<0.01
15	2309	2298.8	10.2	0.134	0.67	0.023	0.66
16	2328	2332.1	−4.1	0.156	−0.28	0.005	−0.27

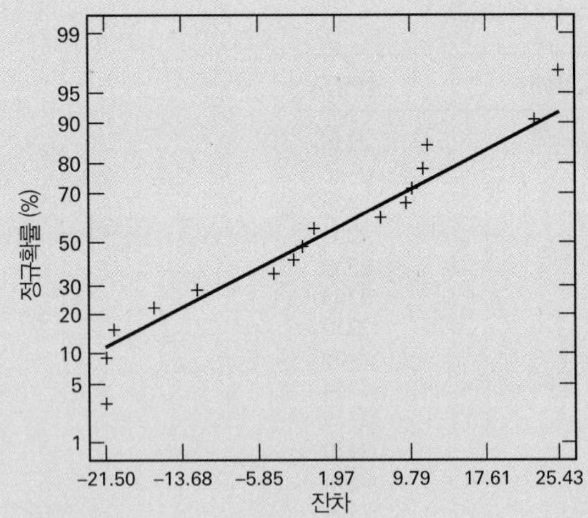

그림 9.1
예제 9.1, 잔차의 정규확률그림

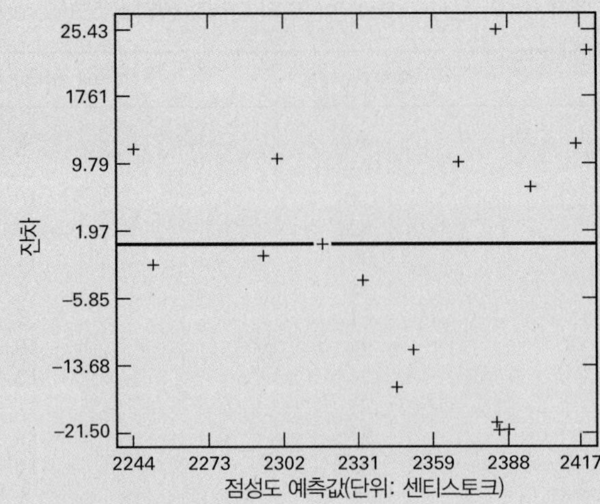

그림 9.2
예제 9.1의 예측 점성도에 대한 잔차그림

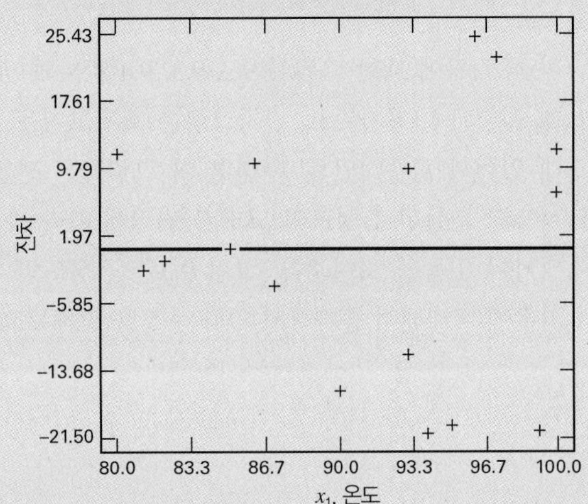

그림 9.3
예제 9.1의 x_1(온도)에 대한 잔차그림

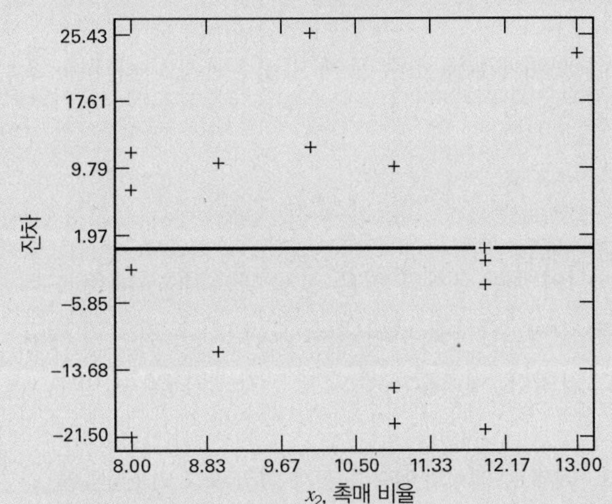

그림 9.4
예제 9.1의 x_2(촉매 비율)에 대한 잔차그림

컴퓨터 사용(*Using the Computer*). 회귀모형 적합은 대부분 Minitab이나 JMP 같은 통계 소프트웨어 패키지를 이용한다. 표 9.4는 Minitab을 사용하여 예제 9.1의 점성도 회귀모형을 적합했을 때 얻는 결과의 일부이다. 설계 실험에서 얻은 자료를 컴퓨터로 분석해 출력한 결과물과 의미가 비슷하므로, 이 결과물의 여러 값이 익숙할 것이다. 이 책의 앞부분에서 이러한 컴퓨터 출력물들을 많이 보았을 것이다. 다음 절에서 표 9.4의 분산분석과 t 검정 정보를 자세히 다루고 이러한 값들이 정확히 어떻게 구해졌는지 보일 것이다.

표 9.4 예제 9.1의 Minitap 점성도 회귀모형 적합 결과

Regression Analysis

```
The regression equation is
Viscosity = 1566 + 7.62 Temp + 8.58 Feed Rate

Predictor         Coef        Std. Dev.        T          P
Constant       1566.08           61.59     25.43      0.000
Temp            7.6213          0.6184     12.32      0.000
Feed Rat         8.585           2.439      3.52      0.004

S = 16.36       R-Sq = 92.7%     R-Sq (adj) = 91.6%

Analysis of Variance

Source             DF       SS           MS        F          P
Regression          2    44157        22079    82.50      0.000
Residual Error     13     3479          268
Total              15    47636

Source        DF    Seq SS
Temp           1     40841
Feed Rat       1      3316
```

설계된 실험의 회귀모형 적합(*Fitting Regression Models in Designed Experiments*). 설계한 실험의 결과를 양적으로 표현하기 위해 회귀모형으로 나타내는 경우가 많이 있다. 적절한 예시를 들어보겠다. 그 다음에는 설계 실험에서 회귀분석의 다른 유용한 응용 프로그램을 설명하는 간단한 세 가지 예를 보여줄 예정이다.

예제 9.2 2^3 요인실험의 회귀분석

화학 기술자가 공정의 생산량을 조사하고 있다. 관심 있는 세 가지 공정변수는 온도, 압력, 촉매의 농도이다. 각 변수는 고수준과 저수준을 가지며 기술자는 4개의 중심점이 있는 2^3 실험을 시행하기로 한다. 그림 9.5는 구조와 결과물을 나타내는데, 여기서는 일반적으로 사용하는 2^k 요인실험수준을 나타내는 +1, −1로 부호화한 변수와 원래 값이 모두 나타나 있다.

기술자가 아래처럼 주효과만 모형에 적합하기로 했다고 하자.

	공정변수			부호화변수			
시행	온도(°C)	압력 (psig)	농도 (g/l)	x_1	x_2	x_3	산출량, y
1	120	40	15	−1	−1	−1	32
2	160	80	15	1	−1	−1	46
3	120	40	15	−1	1	−1	57
4	160	80	15	1	1	−1	65
5	120	40	30	−1	−1	1	36
6	160	80	30	1	−1	1	48
7	120	40	30	−1	1	1	57
8	160	80	30	1	1	1	68
9	140	60	22.5	0	0	0	50
10	140	60	22.5	0	0	0	44
11	140	60	22.5	0	0	0	53
12	140	60	22.5	0	0	0	56

$x_1 = \frac{\text{온도}-140}{20}$, $x_2 = \frac{\text{압력}-60}{20}$, $x_3 = \frac{\text{농도}-22.5}{7.5}$

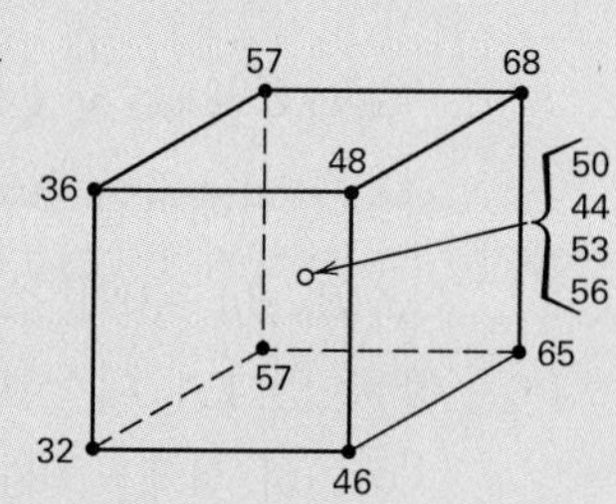

그림 9.5
예제 9.2의 실험 구조

$$y = \beta_0 + \beta_1 x_1 + \beta_2 x_2 + \beta_3 x_3 + \epsilon$$

위 모형에 대한 **X** 행렬과 **y** 벡터는 다음과 같다.

$$\mathbf{X} = \begin{bmatrix} 1 & -1 & -1 & -1 \\ 1 & 1 & -1 & -1 \\ 1 & -1 & 1 & -1 \\ 1 & 1 & 1 & -1 \\ 1 & -1 & -1 & 1 \\ 1 & 1 & -1 & 1 \\ 1 & -1 & 1 & 1 \\ 1 & 1 & 1 & 1 \\ 1 & 0 & 0 & 0 \\ 1 & 0 & 0 & 0 \\ 1 & 0 & 0 & 0 \\ 1 & 0 & 0 & 0 \end{bmatrix} \text{ 그리고 } \mathbf{y} = \begin{bmatrix} 32 \\ 46 \\ 57 \\ 65 \\ 36 \\ 48 \\ 57 \\ 68 \\ 50 \\ 44 \\ 53 \\ 56 \end{bmatrix}$$

2^3은 직교설계이며, 중심에 대한 시행을 추가해도 여전히 직교설계이다. 그러므로

$$\mathbf{X'X} = \begin{bmatrix} 12 & 0 & 0 & 0 \\ 0 & 8 & 0 & 0 \\ 0 & 0 & 8 & 0 \\ 0 & 0 & 0 & 8 \end{bmatrix} \text{ 그리고 } \mathbf{X'y} = \begin{bmatrix} 612 \\ 45 \\ 85 \\ 9 \end{bmatrix}$$

직교설계이기 때문에, **X′X** 행렬과 그 역행렬은 **대각행렬**(diagonal)이고, 회귀계수의 최소제곱 추정량 벡터는

$$\hat{\beta} = (\mathbf{X'X})^{-1}\mathbf{X'y} = \begin{bmatrix} 1/12 & 0 & 0 & 0 \\ 0 & 1/8 & 0 & 0 \\ 0 & 0 & 1/8 & 0 \\ 0 & 0 & 0 & 1/8 \end{bmatrix} \begin{bmatrix} 612 \\ 45 \\ 85 \\ 9 \end{bmatrix} = \begin{bmatrix} 51.000 \\ 5.625 \\ 10.625 \\ 1.125 \end{bmatrix}$$

적합된 회귀모형은

$$\hat{y} = 51.000 + 5.625x_1 + 10.625x_2 + 1.125x_3$$

다루었던 경우들처럼, 회귀계수들은 일반적인 2^3 실험의 분석에서 얻어지는 효과추정치와 밀접하게 연결되어 있다. 예를 들어 기온의 효과는(그림 9.5 참고)

$$\begin{aligned} T &= \bar{y}_{T+} - \bar{y}_{T-} \\ &= 56.75 - 45.50 = 11.25 \end{aligned}$$

x_1에 대한 회귀계수는

$$(11.25)/2 = 5.625$$

즉, 회귀계수는 정확히 효과추정치의 절반이다. 이 점은 2^k 실험에 대해서 항상 성립할 것이다. 위에서 말한 것처럼, 이러한 결과를 6장부터 8장까지의 여러 2요인실험에 대해 회귀모형, 적합값, 잔차를 구하기 위해 이용하였다. 이 예제를 통해 2^k 실험의 효과추정치들이 최소제곱 추정량임을 확인할 수 있다.

회귀모형모수의 분산은 $(\mathbf{X'X})^{-1}$의 대각원소로 알 수 있다. 즉,

$$V(\hat{\beta}_0) = \frac{\sigma^2}{12}, \quad V(\hat{\beta}_i) = \frac{\sigma^2}{8}, \quad i = 1, 2, 3.$$

상대 분산(relative variance)은

$$\frac{V(\hat{\beta}_0)}{\sigma^2} = \frac{1}{12}, \quad \frac{V(\hat{\beta}_i)}{\sigma^2} = \frac{1}{8}, \quad i = 1, 2, 3.$$

예제 9.2에서 **X′X**가 대각행렬이기 때문에 쉽게 역행렬을 구할 수 있다. 직관적으로 계산이 간편해서일 뿐만 아니라 모든 회귀계수의 추정량들이 서로 상관하지 않기 때문에 즉, $\text{Cov}(\hat{\beta}_i, \hat{\beta}_j) = 0$이라는 것이 장점이다. 만일 자료를 수집하기 전에 x 변수들의 수준을 선택할 수 있다면, 대각행렬 **X′X**가 나오도록 실험을 설계하고 싶을 것이다.

이러한 설계는 비교적 어렵지 않다. **X′X**의 비대각원소들이 **X** 열벡터들의 교차곱의 합이라는 것을 알고 있다. 그러므로 **X** 열벡터들의 내적이 0이 되도록 즉, 열벡터들이 **직교**(orthogonal)하도록 해야 한다. 앞서 말했듯이 회귀모형 적합에 대해 이러한 성질을 가지는

실험설계를 **직교설계**(orthogonal design)라고 한다. 일반적으로 2^k 요인실험은 다중 선형회귀모형 적합에 대한 직교설계이다.

회귀분석 방법들은 설계한 실험에서 뭔가 "잘못되어갈 때" 매우 유용하다. 다음의 두 예제를 보면 알 수 있다.

예제 9.3 결측치가 있는 2^3 요인실험

예제 9.2의 4개의 중심점이 있는 2^3 요인실험을 생각해 보자. 실험을 수행할 때, 모든 변수의 고수준 값이 결측되었다고 가정하자(그림 9.5의 시행 8). 측정 시스템이 잘못 기록할 수도 있고, 요인수준들의 조합이 불가능한 것이거나 실험 단위가 손상되는 등 다양한 이유들로 이런 일이 일어난다.

11개의 나머지 관측치를 사용해서 주효과 모형을 적합한 것이다.

$$y = \beta_0 + \beta_1 x_1 + \beta_2 x_2 + \beta_3 x_3 + \epsilon$$

X 행렬과 **y** 벡터는

$$\mathbf{X} = \begin{bmatrix} 1 & -1 & -1 & -1 \\ 1 & 1 & -1 & -1 \\ 1 & -1 & 1 & -1 \\ 1 & 1 & 1 & -1 \\ 1 & -1 & -1 & 1 \\ 1 & 1 & -1 & 1 \\ 1 & -1 & 1 & 1 \\ 1 & 0 & 0 & 0 \\ 1 & 0 & 0 & 0 \\ 1 & 0 & 0 & 0 \\ 1 & 0 & 0 & 0 \end{bmatrix} \quad \mathbf{y} = \begin{bmatrix} 32 \\ 46 \\ 57 \\ 65 \\ 36 \\ 48 \\ 57 \\ 50 \\ 44 \\ 53 \\ 56 \end{bmatrix}$$

모형모수들을 추정하기 위해, 아래와 같이 만든다.

$$\mathbf{X}'\mathbf{X} = \begin{bmatrix} 11 & -1 & -1 & -1 \\ -1 & 7 & -1 & -1 \\ -1 & -1 & 7 & -1 \\ -1 & -1 & -1 & 7 \end{bmatrix} \quad \mathbf{X}'\mathbf{y} = \begin{bmatrix} 544 \\ -23 \\ 17 \\ -59 \end{bmatrix}$$

결측치가 있으므로 이 설계는 더 이상 직교설계가 아니다. 이제

$$\begin{aligned}\hat{\boldsymbol{\beta}} &= (\mathbf{X}'\mathbf{X})^{-1}\mathbf{X}'\mathbf{y} \\ &= \begin{bmatrix} 9.61538 \times 10^{-2} & 1.92307 \times 10^{-2} & 1.92307 \times 10^{-2} & 1.92307 \times 10^{-2} \\ 1.92307 \times 10^{-2} & 0.15385 & 2.88462 \times 10^{-2} & 2.88462 \times 10^{-2} \\ 1.92307 \times 10^{-2} & 2.88462 \times 10^{-2} & 0.15385 & 2.88462 \times 10^{-2} \\ 1.92307 \times 10^{-2} & 2.88462 \times 10^{-2} & 2.88462 \times 10^{-2} & 0.15385 \end{bmatrix} \begin{bmatrix} 544 \\ -23 \\ 17 \\ -59 \end{bmatrix} \\ &= \begin{bmatrix} 51.25 \\ 5.75 \\ 10.75 \\ 1.25 \end{bmatrix}\end{aligned}$$

그러므로 적합된 모형은

$$\hat{y} = 51.25 + 5.75x_1 + 10.75x_2 + 1.25x_3$$

이 모형을 12개의 관측치를 사용하여 얻은 예제 9.2의 모형과 비교해 보면, 회귀계수들은 매우 유사함을 알 수 있다. 회귀계수들이 요인효과와 매우 밀접하게 관련되어서 결측치로 인해서 결론이 심각하게 달라지지는 않는다. 그러나 **X'X**와 역행렬이 더 이상 대각행렬이 아니라서 효과추정량들도 더는 직교하지 않는다. 게다가 회귀계수의 분산은 결측치가 없는 기존의 실험보다 크다.

예제 9.4 설계요인의 부정확한 수준

설계한 실험을 할 때, 설계에서 요구되는 정밀한 요인수준을 맞추고 유지하는 것이 어려울 때가 있다. 작은 차이는 중요하지 않으나 차이가 크면 문제가 될 수 있다. 회귀분석은 실험자가 필요한 요인수준에 맞춰 관측하

표 9.5 예제 9.4에 대한 실험설계

시행	공정변수			부호화변수			산출량 y
	온도 (°C)	압력(psig)	농도(g/l)	x_1	x_2	x_3	
1	125	41	14	−0.75	−0.95	−1.133	32
2	158	40	15	0.90	−1	−1	46
3	121	82	15	−0.95	1.1	−1	57
4	160	80	15	1	1	−1	65
5	118	39	33	−1.10	−1.05	1.14	36
6	163	40	30	1.15	−1	1	48
7	122	80	30	−0.90	1	1	57
8	165	83	30	1.25	1.15	1	68
9	140	60	22.5	0	0	0	50
10	140	60	22.5	0	0	0	44
11	140	60	22.5	0	0	0	53
12	140	60	22.5	0	0	0	56

기 어려운 실험을 분석할 때 유용하다.

설명을 위해 예제 9.2의 2^3 실험에서 여러 실험 조합들이 원래 지정된 값과 정확히 같지 않도록 변형한 실험을 표 9.5에 나타내었다. 대부분의 문제 온도 변수에서 발생한 것으로 보인다.

주효과 모형을 다음과 같이 적합한다.

$$y = \beta_0 + \beta_1 x_1 + \beta_2 x_2 + \beta_3 x_3 + \epsilon$$

X 행렬과 **y** 벡터는

$$\mathbf{X} = \begin{bmatrix} 1 & -0.75 & -0.95 & -1.133 \\ 1 & 0.90 & -1 & -1 \\ 1 & -0.95 & 1.1 & -1 \\ 1 & 1 & 0 & -1 \\ 1 & -1.10 & -1.05 & 1.4 \\ 1 & 1.15 & -1 & 1 \\ 1 & -0.90 & 1 & 1 \\ 1 & 1.25 & 1.15 & 1 \\ 1 & 0 & 0 & 0 \\ 1 & 0 & 0 & 0 \\ 1 & 0 & 0 & 0 \\ 1 & 0 & 0 & 0 \end{bmatrix} \quad \mathbf{y} = \begin{bmatrix} 32 \\ 46 \\ 57 \\ 65 \\ 36 \\ 48 \\ 57 \\ 68 \\ 50 \\ 44 \\ 53 \\ 56 \end{bmatrix}$$

모형모수를 추정하기 위해 다음이 필요하다.

$$\mathbf{X'X} = \begin{bmatrix} 12 & 0.60 & 0.25 & 0.2670 \\ 0.60 & 8.18 & 0.31 & -0.1403 \\ 0.25 & 0.31 & 8.5375 & -0.3437 \\ 0.2670 & -0.1403 & -0.3437 & 9.2437 \end{bmatrix}$$

$$\mathbf{X'y} = \begin{bmatrix} 612 \\ 77.55 \\ 100.7 \\ 19.144 \end{bmatrix}$$

그러면

$$\hat{\beta} = (\mathrm{X'X})^{-1}\mathrm{X'y}$$

$$= \begin{bmatrix} 8.37447 \times 10^{-2} & -6.09871 \times 10^{-3} & -2.33542 \times 10^{-3} & -2.59833 \times 10^{-3} \\ -6.09871 \times 10^{-3} & 0.12289 & -4.20766 \times 10^{-3} & 1.88490 \times 10^{-3} \\ -2.33542 \times 10^{-3} & -4.20766 \times 10^{-3} & 0.11753 \times & 4.37851 \times 10^{-3} \\ -2.59833 \times 10^{-3} & 1.88490 \times 10^{-3} & 4.37851 \times 10^{-3} & 0.10845 \end{bmatrix} \begin{bmatrix} 612 \\ 77.55 \\ 100.7 \\ 19.144 \end{bmatrix} = \begin{bmatrix} 50.49391 \\ 5.40996 \\ 10.16316 \\ 1.07245 \end{bmatrix}$$

계수를 소수 둘째 자리까지 나타낸다고 할 때, 적합된 회귀모형은

$$\hat{y} = 50.49 + 5.41x_1 + 10.61x_2 + 1.07x_3$$

요인수준들을 정확히 지정된 값으로 한 예제 9.2의 기존 모형과 비교하면 차이가 아주 작다는 점을 알 수 있다. 실험자가 필요한 요인수준을 정확히 맞추지 못한다고 해서 실험의 결과가 심각하게 달라지지는 않는다.

예제 9.5 부분요인설계에서 가명관계 끊기

접기(fold over) 방법으로 부분요인설계의 교호작용의 가명관계를 끊는 것(de-aliasing)이 가능함을 8장에서 보았다. 해상도(resolution) 3 설계의 경우, 원래 부분의 부호를 반전한 두 번째 부분을 시행함으로써 완전접기(full fold over)가 만들어진다. 이렇게 조합된 설계는 모든 주효과들과 2요인 교호작용의 가명관계를 없애는 데 사용될 수 있다.

완전접기에서 어려운 점은 기존 실험과 동일한 크기의 두 번째 시행 그룹이 필요하다는 점이다. 일반적으로 완전접기에서 필요한 것보다 시행수가 적은 원래의 실험을 확대함으로써 관심 있는 특정 교호작용의 가명관계를 끊는 것이 가능하다. 이를 부분(partial)접기라고 한다. 회귀분석은 부분접기 기법이 어떻게 작동하는지 확인하는 쉬운 방법이며, 몇 경우에는 접기보다 더 효율적인 설계이다.

설명을 위해 2_{IV}^{4-1} 실험을 한다고 가정해 보자. 표 8.3은 $I=ABCD$인 이 실험의 주요부분을 보여주고 있다. 처음 8개의 시행이 관찰된 후 가장 큰 효과들이 A, B, C, D(이러한 주효과들과 가명관계에 있는 3요인 교호작용은 무시한다)와 $AB+CD$ 가명 체인(alias chain)이라고 하자. 그 밖에 다른 두 가명 체인은 무시할 수 있으나 AB와 CD 중 하나, 혹은 두 2요인 교호작용 모두 큰 효과를 가지고 있다. 어떤 교호작용들이 중요한지 알아보기 위해, 또 다른 8개 시행이 있는 다른 부분을 실험해볼 수 있다. 그러면 16개의 시행 모두를 주효과들과 2요인 교호작용들을 추정하는 데 사용할 수 있다. 아니면 4개의 추가시행을 포함하는 부분접기를 해볼 수 있다.

4개를 추가하는 것보다 적은 시행으로 AB와 CD의 가명 관계를 끊는 것이 가능하다. 아래 모형을 적합시킨다고 해 보자.

$$y = \beta_0 + \beta_1 x_1 + \beta_2 x_2 + \beta_3 x_3 + \beta_4 x_4 + \beta_{12} x_1 x_2 + \beta_{34} x_3 x_4 + \epsilon$$

여기서 x_1, x_2, x_3, x_4는 A, B, C, D를 나타내는 부호화 변수들이다. 표 8.3의 설계를 사용하여 이 모형에 대한 $\mathbf{X}$ 행렬은 다음과 같고,

$$\mathbf{X} = \begin{bmatrix} 1 & -1 & -1 & -1 & -1 & 1 & 1 \\ 1 & 1 & -1 & -1 & 1 & -1 & -1 \\ 1 & -1 & 1 & -1 & 1 & -1 & -1 \\ 1 & 1 & 1 & -1 & -1 & 1 & 1 \\ 1 & -1 & -1 & 1 & 1 & 1 & 1 \\ 1 & 1 & -1 & 1 & -1 & -1 & -1 \\ 1 & -1 & 1 & 1 & -1 & -1 & -1 \\ 1 & 1 & 1 & 1 & 1 & 1 & 1 \end{bmatrix}$$

(열 상단: x_1, x_2, x_3, x_4, x_1x_2, x_3x_4)

이해를 돕기 위해 변수들을 열 상단에 적어 놓았다[예상한 대로 AB(x_1x_2)가 CD(x_3x_4)와 가명관계에 있다]. x_1x_2열은 x_3x_4열과 동일하고, X의 열들이 선형 종속이라는 것을 의미한다. 따라서 모형의 β_{12}과 β_{34}를 추정할 수 없다. 하지만 다른 부분의 $x_1=-1$, $x_2=-1$, $x_3=-1$, $x_4=1$인 단일 시행을 기존 8개의 시행에 추가한다고 해 보자. 이제 모형에 대한 X 행렬은 아래와 같다.

$$\mathbf{X} = \begin{bmatrix} 1 & -1 & -1 & -1 & -1 & 1 & 1 \\ 1 & 1 & -1 & -1 & 1 & -1 & -1 \\ 1 & -1 & 1 & -1 & 1 & -1 & -1 \\ 1 & 1 & 1 & -1 & -1 & 1 & 1 \\ 1 & -1 & -1 & 1 & 1 & 1 & 1 \\ 1 & 1 & -1 & 1 & -1 & -1 & -1 \\ 1 & -1 & 1 & 1 & -1 & -1 & -1 \\ 1 & 1 & 1 & 1 & 1 & 1 & 1 \\ 1 & -1 & -1 & -1 & 1 & 1 & -1 \end{bmatrix}$$

(열 상단: x_1, x_2, x_3, x_4, x_1x_2, x_3x_4)

이제 x_1x_2와 x_3x_4는 더 이상 동일하지 않으며, $x_1x_2(AB)$와 $x_3x_4(CD)$ 교호작용들을 포함하는 모형을 적합할 수 있다. 회귀계수들의 크기는 어떤 교호작용들이 중요한 것인지를 말해 줄 것이다.

단일 시행을 추가하는 것이 *AB*와 *CD* 교호작용들의 가명관계를 없앨 수 있다고 해도, 이러한 접근 방법은 약점을 가지고 있다. 처음 8개의 시행들과 추가된 마지막 시행 사이에 시간 효과(또는 블록 효과)가 존재한다고 가정해 보자. **X** 행렬에 블록에 대한 열을 추가하면 다음을 얻는다.

$$\mathbf{X} = \begin{array}{c} \begin{array}{cccccccc} & x_1 & x_2 & x_3 & x_4 & x_1x_2 & x_3x_4 & \text{블록} \end{array} \\ \begin{bmatrix} 1 & -1 & -1 & -1 & -1 & 1 & 1 & -1 \\ 1 & 1 & -1 & -1 & 1 & -1 & -1 & -1 \\ 1 & -1 & 1 & -1 & 1 & -1 & -1 & -1 \\ 1 & 1 & 1 & -1 & -1 & 1 & 1 & -1 \\ 1 & -1 & -1 & 1 & 1 & 1 & 1 & -1 \\ 1 & 1 & -1 & 1 & -1 & -1 & -1 & -1 \\ 1 & -1 & 1 & 1 & -1 & -1 & -1 & -1 \\ 1 & 1 & 1 & 1 & 1 & 1 & 1 & -1 \\ 1 & -1 & -1 & -1 & 1 & 1 & -1 & 1 \end{bmatrix} \end{array}$$

블록요인이 처음 8개의 시행을 할 동안 저수준 즉 "−"에, 9번째 시행에선 고수준 즉 "+" 수준에 있다고 가정하였다. 블록 열과 모든 열의 교차곱의 합이 0이 되지 않는다는 것을 쉽게 확인할 수 있는데, 이는 블록들이 더 이상 요인들과 직교하지 않는 즉, 블록 효과가 이제는 모형 회귀계수들의 추정에 영향을 미친다는 것을 의미한다. 블록을 직교하게 하려면 짝수 개의 시행을 추가해야만 한다. 예를 들어

x_1	x_2	x_3	x_4
−1	−1	−1	1
1	−1	−1	−1
−1	1	1	1
1	1	1	−1

위의 4개 시행들은 *CD*로부터 *AB*의 가명관계를 끊고 직교 블록화를 가능하게 한다(앞에서처럼 **X** 행렬을 적어보면 확인할 수 있다). 필요한 시행의 수 측면에서 부분접기와 동일하다.

보통 부분요인설계에서 얻어진 축소모형의 **X** 행렬을 확인하는 것과 관심 있을 수 있는 교호작용들의 가명관계를 끊으면서 원래 설계를 바꿀(augment) 시행을 결정하는 일은 간단하다. 또한 특정 조정법(augmentation)의 효과는 이번 장의 뒷부분에 나오는 회귀모형의 일반적인 결과들을 이용해 평가할 수 있다. 효과들의 가명 관계를 없애기 위한 **설계 조정**(design augmentation) 시 유용한 컴퓨터 기반의 최적설계법도 있다(8장의 보조 자료를 참고하길 바란다).

9.4 다중 회귀의 가설검정

다중 선형회귀분석 문제에서 모형의 유용성을 판단할 때, 모형의 모수에 대한 가설을 검정하는 것이 도움이 될 수 있다. 이 장에서는 몇 가지 중요한 가설검정 과정을 다룬다. 이러한 과정들은 모형의 오차항 ϵ_i이 평균은 0이고 분산이 σ^2인 정규분포를 독립적으로 따른다 [$\epsilon \sim$, NID(0, σ^2)라고 표기하겠다]. 이 가정에 따라 관측치 y_i들은 평균이 $\beta_0 + \sum_{j=1}^{k} \beta_j x_{ij}$이고 분산이 σ^2인 정규분포를 독립적으로 따른다.

9.4.1 회귀분석의 유의성 검정

회귀분석의 유의성 검정은 반응변수 y와 회귀변수 $x_1, x_2, ..., x_k$의 부분집합 사이에 선형관계가 존재하는지 판단하는 검정이다. 적절한 가설은 다음과 같다.

$$\begin{aligned} &H_0: \beta_1 = \beta_2 = \cdots = \beta_k = 0 \\ &H_1: \beta_j \neq 0 \quad \text{최소한 하나 이상의 } j\text{에 대하여} \end{aligned} \tag{9.20}$$

식 9.20의 H_0를 기각한다는 것은 $x_1, x_2, ..., x_k$ 중 최소 하나의 회귀변수가 모형에서 유의하다는 것을 의미한다. 검정에는 총제곱합 SS_T를 아래와 같이 모형(또는 회귀식) 제곱합과 잔차(또는 오차) 제곱합으로 나누는 분산분석을 이용한다.

$$SS_T = SS_R + SS_E \tag{9.21}$$

여기서 만일 귀무가설 H_0: $\beta_1=\beta_2= \cdots =\beta_k=0$이 사실이라면, SS_R/σ^2은 χ^2_k을 따르며 이때 자유도는 모형의 회귀변수의 개수와 같다. 또한 SS_E/σ^2이 χ^2_{n-k-1}을 따르고 SS_E와 SS_R이 서로 독립이라는 것도 보일 수 있다. H_0: $\beta_1=\beta_2= \cdots =\beta_k=0$을 검정하기 위해 아래 값을 계산한다.

$$F_0 = \frac{SS_R/k}{SS_E/(n-k-1)} = \frac{MS_R}{MS_E} \tag{9.22}$$

그리고 F_0가 $F_{\alpha,k,n-k-1}$보다 크면 H_0를 기각한다. 이 방법 대신 P 값 방식을 사용할 수도 있는데, 통계량 F_0에 대한 P 값이 α보다 작으면 H_0를 기각하는 것이다. 검정 결과는 보통 표 9.6과 같은 분산분석표로 요약할 수 있다.

SS_R에 대한 계산식은 쉽게 구할 수 있다. SS_E에 대한 계산식을 식 9.16에서 다음과 같이 구하였다.

$$SS_E = \mathbf{y}'\mathbf{y} - \hat{\boldsymbol{\beta}}'\mathbf{X}'\mathbf{y}$$

이제 $SS_T=\Sigma_{i=1}^n y_i^2-(\Sigma_{i=1}^n y_i)^2/n=\mathbf{y}'\mathbf{y}-(\Sigma_{i=1}^n y_i)^2/n$이기 때문에, 앞의 식을 다음과 같이 다시 쓸 수 있다.

$$SS_E = \mathbf{y}'\mathbf{y} - \frac{\left(\sum_{i=1}^n y_i\right)^2}{n} - \left[\hat{\boldsymbol{\beta}}'\mathbf{X}'\mathbf{y} - \frac{\left(\sum_{i=1}^n y_i\right)^2}{n}\right]$$

표 9.6 다중 회귀분석에서 회귀식의 유의성에 대한 분산분석

변동원인	제곱합	자유도	평균제곱	F_0
회귀	SS_R	k	MS_R	MS_R/MS_E
오차 또는 잔차	SS_E	$n-k-1$	MS_E	
합계	SS_T	$n-1$		

또는

$$SS_E = SS_T - SS_R$$

따라서 회귀제곱합은

$$SS_R = \hat{\boldsymbol{\beta}}'\mathbf{X}'\mathbf{y} - \frac{\left(\sum_{i=1}^{n} y_i\right)^2}{n} \tag{9.23}$$

그리고 오차제곱합은

$$SS_E = \mathbf{y}'\mathbf{y} - \hat{\boldsymbol{\beta}}'\mathbf{X}'\mathbf{y} \tag{9.24}$$

총제곱합은

$$SS_T = \mathbf{y}'\mathbf{y} - \frac{\left(\sum_{i=1}^{n} y_i\right)^2}{n} \tag{9.25}$$

이러한 계산들은 대부분 회귀분석 소프트웨어를 통하여 구할 수 있다. 예를 들어 표 9.4는 예제 9.1의 점성도 회귀모형에 대한 Minitab 결과의 일부를 보여주고 있다. 위쪽에 보이는 부분이 모형에 대한 분산분석이다. 이 예제에서 회귀식의 유의성 검정은 아래와 같은 가설을 세운다.

$$H_0 : \beta_1 = \beta_2 = 0$$
$$H_1 : \beta_j \neq 0 \text{ 최소한 하나 이상의 } j\text{에 대하여}$$

표 9.4의 F 통계량(식 9.22)에 대한 P 값이 매우 작으므로 두 변수[온도(x_1)와 촉매의 비율 (x_2)] 중 최소 하나는 회귀계수가 0이 아니라고 결론 내릴 수 있다.

표 9.4는 다중 결정계수 R^2도 보여준다.

$$R^2 = \frac{SS_R}{SS_T} = 1 - \frac{SS_E}{SS_T} \tag{9.26}$$

설계한 실험에서처럼 R^2은 회귀변수들 $x_1, x_2, ..., x_k$를 사용함으로써 y의 변동성이 감소하는 정도를 측정한 것이다. 하지만 앞서 지적한 것처럼, R^2 값이 크다고 해서 반드시 회귀모형이 좋은 것은 아니다. 통계적으로 유의하지 않더라도 새로운 변수를 모형에 추가하면 항상 R^2 값은 증가한다. 따라서 큰 R^2 값을 가지는 모형이 오히려 새로운 관측치나 평균 반응값에 대한 추정량을 형편없이 예측할 수도 있다.

모형에 항을 추가할수록 R^2이 커지기 때문에 어떤 사람들은 아래와 같이 정의되는 **보정된 R^2 통계량**(adjusted R^2 statistic)을 선호하기도 한다.

$$R^2_{\text{adj}} = 1 - \frac{SS_E/(n-p)}{SS_T/(n-1)} = 1 - \left(\frac{n-1}{n-p}\right)(1-R^2) \tag{9.27}$$

일반적으로 보정 R^2 통계량은 모형에 변수들이 추가되더라도 항상 커지는 것은 아니다. 실제로 불필요한 항이 추가되면 R^2_{adj} 값이 감소하는 경우도 있다.

점성도 회귀모형을 예로 들어보자. 모형에 대한 보정 R^2 통계량이 표 9.4에 나타나 있다. 이 값은 아래와 같이 계산되며,

$$\begin{aligned} R^2_{\text{adj}} &= 1 - \left(\frac{n-1}{n-p}\right)(1-R^2) \\ &= 1 - \left(\frac{15}{13}\right)(1-0.92697) = 0.915735 \end{aligned}$$

보통의 R^2와 매우 비슷하다. R^2와 R^2_{adj}가 지나치게 다르다면, 유의하지 않은 항이 모형에 포함된 것이다.

9.4.2 개별 회귀계수 및 계수 군에 대한 검정

흔히 개별 회귀계수에 대해 가설검정을 하고자 한다. 이런 검정은 회귀모형의 각 회귀변수 값을 결정하는 데 유용할 것이다. 예를 들어 모형은 변수를 추가해서 더 효과적일 수도 있고, 아니면 원래 변수들을 하나 이상 제거해서 더 효과적일 수도 있다.

회귀모형에 변수를 추가하면 항상 회귀식제곱합은 증가하고 오차제곱합은 감소한다. 회귀식제곱합이 증가한 정도가 변수를 추가해서 사용해도 될 만큼인지 판단해야 한다. 게다가 무의미한 변수를 모형에 추가하면 평균오차제곱를 증가시켜 모형의 유용성이 감소할 수 있다.

개별 회귀계수 β_j의 유의성 검정에 대한 가설은 다음과 같다.

$$\begin{aligned} H_0&: \beta_j = 0 \\ H_1&: \beta_j \neq 0 \end{aligned}$$

만일 H_0: $\beta_j = 0$이 기각되지 않으면 x_j를 모형에서 제외할 수 있다. 이 가설검정의 검정통계량은 다음과 같다.

$$t_0 = \frac{\hat{\beta}_j}{\sqrt{\hat{\sigma}^2 C_{jj}}} \tag{9.28}$$

여기서 C_{jj}는 $\hat{\beta}_j$에 대한 $(\mathbf{X}'\mathbf{X})^{-1}$의 대각원소이다. $|t_0| > t_{\alpha/2,n-k-1}$이면 귀무가설 H_0: $\beta_j = 0$을 기각한다. 회귀계수 β_j가 모형의 다른 모든 회귀변수 $x_i(i \neq j)$에 의존하기 때문에 이는 부분적인 검정이다.

식 9.28의 분모인 $\sqrt{\hat{\sigma}^2 C_{jj}}$를 회귀계수 $\hat{\beta}_j$의 **표준오차**(standard error)라고도 한다. 즉,

$$se(\hat{\beta}_j) = \sqrt{\hat{\sigma}^2 C_{jj}} \tag{9.29}$$

그러므로 식 9.28의 검정통계량을 아래와 같이 쓸 수도 있다.

$$t_0 = \frac{\hat{\beta}_j}{se(\hat{\beta}_j)} \tag{9.30}$$

대부분의 회귀분석 컴퓨터 프로그램들은 모형의 각 모수에 대한 t 검정 결과를 보여준다. 예제 9.1에 대한 Minitab 결과물이 나와 있는 표 9.4를 예로 들 수 있다. 표 상단에 각 모수에 대한 최소제곱 추정량, 표준오차, t 통계량, 그리고 그에 대한 P 값이 나와 있다. 온도와 촉매의 비율 모두 모형에서 유의한 변수라고 결론을 내리게 된다.

다른 변수들 $x_i(i \neq j)$가 모형에 포함되어 있을 때, 특정 변수 x_j의 회귀식제곱합에 대한 기여 정도를 직접 확인해볼 수도 있다. 확인해보는 방법이 **추가제곱합 방법**(extra sum of squares method)이라고 하는 일반 회귀 유의성 검정이다. 이 방법은 **일부**(subset) 회귀변수가 모형에 기여하는 정도를 확인할 때 사용할 수도 있다. k개의 회귀변수를 가지는 회귀모형을 생각해 보자.

$$\mathbf{y} = \mathbf{X}\boldsymbol{\beta} + \boldsymbol{\epsilon}$$

여기서 $\mathbf{y}$는 $(n\times 1)$, $\mathbf{X}$는 $(n\times p)$, $\boldsymbol{\beta}$는 $(p\times 1)$, $\boldsymbol{\epsilon}$은 $(n\times 1)$, 그리고 $p=k+1$이다. 일부 회귀변수들 $x_1, x_2, ..., x_r(r<k)$이 모형에 유의하게 기여하는지 알고자 한다. 회귀계수들의 벡터를 다음과 같이 분할하자.

$$\boldsymbol{\beta} = \begin{bmatrix} \boldsymbol{\beta}_1 \\ \boldsymbol{\beta}_2 \end{bmatrix}$$

여기서 $\boldsymbol{\beta}_1$은 $(r\times 1)$ 그리고 $\boldsymbol{\beta}_2$는 $[(p-r)\times 1]$이다. 아래 가설을 검정하고자 한다.

$$\begin{aligned} H_0 &: \boldsymbol{\beta}_1 = \mathbf{0} \\ H_1 &: \boldsymbol{\beta}_1 \neq \mathbf{0} \end{aligned} \tag{9.31}$$

모형은 다음과 같이 쓸 수 있다.

$$\mathbf{y} = \mathbf{X}\boldsymbol{\beta} + \boldsymbol{\epsilon} = \mathbf{X}_1\boldsymbol{\beta}_1 + \mathbf{X}_2\boldsymbol{\beta}_2 + \boldsymbol{\epsilon} \tag{9.32}$$

여기서 $\mathbf{X}_1$은 $\boldsymbol{\beta}_1$과 연관된 $\mathbf{X}$의 열을, $\mathbf{X}_2$는 $\boldsymbol{\beta}_2$와 연관된 $\mathbf{X}$의 열을 나타낸다.

($\boldsymbol{\beta}_1$과 $\boldsymbol{\beta}_2$ 모두를 포함하는) **완전모형**(full model)에서, $\hat{\boldsymbol{\beta}} = (\mathbf{X}'\mathbf{X})^{-1}\mathbf{X}'\mathbf{y}$라는 것을 알고 있다. 또한 절편을 포함해서 모든 변수에 대한 회귀식제곱합은

$$SS_R(\boldsymbol{\beta}) = \hat{\boldsymbol{\beta}}'\mathbf{X}'\mathbf{y} \quad (\text{자유도는 } p)$$

그리고

$$MS_E = \frac{\mathbf{y}'\mathbf{y} - \hat{\boldsymbol{\beta}}\mathbf{X}'\mathbf{y}}{n-p}$$

$SS_R(\beta)$을 β로 인한 회귀식제곱합이라고 한다. β_1 항들의 회귀식에 대한 기여 정도를 알아보기 위해 귀무가설 H_0: $\beta_1 = 0$을 참이라고 가정한 모형을 적합한다. 식 9.32에서 $\beta_1 = 0$으로 두면 **축소모형**(reduced model)을 구할 수 있다.

$$\mathbf{y} = \mathbf{X}_2\boldsymbol{\beta}_2 + \epsilon \tag{9.33}$$

β_2의 최소제곱 추정량은 $\hat{\beta} = (\mathbf{X}_2'\mathbf{X}_2)^{-1}\mathbf{X}_2'\mathbf{y}$이고

$$SS_R(\boldsymbol{\beta}_2) = \hat{\boldsymbol{\beta}}_2'\mathbf{X}_2'\mathbf{y} \quad (\text{자유도는 } p-r) \tag{9.34}$$

β_2가 이미 모형에 있을 때 β_1으로 인한 회귀식제곱합은

$$SS_R(\boldsymbol{\beta}_1|\boldsymbol{\beta}_2) = SS_R(\boldsymbol{\beta}) - SS_R(\boldsymbol{\beta}_2) \tag{9.35}$$

이 제곱합은 자유도 r을 가진다. 이것이 β_1으로 인한 "추가제곱합"이다. $SS_R(\beta_1|\beta_2)$은 변수 $x_1, x_2, ..., x_r$들을 모형에 포함할 때 회귀식제곱합이 증가하는 크기이다.

이제 $SS_R(\beta_1|\beta_2)$은 MS_E와 독립이고, 귀무가설 $\beta_1 = 0$을 아래 통계량으로 검정할 수 있다.

$$F_0 = \frac{SS_R(\boldsymbol{\beta}_1|\boldsymbol{\beta}_2)/r}{MS_E} \tag{9.36}$$

만약 $F_0 > F_{\alpha,r,n-p}$이면 H_0를 기각하며 β_1의 모수 중 최소한 하나는 0이 아니며, 결과적으로 $\mathbf{X}_1$의 변수 $x_1, x_2, ..., x_r$들 중 최소한 하나는 회귀모형에 유의한 기여한다고 결론 내리게 된다. 몇 저자들은 식 9.36의 검정을 **부분 F 검정**(partial F test)이라고 한다.

부분 F 검정은 매우 유용하다. 이 검정을 사용하면 x_j가 마지막에 추가된 것처럼 아래 값을 계산하여 기여 정도를 측정할 수 있다.

$$SS_R(\beta_j|\beta_0, \beta_1, \ldots, \beta_{j-1}, \beta_{j+1}, \ldots, \beta_k)$$

이 값은 이미 모형에 $x_1, x_2, ..., x_{j-1}, x_{j+1}, ..., x_k$가 있을 때 x_j를 추가함으로써 증가하는 회귀식제곱합의 크기이다. 하나의 변수 x_j에 대한 부분 F 검정은 식 9.28의 t 검정과 동일하다. 그러나 부분 F 검정이 변수 세트의 효과를 측정하는 더 일반적인 방법이다.

예제 9.6

예제 9.1의 점성도 자료를 생각해 보자. 모형에서 x_2(촉매의 비율)의 기여 정도를 알고 싶다고 해 보자. 즉, 검정하고 싶은 가설은 다음과 같다.

$$H_0: \beta_2 = 0$$
$$H_1: \beta_2 \neq 0$$

여기서 β_2로 인한 추가제곱합을 구해야 한다.

$$\begin{aligned} SS_R(\beta_2|\beta_1, \beta_0) &= SS_R(\beta_0, \beta_1, \beta_2) - SS_R(\beta_0, \beta_1) \\ &= SS_R(\beta_1, \beta_2|\beta_0) - SS_R(\beta_2|\beta_0) \end{aligned}$$

이제 회귀모형의 유의성을 검정했던 표 9.4로부터 다음을 얻는다.

$$SS_R(\beta_1, \beta_2|\beta_0) = 44{,}157.1$$

이는 표에서 모형제곱합이라고 나타나 있다. 이 제곱합은 자유도가 2이다.

축소모형은 다음과 같다.

$$y = \beta_0 + \beta_1 x_1 + \epsilon$$

이 모형에 대한 최소제곱 적합은 다음과 같다.

$$\hat{y} = 1652.3955 + 7.6397x_1$$

그리고 (자유도가 1인) 이 모형에 대한 회귀제곱합은

$$SS_R(\beta_1|\beta_0) = 40{,}840.8$$

이다. $SS_R(\beta_1|\beta_2)$은 표 9.4의 Minitab 결과 아래쪽의 "Seq SS." 글자 아래에 나와 있다. 그러므로

$$\begin{aligned} SS_R(\beta_2|\beta_0, \beta_1) &= 44{,}157.1 - 40{,}840.8 \\ &= 3316.3 \end{aligned}$$

이고, 자유도는 $2-1=1$이다. 이 값은 이미 x_1이 들어있는 모형에 x_2를 추가함으로써 증가한 회귀제곱합이며, 표 9.4의 아래쪽에 나와 있다. H_0: $\beta_2=0$를 검정하기 위해 검정통계량에서 다음 값을 얻는다.

$$F_0 = \frac{SS_R(\beta_2|\beta_0, \beta_1)/1}{MS_E} = \frac{3316.3/1}{267.604} = 12.3926$$

완전모형의 MS_E(표 9.4)가 F_0의 분모로 사용되었다. $F_{0.05,1,13}=4.67$이므로 H_0: $\beta_2=0$을 기각하고 x_2(촉매의 비율)가 모형에 유의하게 기여한다고 결론 내리게 된다.

이러한 부분 F 검정은 하나의 회귀변수만 포함하기 때문에, t 검정과 동일하다. 왜냐하면 자유도로 ν를 갖는 확률변수 t의 제곱은 자유도로 1과 ν를 갖는 확률변수 F와 같기 때문이다. 확인을 위해 표 9.4를 보면, H_0: $\beta_2=0$에 대한 t 통계량은 $t_0=3.5203$이고 $t_0^2=(3.5203)^2=12.3925\simeq F_0$이다.

9.5 다중 회귀의 신뢰구간

회귀계수들 $\{\beta_j\}$ 그리고 회귀모형에서 관심 있는 다른 값들에 대해 신뢰구간 추정량을 구해야 할 때가 있다. 신뢰구간을 얻기 위해 9.4절의 가설검정과 마찬가지로 오차항 $\{\epsilon_i\}$이 평균은 0이고 분산이 σ^2인 정규분포를 독립적으로 따른다고 가정한다.

9.5.1 개별 회귀계수에 대한 신뢰구간

최소제곱 추정량 $\hat{\beta}$은 관측치들의 선형 결합이기 때문에 평균 벡터가 β이고 공분산 행렬이 $\sigma^2(\mathbf{XX})^{-1}$인 정규분포를 따른다. 그러면 각 통계량은

$$\frac{\hat{\beta}_j - \beta_j}{\sqrt{\hat{\sigma}^2 C_{jj}}} \quad j = 0, 1, \ldots, k \tag{9.37}$$

이고 자유도가 $n-p$인 t 분포를 따르는데 C_{jj}는 $(\mathbf{XX})^{-1}$행렬의 (jj)번째 요소이고, $\hat{\sigma}^2$은 식 9.17로부터 구해지는 오차분산의 추정량이다. 따라서 회귀계수 $\beta_j(j=0,1,\ldots,k)$에 대한 $100(1-\alpha)\%$ 신뢰구간은 다음과 같다.

$$\hat{\beta}_j - t_{\alpha/2,n-p}\sqrt{\hat{\sigma}^2 C_{jj}} \le \beta_j \le \hat{\beta}_j + t_{\alpha/2,n-p}\sqrt{\hat{\sigma}^2 C_{jj}} \tag{9.38}$$

$se(\hat{\beta}_j) = \sqrt{\hat{\sigma}^2 C_{jj}}$이기 때문에 신뢰구간은 아래와 같이 쓸 수도 있다.

$$\hat{\beta}_j - t_{\alpha/2,n-p}se(\hat{\beta}_j) \le \beta_j \le \hat{\beta}_j + t_{\alpha/2,n-p}se(\hat{\beta}_j)$$

예제 9.7

예제 9.1의 β_1에 대한 95% 신뢰구간을 구해 보자. $\hat{\beta}_1 = 7.62129$이고 $\hat{\sigma}^2 = 267.604$, $C_{11} = 1.429184 \times 10^{-3}$이므로,

$$\hat{\beta}_1 - t_{0.025,13}\sqrt{\hat{\sigma}^2 C_{11}} \le \beta_1 \le \hat{\beta}_1 + t_{0.025,13}\sqrt{\hat{\sigma}^2 C_{11}}$$

$$7.62129 - 2.16\sqrt{(267.604)(1.429184 \times 10^{-3})} \le \beta_1$$

$$\le 7.62129 + 2.16\sqrt{(267.604)(1.429184 \times 10^{-3})}$$

$$7.62129 - 2.16(0.6184) \le \beta_1 \le 7.62129 + 2.16(0.6184)$$

그리고 β_1에 대한 95% 신뢰구간은

$$6.2855 \le \beta_1 \le 8.9570$$

9.5.2 평균 반응값에 대한 신뢰구간

$x_{01}, x_{02}, \ldots, x_{0k}$와 같은 특정 시점의 평균 반응값에 대한 신뢰구간을 구할 수도 있다. 먼저 아래와 같은 벡터를 정의한다.

$$\mathbf{x}_0 = \begin{bmatrix} 1 \\ x_{01} \\ x_{02} \\ \vdots \\ x_{0k} \end{bmatrix}$$

이 시점의 평균 반응값은

$$\mu_{y|\mathbf{x}_0} = \beta_0 + \beta_1 x_{01} + \beta_2 x_{02} + \cdots + \beta_k x_{0k} = \mathbf{x}_0' \boldsymbol{\beta}$$

이 시점의 평균 반응값에 대한 추정량은

$$\hat{y}(\mathbf{x}_0) = \mathbf{x}_0' \hat{\boldsymbol{\beta}} \tag{9.39}$$

이 추정량은 $E[\hat{y}(x_0)] = E(x_0'\hat{\beta}) = x_0'\beta = \mu_{y|\mathbf{x}_0}$이기 때문에 비편향이고, $\hat{y}(\mathbf{x}_0)$의 분산은

$$V[\hat{y}(\mathbf{x}_0)] = \sigma^2 \mathbf{x}_0'(\mathbf{X}'\mathbf{X})^{-1}\mathbf{x}_0 \tag{9.40}$$

그러므로 $x_{01}, x_{02}, \ldots, x_{0k}$ 시점의 평균 반응값에 대한 $100(1-\alpha)\%$ 신뢰구간은

$$\hat{y}(\mathbf{x}_0) - t_{\alpha/2,n-p}\sqrt{\hat{\sigma}^2 \mathbf{x}_0'(\mathbf{X}'\mathbf{X})^{-1}\mathbf{x}_0} \le \mu_{y|x_0} \le \hat{y}(\mathbf{x}_0) + t_{\alpha/2,n-p}\sqrt{\hat{\sigma}^2 \mathbf{x}_0'(\mathbf{X}'\mathbf{X})^{-1}\mathbf{x}_0} \tag{9.41}$$

9.6 새 반응 관측치의 예측

회귀모형을 이용하면 $x_{01}, x_{02}, \ldots, x_{0k}$와 같은 특정 회귀변수 값에 대응하는 반응변수 y의 미래 관측치를 예측할 수 있다. 만일 $\mathbf{x}_0' = [1, x_{01}, x_{02}, \ldots, x_{0k}]$이면, $x_{01}, x_{02}, \ldots, x_{0k}$ 시점의 미래 관측치 y_0에 대한 점 추정량은 식 9.39로부터 구해진다.

$$\hat{y}(\mathbf{x}_0) = \mathbf{x}_0' \hat{\boldsymbol{\beta}}$$

미래 관측치에 대한 $100(1-\alpha)\%$ **예측구간**(percent prediction interval)은

$$\begin{aligned} \hat{y}(\mathbf{x}_0) = t_{\alpha/2,n-p}\sqrt{\hat{\sigma}^2(1 + \mathbf{x}_0'(\mathbf{X}'\mathbf{X})^{-1}\mathbf{x}_0)} \le y_0 \\ \le \hat{y}(\mathbf{x}_0) + t_{\alpha/2,n-p}\sqrt{\hat{\sigma}^2(1 + \mathbf{x}_0'(\mathbf{X}'\mathbf{X})^{-1}\mathbf{x}_0)} \end{aligned} \tag{9.42}$$

새 관측치를 예측하고 주어진 시점 $x_{01}, x_{02}, \ldots, x_{0k}$에서의 평균 반응값을 추정할 때, 기존 관측치들의 영역을 넘어서는 외삽(extrapolation)을 주의해야 한다. 기존 자료의 영역에서는 잘 맞는 모형이 그 영역 밖에서는 잘 맞지 않는 경우가 많다.

식 9.42의 예측구간은 여러 가지로 유용하게 쓰인다. 그중 한 가지는 요인 또는 부분요인실험에 뒤따르는 확증실험(confirmation experiment)을 하는 경우이다. 확증실험에서는 보통 해석이 올바른지 판단하기 위해 기존 실험에서 얻은 모형을 검정해 본다. 보통 해당 모형을 이용하여 실험 영역 내에 있는 관심 시점의 반응값을 예측한 후, 실제로 그 시점에서 얻은 실험값과 비교한다. 8장의 예제 8.1에서 2^{4-1} 부분요인실험을 이용해 설명하였다. 새

관측치가 그 시점에 대한 예측구간 내에 들어가는지를 보는 것이 적절한 확인 방법이다.

설명을 위해 예제 8.1의 상황을 다시 떠올려보자. 이 실험에서 4개 중 3개의 주효과(A, C, D)들과 2개의 2요인 교호작용(AC와 AD)들이 중요하였다. A, B, D가 높은 수준, C가 낮은 수준인 시점이 확인하기 적절한 경우였고 이때 예측된 반응값은 100.25였다. 만약 부분요인실험이 올바르게 해석되고 반응변수에 대한 모형이 타당하다면, 이 시점의 관측치는 식 9.42로 구한 예측구간 내에 들어올 것이라고 기대할 수 있다. 이 구간은 쉽게 구할 수 있다. 2^{4-1}은 직교설계이고 모형이 6개의 항(절편, 3개의 주효과, 그리고 2개의 2요인 교호작용)을 가지고 있으므로, $(\mathbf{X}'\mathbf{X})^{-1}$행렬은 $(\mathbf{X}'\mathbf{X})^{-1} = 1/8\ \mathbf{I}_6$라는 간단한 형태를 가진다. 또한 관심 시점의 좌표는 $x_1 = 1$, $x_2 = 1, x_3 = -1$, $x_4 = 1$인데 B(또는 x_2)가 모형에 없고 두 교호작용 AC와 AD(x_1x_3, $x_1x_4 = 1$)는 모형에 있으므로 관심 시점 $\mathbf{x}_0$의 좌표는 $\mathbf{x}_0' = [1, x_1, x_3, x_4, x_1x_3, x_1x_4] = [1, 1, -1, 1, -1, 1]$로 주어진다.

이 모형에 대한(자유도로 2를 갖는) σ^2의 추정량은 $\hat{\sigma}^2 = 3.25$이다. 이제 식 9.42를 이용하여 이 시점의 관측치에 대한 95% 예측구간을 구하면 다음과 같다.

$$\hat{y}(\mathbf{x}_0) - t_{0.025,2}\sqrt{\hat{\sigma}^2(1 + \mathbf{x}_0'(\mathbf{X}'\mathbf{X})^{-1}\mathbf{x}_0)} \le y_0 \le \hat{y}(\mathbf{x}_0) + t_{0.025,2}\sqrt{\hat{\sigma}^2(1 + \mathbf{x}_0'(\mathbf{X}'\mathbf{X})^{-1}\mathbf{x}_0)}$$
$$100.25 - 4.30\sqrt{3.25\left(1 + \mathbf{x}_0'\frac{1}{8}\mathbf{I}_6\mathbf{x}_0\right)} \le y_0 \le 100.25 + 4.30\sqrt{3.25\left(1 + \mathbf{x}_0'\frac{1}{8}\mathbf{I}_6\mathbf{x}_0\right)}$$
$$100.25 - 4.30\sqrt{3.25(1 + 0.75)} \le y_0 \le 100.25 + 4.30\sqrt{3.25(1 + 0.75)}$$
$$100.25 - 10.25 \le y_0 \le 100.25 + 10.25$$
$$90 \le y_0 \le 110.50$$

따라서 A, B, D가 높은 수준이고 C가 낮은 수준인 확증 시행 시 관측되는 여과비율 반응값이 90과 110.50 사이에 있기를 기대한다. 실제로 관측된 값은 104였다. 이러한 확증실험은 부분요인실험이 올바르게 해석되었다는 것을 어느 정도 뒷받침해 준다.

9.7 회귀모형 진단

설계 실험에서 강조하였듯이, **모형 적합도 확인**(model adequacy checking)은 자료 분석 과정에서 중요한 부분이다. 이는 회귀모형을 세우는 것만큼 중요한데, 예제 9.1에서 설명하였듯 실험설계에서 사용했던 **잔차그림**(residual plot)을 회귀모형에서도 점검해야 한다. 일반적으로 (1) 적합된 모형이 실제 시스템에 대해 적절하게 근사하는지 확인해야 하고 (2) 최소제곱 회귀 가정들을 만족하는지 확인해야 한다. 회귀모형이 적절하게 적합된 것이 아니라면 형편없거나 잘못된 결과가 나올 것이다.

잔차그림 외에 다른 모형진단법들도 회귀모형에서 많이 사용된다. 이번 장에서는 몇 가지 방법들을 간단히 다룬다. 더 자세한 설명을 원한다면 Montgomery, Peck, and Vining(2012) 그리고 Myers(1990)를 참고하길 바란다.

9.7.1 척도화 잔차와 PRESS

표준화와 스튜던트화 잔차(*Standardized and Studentized Residuals*). 모형을 세우는 많은 사람들은 보통 최소제곱 잔차보다 **척도화 잔차**(scaled residual)를 선호한다. 이러한 척도화 잔차는 보통 잔차보다 더 많은 정보를 담고 있다.

척도화 잔차의 한 종류로 **표준화 잔차**(standardized residual)가 있다.

$$d_i = \frac{e_i}{\hat{\sigma}} \qquad i = 1, 2, \ldots, n \tag{9.43}$$

여기서 일반적으로 $\hat{\sigma} = \sqrt{MS_E}$를 사용한다. 표준화 잔차들은 평균이 0이고 근사적으로 단위 분산을 가져서 결과적으로 **이상점**(outlier)을 찾는 데 유용하다. 대부분의 표준화 잔차들은 구간 $-3 \le d_i \le 3$ 내에 있어야 하고 이 구간 밖에 있는 관측치들은 이상점일 확률이 높다. 이러한 이상점들은 단순한 자료 입력 오류의 의미일 수도 있고, 모형을 적합한 영역이 실제 반응표면을 형편없이 근사하는 영역이라는 심각한 의미일 수도 있으므로 신중하게 다루어야 한다.

식 9.43의 표준화 과정은 잔차를 잔차의 표준편차의 근사 평균으로 나누어 준다. 어떤 자료에서는 잔차들이 서로 굉장히 다른 표준편차를 가진다. 이런 부분을 고려한 방법은 다음과 같다.

관측치 y_i에 대한 적합값 $\hat{y}_i$의 벡터는

$$\begin{aligned}\hat{\mathbf{y}} &= \mathbf{X}\hat{\boldsymbol{\beta}} \\ &= \mathbf{X}(\mathbf{X}'\mathbf{X})^{-1}\mathbf{X}'\mathbf{y} \\ &= \mathbf{H}\mathbf{y}\end{aligned} \tag{9.44}$$

$n \times n$ 행렬 $\mathbf{H} = \mathbf{X}(\mathbf{X}'\mathbf{X})^{-1}\mathbf{X}'$은 "햇(모자)" 행렬이라고 하는데, 관측치 벡터를 적합값 벡터로 사상(map)시켜주기 때문이다. 햇 행렬과 그 성질은 회귀분석에서 중요하다.

적합된 모형의 잔차들을 행렬표기로 편리하게 나타내면

$$\mathbf{e} = \mathbf{y} - \hat{\mathbf{y}}$$

그리고 잔차들의 공분산 행렬은

$$\text{Cov}(\mathbf{e}) = \sigma^2(\mathbf{I} - \mathbf{H}) \tag{9.45}$$

행렬 $\mathbf{I} - \mathbf{H}$은 일반적으로 대각행렬이 아니므로 잔차들은 서로 다른 분산을 가지며 서로 상관관계에 있다.

따라서 i번째 잔차의 분산은

$$V(e_i) = \sigma^2(1 - h_{ii}) \tag{9.46}$$

h_{ii}는 **H**의 i번째 대각원소이다. $0 \le h_{ii} \le 1$이므로, 잔차평균제곱 MS_E를 사용하여 잔차의 분산을 추정하면 $V(e_i)$를 과대추정하게 된다. 게다가 h_{ii}는 x 공간의 i번째 점의 위치에 대한 척도이기 때문에 e_i의 분산은 점 x_i가 어디에 있는지에 따라 달라진다. 일반적으로 x 공간의 중심에 가까운 잔차들은 멀리 있는 것들보다 더 큰 분산을 가진다. 모형 가정의 위반은 멀리 있는 점에서 발생할 가능성이 크고, e_i(또는 d_i)를 조사해서는 위반하는지 알기 어려운데 그 이유는 이 점들의 잔차가 보통 더 작을 것이기 때문이다.

잔차를 척도화할 때, 이러한 분산의 불일치를 고려하는 것이 좋다. **스튜던트화 잔차**(studentized residual)를 그려보기를 권한다.

$$r_i = \frac{e_i}{\sqrt{\hat{\sigma}^2(1 - h_{ii})}} \qquad i = 1, 2, \ldots, n \tag{9.47}$$

여기서 e_i(또는 d_i) 대신 $\hat{\sigma}^2 = MS_E$을 사용한다. 모형의 형태가 올바를 때, 스튜던트화 잔차들은 $\mathbf{x}_i$의 위치에 상관없이 일정한 분산 $V(r_i) = 1$을 가진다. 특히 자료의 수가 많은 경우 잔차의 분산은 안정적이다. 이런 경우 표준화 잔차와 스튜던트화 잔차 간에는 큰 차이가 없다. 따라서 표준화 잔차와 스튜던트화 잔차가 동일한 정보를 전달할 수 있다. 하지만 큰 잔차나 큰 h_{ii}는 최소제곱 적합에 상당한 영향을 줄 수 있기에 일반적으로 스튜던트화 잔차 검정을 추천한다. 표 9.3은 예제 9.1의 점성도 회귀모형에 대한 햇 대각원소 h_{ii}와 스튜던트화 잔차들을 보여주고 있다.

PRESS 잔차(*PRESS Residuals*). 예측오류제곱합(prediction error sum of squares, PRESS)은 잔차 척도화에 유용하다. PRESS를 계산하기 위해 i번째 관측치를 선택해 보자. 나머지 $n-1$개 관측치들에 대해 회귀모형을 적합하고 이 식을 이용하여 빼놓은 관측치 y_i를 예측한다. 이 예측값을 $\hat{y}_{(i)}$라 하고, 점 i에 대한 예측오차를 $e_{(i)} = y_i - \hat{y}_{(i)}$라 하자. 예측오차는 i번째 PRESS 잔차라고도 한다. 이러한 과정을 각 관측치 $i = 1, 2, \ldots, n$에 대해 반복하면 n개의 PRESS 잔차들 $e_{(1)}, e_{(2)}, \ldots, e_{(n)}$이 구해진다. PRESS 통계량은 다음과 같이 n개의 PRESS 잔차들의 제곱합으로 정의된다.

$$\text{PRESS} = \sum_{i=1}^{n} e_{(i)}^2 = \sum_{i=1}^{n} [y_i - \hat{y}_{(i)}]^2 \tag{9.48}$$

따라서 PRESS는 각각의 가능한 $n-1$개 관측치 조합을 하나의 추정 자료로 이용하고, 모든 관측치는 차례대로 예측 자료로 이용된다.

PRESS를 계산하기 위해 n개의 서로 다른 회귀식들을 적합해야 하는 것처럼 보인다. 하지만 n개의 관측치 모두에 대한 단일 최소제곱 적합의 결과로부터 PRESS를 계산할 수 있다. i번째 PRESS 잔차는 다음과 같다.

$$e_{(i)} = \frac{e_i}{1 - h_{ii}} \tag{9.49}$$

PRESS는 단지 PRESS 잔차들의 제곱합이기 때문에 간단한 계산 공식은

$$\text{PRESS} = \sum_{i=1}^{n} \left(\frac{e_i}{1 - h_{ii}} \right)^2 \tag{9.50}$$

식 9.49에서 PRESS 잔차가 햇 행렬의 대각원소 h_{ii}에 따라 가중된 잔차라는 것을 쉽게 알 수 있다. h_{ii}가 큰 자료 점들은 큰 PRESS 잔차를 가질 것이다. 이러한 관측치들은 일반적으로 **고영향점**(high influence point)일 것이다. 보통 잔차와 PRESS 잔차 간 차이가 크다는 것은 해당 점에서 모형이 자료에 잘 적합하며, 그 점 없이 모형을 세우면 잘못된 예측을 한다는 의미이다. 다음 절에서는 영향력을 측정하는 다른 것들을 알아볼 것이다.

끝으로 PRESS는 예측에 대한 근사 R^2을 계산하는 데 이용될 수 있다.

$$R^2_{\text{Prediction}} = 1 - \frac{\text{PRESS}}{SS_T} \tag{9.51}$$

이 통계량은 회귀모형의 예측 능력에 대한 일종의 지표이다. 예제 9.1의 점성도 회귀모형에서, 보통 잔차와 표 9.3의 h_{ii} 값을 이용하여 PRESS 잔차를 계산할 수 있다. 이에 대한 PRESS 통계량 값은 PRESS = 5207.7이다. 그러면

$$\begin{aligned} R^2_{\text{Prediction}} &= 1 - \frac{\text{PRESS}}{SS_T} \\ &= 1 - \frac{5207.7}{47{,}635.9} = 0.8907 \end{aligned}$$

따라서 이 모형이 최소제곱 적합에 의해 기존 자료들의 변동성이 대략 93% 정도 설명되는 것과 비교하여, 새 관측치에 대한 변동성을 약 89% 정도 "설명"한다고 볼 수 있다. 이 기준으로 볼 때, 모형의 전반적인 예측 능력은 상당히 만족스러워 보인다.

***R*-스튜던트(*R-student*).** 앞에서 얘기한 스튜던트화 잔차 r_i는 이상점 진단에 이용되기도 한다. r_i를 계산할 때 σ^2의 추정량으로 MS_E를 사용하는 것이 일반적이다. MS_E는 모형을 총 n개의 관측치에 적합하였을 때, 내부적으로 구해지는 σ^2 추정량이므로 잔차의 내부 척도화라고 표현한다. 다른 접근 방법은 i번째 관측치를 뺀 자료로 추정한 σ^2 추정량을 사용하는 것이다. 이렇게 얻은 σ^2을 $S^2_{(i)}$라고 나타내고 다음을 보일 수 있다.

$$S^2_{(i)} = \frac{(n-p)MS_E - e_i^2/(1 - h_{ii})}{n - p - 1} \tag{9.52}$$

R-스튜던트라고 하는 외부적 스튜던트화 잔차를 구하는데 MS_E 대신 식 9.52의 σ^2 추정량을 사용하며 아래와 같이 주어진다.

$$t_i = \frac{e_i}{\sqrt{S_{(i)}^2(1-h_{ii})}} \qquad i = 1, 2, \ldots, n \tag{9.53}$$

많은 경우 t_i는 스튜던트화 잔차 r_i와 거의 다르지 않다. 하지만 i번째 관측치의 영향력이 크다면 $S_{(i)}^2$은 MS_E와 상당히 다를 수 있고, 그래서 R-스튜던트 값은 해당 점에서 더 민감할 것이다. 게다가 표준 가정하에서 t_i는 t_{n-p-1} 분포를 따른다. 그러므로 R-스튜던트를 이용하면 가설검정을 통해 이상점을 조금 더 정형화된 방식으로 감지할 수 있다. 표 9.3은 예제 9.1의 점성도 회귀모형에 대한 R-스튜던트 값들을 보여주고 있다. 비정상적으로 큰 값은 보이지 않는다.

9.7.2 영향력 진단

일부 자료가 회귀모형에 엄청난 영향을 미치는 경우가 있다. 즉, 모수의 추정량 또는 예측한 값이 대부분의 자료보다는 일부 영향력 있는 자료들에 의해 더 좌우될 수도 있다는 것이다. 이러한 영향력 있는 점들을 찾아내서 모형에 영향을 미치는 정도를 알고자 한다. 만일 이러한 점들이 "나쁜" 값이라면 모형에서 제외하여야 한다. 반대로 아무런 문제가 없는 점들일 수도 있다. 하지만 만일 이 점들이 모형의 핵심적인 성질을 좌우하면, 모형의 이용에 영향을 줄 수 있으므로 어떤 점들인지 알아야 한다. 이 절에서는 몇 가지 유용한 영향력 측정법을 알아보겠다.

레버리지 포인트(*Leverage points*). 모형 성질을 확인할 때, x 공간 내 점들의 배치가 중요하다. 특히 멀리 떨어진 관측치들은 모수의 추정량, 예측값, 그리고 일반적인 요약 통계량들에 대해 불균형적인 영향력을 가지고 있을 수 있다.

햇 행렬 $\mathbf{H}=\mathbf{X}(\mathbf{X}'\mathbf{X})^{-1}\mathbf{X}'$은 영향력 있는 관측치들을 식별하는 데 아주 유용하다. 앞서 얘기했듯이, $V(\hat{\mathbf{y}})=\sigma^2\mathbf{H}$이고 $V(\mathbf{e})=\sigma^2(\mathbf{I}-\mathbf{H})$이기 때문에 $\mathbf{H}$는 $\hat{\mathbf{y}}$와 $\mathbf{e}$의 분산과 공분산을 결정한다. $\mathbf{H}$의 원소인 h_{ij}는 $\hat{y}_i$에 대해 y_j가 가지는 영향력의 크기로 해석할 수 있다. 따라서 $\mathbf{H}$의 원소를 조사해보면 어떤 점들이 x 공간 내에서 잠재적으로 영향력을 가지는 위치에 있는 점인지 알 수 있다. 관심의 초점은 대부분 대각원소 h_{ii}에 있다. $\Sigma_{i=1}^{n} h_{ii}=\text{rank}(\mathbf{H})=\text{rank}(\mathbf{X})=p$이기 때문에 $\mathbf{H}$ 행렬 대각원소의 평균 크기는 p/n이다. 대략적인 기준으로 대각원소 h_{ii}가 $2p/n$보다 크면 i번째 관측치는 높은 레버리지 포인트(high-leverage point)라고 한다. 예제 9.1의 점성도 모형에 적용해보면 $2p/n=2(3)/16=0.375$이다. 표 9.3에 1차 모형에 대한 햇 대각원소 h_{ii}들이 나와 있고, 0.375를 넘는 것이 없으므로 이 자료에는 레버리지 포인트가 없다고 볼 수 있다.

회귀계수에 대한 영향력(*Influence on Regression Coefficients*). 햇 대각원소들은 x 공간

내 위치로 인해 잠재 영향력이 높은 점들을 가려낸다. 영향력을 측정할 때 점의 위치와 함께 반응변수를 고려하는 것이 바람직하다. Cook(1977, 1979)은 모든 n개의 관측치에 기반한 최소제곱 추정량 $\hat{\beta}$와 i번째 점을 제외해서 추정한 $\hat{\beta}_{(i)}$ 간 거리의 제곱을 척도로 사용하자고 제안하였다. 이 거리의 측정은 아래와 같다.

$$D_1 = \frac{(\hat{\boldsymbol{\beta}}_{(i)} - \hat{\boldsymbol{\beta}})'\mathbf{X}'\mathbf{X}(\hat{\boldsymbol{\beta}}_{(i)} - \hat{\boldsymbol{\beta}})}{pMS_E} \qquad i = 1, 2, \ldots, n \tag{9.54}$$

합리적인 D_i의 컷오프(cut-off)는 1이다. 일반적으로 $D_i>1$인 관측치들을 영향력이 있다고 본다.

D_i 통계량은 실제로 아래처럼 계산된다.

$$D_i = \frac{r_i^2}{p}\frac{V[\hat{y}(x_i)]}{V(e_i)} = \frac{r_i^2}{p}\frac{h_{ii}}{(1-h_{ii})} \qquad i = 1, 2, \ldots, n \tag{9.55}$$

상수 p와는 별도로 D_i는 i번째 스튜던트화 잔차의 제곱과 $h_{ii}/(1-h_{ii})$의 곱이다. 이 비율은 벡터 $\mathbf{x}_i$에서 나머지 자료들의 중심까지의 거리로 볼 수 있다. 따라서 D_i는 모형이 i번째 관측치 y_i를 얼마나 잘 적합하는지 반영한 성분과, 점이 나머지 자료들로부터 얼마나 떨어져 있는지 측정한 성분으로 구성되어 있다. 둘 중 하나(또는 둘 모두)는 D_i가 큰 값을 가지게 하는 원인이 된다.

표 9.3은 예제 9.1 점성도 자료의 회귀모형 적합에 대한 D_i 값들을 보여주고 있다. 1을 넘는 값이 없으므로, 이 자료에는 영향력 있는 관측치는 없다고 볼 수 있다.

9.8 적합성 결여에 대한 검정

6.8절에서 2^k 요인실험에 중심점을 추가해서 순수한 실험오차 추정량을 얻어내는 것을 보였다. 이는 잔차제곱합 SS_E를 두 개의 성분으로 분할할 수 있도록 해준다. 즉,

$$SS_E = SS_{PE} + SS_{LOF}$$

여기서 SS_{PE}는 순수한 오차에 대한 제곱합이고 SS_{LOF}는 적합성 결여에 대한 제곱합이다.

회귀모형의 상황에서 이렇게 분할하는 일반적인 과정을 보자. 회귀변수 $\mathbf{x}_i$, $i=1, 2, \ldots, m$의 i번째 수준에서 n_i개의 반응변수 관측치들이 있다고 해 보자. y_{ij}를 $\mathbf{x}_i$, $i=1, 2, \ldots, m$, $j=1, 2, \ldots, n_i$에 대한 j번째 반응변수 관측치라고 하자. 총 $n=\sum_{i=1}^{m} n_i$개의 관측치들이 존재한다. (ij)번째 잔차는 다음과 같이 쓸 수 있고

$$y_{ij} - \hat{y}_i = (y_{ij} - \bar{y}_i) + (\bar{y}_i - \hat{y}_i) \tag{9.56}$$

여기서 $\bar{y}_i$는 $\mathbf{x}_i$에서 관측된 n_i개 관측치들의 평균이다. 식 9.56의 양변을 제곱하고 i와 j에 대해 합하면

$$\sum_{i=1}^{m}\sum_{j=1}^{n_i}(y_{ij} - \hat{y}_i)^2 = \sum_{i=1}^{m}\sum_{j=1}^{n_i}(y_{ij} - \bar{y}_i)^2 + \sum_{i=1}^{m} n_i(\bar{y}_i - \hat{y}_i)^2 \tag{9.57}$$

식 9.57의 좌변은 일반적인 잔차제곱합이다. 우변의 두 성분은 순수오차와 적합성 결여를 측정한다. 순수오차제곱합은

$$SS_{PE} = \sum_{i=1}^{m}\sum_{j=1}^{n_i}(y_{ij} - \bar{y}_i)^2 \tag{9.58}$$

$\mathbf{x}$의 각 수준에서 반복 관측치들의 보정제곱합을 구하고 나서 $\mathbf{x}$의 m개 수준에 대해 합하면 위 값을 구할 수 있다. 만일 분산이 일정하다는 가정이 만족되면, SS_{PE}를 구하는 데 각 $\mathbf{x}_i$ 수준에서의 y 변동성만 사용되기 때문에 모형–독립(model-independent)적인 순수오차 측정이다. 각 $\mathbf{x}_i$ 수준에서 순수오차는 $n_i - 1$을 자유도로 갖기 때문에 순수오차제곱합과 관련된 총 자유도 수는

$$\sum_{i=1}^{m}(n_i - 1) = n - m \tag{9.59}$$

적합성 결여에 대한 제곱합은

$$SS_{LOF} = \sum_{i=1}^{m} n_i(\bar{y}_i - \hat{y}_i)^2 \tag{9.60}$$

각 $\mathbf{x}_i$ 수준에서의 평균 반응값 $\bar{y}_i$와 그에 대응하는 적합값 사이의 가중 편차제곱합이다. 만약 적합된 값 $\hat{y}_i$가 그에 대응하는 평균 반응값 $\bar{y}_i$에 가까우면, 이는 회귀함수가 선형이라는 강력한 근거가 된다. 만약 $\hat{y}_i$가 $\bar{y}_i$로부터 상당히 벗어나면, 회귀함수는 선형이 아닐 것이라는 지표가 된다. $\mathbf{x}$의 수준이 m개 있고, p개의 모수를 추정할 때 p만큼 자유도를 잃어서 SS_{LOF}에 연관된 자유도는 $m-p$이다. 계산상 보통 SS_E에서 SS_{PE}를 빼서 SS_{LOF}를 구한다.

적합성 결여에 대한 검정통계량은

$$F_0 = \frac{SS_{LOF}/(m-p)}{SS_{PE}/(n-m)} = \frac{MS_{LOF}}{MS_{PE}} \tag{9.61}$$

MS_E의 기댓값은 σ^2이고, MS_{LOF}의 기댓값은

$$E(MS_{LOF}) = \sigma^2 + \frac{\sum_{i=1}^{m} n_i \left[E(y_i) - \beta_0 - \sum_{j=1}^{k} \beta_j x_{ij} \right]^2}{m-2} \tag{9.62}$$

만일 실제 회귀함수가 선형이면, $E(y_i)=\beta_0+\Sigma_{j=1}^{k}\beta_j x_{ij}$이고 식 9.62의 두 번째 항은 0이 되어 결과적으로 $E(MS_{LOF})=\sigma^2$이다. 하지만 만약 실제 회귀함수가 선형이 아니라면, $E(y_i)\neq\beta_0+\Sigma_{j=1}^{k}\beta_j x_{ij}$이고 $E(MS_{LOF})>\sigma^2$이다. 또한 만일 실제 회귀함수가 선형이면 통계량 F_0는 $F_{m-p,n-m}$ 분포를 따른다. 따라서 적합성 결여를 검정하기 위해, 검정통계량 F_0를 계산해서 $F_0 > F_{\alpha,m-p,n-m}$이면 회귀함수가 선형이 아니라고 결론을 내린다.

이 검정은 분산분석과 쉽게 통합할 수 있다. 만약 회귀함수가 선형이 아니라고 생각하면, 잠정 모형을 버리고 더 적절한 식을 찾아내야 한다. 또는 F_0가 $F_{\alpha,m-p,n-m}$을 초과하지 않으면, 적합성 결여에 대한 근거는 없고 MS_{PE}와 MS_{LOF}를 결합하여 σ^2을 추정하기도 한다. 중심점에서 반복 시행이 있는 2^4 요인실험에 대한 예제 6.7이 이 과정을 잘 설명해주고 있다.

9.9 연습문제

9.1 생산된 종이의 인장 강도는 펄프 속 경재(hardwood)의 양과 관련이 있다. 시험용 설비에서 10개의 샘플을 생산하여 아래 표와 같은 자료를 얻었다.

강도	경재 양(%)	강도	경재 양(%)
160	10	181	20
171	15	188	25
175	15	193	25
182	20	195	28
184	20	200	30

(a) 강도와 경재를 연관시키는 선형회귀모형을 적합하라.

(b) (a)의 모형에 대한 회귀 유의성을 검정하라.

(c) 모수 β_1에 대한 95% 신뢰구간을 구하라.

9.2 연습문제 9.1의 잔차그림을 그려보고 모형의 적절성에 대하여 논하라.

9.3 연습문제 9.1의 결과를 이용하여 모형의 적합성 결여에 대해 검정하라.

9.4 베어링의 마모 정도 y와 x_1=오일의 점성도 그리고 x_2=무게 간 관계에 관한 연구이다. 아래와 같은 자료가 얻어졌다.

y	x_1	x_2
193	1.6	851
230	15.5	816
172	22.0	1058
91	43.0	1201
113	33.0	1357
125	40.0	1115

(a) 자료에 대해 다중 선형회귀모형을 적합하라.

(b) 회귀 유의성을 검정하라.

(c) 모형의 각 모수에 대해 t 통계량을 구하라. 어떤 결론을 내릴 수 있는가?

9.5 동력장치의 자동차 엔진 브레이크 마력은 단위가 분당 회전수(rpm)인 엔진 속도와 연료의 로드 옥탄가(road octane number), 그리고 엔진압력의 함수라고 한다. 실험을 통해 다음과 같은 자료들이 얻어졌다.

브레이크 마력	rpm	로드 옥탄수	엔진 압력
225	2000	90	100
212	1800	94	95
229	2400	88	110
222	1900	91	96
219	1600	86	100
278	2500	96	110
246	3000	94	98
237	3200	90	100
233	2800	88	105
224	3400	86	97
223	1800	90	100
230	2500	89	104

(a) 위 자료에 대해 다중 회귀모형을 적합하라.

(b) 회귀 유의성을 검정하라. 어떤 결론을 내릴 수 있는가?

(c) t 검정으로 비추어 볼 때, 이 모형에 3개의 회귀변수가 모두 필요한가?

9.6 연습문제 9.5의 회귀모형에서 잔차를 분석하라. 모형의 적합도에 대해 논하라.

9.7 화학 공정의 생산량은 반응물의 농도 그리고 반응 온도와 관련이 있다. 실험을 통해 아래와 같은 결과를 얻었다.

생산량	농도	온도
81	1.00	150
89	1.00	180
83	2.00	150
91	2.00	180
79	1.00	150
87	1.00	180
84	2.00	150
90	2.00	180

(a) 자료에 대해 주효과 모형을 적합하려고 한다. 표에 나와 있는 대로 $\mathbf{X'X}$ 행렬을 계산하라.

(b) (a)에서 만든 행렬은 대각행렬인가? 이에 대하여 논하라.

(c) "일반적"인 범주화 변수들로 모형을 나타낸다고 하자.

$$x_1 = \frac{\text{Conc} - 1.5}{0.5} \qquad x_2 = \frac{\text{Temp} - 165}{15}$$

이러한 범주화 변수를 이용한 모형에 대해 $\mathbf{X'X}$ 행렬을 만들어라. 이것이 대각행렬인가? 결과에 대해 논하라.

(d) 새로운 범주화 변수를 정의하라.

$$x_1 = \frac{\text{Conc} - 1.0}{1.0} \qquad x_2 = \frac{\text{Temp} - 150}{30}$$

(e) 이 문제를 통해 변수의 범주화에 대해 알게 된 점을 요약하라.

9.8 예제 6.2의 2^4 요인실험에서, 마지막 관측치가 결측되었다고 가정하자. 자료를 다시 분석하고 새로운 결론을 도출하고, 원래의 결론과 비교하라.

9.9 아래와 같은 자료가 주어질 때, 2차 다항 회귀모형을 적합하라.

$$y = \beta_0 + \beta_1 x_1 + \beta_2 x_2 + \beta_{11} x_1^2 + \beta_{22} x_2^2 + \beta_{12} x_1 x_2 + \varepsilon$$

y	x_1	x_2
26	1.0	1.0
24	1.0	1.0
175	1.5	4.0
160	1.5	4.0
163	1.5	4.0
55	0.5	2.0
62	1.5	2.0
100	0.5	3.0
26	1.0	1.5
30	0.5	1.5
70	1.0	2.5
71	0.5	2.5

모형 적합 후, 회귀 유의성을 검정하라.

9.10 (a) 연습문제 9.9의 2차 회귀모형을 생각해 보자. 모형의 각 모수에 대한 t 통계량을 구해보고 그에 따른 결과에 대해 논하라.

(b) 추가제곱합 방법을 통해 2차 항들 x_1^2, x_2^2, x_1x_2의 값을 평가하라.

9.11 **분산분석과 회귀모형의 관계**(*Relationship between analysis of variance and regression*). 분산분석 모형은 일반 선형모형 $\mathbf{y} = \mathbf{X}\beta + \epsilon$으로 표현이 가능하고, 여기서 $\mathbf{X}$는 0과 1로 이루어진 행렬이다. 단일요인 모형 $y_{ij} = \mu + \tau_i + \epsilon_{ij}$, $i = 1, 2, 3$, $j = 1, 2, 3, 4$를 일반 선형모형의 형태로 나타낼 수 있음을 보여라. 그리고

(a) 정규방정식 $(\mathbf{X'X})\hat{\beta} = \mathbf{X'y}$을 나타내보고 3장에서 구한 것과 비교하라.

(b) $\mathbf{X'X}$의 랭크를 구하라. $(\mathbf{X'X})^{-1}$을 구할 수 있는가?

(c) 첫 번째 정규방정식 대신 제한조건 $\Sigma_{i=1}^{3} n\hat{\tau}_i = 0$을 추가

한다고 해 보자. 얻어지는 식을 풀 수 있는가? 풀 수 있다면 그 해를 구하라. 회귀제곱합 $\hat{\beta}'\mathbf{X}'\mathbf{y}$를 구하고, 단일요인 모형의 처리제곱합과 비교하라.

9.12 적합한 선이 직선이 되면서, $\hat{\beta}_1$의 분산을 가능한 한 작게 하고 싶다고 하자. 짝수 번의 실험 점만 가능하다고 할 때, 이러한 점들을 어디에 두어야 $V(\hat{\beta}_1)$을 최소화할 수 있는가? [주의 : 문제에서 나오는 설계는 매우 신중하게 사용해야 한다. 왜냐하면 $V(\hat{\beta}_1)$을 최소화하더라도 Myers, Montgomery and Anderson-Cook(2009)의 예처럼, 바람직하지 않은 성질들을 가질 수 있기 때문이다. 실제 함수 관계가 선형이라고 **확신**하는 경우에만 이러한 실험을 생각해보아야 한다.]

9.13 **가중 최소제곱**(*Weighted least squares*). 직선 $y=\beta_0+\beta_1 x+\epsilon$을 적합시키는 데 y의 분산이 x의 수준에 따라 달라진다고 가정하자. 즉,

$$V(y|x_i)=\sigma_i^2=\frac{\sigma^2}{w_i} i=1,2,\ldots,n$$

여기서 w_i는 가중치라고 하는 값을 아는 상수이다. 만일 $\Sigma_{i=1}^n w_i(y_i-\beta_0-\beta_1 x_i)^2$로 주어지는 가중 오차제곱합을 최소로 만드는 것을 회귀계수의 추정량으로 본다면, 그에 따른 최소제곱 정규방정식들은 아래와 같음을 보여라.

$$\hat{\beta}_0\sum_{i=1}^n w_i+\hat{\beta}_1\sum_{i=1}^n w_i x_i=\sum_{i=1}^n w_i y_i$$
$$\hat{\beta}_0\sum_{i=1}^n w_i x_i+\hat{\beta}_1\sum_{i=1}^n w_i x_i^2=\sum_{i=1}^n w_i x_i y_i$$

9.14 2_{III}^{7-4} 실험을 생각해 보자. 실험을 시행한 후, 가장 크게 관찰된 효과들이 $A+BD$, $B+AD$, $D+AB$라고 하자. 이러한 효과들의 가명을 해제 하기 위해 4번의 시행으로 기존 설계를 확대하고 싶다.

(a) 어떤 4개의 시행을 만들 것인가?

(b) 아래 모형의 회귀계수에 대한 분산과 공분산을 구하라.

$$y=\beta_0+\beta_1x_1+\beta_2x_2+\beta_4x_4+\beta_{12}x_1x_2$$
$$+\beta_{14}x_1x_4+\beta_{24}x_2x_4+\varepsilon.$$

(c) 4개의 추가시행보다 적은 수로 이러한 효과들의 가명을 해제하는 것이 가능한가?

9.15 회귀모형에 대한 아래의 컴퓨터 결과를 보자.

변동원인	제곱합	자유도	평균제곱	F
모형	532, 567.14	2		
오차				
합계	539, 534.33	14		

(a) 표의 빈칸을 채워라.

(b) 모형의 변수(regressor or predictor)는 몇 개인가?

(c) 회귀 유의성 검정의 P 값의 경계를 구하라.

(d) 모형의 한 변수의 t 통계량이 4.22라고 하자. P 값의 경계를 찾아라.

9.16 회귀모형에 대한 아래의 컴퓨터 결과를 보자.

변동원인	제곱합	자유도	평균제곱	F
모형	534.66		133.67	
오차				
합계	590.25	19		

(a) 표의 빈칸을 채워라.

(b) 모형의 변수는 몇 개인가?

(c) 회귀 유의성 검정의 F 통계량을 구하고, P 값의 경계를 구하라.

(d) 모형의 한 변수의 t 통계량이 6.11라고 하자. P 값의 경계를 찾아라.

(e) 모형의 R^2 통계량 값은 무엇인가?

9.17 5개의 변수를 가지는 회귀모형이 75개의 관측치로 세워졌다. 각 변수의 개별 t 통계량은 다음과 같다. 4.21, 2.12, 6.98, 3.55, 2.45.

(a) 각 변수의 P 값의 경계는 무엇인가?

(b) (a)의 답을 보고 모형의 모든 변수가 필요한지 논하라.

9.18 3개의 변수를 가지는 회귀모형이 45개의 관측치로 세워졌다. 모형의 총제곱합은 275.60이고 모형제곱합은 245.86이다.

(a) 평균오차제곱의 값을 찾아라.

(b) 모형의 평균제곱은 무엇인가?

(c) 회귀 유의성의 F 통계량의 값을 계산하고 P 값의 경계를 찾아라. 어떤 결론을 내리는가?

(d) 모형의 R^2 통계량 값은 무엇인가?

(e) 모형의 보정된 R^2 통계량 값은 무엇인가?

9.19 4개의 변수를 가지는 회귀모형이 65개의 관측치로 세워졌다. 모형의 총제곱합은 300이고, 모형제곱합은 280이다.

(a) 모형의 R^2 통계량 값은 무엇인가?

(b) 모형의 보정된 R^2 통계량 값은 무엇인가?

(c) 모형에서 하나의 변수를 변경하니 모형제곱합이 250이 되었다고 하자. 이 축소모형의 보정된 R^2 통계량 값은 무엇인가? 이 변수를 제거하고 모형을 적합한 영향은 어느 정도인가?

9.20 3개의 변수를 가지는 회귀모형이 30개의 관측치로 세워졌다. 각 변수의 개별 t 통계량이 다음과 같다. 2.12, 5.45, 17.50.

(a) 각 변수의 P 값의 경계는 무엇인가?

(b) (a)의 답을 보면, 이 모형의 모든 변수가 필요한지 논하라.

9.21 보정된 R^2 통계량의 값은 모형에 새로운 변수가 추가될 때마다 증가한다.

(a) 참

(b) 거짓

9.22 일반적인 R^2 통계량의 값은 모형에 새로운 변수가 추가될 때마다 감소한다.

(a) 참

(b) 거짓

9.23 일반적인 R^2 통계량의 값은 회귀모형의 예측력을 판단하는 좋은 지표이다.

(a) 참

(b) 거짓

9.24 만약 회귀 유의성의 P 값이 <0.01이면, 이는 모형의 모든 변수가 필요하다는 뜻이다.

(a) 참

(b) 거짓

9.25 만약 회귀 유의성의 P 값이 <0.01이면, 이는 모형이 새 관측치에 대한 옳은 예측을 한다는 뜻이다.

(a) 참

(b) 거짓

9.26 PRESS 통계량의 값이 작으면, 이는 모형이 새 관측치에 대한 옳은 예측을 한다는 뜻이다.

(a) 참

(b) 거짓

9.27 각 회귀계수에 대한 t 검정은 해당 변수를 다른 변수를 포함한 모형에 추가한 마지막 변수인 것처럼 취급했을 때 그 변수의 효용성에 대한 검정이다.

(a) 참

(b) 거짓

10장 반응표면 방법론

Response Surface Methods and Designs

이번 장의 학습 목표

1. 대부분의 실험이 지닌 연속성/순차성(sequential nature)을 이해하고 어떻게 반응표면 방법이 이 과정에 핵심 역할을 하는지 이해한다.
2. 최적의 조건으로 구한 초기 추정치에서 최적점(optimum)을 포함할 가능성이 큰 영역으로 가장 가파르게 이동하는 최대 상승법(steepest ascent)을 배운다.
3. 2차 반응표면모형을 적합하기 위해 어떻게 실험을 수행하는지 이해한다.
4. 2차 모형을 어떻게 분석하는지 이해한다.
5. 다반응최적기술(multiple response optimisation techniques)을 어떻게 사용하는지 이해한다.
6. 반응표면설계를 선택하는 중요한 기준을 이해하고, 설계의 회전성(rotatability)을 이해한다.
7. 1차 반응표면모형을 적합하는 데 왜 직교설계가 잘 작동하는지 이해한다.
8. 2차 반응표면설계의 기본 유형을 배운다.
9. 혼합 실험(mixture experiments)의 기본 성질을 이해한다.
10. Scheffe 다항식의 사용과 관련된 심플렉스 격자설계(simplex lattice designs)를 이해한다.
11. 제한된 혼합 영역(constrained mixture regions)에 어떻게 최적설계를 적용하는지 이해한다.

10.1 반응표면 방법론 소개

반응표면 방법, 또는 RSM(Response Surface Methodology)는 반응변수가 여러 변수에 영향을 받고 이 반응값을 최적화하는 목적의 문제를 수리적, 통계적으로 모형화하는 유용한 기술이다. 예를 들어 어떤 화학자가 공정의 생산량을 최대로 만들어주는 기온(x_1)과 압력(x_2)의 수준을 알고 싶다고 하자. 기온과 압력의 수준에 따른 생산량 함수는 아래와 같고,

$$y = f(x_1, x_2) + \epsilon$$

여기서 ϵ는 반응변수 y에서 관찰되는 잡음(noise) 또는 오차를 의미한다. 기대 반응값을 $E(y) = f(x_1, x_2) = \eta$이라고 하면, 아래와 같이 표현되는 표면을 **반응표면**(response surface)이라고 한다.

$$\eta = f(x_1, x_2)$$

일반적으로 반응표면을 η을 x_1과 x_2의 수준에 대해서 그린 그림 10.1과 같이 그래프로 나타낸다. 앞에서, 특히 요인설계를 다룬 장에서 이러한 반응표면그림을 보았다. 반응표면의 모형을 시각화하기 위해, 그림 10.2처럼 반응표면의 등고선을 그린다. 등고선그림을 보면, 일정한 반응값 선들이 x_1, x_2 평면에 그려져 있다. 각 등고선은 반응표면의 특정 높이에 대응하는 것이다. 등고선그림의 유용성에 대해서도 일전에 다룬 바 있다.

대부분의 RSM 문제에서, 반응변수와 독립변수 간 관계의 형태는 알려지지 않았다. 그래서 RSM의 첫 단계는 y와 독립변수 조합 간 실제 함수관계에 대해 적절하게 근사하는 것이다. 보통 독립변수들 영역 중 저차원 다항식을 사용한다. 반응변수가 독립변수들의 선형함수로 잘 설명이 되면, 근사 함수는 **1차 모형**(first-order model)이다.

$$y = \beta_0 + \beta_1 x_1 + \beta_2 x_2 + \cdots + \beta_k x_k + \epsilon \tag{10.1}$$

만약 시스템에 곡률이 존재하면, **2차 모형**(second-order model)과 같은 고차 다항식을 사용해야 한다.

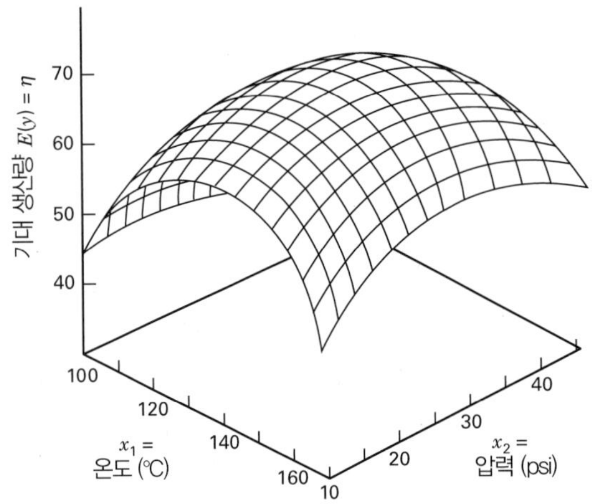

그림 10.1
기대 생산량(η)을 기온(x_1)과 압력(x_2)의 함수로 나타낸 3차원 반응표면

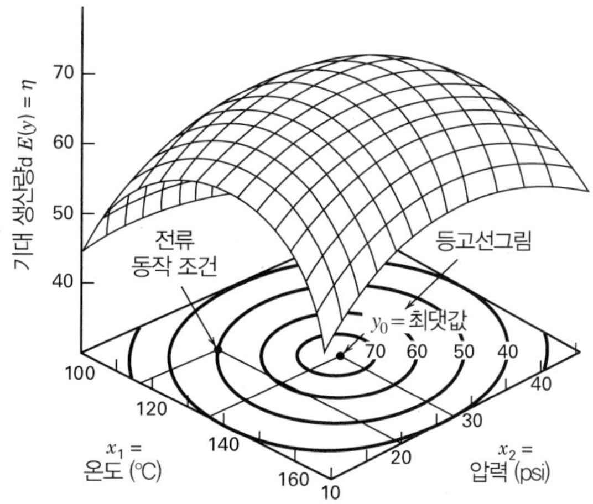

그림 10.2
반응표면의 등고선그림

$$y = \beta_0 + \sum_{i=1}^{k} \beta_i x_i + \sum_{i=1}^{k} \beta_{ii} x_i^2 + \sum_{i<j}\sum \beta_{ij} x_i x_j + \epsilon \qquad (10.2)$$

거의 모든 RSM 문제들은 이러한 모형 중 하나 아니면 둘 다 사용한다. 물론 독립변수들의 전체 영역에 대한 실제 함수관계를 다항식 모형으로 근사하는 것이 적절하지 않을 수 있지만, 비교적 작은 영역에 대해서는 어느 정도 잘 맞아떨어진다.

9장에서 다룬 최소제곱법으로 근사 다항식의 모수들을 추정한다. 그 후 적합된 표면을 이용하여 반응표면 분석이 이루어진다. 적합된 표면이 실제 반응 함수를 적절히 근사하면, 적합된 표면의 분석은 실제 시스템의 분석과 거의 동일할 것이다. 적절한 실험설계로 자료를 모으면, 모형모수에 대한 아주 효과적인 추정이 가능하다. 반응표면 적합을 위한 설계를 반응표면설계(response surface designs)라고 한다. 10.4절에서 이러한 설계들을 다룬다.

RSM은 순차적인(연속적인) 과정(sequential procedure)이다. 보통 그림 10.3에 나와 있는 현재 작동조건처럼, 반응표면에 있으면서 최적점으로부터 멀리 떨어진 지점에 있는 경우,

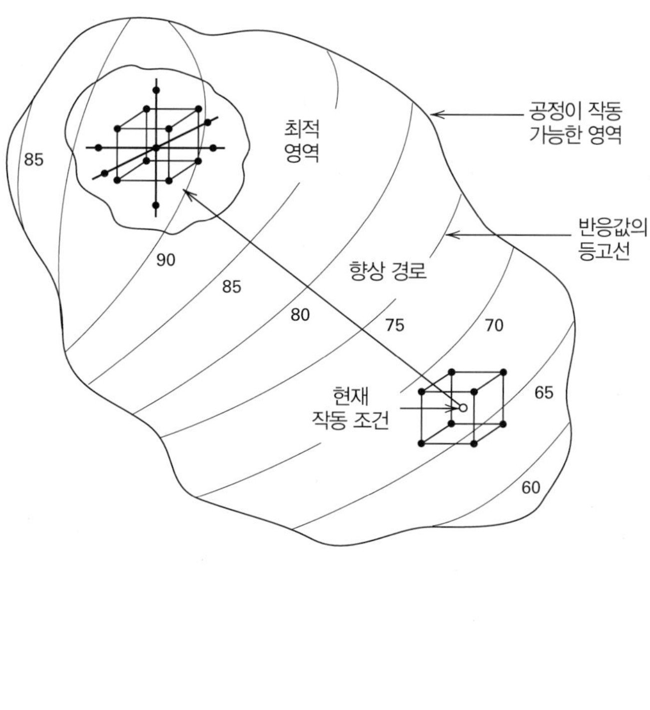

그림 10.3
RSM의 순차성/연속성
(sequential nature)

이 시스템에는 곡률이 별로 없으며 1차 모형이 적절할 것이다. 여기서의 목표는 실험자를 신속하게, 그리고 효율적으로 **최적점**(optimum) 쪽에 가까워지도록 이끄는 것이다. 최적점 영역을 찾기만 하면, 2차 모형처럼 더 정교한 모형을 이용할 수도 있고, 최적점을 찾아내는 분석도 가능하다. 그림 10.3을 보면 반응표면 분석이 반응값이 최대인 지점을 꼭대기인 "언덕 오르기" 문제라고 볼 수 있다. 실제 최적점이 반응값이 최소인 지점이라면, "골짜기 내려가기"라고 생각할 수 있다.

RSM의 궁극적인 목표는 시스템의 최적 작동조건을 결정하거나 작동요건을 만족하는 요인 공간의 영역을 찾아내는 것이다. RSM에 대한 더 자세한 내용은 Khuri and Cornell (1966), Myers, Montgomery and Anderson-Cook (2016), 그리고 Box and Draper (2007)에 있다. 리뷰 논문인 Myers et al.(2004) 역시 유용한 참고자료이다.

10.2 최대 상승법

대부분의 경우 시스템의 최적 작동 조건에 대한 초기 추정치는 실제 최적점으로부터 많이 떨어져 있다. 이런 경우 실험자의 목표는 최적점 쪽으로 재빨리 이동하는 것이다. 이럴 때 간단하고 효율적인 과정을 사용하려 한다. 최적점에서 멀리 있을 때, 일반적으로 좁은 x 영역에서는 1차 모형이 실제 표면을 적절히 근사한다고 가정한다.

최대 상승법(method of steepest ascent)은 반응값을 가장 많이 증가시키는 방향으로 계속해서 이동하는 방법이다. 물론 최소화해야 하는 경우라면 이 방법을 **최대 하강법**(method of steepest descent)이라고 한다. 적합된 1차 모형은

$$\hat{y} = \hat{\beta}_0 + \sum_{i=1}^{k} \hat{\beta}_i x_i \tag{10.3}$$

그리고 1차 반응표면, 즉 $\hat{y}$의 등고선은 그림 10.4처럼 나열된 평형선이다. 최대 상승의 방향은 $\hat{y}$이 가장 빠르게 증가하는 방향이다. 그 방향은 적합된 반응표면과 직교한다. 보통 관심영역의 중심을 지나면서, 적합된 반응표면과 직교하는 선을 **최대 상승 경로**(path of steepest ascent)로 본다. 따라서 경로를 따라가는 단계는 회귀계수 $\{\hat{\beta}_i\}$와 비례한다. 실제 단계의 크기는 실험자가 공정에 대한 지식이나 다른 고려사항을 근거로 결정한다.

실험은 최대 상승 경로를 따라 더 이상 반응값이 증가하지 않을 때까지 진행된다. 그러고 나면 새로운 1차 모형이 적합될 수도 있고, 새로운 최대 상승 경로가 정해져서 지금까지의 과정이 이어질 수도 있다. 결과적으로 실험자는 최적점 근처에 도달할 것이다. 보통 1차 모형의 적합성 결여를 통해 이러한 점을 알 수 있다. 그 시점에는 실험자는 더 정확한 최적점 추정을 위한 추가 실험을 진행한다.

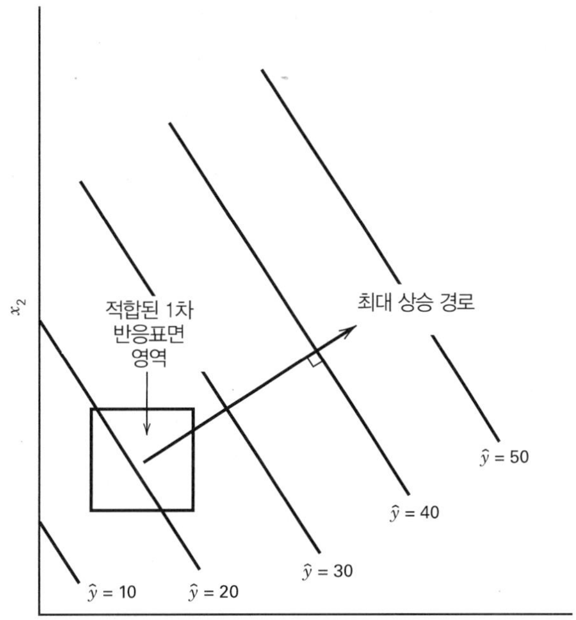

그림 10.4
1차 반응표면과 최대 상승 경로

예제 10.1

화학 기술자가 공정의 생산량을 최대화하는 조건을 알고 싶다. 생산량에 영향을 주는 두 개의 조작 가능한 변수로서 반응시간과 반응온도가 있다. 기술자는 현재 반응시간을 35분 그리고 반응온도를 155°F로 두고 약 40% 정도의 생산을 하고 있다. 이 영역이 최적점을 포함할 가능성은 적으므로, 1차 모형을 적합하고 최대 상승법을 적용하려고 한다.

기술자는 1차 모형 적합을 위한 탐색 영역으로 반응시간은 (30, 40)분 그리고 반응온도는 (150, 160)화씨로 정하였다. 계산의 간편성을 위해, 독립변수들을 일반적인 (−1, 1) 구간으로 부호화한다. 따라서 ξ_1을 **자연변수**(natural variable) 시간 그리고 ξ_2를 **자연변수** 온도라고 하면, **부호화된 변수들**(coded variables)은

$$x_1 = \frac{\xi_1 - 35}{5} \quad \text{그리고} \quad x_2 = \frac{\xi_2 - 155}{5}$$

표 10.1에 실험의 설계가 나와 있다. 설계된 실험은 5개의 중심점이 있는 2^2 요인실험이다. 중심점에서의 반복은 실험오차를 추정하고 1차 모형의 적합도를 확인하기 위한 것이다. 또한 공정에 대한 현재의 조건을 중심점으로 두었다.

1차 모형은 최소제곱법으로 적합할 수 있다. 2수준 설계에 대한 방법을 적용하면 부호화된 변수가 있는 아래 모형을 얻는다.

$$\hat{y} = 40.44 + 0.775x_1 + 0.325x_2$$

최대 상승 경로를 찾아보기 전에 1차 모형이 적절한지 확인해야 한다. 중심점이 있는 2^2 실험을 통해 실험자는

1. 오차추정치를 얻을 수 있다.
2. 모형 내 교호작용(교차곱 항)을 확인할 수 있다.
3. 2차 효과(곡률)를 확인할 수 있다.

중심에서의 반복은 다음과 같이 오차추정치를 계산하는 데 사용될 수 있다.

표 10.1 1차 모형 적합에 대한 공정 자료

자연변수		부호화변수		반응값
ξ_1	ξ_2	x_1	x_2	y
30	150	−1	−1	39.3
30	160	−1	1	40.0
40	150	1	−1	40.9
40	160	1	1	41.5
35	155	0	0	40.3
35	155	0	0	40.5
35	155	0	0	40.7
35	155	0	0	40.2
35	155	0	0	40.6

$$\hat{\sigma}^2 = \frac{\begin{matrix}(40.3)^2 + (40.5)^2 + (40.7)^2 + (40.2)^2 \\ +(40.6)^2 - (202.3)^2/5\end{matrix}}{4} = 0.0430$$

1차 모형은 변수 x_1과 x_2가 반응변수에 대해 가법효과(additive effect)를 가진다고 가정한다. 이 변수들의 교호작용은 교차곱 항 x_1x_2을 더해서 계수 β_{12}를 통해 알 수 있다. 계수의 최소제곱 추정량은 일반적인 2^2 요인실험 내 교호작용의 절반으로써,

$$\hat{\beta}_{12} = \frac{1}{4}[(1\times 39.3) + (1\times 41.5) + (-1\times 40.0) + (-1\times 40.9)] = \frac{1}{4}(-0.1) = -0.25$$

자유도가 1인 교호작용에 대한 제곱합은

$$SS_{\text{Interaction}} = \frac{(-0.1)^2}{4} = 0.0025$$

$SS_{\text{Interaction}}$과 $\hat{\sigma}^2$을 비교하면 적합성 결여 통계량은

$$F = \frac{SS_{\text{Interaction}}}{\hat{\sigma}^2} = \frac{0.0025}{0.0430} = 0.058$$

을 얻고 이는 작은 값이므로, 교호작용은 무시할 만하다.

직선 모형의 적절성을 확인하기 위한 다른 방법은 6.8절에 나온 순수 2차 곡률효과를 확인하는 방법을 적용하는 것이다. 실험의 요인 부분 네 지점에서의 평균 반응값 $\bar{y}_F=40.425$과 중심점의 평균 반응값 $\bar{y}_C=40.46$을 비교한다는 내용이었다. 만일 실제 반응 함수에 2차 곡률관계가 있다면 $\bar{y}_F-\bar{y}_C$이 그 척도가 된다. β_{11}과 β_{22}가 "순수 2차"항 x_1^2과 x_2^2의 계수라면, $\bar{y}_F-\bar{y}_C$는 $\beta_{11}+\beta_{22}$의 추정치이다. 예제에서 순수 2차항의 추정치는

$$\hat{\beta}_{11} + \hat{\beta}_{22} = \bar{y}_F - \bar{y}_C = 40.425 - 40.46 = -0.035$$

귀무가설 H_0: $\beta_{11}+\beta_{22}=0$과 관련이 있는 자유도가 1인 제곱합은

$$SS_{\text{Pure Quadratic}} = \frac{n_F n_C(\bar{y}_F - \bar{y}_C)^2}{n_F + n_C} = \frac{(4)(5)(-0.035)^2}{4+5} = 0.0027$$

여기서 n_F와 n_C는 각각 요인 부분과 중심점의 개수이다. 아래 값이 작으므로,

$$F = \frac{SS_{\text{Pure Quadratic}}}{\hat{\sigma}_2} = \frac{0.0027}{0.0430} = 0.063$$

순수 2차 효과는 없다고 생각할 수 있다.

표 10.2에 이 모형에 대한 분산분석이 정리되어 있다. 전체 회귀모형에 대한 F 검정은 유의한 반면, 교호작용과 곡률에 대한 확인은 둘 다 유의하지 않다. 게다가 $\hat{\beta}_1$과 $\hat{\beta}_2$의 표준오차는 다음과 같다.

$$se(\hat{\beta}_i) = \sqrt{\frac{MS_E}{4}} = \sqrt{\frac{\hat{\sigma}^2}{4}} = \sqrt{\frac{0.0430}{4}} = 0.10 \qquad i = 1, 2$$

회귀계수 $\hat{\beta}_1$과 $\hat{\beta}_2$ 모두 자신의 표준오차보다 상대적으

표 10.2 1차 모형에 대한 분산분석

변동원인	제곱합	자유도	평균제곱	F_0	P 값
모형 (β_1, β_2)	2.8250	2	1.4125	47.83	0.0002
잔차	0.1772	6			
(교호작용)	(0.0025)	1	0.0025	0.058	0.8215
(순수 2차항)	(0.0027)	1	0.0027	0.063	0.8142
(순수오차)	(0.1720)	4	0.0430		
합계	3.0022	8			

로 크다. 이 점에서 1차 모형의 적합도에 대해 의문을 가질 이유가 없다.

최대 상승 경로를 따라 중심점($x_1=0,\ x_2=0$)으로부터 이동하기 위해, x_2방향의 0.325단위에 대해 x_1 방향으로 0.775단위만큼 이동시킨다. 따라서 최대 상승 경로는 점($x_1=0,\ x_2=0$)를 지나고 0.325/0.775를 기울기로 가진다. 기술자는 기본 단계 크기로 반응시간 5분을 설정하였다. ξ_1과 x_1 간 관계를 이용하면, 반응시간 5분은 부호화변수 x_1의 단계 $\Delta x_1=1$과 동일하다는 것을 알 수 있다. 따라서 최대 상승 경로를 따르는 한 단계는 $\Delta x_1=1.0000$과 $\Delta x_2=(0.325/0.775)=0.42$다.

기술자는 이 경로를 따라 점을 구하고, 그 지점의 생산량을 감소가 나타날 때까지 관찰한다. 그 결과가 표 10.3에 부호화 및 자연변수로 나타나 있다. 계산하기에는 부호화변수가 더 쉬울 수 있으나, 공정에서 시행할 때는 자연변수를 사용해야 한다. 그림 10.5에 최대 상승 경로에 따른 각 단계에서의 생산량이 그려져 있다. 10번째 단계까지 반응값이 증가하다가 이 후 단계에서는 생산량의 감소가 나타났다. 따라서 점($\xi_1=85,\ \xi_2=175$) 근처에서 다른 1차 모형이 적합되어야 한다.

새로운 1차 모형이 점($\xi_1=85,\ \xi_2=175$) 근처에서 적합되었다. ξ_1에 대한 탐색 영역은 [80, 90]이고 ξ_2에 대

표 10.3 예제 10.1에 대한 최대 상승법 실험

단계	부호화변수 x_1	부호화변수 x_2	자연변수 ξ_1	자연변수 ξ_2	반응값 y
Origin	0	0	35	155	
Δ	1.00	0.42	5	2	
Origin + Δ	1.00	0.42	40	157	41.0
Origin + 2Δ	2.00	0.84	45	159	42.9
Origin + 3Δ	3.00	1.26	50	161	47.1
Origin + 4Δ	4.00	1.68	55	163	49.7
Origin + 5Δ	5.00	2.10	60	165	53.8
Origin + 6Δ	6.00	2.52	65	167	59.9
Origin + 7Δ	7.00	2.94	70	169	65.0
Origin + 8Δ	8.00	3.36	75	171	70.4
Origin + 9Δ	9.00	3.78	80	173	77.6
Origin + 10Δ	10.00	4.20	85	175	80.3
Origin + 11Δ	11.00	4.62	90	179	76.2
Origin + 12Δ	12.00	5.04	95	181	75.1

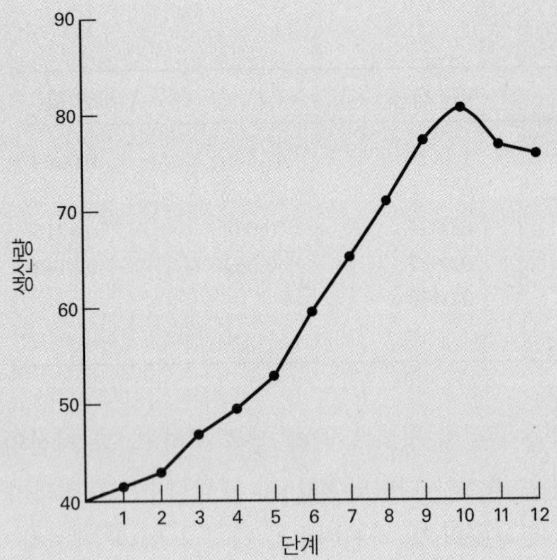

그림 10.5
예제 10.1에서 최대 상승 경로의 단계에 대한 생산량

해서는 [170, 180]이다. 따라서 부호화된 변수들은

$$x_1 = \frac{\xi_1 - 85}{5} \quad \text{그리고} \quad x_2 = \frac{\xi_2 - 175}{5}$$

다시 한번, 5개의 중심점이 있는 2^2 설계가 사용된다. 표 10.4에 실험설계가 나와 있다.

표 10.4의 부호화된 변수에 대해 적합한 1차 모형은

$$\hat{y} = 78.97 + 1.00x_1 + 0.50x_2$$

모형에 대한 분산분석은 교호작용 및 순수 2차항 확인까지 포함하였고 이는 표 10.5에 나와 있다. 교호작용과 순수 2차항을 확인하면 1차 모형은 적절한 근사가 아니다. 실제 표면에서 곡률이 있다는 것은 우리가 최적점에 가깝다는 것을 의미한다. 이 시점에서 최적점을 더 정확하게 찾아내기 위해서는 추가적인 분석이 이루어져야 한다.

표 10.4 두 번째 1차 모형에 대한 자료

자연변수		부호화변수		반응값
ξ_1	ξ_2	x_1	x_2	y
80	170	−1	−1	76.5
80	180	−1	1	77.0
90	170	1	−1	78.0
90	180	1	1	79.5
85	175	0	0	79.9
85	175	0	0	80.3
85	175	0	0	80.0
85	175	0	0	79.7
85	175	0	0	79.8

표 10.5 두 번째 1차 모형에 대한 분산분석

변동원인	제곱합	자유도	평균제곱	F_0	P 값
회귀	5.00	2			
잔차	11.1200	6			
(교호작용)	(0.2500)	1	0.2500	4.72	0.0955
(순수 2차항)	(10.6580)	1	10.6580	201.09	0.0001
(순수오차)	(0.2120)	4	0.0530		
합계	16.1200	8			

예제 10.1에서 **최대 상승 경로가 적합 1차 모형 내 회귀계수의 부호와 크기에 비례한다**는 것을 확인하였다.

$$\hat{y} = \hat{\beta}_0 + \sum_{i=1}^{k} \hat{\beta}_i x_i$$

최대 상승 경로에 있는 점의 좌표를 결정하는 일반적인 공식은 쉽게 구할 수 있다. 점 $x_1 = x_2 = \cdots = x_k = 0$을 기준 또는 원점이라고 가정하자. 그러면

1. 공정변수 중 하나의 단계 크기 Δx_j를 정한다. 보통 제일 잘 아는 변수 또는 회귀계수의 절댓값 $|\hat{\beta}_j|$이 가장 큰 변수를 선택한다.
2. 다른 변수들의 단계 크기는

$$\Delta x_i = \frac{\hat{\beta}_i}{\hat{\beta}_j / \Delta x_j} \qquad i = 1, 2, \ldots, k \qquad i \neq j$$

3. 부호화된 변수 Δx_j를 자연변수로 바꾼다.

설명을 위해 예제 10.1에서 계산한 최대 상승 경로를 생각해 보자. x_1이 가장 큰 회귀계수를 가지기 때문에 반응시간을 1번 단계에서 말한 변수로 선택한다(공정에 대한 지식을 근거로). 반응시간 5분을 단계 크기로 설정한다. 부호화변수로 나타내면 $\Delta x_1 = 1.0$이다. 따라서 가이드라인의 2번 단계에 따라, 온도의 단계 크기는

$$\Delta x_2 = \frac{\hat{\beta}_2}{\hat{\beta}_1 / \Delta x_1} = \frac{0.325}{(0.775/1.0)} = 0.42$$

부호화된 단계 크기($\Delta x_1 = 1.0$ 그리고 $\Delta x_2 = 0.42$)를 시간과 온도의 본래의 단위로 바꾸려면, 아래와 같은 관계를 이용한다.

$$\Delta x_1 = \frac{\Delta \xi_1}{5}, \quad \Delta x_2 = \frac{\Delta \xi_2}{5}$$

그 결과로

$$\Delta \xi_1 = \Delta x_1(5) = 1.0(5) = 5 \text{ min}$$

그리고 다음을 얻는다.

$$\Delta \xi_2 = \Delta x_2(5) = 0.42(5) = 2°\text{F}$$

10.3 2차 반응표면 분석

실험자가 비교적 최적점에 가까울 때, 반응변수를 근사하기 위해서는 보통 곡률이 들어있는 모형이 필요하다. 대부분의 경우, 아래와 같은 2차 모형이 적절하다.

$$y = \beta_0 + \sum_{i=1}^{k} \beta_i x_i + \sum_{i=1}^{k} \beta_{ii} x_i^2 + \sum_{i<j}\sum \beta_{ij} x_i x_j + \epsilon \tag{10.4}$$

이 절에서는 이렇게 적합한 모형을 통해 x에 대한 최적의 조건 조합을 찾고, 반응표면의 속성을 특성화하는 방법에 대해서 살펴볼 것이다.

10.3.1 안정점의 위치

예측 반응값을 최적화시키는 $x_1, x_2, \ldots, x_k$의 수준들을 알고 싶다고 하자. 이 점이 존재한다면 편도함수 $\partial\hat{y}/\partial x_1 = \partial\hat{y}/\partial x_2 = \cdots = \partial\hat{y}/\partial x_k = 0$인 $x_1, x_2, \ldots, x_k$의 조합일 것이다. 이 점 $x_{1,s}, x_{2,s}, \ldots, x_{k,s}$를 **안정점**(stationary point)이라고 한다. 안정점은 **최대 반응점**(maximum response), **최소 반응점**(minimum response) 또는 **안장점**(saddle point)을 나타낸다. 이 세 가지 경우가 그림 10.6, 10.7, 10.8에 나와 있다.

등고선그림은 반응표면 연구에서 매우 중요한 역할을 한다. 반응표면 분석용 컴퓨터 소프트웨어를 이용해 등고선그림을 그려보면, 실험자는 대개 표면의 형태와 최적점의 위치를 어느 정도 정확하게 파악할 수 있다.

안정점의 위치에 대한 일반적인 수학적 해를 구할 수 있다. 적합한 2차 모형을 행렬로 나타내면,

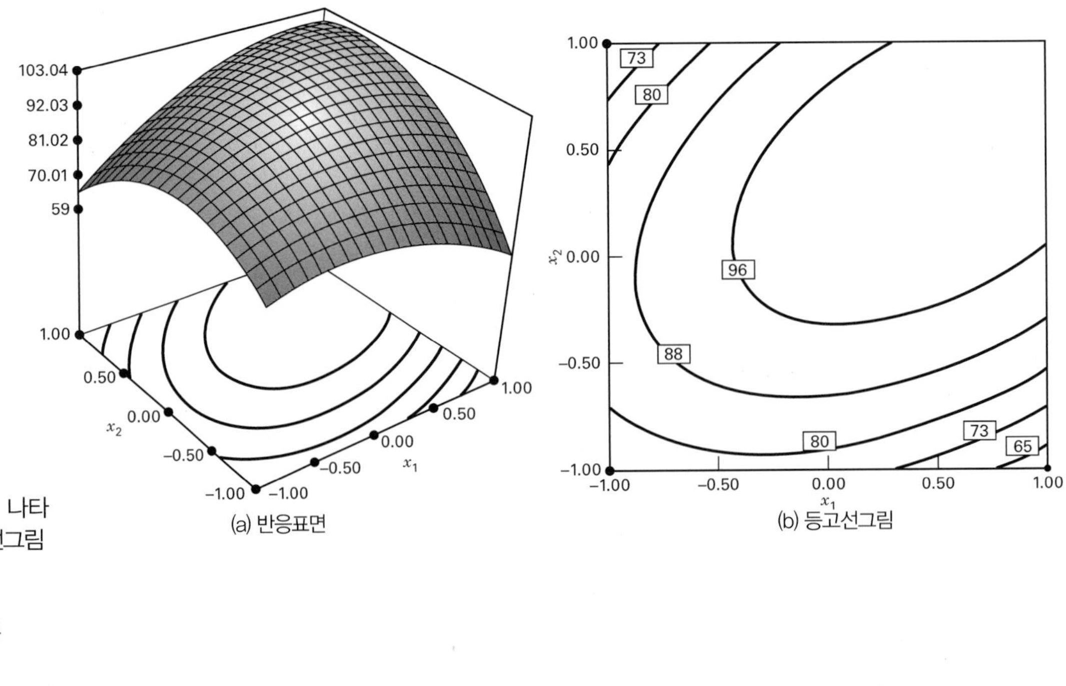

그림 10.6
최댓값이 있는 표면을 나타내는 반응표면과 등고선그림

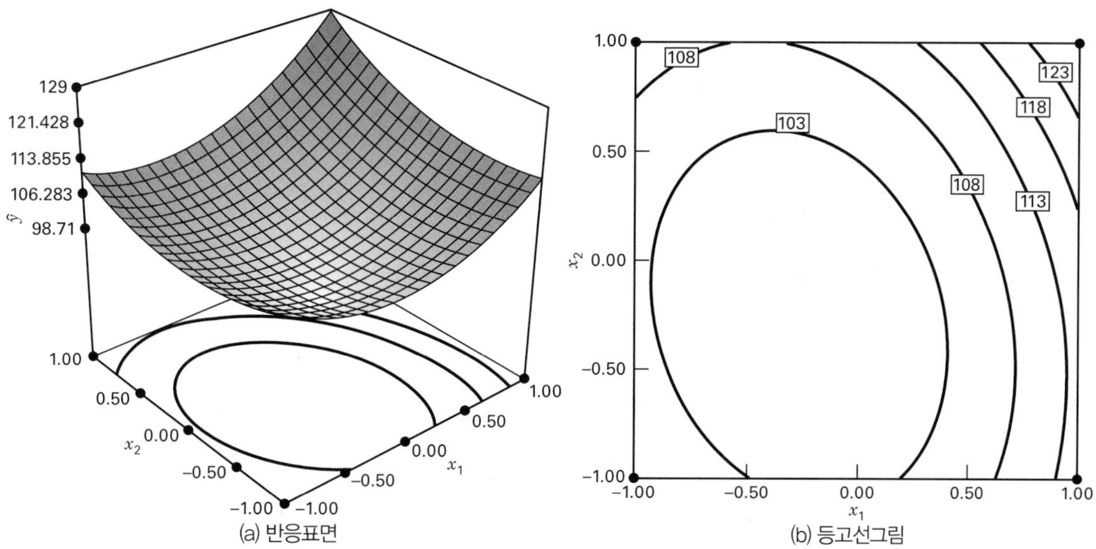

그림 10.7
최솟값이 있는 표면을 나타내는 반응표면과 등고선그림

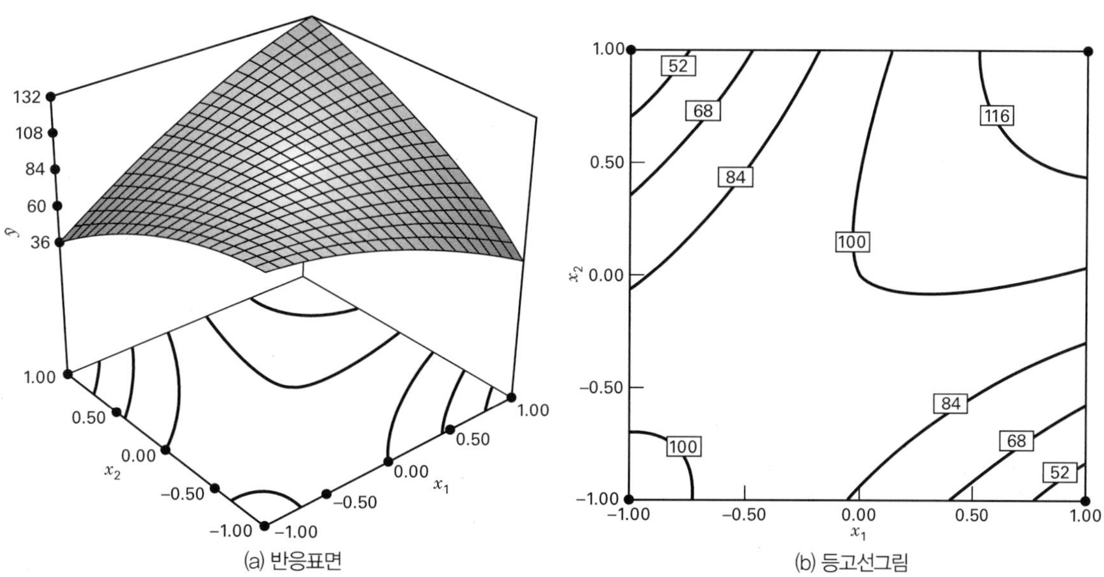

그림 10.8
안장점(또는 최소최대 값)이 있는 표면을 나타내는 반응표면과 등고선그림

$$\hat{y} = \hat{\beta}_0 + \mathbf{x}'\mathbf{b} + \mathbf{x}'\mathbf{B}\mathbf{x} \tag{10.5}$$

이때,

$$\mathbf{x} = \begin{bmatrix} x_1 \\ x_2 \\ \vdots \\ x_k \end{bmatrix} \quad \mathbf{b} = \begin{bmatrix} \hat{\beta}_1 \\ \hat{\beta}_2 \\ \vdots \\ \hat{\beta}_k \end{bmatrix} \quad \text{그리고} \quad \mathbf{B} = \begin{bmatrix} \hat{\beta}_{11}, & \hat{\beta}_{12}/2, & \ldots, & \hat{\beta}_{1k}/2 \\ & \beta_{22}, & \ldots, & \hat{\beta}_{2k}/2 \\ & & \ddots & \\ \text{sym.} & & & \hat{\beta}_{kk} \end{bmatrix}$$

즉, $\mathbf{b}$는 $(k \times 1)$ 1차 회귀계수 벡터이고 $\mathbf{B}$는 주 대각원소가 **순수** 2차 회귀계수 $(\hat{\beta}_{ii})$, 그리고 비 대각원소가 **혼합** 2차 계수들$(\hat{\beta}_{ij}, i \neq j)$의 절반인 $(k \times k)$ 대칭 행렬이다. 벡터 $\mathbf{x}$의 원소에 대한 $\hat{y}$의 도함수를 0으로 두면

$$\frac{\partial \hat{y}}{\partial \mathbf{x}} = \mathbf{b} + 2\mathbf{B}\mathbf{x} = \mathbf{0} \tag{10.6}$$

안정점은 식 10.6의 해, 즉

$$\mathbf{x}_s = -\frac{1}{2}\mathbf{B}^{-1}\mathbf{b} \tag{10.7}$$

게다가 식 10.7을 식 10.5에 대입하면, 안정점에서의 예측 반응값을 아래와 같이 구할 수 있다.

$$\hat{y}_s = \hat{\beta}_0 + \frac{1}{2}\mathbf{x}_s'\mathbf{b} \tag{10.8}$$

10.3.2 반응표면 규정

안정점을 찾고 나면, 일반적으로 이 점 주변에서 반응표면을 규정하는 것이 필요하다. **규정**(characterize)한다고 하는 것은, 안정점이 최댓값인지 최솟값인지 또는 안장점인지를 결정하는 것이다. 또한 대개 변수들 $x_1, x_2, \ldots, x_k$에 대한 반응변수의 상대적인 민감도를 알려고 한다.

앞서 언급하였듯이, 이를 위한 가장 직관적인 방법은 적합시킨 모형의 **등고선그림**(contour plot)을 살펴보는 것이다. 만약 공정변수가(x들) 두세 개밖에 없으면 등고선그림을 그리고 해석하는 것이 상대적으로 쉽다. 하지만 변수들이 적은 경우라도 **정준 분석**(canonical analysis)이라고 하는 더 수리적이고 정형화된 분석이 유용할 수 있다.

먼저 모형을 원점을 안정점 $\mathbf{x}_s$으로 하는 새 좌표로 변환한 뒤 이 좌표축에 적합 반응표면의 주축이 평행하도록 회전한다. 이러한 변환이 그림 10.9에 나타나 있다. 그 결과를 적합된 모형으로 나타내면

$$\hat{y} = \hat{y}_s + \lambda_1 w_1^2 + \lambda_2 w_2^2 + \cdots + \lambda_k w_k^2 \tag{10.9}$$

여기서 $\{\omega_i\}$는 변환된 독립변수이고 $\{\lambda_i\}$들은 상수이다. 식 10.9를 모형의 **정준형태**(canonical form)라고 한다. 또한 $\{\lambda_i\}$들은 행렬 $\mathbf{B}$의 **고윳값**(eigenvalues) 또는 **특성근**(characteristic roots)이다.

반응표면의 속성은 안정점 그리고 $\{\lambda_i\}$들의 **부호**와 **크기**로 결정된다. 우선 2차 모형을 적합하려고 탐색하는 영역 안에 안정점이 있다고 가정하자. $\{\lambda_i\}$들이 모두 양수면, $\mathbf{x}_s$는 최소 반응점이고, $\{\lambda_i\}$들이 모두 음수라면 $\mathbf{x}_s$는 최대 반응점이며, 그리고 $\{\lambda_i\}$들이 서로 다른

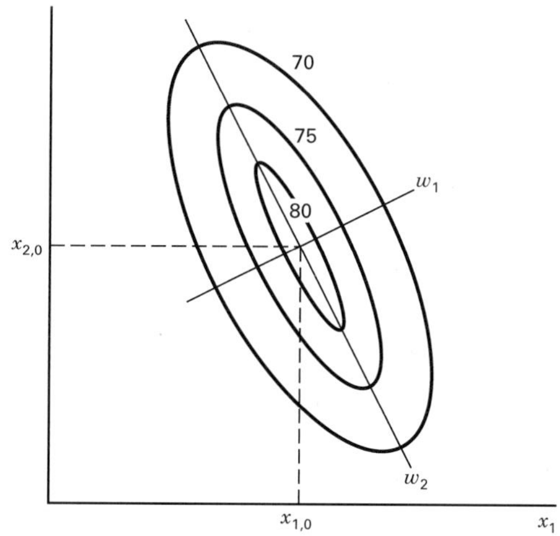

그림 10.9
2차 모형의 정준형태

부호라면, $\mathbf{x}_s$는 안장점이다. 또한 표면은 $|\lambda_i|$가 최대인 ω_i 방향으로 가장 가파르다. 그 예로 $\mathbf{x}_s$가 최대이고(λ_1과 λ_2가 음수) $|\lambda_1| > |\lambda_2|$인 시스템이 그림 10.9에 나와 있다.

예제 10.2

예제 10.1의 화학 공정에 대한 분석을 계속하겠다. 표 10.4의 설계를 이용해서는 변수 x_1과 x_2의 2차 모형을 적합할 수 없다. 실험자는 2차 모형을 적합할 수 있을 만큼의 충분한 점을 추가해서 보정하고자 한다.[1] 실험자는 ($x_1 = 0$, $x_2 = \pm 1.414$)와 ($x_1 = \pm 1.414$, $x_2 = 0$)에서 4개의 관측치를 얻었다. 완료된 실험이 표 10.6에 나와 있고, 그림 10.10에 설계가 나타나 있다. 이러한 설계를 **중심복합설계**(central composite design, CCD)라고 하고

표 10.6 예제 10.2에 대한 중심복합설계

자연변수		부호화변수		반응값		
ξ_1	ξ_2	x_1	x_2	y_1 (생산량)	y_2 (점성도)	y_3 (분자량)
80	170	−1	−1	76.5	62	2940
80	180	−1	1	77.0	60	3470
90	170	1	−1	78.0	66	3680
90	180	1	1	79.5	59	3890
85	175	0	0	79.9	72	3480
85	175	0	0	80.3	69	3200
85	175	0	0	80.0	68	3410
85	175	0	0	79.7	70	3290
85	175	0	0	79.8	71	3500
92.07	175	1.414	0	78.4	68	3360
77.93	175	−1.414	0	75.6	71	3020
85	182.07	0	1.414	78.5	58	3630
85	167.93	0	−1.414	77.0	57	3150

1 실험자는 본래의 9개의 관측치를 시행할 때, 추가로 4번의 실험을 더 하였다. 만약 두 시행 간에 상당한 시간이 흘렀다면 블록화가 필요할 수 있다. 반응표면설계에서의 블록화는 10.4.3절에서 논의할 것이다

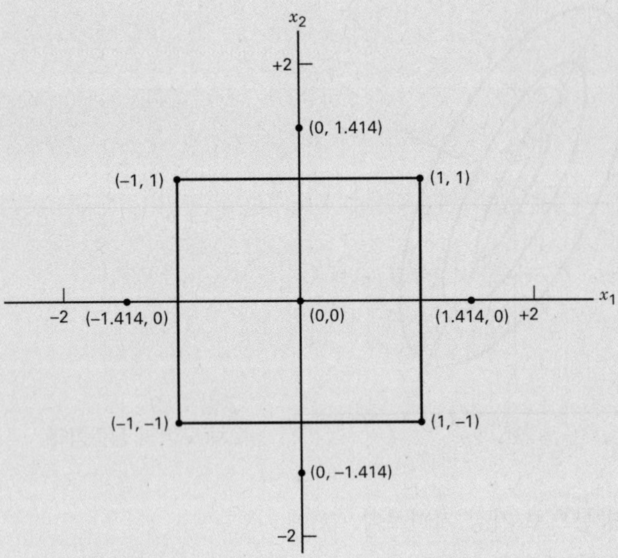

그림 10.10
예제 10.2에 대한 중심복합설계

10.4.2절에서 더 자세히 다룰 것이다. 이 실험의 두 번째 단계에서는 관심 있는 반응값이 두 개가 추가되었다. 점성도와 생산물의 분자량이다. 표 10.6에 역시 이 반응값들이 나와 있다.

생산량 반응변수 y_1(다른 반응변수들은 10.3.4절에서 다루어질 것이다)에 대한 2차 모형을 적합하는 데 초점을 맞출 것이다. 일반적으로 컴퓨터 소프트웨어로 반응표면을 적합하고 등고선그림을 그린다. 표 10.7에 Design-Expert의 결과가 나와 있다. 이 표를 살펴보면, 이 소프트웨어 패키지가 모형의 선형, 2차형, 3차형 항에 대한 "순차 또는 추가제곱합"을 먼저 계산한다는 것을 알 수 있다[CCD가 완전 3차 모형을 할 수 있을 만큼 충분한 시행이 없으므로 가명관계(aliasing)에 대한 경고 메시지가 나온다]. 2차항에 대한 P 값이 작은 것으로 보아, 생산량 반응변수에 2차 모형을 적합하기로 한다. 컴퓨터 계산결과에 부호화변수들과 자연 또는 실제 요인수준 모두에 대한 최종모형이 나와 있다.

그림 10.11은 공정변수인 시간과 온도에 대한 생산량 반응변수의 3차원 반응표면그림과 등고선그림이다. 이러한 그림을 통해서 비교적 쉽게 최적점이 175°F와 반응시간 85분 근처에 있고, 그 점에서 반응값이 최대라는 것을 알 수 있다. 등고선그림을 살펴보면 공정이 온도 변화보다는 반응시간의 변화에 좀 더 민감하다는 것을 알 수 있다.

식 10.7의 일반해를 이용해서 안정점의 위치를 찾아낼 수 있다.

$$\mathbf{b} = \begin{bmatrix} 0.995 \\ 0.515 \end{bmatrix} \qquad \mathbf{B} = \begin{bmatrix} -1.376 & 0.1250 \\ 0.1250 & -1.001 \end{bmatrix}$$

그리고 식 10.7에서 안정점은 다음과 같다.

$$\begin{aligned} \mathbf{x}_s &= -\tfrac{1}{2}\mathbf{B}^{-1}\mathbf{b} \\ &= -\tfrac{1}{2}\begin{bmatrix} -0.7345 & -0.0917 \\ -0.0917 & -1.0096 \end{bmatrix}\begin{bmatrix} 0.995 \\ 0.515 \end{bmatrix} = \begin{bmatrix} 0.389 \\ 0.306 \end{bmatrix} \end{aligned}$$

즉, $x_{1,s} = 0.389$ 그리고 $x_{2,s} = 0.306$이다. 자연변수로 나타내면, 안정점은

$$0.389 = \frac{\xi_1 - 85}{5} \qquad 0.306 = \frac{\xi_2 - 175}{5}$$

이 식을 풀면, 반응시간은 $\xi_1 = 86.95 \simeq 87$분 그리고 온도는 $\xi_2 = 176.53 \simeq 176.5$°F이다. 이는 그림 10.11의 등고선그림을 시각적으로 살펴서 찾은 안정점과 매우 가깝다. 식 10.8을 이용하여 안정점에서의 예측 반응값 $\hat{y}_s = 80.21$을 찾을 수 있다.

이번 절에서 설명한 정준 분석을 반응표면을 규정하는데 사용할 수도 있다. 먼저 적합시킨 모형을 정준형태(식 10.9)로 나타내야 한다. 고윳값 λ_1과 λ_2는 아래 행렬식의 근,

$$|\mathbf{B} - \lambda\mathbf{I}| = 0$$

$$\begin{vmatrix} -1.376 - \lambda & 0.1250 \\ 0.1250 & -1.001 - \lambda \end{vmatrix} = 0$$

즉 다음과 같이 정리되는 식의 근이다.

$$\lambda^2 + 2.3788\lambda + 1.3639 = 0$$

이 2차방정식의 근은 $\lambda_1 = -0.9634$ 그리고 $\lambda_2 =$

표 10.7 예제 10.2의 생산량 반응변수에 대해 모형을 적합한 Design-Expert 결과(계속)

Response: yield

*****WARNING: The Cubic Model is Aliased!*****

Sequential Model Sum of Squares

Source	Sum of Squares	DF	Mean Square	*F* Value	Prob > *F*	
Mean	80062.16	1	80062.16			
Linear	10.04	2	5.02	2.69	0.1166	
2FI	0.25	1	0.25	0.12	0.7350	
Quadratic	*17.95*	*2*	*8.98*	*126.88*	*<0.001*	*Suggested*
Cubic	2.042E-003	2	1.021E-003	0.010	0.9897	Aliased
Residual	0.49	5	0.099			
Total	80090.90	13	6160.84			

"Sequential Model Sum of Squares": Select the highest order polynomial where the additional terms are significant.

Lack-of-Fit Tests

Source	Sum of Squares	DF	Mean Square	*F* Value	Prob > *F*	
Linear	18.49	6	3.08	58.14	0.0008	
2FI	18.24	5	3.65	68.82	0.0006	
Quadratic	*0.28*	*3*	*0.094*	*1.78*	*0.2897*	*Suggested*
Cubic	0.28	1	0.28	5.31	0.0826	Aliased
Pure Error	0.21	4	0.053			

"Lack-of-Fit Tests": Want the selected model to have insignificant lack-of-fit.

Model summary Statistics

Source	Std. Dev.	R-Squared	Adjusted R-Squared	Predicted R-Squared	PRESS	
Linear	1.37	0.3494	0.2193	−0.0435	29.99	
2FI	1.43	0.3581	0.1441	−0.2730	36.59	
Quadratic	*0.27*	*0.9828*	*0.9705*	*0.9184*	*2.35*	*Suggested*
Cubic	0.31	0.9828	0.9588	0.3622	18.33	Aliased

"Model Summary Statistics": Focus on the model minimizing the "PRESS," or equivalently maximizing the "PRED R-SQR."

Response: yield

ANOVA for Response Surface Quadratic Model

Analysis of variance table [Partial sum of squares]

Source	Sum of Squares	DF	Mean Square	*F* Value	Prob > *F*
Model	28.25	5	5.65	79.85	<0.0001
A	*7.92*	*1*	*7.92*	*111.93*	*<0.0001*
B	*2.12*	*1*	*2.12*	*30.01*	*0.0009*
A^2	*13.18*	*1*	*13.18*	*186.22*	*<0.0001*
B^2	*6.97*	*1*	*6.97*	*98.56*	*<0.0001*
AB	*0.25*	*1*	*0.25*	*3.53*	*0.1022*
Residual	0.50	7	0.071		
Lack of Fit	*0.28*	*3*	*0.094*	*1.78*	*0.2897*
Pure Error	*0.21*	*4*	*0.053*		
Cor Total	28.74	12			

표 10.7 예제 10.2의 생산량 반응변수에 대해 모형을 적합한 Design-Expert 결과

Std. Dev.	0.27	R-Squared	0.9828
Mean	78.48	Adj R-Squared	0.9705
C.V.	0.34	Pred R-Squared	0.9184
PRESS	2.35	Adeq Precision	23.018

Factor	Coefficient Estimate	DF	Standard Error	95% CI Low	95% CI High	VIF
Intercept	79.94	1	0.12	79.66	80.22	
A-time	0.99	1	0.094	0.77	1.22	1.00
B-temp	0.52	1	0.094	0.29	0.74	1.00
A^2	−1.38	1	0.10	−1.61	−1.14	1.02
B^2	−1.00	1	0.10	−1.24	−0.76	1.02
AB	0.25	1	0.13	−0.064	0.56	1.00

Final Equation in Terms of Coded Factors:

yield =
+79.94
+0.99 ∗ A
+0.52 ∗ B
−1.38 ∗ A^2
−1.00 ∗ B^2
+0.25 ∗ A ∗ B

Final Equation in Terms of Actual Factors:

yield =
−1430.52285
+7.80749 ∗ time
+13.27053 ∗ temp
−0.055050 ∗ time^2
−0.040050 ∗ temp^2
+0.010000 ∗ time ∗ temp

Diagnostics Case Statistics

Run Order	Standard Order	Actual Value	Predicted Value	Residual	Leverage	Student Residual	Cook's Distance	Outlier t
8	1	76.50	76.30	0.20	0.625	1.213	0.409	1.264
6	2	78.00	77.79	0.21	0.625	1.275	0.452	1.347
9	3	77.00	76.83	0.17	0.625	1.027	0.293	1.032
11	4	79.50	79.32	0.18	0.625	1.089	0.329	1.106
12	5	75.60	75.78	−0.18	0.625	−1.107	0.341	−1.129
10	6	78.40	78.59	−0.19	0.625	−1.195	0.396	−1.240
7	7	77.00	77.21	−0.21	0.625	−1.283	0.457	−1.358
1	8	78.50	78.67	−0.17	0.625	−1.019	0.289	−1.023
5	9	79.90	79.94	−0.040	0.200	−0.168	0.001	−0.156
3	10	80.30	79.94	0.36	0.200	1.513	0.095	1.708
13	11	80.00	79.94	0.060	0.200	0.252	0.003	0.235
2	12	79.70	79.94	−0.24	0.200	−1.009	0.042	−1.010
4	13	79.80	79.94	−0.14	0.200	−0.588	0.014	0.559

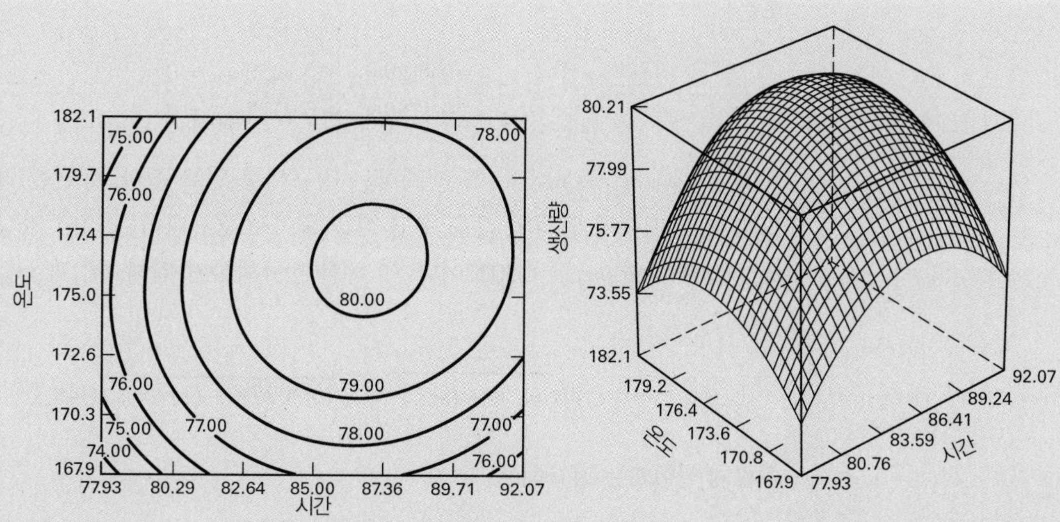

(a) 등고선그림 (b) 반응표면그림

그림 10.11 예제 10.2, 생산량 반응변수의 등고선그림과 반응표면그림

−1.4141이다. 따라서 적합된 모형의 정준형태는

$$\hat{y} = 80.21 - 0.9634w_1^2 - 1.4141w_2^2$$

λ_1과 λ_2 모두 음수이고 안정점이 탐색 영역 내에 있으므로, 안정점은 최대점이라고 결론 내릴 수 있다.

몇몇 RSM 문제에서는 **정준변수**(canonical variables) $\{w_i\}$와 **설계변수**(design variables) $\{x_i\}$ 간 관계를 알아야 하는 경우가 있다. 특히 안정점에서 공정을 운영할 수 없는 경우가 그렇다. 예를 들어 예제 10.2에서 $\xi_1 = 87$분과 $\xi_2 = 176.5$°F에서 공정을 운영하면 비용이 엄청나게 나와서, 이런 방식으로 운영을 지속하기는 힘들다고 하자. 이제 안정점으로부터 생산량이 크게 손실되지 않으면서 비용이 덜 드는 지점으로 "물러나기"를 원한다. 모형의 정준형태를 보면 w_1 방향으로 할 때 표면이 생산량 감소에 덜 민감하다는 것을 알 수 있다. 정준형태를 살펴보려면 (w_1, w_2) 공간의 점들을 (x_1, x_2) 공간의 점들로 변환해야 한다.

일반적으로 변수들 **x**는 정준변수들 **w**과 다음과 같은 관계에 있고

$$\mathbf{w} = \mathbf{M}'(\mathbf{x} - \mathbf{x}_s)$$

여기서 **M**은 $(k \times k)$ 직교행렬이다. **M**의 열은 $\{\lambda_i\}$에 대응하는 정규 고유벡터이다. 즉, $\mathbf{m}_i$가 **M**의 i번째 열이면, $\mathbf{m}_i$는 아래 식의 해이고, $\sum_{j=1}^{k} m_{ji}^2 = 1$이다.

$$(\mathbf{B} - \lambda_i \mathbf{I})\mathbf{m}_i = \mathbf{0} \tag{10.10}$$

예제 10.2에서 적합된 2차 모형을 이용해서 이 과정을 설명하겠다. $\lambda_1 = -0.9634$에 대해 식 10.10은

$$\begin{bmatrix} (-1.376 + 0.9634) & 0.1250 \\ 0.1250 & (-1.001 + 0.9634) \end{bmatrix} \begin{bmatrix} m_{11} \\ m_{21} \end{bmatrix} = \begin{bmatrix} 0 \\ 0 \end{bmatrix}$$

또는

$$-0.4129m_{11} + 0.1250m_{21} = 0$$
$$0.1250m_{11} + 0.0377m_{21} = 0$$

위 식들과 $m_{11}^2 + m_{21}^2 = 1$을 만족하는 정규해를 얻고 싶다. 유일한 해는 존재하지 않으므로 한 미지수에 임의의 값을 주고 식을 풀어서 정규화하는 것이 가장 편리한 방법이다. $m_{21}^* = 1$로 두면, $m_{11}^* = 0.3027$이다. 이 해를 정규화하기 위해, m_{11}^*과 m_{21}^*을 아래 값으로 나눈다.

$$\sqrt{(m_{11}^*)^2 + (m_{21}^*)^2} = \sqrt{(0.3027)^2 + (1)^2} = 1.0448$$

이렇게 얻어지는 정규해는

$$m_{11} = \frac{m_{11}^*}{1.0448} = \frac{0.3027}{1.0448} = 0.2898$$

그리고

$$m_{21} = \frac{m_{21}^*}{1.0448} = \frac{1}{1.0448} = 0.9571$$

이다. 이 값이 **M** 행렬의 첫 번째 열이다.

$\lambda_2 = -1.4141$을 이용하여 위 과정을 반복하면, **M**의 두 번째 열로써 $m_{12} = -0.9571$과 $m_{22} = 0.2898$을 얻을 수 있다. 따라서

$$\mathbf{M} = \begin{bmatrix} 0.2898 & -0.9571 \\ 0.9571 & 0.2898 \end{bmatrix}$$

w와 **x** 변수들의 관계는

$$\begin{bmatrix} w_1 \\ w_2 \end{bmatrix} = \begin{bmatrix} 0.2898 & 0.9571 \\ -0.9571 & 0.2898 \end{bmatrix} \begin{bmatrix} x_1 - 0.389 \\ x_2 - 0.306 \end{bmatrix}$$

또는

$$w_1 = 0.2897(x_1 - 0.389) + 0.9571(x_2 - 0.306)$$
$$w_2 = -0.9571(x_1 - 0.389) + 0.2888(x_2 - 0.306)$$

안정점 근처의 반응표면을 살펴보고 싶으면, (w_1, w_2) 공간 안에서 관측치를 얻을만한 적절한 지점을 찾고 위 관계식을 이용해 시행할 수 있도록 (x_1, x_2) 공간으로 변환시키면 된다.

10.3.3 능선 시스템

순수 최대점, 최소점이나 안장점 반응표면의 변형을 보는 것은 특이한 일은 아니다. 특히 능선 시스템(Ridge system)은 상당히 흔하다. 식 10.9에 나왔던 2차 모형의 정준형태를 생각해 보자.

$$\hat{y} = \hat{y}_s + \lambda_1 w_1^2 + \lambda_2 w_2^2 + \cdots + \lambda_k w_k^2$$

이제 안정점 $\mathbf{x}_s$가 실험 영역 내에 있고 하나 이상의 λ_i가 아주 작다(예를 들어 $\lambda_i \simeq 0$)고 하자. 그러면 반응변수는 작은 λ_i가 곱해진 변수 w_i에 아주 적은 영향을 받는다.

이 예를 보여주는 등고선그림이 그림 10.12에 있다. 변수는 $k=2$개, $\lambda_1=0$이다(실제 상황에서는 λ_1은 정확히 0이 아니라 0에 매우 가까운 값이다). 반응표면에 대한 정준모형은 이론적으로 다음과 같고,

$$\hat{y} = \hat{y}_s + \lambda_2 w_2^2$$

여기서 λ_2는 음수이다. w_1 방향으로 연장하면 중심이 $\hat{y}=70$인 선이 그려지고 그 선 위 어느 지점이나 최적점이 된다. 이런 형태의 반응표면을 **정상 능선 시스템**(stationary ridge system)이라고 한다.

만일 안정점이 2차 모형 적합을 위한 탐색 영역의 바깥쪽에 멀리 떨어져 있고, 하나(또는 이상)의 λ_i가 0에 가깝다면, 표면은 **상승 능선**(rising ridge)일 것이다. 그림 10.13은 0에 가까운 λ_1, 음수인 λ_2를 가지면서 변수가 $k=2$개인 상승 능선을 나타내고 있다. 이러한 형태의 능선 시스템에서는 $\mathbf{x}_s$가 모형을 적합한 영역 바깥에 있으므로 실제 표면이나 안정점에 대해 추론할 수 없다. 하지만 w_1방향으로는 추가적인 탐색이 가능하다. λ_2가 양수이면, 이 시스템을 하강 능선(falling ridge)이라고 한다.

10.3.4 다중 반응변수

많은 반응표면 문제 중에는 반응변수가 여러 개인 분석들도 있다. 그 예로 예제 10.2에서

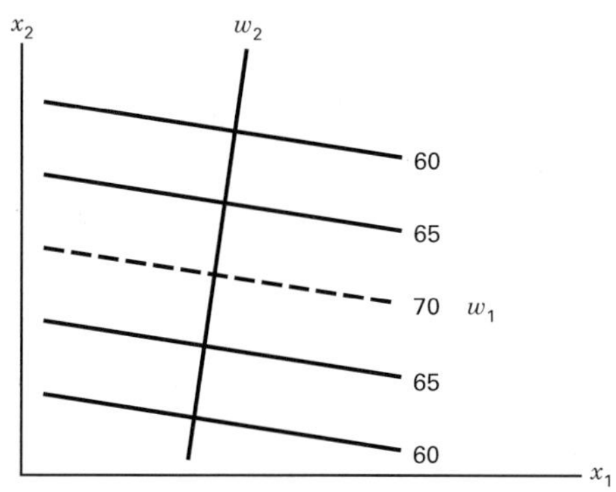

그림 10.12
안정 능선 시스템의 등고선그림

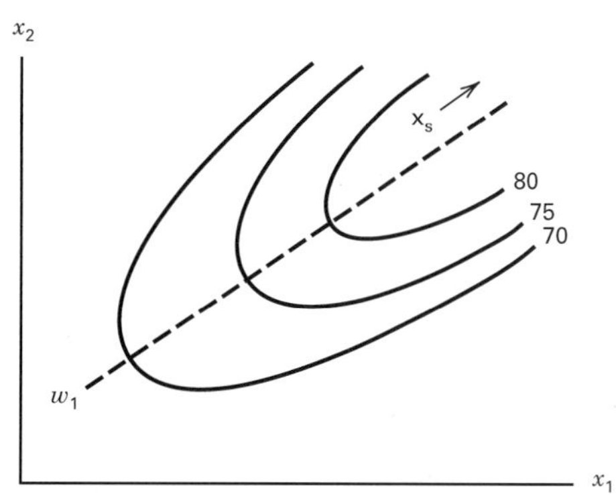

그림 10.13
상승 능선 시스템의 등고선그림

실험자는 세 가지 반응변수를 측정하였다. 이 예제에서 생산량 반응변수 y_1에 대해서만 공정을 최적화하였다.

다중 반응변수들을 동시에 고려하려면 우선 각 반응변수에 대해 적절한 반응표면모형을 만든 다음 모든 반응변수를 최적화시키거나 최소한 원하는 범위로 유지하는 운영 조건 조합을 찾아야 한다. 다중 반응변수 문제를 확장해서 다루는 내용은 Myers, Montgomery and Anderson-Cook(2016)에 나와 있다.

예제 10.2의 점성도와 분자량 반응변수(각각 y_2와 y_3)에 대한 모형을 다음과 같이 얻을 수 있다.

$$\hat{y}_2 = 70.00 - 0.16x_2 - 0.95x_1 - 0.69x_1^2 - 6.69x_2^2 - 1.25x_1x_2$$
$$\hat{y}_3 = 3386.2 + 205.1x_1 + 177.4x_2$$

시간(ξ_1)과 온도(ξ_2)의 수준으로 위 모형들을 나타내면,

$$\begin{aligned}\hat{y}_2 = &-9030.74 + 13.393\xi_1 + 97.708\xi_2 \\ &-2.75 \times 10^{-2}\xi_1^2 - 0.26757\xi_2^2 - 5 \times 10^{-2}\xi_1\xi_2\end{aligned}$$

그리고

$$\hat{y}_3 = -6308.8 + 41.025\xi_1 + 35.473\xi_2$$

그림 10.14와 10.15에서 이 모형들에 대한 등고선그림과 반응표면그림을 볼 수 있다.

공정변수가 얼마 없을 때, 여러 반응변수를 상대적으로 직관적으로 최적화하는 접근법은 각 반응변수의 등고선그림을 겹치는(overlay the contour plots) 방법이다. 그림 10.16은 예제 10.2의 세 반응변수를 겹친 그림인데, 이때 y_1(생산량) ≥ 78.5, $62 \leq y_2$(점성도) ≤ 68, 그리고 y_3(분자량 Mn) ≤ 3400이다. 만일 경계들이 공정에서 무조건 맞춰야 하는 중요한 조건

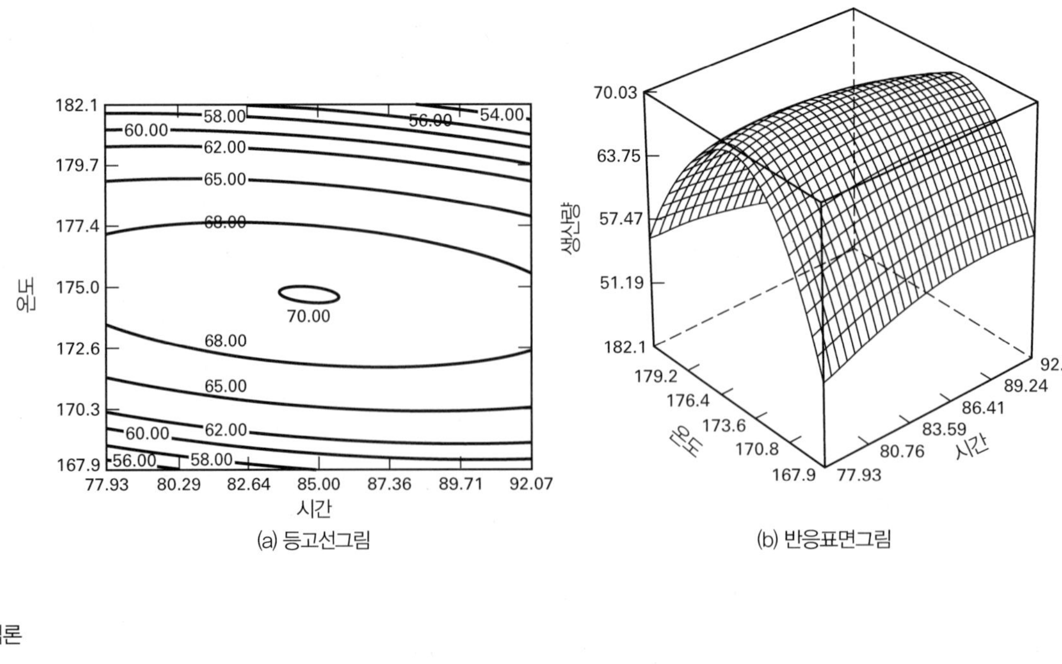

(a) 등고선그림

(b) 반응표면그림

그림 10.14
예제 10.2, 점성도의 등고선그림과 반응표면그림

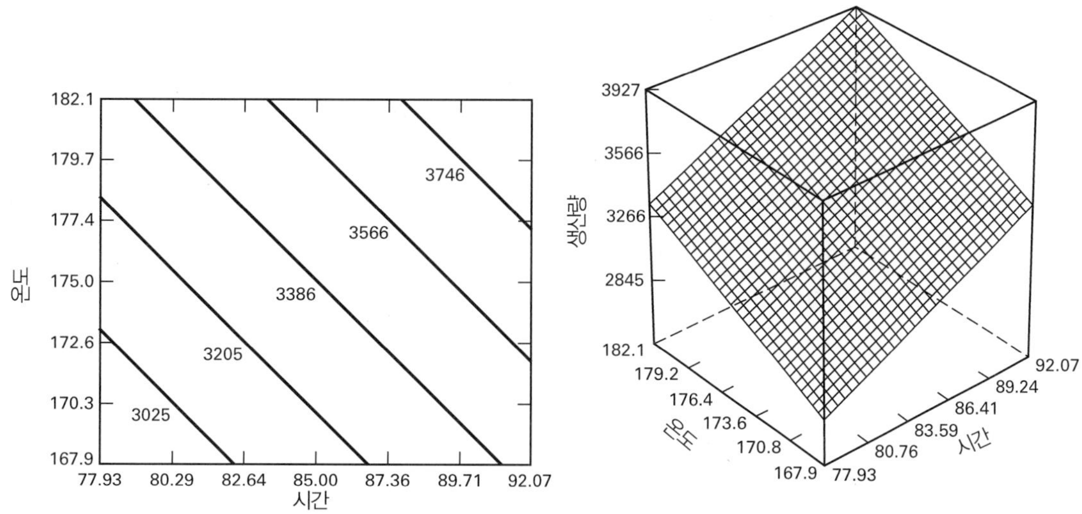

(a) 등고선그림 (b) 반응표면그림

그림 10.15
예제 10.2, 분자량의 등고선그림과 반응표면그림

들이라면, 그림 10.16에서 색칠되지 않은 부분처럼 여러 시간과 온도 조합에서 만족스러운 결과를 얻을 수 있을 것이다. 실험자는 육안으로 등고선그림에서 적절한 조건들을 찾아낼 수 있다. 예를 들어 그림 10.16에서 실제로 운영할 수 있는 두 영역 중 더 큰 쪽에 가장 관심이 있을 것이다.

세 개 이상의 설계변수들이 있는 경우, 등고선그림이 2차원이므로 $k-2$개의 설계변수들이 상수로 고정되어야 하므로 등고선을 겹쳐서 그리는 것이 어색해질 것이다. 종종 이럴 때는 어떤 변수를 상수로 두고 어떤 수준을 선택하면 가장 나은 표면을 볼 수 있을지 많은 시행착오를 겪어야 한다. 그러므로 반응변수가 많을 때의 최적화를 좀 더 정형화되게 하는 방법에 현실적인 관심이 몰린다.

흔히 쓰이는 접근법은 **제한최적화 문제**(constrained optimization problem)로 보고 공식을 만들어 풀어내는 것이다. 예제 10.2를 예로 들면, 문제를 다음과 같이 식으로 쓸 수 있다.

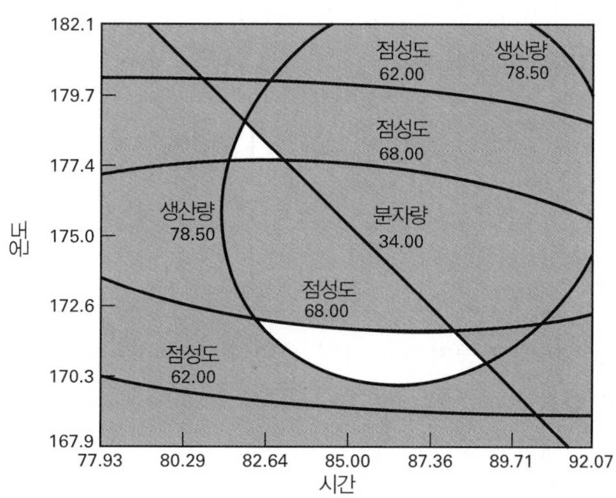

그림 10.16
예제 10.2, 생산량, 덮개로 찾은 점성도, 그리고 분자량 반응변수의 최적 영역

$$\text{최대화 } y_1$$
$$\text{제약 조건식}$$
$$62 \le y_2 \le 68$$
$$y_3 \le 3400$$

이 문제를 다양한 수치적 방법으로 풀 수 있다. 때에 따라 이러한 기법들을 **비선형 계획법**(nonlinear programming methods)이라 한다. Design-Expert 소프트웨어 패키지는 이런 종류의 문제를 직접 찾아내는 식으로 풀어낸다. 구해진 두 해는

$$\text{time} = 83.5 \qquad \text{temp} = 177.1 \qquad \hat{y}_1 = 79.5$$

그리고

$$\text{time} = 86.6 \qquad \text{temp} = 172.25 \qquad \hat{y}_1 = 79.5$$

첫 번째 해는 설계영역(그림 10.16 참고)의 적당한 영역 중 위쪽(작은)에 해당하고, 두 번째 해는 큰 쪽 영역에 해당한다. 두 해 모두 제한조건의 경계에 매우 가깝다.

다중 반응변수 최적화의 또 다른 접근법은 Derringer and Suich(1980)에 의해 알려진 동시 최적화 기법을 사용하는 것이다. 이 방법은 **요망함수**(desirability functions)를 사용한다. 일반적으로 우선 각 반응변수 y_i를 아래 범위에서 움직이는 개별 요망함수 d_i로 바꾸는데

$$0 \le d_i \le 1$$

이때 반응변수 y_i가 목표점에 있으면 $d_i = 1$이고, 반응변수가 수용할 수 있는 영역 바깥에 있으면 $d_i = 0$이다. 그러면 m개의 반응변수들이 있을 때, 전체 요망값을 최대로 하는 설계변수들은

$$D = (d_1 \cdot d_2 \cdot \cdots \cdot d_m)^{1/m}$$

개별 반응변수들 중 적절하지 않은 것이 하나라도 있으면 전체 요망값은 0이 될 것이다.

그림 10.17에 개별 요망함수들의 형태가 나타나 있다. 반응변수에 대한 목표점 혹은 타겟 T가 최댓값이라면,

$$d = \begin{cases} 0 & y < L \\ \left(\dfrac{y-L}{T-L}\right)^r & L \le y \le T \\ 1 & y > T \end{cases} \tag{10.11}$$

이고 이때 가중치가 $r = 1$인 경우, 요망함수는 선형이다. $r > 1$로 두면 목표값에 가까운 것에 중점을 두는 것이고, $0 < r < 1$로 두면 이 부분을 덜 중요하게 보는 것이다. 만일 반응변수에 대한 목표점이 최솟값이라면,

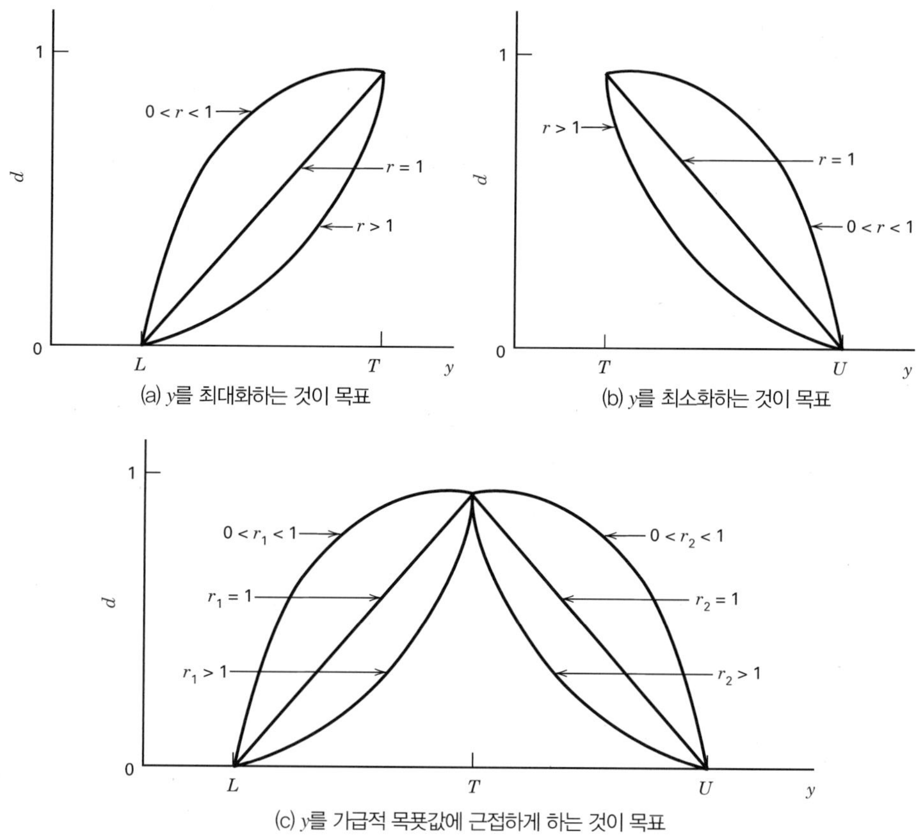

그림 10.17
동시 최적화에 대한 개별 요망함수들

$$d = \begin{cases} 1 & y < T \\ \left(\dfrac{U-y}{U-T}\right)^{r} & T \le y \le U \\ 0 & y > U \end{cases} \tag{10.12}$$

그림 10.17c의 양쪽 요망함수는 목표점이 하한(L)과 상한(U) 사이에 있다고 가정한다. 그리고 다음과 같이 정의된다.

$$d = \begin{cases} 0 & y < L \\ \left(\dfrac{y-L}{T-L}\right)^{r_1} & L \le y \le T \\ \left(\dfrac{U-y}{U-T}\right)^{r_2} & T \le y \le U \\ 0 & y > U \end{cases} \tag{10.13}$$

예제 10.2를 풀기 위해 요망함수 방법을 이용한 Design-Expert 소프트웨어 패키지가 사용되었다. $U=70$에 대해 생산량 반응값의 목표점을 $T=80$으로 두고, 개별 요망값들에 대한 가중치를 동일하게 1로 두었다. $L=62$, $U=68$(사양과 일치하도록)인 점성도 반응변수

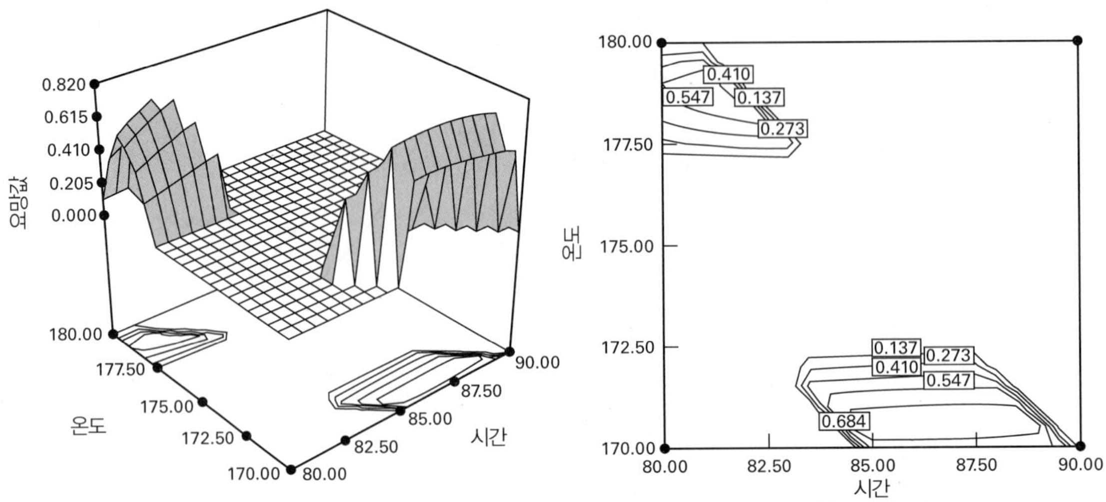

(a) 반응표면그림 (b) 등고선그림

그림 10.18 예제 10.2 문제에 대한 요망함수 반응표면그림과 등고선그림

에 대해 $T=65$로 두고, 가중치는 둘 다 $r_1=r_2=1$로 두었다. 끝으로 분자량을 수용할 수 있는 범위는 3200과 3400 사이임을 밝힌다. 두 개의 해를 구할 수 있다.

해 1

Time = 86.5	Temp = 170.5	$D = 0.822$
$\hat{y}_1 = 78.8$	$\hat{y}_2 = 65$	$\hat{y}_3 = 3287$

해 2

Time = 82	Temp = 178.8	$D = 0.792$
$\hat{y}_1 = 78.5$	$\hat{y}_2 = 65$	$\hat{y}_3 = 3400$

해 1은 가장 높은 총 요망값을 가진다. 이 결과는 타겟에 가깝고 수용할 만한 분자량을 가진다. 이 해는 그림 10.16에서 두 영역 중 큰 쪽에 해당하며, 두 번째 해는 작은 영역에 해당한다. 그림 10.18은 총 요망함수 D의 반응표면그림과 등고선그림을 보여준다.

10.4 반응표면 적합을 위한 실험설계

반응표면 적합 및 분석은 실험설계를 어떻게 하냐에 따라 굉장히 쉬워질 수 있다. 이 절에서는 반응표면 적합을 위해 적절한 설계를 선택하는 법에 대해 다룰 것이다.

반응표면설계를 선택할 때, 적절한 설계의 특징들은 다음과 같다.

1. 관심영역 내에서 자료 점들의 합리적인 분포(즉, 정보)를 찾을 수 있다.
2. 적합성 결여 및 모형의 적합도를 확인할 수 있다.
3. 블록으로 실험을 할 수 있다.
4. 순차적으로 더 높은 차수의 설계가 가능하다.
5. 오차항의 내부적 추정치를 준다.
6. 모형계수들의 정확한 추정치를 준다.
7. 실험 영역 내에서 예측값 변동의 적절한 예측 프로파일을 얻을 수 있다.
8. 이상점이나 결측치에 대해 합리적인 로버스트성질(robustness)을 가진다.
9. 많은 수의 시행을 필요로 하지 않는다.
10. 너무 많은 독립변수들의 수준을 필요로 하지 않는다.
11. 모형모수 계산이 간편하다.

이러한 성질들은 때때로 충돌하기 때문에, 설계를 선택에 있어 판단이 필요한 경우가 있다. 반응표면설계 선택에 대한 더 자세한 정보는 Khuri and Cornell(1996), Myers, Montgomery and Anderson-Cook(2016), and Box and Draper(2007)을 참고하면 된다.

10.4.1 1차 모형 적합을 위한 설계

변수가 k개인 1차 모형을 적합한다고 하자.

$$y = \beta_0 + \sum_{i=1}^{k} \beta_i x_i + \epsilon \tag{10.14}$$

회귀계수들 $\{\hat{\beta}_i\}$의 분산을 최소로 만드는 고유한 종류의 설계가 있다. 바로 **직교 1차 설계**(orthogonal first-order designs)이다. 행렬 $(\mathbf{X}'\mathbf{X})$의 비대각원소들이 모두 0이면 1차 설계는 직교이다. 이 경우 행렬 $\mathbf{X}$의 열 간 교차곱의 합은 0이 된다.

직교 1차 설계의 종류에는 2^k 요인실험 그리고 주효과가 다른 주효과와 가명관계에 있지 않는 2^k 부분요인실험이 있다. 이러한 설계를 사용할 때, k개 요인들의 낮고 높은 수준을 일반적인 ± 1 수준으로 부호화한다고 가정한다.

2^k 설계에서는 여러 번 시행을 반복하지 않는 이상 실험오차를 추정할 수가 없다. 2^k 설계에서 반복하는 흔한 방법으로 중심($x_i = 0$인 지점, $i = 1, 2, \ldots, k$)에서 추가로 더 관찰하는 것이 있다. 2^k 설계에서 중심점을 추가하는 것은 $\{\hat{\beta}_i\}(i \geq 1)$에 영향을 주지는 않지만, β_0의 추정치가 모든 관측치의 총평균이 된다. 또한 중심점을 추가해도 설계의 직교성이 바뀌지는 않는다. 예제 10.1에 1차 모형 적합을 위해 5개의 중심점을 추가한 2^2 설계가 나와 있다.

또 다른 직교 1차 모형 설계는 **심플렉스**(simplex)이다. 심플렉스는 k차원에서 k+1개의 꼭짓점을 갖는 정다면체를 말한다. 따라서 $k = 2$인 심플렉스는 정삼각형이고, $k = 3$인 심플렉스는 정사면체이다. 2차원과 3차원에서의 심플렉스가 그림 10.19에 나와 있다.

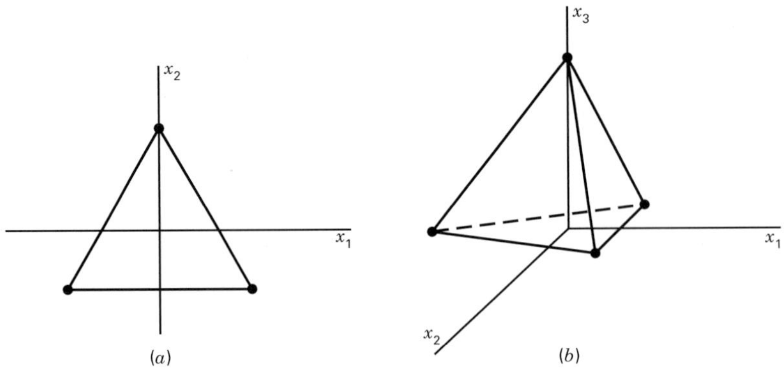

그림 10.19
(a) $k=2$ 그리고 (b) $k=3$에 대한 심플렉스

10.4.2 2차 모형 적합을 위한 설계

예제 10.2(그보다 전인 예제 6.6에서)에서 2차 모형 적합을 위한 **중심복합설계**(central composite design), 즉 CCD를 간략히 소개하였다. 이 방법은 2차 모형들을 적합하기 위해 가장 많이 쓰이는 설계 종류이다. 보통 CCD는 요인 시행이 n_F번, 축 또는 꼭짓점 시행이 $2k$번, 그리고 중심점 시행이 n_C번인 2^k 요인실험(또는 해상도 V 부분요인실험)으로 구성된다. 그림 10.20에 $k=2$개 그리고 $k=3$개 요인에 대한 CCD가 나와 있다.

실질적으로 CCD는 예제 10.1과 10.2에서처럼 **순차실험**(sequential experimentation)을 할 때 사용된다. 즉, 2^k이 1차 모형 적합에 사용되고 이 모형이 적합성 결여가 있을 때, 축 시행을 추가해서 2차항이 모형에 포함될 수 있도록 하는 것이다. CCD는 2차 모형 적합에 매우 효과적인 설계이다. 이때 반드시 특정되어야 하는 두 모수가 있다. 설계 중심에서 축 시행까지의 거리 α와 중심점의 개수 n_C이다. 이제 이 두 가지 모수의 선택에 대해 이야기하겠다.

회전성(*Rotatability*). 이는 관심영역 내에서 2차 모형이 좋은 예측을 할 수 있게 하는 중요한 성질이다. "좋은" 예측을 정의해보면, 모형이 관심있는 점 $\mathbf{x}$의 예측 반응값에 대해 일관적인(consistent) 값을 내고 안정적인 분산을 갖는 것이다. 어떤 점 $\mathbf{x}$에서의 예측 반응값에 대한 분산을 나타내는 식 9.40을 떠올려보면,

$$V[\hat{y}(\mathbf{x})] = \sigma^2 \mathbf{x}'(\mathbf{X}'\mathbf{X})^{-1}\mathbf{x} \tag{10.15}$$

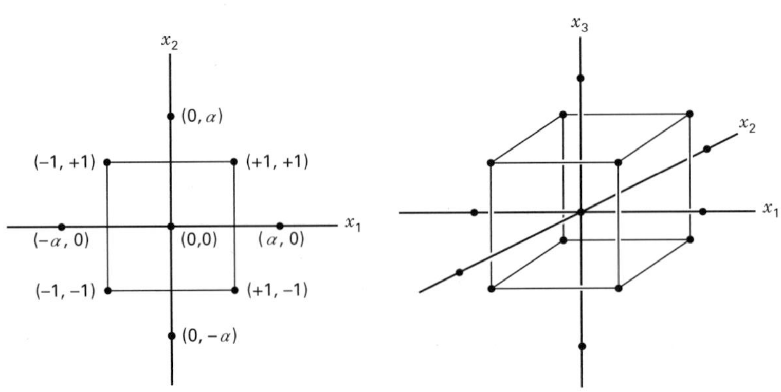

그림 10.20
$k=2$ 그리고 $k=3$에 대한 중심복합설계

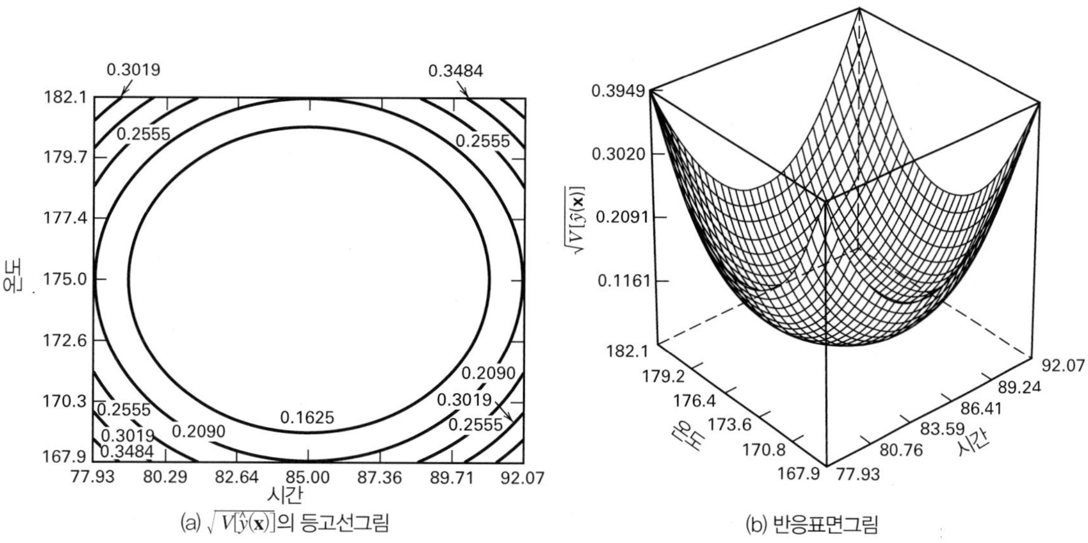

그림 10.21 예제 10.2, 회전가능 CCD에 대한 예측 반응값 표준편차의 등고선

Box and Hunter(1957)는 2차 반응표면설계가 **회전가능**(rotatable)해야 한다고 주장하였다. 이 말은 설계의 중심에서 같은 거리에 있는 모든 점 **x**에서 $V[\hat{y}(\mathbf{x})]$가 동일하다는 의미이다. 즉, 예측 반응값의 분산은 구면(sphere)위에서 일정하다.

그림 10.21은 예제 10.2의 CCD를 이용한 2차 모형 적합에 대한 상수 $\sqrt{V[\hat{y}(\mathbf{x})]}$의 등고선을 보여주고 있다. 예측 반응값 표준편차의 등고선들은 동심원이다. 이런 성질을 가진 설계는 설계가 중심(0, 0, …, 0)에 대해 회전되어도 $\hat{y}$의 분산이 바뀌지 않을 것이고, 그래서 **회전가능** 설계라고 하는 것이다.

회전성은 반응표면설계를 선택하는 합리적인 근거이다. RSM의 목적이 최적화이고 실험 전에는 최적점의 위치를 알 수 없으므로, 모든 방향에서 동일한 정확성으로 추정하는 설계를 사용하는 것이 옳다(모든 1차 직교설계는 회전가능하다는 것을 보일 수 있다).

중심복합설계는 α의 선택에 따라 회전할 수 있도록 만들 수 있다. 회전성에 대한 α 값은 설계의 요인 부분에 해당하는 점 개수에 따라 다르다. 사실 $\alpha = (n_F)^{1/4}$이면 회전가능한 중심복합설계가 되고, 여기서 n_F는 설계의 요인 부분에 해당하는 점의 개수이다.

구형(*spherical*) **CCD**. 회전성은 **구형 성질**(spherical property)이다. 즉, 관심영역이 구형일 때 가장 적절한 설계 기준인 것이다. 하지만 좋은 설계가 되기 위해 완벽하게 회전할 수 있어야 하는 것이 중요한 것은 아니다. 관심영역이 구형인 경우, CCD에 대한 예측분산 관점에서 가장 좋은 선택은 $\alpha = \sqrt{k}$로 두는 것이다. 구형 CCD(spherical CCD)라고 부르는 이 설계는 모든 요인과 축 점들을 반지름이 $\sqrt{k}$인 구 표면 위에 둔다. 더 자세한 내용을 원한다면, Myers, Montgomery and Anderson-Cook(2016)를 참고하길 바란다.

CCD 중심 시행(*Center Runs in the CCD*). CCD에서 α의 선택은 주로 관심영역에 따라 설정된다. 구형 영역일 경우, 설계는 예측 반응값의 안정적인 분산을 위해 중심점 시행을 반드시 포함해야 한다. 보통 세 개에서 다섯 개의 시행을 추천한다.

표 10.8 3변수 Box–Behnken 설계

시행	x_1	x_2	x_3
1	−1	−1	0
2	−1	1	0
3	1	−1	0
4	1	1	0
5	−1	0	−1
6	−1	0	1
7	1	0	−1
8	1	0	1
9	0	−1	−1
10	0	−1	1
11	0	1	−1
12	0	1	1
13	0	0	0
14	0	0	0
15	0	0	0

Box-Behnken 설계(*Design*). Box and Behnken(1960)은 반응표면 적합을 위한 3수준 설계를 제안하였다. 이 설계들은 불완전한(incomplete) 블록이 포함된 2^k 요인실험들을 결합해서 만들었다. 필요한 시행의 수 측면에서 이 설계들은 매우 효율적이고, 회전할 수 있거나 거의 회전가능하다.

표 10.8은 3변수 Box-Behnken 설계를 보여주고 있다. 그림 10.22에 기하학적으로도 보여주고 있다. 이 Box-Behnken 설계는 모든 점이 반지름 $\sqrt{2}$인, 구 표면 위에 놓여 있는 구형설계이다. 또한 Box-Behnken 설계는 각 변수에 대한 상한과 하한으로 구성된 육면체의 꼭짓점을 포함하지 않는다. 이는 육면체의 꼭짓점이 물리적인 공정 제한조건으로 인해 무척 비싸거나 실험하기 불가능한 요인수준 조합을 나타낼 때 유용할 수 있다.

정육면체형 관심영역(*Region of Interest*). 많은 경우에 관심영역은 구형보다는 정육면체형이다. 이러한 경우 유용한 중심복합설계의 변형은 **면심 중심복합설계**(face-centered central composite design) 또는 **면심 정육면체**(face-centered cube)이며, 여기서 $\alpha = 1$이다. 이 설계는 $k=3$인 그림 10.23에 나온 것처럼, 육면체의 면 중심에 축 점을 둔다. 이런 중심복합설계

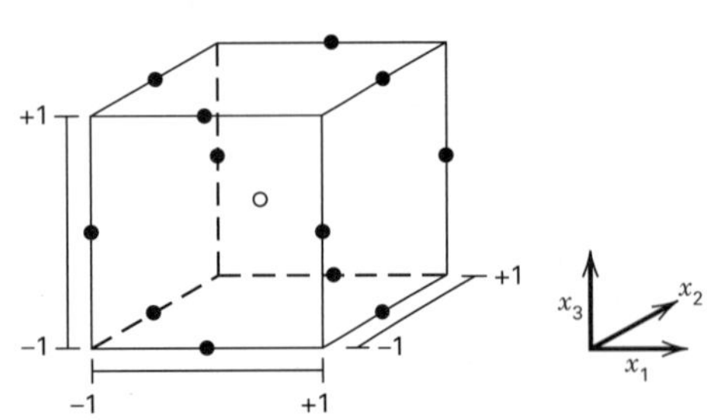

그림 10.22
세 요인에 대한 Box–Behnken 설계

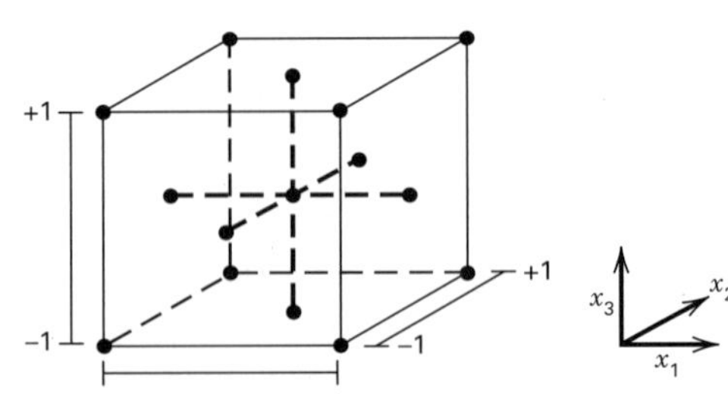

그림 10.23
$k=3$인 면심 중심복합설계

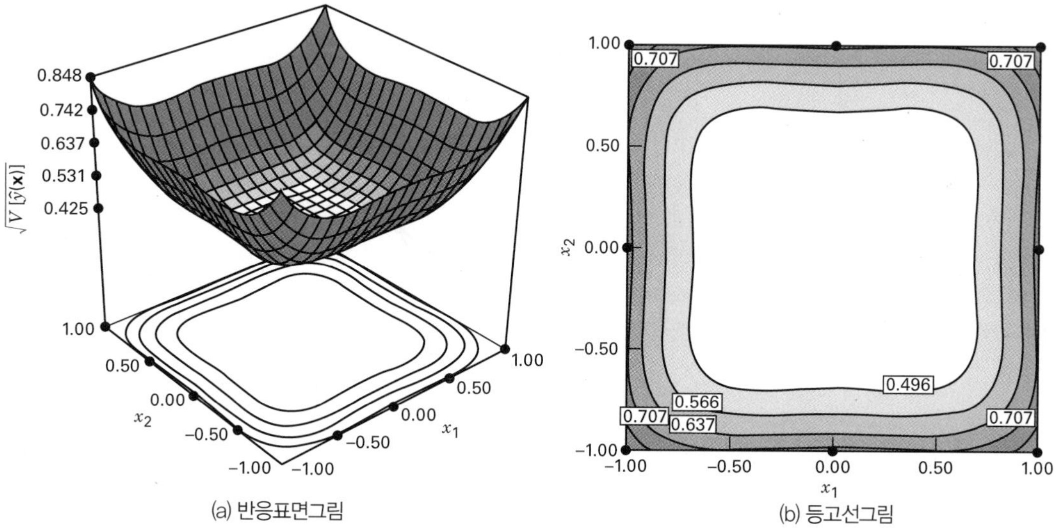

그림 10.24 $k=3$, $n_C=3$, $x_3=0$인 면심 정육면체에 대한 예측값의 표준편차 $\sqrt{V[\hat{y}(\mathbf{x})]}$

변형은 각 요인당 세 개 수준만 필요로 하고, 실제에서는 요인의 수준을 바꾸는 것이 어려운 경우가 많으므로 종종 사용된다. 하지만 면심 중심복합설계는 회전할 수 없다.

면심 정육면체는 구형 CCD만큼 많은 중심점이 필요하지 않다. 실제로 $n_C=2$ 또는 3개면 실험 영역 내에서 적절한 예측값 분산을 얻을 만하다. 실험오차의 합리적인 추정치를 위해 때에 따라 중심점 시행이 더 필요할 수는 있다. 그림 10.24는 $n_C=3$개의 중심점이 있으면서 $k=3$인 면심 정육면체에 대한 예측값 분산의 제곱근 $\sqrt{V[\hat{y}(\mathbf{x})]}$ 값을 보여주고 있다. 예측값의 표준편차가 비교적 넓은 설계영역에서 합리적으로 일정하다.

기타 설계들(*Other Design*). 여러 가지 다른 반응표면설계들도 때에 따라 유용하다. 변수가 2개인 경우, 점들이 원 위에서 동일한 간격으로 정다각형을 이루는 설계들을 사용할 수 있다. 설계점들이 원점으로부터 같은 거리에 있으므로 이러한 배치를 **동일반경설계**(equiradial designs)라고 한다.

$k=2$인 경우, 회전가능한 동일반경설계는 중심에 $n_1 \geq 1$개의 점이 있는 원 위에 $n_2 \geq 5$개의 점들을 같은 간격으로 두어 만들어진다. 특히 5각형과 6각형이 $k=2$인 경우에 유용한 설계들이다. 그림 10.25에 이러한 설계들이 나와 있다. 또 다른 설계로 **소복합설계**(small composite design)가 있다. 소복합설계는 해상도 III*(주효과들이 2요인 교호작용과 가명관계에 있고 2요인 교호작용끼리는 가명관계에 있지 않음) 정육면체의 부분요인설계 그리고 일반적인 축 및 중심점 시행들로 구성된다. 시행의 수를 줄이는 것이 중요한 경우 소복합설계가 괜찮을 수 있지만, CCD에 비해 좋은 예측값 분산 성질을 기대하기는 어렵다.

$k=3$개 요인에 대한 소복합설계가 표 10.9에 나와 있다. 여기서는 해상도 III* 기준을 만족하는 2^3의 표준 1/2 부분요인설계를 이용한다. 이 설계는 정육면체에서의 시행 4개와 축 시행 6개를 가지고 있으며, 최소 1개의 중심점을 가져야 한다. 따라서 이 설계는 최소 $N=11$개의 시행을 두고, 변수가 $k=3$개인 2차 모형은 추정해야 할 모수로 $p=10$개를 가지기 때문에 시행수의 측면에서 매우 효율적인 설계이다. 표 10.9의 설계는 $n_C=4$개의 중

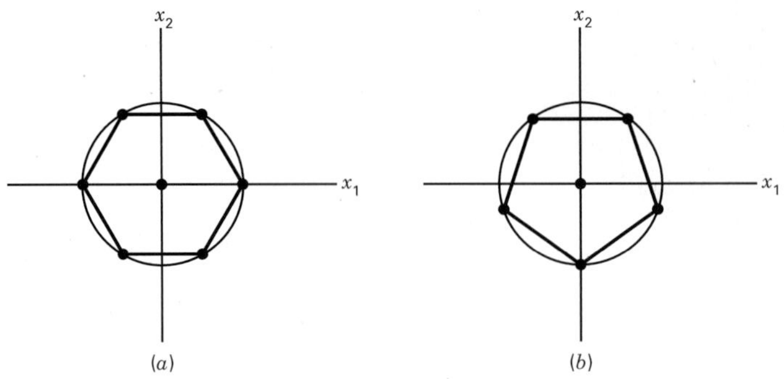

그림 10.25
변수가 2개인 동일반경설계. (a) 6각형, (b) 5각형

심점 시행을 두고 있다. 소복합설계는 회전이 가능하게 만들 수 없으므로 구형설계를 위해서 $\alpha = 1.73$을 선택하였다.

혼성설계(hybrid design)도 시행의 수를 줄이는 것이 중요할 때 이용하는 설계이다. $k=3$에 대한 혼성설계가 표 10.10에 나와 있다. 설계 중 일부는 불규칙적인 수준을 가지는데, 이러한 부분이 실제 적용 시 제한요인이 될 수 있다. 하지만 그런 것들은 아주 작은 설계들이며, 상당히 좋은 예측값 분산 성질을 가지고 있다. 소복합설계와 혼성설계에 대한 더 자세한 내용은 Myers, Montgomery and Anderson-Cook(2016)를 참고하기 바란다.

반응표면설계의 그래픽적 평가(*Graphical Evaluation of Response Surface Designs*). 반응표면설계는 예측 모형을 세울 때 가장 많이 사용된다. 따라서 설계를 평가하거나 비교에 있어서 (식 10.15에서 정의된) 예측값 분산이 상당히 중요하다. 이때 그림 10.21과 10.24와 같은 예측값 분산(또는 제곱근 값인 예측값 표준편차)의 2차원 등고선그림이나 3차원 반응표면그림이 필요하다. 하지만 k개 요인이 있는 설계의 경우, 2개의 설계요인만 그림에 나타낼 수 있다. 남은 $k-2$개의 요인들을 상수로 고정해 두기 때문에, 이렇게 그려진 그림은 예측값 분산이 설계 영역 전반에 어떻게 분포하는지에 대해 불완전하게 나타내는 것이다. 이 문제를 해결하기 위해 6.7절에서 소개된 **설계영역 비율**(Fraction of design space, FDS) 그림과 Giovannitti-Jensen and Myers(1989)가 개발한 **분산 변동 그래프**(Variance dispersion

표 10.9 $k=3$개 요인에 대한 소복합설계

표준순서	x_1	x_2	x_3
1	1.00	1.00	−1.00
2	1.00	−1.00	1.00
3	−1.00	1.00	1.00
4	−1.00	−1.00	−1.00
5	−1.73	0.00	0.00
6	1.73	0.00	0.00
7	0.00	−1.73	0.00
8	0.00	1.73	0.00
9	0.00	0.00	−1.73
10	0.00	0.00	1.73
11	0.00	0.00	0.00
12	0.00	0.00	0.00
13	0.00	0.00	0.00
14	0.00	0.00	0.00

표준순서	x_1	x_2	x_3
1	0.00	0.00	1.41
2	0.00	0.00	−1.41
3	−1.00	−1.00	0.71
4	1.00	−1.00	0.71
5	−1.00	1.00	0.71
6	1.00	1.00	0.71
7	1.41	0.00	−0.71
8	−1.41	0.00	−0.71
9	0.00	1.41	−0.71
10	0.00	−1.41	−0.71
11	0.00	0.00	0.00

표 10.10 $k=3$개 요인에 대한 혼성설계

graph, VDG)을 이용할 수 있다.

VDG는 반응모형 및 특정 설계 대한 예측값 분산의 최소, 최대, 평균값과 반응값 대 영업 중심으로부터의 설계 포인트의 거리를 보여주는 그래프이다. 거리 또는 반경은 보통 0(설계 중심)에서 $\sqrt{k}$까지 변화하는데, 여기서 $\sqrt{k}$는 구형설계에서는 중심으로부터 가장 먼 점까지의 거리이다. VDG에 **척도화 예측값 분산**(scaled prediction variance, SPV)을 그리는 게 일반적일 것이다.

$$\frac{NV[\hat{y}(\mathbf{x})]}{\sigma^2} = N\mathbf{x}'(\mathbf{X}'\mathbf{X})^{-1}\mathbf{x} \qquad (10.16)$$

SPV는 식 10.15의 예측값 분산에 설계 내 시행의 수(N)을 곱하고 오차항의 분산 σ^2으로 나누어 준 것이다. σ^2으로 나누면 미지의 모수를 제거할 수 있고, N을 곱하면 크기가 다른 설계를 서로 비교하기 쉽게 해준다.

그림 10.26a는 $k=3$개의 변수와 4개의 중심 시행을 가지는 회전가능 CCD에 대한 VDG이다. 회전이 가능하므로 설계의 중심으로부터 같은 거리에 있는 점들에 대해 최소, 최대, 평균 SPV 값이 동일하므로 VDG에는 하나의 선만이 있게 된다. 그래프에서 SPV가 어떻게 움직이는지 보면, 대략 반경이 1.2인 지점까지는 거의 일정하고 그 뒤부터 경계부분으로 점차 증가하고 있다는 걸 알 수 있다. 그림 10.26b는 $k=3$개의 변수와 4개의 중심 시행을 가지는 구형 CCD에 대한 VDG이다. 최소, 최대, 평균 SPV 값에 대한 세 선 사이에 아주 작은 차이가 있는데, 이를 통해 회전가능한 설계와 구형 종류의 설계 간 실질적인 차이는 매우 작다는 걸 알 수 있다.

그림 10.27은 $k=4$개 요인을 가지는 회전가능한 CCD에 대한 VDG이다. 이 VDG에서 설계의 중심점 수는 $n_C=1$에서 $n_C=5$까지 달라진다. 너무 적은 수의 중심점이 있는 설계는 매우 불안정한 예측값의 분산분포를 가지지만, n_C 값이 증가함에 따라 빠르게 안정화된다는 것을 명확하게 보여준다. 중심 시행이 4개나 5개인 경우, 설계영역에서 안정적인 예측값 분산을 얻을 수 있다. VDG는 반응표면설계에서 중심 시행수가 변화할 때의 효과를

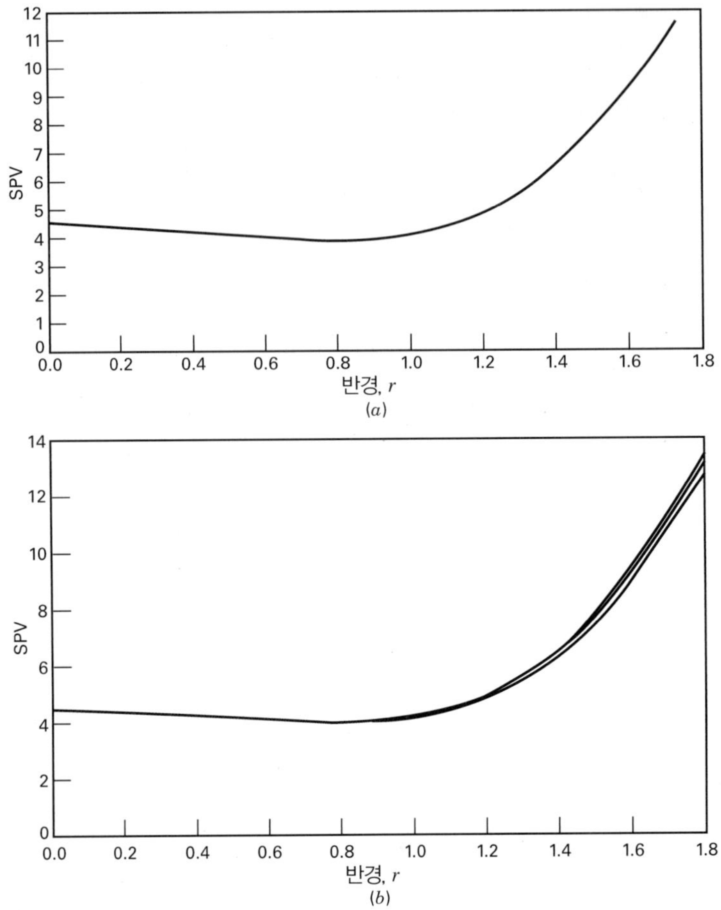

그림 10.26
분산 변동 그래프. (a) $k=3$ 이고 $\alpha=1.68$(4개의 중심 시행)인 CCD. (b) $k=3$이고 $\alpha=1.732$(4개의 중심 시행)인 CCD

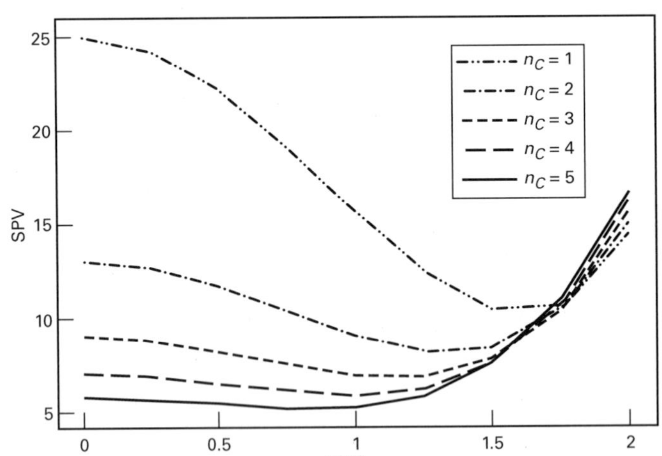

그림 10.27
$k=4$이고 $\alpha=2$인 CCD에 대한 분산 변동 그래프

연구하는 데 이용되고 있고, 이번 장의 앞에서 제안한 사항들은 이런 연구를 기반으로 제시된 것이다.

10.4.3 반응표면 실험의 블록화

반응표면설계를 사용할 때, 장애변수(nuisance variable)를 제거하기 위해 블록화가 필요한 경우가 있다. 예를 들어 예제 10.1과 10.2에서처럼, 2차 설계가 1차 설계로부터 순차적으로 구성되는 경우 이런 문제가 발생할 수 있다. 1차 설계 시행 이후, 2차 설계를 만들기 위한 보충실험을 할 때까지 상당한 시간이 경과하면 실험 조건이 달라질 수 있고, 그래서 블록화가 필요하게 된다.

블록 효과가 반응표면모형의 모수추정에 영향을 미치지 않도록 블록화되면, 이때 반응표면 설계를 **직교 블록화**(block orthogonally)되었다고 한다. 만일 2^k 또는 2^{k-p} 설계가 1차 반응표면설계에 사용되면, 7장의 방법들을 이용해 2^r개 블록에 시행을 배치하게 된다. 이러한 설계의 중심점은 블록마다 동일하게 배정되어야 한다.

2차 설계를 직교 블록화하려면, 두 가지 조건이 충족되어야 한다. b번째 블록에 n_b개의 관측치가 있다고 하면, 두 조건은

1. 각 블록은 반드시 1차 직교설계이다. 즉,

$$\sum_{u=1}^{n_b} x_{iu}x_{ju} = 0 \qquad i \neq j = 0, 1, \ldots, k \quad \text{모든 } b\text{에 대해}$$

여기서 x_{iu}와 x_{ju}는 u번째 실험 시행의 i번째와 j번째 변수의 수준이며 모든 u에 대해 $x_{0u}=1$이다.

2. 블록마다 각 변수에 대한 총제곱합의 비율은 반드시 총 관측치에 대한 블록의 비율과 같아야 한다. 즉,

$$\frac{\sum_{u=1}^{n_b} x_{iu}^2}{\sum_{u=1}^{N} x_{iu}^2} = \frac{n_b}{N} \qquad i = 1, 2, \ldots, k \quad \text{모든 } b\text{에 대해}$$

여기서 N은 설계 내 시행의 횟수이다.

이러한 조건들을 적용한 예로 $N=12$번의 시행, 그리고 $k=2$개의 변수가 있는 회전가능한 중심복합설계를 생각해 보자. 설계에 대한 x_1과 x_2의 수준을 설계행렬로 나타내면

$$D = \begin{bmatrix} x_1 & x_2 \\ -1 & -1 \\ 1 & -1 \\ -1 & 1 \\ 1 & 1 \\ 0 & 0 \\ 0 & 0 \\ 1.414 & 0 \\ -1.414 & 0 \\ 0 & 1.414 \\ 0 & -1.414 \\ 0 & 0 \\ 0 & 0 \end{bmatrix} \begin{matrix} \\ \left.\begin{matrix} \\ \\ \\ \\ \\ \\ \end{matrix}\right\} \text{블록 1} \\ \left.\begin{matrix} \\ \\ \\ \\ \\ \\ \end{matrix}\right\} \text{블록 2} \end{matrix}$$

두 개의 블록에 배치되었는데, 첫 번째 블록은 설계의 요인 부분과 2개의 중심점으로 구성되었고 두 번째 블록은 축점과 2개의 추가적인 중심점으로 구성되었다. 조건 1은 확실히 충족되었다. 즉, 두 블록 모두 1차 직교설계이다. 조건 2를 충족하는지 알아보기 위해, 먼저 블록 1을 보면

$$\sum_{u=1}^{n_1} x_{1u}^2 = \sum_{u=1}^{n_1} x_{2u}^2 = 4$$

$$\sum_{u=1}^{N} x_{1u}^2 = \sum_{u=1}^{N} x_{2u}^2 = 8 \quad \text{그리고} \quad n_1 = 6$$

따라서

$$\frac{\sum_{u=1}^{n_1} x_{iu}^2}{\sum_{u=1}^{n} x_{iu}^2} = \frac{n_1}{N}$$

또는

$$\frac{4}{8} = \frac{6}{12}$$

그러므로 블록 1에서 조건 2는 충족된다. 블록 2에서는,

$$\sum_{u=1}^{n_2} x_{1u}^2 = \sum_{u=1}^{n_2} x_{2u}^2 = 4 \quad \text{그리고} \quad n_2 = 6$$

따라서

$$\frac{\sum_{u=1}^{n_2} x_{iu}^2}{\sum_{u=1}^{N} x_{iu}^2} = \frac{n_2}{N}$$

또는

$$\frac{4}{8} = \frac{6}{12}$$

블록 2에서도 조건 2가 충족되기 때문에 이 설계는 직교 블록화되어 있다.

흔히 중심복합설계는 항상 두 개의 블록으로 직교 블록화될 수 있는데 첫 번째 블록은 n_F개의 요인점과 n_{CF}개의 중심점으로 구성되며, 두 번째 블록은 $n_A = 2k$개의 축점과 n_{CA}개의 중심점으로 구성된다. 직교 블록화를 위한 첫 번째 조건은 설계에 사용된 α의 값과 상

관없이 항상 충족된다. 두 번째 조건이 충족되려면,

$$\frac{\sum_{u}^{n_2} x_{iu}^2}{\sum_{u}^{n_1} x_{iu}^2} = \frac{n_A + n_{CA}}{n_F + n_{CF}} \tag{10.17}$$

식 10.17의 좌변은 $2\alpha^2/n_F$이고, 이 값을 대입해주면 직교 블록화를 만드는 α 값에 대한 식을 다음과 같이 세울 수 있다.

$$\alpha = \left[\frac{n_F(n_A + n_{CA})}{2(n_F + n_{CF})}\right]^{1/2} \tag{10.18}$$

일반적으로 이 α 값은 회전가능하거나 구형설계를 만들어주지 않는다. 설계가 회전하기도 요구한다면, $\alpha = (n_F)^{1/4}$ 그리고

$$(n_F)^{1/2} = \frac{n_F(n_A + n_{CA})}{2(n_F + n_{CF})} \tag{10.19}$$

식 10.19를 정확하게 만족하는 설계를 찾아내는 것이 항상 가능한 것은 아니다. 예를 들어 $k = 3$, $n_F = 8$, $n_A = 6$이라면 식 10.19는

$$(8)^{1/2} = \frac{8(6 + n_{CA})}{2(8 + n_{CF})}$$

$$2.83 = \frac{48 + 8n_{CA}}{16 + 2n_{CF}}$$

으로 쓸 수 있는데, 위의 마지막 식을 정확하게 만족하는 n_{CA}와 n_{CF} 값을 찾을 수는 없다. 그러나 $n_{CF} = 3$ 그리고 $n_{CA} = 2$이면, 우변은 아래와 같고

$$\frac{48 + 8(2)}{16 + 2(3)} = 2.91$$

설계는 거의 직교 블록화된다. 실제로 큰 정보의 손실 없이 회전성이나 직교 블록화에 대한 필요조건을 어느 정도 완화할 수 있다.

중심복합설계는 블록화에 있어 매우 다양하게 쓰일 수 있다. k가 충분히 크면, 설계의 요인 부분은 두 개 이상의 블록으로 나눠질 수 있다(요인 블록의 수는 반드시 2의 제곱수가 되어야 하고, 축 부분은 단일 블록을 형성해야 한다). 표 10.11은 중심복합설계에 대한 몇 가지 유용한 블록화 종류들을 보여주고 있다.

반응표면설계를 블록으로 시행한 설계의 분산분석을 할 때 두 가지 중요한 점들이 있다. 먼저 순수오차의 추정치 계산을 위한 중심점의 사용이다. 동일한 블록에서 시행된 중심점만 반복으로 볼 수 있고, 그러므로 순수오차항은 각 블록 내에서만 계산해야 한다. 만일 블록 간의 변동성이 일정하다면, 순수오차항 추정치들을 합칠 수 있다. 두 번째로는 블록 효

표 10.11 직교 블록화되는 몇 가지 회전할 수 있거나 회전가능에 가까운 중심복합설계들

k	2	3	4	5	$5\frac{1}{2}$ 반복	6	$6\frac{1}{2}$ 반복	7	$7\frac{1}{2}$ 반복
요인 블록(들)									
n_F	4	8	16	32	16	64	32	128	64
블록의 갯수	1	2	2	4	1	8	2	16	8
블록 내 관찰점의 갯수	4	4	8	8	16	8	16	8	8
블록 내 중심점의 갯수	3	2	2	2	6	1	4	1	1
블록 내 총 관찰점의 갯수	7	6	10	10	22	9	20	9	9
축 상의 블록									
n_A	4	6	8	10	10	12	12	14	14
n_{CA}	3	2	2	4	1	6	2	11	4
축 상 블록 내 총 관찰점의 갯수	7	8	10	14	11	18	14	25	18
설계의 총 관찰점의 갯수 N	14	20	30	54	33	90	54	169	80
α의 값들									
직교 블록	1.4142	1.6330	2.0000	2.3664	2.0000	2.8284	2.3664	3.3333	2.8284
회전성	1.4142	1.6818	2.0000	2.3784	2.0000	2.8284	2.3784	3.3636	2.8284

과이다. 설계가 m개의 블록으로 직교 블록화되면, 블록에 대한 제곱합은

$$SS_{\text{Blocks}} = \sum_{b=1}^{m} \frac{B_b^2}{n_b} - \frac{G^2}{N} \tag{10.20}$$

여기서 B_b는 b번째 블록의 관측치 n_b개의 총합이고 G는 총 m개의 블록의 N개의 모든 관측치의 총합이다. 블록들이 정확히 직교하지 않을 때는 일반 회귀 유의성 검정("추가제곱합" 방법)이 사용될 수 있다.

10.4.4 반응표면을 위한 이상적인 설계

앞 절에서 나온 중심복합설계, Box-Behnken 설계, 그리고 그 변형(면심 정육면체) 같은 표준 반응표면설계들은 광범위하게 사용되는데, 그 이유는 이러한 설계들이 매우 일반적이고 유연하기 때문이다. 실험 영역이 정육면체이거나 구형이면, 대체로 표준 반응표면설계를 적용한다. 하지만 때에 따라 표준 반응표면설계를 선택하는 것이 확실한 해결책이 아닌 경우를 마주할 수 있다. 이러한 경우에 대안으로 고려되는 것이 **최적설계**(optimal designs)이다.

이전에 언급하였듯이, 컴퓨터로 만드는 설계가 적절한 여러 가지 상황들이 있다.

1. **불규칙한 실험 영역**(*An irregular experimental region*). 실험에 대한 관심영역이 정육면

체나 구형이 아니라면, 표준설계가 최선이 아닐 수 있다. 관심영역이 불규칙한 경우는 상당히 자주 있다. 예를 들어 실험자가 어떤 접착제의 성질을 연구하고 있다. 접착제를 두 개 부품에 사용하고 고온에서 경화된다. 관심이 있는 두 가지 요인은 사용된 접착제의 양과 경화 온도이다. 이 두 요인의 범위에 대해 –1부터 +1까지의 일반적인 부호화변수를 취하며, 실험자는 접착제를 너무 적게 사용하거나 경화 온도가 너무 낮으면 부품이 제대로 붙지 않는다는 것을 알고 있다. 부호화변수들의 측면으로, 이를 설계 변수에 대한 **제한조건**(constraint)으로 나타낼 수 있다.

$$-1.5 \leq x_1 + x_2$$

여기서 x_1은 접착제의 사용량 그리고 x_2는 온도를 나타낸다. 또한 온도가 너무 높거나 접착제 사용량이 너무 많으면 열 때문에 부품이 손상되거나 적절치 않게 붙어버린다. 따라서 요인수준에 대한 또 다른 제한조건이 생긴다.

$$x_1 + x_2 \leq 1$$

그림 10.28은 이러한 제한조건들을 적용한 실험 영역을 보여주고 있다. 제한조건들로 인해 사각형의 구석 두 개가 없어져 불규칙한 실험 영역(불규칙한 영역을 "찌그러진 깡통"이라고도 한다.)이 만들어진다. 이 영역에 정확하게 적합되는 표준 반응표면 설계는 없다.

2. **비표준 모형**(*A nonstandard model*). 일반적으로 실험자는 1차 또는 2차 반응표면 모형을 선택하는데, 이 **경험적 모형**(empirical model)이 실제 메커니즘과 근사하다는 것을 알기 때문이다. 하지만 때에 따라 실험자가 자신이 연구하는 공정에 관해 특별한 지식이나 이해를 하고 있어서 비표준 모형을 사용하는 때가 있다. 예를 들어 다음과 같은 모형에 관심이 있을 수 있다.

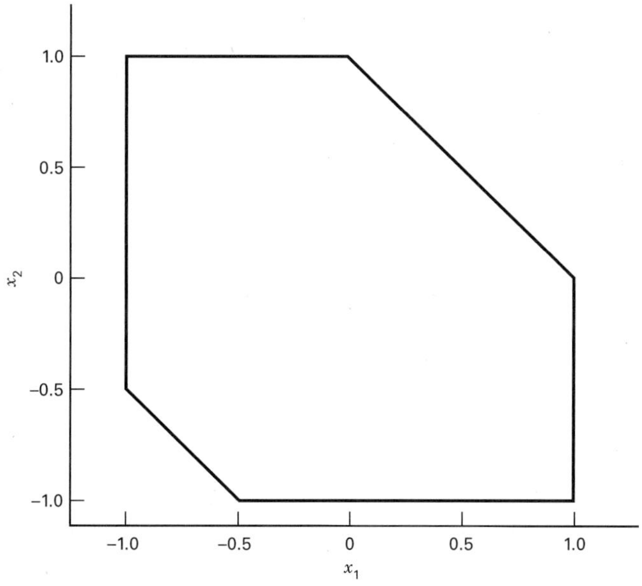

그림 10.28
변수가 2개인 제한 설계 영역

$$y = \beta_0 + \beta_1 x_1 + \beta_2 x_2 + \beta_{12} x_1 x_2 + \beta_{11} x_1^2 + \beta_{22} x_2^2 \\ + \beta_{112} x_1^2 x_2 + \beta_{1112} x_1^3 x_2 + \epsilon$$

실험자는 이런 축소 4차 모형의 적합을 위한 효과적인 설계를 얻는 데 관심을 가질 것이다. 또 다른 경우로는 설계요인 중 일부가 범주형 변수인 반응표면 문제를 풀어야 할 수도 있다. 이런 경우에 대한 표준 반응표면설계는 존재하지 않는다[Myers, Montgomery and Anderson-Cook(2009) 반응표면 문제에서 범주형 변수에 관한 논의 참고].

3. **일반적이지 않은 표본수**(*Unusual sample size requirements*). 표준 반응표면설계에서 필요한 시행의 수를 줄여야하는 경우가 있다. 예를 들어 4개의 변수가 있는 2차 모형을 적합한다고 해 보자. 이 경우에 대한 중심복합설계는 선택된 중심점의 수에 따라 28번에서 30번 사이의 시행이 필요하다. 하지만 모형은 15개 항만 가지고 있다. 시행의 비용이 굉장히 비싸거나 시간이 많이 소요된다면, 실험자는 시행이 더 적은 설계를 원할 것이다. 이런 목적으로 컴퓨터로 만든 설계를 사용할 수 있지만, 다른 접근법들이 있다. 그 예로 4개의 요소와 20번의 시행, 4개의 중심점을 가진 소복합설계와 시행이 16개뿐인 혼성설계가 가능하다. 시행의 수를 줄이기 위해서는 이러한 것들을 선택하는 것이 컴퓨터로 만든 설계를 사용하는 것보다 더 낫다.

자주 쓰이는 몇 가지 최적설계 기준들이 있다. 가장 널리 쓰이는 것은 *D*-최적 기준이다. 아래 값이 최소가 되면 그 설계를 *D*−**최적설계**(*D*-optimal)라고 한다.

$$|(\mathbf{X}'\mathbf{X})^{-1}|$$

D-최적설계는 회귀계수 벡터에 대한 결합신뢰영역의 부피를 최소로 한다. *D*-최적 기준에 따라 설계 2에 대한 설계 1의 상대적인 효율은 다음과 같다.

$$D_e = \left(\frac{|(\mathbf{X}_2'\mathbf{X}_2)^{-1}|}{|(\mathbf{X}_1'\mathbf{X}_1)^{-1}|} \right)^{1/p} \tag{10.21}$$

여기서 $\mathbf{X}_1$과 $\mathbf{X}_2$는 두 설계에 대한 행렬 $\mathbf{X}$이고 p는 모형모수의 개수이다. JMP, Design-Expert, Minitab을 포함해 많은 유명한 소프트웨어들이 *D*-최적설계를 제공한다.

A−**최적 기준**(A-optimality criterion)은 회귀계수의 분산들만 다룬다. $(\mathbf{X}'\mathbf{X})^{-1}$의 주 대각원소의 합이 최소가 되는 설계가 *A*-최적이다. [$(\mathbf{X}'\mathbf{X})^{-1}$의 **대각합**(trace)이라고 하고, 보통 $\text{tr}(\mathbf{X}'\mathbf{X})^{-1}$로 나타낸다]. 따라서 *A*-최적설계는 회귀계수들의 분산의 합을 최소로 한다.

많은 반응표면 실험들이 반응값의 예측에 관심이 가지므로 **예측값 분산 기준**(prediction variance criteria)에도 실용의 측면에서 상당한 관심이 몰린다. 이 중 가장 많이 쓰이는 것이 *G*−**최적 기준**(G-optimality criterion)이다. 설계영역에서 최대 척도화 예측값 분산이 최소가 되면 *G*-최적설계라고 한다. 즉, 설계영역에서 아래 식의 최댓값이 최소인 것이며, 여기서

N은 설계 내 점들의 개수이다.

$$\frac{NV[\hat{y}(\mathbf{x})]}{\sigma^2}$$

모형이 p개의 모수를 가지면, 설계의 G-효율은 다음과 같다.

$$G_e = \frac{p}{\max \frac{NV[\hat{y}(\mathbf{x})]}{\sigma^2}} \tag{10.22}$$

V–기준(V-criterion)은 설계영역 내 관심점 **집합** $\mathbf{x}_1, \mathbf{x}_2, ..., \mathbf{x}_m$에서의 예측값 분산을 고려한다. 점 집합은 설계가 선택될 후보 군일 수도 있고, 또는 실험자에게 특별한 의미를 주는 어떤 점들을 모아둔 것일 수도 있다. 이러한 m개 점 집합에서 예측값 분산의 평균을 최소화하는 설계가 V–**최적설계**(V-optimal design)이다.

6장(6.7절)에서 보았듯이, 설계영역의 유한한 점 집합에서 예측값 분산을 계산하기 위한 대안으로 다음과 같은 **평균 또는 누적분산**(average or integrated variance)을 계산하는데,

$$I = \frac{1}{A}\int_R V[\hat{y}(\mathbf{x})]d\mathbf{x}$$

여기서 R은 설계영역이고 A는 영역의 부피이다. 6장에서 다룬 I-기준의 더 일반적인 형태이다. I-기준은 IV 또는 Q-기준이라고 불리기도 한다. JMP는 I-최적설계를 만들 수 있다.

일반적으로 D-기준이 1차 설계에 가장 적절하다고 생각하는데, 그 이유는 1차 모형이 제일 많이 쓰이는 선별(screening) 상황에서 가장 중요시되는 모수추정과 밀접하기 때문이다. G와 I-기준은 예측 위주의 기준이라 2차 모형에 대해 가장 많이 쓰이는데, 2차 모형들은 최적화에 자주 사용되며 최적화를 위해서는 좋은 예측 성질이 필수이기 때문이다. I-기준은 G-기준보다 훨씬 용이하며 여러 소프트웨어 패키지에서 가능하다.

설계를 만드는 방법 중 하나로 **점 교환 알고리즘**(point exchange algorithm)이 있다. 이 알고리즘의 가장 간단한 형태를 보자면, 실험자에 의해 후보 점 격자(grid)가 선택되고, 이 점 집합으로부터 초기 설계가(아마 랜덤하게) 정해진다. 그러면 알고리즘은 지정된 최적화 기준을 향상하기 위해서, 격자에는 있으나 설계에는 없는 점들과 현재 설계에 있는 점들을 교환한다. 모든 가능한 설계를 명료하게 평가할 수 없어서 최적설계를 찾았다고 보장할 수는 없지만, 교환 방법은 보통 최적의 결과에 "가깝도록" 해준다. 이 방법은 지정된 후보 점 격자에 대해서도 민감하다. 어떤 경우에는 서로 다른 초기 설계들로부터 시작해서, 설계 구성 작업을 여러 번 반복하는데 이는 우도(likelihood)를 증가시켜 최적에 아주 가까운 최종설계가 나오도록 하기 위함이다.

또 다른 설계 구성 방법은 **좌표 교환**(coordinate exchange) 알고리즘이다. 이 방법은 최적화 기준이 더 이상 향상되지 않을 때까지 초기 설계의 모든 점들의 각 좌표를 반복적으로 찾아보는 것이다. 이 방법은 랜덤하게 생성된 초기 설계를 시작으로 주기마다 여러 번 반

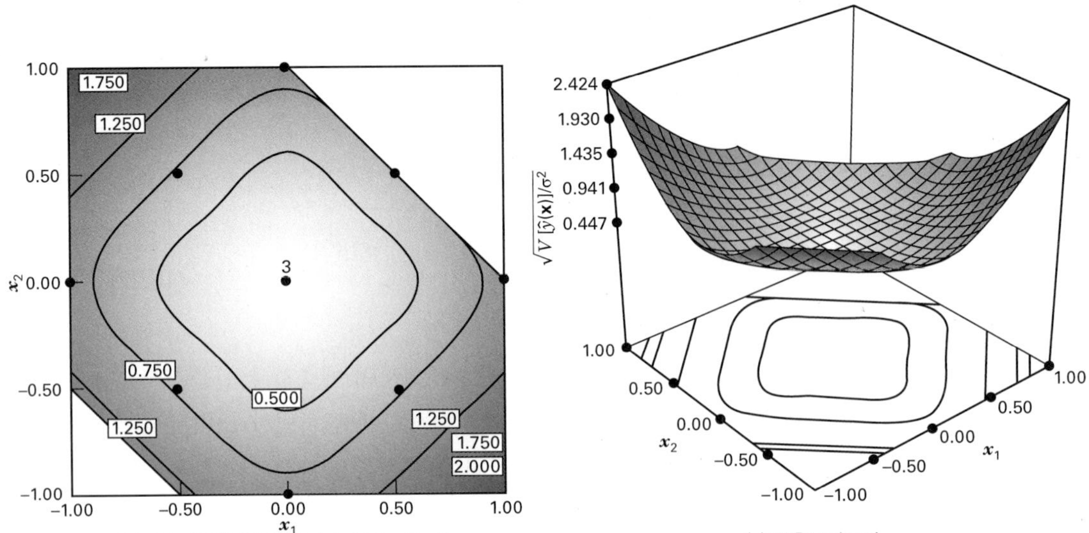

(a) 상수 $\sqrt{V[\hat{y}(\mathbf{x})/\sigma^2]}$의 설계와 등고선그림 (b) 반응표면그림

그림 10.29
그림 10.28의 제한된 설계영역에 대해 내접하는 중심복합설계

복된다. 좌표 교환은 일반적으로 점 교환보다 훨씬 효율적이며, 여러 소프트웨어 패키지의 표준 방법이다.

이런 여러 가지 방법들을 설명하기 위해, 그림 10.28의 불규칙한 실험 영역을 가지는 접착제 실험을 생각해 보자. 관심 있는 반응은 빼는 강도(pull-off force)이며 2차 모형을 적합 하고 싶다. 그림 10.29a에, 4개의 중심점(총 12번 시행)을 가지며 영역에 내접하는 중심복합설계가 나타나 있다. 회전가능한 설계는 아니지만 설계영역 내 적합할 수 있는 가장 큰 CCD이다. 이 설계의 경우, $|(\mathbf{X}'\mathbf{X})^{-1}| = 1.852\text{E}-2$이고 $(\mathbf{X}'\mathbf{X})^{-1}$의 대각합은 6.375이다. $\sigma = 1$을 가정하고 계산한 예측 반응값의 상수 표준편차에 대한 등고선그림 10.29a에 그려져 있다. 그림 10.29b는 이에 대한 반응표면그림을 보여주고 있다.

그림 10.30a와 표 10.12에 이 문제에 대해 Design-Expert 소프트웨어 패키지를 이용해서 만든, 시행수가 12번인 *D*-최적설계가 나와 있다. 이 설계의 경우 $|(\mathbf{X}'\mathbf{X})^{-1}| = 2.153\ \text{E}-4$이다. 이 설계에 대한 *D*-기준이 내접 CCD에 대한 것보다 상당히 좋다는 것을 알 수 있다. *D*-최적설계에 대한 내접 CCD의 상대적 효율은

$$D_e = \left(\frac{|(\mathbf{X}_2'\mathbf{X}_2)^{-1}|}{|(\mathbf{X}_1'\mathbf{X}_1)^{-1}|}\right)^{1/p} = \left(\frac{0.0002153}{0.01852}\right)^{1/6} = 0.476$$

즉, 내접 CCD는 경우 *D*-최적설계의 47.6%만큼 효율적인 것이다. 이는 *D*-최적설계의 회귀계수 추정의 정확도와 같아지려면 CCD는 반복을 1/0.476 = 2.1배(또는 거의 두 배)만큼 해야 한다는 것이다. *D*-최적설계에 대한 $(\mathbf{X}'\mathbf{X})^{-1}$의 대각합은 2.516으로, CCD의 경우보다 회귀계수 분산의 합이 훨씬 작음을 의미한다. 그림 10.30a와 10.30b는 예측 반응변수의 표준편차 등고선그림과 반응표면그림($\sigma = 1$을 가정)을 보여주고 있다. 통상적으로 예측값 표준

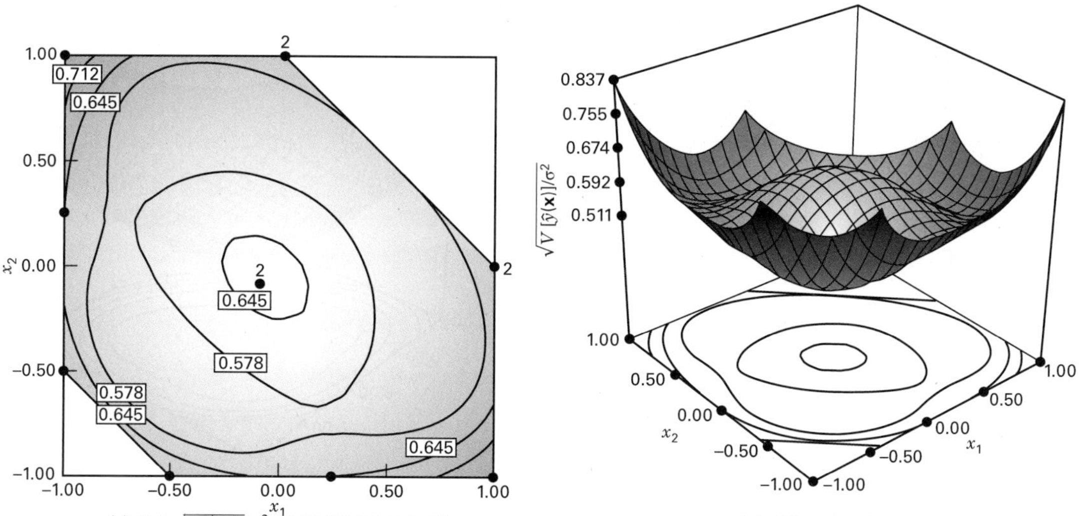

(a) 상수 $\sqrt{V[\hat{y}(\mathbf{x})]/\sigma^2}$의 설계와 등고선그림

(b) 반응표면그림

그림 10.30 그림 10.28의 제한된 설계영역에 대한 *D*–최적설계

표 10.12 그림 10.26의 제한된 영역에 대한 *D*–최적설계

표준순서	x_1	x_2
1	−0.50	−1.00
2	1.00	0.00
3	−0.08	−0.08
4	−1.00	1.00
5	1.00	−1.00
6	0.00	1.00
7	−1.00	0.25
8	0.25	−1.00
9	−1.00	−0.50
10	1.00	0.00
11	0.00	1.00
12	−0.08	−0.08

편차 등고선은 *D*-최적설계에 대한 것이 내접 CCD에 대한 것보다 낮은데, 특히 내접 CCD가 어떠한 설계점도 가지지 않는 관심영역의 경계 근처에서 낮다.

그림 10.31a는 세 번째 설계인데, *D*-최적설계 영역의 꼭짓점에서 두 번 반복한 것을 설계 중심으로 옮겨서 만든 것이다. 그림 10.30b에서 예측 반응변수의 표준편차가 설계영역의 중심 근처에서 다소 증가하는 것을 보여주고 있으므로 이 설계는 유용할 수 있다. 그림 10.31a는 이 **수정** *D*-최적설계에 대한 예측값 표준편차 등고선그림을 나타내고 있고, 그림 10.31b는 반응표면그림을 보여주고 있다. 이 설계에 대한 *D*-최적 기준은 $|(\mathbf{X}'\mathbf{X})^{-1}| = 3.71\text{E}-4$, 그리고 상대적 효율은 다음과 같다.

$$D_e = \left(\frac{|(\mathbf{X}_2'\mathbf{X}_2)^{-1}|}{|(\mathbf{X}_1'\mathbf{X}_1)^{-1}|}\right)^{1/p} = \left(\frac{0.0002153}{0.000371}\right)^{1/6} = 0.91$$

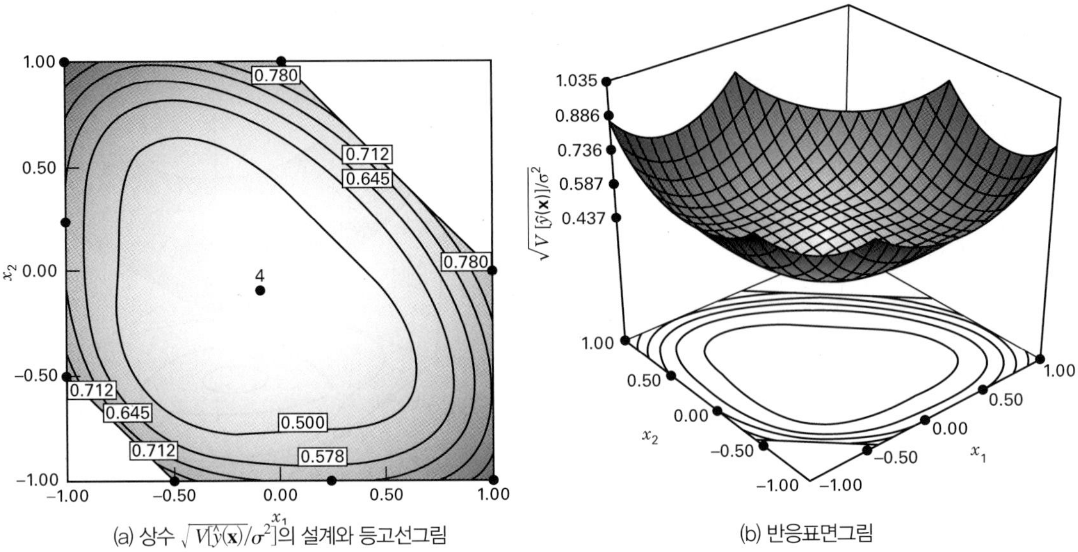

그림 10.31
그림 10.28의 제한된 설계영역에 대한 수정 *D*−최적설계

즉, 이 설계는 거의 *D*-최적설계만큼 효율적이다. 이 설계의 $(\mathbf{X}'\mathbf{X})^{-1}$ 대각합은 2.448로, *D*-최적설계의 값보다 약간 작은 값이다. 이 설계에 대한 예측값 표준편차 등고선그림은 특히 영역의 중심부에서 육안으로 볼 때, *D*-최적설계의 경우만큼 괜찮아 보인다. 이 부분에서 **설계 평가**(design evaluation)의 필요성을 확인할 수 있다. 즉, 컴퓨터로 만든 설계를 사용하기 전에, 그 성질을 먼저 신중히 살펴봐야 한다는 것이다.

예제 10.3

D 그리고 *I* 최적화 기준 모두를 사용해 구성한 다른 설계의 예로, 정육면체 영역에서 4개의 요인으로 2차 모형을 적합시키는 경우를 가정하자. 이 문제에 대한 표준설계는 24개의 요인 및 축 시행에 두 세 개의 중심점이 더해져 총 26개 또는 27번 시행하는 면심 정육면체일 것이다. $k=4$개 요인이 있는 2차 모형은 15개의 모수를 가지므로 **최소**(minimal) 설계는 반드시 15번의 시행을 해야 한다. 16번의 시행이 있는 설계를 적용하고 싶다고 해 보자. 16번의 시행이 가능한 표준설계가 없기에 최적설계의 사용을 고려할 것이다.

표 10.13은 이 경우에 대한 JMP 맞춤 설계 도구로부터 얻은 결과물이며, *D*-최적설계가 되도록 하였다. 좌표 교환 알고리즘이 설계를 구성하는 데 사용되었다. 설계행렬 바로 밑에 예측값 분산 프로파일(profile)이 나와 있는데, 4개 방향 각각에 따른 예측 반응변수의 분산을 보여주고 있다. 그림 상의 십자선은 예측값 분산을 최대로 해주는 좌표를 나타내고 있다. 다음으로 설계영역 비율 그림이, 모형계수들의 상대적 분산표(즉, 계수들의 분산을 σ^2으로 나눈 것)와 함께 나와 있다.

표 10.14는 시행수 16번의 *I*-최적설계에 대한 JMP 결과이다. 이 표 역시 최대 예측값 분산을 나타내는 예측값 분산 프로파일, FDS 그림, 그리고 모형계수들의 상대적 분산표를 보여주고 있다. *D*와 *I*-최적설계 간 몇 가지 중요한 차이점들이 보인다. 먼저 *D*-최적설계는 더 작은 최대 예측값 분산(1.806 대 2.818)을 가지지만, FDS 그림으로부터 영역 중심 근처의 분산이 *I*-최적설계의 경우 더 작다는 것을 볼 수 있다. 다시 말해 *I*-최적설계는 *D*-최적설계에 비해 설계영역 대부분에서 더 작은 예측값 분산을 가지지만(분산의 합이나 평균을 더 작게 하는데) 영역의 극단에서는 더 큰 예측값 분산을 가진

표 10.13 *D*–최적설계(계속)

설계행렬 시행	X1	X2	X3	X4
1	1	1	1	1
2	1	−1	−1	1
3	1	1	−1	−1
4	−1	−1	1	−1
5	1	−1	1	−1
6	0	0	0	−1
7	0	0	1	0
8	0	1	−1	1
9	−1	1	−1	−1
10	−1	−1	−1	1
11	0	1	1	−1
12	0	−1	1	1
13	0	−1	−1	−1
14	1	1	0	0
15	1	0	−1	1
16	−1	1	1	1

Prediction variance profile

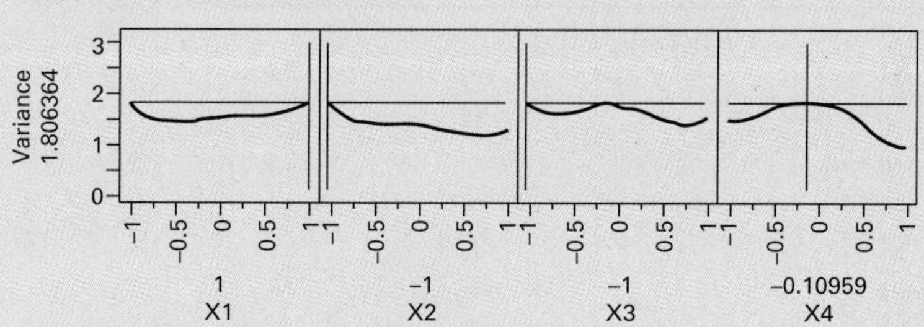

Fraction of design space plot

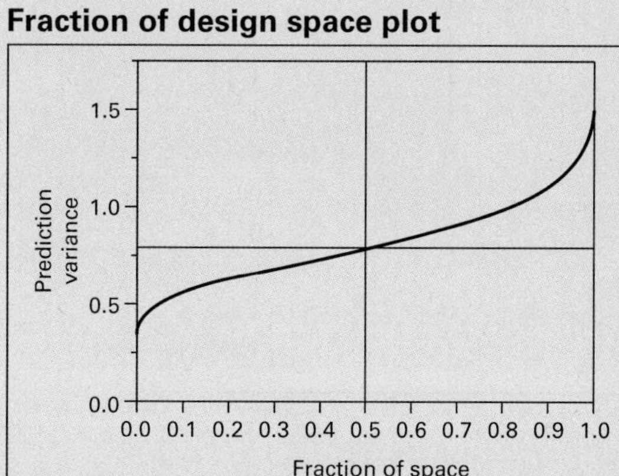

다는 것이다. *I*-최적설계에 대한 회귀계수들의 상대적 분산은 거의 대부분의 경우 *D*-최적설계에 대한 것보다 작다. *I*-기준은 평균 예측값 분산을 최소로 측정하는 것에 초점을 두는 반면 *D*-기준은 모형계수들의 분산을 최

표 10.13 *D*–최적설계

Relative Variance of Coefficients

Effect	Variance
Intercept	0.909
X1	0.115
X2	0.092
X3	0.088
X4	0.088
X1*X1	0.319
X1*X2	0.124
X2*X2	0.591
X1*X3	0.120
X2*X3	0.093
X3*X3	0.839
X1*X4	0.120
X2*X4	0.093
X3*X4	0.090
X4*X4	0.839

표 10.14 *I*–최적설계(계속)

설계행렬 시행	X1	X2	X3	X4
1	0	1	1	1
2	0	1	−1	−1
3	−1	−1	0	−1
4	1	−1	−1	0
5	−1	−1	−1	1
6	−1	1	0	1
7	−1	1	1	−1
8	−1	0	1	1
9	1	1	−1	1
10	1	−1	1	1
11	1	1	0	0
12	−1	0	−1	0
13	0	0	0	0
14	0	−1	1	0
15	0	0	0	1
16	1	0	1	−1

소화하는 데 초점을 맞추기 때문에 예상하지 못한 것은 아니다. 이 비교를 통해 왜 *I*-기준이 일반적으로 2차 모형 또는 예측 및 최적화가 필요한 경우에 선호되는지 알 수 있다. 대부분의 설계영역에서 작은 예측값 분산을 갖도록 하면서, 극단에서만 문제가 되기 때문이다.

표 10.14 *I*–최적설계

Prediction variance profile

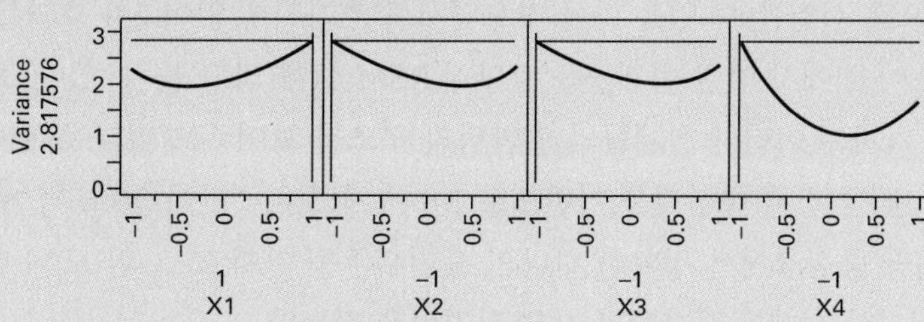

Fraction of design space plot

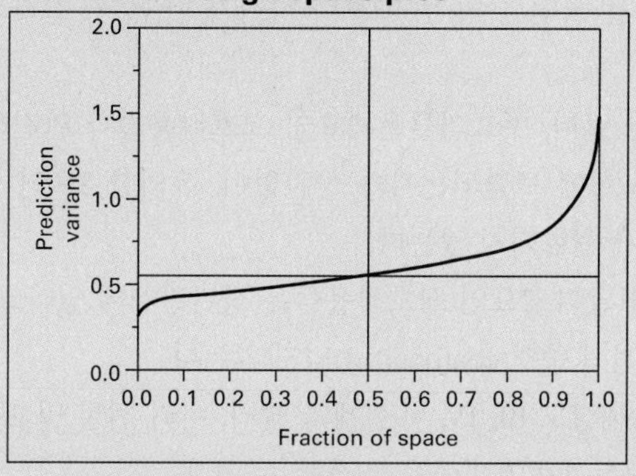

Relative Variance of Coefficients

Effect	Variance
Intercept	0.508
X1	0.118
X2	0.118
X3	0.118
X4	0.121
X1*X1	0.379
X1*X2	0.174
X2*X2	0.379
X1*X3	0.174
X2*X3	0.174
X3*X3	0.379
X1*X4	0.186
X2*X4	0.186
X3*X4	0.186
X4*X4	0.399

Jones and Nachtsheim(2011)는 최적설계 알고리즘으로 쉽게 구성할 수 있는 양적요인의 설계에 대한 잠재적으로 유용한 반응표면설계를 소개하였다. 이들은 이를 "확정선별설계(definitive screening designs, DSD)"라고 표현하였는데, 그 이유는 많은 잠재 요인들을 효과적으로 선별할 수 있을 만큼 작으면서도 추가시행 없이 2차 효과를 수용할 수 있기 때문이다. 이 점에서 이런 설계들을 "1단계 RSM 설계"라고 볼 수 있다. 표 10.15에서 m개 요인들을 가지는 이러한 설계들의 일반적인 구조를 보여주고 있다. 요인이 m개인 경우, m개의 접기 쌍 및 전체 중심점을 기반으로 $2m+1$개의 시행만이 있다. 각 시행(중심 시행은 제외)은 해당 중심점에서 정확히 하나의 요인수준을 가지고 그 외 모든 수준은 극단에 있게 된다. 이러한 설계들은 다음과 같은 성질들을 갖는다.

1. 필요한 시행의 수는 요인 수의 두 배보다 하나가 더 많다. 결과적으로 매우 작은 설계이다.
2. 해상도 III 설계와 달리, 주효과들은 2요인 교호작용들과 완전히 독립이다. 결과적으로, 교호작용이 모형에 포함되는지와 상관없이, 유의한 2요인 교호작용이 있다고 해도 주효과추정치가 편향되지 않는다.
3. 해상도 IV 설계와 달리, 2요인 교호작용들은 상관관계에 있다고 하더라도 다른 2요인 교호작용들과 완전히 중첩(confounded)되지 않는다.
4. 중심점이 추가된 해상도 III, IV, V 설계와 달리, 여러 선형 및 2차 주효과 항들로 구성된 모형에 있는 모든 2차 효과들을 추정할 수 있다.
5. 2차 효과들은 주효과들과 직교하고 교호작용들과는 (상관관계에 있어도) 완전히 중첩되지 않는다.
6. 6개 혹은 그 이상의 요인으로, 이 설계는 통계적 효율성이 아주 높은 요인들이 3개 혹은 그 이하가 있는 모든 가능한 완전 2차 모형을 추정할 수 있다.

이러한 설계들은 선별을 위한 해상도 III 부분설계과 작은 RSM 설계를 훌륭하게 절충한

표 10.15 m개의 요인이 있는 확정선별설계의 일반적인 구조

접기 쌍	시행(i)	요인수준				
		$x_{i,1}$	$x_{i,2}$	$x_{i,3}$	$\cdots$	$x_{i,m}$
1	1	0	±1	±1	$\cdots$	±1
	2	0	∓1	∓1	$\cdots$	∓1
2	3	±1	0	±1	$\cdots$	±1
	4	∓1	0	∓1	$\cdots$	∓1
3	5	±1	±1	0	$\cdots$	±1
	6	∓1	∓1	0	$\cdots$	∓1
$\vdots$	$\vdots$	$\vdots$	$\vdots$	$\vdots$	$\ddots$	$\vdots$
m	$2m-1$	±1	±1	±1	$\cdots$	0
	$2m$	∓1	∓1	∓1	$\cdots$	0
중심점	$2m+1$	0	0	0	$\cdots$	0

것이다. 이것들은 하나의 실험 결과로 선별부터 최적화까지 바로 진행할 수 있게 해준다. Jones and Nachtsheim은 앞서 최소 가명관계 설계를 찾아내기 위해 만들었던 최적화 기법을 사용하여 이러한 설계들을 찾아냈다[Jones and Nachtsheim(2011a) 참고]. 이 알고리즘은 만들어지는 설계의 *D*-효율 제한조건을 가진 가명행렬 원소의 제곱합을 최소화한다. 그림 10.32는 요인이 4개에서 12개인 경우에 대한 설계들을 보여주고 있다.

```
m = 4

1   0+--
2   0-++
3   -0-+
4   +0+-
5   --0-
6   ++0+
7   -++0
8   +--0
9   0000
```

```
m = 5

1   0++--
2   0--++
3   +0--+
4   -0++-
5   +-0+-
6   -+0-+
7   +-+0+
8   -+-0-
9   ++++0
10  ----0
11  00000
```

```
m = 6

1   0+----
2   0-++++
3   +0-++-
4   -0+--+
5   --0+--
6   ++0-++
7   -++0+-
8   +--0-+
9   +-+-0-
10  -+-+0+
11  ++++-0
12  ----+0
13  000000
```

```
m = 7

1   0+-+-+-
2   0-+-+-+
3   -0+-++-
4   +0-+--+
5   +-0++++
6   -+0----
7   +--0+--
8   -++0-++
9   --++0--
10  ++--0++
11  -+-++0+
12  +-+--0-
13  +++++-0
14  -----+0
15  0000000
```

```
m = 8

1   0-++-+++
2   0+--+---
3   -0-++++-
4   +0+----+
5   --0++--+
6   ++0--++-
7   +-+0++--
8   -+-0--++
9   --+-0-+-
10  ++-+0+-+
11  +---+0++
12  -+++-0--
13  -++-++0+
14  +--+--0-
15  +++++-+0
16  -----+-0
17  00000000
```

```
m = 9

1   0++++++++
2   0--------
3   +0+-+--+-
4   -0-+-++-+
5   -+0-+-+--
6   +-0+-+-++
7   --+0+---+
8   ++-0-+++-
9   +-+-0++--
10  -+-+0--++
11  ----+0+++
12  ++++-0---
13  ++--++0-+
14  --++--0+-
15  ---+++-0-
16  +++---+0+
17  -++--+-+0
18  +--++-+-0
19  000000000
```

```
m = 10

1   0++-++++-+
2   0--+----+-
3   +0-++-++--
4   -0+--+--++
5   -+0---+---
6   +-0+++-+++
7   -++0+--++-
8   +--0-++--+
9   ----0++++-
10  ++++0----+
11  -+-++0+-++
12  +-+--0-+--
13  ++----0+++
14  --++++0---
15  ++++-++0+-
16  ----+--0-+
17  ++--++--0-
18  --++--++0+
19  +-+-+-+-+0
20  -+-+-+-+-0
21  0000000000
```

```
m = 11

1   0-+-----+-+
2   0+-+++++-+-
3   -0--+----++
4   +0++-++++--
5   --0++++---+
6   ++0----+++-
7   ---0-++-++-
8   +++0+--+--+
9   +--+0+-++++
10  -++-0-+----
11  --++-0-+-+-
12  ++--+0+-+-+
13  ---++-0++--
14  +++--+0--++
15  -+++--+0+++
16  +---++-0---
17  -+---+-+0-+
18  +-+++-+-0+-
19  +-----++-0+
20  -+++++--+0-
21  ++-+------0
22  --+-++++++0
23  00000000000
```

```
m = 12

1   0--+-+-+++-+
2   0++-+-+---+-
3   -0+++++++---
4   +0-------+++
5   ++0-++-++-++
6   --0+--+--+--
7   +--0+-+-+--+
8   -++0-+-+-++-
9   ++++0-++++++
10  ----0+------
11  +-+-+0++-+-+
12  -+-+-0--+-+-
13  ++++-+0----+
14  ----+-0++++-
15  --+++--0--++
16  ++---++0++--
17  +-++++--0++-
18  -+----++0--+
19  ++-++--+-0--
20  --+--++-+0++
21  -+-++++--+0+
22  +-+----++-0-
23  +--+-+++--+0
24  -++-+---++-0
25  000000000000
```

그림 10.32
요인이 4개에서 12개인 경우에 대한 확정선별설계들

DSD는 컨퍼런스 행렬(conference matrices)들로 구성할 수 있다[Xiao, Lin and Bai(2012) 참고]. 컨퍼런스 행렬 $\mathbf{C}$는 대각원소가 0이고 모든 비 대각원소가 ±1인 $n \times n$ 행렬이다. $\mathbf{C}'\mathbf{C}$는 아이덴티티 행렬의 배수라는 성질을 가지고 있다. $n \times n$ 컨퍼런스 행렬 $\mathbf{C}$의 경우, $\mathbf{C}'\mathbf{C} = (n-1)\mathbf{I}$ 이다. 컨퍼런스 행렬들은 전화 통신 연결 문제에서 처음으로 만들어졌다. 이상적인 변압기로부터 이상적인 전화 컨퍼런스 네트워크를 구성하는 데에 사용된 행렬인 것이다. 이러한 네트워크들은 컨퍼런스 행렬들로 표현된다. 다른 적용사례들도 있다.

6차수 컨퍼런스 행렬이 아래와 같이 나와 있다.

$$\begin{pmatrix} 0 & +1 & +1 & +1 & +1 & +1 \\ +1 & 0 & +1 & -1 & -1 & +1 \\ +1 & +1 & 0 & +1 & -1 & -1 \\ +1 & -1 & +1 & 0 & +1 & -1 \\ +1 & -1 & -1 & +1 & 0 & +1 \\ +1 & +1 & -1 & -1 & +1 & 0 \end{pmatrix}$$

요인이 6개, 시행이 13번인 DSD는 이 컨퍼런스 행렬의 각 행을 겹쳐 쓰고 맨 밑에 0인 행을 추가해서 찾아낼 수 있다. 보통 $\mathbf{C}$가 n차수 컨퍼런스 행렬이면 m요인 확정선별설계 행렬은 다음과 같이 쓸 수 있다.

$$\mathbf{D} = \begin{bmatrix} \mathbf{C} \\ -\mathbf{C} \\ \mathbf{0} \end{bmatrix}$$

여기서 $\mathbf{0}$은 0으로 이루어진 $1 \times n$ 행벡터이고 $m = 2n+1$이다.

DSD는 연속적인 요인에 대해 사용되는 경향이 있다. 그러나 DSD를 보정하여 2요인 범주화 요인을 포함할 수 있다. 이 과정은 꽤 직관적이다. 연속형 요인에 대한 일반적인 DSD를 먼저 설계하고, 이때 한 개 대신 0만 가진 두 개의 행을 추가한다. 범주화 변수의 열의 0들을 +1이나 −1둘 중 하나로 바꾼다. 만약 0의 행에 0이 추가된다면, 모든 첫 행의 범주화 요인을 −1로, 두 번째 행의 모든 범주화 요인을 +1로 둔다.

만약 0이 컨퍼런스 행렬에서 오거나 접은 부분에서 온다면 첫 번째 행의 요인을 −1로, 두 번째 행은 +1로 둔다.

예를 들어 4개의 연속 요인과 2개의 범주화 요인을 가진 DSD를 고려하자. 6개의 요인을 가지고, 두 개의 추가 0행을 가진 DSD는 다음과 같이 나타난다.

A	B	C	D	E	F
0	+1	+1	+1	+1	+1
+1	0	+1	−1	−1	+1
+1	+1	0	+1	−1	−1
+1	−1	+1	0	+1	−1
+1	−1	−1	+1	0	+1
+1	+1	−1	−1	+1	0
0	−1	−1	−1	−1	−1
−1	0	−1	+1	+1	−1
−1	−1	0	−1	+1	+1
−1	+1	−1	0	−1	+1
−1	+1	+1	−1	0	−1
−1	−1	+1	+1	−1	0
0	0	0	0	0	0
0	0	0	0	0	0

이제 맨 마지막 두 열의 0들이 범주화 변수 E, F를 만들기 위해 ±1로 바뀌었고, 그러면 다음과 같아진다.

A	B	C	D	E	F
0	+1	+1	+1	+1	+1
+1	0	+1	−1	−1	+1
+1	+1	0	+1	−1	−1
+1	−1	+1	0	+1	−1
+1	−1	−1	+1	−1	+1
+1	+1	−1	−1	+1	−1
0	−1	−1	−1	−1	−1
−1	0	−1	+1	+1	−1
−1	−1	0	−1	+1	+1
−1	+1	−1	0	−1	+1
−1	+1	+1	−1	+1	−1
−1	−1	+1	+1	−1	+1
0	0	0	0	−1	−1
0	0	0	0	+1	+1

2요인 범주화 변수가 위에 보여준 것처럼 DSD에 추가될 때, 범주화 요인의 주효과는 다른 요인들과 약간의 상관관계가 있지만, 이 상관관계는 작다.

또한 DSD를 직교 블록으로 만드는 것도 가능하다. 방법은 다음과 같다.

1. 연속 요인을 위한 설계를 만드는 것을 반복하는 것부터 시작한다. 그러나 이때 0의 행을 블록에 대한 행만 추가해야 된다. 일반적인 순서대로 이를 배열해 보자.

2. 첫 번째 접기 쌍을 첫 번째 블록에, 두 번째 접기 쌍을 두 번째 블록에, 그리고 이를 마지막 블록을 얻을 때까지 계속해 보자. 그 이후에 다음 접기 쌍을 다시 처음 블록에 할당해 보자.
3. 각각 분리된 블록에 중심 시행을 할당해 보자.

일례로 2개의 블록과 6개의 요인을 가진 DSD를 고려해 보자. 6요인 DSD를 일반적인 순서로(두 개의 0행을 추가해서) 나타내면 다음과 같다.

A	*B*	*C*	*D*	*E*	*F*
0	+1	+1	+1	+1	+1
0	−1	−1	−1	−1	−1
+1	0	−1	+1	+1	−1
−1	0	+1	−1	−1	+1
+1	−1	0	−1	+1	+1
−1	+1	0	+1	−1	−1
+1	+1	−1	0	−1	+1
−1	−1	+1	0	+1	−1
+1	+1	+1	−1	0	−1
−1	−1	−1	+1	0	+1
+1	−1	+1	+1	−1	0
−1	+1	−1	−1	+1	0
0	o	0	0	0	0
0	0	0	0	0	0

이제 블록을 위에 설명한 것처럼 배열해 보자. 첫 번째 접기 쌍이 첫 번째 블록이 되도록, 두 번째 접기 쌍이 두 번째 블록이 되도록 등등이다. 그리고 각 블록에 0을 할당해서 완료해라. 최종적인 설계는 다음과 같아진다.

블록	*A*	*B*	*C*	*D*	*E*	*F*
1	0	+1	+1	+1	+1	+1
1	0	−1	−1	−1	−1	−1
2	+1	0	−1	+1	+1	−1
2	−1	0	+1	−1	−1	+1
1	+1	−1	0	−1	+1	+1
1	−1	+1	0	+1	−1	−1
2	+1	+1	−1	0	−1	+1
2	−1	−1	+1	0	+1	−1

1	+1	+1	+1	−1	0	−1
1	−1	−1	−1	+1	0	+1
2	+1	−1	+1	+1	−1	0
2	−1	+1	−1	−1	+1	0
1	0	0	0	0	0	0
2	0	0	0	0	0	0

10.5 컴퓨터 모형으로 실험하기

설계한 실험을 적용하는 분야로 대개 반도체 제조의 화학적 증기증착(vapor deposition), 웨이브 솔더링(wave soldering), 아니면 기계가공 같은 물리적 공정을 쉽게 떠올린다. 하지만 설계한 실험을 물리 시스템의 **컴퓨터 시뮬레이션 모형**에도 훌륭하게 적용할 수 있다. 이러한 경우, 실험설계의 자료는 컴퓨터 시뮬레이션에서 만들어진 시스템의 모형[메타모형(metamodel)]을 만드는 데 이용되고 최적화는 이 메타모형에 대해서 이루어진다. 컴퓨터 시뮬레이션 모형이 실제 시스템을 그럴듯하게 나타낸다면, 해당 모형을 최적화해서 실제 시스템에 대한 최적 조건을 알아낼 수 있을 것이다.

일반적으로 시뮬레이션 모형은 두 종류가 있는데 바로 **확률적**(stochastic) 모형과 **결정적**(deterministic) 모형이다. 확률적 시뮬레이션 모형에서는 반응변수 결과물들이 확률변수이다. 그 예로는 공장계획과 반도체 산업에서 쓰이는 공정모형 같은 시스템 시뮬레이션, 도시공학자가 사용하는 교통 흐름 시뮬레이션, 그리고 직관적인 해가 없는 복잡한 수학 현상을 연구를 위해 확률분포로부터 표본을 뽑아내는 몬테카를로 시뮬레이션이 있다. 확률적 시뮬레이션의 결과는 때에 따라 시계열의 형태로 나올 수 있다. 수많은 전문적 기법들이 개발되었어도, 표준 실험설계 기법들이 확률적 시뮬레이션 모형의 결과에 적용될 수 있다. 일반적인 2차 반응표면모형보다 고차 다항식이 사용되기도 한다.

결정적 시뮬레이션(deterministic simulation) 모형에서는 반응변수 결과물들이 확률변수가 아니다. 컴퓨터 모형을 기반으로 하는 (매우 복잡할 수도 있는) 수학적 모형에 의해 그 값이 결정되는 완전히 결정적인 양들이다. 결정적 시뮬레이션 모형은 공학자와 과학자들이 컴퓨터 기반의 설계 도구로 자주 사용한다. 일반적인 예로는 전기회로나 반도체 장치에 사용되는 회로 시뮬레이터, 수학적 그리고 구조적 설계에 대한 유한요소분석법, 그리고 유체역학 같은 물리적 현상을 위한 컴퓨터 모형이 있다. 이러한 것들은 상당한 컴퓨터 역량과 시행 시간이 있어야 하는 매우 복잡한 모형들이다.

유한요소분석모형을 적용한 예로, 결함이 있는 압축기가 들어있는 터빈엔진 문제를 생각해 보자. 주변 부품들의 위치, 크기, 그리고 물질적 성질뿐만 아니라 엔진의 작동 조건 등 여러 가지 요인들이 설계에 영향을 미칠 수 있다. 그림 10.33은 압축기 내재 모형의 내부 단면을 보여주고 있다. 각 부품에 대한 여러 가지 모수들은 잠재적으로 중요한 것들이다. 두께, 재료의 종류, 그리고 기하학적 특징[관의 반경, 볼트 구멍의 크기와 위치, 보강재 또는 거싯(gusset) 등]은 공학적 설계 모수들이자, 잠재적으로 반응표면모형에 포함될 수 있는 실험요인들이다. 이런 제품의 설계에서는 많은 수의 요인들이 잠재적으로 중요하다. 게다가 이러한 여러 가지 요인들이 가지는 효과의 부호나 방향은 알려지지 않았다. 예를 들어 배면의 축 강도를 증가시키면[안내덕트(transition duct)의 두께를 증가시킴으로써] 내재 구조에 대한 충격을 중심에 집중시키게 되어 회전자 부분이 잘 정렬되도록 해준다. 반면에 강도가 증가하여 회전자 부분을 지나치게 밀어내게 되면, 주요 내재 구조를 흐트러지게 할 수도 있다. 경험을 통해 설계 기술자들은 꽤 자신 있게 이러한 잠재적으로 중요한 요인 중 단 몇 가지만이 결함 부품이 있는 이 설계의 성능에 유의한 영향을 미친다고 본다. 터빈엔진에 대한 상세 분석이나 검정은 어떤 요인들이 중요한지 파악하고 설계에 대한 그 요인의 효과를 계량적으로 측정하는 데 필요하다. 터빈엔진의 견본을 만드는 비용은 백만 달러가 넘기 때문에 컴퓨터 모형을 이용해 요인들의 효과를 알아보는 것은 매우 매력적인 방법이다.

이때 사용되는 모형의 종류를 **유한요소분석**(finite element analysis) 모형이라고 한다. 유한요소분석 모형으로 내재 구조를 시뮬레이션하는 것은 매우 계산 집약적인 과정이다. 그림 10.33에 나와 있는 모형은 100,000개의 요소들을 가지고 있고 처리시간이 2 ms인 모형을 만드는데 컴퓨터로 90시간 정도 소요된다. 처리시간이 10 ms일 정도로 빠르게 모형화해야 한다. 분명히 실험 또는 시뮬레이션에 제한을 두는 것이 필요하다. 따라서 최적화가 뒤따르는 일반적인 요인선별 접근법이 이 경우에 잘 적용될 것이다.

반응표면 접근법은 최적해를 포함하고 비교적 작은 관심영역에서 저차 다항식으로 반응변수를 근사하려는 **순차적 실험**(sequential experimentation)의 개념을 기반으로 하고 있

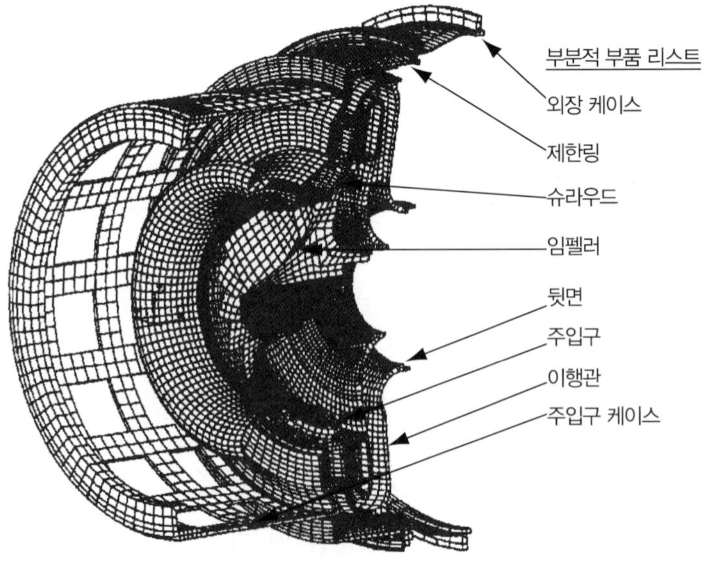

그림 10.33
터빈엔진과 부분 부품의 압축기 오염 분석의 유한요소 분석

다. 몇몇 컴퓨터 실험자들은 다소 다른 개념을 주장한다. 그들은 가능한 전체 영역으로 확장하기도 하면서, 설계변수의 훨씬 더 넓은 영역에서 실제 반응표면을 근사해주는 모형을 찾으려고 한다. 이번 절 앞에서 언급했듯이, 이렇게 되면 일반적으로 반응표면 방법에서 사용되는 1차나 2차 다항식보다 훨씬 복잡한 모형을 고려하게 된다[Barton(1992, 1994), Mitchell and Morris(1992), and Simpson and Peplinski(1997)을 예시로 참고].

컴퓨터 시뮬레이션 실험에 대한 설계 선택에는 몇 가지 흥미로운 대안이 있다. 실험자가 다항식 모형을 쓰고자한다면, *D*-최적설계 또는 *I*-최적설계와 같은 최적설계를 선택할 수 있다. 최근 컴퓨터 실험을 위한 다양한 종류의 **공간채움설계**(space-filling design)들이 제안되고 있다. 공간채움설계들은 일반적으로 설계점들을 실험 영역에 거의 균일 또는 일정하게 (어떤 의미로) 퍼뜨리기 때문에 결정적 컴퓨터 모형에 특히 적절하다고 여겨진다. 이것은 실험자가 필요한 모형의 형태를 모르고, 실험공간의 다른 영역에서 관심 현상이 관찰될 것 같다고 여길 때 바람직한 특징이다. 또한 대부분의 공간채움설계에는 반복 시행이 들어있지 않다. 이는 **결정적**(deterministic) 컴퓨터 모형의 경우에 바람직한데, 그 이유는 설계점에서의 단일 시행으로 그 점의 반응변수에 대한 모든 정보를 얻을 수 있기 때문이다. 많은 공간채움설계들은 몇 개 요인들이 빠지거나 낮은 차원으로 투영되어도 반복을 포함하지 않는다.

처음으로 제안된 공간채움설계는 라틴 초입방(Latin hypercube) 설계였다[McKay, Convoer and Beckman(1979)]. k개 요인에 대해 n번 시행이 있는 라틴 초입방은 $n \times k$ 행렬이고 각 열은 1, 2, ..., n개 수준의 랜덤순열이다. JMP는 라틴 초입방 설계를 만들 수 있다. JMP로 요인이 두 개이고 시행수가 10번인 라틴 초입방 설계를 −1에서 +1까지의 구간에 대해 나타낸 것이 그림 10.34에 나와 있다.

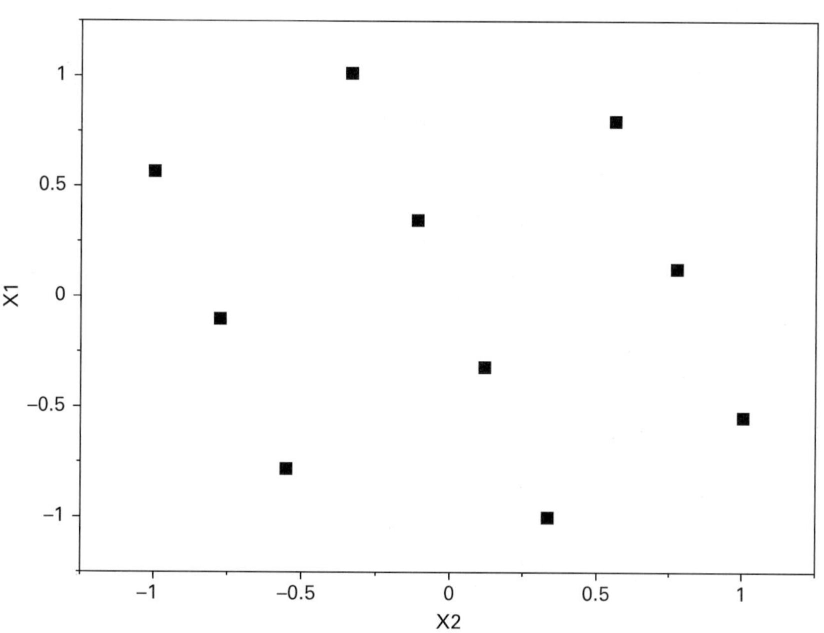

그림 10.34
시행수가 10번인 라틴 초입방 설계

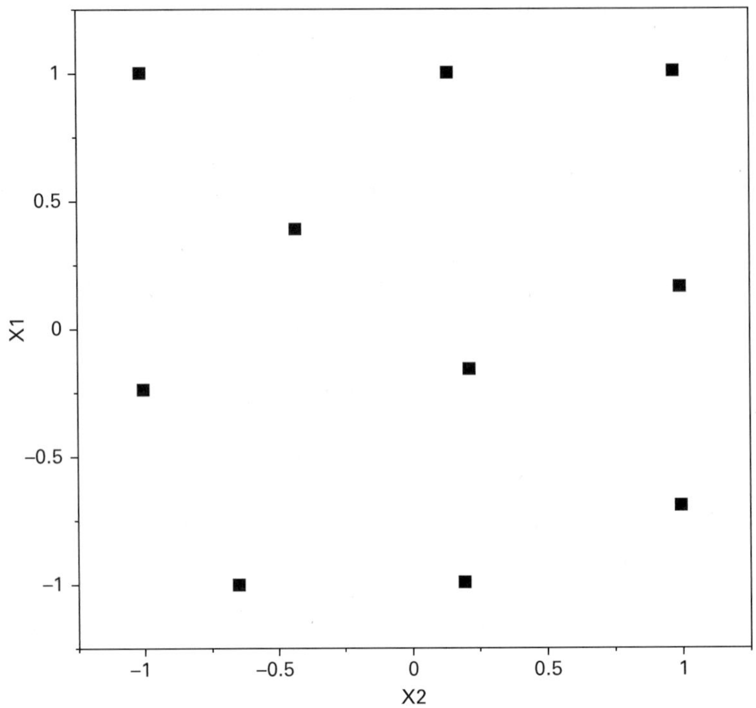

그림 10.35
시행수가 10번인 구형채움 설계

구형채움(sphere-packing)설계는 점들의 쌍 간 최단 거리를 최대로 해준다. 이러한 설계는 Johnson, Moore and Ylvisaker(1990)이 제안하였고 최소극대화(maximin) 설계라고 한다. JMP를 사용하여 시행수가 10번이고 요인이 2개인 구형채움설계의 예를 그림 10.35에 나타내었다.

균일(uniform)설계는 Fang(1980)이 제안하였다. 이러한 설계들은 균일분포의 표본처럼 점들이 영역 전체적으로 고르게 흩어지도록 해준다. 이러한 설계들을 만들기 위한 많은 알고리즘이 있고 균일의 정도를 측정하는 여러 가지 기준들이 있다. Fang, Li and Sudjianto(2006)이 쓴 책을 참고하길 바란다. JMP를 통해 시행수가 10번이고 요인이 2개인 균일설계의 예가 그림 10.36에 나와 있다.

최대 엔트로피(entropy) 설계들은 Shewry and Wynn(1987)이 제안하였다. 엔트로피는 자료의 분포에 담겨 있는 정보량을 나타내는 지표로 볼 수 있다. 자료가 평균 벡터 μ와 공분산 행렬 $\sigma^2\mathbf{R}(\theta)$를 가지는 정규분포에서 나온 것이라고 가정해 보자. 여기서 $\mathbf{R}(\theta)$는 아래 원소를 갖는 상관행렬이다.

$$r_{ij} = e^{-\sum_{s=1}^{k} \theta_s (x_{is} - x_{js})^2} \tag{10.23}$$

r_{ij} 두 설계점의 반응변수 간 상관관계이다. 최대 엔트로피 설계는 $\mathbf{R}(\theta)$의 행렬식을 최대로 해준다. 그림 10.37은 JMP를 사용한 시행수가 10번이고 요인이 2개인 최대 엔트로피 설계를 보여주고 있다.

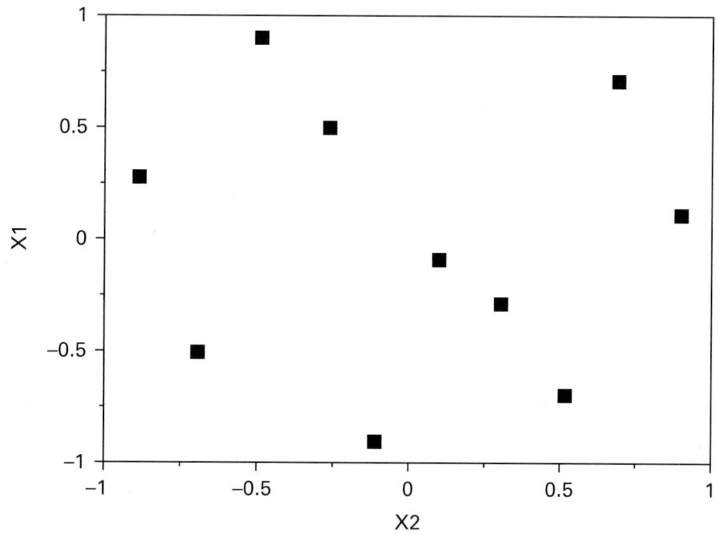

그림 10.36
시행수가 10번인 균일설계

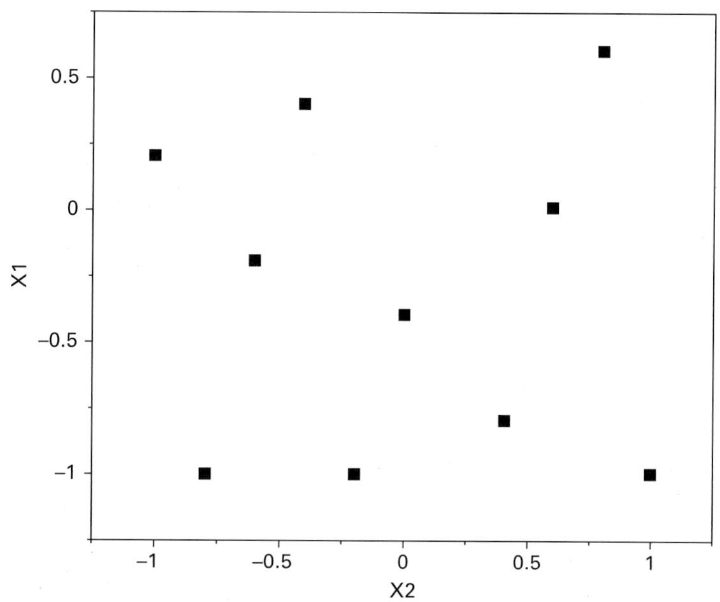

그림 10.37
시행수가 10번인 최대 엔트로피 설계

가우스 과정 모형(Gaussian process model)은 결정적 컴퓨터 실험에서 나온 자료의 적합에 자주 사용된다. 이러한 모형들은 Sacks, Welch, Mitchell and Wynn(1989)가 컴퓨터 실험에 대한 모형으로서 소개한 것이다. 모형들은 실험에서 나온 관측치에 대해 정확하게 적합하기에 바람직하다. 하지만 이는 관심영역 내 자료가 없는 곳에서도 모형이 잘 적용될지 보장할 수 없고, 아무도 가우스 과정 모형이 반응변수와 설계변수 간 관계에 대한 올바른 모형이라고 믿지 않는다. 하지만 "정확한 적합" 그리고 각 실험요인에 대해 필요한 모수가 단 하나라는 성질 때문에 많이 이용되는 모형이다. 가우스 과정 모형은

$$y = \mu + z(\mathbf{x})$$

이고 여기서 z(x)는 공분산 행렬 $\sigma^2\mathbf{R}(\theta)$을 가지는 가우스 확률과정이며, $\mathbf{R}(\theta)$의 원소는 식 10.23에서 정의되었다. 가우스 과정 모형은 본질적으로 공간상관(spatial correlation) 모형이며, 여기서 두 관측치 간 반응변수의 상관관계는 설계요인의 값이 멀리 떨어질수록 감소한다. 그러므로 설계점들이 서로 가까우면, 선형회귀모형에서 예측변수가 거의 선형 종속일 때 나타나는 다중공선성처럼 가우스 과정 모형에 대해 적절하지 않은 자료가 되어버린다. 모수 μ와 θ_s, $s = 1, 2, \ldots, k$는 최대우도법을 이용해 추정한다. 점 x에 대한 반응변수의 예측값은 아래 식을 통해 구한다.

$$\hat{y}(\mathbf{x}) = \hat{\mu} + \mathbf{r}'(\mathbf{x})\mathbf{R}(\hat{\boldsymbol{\theta}})^{-1}(\mathbf{y} - \mathbf{j}\hat{\mu})$$

여기서 $\hat{\mu}$과 $\hat{\theta}$는 모형의 모수 μ와 θ의 최대우도추정량이며, $\mathbf{r}'(\mathbf{x}) = [r(\mathbf{x}_1, \mathbf{x}), r(\mathbf{x}_2, \mathbf{x}), \ldots, r(\mathbf{x}_n, \mathbf{x})]$이다. 예측값 방정식은 직교 실험의 각 설계점에 대해 하나의 모형 항을 가지고 있다. JMP는 적합뿐만 아니라 가우스 과정 모형에서 나오는 예측값을 구해줄 것이다. 가우스 과정 모형에 대한 더 자세한 내용은 Santner, Williams, and Notz(2003)에 있다. Jones and Johnson(2009)도 컴퓨터 실험과 가우스 과정 모형 설계에 대한 좋은 논문이다.

예제 10.4

제트 터빈엔진의 플룸(plume) 내 여러 위치의 배기가스 온도를 컴퓨터 유체 역학(CFD) 모형을 이용해 연구하였다. 관심 있는 두 설계요인은 플룸 내 위치들이다(x와 y 좌표지만, y축은 실험자가 R축 또는 반경축으로 나타내었다). 두 축 모두 −1, +1 구간으로 부호화하였다. 실험자는 시행수가 10번인 구형채움설계를 사용하였다. 실험설계와 CFD 모형에서 얻은 출력물들이 표 10.16에 나와 있으며, 그림 10.38은 설계를 보여주고 있다.

JMP로 온도 자료에 대해 가우스 과정 모형을 적합하였다. 표 10.17에 일부 결과물이 나와 있다. 예측값에 대한 실제값 그림은 예측값에 "잭 나이프" 방법을 사용해서 그린다. 즉, 모형모수추정 시의 관측치가 포함되어 있지 않은 모형으로부터 각 예측값을 얻는 것이다. JMP

표 10.16 구형채움설계와 CDF 실험에서의 온도 값

*x*축	*R*축	온도
0.056	0.062	338.07
0.095	0.013	1613.04
0.077	0.062	335.91
0.095	0.061	327.82
0.090	0.037	449.23
0.072	0.038	440.58
0.064	0.015	1173.82
0.050	0.000	1140.36
0.050	0.035	453.83
0.079	0.000	1261.39

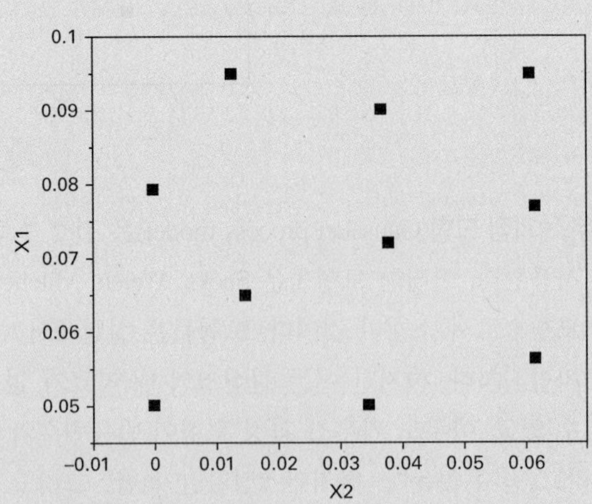

그림 10.38
CDF 실험에 대한 구형채움설계

표 10.17 표 10.16의 CFD 실험에 대한 가우스 과정 모형의 JMP 결과

Gaussian Process

Actual by Predicted Plot

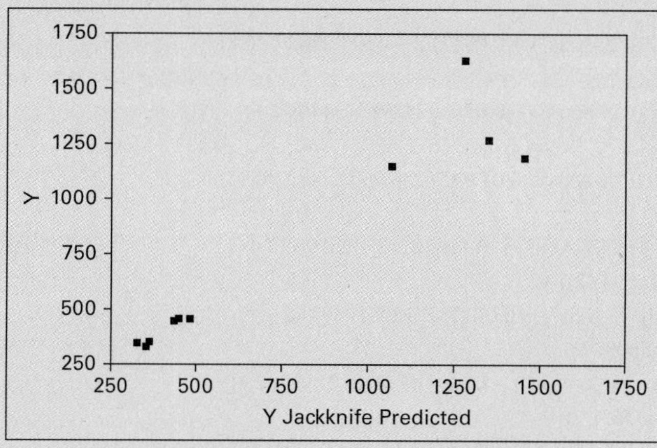

Model Report

Column	Theta	Total Sensitivity	Main Effect	*X*-Axis Interaction	*R*-axis Interaction
X-axis	65.40254	0.0349982	0.0141129		0.0208852
R-axis	3603.2483	0.9858871	0.9650018	0.0208852	

Mu	Sigma
734.54584	212205.18
	−2*LogLikelihood
	132.98004

Contour Profiler

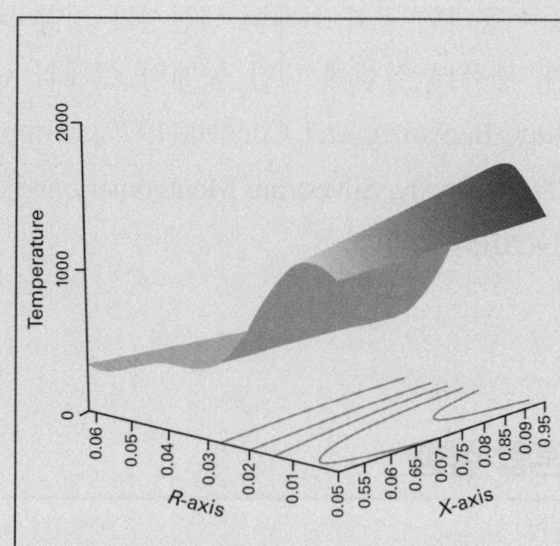

에서 구한 예측 모형이 표 10.18에 나와 있다. 이 표에 의 좌표를 나타낸다.
서, "X축" 그리고 "R축"은 예측이 일어나는 x와 R에서

표 10.18 CFD 실험에 대한 JMP 가우스 과정 예측 모형

$\hat{y}$ = 734.545842514493 +
(−1943.3447961328 ∗ Exp(−(65.4025404276544 ∗ ((“X-Axis”) − 0.0560573769818389)^2 +
3603.24827558717 ∗ (“R-Axis”) − 0.0618)^2)) +
3941.78888206788 ∗ Exp(−(65.4025404276544 ∗ ((“X-Axis”) − 0.0947)^2 + 3603.24827558717
∗ ((“R-axis”) − 0.0126487944665913)^2)) +
3488.57543918861 ∗ Exp(−(65.4025404276544 ∗ ((“X-Axis”) − 0.0765974898313444)^2 +
3603.24827558717 ∗ ((“R-axis”) − 0.0618)^2)) + −
2040.39522592773 ∗ Exp(−(65.4025404276544 ∗ ((“X-Axis”) − 0.0947)^2 + 3603.24827558717
∗ ((“R-axis”) − 0.0608005210868486)^2)) +
−742.642897583584 ∗ Exp(−(65.4025404276544 ∗ ((“X-Axis”) − 0.898402482375096)^2 +
3603.24827558717 ∗ (“R-axis”) − 0.0367246615426894)^2)) +
519.91871208163 ∗ Exp(−(65.4025404276544 ∗ ((“X-Axis”) − 0.0717377150616494)^2 +
3603.24827558717 ∗ ((“R-axis”) − 0.377241897055609)^2)) +
−3082.85411601115 ∗ Exp(−(65.4025404276544 ∗ ((“X-Axis”) − 0.0644873310121405)^2 +
3603.24827558717 ∗ (“R-axis”) − 0.0148210408248663)^2)) +
958.926988711818 ∗ Exp(−(65.4025404276544 ∗ ((“X-Axis”) − 0.0499)^2 + 3603.24827558717
∗ (“R-axis”)^2)) +
80.468182554262 ∗ Exp(−(65.4025404276544 ∗ ((“X-Axis”) − 0.0499)^2 + 3603.24827558717
∗ (“R-axis”) − 0.0347687447931648)^2)) +
−1180.44117607546 ∗ Exp(−(65.4025404276544 ∗ ((“X-Axis”) − 0.0790747191607881)^2 +
3603.24827558717 ∗ (“R-axis”)^2)))

컴퓨터 모형으로 하는 실험은 RSM이나 공학 분야의 연구원이나 현업 종사자들에게 비교적 새롭고, 도전적인 영역이다. 제품 설계에 대한 공학적 컴퓨터 모형이 있는 잘 설계된 실험을 이용하면 공학 설계의 생산성과 개발 분야를 매우 효과적으로 향상시킬 잠재력이 있다. 컴퓨터 실험에 대한 통계적 설계와 관련한 유용한 자료는 Barton(1992, 1994), McKay, Beckman, and Conover(1979), Simpson and Peplinski(1997), Jones and Johnson(2009), Kennedy, Silvestrini, Montgomery and Jones(2015), Silverstrini, Mongomery, and Steinberg(2015)가 있다.

10.6 혼합 실험

앞 절에서 각 요인의 수준들이 다른 요인의 수준들과 독립인 경우에 대한 반응표면설계들을 소개했다. **혼합 실험**(Mixture Experiments)에서, 요인들은 혼합의 요소 또는 성분이며 이에 따라 그 요인의 수준들은 서로 독립이 아니다. 예를 들어 $x_1, x_2, \ldots, x_p$가 p개 혼합 성분을 나타낸다면,

$$0 \le x_i \le 1 \qquad i = 1, 2, \ldots, p$$

그리고

$$x_1 + x_2 + \cdots + x_p = 1 \qquad \text{즉, 100 percent}$$

이러한 제한 조건들이 $p=2$와 $p=3$에 대해서 그림 10.39에 그림으로 묘사되어 있다. 두 개성분의 경우, 설계에 대한 요인 공간은 선분 $x_1+x_2=1$ 위의, 각 선분을 0과 1 사이로 제한한 부분 위에 형성되어 있다. 세 개 성분인 경우, 혼합 공간은 꼭짓점이 **순수 혼합**(pure blends)(100% 하나의 성분으로 구성된 혼합) 공식에 해당하는 삼각형이다.

세 개의 혼합 성분이 있는 경우, 제한적 실험 영역은 그림 10.40에 나와 있는 **삼선좌표지**(trilinear coordinate paper)로 쉽게 나타낼 수 있다. 그림 10.40의 각 세 측면(반대 꼭짓점에 성분이 표시되어 있음)은 세 성분 모두 포함되지 않는 혼합을 의미한다. 각 방향으로의 9개의 격자는 각 성분의 10% 증가를 나타낸다.

심플렉스 설계(simplex design)는 반응변수에 대한 혼합 성분의 효과를 연구할 때 사용된다. p개 성분에 대한 $\{p, m\}$ **심플렉스 격자설계**(simplex lattice design)는 다음과 같이 설정된 좌표에서 정의된 점들로 구성된다. 각 성분으로 가정된 비율은 0에서 1 사이를 $m+1$의 공간으로 동일하게 나눈 값을 갖는다.

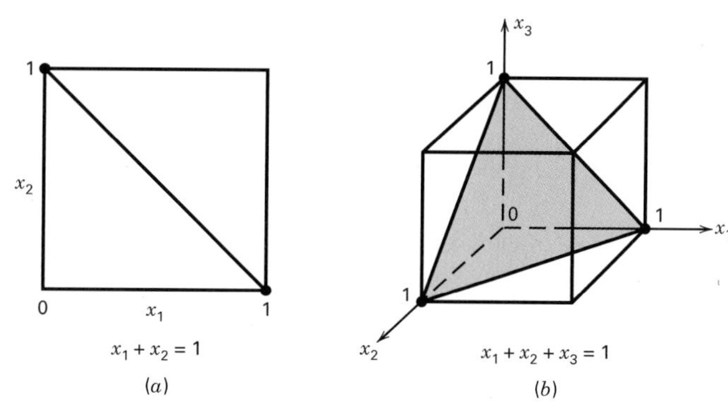

그림 10.39
성분이 (a) $p=2$개 그리고 (b) $p=3$개인 혼합에 대한 제한적 요인 공간

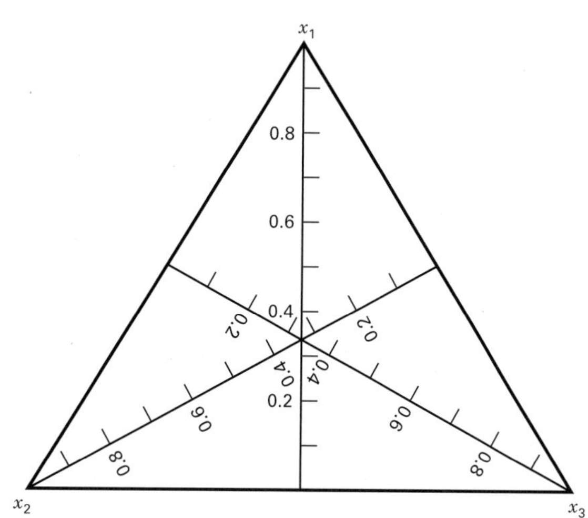

그림 10.40
삼선좌표계

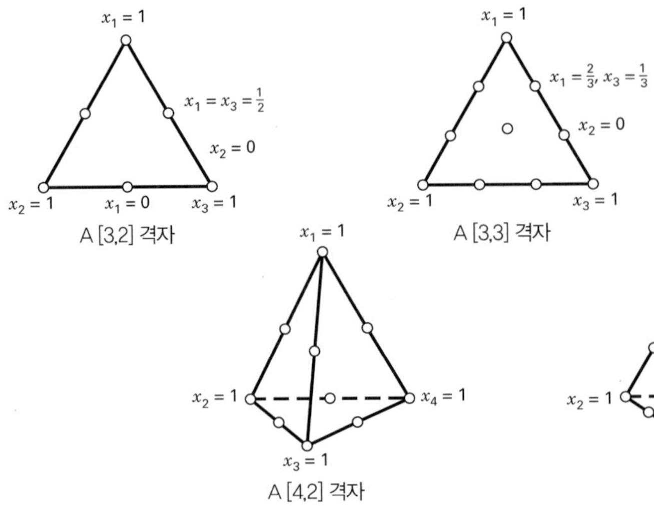

그림 10.41
$p=3$개 그리고 $p=4$개 성분에 대한 몇 가지 심플렉스 격자설계들

$$x_i = 0, \frac{1}{m}, \frac{2}{m}, \ldots, 1 \qquad i = 1, 2, \ldots, p \tag{10.24}$$

식 10.24의 비율의 모든 가능한 부분 조합들(혼합들)이 심플렉스 설계에 사용된다. 예를 들어 $p=3$ 그리고 $m=2$이라고 하자. 그러면

$$x_i = 0, \tfrac{1}{2}, 1 \qquad i = 1, 2, 3$$

그리고 심플렉스 격자는 다음 6개의 시행으로 구성된다.

$$(x_1, x_2, x_3) = (1, 0, 0), (0, 1, 0), (0, 0, 1), \left(\tfrac{1}{2}, \tfrac{1}{2}, 0\right), \left(\tfrac{1}{2}, 0, \tfrac{1}{2}\right), \left(0, \tfrac{1}{2}, \tfrac{1}{2}\right)$$

그림 10.41에 이 설계가 나와 있다. 세 개의 꼭짓점 (1, 0, 0), (0, 1, 0), (0, 0, 1)은 순수 혼합인 반면, 점 (1/2, 1/2, 0), (1/2, 0, 1/2), (0, 1/2, 1/2)은 삼각형 세 변의 중간지점에 있는 두 성분의 혼합, 즉 이원 혼합(binary blends)이다. 그림 10.41은 {3, 3}, {4, 2}, {4, 3} 심플렉스 격자설계도 보여주고 있다. 흔히 $\{p, m\}$ 심플렉스 격자설계 내 점의 수는 다음과 같다.

$$N = \frac{(p+m-1)!}{m!(p-1)!}$$

심플렉스 격자설계의 대안으로 **심플렉스 중심설계**(simplex centroid design)가 있다. 성분이 p개인 심플렉스 중심설계에는 p개 순열 (1, 0, 0, …, 0), $\binom{p}{2}$개 순열 (1/2, 1/2, 0, …, 0), $\binom{p}{3}$개 순열 (1/3, 1/3, 1/3, 0, …, 0), 전체 중심 (1/p, 1/p, …, 1/p)에 대응하는 2^{p-1}개 점들이 있다. 그림 10.42는 몇 가지 심플렉스 중심설계를 보여주고 있다.

위에서 나온 심플렉스 설계에 대해, 대부분의 실험이 영역 경계에서 시행되어 결과적으로 p개의 성분 중 $p-1$개만 포함한다는 비판적인 목소리가 있다. 혼합이 모든 p개의 성분으로 구성되는 영역의 점들을 추가해서 심플렉스 격자 또는 심플렉스 중심설계를 보정하는 것이 바람직하다. 더 자세한 내용은 Cornell(2002) and Myers, Montgomery and

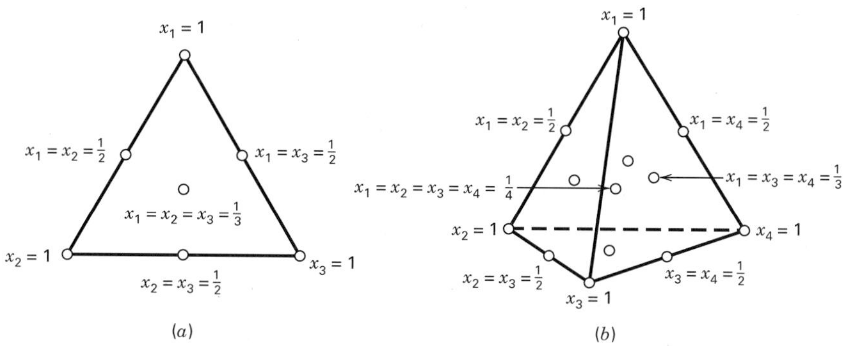

그림 10.42
(a) $p=3$개 성분 그리고 (b) $p=4$개 성분이 있는 심플렉스 중심설계들

Anderson-Cook(2009)을 참고하길 바란다.

혼합모형은 반응표면 작업에 쓰이는 보통의 다항식들과 다른데, 그 이유는 $\sum x_i = 1$이라는 제한조건 때문이다. 널리 사용되는 혼합모형의 표준 형태는

선형

$$E(y) = \sum_{i=1}^{p} \beta_i x_i \tag{10.25}$$

2차형

$$E(y) = \sum_{i=1}^{p} \beta_i x_i + \sum \sum_{i<j}^{p} \beta_{ij} x_i x_j \tag{10.26}$$

완전 3차형

$$\begin{aligned} E(y) = &\sum_{i=1}^{p} \beta_i x_i + \sum \sum_{i<j}^{p} \beta_{ij} x_i x_j \\ &+ \sum \sum_{i<j}^{p} \delta_{ij} x_i x_j (x_i - x_j) \\ &+ \sum \sum_{i<j<k} \sum \beta_{ijk} x_i x_j x_k \end{aligned} \tag{10.27}$$

특수 3차형

$$\begin{aligned} E(y) = &\sum_{i=1}^{p} \beta_i x_i + \sum \sum_{i<j}^{p} \beta_{ij} x_i x_j \\ &+ \sum \sum_{i<j<k} \sum \beta_{ijk} x_i x_j x_k \end{aligned} \tag{10.28}$$

이러한 모형들의 항은 비교적 간단히 해석할 수 있다. 식 10.25부터 10.28까지 모수 β_i는 $j \neq i$일 때 $x_i = 1$이고 $x_j = 0$인 순수 혼합에 대한 기대 반응값을 의미한다. $\sum_{i=1}^{p} \beta_i x_i$ 값은 선형 혼합 부분(linear blending portion)이라고 한다. 성분 쌍 간 비선형 혼합에서 곡률이 생길

때, 모수 β_{ij}는 **상호적**(synergistic) 또는 **적대적**(antagonistic) 혼합 중 하나를 의미한다. 더 높은 차수의 항들은 혼합모형에서 자주 필요한데 그 이유는 (1) 연구하는 현상이 복잡할 수도 있고 (2) 실험 영역이 실험 가능한 전체 영역처럼 커서 정교한 모형이 필요할 수도 있기 때문이다.

예제 10.5 세 성분 혼합

Cornell(2002)은 커튼 실에 쓰이는 섬유를 만들기 위한 세 가지 성분[폴리에틸렌(x_1), 폴리스티렌(x_2), 폴리프로필렌(x_3)]이 있는 혼합 실험을 다루고 있다. 관심 반응변수는 실의 인장 강도(elongation in kilograms of force applied)이다. {3, 2} 심플렉스 격자설계가 이때 사용된다. 설계 및 관찰된 반응값들이 표 10.19에 나와 있다. 모든 설계점들이 **순수** 또는 **이원 혼합**이다.

즉, 세 개의 성분 중 많아야 두 개 성분이 공식에 사용된다. 각 순수 혼합에서 두 번씩 그리고 각 이원 혼합에서 세 번씩 반복 관찰도 시행된다. 표준오차편차는 이러한 반복 관찰을 통해 0.85로 추정할 수 있다. Cornell은 자료에 2차 혼합모형을 적합하여 아래 식을 얻었다.

$$\hat{y} = 11.7x_1 + 9.4x_2 + 16.4x_3 + 19.0x_1x_2 + 11.4x_1x_3 - 9.6x_2x_3$$

이 모형은 반응값을 적절하게 나타낼 수 있다. $\hat{\beta}_3 > \hat{\beta}_1 > \hat{\beta}_2$이므로, 성분 3(폴리프로필렌)이 가장 인장강도가 높은 실을 만들어낸다고 결론을 내린다. 게다가 $\hat{\beta}_{12}$와 $\hat{\beta}_{13}$이 양수이기 때문에, 성분 1과 2 또는 성분 1과 3의 혼합이 순수 혼합들의 인장 강도를 평균 내었을 때 예상되는 값보다 더 높은 인장 강도를 가진다. 이것이 "상호적" 혼합 효과의 예이다. 성분 2와 3은 $\hat{\beta}_{23}$이 음수이기 때문에 적대적 혼합 효과를 가지고 있다.

그림 10.43은 인장 강도의 등고선그림인데, 결과를 해석하는 데 도움이 될 수 있다. 그림을 통해 최대 인장 강도가 필요하면 약 20대 80의 비율로 구성된 성분 1과 3의 혼합을 선택해야 한다는 것을 알 수 있다.

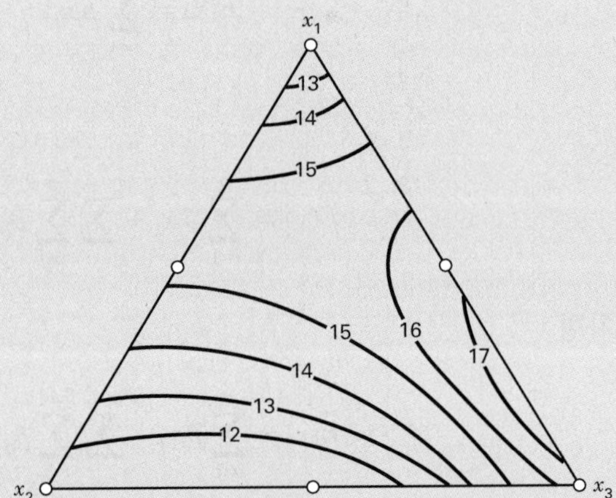

그림 10.43
예제 10.5의 2차 혼합모형에서 실의 인장 강도를 추정한 등고선그림

표 10.19 실의 인장 강도 문제에 대한 {3, 2} 심플렉스 격자설계

설계점	요소 비율			관찰된 인장 강도	인장 강도 평균($\bar{y}$)
	x_1	x_2	x_3		
1	1	0	0	11.0, 12.4	11.7
2	$\frac{1}{2}$	$\frac{1}{2}$	0	15.0, 14.8, 16.1	15.3
3	0	1	0	8.8, 10.0	9.4
4	0	$\frac{1}{2}$	$\frac{1}{2}$	10.0, 9.7, 11.8	10.5
5	0	0	1	16.8, 16.0	16.4
6	$\frac{1}{2}$	0	$\frac{1}{2}$	17.7, 16.4, 16.6	16.9

앞서 심플렉스 격자와 심플렉스 중심설계는 **경계점 설계**(boundary point design)라고 하였다. 실험자가 혼합물의 성질에 대해 예측을 하고 싶다면, 심플렉스 내부에서 더 많은 시행을 해야 한다. 이 경우 보통의 심플렉스 설계에 축 시행과 전체 중심(중심이 설계점이 아니라면)을 추가하는 것을 추천한다.

i **성분 축**(axis of component i)은 항상 $j \neq i$인 기준점 $x_i = 0$, $x_j = 1/(p-1)$에서부터 마찬가지로 $j \neq i$인 $x_i = 1$, $x_j = 0$인 반대편 꼭짓점까지 연결한 선이다. 기준점은 항상, $j \neq i$인 꼭짓점 $x_i = 1$, $x_j = 0$의 반대편인, 심플렉스의 $(p-2)$차원 경계의 중심에 있다[경계를 $(p-2)$ 평면(flat)이라고도 한다]. 성분 축의 길이가 한 단위이다. **축점**(axial point)들은 성분 축을 따라 중심으로부터 Δ 거리에 있다. Δ의 최댓값은 $(p-1)/p$이다. 축 시행을 심플렉스의 중심과 각 꼭짓점 중간쯤에 둬서 $\Delta = (p-1)/2p$가 되도록 하는 것을 추천한다. 이러한 점들을 **축 점검 혼합**(axial check blends)이라고도 하는데, 그 이유는 대부분 이 점들을 제외한 채 최초 혼합 모형을 적합한 후에 축점에서의 반응값을 사용하여 모형의 적합도를 확인하기 때문이다.

그림 10.44는 축점들을 추가한 확대 {3, 2} 심플렉스 격자설계를 보여주고 있다. 이 설계에는 10개의 점이 있는데, 이 중 4개는 심플렉스 내부에 있다. {3, 3} 심플렉스 격자는 완전 3차 모형을 적합하는 데 적절하지만, 확대 심플렉스 격자는 그렇지 않을 것이다. 하지만 확대 심플렉스 격자는 실험자가 특수 3차 모형을 적합하거나 $\beta_{1233}x_1x_2x_3^2$ 같은 특수 4차항을 추가할 수 있게 해준다. 확대 심플렉스 격자는 완전 3차 모형의 항으로는 설명할 수 없는 삼각형 내부의 곡률을 찾아주고 모형화할 수 있다는 점에서 완전 혼합의 반응값을 연구하는 데 뛰어나다. 확대 심플렉스 격자는 {3, 3} 격자의 경우보다 적합성 결여를 찾아내는 데 더 강력한 성능을 가지고 있다. 이러한 부분은 실험자가 사용할 모형에 대한 확신이 없어서 단순 다항식(1차일 것)으로 시작해 순차적으로 모형을 만들려고 할 때, 모형의 적합성 결여를 검정하고 나서 고차항들로 모형을 확대할 때, 새로운 모형의 적합성 결여를 검정할 때 등 여러 경우에 특히 유용하다.

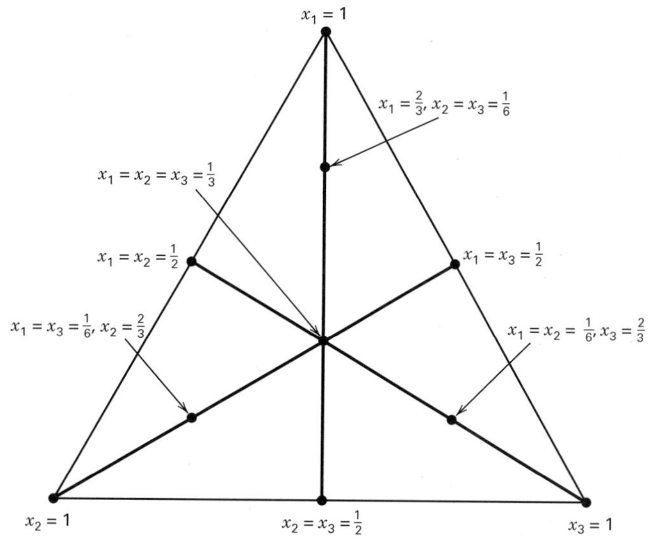

그림 10.44
확대 심플렉스 격자설계

몇몇 혼합 문제에서 개별 성분들에 대한 **제한조건**(constraints)이 붙는다. 아래와 같은 하한 제한조건이 일반적이다.

$$l_i \le x_i \le 1 \qquad i = 1, 2, \ldots, p$$

하한 제한조건만 있는 경우, 가능한 설계영역은 기존 심플렉스 영역 내에 존재하는 심플렉스이다. 아래와 같이 정의된 **유사성분**(pseudocomponents)을 도입하면 이 상황을 간단히 할 수 있다.

$$x_i' = \frac{x_i - l_i}{\left(1 - \sum_{j=1}^{p} l_j\right)} \tag{10.29}$$

이때 $\sum_{j=1}^{p} l_j < 1$이다. 이제

$$x_1' + x_2' + \cdots + x_p' = 1$$

그러므로 유사성분을 사용하면 하한이 실험의 부분일 때 심플렉스형(simplex-type) 설계를 사용할 수 있다. 유사성분의 심플렉스 설계로 나타낸 공식들은 변환식 10.29을 역산해서 기존 성분에 대한 공식으로 바뀐다. 즉, x_i'가 한 시행의 i번째 유사성분에 대한 값이라면, i번째 기존 혼합 성분은

$$x_i = l_i + \left(1 - \sum_{j=1}^{p} l_j\right) x_i' \tag{10.30}$$

만일 성분에 상한과 하한 제한조건 모두를 가지면, 가능한 영역은 더 이상 심플렉스가 아니며, 그 대신 불규칙한 다면체일 것이다. 실험 영역의 모양이 "표준"이 아니기 때문에 이런 종류의 혼합 문제에서는 **컴퓨터로 만든 최적설계**(computer-generated optimal designs)가 매우 유용하다.

예제 10.6 페인트 배합

한 실험자가 자동차의 클리어 코팅용(clear coat) 페인트의 최적 배합을 찾으려 하고 있다. 이것들은 매우 특정한 성능조건을 가진 복잡한 제품이다. 특히 고객은 누프경도(Knoop hardness)가 25를 넘고 고형성분(solid)이 30% 아래가 되기를 원한다. 클리어 코팅은 모노머(monomer) (x_1), 가교제(crosslinker) (x_2), 그리고 수지(resin) (x_3) 이 세 가지 성분의 혼합물이다. 아래에 성분 비율에 대한 제한조건들이 있다.

$$x_1 + x_2 + x_3 = 100$$
$$5 \le x_1 \le 25$$
$$25 \le x_2 \le 40$$
$$50 \le x_3 \le 70$$

이 결과는 그림 10.45에 나와 있는 제한적 실험 영역이다. 관심영역이 심플렉스가 아니기 때문에 이 문제에 D-최적설계를 사용할 것이다. 두 반응변수들 모두가 2차 혼합모형으로 모형화가 될 가능성이 높다고 가정하

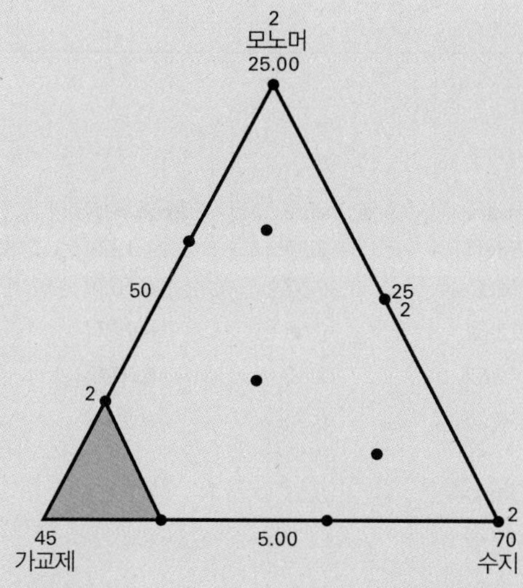

그림 10.45
예제 10.6의 페인트 배합 문제의 제한된 실험 영역 (실제 요인수준으로 나타내었다)

고, Design-Expert를 사용한 그림 10.39의 *D*-최적설계를 만들어낼 수 있다. 2차 혼합모형을 적합하기 위해 필요한 6개의 시행 외에 적합성 결여 확인을 위한 4개의 시행을 별도로 추가하고 순수오차를 추정하기 위해 이들 중 4개의 시행을 반복한다고 하자. Design-Expert는 꼭짓점, 모서리 중심점, 전체 중심점, 그리고 확인 시행들(중심점과 꼭짓점 사이 중간에 위치한 지점)을 후보점으로 사용한다.

14번의 시행이 있는 설계가 표 10.20에 반응변수인 경도 및 고형성분과 함께 나와 있다. 표 10.21과 10.22에 두 반응변수에 2차 모형을 적합한 결과가 정리되어 있다. 2차 모형은 두 반응변수인 경도와 고형성분 모두에 잘 적합됨을 확인할 수 있다. 두 반응변수에 대해(유사성분에 대해) 적합한 식들이 표 아래에 나와 있다. 반응변수들의 등고선그림은 그림 10.46과 10.47에 나와 있다.

그림 10.48은 두 반응표면을 겹친 그림인데, 누프경도가 25인 등고선과 고형성분이 30%인 등고선을 보여주고 있다. 이 제품을 생산할 수 있는 영역은 그림의 중심 가까이 빗금 치지 않은 영역이다. 확실히 요구 성능을 만족하는 클리어 코팅을 위한 모노머, 가교제, 그리고 수지의 비율이 여러 가지로 많이 있다는 것을 알 수 있다.

표 10.20 예제 10.5의 페인트 배합 문제에 대한 *D*–최적설계

표준순서	시행	모노머 x_1	가교제 x_2	수지 x_3	경도 y_1	고형성분 y_2
1	2	17.50	32.50	50.00	29	9.539
2	1	10.00	40.00	50.00	26	27.33
3	4	15.00	25.00	60.00	17	29.21
4	13	25.00	25.00	50.00	28	30.46
5	7	5.00	25.00	70.00	35	74.98
6	3	5.00	32.50	62.50	31	31.5
7	6	11.25	32.50	56.25	21	15.59
8	11	5.00	40.00	55.00	20	19.2
9	10	18.13	28.75	53.13	29	23.44
10	14	8.13	28.75	63.13	25	32.49
11	12	25.00	25.00	50.00	19	23.01
12	9	15.00	25.00	60.00	14	41.46
13	5	10.00	40.00	50.00	30	32.98
14	8	5.00	25.00	70.00	23	70.95

표 10.21 경도 반응변수에 대한 모형 적합

Response: hardness

ANOVA for Mixture Quadratic Model

Analysis of Variance Table [Partial sum of squares]

Source	Sum of Squares	DF	Mean Square	*F* Value	Prob > *F*
Model	279.73	5	55.95	2.37	0.1329
Linear Mixture	*29.13*	2	*14.56*	*0.62*	*0.5630*
AB	*72.61*	*1*	*72.61*	*3.08*	*0.1174*
AC	*179.67*	*1*	*179.67*	*7.62*	*0.0247*
BC	*8.26*	*1*	*8.26*	*0.35*	*0.5703*
Residual	188.63	8	23.58		
Lack of Fit	*63.63*	*4*	*15.91*	*0.51*	*0.7354*
Pure Error	*125.00*	*4*	*31.25*		
Cor Total	468.36	13			

Std. Dev.	4.86	R-Squared	0.5973
Mean	24.79	Adj R-Squared	0.3455
C.V.	19.59	Pred R-Squared	−0.3635
PRESS	638.60	Adeq Precision	4.975

Component	Coefficient Estimate	DF	Standard Error	95% CI Low	95% CI High
A-Monomer	23.81	1	3.36	16.07	31.55
B-Crosslinker	16.40	1	7.68	−1.32	34.12
C-Resin	29.45	1	3.36	21.71	37.19
AB	44.42	1	25.31	−13.95	102.80
AC	−44.01	1	15.94	−80.78	−7.25
BC	13.80	1	23.32	−39.97	67.57

Final Equation in Terms of Pseudocomponents:

hardness =
+23.81 * A
+16.40 * B
+29.45 * C
+44.42 * A * B
−44.01 * A * C
+13.80 * B * C

표 10.22 고형성분 반응변수에 대한 모형 적합(계속)

Response: solids

ANOVA for Mixture Quadratic Model

Analysis of Variance Table [Partial sum of squares]

Source	Sum of Squares	DF	Mean Square	*F* Value	Prob > *F*
Model	4297.94	5	859.59	25.78	<0.0001
Linear Mixture	*2931.09*	2	*1465.66*	*43.95*	*<0.0001*
AB	*211.20*	*1*	*211.20*	*6.33*	*0.0360*

표 10.22 고형성분 반응변수에 대한 모형 적합

Source	Sum of Squares	DF	Mean Square	*F* Value	Prob > *F*
AC	*285.67*	*1*	*285.67*	*8.57*	*0.0191*
BC	*1036.72*	*1*	*1036.72*	*31.09*	*0.0005*
Residual	266.79	8	33.35		
Lack of Fit	*139.92*	*4*	*34.98*	*1.10*	*0.4633*
Pure Error	*126.86*	*4*	*31.72*		
Cor Total	4564.73	13			

Std. Dev.	5.77	R-Squared	0.9416
Mean	33.01	Adj R-Squared	0.9050
C.V.	17.49	Pred R-Squared	0.7827
PRESS	991.86	Adeq Precision	15.075

Component	Coefficient Estimate	DF	Standard Error	95% CI Low	95% CI High
A-Monomer	26.53	1	3.99	17.32	35.74
B-Crosslinker	46.60	1	9.14	25.53	67.68
C-Resin	73.23	1	3.99	64.02	82.43
AB	−75.76	1	30.11	−145.19	−6.34
AC	−55.50	1	18.96	−99.22	−11.77
BC	−154.61	1	27.73	−218.56	−90.67

Final Equation in Terms of Pseudocomponents:

$$
\begin{aligned}
\text{solids} = &\\
&+26.53 * A\\
&+46.60 * B\\
&+73.23 * C\\
&-75.76 * A * B\\
&-55.50 * A * C\\
&-154.61 * B * C
\end{aligned}
$$

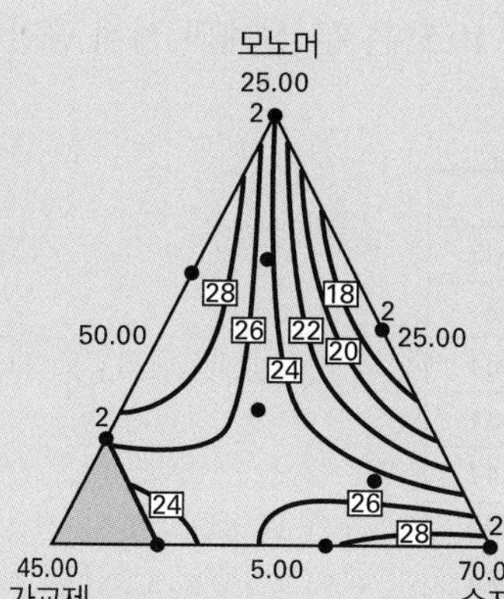

그림 10.46
예제 10.6, 반응변수인 누프경도에 대한 등고선그림

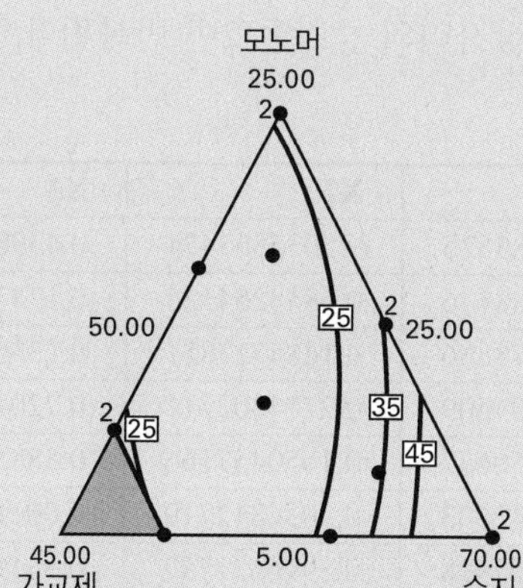

그림 10.47
예제 10.6, 반응변수인 고형성분 %에 대한 등고선그림

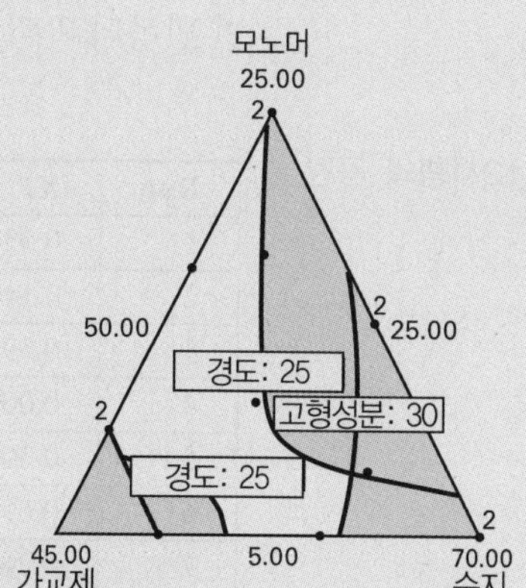

그림 10.48
페인트 배합에 대해 가능한 영역을 보여주는 누프경도와 고형성분 %의 겹친 그림

표 10.23 12시행의 *I*-최적 설계

Run	X1	X2	X3
1	0.5	0	0.5
2	1	0	0
3	0.33333333	0.33333333	0.33333333
4	0	0.5	0.5
5	0.5	0.5	0
6	0	0	1
7	0.5	0	0.5
8	0.5	0.5	0
9	0.33333333	0.333333333	0.333333333
10	0.33333333	0.333333333	0.333333333
11	0	1	0
12	0	0.5	0.5

*D*와 *I*-최적 기준에 더불어, 혼합설계를 구성할 때 사용할 수 있는 다른 기준들도 있다. 거리-기반설계(Distance-based designs)들은 설계점끼리 거리를 최대화하게끔 점을 흩뜨려 놓는 설계방법이다. 이는 종종 *D*나 *I*-기준보다 영역 안에 더 많은 시행이 가능하도록 한다. 극적인 꼭짓점 방법(extreme vertices approach)은 꼭짓점에서 시작하여, 각 가장자리의 중심에 추가하고, 필요한 설계점을 얻을 때까지 부속 공간(sub-space)의 중심을 추가하는 방법이다. 공간채움 전략(Space-filling)으로도 설계를 구성할 수 있다. JMP의 공간채움 전략은 기본적으로 모든 잠재적인 설계점 간의 거리의 곱을 최대화한다.

공간채움기준을 설명하기 위해 3요인 혼합설계를 구성한다고 해 보자. 표 10.23은 12시행의 *I*-최적설계이고, 표 10.24는 12시행 공간채움설계이다. 그림 10.49와 10.50은 이 설계를 그래프로 표현한 것이다. 공간채움설계는 12개의 유일한 설계점이 있고, 모든 점들이 심플렉스의 안에 있다. *I*-최적설계의 유일한 설계점은 7개뿐이고, 3개의 꼭짓점, 3개의 각 가장자리 중심(이원 혼합), 전반적인 중심점이다. 중심점은 유일하게 안에 있는 점인데, 3번 반복되고 각 가장자리의 중간은 2번 반복된다. 그림 10.51은 두 설계의 설계 공간 그림

표 10.24 12시행의 공간 채움설계

Run	X1	X2	X3
1	0.0566385525	0.5035563474	0.4398051002
2	0.1403888146	0.6848254125	0.174785773
3	0.5979278886	0.1685717851	0.2335003264
4	0.0021204609	0.277430271	0.7204492681
5	0.3064350687	0.1050457166	0.5885192147
6	0.6951342573	0.3036842719	0.0011814709
7	0.2684127928	0.3996327787	0.3319544285
8	0.0164724047	0.9652091258	0.0183184695
9	0.5236343265	0.002453615	0.4739120585
10	0.3942469565	0.5494100414	0.0563430022
11	0.8560801746	0.0425991599	0.1013206655
12	0.0976192298	0.0288613381	0.8735194321

의 일부분이다. 공간채움설계가 그림의 하단 곡선이고, 대부분의 설계 공간에서의 전반적인 예측분산이 더 낮음을 의미한다. *I*-최적설계의 예측분산평균(σ에 상대적인)은 0.318271이고, 공간채움설계는 0.190901이다. 혼합에 대한 공간채움설계는 종종 *I*-최적설계의 좋은 대안이다.

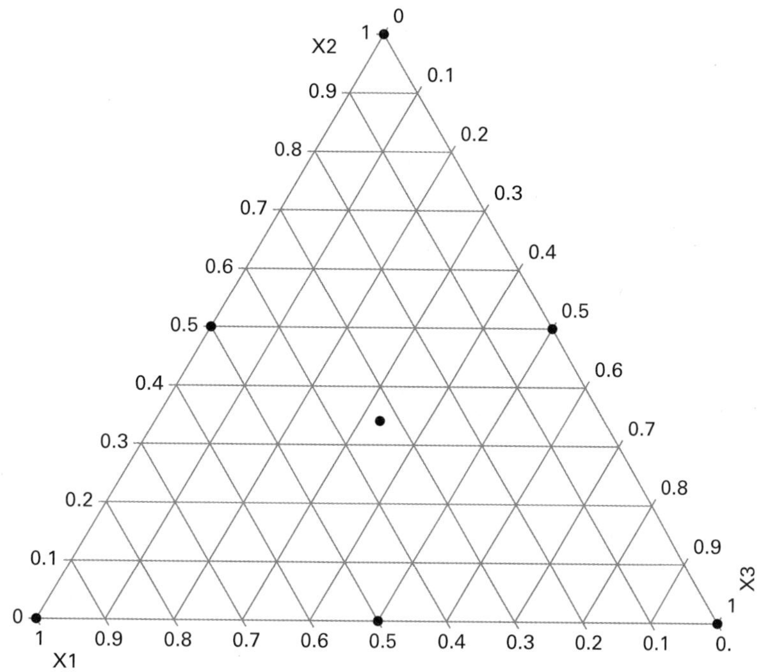

그림 10.49
12시행의 *I*-최적설계

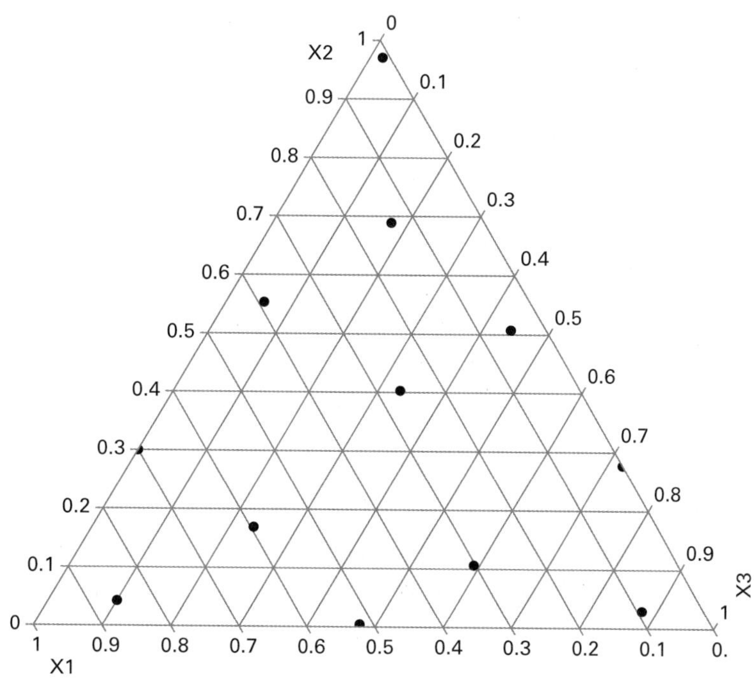

그림 10.50
12시행의 공간채움설계

그림 10.51
그림 10.49의 I-최적설계와 그림 10.50의 공간채움설계의 설계공간 분산그림. 공간채움설계가 아래쪽의 곡선이다.

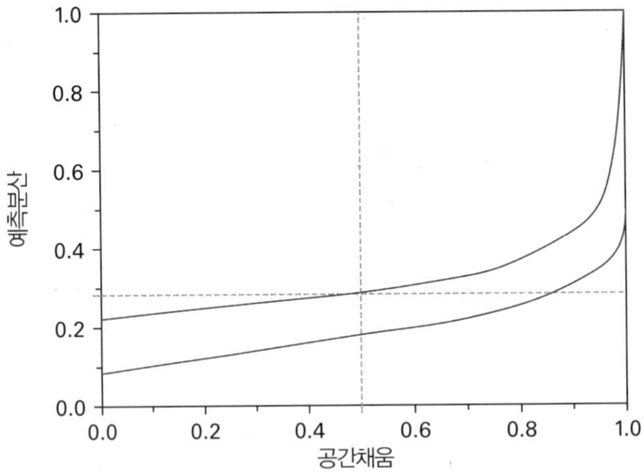

10.7 진화하면서 운영하기

연구개발 직원들이 반응표면 방법을 시험용 설비 작동에 적용하는 경우가 자주 있다. 이를 전체적인(full-scale) 생산 공정에 적용하는 경우, 비교적 정교한 실험과정 덕분에 보통 한 번(또는 아주 적은 횟수)만에 완료가 된다. 하지만 시험용(pilot) 설비에 대한 최적 조건들이 전체적인 공정에서는 최적이 아닐 수 있다. 시험용 설비는 하루에 2파운드만큼 생산할 수 있는 반면에, 전체 공정은 하루에 2000파운드만큼 생산할 수 있다. 시험용 설비에서 실물 크기의 공정으로의 "규모 증가"는 일반적으로 최적 조건의 왜곡을 초래한다. 원료의 차이, 환경적 변화, 그리고 작동하는 사람 때문에 실물 크기의 설비가 최적점에서 운영되더라도 결국 그 점에서 벗어난다.

작동 조건을 최적점 쪽으로 옮기거나 "이동하는 것(drift)"을 따라가려는 목적으로, 전체 공정에 대한 지속적인 관찰 및 향상 방법이 필요하다. 이 방법은 생산에 지장을 줄 수 있을 정도로 작동 조건을 크게 또는 갑작스럽게 바꾸지 않도록 해야 한다. Box(1957)가 작동 과정으로 **진화하면서 운영하는 것**(Evolutionary operation, EVOP)을 제안하였다. 이 방법은 제조 직원이 연구개발 직원의 큰 도움 없이도 수행할 수 있는 일상적인 설비 작동법으로 설계되었다.

EVOP는 고려되는 작동 변수들의 수준에 체계적으로 작은 변화를 주도록 구성되어 있다. 보통 2^k 설계를 통해 적용한다. 변수의 변화들은 생산, 품질, 그리고 양에 심각한 장애를 일으키지 않을 만큼 작지만, 결과적으로 공정의 성능상에 잠재적인 향상이 있을 만큼은 크다고 가정한다. 관심 반응변수에 대한 자료는 2^k 설계의 각 점에서 얻는다. 각 설계점에서 관측치를 하나씩 얻었을 때, 순환이 완료되었다고 말한다. 그러면 공정변수의 효과와 교호작용을 구할 수 있다. 결국 몇 번의 순환을 하고 나면, 한 개 이상 공정변수의 효과 또는 교호작용들이 반응변수에 대해 유의하다고 나타날 수 있다. 이때 반응값을 향상하기 위해 기존 작동 조건들을 변경할 수도 있다. 향상된 조건을 찾으면, **단계**(phase)가 완료되었다고 한다.

공정변수와 교호작용의 유의성 검정에서, 실험오차에 대한 추정이 필요하다. 이것은 순환자료로 구한다. 또한 2^k 설계는 일반적으로 현재의 최상 작동 조건을 중심에 둔다. 이 점에서의 반응값과 요인 부분 내 2^k 점들의 반응값을 비교해서, 곡률이나 **평균 내 변화**(change in mean, CIM)를 확인할 수 있다. 즉, 만일 공정이 최댓값을 중심으로 하고 있다면 중심에서의 반응값은 2^k 주변점들의 반응값들보다 상당히 커야한다.

이론적으로 EVOP는 k개의 공정변수에 적용할 수 있다. 실제로는 대개 단 두 세 개의 변수들만 고려한다. 변수가 두 개인 경우에 대한 예를 보여줄 것이다. Box and Draper(1969)에서 변수가 3개인 경우의 더 자세한(필요한 형식과 워크시트) 내용을 확인할 수 있다.

예제 10.7

생산량이 온도(x_1)와 압력(x_2)의 함수인 화학 공정을 생각해 보자. 현재 작동 조건은 $x_1 = 250°F$ 그리고 $x_2 = 145$ psi이다. EVOP 과정은 그림 10.52에 나온 것처럼 중심점이 더해진 2^2 설계를 사용한다. 순환은 번호순 (1, 2, 3, 4, 5)으로 각 설계점을 시행하면 완료된다. 첫 번째 순환의 생산량도 그림 10.52에 나와 있다.

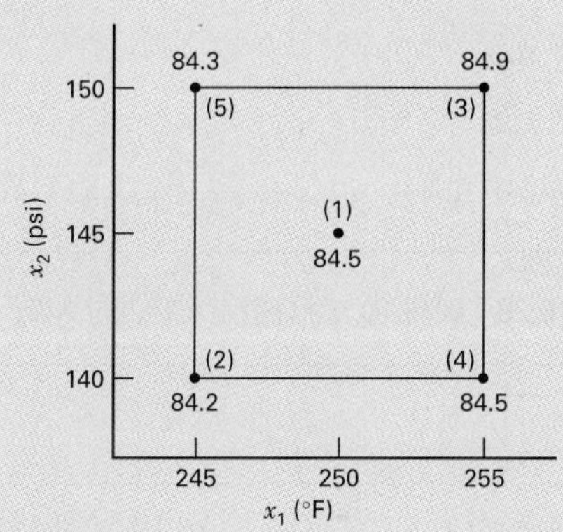

그림 10.52
EVOP에 대한 2^2 설계

첫 번째 순환의 생산량들을 표 10.25에 나와 있는 것처럼 EVOP 계산 시트에 입력한다. 첫 번째 순환의 마지막에는 표준편차에 대해 어떠한 추정도 할 수 없다. 온도와 압력에 대한 효과와 교호작용은 2^2 설계의 일반적인 방식으로 계산된다.

그다음 두 번째 순환이 시행되고 표 10.26에 나와 있는 것처럼 생산량 자료를 또 다른 EVOP 계산 시트에 입력한다. 두 번째 시행이 끝나면, 실험오차 및 근사 95%(두 표준편차) 한계와 비교한 효과를 추정할 수 있다. 여기서 범위(range)는 (iv)행에 있는 차이의 간격을 말한다. 따라서 범위는 $+1.0-(-1.0)=2.0$이다. 표 10.26에 있는 효과 중 어떤 것도 오차한계를 초과하지 않기 때문에 실제 효과는 0인 듯하고, 그래서 작동 조건을 바꾸지 않는다고 생각하기로 한다.

세 번째 순환의 결과가 표 10.27에 나와 있다. 압력의 효과는 이제 그 효과의 오차한계를 초과하고 온도의 효과는 오차한계와 같다. 이제 작동 조건을 바꾸는 것이 맞는 것으로 보인다. 결과에 비추어 볼 때, (3)번 점에 대해 새로운 EVOP 단계를 시작하는 것이 적당해 보인다. 따라서 $x_1 = 225°F$ 그리고 $x_2 = 150$psi가 2^2 설계의 중심이 된다.

찾아낸 정보를 공정을 작동하는 사람 및 관리자에게 되돌려 준다는 것이 EVOP의 중요한 면이다. 이는 EVOP 정보판에 관련 내용을 명확하게 쓰면 할 수 있다. 해당 예제의 순환 3 후에 대한 정보판이 표 10.28에 나와 있다.

표 10.25 예제 10.7에 대한 EVOP 계산 시트, $n=1$

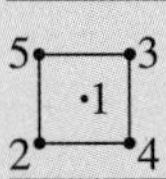

	순환: n=1 반응값: 생산량	단계: 1 날짜: 1/11/04

	평균 계산					표준 편차 계산
작동 조건	(1)	(2)	(3)	(4)	(5)	
(i) 직전 순환의 합						직전 합 $S=$
(ii) 직전 순환의 평균						직전 평균 $S=$
(iii) 새로운 관측치	84.5	84.2	84.9	84.5	84.3	새로운 $S=$범위$\times f_{5,n}=$
(iv) 차이 [(ii)−(iii)]						(iv)의 범위$=$
(v) 새로운 합 [(i)+(iii)]	84.5	84.2	84.9	84.5	84.3	새로운 합 $S=$
(vi) 새로운 평균 [$\bar{y}_i$=(v)/n]	84.5	84.2	84.9	84.5	84.3	새로운 평균 $S=\frac{\text{새로운 합 } S}{n-1}$

효과 계산	오차한계 계산
온도 효과= $\frac{1}{2}(\bar{y}_3+\bar{y}_4-\bar{y}_2-\bar{y}_5)=0.45$	새로운 평균= $\frac{2}{\sqrt{n}}S=$
압력 효과= $\frac{1}{2}(\bar{y}_3+\bar{y}_5-\bar{y}_2-\bar{y}_4)=0.25$	새로운 효과= $\frac{2}{\sqrt{n}}S=$
$T\times P$ 교호작용= $\frac{1}{2}(\bar{y}_2+\bar{y}_3-\bar{y}_4-\bar{y}_5)=0.15$	
평균변환 효과= $\frac{1}{5}(\bar{y}_2+\bar{y}_3+\bar{y}_4+\bar{y}_5-4\bar{y}_1)=0.02$	평균의 변화= $\frac{1.78}{\sqrt{n}}S=$

표 10.26 예제 10.7에 대한 EVOP 계산 시트, $n=2$

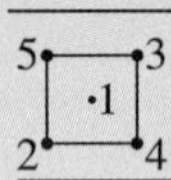

	순환: n=1 반응값: 생산량	단계: 1 날짜: 1/11/04

	평균 계산					표준 편차 계산
작동 조건	(1)	(2)	(3)	(4)	(5)	
(i) 직전 순환의 합	84.5	84.2	84.9	84.5	84.3	직전 합 $S=$
(ii) 직전 순환의 평균	84.5	84.2	84.9	84.5	84.3	직전 평균 $S=$
(iii) 새로운 관측치	84.9	84.6	85.9	83.5	84.0	새로운 $S=$범위$\times f_{5,n}=0.60$
(iv) 차이 [(ii)−(iii)]	−0.4	−0.4	−1.0	+1.0	0.3	(iv)의 범위$=2.0$
(v) 새로운 합 [(i)+(iii)]	169.4	168.8	170.8	168.0	168.3	새로운 합 $S=0.60$
(vi) 새로운 평균 [$\bar{y}_i$=(v)/n]	84.70	84.40	85.40	84.00	84.15	새로운 평균 $S=\frac{\text{새로운 범위 } S}{n-1}=0.60$

효과 계산	오차한계 계산
온도 효과= $\frac{1}{2}(\bar{y}_3+\bar{y}_4-\bar{y}_2-\bar{y}_5)=0.67$	새로운 평균= $\frac{2}{\sqrt{n}}S=0.85$
압력 효과= $\frac{1}{2}(\bar{y}_3+\bar{y}_5-\bar{y}_2-\bar{y}_4)=0.87$	새로운 효과= $\frac{2}{\sqrt{n}}S=0.85$
$T\times P$ 교호작용= $\frac{1}{2}(\bar{y}_2+\bar{y}_3-\bar{y}_4-\bar{y}_5)=0.64$	
평균변환 효과= $\frac{1}{5}(\bar{y}_2+\bar{y}_3+\bar{y}_4+\bar{y}_5-4\bar{y}_1)=-0.07$	새로운 효과= $\frac{1.78}{\sqrt{n}}S=0.76$

표 10.27 예제 10.7에 대한 EVOP 계산 시트, $n=3$

5 · 3 / ·1 / 2 · 4	순환: n=1 반응값: 생산량	단계: 1 날짜: 1/11/04

작동 조건	(1)	(2)	(3)	(4)	(5)	표준 편차 계산
	평균 계산					
(i) 직전 순환의 합	169.4	168.8	170.8	168.0	168.3	직전 합 S=0.60
(ii) 직전 순환의 평균	84.70	84.40	85.40	84.00	84.15	직전 평균 S=0.60
(iii) 새로운 관측치	85.0	84.0	86.6	84.9	85.2	새로운 S=범위$\times f_{5,n}$=0.56
(iv) 차이 [(ii)−(iii)]	−0.30	+0.40	−1.20	−0.90	−1.05	(iv)의 범위=1.60
(v) 새로운 합 [(i)+(iii)]	254.4	252.8	257.4	252.9	253.5	새로운 합 S=1.16
(vi) 새로운 평균 [$\bar{y}_i=(v)/n$]	84.80	84.27	85.80	84.30	84.50	새로운 평균 $S=\frac{\text{새로운 합 } S}{n-1}$ =0.58

효과 계산	오차한계 계산
온도 효과= $\frac{1}{2}(\bar{y}_3+\bar{y}_4-\bar{y}_2-\bar{y}_5)=0.67$	새로운 평균= $\frac{2}{\sqrt{n}}S=0.67$
압력 효과= $\frac{1}{2}(\bar{y}_3+\bar{y}_5-\bar{y}_2-\bar{y}_4)=0.87$	새로운 효과= $\frac{2}{\sqrt{n}}S=0.67$
$T\times P$ 교호작용= $\frac{1}{2}(\bar{y}_2+\bar{y}_3-\bar{y}_4-\bar{y}_5)=0.64$	
평균변환 효과= $\frac{1}{5}(\bar{y}_2+\bar{y}_3+\bar{y}_4+\bar{y}_5-4\bar{y}_1)=-0.07$	새로운 효과= $\frac{1.78}{\sqrt{n}}S=0.60$

표 10.28 EVOP 정보판, 순환 3

반응값: 생산량 백분율

필수: 최대화

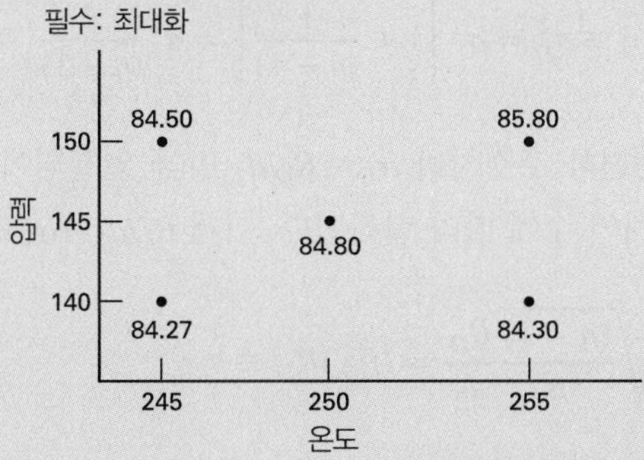

평균에 대한 오차한계: ±0.67

효과와	온도	0.67 ± 0.67
95% 오차	압력	0.87 ± 0.67
한계	$T\times P$	0.64 ± 0.67
	평균 변화	0.07 ± 0.60
표준편차	0.58	

표 10.29 $f_{k,n}$ 값

$n =$	2	3	4	5	6	7	8	9	10
$k = 5$	0.30	0.35	0.37	0.38	0.39	0.40	0.40	0.40	0.41
9	0.24	0.27	0.29	0.30	0.31	0.31	0.31	0.32	0.32
10	0.23	0.26	0.28	0.29	0.30	0.30	0.30	0.31	0.31

EVOP 계산 시트상 대부분의 값들은 2^k 요인설계 분석을 곧바로 따른다. 예를 들어 $1/2(\bar{y}_3+\bar{y}_5-\bar{y}_2-\bar{y}_4)$와 같은, 어떤 효과의 분산은 간단히 σ^2/n이며 여기서 σ^2은 관측치 (y)의 분산이다. 따라서 어떤 효과에 대한 두 표준편차(95%에 해당하는) 오차한계는 $\pm 2\sigma/\sqrt{n}$일 것이다. 평균 내 변화의 분산은

$$V(\text{CIM}) = V\left[\frac{1}{5}(\bar{y}_2 + \bar{y}_3 + \bar{y}_4 + \bar{y}_5 - 4\bar{y}_1)\right]$$
$$= \frac{1}{25}(4\sigma_{\bar{y}}^2 + 16\sigma_{\bar{y}}^2) = \left(\frac{20}{25}\right)\frac{\sigma^2}{n}$$

따라서 CIM에 대한 두 표준편차 오차한계는 $\pm(2\sqrt{20/25})\sigma/\sqrt{n} = \pm 1.78\sigma/\sqrt{n}$이다.

표준편차 σ는 범위 방법(range method)으로 추정한다. $y_i(n)$을 순환 n의 i번째 설계점 관측치 그리고 $\bar{y}_i(n)$을 n번 순환한 $y_i(n)$의 평균이라고 하자. EVOP 계산시트의 (iv)행 값들은 $y_i(n)-\bar{y}_i(n-1)$ 차이이다. 이러한 차이의 분산은

$$V[y_i(n) - \bar{y}_i(n-1)] \equiv \sigma_D^2 = \sigma^2\left[1 + \frac{1}{(n-1)}\right] = \sigma^2\frac{n}{(n-1)}$$

차이의 범위(R_D)는 차이의 표준편차 추정치와 $\hat{\sigma}_D = R_D/d_2$ 만큼 연결되어 있다. 요인 d_2는 R_D를 계산하는 데 사용된 관측치의 수에 따라 달라진다. 이제 $R_D/d_2 = \hat{\sigma}\sqrt{n/(n-1)}$이므로,

$$\hat{\sigma} = \sqrt{\frac{(n-1)}{n}}\frac{R_D}{d_2} = (f_{k,n})R_D \equiv s$$

위 식은 관측치의 표준편차를 추정하는 데 사용될 수 있고, 여기서 k는 설계에 사용된 점들의 수를 나타낸다. 중심점이 하나인 2^2 설계의 경우 $k=5$이고, 중심점이 하나인 2^3 설계의 경우 $k=9$이다. $f_{k,n}$의 값들이 표 10.29에 나와 있다.

10.8 연습문제

10.1 한 화학설비는 액화시킨 공기를 기체 성분별로 분별 증류함으로써 산소를 생산한다. 산소의 순도는 주 복수기의 온도 및 상부와 하부 간 압력 비율의 함수이다. 현재 작동 조건들은 온도 $(\xi_1)=-200°C$ 그리고 압력 비율 $(\xi_2)=1.2$이다. 다음 자료를 사용하여 최대 상승 경로를 찾아라.

온도 (ξ_1)	압력 비율 (ξ_2)	순도
−225	1.1	82.8
−225	1.3	83.5
−215	1.1	84.7
−215	1.3	85.0
−220	1.2	84.1
−220	1.2	84.5
−220	1.2	83.9
−220	1.2	84.3

10.2 다음 설계가 심플렉스임을 보여라. 1차 모형을 적합하고 최대 상승 경로를 찾아라.

x_1	x_2	x_3	y
0	$\sqrt{2}$	−1	18.5
$-\sqrt{2}$	0	1	19.8
0	$-\sqrt{2}$	−1	17.4
$\sqrt{2}$	0	1	22.5

10.3 아래의 1차 모형에 대해

$$\hat{y}=60+1.5x_1-0.8x_2+2.0x_3$$

최대 상승 경로를 찾아라. 변수들은 $-1\le x_i\le 1$로 부호화되어 있다.

10.4 두 요인에 대한 실험 영역이 온도($100\le T\le 300°F$) 그리고 촉매 공급량($10\le C\le 30$ lb/in)이다. 일반적인 ±1 부호화변수를 사용한 1차 모형을 분자량 반응변수에 적합시켜 다음의 모형을 얻었다.

$$\hat{y}=2000+125x_1+40x_2$$

(a) 최대 상승 경로를 찾아라.

(b) 분자량이 2500을 넘어가는 영역으로 옮기고 싶다. 현재 영역의 실험으로부터 얻은 정보를 근거로, 관심영역으로 이동하려면 최대 상승 경로를 따라 대략 몇 번의 단계가 필요한가?

10.5 최대 상승 경로는 대개 모형이 1차일 것으로 가정하고 계산되는 것이다. 즉, 교호작용이 존재하지 않는다. 하지만 교호작용이 실제로 존재한다고 해도, 최대 상승법은 여전히 좋은 결과를 주는 것이 일반적이다. 설명을 위해, 부호화변수($-1\le x_i\le +1$)를 사용하여 모형을 적합시킨다고 해보자.

$$\hat{y}=20+5x_1-8x_2+3x_1x_2$$

(a) 교호작용을 무시한 최대 상승 경로를 그려라.

(b) 모형에 교호작용이 있는 최대 상승 경로를 그려라. (a)에서 그린 경로와 비교하라.

10.6 표 P 10.1의 자료들은 세 변수 x_1, x_2, x_3의 함수인 크리스탈의 성장을 최적화하는 실험에서 얻은 것이다. y(단위는 그램)의 값이 클수록 좋다. 2차 모형을 적합시키고, 적합된 표면을 분석하라. 어떤 조건에서 성장이 최대가 되는가?

표 P 10.1 크리스탈의 성장 실험

x_1	x_2	x_3	y
−1	−1	−1	66
−1	−1	1	70
−1	1	−1	78
−1	1	1	60
1	−1	−1	80
1	−1	1	70
1	1	−1	100
1	1	1	75
−1.682	0	0	100
1.682	0	0	80
0	−1.682	0	68
0	1.682	0	63
0	0	−1.682	65
0	0	1.682	82
0	0	0	113
0	0	0	100
0	0	0	118
0	0	0	88
0	0	0	100
0	0	0	85

10.7 표 P 10.2의 자료들은 화학 기술자가 수집한 것이다. 반응변수 y는 여과시간, x_1은 온도, x_2는 압력이다. 2차 모형을 적합하라.

표 P 10.2 연습문제 10.7의 실험

x_1	x_2	y
−1	−1	54
−1	1	45
1	−1	32
1	1	47
−1.414	0	50
1.414	0	53
0	−1.414	47
0	1.414	51
0	0	41
0	0	39
0	0	44
0	0	42
0	0	40

(a) 여과시간을 최소로 하는 것이 목적이라면, 어떤 작동조건이 좋겠는가?

(b) 평균 여과시간을 46에 아주 가깝게 하는 것이 목적인 경우, 어떤 작동조건이 좋겠는가?

10.8 한 실험자가 Box-Behnken 설계를 시행해서 표 P 10.3과 같은 결과를 얻었다. 반응변수는 고분자의 점성도이다.

표 P 10.3 Box-Behnken 설계

수준	온도	젓는 속도	압력	x_1	x_2	x_3
높음	200	10.0	25	+1	+1	+1
중간	175	7.5	20	0	0	0
낮음	150	5.0	15	−1	−1	−1

시행	x_1	x_2	x_3	y_1
1	−1	−1	0	535
2	+1	−1	0	580
3	−1	+1	0	596
4	+1	+1	0	563
5	−1	0	−1	645
6	+1	0	−1	458
7	−1	0	+1	350
8	+1	0	+1	600
9	0	−1	−1	595
10	0	+1	−1	648
11	0	−1	+1	532
12	0	+1	+1	656
13	0	0	0	653
14	0	0	0	599
15	0	0	0	620

(a) 2차 모형을 적합하라.

(b) 정준 분석(canonical analysis)을 수행하라. 어떤 종류의 표면이 찾아지는가?

(c) x_1과 x_2에 대해 어떤 작동조건이 안정점으로 이끄는가?

(d) 가능한 한 600에 가까운 점성도를 얻는 것이 중요하다면 어떤 작동조건이 좋겠는가?

10.9 표 P 10.4에 나와 있는, 변수가 세 개인 중심복합설계를 생각해 보자. 55에서 60 사이의 활성도(y_2)에서 전환율(y_1)을 최대로 만들고 싶다고 가정하고, 자료를 분석해서 결론을 도출하라.

표 P 10.4 세 변수 CCD

시행	시간 (분)	온도 (°C)	촉매 (%)	전환율(%) y_1	활동도 y_2
1	−1.000	−1.000	−1.000	74.00	53.20
2	1.000	−1.000	−1.000	51.00	62.90
3	−1.000	1.000	−1.000	88.00	53.40
4	1.000	1.000	−1.000	70.00	62.60
5	−1.000	−1.000	1.000	71.00	57.30
6	1.000	−1.000	1.000	90.00	67.90
7	−1.000	1.000	1.000	66.00	59.80
8	1.000	1.000	1.000	97.00	67.80
9	0.000	0.000	0.000	81.00	59.20
10	0.000	0.000	0.000	75.00	60.40
11	0.000	0.000	0.000	76.00	59.10
12	0.000	0.000	0.000	83.00	60.60
13	−1.682	0.000	0.000	76.00	59.10
14	1.682	0.000	0.000	79.00	65.90
15	0.000	−1.682	0.000	85.00	60.00
16	0.000	1.682	0.000	97.00	60.70
17	0.000	0.000	−1.682	55.00	57.40
18	0.000	0.000	1.682	81.00	63.20
19	0.000	0.000	0.000	80.00	60.80
20	0.000	0.000	0.000	91.00	58.90

10.10 절삭 공구 제조자가 공구의 수명(y_1, 단위는 시간) 그리고 공구의 가격(y_2, 단위는 달러)에 대한 경험적 방정식 두 개를 만들었다. 두 모형 모두 철의 경도(x_1)와 제작 시간(x_2)의 선형 함수이다. 두 방정식은

$$\hat{y}_1 = 10 + 5x_1 + 2x_2$$
$$\hat{y}_2 = 23 + 3x_1 + 4x_2$$

그리고 두 식 모두 $-1.5 \le x_i \le 1.5$인 범위에서 유효하다. 제품이 경쟁력을 가지려면, 공구의 개당 가격은 반드시 \$27.50보다 저렴해야 하고 수명은 12시간보다 길어야 한

다. 가능한 작동조건들이 존재하는가? 어디에서 시행하는 것이 좋겠는가?

10.11 화학 증착(chemical vapor deposition) 공정에 중심복합설계를 시행하여, 표 P 10.5에 나와 있는 실험자료를 얻었다. 설계의 각 시행에 4개의 실험 단위들이 동시에 적용되었고, 반응변수는 4개 단위에서 구해지는 두께의 평균과 분산이다.

표 P 10.5 연습문제 10.11에 대한 CCD

x_1	x_2	$\bar{y}$	s^2
−1	−1	360.6	6.689
1	−1	445.2	14.230
−1	1	412.1	7.088
1	1	601.7	8.586
1.414	0	518.0	13.130
−1.414	0	411.4	6.644
0	1.414	497.6	7.649
0	−1.414	397.6	11.740
0	0	530.6	7.836
0	0	495.4	9.306
0	0	510.2	7.956
0	0	487.3	9.127

(a) 평균 반응변수에 모형을 적합해 보자. 잔차를 분석하라.
(b) 분산 반응변수에 모형을 적합해 보자. 잔차를 분석하라.
(c) $\ln(s^2)$에 모형을 적합해 보자. (b)의 모형보다 나은가?
(d) 당신은 평균 두께가 450±25 구간 내에 있기를 바란다고 해 보자. 이런 목적을 달성하면서 동시에 분산이 최소가 되는 작동조건을 찾아라.
(e) (d)의 분산 최소화에 대해 이야기해 보자. 전체 공정의 분산을 최소화하였는가?

10.12 직교 1차 설계는 회전이 가능한 1차 설계임을 확인하라.

10.13 n_C개의 중심점으로 2^k 설계를 확장시키면 $\beta_i(i=1, 2, \ldots, k)$의 추정치에는 영향을 주지 않지만 절편 β_0의 추정치는 모든 2^k+n_c개 관측치의 평균이라는 것을 보여라.

10.14 표 P 10.6의 중심복합설계가 직교 블록화한다는 것을 확인하라.

표 P 10.6 블록이 3개인 CCD

블록 1			블록 2		
x_1	x_2	x_3	x_1	x_2	x_3
0	0	0	0	0	0
0	0	0	0	0	0
1	1	1	1	1	−1
1	−1	−1	1	−1	1
−1	−1	1	−1	1	1
−1	1	−1	−1	−1	−1

블록 3		
x_1	x_2	x_3
−1.633	0	0
1.633	0	0
0	−1.633	0
0	1.633	0
0	0	−1.633
0	0	1.633
0	0	0
0	0	0

10.15 중심복합설계의 블록화. 두 개의 블록에서 $k=4$개의 변수가 있는 중심복합설계를 생각해 보자. 직교 블록화되는 회전가능한 설계를 항상 찾을 수 있는가?

10.16 두 개의 직교 블록에서 6각형 설계를 어떻게 시행할 수 있는가?

10.17 화학 공정의 처음 4순환 동안의 생산량이 다음 표에 나와 있다. 변수들은 수준이 30, 31, 32인 농도 %(x_1)와 140, 142, 144°F인 온도(x_2)이다. EVOP 방법으로 분석하라.

순환	조건 (1)	(2)	(3)	(4)	(5)
1	60.7	59.8	60.2	64.2	57.5
2	59.1	62.8	62.5	64.6	58.3
3	56.6	59.1	59.0	62.3	61.1
4	60.5	59.8	64.5	61.0	60.1

10.18 실제 표면이 $d_2(>d_1)$차수 모형으로 설명될 때 즉, $E(y)=\mathbf{X}_1\beta_1+\mathbf{X}_1\beta_2$일 때, $\mathbf{y}=\mathbf{X}_1\beta_1+\epsilon$와 같은 d_1차수 모형을 갖는 반응표면을 근사한다고 하자.

(a) 회귀계수들이 편향되었음을 보여라. 다시 말해 $E(\hat{\beta}_1)=\beta_1+\mathbf{A}\beta_2$인데, 여기서 $\mathrm{A}=(\mathbf{X}_1'\mathbf{X}_1)^{-1}\mathbf{X}_1'\mathbf{X}_2$이다. **A**는 보통 가명관계 행렬이라고 한다.

(b) $d_1=1$, $d_2=2$이며, 완전 2^k가 모형 적합에 사용되었다고 할 때, (a)의 결과를 이용하여 가명관계 구조를 결정하라.

(c) $d_1=1$, $d_2=2$이며, $k=3$이라고 할 때, 모형 적합에 2^{3-1} 설계가 사용되었다고 가정하고 가명관계 구조를 확인하라.

(d) $d_1=1$, $d_2=2$, $k=3$, 그리고 연습문제 10.2의 심플렉스 설계가 모형 적합에 사용되었다고 할 때, 가명관계 구조를 결정해보고 (c)의 결과와 비교하라.

10.19 $x_1+x_2\leq 1$ 조건하에, $-1\leq x_i\leq +1$, $i=1,2$ 영역에 대해 2차 모형을 적합시키는 실험을 설계한다고 해 보자. 만일 제한 조건을 벗어나면, 공정은 제대로 작동하지 않을 것이다. 12번까지의 시행이 가능하다. 다음 설계들을 만들어라.

(a) 중심점이 $x_1=x_2=0$인 "내접" CCD

(b) 중심점이 $x_1=x_2=-0.25$인 "내접" 3^2 요인설계

(c) D-최적설계

(d) (c)와 동일하지만 모든 반복이 설계점에 있는 수정 D-최적설계

(e) 각 설계에 대해 $|(\mathbf{X}'\mathbf{X})^{-1}|$기준을 측정하라.

(f) (c)의 D-최적설계와 비교하여 각 설계에 대한 D-효율을 측정하라.

(g) 어떤 설계가 좋겠는가? 이유는?

10.20 1차 모형 적합을 위한 2^3 설계를 생각하라.

(a) 설계에 대해 D-기준 $|(\mathbf{X}'\mathbf{X})^{-1}|$을 계산하라.

(b) 설계에 대해 A-기준 $\mathrm{tr}(\mathbf{X}'\mathbf{X})^{-1}$을 계산하라.

(c) 설계에 대한 척도화 예측값 분산의 최대값을 구해 보자. 설계는 G-최적인가?

10.21 2요인 교호작용이 있는 1차 모형을 사용하여 연습문제 11.20를 반복하라.

10.22 $k=5$개, 요인이 있는 2차 모형을 적합시키고 싶다고 하자. 시행은 25번까지만 가능하다. 이 상황에 대한 D-최적설계 그리고 I-최적설계를 만들어라. 예측값 분산의 성질을 비교하라. 어떤 설계가 더 나은가?

10.23 $k=4$개, 요인이 있는 2차 반응표면모형을 적합시키고 싶다고 해 보자. 그런데 요인 중 하나는 수준이 2개인 범주형 변수이다. 이때 어떤 모형을 고려해야만 하는가? 적절한 설계를 제안하라.

10.24 한 실험자가 성분이 3개인 혼합 실험을 하고 싶다. 성분 비율에 대한 제한조건들은 다음과 같다.

$$0.2 \leq x_1 \leq 0.4$$
$$0.1 \leq x_2 \leq 0.3$$
$$0.4 \leq x_2 \leq 0.7$$

(a) 2차 혼합모형 적합을 위한 실험을 만들어라. 4번의 반복수와 함께 $n=14$번의 시행을 이용하라. D-기준을 이용하라.

(b) 실험 영역을 그려라.

(c) 시행 중 3번은 반복이라고 가정하고, $n=12$번의 시행이 있는 2차 혼합모형을 적합시키는 실험을 만들어라.

(d) 만든 두 설계에 대해 논하라.

10.25 Myers, Montgomery and Anderson-Cook(2009)는 세 가지 혼합성분이 있는 가솔린 혼합 실험을 다루고 있다. 혼합 비율에 대한 제한조건은 없고 아래와 같이 시행수가 10번인 설계가 사용되었다.

설계점	x_1	x_2	x_3	y(mi/gal)
1	1	0	0	24.5, 25.1
2	0	1	0	24.8, 23.9
3	0	0	1	22.7, 23.6
4	$\frac{1}{2}$	$\frac{1}{2}$	0	25.1
5	$\frac{1}{2}$	0	$\frac{1}{2}$	24.3
6	0	$\frac{1}{2}$	$\frac{1}{2}$	23.5
7	$\frac{1}{3}$	$\frac{1}{3}$	$\frac{1}{3}$	24.8, 24.1
8	$\frac{2}{3}$	$\frac{1}{6}$	$\frac{1}{6}$	24.2
9	$\frac{1}{6}$	$\frac{2}{3}$	$\frac{1}{6}$	23.9
10	$\frac{1}{6}$	$\frac{1}{6}$	$\frac{2}{3}$	23.7

(a) 실험자는 어떤 종류의 설계를 사용하였는가?

(b) 자료에 대해 2차 혼합모형을 적합해 보자. 이 모형은 적절한가?

(c) 반응표면 등고선을 그려라. 갤런 당 마일수를 최대로 하려면 어떤 혼합이 좋겠는가?

10.26 표 P 10.7은 Jones and Nachtsheim(2011)의 변수가 6개인 RSM 설계를 보여주고 있다. 실험의 반응값 자료를 분석하라.

표 P 10.7 연습문제 10.25에 대한 설계

시행(i)	$x_{i.1}$	$x_{i.2}$	$x_{i.3}$	$x_{i.4}$	$x_{i.5}$	$x_{i.6}$	y_i
1	0	1	−1	−1	−1	−1	21.04
2	0	−1	1	1	1	1	10.48
3	1	0	−1	1	1	−1	17.89
4	−1	0	1	−1	−1	1	10.07
5	−1	−1	0	1	−1	−1	7.74
6	1	1	0	−1	1	1	21.01
7	−1	1	1	0	1	−1	16.53
8	1	−1	−1	0	−1	1	20.38
9	1	−1	1	−1	0	−1	8.62
10	−1	1	−1	1	0	1	7.80
11	1	1	1	1	−1	0	23.56
12	−1	−1	−1	−1	1	0	15.24
13	0	0	0	0	0	0	19.91

10.27 *Quality Progress*("For Starbucks, It's in the Bag," March 2011, pp. 18-23)에 있는 한 기사는 커피 1 파운드 포장의 질을 향상하기 위해 중심복합설계를 사용하는 것을 다루고 있다. 커피 봉지의 상단을 훼손시키지 않으면서 쉽게 열 수 있는 밀봉을 개발하는 것이 목적이다. 실험자들은 3개 요인들로 x_1 = 플라스틱 점성도(300-400 센티푸아즈(centipoise), x_2 = 봉인하는 압력(170-190 psi), 그리고 x_3 = 판 간격(−3, +3 mm)을 2개의 반응변수로는 y_1 = 찢김과 y_2 = 누출을 두고 연구하였다. 표 P 10.8에 설계가 나와 있다. 찢김 반응변수는 0-9(좋음에서 나쁨) 척도로 측정되었고 누출은 줄어든 비율이다. 각 시행은 반응변수 측정을 위해 20개의 봉지를 사용하였다.

(a) 찢김 반응변수에 대한 2차 모형을 세워라.

(b) 누출 반응변수에 대한 2차 모형을 세워라.

(c) 두 모형에 대한 잔차를 분석해 보자. 반응변수에 대한 변환이 필요해 보이는가? 만일 그렇다면 변환된 계량으로 모형을 다시 적합하라.

(d) 두 모형에 대한 반응표면그림과 등고선그림을 그려라. 적합된 표면에 대해 해석하라.

(e) 누출을 최소화하고 찢김을 0.75 미만으로 두려면 어떤 조건이 좋겠는가?

표 P 10.8 커피봉지 실험

시행	점성도	누출	판 간격	찢김	누출
Center	350	180	0	0	0.15
Axial	350	170	0	0	0.5
Factorial	319	186	1.8	0.45	0.15
Factorial	380	174	1.8	0.85	0.05
Center	350	180	0	0.35	0.15
Axial	300	180	0	0.3	0.45
Axial	400	180	0	0.7	0.25
Axial	350	190	0	1.9	0
Center	350	180	0	0.25	0.05
Factorial	319	186	−1.8	0.1	0.35
Factorial	380	186	−1.8	0.15	0.4
Axial	350	180	3	3.9	0
Factorial	380	174	−1.8	0	0.45
Center	350	180	0	0.55	0.2
Axial	350	180	−3	0	1
Factorial	319	174	−1.8	0.05	0.2
Factorial	319	174	1.8	0.4	0.25
Factorial	380	186	1.8	4.3	0.05
Center	350	180	0	0	0

10.28 Box and Liu(1999)는 종이 헬리콥터의 비행시간을 최대로 만드는 것이 목적인 실험을 다루고 있다. 그들은 표 P 10.9에 나온 것처럼 중심복합설계를 사용하였다. 각 시행은 다음 사양들을 따르는 한 헬리콥터에 대한 것이다. x_1 = 날개의 면적(in^2), $-1 = 11.80$이고 $+1 = 13.00$ x_2 = 날개에서 너비에 대한 길이의 비율, $-1 = 2.25$이고 $+1 = 2.78$. x_3 = 기본 너비(in), $-1 = 1.00$이고 $+1 = 1.50$ x_4 = 기본 길이(in), $-1 = 1.50$이고 $+1 = 2.50$. 각 헬리콥터는 4번 비행하였고 평균 비행 시간과 비행 시간의 표준편차가 기록되었다.

(a) 평균 비행 시간에 대해 2차 모형을 적합하라.

(b) 비행 시간의 표준편차에 대해 2차 모형을 적합하라.

(c) (a)와 (b)의 두 모형에 대한 잔차를 분석해 보자. 반응변수에 대한 변환이 필요한가? 만일 그렇다면 적절한 모형을 적합하라.

(d) 비행 시간을 최대로 하려면 어떤 설계가 좋겠는가?

(e) 비행 시간의 표준편차를 최소로 하면서 동시에 비행 시간을 최대로 하기 위해서는 어떤 설계가 좋겠는가?

10.29 종이 헬리콥터 실험의 재논의. 연습문제 10.28의 종이 헬리콥터 실험을 다시 생각해 보자. 실험은 사실 두 개의 블록에서 시행되었다. 블록 1은 표 P 10.9의 처음 16개 시행

표 P 10.9 종이 헬리콥터 실험

표준 순서	시행 순서	날개 면적	날개 비율	기본 너비	기본 길이	평균 비행시간	비행시간 표준 편차
1	9	−1	−1	−1	−1	3.67	0.052
2	21	1	−1	−1	−1	3.69	0.052
3	14	−1	1	−1	−1	3.74	0.055
4	4	1	1	−1	−1	3.7	0.062
5	2	−1	−1	1	−1	3.72	0.052
6	19	1	−1	1	−1	3.55	0.065
7	22	−1	1	1	−1	3.97	0.052
8	25	1	1	1	−1	3.77	0.098
9	27	−1	−1	−1	−1	3.5	0.079
10	13	1	−1	−1	1	3.73	0.072
11	20	−1	1	−1	1	3.58	0.083
12	6	1	1	−1	1	3.63	0.132
13	12	−1	−1	1	1	3.44	0.058
14	17	1	−1	1	1	3.55	0.049
15	26	−1	1	1	1	3.7	0.081
16	1	1	1	1	1	3.62	0.051
17	8	−2	0	0	0	3.61	0.129
18	15	2	0	0	0	3.64	0.085
19	7	0	−2	0	0	3.55	0.1
20	5	0	2	0	0	3.73	0.063
21	29	0	0	−2	0	3.61	0.051
22	28	0	0	2	0	3.6	0.095
23	16	0	0	0	−2	3.8	0.049
24	18	0	0	0	2	3.6	0.055
25	24	0	0	0	0	3.77	0.032
26	10	0	0	0	0	3.75	0.055
27	23	0	0	0	0	3.7	0.072
28	11	0	0	0	0	3.68	0.055
29	3	0	0	0	0	3.69	0.078
30	30	0	0	0	0	3.66	0.058

(표준순서 1-16번)과 두 개의 중심점(표준순서 25와 26)으로 구성되었다.

(a) 두 반응변수를 사용해서 주효과에 2요인 교호작용이 더해진 모형을 블록 1 자료에 적합하라.

(b) 두 중심점을 사용해서 (a) 모형의 적합성 결여에 대해 검정하라. 2차항이 필요한 교호작용이 있는가?

(c) 이제 블록 1을 확장시키기 위해 블록 2(표준순서 17-24 그리고 남아있는 중심점인 표준순서 27-30)의 자료를 사용하고 두 반응변수에 2차 모형을 적합해 보자. 두 모형에 대한 적합성을 검정하라. 실험에서 블록화가 중요하다고 보이는가?

(d) 비행 시간의 표준편차를 최소로 하면서 동시에 비행 시간을 최대로 하기 위해서는 어떤 설계가 좋겠는가?

10.30 *Journal of Chromatography A*("Optimization of the Capillary Electrophoresis Separation of Ranitidine and Related Compounds," Vol. 766, pp. 245-254)의 한 기사는 잔탁(zantac)의 주 활성 성분인 라니티딘의 생산을 최적화하기 위한 실험을 다루고 있다. 잔탁이란 궤양, 역류성 식도염(위산이 넘어와서 식도를 쓰리게 하고 다치게 하는 상태), 그 외 졸리어 엘리슨 증후군(Zollinger-Ellison syndrome) 같이 위산 과다분비 상태를 치료하는 약이다.

저자는 중심복합설계에서 세 가지 요인들을 사용하였다 [x_1 = 완충액의 pH, x_2 = 전기이동(electrophoresis) 전압, x_3 = 완충액 성분 중 하나의 농도]. 반응변수는 색층분석 지수함수(chromatographic exponential function, CEF)이며, 최소화해야 하는 값이다. 표 P 10.10에 설계가 나타나 있다.

(a) CEF 반응변수에 2차 모형을 적합해 보자. 모형의 잔차를 분석하라. 모형의 모든 항들이 필요해 보이는가?

(b) 필요하다면 (a)의 모형을 축소해 보자. 모형 축소가 적합도를 향상시키는가?

(c) CEF 반응변수의 변환이 적절할 것 같은가? 자료 또는 잔차분석의 어떤 부분이 변환의 필요성을 나타내는가?

(d) 변환된 CEF 반응변수에 2차 모형을 적합해 보자. 모형의 잔차를 분석하라. 모형의 모든 항들이 필요해 보이는가? 최종 모형으로 어떤 것을 선택하겠는가?

(e) 7번 시행에서 분리 공정이 제대로 작동하지 않았다고 해 보자. 시행을 제거하고 자료를 다시 분석하라.

(f) CEF를 최소화하려면 어떤 조건이 좋겠는가?

표 P 10.10 라니티딘 분리 실험

표준순서	X1	X2	X3	CEF
1	−1	−1	−1	17.3
2	1	−1	−1	45.5
3	−1	1	−1	10.3
4	1	1	−1	11757.1
5	−1	−1	1	16.942
6	1	−1	1	25.4
7	−1	1	1	31697.2
8	1	1	1	12039.2
9	−1.68	0	0	7.5
10	1.68	0	0	6.3
11	0	−1.68	0	11.1
12	0	1.68	0	6.664
13	0	0	−1.68	16548.7
14	0	0	1.68	26351.8
15	0	0	0	9.9
16	0	0	0	9.6
17	0	0	0	8.9
18	0	0	0	8.8
19	0	0	0	8.013
20	0	0	0	8.059

10.31 *Electronic Journal of Biotechnology*("Optimization of Medium Composition for Transglutaminase Production by a Brazilian Soil Streptomyces sp," available at http//www.ejbiotechnology.info/content/vo110/issue4/full/10.index.html)의 한 기사는 transglutiminase의 새로운 세균 배양에 이용되는 세포 매개체(MTGase)를 향상하기 위한 설계 실험을 다루고 있다. MTGase는 펩티드 결합(peptide-bond) 글루타민 곁사슬(residue)을 아실 공여체(acyl donor)로, 그리고 주요한 몇 가지 아민(amine)을 수용체로 사용하여 아실 교환 반응을 촉진하는 효소이다. MTGase로 인해 촉진된 반응은 식품가공에 사용될 수 있다. 기사는 두 단계의 실험을 설명하는데, 부분요인이 있는 선별 그리고 최적화이다. 우리는 최적화 실험만을 사용할 것이다. 설계는 4가지 요인들이 있는 중심복합설계로, $x_1 = KH_2PO_4$, $x_2 = MgSO_4 \cdot 7H_2O$, x_3 = 콩가루, x_4 = 펩톤(peptone)이다. MTGase가 반응변수이며, 최대화시켜야 하는 값이다. 표 P 10.11에 설계와 반응 자료값이 나와 있다.

(a) MTGase 활성도 반응변수에 2차 모형을 적합하라.

(b) 모형의 잔차를 분석하라.

(c) MTGase 활성도를 최대로 하는 조건을 제안하라.

표 P 10.11 MTGase 최적화 실험

표준 순서	X1	X2	X3	X4	MTGase 활성도
1	−1	−1	−1	−1	0.87
2	1	−1	−1	−1	0.74
3	−1	1	−1	−1	0.51
4	1	1	−1	−1	0.99
5	−1	−1	1	−1	0.67
6	1	−1	1	−1	0.72
7	−1	1	1	−1	0.81
8	1	1	1	−1	1.01
9	−1	−1	−1	1	1.33
10	1	−1	−1	1	0.7
11	−1	1	−1	1	0.82
12	1	1	−1	1	0.78
13	−1	−1	1	1	0.36
14	1	−1	1	1	0.23
15	−1	1	1	1	0.21
16	1	1	1	1	0.44
17	−2	0	0	0	0.56
18	2	0	0	0	0.49
19	0	−2	0	0	0.57
20	0	2	0	0	0.81
21	0	0	−2	0	0.9
22	0	0	2	0	0.65
23	0	0	0	−2	0.91
24	0	0	0	2	0.49
25	0	0	0	0	1.43
26	0	0	0	0	1.17
27	0	0	0	0	1.5

10.32 다음의 적합된 반응 함수가 (x_1, x_2)영역에서 잘 적합되었다고 하자.

$$\hat{y} = 72.0 + 3.6x_1 - 2.5x_2$$

(a) (x_1, x_2) 평면에서 상수 반응변수, y에 대해 등고선을 그려라.

(b) 반응 함수에 대한 최대 상승 경로를 찾아라. 경로를 결정하는데 x_1을 사용하라. 이때 $\Delta x_1 = 1$이다.

10.33 최대 상승 경로를 찾는 것은 모형이 정말로 1차식임을 가정하는 것과 같다고 한다. 하지만 만약 실제로 적당한 정도의 곡률 혹은 교호작용이 있어도 추후의 실험 영역을 찾는데 최대 상승 경로가 굉장히 유용할 수 있다. x_1과 x_2를 가지는 실험의 실제 모형이 다음과 같다고 하자.

$$E(y) = 14 + 5x_1 - 10x_2 + 3x_1x_2$$

x_1과 x_2는 부호화되었다고 가정하자.

(a) 실제 모수를 기반으로, 교호작용을 무시한 모형의 최대 상승 경로를 그려라.

(b) 실제 모수를 기반으로, 교호작용을 포함한 모형의 최대 상승 경로를 그려라. 이때 경로는 직선이 아님을 유의하라.

(c) 두 경로의 차이에 대해 논하라.

10.34 다음의 모형을 적합한다고 하자.

$$\hat{y} = 20 + 10x_1 - 4x_2 + 12x_3$$

(a) 실험자는 x_1의 변수로 최대 상승 경로의 단계 크기를 결정하려고 한다. 이것이 단계 크기를 정하는 데 좋은 선택이라고 생각하는가? 그 이유는 무엇인가?

(b) 실험자는 단계 크기를 x_1의 방향으로 부호화된 단위의 1단위를 사용하려고 한다. 최대 상승 곡선 위의 설계점을 사용하여 그 좌표를 찾아라.

(c) x_3으로 최대 상승 경로의 방향을 결정하였다고 하자. 단계 크기를 부호화된 단위의 1단위를 사용한다면, 설계점으로부터 이 방향으로 한 단위 떨어진 곳의 좌표를 구하라.

(d) (b)와 (c)에서 구한 두 점의 거리의 차를 각각 구하라.

10.35 최대 상승 경로의 모든 점은 1차 회귀계수의 단위 벡터와 비례한다.

(a) 참

(b) 거짓

10.36 1차 모형 $\hat{y} = 150 + 20x_1 + 12x_2$을 생각해 보자. x_1의 방향으로 부호화된 단위의 1단위를 단계 크기로 사용할 때, $x_1 = 1.5$, $x_2 = 1.0$은 이 상승경로 위에 있다.

(a) 참

(b) 거짓

10.37 4개의 중심점을 가진 2^2 요인실험으로 다음의 1차 모형을 적합하였다. $\hat{y} = 175 + 25x_1 + 10x_2 - 8x_3$. 중심점이 아닌 점의 예측 반응값의 분산은 ______이다.

10.38 최대 상승 실험을 수행할 때, 경로 위의 일부 혹은 전체 점에서 반복시행을 하는 것이 좋다.

(a) 참

(b) 거짓

10.39 교호작용이 있는 1차 모형을 이용하면 최대 상승 경로는 직선이다.

(a) 참

(b) 거짓

10.40 최대 상승 경로의 좌표들은 1차 모형의 효과추정치에 비례한다.

(a) 참

(b) 거짓

10.41 3개의 변수를 가진 1차 모형에 대해 만약 반복되지 않은 2^3 실험을 수행하면, 설계점(부호화된 단위)의 예측 반응값의 분산은 σ^2이다.

(a) 참

(b) 거짓

10.42 최대 상승 방법은 기울기 방법이다.

(a) 참

(b) 거짓

10.43 2차 모형으로 실제 관계를 예측하려는 것은 표면을 근사하는데 쓰이는 일반적인 접근법이다.

(a) 참

(b) 거짓

10.44 안정점의 위치는 표면의 최댓값 혹은 최솟값이다.

(a) 참

(b) 거짓

10.45 정준변수에 능선이 있다는 것은 최적 위치의 선택을 제한한다.

(a) 참

(b) 거짓

10.46 만약 모든 고윳값의 부호가 일치하면, 반응표면은 최댓값이다.

(a) 참

(b) 거짓

10.47 혼합 실험을 설계할 때, 일반적으로는 적어도 2차 혼합모형이 적절할 것이라고 생각하는게 경험적 법칙이다.

(a) 참

(b) 거짓

10.48 심플렉스 격자설계와 심플렉스 중심설계는 실험 영역의 경계에서 가장 많은 설계점을 가진다.

(a) 참

(b) 거짓

10.49 심플렉스 격자설계에 축 검사 혼합(blends)이 추가되면, 이 혼합점은 다른 설계점으로부터 유클리드 거리상 제일 먼 점들이다.

(a) 참

(b) 거짓

10.50 (3,2) 심플렉스 격자설계는 2차 혼합모형을 접합하는 회전가능한 설계이다.

(a) 참

(b) 거짓

11장 지분설계와 분할설계
Nested and Split-Plot Designs

이번 장의 학습 목표

1. 지분요인(nested factor)을 어떻게 식별하는지 배운다.
2. 만약 실험자가 실험에서 지분요인을 적절히 식별하지 못하거나 다루지 못하면 어떤 일이 발생하는지 이해한다.
3. 2단계 지분설계(two-stage nested design)를 어떻게 분석하는지 배운다.
4. 분할설계에서 어떻게 쉽게 실험에서 잘 변하는(easy-to-change) 요인과 잘 변하지 않는(hard-to-change) 요인들을 다루는지 이해한다.
5. 분할설계에서 변동성의 원천이 왜 두 개인지 이해한다.
6. 분할설계를 어떻게 구성하고 분석하는지 배운다.

이번 장에서는 실험설계에서 중요한 두 유형인 **지분설계**(nested design)와 **분할설계**(split-plot design)에 대해서 배운다. 두 설계 모두 계획된 실험을 사용하는 산업군에서 굉장히 광범위하게 쓰이고 있다. 이 유형들은 대개 한 개 이상의 **랜덤요인**(random factor)을 포함하고 있다.

11.1 2단계 지분설계

특정 다요인실험에서 한 요인의 수준(예를 들어 요인 B)이 다른 요인(요인 A)의 다른 수준에 따라 비슷하나 완전히 일치하지는 않을 수 있다. 이런 배치를 요인 B의 수준이 요인 A의 수준에 **중첩되었다**(nested)고 하거나, 혹은 **계층설계**(hierarchical design)라고 한다. 예를 들어 세 명의 다른 공급자에게 원자재를 사는 회사가 있다고 해 보자. 이 회사는 원재료의 순도가 공급자별로 같은지 알고 싶다면, 각 공급자로부터 원자재 배치(batch)를 4개씩 받고, 각 배치에서 3번의 순도 검사를 한다. 이 상황이 그림 11.1에 나와 있다.

이는 **2단계 지분설계**(two-stage nested design)인데, 배치가 공급자에 중첩되어 있기 때문이다. 언뜻 보면 왜 이게 요인설계가 아닌지 궁금해할 수 있다. 만약 이게 요인설계였으면 배치 1은 항상 같은 배치를 뜻하고, 배치 2도 항상 같은 배치를 뜻하게 될 것이다. 하지만 이 경우는 확실히 이와 다른데, 각 공급자에서 온 배치가 공급자마다 **다르기**(unique) 때문이다. 즉, 공급자 1의 배치 1은 다른 공급자의 배치 1과 전혀 관련이 없고, 공급자 1의 배치 2도 다른 공급자의 배치 2와 관련이 없는 것이다. 각 공급자의 배치들이 다른 배치임을 강조하기 위해 공급자 1의 배치들을 1, 2, 3, 4라고 하고, 공급자 2의 배치를 5, 6, 7, 8이라 하며, 공급자 3의 배치를 9, 10, 11, 12라고 다시 넘버링 해보겠다. 이는 그림 11.2에 나와 있다.

때로는 어떤 요인이 요인배치에서 교차(cross)되어 있는지 혹은 중첩(nested)되어 있는지

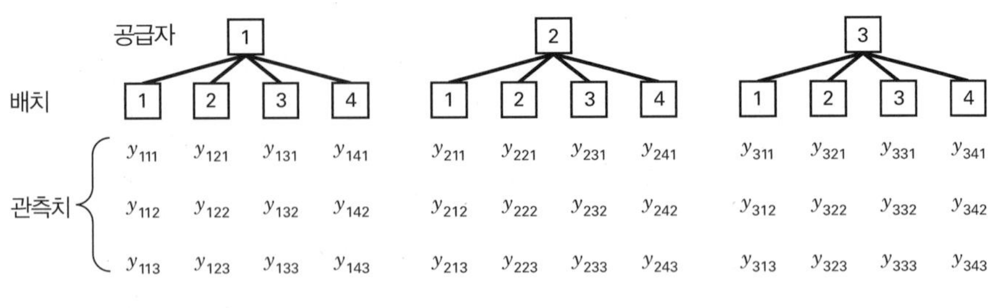

그림 11.1
2단계 지분설계

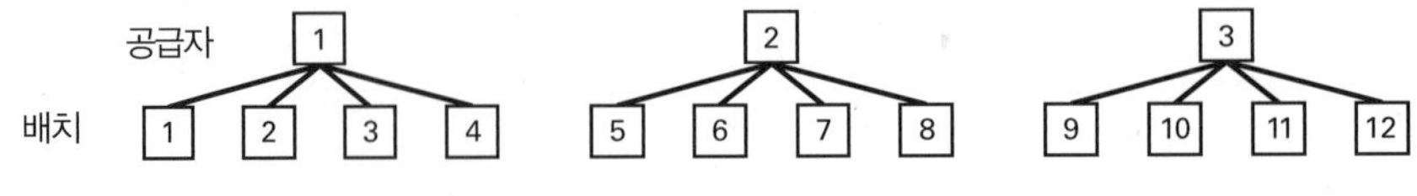

그림 11.2
2단계 지분설계를 다르게 표현한 것

알 수 없다. 만약 요인수준이 그림 11.2처럼 다시 넘버링 될 수 있다면, 그 요소는 중첩된 것이다.

11.1.1 통계분석

2단계 지분설계의 선형 통계모형은 다음과 같다.

$$y_{ijk} = \mu + \tau_i + \beta_{j(i)} + \epsilon_{(ij)k} \begin{cases} i = 1, 2, \ldots, a \\ j = 1, 2, \ldots, b \\ k = 1, 2, \ldots, n \end{cases} \tag{11.1}$$

즉, 요인 A에 a개의 수준이 있고, 요인 B에는 b개의 수준이 요인 A의 수준과 중첩되어 있으며, n번 반복하였다. 아래 첨자 $j(i)$는 요인 B의 j번째 수준이 요인 A의 i번째 수준과 중첩되었음을 나타낸다. 반복은 요인 A와 B의 수준의 조합에 중첩된 것으로 생각하는게 편하다. 그러므로 첨자 $(ij)k$가 오차항에 사용된 것이다. 이는 **균형 지분설계**(balanced nested design)인데, A의 각 수준 내에는 동일한 수의 B 수준과 동일한 수의 반복실험이 있기 때문이다. 요인 B의 모든 수준이 요인 A의 모든 수준과 함께 나타나는 것은 아니기에 A와 B 사이에는 교호작용은 없다.

전체 보정제곱합(total corrected sum of squares)을 다음과 같이 적을 수 있다.

$$\sum_{i=1}^{a}\sum_{j=1}^{b}\sum_{k=1}^{n}(y_{ijk} - \bar{y}_{...})^2 = \sum_{i=1}^{a}\sum_{j=1}^{b}\sum_{k=1}^{n}[(\bar{y}_{i..} - \bar{y}_{...}) + (\bar{y}_{ij.} - \bar{y}_{i..}) + (y_{ijk} - \bar{y}_{ij.})]^2 \tag{11.2}$$

식 11.2의 우변을 전개하면 세 개 항을 곱한 항들은 모두 0이기 때문에 다음을 얻는다.

$$\begin{aligned}\sum_{i=1}^{a}\sum_{j=1}^{b}\sum_{k=1}^{n}(y_{ijk} - \bar{y}_{...})^2 &= bn\sum_{i=1}^{a}(\bar{y}_{i..} - \bar{y}_{...})^2 + n\sum_{i=1}^{a}\sum_{j=1}^{b}(\bar{y}_{ij.} - \bar{y}_{i..})^2 \\ &+ \sum_{i=1}^{a}\sum_{j=1}^{b}\sum_{k=1}^{n}(y_{ijk} - \bar{y}_{ij.})^2\end{aligned} \tag{11.3}$$

식 11.3은 총 보정제곱합이 요인 A의 제곱합, 요인 A의 수준에 따른 요인 B의 제곱합, 오차제곱합으로 나눠질 수 있음을 보여준다. 기호로 표현하면 식 11.3을 다음과 같이 표현한다.

$$SS_T = SS_A + SS_{B(A)} + SS_E \tag{11.4}$$

SS_T의 자유도는 $abn-1$, SS_A의 자유도는 $a-1$, $SS_{B(A)}$의 자유도는 $a(b-1)$이며, 오차항의 자유도는 $ab(n-1)$이다. $abn-1=(a-1)+a(b-1)+ab(n-1)$임에 유의해야 한다. 만약 오차항이 NID(0, σ^2)이면, 식 11.4의 우변의 제곱합을 각각의 자유도로 나누어, 두 평균제곱의 비율이 F 분포를 따르는 독립된 분포를 따르는 평균제곱을 만들 수 있다.

표 11.1 2단계 지분설계에서의 기대평균제곱

$E(MS)$	A 고정효과 B 고정효과	A 고정효과 B 랜덤효과	A 랜덤효과 B 랜덤효과
$E(MS_A)$	$\sigma^2 + \dfrac{bn\Sigma\tau_i^2}{a-1}$	$\sigma^2 + n\sigma_\beta^2 + \dfrac{bn\Sigma\tau_i^2}{a-1}$	$\sigma^2 + n\sigma_\beta^2 + bn\sigma_\tau^2$
$E(MS_{B(A)})$	$\sigma^2 + \dfrac{n\Sigma\Sigma\beta_{j(i)}^2}{a(b-1)}$	$\sigma^2 + n\sigma_\beta^2$	$\sigma^2 + n\sigma_\beta^2$
$E(MS_E)$	σ^2	σ^2	σ^2

요인 A와 B의 효과를 검정하는 적절한 검정통계량은 A, B가 고정효과인지 랜덤효과인지에 따라 다르다. 만약 A, B 요인이 고정효과라면, $\Sigma_{i=1}^{a}\tau_i = 0$과 $\Sigma_{j=1}^{b}\beta_{j(i)} = 0, (i = 1, 2, ..., a)$임을 가정한다. 즉, A의 처리효과의 합이 0이고, B의 처리효과의 합이 각 A의 요인 안에서 0이라는 것이다. 만약 A와 B가 랜덤효과라면, τ_i가 NID(0, σ^2)을 따르고 $\beta_{j(i)}$가 NID(0, σ^2)라고 가정한다. A를 고정효과, B를 랜덤효과라고 하는 혼합모형(Mixed model)도 많이 볼 수 있다. 표 11.1에서 이 상황의 기대평균제곱을 확인할 수 있다.

표 11.1은 만약 A,B가 고정효과라면 H_0: $\tau_i = 0$은 MS_A/MS_E로 검정하고, H_0: $\beta_{j(i)} = 0$은 $MS_{B(A)}/MS_E$로 검정함을 나타낸다. 만약 A가 고정효과이고 B가 랜덤효과라면 H_0: $\tau_i = 0$은 $MS_A/MS_{B(A)}$로 검정하고 H_0: $\sigma_\beta^2 = 0$은 $MS_{B(A)}/MS_E$으로 검정한다. 마지막으로 A, B 모두 랜덤효과라면 H_0: $\sigma_\tau^2 = 0$를 $MS_A/MS_{B(A)}$로, H_0: $\sigma_\beta^2 = 0$은 $MS_{B(A)}/MS_E$으로 검정한다. 검정 과정은 표 11.2에 나타난 분산분석에 요약되어 있다. 식 11.3의 항들과 단순화를 통해 제곱합을 계산할 수 있다. 계산해보면 다음과 같다.

$$SS_A = \frac{1}{bn}\sum_{i=1}^{a} y_{i..}^2 - \frac{y_{...}^2}{abn} \tag{11.5}$$

$$SS_{B(A)} = \frac{1}{n}\sum_{i=1}^{a}\sum_{j=1}^{b} y_{ij.}^2 - \frac{1}{bn}\sum_{i=1}^{a} y_{i..}^2 \tag{11.6}$$

$$SS_E = \sum_{i=1}^{a}\sum_{j=1}^{b}\sum_{k=1}^{n} y_{ijk}^2 - \frac{1}{n}\sum_{i=1}^{a}\sum_{j=1}^{b} y_{ij.}^2 \tag{11.7}$$

표 11.2 2단계 지분설계에서 분산분석

변동원인	제곱합	자유도	평균제곱
A	$bn\sum(\bar{y}_{i..} - \bar{y}_{...})^2$	$a-1$	MS_A
$B(A)$	$n\sum\sum(\bar{y}_{ij.} - \bar{y}_{i..})^2$	$a(b-1)$	$MS_{B(A)}$
오차	$\sum\sum\sum(y_{ijk} - \bar{y}_{ij.})^2$	$ab(n-1)$	MS_E
합계	$\sum\sum\sum(y_{ijk} - \bar{y}_{...})^2$	$abn-1$	

$$SS_T = \sum_{i=1}^{a}\sum_{j=1}^{b}\sum_{k=1}^{n} y_{ijk}^2 - \frac{y_{...}^2}{abn} \tag{11.8}$$

$SS_{B(A)}$에 대한 식 11.6을 다음과 같이 쓸 수 있다.

$$SS_{B(A)} = \sum_{i=1}^{a}\left[\frac{1}{n}\sum_{j=1}^{b} y_{ij.}^2 - \frac{y_{i..}^2}{bn}\right]$$

이는 $SS_{B(A)}$가 요인 A의 수준과 B 수준 사이의 제곱합을 A의 모든 수준에 대해 더한 것이라는 아이디어를 표현한다.

예제 11.1

세 명의 서로 다른 공급자로부터 원자료 배치를 사는 회사를 생각해 보자. 원자재의 순도가 상당히 달라서 완제품을 만드는 제조공정에 큰 문제를 일으킨다. 순도의 변동성을 세 공급자의 차이에 기인하는지 확인하고자 한다. 원자재 네 개의 배치가 각 공급자로부터 랜덤하게 선택되었고, 배치마다 세 번의 순도 평가를 한다. 이는 물론 2수준 지분설계이다. 93을 빼서 부호화한 자료가 표 11.3에 나타나 있다. 제곱합은 다음과 같이 계산된다.

$$SS_T = \sum_{i=1}^{a}\sum_{j=1}^{b}\sum_{k=1}^{n} y_{ijk}^2 - \frac{y_{...}^2}{abn}$$

$$= 153.00 - \frac{(13)^2}{36} = 148.31$$

$$SS_A = \frac{1}{bn}\sum_{i=1}^{a} y_{i..}^2 - \frac{y_{...}^2}{abn}$$

$$= \frac{1}{(4)(3)}[(-5)^2 + (4)^2 + (14)^2] - \frac{(13)^2}{36} = 15.06$$

표 11.3 예제 11.1의 부호화된 순도 자료(부호화 방법 : y_{ijk} = Purity − 93)

		공급자 1				공급자 2				공급자 3			
	배치	1	2	3	4	1	2	3	4	1	2	3	4
		1	−2	−2	1	1	0	−1	0	2	−2	1	3
		−1	−3	0	4	−2	4	0	3	4	0	−1	2
		0	−4	1	0	−3	2	−2	2	0	2	2	1
배치 합	$y_{ij.}$	0	−9	−1	5	−4	6	−3	5	6	0	2	6
공급자 합	$y_{i..}$	−5				4				14			

표 11.4 예제 11.1 자료의 분산분석

변동원인	제곱합	자유도	평균제곱	기대평균제곱	F_0	P 값
공급자	15.06	2	7.53	$\sigma^2 + 3\sigma_\beta^2 + 6\Sigma\tau_i^2$	0.97	0.42
배치(공급자)	69.92	9	7.77	$\sigma^2 + 3\sigma_\beta^2$	2.94	0.02
오차	63.33	24	2.64	σ^2		
합계	148.31	35				

$$SS_{B(A)} = \frac{1}{n}\sum_{i=1}^{a}\sum_{j=1}^{b} y_{ij\cdot}^2 - \frac{1}{bn}\sum_{i=1}^{a} y_{i\cdot\cdot}^2$$
$$= \frac{1}{3}[(0)^2 + (-9)^2 + (-1)^2 + \cdots + (2)^2 + (6)^2]$$
$$-19.75 = 69.92$$

그리고

$$SS_E = \sum_{i=1}^{a}\sum_{j=1}^{b}\sum_{k=1}^{n} y_{ijk}^2 - \frac{1}{n}\sum_{i=1}^{a}\sum_{j=1}^{b} y_{ij\cdot}^2$$
$$= 153.00 - 89.67 = 63.33$$

분산분석은 표 11.4에 요약되어 있다. 공급자들은 고정효과, 배치는 랜덤효과이므로 기대평균제곱은 식 11.1의 중간 열에서 얻었다. 식 11.4에서 편의를 위해 반복하였다. P 값을 보면 공급자가 순도에 유의한 영향을 미치지는 않으나, 원자재 배치의 순도가 공급자별로 유의미하게 다르다고 결론지을 수 있다.

이 실험에서 얻는 실제적인 의미와 분석은 매우 중요하다. 실험자의 목적은 원자재 순도의 변동성의 원천을 찾는 것이었다. 만약 이것이 공급자 간의 차이에 의한 것이라면, "가장 좋은" 공급자를 골라서 해결할 수 있다. 하지만 이 상황에서는 그렇게 할 수 없는데, 순도 변동성의 주원인이 각 공급자 **안의**(within) 배치 간의 변동성이기 때문이다. 그러므로 각 공급자에게 배치 간의 변동성을 줄여달라고 해서 문제를 해결해야 한다. 해결 방법에 대한 예시로 공급자들의 공정과정이나 자체적인 품질 보증 시스템을 수정하는 방법들이 있다.

만약 우리가 이것을 2요인설계로 설계하고 잘못 분석했으면 어떤 일이 일어났을지 생각해 보자. 만약 배치가 공급자들 사이에서 교차되었다(cross)고 한다면, 배치합이 2, −3, −2, 16이라고 얻고, 각 배치×공급자 셀은 3개의 반복을 갖게 될 것이다. 그러므로 배치로 인한 제곱합과 교호작용 제곱합을 계산할 수 있다. 완전요인 분산분석이 표 11.5에 나와 있고 혼합모형을 가정하였다.

이 분석은 배치가 유의미하게 다르고, 배치와 공급자 간에 유의한 교호작용이 있다고 결론짓는다. 하지만 배치×공급자 교호작용으로 실용적인 해석을 하기는 어렵다. 유의한 교호작용이 배치 간의 공급자 효과가 고정되어 있지(상수이지) 않다는 사실을 예로 들 수 있다. 게다가 지금처럼 교호작용은 유의한데 공급자의 주효과가 유의하지 않을 때, 분석자가 공급자는 실제로 유의하게 다르지만 유의한 교호작용 때문에 그 효과가 가려졌다고 결론지을 수 있다.

계산(*Computing*). 통계 소프트웨어 패키지로 지분설계 분석을 할 수 있다. 표 11.6은

표 11.5 예제 11.1의 2단계 지분설계를 요인설계로 잘못 분석한 결과(공급자: 고정효과, 배치: 랜덤효과)

변동원인	제곱합	자유도	평균제곱	F_0	P 값
공급자 (S)	15.06	2	7.53	1.02	0.42
배치 (B)	25.64	3	8.55	3.24	0.04
$S \times B$ 교호작용	44.28	6	7.38	2.80	0.03
오차	63.33	24	2.64		
합계	148.31	35			

표 11.6 예제 11.1의 균형 ANOVA Minitab 결과

```
Analysis of Variance (Balanced Designs)

Factor              Type      Levels       Values
Supplier            fixed        3           1      2      3
Batch(Supplier)     random       4           1      2      3      4

Analysis of Variance for Purity

Source              DF           SS           MS       F       P
Supplier             2       15.056        7.528    0.97   0.416
Batch(Supplier)      9       69.917        7.769    2.94   0.017
Error               24       63.333        2.639
Total               35      148.306

Source             Variance      Error    Expected Mean Square for Each Term
                   component     term     (using restricted model)

1 Supplier                         2      (3) + 3(2) + 12Q[1]
2 Batch(Supplier)     1.710        3      (3) + 3(2)
3 Error               2.639               (3)
```

Minitab에서 균형 ANOVA를 수행한 결과이다(제한 모형을 사용하였다). 수치 결과가 표 11.4에서 수동으로 계산한 것과 같다. Minitab은 또한 표 11.6 하단에 기대평균제곱도 나타나 있다. Q[1]기호가 공급자인 고정효과의 2차항이고, 표기를 따르면 다음과 같다.

$$Q[1] = \frac{\sum_{i=1}^{a} \tau_i^2}{a-1}$$

그러므로 Minitab 결과, 공급자의 기대평균제곱의 고정효과는 $12Q[1] = 12\Sigma_{i=1}^{3}\tau_i^2/(3-1) = 6\Sigma_{i=1}^{3}\tau_i^2$이고, 표 11.4의 알고리즘 결과와 일치한다.

지분설계분석을 위한 프로그램을 사용하지 못할 때도 있다. 하지만 표 11.4와 11.5를 비교해보면 다음과 같다.

$$SS_B + SS_{S\times B} = 25.64 + 44.28 = 69.92 \equiv SS_{B(S)}$$

즉, 공급자 안의 배치의 제곱합은 배치의 제곱합과 배치×공급자 교호작용의 제곱합으로 구성되어있는 것이다. 자유도도 유사한 성질을 가지고 있다. 즉

$$\frac{\text{배치}}{3} + \frac{\text{배치}\times\text{공급자}}{6} = \frac{\text{배치(공급자)}}{9}$$

그러므로 요인설계를 위한 컴퓨터 프로그램으로도, 중첩된(nested) 요인의 "주효과"와 해당 요인과 그 요인이 중첩된 요인의 교호작용을 합쳐서 지분분석을 할 수 있다.

11.1.2 진단

주된 진단 방법은 **잔차분석**(residual analysis)이다. 2단계 지분설계에서 잔차는

$$e_{ijk} = y_{ijk} - \hat{y}_{ijk}$$

적합값은

$$\hat{y}_{ijk} = \hat{\mu} + \hat{\tau}_i + \hat{\beta}_{j(i)}$$

그리고 만약 모형모수에 일반적인 제약을 사용하면($\Sigma_i\hat{\tau}_i=0,\ \Sigma_j\hat{\beta}_{j(i)}=0,\ i=1,\ 2,\ \ldots,\ a$), $\hat{\mu} = \bar{y}_{...}$, $\hat{\tau}_i = \bar{y}_{i..}$, $\hat{\beta}_{j(i)} = \bar{y}_{ij.} - \bar{y}_{i..}$)이다. 결과적으로 적합값은

$$\hat{y}_{ijk} = \bar{y}_{...} + (\bar{y}_{i..} - \bar{y}_{...}) + (\bar{y}_{ij.} - \bar{y}_{i..}) = \bar{y}_{ij.}$$

그러므로 2단계 지분설계의 잔차는

$$e_{ijk} = y_{ijk} - \bar{y}_{ij.} \tag{11.9}$$

이고 여기서 $\bar{y}_{ij.}$은 개별 배치 평균이다.

예제 11.1의 순도 자료의 관측치, 적합값, 잔차는 다음과 같다.

관측치 y_{ijk}	적합값 $\hat{y}_{ijk} = \bar{y}_{ij.}$	$e_{ijk} = y_{ijk} - \bar{y}_{ij.}$
1	0.00	1.00
−1	0.00	−1.00
0	0.00	0.00
−2	−3.00	1.00
−3	−3.00	0.00
−4	−3.00	−1.00
−2	−0.33	−1.67
0	−0.33	0.33
1	−0.33	1.33
1	1.67	−0.67
4	1.67	2.33
0	1.67	−1.67
1	−1.33	2.33
−2	−1.33	−0.67
−3	−1.33	−1.67
0	2.00	−2.00
4	2.00	2.00
2	2.00	0.00

−1	−1.00	0.00
0	−1.00	1.00
−2	−1.00	−1.00
0	1.67	−1.67
3	1.67	1.33
2	1.67	0.33
2	2.00	0.00
4	2.00	2.00
0	2.00	−2.00
−2	0.00	−2.00
0	0.00	0.00
2	0.00	2.00
1	0.67	0.33
−1	0.67	−1.67
2	0.67	1.33
3	2.00	1.00
2	2.00	0.00
1	2.00	−1.00

보통의 진단 방법(정규확률그림, 이상점 확인, 잔차 대 적합값 그림 등을 포함) 역시도 이제 수행할 수 있다. 그 예로서 잔차 대 적합값 그림과 잔차 대 공급자 요인수준에 대한 그림이 그림 11.3에 나와 있다.

예제 11.1에서 설명한 것과 같은 문제 상황에서, 잔차그림은 특히 유용한데 추가적인 진단 정보 때문이다. 예를 들어 분산분석으로 세 공급자의 평균 순도가 다르지 않으나 배치 간 변동성이 통계적으로 유의하다고 알게 되었다(즉, $\sigma_\beta^2 > 0$). 그러나 배치 내의 변동성이 모든 공급자에 대해 같다고 가정하였다. 이것이 참이 아닌 경우 실험 결과를 해석하는 데 상당한 영향을 줄 것이기 때문에 이것이 맞는지 확인하고자 한다. 그림 11.3b의 잔차 대 공급자 그림으로 간단하지만 효과적으로 이 가정을 확인할 수 있다. 잔차의 퍼져있는 정도가 각 공급자별로 비슷하기 때문에, 순도의 배치 간 변동성이 모든 세 공급자에 대해 같다고 결론지을 수 있다.

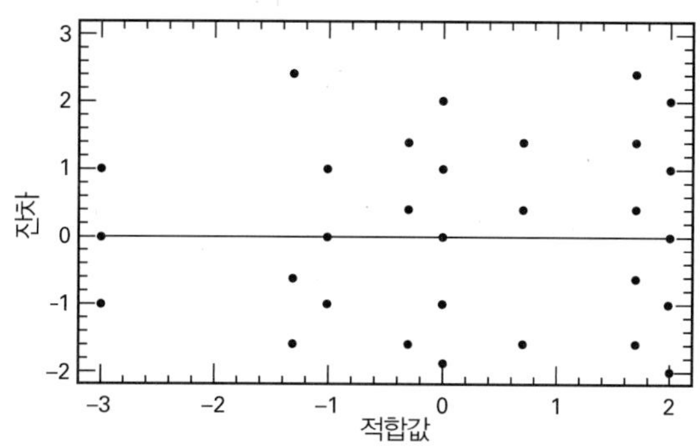

(a) 잔차 대 적합값 그림

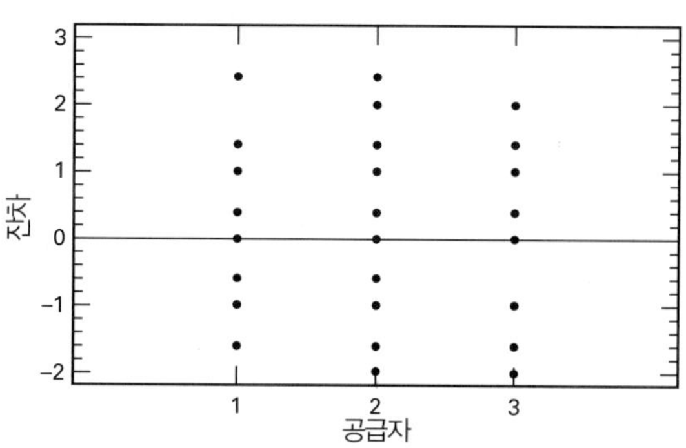

(b) 잔차 대 공급자 그림

그림 11.3 예제 11.1의 잔차 그림

11.1.3 분산요인

랜덤효과의 경우, 분산분석으로 분산요인(variance components) σ^2, σ_β^2, σ_τ^2을 추정할 수 있다. 최대우도(REML)방법 역시 사용할 수 있다. ANOVA를 적용하고 표 11.1의 마지막 열인 기대평균제곱을 사용하면

$$\hat{\sigma}^2 = MS_E \tag{11.10}$$

$$\hat{\sigma}_\beta^2 = \frac{MS_{B(A)} - MS_E}{n} \tag{11.11}$$

$$\hat{\sigma}_\tau^2 = \frac{MS_A - MS_{B(A)}}{bn} \tag{11.12}$$

을 얻을 수 있다.

지분설계의 많은 적용들이 **혼합모형**(mixed model)을 포함하고 있는데, 주요인 (A)는 고정이고, 중첩된(nested) 요인 (B)가 랜덤효과이다. 예제 11.1에서 설명한 문제의 경우, 공급자(요인 A)가 고정효과였고 원자재 배치(요인 B)가 랜덤효과였다. 공급자의 효과는 다음과 같이 추정할 수 있다.

$$\begin{aligned}
\hat{\tau}_1 &= \bar{y}_{1..} - \bar{y}_{...} = \frac{-5}{12} - \frac{13}{36} = \frac{-28}{36} \\
\hat{\tau}_2 &= \bar{y}_{2..} - \bar{y}_{...} = \frac{4}{12} - \frac{13}{36} = \frac{-1}{36} \\
\hat{\tau}_3 &= \bar{y}_{3..} - \bar{y}_{...} = \frac{14}{12} - \frac{13}{36} = \frac{29}{36}
\end{aligned}$$

분산요인 σ^2, σ_β^2을 추정하기 위해서, 분산분석표에서 공급자와 관련된 라인을 제거하고 다음 두 라인에 분산추정 방법을 적용한다. 그러면 다음을 얻는다.

$$\hat{\sigma}^2 = MS_E = 2.64$$

$$\hat{\sigma}_\beta^2 = \frac{MS_{B(A)} - MS_E}{n} = \frac{7.77 - 2.64}{3} = 1.71$$

이 결과들은 표 11.6의 Minitab 결과의 하단에서도 볼 수 있다. 예제 11.1의 분석에서, 분산요인 σ_β^2가 0보다 큰 반면 τ_i가 0보다 유의미하게 다르지 않은 것을 확인할 수 있다.

지분설계에서 REML 방법을 설명하기 위해서, 예제 11.1의 실험을 다시 생각해 보자. 이때 공급자는 고정효과이고 배치는 랜덤효과이다. JMP의 REML 결과가 표 11.7에 나와 있다. 분산요인의 REML 추정치는 ANOVA 추정치와 일치하나, REML 방법은 신뢰구간을 제공한다. 공급자에 대한 고정효과 검정에서 세 공급자 간의 평균 순도에는 유의미한 차이가 없음을 확인할 수 있다. 공급자 내 배치의 95% 신뢰구간은 0보다 약간 작은 하한을 가지지만, 공급자 내 배치의 분산요인은 전체 변동량의 40% 정도를 설명하므로, 공급자 내 배치가 의미 있는 변동성을 나타낸다는 증거가 있다고 볼 수 있다.

표 11.7 예제 11.1의 지분설계의 JMP 결과(공급자: 고정효과, 배치: 랜덤효과)

Y

적합치 요약

결정계수	0.518555
보정된 결정계수	0.489376
평균제곱근오차	1.624466
평균 반응	0.361111
관측치(또는 Sum Wgts)	36

REML 분산성분추정

랜덤효과	분산 비율	분산 구성	표준오차	95% 하한	95% 상한	백분율 합
공급자 [배치]	0.6479532	1.7098765	1.2468358	−0.733922	4.1536747	39.319
잔차		2.6388889	0.7617816	1.6089119	5.1070532	60.681
계		4.3487654				100.000

−2 로그우도 = 145.04119391

분산성분추정치의 공분산 행렬

랜덤효과	공급자 [배치]	잔차
공급자 [배치]	1.5545995	−0.193437
잔차	−0.193437	0.5803112

고정효과 실험

요인	Nparm	자유도	그룹 내 자유도	*F* 값	유의확률
공급자	2	2	9	0.9690	0.4158

11.1.4 시차적 지분설계

지분설계를 적용하는 것에 있어서 잠재적인 문제는 상위 단계에 대한 합당한 자유도의 수를 얻기 위해 하위 단계에서 많은 자유도를 사용한다는 것이다. 예를 들어 다른 물질의 화학 분석의 잠재적인 차이를 조사한다고 해 보자. 한 로트(lot)당 5개의 샘플을 취하기로 하였고, 각 샘플은 두 번 측정된다. 만약 각 로트의 분산요인을 추정하고 있다면, 10개의 로트를 사용하는 건 합리적인 선택이 아닐 것이다. 이렇게 되면 로트에 대한 자유도가 9, 샘플에 대한 자유도가 40, 측정에 대한 자유도가 50이 된다.

이렇게 특정유형의 불균형 지분설계를 피하는 방법 중 하나는 **시차적 지분설계**(staggered Nested Designs)이다. 시차적 지분설계의 한 예가 그림 11.4에 나와 있다. 각 로트에서 2개의 샘플만을 취하고 한 샘플은 두 번 측정하고 다른 하나는 한 번만 측정하였음을 확인할 수 있다. 만약 a개의 로트가 있다면, 로트의 자유도(일반적으로 상위 단계)는 $a-1$이고, 하

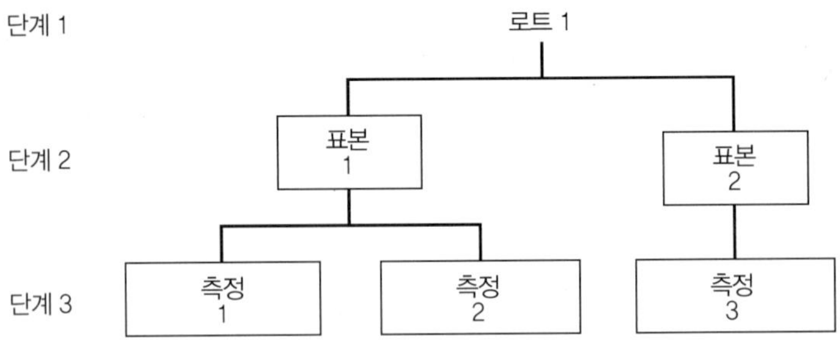

그림 11.4
3단계 시차적 지분설계

위 단계는 정확히 a개의 자유도를 갖는다. 이런 설계에 대한 분석에 대한 더 많은 정보는 Bainbridge(1965), Smith and Beverly(1981), Nelson(1983,1995a, 1995b)에서 찾을 수 있다. 이 장의 보조자료에서도 시차적 지분설계의 완전한 예들을 확인할 수 있다.

11.2 일반적인 m단계 지분설계

11.1절의 결과를 쉽게 m개의 완전히 중첩된(nested) 요인의 경우로 확장할 수 있다. 이런 설계를 m단계 **지분설계**(m-stage nested design)라고 한다. 예를 들어 한 주조 공장이 서로 다른 금속 합금 제형 두 가지의 경도를 조사하려고 한다. 각 합금 제형마다 3개의 다른 열을 가하고, 각 열을 검정하기 위해 2개의 주괴(ignots)를 랜덤으로 선택하고, 각 주괴당 두 번 경도를 측정한다. 이 상황은 그림 11.5에 도식화되어 있다.

이 실험에서 열은 합금 제형에 중첩되어 있고, 주괴는 열요인의 각 수준에 중첩되어 있다. 그러므로 2개의 반복수를 가진 3단계 지분설계이다.

일반적인 3단계 지분설계의 **모형**(model)은 다음과 같다.

$$y_{ijkl} = \mu + \tau_i + \beta_{j(i)} + \gamma_{k(ij)} + \epsilon_{(ijk)l} \begin{cases} i = 1, 2, \ldots, a \\ j = 1, 2, \ldots, b \\ k = 1, 2, \ldots, c \\ l = 1, 2, \ldots, n \end{cases} \tag{11.13}$$

예시에서 τ_i는 i번째 합금 제형의 주효과를, $\beta_{j(i)}$은 i번째 합금 제형 안의 j번째 열의 효과를, $\gamma_{k(ij)}$ i번째 합금 제형 안의 j번째 열의 k번째 주괴의 효과를, $e_{(ijk)}l$은 보통의 NID(0, σ^2) 오차항이다. 이 모형을 m 요인으로 확장하는 것은 간단하다.

위의 예에서 경도의 전반적인 변동성은 세 요인으로 구성되어 있다. 하나는 합금 제형에서, 하나는 열에서, 하나는 실험 분석 테스트 오류이다. 이 전반적인 경도에 대한 변동성의 요인들은 그림 11.6에 나타나 있다.

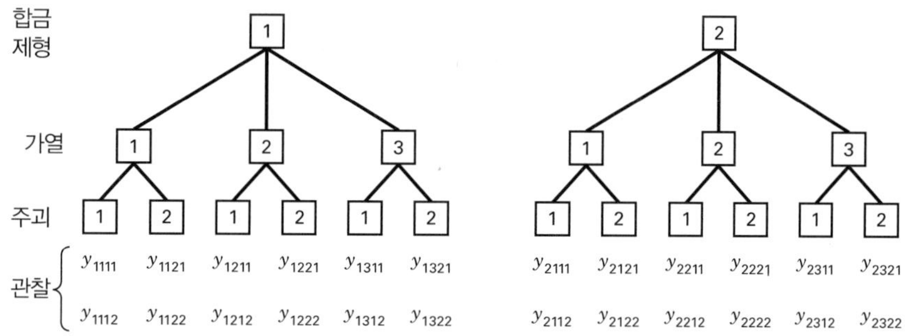

그림 11.5
3단계 지분설계

이 예제는 어떻게 지분설계가 결과의 주 변동성 요인을 식별하는지 분석하는 절차에서, 사용되는 과정을 명확히 설명해 준다. 예를 들어 만약 합금 제형 분산요인이 크다면, 이는 하나의 합금 제형만 사용해서 전반적인 경도 변동성을 줄일 수 있음을 의미한다.

m단계 지분설계의 제곱합 계산과 분산분석은 11.1절에서 보인 분석과 유사하다. 예를 들어 3단계 지분설계의 분산분석은 표 11.8에 나와 있다. 제곱합의 정의도 이 표에서 찾을 수 있다. 이것이 2단계 지분설계의 공식을 단순하게 확장한 것임에 유의해야 한다. 많은 통계 소프트웨어로 이 계산을 할 수 있다.

예를 들어 요인 A와 B가 고정되고 요인 C가 랜덤인 경우, 기대평균제곱은 표 11.9와 같다. 이 표는 이 상황에 대한 적절한 검정통계량을 보여준다.

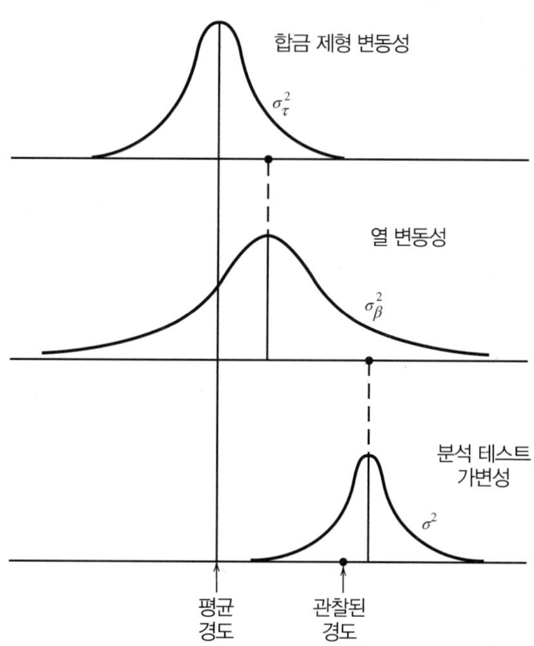

그림 11.6
3단계 지분설계 예제의
변동성 자원

표 11.8 3단계 지분설계 분산분석

변동원인	제곱합	자유도	평균제곱
A	$bcn\sum_i(\bar{y}_{i...}-\bar{y}_{....})^2$	$a-1$	MS_A
$B\ (A)$	$cn\sum_i\sum_j(\bar{y}_{ij..}-\bar{y}_{i...})^2$	$a(b-1)$	$MS_{B(A)}$
$C\ (B)$	$n\sum_i\sum_j\sum_k(\bar{y}_{ijk.}-\bar{y}_{ij..})^2$	$ab(c-1)$	$MS_{C(B)}$
오차	$\sum_i\sum_j\sum_k\sum_l(y_{ijkl}-\bar{y}_{ijk.})^2$	$abc(n-1)$	MS_E
합계	$\sum_i\sum_j\sum_k\sum_l(y_{ijkl}-\bar{y}_{....})^2$	$abcn-1$	

표 11.9 3단계 지분설계 기대평균제곱(A, B를 고정효과로, C를 랜덤효과로 둔다)

요인	기대평균제곱
τ_i	$\sigma^2+n\sigma_\gamma^2+\dfrac{bcn\Sigma\tau_i^2}{a-1}$
$\beta_{j(i)}$	$\sigma^2+n\sigma_\gamma^2+\dfrac{cn\Sigma\Sigma\beta_{j(i)}^2}{a(b-1)}$
$\gamma_{k(ij)}$	$\sigma^2+n\sigma_\gamma^2$
$\epsilon_{l(ijk)}$	σ^2

11.3 지분이면서 요인설계의 요인에 대한 설계

때로는 다요인실험에서, 몇 요인이 요인설계처럼 배열되고 나머지 요인은 중첩되는(nested) 경우가 있다. 이런 요인을 **지분요인설계**(nested-factorial designs)라고 부른다. 3요인을 가지고 이런 설계를 한 실험에 대한 통계적 분석을 다음의 예제에서 설명하고자 한다.

예제 11.2

산업공학자가 조립 작업의 속도를 개선하기 위해 인쇄 회로 기판에 전자 부품을 손으로 넣는 것에 대해 연구하고 있다. 그는 괜찮아 보이는 3개의 비품과 2개의 레이아웃 배치를 설계하였다. 운영자가 조립하고, 각 비품-레이아웃 조합마다 4명의 운영자를 랜덤한 순서로 배치하였다. 그러나 공장 안에서 각 작업장이 다른 위치에 있어서, 각 레이아웃마다 같은 운영자 4명이 일할 수는 없었다. 그러므로 레이아웃 1에 대해 선택된 네 운영자는 레이아웃 2의 4명의 운영자와 다른 사람들이다. 세 개의 비품과 두 개의 레이아웃밖에 없지만, 운영자가 랜덤하게 선택되기 때문에 이 모형은 **혼합모형**(mixed model)이다. 이 설계의 처리조합은 랜덤한 순서로 시행되고, 2개의 반복을 허용하였다. 조립 시간은 초 단위로 측정되며 표 11.10에 나와 있다.

이 실험에서 운영자는 레이아웃의 수준 안에 중첩되어있고, 비품과 레이아웃은 요인설계로 배열되었다. 그

표 11.10 예제 11.2의 조립 시간 데이터

운영자	레이아웃 1: 1	2	3	4	레이아웃 2: 1	2	3	4	$y_{i...}$
비품 1	22	23	28	25	26	27	28	24	404
	24	24	29	23	28	25	25	23	
비품 2	30	29	30	27	29	30	24	28	447
	27	28	32	25	28	27	23	30	
비품 3	25	24	27	26	27	26	24	28	401
	21	22	25	23	25	24	27	27	
운영자 합계, $y_{.jk}$	149	150	171	149	163	159	151	160	
레이아웃 합계, $y_{.j.}$		619				633			$1252 = y_{....}$

러므로 이 설계는 지분요인과 요인설계요인을 모두 가지고 있는 것이다. 이 설계의 선형모형(linear model)은 다음과 같다.

$$y_{ijkl} = \mu + \tau_i + \beta_j + \gamma_{k(j)} + (\tau\beta)_{ij} + (\tau\gamma)_{ik(j)} + \epsilon_{(ijk)l} \begin{cases} i = 1, 2, 3 \\ j = 1, 2 \\ k = 1, 2, 3, 4 \\ l = 1, 2 \end{cases} \tag{11.14}$$

여기서 τ_i는 i번째 비품의 주효과, β_j은 j번째 레이아웃의 효과를, $\gamma_{k(j)}$ j번째 레이아웃의 k번째 운영자의 효과를, $(\tau\beta)_{ij}$는 비품×레이아웃 교호작용을, $(\tau\gamma)_{ik(j)}$은 레이아웃 안의 비품×운영자의 교호작용을, $\epsilon_{(ijk)l}$은 보통의 NID(0, σ^2) 오차항을 나타낸다. 여기서 레이아웃×운영자의 교호작용은 존재할 수 없는데, 모든 운영자가 모든 레이아웃을 사용하는 것이 아니기 때문이다. 이와 유사하게 3요인 비품×레이아웃×운영자 교호작용도 없다. 어떠한 주효과나 교호작용의 적절한 검정통계량은 표 11.11을 보면 알 수 있다.

표 11.11 예제 11.2의 기대평균제곱

요인	기대평균제곱
τ_i	$\sigma^2 + 2\sigma^2_{\tau\gamma} + 8\sum\tau_i^2$
β_j	$\sigma^2 + 6\sigma^2_{\gamma} + 24\sum\beta_j^2$
$\gamma_{k(j)}$	$\sigma^2 + 6\sigma^2_{\gamma}$
$(\tau\beta)_{ij}$	$\sigma^2 + 2\sigma^2_{\tau\gamma} + 4\sum\sum(\tau\beta)^2_{ij}$
$(\tau\gamma)_{ik(j)}$	$\sigma^2 + 2\sigma^2_{\tau\gamma}$
$\epsilon_{(ijk)l}$	σ^2

완전분산분석은 표 11.12에 나와 있다. 조립비품이 유의하고 레이아웃의 운영자도 유의미하게 다름을 확인할 수 있다. 또한 레이아웃 안에서 비품과 운영자 간의

표 11.12 예제 11.2의 분산분석

변동원인	제곱합	자유도	평균제곱	F_0	P 값
비품 (F)	82.80	2	41.40	7.54	0.01
레이아웃 (L)	4.08	1	4.09	0.34	0.58
운영자(레이아웃), $O(L)$	71.91	6	11.99	5.15	<0.01
비품×레이아웃	19.04	2	9.52	1.73	0.22
비품×작업자(레이아웃)	65.84	12	5.49	2.36	0.04
오차	56.00	24	2.33		
합계	299.67	47			

교호작용이 유의한데, 다른 비품의 효과가 모든 운영자에게 같지 않음을 나타낸다. 작업장 레이아웃은 조립 시간에 그렇게 효과를 주는 것처럼 보이지 않는다. 그러므로 조립 시간을 줄이기 위해서는, 비품 유형 1, 3에 집중해야 한다(표 11.9 비품합은 비품 2보다 비붐 1, 3에서 작은 것을 확인할 수 있다). 게다가 운영자와 비품의 교호작용은 몇 운영자가 같은 비품을 다루는 데 있어서 더 효율적임을 의미한다. 아마도 이 운영자-비품 효과를 분리해서 덜 효율적인 운영자를 찾아 다시 훈련시켜서 수행능력을 향상할 수 있을 것이다.

계산(*Computing*). Minitab과 JMP을 포함한 많은 통계 소프트웨어로 지분요인설계를 분석할 수 있다. 표 11.13은 Minitab으로 예제 11.2의 균형 ANOVA 결과인데, 혼합모형의 제한된 형태를 가정하였다. 표 11.13 하단의 기대평균제곱이 표 11.10의 결과와 일치한다. $Q[1]$, $Q[3]$, $Q[4]$는 레이아웃, 비품, 레이아웃×비품 교호작용에 대한 각각의 고정효과이다. 분산요인의 추정치는 다음과 같다.

운영자(레이아웃):	$\sigma_\gamma^2 = 1.609$
비품×운영자 (레이아웃):	$\sigma_{\tau\gamma}^2 = 1.576$
오차	$\sigma^2 = 2.333$

표 11.14는 예제 11.2를 제한하지 않은(unrestricted) 혼합모형의 형태로 분석한 Minitab 결

표 11.13 예제 11.2의 균형 ANOVA 분석 Minitab 결과, 제한된 모형 사용함

```
Analysis of Variance (Balanced Designs)

Factor                Type      Levels     Values
Layout               fixed         2          1    2
Operator(Layout)    random         4          1    2    3    4
Fixture              fixed         3          1    2    3

Analysis of Variance for Time

Source                   DF        SS        MS        F        P
Layout                    1     4.083     4.083    -0.34    0.581
Operator(Layout)          6    71.917    11.986     5.14    0.002
Fixture                   2    82.792    41.396     7.55    0.008
Layout*Fixture            2    19.042     9.521     1.74    0.218

Fixture*Operator(Layout) 12    65.833     5.486     2.35    0.036
Error                    24    56.000     2.333
Total                    47   299.667

                                                     Expected Mean Square
                               Variance     Error    for Each Term (using
Source                         component    term      restricted model)
1 Layout                                      2      (6) + 6(2) + 24Q[1]
2 Operator(Layout)               1.609        6      (6) + 6(2)
3 Fixture                                     5      (6) + 2(5) + 16Q[3]
4 Layout*Fixture                              5      (6) + 2(5) + 8Q[4]
5 Fixture*Operator(Layout)       1.576        6      (6) + 2(5)
6 Error                          2.333               (6)
```

표 11.14 예제 11.2의 균형 ANOVA 분석 Minitab 결과, 제한되지 않은 모형 사용함

```
Analysis of Variance (Balanced Designs)

Factor                 Type     Levels      Values
Layout                fixed        2           1    2
Operator(Layout)     random        4           1    2    3    4
Fixture               fixed        3           1    2    3

Analysis of Variance for Time

Source                       DF        SS        MS       F        P
Layout                        1     4.083     4.083    0.34    0.581
Operator(Layout)              6    71.917    11.986    2.18    0.117
Fixture                       2    82.792    41.396    7.55    0.008
Layout*Fixture                2    19.042     9.521    1.74    0.218
Fixture*Operator(Layout)     12    65.833     5.486    2.35    0.036
Error                        24    56.000     2.333
Total                        47   299.667

Source                                       Expected Mean Square
                         Variance    Error   for Each Term (using
                        component    term    unrestricted model)
1 Layout                               2     (6) + 2(5) + 6(2) + Q[1,4]
2 Operator(Layout)          1.083      5     (6) + 2(5) + 6(2)
3 Fixture                              5     (6) + 2(5) + Q[3,4]
4 Layout*Fixture                       5     (6) + 2(5) + Q[4]
5 Fixture*Operator
  (Layout)                  1.576      6     (6) + 2(5)
6 Error                     2.333            (6)
```

과이다. 표 하단의 기대평균제곱이 제한한 모형에서 본 것과 약간 다르고, 그래서 검정통계량 구성이 운영자(레이아웃) 요인에 대해 살짝 다르다. 구체적으로는 운영자(레이아웃의) F 비율의 분모가 제한된 모형에서는 비품×운영자(레이아웃) 교호작용(오차항의 자유도는 12)이었는데, 제한되지 않은 모형에서는 레이아웃×비품 교호작용이다(오차항의 자유도는 2). $MS_{layout \times fixture} > MS_{fixture \times operator(layout)}$이고 더 적은 자유도를 가지므로, 레이아웃 안의 운영자 효과가 12% 수준에서만 유의함을 확인할 수 있다(제한 모형에서의 P 값은 0.002).

게다가 분산요인 추정치 $\hat{\sigma}_\gamma^2 = 1.083$가 더 작다. 그러나 비품 효과가 크고 비품×운영자(레이아웃) 교호작용이 유의미하므로, 운영자 효과가 의심된다. 따라서 이 실험의 최종 결론은 혼합모형이 제한된 모형을 사용하거나, 혹은 제한되지 않은 모형을 사용하거나 크게 영향을 받지 않는다는 것이다. $Q[1,4]$와 $Q[3,4]$는 레이아웃×비품의 교호작용 효과를 포함하는 고정 유형의 2차항이다.

표 11.15은 예제 11.3의 JMP 결과이다. JMP가 혼합모형의 제한되지 않은 모형을 사용하기 때문에 분산요인의 추정치가 표 11.14의 Minitab ANOVA 추정치와 같지만, 신뢰구간을 주는 REML 방법이 선호된다. 고정효과검정은 비품 효과가 크고, 운영자(레이아웃)와 비품×운영자(레이아웃) 교호작용 분산효과의 신뢰구간이 0을 포함하지만, 두 분산성분이 전

표 11.15 예제 11.2의 JMP 분석결과

적합치 요약

결정계수	0.764291
보정된 결정계수	0.73623
평균제곱근오차	1.527525
평균 반응	26.08333
관측치(또는 Sum Wgts)	48

REML 분산성분추정

랜덤효과	분산 비율	분산 구성	표준오차	95% 하한	95% 상한	백분율 합
운영자 [레이아웃]	0.4642857	1.0833333	1.2122659	−1.292708	3.4593745	21.697
운영자*비품 [레이아웃]	0.6755952	1.5763889	1.1693951	−0.715625	3.8684033	31.572
잔차		2.3333333	0.6735753	1.4226169	4.5157102	46.732
계		4.9930556				100.000

−2 로그우도=195.88509411

분산성분추정치의 공분산 행렬

랜덤효과	운영자 [레이아웃]	운영자×비품 [레이아웃]	잔차
운영자 [레이아웃]	1.4695886	−0.41802	3.608e-15
운영자×비품 [레이아웃]	−0.41802	1.3674849	−0.226852
잔차	3.608e-15	−0.226852	0.4537037

고정효과 실험

요인	처리의 수	자유도	그룹 내 자유도	*F* 값	유의확률
레이아웃	1	1	6	0.3407	0.5807
비품	2	2	12	7.5456	0.0076*
레이아웃×비품	2	2	12	1.7354	0.2178

체 변동성의 50% 이상을 차지하기 때문에 운영자 효과와 교호작용 효과를 버리는 것에 주저할 수 있다.

만약 JMP나 Minitab 같은 특화된 소프트웨어가 없다면, 요인분석용 프로그램으로 지분요인설계의 요인을 분석할 수 있다. 예를 들어 예제 11.2의 실험을 3요인 요인설계로 생각해서, 비품(F), 운영자(O), 레이아웃(L)을 요인으로 둔다. 그러면 요인분석의 특정 제곱합과 자유도가 합쳐져서 지분요인설계의 요인을 포함한 설계에서 요구되는 적절한 양을 다음과 같이 만들 것이다.

요인분석		지분요인분석	
제곱합	자유도	제곱합	자유도
SS_F	2	SS_F	2
SS_L	1	SS_L	1
SS_{FL}	2	SS_{FL}	2
SS_O	3		
SS_{LO}	3	$SS_{O(L)} = SS_O + SS_{LO}$	6
SS_{FO}	6		
SS_{FOL}	6	$SS_{FO(L)} = SS_{FO} + SS_{FOL}$	12
SS_E	24	SS_E	24
SS_T	47	SS_T	47

11.4 분할설계

다요인 요인실험에서는, 시행 순서를 완벽하게 랜덤화할 수 없을 수도 있다. 이는 요인실험의 한 일반화로 이어지는데, 이러한 설계를 분할설계(split-plot designs)라고 한다.

예를 들어 세 개의 다른 펄프 준비 방법(이 방법은 펄프 혼합물의 하드 목재 양에 따라 다르다)과 네 개의 다른 펄프 조리 온도에 관심 있는 종이 제조자를 생각해 보자. 제조자는 두 요인이 종이의 인장 강도에 미치는 영향을 연구하려 한다. 요인설계의 각 반복수는 12개의 관측치가 필요하고 실험자는 3개의 반복으로 실험을 하기로 하였다. 이렇게 되면 총 36번의 실험이 필요하다. 실험자는 실험을 다음과 같이 진행하기로 하였다. 펄프 배치를 실험의 세 방법 중 한 가지 방법으로 생산한다. 그러면 이 배치를 3개의 샘플로 나누고, 각 샘플을 4개의 다른 온도에서 조리하는 것이다. 이후 세 방법 중 다른 방법으로 두 번째 배치를 만든다. 두 번째 배치도 4개의 샘플로 나뉘어서 4개의 온도에 대해 실험하게 된다. 이 과정을 반복해서, 모든 3개의 반복수(36번 시행)를 얻을 때까지 반복한다. 자료는 표 11.16에 나와 있다.

처음에 이를 3개의 준비 방법(요인 A) 수준과 4수준의 온도(요인 B)가 있는 요인실험으

표 11.16 종이 인장 강도 실험

펄프 준비 방법	준비 방법 1			준비 방법 2			준비 방법 3		
	1	**2**	**3**	**1**	**2**	**3**	**1**	**2**	**3**
온도 (°F)									
200	30	34	29	28	31	31	31	35	32
225	35	41	26	32	36	30	37	40	34
250	37	38	33	40	42	32	41	39	39
275	36	42	36	41	40	40	40	44	45

로 생각할 수 있다. 만약 이렇다면 각 반복 안의 실험 순서는 완벽하게 랜덤화 되어야 한다. 즉, 처리조합을 랜덤하게 고르고(준비 방법과 온도) 관측치를 얻은 후, 처리조합에서 또 랜덤하게 골라서 두 번째 관측치를 얻는 방식으로 36개의 시행을 얻을 때까지 진행해야 한다. 그러나 실험자는 이렇게 자료를 얻은 게 아니다. 배치를 하나 만들고 모든 4개의 온도를 해당 배치에서 확인하였다. 배치를 준비하고 배치 사이즈를 준비하는 경제적 여건을 생각하면, 이것이 실험을 진행할 유일한 방법이다. 완벽하게 랜덤화된 요인설계는 36개의 펄프 배치가 있어야 하는데, 이것은 비현실적이다. 분할설계(split-plot design)는 총 9개의 배치만 필요하다. 따라서 분할설계는 명백히 실험 효용성을 상당히 높일 수 있다.

예제에서 사용한 방법이 분할설계이다. 분할설계에서 9개의 **전체 플롯**(whole plots)을 가지고, 준비 방법을 **전체 플롯** 혹은 **주 처리**(main treatment)라고 부른다. 각 전체 플롯을 4부분으로 나눈 것을 **서브플롯**(subplots)이라고 한다[혹은 **분할-플롯**(split-plots)]. 그리고 각각에 한 온도가 할당되는 것이다. 온도를 **서브플롯 처리**(subplot treatment)라고 한다. 만약 통제되지 않거나 설계되지 않은 요인이 있고, 통제되지 않은 요인이 펄프 준비 방법이 달라짐에 따라 달라지면, 설계되지 않은 요인의 반응값에 대한 모든 효과가 펄프 준비 방법의 효과와 완벽하게 중첩(confounded)되는 것이다. 분할설계에서 전체 플롯 처리가 전체 플롯들과 중첩되어 있고 서브플롯 처리가 중첩되지 않으므로, 가능하면 서브플롯에 가장 관심 있는 요인을 할당하는 것이 좋다.

이 예제는 산업환경에서 분할설계가 어떻게 사용되는지에 대한 꽤 전형적인 예제이다. 두 효과가 근본적으로 다른 시간에 "적용"되었음에 유의해야 한다. 결과적으로 분할설계는 두 실험이 "결합된" 것 혹은 서로에게 겹친 것으로 볼 수 있는 것이다. 한 "실험"이 전체 플롯요인을 더 큰 실험 단위에 적용하고 있고(혹은 수준을 바꾸기 어려운 요인이고) 다른 한 "실험이" 서브플롯 요인을 더 작은 실험 단위에 적용하는 것이다(혹은 요인수준을 쉽게 바꿀 수 있는 요인).

분할설계의 **선형모형**(linear model)은 다음과 같다.

$$y_{ijk} = \mu + \tau_i + \beta_j + (\tau\beta)_{ij} + \gamma_k + (\tau\gamma)_{ik} + (\beta\gamma)_{jk} + (\tau\beta\gamma)_{ijk} + \epsilon_{ijk} \quad \begin{cases} i = 1, 2, \ldots, r \\ j = 1, 2, \ldots, a \\ k = 1, 2, \ldots, b \end{cases} \tag{11.15}$$

여기서 τ_i, β_j, $(\tau\beta)_{ij}$은 전체 플롯과 각각 반복수에 대응하는 것, 주효과(요인 A), 그리고 **전체 플롯 오차**(whole-plot error)(반복수 $\times A$)를 나타낸다. 그리고 γ_k, $(\tau\gamma)_{ik}$, $(\beta\gamma)_{jk}$, $(\tau\beta\gamma)_{ijk}$는 각각 서브플롯과 대응하는 서브플롯 효과(요인 B), 반복 $\times B$, AB 교호작용 **서브플롯 오차**(subplot error) (반복수 $\times AB$)를 나타낸다. 전체 플롯 오차가 반복수 $\times A$의 교호작용이고 서브플롯 오차는 반복수 $\times AB$의 3요인 교호작용이다. 이 요인들의 제곱합은 반복이 없는 3요인 분산분석으로 계산할 수 있다.

표 11.17 분할설계의 기대평균제곱

	용어	기대평균제곱
전체 플롯	τ_i	$\sigma^2 + ab\sigma_\tau^2$
	β_j	$\sigma^2 + b\sigma_{\tau\beta}^2 + \dfrac{rb\sum\beta_j^2}{a-1}$
	$(\tau\beta)_{ij}$	$\sigma^2 + b\sigma_{\tau\beta}^2$
서브플롯	γ_k	$\sigma^2 + a\sigma_{\tau\gamma}^2 + \dfrac{ra\sum\gamma_k^2}{(b-1)}$
	$(\tau\gamma)_{ik}$	$\sigma^2 + a\sigma_{\tau\gamma}^2$
	$(\beta\gamma)_{jk}$	$\sigma^2 + \sigma_{\tau\beta\gamma}^2 + \dfrac{r\sum\sum(\beta\gamma)_{jk}^2}{(a-1)(b-1)}$
	$(\tau\beta\gamma)_{ijk}$	$\sigma^2 + \sigma_{\tau\beta\gamma}^2$
	$\epsilon_{(ijk)h}$	σ^2 (추정불가)

분할설계의 기대평균제곱은, 반복을 랜덤으로 주효과와 서브플롯 처리를 고정효과로 둔, 표 11.17에 나타나 있다. 전체 플롯의 주요인(A)은 전체 플롯 오차에 대해 검정하고, 서브처리(B)는 반복수×서브처리 교호작용에 대해 검정된다. AB 교호작용은 서브플롯 오차에 대해 검정되었다. 반복효과(A)에 대한 검정이나 반복×서브처리(AC) 교호작용에 대한 검정은 없음을 확인할 수 있다.

표 11.16의 인장 강도 자료에 대한 분산분석이 표 11.18에 요약되어 있다. 두 준비 방법과 온도가 고정효과이고 반복이 랜덤이므로 표 11.17의 기대평균제곱을 적용하였다. 준비 방법에 대한 평균제곱은 전체 플롯 평균오차제곱과 비교하였고, 온도의 평균제곱은 반복수×온도(AC) 평균제곱과 비교하였다. 마지막으로 준비 방법×온도 평균제곱은 서브플롯 오차에 대해 검정되었다. 준비 방법과 온도 모두 강도에 유의미한 효과를 가지고, 교호작용 역시 유의미하다.

표 11.18에서 서브플롯 오차(4.24)가 전체 플롯 오차(9.07)보다 작다. 이는 분할설계의 일반적인 경우로서 서브플롯들이 일반적으로 전체 플롯보다 동질하기 때문이다. 이는 실험에서 **두 개의 다른 오차 구조**(two different error structures)를 만들어낸다. 서브플롯 처리가

표 11.18 표 11.14의 인장 강도 자료를 사용한 분할설계 분산분석

변동원인	제곱합	자유도	평균제곱	F_0	P 값
반복	77.55	2	38.78		
준비 방법 (A)	128.39	2	64.20	7.08	0.05
전체 플롯 오차 (반복×A)	36.28	4	9.07		
온도 (B)	434.08	3	144.69	41.94	<0.01
반복×B	20.67	6	3.45		
AB	75.17	6	12.53	2.96	0.05
서브플롯 오차 (반복×AB)	50.83	12	4.24		
합계	822.97	35			

더 높은 정확성으로 비교되기에, 가능하다면 가장 관심 있는 처리를 서브플롯에 두는 게 좋다.

분할설계에 약간 다른 통계 방법을 제안하는 경우도 있다. 즉,

$$y_{ijk} = \mu + \tau_i + \beta_j + (\tau\beta)_{ij} + \gamma_k + (\beta\gamma)_{jk} + \epsilon_{ijk} \quad \begin{cases} i = 1, 2, \ldots, r \\ j = 1, 2, \ldots, a \\ k = 1, 2, \ldots, b \end{cases} \tag{11.16}$$

이다.

이 모형에서 $(\tau\beta)_{ij}$은 여전히 전체 플롯 오차이지만, 반복수×B와 반복수×AB 교호작용이 본질적으로 ϵ_{ijk}에 결합되어서 서브플롯 오차를 형성한다. 만약 서브플롯 오차항 ϵ_{ijk}의 분산을 σ_ϵ^2이라고 표기하고, 식 11.15의 모형과 같은 가정을 한다면, 기대평균제곱은 다음과 같아진다.

요인	*E(MS)*
τ_i(반복)	$\sigma_\epsilon^2 + ab\sigma_\tau^2$
$\beta_j(A)$	$\sigma_\epsilon^2 + b\sigma_{\tau\beta}^2 + \dfrac{rb\sum\beta_j^2}{a-1}$
$(\tau\beta)_{ij}$	$\sigma_\epsilon^2 + b\sigma_{\tau\beta}^2$(전체 플롯 오차)
$\gamma_k(B)$	$\sigma_\epsilon^2 + \dfrac{ra\sum\gamma_k^2}{ab-1}$
$(\beta\gamma)_{jk}(AB)$	$\sigma_\epsilon^2 + \dfrac{r\sum\sum(\beta\gamma)_{jk}^2}{(a-1)(b-1)}$
ϵ_{ijk}	σ_ϵ^2 (서브플롯 오차)

이제 두 서브플롯 처리(B)와 AB 교호작용이 서브플롯 평균오차제곱에 대해 검정되는 것을 확인할 수 있다. 만약 반복수 × B와 반복 × AB 교호작용의 교호작용이 무시 가능하다고 합리적으로 가정할 수 있으면, 이 대안 모형도 완전히 만족스럽다.

분할설계에 두 개의 분산요인이 있으므로, REML 방법으로 추정할 수 있다. JMP가 식 11.16의 모형으로 REML 방법으로 분할설계를 분석한다. 표 11.19는 표 11.16의 분할설계에 대한 JMP 분석결과이다. REML 방법을 사용하는 장점은 전체 플롯과 서브플롯의 분산요인에 대한 명시적(explicit) 추정치가 표준오차와 근사 신뢰구간과 함께 제시된다는 것이다.

때로 실험자들은 분할설계의 구체적인 구조를 파악할 수 없을 수 있다. 실험에 하나(혹은 이상의)의 잘 변하지 않는(hard-to-change) 요인이 있는 것은 파악하지만, 실험을 분할설계로 시행하지 않는다. 표준적인 요인설계를 세팅하고 잘 변하지 않는 요인을 무조건 변하게 할 만큼의 실행으로 시행수를 최소화하는 순서로 재설정할 것이다. 그런 다음 실험을 실행하여 "무심코(inadvertent)" 분할을 만들고 데이터를 표준요인설계(즉, 완전 랜덤화 설

표 11.19 표 11.16의 분할설계에 대한 JMP 계산결과

적합치 요약

결정계수	0.903675
보정된 결정계수	0.859526
평균제곱근오차	1.993043
평균 반응	36.02778
관측치(또는 Sum Wgts)	36

REML 분산성분추정

랜덤효과	분산 비율	분산 구성	표준오차	95% 하한	95% 상한	백분율 합
전체 플롯	0.6232517	2.4756944	3.2753747	−3.94404	8.8954289	32.059
서브플롯	0.3208042	1.2743056	1.6370817	−1.934375	4.4829857	16.502
잔차		3.9722222	1.3240741	2.2679421	8.6869402	51.439
합계		7.7222222				100.000

−2 로그우도=139.36226272

분산성분추정치의 공분산 행렬

랜덤효과	전체 플롯	서브플롯	잔차
전체 플롯	10.72808	−0.856821	−9.84e-14
서브플롯	−0.856821	2.6800365	−0.438293
잔차	−9.84e-14	−0.438293	1.7531722

고정효과 실험

요인	처리의 수	자유도	그룹 내 자유도	*F* 값	유의확률
방법	2	2	4	7.0781	0.0485*
온도	3	3	18	36.4266	<.0001*
온도×방법	6	6	18	3.1538	0.0271*

계 또는 CRD)인 것처럼 분석한다.

이런 경우가 표 11.16 실험에 일어났다고 해 보자. 실험자가 각각의 반복마다 펄프의 3 배치를 만들고 온도 수준을 각 배치 안에서 랜덤화하면, 표 11.16의 분할설계가 된다. 이 실험을 일반적인 2요인 완전 랜덤화 요인설계로 분석한 것이 표 11.20에 나와 있다. 제대로 된 분할설계 분석에서 전체 플롯과 서브플롯 요인 모두와 그 교호작용이 유의하다. 그러나 이 잘못된 분석에서는 교호작용은 유의하지 않다.

일반적으로 "무심코" 분할설계를 하면, 전체 플롯 요인에 대해 너무 많은 제1종 오류를 범하고(유의하지 않은 요인을 중요하다고 결론짓고) 서브플롯에 대해 너무 많은 제2종 오류를 범한다(유의한 효과를 식별하지 못한다). 예제에서는 펄프 준비 방법(전체 플롯 요인)이 중요하다고 적절히 식별하긴 했으나, 서브플롯인 유의한 교호작용을 식별하지 못했다. 이는 분할을 포함하는 실험을 정확하게 설계하고 분석하는 것의 중요성을 강조한다.

분할설계는 농업에서 비롯했는데(agricultural heritage), 대개 전체 플롯을 큰 땅으로 보고

표 11.20 표 11.16의 분할설계를 CRD로 분석한 결과

적합치 요약

결정계수	0.7748
보정된 결정계수	0.671583
평균제곱근오차	2.778889
평균 반응	36.02778
관측치(또는 Sum Wgts)	36

분산분석

요인	자유도	제곱합	평균제곱	*F* 값
모형	11	637.63889	57.9672	7.5065
오차	24	185.33333	7.7222	
				유의확률
C. 합계	35	822.97222		<.0001*

고정효과 실험

요인	처리의 수	자유도	제곱합	*F* 값	유의확률
방법	2	2	128.38889	8.3129	0.0018*
온도	3	3	434.08333	18.7374	<.0001
온도×방법	6	6	75.16667	1.6223	0.1843

서브플롯을 큰 밭 안의 작은 밭으로 보았다. 예를 들어 다양한 농작물을 여러 밭에 심을 때(전체 플롯), 한 밭에 한 품종을 심을 수 있다고 하자. 예를 들어 각 밭은 네 개의 서브플롯으로 나눌 수 있고 각각의 서브플롯마다 다른 유형의 비료를 쓸 수 있다. 여기서 농작물의 품종이 주치료이고 다른 비료를 서브치료라고 할 수 있다.

이런 농업적 기반에도 불구하고, 분할설계는 많은 과학, 산업 실험에서 매우 유용하다. 이런 실험 상황에서 위의 인장 강도 문제처럼 몇 요인이 큰 실험 단위를 필요로 하고, 다른 요인들은 작은 실험 단위를 필요로 하는 것은 특별한 일이 아니다. 또는 다른 요인보다 특정 요인의 수준을 바꾸기가 어려워서 때로 완전 랜덤화가 가능하지 않은 경우를 볼 수 있다. 이렇게 바꾸기 어려운 요인은 전체 플롯을 형성하고, 바꾸기 쉬운 요인은 서브플롯으로 시행한다. Jones and Nachtsheim(2009)의 리뷰 논문은 분할설계에 대한 훌륭한 정보를 담고 있는 주 참고자료이다.

원칙적으로 어떻게 실험이 실행되는지를 신중하게 고려하고, 분석에 랜덤화의 제약을 모두 포함해야 한다. 이점을 6장의 안구 집중 시간 실험의 변형을 통해 설명하였다. 가령 시력(A)과 조도(B)라는 2개의 요인만 있다고 가정해 보자. 요인실험을 시행하면 시력에 a개의 수준이 있고, 조도에 b개의 수준이 있고 n개의 반복이 필요할 때 abn의 관측치를 랜덤 순서로 얻게 된다. 하지만 실험장비에서 이 두 요인을 다른 수준으로 맞추는 것이 꽤 어렵고, 실험자가 n 반복을 a 시력 중에 하나, b 조도 중에 하나로 맞추고 한 번에 n번 관측을 하는 것으로 얻기로 하였다. 요인설계의 오차는 실제로 시스템의 산란 또는 잡음에 더불어 동일한 초점 시간을 재현하는 피험자의 능력을 나타낸다. 요인설계의 모형은 다음과 같이

쓸 수 있다.

$$y_{ijk} = \mu + \tau_i + \beta_j + (\tau\beta)_{ij} + \phi_{ijk} + \theta_{ijk} \qquad \begin{cases} i = 1, 2, \ldots, a \\ j = 1, 2, \ldots, b \\ k = 1, 2, \ldots, n \end{cases} \tag{11.17}$$

여기서 ϕ_{ijk}는 시스템의 산란 혹은 잡음을 나타내고 이는 "실험오차"의 결과이다(즉, 정확히 같은 수준의 시력과 조도를 다른 시행마다 똑같이 복제하지 못하는 것이나, 환경 조건의 변동과 같은 것이다). 그리고 θ_{ijk}는 피험자의 "재현오차"이다. 대개 이 요인을 전반적인 오류항으로 합치는데, 즉 $\epsilon_{ijk}=\phi_{ijk}+\theta_{ijk}$이다. $V(\epsilon_{ijk})=\sigma^2=\sigma_\phi^2+\sigma_\theta^2$라고 가정하자. 이제 요인실험에서는 평균오차제곱은 기댓값으로 $\sigma^2=\sigma_\phi^2+\sigma_\theta^2$을 가지고, 자유도는 $ab(n-1)$이다.

위의 두 번째 설계처럼 랜덤화를 제한한다면, 분산분석의 평균"오차"제곱은 "재현오차" σ_θ^2의 추정치를 $ab(n-1)$의 자유도로 구하지만, "실험오차" σ_ϕ^2에 대해서는 어떤 정보도 주지 않는다. 그러므로 두 번째 실험의 평균오차제곱은 매우 작아진다. 결과적으로 자주 귀무가설을 잘못 기각하는 것이다. John(1971)에서 지적한 대로, 이러한 설계는 ab 전체 플롯을, n개의 서브플롯으로 나누고 서브처리가 없는 분할설계와 유사하다. 이 상황은 또한 서브샘플링과 매우 유사한데, Ostle(1963)에서 설명하고 있다. A, B가 고정효과라고 가정하면, 이 경우의 기대평균제곱을 다음과 같이 구한다.

$$\begin{aligned} E(MS_A) &= \sigma_\theta^2 + n\sigma_\phi^2 + \frac{bn\sum \tau_i^2}{a-1} \\ E(MS_B) &= \sigma_\theta^2 + n\sigma_\phi^2 + \frac{an\sum \beta_j^2}{b-1} \\ E(MS_{AB}) &= \sigma_\theta^2 + n\sigma_\phi^2 + \frac{n\sum\sum(\tau\beta)_{ij}^2}{(a-1)(b-1)} \\ E(MS_E) &= \sigma_\theta^2 \end{aligned} \tag{11.18}$$

그러므로 교호작용을 무시할 수 있지 않은 이상 주효과에 대한 검정을 할 수 없는 것이다. 이는 2요인 분산분석을 각 셀당 1개의 관측치로 하는 것과 정확히 같다. 만약 두 요인 모두 랜덤이라면, 주효과를 AB 교호작용에 대해 검정할 수 있다. 만약 한 요인만 랜덤이라면, 고정효과를 AB 교호작용에 대해 검정할 수 있다.

일반적으로 요인설계를 분석하고 모든 주효과와 교호작용이 유의하다면, **실제로 어떻게 실험이 수행되었는지**(how the experiment was actually conducted)를 주의 깊게 확인해야 한다. 이 분석에서 설명하지 않은 모형의 랜덤화 제약이 있을 수도 있고, 따라서 자료를 요인설계로 분석할 수 없을 수 있다.

11.5 분할설계의 변형

11.5.1 2개 이상의 요인을 가진 분할설계

때로 전체 플롯이나 서브플롯 중 하나가 두 개 이상의 요인을 갖고, 요인설계 구조로 배열된 상황을 마주할 수 있다. 예를 들어 실리콘 와이퍼의 산화물질을 더 만들기 위해 용광로 실험을 한다고 하자. 관심 있는 반응값은 산화층 두께와 층 항상성이다. 온도(A), 기체 흐름(B), 시간(C), 용광로의 와이퍼 위치(D) 등 4개의 설계요인이 있다. 실험자가 2^4 요인실험을 시행하고자 하고, 반복을 2번 하고자 한다(총 32번 시행). 이제 요인 A, B(온도, 기체흐름)를 바꾸기 어렵고, C, D(시간, 와이퍼 위치)는 바꾸기 쉽다. 이는 그림 11.7의 분할설계로 이어진다. 실험의 두 반복 모두 4개의 전체 플롯, 온도와 기체 유기 세팅의 조합 중 하나를 가지는 것으로 나눠짐을 확인할 수 있다. 이 수준들이 선택되면, 각 전체 플롯은 3개의 서브플롯으로 나뉘고 시간과 와이퍼 위치를 요인으로 하는 2^2 요인실험이 시행된다. 이때 서브플롯의 처리조합은 랜덤 순서로 실험된다. 각각의 반복마다 오직 4번의 온도와 기체 흐름의 변화만 만들어진 반면, 시간과 와이퍼 위치 수준은 완전히 랜덤화되었다.

실험의 모형은 식 11.16을 따라 다음과 같다.

$$
\begin{aligned}
y_{ijklm} = \mu + \tau_i + \beta_j + \gamma_k + (\beta\gamma)_{jk} + \theta_{ijk} + \delta_l + \lambda_m + (\delta\lambda)_{lm} \\
+(\beta\delta)_{jl} + (\beta\lambda)_{jm} + (\gamma\delta)_{kl} + (\delta\lambda)_{lm} + (\beta\gamma\delta)_{jkl} + (\beta\gamma\lambda)_{jkm} \\
+(\beta\delta\lambda)_{jlm} + (\gamma\delta\lambda)_{klm} + (\beta\gamma\delta\lambda)_{jklm} + \epsilon_{ijklm}
\begin{cases} i = 1, 2 \\ j = 1, 2 \\ k = 1, 2 \\ l = 1, 2 \\ m = 1, 2 \end{cases}
\end{aligned}
\tag{11.19}
$$

이때 τ_i는 반복효과를, β_j와 γ_k는 전체 플롯 주효과를, θ_{ijk}는 전체 플롯 오차를 δ_l과 λ_m은 서브플롯 주효과를, ϵ_{ijklm}은 서브플롯 오차를 나타낸다. 4개의 설계요인 사이의 모든 교호작용을 모형에 포함하였다. 표 11.21은 이 설계에 대한 분산분석을 나타내는데, 반복을 랜덤으로 가정하고 모든 설계변수를 고정효과로 가정하였다. 이 표에서 σ_θ^2와 σ_ϵ^2은 각각 전체

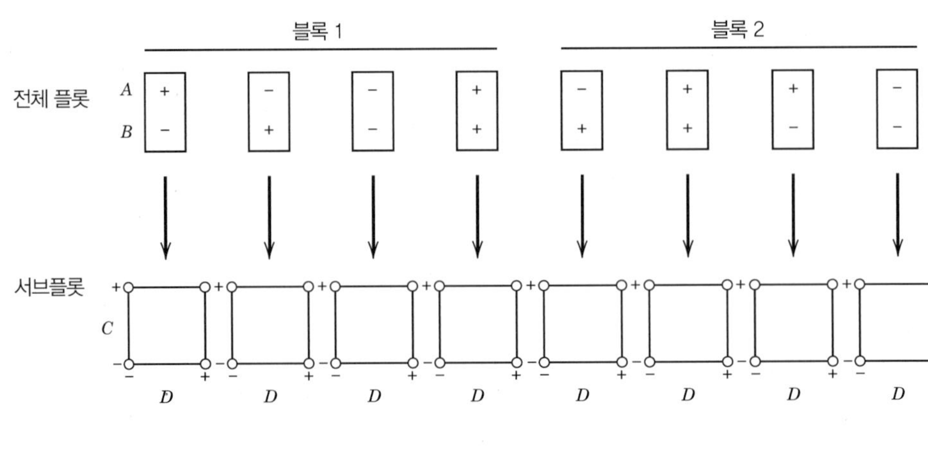

그림 11.7
4개의 설계요인, 2개의 전체 플롯과 2개의 서브플롯을 가진 분할설계

표 11.21 요인 A, B를 전체 플롯으로, 요인 C, D를 서브플롯으로 한 분할설계의 약식 분석(그림 11.7 참고)

변동원인	제곱합	자유도	평균제곱
반복수 (τ_i)	$SS_{반복수}$	1	$\sigma_\epsilon^2 + 16\sigma_\tau^2$
$A(\beta_j)$	SS_A	1	$\sigma_\epsilon^2 + 8\sigma_\theta^2 + A$
$B(\gamma_k)$	SS_B	1	$\sigma_\epsilon^2 + 8\sigma_\theta^2 + B$
AB	SS_{AB}	1	$\sigma_\epsilon^2 + 8\sigma_\theta^2 + AB$
전체 플롯 오차 (θ_{ijk})	SS_{WP}	3	$\sigma_\epsilon^2 + 8\sigma_\theta^2$
$C(\delta_l)$	SS_C	1	$\sigma_\epsilon^2 + C$
$D(\lambda_m)$	SS_D	1	$\sigma_\epsilon^2 + D$
CD	SS_{CD}	1	$\sigma_\epsilon^2 + CD$
AC	SS_{AC}	1	$\sigma_\epsilon^2 + AC$
BC	SS_{BC}	1	$\sigma_\epsilon^2 + BC$
AD	SS_{AD}	1	$\sigma_\epsilon^2 + AD$
BD	SS_{BD}	1	$\sigma_\epsilon^2 + BD$
ABC	SS_{ABC}	1	$\sigma_\epsilon^2 + ABC$
ABD	SS_{ABD}	1	$\sigma_\epsilon^2 + ABD$
ACD	SS_{ACD}	1	$\sigma_\epsilon^2 + ACD$
BCD	SS_{BCD}	1	$\sigma_\epsilon^2 + BCD$
$ABCD$	SS_{ABCD}	1	$\sigma_\epsilon^2 + ABCD$
서브플롯 오차 (ϵ_{ijklm})	SS_{SP}	12	σ_ϵ^2
합계	SS_T	31	

플롯과 서브플롯 오차를 나타내고, σ_τ^2는 블록 효과의 분산을, 그리고 (단순히 하기 위해) 라틴 대문자를 고정효과를 나타내는 데 사용하였다. 전체 플롯 주효과와 교호작용은 전체 플롯 오차에 대해서, 서브플롯 요인과 다른 모든 교호작용은 서브플롯 오차에 대해서 검정되었다. 만약 설계요인 몇 개가 랜덤이라면, 검정통계량은 달라질 것이다. 몇 경우에서는 정확한 F 검정을 할 수 없어서 Satterthwaite의 방법을 써야 한다.

분할설계 구조의 3개 이상의 요인을 가진 요인설계는 큰 설계가 되는 경향이 있다. 그 반면 요인설계는 큰 실험들을 더 쉽게 수행할 수 있게 한다. 예를 들어 산화 용광로 예제에서, 실험자는 바꾸기 어려운 요인(A와 B)을 8번만 바꾸면 되고, 그렇게 32시행의 설계를 하는 것은 어려운 일이 아닐 것이다.

설계의 요인수가 증가할수록, 실험자는 부분요인설계를 분할설계 세팅에서 사용하는 것에 대해 생각해볼 것이다. 예를 들어 연습문제 8.7에 처음으로 소개된 실험을 고려해 보자. 이는 2^{5-1} 부분요인설계인데, 열처리 공정변수가 트럭 스프링 높이에 미치는 영향을 연구하고자 시행되었다. 요인은 $A=$변환시간, $B=$열처리 시간, $C=$기름 담금질 온도, $D=$온도, $E=$식히는 시간이다. 요인 A, B, C가 바꾸기 매우 어렵고 다른 두 요인 D, E는 바꾸기 쉽다고 해 보자. 예를 들어 처음에는 A, B, C를 바꿔서 스프링을 만들고, 그 다음에 요인을 고정한 채로 D, E 요인을 후속 실험에서 바꿔가며 실험한다.

설계를 변형해 보자. 그 이유는 원래 실험자가 분할설계로 시행하지 않았고, 우리가 사용할 설계 제너레이터를 사용하지 않았기 때문이다. 전체 플롯 요인을 A, B, C 요인으로 하고,

분할요인을 ***D***, ***E***라고 하자(두꺼운 글씨로 쓴 이유는 이들이 바꾸기 쉬운 요인임을 쉽게 알아챌 수 있기 위함이다). ***E*** $=$ ***ABCD***가 되는 설계 제너레이터를 선택할 것이다. 실험의 전체적인 그림은 8개의 전체 플롯(요인 *A*, *B*, *C*를 2요인으로 했을 때 나오는 8개 조합)이다. 각 전체 플롯은 두 개의 서브플롯으로 나뉘고, ***D***, ***E*** 요인의 조합을, 나뉜 플롯에서 각각 테스트한다(정확한 처리조합은 제너레이터를 통한 전체 플롯 요인 처리조합의 부호에 달렸다).

모든 3, 4, 5요인 교호작용이 무시 가능하다고 하자. 만약 이 가정이 합당하면, 전체 플롯 요인 *A*, *B*, *C*와 이들의 2요인 교호작용은 전체 플롯에서 추정할 수 있다. 만약 설계가 반복되면, 이 효과들은 전체 플롯 오차에 대해 검정될 것이다. 또는 만약 설계가 반복되지 않으면, 이 효과들은 정규확률그림(혹은 Lenth의 방법)으로 평가될 것이다. 서브플롯 요인 ***D***와 ***E***, 2요인 교호작용 ***DE***도 추정할 수 있다. 하지만 ***DE*** $=$ *ABC*이기 때문에, ***DE*** 교호작용은 전체 플롯항으로 다뤄져야 한다. ***AD***, ***AE***, ***BD***, ***BE***, ***CD***, ***CE***, 총 6개의 전체 플롯과 서브플롯 요인의 2요인 교호작용들도 추정할 수 있다. 일반적으로 전체 플롯 주효과나 교호작용과 가명관계에 있고, 전체 플롯 요인을 포함하는 분할된 주효과 혹은 교호작용은 전체 플롯 오차에 대해 검정한다. 게다가 전체 플롯 요인들만 가지고 있는 전체 플롯 주효과나 교호작용과 가명관계가 없는 분할된 요인 적어도 하나를 가진 분할된 주효과나 교호작용은 분할오차(split-plot error)에 대해 검정한다. Bisgaard(2000)에서 더 상세한 논의를 확인할 수 있다. 그러므로 예제에서는 모든 효과 ***D***, ***E***, ***AD***, ***AE***, ***BD***, ***BE***, ***CD***, ***CE***가 분할오차와 비교되는 것이다. 또는 정규확률그림으로 평가될 수 있다.

최근에 분할설계와 관련한 부분요인설계와 반응표면 실험에 대한 7개의 논문이 발표되었다. 이 논문들은 Vining, Kowalski and Montgomery(2005), Vinning and Kowalski(2008), Macharia and Goos(2010), Bisgaard(2000), Bingham and Sitter(1999), Huang, Chen and Voelkel(1999), Almimi,Kulahci, and Montgomery(2008a, b, 2009)이다. 소개한 논문들을 읽어보길 바란다.

예제 11.3

단일 와이퍼 플라즈마 에칭의 항상성에 영향을 주는 요인들을 조사하려 한다. 에칭 도구의 3개의 요인, 즉 $A=$전극 간격, $B=$기체 흐름, $C=$압력은 시행마다 바꾸기 상대적으로 어렵다. 이에 반해 $D=$시간, ***E*** $=$ RF(무선 주파수) 전원이란 2개의 다른 요인은 시행마다 바꾸기 쉽다. 실험자는 이 5개의 요인을 조사하기 위해 부분요인실험을 하려 하는데, 그 이유는 사용할 수 있는 테스트용 와이퍼가 제한적이기 때문이다. 바꾸기 어려운 요소들은 분할설계를 고려해야 한다는 지표가 된다. 실험자는 위에서 논의한 방법을 사용하려고 한다. *A*, *B*, *C*를 전체 플롯으로 하고 ***D***, ***E***를 서브플롯으로 하는 2^{5-1} 실험이다.

설계 제너레이터는 ***E*** $=$ ***ABCD***이다. 이러면 총 8개의 전체 플롯을 가지는 16 시행의 부분요인실험을 하면 된다. 각 전체 플롯은 요인 *A*, *B*, *C*를 가지고 완전한 2^3 요인설계의 8개의 처리조합 중 하나를 가진다. 각 전체 플

표 11.22 플라즈마 에칭 도구의 2^{5-1} 분할설계

전체 플롯	전체 플롯 요인			서브플롯 요인		
	A	*B*	*C*	*D*	*E*	항상성
1	−	−	−	−	+	40.85
	−	−	−	+	−	41.07
2	+	−	−	−	−	35.67
	+	−	−	+	+	51.15
3	−	+	−	−	−	41.80
	−	+	−	+	+	37.01
4	+	+	−	−	+	91.09
	+	+	−	+	−	48.67
5	−	−	+	−	−	40.32
	−	−	+	+	+	43.34
6	+	−	+	−	+	62.46
	+	−	+	+	−	38.08
7	−	+	+	−	+	31.99
	−	+	+	+	−	41.03
8	+	+	+	−	−	70.31
	+	+	+	+	+	81.03

롯은 2개의 서브플롯으로 나뉘고, 각 서브플롯당 ***D***, ***E*** 요인의 처리조합 중 하나가 할당된다. 이 설계와 결과 항상성 자료가 표 11.22에 나와 있다. 8개의 전체 플롯은 랜덤한 순서로 시행되었지만, *A*, *B*, *C* 요인의 수준이 에칭 도구에 한 번 세팅되면, 그때 2번의 서브플롯을 시행하였다(물론 서브플롯 시행 순서는 랜덤하다.).

실험의 통계분석은 전체 플롯과 서브플롯을 별도로 유지하는 것을 포함한다. 2차 이상의 모든 교호작용을 무시할 수 있다고 가정할 것이다. 표 11.23은 전체 플롯과 서브플롯 항으로 나뉜 효과추정치의 목록이다. 게다가 효과를 추정할 때 필요한 자유도를 써서 전체 플롯이나 서브플롯 에러 중 하나를 추정하지 못하였다. 그러므로 정규확률그림으로 이 효과들을 평가해야 한다. 그림 11.8a는 전체 플롯 요인에 대한 효과추정치의 반정규그림이다. 요인 *A*, *B*와 *AB* 교호작용이 큰 효과를 가짐을 확인할 수 있다. 그림 11.8b는 서브플롯 효과 ***D***, ***E***와 이를 포함한 교호작용, ***DE***, ***AD***, ***AE***, ***BD***, ***BE***, ***CD***의 반정규그림이다. 여기서 주효과 ***E***와 ***AE*** 교호작용만 효과가 크다.

그림 11.9a와 11.9b는 2요인 교호작용 *AB*와 *AE*를 교차하여 그린 그림이다. 실험자의 목적은 반응 항상성을 줄이는 것이므로, 그림 11.9a는 요인 *A* = 전극 간격의 어떤 수준도 *B* = 기체 흐름이 저수준이면 효과적일 것이라는 것을 나타낸다.

그러나 만약 *B*가 고수준이면 *A*는 낮은 항상성을 얻기 위해 저수준에서 가동되어야 한다. 그림 11.9b는 ***E*** = RF 전원을 저수준으로 조절하는 것이 항상성을 낮추는 데 효과적일 것이고, 특히 *A*가 고수준일 때 더욱 그

표 11.23 플라즈마 에칭 실험의 효과를 전체 플롯과 서브플롯으로 나눴을 때

용어	모수추정치	용어의 유형
상수	49.73875	
전극 간격(***A***)	10.0625	전체 플롯
기체 흐름 (***B***)	5.6275	전체 플롯
압력 (***C***)	1.325	전체 플롯
시간 (***D***)	−2.0725	서브블롯
RF 전원 (***E***)	5.12625	서브플롯
AB	7.34625	전체 플롯
AC	1.83125	전체 플롯
AD	−3.00875	서브플롯
AE	6.505	서브플롯
BC	−0.60125	전체 플롯
BD	−1.35875	서브플롯
BE	−0.2125	서브플롯
CD	1.86625	서브플롯
CE	−1.485	서브플롯
DE	0.34	전체 플롯

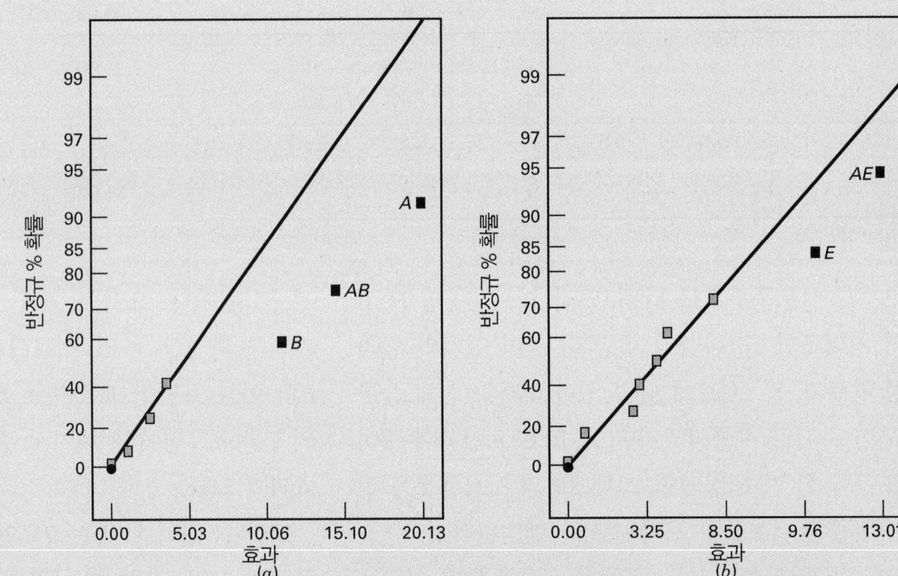

그림 11.8
예제 11.3의 2^{5-1} 분할설계의 효과들의 반정규그림 (a) 전체 플롯 효과 (b) 서브플롯 효과

렇다는 것을 나타낸다. 그러나 만약 ***E***가 고수준이면 *A*는 저수준이어야 한다. 그러므로 이 선별실험의 결과는 원래의 5개의 요인 중 3개가 에칭 항상성에 유의미하게 영향을 준다는 것으로 해석할 수 있다. 게다가 *A*가 고수준, *B*가 저수준, *E*가 저수준 혹은 *A*가 저수준, *B*가 고수준, ***E***가 고수준의 조합이 반응값 항상성을 낮출 것이다.

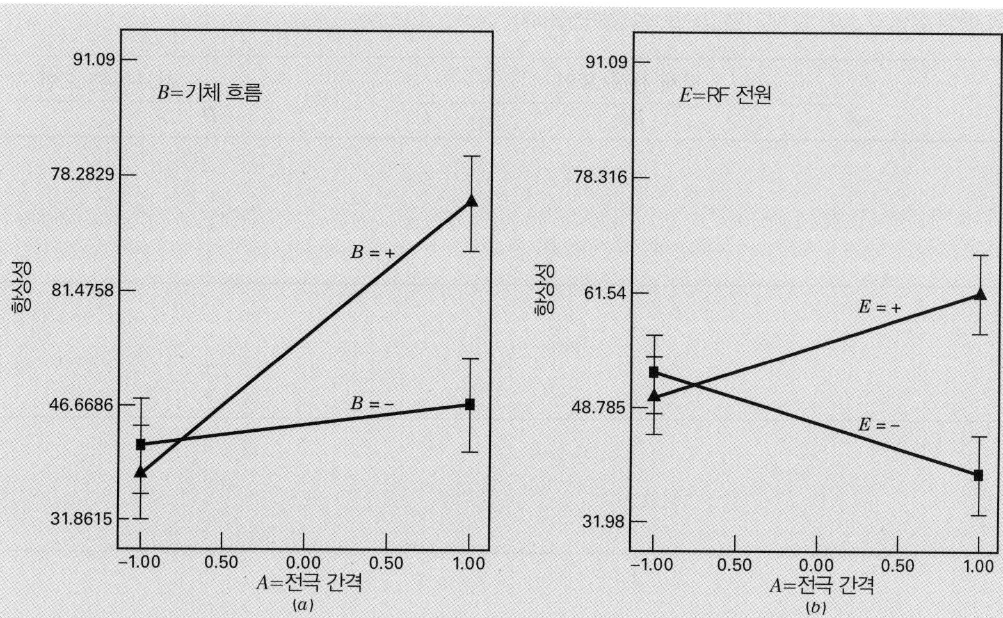

그림 11.9
예제 11.3의 2^{5-1} 분할 설계 2요인 교호작용 그림
(a) *AB* 교호작용 (b) *AE* 교호작용

예제 11.3의 설계는 JMP를 통해 *D*-최적설계로 구성될 수 있다. 이때 *A*, *B*, *C*를 바꾸기 어려운 요소로, ***D***, ***E***를 바꾸기 쉬운 요소로 설정하고 8개의 전체 플롯과 16번의 시행을 하겠다고 설정해야 한다. JMP가 추천하는 기본값 설계는 8개의 전체 플롯과 각 전체 플롯 당 4번의 서브플롯을 갖는 32시행이다. 이 설계는 완전요인설계이고 추가로 시행이 들어가므로, 전체 플롯과 서브플롯 오차항을 추정할 수 있다. 이 기본값 설계는 표 11.24에 나타나 있다. 두 설계 모두 정확히 바꾸기 어려운 요소들의 변하는 조합 개수인 8개의 전체 플롯을 요구한다. 그래서 실제로는 두 설계를 시행하는 데 필요한 자원에는 실질적으로 거의 차이가 없다.

11.5.2 다중분할법 설계

분할설계의 개념은 랜덤화 제약이 실험 내 임의 수의 수준에서 일어났을 때로 확장할 수 있다. 만약 랜덤화 제약이 2수준에서 일어났다면, 이런 상황을 **다중분할법 설계**(split-split-plot design)라고 한다. 다음의 예제에서 이 설계를 설명하겠다.

최적설계방법은 다중분할법 설계를 구성하는 중요하고 유용한 도구다. 좌표 교환 알고리즘을 사용하는 최적설계방법은 매우 효율적인데, JMP에서 할 수 있다. 대안으로 정수 프로그램을 사용하는 방법도 있는데 이는 Capehart et al.(2011)가 개발하였다.

표 11.24 플라즈마 에칭 실험의 JMP 설계(기본값으로 설정하였을 때)

	전체 플롯 요인			서브플롯 요인	
전체 플롯	*A*	*B*	*C*	*D*	*E*
1	−	−	−	−	−
				−	+
				+	−
				+	+
2	−	−	+	−	−
				−	+
				+	−
				+	+
3	−	+	−	−	−
				−	+
				+	−
				+	+
4	−	+	+	−	−
				−	+
				+	−
				+	+
5	+	−	−	−	−
				−	+
				+	−
				+	+
6	+	−	+	−	−
				−	+
				+	−
				+	+
7	+	+	−	−	−
				−	+
				+	−
				+	+
8	+	+	+	−	−
				−	+
				+	−
				+	+

예제 11.4

한 연구원이 특정 유형의 항생제 캡슐의 흡수 시간을 연구하고 있다. 3명의 기술자, 3개의 복용 강도, 4개의 캡슐 벽 두께가 연구원이 관심 있는 요인들이다. 요인실험의 각 반복은 36개의 관측치를 필요로 한다. 실험자는 4번 반복하기로 하였고, 그러려면 각 반복을 다른 날에 실험해야 한다. 이때 날(days)이 블록으로 고려됨을 유의해야 한다.

한 반복(혹은 block day) 안에, 실험은 세 가지 복용 강도와 네 가지 캡슐 벽 두께에 대한 실험을 수행하는 기술자에게 항생제의 단위를 할당함으로써 수행된다. 특정 용량이 설정되면, 해당 용량(복용 강도)에 대해 4개의 캡슐 벽을 모두 테스트한다. 그다음 다른 복용 강도가 선택되면 4개의 모든 캡슐 벽을 테스트한다. 끝으로 마지막 복용 강도와 4개의 캡슐 벽을 테스트한다. 한

편 다른 두 명의 다른 실험실 기술자들도 각각 항생제 단위에서 시작하여 이렇게 실험을 진행한다.

각 반복(혹은 블록) 안에 두 개의 랜덤화 제한이 있음을 확인할 수 있다. 기술자와 복용 강도이다. 전체 플롯은 기술자에 대응한다. 각 기술자가 항생제 단위에 할당되는 순서는 랜덤으로 정해진다. 복용 강도는 세 개의 서브플롯이 된다. 복용 강도는 서브플롯에 랜덤하게 할당될 수 있다. 마지막으로 각 복용 강도 안에 네 개의 캡슐 벽 두께가 랜덤한 순서로 검정되고, 4개의 서브-서브플롯이 된다. 이 벽 두께를 보통 서브-서브치료(sub-subtreatment)라고 부른다. 이 실험에 2개의 랜덤화 제약이 있으므로, 이 설계는 다중분할법이라고 불린다. 그림 11.10은 랜덤화 제약과 이 설계의 실험 개요를 나타낸다.

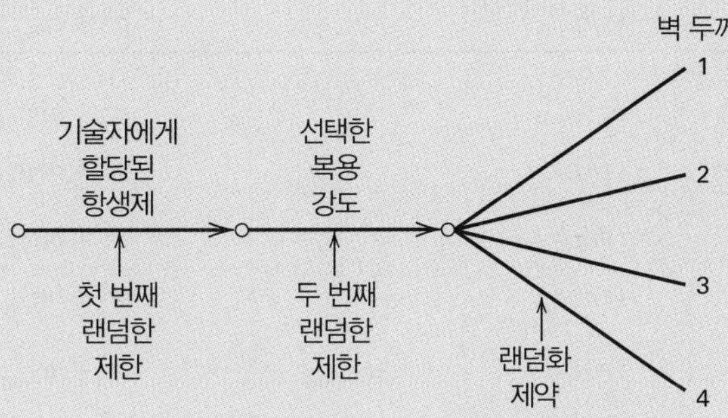

블록	복용 강도	기술자 1: 1	2	3	기술자 2: 1	2	3	기술자 3: 1	2	3
1	벽 두께	1 2 3 4	1 2 3 4	1 2 3 4	1 2 3 4	1 2 3 4	1 2 3 4	1 2 3 4	1 2 3 4	1 2 3 4
2	벽 두께	1 2 3 4	1 2 3 4	1 2 3 4	1 2 3 4	1 2 3 4	1 2 3 4	1 2 3 4	1 2 3 4	1 2 3 4
3	벽 두께	1 2 3 4	1 2 3 4	1 2 3 4	1 2 3 4	1 2 3 4	1 2 3 4	1 2 3 4	1 2 3 4	1 2 3 4
4	벽 두께	1 2 3 4	1 2 3 4	1 2 3 4	1 2 3 4	1 2 3 4	1 2 3 4	1 2 3 4	1 2 3 4	1 2 3 4

그림 11.10
다중분할법 설계

이 다중분할설계의 선형통계모형은 다음과 같다.

$$\begin{aligned} y_{ijkh} = \mu &+ \tau_i + \beta_j + (\tau\beta)_{ij} + \gamma_k + (\tau\gamma)_{ik} + (\beta\gamma)_{jk} + (\tau\beta\gamma)_{ijk} \\ &+ \delta_h + (\tau\delta)_{ih} + (\beta\delta)_{jh} \\ &+ (\tau\beta\delta)_{ijh} + (\gamma\delta)_{kh} + (\tau\gamma\delta)_{ikh} + (\beta\gamma\delta)_{jkh} \\ &+ (\tau\beta\gamma\delta)_{ijkh} + \epsilon_{ijkh} \begin{cases} i = 1, 2, \dots, r \\ j = 1, 2, \dots, a \\ k = 1, 2, \dots, b \\ h = 1, 2, \dots, c \end{cases} \end{aligned} \quad (11.20)$$

표 11.25 다중분할법 설계의 기대평균제곱

	용어	기대평균제곱
	τ_i	$\sigma^2 + abc\sigma_\tau^2$
전체 플롯	β_j	$\sigma^2 + bc\sigma_{\tau\beta}^2 + \dfrac{rbc\sum \beta_j^2}{(a-1)}$
	$(\tau\beta)_{ij}$	$\sigma^2 + bc\sigma_{\tau\beta}^2$
	γ_k	$\sigma^2 + ac\sigma_{\tau\gamma}^2 + \dfrac{rac\sum \gamma_k^2}{(b-1)}$
서브플롯	$(\tau\gamma)_{ik}$	$\sigma^2 + ac\sigma_{\tau\gamma}^2$
	$(\beta\gamma)_{jk}$	$\sigma^2 + c\sigma_{\tau\beta\gamma}^2 + \dfrac{rc\sum\sum(\beta\gamma)_{jh}^2}{(a-1)(b-1)}$
	$(\tau\beta\gamma)_{ijk}$	$\sigma^2 + c\sigma_{\tau\beta\gamma}^2$
	δ_h	$\sigma^2 + ab\sigma_{\tau\delta}^2 + \dfrac{rab\sum \delta_k^2}{(c-1)}$
	$(\tau\delta)_{ih}$	$\sigma^2 + ab\sigma_{\tau\delta}^2$
	$(\beta\delta)_{jh}$	$\sigma^2 + b\sigma_{\tau\beta\delta}^2 + \dfrac{rb\sum\sum(\beta\delta)_{jh}^2}{(a-1)(c-1)}$
	$(\tau\beta\delta)_{ijh}$	$\sigma^2 + b\sigma_{\tau\beta\delta}^2$
서브-서브플롯	$(\gamma\delta)_{kh}$	$\sigma^2 + a\sigma_{\tau\gamma\delta}^2 + \dfrac{ra\sum\sum(\gamma\delta)_{kh}^2}{(b-1)(c-1)}$
	$(\tau\gamma\delta)_{ikh}$	$\sigma^2 + a\sigma_{\tau\gamma\delta}^2$
	$(\beta\gamma\delta)_{jkh}$	$\sigma^2 + \sigma_{\tau\beta\gamma\delta}^2 + \dfrac{r\sum\sum\sum(\beta\gamma\delta)_{ijk}^2}{(a-1)(b-1)(c-1)}$
	$(\tau\beta\gamma\delta)_{ijkh}$	$\sigma^2 + \sigma_{\tau\beta\gamma\delta}^2$
	$\epsilon_{l(ijkh)}$	σ^2 (추정 불가)

이때 τ_i, β_j 그리고 $(\tau\beta)_{ij}$는 각각 전체 플롯과 대응하는 반복(혹은 블록), 주 처리(요인 A), 그리고 전체 플롯오차[반복(혹은 블록)$\times A$]를 나타낸다.

γ_k, $(\tau\gamma)_{ik}$, $(\beta\gamma)_{jk}$, $(\tau\beta\gamma)_{ijk}$은 서브플롯과 대응하는 서브플롯 치료(요인 B), 반복(혹은 블록)$\times B$ 그리고 AB 교호작용, 서브플롯 오차를 각각 나타낸다. 그리고 δ_h는 서브-서브플롯에 대응하는 남아있는 모수와, 각각 서브-서브처리(요인 C), 남은 교호작용을 나타낸다. 4요인 교호작용 $(\tau\beta\gamma\delta)_{ijkh}$은 서브-서브플롯 오차라고 부른다.

표 11.25에 기대평균제곱이 나와 있다. 이때 반복(블록)은 랜덤효과라고, 다른 설계요인은 고정효과라고 가정하였다. 주치료, 서브치료, 서브-서브치료와 그들의 교호작용은 이 표를 보면 확실히 알 수 있다. 반복이나 블록 혹은 반복이나 블록을 포함한 교호작용에 대한 검정은 존재하지 않음을 확인할 수 있다.

다중분할법의 통계분석은 4요인 요인설계의 단일 반복에 대한 분석과 비슷하다. 각 검정의 자유도는 보통의 방법으로 구한다. 예를 들어 예제 11.4에서 4개의 반복과 3명의 기술자, 3개의 복용 강도, 4개의 벽두께를 가지고 있었는데, 기술자를 검정하는 데 오직 $(r-1)(a-1)=(4-1)(3-1)=6$개의 전체 플롯 오차 자유도를 가지고 있었다. 이는 상대적으로 적은 자유도이고, 실험자는 검정의 정확성을 높이기 위해서 추가 반복을 고려할지도 모른다. 만약 a번 반복했다면 전체 플롯 오차에 대해 $2(r-1)$의 자유도를 가진다. 그러므로 5번 반복하면 2(5−1)=8의 오차 자유도이고, 6번 반복하면 2(6−1)=10의 오차 자유도를 가지고, 7번 반복하면 2(7−1)−12의 오차 자유도를 가지는 등이다. 결과적으로 반복 4번보다 적은 시행을 하지 않으려고 할 것이다. 왜냐면 이러면 자유도가 4밖에 되지 않을 것이기 때문이다. 각 추가 반복마다 오차에 대한 자유도 2를 얻는다. 만약 5번 반복할 수 있다면 검정의 정확성을 1/3만큼 올리게 된다(6에서 8로 자유도가 오르기 때문). 또한 5에서 6번으로 반복 수가 증가하면, 정확성에 25%가 추가된다. 만약 자원이 허락한다면 실험자는 5번이나 6번 반복할 것이다.

11.5.3 분할집구설계

분할집구설계(strip-split-plot)는 농경 과학에서는 대단히 많이 적용되었지만, 산업실험에서는 가끔 사용되었다. 가장 간단한 경우로 요인 두 개 A, B가 있다고 가정해 보자. 요인 A가 보통의 분할설계에서처럼 전체 플롯에 해당하고, 요인 B가 **스트립**(strip)에 해당하고(스트립은 다른 전체 플롯일 뿐이다) 요인 A의 원래의 전체 플롯에 직교한다고 하자. 그림 11.11이 요인 A, B 모두 3개의 수준을 가질 EO의 상황을 나타내고 있다. 요인 A의 수준이 전체 플롯에 중첩되어 있고(confounded), 요인 B의 수준이 스트립에 중첩되어 있음에 유의해야 된다[**두 번째**(second) 전체 플롯이라고 생각할 수 있다].

그림 11.11의 분할집구설계의 모형이, r번 반복하고 요인 A에는 a개의 수준이 요인 B에는 b개의 수준이 있다고 가정해 보자. 이는 다음과 같다.

$$y_{ijk} = \mu + \tau_i + \beta_j + (\tau\beta)_{ij} + \gamma_k + (\tau\gamma)_{ik} + (\beta\gamma)_{jk} + \epsilon_{ijk} \qquad \begin{cases} i = 1, 2, \ldots, r \\ j = 1, 2, \ldots, a \\ k = 1, 2, \ldots, b \end{cases}$$

여기서 $(\tau\beta)_{ij}$ 그리고 $(\tau\gamma)_{ik}$는 요인 A, B에 대한 전체 플롯 오차이고, ϵ_{ijk}는 AB 교호작용 검정에 쓰이는 "서브플롯" 오차이다. 표 11.26는 A, B를 고정요인으로 가정하고 반복을 랜덤으로 가정한 분산분석의 약식 분석을 보여준다. 반복은 때로 블록이라고 부른다.

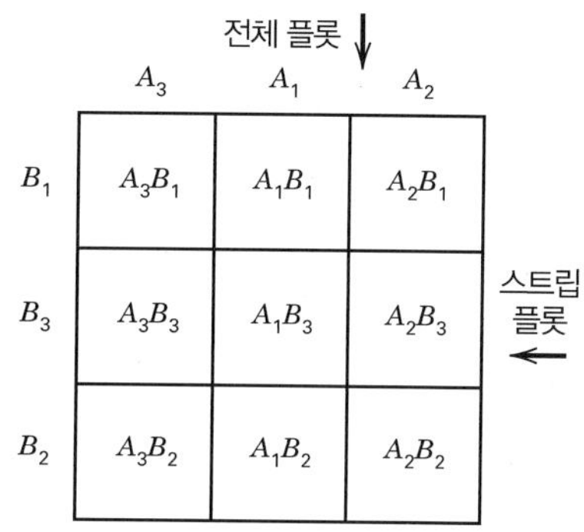

그림 11.11
분할집구설계의 반복 하나 (블록)

표 11.26 분할집구설계 약식 분산분석

변동원인	제곱합	자유도	평균제곱
반복수 (블록수)	$SS_{\text{Replicates}}$	$r-1$	$\sigma_\epsilon^2 + ab\sigma_\tau^2$
A	SS_A	$a-1$	$\sigma_\epsilon^2 + b\sigma_{\tau\beta}^2 + \frac{rb\sum\beta_j^2}{a-1}$
전체 플롯 오차$_A$	SS_{WP_A}	$(r-1)(a-1)$	$\sigma_\epsilon^2 + b\sigma_{\tau\beta}^2$
B	SS_B	$b-1$	$\sigma_\epsilon^2 + a\sigma_{\tau\gamma}^2 + \frac{ra\sum\gamma_k^2}{b-1}$
전체 플롯 오차$_B$	SS_{WP_B}	$(r-1)(b-1)$	$\sigma_\epsilon^2 + a\sigma_{\tau\gamma}^2$
AB	SS_{AB}	$(a-1)(b-1)$	$\sigma_\epsilon^2 + \frac{r\sum\sum(\tau\beta)_{jk}^2}{(a-1)(b-1)}$
서브플롯 오차	SS_{SP}	$(r-1)(a-1)(b-1)$	σ_ϵ^2
합계	SS_T	$rab-1$	

11.6 연습문제

11.1 로켓 추진제 제조업자는 3개의 제조 공정에서의 추진제 연소율을 연구 중이다. 각 공정의 입출력에서 추진제 배치 4개가 임의로 선택되었고, 각 배치마다 3개의 다른 연소율을 실험하였다. 결과는 아래에 나타나 있다. 다음의 자료를 분석하고 결론을 도출하라.

	공정 1				공정 2				공정 3			
배치	1	2	3	4	1	2	3	4	1	2	3	4
	25	19	15	15	19	23	18	35	14	35	38	25
	30	28	17	16	17	24	21	27	15	21	54	29
	26	20	14	13	14	21	17	25	20	24	50	33

11.2 한 제조 엔지니어가 세 대의 기계에서 생산된 특정 구성 요소의 치수 변동성을 연구 중이다. 각 기계에는 2개의 스핀들이 있고, 4개의 부품을 각 스핀들에서 임의로 선택한다. 결과는 아래에 나타나 있다. 기계와 스핀들이 고정 요인이라고 가정하고 아래의 자료를 분석하라.

	기계 1		기계 2		기계 3	
스핀	1	2	1	2	1	2
	12	8	14	12	14	16
	9	9	15	10	10	15
	11	10	13	11	12	15
	12	8	14	13	11	14

11.3 생산 일정을 단순화하기 위해, 산업 엔지니어가 작업 간의 차이가 무시할만한 수준이라고 믿고 특정 직종에 1회 기준을 할당할 가능성을 연구하고 있다. 이러한 단순화가 가능한지 확인하기 위해 6개의 작업을 임의로 선택하였다. 각 작업은 세 명의 운영자로 구성된 서로 다른 그룹에 할당되었다. 각 운영자는 주중에 서로 다른 시간에 작업을 두 번 완수하고, 다음의 결과를 얻었다. 이 수업의 모든 작업에 공통 시간 기준을 사용하는 것에 대해 어떤 결론을 내리겠는가? 표준에 어떤 값을 사용할 것인가?

직업	운영자 1		운영자 2		운영자 3	
1	158.3	159.4	159.2	159.6	158.9	157.8
2	154.6	154.9	157.7	156.8	154.8	156.3
3	162.5	162.6	161.0	158.9	160.5	159.5
4	160.0	158.7	157.5	158.9	161.1	158.5
5	156.3	158.1	158.3	156.9	157.7	156.9
6	163.7	161.0	162.3	160.3	162.6	161.8

11.4 합금 경도를 조사하기 위해 그림 11.5에 표시된 3단계 지분설계(nested design)를 고려해 보자. 합금 화학 및 가열이 고정요인이고, 입자가 랜덤하다 가정하여 다음 자료를 분석하라. 혼합모형의 제한된 형식을 사용하라.

	합금 화학 1					
가열	1		2		3	
주괴	1	2	1	2	1	2
	40	27	95	69	65	78
	63	30	67	47	54	45
	합금 화학 2					
가열	1		2		3	
주괴	1	2	1	2	1	2
	22	23	83	75	61	35
	10	39	62	64	77	42

11.5 연습문제 11.4의 실험을 혼합모형의 제한되지 않은 형식으로 재분석해 보자. 제한된 모형 결과와 제한되지 않은 모형 결과 간의 차이를 설명하라. 컴퓨터 소프트웨어 패키지를 사용해도 된다.

11.6 A가 고정되어 있고 B와 C가 랜덤하다 가정하고 균형된 3단계 지분설계에 대한 기대평균제곱을 구하라. 분산성분을 추정하기 위한 공식을 얻어라. 혼합모형의 제한된 형태를 가정하라.

11.7 세 요인이 모두 랜덤한 경우 균형된 3단계 지분설계에 대한 기대평균제곱을 구하라. 분산성분을 추정하기 위한 공식을 얻어라.

11.8 표 11.1의 기대평균제곱을 확인하라.

11.9 **불균형 지분설계.** 불균형 2단계 지분설계를 고려해 보자. A의 i번째 수준에 B요인의 b_j 수준이 중첩되었다(nested)고 하자. 그리고 ij번째 셀에는 n_{ij}개의 반복이 있다.

요인 A	1		2		
요인 B	1	2	1	2	3
	6	−3	5	2	1
	4	1	7	4	0
	8		9	3	−3
			6		

(a) 이 상황에 대한 최소제곱 정규방정식을 적어라. 해당 정규방정식을 풀어라.

(b) 불균형 2단계 지분설계에 대한 분산분석표를 작성하라.

(c) (b)의 결과를 사용해서 자료를 분석하라.

11.10 한 공정 엔지니어가 세 대의 기계로 제조된 제품의 수율을 테스트한다. 각 기계는 두 가지 전원 설정으로 작동한다. 게다가 기계는 제품이 형성되는 세 개의 스테이션을 가지고 있다. 각 기계가 두 전원 설정 모두에서 실험하고 각 스테이션에서 수율에 대한 세 개의 관측치를 추출하는 실험을 수행하였다. 시행은 랜덤 순서로 이루어지며, 결과는 표 P 11.1에 나와 있다. 세 가지 요인이 모두 고정되었다고 가정하고 자료를 분석하라.

11.11 연습문제 11.10 상황에서, 전원 설정을 더 다양하게 할 수 있고 실험에 선택된 두 설정은 랜덤하게 선택되었다고 해보자. 혼합모형의 제한된 형식을 가정하여 상황에 대한

표 P 11.1 수율 실험

	기계 1			기계 2		
스테이션	1	2	3	1	2	3
전원 설정 1	34.1	33.7	36.2	31.1	33.1	32.8
	30.3	34.9	36.8	33.5	34.7	35.1
	31.6	35.0	37.1	34.0	33.9	34.3
전원 설정 2	24.3	28.1	25.7	24.1	24.1	26.0
	26.3	29.3	26.1	25.0	25.1	27.1
	27.1	28.6	24.9	26.3	27.9	23.9

	기계 3		
스테이션	1	2	3
전원 설정 1	32.9	33.8	33.6
	33.0	33.4	32.8
	33.1	32.8	31.7
전원 설정 2	24.2	23.2	24.7
	26.1	27.4	22.0
	25.3	28.0	24.8

기대평균제곱을 얻고 이전 분석을 적절하게 수정하라.

11.12 혼합모형의 제한되지 않은 형식을 가정해서 연습문제 11.11의 실험을 재분석해 보자. 컴퓨터 소프트웨어 패키지를 사용해도 된다. 제한된 모형 분석과 제한되지 않은 모형 분석 및 결론 간의 차이점을 설명하라.

11.13 한 구조 엔지니어가 세 공급업체로부터 구입한 알루미늄 합금의 강도를 연구 중이다. 각 공급업체는 1.0, 1.5, 2.0인치의 표준 크기의 bar 합금을 제공한다. 공통 주괴(ingot)의 다른 크기의 바 스톡(bar stock) 처리는 서로 다른 단조 기법을 사용하므로, 이 요인은 매우 중요할 수 있다. 게다가, 바 스톡(bar stock)은 다른 열의 주괴에서 단조된다. 각 제조업체는 3개의 열에서 각 사이즈의 바스톡 2개를 실험 표본으로 제공하였다. 결과 강도 데이터는 표 P 11.2에 나와 있다. 공급업체와 막대 크기가 고정되어 있고 열이 랜덤하다고 가정하여 데이터를 분석하라. 혼합모형의 제한된 형식을 가정하라.

11.14 혼합모형의 제한되지 않은 형식을 사용하여 연습문제 11.13을 다시 풀어보자. 컴퓨터 소프트웨어 패키지를 사용해도 된다. 제한된 모형 분석과 제한되지 않은 모형 분석 및 결론 차이를 설명하라.

11.15 강철은 임계 온도 이상으로 가열한 다음 담갔다가 공기 냉각을 통해 정규화된다. 공정은 강철의 강도를 높이고 곡물을 정제하며 구조를 균질화한다. 온도 및 열처리 시간이 정규화된 강철의 강도에 미치는 영향을 확인하고자 실험을 수행하였다. 온도 두 수준과 3번 반복으로 실험하였다. 실험은 오븐을 랜덤으로 선택된 온도로 가열하고 표본 3개를 넣어 시행되었다. 10분 후 한 표본을 꺼내면, 20분 후 두 번째 표본을 꺼내고, 30분 후 최종 표본을 꺼낸다. 그런 다음 온도 수준을 선택하고 같은 과정을 반복한다. 데이터를 수집하려면 4교대가 필요하다(아래 그림 참고). 두 요인이 모두 고정되어 있다고 가정하여 자료를 분석하고 결론을 도출하라.

표 P 11.2 강도 데이터

열	공급업체 1: 1	2	3	공급업체 2: 1	2	3
막대 크기						
1 in.	1.230	1.346	1.235	1.301	1.346	1.315
	1.259	1.400	1.206	1.263	1.392	1.320
$1\frac{1}{2}$ in.	1.316	1.329	1.250	1.274	1.384	1.346
	1.300	1.362	1.239	1.268	1.375	1.357
2 in.	1.287	1.346	1.273	1.247	1.362	1.336
	1.292	1.382	1.215	1.215	1.328	1.342

열	공급업체 3: 1	2	3
막대 크기			
1 in.	1.247	1.275	1.324
	1.296	1.268	1.315
$1\frac{1}{2}$ in.	1.273	1.260	1.392
	1.264	1.265	1.364
2 in.	1.301	1.280	1.319
	1.262	1.271	1.323

교대	시간(분)	온도 (°F): 1500	1600
	10	63	89
1	20	54	91
	30	61	62
	10	50	80
2	20	52	72
	30	59	69
	10	48	73
3	20	74	81
	30	71	69
	10	54	88
4	20	48	92
	30	59	64

11.16 페인트의 색소 분산(dispersion)을 실험을 통해 연구하려 한다. 특정 색소의 네 가지 합을 연구할 것이다. 특정 혼합물을 준비한 다음 세 가지 도포 방법(브러싱, 스프레이 및 롤링)을 통해 혼합물을 패널에 바르는 것으로 실험하였다. 측정된 반응변수는 색소의 반사율이다. 실험을 실행하려면 3일이 필요하며, 얻은 데이터는 다음과 같다. 혼합 및 바르는 방법이 고정되어 있다고 가정하여 자료를 분석하고 결론을 도출하라.

날짜	도포 방법	혼합: 1	2	3	4
	1	64.5	66.3	74.1	66.5
1	2	68.3	69.5	73.8	70.0
	3	70.3	73.1	78.0	72.3
	1	65.2	65.0	73.8	64.8
2	2	69.2	70.3	74.5	68.3
	3	71.2	72.8	79.1	71.5
	1	66.2	66.5	72.3	67.7
3	2	69.0	69.0	75.4	68.6
	3	70.8	74.2	80.1	72.4

표 P 11.3 흡수 시간 실험

반복수 (블록수)	투약 강도	기술자								
		1			2			3		
		1	2	3	1	2	3	1	2	3
	벽 두께									
	1	95	71	108	96	70	108	95	70	100
1	2	104	82	115	99	84	100	102	81	106
	3	101	85	117	95	83	105	105	84	113
	4	108	85	116	97	85	109	107	87	115
	1	95	78	110	100	72	104	92	69	101
2	2	106	84	109	101	79	102	100	76	104
	3	103	86	116	99	80	108	101	80	109
	4	109	84	110	112	86	109	108	86	113
	1	96	70	107	94	66	100	90	73	98
3	2	105	81	106	100	84	101	97	75	100
	3	106	88	112	104	87	109	100	82	104
	4	113	90	117	121	90	117	110	91	112
	1	90	68	109	98	68	106	98	72	101
4	2	100	84	112	102	81	103	102	78	105
	3	102	85	115	100	85	110	105	80	110
	4	114	88	118	118	85	116	110	95	120

11.17 혼합물이 랜덤하고 바르는 방법이 고정되어 있다고 가정하여 연습문제 11.16을 다시 풀어라.

11.18 그림 11.4에 설명된 분할구 설계를 고려해 보자. 실험이 설명된 대로 수행되고 표 P 11.3에 표시된 데이터를 얻었다고 가정하자. 자료를 분석하고 결론을 도출하라.

11.19 연습문제 11.18에서 정비사가 랜덤으로 선택되었다고 가정해 보자. 혼합모형의 제한된 형식으로 이 문제를 다시 풀어라.

11.20 연습문제 11.18에서 네 명의 기술자가 사용되었다고 가정하자. 모든 요인이 고정되어 있다고 가정하면, 정비사 간의 차이에 대한 테스트에서 적절한 자유도를 얻기 위해 몇 개의 블록을 실행해야 하는가?

11.21 예제 11.4에 설명된 실험을 고려해 보자. 이 실험을 (a) 분할구, (b) 분할구, (c) 랜덤화 블록의 요인설계 및 (d) 완전 랜덤화 요인설계로 실행할 경우 처리조합이 실행되는 순서가 어떻게 결정되는지 밝혀라.

11.22 *Quality Engineering*에 대한 논문("Quality Quandaries Two-Level Factorials Run as Split-Plot Experiments," Bisgaard et al., Vol. 8, No. 4, pp. 705–08, 1996)에 용지를 잉크에 더 취약하게 만드는 데 초점을 맞춘 플라즈마 공정의 2^5개 요인실험에 대한 설명이 있다. 4개의 요인($A-D$)을 시행하는 동안 변경하기 어려우므로 실험자들은 해당 요인의 저수준과 고수준에 의해 지정된 8개의 조건 집합에서 원자로를 설정하고 두 개의 종이 유형(E)을 함께 처리하였다. 종이표본의 원자로 내 위치(오른쪽 대 왼쪽)는 랜덤화되었다. 이렇게 하면 $A-D$를 전체 플롯 요인으로, 요인 E를 서브플롯 요인으로 하는 분할설계를 만들 수 있다. 이 실험의 데이터는 표 P 11.4에 나와 있다. 자료를 분석하고 결론을 도출하라.

11.23 지분설계에는 언제나 교호작용이 있다.

(a) 참

(b) 거짓

11.24 지분요인은 언제나 랜덤하다.

(a) 참

(b) 거짓

11.25 지분설계에 ANOVA와 REML 방법을 모두 사용할 수 있다.

(a) 참

(b) 거짓

11.26 주효과에 3개의 수준이 있고 지분요인은 5개의 수준이 있으면, 지분요인의 자유도는 4이다.

(a) 참

(b) 거짓

표 P 11.4 종이 만들기 실험

표준 주문	실행 번호	A=압력	B=압력	C=기체 흐름	D=기체 종류	E=종이 종류	y 접촉각
5	1	−1	−1	+1	Oxygen	$E1$	37.6
21	2	−1	−1	+1	Oxygen	$E2$	43.5
2	3	+1	−1	−1	Oxygen	$E1$	41.2
18	4	+1	−1	−1	Oxygen	$E2$	38.2
10	5	+1	−1	−1	SiCl4	$E1$	56.8
26	6	+1	−1	−1	SiCl4	$E2$	56.2
14	7	+1	−1	+1	SiCl4	$E1$	47.5
30	8	+1	−1	+1	SiCl4	$E2$	43.2
11	9	−1	+1	−1	SiCl4	$E1$	25.6
27	10	−1	+1	−1	SiCl4	$E2$	33.0
3	11	−1	+1	−1	Oxygen	$E1$	55.8
19	12	−1	+1	−1	Oxygen	$E2$	62.9
13	13	−1	−1	+1	SiCl4	$E1$	13.3
29	14	−1	−1	+1	SiCl4	$E2$	23.7
6	15	+1	−1	+1	Oxygen	$E1$	47.2
22	16	+1	−1	+1	Oxygen	$E2$	44.8
16	17	+1	+1	+1	SiCl4	$E1$	49.5
32	18	+1	+1	+1	SiCl4	$E2$	48.2
9	19	−1	−1	−1	SiCl4	$E1$	5.0
25	20	−1	−1	−1	SiCl4	$E2$	18.1
15	21	−1	+1	+1	SiCl4	$E1$	11.3
31	22	−1	+1	+1	SiCl4	$E2$	23.9
1	23	−1	−1	−1	Oxygen	$E1$	48.6
17	24	−1	−1	−1	Oxygen	$E2$	57.0
8	25	+1	+1	+1	Oxygen	$E1$	48.7
24	26	+1	+1	+1	Oxygen	$E2$	44.4
7	27	−1	+1	+1	Oxygen	$E1$	47.2
23	28	−1	+1	+1	Oxygen	$E2$	54.6
4	29	+1	+1	−1	Oxygen	$E1$	53.5
20	30	+1	+1	−1	Oxygen	$E2$	51.3
12	31	+1	+1	−1	SiCl4	$E1$	41.8
28	32	+1	+1	−1	SiCl4	$E2$	37.8

11.27 분할 플롯 설계에서, 전체 플롯 요인과 서브플롯 요인의 교호작용은 언제나 전체 플롯 오차에 대해 검정된다.
(a) 참
(b) 거짓

11.28 몇몇 실험 단위가 다른 실험단위보다 큰 경우에는 분할 플롯 설계를 고려하는 게 좋다.
(a) 참
(b) 거짓

11.29 분할 플롯 설계에서 서브플롯 오차는 대게 전체 플롯 오차보다 작다.
(a) 참
(b) 거짓

11.30 만약 분할 플롯으로 실험이 수행되었으나 요인설계로 분석되었다면, 계산된 오차추정치는 보통 서브플롯 요인을 검정하기에는 너무 크고, 잘못된 결론을 도출할 수 있다.
(a) 참
(b) 거짓

11.31 분할 플롯 디자인에서 전체 플롯 요인의 수준을 바꾸기가 더 쉽고 저렴하다.
(a) 참
(b) 거짓

11.32 적어도 하나의 지분 요인을 가진 실험에서
(a) 지분요인은 언제나 랜덤효과이다.
(b) 주요인은 언제나 고정효과이다.

(c) 해당 수준을 임의로 다시 넘버링하면 중요한 요인을 찾을 수 있다.
(d) 보기 (a-c)는 모두 틀렸다.
(e) 보기 (a-c)가 모두 맞다.

부록
Appendix

표 I. 누적표준정규분포표(계속)

$$\Phi(z) = \int_{-\infty}^{z} \frac{1}{\sqrt{2\pi}} e^{-u^2/2} du$$

z	**0.00**	**0.01**	**0.02**	**0.03**	**0.04**	z
0.0	0.50000	0.50399	0.50798	0.51197	0.51595	0.0
0.1	0.53983	0.54379	0.54776	0.55172	0.55567	0.1
0.2	0.57926	0.58317	0.58706	0.59095	0.59483	0.2
0.3	0.61791	0.62172	0.62551	0.62930	0.63307	0.3
0.4	0.65542	0.65910	0.66276	0.66640	0.67003	0.4
0.5	0.69146	0.69497	0.69847	0.70194	0.70540	0.5
0.6	0.72575	0.72907	0.73237	0.73565	0.73891	0.6
0.7	0.75803	0.76115	0.76424	0.76730	0.77035	0.7
0.8	0.78814	0.79103	0.79389	0.79673	0.79954	0.8
0.9	0.81594	0.81859	0.82121	0.82381	0.82639	0.9
1.0	0.84134	0.84375	0.84613	0.84849	0.85083	1.0
1.1	0.86433	0.86650	0.86864	0.87076	0.87285	1.1
1.2	0.88493	0.88686	0.88877	0.89065	0.89251	1.2
1.3	0.90320	0.90490	0.90658	0.90824	0.90988	1.3
1.4	0.91924	0.92073	0.92219	0.92364	0.92506	1.4
1.5	0.93319	0.93448	0.93574	0.93699	0.93822	1.5
1.6	0.94520	0.94630	0.94738	0.94845	0.94950	1.6
1.7	0.95543	0.95637	0.95728	0.95818	0.95907	1.7
1.8	0.96407	0.96485	0.96562	0.96637	0.96711	1.8
1.9	0.97128	0.97193	0.97257	0.97320	0.97381	1.9
2.0	0.97725	0.97778	0.97831	0.97882	0.97932	2.0
2.1	0.98214	0.98257	0.98300	0.98341	0.93882	2.1
2.2	0.98610	0.98645	0.98679	0.98713	0.98745	2.2
2.3	0.98928	0.98956	0.98983	0.99010	0.99036	2.3
2.4	0.99180	0.99202	0.99224	0.99245	0.99266	2.4
2.5	0.99379	0.99396	0.99413	0.99430	0.99446	2.5
2.6	0.99534	0.99547	0.99560	0.99573	0.99585	2.6
2.7	0.99653	0.99664	0.99674	0.99683	0.99693	2.7
2.8	0.99744	0.99752	0.99760	0.99767	0.99774	2.8
2.9	0.99813	0.99819	0.99825	0.99831	0.99836	2.9
3.0	0.99865	0.99869	0.99874	0.99878	0.99882	3.0
3.1	0.99903	0.99906	0.99910	0.99913	0.99916	3.1
3.2	0.99931	0.99934	0.99936	0.99938	0.99940	3.2
3.3	0.99952	0.99953	0.99955	0.99957	0.99958	3.3
3.4	0.99966	0.99968	0.99969	0.99970	0.99971	3.4
3.5	0.99977	0.99978	0.99978	0.99979	0.99980	3.5
3.6	0.99984	0.99985	0.99985	0.99986	0.99986	3.6
3.7	0.99989	0.99990	0.99990	0.99990	0.99991	3.7
3.8	0.99993	0.99993	0.99993	0.99994	0.99994	3.8
3.9	0.99995	0.99995	0.99996	0.99996	0.99996	3.9

Probability and Statistics in Engineering and Management Science, 3rd edition, by W. W. Hines and D. C. Montgomery, Wiley, New York, 1990의 허락하에 출판함.

표 I. 누적표준정규분포표

$$\Phi(z) = \int_{-\infty}^{z} \frac{1}{\sqrt{2\pi}} e^{-u^2/2} du$$

z	**0.05**	**0.06**	**0.07**	**0.08**	**0.09**	z
0.0	0.51994	0.52392	0.52790	0.53188	0.53586	0.0
0.1	0.55962	0.56356	0.56749	0.57142	0.57534	0.1
0.2	0.59871	0.60257	0.60642	0.61026	0.61409	0.2
0.3	0.63683	0.64058	0.64431	0.64803	0.65173	0.3
0.4	0.67364	0.67724	0.68082	0.68438	0.68793	0.4
0.5	0.70884	0.71226	0.71566	0.71904	0.72240	0.5
0.6	0.74215	0.74537	0.74857	0.75175	0.75490	0.6
0.7	0.77337	0.77637	0.77935	0.78230	0.78523	0.7
0.8	0.80234	0.80510	0.80785	0.81057	0.81327	0.8
0.9	0.82894	0.83147	0.83397	0.83646	0.83891	0.9
1.0	0.85314	0.85543	0.85769	0.85993	0.86214	1.0
1.1	0.87493	0.87697	0.87900	0.88100	0.88297	1.1
1.2	0.89435	0.89616	0.89796	0.89973	0.90147	1.2
1.3	0.91149	0.91308	0.91465	0.91621	0.91773	1.3
1.4	0.92647	0.92785	0.92922	0.93056	0.93189	1.4
1.5	0.93943	0.90462	0.94179	0.94295	0.94408	1.5
1.6	0.95053	0.95154	0.95254	0.95352	0.95448	1.6
1.7	0.95994	0.96080	0.96164	0.96246	0.96327	1.7
1.8	0.96784	0.96856	0.96926	0.96995	0.97062	1.8
1.9	0.97441	0.97500	0.97558	0.97615	0.97670	1.9
2.0	0.97982	0.98030	0.98077	0.98124	0.98169	2.0
2.1	0.98422	0.98461	0.98500	0.98537	0.98574	2.1
2.2	0.98778	0.98809	0.98840	0.98870	0.98899	2.2
2.3	0.99061	0.99086	0.99111	0.99134	0.99158	2.3
2.4	0.99286	0.99305	0.99324	0.99343	0.99361	2.4
2.5	0.99461	0.99477	0.99492	0.99506	0.99520	2.5
2.6	0.99598	0.99609	0.99621	0.99632	0.99643	2.6
2.7	0.99702	0.99711	0.99720	0.99728	0.99736	2.7
2.8	0.99781	0.99788	0.99795	0.99801	0.99807	2.8
2.9	0.99841	0.99846	0.99851	0.99856	0.99861	2.9
3.0	0.99886	0.99889	0.99893	0.99897	0.99900	3.0
3.1	0.99918	0.99921	0.99924	0.99926	0.99929	3.1
3.2	0.99942	0.99944	0.99946	0.99948	0.99950	3.2
3.3	0.99960	0.99961	0.99962	0.99964	0.99965	3.3
3.4	0.99972	0.99973	0.99974	0.99975	0.99976	3.4
3.5	0.99981	0.99981	0.99982	0.99983	0.99983	3.5
3.6	0.99987	0.99987	0.99988	0.99988	0.99989	3.6
3.7	0.99991	0.99992	0.99992	0.99992	0.99992	3.7
3.8	0.99994	0.99994	0.99995	0.99995	0.99995	3.8
3.9	0.99996	0.99996	0.99996	0.99997	0.99997	3.9

표 II. t 분포의 백분율점

ν \ α	**0.40**	**0.25**	**0.10**	**0.05**	**0.025**	**0.01**	**0.005**	**0.0025**	**0.001**	**0.0005**
1	0.325	1.000	3.078	6.314	12.706	31.821	63.657	127.32	318.31	636.62
2	0.289	0.816	1.886	2.920	4.303	6.965	9.925	14.089	23.326	31.598
3	0.277	0.765	1.638	2.353	3.182	4.541	5.841	7.453	10.213	12.924
4	0.271	0.741	1.533	2.132	2.776	3.747	4.604	5.598	7.173	8.610
5	0.267	0.727	1.476	2.015	2.571	3.365	4.032	4.773	5.893	6.869
6	0.265	0.727	1.440	1.943	2.447	3.143	3.707	4.317	5.208	5.959
7	0.263	0.711	1.415	1.895	2.365	2.998	3.499	4.019	4.785	5.408
8	0.262	0.706	1.397	1.860	2.306	2.896	3.355	3.833	4.501	5.041
9	0.261	0.703	1.383	1.833	2.262	2.821	3.250	3.690	4.297	4.781
10	0.260	0.700	1.372	1.812	2.228	2.764	3.169	3.581	4.144	4.587
11	0.260	0.697	1.363	1.796	2.201	2.718	3.106	3.497	4.025	4.437
12	0.259	0.695	1.356	1.782	2.179	2.681	3.055	3.428	3.930	4.318
13	0.259	0.694	1.350	1.771	2.160	2.650	3.012	3.372	3.852	4.221
14	0.258	0.692	1.345	1.761	2.145	2.624	2.977	3.326	3.787	4.140
15	0.258	0.691	1.341	1.753	2.131	2.602	2.947	3.286	3.733	4.073
16	0.258	0.690	1.337	1.746	2.120	2.583	2.921	3.252	3.686	4.015
17	0.257	0.689	1.333	1.740	2.110	2.567	2.898	3.222	3.646	3.965
18	0.257	0.688	1.330	1.734	2.101	2.552	2.878	3.197	3.610	3.922
19	0.257	0.688	1.328	1.729	2.093	2.539	2.861	3.174	3.579	3.883
20	0.257	0.687	1.325	1.725	2.086	2.528	2.845	3.153	3.552	3.850
21	0.257	0.686	1.323	1.721	2.080	2.518	2.831	3.135	3.527	3.819
22	0.256	0.686	1.321	1.717	2.074	2.508	2.819	3.119	3.505	3.792
23	0.256	0.685	1.319	1.714	2.069	2.500	2.807	3.104	3.485	3.767
24	0.256	0.685	1.318	1.711	2.064	2.492	2.797	3.091	3.467	3.745
25	0.256	0.684	1.316	1.708	2.060	2.485	2.787	3.078	3.450	3.725
26	0.256	0.684	1.315	1.706	2.056	2.479	2.779	3.067	3.435	3.707
27	0.256	0.684	1.314	1.703	2.052	2.473	2.771	3.057	3.421	3.690
28	0.256	0.683	1.313	1.701	2.048	2.467	2.763	3.047	3.408	3.674
29	0.256	0.683	1.311	1.699	2.045	2.462	2.756	3.038	3.396	3.659
30	0.256	0.683	1.310	1.697	2.042	2.457	2.750	3.030	3.385	3.646
40	0.255	0.681	1.303	1.684	2.021	2.423	2.704	2.971	3.307	3.551

ν = 자유도

표 III. χ^2 분포의 백분율점

ν \ α	**0.995**	**0.990**	**0.975**	**0.950**	**0.500**	**0.050**	**0.025**	**0.010**	**0.005**
1	0.00 +	0.00 +	0.00 +	0.00 +	0.45	3.84	5.02	6.63	7.88
2	0.01	0.02	0.05	0.10	1.39	5.99	7.38	9.21	10.60
3	0.07	0.11	0.22	0.35	2.37	7.81	9.35	11.34	12.84
4	0.21	0.30	0.48	0.71	3.36	9.49	11.14	13.28	14.86
5	0.41	0.55	0.83	1.15	4.35	11.07	12.38	15.09	16.75
6	0.68	0.87	1.24	1.64	5.35	12.59	14.45	16.81	18.55
7	0.99	1.24	1.69	2.17	6.35	14.07	16.01	18.48	20.28
8	1.34	1.65	2.18	2.73	7.34	15.51	17.53	20.09	21.96
9	1.73	2.09	2.70	3.33	8.34	16.92	19.02	21.67	23.59
10	2.16	2.56	3.25	3.94	9.34	18.31	20.48	23.21	25.19
11	2.60	3.05	3.82	4.57	10.34	19.68	21.92	24.72	26.76
12	3.07	3.57	4.40	5.23	11.34	21.03	23.34	26.22	28.30
13	3.57	4.11	5.01	5.89	12.34	22.36	24.74	27.69	29.82
14	4.07	4.66	5.63	6.57	13.34	23.68	26.12	29.14	31.32
15	4.60	5.23	6.27	7.26	14.34	25.00	27.49	30.58	32.80
16	5.14	5.81	6.91	7.96	15.34	26.30	28.85	32.00	34.27
17	5.70	6.41	7.56	8.67	16.34	27.59	30.19	33.41	35.72
18	6.26	7.01	8.23	9.39	17.34	28.87	31.53	34.81	37.16
19	6.84	7.63	8.91	10.12	18.34	30.14	32.85	36.19	38.58
20	7.43	8.26	9.59	10.85	19.34	31.41	34.17	37.57	40.00
25	10.52	11.52	13.12	14.61	24.34	37.65	40.65	44.31	46.93
30	13.79	14.95	16.79	18.49	29.34	43.77	46.98	50.89	53.67
40	20.71	22.16	24.43	26.51	39.34	55.76	59.34	63.69	66.77
50	27.99	29.71	32.36	34.76	49.33	67.50	71.42	76.15	79.49

ν =자유도

표 IV. F 분포의 백분율점(계속)

$F_{0.25,\nu_1,\nu_2}$

분모의 자유도(ν_2) \ 분자의 자유도(ν_1)	1	2	3	4	5	6	7	8	9	10	12	15	20	24	30	40	60
1	5.83	7.50	8.20	8.58	8.82	8.98	9.10	9.19	9.26	9.32	9.41	9.49	9.58	9.63	9.67	9.71	9.76
2	2.57	3.00	3.15	3.23	3.28	3.31	3.34	3.35	3.37	3.38	3.39	3.41	3.43	3.43	3.44	3.45	3.46
3	2.02	2.28	2.36	2.39	2.41	2.42	2.43	2.44	2.44	2.44	2.45	2.46	2.46	2.46	2.47	2.47	2.47
4	1.81	2.00	2.05	2.06	2.07	2.08	2.08	2.08	2.08	2.08	2.08	2.08	2.08	2.08	2.08	2.08	2.08
5	1.69	1.85	1.88	1.89	1.89	1.89	1.89	1.89	1.89	1.89	1.89	1.89	1.88	1.88	1.88	1.88	1.87
6	1.62	1.76	1.78	1.79	1.79	1.78	1.78	1.78	1.77	1.77	1.77	1.76	1.76	1.75	1.75	1.75	1.74
7	1.57	1.70	1.72	1.72	1.71	1.71	1.70	1.70	1.70	1.69	1.68	1.68	1.67	1.67	1.66	1.66	1.65
8	1.54	1.66	1.67	1.66	1.66	1.65	1.64	1.64	1.63	1.63	1.62	1.62	1.61	1.60	1.60	1.59	1.59
9	1.51	1.62	1.63	1.63	1.62	1.61	1.60	1.60	1.59	1.59	1.58	1.57	1.56	1.56	1.55	1.54	1.54
10	1.49	1.60	1.60	1.59	1.59	1.58	1.57	1.56	1.56	1.55	1.54	1.53	1.52	1.52	1.51	1.51	1.50
11	1.47	1.58	1.58	1.57	1.56	1.55	1.54	1.53	1.53	1.52	1.51	1.50	1.49	1.49	1.48	1.47	1.47
12	1.46	1.56	1.56	1.55	1.54	1.53	1.52	1.51	1.51	1.50	1.49	1.48	1.47	1.46	1.45	1.45	1.44
13	1.45	1.55	1.55	1.53	1.52	1.51	1.50	1.49	1.49	1.48	1.47	1.46	1.45	1.44	1.43	1.42	1.42
14	1.44	1.53	1.53	1.52	1.51	1.50	1.49	1.48	1.47	1.46	1.45	1.44	1.43	1.42	1.41	1.41	1.40
15	1.43	1.52	1.52	1.51	1.49	1.48	1.47	1.46	1.46	1.45	1.44	1.43	1.41	1.41	1.40	1.39	1.38
16	1.42	1.51	1.51	1.50	1.48	1.47	1.46	1.45	1.44	1.44	1.43	1.41	1.40	1.39	1.38	1.37	1.36
17	1.42	1.51	1.50	1.49	1.47	1.46	1.45	1.44	1.43	1.43	1.41	1.40	1.39	1.38	1.37	1.36	1.35
18	1.41	1.50	1.49	1.48	1.46	1.45	1.44	1.43	1.42	1.42	1.40	1.39	1.38	1.37	1.36	1.35	1.34
19	1.41	1.49	1.49	1.47	1.46	1.44	1.43	1.42	1.41	1.41	1.40	1.38	1.37	1.36	1.35	1.34	1.33
20	1.40	1.49	1.48	1.47	1.45	1.44	1.43	1.42	1.41	1.40	1.39	1.37	1.36	1.35	1.34	1.33	1.32
21	1.40	1.48	1.48	1.46	1.44	1.43	1.42	1.41	1.40	1.39	1.38	1.37	1.35	1.34	1.33	1.32	1.31
22	1.40	1.48	1.47	1.45	1.44	1.42	1.41	1.40	1.39	1.39	1.37	1.36	1.34	1.33	1.32	1.31	1.30
23	1.39	1.47	1.47	1.45	1.43	1.42	1.41	1.40	1.39	1.38	1.37	1.35	1.34	1.33	1.32	1.31	1.30
24	1.39	1.47	1.46	1.44	1.43	1.41	1.40	1.39	1.38	1.38	1.36	1.35	1.33	1.32	1.31	1.30	1.29
25	1.39	1.47	1.46	1.44	1.42	1.41	1.40	1.39	1.38	1.37	1.36	1.34	1.33	1.32	1.31	1.29	1.28
26	1.38	1.46	1.45	1.44	1.42	1.41	1.39	1.38	1.37	1.37	1.35	1.34	1.32	1.31	1.30	1.29	1.28
27	1.38	1.46	1.45	1.43	1.42	1.40	1.39	1.38	1.37	1.36	1.35	1.33	1.32	1.31	1.30	1.28	1.27
28	1.38	1.46	1.45	1.43	1.41	1.40	1.39	1.38	1.37	1.36	1.34	1.33	1.31	1.30	1.29	1.28	1.27
29	1.38	1.45	1.45	1.43	1.41	1.40	1.38	1.37	1.36	1.35	1.34	1.32	1.31	1.30	1.29	1.27	1.26
30	1.38	1.45	1.44	1.42	1.41	1.39	1.38	1.37	1.36	1.35	1.34	1.32	1.30	1.29	1.28	1.27	1.26
40	1.36	1.44	1.42	1.40	1.39	1.37	1.36	1.35	1.34	1.33	1.31	1.30	1.28	1.26	1.25	1.24	1.22
60	1.35	1.42	1.41	1.38	1.37	1.35	1.33	1.32	1.31	1.30	1.29	1.27	1.25	1.24	1.22	1.21	1.19

ν=자유도

표 IV. F 분포의 백분율점(계속)

$F_{0.25,\nu_1,\nu_2}$

ν_2 \ ν_1	1	2	3	4	5	6	7	8	9	10	12	15	20	24	30	40	60
1	39.86	49.50	53.59	55.83	57.24	58.20	58.91	59.44	59.86	60.19	60.71	61.22	61.74	62.00	62.26	62.53	62.79
2	8.53	9.00	9.16	9.24	9.29	9.33	9.35	9.37	9.38	9.39	9.41	9.42	9.44	9.45	9.46	9.47	9.47
3	5.54	5.46	5.39	5.34	5.31	5.28	5.27	5.25	5.24	5.23	5.22	5.20	5.18	5.18	5.17	5.16	5.15
4	4.54	4.32	4.19	4.11	4.05	4.01	3.98	3.95	3.94	3.92	3.90	3.87	3.84	3.83	3.82	3.80	3.79
5	4.06	3.78	3.62	3.52	3.45	3.40	3.37	3.34	3.32	3.30	3.27	3.24	3.21	3.19	3.17	3.16	3.14
6	3.78	3.46	3.29	3.18	3.11	3.05	3.01	2.98	2.96	2.94	2.90	2.87	2.84	2.82	2.80	2.78	2.76
7	3.59	3.26	3.07	2.96	2.88	2.83	2.78	2.75	2.72	2.70	2.67	2.63	2.59	2.58	2.56	2.54	2.51
8	3.46	3.11	2.92	2.81	2.73	2.67	2.62	2.59	2.56	2.54	2.50	2.46	2.42	2.40	2.38	2.36	2.34
9	3.36	3.01	2.81	2.69	2.61	2.55	2.51	2.47	2.44	2.42	2.38	2.34	2.30	2.28	2.25	2.23	2.21
10	3.29	2.92	2.73	2.61	2.52	2.46	2.41	2.38	2.35	2.32	2.28	2.24	2.20	2.18	2.16	2.13	2.11
11	3.23	2.86	2.66	2.54	2.45	2.39	2.34	2.30	2.27	2.25	2.21	2.17	2.12	2.10	2.08	2.05	2.03
12	3.18	2.81	2.61	2.48	2.39	2.33	2.28	2.24	2.21	2.19	2.15	2.10	2.06	2.04	2.01	1.99	1.96
13	3.14	2.76	2.56	2.43	2.35	2.28	2.23	2.20	2.16	2.14	2.10	2.05	2.01	1.98	1.96	1.93	1.90
14	3.10	2.73	2.52	2.39	2.31	2.24	2.19	2.15	2.12	2.10	2.05	2.01	1.96	1.94	1.91	1.89	1.86
15	3.07	2.70	2.49	2.36	2.27	2.21	2.16	2.12	2.09	2.06	2.02	1.97	1.92	1.90	1.87	1.85	1.82
16	3.05	2.67	2.46	2.33	2.24	2.18	2.13	2.09	2.06	2.03	1.99	1.94	1.89	1.87	1.84	1.81	1.78
17	3.03	2.64	2.44	2.31	2.22	2.15	2.10	2.06	2.03	2.00	1.96	1.91	1.86	1.84	1.81	1.78	1.75
18	3.01	2.62	2.42	2.29	2.20	2.13	2.08	2.04	2.00	1.98	1.93	1.89	1.84	1.81	1.78	1.75	1.72
19	2.99	2.61	2.40	2.27	2.18	2.11	2.06	2.02	1.98	1.96	1.91	1.86	1.81	1.79	1.76	1.73	1.70
20	2.97	2.59	2.38	2.25	2.16	2.09	2.04	2.00	1.96	1.94	1.89	1.84	1.79	1.77	1.74	1.71	1.68
21	2.96	2.57	2.36	2.23	2.14	2.08	2.02	1.98	1.95	1.92	1.87	1.83	1.78	1.75	1.72	1.69	1.66
22	2.95	2.56	2.35	2.22	2.13	2.06	2.01	1.97	1.93	1.90	1.86	1.81	1.76	1.73	1.70	1.67	1.64
23	2.94	2.55	2.34	2.21	2.11	2.05	1.99	1.96	1.92	1.89	1.84	1.80	1.74	1.72	1.69	1.66	1.62
24	2.93	2.54	2.33	2.19	2.10	2.04	1.98	1.94	1.91	1.88	1.83	1.78	1.73	1.70	1.67	1.64	1.61
25	2.92	2.53	2.32	2.18	2.09	2.02	1.97	1.93	1.89	1.87	1.82	1.77	1.72	1.69	1.66	1.63	1.59
26	2.91	2.52	2.31	2.17	2.08	2.01	1.96	1.92	1.88	1.86	1.81	1.76	1.71	1.68	1.65	1.61	1.58
27	2.90	2.51	2.30	2.17	2.07	2.00	1.95	1.91	1.87	1.85	1.80	1.75	1.70	1.67	1.64	1.60	1.57
28	2.89	2.50	2.29	2.16	2.06	2.00	1.94	1.90	1.87	1.84	1.79	1.74	1.69	1.66	1.63	1.59	1.56
29	2.89	2.50	2.28	2.15	2.06	1.99	1.93	1.89	1.86	1.83	1.78	1.73	1.68	1.65	1.62	1.58	1.55
30	2.88	2.49	2.28	2.14	2.03	1.98	1.93	1.88	1.85	1.82	1.77	1.72	1.67	1.64	1.61	1.57	1.54
40	2.84	2.44	2.23	2.09	2.00	1.93	1.87	1.83	1.79	1.76	1.71	1.66	1.61	1.57	1.54	1.51	1.47
60	2.79	2.39	2.18	2.04	1.95	1.87	1.82	1.77	1.74	1.71	1.66	1.60	1.54	1.51	1.48	1.44	1.40

(열: 분자의 자유도(ν_1), 행: 분모의 자유도(ν_2))

표 IV. F 분포의 백분율점(계속)

$F_{0.25,\nu_1,\nu_2}$

ν_2 \ ν_1	분자의 자유도(ν_1) 1	2	3	4	5	6	7	8	9	10	12	15	20	24	30	40	60
1	161.4	199.5	215.7	224.6	230.2	234.0	236.8	238.9	240.5	241.9	243.9	245.9	248.0	249.1	250.1	251.1	252.2
2	18.51	19.00	19.16	19.25	19.30	19.33	19.35	19.37	19.38	19.40	19.41	19.43	19.45	19.45	19.46	19.47	19.48
3	10.13	9.55	9.28	9.12	9.01	8.94	8.89	8.85	8.81	8.79	8.74	8.70	8.66	8.64	8.62	8.59	8.57
4	7.71	6.94	6.59	6.39	6.26	6.16	6.09	6.04	6.00	5.96	5.91	5.86	5.80	5.77	5.75	5.72	5.69
5	6.61	5.79	5.41	5.19	5.05	4.95	4.88	4.82	4.77	4.74	4.68	4.62	4.56	4.53	4.50	4.46	4.43
6	5.99	5.14	4.76	4.53	4.39	4.28	4.21	4.15	4.10	4.06	4.00	3.94	3.87	3.84	3.81	3.77	3.74
7	5.59	4.74	4.35	4.12	3.97	3.87	3.79	3.73	3.68	3.64	3.57	3.51	3.44	3.41	3.38	3.34	3.30
8	5.32	4.46	4.07	3.84	3.69	3.58	3.50	3.44	3.39	3.35	3.28	3.22	3.15	3.12	3.08	3.04	3.01
9	5.12	4.26	3.86	3.63	3.48	3.37	3.29	3.23	3.18	3.14	3.07	3.01	2.94	2.90	2.86	2.83	2.79
10	4.96	4.10	3.71	3.48	3.33	3.22	3.14	3.07	3.02	2.98	2.91	2.85	2.77	2.74	2.70	2.66	2.62
11	4.84	3.98	3.59	3.36	3.20	3.09	3.01	2.95	2.90	2.85	2.79	2.72	2.65	2.61	2.57	2.53	2.49
12	4.75	3.89	3.49	3.26	3.11	3.00	2.91	2.85	2.80	2.75	2.69	2.62	2.54	2.51	2.47	2.43	2.38
13	4.67	3.81	3.41	3.18	3.03	2.92	2.83	2.77	2.71	2.67	2.60	2.53	2.46	2.42	2.38	2.34	2.30
14	4.60	3.74	3.34	3.11	2.96	2.85	2.76	2.70	2.65	2.60	2.53	2.46	2.39	2.35	2.31	2.27	2.22
15	4.54	3.68	3.29	3.06	2.90	2.79	2.71	2.64	2.59	2.54	2.48	2.40	2.33	2.29	2.25	2.20	2.16
16	4.49	3.63	3.24	3.01	2.85	2.74	2.66	2.59	2.54	2.49	2.42	2.35	2.28	2.24	2.19	2.15	2.11
17	4.45	3.59	3.20	2.96	2.81	2.70	2.61	2.55	2.49	2.45	2.38	2.31	2.23	2.19	2.15	2.10	2.06
18	4.41	3.55	3.16	2.93	2.77	2.66	2.58	2.51	2.46	2.41	2.34	2.27	2.19	2.15	2.11	2.06	2.02
19	4.38	3.52	3.13	2.90	2.74	2.63	2.54	2.48	2.42	2.38	2.31	2.23	2.16	2.11	2.07	2.03	1.98
20	4.35	3.49	3.10	2.87	2.71	2.60	2.51	2.45	2.39	2.35	2.28	2.20	2.12	2.08	2.04	1.99	1.95
21	4.32	3.47	3.07	2.84	2.68	2.57	2.49	2.42	2.37	2.32	2.25	2.18	2.10	2.05	2.01	1.96	1.92
22	4.30	3.44	3.05	2.82	2.66	2.55	2.46	2.40	2.34	2.30	2.23	2.15	2.07	2.03	1.98	1.94	1.89
23	4.28	3.42	3.03	2.80	2.64	2.53	2.44	2.37	2.32	2.27	2.20	2.13	2.05	2.01	1.96	1.91	1.86
24	4.26	3.40	3.01	2.78	2.62	2.51	2.42	2.36	2.30	2.25	2.18	2.11	2.03	1.98	1.94	1.89	1.84
25	4.24	3.39	2.99	2.76	2.60	2.49	2.40	2.34	2.28	2.24	2.16	2.09	2.01	1.96	1.92	1.87	1.82
26	4.23	3.37	2.98	2.74	2.59	2.47	2.39	2.32	2.27	2.22	2.15	2.07	1.99	1.95	1.90	1.85	1.80
27	4.21	3.35	2.96	2.73	2.57	2.46	2.37	2.31	2.25	2.20	2.13	2.06	1.97	1.93	1.88	1.84	1.79
28	4.20	3.34	2.95	2.71	2.56	2.45	2.36	2.29	2.24	2.19	2.12	2.04	1.96	1.91	1.87	1.82	1.77
29	4.18	3.33	2.93	2.70	2.55	2.43	2.35	2.28	2.22	2.18	2.10	2.03	1.94	1.90	1.85	1.81	1.75
30	4.17	3.32	2.92	2.69	2.53	2.42	2.33	2.27	2.21	2.16	2.09	2.01	1.93	1.89	1.84	1.79	1.74
40	4.08	3.23	2.84	2.61	2.45	2.34	2.25	2.18	2.12	2.08	2.00	1.92	1.84	1.79	1.74	1.69	1.64
60	4.00	3.15	2.76	2.53	2.37	2.25	2.17	2.10	2.04	1.99	1.92	1.84	1.75	1.70	1.65	1.59	1.53

(행: 분모의 자유도(ν_2))

표 IV. *F* 분포의 백분율점(계속)

$F_{0.25,\nu_1,\nu_2}$

ν_2 \ ν_1	분자의 자유도(ν_1)																
분모의 자유도(ν_2)	1	2	3	4	5	6	7	8	9	10	12	15	20	24	30	40	60
1	647.8	799.5	864.2	899.6	921.8	937.1	948.2	956.7	963.3	968.6	976.7	984.9	993.1	997.2	1001	1006	1010
2	38.51	39.00	39.17	39.25	39.30	39.33	39.36	39.37	39.39	39.40	39.41	39.43	39.45	39.46	39.46	39.47	39.48
3	17.44	16.04	15.44	15.10	14.88	14.73	14.62	14.54	14.47	14.42	14.34	14.25	14.17	14.12	14.08	14.04	13.99
4	12.22	10.65	9.98	9.60	9.36	9.20	9.07	8.98	8.90	8.84	8.75	8.66	8.56	8.51	8.46	8.41	8.36
5	10.01	8.43	7.76	7.39	7.15	6.98	6.85	6.76	6.68	6.62	6.52	6.43	6.33	6.28	6.23	6.18	6.12
6	8.81	7.26	6.60	6.23	5.99	5.82	5.70	5.60	5.52	5.46	5.37	5.27	5.17	5.12	5.07	5.01	4.96
7	8.07	6.54	5.89	5.52	5.29	5.12	4.99	4.90	4.82	4.76	4.67	4.57	4.47	4.42	4.36	4.31	4.25
8	7.57	6.06	5.42	5.05	4.82	4.65	4.53	4.43	4.36	4.30	4.20	4.10	4.00	3.95	3.89	3.84	3.78
9	7.21	5.71	5.08	4.72	4.48	4.32	4.20	4.10	4.03	3.96	3.87	3.77	3.67	3.61	3.56	3.51	3.45
10	6.94	5.46	4.83	4.47	4.24	4.07	3.95	3.85	3.78	3.72	3.62	3.52	3.42	3.37	3.31	3.26	3.20
11	6.72	5.26	4.63	4.28	4.04	3.88	3.76	3.66	3.59	3.53	3.43	3.33	3.23	3.17	3.12	3.06	3.00
12	6.55	5.10	4.47	4.12	3.89	3.73	3.61	3.51	3.44	3.37	3.28	3.18	3.07	3.02	2.96	2.91	2.85
13	6.41	4.97	4.35	4.00	3.77	3.60	3.48	3.39	3.31	3.25	3.15	3.05	2.95	2.89	2.84	2.78	2.72
14	6.30	4.86	4.24	3.89	3.66	3.50	3.38	3.29	3.21	3.15	3.05	2.95	2.84	2.79	2.73	2.67	2.61
15	6.20	4.77	4.15	3.80	3.58	3.41	3.29	3.20	3.12	3.06	2.96	2.86	2.76	2.70	2.64	2.59	2.52
16	6.12	4.69	4.08	3.73	3.50	3.34	3.22	3.12	3.05	2.99	2.89	2.79	2.68	2.63	2.57	2.51	2.45
17	6.04	4.62	4.01	3.66	3.44	3.28	3.16	3.06	2.98	2.92	2.82	2.72	2.62	2.56	2.50	2.44	2.38
18	5.98	4.56	3.95	3.61	3.38	3.22	3.10	3.01	2.93	2.87	2.77	2.67	2.56	2.50	2.44	2.38	2.32
19	5.92	4.51	3.90	3.56	3.33	3.17	3.05	2.96	2.88	2.82	2.72	2.62	2.51	2.45	2.39	2.33	2.27
20	5.87	4.46	3.86	3.51	3.29	3.13	3.01	2.91	2.84	2.77	2.68	2.57	2.46	2.41	2.35	2.29	2.22
21	5.83	4.42	3.82	3.48	3.25	3.09	2.97	2.87	2.80	2.73	2.64	2.53	2.42	2.37	2.31	2.25	2.18
22	5.79	4.38	3.78	3.44	3.22	3.05	2.93	2.84	2.76	2.70	2.60	2.50	2.39	2.33	2.27	2.21	2.14
23	5.75	4.35	3.75	3.41	3.18	3.02	2.90	2.81	2.73	2.67	2.57	2.47	2.36	2.30	2.24	2.18	2.11
24	5.72	4.32	3.72	3.38	3.15	2.99	2.87	2.78	2.70	2.64	2.54	2.44	2.33	2.27	2.21	2.15	2.08
25	5.69	4.29	3.69	3.35	3.13	2.97	2.85	2.75	2.68	2.61	2.51	2.41	2.30	2.24	2.18	2.12	2.05
26	5.66	4.27	3.67	3.33	3.10	2.94	2.82	2.73	2.65	2.59	2.49	2.39	2.28	2.22	2.16	2.09	2.03
27	5.63	4.24	3.65	3.31	3.08	2.92	2.80	2.71	2.63	2.57	2.47	2.36	2.25	2.19	2.13	2.07	2.00
28	5.61	4.22	3.63	3.29	3.06	2.90	2.78	2.69	2.61	2.55	2.45	2.34	2.23	2.17	2.11	2.05	1.98
29	5.59	4.20	1.61	3.27	3.04	2.88	2.76	2.67	2.59	2.53	2.43	2.32	2.21	2.15	2.09	2.03	1.96
30	5.57	4.18	3.59	3.25	3.03	2.87	2.75	2.65	2.57	2.51	2.41	2.31	2.20	2.14	2.07	2.01	1.94
40	5.42	4.05	3.46	3.13	2.90	2.74	2.62	2.53	2.45	2.39	2.29	2.18	2.07	2.01	1.94	1.88	1.80
60	5.29	3.93	3.34	3.01	2.79	2.63	2.51	2.41	2.33	2.27	2.17	2.06	1.94	1.88	1.82	1.74	1.67

표 IV. F 분포의 백분율점

$F_{0.25,\nu_1,\nu_2}$

ν_2 \ ν_1 (분자의 자유도(ν_1))	1	2	3	4	5	6	7	8	9	10	12	15	20	24	30	40	60
1	4052	4999.5	5403	5625	5764	5859	5928	5982	6022	6056	6106	6157	6209	6235	6261	6287	6313
2	98.50	99.00	99.17	99.25	99.30	99.33	99.36	99.37	99.39	99.40	99.42	99.43	99.45	99.46	99.47	99.47	99.48
3	34.12	30.82	29.46	28.71	28.24	27.91	27.67	27.49	27.35	27.23	27.05	26.87	26.69	26.00	26.50	26.41	26.32
4	21.20	18.00	16.69	15.98	15.52	15.21	14.98	14.80	14.66	14.55	14.37	14.20	14.02	13.93	13.84	13.75	13.65
5	16.26	13.27	12.06	11.39	10.97	10.67	10.46	10.29	10.16	10.05	9.89	9.72	9.55	9.47	9.38	9.29	9.20
6	13.75	10.92	9.78	9.15	8.75	8.47	8.26	8.10	7.98	7.87	7.72	7.56	7.40	7.31	7.23	7.14	7.06
7	12.25	9.55	8.45	7.85	7.46	7.19	6.99	6.84	6.72	6.62	6.47	6.31	6.16	6.07	5.99	5.91	5.82
8	11.26	8.65	7.59	7.01	6.63	6.37	6.18	6.03	5.91	5.81	5.67	5.52	5.36	5.28	5.20	5.12	5.03
9	10.56	8.02	6.99	6.42	6.06	5.80	5.61	5.47	5.35	5.26	5.11	4.96	4.81	4.73	4.65	4.57	4.48
10	10.04	7.56	6.55	5.99	5.64	5.39	5.20	5.06	4.94	4.85	4.71	4.56	4.41	4.33	4.25	4.17	4.08
11	9.65	7.21	6.22	5.67	5.32	5.07	4.89	4.74	4.63	4.54	4.40	4.25	4.10	4.02	3.94	3.86	3.78
12	9.33	6.93	5.95	5.41	5.06	4.82	4.64	4.50	4.39	4.30	4.16	4.01	3.86	3.78	3.70	3.62	3.54
13	9.07	6.70	5.74	5.21	4.86	4.62	4.44	4.30	4.19	4.10	3.96	3.82	3.66	3.59	3.51	3.43	3.34
14	8.86	6.51	5.56	5.04	4.69	4.46	4.28	4.14	4.03	3.94	3.80	3.66	3.51	3.43	3.35	3.27	3.18
15	8.68	6.36	5.42	4.89	4.56	4.32	4.14	4.00	3.89	3.80	3.67	3.52	3.37	3.29	3.21	3.13	3.05
16	8.53	6.23	5.29	4.77	4.44	4.20	4.03	3.89	3.78	3.69	3.55	3.41	3.26	3.18	3.10	3.02	2.93
17	8.40	6.11	5.18	4.67	4.34	4.10	3.93	3.79	3.68	3.59	3.46	3.31	3.16	3.08	3.00	2.92	2.83
18	8.29	6.01	5.09	4.58	4.25	4.01	3.84	3.71	3.60	3.51	3.37	3.23	3.08	3.00	2.92	2.84	2.75
19	8.18	5.93	5.01	4.50	4.17	3.94	3.77	3.63	3.52	3.43	3.30	3.15	3.00	2.92	2.84	2.76	2.67
20	8.10	5.85	4.94	4.43	4.10	3.87	3.70	3.56	3.46	3.37	3.23	3.09	2.94	2.86	2.78	2.69	2.61
21	8.02	5.78	4.87	4.37	4.04	3.81	3.64	3.51	3.40	3.31	3.17	3.03	2.88	2.80	2.72	2.64	2.55
22	7.95	5.72	4.82	4.31	3.99	3.76	3.59	3.45	3.35	3.26	3.12	2.98	2.83	2.75	2.67	2.58	2.50
23	7.88	5.66	4.76	4.26	3.94	3.71	3.54	3.41	3.30	3.21	3.07	2.93	2.78	2.70	2.62	2.54	2.45
24	7.82	5.61	4.72	4.22	3.90	3.67	3.50	3.36	3.26	3.17	3.03	2.89	2.74	2.66	2.58	2.49	2.40
25	7.77	5.57	4.68	4.18	3.85	3.63	3.46	3.32	3.22	3.13	2.99	2.85	2.70	2.62	2.54	2.45	2.36
26	7.72	5.53	4.64	4.14	3.82	3.59	3.42	3.29	3.18	3.09	2.96	2.81	2.66	2.58	2.50	2.42	2.33
27	7.68	5.49	4.60	4.11	3.78	3.56	3.39	3.26	3.15	3.06	2.93	2.78	2.63	2.55	2.47	2.38	2.29
28	7.64	5.45	4.57	4.07	3.75	3.53	3.36	3.23	3.12	3.03	2.90	2.75	2.60	2.52	2.44	2.34	2.26
29	7.60	5.42	4.54	4.04	3.73	3.50	3.33	3.20	3.09	3.00	2.87	2.73	2.57	2.49	2.41	2.33	2.23
30	7.56	5.39	4.51	4.02	3.70	3.47	3.30	3.17	3.07	2.98	2.84	2.70	2.55	2.47	2.39	2.30	2.21
40	7.31	5.18	4.31	3.83	3.51	3.29	3.12	2.99	2.89	2.80	2.66	2.52	2.37	2.29	2.20	2.11	2.02
60	7.08	4.98	4.13	3.65	3.34	3.12	2.95	2.82	2.72	2.63	2.50	2.35	2.20	2.12	2.03	1.94	1.84

분모의 자유도(ν_2)

표 V. 스튜던트화 범위 통계량 백분율점(계속)

$q_{0.01}(p, f)$

f	p = 2	3	4	5	6	7	8	9	10	11	12	13	14	15	16	17	18	19	20
1	90	135	164	186	202	216	227	237	246	253	260	266	272	272	282	286	290	294	298
2	14.0	19.0	22.3	24.7	26.6	28.2	29.5	30.7	31.7	32.6	33.4	31.4	34.8	35.4	36.0	36.5	37.0	37.5	37.9
3	8.26	10.6	12.2	13.3	14.2	15.0	15.6	16.2	16.7	17.1	17.5	17.9	18.2	18.5	18.8	19.1	19.3	19.5	19.8
4	6.51	8.12	9.17	9.96	10.6	11.1	11.5	11.9	12.3	12.6	12.8	13.1	13.3	13.5	13.7	13.9	14.1	14.2	14.4
5	5.70	6.97	7.80	8.42	8.91	9.32	9.67	9.97	10.24	10.48	10.70	10.89	11.08	11.24	11.40	11.55	11.68	11.81	11.93
6	5.24	6.33	7.03	7.56	7.97	8.32	8.61	8.87	9.10	9.30	9.49	9.65	9.81	9.95	10.08	10.21	10.32	10.43	10.54
7	4.95	5.92	6.54	7.01	7.37	7.68	7.94	8.17	8.37	8.55	8.71	8.86	9.00	9.12	9.24	9.35	9.46	9.55	9.65
8	4.74	5.63	6.20	6.63	6.96	7.24	7.47	7.68	7.87	8.03	8.18	8.31	8.44	8.55	8.66	8.76	8.85	8.94	9.03
9	4.60	5.43	5.96	6.35	6.66	6.91	7.13	7.32	7.49	7.65	7.78	7.91	8.03	8.13	8.23	8.32	8.41	8.49	8.57
10	4.48	5.27	5.77	6.14	6.43	6.67	6.87	7.05	7.21	7.36	7.48	7.60	7.71	7.81	7.91	7.99	8.07	8.15	8.22
11	4.39	5.14	5.62	5.97	6.25	6.48	6.67	6.84	6.99	7.13	7.25	7.36	7.46	7.56	7.65	7.73	7.81	7.88	7.95
12	4.32	5.04	5.50	5.84	6.10	6.32	6.51	6.67	6.81	6.94	7.06	7.17	7.26	7.36	7.44	7.52	7.59	7.66	7.73
13	4.26	4.96	5.40	5.73	5.98	6.19	6.37	6.53	6.67	6.79	6.90	7.01	7.10	7.19	7.27	7.34	7.42	7.48	7.55
14	4.21	4.89	5.32	5.63	5.88	6.08	6.26	6.41	6.54	6.66	6.77	6.87	6.96	7.05	7.12	7.20	7.27	7.33	7.39
15	4.17	4.83	5.25	5.56	5.80	5.99	6.16	6.31	6.44	6.55	6.66	6.76	6.84	6.93	7.00	7.07	7.14	7.20	7.26
16	4.13	4.78	5.19	5.49	5.72	5.92	6.08	6.22	6.35	6.46	6.56	6.66	6.74	6.82	6.90	6.97	7.03	7.09	7.15
17	4.10	4.74	5.14	5.43	5.66	5.85	6.01	6.15	6.27	6.38	6.48	6.57	6.66	6.73	6.80	6.87	6.94	7.00	7.05
18	4.07	4.70	5.09	5.38	5.60	5.79	5.94	6.08	6.20	6.31	6.41	6.50	6.58	6.65	6.72	6.79	6.85	6.91	6.96
19	4.05	4.67	5.05	5.33	5.55	5.73	5.89	6.02	6.14	6.25	6.34	6.43	6.51	6.58	6.65	6.72	6.78	6.84	6.89
20	4.02	4.64	5.02	5.29	5.51	5.69	5.84	5.97	6.09	6.19	6.29	6.37	6.45	6.52	6.59	6.65	6.71	6.76	6.82
24	3.96	4.54	4.91	5.17	5.37	5.54	5.69	5.81	5.92	6.02	6.11	6.19	6.26	6.33	6.39	6.45	6.51	6.56	6.61
30	3.89	4.45	4.80	5.05	5.24	5.40	5.54	5.65	5.76	5.85	5.93	6.01	6.08	6.14	6.20	6.26	6.31	6.36	6.41
40	3.82	4.37	4.70	4.93	5.11	5.27	5.39	5.50	5.60	5.69	5.77	5.84	5.90	5.96	6.02	6.07	6.12	6.17	6.21
60	3.76	4.28	4.60	4.82	4.99	5.13	5.25	5.36	5.45	5.53	5.60	5.67	5.73	5.79	5.84	5.89	5.93	5.98	6.02

f=자유도

표 V. 스튜던트화 범위 통계량 백분율점

$q_{0.05}(p, f)$

f	p = 2	3	4	5	6	7	8	9	10	11	12	13	14	15	16	17	18	19	20
1	18.1	26.7	32.8	37.2	40.5	43.1	45.4	47.3	49.1	50.6	51.9	53.2	54.3	55.4	56.3	57.2	58.0	58.8	59.6
2	6.09	8.28	9.80	10.89	11.73	12.43	13.03	13.54	13.99	14.39	14.75	15.08	15.38	15.65	15.91	16.14	16.36	16.57	16.77
3	4.50	5.88	6.83	7.51	8.04	8.47	8.85	9.18	9.46	9.72	9.95	10.16	10.35	10.52	10.69	10.84	10.98	11.12	11.24
4	3.93	5.00	5.76	6.31	6.73	7.06	7.35	7.60	7.83	8.03	8.21	8.37	8.52	8.67	8.80	8.92	9.03	9.14	9.24
5	3.64	4.60	5.22	5.67	6.03	6.33	6.58	6.80	6.99	7.17	7.32	7.47	7.60	7.72	7.83	7.93	8.03	8.12	8.21
6	3.46	4.34	4.90	5.31	5.63	5.89	6.12	6.32	6.49	6.65	6.79	6.92	7.04	7.14	7.24	7.34	7.43	7.51	7.59
7	3.34	4.16	4.68	5.06	5.35	5.59	5.80	5.99	6.15	6.29	6.42	6.54	6.65	6.75	6.84	6.93	7.01	7.08	7.16
8	3.26	4.04	4.53	4.89	5.17	5.40	5.60	5.77	5.92	6.05	6.18	6.29	6.39	6.48	6.57	6.65	6.73	6.80	6.87
9	3.20	3.95	4.42	4.76	5.02	5.24	5.43	5.60	5.74	5.87	5.98	6.09	6.19	6.28	6.36	6.44	6.51	6.58	6.65
10	3.15	3.88	4.33	4.66	4.91	5.12	5.30	5.46	5.60	5.72	5.83	5.93	6.03	6.12	6.20	6.27	6.34	6.41	6.47
11	3.11	3.82	4.26	4.58	4.82	5.03	5.20	5.35	5.49	5.61	5.71	5.81	5.90	5.98	6.06	6.14	6.20	6.27	6.33
12	3.08	3.77	4.20	4.51	4.75	4.95	5.12	5.27	5.40	5.51	5.61	5.71	5.80	5.88	5.95	6.02	6.09	6.15	6.21
13	3.06	3.73	4.15	4.46	4.69	4.88	5.05	5.19	5.32	5.43	5.53	5.63	5.71	5.79	5.86	5.93	6.00	6.06	6.11
14	3.03	3.70	4.11	4.41	4.64	4.83	4.99	5.13	5.25	5.36	5.46	5.56	5.64	5.72	5.79	5.86	5.92	5.98	6.03
15	3.01	3.67	4.08	4.37	4.59	4.78	4.94	5.08	5.20	5.31	5.40	5.49	5.57	5.65	5.72	5.79	5.85	5.91	5.96
16	3.00	3.65	4.05	4.34	4.56	4.74	4.90	5.03	5.15	5.26	5.35	5.44	5.52	5.59	5.66	5.73	5.79	5.84	5.90
17	2.98	3.62	4.02	4.31	4.52	4.70	4.86	4.99	5.11	5.21	5.31	5.39	5.47	5.55	5.61	5.68	5.74	5.79	5.84
18	2.97	3.61	4.00	4.28	4.49	4.67	4.83	4.96	5.07	5.17	5.27	5.35	5.43	5.50	5.57	5.63	5.69	5.74	5.79
19	2.96	3.59	3.98	4.26	4.47	4.64	4.79	4.92	5.04	5.14	5.23	5.32	5.39	5.46	5.53	5.59	5.65	5.70	5.75
20	2.95	3.58	3.96	4.24	4.45	4.62	4.77	4.90	5.01	5.11	5.20	5.28	5.36	5.43	5.50	5.56	5.61	5.66	5.71
24	2.92	3.53	3.90	4.17	4.37	4.54	4.68	4.81	4.92	5.01	5.10	5.18	5.25	5.32	5.38	5.44	5.50	5.55	5.59
30	2.89	3.48	3.84	4.11	4.30	4.46	4.60	4.72	4.83	4.92	5.00	5.08	5.15	5.21	5.27	5.33	5.38	5.43	5.48
40	2.86	3.44	3.79	4.04	4.23	4.39	4.52	4.63	4.74	4.82	4.90	4.98	5.05	5.11	5.17	5.22	5.27	5.32	5.36
60	2.83	3.40	3.74	3.98	4.16	4.31	4.44	4.55	4.65	4.73	4.81	4.88	4.94	5.00	5.06	5.11	5.15	5.20	5.24

표 VI. 대조가 있는 처리비교를 위한 Dunnett 검정의 임곗값(계속)

$d_{0.05}(a-1, f)$
양측 비교

f	$a-1$=처리평균의 개수 (대조는 제외)								
	1	**2**	**3**	**4**	**5**	**6**	**7**	**8**	**9**
5	2.57	3.03	3.29	3.48	3.62	3.73	3.82	3.90	3.97
6	2.45	2.86	3.10	3.26	3.39	3.49	3.57	3.64	3.71
7	2.36	2.75	2.97	3.12	3.24	3.33	3.41	3.47	3.53
8	2.31	2.67	2.88	3.02	3.13	3.22	3.29	3.35	3.41
9	2.26	2.61	2.81	2.95	3.05	3.14	3.20	3.26	3.32
10	2.23	2.57	2.76	2.89	2.99	3.07	3.14	3.19	3.24
11	2.20	2.53	2.72	2.84	2.94	3.02	3.08	3.14	3.19
12	2.18	2.50	2.68	2.81	2.90	2.98	3.04	3.09	3.14
13	2.16	2.48	2.65	2.78	2.87	2.94	3.00	3.06	3.10
14	2.14	2.46	2.63	2.75	2.84	2.91	2.97	3.02	3.07
15	2.13	2.44	2.61	2.73	2.82	2.89	2.95	3.00	3.04
16	2.12	2.42	2.59	2.71	2.80	2.87	2.92	2.97	3.02
17	2.11	2.41	2.58	2.69	2.78	2.85	2.90	2.95	3.00
18	2.10	2.40	2.56	2.68	2.76	2.83	2.89	2.94	2.98
19	2.09	2.39	2.55	2.66	2.75	2.81	2.87	2.92	2.96
20	2.09	2.38	2.54	2.65	2.73	2.80	2.86	2.90	2.95
24	2.06	2.35	2.51	2.61	2.70	2.76	2.81	2.86	2.90
30	2.04	2.32	2.47	2.58	2.66	2.72	2.77	2.82	2.86
40	2.02	2.29	2.44	2.54	2.62	2.68	2.73	2.77	2.81
60	2.00	2.27	2.41	2.51	2.58	2.64	2.69	2.73	2.77

$d_{0.01}(a-1, f)$
양측 비교

f	$a-1$=처리평균의 개수(대조는 제외)								
	1	**2**	**3**	**4**	**5**	**6**	**7**	**8**	**9**
5	4.03	4.63	4.98	5.22	5.41	5.56	5.69	5.80	5.89
6	3.71	4.21	4.51	4.71	4.87	5.00	5.10	5.20	5.28
7	3.50	3.95	4.21	4.39	4.53	4.64	4.74	4.82	4.89
8	3.36	3.77	4.00	4.17	4.29	4.40	4.48	4.56	4.62
9	3.25	3.63	3.85	4.01	4.12	4.22	4.30	4.37	4.43
10	3.17	3.53	3.74	3.88	3.99	4.08	4.16	4.22	4.28
11	3.11	3.45	3.65	3.79	3.89	3.98	4.05	4.11	4.16
12	3.05	3.39	3.58	3.71	3.81	3.89	3.96	4.02	4.07
13	3.01	3.33	3.52	3.65	3.74	3.82	3.89	3.94	3.99
14	2.98	3.29	3.47	3.59	3.69	3.76	3.83	3.88	3.93
15	2.95	3.25	3.43	3.55	3.64	3.71	3.78	3.83	3.88
16	2.92	3.22	3.39	3.51	3.60	3.67	3.73	3.78	3.83
17	2.90	3.19	3.36	3.47	3.56	3.63	3.69	3.73	3.79
18	2.88	3.17	3.33	3.44	3.53	3.60	3.66	3.71	3.75
19	2.86	3.15	3.31	3.42	3.50	3.57	3.63	3.68	3.72
20	2.85	3.13	3.29	3.40	3.48	3.55	3.60	3.65	3.69
24	2.80	3.07	3.22	3.32	3.40	3.47	3.52	3.57	3.61
30	2.75	3.01	3.15	3.25	3.33	3.39	3.44	3.49	3.52
40	2.70	2.95	3.09	3.19	3.26	3.32	3.37	3.41	3.44
60	2.66	2.90	3.03	3.12	3.19	3.25	3.29	3.33	3.37

f=자유도

C. W. Dunnett, "New Tables for Multiple Comparison with a Control," *Biometrics*, Vol. 20, No. 3, 1964 and from C. W. Dunnett, "A Multiple Comparison Procedure for Comparing Several Treatments with a Control," *Journal of the American Statistical Association*, Vol. 50, 1955의 허락하에 출판함.

표 VI. 대조가 있는 처리비교를 위한 Dunnett 검정의 임곗값

$d_{0.05}(a-1, f)$

단측 비교

	$a-1$=처리평균의 개수(대조는 제외)								
f	**1**	**2**	**3**	**4**	**5**	**6**	**7**	**8**	**9**
5	2.02	2.44	2.68	2.85	2.98	3.08	3.16	3.24	3.30
6	1.94	2.34	2.56	2.71	2.83	2.92	3.00	3.07	3.12
7	1.89	2.27	2.48	2.62	2.73	2.82	2.89	2.95	3.01
8	1.86	2.22	2.42	2.55	2.66	2.74	2.81	2.87	2.92
9	1.83	2.18	2.37	2.50	2.60	2.68	2.75	2.81	2.86
10	1.81	2.15	2.34	2.47	2.56	2.64	2.70	2.76	2.81
11	1.80	2.13	2.31	2.44	2.53	2.60	2.67	2.72	2.77
12	1.78	2.11	2.29	2.41	2.50	2.58	2.64	2.69	2.74
13	1.77	2.09	2.27	2.39	2.48	2.55	2.61	2.66	2.71
14	1.76	2.08	2.25	2.37	2.46	2.53	2.59	2.64	2.69
15	1.75	2.07	2.24	2.36	2.44	2.51	2.57	2.62	2.67
16	1.75	2.06	2.23	2.34	2.43	2.50	2.56	2.61	2.65
17	1.74	2.05	2.22	2.33	2.42	2.49	2.54	2.59	2.64
18	1.73	2.04	2.21	2.32	2.41	2.48	2.53	2.58	2.62
19	1.73	2.03	2.20	2.31	2.40	2.47	2.52	2.57	2.61
20	1.72	2.03	2.19	2.30	2.39	2.46	2.51	2.56	2.60
24	1.71	2.01	2.17	2.28	2.36	2.43	2.48	2.53	2.57
30	1.70	1.99	2.15	2.25	2.33	2.40	2.45	2.50	2.54
40	1.68	1.97	2.13	2.23	2.31	2.37	2.42	2.47	2.51
60	1.67	1.95	2.10	2.21	2.28	2.35	2.39	2.44	2.48

$d_{0.01}(a-1, f)$

단측 비교

	$a-1$=처리평균의 개수(대조는 제외)								
f	**1**	**2**	**3**	**4**	**5**	**6**	**7**	**8**	**9**
5	3.37	3.90	4.21	4.43	4.60	4.73	4.85	4.94	5.03
6	3.14	3.61	3.88	4.07	4.21	4.33	4.43	4.51	4.59
7	3.00	3.42	3.66	3.83	3.96	4.07	4.15	4.23	4.30
8	2.90	3.29	3.51	3.67	3.79	3.88	3.96	4.03	4.09
9	2.82	3.19	3.40	3.55	3.66	3.75	3.82	3.89	3.94
10	2.76	3.11	3.31	3.45	3.56	3.64	3.71	3.78	3.83
11	2.72	3.06	3.25	3.38	3.48	3.56	3.63	3.69	3.74
12	2.68	3.01	3.19	3.32	3.42	3.50	3.56	3.62	3.67
13	2.65	2.97	3.15	3.27	3.37	3.44	3.51	3.56	3.61
14	2.62	2.94	3.11	3.23	3.32	3.40	3.46	3.51	3.56
15	2.60	2.91	3.08	3.20	3.29	3.36	3.42	3.47	3.52
16	2.58	2.88	3.05	3.17	3.26	3.33	3.39	3.44	3.48
17	2.57	2.86	3.03	3.14	3.23	3.30	3.36	3.41	3.45
18	2.55	2.84	3.01	3.12	3.21	3.27	3.33	3.38	3.42
19	2.54	2.83	2.99	3.10	3.18	3.25	3.31	3.36	3.40
20	2.53	2.81	2.97	3.08	3.17	3.23	3.29	3.34	3.38
24	2.49	2.77	2.92	3.03	3.11	3.17	3.22	3.27	3.31
30	2.46	2.72	2.87	2.97	3.05	3.11	3.16	3.21	3.24
40	2.42	2.68	2.82	2.92	2.99	3.05	3.10	3.14	3.18
60	2.39	2.64	2.78	2.87	2.94	3.00	3.04	3.08	3.12

표 VII. 직교다항식의 계수들

	n = 3		n = 4			n = 5				n = 6					n = 7					
X_j	P_1	P_2	P_1	P_2	P_3	P_1	P_2	P_3	P_4	P_1	P_2	P_3	P_4	P_5	P_1	P_2	P_3	P_4	P_5	P_6
1	−1	1	−3	1	−1	−2	2	−1	1	−5	5	−5	1	−1	−3	5	−1	3	−1	1
2	0	−2	−1	−1	3	−1	−1	2	−4	−3	−1	7	−3	5	−2	0	1	−7	4	−6
3	1	1	1	−1	−3	0	−2	0	6	−1	−4	4	2	−10	−1	−3	1	1	−5	15
4			3	1	1	1	−1	−2	−4	1	−4	−4	2	10	0	−4	0	6	0	−20
5						2	2	1	1	3	−1	−7	−3	−5	1	−3	−1	1	5	15
6										5	5	5	1	1	2	0	−1	−7	−4	−6
7															3	5	1	3	1	1
$\sum_{j=1}^{n}\{P_i(X_j)\}^2$	2	6	20	4	20	10	14	10	70	70	84	180	28	252	28	84	6	154	84	924
λ	1	3	2	1	$\frac{10}{3}$	1	1	$\frac{5}{6}$	$\frac{35}{12}$	2	$\frac{3}{2}$	$\frac{5}{3}$	$\frac{7}{12}$	$\frac{21}{10}$	1	1	$\frac{1}{6}$	$\frac{7}{12}$	$\frac{7}{20}$	$\frac{77}{60}$

	n = 8						n = 9						n = 10					
X_j	P_1	P_2	P_3	P_4	P_5	P_6	P_1	P_2	P_3	P_4	P_5	P_6	P_1	P_2	P_3	P_4	P_5	P_6
1	−7	7	−7	7	−7	1	−4	28	−14	14	−4	4	−9	6	−42	18	−6	3
2	−5	1	5	−13	23	−5	−3	7	7	−21	11	−17	−7	2	14	−22	14	−11
3	−3	−3	7	−3	−17	9	−2	−8	13	−11	−4	22	−5	−1	35	−17	−1	10
4	−1	−5	3	9	−15	−5	−1	−17	9	9	−9	1	−3	−3	31	3	−11	6
5	1	−5	−3	9	15	−5	0	−20	0	18	0	−20	−1	−4	12	18	−6	−8
6	3	−3	−7	−3	17	9	1	−17	−9	9	9	1	1	−4	−12	18	6	−8
7	5	1	−5	−13	−23	−5	2	−8	−13	−11	4	22	3	−3	−31	3	11	6
8	7	7	7	7	7	1	3	7	−7	−21	−11	−17	5	−1	−35	−17	1	10
9							4	28	14	14	4	4	7	2	−14	−22	−14	−11
10													9	6	42	18	6	3
$\sum_{j=1}^{n}\{P_i(X_j)\}^2$	168	168	264	616	2184	264	60	2772	990	2002	468	1980	330	132	8580	2860	780	660
λ	2	1	$\frac{2}{3}$	$\frac{7}{12}$	$\frac{7}{10}$	$\frac{11}{60}$	1	3	$\frac{5}{6}$	$\frac{7}{12}$	$\frac{3}{20}$	$\frac{11}{60}$	2	$\frac{1}{2}$	$\frac{5}{3}$	$\frac{5}{12}$	$\frac{1}{10}$	$\frac{11}{240}$

표 VIII. 2^{k-p} 부분요인설계($k \le 15$, $n \le 64$)에 대한 가명관계(계속)

3요인설계

(a) 2^{3-1}; 3요인설계의 1/2 부분(시행횟수 4개) — 해상도 III

설계 제너레이터

$C = AB$

정의관계: $I = ABC$

가명관계

$A = BC$
$B = AC$
$C = AB$

4요인설계

(b) 2^{4-1}; 4요인설계의 1/2 부분(시행횟수 4개) — 해상도 IV

설계 제너레이터

$D = ABC$

정의관계: $I = ABCD$

가명관계

$A = BCD$
$B = ACD$
$C = ABD$
$D = ABC$
$AB = CD$
$AC = BD$
$AD = BC$

5요인설계

(c) 2^{5-2}; 5요인설계의 1/4 부분(시행횟수 8개) — 해상도 III

설계 제너레이터

$D = AB \quad E = AC$

정의관계: $= ABD = ACE = BCDE$

가명관계

$A = BD = CE$
$B = AD = CDE$
$C = AE = BDE$
$D = AB = BCE$
$E = AC = BCD$
$BC = DE = ACD = ABE$
$CD = BE = ABC = ADE$

(d) 2^{5-1}; 5요인설계의 1/2 부분(시행횟수 18개) — 해상도 V

설계 제너레이터

$E = ABCD$

정의관계: $I = ABCDE$

가명관계

각 주효과는 4요인 교호작용과 가명관계에 있음.

$AB = CDE$	$BD = ACE$
$AC = BDE$	$BE = ACD$
$AD = BCE$	$CD = ABE$
$AE = BCD$	$CE = ABD$
$BC = ADE$	$DE = ABC$

2 blocks of 8: $AB = CDE$

표 VIII. 2^{k-p} 부분요인설계($k \le 15$, $n \le 64$)에 대한 가명관계(계속)

6요인설계

(e) 2^{6-3}; 6요인설계의 1/8 부분(시행횟수 8개) — 해상도 III

설계 제너레이터

$D = AB \quad E = AC \quad F = BC$

정의관계: $I = ABD = ACE = BCDE = BCF = ACDF = ABEF = DEF$

가명관계

$A = BD = CE = CDF = BEF$ | $E = AC = DF = BCD = ABF$

$B = AD = CF = CDE = AEF$ | $F = BC = DE = ACD = ABE$

$C = AE = BF = BDE = ADF$ | $CD = BE = AF = ABC = ADE = BDF = CEF$

$D = AB = EF = BCE = ACF$

(f) 2^{6-2}; 6요인설계의 1/4 부분(시행횟수 16개) — 해상도 IV

설계 제너레이터

$E = ABC \quad F = BCD$

정의관계: $I = ABCE = BCDF = ADEF$

가명관계

$A = BCE = DEF$ | $AB = CE$

$B = ACE = CDF$ | $AC = BE$

$C = ABE = BDF$ | $AD = EF$

$D = BCF = AEF$ | $AE = BC = DF$

$E = ABC = ADF$ | $AF = DE$

$F = BCD = ADE$ | $BD = CF$

$ABD = CDE = ACF = BEF$ | $BF = CD$

$ACD = BDE = ABF = CEF$

2 blocks of 8: $ABD = CDE = ACF = BEF$

(g) 2^{6-1}; 6요인설계의 1/2 부분(시행횟수 32개) — 해상도 VI

설계 제너레이터

$F = ABCDE$

정의관계: $I = ABCDEF$

가명관계

각 주효과는 5요인 교호작용과 가명관계에 있음.

각 두 요소 교호작은 4요인 교호작용과 가명관계에 있음.

$ABC = DEF$ | $ACE = BDF$

$ABD = CEF$ | $ACF = BDE$

$ABE = CDF$ | $ADE = BCF$

$ABF = CDE$ | $ADF = BCE$

$ACD = BEF$ | $AEF = BCD$

2 blocks of 16: $ABC = DEF$ | 4 blocks of 8: $AB = CDEF$

$ACD = BEF$

$AEF = BCD$

표 VIII. 2^{k-p} 부분요인설계($k \le 15$, $n \le 64$)에 대한 가명관계(계속)

7요인설계

(h) 2^{7-4}; 7요인설계의 1/16 부분(시행횟수 8개) — 해상도 III

<u>설계 제너레이터</u>

$D = AB \quad E = AC \quad F = BC \quad G = ABC$

정의관계: $I = ABD = ACE = BCDE = BCF = ACDF = ABEF = DEF = ABCG$
$= CDG = BEG = ADEG = AFG = BDFG = CEFG = ABCDEFG$

<u>가명관계</u>

$A = BD = CE = FG$	$E = AC = DF = BG$
$B = AD = CF = EG$	$F = BC = DE = AG$
$C = AE = BF = DG$	$G = CD = BE = AF$
$D = AB = EF = CG$	

(i) 2^{7-3}; 7요인설계의 1/8 부분(시행횟수 16개) — 해상도 IV

<u>설계 제너레이터</u>

$E = ABC \quad F = BCD \quad G = ACD$

정의관계: $I = ABCE = BCDF = ADEF = ACDG = BDEG = ABFG = CEFG$

<u>가명관계</u>

$A = BCE = DEF = CDG = BFG$	$AB = CE = FG$	$E = ABC = ADF = BDG = CFG$	$AF = DE = BG$
$B = ACE = CDF = DEG = AFG$	$AC = BE = DG$	$F = BCD = ADE = ABG = CEG$	$AG = CD = BF$
$C = ABE = BDF = ADG = EFG$	$AD = EF = CG$	$G = ACD = BDE = ABF = CEF$	$BD = CF = EG$
$D = BCF = AEF = ACG = BEG$	$AE = BC = DF$		

$ABD = CDE = ACF = BEF = BCG = AEG = DFG$

2 blocks of 8: $ABD = CDE = ACF = BEF = BCG = AEG = DFG$

(j) 2^{7-2}; 7요인설계의 1/4 부분(시행횟수 32개) — 해상도 IV

<u>설계 제너레이터</u>

$F = ABCD \quad G = ABDE$

정의관계: $I = ABCDF = ABDEG = CEFG$

<u>가명관계</u>

$A =$	$AB = CDF = DEG$	$BC = ADF$	$CE = FG$	$ACE = AFG$
$B =$	$AC = BDF$	$BD = ACF = AEG$	$CF = ABD = EG$	$ACG = AEF$
$C = EFG$	$AD = BCF = BEG$	$BE = ADG$	$CG = EF$	$BCE = BFG$
$D =$	$AE = BDG$	$BF = ACD$	$DE = ABG$	$BCG = BEF$
$E = CFG$	$AF = BCD$	$BG = ADE$	$DF = ABC$	$CDE = DFG$
$F = CEG$	$AG = BDE$	$CD = ABF$	$DG = ABE$	$CDG = DEF$
$G = CEF$				

2 blocks of 16: $ACE = AFG$ 4 blocks of 8: $ACE = AFG$, $BCE = BFG$, $AB = CDF = DEG$

(k) 2^{7-1}; 7요인설계의 1/2 부분(시행횟수 64개) — 해상도 VII

<u>설계 제너레이터</u>

$G = ABCDEF$

정의관계: $I = ABCDEFG$

<u>가명관계</u>

각 주효과는 6요인 교호작용과 가명관계에 있음.
각 두 요인 교호작용은 5요인 교호작용과 가명관계에 있음.
각 세 요인 교호작용은 4요인 교호작용과 가명관계에 있음.

2 blocks of 32: ABC 4 blocks of 16: ABC, CEF, CDG

표 VIII. 2^{k-p} 부분요인설계($k \le 15$, $n \le 64$)에 대한 가명관계(계속)

8요인설계(계속)

(l) 2^{8-4}; 8요인설계의 1/16 부분(시행횟수 16개) — 해상도 IV

설계 제너레이터

$E = BCD \quad F = ACD \quad G = ABC \quad H = ABD$

정의관계: $I = BCDE = ACDF = ABEF = ABCG = ADEG = BDFG = CEFG = ABDH$
$= ACEH = BCFH = DEFH = CDGH = BEGH = AFGH = ABCDEFGH$

가명관계

$A = CDF = BEF = BCG = DEG = BDH = CEH = FGH$ | $AB = EF = CG = DH$
$B = CDE = AEF = ACG = DFG = ADH = CFH = EGH$ | $AC = DF = BG = EH$
$C = BDE = ADF = ABG = EFG = AEH = BFH = DGH$ | $AD = CF = EG = BH$
$D = BCE = ACF = AEG = BFG = ABH = EFH = CGH$ | $AE = BF = DG = CH$
$E = BCD = ABF = ADG = CFG = ACH = DFH = BGH$ | $AF = CD = BE = GH$
$F = ACD = ABE = BDG = CEG = BCH = DEH = AGH$ | $AG = BC = DE = FH$
$G = ABC = ADE = BDF = CEF = CDH = BEH = AFH$ | $AH = BD = CE = FG$
$H = ABD = ACE = BCF = DEF = CDG = BEG = AFG$

2 blocks of 8: $AB = EF = CG = DH$

(m) 2^{8-3}; 8요인설계의 1/8 부분(시행횟수 32개) — 해상도 IV

설계 제너레이터

$F = ABC \quad G = ABD \quad H = BCDE$

정의관계: $I = ABCF = ABDG = CDFG = BCDEH = ADEFH = ACEGH = BEFGH$

가명관계

$A = BCF = BDG$	$AE = DFH = CGH$	$DE = BCH = AFH$
$B = ACF = ADG$	$AF = BC = DEH$	$DH = BCE = AEF$
$C = ABF = DFG$	$AG = BD = CEH$	$EF = ADH = BGH$
$D = ABG = CFG$	$AH = DEF = CEG$	$EG = ACH = BFH$
$E =$	$BE = CDH = FGH$	$EH = BCD = ADF = ACG = BFG$
$F = ABC = CDG$	$BH = CDE = EFG$	$FH = ADE = BEG$
$G = ABD = CDF$	$CD = FG = BEH$	$GH = ACE = BEF$
$H =$	$CE = BDH = AGH$	$ABE = CEF = DEG$
$AB = CF = DG$	$CG = DF = AEH$	$ABH = CFH = DGH$
$AC = BF = EGH$	$CH = BDE = AEG$	$ACD = BDF = BCG = AFG$
$AD = BG = EFH$		

2 blocks of 16: $ABE = CEF = DEG$

4 blocks of 8: $ABE = CEF = DEG$
$ABH = CFH = DGH$
$EH = BCD = ADF = ACG = BFG$

표 VIII. 2^{k-p} 부분요인설계($k \le 15$, $n \le 64$)에 대한 가명관계(계속)

8요인설계

(n) 2^{8-2}; 8요인설계의 1/4 부분(시행횟수 64개) 해상도 V

설계 제너레이터

$G = ABCD \quad H = ABEF$

정의관계: $I = ABCDG = ABEFH = CDEFGH$

가명관계

$AB = CDG = EFH$	$BG = ACD$	$EF = ABH$	$ADH =$	$BFG =$
$AC = BDG$	$BH = AEF$	$EG =$	$AEG =$	$BGH =$
$AD = BCG$	$CD = ABG$	$EH = ABF$	$AFG =$	$CDE = FGH$
$AE = BFH$	$CE =$	$FG =$	$AGH =$	$CDF = EGH$
$AF = BEH$	$CF =$	$FH = ABE$	$BCE =$	$CDH = EFG$
$AG = BCD$	$CG = ABD$	$GH =$	$BCF =$	$CEF = DGH$
$AH = BEF$	$CH =$	$ACE =$	$BCH =$	$CEG = DFH$
$BC = ADG$	$DE =$	$ACF =$	$BDE =$	$CEH = DFG$
$BD = ACG$	$DF =$	$ACH =$	$BDF =$	$CFG = DEH$
$BE = AFH$	$DG = ABC$	$ADE =$	$BDH =$	$CFH = DEG$
$BF = AEH$	$DH =$	$ADF =$	$BEG =$	$CGH = DEF$

2 blocks of 32: $CDE = FGH$ 4 blocks of 16: $CDE = FGH$
ACF
BDH

9요인설계(계속)

(o) 2^{9-5}; 9요인설계의 1/32 부분(시행횟수 16개) 해상도 III

설계 제너레이터

$E = ABC \quad F = BCD \quad G = ACD \quad H = ABD \quad J = ABCD$

정의관계: $I = ABCE = BCDF = ADEF = ACDG = BDEG = ABFG = CEFG = ABDH$
$= CDEH = ACFH = BEFH = BCGH = AEGH = DFGH = ABCDEFGH = ABCDJ$
$= DEJ = AFJ = BCEFJ = BGJ = ACEGJ = CDFGJ = ABDEFGJ = CHJ$
$= ABEHJ = BDFHJ = ACDEFHJ = ADGHJ = BCDEGHJ = ABCFGHJ = EFGHJ$

가명관계

$A = FJ$
$B = GJ$
$C = HJ$
$D = EJ$
$E = DJ$
$F = AJ$
$G = BJ$
$H = CJ$
$J = DE = AF = BG = CH$
$AB = CE = FG = DH$
$AC = BE = DG = FH$
$AD = EF = CG = BH$
$AE = BC = DF = GH$
$AG = CD = BF = EH$
$AH = BD = CF = EG$
2 blocks of 8: $AB = CE = FG = DH$

표 VIII. 2^{k-p} 부분요인설계($k \le 15$, $n \le 64$)에 대한 가명관계(계속)

9요인설계

(p) 2^{9-4}; 8요인설계의 1/16 부분(시행횟수 32개) 해상도 IV

설계 제너레이터

$F = BCDE \quad G = ACDE \quad H = ABDE \quad J = ABCE$

정의관계: $I = BCDEF = ACDEG = ABFG = ABDEH = ACFH = BCGH = DEFGH = ABCEJ$
$= ADFJ = BDGJ = CEFGJ = CDHJ = BEFHJ = AEGHJ = ABCDFGHJ$

가명관계

$A = BFG = CFH = DFJ$	$AD = CEG = BEH = FJ$	$BJ = ACE = DG = EFH$
$B = AFG = CGH = DGJ$	$AE = CDG = BDH = BCJ = GHJ$	$CD = BEF = AEG = HJ$
$C = AFH = BGH = DHJ$	$AF = BG = CH = DJ$	$CE = BDF = ADG = ABJ = FGJ$
$D = AFJ = BGJ = CHJ$	$AG = CDE = BF = EHJ$	$CJ = ABE = EFG = DH$
$E =$	$AH = BDE = CF = EGJ$	$DE = BCF = ACG = ABH = FGH$
$F = ABG = ACH = ADJ$	$AJ = BCE = DF = EGH$	$EF = BCD = DGH = CGJ = BHJ$
$G = ABF = BCH = BDJ$	$BC = DEF = GH = AEJ$	$EG = ACD = DFH = CFJ = AHJ$
$H = ACF = BCG = CDJ$	$BD = CEF = AEH = GJ$	$EH = ABD = DFG = BFJ = AGJ$
$J = ADF = BDG = CDH$	$BE = CDF = ADH = ACJ = FHJ$	$EJ = ABC = CFG = BFH = AGH$
$AB = FG = DEH = CEJ$	$BH = ADE = CG = EFJ$	$AEF = BEG = CEH = DEJ$
$AC = DEG = FH = BEJ$		

2 blocks of 16: $AEF = BEG = CEH = DEJ$ 4 blocks of 8: $AEF = BEG = CEH = DEJ$
$AB = FG = DEH = CEJ$
$CD = BEF = AEG = HJ$

(q) 2^{9-3}; 9요인설계의 1/8 부분(시행횟수 64개) 해상도 IV

설계 제너레이터

$G = ABCD \quad H = ACEF \quad J = CDEF$

정의관계: $I = ABCDG = ACEFH = BDEFGH = CDEFJ = ABEFGJ = ADHJ = BCGHJ$

가명관계

$A = DHJ$	$AC = BDG = EFH$	$BF =$
$B =$	$AD = BCG = HJ$	$BG = ACD = CHJ$
$C =$	$AE = CFH$	$BH = CGJ$
$D = AHJ$	$AF = CEH$	$BJ = CGH$
$E =$	$AG = BCD$	$CD = ABG = EFJ$
$F =$	$AH = CEF = DJ$	$CE = AFH = DFJ$
$G =$	$AJ = DH$	$CF = AEH = DEJ$
$H = ADJ$	$BC = ADG = GHJ$	$CG = ABD = BHJ$
$J = ADH$	$BD = ACG$	$CH = AEF = BGJ$
$AB = CDG$	$BE =$	$CJ = DEF = BGH$
$DE = CFJ$	$GJ = BCH$	$AFJ = BEG = DFH$
$DF = CEJ$	$ABE = FGJ$	$AGH = DGJ$
$DG = ABC$	$ABF = EGJ$	$AGJ = BEF = DGH$
$EF = ACH = CDJ$	$ABH = BDJ$	$BCE =$
$EG =$	$ABJ = EFG = BDH$	$BCF =$
$EH = ACF$	$ACJ = CDH$	$BDE = FGH$
$EJ = CDF$	$ADE = EHJ$	$BDF = EGH$
$FG =$	$ADF = FHJ$	$BEH = DFG$
$FH = ACE$	$AEG = BFJ$	$BFH = DEG$
$FJ = CDE$	$AEJ = BFG = DEH$	$CEG =$
$GH = BCJ$	$AFG = BEJ$	$CFG =$

2 blocks of 32: CFG 4 blocks of 16: $CFG =$
$AGJ = BEF = DGH$
$ADE = EHJ$

표 VIII. 2^{k-p} 부분요인설계($k \le 15$, $n \le 64$)에 대한 가명관계(계속)

10요인설계(계속)

(r) 2^{10-6}; 10요인설계의 1/64 부분(시행횟수 16개) 해상도 III

설계 제너레이터

$E = ABC \quad F = BCD \quad G = ACD \quad H = ABD \quad J = ABCD \quad K = AB$

정의관계: $I = ABCE = BCDF = ADEF = ACDG = BDEG = ABFG = CEFG = ABDH$
$= CDEH = ACFH = BEFH = BCGH = AEGH = DFGH = ABCDEFGH = ABCDJ$
$= DEJ = AFJ = BCEFJ = BGJ = ACEGJ = CDFGI = ABDEFGJ = CHJ$
$= ABEHJ = BDFHJ = ACDEFHJ = ADGHJ = BCDEGHJ = ABCFGHJ = EFGHJ = ABK$
$= CEK = ACDFK = BDEFK = BCDGK = ADEGK = FGK = ABCEFGK = DHK$
$= ABCDEHK = BCFHK = AEFHK = ACGHK = BEGHK = ABDFGHK = CDEFGHK = CDJK$
$= ABDEJK = BFJK = ACEFJK = AGJK = BCEGJK = ABCDFGJK = DEFGJK = ABCHJK$
$= EHJK = ADFHJK = BCDEFHJK = BDGHJK = ACDEGHJK = CFGHJK = ABEFGHJK$

가명관계

$A = FJ = BK$	$J = DE = AF = BG = CH$
$B = GJ = AK$	$K = AB = CE = FG = DH$
$C = HJ = EK$	$AC = BE = DG = FH$
$D = EJ = HK$	$AD = EF = CG = BH$
$E = DJ = CK$	$AE = BC = DF = GH$
$F = AJ = GK$	$AG = CD = BF = EH = JK$
$G = BJ = FK$	$AH = BD = CF = EG$
$H = CJ = DK$	

2 blocks of 8: $AG = CD = BF = EH = JK$

(s) 2^{10-5}; 10요인설계의 1/32 부분(시행횟수 32개) 해상도 IV

설계 제너레이터

$F = ABCD \quad G = ABCE \quad H = ABDE \quad J = ACDE \quad K = BCDE$

정의관계: $I = ABCDF = ABCEG = DEFG = ABDEH = CEFH = CDGH = ABFGH = ACDEJ$
$= BEFJ = BDGJ = ACFGJ = BCHJ = ADFHJ = AEGHJ = BCDEFGHJ = BCDEK$
$= AEFK = ADGK = BCFGK = ACHK = BDFHK = BEGHK = ACDEFGHK = ABJK$
$= CDFJK = CEGJK = ABDEFGJK = DEHJK = ABCEFHJK = ABCDGHJK = FGHJK$

가명관계

$A = EFK = DGK = CHK = BJK$	$AH = BDE = BFG = DFJ = EGJ = CK$
$B = EFJ = DGJ = CHJ = AJK$	$AJ = CDE = CFG = DFH = EGH = BK$
$C = EFH = DGH = BHJ = AHK$	$AK = EF = DG = CH = BJ$
$D = EFG = CGH = BGJ = AGK$	$BC = ADF = AEG = HJ = DEK = FGK$
$E = DFG = CFH = BFJ = AFK$	$BD = ACF = AEH = GJ = CEK = FHK$
$F = DEG = CEH = BEJ = AEK$	$BE = ACG = ADH = FJ = CDK = GHK$
$G = DEF = CDH = BDJ = ADK$	$BF = ACD = AGH = EJ = CGK = DHK$
$H = CEF = CDG = BCJ = ACK$	$BG = ACE = AFH = DJ = CFK = EHK$
$J = BEF = BDG = BCH = ABK$	$BH = ADE = AFG = CJ = DFK = EGK$
$K = AEF = ADG = ACH = ABJ$	$CD = ABF = GH = AEJ = BEK = FJK$
$AB = CDF = CEG = DEH = FGH = JK$	$CE = ABG = FH = ADJ = BDK = GJK$
$AC = BDF = BEG = DEJ = FGJ = HK$	$CF = ABD = EH = AGJ = BGK = DJK$
$AD = BCF = BEH = CEJ = FHJ = GK$	$CG = ABE = DH = AFJ = BFK = EJK$
$AE = BCG = BDH = CDJ = GHJ = FK$	$DE = FG = ABH = ACJ = BCK = HJK$
$AF = BCD = BGH = CGJ = DHJ = EK$	$DF = ABC = EG = AHJ = BHK = CJK$
$AG = BCE = BFH = CFJ = EHJ = DK$	

2 blocks of 16: $AK = EF = DG = CH = BJ$
4 blocks of 8: $AK = EF = DG = CH = BJ$
$AJ = CDE = CFG = DFH = EGH = BK$
$AB = CDF = CEG = DEH = FGH = JK$

표 VIII. 2^{k-p} 부분요인설계($k \le 15$, $n \le 64$)에 대한 가명관계(계속)

10요인설계

(t) 2^{10-4}; 10요인설계의 1/16 부분(시행횟수 64개) 해상도 IV

설계 제너레이터

$G = BCDF \quad H = ACDF \quad J = ABDE \quad K = ABCE$

정의관계: $I = BCDFG = ACDFH = ABGH = ABDEJ = ACEFGJ = BCEFHJ = DEGHJ = ABCEK$
$= ADEFGK = BDEFHK = CEGHK = CDJK = BFGJK = AFHJK = ABCDGHJK$

가명관계

$A = BGH$	$AD = CFH = BEJ$	$BK = ACE = FGJ$
$B = AGH$	$AE = BDJ = BCK$	$CD = BFG = AFH = JK$
$C = DJK$	$AF = CDH = HJK$	$CE = ABK = GHK$
$D = CJK$	$AG = BH$	$CF = BDG = ADH$
$E =$	$AH = CDF = BG = FJK$	$CG = BDF = EHK$
$F =$	$AJ = BDE = FHK$	$CH = ADF = EGK$
$G = ABH$	$AK = BCE = FHJ$	$CJ = DK$
$H = ABG$	$BC = DFG = AEK$	$CK = ABE = EGH = DJ$
$J = CDK$	$BD = CFG = AEJ$	$DE = ABJ = GHJ$
$K = CDJ$	$BE = ADJ = ACK$	$DF = BCG = ACH$
$AB = GH = DEJ = CEK$	$BF = CDG = GJK$	$DG = BCF = EHJ$
$AC = DFH = BEK$	$BJ = ADE = FGK$	$DH = ACF = EGJ$
$EF =$	$GJ = DEH = BFK$	$AEG = BEH = CFJ = DFK$
$EG = DHJ = CHK$	$GK = CEH = BFJ$	$AEH = BEG$
$EH = DGJ = CGK$	$HJ = DEG = AFK$	$AFG = BFH = CEJ = DEK$
$EJ = ABD = DGH$	$HK = CEG = AFJ$	$AGJ = CEF = BHJ$
$EK = ABC = CGH$	$ABF = FGH$	$AGK = DEF = BHK$
$FG = BCD = BJK$	$ACG = BCH = EFJ$	$BCJ = EFH = BDK$
$FH = ACD = AJK$	$ACJ = EFG = ADK$	$BEF = CHJ = DHK$
$FJ = BGK = AHK$	$ADG = BDH = EFK$	$CDE = EJK$
$FK = BGJ = AHJ$	$AEF = CGJ = DGK$	$CFK = DFJ$

2 blocks of 32: $AGJ = CEF = BHJ$ 4 blocks of 16: $AGJ = CEF = BHJ$
$AGK = DEF = BHK$
$CD = BFG = AFH = JK$

표 VIII. 2^{k-p} 부분요인설계($k \le 15$, $n \le 64$)에 대한 가명관계(계속)

11요인설계(계속)

(u) 2^{11-7}; 11요인설계의 1/128 부분(시행횟수 16개) 해상도 III

설계 제너레이터

$E = ABC \quad F = BCD \quad G = ACD \quad H = ABD \quad J = ABCD \quad K = AB \quad L = AC$

정의관계: $I = ABCE = BCDF = ADEF = ACDG = BDEG = ABFG = CEFG = ABDH$
$= CDEH = ACFH = BEFH = BCGH = AEGH = DFGH = ABCDEFGH = ABCDJ$
$= DEJ = AFJ = BCEFJ = BGJ = ACEGJ = CDFGJ = ABDEFGJ = CHJ$
$= ABEHJ = BDFHJ = ACDEFHJ = ADGHJ = BCDEGHJ = ABCFGHJ = EFGHJ = ABK$
$= CEK = ACDFK = BDEFK = BCDGK = ADEGK = FGK = ABCEFGK = DHK$
$= ABCDEHK = BCFHK = AEFHK = ACGHK = BEGHK = ABDFGHK = CDEFGHK = CDJK$
$= ABDEJK = BFJK = ACEFJK = AGJK = BCEGJK = ABCDFGJK = DEFGJK = ABCHJK$
$= EHJK = ADFHJK = BCDEFHJK = BDGHJK = ACDEGHJK = CFGHJK = ABEFGHJK = ACL$
$= BEL = ABDFL = CDEFL = DGL = ABCDEGL = BCFGL = AEFGL = BCDHL$
$= ADEHL = FHL = ABCEFHL = ABGHL = CEGHL = ACDFGHL = BDEFGHL = BDJL$
$= ACDEJL = CFJL = ABEFJL = ABCGJL = EGJL = ADFGJL = BCDEFGJL = AHJL$
$= BCEHJL = ABCDFHJL = DEFHJL = CDGHJL = ABDEGHJL = BFGHJL = ACEFGHJL = BCKL$
$= AEKL = DFKL = ABCDEFKL = ABDGKL = CDEGKL = ACFGKL = BEFGKL = ACDHKL$
$= BDEHKL = ABFHKL = CEFHKL = GHKL = ABCEGHKL = BCDFGHKL = ADEFGHKL = ADJKL$
$= BCDEJKL = ABCFJKL = EFJKL = CGJKL = ABEGJKL = BDFGJKL = ACDEFGJKL = BHJKL$
$= ACEHJKL = CDFHJKL = ABDEFHJKL = ABCDGHJKL = DEGHJKL = AFGHJKL = BCEFGHJKL$

가명관계

$A = FJ = BK = CL$	$J = DE = AF = BG = CH$
$B = GJ = AK = EL$	$K = AB = CE = FG = DH$
$C = HJ = EK = AL$	$L = AC = BE = DG = FH$
$D = EJ = HK = GL$	$AD = EF = CG = BH$
$E = DJ = CK = BL$	$AE = BC = DF = GH = KL$
$F = AJ = GK = HL$	$AG = CD = BF = EH = JK$
$G = BJ = FK = DL$	$AH = BD = CF = EG = JL$
$H = CJ = DK = FL$	

2 blocks of 8: $AE = BC = DF = GH = KL$

표 VIII. 2^{k-p} 부분요인설계($k \le 15$, $n \le 64$)에 대한 가명관계(계속)

11요인설계

(v) 2^{11-6}; 11요인설계의 1/64 부분(시행횟수 32개) 해상도 IV

설계 제너레이터

$$F = ABC \quad G = BCD \quad H = CDE \quad J = ACD \quad K = ADE \quad L = BDE$$

정의관계:

$I = ABCF = BCDG = ADFG = CDEH = ABDEFH = BEGH = ACEFGH = ACDJ = BDFJ = ABGJ = CFGJ$
$= AEHJ = BCEFHJ = ABCDEGHJ = DEFGHJ = ADEK = BCDEFK = ABCEGK = EFGK = ACHK = BFHK$
$= ABDGHK = CDFGHK = CEJK = ABEFJK = BDEGJK = ACDEFGJK = DHJK = ABCDFHJK = BCGHJK$
$= AFGHJK = BDEL = ACDEFL = CEGL = ABEFGL = BCHL = AFHL = DGHL = ABCDFGHL$
$= ABCEJL = EFJL = ADEGJL = BCDEFGJL = ABDHJL = CDFHJL = ACGHJL = BFGHJL = ABKL$
$= CFKL = ACDGKL = BDFGKL = ABCDEHKL = DEFHKL = AEGHKL = BCEFGHKL = BCDJKL$
$= ADFJKL = GJKL = ABCFGJKL = BEHJKL = ACEFHJKL = CDEGHJKL = ABDEFGHJKL$

가명관계

$A = BCF = DFG = CDJ = BGJ = EHJ = DEK = CHK = FHL = BKL$
$B = ACF = CDG = EGH = DFJ = AGJ = FHK = DEL = CHL = AKL$
$C = ABF = BDG = DEH = ADJ = FGJ = AHK = EJK = EGL = BHL = FKL$
$D = BCG = AFG = CEH = ACJ = BFJ = AEK = HJK = BEL = GHL$
$E = CDH = BGH = AHJ = ADK = FGK = CJK = BDL = CGL = FJL$
$F = ABC = ADG = BDJ = CGJ = EGK = BHK = AHL = EJL = CKL$
$G = BCD = ADF = BEH = ABJ = CFJ = EFK = CEL = DHL = JKL$
$H = CDE = BEG = AEJ = ACK = BFK = DJK = BCL = AFL = DGL$
$J = ACD = BDF = ABG = CFG = AEH = CEK = DHK = EFL = GKL$
$K = ADE = EFG = ACH = BFH = CEJ = DHJ = ABL = CFL = GJL$
$L = BDE = CEG = BCH = AFH = DGH = EFJ = ABK = CFK = GJK$

$AB = CF = GJ = KL$	$AE = HJ = DK$	$AH = EJ = CK = FL$	$AL = FH = BK$	$BH = EG = CL = FK$
$AC = BF = DJ = HK$	$AF = BC = DG = HL$	$AJ = CD = BG = EH$	$BD = CG = FJ = EL$	$CE = DH = JK = GL$
$AD = FG = CJ = EK$	$AG = DF = BJ$	$AK = DE = CH = BL$	$BE = GH = DL$	$EF = GK = JL$

$ABD = CDF = ACG = BFG = EFH = BCJ = AFJ = DGJ = BEK = GHK = AEL = HJL = DKL$
$ABE = CEF = DFH = AGH = EGJ = BHJ = BDK = CGK = FJK = ADL = FGL = CJL = EKL$
$ABH = DEF = AEG = CFH = BEJ = GHJ = BCK = AFK = DGK = ACL = BFL = DJL = HKL$
$ACE = BEF = ADH = FGH = DEJ = CHJ = CDK = BGK = EHK = AJK = DFL = AGL = BJL$
$AEF = BCE = DEG = BDH = CGH = FHJ = DFK = AGK = BJK = CDL = BGL = EHL = AJL$

2 blocks of 16: $AB = CF = GJ = KL$ 4 blocks of 8: $AB = CF = GJ = KL$
$AD = FG = CJ = EK$
$BD = CG = FJ = EL$

표 VIII. 2^{k-p} 부분요인설계($k \leq 15$, $n \leq 64$)에 대한 가명관계(계속)

12요인설계

(w) 2^{12-8}; 12요인설계의 1/256 부분(시행횟수 16개) — 해상도 III

설계 제너레이터

$E = ABC \quad F = ABD \quad G = ACD \quad H = BCD$
$J = ABCD \quad K = AB \quad L = AC \quad M = AD$

가명관계

$A = HJ = BK = CL = DM$
$B = GJ = AK = EL = FM$
$C = FJ = EK = AL = GM$
$D = EJ = FK = GL = AM$
$E = DJ = CK = BL = HM$
$F = CJ = DK = HL = BM$
$G = BJ = HK = DL = CM$
$H = AJ = GK = FL = EM$
$J = DE = CF = BG = AH$
$K = AB = CE = DF = GH$
$L = AC = BE = DG = FH$
$M = AD = BF = CG = EH$
$AE = BC = FG = DH = KL = JM$
$AF = BD = EG = CH = JL = KM$
$AG = EF = CD = BH = JK = LM$
2 blocks of 8: $AE = BC = FG = DH = KL = JM$

13요인설계

(x) 2^{13-9}; 13요인설계의 1/512 부분(시행횟수 16개) — 해상도 III

설계 제너레이터

$E = ABC \quad F = ABD \quad G = ACD \quad H = BCD$
$J = ABCD \quad K = AB \quad L = AC \quad M = AD \quad N = BC$

가명관계

$A = HJ = BK = CL = DM = EN$
$B = GJ = AK = EL = FM = CN$
$C = FJ = EK = AL = GM = BN$
$D = EJ = FK = GL = AM = HN$
$E = DJ = CK = BL = HM = AN$
$F = CJ = DK = HL = BM = GN$
$G = BJ = HK = DL = CM = FN$
$H = AJ = GK = FL = EM = DN$
$J = DE = CF = BG = AH = MN$
$K = AB = CE = DF = GH = LN$
$L = AC = BE = DG = FH = KN$
$M = AD = BF = CG = EH = JN$
$N = BC = AE = FG = DH = KL = JM$
$AF = BD = EG = CH = JL = KM$
$AG = EF = CD = BH = JK = LM$
2 blocks of 8: $AF = BD = EG = CH = JL = KM$

표 VIII. 2^{k-p} 부분요인설계($k \le 15$, $n \le 64$)에 대한 가명관계

14요인설계

(y) 2^{14-10}; 14요인설계의 1/1024 부분(시행횟수 16개) — 해상도 III

설계 제너레이터

$E = ABC \quad F = ABD \quad G = ACD \quad H = BCD \quad J = ABCD$
$K = AB \quad L = AC \quad M = AD \quad N = BC \quad O = BD$

가명관계

$A = HJ = BK = CL = DM = EN = FO$
$B = GJ = AK = EL = FM = CN = DO$
$C = FJ = EK = AL = GM = BN = HO$
$D = EJ = FK = GL = AM = HN = BO$
$E = DJ = CK = BL = HM = AN = GO$
$F = CJ = DK = HL = BM = GN = AO$
$G = BJ = HK = DL = CM = FN = EO$
$H = AJ = GK = FL = EM = DN = CO$
$J = DE = CF = BG = AH = MN = LO$
$K = AB = CE = DF = GH = LN = MO$
$L = AC = BE = DG = FH = KN = JO$
$M = AD = BF = CG = EH = JN = KO$
$N = BC = AE = FG = DH = KL = JM$
$O = BD = AF = EG = CH = JL = KM$
$AG = EF = CD = BH = JK = LM = NO$
2 blocks of 8: $AG = EF = CD = BH = JK = LM = NO$

15요인설계

(z) 2^{15-11}; 15요인설계의 1/2048 부분(시행횟수 16개) — 해상도 III

설계 제너레이터

$E = ABC \quad F = ABD \quad G = ACD \quad H = BCD \quad J = ABCD$
$K = AB \quad L = AC \quad M = AD \quad N = BC \quad O = BD \quad P = CD$

가명관계

$A = HJ = BK = CL = DM = EN = FO = GP$
$B = GJ = AK = EL = FM = CN = DO = HP$
$C = FJ = EK = AL = GM = BN = HO = DP$
$D = EJ = FK = GL = AM = HN = BO = CP$
$E = DJ = CK = BL = HM = AN = GO = FP$
$F = CJ = DK = HL = BM = GN = AO = EP$
$G = BJ = HK = DL = CM = FN = EO = AP$
$H = AJ = GK = FL = EM = DN = CO = BP$
$J = DE = CF = BG = AH = MN = LO = KP$
$K = AB = CE = DF = GH = LN = MO = JP$
$L = AC = BE = DG = FH = KN = JO = MP$
$M = AD = BF = CG = EH = JN = KO = LP$
$N = BC = AE = FG = DH = KL = JM = OP$
$O = BD = AF = EG = CH = JL = KM = NP$
$P = CD = EF = AG = BH = JK = LM = NO$

참고문헌

Abraham, B., H. Chipman, and K. Vijayan (1999). "Some Risks in the Construction and Analysis of Supersaturated Designs." *Technometrics*, Vol. 41, pp. 135–141.

Addelman, S. (1961). "Irregular Fractions of the 2^n Factorial Experiments." *Technometrics*, Vol. 3, pp. 479–496.

Addelman, S. (1962). "Orthogonal Main Effect-Plans for Asymmetric Factorial Experiments." *Technometrics*, Vol. 4, pp. 21–46.

Addelman, S. (1963). "Techniques for Constructing Fractional Replicate Plans." *Journal of the American Statistical Association*, Vol. 58, pp. 45–71.

Almimi, A. A., M. Kulahci, and D. C. Montgomery (2008a). "Follow-Up Designs to Resolve confounding in Split-Plot Experiments." *Journal of Quality Technology*, Vol. 40, pp. 154–166.

Almimi, A. A., M. Kulahci, and D. C. Montgomery (2008b). "Estimation of Missing Observations in Two-level Split-Plot Designs." *Quality and Reliability Engineering International*, Vol. 24, pp. 127–152.

Almimi, A. A., M. Kulahci, and D. C. Montgomery (2009). "Checking the Adequacy of Fit of Models from Split-Plot Designs." *Journal of Quality Technology*, Vol. 41, pp. 272–284.

Anderson, V. L., and R. A. McLean (1974). *Design of Experiments: A Realistic Approach*. Dekker, New York.

Andere-Rendon, J., D. C. Montgomery, and D. A. Rollier (1997). "Design of Mixture Experiments Using Bayesian D-Optimality." *Journal of Quality Technology*, Vol. 29, pp. 451–463.

Anderson-Cook, C. M., C. M. Borror, and D. C. Montgomery (2009). "Response Surface Design Evaluation and Comparison" (with Discussion). *Journal of Statistical Planning and Inference*, Vol. 139, pp. 629–674.

Anscombe, F. J. (1960). "Rejection of Outliers." *Technometrics*, Vol. 2, pp. 123–147.

Anscombe, F. J., and J. W. Tukey (1963). "The Examination and Analysis of Residuals." *Technometrics*, Vol. 5, pp. 141–160.

Bainbridge, T. R. (1965). "Staggered, Nested Designs for Estimating Variance Components." *Industrial Quality Control*, Vol. 22, pp. 12–20.

Bancroft, T. A. (1968). *Topics in Intermediate Statistical Methods*. Iowa State University Press, Ames, IA.

Barlett, M. S. (1947). "The Use of Transformations." *Biometrics*, Vol. 3, pp. 39–52.

Barnett, V., and T. Lewis (1994). *Outliers in Statistical Data*. 3rd edition. Wiley, New York.

Barton, R. R. (1992). "Metamodels for Simulation Input-Output Relations." Winter Simulation Conference, pp. 289–299.

Barton, R. R. (1994). "Metamodels: A State of the Art Review." Winter Simulation Conference, pp. 237–277.

Bennett, C. A., and N. L. Franklin (1954). *Statistical Analysis in Chemistry and the Chemical Industry*. Wiley, New York.

Bergquist, B., E. Vanhatalo, and M. L. Nordenvaad (2011). "A Bayesian Analysis of Unreplicated Two-Level Factorials Using Effects Sparsity, Hierarchy, and Heredity." *Quality Engineering*, Vol. 23, No. 2, pp. 152–166.

Bingham, D., and R. R. Sitter (1999). "Minimum Aberration Two-Level Fractional Factorial Split-Plot Designs." *Technometrics*, Vol. 41, pp. 62–70.

Bisgaard, S. (1998–1999). "Conditional Inference Chart for Small Unreplicated Two-Level Factorial Experiments." *Quality Engineering*, Vol. 11, pp. 267–271.

Bisgaard, S. (2000). "The Design and Analysis of $2^{k-p} \times 2^{q-r}$ Split Plot Experiments." *Journal of Quality Technology*, Vol. 32, pp. 39–56.

Bisgaard, S., and H. T. Fuller (1994–95). "Analysis of Factorial Experiments with Defects or Defectives as the Response." *Quality Engineering*, Vol. 7, pp. 429–443.

Booth, K. H., and D. R. Cox (1962). "Some Systematic Supersaturated Designs." *Technometrics*, Vol. 4, pp. 489–495.

Bowker, A. H., and G. J. Lieberman (1972). *Engineering Statistics*. 2nd edition. Prentice Hall, Englewood Cliffs, NJ.

Box, G. E. P. (1954a). "Some Theorems on Quadratic Forms Applied in the Study of Analysis of Variance Problems: I. Effect of Inequality of Variance in the One-Way Classification." *Annals of Mathematical Statistics*, Vol. 25, pp. 290–302.

Box, G. E. P. (1954b). "Some Theorems on Quadratic Forms Applied in the Study of Analysis of Variance Problems: II. Effect of Inequality of Variance and of Correlation of Errors in the Two-Way Classification." *Annals of Mathematical Statistics*, Vol. 25, pp. 484–498.

Box, G. E. P. (1957). "Evolutionary Operation: A Method for Increasing Industrial Productivity." *Applied Statistics*, Vol. 6, pp. 81–101.

Box, G. E. P. (1988). "Signal-to-Noise Ratios, Performance Criteria, and Transformation." *Technometrics*, Vol. 30, pp. 1–40.

Box, G. E. P. (1992–1993). "Sequential Experimentation and Sequential Assembly of Designs." *Quality Engineering*, Vol. 5, No. 2, pp. 321–330.

Box, G. E. P. (1999). "Statistics as a Catalyst to Learning by Scientific Method Part II—A Discussion" (with Discussion). *Journal of Quality Technology*, Vol. 31, pp. 16–29.

Box, G. E. P., and D. W. Behnken (1960). "Some New Three Level Designs for the Study of Quantitative Variables." *Technometrics*, Vol. 2, pp. 455–476.

Box, G. E. P., S. Bisgaard, and C. A. Fung (1988). "An Explanation and Critique of Taguchi's Contributions to Quality Engineering." *Quality and Reliability Engineering International*, Vol. 4, pp. 123–131.

Box, G. E. P., and D. R. Cox (1964). "An Analysis of Transformations." *Journal of the Royal Statistical Society B*, Vol. 26, pp. 211–243.

Box, G. E. P., and N. R. Draper (1969). *Evolutionary Operation*. Wiley, New York.

Box, G. E. P., and N. R. Draper (2007). *Response Surfaces, Mixtures, and Ridge Analysis*. Wiley, New York.

Box, G. E. P., and J. S. Hunter (1957). "Multifactor Experimental Designs for Exploring Response Surfaces." *Annals of Mathematical Statistics*, Vol. 28, pp. 195–242.

Box, G. E. P., and J. S. Hunter (1961a). "The 2^{k-p} Fractional Factorial Designs, Part I." *Technometrics*, Vol. 3, pp. 311–352.

Box, G. E. P., and J. S. Hunter (1961b). "The 2^{k-p} Fractional Factorial Designs, Part II." *Technometrics*, Vol. 3, pp. 449–458.

Box, G. E. P., W. G. Hunter, and J. S. Hunter (2005). *Statistics for Experimenters*. 2nd edition Wiley, New York.

Box, G. E. P., and P. Y. T. Liu (1999). "Statistics as a Catalyst to Learning by Scientific Method Part I—An Example." *Journal of Quality Technology*, Vol. 31, pp. 1–15.

Box, G. E. P., and R. D. Meyer (1986). "An Analysis of Unreplicated Fractional Factorials." *Technometrics*, Vol. 28, pp. 11–18.

Box, G. E. P., and K. G. Wilson (1951). "On the Experimental Attainment of Optimum Conditions." *Journal of the Royal Statistical Society, B*, Vol. 13, pp. 1–45.

Box, J. F. (1978). *R. A. Fisher: The Life of a Scientist*. Wiley, New York.

Burdick, R. K., C. M. Borror, and D. C. Montgomery (2003). "A Review of Methods for Measurement Systems Capability Analysis." *Journal of Quality Technology*, Vol. 35, No. 4, pp. 342–354.

Burdick, R. K., and F. A. Graybill (1992). *Confidence Intervals on Variance Components*. Dekker, New York.

Bursztyn, D., and D. Steinberg (2006). "Comparison of Designs for Computer Experiments." *Journal of Statistical Planning and Inference*, Vol. 136, pp. 1103–1119.

Byrne, D. M., and S. Taguchi (1987). "The Taguchi Approach to Parameter Design." *Quality Progress*, December, pp. 19–26.

Capehart, S. R., A. Keha, M. Kulahci, and D. C. Montgomery (2011). "Designing Fractional Factorial Split-Plot Experiments Using Integer Programming." *International Journal of Experimental Design and Process Optimisation*, Vol. 2, pp. 34–47.

Carmer, S. G., and M. R. Swanson (1973). "Evaluation of Ten Pairwise Multiple Comparison Procedures by Monte Carlo Methods." *Journal of the American Statistical Association*, Vol. 68, No. 314, pp. 66–74.

Chaloner, K., and K. Larntz (1989). "Optimal Bayesian Designs Applied to Logistic Regression Experiments." *Journal of Statistical Planning and Inference*, Vol. 21, pp. 191–208.

Cochran, W. G. (1947). "Some Consequences When the Assumptions for the Analysis of Variance Are Not Satisfied." *Biometrics*, Vol. 3, pp. 22–38.

Cochran, W. G. (1957). "Analysis of Covariance: Its Nature and Uses." *Biometrics*, Vol. 13, No. 3, pp. 261–281.

Cochran, W. G., and G. M. Cox (1957). *Experimental Designs*. 2nd edition. Wiley, New York.

Coleman, D. E., and D. C. Montgomery (1993). "A Systematic Approach to Planning for a Designed Industrial Experiment" (with Discussion). *Technometrics*, Vol. 35, pp. 1–27.

Connor, W. S., and M. Zelen (1959). Fractional Factorial Experimental Designs for Factors at Three Levels. Applied Mathematics Series, National Bureau of Standards, Washington, DC. No. 54.

Conover, W. J. (1980). Practical Nonparametric Statistics. 2nd edition. Wiley, New York.

Conover, W. J., and R. L. Iman (1976). "On Some Alternative Procedures Using Ranks for the Analysis of Experimental Designs." *Communications in Statistics*, Vol. A5, pp. 1349–1368.

Conover, W. J., and R. L. Iman (1981). "Rank Transformations as a Bridge Between Parametric and Nonparametric Statistics" (with Discussion). *The American Statistician*, Vol. 35, pp. 124–133.

Conover, W. J., M. E. Johnson, and M. M. Johnson (1981). "A Comparative Study of Tests for Homogeneity of Variances, with Applications to the Outer Continental Shelf Bidding Data." *Technometrics*, Vol. 23, pp. 351–361.

Cook, D. R. (1977). "Detection of Influential Observations in Linear Regression." *Technometrics*, Vol. 19, pp. 15–18.

Cook, D. R. (1979). "Influential Observations in Linear Regression." *Journal of the American Statistical Association*, Vol. 74, pp. 169–174.

Cornell, J. A. (2002). *Experiments with Mixtures: Designs, Models, and the Analysis of Mixture Data*. 3rd edition. Wiley, New York.

Cornfield, J., and J. W. Tukey (1956). "Average Value of Mean Squares in Factorials." *Annals of Mathematical Statistics*, Vol. 27, pp. 907–949.

Daniel, C. (1959). "Use of Half-Normal Plots in Interpreting Factorial Two Level Experiments." *Technometrics*, Vol. 1, pp. 311–342.

Daniel, C. (1976). *Applications of Statistics to Industrial Experimentation*. Wiley, New York.

Davies, O. L. (1956). *Design and Analysis of Industrial Experiments*. 2nd edition. Hafner Publishing Company, New York.

Derringer, G., and R. Suich (1980). "Simultaneous Optimization of Several Response Variables." *Journal of Quality Technology*, Vol. 12, pp. 214–219.

Dolby, J. L. (1963). "A Quick Method for Choosing a Transformation." *Technometrics*, Vol. 5, pp. 317–326.

Draper, N. R., and W. G. Hunter (1969). "Transformations: Some Examples Revisited." *Technometrics*, Vol. 11, pp. 23–40.

DuMouchel, W., and B. Jones (1994). "A Simple Bayesian Modification of D-Optimal Designs to Reduce Dependence on an Assumed Model." *Technometrics*, Vol. 36, pp. 37–47.

Duncan, A. J. (1986). *Quality Control and Industrial Statistics*. 5th edition. Richard D. Irwin, Homewood, IL.

Duncan, D. B. (1955). "Multiple Range and Multiple *F* Tests." *Biometrics*, Vol. 11, pp. 1–42.

Dunnett, C. W. (1964). "New Tables for Multiple Comparisons with a Control." *Biometrics*, Vol. 20, pp. 482–491.

Edwards, D. J., and R. W. Mee (2008). "Empirically Determined *P*-Values for Lenth *t*-Statistics." *Journal of Quality Technology*, Vol. 40, No. 4, pp. 368–380.

Eisenhart, C. (1947). "The Assumptions Underlying the Analysis of Variance." *Biometrics*, Vol. 3, pp. 1–21.

Fang, K. T. (1980). "The Uniform Design: Application of Number-Theoretic Methods in Experimental Design." *Acta Mathematicae Applicatae Sinica*, Vol. 3, pp. 363–372.

Fang, K. T., R. Li, and A. Sudjianto (2006). *Design and Modeling for Computer Experiments*, Taylor & Francis Group, Boca Raton, FL.

Fisher, R. A. (1958). *Statistical Methods for Research Workers*. 13th edition. Oliver and Boyd, Edinburgh.

Fisher, R. A. (1966). *The Design of Experiments*. 8th edition. Hafner Publishing Company, New York.

Fisher, R. A., and F. Yates (1953). *Statistical Tables for Biological, Agricultural, and Medical Research*. 4th edition. Oliver and Boyd, Edinburgh.

Fries, A., and W. G. Hunter (1980). "Minimum Aberration 2^{k-p} Designs." *Technometrics*, Vol. 22, pp. 601–608.

Gaylor, D. W., and T. D. Hartwell (1969). "Expected Mean Squares for Nested Classifications." *Biometrics*, Vol. 25, pp. 427–430.

Gaylor, D. W., and F. N. Hopper (1969). "Estimating the Degrees of Freedom for Linear Combinations of Mean Squares by Satterthwaite's Formula." *Technometrics*, Vol. 11, No. 4, pp. 699–706.

Giovannitti-Jensen, A., and R. H. Myers (1989). "Graphical Assessment of the Prediction Capability of Response Surface Designs." *Technometrics*, Vol. 31, pp. 159–171.

Gotwalt, C. M., B. A. Jones, and D. M. Steinberg (2009). "Fast Computation of Designs Robust to Parameter Uncertainty for Nonlinear Settings." *Technometrics*, Vol. 51, pp. 86–95.

Graybill, F. A. (1961). *An Introduction to Linear Statistical Models*. Vol. 1. McGraw-Hill, New York.

Graybill, F. A., and C. M. Wang (1980). "Confidence Intervals on Nonnegative Linear Combinations of Variances." *Journal of the American Statistical Association*, Vol. 75, pp. 869–873.

Graybill, F. A., and D. L. Weeks (1959). "Combining Interblock and Intrablock Information in Balanced Incomplete Blocks." *Annals of Mathematical Statistics*, Vol. 30, pp. 799–805.

Hall, M. Jr., (1961). Hadamard Matrix of Order 16, Jet Propulsion Laboratory Research Summary, 1, pp. 21–26.

Hamada, M., and N. Balakrishnan (1998). "Analyzing Unreplicated Factorial Experiments: A Review with Some New Proposals" (with Discussion). *Statistica Sinica*, Vol. 8, pp. 1–41.

Hamada, M., and C. F. J. Wu (1992). "Analysis of Designed Experiments with Complex Aliasing." *Journal of Quality Technology*, Vol. 24, No. 3, pp. 130–137.

Hill, W. G., and W. G. Hunter (1966). "A Review of Response Surface Methodology: A Literature Survey." *Technometrics*, Vol. 8, pp. 571–590.

Hines, W. W., D. C. Montgomery, D. M. Goldsman, and C. M. Borror (2003). *Probability and Statistics in Engineering*. 4th edition. Wiley, New York.

Hocking, R. R. (1973). "A Discussion of the Two-Way Mixed Model." *The American Statistician*, Vol. 27, No. 4, pp. 148–152.

Hocking, R. R., O. P. Hackney, and F. M. Speed (1978). "The Analysis of Linear Models with Unbalanced Data." in *Contributions to Survey Sampling and Applied Statistics*, H. A. David (ed.). Academic Press, New York.

Hocking, R. R., and F. M. Speed (1975). "A Full Rank Analysis of Some Linear Model Problems." *Journal of the American Statistical Association*, Vol. 70, pp. 706–712.

Holcomb, D. R., and W. M. Carlyle (2002). "Some Notes on the Construction and Evaluation of Supersaturated Designs." *Quality and Reliability Engineering International*, Vol. 18, pp. 299–304.

Holcomb, D. R., D. C. Montgomery, and W. M. Carlyle (2003). "Analysis of Supersaturated Designs." *Journal of Quality Technology*, Vol. 35, No. 1, pp. 13–27.

Hsu, J. (1996). *Multiple Comparisons: Theory and Methods*, Chapman and Hall/CRC, Boca Raton, FL.

Huang, P., D. Chen, and J. Voelkel (1999). "Minimum Aberration Two-Level Split-Plot Designs." *Technometrics*, Vol. 41, pp. 314–326.

Hunter, J. S. (1985). "Statistical Design Applied to Product Design." *Journal of Quality Technology*, Vol. 17, pp. 210–221.

Hunter, J. S. (1989). "Let's All Beware the Latin Square." *Quality Engineering*, Vol. 1, pp. 453–465.

John, J. A., and P. Prescott (1975). "Critical Values of a Test to Detect Outliers in Factorial Experiments." *Applied Statistics*, Vol. 24, pp. 56–59.

John, P. W. M. (1961). "The Three-Quarter Replicates of 2^4 and 2^5 Designs." *Biometrics*, Vol. 17, pp. 319–321.

John, P. W. M. (1962). "Three-Quarter Replicates of 2^n "Designs." *Biometrics*, Vol. 18, pp. 171–184.

John, P. W. M. (1964). "Blocking a $3(2^{n-k})$ Design." *Technometrics*, Vol. 6, pp. 371–376.

John, P. W. M. (1971). *Statistical Design and Analysis of Experiments*. Macmillan, New York.

Johnson, M. E., L. M. Moore, and D. Ylvisaker (1990). "Minimax and Maxmin Distance Design." *Journal of Statistical Planning and Inference*, Vol. 26, pp. 131–148.

Johnson, R. T., and D. C. Montgomery (2009). "Choice of Second-Order Response Surface Designs for Logistic and Poisson Regression Models." *International Journal of Experimental Design and Process Optimization*, Vol. 1, pp. 2–23.

Johnson, R. T., and D. C. Montgomery (2010). "Designing Experiments for Nonlinear Models—An Introduction." *Quality and Reliability Engineering International*, Vol. 26, pp. 431–441.

Johnson, L., and S. Burrows (2011). "For Starbucks, It's in the Bag." *Quality Progress*, March, pp. 18–23.

Johnson, M. E., and Jones, B. (2011). "Classical Design Structure of Orthogonal Designs with Six to Eight Factors and Sixteen Runs." *Quality and Reliability Engineering International*, Vol. 27, No. 1, pp. 61–70.

Jones, B., and R. T. Johnson (2009). "Design and Analysis for the Gaussian Process Model." *Quality and Reliability Engineering International*, Vol. 25, pp. 515–524.

Jones, B., and D. C. Montgomery (2010). "Alternatives to Resolution IV Screening Designs in 16 Runs." *International Journal of Experimental Design and Process Optimisation*, Vol. 1, No. 4, pp. 285–295.

Jones, B., and C. J. Nachtsheim (2009). "Split-Plot Designs: What, Why, and How." *Journal of Quality Technology*, Vol. 41, pp. 340–361.

Jones, B., and C. J. Nachtsheim (2011a). "Efficient Designs with Minimal Aliasing." *Technometrics*, Vol. 53, pp. 62–71.

Jones, B., and C. J. Nachtsheim (2011b). "A Class of Three-Level Designs for Definitive Screening in the Presence of Second-Order Effects." *Journal of Quality Technology*, Vol. 43, pp. 1–15.

Jones, B., S. M. Shinde, and D. C. Montgomery (2015). "Alternatives to Resolution III Regular Fractional Factorial Designs for 9-14 Factors in 16 Runs." *Applied Stochastic Models in Business and Industry*, Vol. 31, pp. 50–58.

Jones, B., D. K. J. Lin, and C. J. Nachtsheim (2008). "Bayesian *D*-Optimal Supersaturated Designs." *Journal of Statistical Planning and Inference*, Vol. 138, pp. 86–92.

Jones, B., R. T. Silvestrini, D. C. Montgomery, and D. M. Steinberg (2015). "Bridge Designs for Modeling Systems with Low Noise." *Technometrics*, Vol. 57, No. 2, pp. 155–163.

Kackar, R. N. (1985). "Off-Line Quality Control, Parameter Design, and the Taguchi Method." *Journal of Quality Technology*, Vol. 17, pp. 176–188.

Kempthorne, O. (1952). *The Design and Analysis of Experiments*. Wiley, New York.

Kennedy, K., R. T. Silvestrini, D. C. Montgomery, and B. Jones (2015). "Prediction Variance Properties of Bridge Designs." *International Journal of Experimental Design and Process Optimisation*, Vol. 4, pp. 234–255.

Keuls, M. (1952). "The Use of the Studentized Range in Connection with an Analysis of Variance." *Euphytica*, Vol. 1, pp. 112–122.

Khuri, A. I., and J. A. Cornell (1996). *Response Surfaces: Designs and Analyses*. 2nd edition. Dekker, New York.

Kiefer, J. (1961). "Optimum Designs in Regression Problems II." *Annals of Mathematical Statistics*, Vol. 32, pp. 298–325.

Kiefer, J., and J. Wolfowitz (1959). "Optimum Designs in Regression Problems." *Annals of Mathematical Statistics*, Vol. 30, pp. 271–294.

Krishnamoorthy, A., D. C. Montgomery, B. Jones, and C. M. Borror (2015). "Analyzing No-confounding Designs Using the Dantzig Selector." *International Journal of Experimental Design and Process Optimisation*, Vol. 4, pp. 183–205.

Kruskal, W. H., and W. A. Wallis (1952). "Use of Ranks on One Criterion Variance Analysis." *Journal of the American Statistical Association*, Vol. 47, pp. 583–621 (corrections appear in Vol. 48, pp. 907–911).

Larntz, K., and P. Whitcomb (1998). "Use of Replication in Almost Unreplicated Factorials." Presented at the Fall Technical Conference, Corning, NY.

Lenth, R. V. (1989). "Quick and Easy Analysis of Unreplicated Factorials." *Technometrics*, Vol. 31, pp. 469–473.

Leon, R. V., A. C. Shoemaker, and R. N. Kackar (1987). "Performance Measures Independent of Adjustment." *Technometrics*, Vol. 29, pp. 253–265.

Levene, H. (1960). "Robust Tests for Equality of Variance." in *Contributions to Probability and Statistics*, Z. Olkin (ed.). Stanford University Press, Palo Alto, CA, pp. 278–292.

Li, X., N. Sudarsanam, and D. D. Frey (2006). "Regularities in Data from Factorial Experiments." *Complexity*, Vol. 11, No. 5, pp. 33–45.

Li, W. W., and C. F. J. Wu (1997). "Columnwise-Pairwise Algorithms with Applications to the Construction of Supersaturated Designs." *Technometrics*, Vol. 39, pp. 171–179.

Lin, D. K. J. (1993). "A New Class of Supersaturated Designs." *Technometrics*, Vol. 35, pp. 28–31.

Lin, D. K. J. (1995). "Generating Systematic Supersaturated Designs." *Technometrics*, Vol. 37, pp. 213–223.

Lin, D. K. J. (2000). "Recent Developments in Supersaturated Designs." in *Statistical Process Monitoring and Optimization*, S. H. Park and G. G. Vining (eds). Marcel Dekker, New York, pp. 305–319.

Loughin, T. M. (1998). "Calibration of the Lenth Test for Unreplicated Factorial Designs." *Journal of Quality Technology*, Vol. 30, pp. 171–175.

Loughin, T. M., and W. Noble (1997). "A Permutation Test for Effects in an Unreplicated Factorial Design." *Technometrics*, Vol. 39, pp. 180–190.

Macharia, H., and P. Goos (2010). "D-Optimal and D-Efficient Equivalent Estimation Second-Order Split-Plot Designs." *Journal of Quality Technology*, Vol. 42, pp. 358–372.

Margolin, B. H. (1967). "Systematic Methods of Analyzing 2^n3^m Factorial Experiments with Applications." *Technometrics*, Vol. 9, pp. 245–260.

Margolin, B. H. (1969). "Results on Factorial Designs of Resolution IV for the 2^n and 2^n3^m Series." *Technometrics*, Vol. 11, pp. 431–444.

McCullagh, P., and J. A. Nelder (1989). *Generalized Linear Models*. 2nd edition. Chapman and Hall, New York.

McKay, N. D., W. J. Conover, and R. J. Beckman (1979). "A Comparison of Three Methods for Selecting Values of Input Variables in the Analysis of Output from a Computer Code." *Technometrics*, Vol. 21, pp. 239–245.

Mee, R. W. (2004). "Efficient Two-Level Designs for Estimating All Main Effects and Two-Factor Interactions." *Journal of Quality Technology*, Vol. 36, pp. 400–412.

Mee, R. W. (2009). *A Comprehensive Guide to Factorial Two-Level Experimentation*. Springer, New York.

Mee, R. W., and M. Peralta (2000). "Semifolding 2^{k-p} Designs." *Technometrics*, Vol. 42, No. 2, pp. 122–143.

Meyer, R. K., and C. J. Nachtsheim (1995). "The Coordinate-Exchange Algorithm for Constructing Exact Optimal Experimental Designs." *Technometrics*, Vol. 37, pp. 60–69.

Miller, R. G. (1991). *Simultaneous Statistical Inference*. Springer-Verlag, New York.

Miller, R. G., Jr., (1977). "Developments in Multiple Comparisons, 1966–1976." *Journal of the American Statistical Association*, Vol. 72, pp. 779–788.

Milliken, G. A., and D. E. Johnson (1984). *Analysis of Messy Data*, Vol. 1. Van Nostrand Reinhold, New York.

Mitchell, T. J. (1974). "An Algorithm for the Construction of *D*-Optimal Experimental Designs." *Technometrics*, Vol. 16, pp. 203–210.

Mitchell, T. J., and M. D. Morris (1992). "The Spatial Correlation Approach to Response Surface Estimation." Winter Simulation Conference, pp. 565–571.

Montgomery, D. C. (1999). "Experimental Design for Product and Process Design and Development." *Journal of the Royal Statistical Society D*, Vol. 48, pp. 159–177.

Montgomery, D. C. (2020). *Introduction to Statistical Quality Control*. 8th edition. Wiley, New York.

Montgomery, D. C., C. M. Borror, and J. D. Stanley (1997–1998). "Some Cautions in the Use of Plackett–Burman Designs." *Quality Engineering*, Vol. 10, pp. 371–381.

Montgomery, D. C., E. A. Peck, and G. G. Vining (2012). *Introduction to Linear Regression Analysis*. 5th edition. Wiley, New York.

Montgomery, D. C., and G. C. Runger (1993a). "Gauge Capability Analysis and Designed Experiments, Part I: Basic Methods." *Quality Engineering*, Vol. 6, pp. 115–135.

Montgomery, D. C., and G. C. Runger (1993b). "Gauge Capability Analysis and Designed Experiments, Part II: Experimental Design Models and Variance Component Estimation." *Quality Engineering*, Vol. 6, pp. 289–305.

Montgomery, D. C., and G. C. Runger (1996). "Foldovers of 2^{k-p} Resolution IV Experimental Designs." *Journal of Quality Technology*, Vol. 28, pp. 446–450.

Montgomery, D. C., and G. C. Runger (2018). *Applied Statistics and Probability for Engineers*. 7th edition. Wiley, New York.

Myers, R. H. (1990). *Classical and Modern Regression with Applications*. 2nd edition. PNS-Kent, Boston.

Myers, R. H., and D. C. Montgomery (1997). "A Tutorial on Generalized Linear Models." *Journal of Quality Technology*, Vol. 29, pp. 274–291.

Myers, R. H., D. C. Montgomery, and C. M. Anderson-Cook (2016). *Response Surface Methodology: Process and Product Optimization Using Designed Experiments*. 4th edition. Wiley, New York.

Myers, R. H., D. C. Montgomery, G. G. Vining, C. M. Borror, and S. M. Kowalski (2004). "Response Surface Methodology: A Retrospective and Literature Survey." *Journal of Quality Technology*, Vol. 36, pp. 53–77.

Myers, R. H., D. C. Montgomery, G. G. Vining, and T. J. Robinson (2010). *Generalized Linear Models with Applications in Engineering and the Sciences*. 2nd edition. Wiley, New York.

Nair, V. N. (editor) (1992). "Taguchi's Parameter Design: A Panel Discussion." *Technometrics*, Vol. 34, pp. 127–161.

Nelder, J. A., and R. W. M. Wedderburn (1972). "Generalized Linear Models." *Journal of the Royal Statistical Society A*, Vol. 135, pp. 370–384.

Nelson, L. S. (1983). "Variance Estimation Using Staggered, Nested Designs." *Journal of Quality Technology*, Vol. 15, pp. 195–198.

Nelson, L. S. (1995a). "Using Nested Designs I: Estimation of Standard Deviations." *Journal of Quality Technology*, Vol. 27, No. 2, pp. 169–171.

Nelson, L. S. (1995b). "Using Nested Designs II: Confidence Limits for Standard Deviations." *Journal of Quality Technology*, Vol. 27, No. 3, pp. 265–267.

Nelson, P. R. (1989). "Multiple Comparison of Means Using Simultaneous Confidence Intervals." *Journal of Quality Technology*, Vol. 21, No. 4, pp. 232–241.

Newman, D. (1939). "The Distribution of the Range in Samples from a Normal Population, Expressed in Terms of an Independent Estimate of Standard Deviation." *Biometrika*, Vol. 31, pp. 20–30.

O'Neill, R., and G. B. Wetherill (1971). "The Present State of Multiple Comparison Methods." *Journal of the Royal Statistical Society* B, Vol. 33, pp. 218–241.

Ostle, B. (1963). *Statistics in Research*. 2nd edition. Iowa State Press, Ames, IA.

Pearson, E. S., and H. O. Hartley (1966). *Biometrika Tables for Statisticians*, Vol. 1, 3rd edition. Cambridge University Press, Cambridge.

Pearson, E. S., and H. O. Hartley (1972). *Biometrika Tables for Statisticians*, Vol. 2. Cambridge University Press, Cambridge.

Pignatiello, J. J., Jr., and J. S. Ramberg (1992). "Top Ten Triumphs and Tragedies of Genichi Taguchi." *Quality Engineering*, Vol. 4, pp. 211–225.

Plackett, R. L., and J. P. Burman (1946). "The Design of Optimum Multifactorial Experiments." *Biometrika*, Vol. 33, pp. 305–325.

Quenouille, M. H. (1953). *The Design and Analysis of Experiments*. Charles Griffin and Company, London.

Rodriguez, M., B. Jones, C. M. Borror, and D. C. Montgomery (2010). "Generating and Assessing Exact *G*-Optimal Designs." *Journal of Quality Technology*, Vol. 42, No. 1, pp. 3–29.

Sacks, J., W. J. Welch, T. J. Mithchell, and H. P. Wynn (1989). "Design and Analysis of Computer Experiments." *Statistical Science*, Vol. 4, No. 4, pp. 409–423.

Santner, T. J., B. J. Williams, and W. I. Notz (2003). *The Design and Analysis of Computer Experiments*. Springer Series in Statistics, Springer-Verlag, New York.

Satterthwaite, F. E. (1946). "An Approximate Distribution of Estimates of Variance Components." *Biometrics Bulletin*, Vol. 2, pp. 110–112.

Satterthwaite, F. E. (1959). "Random Balance Experimentation" (with Discussion). *Technometrics*, Vol. 1, pp. 111–137.

Scheffé, H. (1953). "A Method for Judging All Contrasts in the Analysis of Variance." *Biometrika*, Vol. 40, pp. 87–104.

Scheffé, H. (1956a). "A 'Mixed Model' for the Analysis of Variance." *Annals of Mathematical Statistics*, Vol. 27, pp. 23–36.

Scheffé, H. (1956b). "Alternative Models for the Analysis of Variance." *Annals of Mathematical Statistics*, Vol. 27, pp. 251–271.

Scheffé, H. (1959). *The Analysis of Variance*. Wiley, New York.

Searle, S. R. (1971a). *Linear Models*. Wiley, New York.

Searle, S. R. (1971b). "Topics in Variance Component Estimation." *Biometrics*, Vol. 27, pp. 1–76.

Searle, S. R. (1987). *Linear Models for Unbalanced Data*. Wiley, New York.

Searle, S. R., G. Casella, and G. E. McCulloch (1992). *Variance Components*. Wiley, New York.

Searle, S. R., and R. F. Fawcett (1970). "Expected Mean Squares in Variance Component Models Having Finite Populations." *Biometrics*, Vol. 26, pp. 243–254.

Searle, S. R., F. M. Speed, and H. V. Henderson (1981). "Some Computational and Model Equivalences in Analyses of Variance of Unequal-Subclass-Numbers Data." *The American Statistician*, Vol. 35, pp. 16–33.

Shinde, S. N., D. C. Montgomery, and B. Jones (2014). "Projection Properties of No-Confounding Designs in Six, Seven and Eight Factors in Sixteen Runs." *International Journal of Experimental Design and Process Optimisation*, Vol. 4, No. 1, pp. 1–26.

Simpson, T., and J. Peplinski (1997). "On the Use of Statistics in Design and the Implications for Deterministic Computer Simulation." *ASME Design Engineering Technical Conference*, pp. 1–12.

Smith, H. F. (1957). "Interpretations of Adjusted Treatment Means and Regressions in Analysis of Covariance." *Biometrics*, Vol. 13, No. 3, pp. 282–308.

Smith, J. R., and J. M. Beverly (1981). "The Use and Analysis of Staggered Nested Factorial Designs." *Journal of Quality Technology*, Vol. 13, pp. 166–173.

Speed, F. M., and R. R. Hocking (1976). "The Use of the *R* ( )-Notation with Unbalanced Data." *The American Statistician*, Vol. 30, pp. 30–33.

Speed, F. M., R. R. Hocking, and O. P. Hackney (1978). "Methods of Analysis of Linear Models with Unbalanced Data." *Journal of the American Statistical Association*, Vol. 73, pp. 105–112.

Stefansky, W. (1972). "Rejecting Outliers in Factorial Designs." *Technometrics*, Vol. 14, pp. 469–479.

Taguchi, G. (1987). *System of Experimental Design: Engineering Methods to Optimize Quality and Minimize Cost.* UNIPUB, White Plains, NY.

Taguchi, G. (1991). *Introduction to Quality Engineering*. Asian Productivity Organization, UNIPUB, White Plains, NY.

Taguchi, G., and Y. Wu (1980). *Introduction to Off-Line Quality Control.* Central Japan Quality Control Association, Nagoya, Japan.

Ting, N., R. K. Burdick, F. A. Graybill, S. Jeyaratnam, and T.-F. C. Lu (1990). "Confidence Intervals on Linear Combinations of Variance Components That Are Unrestricted in Sign." *Journal of Statistical Computation and Simulation*, Vol. 35, pp. 135–143.

Tukey, J. W. (1949a). "One Degree of Freedom for Non-Additivity." *Biometrics*, Vol. 5, pp. 232–242.

Tukey, J. W. (1949b). "Comparing Individual Means in the Analysis of Variance." *Biometrics*, Vol. 5, pp. 99–114.

Tukey, J. W. (1951). "Quick and Dirty Methods in Statistics, Part II. Simple Analysis for Standard Designs." Proceedings of the Fifth Annual Convention, American Society for Quality Control, pp. 189–197.

Tukey, J. W. (1953). "The Problem of Multiple Comparisons." Unpublished Notes, Princeton University.

Vining, G. G., and S. M. Kowalski (2008). "Exact Inference for Response Surface Designs Within a Split-Plot Structure." *Journal of Quality Technology*, Vol. 40, pp. 394–406.

Vining, G. G., S. M. Kowalski, and D. C. Montgomery (2005). "Response Surface Designs Within a Split-Plot Structure." *Journal of Quality Technology*, Vol. 37, pp. 115–129.

Winer, B. J. (1971). *Statistical Principles in Experimental Design*. 2nd edition. McGraw-Hill, New York.

Wu, C. F. J. (1993). "Construction of Supersaturated Designs Through Partially Aliased Interactions." *Biometrika*, Vol. 80, pp. 661–669.

Xiao, L., D. K. J. Lin, and F. Bai (2012). "Constructing Definitive Screening Designs Using Conference Matrices." *Journal of Quality Technology*, Vol. 44, pp. 2–8.

Yates, F. (1934). "The Analysis of Multiple Classifications with Unequal Numbers in the Different Classes." *Journal of the American Statistical Association*, Vol. 29, pp. 52–66.

Yates, F. (1937). Design and Analysis of Factorial Experiments. Technical Communication No. 35, Imperial Bureau of Soil Sciences, London.

Yates, F. (1940). "The Recovery of Interblock Information in Balanced Incomplete Block Designs." *Annals of Eugenics*, Vol. 10, pp. 317–325.

Ye, K., and M. Hamada (2000). "Critical Values of the Lenth Method for Unreplicated Factorial Designs." *Journal of Quality Technology*, Vol. 32, pp. 57–66.

찾아보기

기타 및 영문

ㄱ

ㅌ

ㅍ

ㅎ

역자 소개

김현중

University of Wisconsin-Madison 통계학박사
Worcester Polytechnic Institute 수학과 교수
University of Tennessee 통계학과 교수
현, 연세대학교 응용통계학과 교수

실험설계와 분석 제10판

Design and Analysis of Experiments, Tenth Edition, Asia Edition

저　자 Douglas C. Montgomery
역　자 김현중
발 행 인 김지영
발 행 처 자유아카데미
주　소 경기도 파주시 회동길 37-42
파주출판도시
전　화 031-955-1321
팩　스 031-955-1322
홈페이지 www.freeaca.com
전자우편 main@freeaca.com (대표)
editor@freeaca.com (편집)
crm@freeaca.com (영업)
등　록 제406-2003-017호, 1980. 7. 12
제10판1쇄 2021년 8월 5일 발행
정　가 39,000원

역자와의 협의하에 인지생략

Printed in Korea
ISBN 979-11-5808-315-1 93310